12판

RAVEN 생명과학

상(Ⅰ~Ⅳ)

BIOLOGY

Twelfth Edition

12판

RAVEN 생명과학

상(Ⅰ~Ⅳ)

저자 RAVEN, JOHNSON,
MASON, LOSOS, DUNCAN
대표역자 유시욱

McGraw Hill

교문사

Biology, 12th Edition

1 2 3 4 5 6 7 8 9 10 GMS 20 21

Original: Biology, 12th Edition © 2020
By Peter Raven, George Johnson, Kenneth Mason, Jonathan Losos, Tod Duncan
ISBN 978-1-260-16961-4

This authorized Korean translation edition is published by Gyomoonsa. in arrangement with McGraw-Hill Education Korea, Ltd. This edition is authorized for sale in the Republic of Korea.

This book is exclusively distributed by Gyomoonsa.

When ordering this title, please use ISBN 978-89-363-2120-8

Printed in Korea

저자 소개

Peter Raven 박사는 미주리 식물원의 이사이며, 세인트루이스에 있는 워싱턴 대학교의 식물학 교수이다. 국제적으로 인정받는 열대 식물학 정원의 연구 프로그램을 감독하고 있는데, 이는 멸종위기에 처한 열대 서식지의 연구 및 보존에 있어 크게 기여하고 있다. 그는 열대 보존 분야의 식물 연구를 통해 MacArthur Fellowship을 포함하여 수많은 영예와 상을 받았으며, 17권의 교과서와 400편 이상의 논문을 썼고, 미국립과학학술원(NAS)과 국립연구위원회의 회원이다.

George Johnson 박사는 뉴햄프셔의 다트머스 대학교에 진학했고 캘리포니아 주의 스탠포드 대학원을 졸업한 후, 세인트루이스에 있는 워싱턴 대학교의 의과 대학 교수로 인구 유전학과 진화학을 연구하며 50편 이상의 논문을 저술했다. 현재 워싱턴 대학의 명예 교수로서 학부생들에게 생물학과 유전학을 가르치고 있다. Raven과 함께 저술한 생명과학 교과서들은 미국 전 지역에서 인정받는 대학교 교재로 사용되고 있을 뿐만 아니라 30년 동안 그가 저술한 생물학 교과서로 300만 명 이상의 학생들이 배웠다.

Kenneth Mason은 현재 아이오와 대학교의 생물학과에서 교수로 재직하고 있다. 캔자스 대학교에서 전임교원으로서 유전학 연구실을 설계 및 설립한 후 유전학을 가르쳤으며, 양서류의 색소에 관한 책을 출판함으로써 연구자로서의 그의 학문적 위치를 자리매김하였다. 이후 퍼듀 대학교에서 대규모의 생명과학입문 과정을 성공적으로 개발하고 발전시켰으며, 미국립과학재단(NSF)의 지원으로 다른 교수진과 협력 하에 혁신적인 생물학, 화학 및 물리학 과정을 개발하였다. 그의 아내는 아이오와 대학교에서 대학 총장을 역임하였는데, 이 대학에서 그는 생명과학입문과 인간유전학을 가르쳤다. 그는 생명과학 연구에 뛰어난 업적을 이룬 학자들의 모임인 Phi Sigma의 회원이다.

Jonathan Losos는 현재 워싱턴 대학교 생물학과의 교수로 재직하고 있다. William H. Danforth 상을 수상한 저명한 학자로서 세인트루이스 동물원 및 미주리 식물원과 제휴하여 생물다양성 연구를 발전시키는데 헌신하는 학술 센터인 Living Earth Collaborative를 이끌고 있다. 그의 연구는 도마뱀의 적응방산 양상과 진화적 다양성에 중점을 두고 있다. 미국립과학학술원(NAS)과 미국예술과학협회(AAAS)의 회원이며, Daniel Giraud Elliot Medal을 비롯한 여러 상을 수상했다. 그는 또한 John Guggenheim 및 David and Lucile Packard Foundations로부터 연구기금을 받았고, 200편 이상의 과학 논문을 출판했으며, 2권의 책을 저술했다.

Tod Duncan은 현재 콜로라도 덴버 대학의 임상 조교수이다. 일반생물학 및 생명과학실험을 담당하고 있으며, 일반 미생물학, 바이러스학, 암생물학, 의학미생물학 및 세포생물학 등을 가르쳤다. 영국의 East Anglia 대학에서 식물 분자 및 세포생물학에 중점을 둔 세포생물학 학사 학위를 받고, 세포주기 조절에 대한 연구로 박사 학위를 수여했다. 박사 후 연구원으로 초파리 및 체외에서 DNA 알킬화 손상의 분자 및 생화학적 기작에 대한 연구를 하였다. 현재 그는 다양한 인구통계학으로부터 1학년 신입생들의 유지 및 성공에 영향을 미치는 요인에 관심을 두고 있다. 그는 콜로라도 주 볼더에서 에디와 헨리라는 2마리의 그레이트 데인 품종의 반려견과 함께 살고 있다.

창의적이고 비판적인 생각의 개발을 위한 구성

과학적 사고

모든 장의 주요 삽화는 가설과 실험의 조합에 의해 어떻게 이론이 만들어지고 지식이 확장되는지를 잘 나타내고 있다. '과학적 사고'는 가설로 시작하여 어떻게 명시적인 예측을 하고 이를 실험으로 검증한 후 마지막으로 어떤 결론을 도출할 수 있는지, 그리고 이것이 어떤 분야의 연구로 이어지는지 지식의 확장성을 보여준다. 또한 '과학적 사고'는 과학적 탐구의 논리에서 학생을 안내하는 일관된 틀을 제공하며, 개방형 질문을 던짐으로써 학생들의 흥미 유발과 과학적 탐구를 촉진한다.

자료 분석

학생들은 생명과학적 개념을 배우고 사실을 암기하는 것만으로는 충분하지 않다. 미래의 생명과학자로서 자질을 함양하기 위해서는 자료를 분석하고 그 지식을 적용할 수 있어야 한다. 본문 전체에 걸쳐 삽입된 '자료 분석' 질문은 학생들이 자료를 분석하고 실험 결과를 해석하도록 하여 더 깊게 이해할 수 있도록 유도한다.

탐구문제

생명과학을 공부하는 본질 중 하나는 탐구력 향상에 있다. '탐구문제'는 본문에서 설명한 배경지식과 내용을 토대로 학생들이 보다 정교한 수준에서 생각하고 참여할 수 있도록 유도하는 질문으로 구성되어 있다. '탐구문제'에 대한 답을 찾기 위해 고민하는 과정에서 생명과학의 여러 주제에 대해 깊은 통찰력을 갖는 계기가 마련될 것이다.

과학적 사고

가설: 원형질막은 단단하지 않고 유동성이 있다.
예측: 막이 유동적이라면, 막단백질은 옆으로 확산될 것이다.
실험: 생쥐와 사람 세포의 막단백질을 각각 표지한 다음 융합하여 시간이 지남에 따른 막단백질의 분포를 관찰한다.

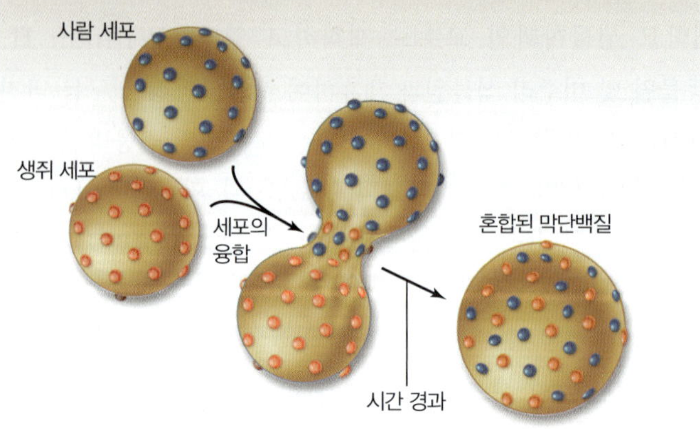

결과: 시간이 지남에 따라 혼합된 막단백질이 증가했다.
결론: 일부 막단백질은 막에서 측면으로 확산된다.
추가 실험: 이 결과에 대해 다른 해석을 할 수 있겠는가? 새로 합성된 단백질이 실험 중간에 막에 삽입되면 어떻게 되겠는가? 어떻게 하면 이 실험으로 다른 해석의 가능성을 배제시킬 수 있겠는가?

그림 4.5 막의 유동성 실험.

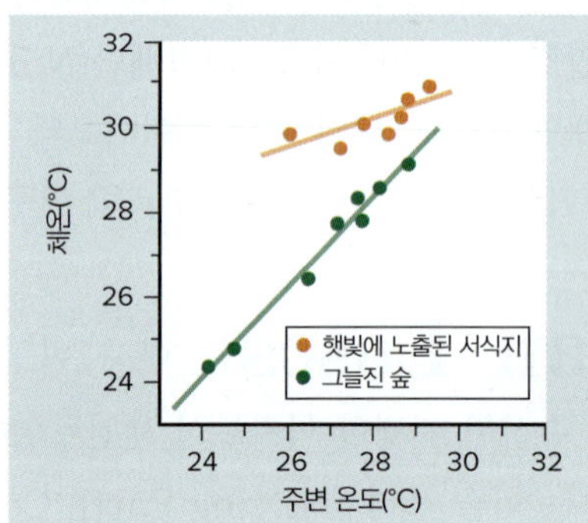

그림 49.3 행동적 반응.
푸에르토리코의 도마뱀(*Anolis cristatellus*)은 자주 햇볕에 나가 일광욕을 하는 방법으로 체온을 높인다. 그러나 그늘진 숲에서는 이런 행동이 불가능하기 때문에 체온을 주변 온도와 비슷하게 유지시키는 행동적 반응을 나타낸다.

탐구문제 주어진 조건하에서, 도마뱀은 몸의 생리적 기능을 최적화할 수 있는 온도를 유지하기 위해 그들의 체온을 조절한다. 그렇다면 햇빛에 노출된 서식지에서의 도마뱀과 그늘진 숲에서의 도마뱀의 회피행동은 다르게 나타나겠는가?

자료 분석 그래프 내의 직선의 기울기는 도마뱀 행동에 대해서 무엇을 말해주는가?

핵심 요약

본문은 해당 주제에 대한 배경 설명 및 폭넓은 사례를 들어 학생들이 쉽게 이해할 수 있도록 구성하였고, 각 절의 끝부분마다 '핵심 요약'을 두어 주요 내용을 간략하게 정리하였다. 또한 '핵심 요약'의 마무리는 각 주제에 대한 기본적인 질문을 제시함으로써 학생 스스로 내용 파악을 얼마나 잘하고 있는지 평가할 수 있도록 하였다.

핵심 개념 요약 및 연습문제

각 장의 마무리는 본문에서 다루어진 주제에 대해 학생들이 '핵심 개념 요약'을 통해 정리하고 개념적 틀을 완성할 수 있도록 구성되었으며, 공부한 내용을 복습할 수 있도록 '연습문제'를 제시하였다. 연습문제는 3단계로 구성되어 있는데, 1단계는 생명과학 지식에 대한 이해력을 측정하기 위해 객관식으로 구성하였고, 2단계는 보다 심화된 내용으로, 분석 및 적용 능력을 평가하는데 주안점을 두었다. 3단계에서는 주로 비판적 문제 해결 능력과 탐구력을 함양하는 데 초점을 맞춘 개방형 서술식 문제를 제시하였다. 이 책의 부록에 연습문제 해답을 함께 제시함으로써 학생 스스로 평가할 수 있도록 구성하였다.

웹사이트 활용 방법

본 교과서는 생명과학 전반에 걸친 다양한 주제들을 다루고 있는데, 이를 모두 출판물로 담아내기에는 내용이 너무 방대하기에, 일부 특수 주제들에 대해서는 출판본 대신에 웹사이트(교문사 홈페이지(http://www.gyomoon.com) 자료실)에 제공하고 있다.

역자 서문

현대사회에서 과학기술, 특히 생명과학의 발전 속도는 매우 가파르게 증가하고 있습니다. 생명과학은 작게는 분자 단위로부터 크게는 지구 전체의 생태계를 다루는 학문이기에 그 내용이 워낙 방대한 데다가, 매년 엄청난 양의 새로운 자료들이 추가되기에 학생들이 공부하는 데 어려움을 겪기도 합니다. 이러한 때에 전면적으로 개정 · 보완된 'Raven 생명과학 12판'을 완역하여 출판하게 되었습니다. 'Raven 생명과학'은 미국에서 1986년에 처음 출간된 이후 생명과학 교과서로서 꾸준하게 수많은 독자층을 확보한 스테디셀러입니다. 그간 국내에서는 상대적으로 많이 알려지지 않았는데, 이번에 2년간의 고된 작업 끝에 새롭게 개편된 책을 소개할 수 있어 기쁘게 생각합니다.

이 책은 생명과학의 다양한 주제를 망라하고 있으며, 그 어떤 생명과학 교과서보다 풍부한 배경지식과 사례를 들어 이야기식으로 풀어나가고 있습니다. 따라서 학생 친화적인 철학을 배경으로 만들어졌기에 부담감 없이 접할 수 있으며, 읽는 동안 자연스럽게 기본 원리와 개념이 형성되도록 구성되어 있습니다. 또한 '과학적 사고'를 통해 주요 개념 및 이론에 대한 이해도를 높일 수 있도록 하였고, '자료 분석'과 '탐구문제'에서는 생명과학도에게 필요한 분석력과 종합적 사고력을 배양할 수 있게 하였습니다. 매 장의 말미에는 '핵심 개념 요약'과 '연습문제'를 통해 읽은 내용을 복습하고 스스로 평가할 수 있도록 구성되어 있습니다. 이 책은 전반에 걸쳐 생명과학의 가장 중요한 개념인 진화를 강조하고 있으며, 이는 세포생물학, 유전학, 발생학, 분자생물학, 계통학, 행동학 등의 내용과 유기적으로 연결됨으로써 독자들이 생명과학에 대한 통찰력을 갖는 데 도움을 주고 있습니다.

따라서 이 책은 생명과학 및 생명공학을 전공으로 하는 학생들뿐만 아니라 농학, 식품학, 환경학, 보건학, 의학 등의 생명과학적 지식과 사고력이 필요한 관련학과 학생들에게 좋은 길잡이가 될 것으로 생각합니다. 또한 생명과학을 강의하는 선생님들과 강사님들에게도 훌륭한 텍스트(text)가 되리라 확신합니다. 다만 편집과 출판상의 어려움으로 인해 이 책의 모든 내용을 출판인쇄본으로 묶어내지 못하고 일부 특수 주제는 웹사이트를 통해 독자 여러분께 제공되고 있다는 점에 대해 양해의 말씀을 드립니다. 그러나 웹사이트는 쌍방향 소통이 가능하도록 구성되었기에 본문의 내용뿐만 아니라 이 책 전반에 대한 의견을 주시면 더 좋은 책을 만드는 데 밑거름이 될 것입니다.

이 책에 사용된 용어는 고등학교 교육과정과의 연계성을 고려하여 교육부에서 발행한 '2015 개정 교육과정에 따른 교과용도서 개발을 위한 편수자료'를 우선으로 참조하였으며, 편수자료에 제시되지 않은 용어는 한국생물과학협회에서 편찬한 '생물학용어집'을 참고하였습니다. 그 외 다른 생명과학 교과서와 전공 서적을 참조하여 가급적 많이 사용되는 용어들을 선택하였습니다. 그럼에도 불구하고 일부 새로운 용어에 대해선 최근의 추세에 따라 원어 발음을 기본으로 하여 정하였고, 한자어보다는 우리말로 표현하기 위해 노력하였습니다. 통일된 표기법이 없는 현재의 과도기적 용어들은 관련 전공 학회와 학자들의 노력으로 조만간 정리될 것으로 기대하며, 미력이나마 저도 일조하도록 하겠습니다.

이 책이 출판되기까지 바쁘신 중에도 본인의 요청을 거절하지 못하고 번역하시느라 고생하신 교수님들과 좋은 책을 만들기 위해 같이 고민하고 해결해주신 교문사 영업 · 편집팀 선생님들께도 감사의 말씀을 드립니다. 방대한 내용을 다루다 보니 세세한 부분에 대해선 일일이 번역진께 상의 드리지 못하고 제 임의로 처리한 부분도 많았기에, 이 책의 부족한 부분에 대해선 전적으로 제 능력 탓임을 밝힙니다. 의도치 않게 발생한 오탈자 및 오류 부분에 대해서는 지속적으로 정정해나가도록 하겠습니다.

예기치 않게 COVID-19로 인해 교육 현장의 많은 선생님과 학생들이 어려움을 겪고 있는 시기에 'Raven 생명과학'이 출간하게 되었습니다. 긴 진화의 시각으로 볼 때 인류는 끊임없이 질병과 전쟁을 치러왔으며, 이번 팬데믹도 결국 진화과정에서 극복될 것으로 생각합니다. '위기'는 곧 '기회'이기도 하기에 생명과학은 더욱더 발전할 것으로 기대하며, 모쪼록 이 책이 생명과학을 공부하는 독자들에게 조금이나마 보탬이 되기를 희망합니다.

2020년 12월

역자를 대표하여 유시욱 드림

간략한 차례

I 생명의 분자적 기초

1 분자의 성질과 물의 특성 1
2 생명체의 화학적 구성 19

II 세포의 생물학

3 세포 구조 47
4 막 79
5 에너지와 대사작용 101
6 세포의 에너지 획득 117
7 광합성 145
8 세포의 소통 169
9 세포분열 189

III 유전과 분자생물학

10 유성생식과 감수분열 213
11 유전법칙 229
12 염색체, 지도작성, 감수분열과 유전의 연계성 249
13 DNA: 유전물질 269
14 유전자와 그 작용 293
15 유전자 발현의 조절 325
16 생명공학 351
17 발생의 세포학적 기작 381

IV 진화

18 집단 내의 유전자 409
19 진화의 증거 437
20 종의 기원 459
21 계통분류학, 계통학 그리고 비교생물학 481

V 지구상의 생명의 다양성

22 바이러스 503
23 원핵생물 525
24 비종자 식물 553
25 종자식물 569
26 균류 587
27 동물의 다양성과 체제의 진화 611
28 선구동물 635
29 후구동물 671

VI 식물의 형태와 기능

30 식물의 형태 715
31 식물의 수송 743
32 식물영양과 토양 763
33 식물의 방어반응 781
34 식물의 감각 체계 795
35 식물의 생식 825

VII 동물의 구조와 기능

36 동물의 몸과 조절의 원리 861
37 신경계 887
38 감각계 919
39 내분비계 947
40 근골격계 973
41 소화계 995
42 호흡계 1017
43 순환계 1035
44 삼투조절과 비뇨계 1057
45 면역계 1077
46 생식계 1107
47 동물의 발생 1129

VIII 생태학과 행동생물학

48 행동생물학 1161
49 개체와 개체군의 생태학 1195
50 군집생태학 1219
51 동적 생태계 1243

정답 A-1
용어해설 G-1
찾아보기 I-1

교문사 홈페이지(http://www.gyomoon.com) 자료실에 수록
WEB1 생명과학
WEB2 유전체학
WEB3 유전체의 진화
WEB4 생명의 기원과 다양성
WEB5 원생생물
WEB6 생물권과 인간의 영향
WEB7 보전생물학

차례

저자 소개 v

역자 서문 viii

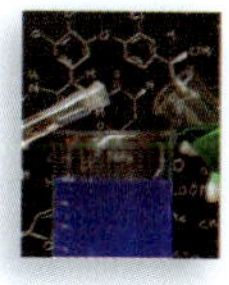

I 생명의 분자적 기초

1 분자의 성질과 물의 특성 1

1.1 원자의 성질 1
1.2 생명계에서 발견되는 원소들 6
1.3 화학결합의 성질 7
1.4 물: 생물체의 필수 화합물 10
1.5 물의 특성 12
1.6 산과 염기 14

2 생명체의 화학적 구성 19

2.1 탄소: 생체 분자의 골격 19
2.2 탄수화물: 에너지 저장과 구조적 분자 24
2.3 핵산: 정보 분자 28
2.4 단백질: 다양한 구조와 기능을 가지는 분자 31
2.5 지질: 소수성 분자 41

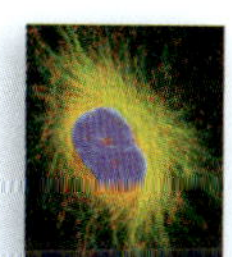

II 세포의 생물학

3 세포 구조 47

3.1 세포론 47
3.2 원핵세포 51
3.3 진핵세포 53
3.4 세포내막계 58
3.5 미토콘드리아와 엽록체: 세포의 발전소 62
3.6 세포골격 64
3.7 세포외 구조 및 세포 이동 68
3.8 세포간 상호작용 71

4 막 79

4.1 막의 구조 79
4.2 인지질: 막의 토대 83
4.3 단백질: 다양한 기능을 가진 구성 요소 85
4.4 막을 통한 수동수송 87
4.5 막을 통한 능동수송 91
4.6 세포내섭취와 세포외배출에 의한 대량 수송 94

5 에너지와 대사작용 101

5.1 생물계의 에너지 흐름 101
5.2 열역학 법칙과 자유에너지 103
5.3 ATP: 세포의 에너지 화폐 106
5.4 효소: 생체 촉매 107
5.5 대사: 세포 기능의 화학적 기술 112

6 세포의 에너지 획득 117

6.1 호흡의 개요 117
6.2 해당과정: 포도당의 분해 122
6.3 피루브산의 산화에 의한 아세틸 CoA의 생성 125
6.4 시트르산 회로 127
6.5 전자전달연쇄와 화학삼투 130
6.6 산소호흡의 에너지 수율 133
6.7 산소호흡의 조절 135
6.8 무산소 조건에서의 산화 135
6.9 단백질과 지방의 이화작용 137
6.10 대사작용의 진화 140

7 광합성 145

7.1 광합성의 개요 145
7.2 광합성 과정의 발견 147
7.3 색소 149
7.4 광계의 구성 153
7.5 광의존성 반응 155
7.6 탄소고정: 캘빈회로 160
7.7 광호흡 163

8 세포의 소통 169

8.1 세포 소통의 개요 169
8.2 수용체의 종류 173
8.3 세포내 수용체 175
8.4 수용체 카이네이스를 통한 신호전달 177
8.5 G 단백질연결수용체를 통한 신호전달 181

9 세포분열 189

9.1 박테리아의 세포분열 189
9.2 진핵세포의 염색체 192
9.3 진핵세포주기의 개요 195
9.4 간기: 유사분열 준비 196
9.5 M기: 염색체 분리 및 세포질 내용물의 분할 197
9.6 세포주기 조절 202
9.7 암 유전학 208

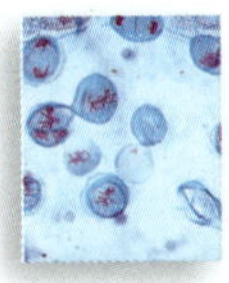

III 유전과 분자생물학

10 유성생식과 감수분열 213

10.1 유성생식과 감수분열 213
10.2. 감수분열의 특징 215
10.3. 감수분열의 과정 216
10.4. 요약: 감수분열과 체세포분열 219

11 유전법칙 229

11.1 유전의 신비 229
11.2 단성잡종 교배: 분리의 법칙 232
11.3 양성잡종 교배: 독립의 법칙 237
11.4 확률: 교배 결과 예측 238
11.5 검정교배: 유전자형 알아내기 240
11.6 멘델 법칙의 확장 241

12 염색체, 지도작성, 감수분열과 유전의 연계성 249

12.1 성-연관과 유전의 염색체설 249
12.2 성염색체와 성의 결정 251
12.3 유전의 염색체설에 대한 예외 254
12.4 유전자지도 작성 255
12.5 인간의 유전질환 260

13 DNA: 유전물질 269

13.1 유전물질의 본질 269
13.2 DNA 구조 272
13.3 DNA 복제의 기본 특징 276
13.4 원핵생물의 복제 280
13.5 진핵생물의 복제 285
13.6 DNA 수선 288

14 유전자와 그 작용 293

14.1 유전자의 특성 293
14.2 유전암호 297
14.3 원핵세포의 전사 301
14.4 진핵세포의 전사 303
14.5 진핵세포에서 mRNA전구체의 스플라이싱 306
14.6 tRNA와 리보솜의 구조 309
14.7 번역의 과정 311
14.8 유전자 발현의 요약 315
14.9 돌연변이: 변형된 유전자 317

15 유전자 발현의 조절 325

15.1 유전자 발현의 조절 325
15.2 조절 단백질 326
15.3 원핵세포에서의 조절 329
15.4 진핵세포에서의 조절 334
15.5 유전자 발현에 영향을 주는 염색질의 구조 338
15.6 진핵세포에서의 전사후조절 340
15.7 단백질 분해 345

16 생명공학 351

16.1 재조합 DNA 351
16.2 PCR을 활용한 DNA 증폭 356
16.3 유전적 변이의 생성, 교정, 분석 360
16.4 형질전환 생물체의 설계와 활용 362
16.5 환경적 적용 367
16.6 의학적 적용 369
16.7 농업적 적용 374

17 발생의 세포학적 기작 381

17.1 발생의 과정 381
17.2 세포분열 382
17.3 세포 분화 384

17.4 핵의 재프로그래밍 389
17.5 패턴형성 393
17.6 패턴형성의 진화 399
17.7 형태형성 403

21.2 분지론 483
21.3 계통분류학과 분류 487
21.4 계통학과 비교생물학 491
21.5 계통학과 질병의 진화 497

IV 진화

18 집단 내의 유전자 409

18.1 유전적 변이와 진화 409
18.2 대립유전자 빈도의 변화 411
18.3 진화적 변화의 5가지 요인 414
18.4 자연선택의 정량화 419
18.5 생식 전략 420
18.6 변이 유지에서 자연선택의 역할 424
18.7 다중유전자에 의해 영향받는 형질에 작용하는 선택 427
18.8 자연선택의 실험적 연구 429
18.9 진화력의 상호작용 431
18.10 자연선택의 한계 432

19 진화의 증거 437

19.1 다윈의 핀치새 부리: 자연선택의 증거 437
19.2 회색가지나방과 공업암화: 선택의 또 다른 증거 440
19.3 인위선택: 인간이 시작한 변화 442
19.4 진화의 화석 증거 444
19.5 진화의 해부학적 증거 449
19.6 수렴진화와 생물지리학적 기록 452
19.7 다윈의 비평가들 454

20 종의 기원 459

20.1 종의 본질과 생물학적 종의 개념 459
20.2 자연선택과 생식적 격리 465
20.3 종분화에서 유전적 부동과 자연선택의 역할 466
20.4 종분화의 지리학 467
20.5 적응방산과 생물다양성 470
20.6 진화의 속도 475
20.7 시간에 따른 종분화와 멸종 476

21 계통분류학, 계통학 그리고 비교생물학 481

21.1 계통분류학 481

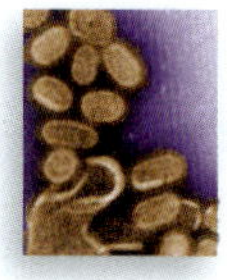

V 지구상의 생명의 다양성

22 바이러스 503

22.1 바이러스의 특성 503
22.2 바이러스의 다양성 508
22.3 박테리오파지: 세균 바이러스 510
22.4 사람의 바이러스성 질병 512
22.5 프리온과 바이로이드: 바이러스보다 작은 감염성 입자 519

23 원핵생물 525

23.1 원핵생물의 다양성 525
23.2 원핵생물의 세포 구조 529
23.3 원핵생물의 유전학 535
23.4 원핵생물의 대사 다양성 540
23.5 미생물 생태학 542
23.6 사람의 세균성 질병 544

24 비종자 식물 553

24.1 육상식물의 기원 553
24.2 선태식물: 배우체 세대 우세 식물 556
24.3 관다발식물: 포자체 세대 우세 식물 559
24.4 석송류: 주요 관다발식물로부터 분지 562
24.5 양치식물: 고사리와 근연식물 563

25 종자식물 569

25.1 종자식물의 진화 569
25.2 겉씨식물: 노출된 종자를 가진 식물 570
25.3 속씨식물: 현화식물 574
25.4 종자 580
25.5 열매 582

26 균류 587

26.1 균류의 분류 588
26.2 균류의 형태, 영양, 생식 589

26.3 균류의 생태 592
26.4 기생성 균류와 병원성 균류 597
26.5 담자균문 599
26.6 자낭균문 600
26.7 글로메로균문: 무성 식물 공생균 602
26.8 접합균문: 접합자 생성 균류 603
26.9 병꼴균문과 근연균: 유주포자 생성균류 605
26.10 미포자충문: 단세포 기생균류 606

27 동물의 다양성과 체제의 진화 611
27.1 동물의 일반적 특징 611
27.2 동물 체제의 진화 613
27.3 동물의 계통발생 617
27.4 측생동물: 특화된 조직이 없는 동물 622
27.5 진정후생동물: 진정한 조직을 가진 동물 624
27.6 좌우대칭동물 630

28 선구동물 635
28.1 선구동물의 계통 분기 635
28.2 편형동물 637
28.3 윤형동물 640
28.4 연체동물 641
28.5 유형동물 647
28.6 환형동물 648
28.7 태형동물과 완족동물 652
28.8 선형동물 654
28.9 절지동물 657

29 후구동물 671
29.1 극피동물 671
29.2 척삭동물 674
29.3 무척추 척삭동물 676
29.4 척추동물 678
29.5 어류 680
29.6 양서류 685
29.7 파충류 689
29.8 조류 695
29.9 포유류 699
29.10 영장류 704

VI 식물의 형태와 기능

30 식물의 형태 715
30.1 식물의 구조: 개요 715
30.2 식물의 조직 720
30.3 뿌리: 고착과 흡수 726
30.4 줄기: 지상부의 지지 731
30.5 잎: 광합성 기관 735

31 식물의 수송 743
31.1 수송 기작 743
31.2 물과 무기물의 흡수 747
31.3 물관부 수송 750
31.4 증산율 752
31.5 수분 스트레스 반응 754
31.6 체관부 수송 756

32 식물영양과 토양 763
32.1 토양: 식물이 의존하는 기질 763
32.2 식물영양 767
32.3 특수 영양 전략 769
32.4 탄소-질소 균형과 지구의 변화 773
32.5 식물환경정화 775

33 식물의 방어반응 781
33.1 물리적 방어 781
33.2 화학적 방어 783
33.3 식물을 보호하는 동물 788
33.4 침입자에 대한 전신반응 789

34 식물의 감각 체계 795
34.1 빛에 대한 반응 795
34.2 중력에 대한 반응 800
34.3 기계적 자극에 대한 반응 802
34.4 물과 온도에 대한 반응 804
34.5 호르몬과 감각 체계 807

35 식물의 생식 825
35.1 생식과 발생 825
35.2 꽃의 생성 828

35.3 꽃의 구조와 진화 833
35.4 수분과 수정 837
35.5 배아 발생 843
35.6 발아 849
35.7 무성생식 852
35.8 식물의 수명 854

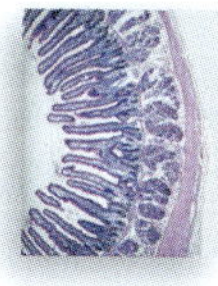

VII 동물의 구조와 기능

36 동물의 몸과 조절의 원리 861

36.1 동물의 몸 구조 862
36.2 상피조직 863
36.3 결합조직 867
36.4 근육조직 869
36.5 신경조직 871
36.6 척추동물 기관계의 개요 872
36.7 항상성 875
36.8 체온의 조절 877

37 신경계 887

37.1 신경계의 구성 887
37.2 신경자극의 전달 기작 891
37.3 시냅스: 뉴런과 다른 세포 사이의 소통 896
37.4 중추신경계: 뇌와 척수 903
37.5 말초신경계: 척수신경과 뇌신경 911

38 감각계 919

38.1 감각수용기의 개요 919
38.2 온도수용기, 통증수용기, 전자기수용기: 온도, 통증, 자기장 920
38.3 기계수용기 I: 접촉, 압력, 몸의 자세 923
38.4 기계수용기 II: 청각, 진동, 균형 925
38.5 화학수용기: 맛, 냄새, pH 930
38.6 시각 934
38.7 눈의 진화와 발달 940

39 내분비계 947

39.1 화학적 전령에 의한 인체 반응 조절 947
39.2 호르몬의 작용 953
39.3 뇌하수체와 시상하부: 인체 조절 중추 957
39.4 주요 말초 내분비샘 963
39.5 다른 호르몬들의 효과 968

40 근골격계 973

40.1 골격계의 유형 973
40.2 뼈 976
40.3 관절 979
40.4 근육 수축 981
40.5 척추동물 골격의 진화와 이동 방법 988

41 소화계 995

41.1 소화계의 종류 995
41.2 입과 치아: 먹이 포획과 처리 998
41.3 식도와 위: 소화의 시작 999
41.4 장: 분해, 흡수, 배출 1001
41.5 부속기관의 기능 1004
41.6 신경 및 호르몬의 소화관 조절 1006
41.7 음식 에너지, 에너지 소비, 필수 영양소 1007
41.8 척추동물 소화계의 다양성 1011

42 호흡계 1017

42.1 호흡 표면을 통한 기체 교환 1017
42.2 아가미, 피부호흡, 기관계 1019
42.3 폐 1022
42.4 포유류 호흡기관의 구조, 기작, 조절 1025
42.5 체액의 기체 운반 1029

43 순환계 1035

43.1 무척추동물의 순환계 1035
43.2 척추동물의 혈액 구성 1037
43.3 척추동물의 순환계 1040
43.4 심장주기, 전기전도, ECG, 심박출량 1044
43.5 혈압과 혈관 1047

44 삼투조절과 비뇨계 1057

44.1 삼투농도와 삼투평형 1057
44.2 질소 노폐물: 암모니아, 요소, 요산 1059
44.3 삼투조절 기관 1061
44.4 척추동물 신장의 진화 1062
44.5 포유류의 신장 1065
44.6 호르몬에 의한 삼투조절 기능의 제어 1070

45 면역계 1077

45.1 선천성 면역 1077
45.2 적응성 면역 1083
45.3 세포매개면역 1088
45.4 체액성 면역과 항체 생산 1091
45.5 자가면역과 과민반응 1097
45.6 의학적 치료와 진단의 항체 1099
45.7 면역체계를 회피하는 병원체 1101

46 생식계 1107

46.1 동물의 생식 전략 1107
46.2 척추동물의 수정과 발생 1110
46.3 남성 생식기관의 구조와 기능 1114
46.4 여성 생식기관의 구조와 기능 1118
46.5 피임과 불임치료 1123

47 동물의 발생 1129

47.1 수정 1129
47.2 난할과 포배기 1134
47.3 낭배형성 1137
47.4 기관형성 1141
47.5 척추동물의 축과 패턴형성 1146
47.6 사람의 발생 1153

VIII 생태학과 행동생물학

48 행동생물학 1161

48.1 행동의 자연사 1162
48.2 신경세포, 신경전달물질, 호르몬, 행동 1163
48.3 행동의 유전 1164
48.4 학습 1167
48.5 행동의 발달 1168
48.6 동물의 인지 1171
48.7 방향 정위와 이주 행동 1172
48.8 동물의 의사소통 1174
48.9 행동과 진화 1178
48.10 행동생태학 1180
48.11 생식 전략 1183
48.12 이타주의 1185
48.13 집단 생활과 동물 사회의 진화 1189

49 개체와 개체군의 생태학 1195

49.1 환경의 도전 1195
49.2 개체군: 특정 지역에 존재하는 단일 종 집단 1198
49.3 개체군의 특성과 역학 1202
49.4 생활사와 생식비용 1204
49.5 개체군의 생장과 환경적 제한 1207
49.6 개체군을 조절하는 요인들 1209
49.7 인구 증가 1212

50 군집생태학 1219

50.1 군집: 함께 사는 종 1219
50.2 생태적 지위 1221
50.3 포식-피식의 상호관계 1226
50.4 개체군 사이의 상호작용 1230
50.5 생태적 천이, 교란, 종풍부도 1236

51 동적 생태계 1243

51.1 생물지구화학적 순환 1243
51.2 생태계 내의 에너지 흐름 1250
51.3 영양단계 사이의 상호작용 1256
51.4 생물 다양성과 생태계 안정성 1260
51.5 섬 생물지리학 1263

정답 A-1
용어해설 G-1
찾아보기 I-1

교문사 홈페이지(http://www.gyomoon.com) 자료실에 수록
WEB1 생명과학
WEB2 유전체학
WEB3 유전체의 진화
WEB4 생명의 기원과 다양성
WEB5 원생생물
WEB6 생물권과 인간의 영향
WEB7 보전생물학

1

분자의 성질과 물의 특성

1.1 원자의 성질
1.2 생명계에서 발견되는 원소들
1.3 화학결합의 성질
1.4 물: 생물체의 필수 화합물
1.5 물의 특성
1.6 산과 염기

도입

약 125억 년 전에 거대한 폭발로 별과 행성이 만들어지면서 우주의 시작을 알렸으며, 약 45억 년 전에 마침내 지구가 탄생한 것으로 여겨지고 있다. 약 35억 년 전에 지구상에 최초의 생명이 출현되었고 다양한 생명계가 이루어지기 시작하였다. 지구상에 살고 있는 생명의 특성을 이해하기 위해서는 모든 생명의 단위체를 구성하는 물질들의 성질을 이해할 필요가 있다.

우리가 살고 있는 세상에 대한 가장 원초적인 의문은 "그것이 무엇으로 이루어져 있는가?"에 대한 것이다. 고대 그리스인들은 큰 것은 더 작은 것들로 이루어져 있다는 것을 인식하고 있었다. 이러한 개념은 20세기 초에 물리학자들이 원자를 깨뜨리려는 시도를 함으로써 확고한 실험과학적 사고가 형성되었다. 오늘날 물리학자들은 거대한 입자가속기를 이용하여 원자의 세계는 우리 주변에서 만질 수 있는 거시 세계와는 근본적으로 다르다는 것을 밝혀냈다.

생물체가 어떻게 이루어져 있는지를 알기 위해서는 먼저 원자의 구조와 원자들의 화학결합에 의한 분자의 형성에 대한 이해가 필요하다. 그리고 이들 작은 분자들이 서로 결합하여 생성되는 거대 분자인 세포와 더 나아가 유기체 형성에 대한 방식을 이해한다. 따라서 지구상의 생명에 대한 연구는 물리학과 화학의 이해로 시작된다.

1.1 원자의 성질

학습 목표

1. 원자와 관련된 용어들을 이해하고 정의할 수 있다.
2. 원자 구조와 화학적 특성의 상호관계를 설명할 수 있다.
3. 원자에서 발견되는 전자의 위치를 설명할 수 있다.

지구상에 존재하는 모든 **물질**(matter)은 질량을 가지고 일정한 공간을 차지하고 있으며, 그들은 극히 작은 입자인 **원자**(atom)로 이루어져 있다. 원자는 크기가 매우 작아 연구가 어려웠으나, 20세기 초에 들어서 과학자들은 원자의 물리적 성질을 규명하기 위한 실험을 최초로 수행하였다(**그림 1.1**).

원자 구조는 중심핵과 궤도를 도는 전자로 이루어져 있다

원자만큼이나 작은 물체는 **터널링 현미경**(tunneling microscopy)

과 같은 복잡한 기술을 이용하여 간접적으로 관찰할 수 있다(**그림 1.2**). 오늘날 원자 구조의 복잡성(complexities)에 대해 많은 것들이 밝혀졌지만, 원자 이론의 이해는 1913년에 덴마크의 물리학자인 보어(Niels Bohr)에 의해 시작되었다. 보어는 태양계의 행성들처럼 모든 원자는 하나의 중심부와 그 주위를 돌고 있는 **전자**(electron)라는 작은 입자의 궤도 구름으로 이루어져 있다고 제안하였다. 원자의 중심부에는 작고 밀도가 높은 핵(nucleus)이 위치해 있고, 핵은 **양성자**(proton)와 **중성자**(neutron)로 이루어져 있다(**그림 1.3**).

원자번호

원자는 양성자의 수를 나타내는 원자번호(atomic number)에 의해 구분되며, 동일한 원자번호를 가지는 원소의 원자는 동일한 양성자의 수와 동일한 화학적 특성을 보인다. 원소(element)는 화학적 수단으로 더 이상 나눌 수 없는 물질이다.

과학적 사고

가설: 원자는 음전하(전자)를 포함하는 양전하가 산재되어 있다.
예측: 헬륨 원자핵의 알파(α) 입자가 얇은 금박을 향해 발사되면 알파 입자는 산란된 양전하 또는 빛 전자에 의해 크게 굴절되지 않을 것이다.
실험: 입자의 부딪침을 확인할 수 있는 검출기로 둘러싸인 얇은 금박에 알파 입자를 발사한다.

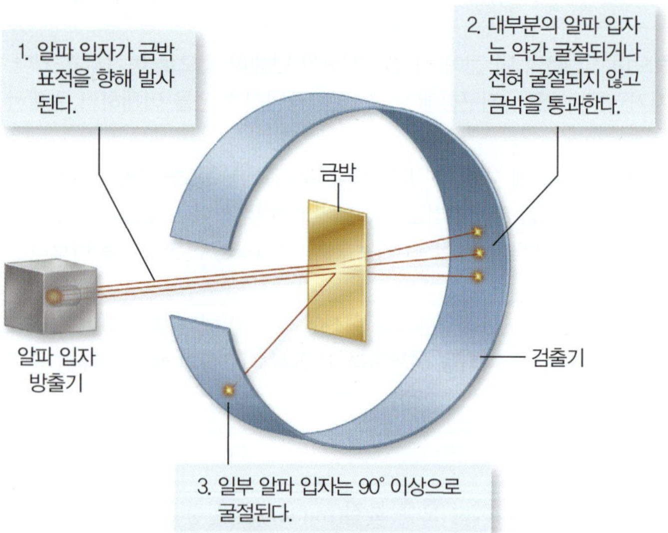

결과: 대부분의 알파 입자는 굴절되지 않았으나 일부 알파 입자는 90° 이상의 큰 각도로 굴절되었다.
결론: 가설이 뒷받침되지 않았다. 관찰된 큰 굴절은 매우 협소한 중심에 전자들로 둘러싸인 양전하(원자핵)를 가지는 원자의 모습을 나타낸다.
추가 실험: 전자가 양자화(quantized)된 에너지를 가지는 보어(Bohr)의 원자 모델을 러더퍼드의 산란 실험에 어떻게 적용시킬 수 있을까?

그림 1.1 러더퍼드의 산란 실험.
러더퍼드(Rutherford)는 알파(α) 입자가 큰 각으로 산란되는 것을 통해 원자핵의 존재를 제시하였다.

원자핵의 양성자와 중성자는 매우 짧은 거리에서만 작용하는 힘에 의해 서로 뭉쳐 있다. 양성자는 양전하(+)를 띠고, 중성자는 전하를 띠지 않고, 전자는 음전하(−)를 띤다. 일반적으로 원자는 양성자 1개당 1개의 전자를 가져 전기적으로 중성을 띤다. 원자의 화학적 성질은 전자의 수와 배열에 의해 결정된다.

원자질량

질량과 무게는 흔히 혼동되어 사용되기도 하지만 약간 다른 의미를 가진다. **질량**(mass)은 물질의 양을 의미하지만, **무게**(weight)는 물질에 가해지는 중력의 크기를 의미한다. 물체는 지구에서나 달에서나 동일한 질량을 갖지만, 달보다 지구의 중력이 더 크기 때문에 무게는 지구에서 더 크게 나타난다. **원자질량**(atomic mass)은 양성자와 중성자의 질량의 총 합과 같다. 지구상에서 자연적으로 생성된 원자들은 1에서부터 92개의 양성자와 최대 146개의 중성자를 가진다.

원자와 아원자 입자(subatomic particle)의 질량은 **돌턴**(daltons)이라는 단위로 측정되며, 6.02×10^{23}돌턴이 모여서 1 g(그램)이 된다. 양성자는 약 1돌턴(실제로는 1.007돌턴)이고, 중성자도 약 1돌턴(실제로는 1.009돌턴)이다. 그에 비해 전자는 1/1840돌턴으로 원자의 전체 질량에서 차지하는 비율은 무시될 정도로 작다.

전자

원자핵의 양전하는 원자핵 주위의 다양한 거리에 위치한 음전하를 띠는 전자들(electrons)에 의해 중화되는데, 이와 같이 원자핵 주위의 전자들이 위치한 영역을 **궤도**(orbital)라고 부른다. 동일한 수의 양성자와 전자로 이루어진 원자는 전기적으로 중성으로 순전하(net charge)를 띠지 않는데, 이를 **중성원자**(neutral atom)라고 부른다.

전자는 양전자를 띠는 원자핵의 인력에 의해 일정한 궤도에 놓일 수 있다. 이러한 인력을 초과하는 힘이 작용한다면 원자는 1개 또는 그 이상의 전자들을 잃는다. 또 다른 경우에는 원자가 전자를 얻기도 한다. 전자의 수가 양성자의 수와 같지 않은 원자를 **이온**(ion)이라고

그림 1.2 주사 터널링 현미경의 이미지.
주사 터널링 현미경은 비광학적 방식으로 원자의 상을 나타낸다. 이 상은 로듐 결정(밝은 청색) 위의 산소 원자(진한 청색)의 격자를 보여준다.

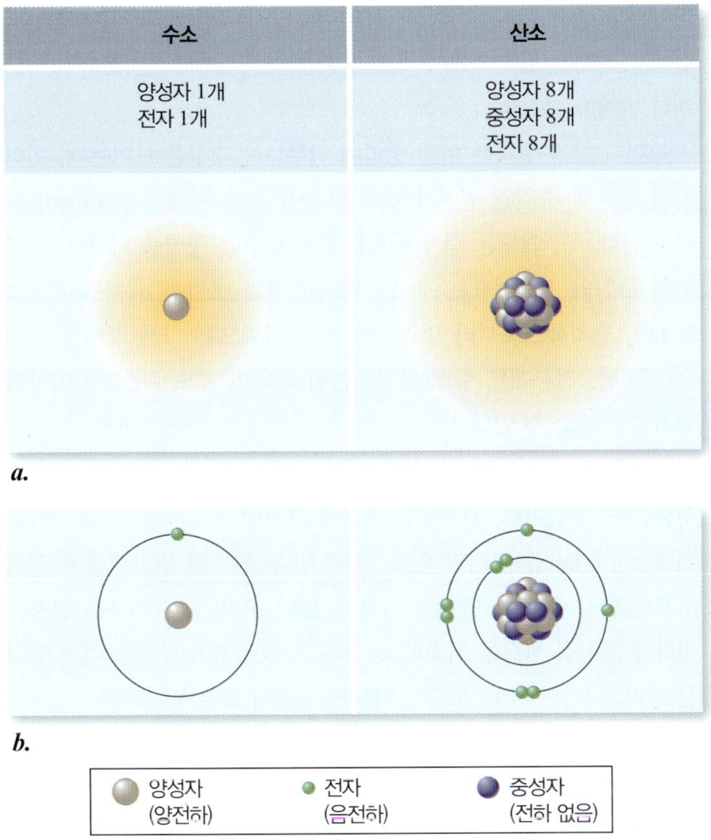

그림 1.3 원자의 기본 구조.
모든 원자는 양성자와 중성자로 이루어진 원자핵을 가진다. 예외로 가장 작은 원자인 수소는 원자핵에 1개의 양성자를 가지고 중성자는 없다. 산소는 일반적으로 8개의 양성자와 8개의 중성자를 가진다. 이 그림은 간단한 보어의 원자 모델로, 전자가 비교적 먼 거리에서 원자핵 주위를 돌고 있다. ***a.*** 원자는 전자구름을 가지는 원자핵으로 나타냈다. ***b.*** 전자들이 다른 에너지준위에 있음을 보여준다.

부르며, 이들은 전하를 가진다. 전자보다 더 많은 양성자를 가지는 원자는 양전하를 띠는데, 이를 **양이온**(cation)이라고 부른다. 예를 들어, 소듐 원자(Na)는 전자 1개를 잃어 +1 전하를 가지는 소듐 이온(Na^+)이 된다. 전자보다 양성자가 적은 원자는 음전하를 띠는데, 이를 **음이온**(anion)이라고 부른다. 염소 원자(Cl)는 전자 1개를 얻어 −1 전하를 가지는 염소 이온(Cl^-)이 된다.

동위원소

한 원소의 모든 원자들은 동일한 양성자의 수를 갖지만, 중성자의 수는 다를 수 있다. 이와 같이 서로 다른 수의 중성자를 가지는 원소를 **동위원소**(isotope)라고 한다.

자연계에 존재하는 대부분의 원소들은 여러 동위원소의 혼합물로 존재한다. 예를 들어, 탄소(C)는 6개의 양성자를 가지는 서로 다른 3개의 동위원소로 이루어져 있다(**그림 1.4**). 자연계에서 발견되는 탄소의 99% 이상은 6개의 중성자를 가지는 동위원소이다. 이들 동위원소의 총질량은 12돌턴(6개의 양성자와 6개의 중성자)으로 탄소-12 또는 ^{12}C로 표기한다. 그 다음으로 많이 존재하는 탄소 동위원소는 탄소-13이며, 7개의 중성자를 가진다. 가장 드문 탄소 동위원소는 탄소-14로 8개의 중성자를 가진다. 탄소-14의 원자핵은 탄소-12나 탄소-13과 달리 불안정하여, 더 낮은 원자번호를 가지는 원소로 쪼개지는 경향이 있다. 이와 같은 원자핵의 분열은 상당한 양의 에너지를 방출하는데 이를 **방사성 붕괴**(radioactive decay)라고 부르며, 이렇게 붕괴하는 동위원소를 **방사성 동위원소**(radioactive isotope)라고 부른다.

일부 방사성 동위원소는 다른 방사성 동위원소보다 더 불안정하여 더 빨리 붕괴되지만, 이들의 방사성 붕괴 속도는 일정하다. 붕괴 시간은 주로 **반감기**(half-life)로 나타내는데, 이는 시료의 원자가 반으로 붕괴되는 데 걸리는 시간을 말한다. 예를 들어, 탄소-14의 반감기는 5730년으로, 주로 화석과 다른 물질의 탄소연대 측정에 사용된다. 1 g의 탄소-14가 포함된 탄소 시료에는 지금으로부터 5730년 뒤에 0.5 g, 11,460년 뒤에는 0.25 g, 17,190년 뒤에는 0.125 g의 탄소-14가 각각 존재할 것이다. 생물 시료와 암석에서 탄소와 다른 원소들의 다양한 동위원소들 비율을 분석함으로써, 과학자들은 정확하게 그들의 형성 시점을 결정할 수 있다.

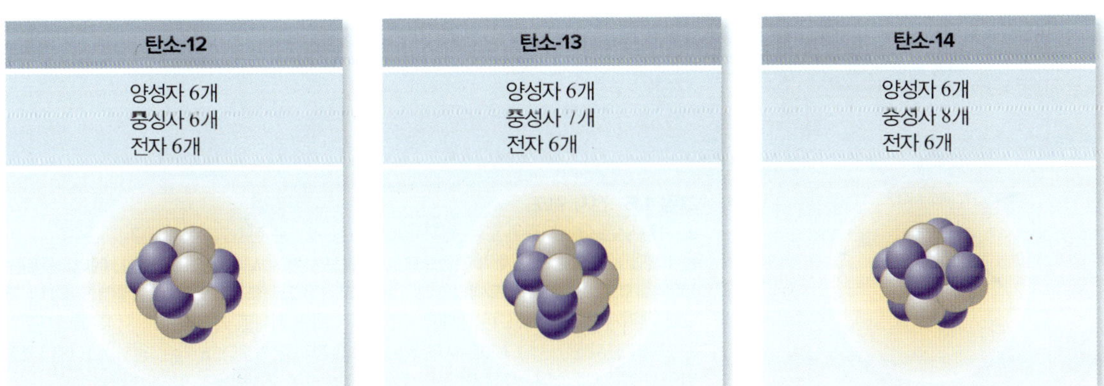

그림 1.4 가장 흔한 탄소의 3가지 동위원소.
한 원소의 동위원소는 서로 중성자의 수가 다르다.

방사성은 현대 생물학에 매우 유용하게 이용되고 있다. 방사성 동위원소는 특정 분자를 표지하는 유일한 방법으로 화학반응 또는 살아 있는 세포와 조직에서 그들의 진행을 추적할 수 있다. 그러나 방사성 물질에서 방출되는 강력한 아원자 입자는 살아 있는 세포에 심각한 손상을 초래하여 유전자 돌연변이와 세포사멸을 유발한다. 따라서 방사성 노출은 철저하게 제어하고 조절해야 한다. 방사성을 취급하는 과학자들은 엄격한 취급수칙을 준수하고 방사성 노출을 탐지할 수 있는 방사성에 민감한 배지를 착용하여 안전한 수준의 방사성 노출을 확인한다.

전자는 원자의 화학적 성질을 결정한다

원자의 화학적 성질은 궤도에 놓인 전자의 수와 배열 방식에 의해 좌우된다. 보어의 원자모델에서 각 전자들은 중심핵 주위의 환형 궤도에 놓여 있지만, 실제로는 이와 같이 단순하지는 않다. 현대 물리학에서도 특정 시기에 각 전자들의 위치를 정확하게 찾기는 어렵다. 실제로 전자는 원자핵에서 아주 가까운 곳에서 아주 먼 곳까지 어디에나 존재할 수 있다.

그러나 특정 전자는 어떤 영역에 머무르는 경향을 보이는데, 이와 같이 원자핵 주위의 전자가 발견될 가장 높은 영역을 궤도(orbital)라고 한다. 즉, 궤도는 전자의 확률 분포가 높은 영역을 의미한다. 원자핵 주위의 전자궤도는 구형(*s* 궤도)이거나 아령형(*p* 궤도)이다(**그림 1.5**). 원자핵으로부터 멀리 떨어진 전자궤도는 다른 형태를 가질 수 있지만, 전자궤도 형태에 상관없이 하나의 궤도에는 2개 이상의 전자가 존재할 수 없다.

전자는 원자핵으로부터 아주 멀리 떨어져 있기 때문에 원자의 대부분은 빈 공간이다. 원자핵을 골프공 크기에 비유하면, 가장 가까운 전자는 1.6 km쯤 떨어져 있다. 따라서 두 원자의 원자핵들이 서로 상호 결합할 수 있을 만큼 근접할 수 없다. 이와 같은 이유로 전자는 원자의 화학적 성질을 결정하고, 그로 인해 전자가 동일한 배열 방식을 가지는 모든 동위원소들은 화학적 성질이 모두 동일하다.

원자는 불연속적인 에너지준위를 가진다

전자는 양전하를 띠는 원자핵에 이끌리므로, 전자궤도에 전자를 유지시키기 위해서는 일이 필요하다. 이는 마치 중력의 끌림에 맞서 사과를 손에 쥐는 일과 같다. 에너지는 일을 할 수 있는 능력으로 정의된다.

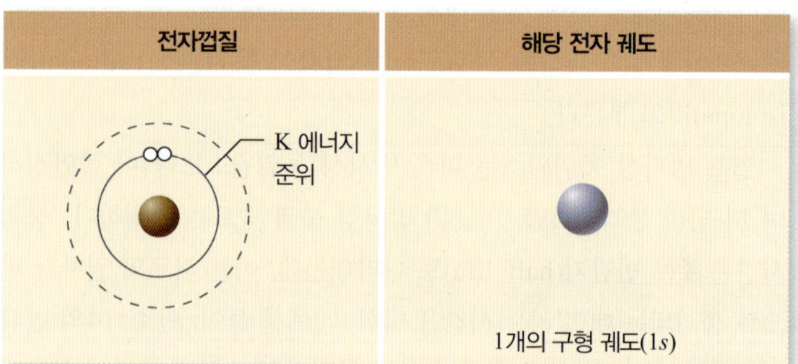

a.

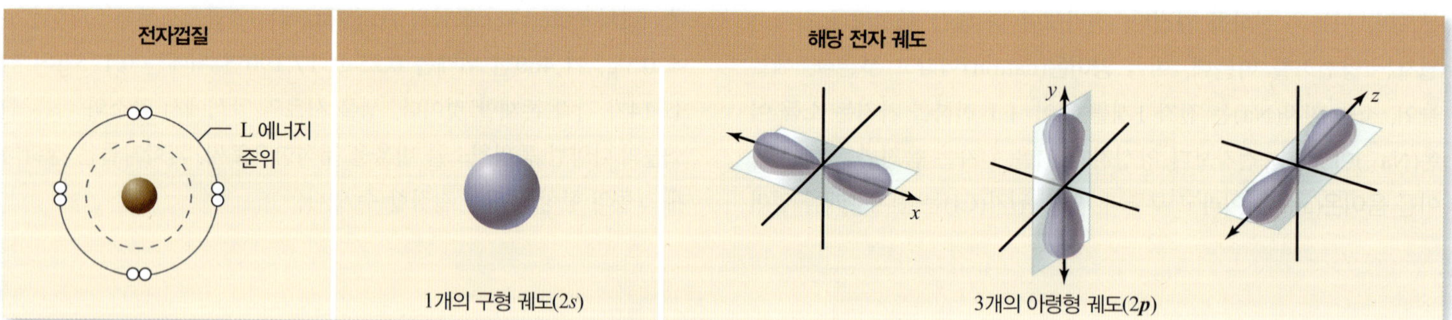

b.

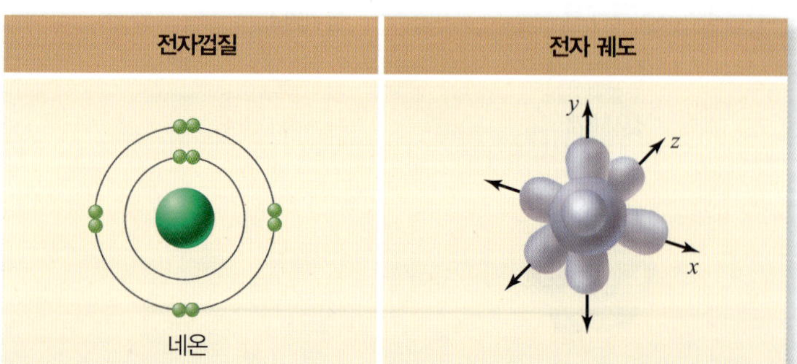

c.

그림 1.5 전자 궤도. ***a.*** 가장 낮은 에너지준위 또는 원자핵에서 가장 가까운 전자껍질은 K 에너지준위이다. 이는 1개의 *s* 궤도에 의해 채워져 있으므로 1*s*로 표시한다. ***b.*** 다음으로 높은 L 에너지준위는 1개의 *s* 궤도(2*s* 궤도로 표시)와 3개의 *p* 궤도(각각 2*p* 궤도로 표시)로 이루어진 4개의 궤도로 채워져 있다. 각 궤도는 반대로 회전하는 2개의 전자를 가진다. 따라서 K 에너지준위는 2개의 전자를 가지고 L 에너지준위는 8개의 전자를 가진다. ***c.*** 네온 원자는 L 에너지준위와 K 에너지준위에 전자들이 모두 채워져 있으므로 화학반응이 일어나지 않는다.

손에 쥐고 있는 사과는 지상으로부터 **위치에너지**(potential energy)를 가진다. 사과를 떨어뜨리면 위치에너지가 감소한다. 그러나 사과를 건물 꼭대기로 옮긴다면 위치에너지는 증가한다. 이와 같이 전자도 위치와 관련된 위치에너지를 가진다. 원자핵의 인력에 저항하여 전자를 더 먼 궤도로 이동하기 위해서 에너지 유입이 필요하고, 결과적으로 전자의 위치에너지는 커진다. 이러한 방식으로 식물은 광합성을 통해 빛으로부터 엽록소의 전자를 들뜨게 하여 에너지를 얻는다(7장 참조). 전자가 원자핵에 가깝게 이동하면 반대되는 효과를 나타낸다. 에너지는 일반적으로 열 또는 빛으로 방출되고 전자는 더 낮은 위치에너지를 가진다(**그림 1.6**).

원자 구조의 놀라운 측면 중 하나는 전자는 특정 **에너지준위**(energy levels)를 가지는데, 이는 특정 양의 에너지를 의미하는 **양자**(quantum)에 해당한다. 이를 다시 사과에 비유하면, 사과는 건물의 특정 층으로만 옮길 수 있다. 따라서 모든 원자는 원자핵으로부터 특정 거리에 위치한 여러 궤도에 의해 계단식의 위치에너지 값을 가진다.

전자의 에너지 양은 원자핵으로부터 거리와 관련이 있으므로, 원자핵으로부터 동일한 거리에 있는 전자들은 서로 다른 궤도에 위치하고 있더라도 동일한 에너지를 가진다. 즉, 동일한 에너지를 가진 전자들은 동일한 에너지준위에 놓여 있다. 에너지준위는 K, L, M 등으로 나타낸다(**그림 1.6**). 이때 **전자에너지**(electron's energy)를 나타내기 위하여 그려진 원과 다양한 3차원 형태로 전자의 **위치**(loation)를 나타내는 궤도와 혼동하지 않도록 주의한다. 전자궤도는 각 에너지준위가 순서대로 채워지도록 배열되므로, 이와 같은 궤도와 에너지준위의 채움은 원소의 화학반응성을 좌우한다.

화학반응이 일어나는 동안에 전자는 한 원자에서 다른 원자로 이동하는데, 이때 전자의 잃음을 **산화**(oxidation)라고 부르며 전자의 얻음을 **환원**(reduction)이라 부른다.

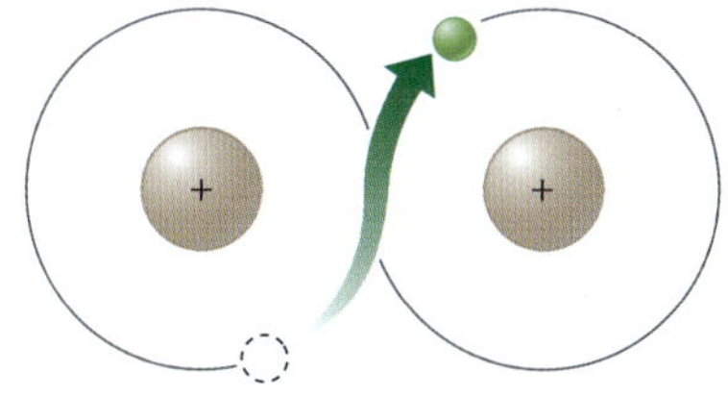

전자가 이와 같은 방식으로 이동할 경우에 전자의 위치에너지는 유지된다. 생물체의 화학에너지는 산화와 환원이 관련된 반응에서 한 원자에서 다른 원자로 이동할 수 있는 높은 에너지를 가지는 전자로 저장된다(6장 참조). 산화와 환원 과정은 동시에 일어나며 한 원자가 산화되면 다른 원자는 환원되는데, 이를 **산화-환원 반응**(redox reaction)이라고 부른다.

핵심 요약 1.1

원자는 양성자와 중성자의 중심핵과 그 주위를 둘러싸고 있는 전자의 구름으로 이루어져 있다. 원자의 양성자의 수는 원자번호이며, 동일한 원자번호를 가지는 원자들은 하나의 원소를 이룬다. 다양한 수의 중성자를 가지는 원소의 원자를 동위원소라고 한다. 원소의 화학적 특성을 결정하는 전자는 궤도에 놓여 있고 그들은 특정 에너지준위에서만 발견된다. 하나의 궤도에는 2개 이상의 전자들을 포함할 수 없지만 각 에너지준위는 여러 궤도로 이루어져 있어 동일한 에너지를 가지는 많은 전자를 포함할 수 있다.

- 양성자의 수가 중성자의 수보다 많을 경우에 원자의 전하는 양전하일까? 음전하일까?
- 양성자의 수가 전자의 수보다 많을 경우에 원자의 전하는 양전하일까? 음전하일까?

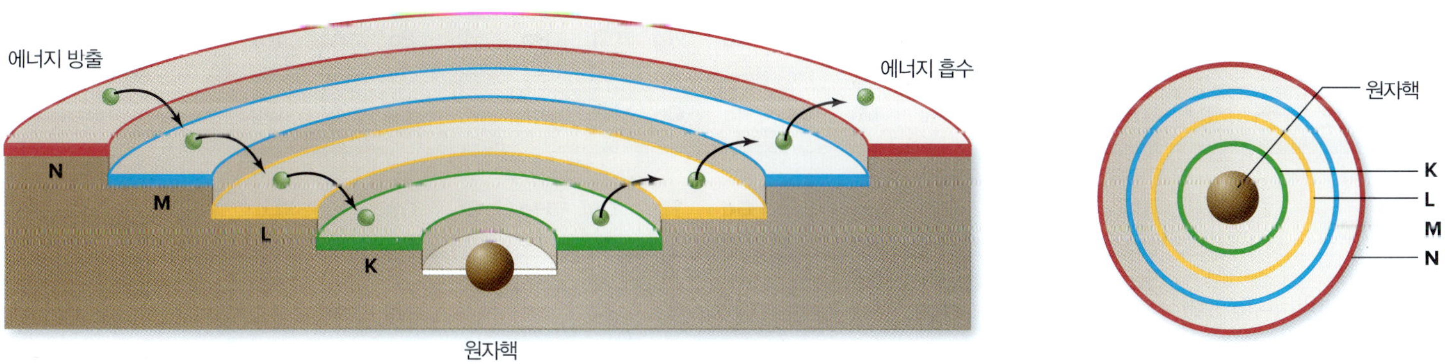

그림 1.6 원자의 에너지준위.
전자는 위치에너지를 가진다. 전자가 에너지를 흡수하면 전자는 원자핵에서 더 멀고 더 높은 에너지준위로 이동한다. 전자가 에너지를 방출하면 전자가 원자핵에 가깝고 더 낮은 에너지준위로 떨어지면서 에너지를 방출한다. K와 L 에너지준위는 **그림 1.5**와 동일하다.

1.2 생명계에서 발견되는 원소들

학습 목표

1. 원자 구조와 원소 주기율표를 관련지어 설명할 수 있다.
2. 생명계에서 발견된 주요 원소들을 기술할 수 있다.

자연계에는 94개의 원소가 존재하며, 이들은 서로 다른 양성자의 수와 전자 배열 방식을 가진다. 19세기에 러시아의 화학자 멘델레예프(Dmitri Mendeleev)는 알려진 원소들을 원자번호에 따라 표에 배열하면서, 원소들이 8개로 이루어진 그룹으로 반복된 화학적 특성 패턴을 나타낸다는 사실을 발견하였다. 이러한 주기적으로 반복되는 패턴을 가진 표를 원소 주기율표라고 부른다(**그림 1.7**).

주기율표는 원자번호와 특성에 따른 원소 배열을 나타낸다

멘델레예프가 발견한 8원소 주기성은 서로 다른 원자의 최외각 에너지준위에 있는 전자들의 상호작용에 근거한 것이다. 이들 전자를 **원자가전자**(valence electron)라고 부르며, 그들의 상호작용으로 원소의 화학적 특성이 달라진다. 생물체에서 중요한 대부분의 원자들은 원자가껍질(valence shell)에 8개 이상의 전자를 채울 수 없다. 최외각 에너지준위에 8개의 전자가 모두 채워진 원소(헬륨의 경우에는 2개)는 비활성 또는 반응성이 없다. 이러한 원소들 중에는 헬륨(He), 네온(Ne), 아르곤(Ar) 등이 있으며 이들을 비활성 기체라고 부른다. 그러나 최외각 에너지준위에 단지 7개의 전자로 채워진 원소들[예를 들어, 불소(F), 염소(Cl), 브롬(Br) 등]은 그들의 최외각 에너지준위를 채우기 위해 추가 전자를 획득하려는 경향이 있어서 반응성이 매우 높다. 최외각 에너지준위에 전자가 1개만 채워진 원소들[예를 들어, 리튬(Li), 소듐(Na), 포타슘(K)]은 그들의 최외각 에너지준위의 전자 1개를 상실하려는 경향이 있어서 반응성이 매우 높다.

원자는 최외각 에너지준위를 완전히 채우려는 경향을 갖는데, 이를 **8전자 규칙**(octet rule)이라고 부른다. 주기율표의 주요 원소들에서 8전자 규칙은 1개가 채워진 *s* 궤도와 3개가 채워진 *p* 궤도에 의해 완성된다(**그림 1.8**). 헬륨(He)을 제외하고 1*s* 궤도를 채우기 위해 2개의 전자가 필요하다. 생물체에서 대부분의 화학적 행동은 8전자 규칙으로 예측할 수 있으며, 즉 원자는 양전하와 음전하의 균형을 맞추려는 경향이 있다. 예를 들어, 소듐 이온(Na^+)과 염소 이온(Cl^-)이 반응하여 소금(NaCl)을 형성한다(1.3절 참조).

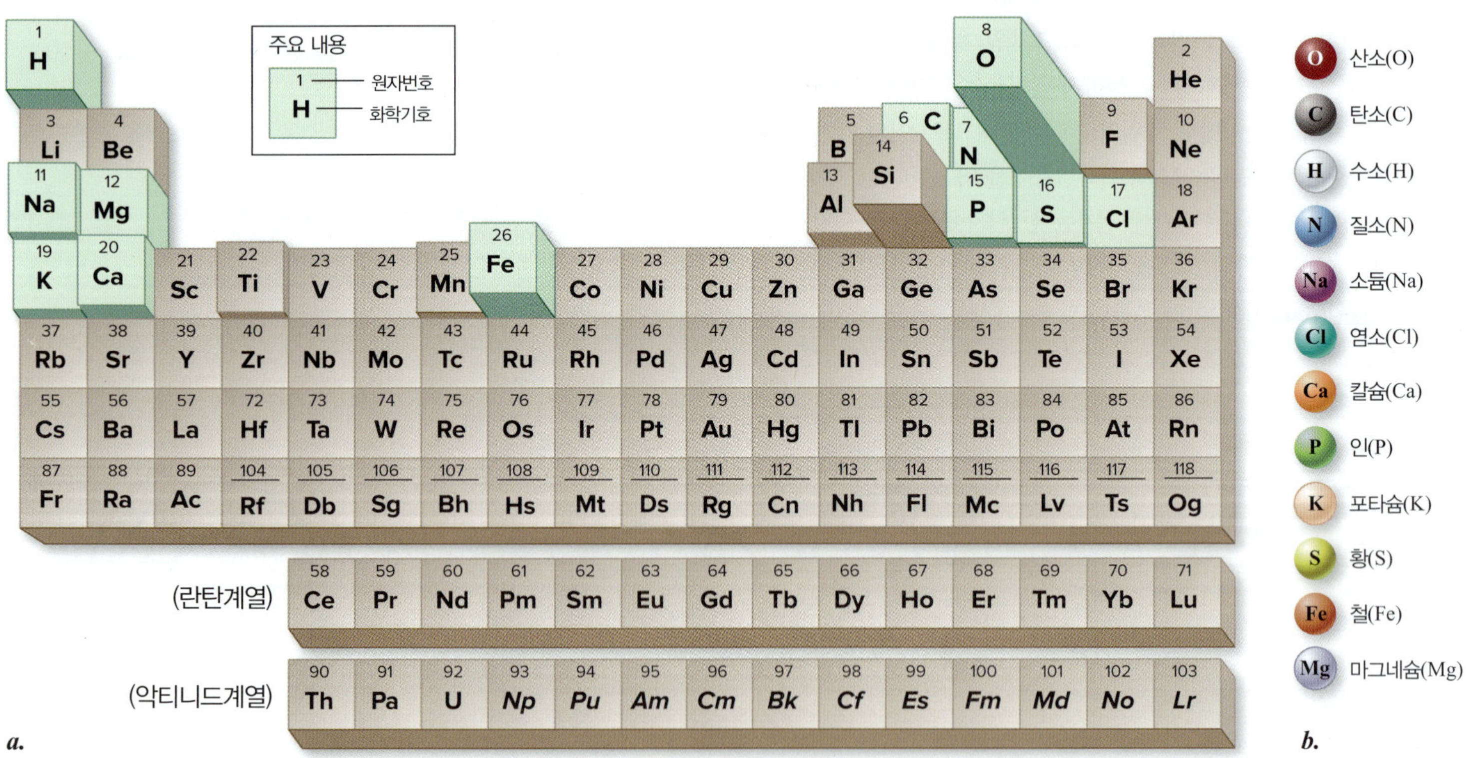

그림 1.7 원소 주기율표.
a. 원소 주기율표에서 블록의 높이는 지구 표면에서 생성되는 원소의 빈도를 나타낸다. 초록색으로 표시된 원소들은 생물계에서 미량 이상으로 발견된다. *b.* 생물계에서 흔하게 발견되는 12가지 원소들을 내림차순으로 나열하였다.

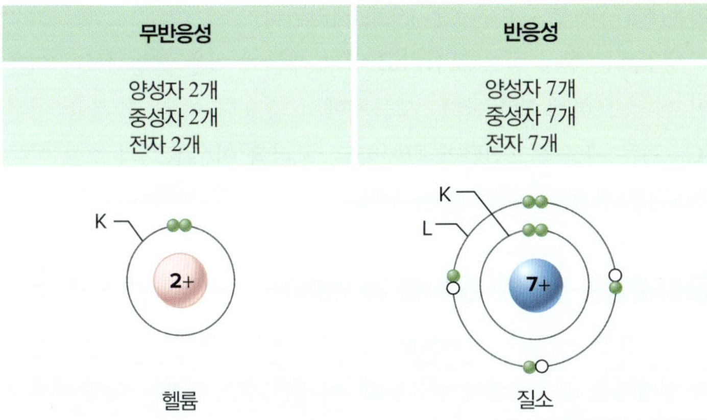

그림 1.8 헬륨과 질소의 전자 에너지준위.
초록색 공은 전자를 나타내고 분홍색과 파란색 공은 원자핵을 나타낸다. 원자핵에 표시된 수는 (+) 전하를 띠는 양성자의 수를 의미한다. 헬륨 원자는 K 에너지준위에 전자가 모두 채워져 화학반응이 일어나지 않는다. 그러나 질소 원자는 L 에너지준위에 5개의 전자 중 3개는 짝을 이루지 못하므로 화학반응이 일어나도록 만든다.

자연계에 존재하는 94개 원소들 중에 12가지[탄소(C), 수소(H), 산소(O), 질소(N), 인(P), 황(S), 소듐(Na), 포타슘(K), 칼슘(Ca), 마그네슘(Mg), 철(Fe), 염소(Cl)]는 극미량 이상으로 존재(0.01% 이상)한다. 이들 원소들 모두 21보다 낮은 원자번호로 인해 낮은 원자 질량을 가진다. 생물체에 존재하는 원자는 무작위로 분포되어 있지 않으므로, 세포의 가장 흔한 원소는 지구 껍질인 지각의 가장 풍부한 원소와 다르다.

12가지 흔한 원소 중에 4가지 원소[탄소(C), 수소(H), 산소(O), 질소(N)]는 우리 몸의 96.3% 이상 차지한다. 우리 몸에서 발견되는 대부분의 분자들은 유기화합물인 탄소화합물이다. 이들 유기화합물은 주로 4가지 원소(CHON)로 이루어져 있다. 물은 우리 몸에서 가장 흔한 분자이므로, 탄소(C)가 아닌 산소(O)가 우리 몸에서 가장 풍부한 원소이다. 아연(Zn)과 요오드(I)는 자연계에서 극미량으로 존재하지만 생명활동에 매우 중요한 역할을 한다. 예를 들어, 요오드 결핍은 갑상선이 확장되어 목이 부풀어 오르는 갑상선종(goiter)을 유발한다.

핵심 요약 1.2

주기율표는 원자번호와 반복적인 화학적 특성에 따른 원소를 보여준다. 생물체에서 오직 12개의 원소들만이 극미량 이상으로 존재한다: 탄소(C), 수소(H), 산소(O), 질소(N), 인(P), 황(S), 소듐(Na), 포타슘(K), 칼슘(Ca), 마그네슘(Mg), 철(Fe), 염소(Cl)

■ 원소 주기율표에서 비활성 기체가 다른 원소들보다 더 안정한 이유는 무엇일까?

1.3 화학결합의 성질

학습 목표

1. 어떤 원소가 이온을 형성할 수 있는지 예측할 수 있다.
2. 공유결합에 의해 연결된 원자로부터 어떻게 분자들이 형성될 수 있는지 설명할 수 있다.
3. 극성과 비극성 공유결합의 차이를 비교하여 설명할 수 있다.

원자들은 에너지에 의해 서로 안정된 결합으로 뭉쳐 있는데, 이를 **분자**(molecule)라고 부른다. 1개 이상의 원소를 가지는 원자들이 포함된 분자를 **화합물**(compound)이라고 부른다. 한 분자에서 원자들은 **화학결합**(chemical bond)에 의해 연결되는데, 그들 결합으로는 반대 전하를 가지는 원자들이 서로 끌어당길 때 형성되는 이온결합(ionic bond), 1개 또는 그 이상의 전자쌍을 두 원자가 공유할 때 형성되는 공유결합(covalent bond), 또는 원자들이 그 밖의 다른 방법에 의해 상호작용하여 형성되는 결합들이 있다(**표 1.1**). 먼저 반대되는 전기적 전하(이온)를 가지는 원자들이 서로 끌어당길 때 형성되는 이온결합에 대해 살펴본다.

이온결합은 결정체를 형성한다

소금은 NaCl 분자로, 원자들이 이온결합으로 연결되어 격자를 이룬다(**그림 1.9**). 소듐은 11개의 전자를 가지는데, 2개는 내부 에너지준위(K)에 있고 8개는 다음 에너지준위(L)에 있고 1개는 최외각 에너지준위(M)에 위치한다. 짝을 이루지 못한 1개의 최외각 전자는 짝을 이루지 못한 전자를 가지는 다른 원자와 결합하려는 경향이 강하다. 즉, 최외각 전자가 상실되어 짝을 이루지 못한 전자를 가지는 다른 원자에 전달된다면 안정한 배열을 얻을 수 있다. 이러한 전자의 상실은 결과적으로 양전하를 띠는 소듐 이온(Na^+)을 형성한다.

표 1.1 결합과 상호작용

결합명	상호작용의 근거	세기
공유결합	전자쌍 공유	강함
이온결합	반대 전하의 인력	↑
수소결합	H 원자 공유	
소수성 상호작용	극성물질이 존재할 때 분자의 소수성 부위에 가해지는 힘	
반데르발스 인력	반대되는 극성 전자구름에 의한 원자들 간의 약한 인력	↓ 약함

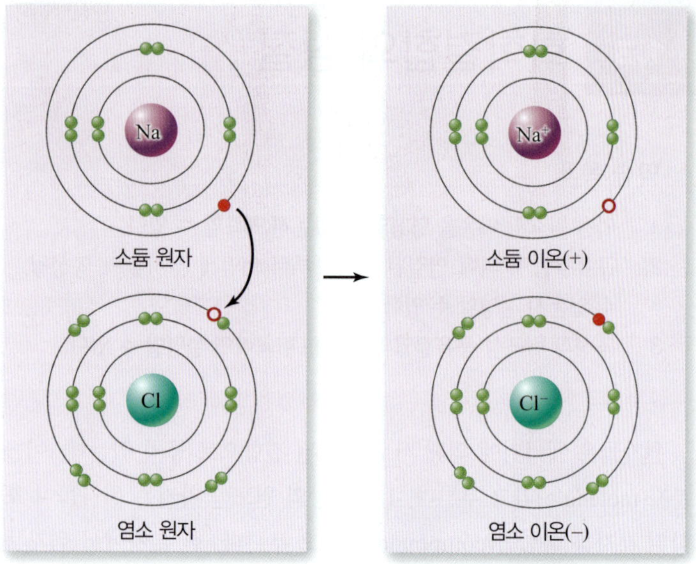

a.

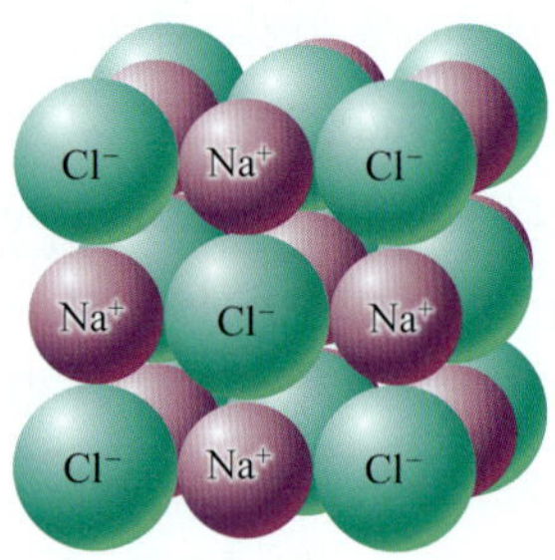

b. 소금 결정체

그림 1.9 염화소듐에 의한 이온결합의 형성.
a. 소듐 원자의 전자를 염소 원자에 주면 소듐 원자는 산화되고 염소 원자는 환원된다. 이 과정에서 양전하를 띠는 소듐 이온과 음전하를 띠는 염소 이온이 생성된다. ***b.*** 반대 전하의 전기적 인력은 Na^+와 Cl^-의 격자를 형성하도록 한다.

염소 원자는 17개의 전자를 가지는데, 2개는 K 에너지준위에, 8개는 L 에너지준위에, 7개는 M 에너지준위에 배열된다. **그림 1.9**를 보면, 최외각 에너지준위에서 짝을 이루지 못한 전자(붉은색) 1개를 가지고 있으며 다른 전자가 첨가되어 에너지준위를 채우면 음전하를 띠는 염소 이온(Cl^-)이 형성된다.

금속성 소듐과 기체성 염소를 함께 섞으면 빠르고 강하게 반응하여 소듐 원자는 산화되어 염소 원자에 전자를 주어 염소 원자를 환원시키고 소듐 이온(Na^+)과 염소 이온(Cl^-)을 형성한다. 소듐 이온(Na^+)과 염소 이온(Cl^-)은 서로 반대 전하의 전기적 인력으로 인해 서로 결합하여 전기적 중성을 띠는 **이온 화합물**(ionic compound)인 NaCl을 형성한다. 이때 전기적 인력은 소듐 이온(Na^+)과 염소 이온(Cl^-) 사이에서 개별적으로 직접 작용하지 않으므로, 개별적인 염화소듐 분자를 형성하지 않는다. 대신에 어떤 하나의 이온이 반대 전하를 띠는 모든 주변 이온들과 작용하여 기하학적인 특정 배열을 가지는 결정체로 뭉쳐진다. 이러한 결정체는 우리가 알고 있는 소금 결정체이다. 만약 소금(NaCl)을 물에 넣으면 물 분자의 전기적 인력이 소금 결정체를 이루고 있는 이온들의 결합을 방해하여, 소금은 소듐 이온(Na^+)과 염소 이온(Cl^-)으로 해리된다.

생명계는 항상 물을 포함하고 있기 때문에 이온 결정체보다 이온이 더 중요하게 작용한다. 생물체에서 중요한 이온 중 칼슘 이온(Ca^{2+})은 세포 신호전달에 관여하고, 포타슘 이온(K^+)과 소듐 이온(Na^+)은 신경자극 전도에 관여한다.

공유결합은 안정한 분자를 형성한다

공유결합(covalent bonds)은 두 원자가 1개 또는 그 이상의 원자가 전자들을 공유하면서 형성된다. 기체인 수소 원자는 짝을 이루지 못한 전자 1개가 최외각 에너지준위를 채우지 못해 수소 원자가 불안정 상태이다. 그러나 2개의 수소 원자가 근접하면 두 원자핵의 각 전자를 서로 공유하여 2원자 분자(diatomic molecule)의 수소(H_2)가 만들어진다. 수소 분자는 다음과 같은 3가지 이유로 안정하게 된다.

1. **순전하(net charge)를 띠지 않는다.** 전자의 공유로 형성된 2원자 분자는 2개의 양성자와 2개의 전자로 형성되어 전자를 띠지 않는다.
2. **8전자 규칙을 만족한다.** 2개의 수소 원자는 각각의 최외각 에너지준위에서 2개의 전자를 가지는 것과 같다. 공유된 전자는 두 원자핵을 돌고 두 원자의 최외각 에너지준위를 채우고 8전자 규칙을 만족시킨다.
3. **짝을 이루지 못한 전자가 없다.** 두 원자들 사이의 결합으로 2개의 자유전자들이 짝을 이룬다.

이온결합과 달리 공유결합은 두 원자들 사이의 결합으로 새로운 분자를 형성한다.

공유결합의 세기

공유결합의 세기는 공유된 전자들의 수에 좌우된다. 두 원자가 두 쌍의 전자를 공유하여 8의 법칙을 만족하는 **2중결합**(double bond)은 전자 한 쌍을 공유하는 **단일결합**(single bond)보다 더 강하다. 실제로 단일결합보다 2중결합을 끊는 데 더 많은 에너지가 필요하다. 가장 강한 공유결합은 **3중결합**(triple bond)으로, 2개의 질소 원자가 연결되어 질소 기체 분자(N_2)를 형성한다.

화학식에서 공유결합은 원자를 연결하는 선으로 나타내며, 두 원자들 사이에 연결된 각 선은 한 쌍의 전자를 공유하는 것을 의미한다. 수소 기체와 산소 기체의 **구조식**(structural formula)은 H−H와 O=O로 각각 나타내고, 그들의 **분자식**(molecular formula)은 H_2와 O_2이다. 질소(N_2)의 화학식은 N≡N로 나타낸다.

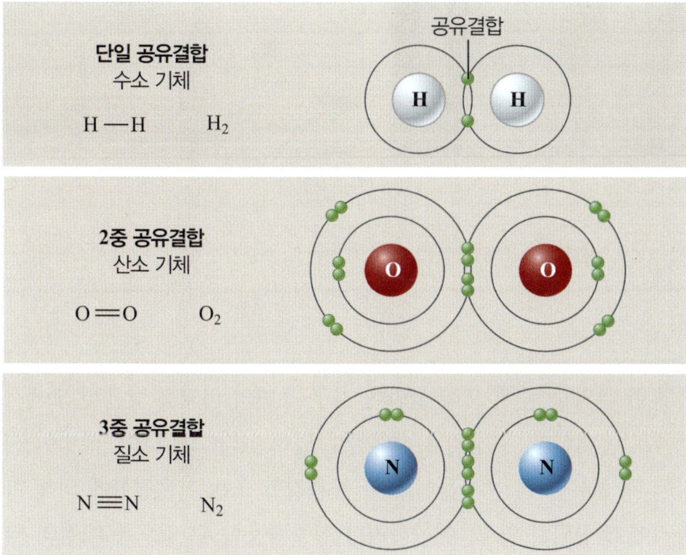

여러 개의 공유결합을 가지는 분자들

수많은 생체 화합물은 2개 이상의 원자로 이루어져 있다. 원자는 최외각 에너지준위를 완전히 채우기 위해서 2개, 3개 또는 4개의 전자를 추가적으로 요구하는데, 이들은 2개 이상의 다른 원자의 전자를 공유함으로써 얻을 수 있다. 예를 들어, 탄소 원자는 6개의 전자를 가지며 이들 중 4개는 최외각 에너지준위에 위치하고 짝을 이루지 않고 있으므로, 8전자 규칙을 만족하기 위해 탄소 원자는 반드시 4개의 공유결합을 형성해야 한다. 4개의 공유결합은 다양한 종류의 원자들과 결합하여 이산화탄소(CO_2), 메테인(CH_4), 에탄올(C_2H_5OH) 분자를 형성한다.

극성과 비극성 공유결합

원자는 전자에 따라 서로 다른 친화력을 갖는데, 이를 **전기음성도**(electronegativity)라고 한다. 일반적으로, 전기음성도는 원소 주기율표에서 왼쪽에서 오른쪽으로 갈수록 증가되고 위에서 아래로 갈수록 감소된다. 따라서 오른쪽 맨 위쪽의 원소들이 가장 높은 전기음성도를 가진다.

예를 들어, 2개의 수소 또는 2개의 산소 원자들 사이의 전자에 대한 친화력은 같으므로 전자들도 동등하게 공유되는데 이를 **비극성**(nonpolar) 공유결합이라고 한다. 이렇게 형성된 H_2와 O_2와 같은 화합물을 비극성 분자라고 한다.

전기음성도가 매우 다른 원자들은 전자를 동등하게 공유하지 않는다. 공유된 전자는 전기음성도가 더 큰 원자 쪽에 더 가까이 위치하고 전기음성도가 낮은 원자에 덜 가까이 위치하는 경향이 있다. 따라서 분자가 전기적으로 중성(동일한 수의 양성자와 전자)일 경우라도 전하의 분포는 균등하지 않다. 이러한 불균등한 분포는 전기음성도가 높은 원자 주위에 부분적으로 음전하 영역이 생기고 전기음성도가 낮은 원자 주위에 부분적으로 양전하 영역을 야기하는데, 이를 **극성 공유결합**(polar covalent bond)이라고 하고 이렇게 형성된 분자를 극성 분자라고 한다. 극성 분자의 부분적인 전하는 일반적으로 그리스어 소문자 델타(δ)로 나타낸다. 극성 공유결합에서 부분적인 전하는 이온 전하보다 훨씬 약하다. 생체 분자에서 몇몇 중요한 원자들의 상대적인 전기음성도를 고려하여 결합의 극성을 예측할 수 있다(**표 1.2**). 탄소와 수소의 전기음성도 차이는 낮아 무시될 수 있으므로 탄소(C)-수소(H) 결합은 비극성으로 간주한다.

표 1.2 주요 원자들의 상대적인 전기음성도

원자	전기음성도
O	3.5
N	3.0
C	1.5
H	1.1

물의 화학적 성질은 중요하므로 극성과 비극성 분자의 특성을 1.4절에서 다룬다. 물(H_2O)은 산소 원자 주위에 많은 전자들이 집중되어 있어 극성 분자이다.

화학반응은 화학결합을 변화시킨다

화학반응(chemical reaction)은 화학결합의 형성과 분해를 의미한다. 모든 화학반응은 한 분자 또는 이온 화합물의 원자가 다른 원자로 이동하는데, 이 과정에서 원자의 수 또는 성질은 변하지 않는다. 화학반응이 시작되기 전의 분자를 **반응물**(reactant)이라고 하고, 화학반응에서 생성된 분자를 **생성물**(product)이라고 부른다. 예를 들어,

$$6H_2O + 6CO_2 \longrightarrow C_6H_{12}O_6 + 6O_2$$
$$\text{반응물} \longrightarrow \text{생성물}$$

위의 화학반응은 물과 이산화탄소가 결합하여 포도당과 산소를 생성하는 광합성 반응(7장 참조)을 단순화시킨 것이다.

화학반응은 3가지 주요 인자들에 의해 일어난다.

1. **온도**: 반응물에 열을 가하면 반응물들 사이의 충돌 빈도가 높아져 반응속도가 증가한다. (온도는 분자를 파괴할 정도로 높지 않아야 한다.)
2. **반응물과 생성물의 농도**: 반응물이 많을수록 충돌 빈도가 높아져 반응속도가 증가된다. 일반적으로 생성물이 축적되면 반응속도는 느려지고 가역반응에서 역방향 반응이 빨라진다.
3. **촉매**: 촉매(catalysts)는 반응속도를 증가시키는 물질이다. 반

a. 고체

b. 액체

c. 기체

그림 1.10 다양한 형태의 물.
a. 물은 0℃ 이하로 냉각되면 아름다운 결정체인 눈과 얼음을 생성한다. *b.* 얼음은 0℃ 이상일 때 다시 액체로 전환된다. *c.* 액체성 물은 100℃ 이상일 때 수증기가 된다[미국 옐로스톤국립공원(Yellowstone National Park)의 온천].

응물과 생성물 사이의 반응평형에 영향을 주지 않지만, 반응평형에 도달하는 소요 시간을 단축시킨다. 생물체에서 효소라고 불리는 단백질은 거의 모든 화학반응에 촉매 역할을 한다.

자연계에서 일어나는 많은 반응들은 가역반응으로, 생성물이 반응물이 되어 역으로 일어날 수 있다. 앞서 언급된 광합성 반응은 역으로 표현할 수 있다.

$$C_6H_{12}O_6 + 6O_2 \longrightarrow 6H_2O + 6CO_2$$

반응물 → 생성물

위 반응은 세포호흡(cellular respiration)에 의해 포도당 산화를 단순화시킨 것으로, 포도당이 분해되어 산소에 존재하는 물과 이산화탄소로 전환되는데, 이 반응은 거의 모든 생물체에서 일어난다.

핵심 요약 1.3

이온 화합물에서 이온결합은 반대 전하들 사이의 인력이다. 공유결합은 두 원자가 1개 또는 그 이상의 전자쌍을 공유할 때 형성된다. 복잡한 생체 화합물은 1개 또는 그 이상의 공유결합을 형성할 수 있는 대부분의 원자(C, H, O, N)들에 의해 형성된다. 극성 공유결합은 전자의 불균등한 공유에 의해 형성된다. 비극성 공유결합은 전자의 균등한 공유에 의해 형성된다.

■ 극성 공유결합은 이온결합과 어떻게 다를까?

1.4 물: 필수 화합물

학습 목표

1. 물이 수소결합을 할 수 있는 원리를 설명할 수 있다.
2. 물의 응집력과 부착력에 대해 설명할 수 있다.

흔한 분자들 중에 오직 물만이 지구 표면의 비교적 낮은 온도에서 액체로 존재한다. 지구의 3/4이 물로 덮여 있다(**그림 1.10**). 생명이 시작될 때 물은 다른 분자들이 강한 공유결합 또는 이온결합에 의해 한 자리에 고정되지 않고, 이동하거나 상호작용할 수 있도록 매질의 역할을 하였다. 생명은 육지로 이동하기 전 20억 년 동안 물속에서 진화했다. 현재에도 물은 생명에서 떼려고 해도 뗄 수 없는 관계에 있다. 물은 생물체의 약 2/3를 차지하고 있으며, 모든 생물체들은 성장과 증식을 위하여 생체 내부 또는 외부에 물이 풍부한 환경을 필요로 한다. 따라서 열대우림은 생기로 가득 차 있으나, 메마른 사막이 폭우가 지나간 이후를 제외하고 거의 생기가 없는 것은 우연이 아니다.

물 분자의 구조는 수소결합을 용이하게 한다

물 분자는 1개의 산소 원자와 2개의 수소 원자가 단일 공유결합에

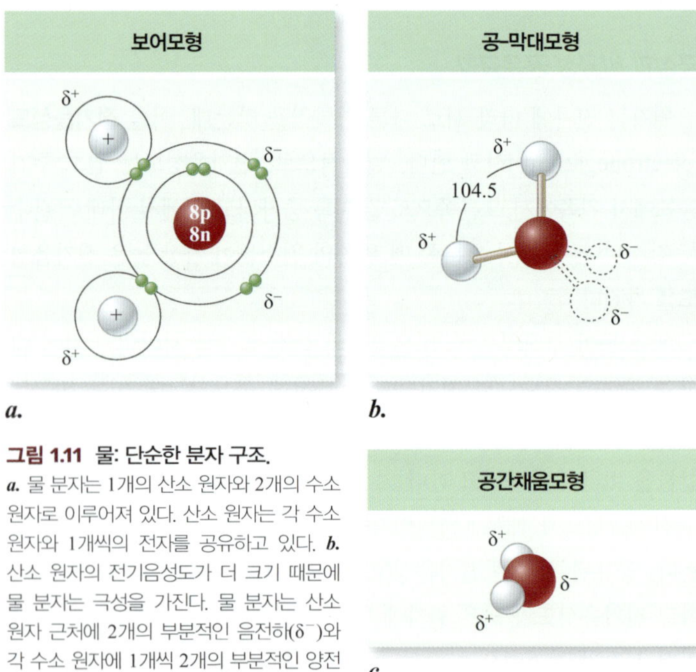

그림 1.11 물: 단순한 분자 구조.
a. 물 분자는 1개의 산소 원자와 2개의 수소 원자로 이루어져 있다. 산소 원자는 각 수소 원자와 1개씩의 전자를 공유하고 있다. *b.* 산소 원자의 전기음성도가 더 크기 때문에 물 분자는 극성을 가진다. 물 분자는 산소 원자 근처에 2개의 부분적인 음전하(δ⁻)와 각 수소 원자에 1개씩 2개의 부분적인 양전하(δ⁺)를 가진다. *c.* 공간채움모형은 물 분자가 어떻게 보일 수 있는지를 나타낸다.

의해 연결된 단순한 분자 구조를 가진다(**그림 1.11**). 물 분자는 짝을 이루지 못한 전자가 없고 전기적 전하를 띠지 않아 매우 안정한 분자이다. 산소의 전기음성도는 수소보다 매우 크므로(**표 1.2**), 이들 사이의 결합은 극성이다. **이러한 물 분자의 극성은 화학반응과 생물체의 작용에 중요한 역할을 한다.**

물의 가장 중요한 화학적 성질 중 하나는 **수소결합**(hydrogen bond)인데, 이는 2개의 물 분자에서 부분적으로 음전하를 띠는 산소 원자와 부분적으로 양전하를 띠는 수소 원자 사이의 약한 결합이다. 이들 수소결합은 너무 약해 안정한 분자를 형성할 수 없지만, 다수의 약한 결합이 합쳐 단단한 결합을 형성할 수 있다. 수소결합의 강도는 공유결합의 5~10%에 불과하지만, DNA와 단백질 구조에 중요한 역할을 하고 생물체에서 대부분의 화학반응에 관여한다. 물 분자의 모양에서 2개의 공유결합은 양 말단에 부분적인 전하를 갖는데, δ^-는 산소 끝에 위치하고 δ^+는 수소 끝에 위치한다. 이들 전하들은 2개의 음전하와 2개의 양전하가 서로 거의 같은 거리에 있는 **정사면체**(tetrahedron, 바닥이 삼각형인 피라미드 모양)의 가장 안정한 배열을 가진다. 산소 원자는 정사면체의 중심에 위치하고 수소 원자는 두 꼭짓점에 위치하면서 부분적인 음전하는 나머지 두 꼭짓점에 위치한다(**그림 1.11*b***). 물 분자의 부분적인 음전하는 부분적인 양전하보다 더 많은 공간을 차지하고 있어 산소-수소(O-H)의 결합각도가 약간 압축되어 나타난다.

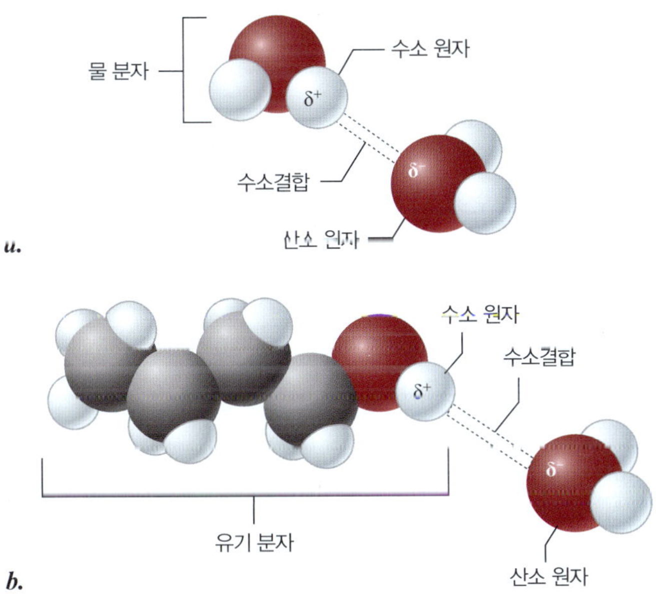

그림 1.12 수소결합의 구조.
a. 2개의 물 분자들 사이의 수소결합. ***b.*** 유기 분자(*n*-부탄올)와 물 분자 사의 수소결합. *n*-부탄올의 수소 원자는 물의 산소 원자와 수소결합을 형성한다. 이러한 수소결합은 수소 원자보다 전기음성도가 더 큰 원자와 만나면 언제나 가능하다(**표 1.2** 참조).

그림 1.13 응집력.
소금쟁이와 같은 일부 곤충들은 물위를 걸을 수 있다. 물의 표면장력이 한 다리의 힘보다 더 크기 때문에 소금쟁이는 물에 가라앉기보다 물 표면에서 미끄러지듯이 움직일 수 있다. 물의 높은 표면장력은 물 분자들 사이의 수소결합에 의해 생겨난다.

물 분자는 응집력을 가진다

물 분자의 극성으로 인해 물 분자들은 서로 끌어당기는데, 이를 물 분자의 **응집력**(cohesive force)이라고 한다. 이때 물 분자의 산소 말단(δ^-)은 다른 물 분자의 수소 말단(δ^+)을 끌어당겨 물 분자들 사이에 수소결합이 생성된다(**그림 1.12**). 수소결합은 매우 약하고 일시적이라 평균 10^{-11}초 동안만 유지된다. 그러나 다수의 수소결합이 함께 작용한다면 큰 힘을 발휘할 수 있다. 물 분자는 풍부한 수소결합을 가지고 있는데, 이는 물 분자의 중요한 물리적 특성들과 관련이 있다(**표 1.3**).

물 분자의 응집력은 적절한 온도에서 기체가 아닌 액체 상태로 유지시킨다. 액체 상태의 물 분자 응집력은 **표면장력**(surface tension)과 관련이 있는데, 이로 인해 공기와 접촉하는 표면의 물 분자들이 수면 아래에서 수소결합을 형성하여 작은 곤충들이 물 위를 걷을 수 있다(**그림 1.13**).

물 분자는 부착력을 가진다

물 분자는 극성으로 인해 다른 극성 분자에 끌려가기도 하는데, 이를 **부착력**(adhesive force)이라고 한다. 물은 수소결합을 할 수 있는 모든 물질에 부착할 수 있기 때문에 극성 분자를 포함하는 물질은 물에 넣으면 젖지만, 오일과 같은 비극성 분자는 물에 젖지 않는다.

물 분자가 표면 전하를 띠는 물질에 끌리는 것은 모세관 현상과 관련이 있다. 좁은 지름을 가지는 유리관을 비커의 물에 담그면, 유리관의 물은 비커의 물보다 높이 올라간다. 즉 유리 표면의 물 분자의 부착력이 중력보다 강하기 때문에 위로 끌려 올라가게 된다. 유리관이 좁을수록 물 분자와 유리 표면의 전기적 힘이 커져서 물 높이가 더 높이 올라간다(**그림 1.14**).

표 1.3 물의 특성

특성	설명	생명에 이로운 예
응집력	수소결합이 물 분자들을 뭉치게 한다.	잎이 뿌리에서 물을 끌어 올린다. 종자가 부풀고 발아한다.
높은 비열	수소결합이 끊어질 때 열을 흡수하고 형성될 때 열을 방출하여 온도 변화를 최소화한다.	물은 생명체와 환경의 온도를 안정화한다.
높은 기화열	다수의 수소결합이 끊어져야 물이 증발된다.	물의 증발은 몸 표면의 온도를 낮춘다.
얼음의 낮은 밀도	얼음 결정에서 물 분자는 수소결합 때문에 비교적 멀리 떨어져 있다.	얼음은 물보다 밀도가 낮으므로 호수의 물이 다 얼지 않아 물고기와 다른 생명체들이 겨울에 생존할 수 있다.
용해도	극성인 물 분자는 이온이나 극성 화합물을 끌어당겨 이들을 물에 녹인다.	많은 분자들이 세포 내로 자유롭게 이동하여 다양한 화학반응이 일어날 수 있도록 한다.

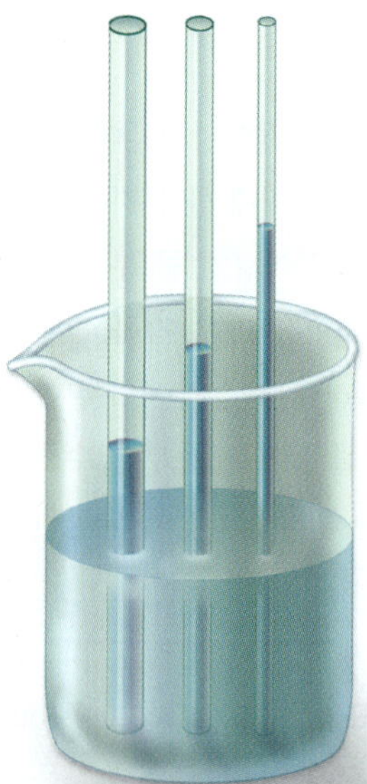

그림 1.14 부착력.
모세관 현상은 좁은 유리관의 물을 주변 물 높이보다 더 높게 상승시킨다. 이는 물이 유리관 표면에 부착되어 중력의 힘보다 더 강하게 물을 위로 끌어올리기 때문이다. 유리관의 직경이 좁을수록 일정량의 물이 부착할 수 있는 표면적이 더 커지므로 물은 유리관에서 더 높이 올라간다.

핵심 요약 1.4

물 분자의 극성 공유결합으로 인해 물 분자들 사이에서 또는 물 분자와 다른 극성 분자 사이에서 수소결합을 형성할 수 있다. 수소결합은 물의 응집력의 주된 원인이고, 이들 힘에 의해 물 분자들은 서로 잡고 있다. 물의 부착력은 다른 극성 분자와 서로 달라붙는 능력이다. 모세관 현상은 물의 부착력과 응집력에 의해서 발생된다.

- 물 분자가 수소(H)와 산소(O) 대신에 탄소(C)와 수소(H)로 이루어진다면 물의 응집력과 부착력이 여전히 존재할까? 그렇다면 혹은 그렇지 않다면 그 이유는 무엇일까?

1.5 물의 특성

학습 목표

1. 수소결합이 어떻게 물의 특성에 영향을 주는지 설명할 수 있다.
2. 생물체에서 물의 독특한 특성이 어떻게 작용하는지 설명할 수 있다.
3. 물이 해리되어 생성되는 산물을 설명할 수 있다.

물은 높은 비열과 높은 기화열을 통해 온도를 조절한다. 물은 액체보다 고체 상태일 때 더 낮은 밀도를 가지는 특이한 성질을 지닌다. 물은 극성 분자의 용매로 작용하고 비극성 분자를 모으는 역할도 한다. 이러한 물의 특성들은 물 분자의 극성 때문에 생겨난다.

물의 높은 비열은 온도를 일정하게 유지하는 데 도움을 준다

어떤 물질의 온도는 각 분자들이 얼마나 빨리 움직일 수 있는지를 나타내는 척도이다. 물 분자들은 수소결합에 의해 서로 연결되어 있는데 이를 끊으려면 많은 양의 열에너지가 필요하므로 물은 높은 **비열**(specific heat)을 가진다. 비열은 1 g의 물질을 1℃ 변화시키는 데 필요한 열량을 의미하는데, 즉 물질이 열을 흡수 또는 방출할 때 온도 변화에 대해 얼마나 견딜 수 있는지에 대한 척도이다. 극성 물질은 수소결합을 형성하는 경향이 있어 극성이 높을수록 비열이 높아진다. 물의 비열(1 calorie/g/℃)은 탄소화합물보다 2배, 철보다 9배가 높다. 물보다 더 높은 극성을 가지는 암모니아는 매우 강한 수소결합을 형성하므로 물보다 비열(1.23 cal/g/℃)이 높다. 물 온도가 0℃에서 100℃로 높아지면 20%의 수소결합이 끊어진다.

물은 높은 비열을 가지기 때문에 다른 화합물보다 더 느리게 가열되고 더 오랫동안 온도를 유지한다. 이러한 물의 높은 비열은 높은 물 함량을 가지는 생물체의 내부 온도를 비교적 일정하게 유지한다. 또한 물은 세포 내의 화학반응에 의해 생겨나는 열을 흡수하여 세포 파괴를 막는다.

물의 높은 기화열은 냉각을 용이하게 한다

기화열(heat of vaporization)은 물질 1 g을 액체에서 기체로 전환하는 데 필요한 열량으로 나타낸다. 예를 들어, 액체인 물이 기체가 되기 위해서는 수많은 수소결합을 끊어야 하는데 이때 대략 586 cal의 열량이 필요하다. 물이 증발되면 표면을 냉각시키는데, 많은 생물체들은 땀을 흘리는 것과 같이 증발 냉각에 의해 과다한 체열을 방출한다.

고체성 물은 액체성 물보다 밀도가 낮다

낮은 온도에서 물 분자들은 수소결합에 의해 결정체와 같은 격자로 고정되어 고체 얼음을 형성한다(**그림 1.10***a*). 흥미롭게도 수소결합은 얼음에서 물 분자들을 비교적 멀리 떨어져 있게 하기(부피 증가) 때문에 얼음의 밀도는 액체성 물보다 낮다. 이와 같은 특이적 성질은 빙산이 물에 뜰 수 있도록 한다. 물이 이러한 특성을 가지지 않았더라면, 지구상의 대부분의 물이 얼음으로 존재하고 매년 얇은 표면만이 녹을 것이다. 물이 위에서 아래로 얼기 때문에 얼음의 부력은 생태계에서 중요한 역할을 한다. 겨울의 호수 표면에 얼음이 떠 있고 얼음 아래의 물은 액체로 남아 있기 때문에 물고기와 다른 생물체들이 얼지 않고 살 수 있다.

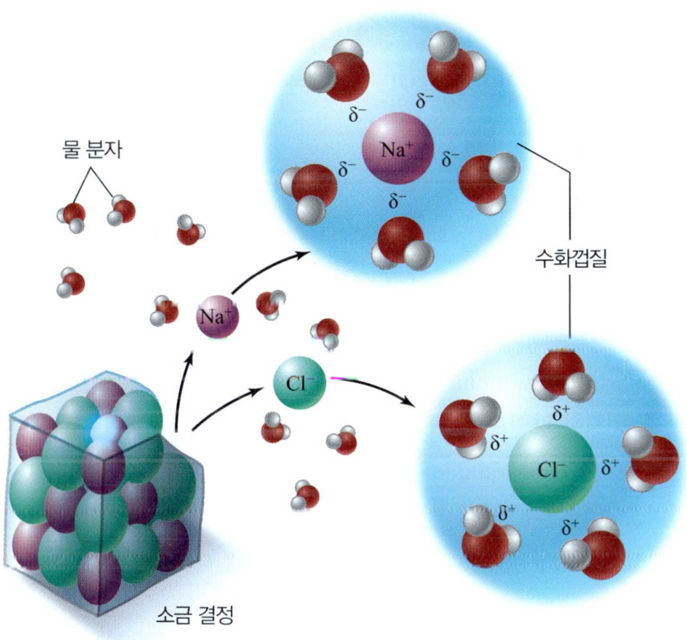

그림 1.15 소금이 물에 녹는 이유.
소금 결정이 물에 녹으면 Na^+와 Cl^-가 소금 격자에서 떨어지며 물 분자에 의해 둘러싸인다. 물 분자의 부분적인 음전하 극은 양전하를 띠는 Na^+ 주변으로 배치되고, 물 분자의 부분적인 양전하 극은 음전하를 띠는 Cl^- 주변으로 배치된다. 이처럼 수화껍질로 둘러싸인 Na^+와 Cl^-는 소금 격자로 다시 돌아갈 수 없다.

극성 분자와 이온 분자는 물에 잘 녹는다

물 분자는 이온 또는 극성 분자와 같은 전기적 전하를 가지는 물질을 가까이에 끌어모을 수 있다. 예를 들어, 설탕은 하이드록실기(OH)를 가지는 분자들로 이루어져 있는데, 이들 하이드록실기는 물 분자와 수소결합을 형성하여 설탕 결정체를 물에 쉽게 녹일 수 있다. 이를 설탕이 물에 **용해**(soluble)되었다고 하며, 이때 물은 **용매**(solvent), 설탕은 **용질**(solute)이라고 말한다. 설탕 분자가 녹거나 설탕 결정체로부터 깨져서 나오면 물 분자들이 그들 주위를 둘러싸 설탕 분자들과 뭉쳐지는 것을 막도록 **수화껍질**(hydration shell)을 형성한다. 수화껍질은 소듐 이온(Na^+) 및 염소 이온(Cl^-)과 같은 이온 주위에도 형성된다(**그림 1.15**).

물은 비극성 분자를 응집시킨다

물 분자는 항상 최대한 많은 수소결합을 형성하려는 경향이 있다. 기름은 물과 수소결합을 형성하지 않는 비극성 분자로 물 분자를 배척하여 서로 응집 또는 덩어리진다. 이처럼 물과의 접촉을 피하려는 비극성 분자를 **소수성**(hydrophobic, 그리스어로 "물"을 뜻하는 *hydros*와 "두려움"을 뜻하는 *phobos*가 합쳐진 글자)이라고 하고, 그에 비해 물과 쉽게 수소결합을 형성하는 극성 분자를 **친수성**(hydrophilic, "물을 좋아하는")이라고 한다. 비극성 분자가 물에서 응집하려는 성질을 **소수성배제**(hydrophobic exclusion)라고 한다. 이때 비극성 분자의 소수성 부위들이 강제로 뭉쳐져 비극성 분자들의 특정 형태를 취하도록 한다. 이러한 물의 특성은 단백질, DNA, 그리고 생체막 구조에 영향을 준다. 이러한 비극성 분자와 물의 상호작용은 생명계에서 매우 중요한 역할을 한다.

물은 이온화된다

물 분자의 수소 원자와 산소 원자를 연결하는 공유결합은 자발적으로 끊어진다. 25°C의 순수한 물에서 5억 5천만 물 분자 중 오직 1분자가 자발적으로 공유결합이 끊어져 양성자(수소 원자핵) 1개가 떨어진다. 이때 떨어져 나간 양성자는 공유할 수 있는 전자가 부족하여 더 이상 전하 균형을 맞추지 못하고 수소 이온(H^+)이 되고, 남은 분자는 공유결합에 의해 전자가 유지되어 음전하를 띠는 수산화 이온(OH^-)이 된다. 이러한 자발적인 이온 형성의 과정을 **이온화**(ionization)라고 한다.

$$\underset{\text{물}}{H_2O} \longrightarrow \underset{\text{수산화 이온}}{OH^-} + \underset{\text{수소 이온(양성자)}}{H^+}$$

25℃에서 1 L의 물은 10^{-7}몰의 수소 이온을 가진다. **몰**(mole)은 물질의 무게인 g(그램)으로 나타내는데, 이는 한 분자의 물질이 가지는 모든 원자의 원자량과 같다. 수소 이온(H^+)의 원자량은 1이므로 1몰의 수소 이온은 1 g의 무게를 가진다. 모든 물질의 1몰은 항상 6.02×10^{23}개의 입자를 포함한다. 따라서 순수한 물에서 수소 이온의 **몰농도**(molar concentration)는 $[H^+]$로 나타내며 수소 이온의 몰농도는 10^{-7} mol/L이다. (실제로 H^+는 일반적으로 다른 물 분자와 결합하여 하이드로늄 이온(H_3O^+)을 형성한다.)

핵심 요약 1.5

물은 높은 비열을 가지므로 물의 온도는 빠르게 변화되지 않는다. 이로 인해 생물체들은 거의 일정한 온도를 유지할 수 있다. 물의 높은 기화열 때문에 증발에 의해 온도는 낮출 수 있다. 고체성 물(얼음)은 물 분자들 간의 수소결합이 더 멀리 떨어져 있으므로 액체성 물보다 밀도가 더 낮다. 극성 분자는 물에 녹지만, 물 분자는 비극성 분자를 배제하려는 경향이 있다. 물 분자는 해리되어 수소 이온(H^+)과 수산화 이온(OH^-)을 형성한다.

■ 얼음이 물에 뜬다는 사실은 호수의 생물체들에게 어떠한 영향을 주었을까?

1.6 산과 염기

학습 목표

1. 산, 염기, 그리고 pH 척도를 정의할 수 있다.
2. pH 변화에 따른 수소 이온(H^+) 농도의 변화를 설명할 수 있다.

용액에서 수소 이온과 수산화 이온 농도는 각각 **산성**(acidity)과 **염기성**(basicity)으로 나타낸다. 10^{-7} mol/L의 $[H^+]$를 가지는 순수한 물은 산성도 아니고 염기성도 아닌 중성이다. 물 분자가 해리되면

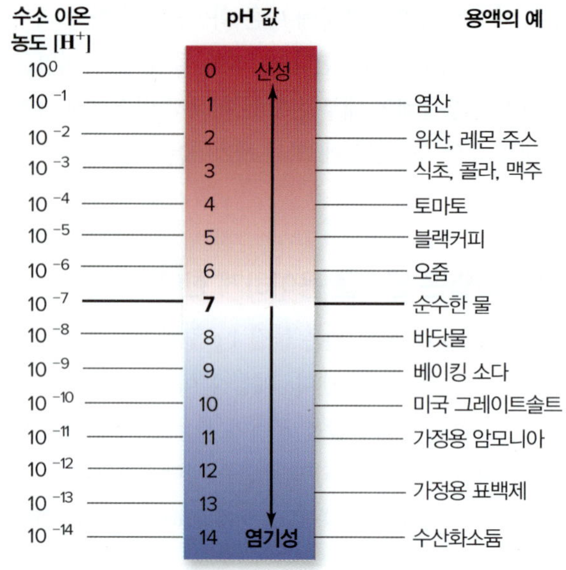

그림 1.16 pH 척도.
용액의 pH값은 수소 이온의 농도를 나타낸다. 용액의 pH가 7 이하이면 산성이고, 7 이상이면 염기성이다. pH는 로그함수이므로, pH 1의 차이는 수소 이온 농도의 10배 차이를 나타낸다. 따라서 레몬 주스는 토마토 주스보다 100배 더 산성이고 바닷물은 pH 7인 순수한 물보다 10배 더 염기성이다.

수소 이온(H^+)과 수산화 이온(OH^-)이 형성되므로 중성인 물은 동일한 양의 H^+와 OH^-를 가진다.

pH 척도는 수소 이온의 농도를 나타낸다

용액의 수소 이온 농도를 나타내는 **pH 척도**(pH scale)(**그림 1.16**)의 pH는 'power of hydrogen'의 약자로 수소 이온 농도의 음성 로그 함수로 나타낸다.

$$pH = -\log [H^+]$$

수소 이온 농도의 로그는 단순히 H^+의 몰농도 지수를 나타내며 pH는 지수 곱하기 -1과 같다. 따라서 물은 수소 이온의 농도가 10^{-7}이므로 pH7로 나타내는데, 이때를 H^+와 OH^- 사이의 균형을 이루는 중성점(neutral point)이라고 부른다. 이와 같은 균형은 물이 해리될 때 동일한 양의 H^+와 OH^-가 생성된다.

pH는 **로그**(logarithmic)함수이므로 pH값의 1 차이는 $[H^+]$의 10배 차이를 의미한다. 따라서 pH 4의 용액은 pH 5보다 10배의 $[H^+]$를 가지고 pH 6의 용액보다 100배의 $[H^+]$를 가진다.

산

물에 녹아 $[H^+]$를 증가시켜 pH가 낮아지는 물질을 **산**(acid)이라고 부른다. 산성이 강할수록 더 많은 수소 이온을 생성하여 pH가 더 낮아진다. 예를 들어, 사람의 위에 풍부한 염산(HCl)은 물에 완전히

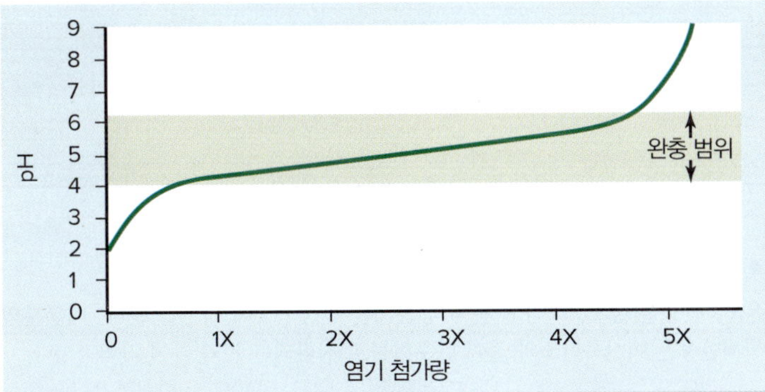

그림 1.17 pH 변화를 최소화시켜 주는 완충액.
용액에 염기를 가하면 산의 일부를 중화시켜 pH 값이 올라간다. 따라서 pH 곡선이 오른쪽으로 갈수록 더 많은 염기가 소요되고 pH가 점점 높아진다. 완충액은 pH 곡선이 아주 천천히 높아지거나 낮아지는 구간을 형성하는데, 이를 완충액의 완충 범위라고 부른다.

자료 분석 *x*축의 간격을 염기 부피의 1이라고 한다면, pH가 4에서 6으로 변화되기 위해서 몇 염기 부피가 첨가되어야 하는가?

이온화된다. 10^{-1} mol/L의 염산은 10^{-1} mol/L의 H^+를 생성하여 pH 1의 용액이 된다. 탄산이 녹아서 거품이 일어나는 샴페인의 pH는 약 2이다.

염기

물에 녹아 H^+와 결합하여 $[H^+]$를 낮추는 물질을 **염기**(base)라고 부른다. 따라서 염기(또는 알칼리) 용액은 pH 7 이상을 가진다. 매우 높은 염기인 수산화소듐(NaOH)은 pH 12 이상이며, 암모니아와 표백제는 pH가 높아 흔히 세제로 사용된다.

완충액은 pH 변화를 최소화한다

대부분의 살아 있는 세포 내와 다세포 주위의 pH는 거의 중성인 7에 가깝다. 생물체에서 대부분의 효소들은 pH에 매우 민감하여, 심지어 작은 pH 변화에도 모양이 변화되어 활성을 잃어버린다. 이러한 이유로 세포의 pH가 일정하게 유지되는 것이 매우 중요하다.

그러나 세포 내의 화학반응은 끊임없이 산과 염기를 생성한다. 더욱이, 많은 동물들은 산성 또는 염기성 물질을 섭취한다. 예를 들어, 콜라는 비교적 강산성으로 섭취 시 H^+와 OH^-의 농도가 변함에도 불구하고 생물체의 pH는 완충액에 의해서 비교적으로 일정한 수준을 유지한다(**그림 1.17**).

완충액(buffer)은 pH 변화에 저항하는 물질로, 염기가 첨가되면 수소 이온을 방출하고 산이 첨가되면 수소 이온을 흡수하여 비교적으로 일정한 수준의 $[H^+]$를 유지한다.

생물체에서 대부분의 완충액은 산과 염기가 짝으로 이루어져 있다. 사람의 혈액에서 중요한 완충액은 산성인 탄산과 염기성인 중탄산염이 산-염기 짝으로 이루어져 있다. 이들 두 물질은 한 쌍의 가역 반응으로 상호작용하는데, 먼저 이산화탄소(CO_2)와 물(H_2O)이 결합하여 탄산(H_2CO_3)을 생성하고 다음으로 탄산이 해리되어 중탄산 이온(HCO_3^-)과 H^+를 생성한다.

산성 또는 다른 물질이 혈액에 녹아 H^+가 증가되면, HCO_3^-는 염기로 작용하여 과도한 H^+를 제거하기 위해 H_2CO_3를 생성한다. 비슷하게 염기성 물질이 혈액에 H^+를 제거하면 H_2CO_3를 해리하여 혈액에 H^+를 공급한다. 따라서 H_2CO_3와 HCO_3^-의 상호 전환에 의한 정반응과 역반응은 혈액의 pH를 안정하게 유지시킨다.

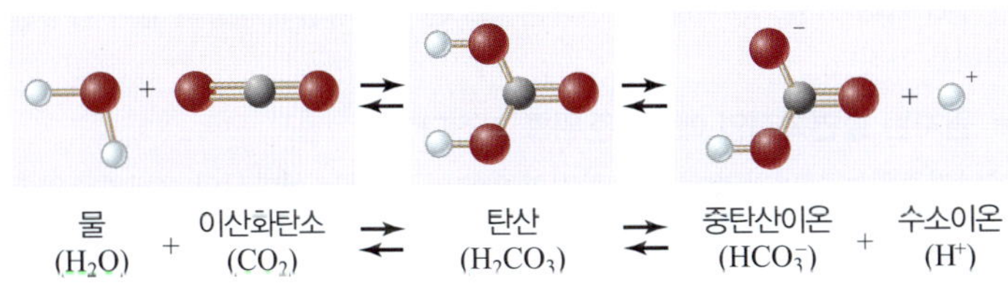

이산화탄소와 물이 탄산을 생성하는 반응은 생명에 필수적인 탄소를 대기에서 해양으로 공급하는 데 중요한 역할을 한다. 이로 인해 지구 해양은 탄소가 풍부해진다.

혈액 산성증(blood acidosis)은 혈액의 정상 pH를 7.4에서 7.1로 떨어뜨리는데, 이 경우에 즉시 치료하지 않으면 생명에 위험하다. 반대로 혈액 염기성증(blood alkalosis)은 혈액의 pH가 증가하는데, 이 역시 매우 심각하다.

핵심 요약 1.6

산성 용액은 높은 $[H^+]$를 가지고, 염기성 용액은 낮은 $[H^+]$ (높은 $[OH^-]$)를 가진다. 용액의 pH는 $[H^+]$의 음성 로그함수이다. 낮은 pH 값은 산성을 나타내고 높은 pH 값은 염기성을 나타낸다. pH의 작은 변화도 생명 유지에 위험을 줄 수 있다. 생물체의 완충액은 pH가 좁은 범위 내에서 유지될 수 있도록 도와준다.

■ pH 값의 2 변화는 $[H^+]$에서 어떤 변화를 나타낼까?

핵심 개념 요약

1.1 원자의 성질

모든 물질은 원자로 이루어져 있다(**그림 1.3**).

■ **원자 구조는 중심핵과 궤도를 도는 전자로 이루어져 있다**

전기적 중성인 원자는 동일한 수의 양성자와 전자를 가진다. 전자를 얻거나 잃은 원자를 이온이라고 부른다.

원자번호는 원소의 원자핵에 있는 양성자의 수로 정의한다. 원자 질량은 양성자와 중성자의 질량의 합이다. 동위원소는 중성자의 수 차이로 인해 하나의 원소에 다양한 원자 질량을 가진다. 방사선 동위원소는 불안정하다.

■ **전자는 원자의 화학적 성질을 결정한다**

전자의 위치에너지는 원자핵에서 거리가 멀어질수록 증가한다. 전자궤도는 확률 분포이다. *s* 궤도는 구형이고, 다른 궤도는 아령형인 *p* 궤도와 같이 다양한 형태를 가진다.

■ **원자는 불연속적인 에너지준위를 가진다**

에너지준위는 에너지의 양자와 관련이 있으며, 전자는 계단식의 에너지준위를 가진다.

원자로부터 전자를 잃는 것을 산화라고 부르며 전자를 얻는 것을 환원이라고 부른다. 전자는 산화-환원 반응에서 한 원자로부터 다른 원자로 이동할 수 있다.

1.2 생명계에서 발견되는 원소들

■ **주기율표는 원자번호와 특성에 따른 원소 배열을 나타낸다**

원자는 최외각 전자를 완전히 채우는 경향이 있다(8전자 규칙). 가장 바깥쪽 궤도가 채워진 원소는 비활성을 나타낸다.

자연계에는 94개의 원소가 존재하며, 그들 중 12개 원소는 탄소(C), 수소(H), 산소(O), 질소(N), 인(P), 황(S), 소듐(Na), 포타슘(K), 칼슘(Ca), 마그네슘(Mg), 철(Fe), 염소(Cl)로, 생물체에서 미량 이상으로 발견된다. 탄소화합물을 유기화합물이라고 부른다. 생물체에서 주요 분자들은 탄소(C)가 수소(H), 산소(O), 그리고 질소(N)와의 결합으로 이루어져 있다.

1.3 화학결합의 성질

분자는 화학결합에 의해 연결된 2개 이상의 원자들을 포함한다. 화합물은 2개 이상의 서로 다른 원소들로 이루어져 있다.

■ **이온결합은 결정체를 형성한다**

서로 반대 전하를 가지는 원자는 NaCl과 같이 이온결합을 형성한다(**그림 1.9***b*).

■ **공유결합은 안정한 분자를 형성한다**

공유결합으로 형성된 분자는 전하를 띠지 않고 8전자 규칙을 만족하고 짝을 이루지 못한 전자가 없기 때문에 안정하다. 공유결합은 공유된 전자들의 수에 따라 단일, 2중, 또는 3중결합이 형성된다. 비극성 공유결합은 원자들 사이의 전자들이 균등하게 공유되어 있다. 극성 공유결합은 전자들이 비균등하게 공유되어 있다.

■ **화학반응은 화학결합을 변화시킨다**

온도, 반응물 농도, 그리고 촉매의 존재는 반응속도에 영향을 준다. 대부분의 생체반응은 이산화탄소와 물이 탄수화물로 전환되는 것과 같이 가역적이다.

1.4 물: 생물체의 필수 화합물

■ **물 분자의 구조는 수소결합을 용이하게 한다**

수소결합은 한 분자에서 부분적으로 양전하를 띠는 수소와 다른 분자에서 부분적으로 음전하를 띠는 산소 사이의 약한 상호결합이다(**그림 1.11**).

■ **물 분자는 응집력을 가진다**

응집력은 물 분자들이 서로 수소결합으로 부착되는 경향이다. 물의 응집력은 표면장력의 주된 원인이다.

■ **물 분자는 부착력을 가진다**

부착력은 물 분자들이 다른 극성 분자들에 부착할 때 일어난다. 모세관 현상은 물이 좁은 관 표면에 부착되는 물의 부착력과 응집력으로 인해 일어난다.

1.5 물의 특성

■ **물의 높은 비열은 온도를 일정하게 유지하는 데 도움을 준다**

물 분자의 수소결합은 비열을 증가시키는 역할을 한다. 생물체는 주로 물로 이루어져 있어 온도가 빠르게 변화되지 않는다.

■ **물의 높은 기화열은 냉각을 용이하게 한다**

액체성 물이 기화되기 위해서는 물 분자들 간의 수소결합을 끊어야 하는데, 이때 많은 양의 에너지가 필요하다. 대부분의 생물체는 땀을 흘리는 것과 같이 증발 냉각을 통해서 과도한 열을 방출한다.

■ **고체성 물은 액체성 물보다 밀도가 낮다**

수소결합은 액체 상태보다 고체 상태에서 더 멀리 떨어져 있어 결과적으로 얼음이 물에 뜬다.

■ **극성 분자와 이온 분자는 물에 잘 녹는다**

물은 물 분자의 극성으로 인해 극성 물질과 이온의 훌륭한 용매가 된다. 극성 분자 또는 분자의 일부는 물 분자를 끌어당긴다(친수성). 비극성 분자는 물 분자를 배제한다(소수성). 물은 비극성 분자를 서로 뭉치게 만든다.

■ **물은 비극성 분자를 응집시킨다**

비극성 분자는 물을 피하기 위해 서로 뭉친다. 이것은 물 분자가 만들 수 있는 수소결합을 극대화한다. 이러한 소수성 배제는 DNA, 단백질, 그리고 생체막의 구조에 영향을 준다.

■ **물은 이온화된다**

물 분자는 수소 이온(H^+)과 수산화 이온(OH^-)으로 해리된다. 수소 이온(H^+)의 농도는 $[H^+]$로 나타내며, 순수한 물의 $[H^+]$는 10^{-7} mol/L이다.

1.6 산과 염기

■ pH 척도는 수소 이온의 농도를 나타낸다

pH는 $[H^+]$의 음성 로그 함수이다. 순수한 물의 pH는 7이다. pH 값의 1 차이는 $[H^+]$의 10배 차이를 의미한다.

산은 높은 $[H^+]$로 인해 낮은 pH를 가지며, 염기는 낮은 $[H^+]$로 인해 높은 pH를 나타낸다.

■ 완충액은 pH 변화를 최소화한다

이산화탄소와 물의 가역반응으로 탄산을 형성한다. 완충액은 수소 이온(H^+)을 흡수 또는 방출을 통해 pH 변화에 저항한다. 혈액의 주요 완충액은 탄산/중탄산염이다.

연습문제

■ 1단계: 이해력 확인하기

1. 한 원소의 원자(예, 탄소)와 다른 원소(예, 산소)의 원자를 구분하는 특성은 무엇인가?
   a. 전자의 수
   b. 양성자의 수
   c. 중성자의 수
   d. 양성자의 수와 중성자 수의 총합
2. 한 원자의 최외각 에너지준위에 1개의 전자를 가진다면 무엇을 형성하겠는가?
   a. 하나의 극성 공유결합
   b. 2개의 비극성 공유결합
   c. 2개의 공유결합
   d. 이온결합
3. 양전하를 띠는 원소의 설명 중 옳은 것은 무엇인가?
   a. 중성자보다 양성자를 더 가진다.
   b. 전자보다 양성자를 더 가진다.
   c. 중성자보다 전자를 더 가진다.
   d. 양성자보다 전자를 더 가진다.
4. 탄소-12와 탄소-14의 동위원소의 차이점은 무엇인가?
   a. 중성자의 수
   b. 양성자의 수
   c. 전자의 수
   d. 양성자의 수와 전자의 수
5. 다음 중 생물체에서 흔히 발견되는 원소들의 특징이 아닌 것은 무엇인가?
   a. 낮은 원자질량을 가진다.
   b. 21 이하의 원자번호를 가진다.
   c. 최외각 에너지준위에 8개의 전자를 가진다.
   d. 최외각 에너지준위에 1개 또는 그 이상의 전자가 부족하다.
6. 다음 중 이온결합에 관한 설명으로 올바른 것은 무엇인가?
   a. 원자가전자의 공유에 의해 형성된다.
   b. 원자가전자 사이의 인력에 의해 형성된다.
   c. 원자가전자 사이의 전기적 인력에 의해 형성된다.
   d. 반대 전하를 가지는 이온 사이의 인력에 의해 형성된다.
7. 다음 중 고농도의 수소 이온을 가지는 용액에 관한 설명으로 옳은 것은 무엇인가?
   a. 염기라고 부른다.
   b. 산이라고 부른다.
   c. 높은 pH를 가진다.
   d. 산이라고 부르고 높은 pH를 가진다.

■ 2단계: 적용력 평가하기

1. 원소 주기율표에서 양전하를 띠는 원자는 무엇인가?
   a. 플루오린(F)
   b. 네온(Ne)
   c. 포타슘(K)
   d. 황(S)
2. 그림의 원소는 몇 개의 공유결합을 형성할 수 있는가?

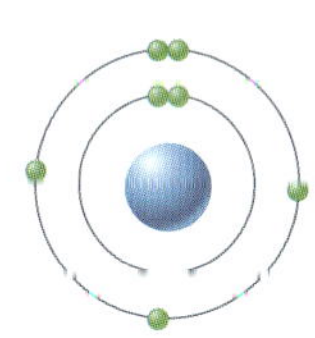

   a. 2개
   b. 3개
   c. 4개
   d. 0개

3. 다음 중 극성 공유결합을 가지는 분자의 설명으로 옳은 것은 무엇인가?
   a. 물에 녹는다.
   b. 물에 녹지 않는다.
   c. 매우 유사한 전기음성도를 가지는 원자들을 포함한다.
   d. 물에 녹지 않고 매우 유사한 전기음성을 가지는 원자들을 포함한다.
4. 다음 중 수소결합에 관한 설명으로 옳은 것은 무엇인가?
   a. 수소를 가지는 분자들 사이에서 형성된다.
   b. 물 분자들 사이에서만 형성된다.
   c. 수소가 극성 결합의 일부일 때 형성된다.
   d. 수소의 2개의 원자가전자들이 전자를 공유할 때 형성된다.
5. 오일과 식초를 잘 혼합한 후 놓아두면 두 층으로 나누어지는데 그 이유는 무엇인가?
   a. 비극성 오일이 물에 녹기 때문이다.
   b. 물이 오일과 수소결합을 형성하기 때문이다.
   c. 극성 오일이 물에 녹지 않기 때문이다.
   d. 비극성 오일이 물에 녹지 않기 때문이다.
6. 방사선 동위원소의 붕괴는 원자핵의 변화와 관련이 있다. 이것이 화학 반응 동안에 일어나는 원자의 변화가 어떻게 다른지 설명하시오.

■ 3단계: 사고력 함양하기

1. 원소 주기율표에서 어떻게 브로민(Br)과 리튬(Li) 반응을 예측할 수 있는가? 어떤 종류의 화합물이 생성되는가? 그리고 어떤 종류의 결합을 기대할 수 있는가?
2. 공상과학소설에서 인기 있는 주제는 현재의 탄소 기반의 생물체가 아닌 실리콘 기반의 생물체를 만드는 것이다. 실리콘 원자의 화학결합과 화학구조를 고려하여 실리콘 기반의 생물체의 가능성에 대해 설명하시오.
3. 화성에서 생명의 흔적을 찾기 위한 NASA의 노력은 생물체(살아있거나 화석의 증거)를 찾기보다 물의 존재에 더 집중하여 조사하고 있다. 지구에서 물이 생물체에 미치는 영향을 고려하여 이러한 NASA의 접근법에 대한 타당함을 설명하시오.

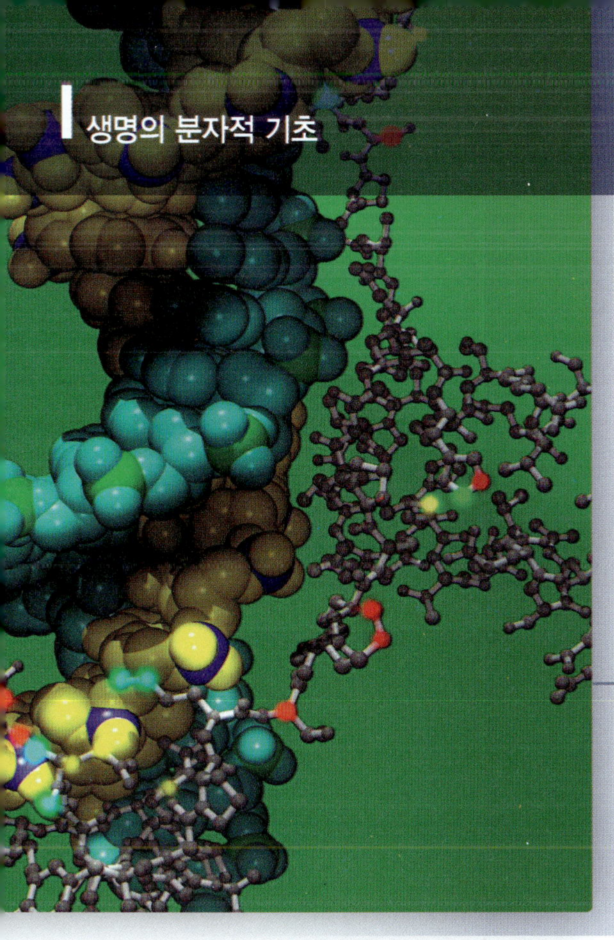

2

생명체의 화학적 구성

2.1 탄소: 생체 분자의 골격
2.2 탄수화물: 에너지 저장과 구조적 분자
2.3 핵산: 정보 분자
2.4 단백질: 다양한 구조와 기능을 가지는 분자
2.5 지질: 소수성 분자

도입

한 컵의 물에는 하늘의 별보다 더 많은 분자들이 있다. 그러나 수많은 생체 분자들은 물 분자보다 훨씬 크며, 이들은 수천 개 또는 수십억 개의 원자를 포함하는 긴 사슬로 이루어져 있다. 생체 내에서 합성되는 거대분자(macromolecule)는 크게 탄수화물, 핵산, 단백질, 그리고 지질의 4가지 종류로 구분되는데 이들은 모든 생물체의 기본적인 화학적 요소들이다.

지금은 이들 거대분자들의 존재가 당연하게 여겨지고 있지만 19세기 후반까지만 해도 생물체 내에서만 "생명력"이 가능하다고 생각하였다. 이들 이론 중 하나는 세포는 생물체에서 화학반응을 담당하는 원형질로 이루어져 있으므로 세포 파괴는 원형질 파괴라고 생각한 것이다. 이러한 관점은 실험실에서(*in vitro*) 세포의 화학반응을 연구하는 것을 불가능하게 만들었다. 그러나 무세포 시스템(cell-free system)에서 발효가 증명되면서 현대 생화학 연구가 시작되었다(**그림 2.1**). 이들 접근법으로 세포 밖의 생체 분자들에 대한 연구를 통해 세포 내에서 이들 분자의 역할을 추론할 수 있게 되었다. 생체 거대분자는 모두 탄소를 포함하는 화합물이므로 탄소에 관련된 화학에 대해 먼저 다루고자 한다.

2.1 탄소: 생체 분자의 골격

학습 목표

1. 작용기와 거대분자 사이의 관계를 설명할 수 있다.
2. 다양한 종류의 이성질체를 구별할 수 있다.
3. 다양한 종류의 생체 거대분자들을 나열할 수 있다.

1장에서 기본적인 원자 구조와 화학결합에 대해 살펴보았다. 생물학적 시스템은 모든 화학 법칙을 따르므로, 화학은 생물체의 기반을 형성한다.

생체 분자의 골격은 주로 탄소 원자로 이루어져 있는데, 이들 탄소 원자는 다른 탄소 원자 또는 수소, 산소, 질소, 황, 인과 결합할 수 있다. 탄소 원자는 최대 4개의 공유결합을 형성할 수 있으므로 탄소가 포함된 분자는 선형, 가지형, 고리형, 둥근형, 튜브형, 코일형을 가진다.

탄소와 수소로만 이루어진 분자를 **탄화수소**(hydrocarbon)라고 부른다. 탄화수소 화합물의 산화는 에너지를 방출하여 이들은 훌륭한

과학적 사고

가설: 효모의 발효와 같은 화학반응은 효소에 의해 조절되고 살아 있는 세포는 요구되지 않는다.
예측: 효모 세포가 터져 흘러나온 효소들은 세포 밖에서도 작용할 것이다.
실험: 효모 세포를 석영 모래와 규조토와 함께 혼합한 후 막자사발과 막자를 이용하여 잘 으깬다. 으깬 액을 캔버스 천으로 감싸고 400~500 atm의 압력을 가한다. 추출된 용액에 발효 기질과 비발효 기질을 각각 넣고 배양한 후 이산화탄소(CO_2) 생성을 측정하여 발효 여부를 확인한다.

결과: 발효 기질(사탕수수당, 포도당)에서 CO_2가 생성되었다. 비발효 기질(락토스, 만노스)에서는 CO_2가 생성되지 않았다. 더욱이, 용액의 육안검사에서 효모 세포는 모두 다 보이지 않았다.
결론: 가설이 뒷받침되었다. 살아 있는 효모 세포가 없는 상태에서도 발효 반응이 일어났다.
역사적 중요성: 본래의 실험 의도에 부합되지는 않지만, 이 실험은 처음으로 무세포 시스템(cell-free system)을 이용하였다. 이와 같은 시스템은 실험실에서(*in vitro*) 생화학 반응과 관련된 단백질의 정제 연구를 가능하게 하였다. "발효 반응"은 사실상 일련의 복잡한 반응이다. 이러한 일련의 효소 반응이 무세포 시스템을 증명하기 위한 최초의 실험이라고 할 수 있는가?

그림 2.1 무세포 발효의 증명.
독일 화학자 부흐너(Eduard Buchner, 1860~1917)의 무세포 발효의 증명은 원형질 이론(protoplasm theory)에 대한 반박과 함께 세포 밖에서 생물체의 화학반응을 연구할 수 있는 방법을 생화학자들에게 제시하였다.

에너지 원료가 될 수 있다. 예를 들어, 휘발유와 프로판 가스는 탄화수소가 풍부하다. 프로판은 3개의 탄소 원자에 8개의 수소 원자가 결합하고 있으므로, 이들의 화학식은 C_3H_8로 나타낸다. 프로판의 구조식은 다음과 같다.

$$\begin{array}{ccccccc} & & H & & H & & H & \\ & & | & & | & & | & \\ H & - & C & - & C & - & C & - & H \\ & & | & & | & & | & \\ & & H & & H & & H & \end{array}$$

프로판 구조식

이론적으로 탄소 원자가 결합된 사슬 길이는 무한대로 늘어날 수 있다. 이 장에서 다룰 4개의 주요 생체 분자는 탄소가 포함된 화합물로, 긴 사슬로 이루어져 있다.

작용기에 따라 분자의 특성을 설명할 수 있다

탄소와 수소 원자는 매우 유사한 전기음성도를 가진다. 따라서 C－C와 C－H 결합의 전자는 균등하게 분포될 수 있어 이들의 표면 전하는 큰 차이가 없으므로 탄화수소는 무극성을 가진다. 그러나 세포에서 생성되는 대부분의 생체 분자는 탄소와 수소 원자 이외의 다양한 원자들도 포함한다. 이들 원자들은 다양한 전기음성도(**표 1.2** 참조)를 가지므로 이들 원자가 포함된 탄화수소의 분자는 부분적으로 양전하 또는 음전하를 띠는 극성을 가진다. 이와 같이 다양한 원자를 포함하는 탄화수소의 분자는 C－H 중심에 **작용기**(functional groups)가 부착되어 있다고 생각할 수 있다. 이러한 작용기들 중 하나는 **하이드록실기**(hydroxyl group)라고 불리는 －OH이다.

작용기가 어디에 부착되어 있든지 작용기의 화학적 성질은 그대로 유지된다. 예를 들어, 하이드록실기와 카보닐기(C＝O)는 산소 원자의 전기음성도로 인해 극성을 띤다(1장 참조). 다른 작용기들로는 산성인 카복실기(COOH)와 인산기(PO_4^-), 그리고 염기성인 아미노기(NH_2)가 있다. 대부분의 작용기는 수소결합에 참여하며, 이때 수소결합의 공여자와 수용자는 그들의 전기음성도(**표 1.2**)에 따라 예측할 수 있다. **그림 2.2**는 생물학적으로 중요한 작용기와 함께 이들 작용기가 발견되는 생체 거대분자들을 보여주고 있다.

이성질체는 분자식은 같지만 다른 구조를 가진다

동일한 분자식 또는 실험식을 가지는 유기분자들은 다른 형태로 존재할 수 있는데, 이를 **동위원소**(isomer)라고 한다. 이때 유기분자들이 서로 다른 탄소골격 구조를 가진다면, 이들을 **구조이성질체**

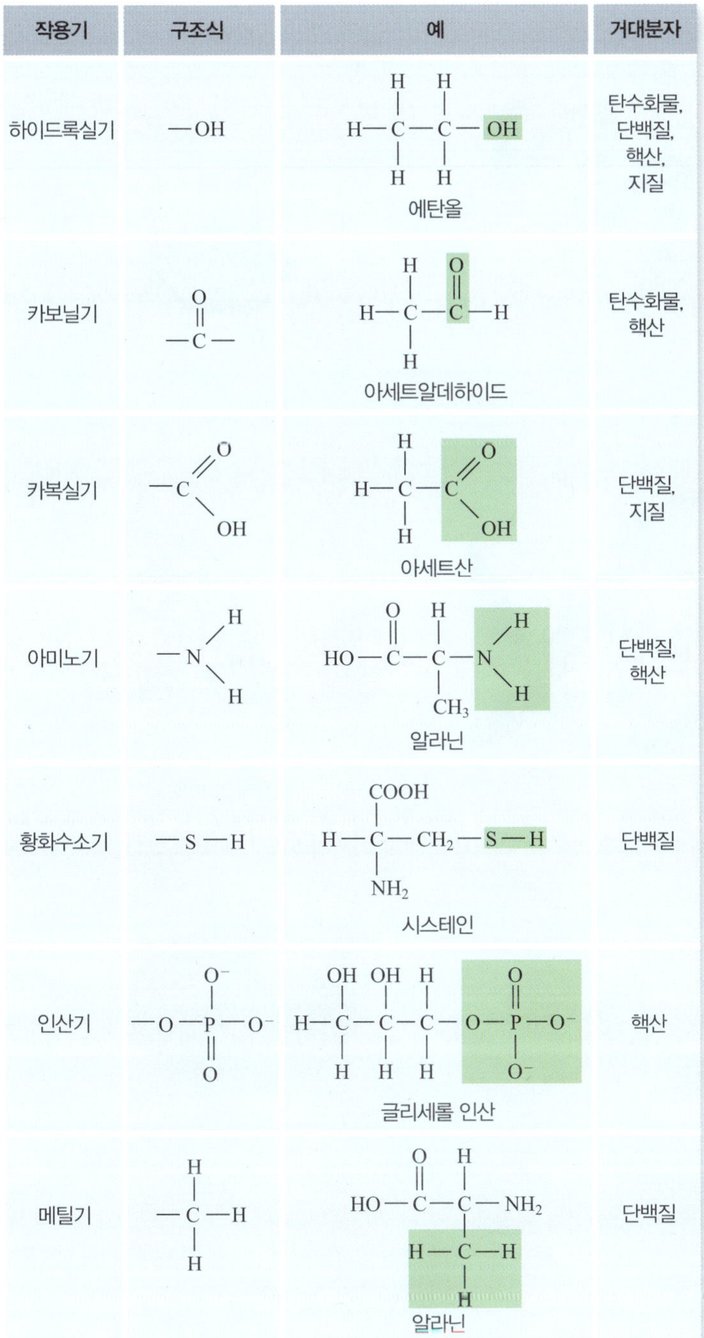

그림 2.2 주요 화학 작용기들.
작용기는 화학반응에서 반응기로 작용하는 경향이 있으며, 이를 가지는 분자는 독특한 화학적 특성을 가진다. 예를 들어, 아미노기는 분자를 더 염기성으로, 카복실기는 분자를 더 산성으로 만든다. 이러한 작용기는 위의 예시에 국한되지 않고 생체 분자에 널리 분포되어 있다.

(structural isomer)라고 한다. 포도당과 과당은 $C_6H_{12}O_6$의 구조이성질체이다(2.2절). 그러나 유기분자들이 동일한 탄소골격을 가지지만 이들 골격에 부착되는 작용기들의 공간적인 배열이 다르다면, 이를 **입체이성질체**(stereoisomer)라고 한다.

생물계에서 효소는 일반적으로 1가지의 특정 입체이성질체만을

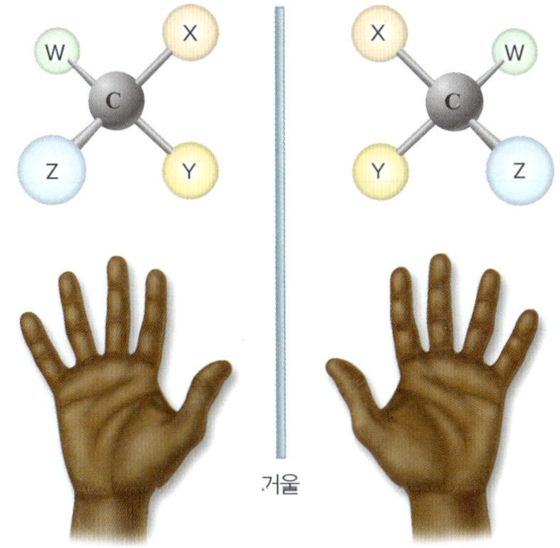

그림 2.3 키랄 분자.
탄소에 4개의 다른 작용기들이 결합되면, 이를 키랄이라고 부른다. 키랄 분자는 거울상을 가지는 입체이성질체이다. 두 분자는 4개의 동일한 작용기를 가지고 있지만 양손과 같이 서로 겹쳐지지 않는다. 이러한 입체이성질체를 거울상이라고 한다.

인식한다. 입체이성질체의 하위범주인 **거울상이성질체**(enantiomer)는 서로 정확히 거울에 비친 모습을 가지는데, 이처럼 거울에 의해 좌우가 바뀐 분자를 **키랄**(chiral) 분자라고 한다[손(hand)을 의미하는 그리스어 *cheir*에서 유래]. 탄소는 4개의 서로 다른 분자들이 결합될 때 대칭 구조가 만들어진다(**그림 2.3**).

키랄 화합물은 편광의 영향에 의해 그들의 특성이 결정된다. 키랄 분자의 평면 편광은 오른쪽(라틴어, *dextro*) 또는 왼쪽(라틴어, *levo*)으로 회전할 수 있는데, 이를 각각 **D**(dextrorotatory; **우회전성**)와 **L**(levorotatory; **좌회전성**)로 표기한다. 생물계는 오직 하나의 거울상이성질체를 생성하는 경향이 있다. 예를 들어, 대부분의 생물체에서는 주로 D-당과 L-아미노산이 발견된다.

생체 거대분자에는 탄수화물, 핵산, 단백질, 지질이 있다

생체 거대분자는 일반적으로 탄수화물, 핵산, 단백질, 그리고 지질로 구분된다(**표 2.1**). 대부분의 생체 거대분자들은 작고 비슷한 화학적 소단위라고 불리는 **단량체**(monomer)들이 서로 연결되어 만들어진 긴 분자의 **중합체**(polymer)로 이루어져 있다. 이것은 마치 각각의 객차가 서로 연결되어 기차를 형성하는 것과 같다. 중합체의 특성은 중합체를 이루고 있는 단량체에 의해 결정된다. 예를 들어, 복잡한 탄수화물인 녹말은 고리 모양의 당으로 이루어진 중합체이다. 핵산(DNA와 RNA)은 뉴클레오타이드의 중합체이고 단백질은 아미노산의 중합체이다(**그림 2.4**). 이러한 긴 사슬은 **탈수반응**(dehydration reaction)에 의해 만들어지고 **가수분해반응**(hydrolysis reaction)에 의해 분해된다. 지질은 생체 거대분자이지만, 단량체-중합체 관

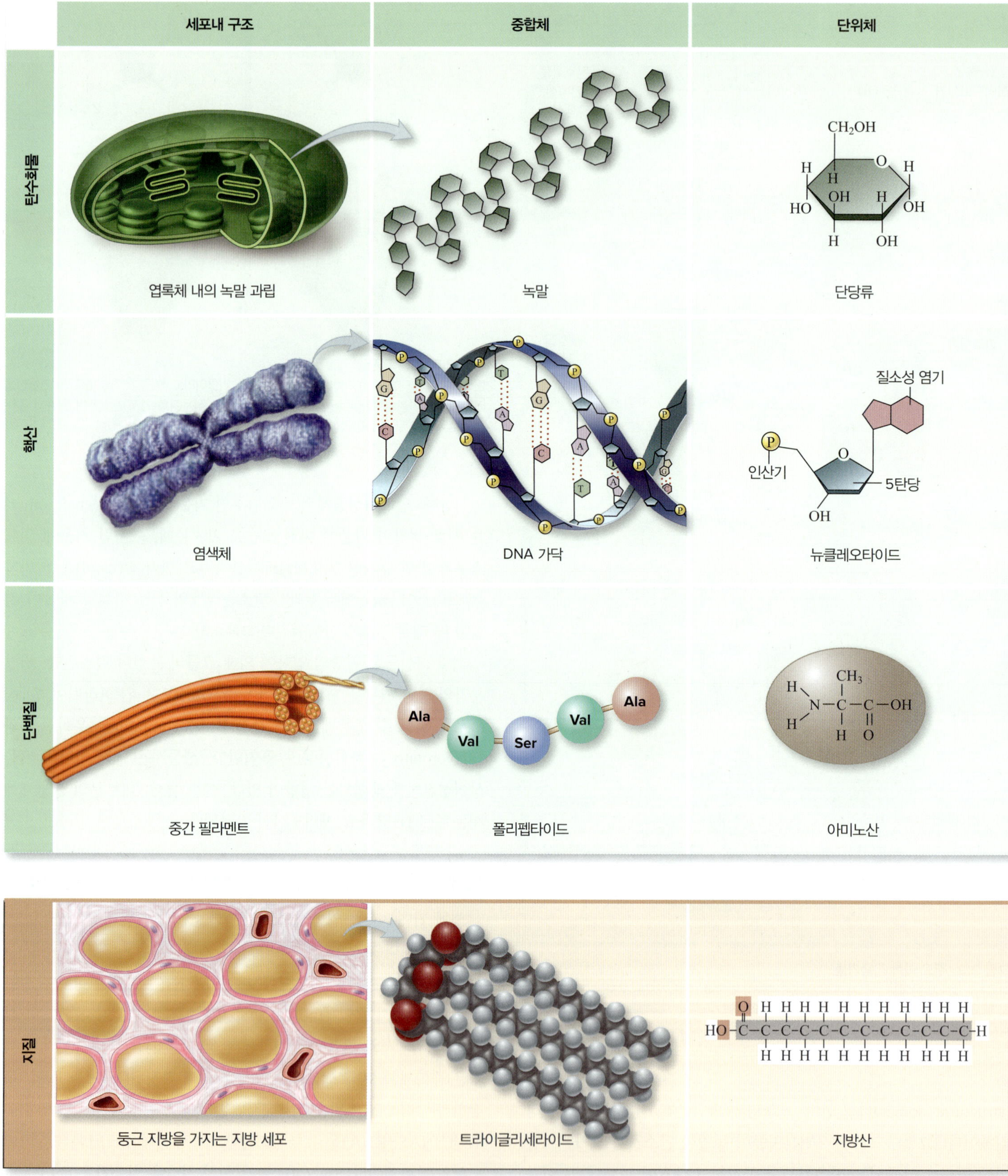

그림 2.4 중합체 거대분자.

주요 생체 거대분자들에는 탄수화물, 핵산, 단백질, 그리고 지질이 있다. 이들은 중합체를 형성하는데, 여기서는 이들을 만들기 위해 사용된 단량체도 함께 나타냈다. 그러나 지질은 단량체-중합체 관계로 형성되지 않는다. 트라이글리세라이드는 글리세롤과 지방산으로 구성되어 있다.

표 2.1 거대분자

거대분자	소단위	기능	예
탄수화물			
녹말, 글리코젠	포도당	에너지 저장	감자
셀룰로스	포도당	식물 세포벽에서 구조적 지지	종이, 샐러리 줄기
키틴	변형된 포도당	구조적 지지	게 껍질
핵산			
DNA	뉴클레오타이드	유전자를 암호화함	염색체
RNA	뉴클레오타이드	유전자 발현에 필요	mRNA
단백질			
기능적	아미노산	촉매: 수송	헤모글로빈
구조적	아미노산	지지	머리카락, 실크
지질			
트라이글리세라이드(동물성 지방, 오일)	글리세롤과 3개의 지방산	에너지 저장	버터, 옥수수 기름, 비누
인지질	글리세롤, 2개의 지방산, 인산기 및 극성 R기	세포막	포스페티딜콜린
프로스타글란딘	2개의 비극성 꼬리를 가지는 5개의 탄소 고리	화학적 전달자	프로스타글란딘 E(PGE)
스테로이드	융합된 4개의 탄소고리	막, 호르몬	콜레스테롤, 에스트로젠
테르펜	긴 탄소 사슬	색소, 구조적 지지	카로틴, 고무

계를 따르지 않고, 대신에 지방산에 글리세롤을 연결하는 탈수반응을 통해 지실을 형성한다.

탈수반응

중합체를 이루는 단량체는 서로 다르지만 중합체를 합성하는 기본 화학반응은 유사하다. 예를 들어, 두 단량체 사이의 공유결합이 형성되기 위해서는 한 단량체의 하이드록실기(—OH)와 다른 단량체의 수소 원자(H)가 제거되어야 한다(**그림 2.5***a*). 이러한 화학반응으로 뉴클레오타이드들이 서로 연결되어 DNA를 합성하고 또는 포도당들이 서로 연결되어 녹말을 합성한다. 또한 지방산에 글리세롤을 연결하여 지질 합성에도 사용된다. 이와 같이 한 분자의 물(H_2O)이 제거되는 것과 같이 —OH기와 —H기가 제거되는 화학반응을 축합 또는 **탈수반응**(dehydration reaction)이라고 부른다. 거대분자에 단량체 하나가 첨가될 때마다 한 분자의 물이 제거된다. 이와 같은 화학 및 생화학 반응은 반응물질들이 서로 가깝게 있어야 하고 정확한 화학결합이 가해지고 끊어져야 한다. 이와 같은 위치 선정(positioning)과 가압(stressing)의 과정이 세포 내에서 효소에 의해 일어나는데, 이를 **촉매작용**(catalysis)이라고 한다.

가수분해반응

세포는 탈수반응의 역반응에 의해 거대분자를 단량체들로 분해할 수 있는데, 이 과정에서 물 분자의 제거 대신에 첨가가 일어난다(**그림 2.5***b*). 수소 원자(H)가 한 단량체에 결합되고 하이드록실기(—OH)가 다른 단량체에 결합하여 단량체들 사이의 공유결합이 끊어지는 화학반응을 가수분해(hydrolysis)반응이라고 부른다. 녹말(2.2절 참조)이 포함된 감자를 섭취할 때 우리 몸은 가수분해반응에 의해 녹말을 포도당 단량체로 분해한다. 감자는 기본적으로 탈수반응에 의해 녹말 분자를 만든다.

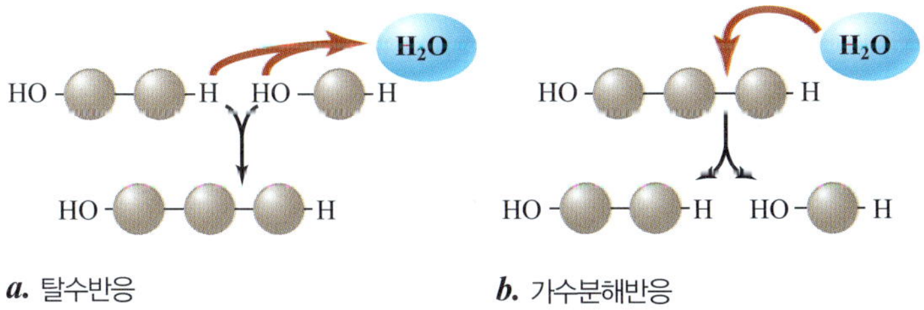

그림 2.5 거대분자의 생성과 분해.
a. 생체 거대분자들은 탈수반응을 통해 각 단량체들이 서로 결합된 중합체이다. 이 과정에서 결합이 형성될 때마다 하나의 물 분자가 방출된다. *b.* 단량체들 사이의 결합 절단은 탈수반응에 의한 물 분자의 방출과 반대되는 가수분해 반응과 관련이 있다.

핵심 요약 2.1

유기분자들의 화학적 특성 차이는 작용기로 설명된다. 이성질체는 실험식은 동일하나 구조가 서로 다르며, 이들 차이는 생체 기능에 영향을 준다. 거대분자는 탈수반응에 의해 연결되거나 가수분해반응에 의해 분해될 수 있는 비슷한 단량체들로 이루어진 긴 사슬의 중합체이다.

■ 탈수반응과 가수분해반응은 어떤 관계일까?

2.2 탄수화물: 에너지 저장과 구조적 분자

학습 목표

1. 3개에서 6개의 탄소를 가지는 당의 구조를 설명할 수 있다.
2. 다당류의 구조와 기능의 관계를 이해할 수 있다.

단당류는 가장 단순한 탄수화물이다

탄수화물(carbohydrate)은 탄소, 수소, 그리고 산소의 몰 비가 1:2:1로 이루어져 있는 분자들로 폭넓게 정의한다. 이들의 구조식은 $(CH_2O)_n$으로 나타내며 n은 탄소 원자의 수를 의미한다. C—H 결합이 산화가 일어나면 에너지가 방출되기 때문에 탄수화물은 에너지 저장에 매우 적절하다. 가장 중요한 에너지 저장 분자들 중 당은 여러 형태로 존재한다.

가장 단순한 탄수화물은 **단당류**(monosaccharides)이다. 이들은 최소 3개의 탄소 원자를 가지지만 에너지 저장에 중요한 역할을 하는 당들은 6개의 탄소를 가진다(**그림 2.6**). 6개의 탄소로 이루어진 구조식은 아래와 같이 표현된다.

$$C_6H_{12}O_6 \quad 또는 \quad (CH_2O)_6$$

6개의 탄소로 이루어진 당은 곧은 사슬 형태로 존재할 수 있지만, 물에 용해되면 거의 대부분이 고리 형태를 가진다.

에너지 저장에서 가장 중요한 6개의 탄소로 이루어진 단당류는 포도당이다. 포도당은 7개의 에너지 저장할 수 있는 C—H 결합을 가진다(**그림 2.7**). 고리가 닫혀 있을 때 카보닐기(C=O)의 배열에 의해 포도당은 2가지 다른 형태인 알파(α) 또는 베타(β)로 존재할 수 있다.

당은 이성질체를 가진다

포도당은 $C_6H_{12}O_6$ 구조식을 가지고 있는 유일한 당은 아니다. 자연계에서 6개의 탄소 골격은 구조이성질체와 입체이성질체를 모두 가질 수 있다. 과당(fructose)은 카보닐기(C=O)의 위치가 다른, 포도당의 구조이성질체이고, 갈락토스(galactose)는 고리에서 —OH와 —H기의 위치가 다른, 포도당의 입체이성질체이다(**그림 2.8**). 이처럼 두 이성질체의 차이는 상당한 기능적 차이로 설명할 수 있는데, 두 당이 동일한 화학 조성을 가지고 있음에도 불구하고 과당은 포도당보다 더 달아 미각으로 그들을 구별할 수 있다. 효소는 6개의 탄소 골격의 구조이성질체와 입체이성질체를 모두 구별하여 작용한다. 포도당의 입체이성질체는 단량체인 포도당을 이용하여 만들어진 중합체에서 매우 중요한 역할을 한다.

2당류는 식물의 수송 분자이고, 동물의 영양 공급원이다

대부분의 생물체는 몸 안에서 당을 수송한다. 인간의 경우, 간단한 단당류인 포도당이 혈액을 통해 수송되지만, 식물과 대부분의 다른 생물체들은 포도당을 체내 이곳저곳으로 수송하기 위해서 수송 형태로 전환해야 한다. 이러한 포도당의 수송 형태로의 전환은 수송 과정에서 포도당의 대사 작용이 쉽게 일어나지 않도록 한다.

당의 수송 형태는 주로 2개의 단당류가 연결된 **2당류**(diaccharides)이다. 생물체에서 흔히 포도당을 기질로 사용하는 효소는 2개의 단당류가 연결된 결합을 끊을 수 없기 때문에 2당류는 포도당의 효과적인 저장소로서 역할을 한다. 2당류를 분해할 수 있는 효소는 일반적으로 포도당을 사용하는 조직에만 존재한다.

2당류의 수송 형태는 어떤 단당류로 연결되어 있는지에 따라 결정된다. 포도당의 수송 형태는 포도당 스스로 연결되어 2당류를 형성하거나 다른 단당류인 과당 또는 갈락토스와 연결되어 2당류를 형성한다. 포도당이 구조적 이성질체인 과당과 연결되면 2당류인 **설탕**

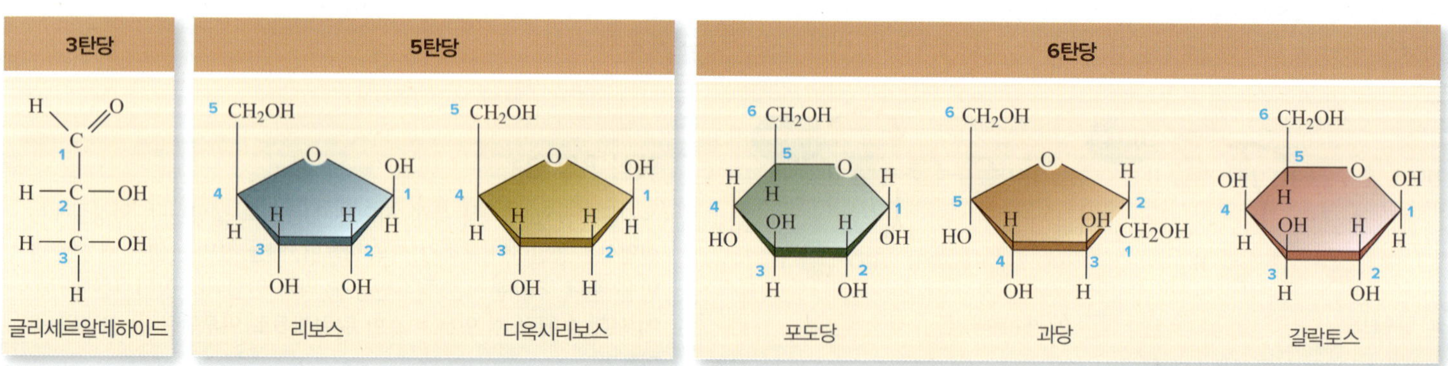

그림 2.6 단당류.
단당류 또는 당은 최소 3개의 탄소 원자를 가지며 더 큰 분자를 형성하기 위한 구성 단위체(building blocks)로 흔히 사용된다. 핵산은 5개 탄소로 이루어진 당인 리보스와 디옥시리보스로 구성되어 있다. 더 산화된 말단에서부터 각 탄소의 번호(파란색)를 붙인다.

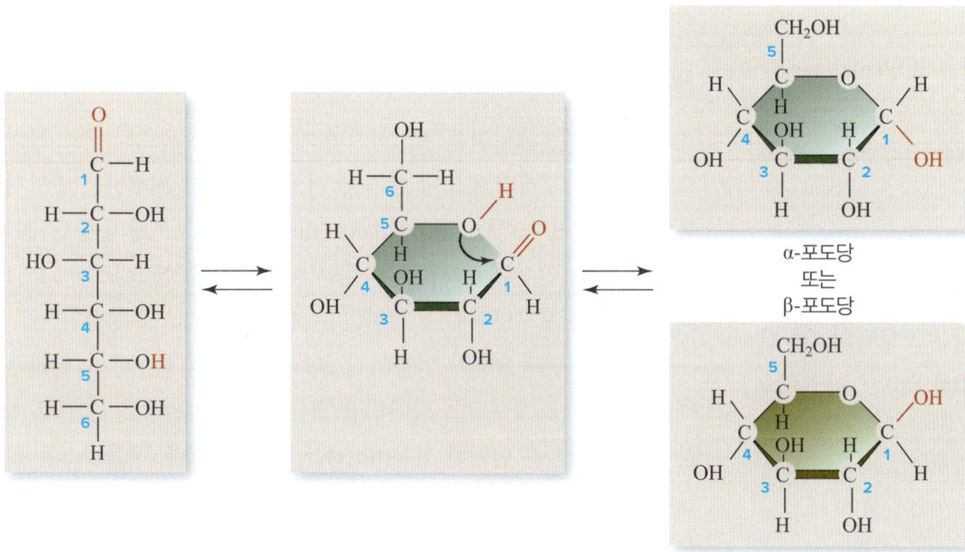

그림 2.7 포도당 분자의 구조.
포도당은 선형의 6개의 탄소를 가지는 분자로 용액에서 고리 구조를 형성한다. 고리 형성 과정에서 α-포도당과 β-포도당이 생성되는데, 이들은 1번 탄소에 결합된 −OH의 위치가 서로 다르다. 고리 구조는 여러 방식으로 나타낼 수 있는데 여기에서는 가장 흔한 방식으로 탄소에 번호를 표시하여 2종류의 포도당을 쉽게 비교할 수 있다. 고리 구조의 두꺼운 선은 지면에서 앞으로 돌출된 부분을 나타낸다.

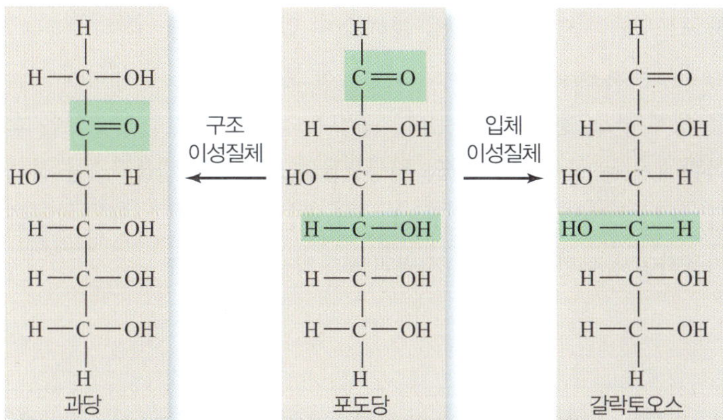

그림 2.8 이성질체와 입체이성질체.
포도당, 과당, 그리고 갈락토스는 분자식이 $C_6H_{12}O_6$로 동일한 이성질체이다. 과당과 포도당은 구조적 이성질체로 동일한 화학기(chemical group)들이 서로 다른 탄소에 부착되어 있다. 이로 인해 과당은 용액에서 5개의 탄소 원자를 가지는 고리가 형성된다(**그림 2.6**). 갈락토스와 같은 입체이성질체는 동일한 탄소에 같은 화학기가 결합되어 있지만 4번 탄소에 위치한 −OH기의 방향이 다르다.

(sucrose)이 된다(**그림 2.9***a*). 설탕은 대부분의 식물이 포도당을 수송하는 형태이거나 인간과 다른 동물들이 섭취하는 당이다. 사탕수수와 사탕무는 설탕이 풍부하다.

포도당이 입체이성질체인 갈락토스와 연결되면 2당체인 **젖당**(lactose) 또는 유당이 된다. 대부분의 포유동물은 젖당의 형태로 자식들에게 에너지를 공급한다. 성인은 젖당을 2개의 단당류 화합물로 분해하는 젖당분해효소(lactase)가 줄어들어 젖당 대사 작용을 효과적으로 할 수 없다. 이로 인해 인간은 젖당 소화장애증(lactose intolerance)이 생긴다. 젖당으로 전달되는 대부분의 에너지는 자손들을 위한 것이다. 이런 이유로 포유동물에서 젖당은 자손들을 위한 주된 에너지원이 된다.

다당류는 에너지 저장과 구조적 성분을 제공한다

다당류(polysaccharide)는 단당류들 사이의 탈수반응을 통해 연결된 긴 중합체이다. 저장 다당류인 **녹말**(starch)은 주로 α-포도당 분자가 긴 사슬로 연결되어 있으나, 구조 다당류인 **셀룰로스**(cellulose)는 β-포도당 분자가 긴 사슬로 연결되어 있다. 녹말은 α-포도당에 의해 생성되므로 α-결합이라고 하고, 셀룰로스의 결합을 β-결합이라고 한다.

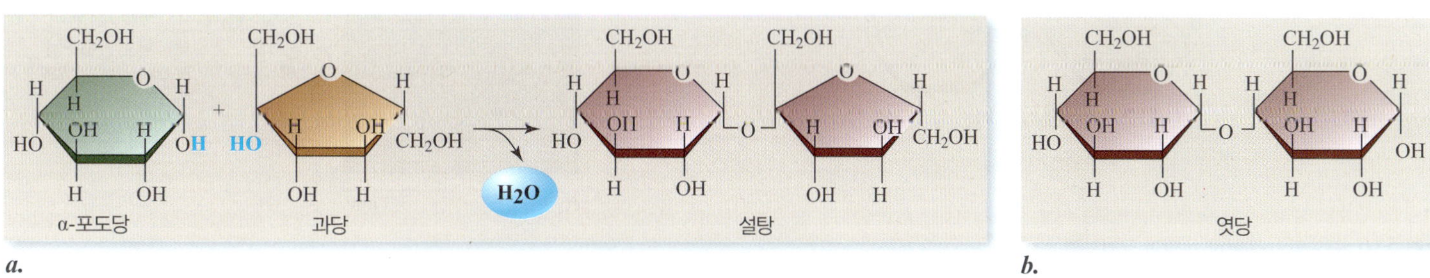

그림 2.9 2당류의 형성.
일부 2당류는 체내의 한 부분에서 다른 부분으로 포도당을 수송하기 위해 이용된다. 예를 들어, 설탕(***a***)은 사탕수수에서 발견된다. 다른 2당류인 엿당(***b***)은 곡류를 저장하기 위해 이용된다.

녹말과 글리코겐

생물체의 대사 에너지로 이용되는 단당류들은 **엿당**(maltose)과 같이 2당류로 전환하여 저장한다(**그림 2.9***b*). 이들 엿당들이 서로 연결되면 불용성 다당류인 **녹말**(starch)이 생성된다. 다당류는 중합체가 어떻게 분지(branch)되는지에 따라 달라진다.

가장 단순한 구조를 가지는 녹말은 **아밀로스**(amylose)이며, 이들은 수백 개의 α-포도당 분자들이 서로 연결되어 긴 사슬을 이룬다. 이때 각 연결은 한 포도당의 1번 탄소(C-1)와 다른 포도당의 4번 탄소(C-4) 사이의 α-(1 → 4)결합으로 형성된다(**그림 2.10***a*). 아밀로스의 긴 사슬은 물에서 꼬이는 경향이 있기 때문에 아밀로스는 물에 녹지 않는 특성을 가진다. 감자는 약 20%가 아밀로스로 이루어져 있다(**그림 2.10***b*).

대부분의 감자는 더 복잡한 아밀로스 변형체인 **아밀로펙틴**(amylopectin)으로 주로 이루어져 있으며 이들은 감자의 80%를 차지한다. 아밀로펙틴은 한 분자의 C-1과 다른 분자의 C-6 사이의 α-(1 → 6) 결합으로 형성된 가지를 포함하는 분지성 다당류이다. 아밀로펙틴의 짧은 가지는 20~30개의 포도당으로 이루어져 있다(**그림 2.10***b*).

동물에서 녹말과 상응하는 분자는 **글리코겐**(glycogen)이다. 아밀로펙틴과 같이 글리코겐은 아밀로스 사슬이 분지된 불용성 다당류이다. 글리코겐은 식물의 녹말보다 평균 사슬 길이가 더 길고 더 많은 가지를 가진다(**그림 2.10***c*).

셀룰로스

일부 당류는 에너지를 저장하지만 다른 당류는 세포의 구조 물질로 사용된다. 2개의 포도당 분자가 서로 연결되기 위해서는 반드시 동일한 형태여야 한다. **셀룰로스**(cellulose)는 β-포도당의 중합체이다(**그림 2.11**). 인접한 포도당 분자들 사이의 결합은 한 포도당의 C-1과 바로 다음 포도당의 C-4 사이의 β-(1 → 4)결합으로 형성된다.

β-포도당 분자들로만 이루어진 포도당 사슬의 특성은 녹말과는 매우 다르다. β-포도당들 사이의 β-결합으로 형성된 사슬은 길고 비분지이며, 이들은 단단한 섬유(fiber)를 만들 수 있다. 셀룰로스는 식물의 세포벽을 이루는 주요 성분이며(**그림 2.11***b*), 아밀로스와 화학적으로 유사하지만 한 가지 중요한 차이점이 있다. 예를 들어, 대부분의 생물체는 녹말을 가수분해하는 효소로 α-결합만을 인지하므로 β-포도당들 사이의 β-결합을 분해할 수 없다.

대부분의 동물들은 셀룰로스를 쉽게 분해할 수 없기 때문에 이들은 생체 구조 물질로 이용된다. 그러나 소와 같은 일부 동물들은 소화관에 있는 공생박테리아와 원생생물의 도움으로 셀룰로스를 분해할 수 있다. 이들 생물체는 β-(1 → 4)결합을 분해할 수 있는 효소를 이용하여 풍부한 양의 에너지원인 포도당을 생성한다.

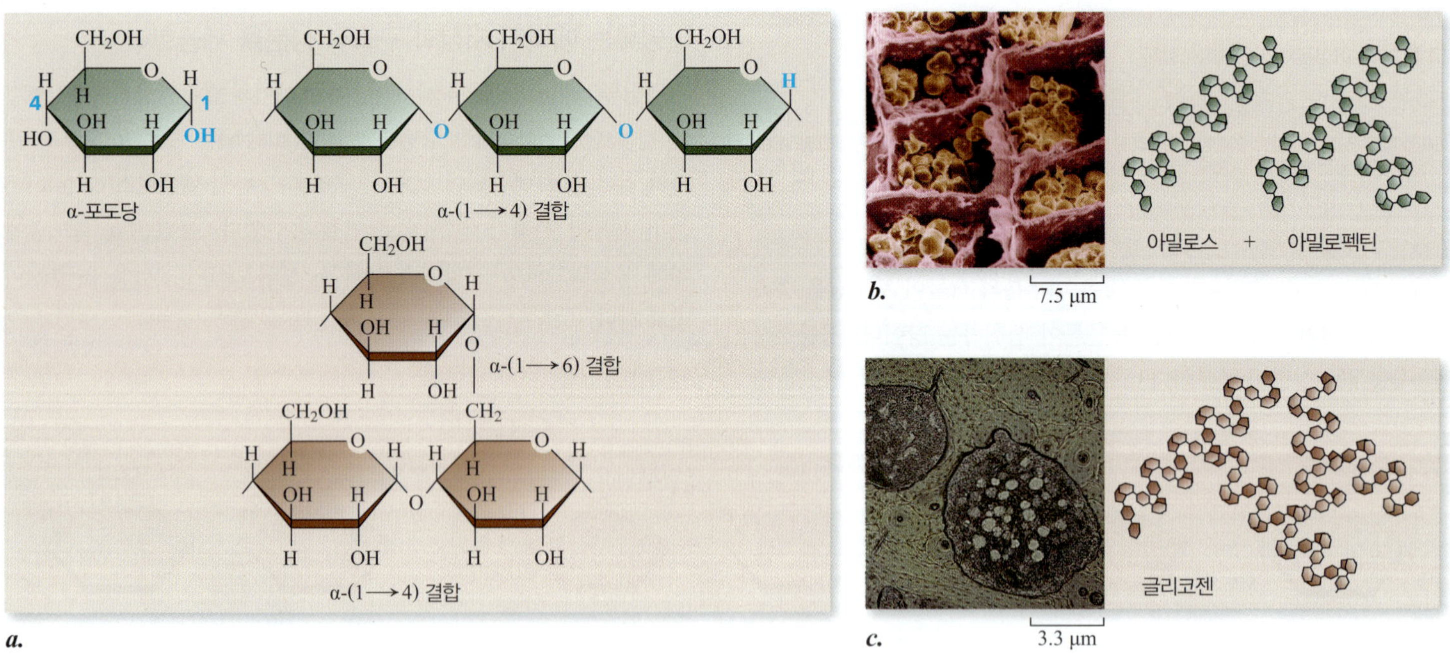

그림 2.10 포도당의 중합체: 녹말과 글리코겐.
a. 녹말 사슬은 α-포도당이 α-(1 → 4)글리코시드 결합에 의해 연결된 중합체이다. 이러한 사슬은 α-(1 → 6)글리코시드 결합에 의해 분지될 수 있으며, 분지되는 정도에 따라 중합체의 에너지 저장이 달라진다. ***b.*** 식물에서 발견되는 녹말은 선형의 아밀로스와 분지형의 아밀로펙틴으로 이루어져 있다. 따라서 식물 세포에서 분지형 녹말은 물에 녹지 않아 녹말 과립으로 존재한다. ***c.*** 동물 세포에서 발견되는 글리코겐은 매우 분지되어 있어 물에 녹지 않는다.

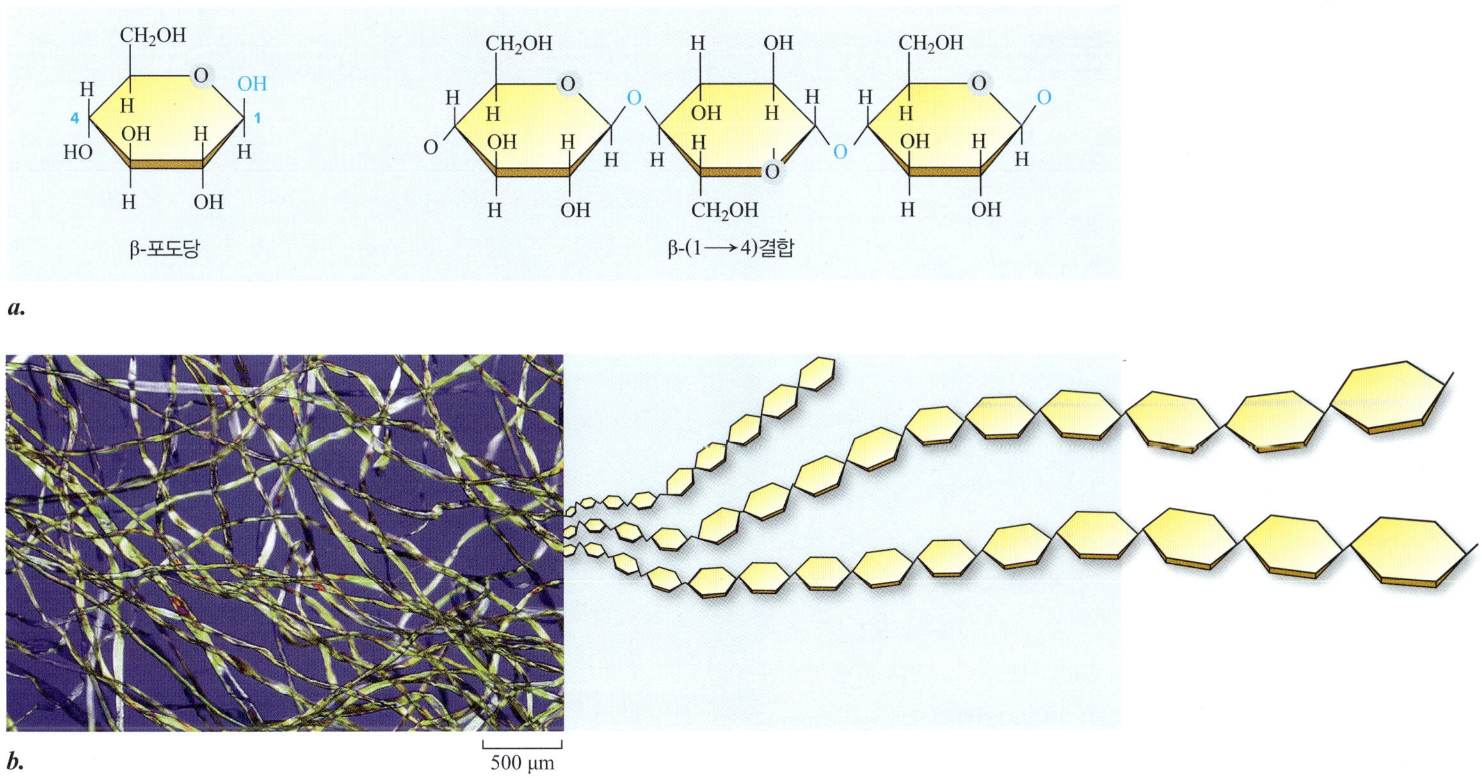

그림 2.11 포도당의 중합체: 셀룰로스.
녹말 사슬은 α-포도당으로 이루어져 있지만 셀룰로스는 β-포도당으로 이루어져 있다. ***a.*** 셀룰로스의 인접한 포도당 분자들은 β-(1 → 4)글리코시드 결합으로 연결되어 있다. ***b.*** 셀룰로스는 선형의 긴 섬유를 형성하며, 이들은 매우 강하고 대사과정에서 잘 분해되지 않으므로 좋은 건축자재가 된다.

키틴

키틴(chitin)은 절지동물과 균류에서 발견되는 구조 물질로 질소가 포함된 포도당 변형체인 *N*-아세틸글루코사민(N-acetylglucosamine)의 중합체이다. 키틴이 단백질에 의해 교차 결합되면 질기고 강한 물질이 생성되는데, 이들은 곤충과 갑각류의 단단한 외골격의 역할을 한다(**그림 2.12**; 28장 참조). 키틴을 소화할 수 있는 생물체는 거의 없지만 대부분의 생물체는 균류로부터 자신을 보호하기 위해 키틴 분해효소를 가지고 있다.

그림 2.12 키틴.
키틴은 가재와 같은 많은 무척추동물의 외골격을 이루는 주요 구조 물질이다.

핵심 요약 2.2

단당류는 3개에서 6개 또는 그 이상의 탄소 원자를 포함하며 이들은 주로 고리형을 가진다. 2당류는 2개의 단당류들이 서로 연결되어 생성되고, 다당류는 단당류들로 이루어진 긴 사슬이다. 당의 이성질체들 사이의 구조 차이는 기능 차이를 야기한다. 녹말은 α-포도당의 분지된 중합체로 에너지 저장에 이용된다. 식물의 셀룰로스는 쉽게 소화되지 않는 β-포도당의 비분지된 사슬로 이루어져 있다.

- 녹말, 글리코젠, 그리고 셀룰로스의 구조는 그들의 기능에 어떻게 영향을 줄까?

2.3 핵산: 정보 분자

학습 목표

1. 뉴클레오타이드의 구조를 설명할 수 있다.
2. DNA와 RNA의 구조를 비교하여 설명할 수 있다.
3. DNA와 RNA의 기능을 설명할 수 있다.
4. 에너지 대사에 작용하는 다른 뉴클레오타이드에 관해 설명할 수 있다.

세포의 생화학 활성은 특정 서열을 가지는 수많은 단백질의 합성에 좌우된다. 단백질은 그 자체로 유전되지는 않지만 그들을 합성하기 위해 필요한 유전정보는 세대를 거쳐 전달된다.

세포 내에서 핵산은 유전정보를 다루는데, 이것은 디스크가 컴퓨터의 정보를 저장하거나 자동차의 GPS 시스템이 운전자에게 필요한 정보를 제시하는 것과 같다. 핵산은 **디옥시리보핵산**(deoxyribonucleic acid, DNA; **그림 2.13**)과 **리보핵산**(ribonucleic acid, RNA)으로 나뉜다.

유전정보는 DNA에 저장하고, DNA가 복제되어 짧은 수명을 가지는 RNA가 만들어지고, RNA는 유전자 발현 과정에서 직접적으로 단백질 합성에 이용된다(14장 참조). 거대분자들 중에 특이하게도 핵산은 정확하게 자신을 복제할 수 있는 주형의 역할을 한다. 이러한 특성은 세포분열과 생물체 번식 동안에 유전정보가 잘 보존될 수 있다.

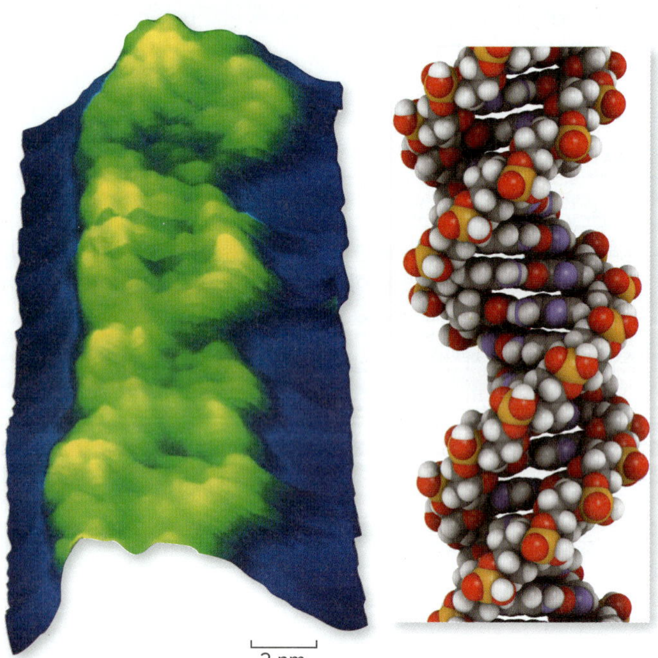

그림 2.13 **DNA 이미지.**
a. DNA의 주사터널링현미경 사진(2,000,000×)은 약 3번 회전된 DNA 2중나선을 나타낸다. *b.* DNA의 공간채움모형.

세포에서 RNA의 역할은 더 복잡하다. RNA는 단백질 합성을 위한 세포소기관의 한 부분이며, 최근 연구에 의하면 RNA는 유전자의 발현 조절에도 관여한다. RNA는 유전정보 전달자로서 전사에 의해 단일가닥으로 복제된 DNA 서열을 가지는데, 이들 RNA를 **전령 RNA**(messenger RNA, mRNA)라고 한다. 이때 전사는 단백질의 아미노산 서열을 구체적으로 명시한 청사진의 역할을 한다. 이러한 과정은 14장에서 자세하게 설명되어 있다.

핵산은 뉴클레오타이드의 중합체이다

핵산은 **뉴클레오타이드**(nucleotide)라고 불리는 단량체들이 반복된 긴 중합체이다. 뉴클레오타이드는 당(5탄당), 인산기($-PO_4^-$), 질소가 포함된 염기로 구성되어 있다. DNA의 당은 디옥시리보스이고 RNA의 당은 리보스이다(**그림 2.14**). 한 뉴클레오타이드의 인산기는 다른 뉴클레오타이드의 당에 있는 하이드록실기와 축합반응으로 **폴리뉴클레오타이드**(polynucleotides)를 형성한다. 이처럼 2개의 당이 1개의 인산기로 연결된 결합을 인산디에스터 결합(phosphodiester bond)이라고 부른다. 따라서 **핵산**(nucleic acid)은 질소를 포함한 염기를 가지는 5탄당이 서로 인산디에스터 결합으로 연결된 사슬 구조이다(**그림 2.15***a*). 뉴클레오타이드의 중합체인 긴 사슬의 핵산은 한쪽 끝은 인산기를, 다른 쪽 끝은 당의 $-OH$를 가진다. 편의상 당의 탄소 번호에 따라 5′(5말단, $-PO_4^-$)과 3′(3말단, $-OH$)이라고 한다(**그림 2.15***a*).

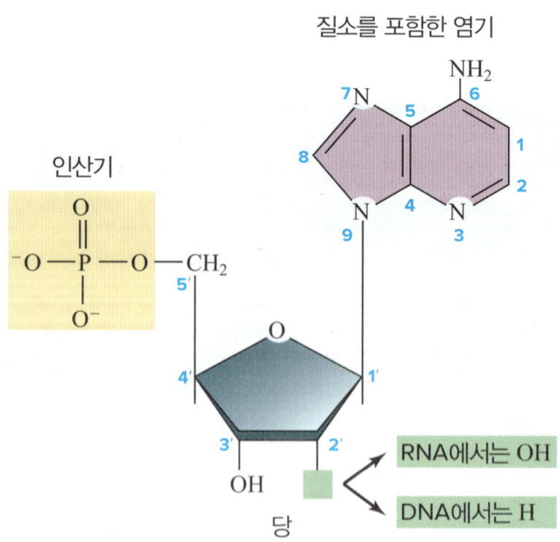

그림 2.14 **뉴클레오타이드의 구조.**
DNA와 RNA의 뉴클레오타이드는 3가지 요소로 이루어져 있다. 5개의 탄소를 가지는 당(리보스 또는 디옥시리보스), 질소를 포함한 염기(이 그림에서는 아데닌을 나타냄), 그리고 인산기이다. 당의 탄소 번호를 염기 고리의 번호와 구분하기 위하여 모두 프라임(1′, 2′ 등)으로 표시하였다.

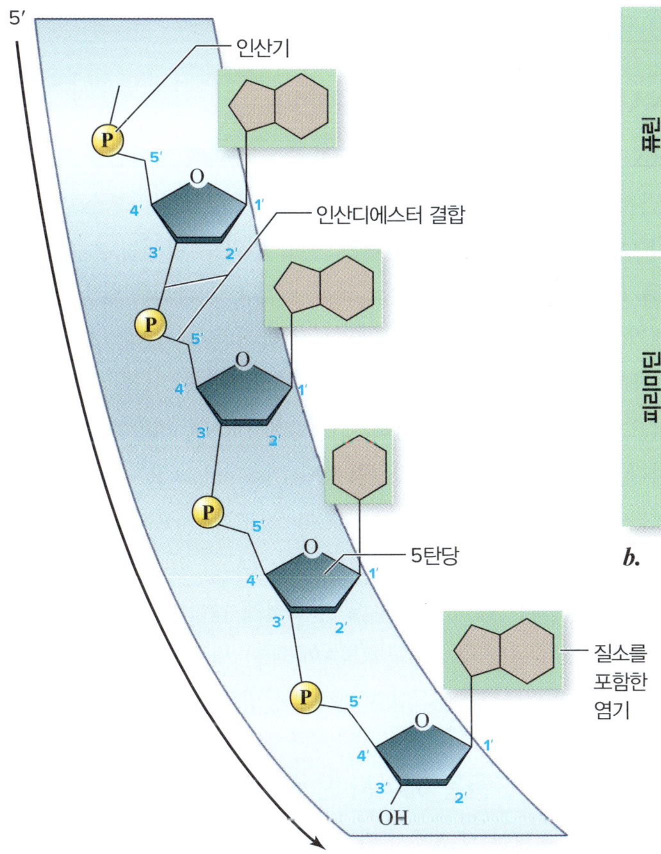

a.

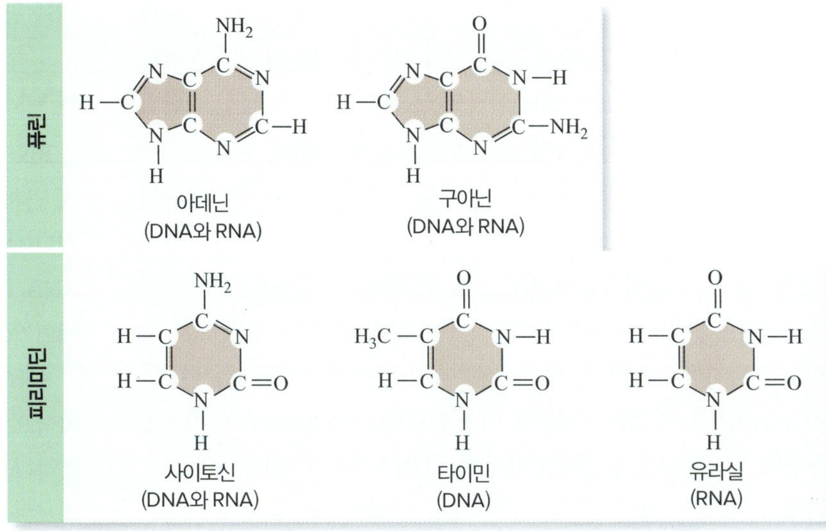

b.

그림 2.15 **핵산과 염기의 구조.**
a. 핵산의 뉴클레오타이드들은 한 뉴클레오타이드의 인산기와 다음 뉴클레오타이드의 당이 서로 인산디에스터 결합으로 연결되어 있으며, 이를 당-인산 골격이라고 부른다. 이 골격에서 염기는 돌출되어 있고 양 끝 말단은 5′ 인산기 말단과 3′ 하이드록실기 말단(파란색 숫자는 당의 번호에서 유래)을 가진다. ***b.*** 질소를 포함하는 염기는 퓨린 또는 피리미딘이 있으며, 타이민은 DNA에서 발견되고 유라실은 RNA에서 발견된다.

뉴클레오타이드는 5종류의 질소가 포함된 염기들을 가진다(**그림 2.15***b*). 이들 중 2종류는 크기가 크고 2개의 고리를 가지는 분자로 이들을 **퓨린**(purine)이라고 부르며, 이들 염기로는 DNA와 RNA에서 모두 발견되는 아데닌(adenine, A)과 구아닌(guanine, G)이 있다. 다른 3종류의 염기들은 1개의 고리를 가지는 분자로 이들을 **피리미딘**(pyrimidine)이라고 부르며, 이들 염기들은 DNA와 RNA에서 모두 발견되는 사이토신(cytosine, C), DNA에서만 발견되는 타이민(thymine, T), RNA에서만 발견되는 유라실(uracil, U)이 있다.

DNA는 유전정보를 저장한다

생물체는 단백질의 아미노산 서열에 대한 정확한 정보를 암호화하기 위해 DNA의 뉴클레오타이드 서열을 이용한다. 이러한 정보의 암호화 방법은 문장에서 정보를 암호화하는 문자의 배열 방식과 매우 유사하다. 영어 문장은 26개의 서로 다른 문자들의 조합이 특정 순서로 나열된 것이다. DNA 분자의 암호는 CGCTTACG와 같은 4종류의 뉴클레오타이드들이 서로 다르게 조합된 특정 서열들로 이루어져 있다.

진핵생물에서 DNA 분자는 2개의 긴 선형의 폴리뉴클레오타이드 사슬이 서로 감겨 있는 구조이고, 원핵생물에서 DNA 분자는 주로

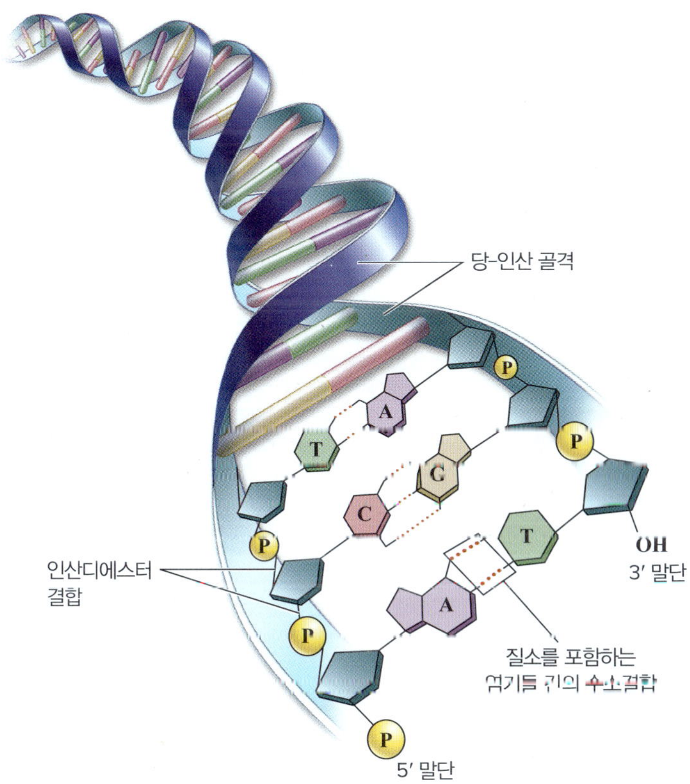

그림 2.16 **DNA 구조.**
DNA는 하나의 나선 축을 따라 서로 반대 방향으로 감고 있는 2개의 폴리뉴클레오타이드 사슬을 가진다. 질소를 포함하는 염기들 사이는 수소결합(점선)으로 연결되어 있는데, 이를 염기쌍 결합이라고 부른다. 이로 인해 2개의 DNA 사슬은 서로 결합하여 2중나선을 형성한다.

원형 구조이다. DNA 중합체의 두 가닥들은 나선형 계단의 안쪽과 바깥쪽 난간들처럼 서로 감겨 있다. 이와 같이 두 사슬이 나선을 이룰 때 이를 **2중나선**(double helix)이라고 부른다. DNA의 나선 계단의 각 층은 염기쌍으로 이루어져 있다. 염기쌍은 한 사슬의 염기가 마주 보고 있는 다른 사슬의 염기와 수소결합에 의해 연결되어 있다(**그림 2.16**).

염기쌍 법칙은 염기들 사이의 가장 안정된 수소결합 배열에 의해 일어난다. 아데닌은 DNA의 타이민과 염기쌍을 이루거나 RNA의 유라실과 염기쌍을 이루고, 사이토신은 구아닌과 염기쌍을 이룬다. 염기쌍을 이루는 염기들을 서로에 대해 **상보적**(complementary)이라고 부른다. DNA 구조와 단백질 합성에서 DNA가 어떻게 RNA와 상호작용하는지에 대한 추가적인 세부사항은 13장과 14장을 참조한다.

진핵생물에서 DNA는 단백질과 결합하여 염색체라고 불리는 구조를 생성한다. 이들 염색체는 고차원적인 구조로 유전자의 발현 조절에 관련된 DNA 기능에 영향을 준다(15장 참조).

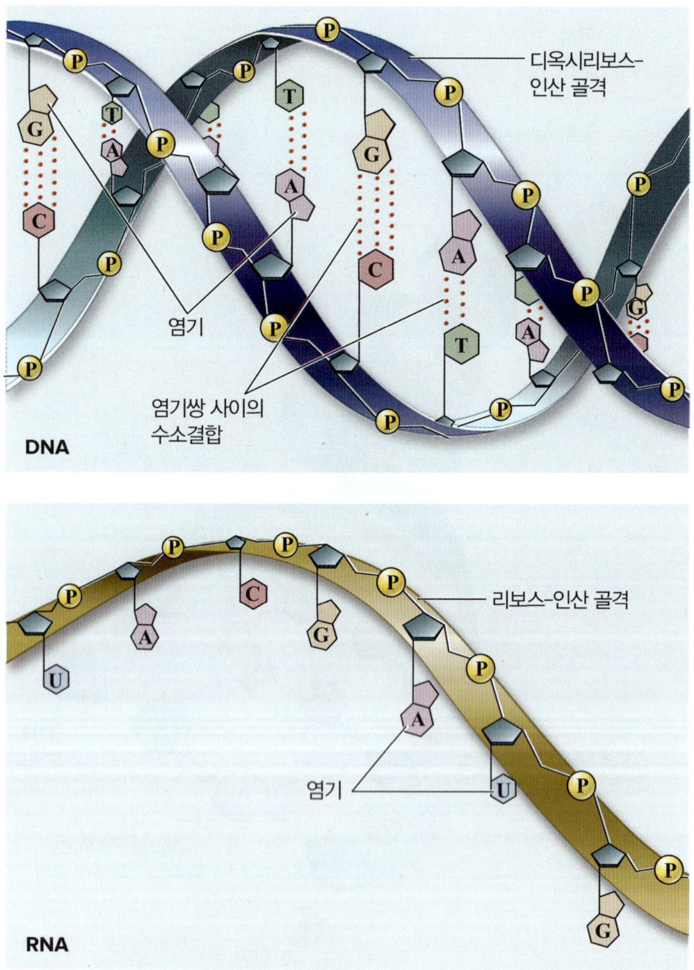

그림 2.17 DNA와 RNA 비교.
DNA는 2중나선 구조를 형성하며, 당-인산 골격에서 당은 디옥시리보스를 이용하고 질소를 포함하는 염기들 중에 타이민을 이용한다. RNA는 일반적으로 단일가닥이며, 당-인산 골격에서 당은 리보스를 이용하고 염기는 타이민 대신 유라실을 이용한다.

RNA는 세포에서 많은 역할을 한다

RNA는 DNA와 비슷하지만 2가지 주요 화학적 차이점을 가진다. 첫 번째, RNA 분자는 C-2에 하이드록실기가 결합된 리보스 당을 가진다(DNA에서는 하이드록실기가 수소 원자로 대체됨). 두 번째, RNA 분자는 타이민 대신 유라실을 이용한다. 유라실은 탄소 원자에 메틸기($-CH_3$)가 없다는 점을 제외하고 타이민과 비슷한 구조이다.

RNA는 DNA으로부터 전사에 의해 생성되는데 이들은 항상 단일 가닥으로 이루어져 있다(**그림 2.17**). 세포에서 RNA 역할은 굉장히 다양하다. 유전정보를 전달하는 **전령 RNA**(messenger RNA, mRNA), 리보솜을 구성하는 **리보솜** RNA(ribosomal RNA, rRNA), 아미노산을 전달하는 **운반 RNA**(transfer RNA, tRNA)가 있다. RNA는 효소처럼 기능을 가지거나 유전자의 발현 조절에 관여하는 여러 다른 형태의 RNA들이 규명되어 최근 RNA에 대한 새로운 인식의 큰 변화가 일어나고 있다(15장에서 더 자세하게 설명한다.).

다른 형태의 핵산들은 에너지 반응의 필수 성분이다

뉴클레오타이드는 세포에서 다양한 역할을 한다. 예를 들어, **아데노신 3인산**(adenosine triphosphate, ATP; **그림 2.18**)은 세포의 에너지 단위라고 부른다. 세포는 음식물 분자에 의해 생성된 ATP가 분해되면서 방출된 에너지를 사용한다. 우리가 사회에서 화폐를 사용하듯이 세포는 다양한 상호작용 과정에서 ATP를 가수분해하여 방출된 에너지를 사용한다. ATP 가수분해로 생성된 에너지는 열역학적으로 불리한 화학반응을 촉진시키거나 세포막을 가로지는 수송과 세포 이동에 사용된다.

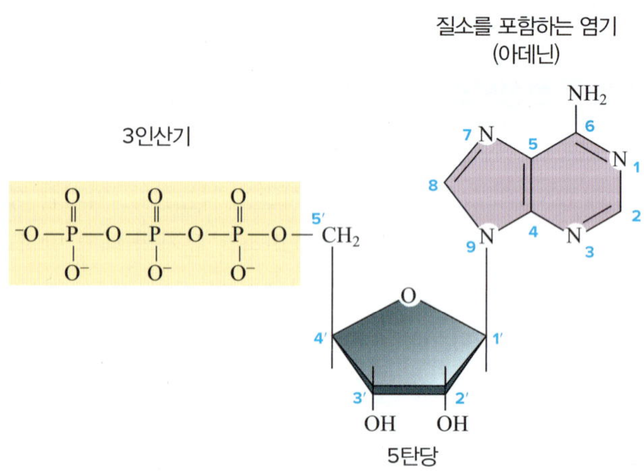

그림 2.18 ATP.
아데노신 3인산(ATP)은 아데닌, 5탄당, 그리고 3인산기로 이루어져 있다.

뉴클레오타이드가 포함된 2개의 다른 중요한 분자로는 **니코틴아미드 아데닌 디뉴클레오타이드**(nicotinamide adenine dinucleotide, NAD^+)와 **플라빈 아데닌 디뉴클레오타이드**(flavin adenine dinucleotide, FAD)가 있다. 이들 분자들은 다양한 세포내 과정에서 전자 전달체로서 작용한다. 이들 분자들의 활동은 광합성과 세포호흡을 다룰 때 보다 더 자세히 이해할 수 있을 것이다(6, 7장 참조).

핵심 요약 2.3

핵산은 인산과 돌출된 염기가 포함된 5탄당이 서로 반복된 긴 사슬의 중합체이다. DNA의 5탄당은 디옥시리보스이고, RNA의 5탄당은 리보스이다. RNA는 타이민 대신에 유라실 염기를 포함한다. DNA는 뉴클레오타이드 염기의 특정 서열로 유전정보를 저장할 수 있는 2중 가닥의 나선이다. 세포에서 RNA는 DNA로부터 유전정보를 전달하거나 리보솜의 일부를 형성할 수 있는 다양한 역할을 가진다.

- RNA 분자가 DNA 가닥으로부터 복사된다면 RNA와 각 DNA 가닥의 염기서열 사이의 관계는 어떻게 될까?

2.4 단백질: 다양한 구조와 기능을 가지는 분자

학습 목표

1. 단백질 구조에 대해 설명할 수 있다.
2. 모티프와 도메인이 단백질 구조에 어떻게 기여하는지 설명할 수 있다.
3. 아미노산 서열과 그들의 3차원적 구조의 관계를 설명할 수 있다.

단백질은 화학적이고 기능적으로 가장 다양한 생체 거대분자이다. 단백질은 세포에서 매우 다양한 기능을 하므로 그 기능을 모두 다 열거할 수 없지만, 다음과 같이 7개의 범주에서 단백질의 기능을 정리할 수 있다. 이들 범주는 생물학의 주된 내용과 관련된 단백질 기능을 요약한 것이다.

1. **효소 촉매작용**: 효소는 특정 화학반응을 용이하게 하는 생물학적 촉매이다. 따라서 효소의 출현은 생물의 진화에서 가장 중요한 사건들 중 하나이다. 대부분의 효소는 기질과 안정적으로 결합하기 위해 3차원의 구형 단백질을 가진다. 이처럼 구형 단백질은 기질과 특정 화학결합의 화학반응을 용이하게 한다.
2. **방어**: 다른 구형 단백질들은 외부의 미생물과 암세포를 인식한다. 이들 구형 단백질의 세포-표면 수용체는 몸의 내분비와 면역계에서 중요한 역할을 한다.
3. **수송**: 여러 다양한 구형 단백질들은 작은 분자와 이온을 수송한다. 예를 들어, 수송단백질인 헤모글로빈은 혈액에서 산소를 수송하고 막 수송단백질은 이온과 분자가 세포막을 통과하는데 도움을 준다.
4. **지지**: 단백질 섬유는 구조적 역할을 한다. 이들 섬유에는 머리카락의 케라틴, 혈액응고의 피브린, 그리고 콜라겐이 있다. 콜라겐은 척추동물 체내에서 가장 풍부한 단백질로 이들은 피부, 인대, 힘줄 그리고 뼈의 기질을 형성한다.
5. **운동**: 근육은 두 종류의 필라멘트 단백질인 액틴과 마이오신의 활주 운동으로 수축한다. 수축성 단백질은 세포골격과 세포내 물질 이동에서 중요한 역할을 한다.
6. **조절**: 호르몬은 작은 단백질로 동물에서 세포들 사이의 전달자로서 역할을 한다. 예를 들어, 단백질은 발생 과정에서 유전자의 발현과 억제에 많은 조절의 역할을 한다. 또한 단백질은 세포-표면 수용체로부터 세포 외부의 정보를 받는다.
7. **저장**: 칼슘과 철은 이온 형태로 저장 단백질에 결합하여 우리 몸에 저장된다.

표 2.2에는 우리 몸에서 수행되는 단백질의 기능과 용례를 요약하였다.

단백질은 아미노산의 중합체이다

단백질은 20가지 아미노산들로 이루어진 선형 중합체이다. **아미노산**(amino acid)은 이름에서 알 수 있듯이 아미노기($-NH_2$)와 산성의 카복실기($-COOH$)를 포함한다. 아미노산의 특정 배열은 단백질의 구조와 기능을 좌우한다. 많은 과학자들은 아미노산이 초기 지구에서 생성된 첫 번째 분자들 중 하나라고 믿는다. 지구의 역사 초기에 존재했던 해양에는 매우 다양한 아미노산들이 존재했을 것이라고 여겨지고 있다.

아미노산의 구조

아미노산의 일반적인 구조는 아래와 같이 중심 탄소 원자에 아미노기, 카복실기, 수소 원자, 그리고 R로 표기된 작용기가 결합되어 있다.

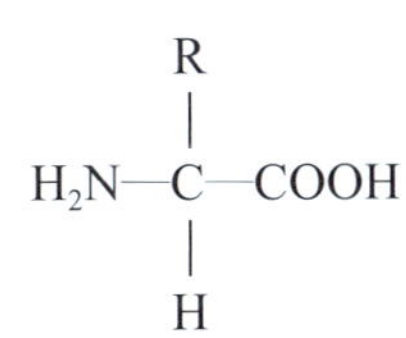

각 아미노산의 독특한 특성은 R기에 의해 결정된다. R기에 수소 원자를 가지는 글리신을 제외하고, 모든 아미노산은 키랄 분자로 2가지 입체이성질체인 D 또는 L 형태로 존재한다. 생물계의 단백질에서는 L-아미노산만 발견되고 D-아미노산은 극히 드물다.

R기는 아미노산의 화학적 성질을 결정한다. 세린은 $-CH_2OH$인 R기를 가지므로 극성 분자이다. 알라닌은 $-CH_3$인 기를 가지므로 무극성 분자이다. 20가지 아미노산은 R기에 따라 다음과 같이 화학적으로 5개의 그룹으로 구분할 수 있다.

1. 비극성 아미노산(예, 류신)의 R기는 $-CH_2$ 또는 $-CH_3$를 가진다.
2. 극성 비전하 아미노산(예, 트레오닌)의 R기는 산소 또는 $-OH$를 가진다.
3. 전하를 띠는 아미노산(예, 글루탐산)의 R기는 이온화될 수 있는 산성 또는 염기성을 가진다.
4. 방향족 아미노산(예, 페닐알라닌)의 R기는 단일결합과 2중결합이 번갈아가면서 나타나는 유기(탄소) 고리를 가진다.
5. 특수 기능을 가지는 아미노산은 독특한 성질을 가진다. 메싸이오닌은 주로 아미노산 사슬의 첫 번째 아미노산이고, 프롤린은 사슬의 꺾임을 야기하고, 시스테인은 두 사슬을 연결한다.

아미노산의 R기는 화학적 성질에 따라 단백질 구조에 서로 다른 영향을 준다. 예를 들어, 수많은 비극성 아미노산을 가지는 단백질 사슬 부위는 소수성배제에 의해 단백질 내부로 접히려고 하는 경향이 있다.

펩타이드결합

각 아미노산이 생리학적 pH에서 이온화되면 한쪽 끝은 양전하의

표 2.2 단백질의 기능

기능	단백질 종류	예	용례
효소 촉매	효소	글리코시데이스	다당류 절단
		프로테이스	단백질 분해
		중합효소	핵산 합성
		카이네이스	당과 단백질 인산화
방어	면역글로불린	항체	제거될 외래물질 표시
	독소	뱀독	신경기능 차단
	세포-표면 항원	MHC* 단백질	자기 인식
수송	순환형 수송체	헤모글로빈	혈액에서 O_2와 CO_2의 수송
		마이오글로빈	근육에서 O_2와 CO_2의 수송
		사이토크롬	전자전달
	막 수송체	소듐-포타슘 펌프	흥분성 막
		양성자 펌프	화학삼투
		포도당 수송체	세포내 포도당 수송
지지	섬유	콜라겐	연골형성
		케라틴	머리카락과 손톱
		피브린	혈액응고
운동	근육	액틴	근섬유 수축
		마이오신	근섬유 수축
조절	삼투 단백질	혈청 알부민	혈액 삼투압 유지
	유전자 조절자	*lac* 억제자	전사 조절
	호르몬	인슐린	혈당 조절
		바소프레신	신장의 물 재흡수
		옥시토신	자궁수축과 모유 생성의 조절
저장	이온결합	페리틴	비장에 철 저장
		카제인	우유에 이온 저장
		칼모듈린	칼슘 이온 결합

*MHC: 주조직적합성복합체(major histocompatibility complex)

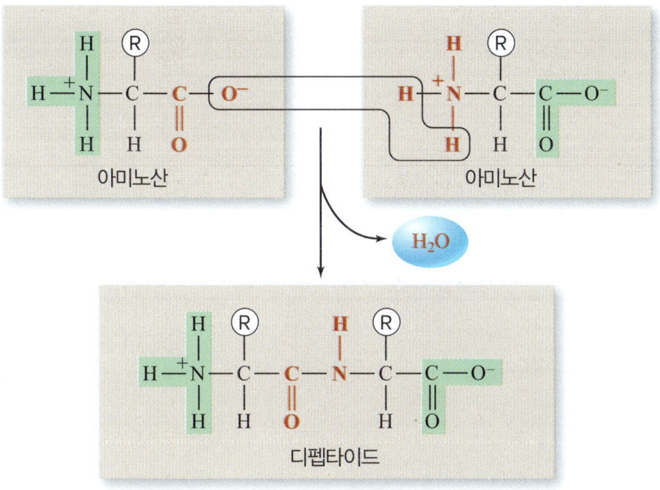

그림 2.19 펩타이드결합.
펩타이드결합은 아미노산의 아미노기 말단이 다른 아미노산의 카복실기 말단에 결합되어 형성된다. 이때 반응성 아미노기와 카복실기는 붉은색으로, 비반응성 아미노기와 카복실기는 초록색으로 표시하였다. 2개의 아미노산이 결합된 디펩타이드는 여전히 아미노기 말단과 카복실기 말단을 가지고 있다. 펩타이드결합은 부분적인 2중결합과 같은 특성으로 펩타이드 사슬은 자유롭게 회전할 수 없다.

아미노기(NH_3^+)와 다른 끝은 음전하의 카복실기(COO^-)를 가진다. 한 아미노산의 아미노기는 다른 아미노산의 카복실기와 축합반응을 통해 공유결합이 형성되는데, 이때의 공유결합을 **펩타이드결합**(peptide bond)이라고 부른다(**그림 2.19**). 펩타이드결합은 부분적으로 2중결합의 성격을 가지므로, 펩타이드결합에 의해 연결된 두 아미노산은 펩타이드결합의 N–C 결합을 자유롭게 회전할 수 없다. 이는 아미노산의 중심 탄소 원자에 결합된 N–C와 C–C 결합과는 다르다. 이와 같이 펩타이드결합의 회전 불가능은 아미노산 사슬에 의해 형성된 나선 형태와 다른 규칙적인 형태의 구조 특성을 결정한다.

단백질은 1개 이상의 긴 선형 사슬로 이루어져 있는데 이러한 사슬을 **폴리펩타이드**(polypeptide)라고 부르며, 이들은 펩타이드결합으로 연결된 아미노산들로 구성된다. **단백질**(protein)과 **폴리펩타이드**의 용어는 엄격하게 구분되지 않고 혼용해서 사용하는 경향이 있는데, 예를 들어 하나의 폴리펩타이드 사슬로만 이루어진 단백질에서 두 용어는 동일하다.

1950년대 초기 생거(Frederick Sanger)의 선구적인 업적은 각 단백질은 특정 아미노산 서열을 가진다는 사실을 처음으로 규명한 것이다. 생거는 연속적으로 아미노산을 제거하고 확인하는 화학적 방법을 이용하여 인슐린의 아미노산 서열을 성공적으로 분석하였다. 그렇게 함으로써 수용액에서 모든 인슐린 분자는 동일한 아미노산 서열을 가지고 있다는 것을 확인하였다. 자연계에서 다양한 아미노산들이 존재하지만, 단백질은 오직 20가지 아미노산에 의해 합성된다. 20가지 아미노산 중에서 8가지 아미노산은 인체에서 합성할 수 없고 반드시 음식을 통해서 얻을 수 있는데, 이러한 아미노산을 필수 아미노산이라고 부른다. **그림 2.20**에는 20가지 아미노산과 작용기를 나타냈다.

단백질 구조는 4단계로 구분된다

단백질의 형태는 기능을 결정된다. 단백질만큼 작은 물질의 형태를 연구하는 한 가지 방법은 X선과 같은 매우 짧은 파장의 에너지를 관찰하는 것이다. X선이 단백질 결정을 통과하면서 회절 패턴을 만드는데, 이 패턴을 분석하여 각 원자의 위치에 대한 3차원 상을 통해 단백질 구조를 확인할 수 있다. 이와 같은 과정으로 최초로 구조가 밝혀진 단백질은 마이오글로빈이며 뒤이어 헤모글로빈의 구조도 확인되었다.

더 많은 단백질들이 연구되면서 일반적인 원리가 규명되었는데, 모든 단백질 내부의 아미노산은 류신, 발린, 그리고 페닐알라닌과 같은 비극성을 가진다는 것이다. 물 분자는 비극성 분자를 소수성으로 배제하려는 경향으로 인해 아미노산 사슬의 비극성 부위를 단백질 내부로 밀어 넣는다(**그림 2.21**). 이로 인해 비극성 아미노산들은 서로 가깝게 근접하게 되어 단백질 내부에는 빈공간이 거의 없다. 극성과 전하를 띠는 아미노산들은 주요 기능적 역할을 하는 일부 아미노산을 제외하고 대부분 단백질 표면에 위치한다.

단백질 구조는 **1차**(primary), **2차**(secondary), **3차**(tertiary), 그리고 **4차**(quaternary)의 4단계로 구분된다(**그림 2.22**).

1차구조: 아미노산 서열

1차구조(primary structure)는 아미노산 서열이다. 아미노산을 구분하는 R기는 단백질의 펩타이드결합에 아무런 역할을 하지 않으므로 단백질은 어떠한 아미노산 서열로도 만들어질 수 있다. 따라서 20가지 아미노산은 모든 위치에 나열할 수 있으므로, 100개의 아미노산으로 20^{100}개의 서로 다른 아미노산 서열을 가지는 단백질을 만들 수 있다. 이러한 특성은 단백질의 엄청난 다양성을 부여하였다.

헤모글로빈 단백질은 혈액에서 산소 수송에 사용되는데, 그들은 2개의 α-글로빈 펩타이드 사슬과 2개의 β-글로빈 펩타이드 사슬로 이루어져 있다. α-글로빈 사슬은 β-글로빈 사슬과 아미노산 서열이 다르다. 더욱이, 이들 글로빈 중 하나 정상적인 아미노산 서열에서 하나의 아미노산만 바뀌더라도 단백질 기능에 중대한 영향을 준다.

2차구조: 수소결합 패턴

아미노산 작용기는 수소결합을 할 수 있는 단백질의 유일한 영역은 아니다. 아미노산이 반복적으로 이루어진 폴리펩타이드 골격에서 아미노기와 카복실기는 물 분자 또는 폴리펩타이드 골격의 다른 아

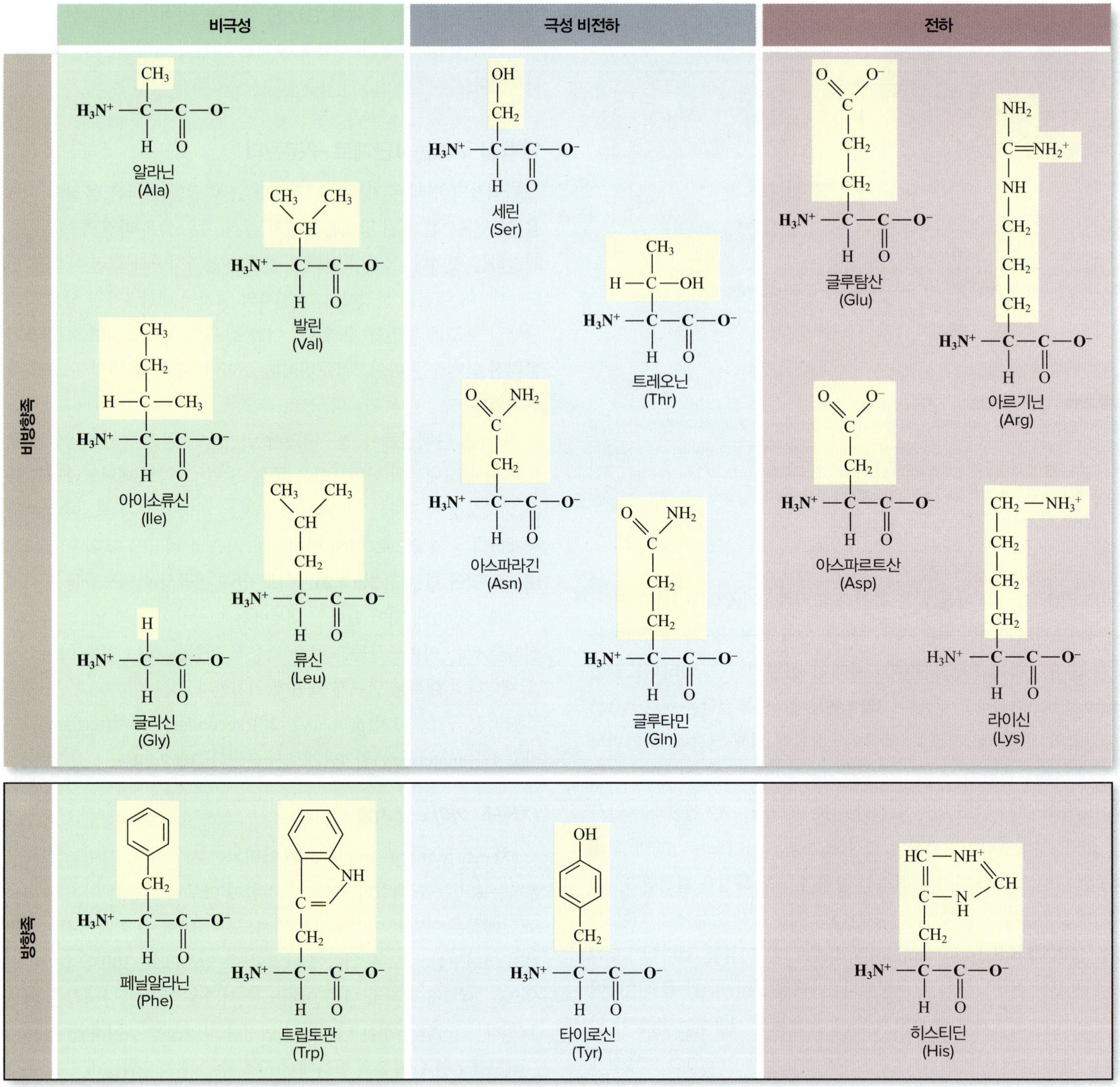

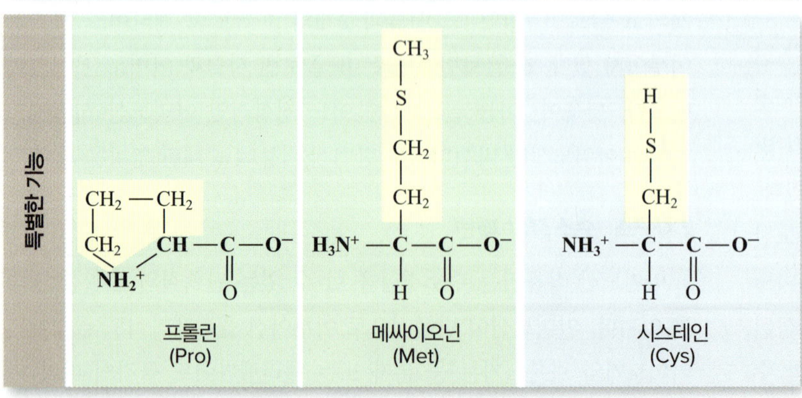

그림 2.20 20가지 아미노산.
아미노산들은 동일한 화학적 골격을 가지지만, 그들의 R기는 모두 다르다. 7가지 아미노산은 R기가 $-CH_2$ 또는 $-CH_3$를 가지므로 비극성이다. 이들 중 2가지 아미노산은 단일결합과 2중결합이 번갈아가면서 나타나는 고리 구조를 가지므로 방향족으로 분류된다. 다른 5가지 아미노산은 R기가 산소 또는 하이드록실기를 가지므로 극성이다. 그 외 다른 5가지 아미노산은 이온화되어 전하를 띤다. 남은 3가지 아미노산은 단백질 사슬 사이의 결합 또는 단백질의 구부러짐을 형성하는 데 도움을 주는 화학적 특성을 가진다.

미노산과 수소결합을 할 수 있다. 단백질에서 물 분자와 너무 많은 수소결합이 형성되면 단백질은 무작위 코일처럼 행동하여 흔한 구조인 구형을 가질 수 없다. 폴링(Linus Pauling)은 펩타이드가 나선형으로 꼬인다면 아미노기와 카복실기가 서로 결합할 수 있다고 제안하였고, 이를 **α 나선구조**(α helix)라고 부른다. 펩타이드 골격에서 아미노기와 카복실기의 규칙적인 상호작용을 **2차구조**(secondary structure)라고 한다. 2차구조의 또 다른 형태는 서로 나란히 배열된 펩타이드 사이에서 편평한 구조가 생성되는데, 이를 **β 병풍구조**(β sheet)라고 부른다. 이때 β 병풍구조는 인접한 펩타이드가 서로 같은 방향 또는 반대 방향으로 배열되는지에 따라 평행 또는 역평행을 가진다.

이러한 2가지 종류의 2차구조는 단백질의 원통형(α 나선)과 평면형(β sheet) 부분을 만든다. 단백질의 최종 구조는 각 형태의 2차구조를 포함한다. 예를 들어, DNA와 결합하는 단백질은 주로 α 나선구조 영역을 가지는데 이들 구조는 DNA를 가로질러서 DNA 염기와 직접적으로 결합할 수 있다. 포린 단백질은 β 병풍구조로 이루어져 있는데, 이들 β 병풍구조들은 세포막에 구멍을 형성하도록 배열된다. 마지막으로 헤모글로빈에서 최종 분자를 구성하는 α-와 β-글로빈 펩타이드 사슬은 2차구조의 독특한 영역을 가진다.

3차구조: 접힘과 연결

구형 단백질이 최종적으로 접힌 형태를 **3차구조**(tertiary structure)라고 부른다. 이러한 3차구조는 2차구조 영역을 포함하며 공간에서 2차구조가 어떻게 배열되어 전체 구조를 만들 수 있는지를 결정한다. 단백질은 물 분자로부터 소수성배제에 의해 초기의 3차구조가 유도된다. 정반대의 전하를 띠는 R기들 사이의 이온결합은 두 영역을 가깝게 근접시키고, 2황화결합은 시스테인 R기들 사이의 공유결합으로 특정 영역을 연결시킨다. 단백질의 최종 접힘은 1차구조의 R기의 화학적 성질에 의해 결정된다(**그림 2.21**과 **2.22**). 크기가 작은 단백질은 완전히 풀려진 후(변성) 자발적으로 원래의 형태로 다시 접힐 수 있다. 그러나 크기가 큰 단백질은 변성되면 서로 뭉쳐져 불용성 덩어리를 형성하는 경향이 있다. 이것은 마치 핫초코를 만들기 위해 우유를 가열할 때 얇은 막이 형성되는 것과 같다.

단백질의 3차구조는 서로 다른 아미노산의 R기들 사이의 수소결

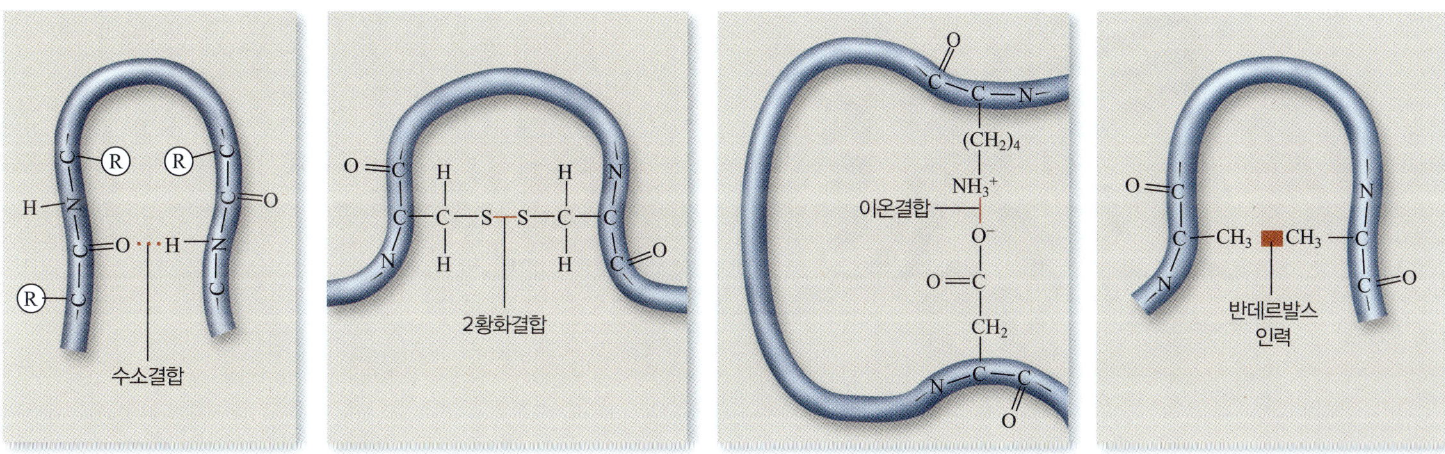

a. *b.* *c.* *d.*

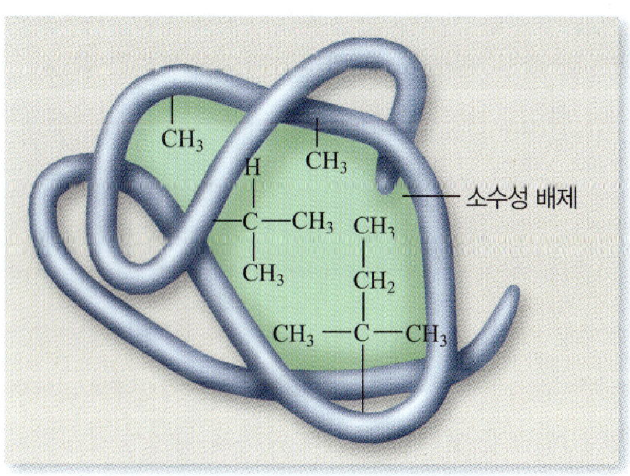

e.

그림 2.21 단백질 형태를 결정하는 상호작용
단백질은 아미노산을 서로 연결하는 펩타이드결합 외에 여러 다른 약한 힘과 상호작용으로 구조를 안정시킨다. ***a.*** 수소결합은 펩타이드 골격의 아미노기와 카복실기 사이, 아미노산의 R기들 사이에서 형성된다. ***b.*** 공유결합인 2황화 가교는 2개의 시스테인 곁사슬 사이에서 형성된다. ***c.*** 이온결합은 정반대 전하를 가지는 작용기들 사이에 형성된다. ***d.*** 반데르발스 인력은 반대의 극성을 가지는 전자구름으로 인해 원자들 사이에 일어나는 약한 결합이다. ***e.*** 단백질의 극성 부위는 외부로 배열되어 물 분자와 상호작용을 하지만, 비극성 아미노산이 포함된 소수성 부위는 단백질 내부로 밀어 넣어진다.

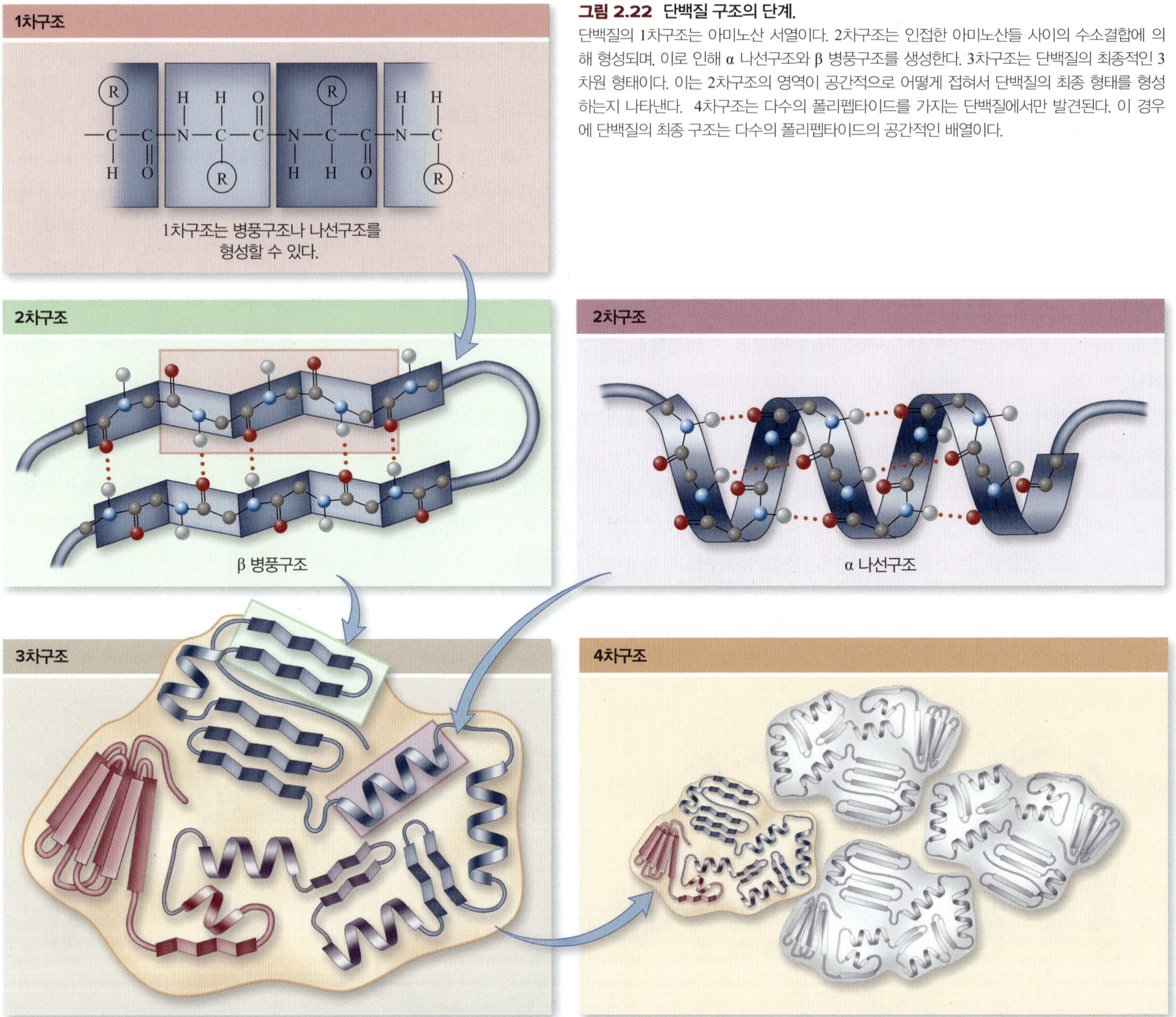

그림 2.22 단백질 구조의 단계.
단백질의 1차구조는 아미노산 서열이다. 2차구조는 인접한 아미노산들 사이의 수소결합에 의해 형성되며, 이로 인해 α 나선구조와 β 병풍구조를 생성한다. 3차구조는 단백질의 최종적인 3차원 형태이다. 이는 2차구조의 영역이 공간적으로 어떻게 접혀서 단백질의 최종 형태를 형성하는지 나타낸다. 4차구조는 다수의 폴리펩타이드를 가지는 단백질에서만 발견된다. 이 경우에 단백질의 최종 구조는 다수의 폴리펩타이드의 공간적인 배열이다.

합, 반대 전하를 가지는 R기들 사이의 정전기적 상호작용(이온결합), 비극성 R기의 소수성배제, 그리고 2황화결합을 형성하는 공유결합에 의해 안정화된다. 단백질이 일단 3차원 구조로 접히면 단백질의 안정성은 단백질 내부가 얼마나 서로 잘 맞는지에 따라 큰 영향을 받는다. 단백질 내부의 두 비극성 사슬이 매우 가깝게 근접할 때 분자적 인력이 작용하는데, 이를 반데르발스 힘이라고 부른다. 이 힘은 개별적으로 매우 약하지만 모이면 강한 인력을 형성한다. 이것은 마치 벨크로(Velcro) 표면의 수많은 갈고리와 걸림고리의 협동된 힘과 같다. 그러나 반데르발스 힘은 짧은 거리에서만 효과적이므로 단백질 내부의 빈 공간에는 작용되지 않는다. 각 R기의 고유한 형태로 인해 서로 다른 크기를 가지는 비극성 아미노산의 다양성은 단백질 내부에서 비극성 사슬이 매우 정확하게 잘 들어맞을 수 있도록 한다.

그러므로 하나의 아미노산이 달라지면 구조가 완전히 바뀌어 단백질 기능이 달라지는 것은 놀라운 일이 아니다. 예를 들어, 낫 모양의 헤모글로빈(HbS)은 β-글로빈 사슬의 글루탐산(glutamic acid)이 발린(valine)으로 바뀐 것이다. 이로 인해 단백질 표면에 전하를 띠는 아미노산이 비극성 아미노산으로 전환되어 결과적으로 단백질들이 서로 뭉쳐져 덩어리를 형성한다. 사람에서 가장 흔한 헤모글로빈의 또 다른 변종인 HbE는 β-글로빈 사슬의 다른 부위에서 글루탐산이 라이신으로 변화되어 유발된다. 이 경우에는 구조적 변화는 크지 않지만 여전히 기능에 결함을 주어 결과적으로 빈혈이라고 불리는 혈액 이상을 유발한다. 헤모글로빈에서 700가지 이상의 구조적 변종들이 잘 알려져 있으며, 전 세계 인구의 7% 이상이 의학적으로 중요한 유형의 보인자들이다.

4차구조: 소단위 배열

2개 또는 그 이상의 폴리펩타이드 사슬이 결합되어 기능성 단백질을 합성할 때 각 사슬을 단백질의 소단위라고 한다. 이러한 소단위 배열을 **4차구조**(quaternary structure)라고 한다. 소단위로 이루어진 단백질에서 소단위가 서로 접촉하는 경계면은 주로 비극성이며, 이는 각 소단위 활성에 관련된 소단위들 사이의 정보 전달에 중요한 역할을 한다. 헤모글로빈 단백질은 2개의 α-사슬 소단위와 2개의 β-사슬 소단위로 이루어져 있다. 각각의 α-와 β-글로빈 사슬은 아미노산의 특정 서열로 이루어진 1차구조를 가진다. 이로 인해 각각의 α 나선구조와 β 병풍구조로 구성된 독특한 2차구조를 추정할 수 있고 이들은 다시 각각의 α-와 β-글로빈 소단위의 독특한 3차구조로 배열할 수 있다. 마지막으로 이들 소단위들은 최종 4차구조로 배열되어 마침내 단백질의 최종 구조가 형성된다. 오직 하나의 펩타이드 사슬로 이루어진 단백질인 라이소자임(lysozyme) 효소는 단백질의 3차구조가 단백질의 최종 구조이다.

모티프와 도메인은 단백질의 구조 요소이다

단백질의 아미노산 서열을 직접적으로 분석하는 것은 매우 힘든 일이다. 분석 과정이 자동화되었지만 여전히 느리고 복잡하다.

DNA의 염기서열 분석은 단백질의 아미노산 서열 분석의 어려움을 매우 획기적으로 변화시켰다. 원래 DNA의 염기서열 분석은 수동적으로 수행되었지만 인간게놈프로젝트(Human Genome Project)는 자동화된 염기서열 분석의 발전을 이끌었다. 이로 인해 분석량이 증가되었지만, 차세대 염기서열 분석 기술의 출현은 결과적으로 유전체의 염기서열 분석을 비약적으로 증가시켰다. 오늘날 40,000종 이상의 박테리아 유전체가 완전히 분석되었고, 80종 이상의 포유류 유전체가 포함된 약 8000종의 진핵생물 유전체가 분석되었다. DNA의 염기서열은 단백질의 아미노산 서열을 결정하므로 현재 비교 분석이 가능할 만큼의 단백질 서열에 대해 거대한 데이터베이스가 구축되었다. 이와 같은 새로운 정보는 단백질 구조의 기본 패턴이 존재하는지 여부를 유전자 분석을 통해 확인할 수 있다는 생각을 자극하였다. 결과적으로 단백질 구조는 이들 결과와 함께 발전하였다. 연구자들은 여전히 단백질 구조 형성의 4단계를 중요하게 여기고 있지만, 모티프와 도메인이라는 두 용어가 새롭게 추가되었다.

모티프

생물학자들이 단백질의 3차원 구조를 발견했을 때(서열 분석보다 더 힘든 일), 전혀 서로 다른 것으로 여겨진 단백질들 사이에서 유사성이 발견되었다. 이러한 유사성 구조를 **모티프**(motif) 또는 초2차구조(supersecondary structure)라고 부른다. 모티프는 음악 또는 디자인에서 반복적인 주제 요소를 의미하는 용어에서 유래되었다.

β-α-β 모티프는 매우 흔한 단백질 모티프로서 뉴클레오타이드와 결합하는 단백질의 중심 부위에 접힘 또는 주름을 만드는데, 이를 '로스만 폴드(Rossmann fold)'라고도 부른다. 그 다음으로 흔하게 발견되는 단백질 모티프는 β 병풍구조가 서로 둘러싸여 관을 형성하는 β 배럴이다. 그 다음은 α 나선구조가 하나의 굽은 선의 양 끝에 연결되어 형성된 나선-꺾임-나선(helix-turn-helix)으로, 이들은 단백질이 DNA의 2중나선에 결합하는 데 용이하게 한다(**그림 2.23**; 15장 참조).

모티프는 밝혀지지 않은 단백질 구조를 규명하는 데 유용하다. 잘 작용하고 있는 모티프는 진화적으로 여러 단백질 합성에서 재사용된 것인가? 또는 모티프는 단백질이 뉴클레오타이드와 결합하는 것과 같은 문제를 해결하기 위한 최선의 해결책인가? 한 가지 생각할 수 있는 방법은 단백질이라는 언어에서 아미노산이 글자라면 모티프는 반복적인 단어 또는 구절을 나타낸다. 모티프는 밝혀지지 않은 단백질의 기능을 결정하는 데 매우 유용하다. 밝혀지지 않은 단백질은 규명된 모티프 서열의 데이터베이스를 비교함으로써 밝혀지지 않은 단백질의 기능을 알 수 있다.

도메인

단백질의 **도메인**(domain)은 모티프보다 더 큰 구조에서 기능적 단위로 3차구조의 하부구조(substructure)라고 생각할 수 있다(**그림 2.23**). 단백질이라는 언어에서 아미노산은 글자이고, 모티프는 단어 또는 구절이며, 도메인은 단락을 의미한다.

대부분의 단백질은 다양한 영역의 단백질 기능을 수행하는 다수의 여러 도메인으로 이루어져 있다. 대부분의 경우에 이들 도메인은 물리적으로 분리될 수 있다. 예를 들어, 전사인자는 DNA에 결합하는 단백질이며 전사를 개시한다. DNA에 결합하는 영역이 다른 전사인자로 바뀐다면 전사를 자극하는 능력에는 영향을 주지 않고 DNA에 대한 전사인자의 특이성은 변화된다. 이러한 '도메인-교환(domain-swapping)' 실험은 많은 전사인자들에 대해 시도되었으며, 특히 DNA와 결합하는 영역과 활성화 영역의 도메인은 기능적으로 분리된 것을 의미한다.

단백질의 기능성 도메인은 단백질이 적절한 형태로 접힐 수 있도록 도와준다. 폴리펩타이드 사슬이 접힐 때, 각 도메인은 서로 독립

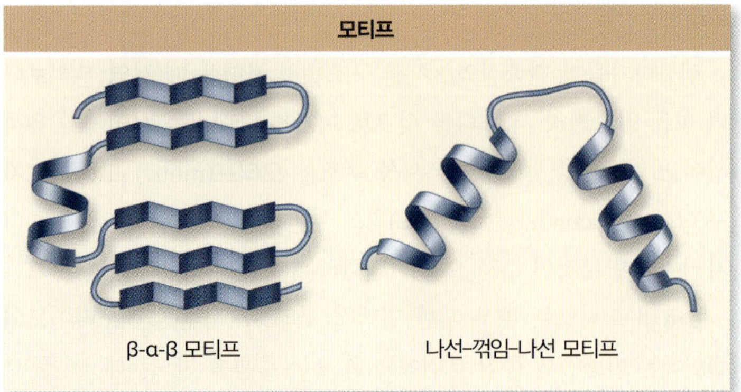

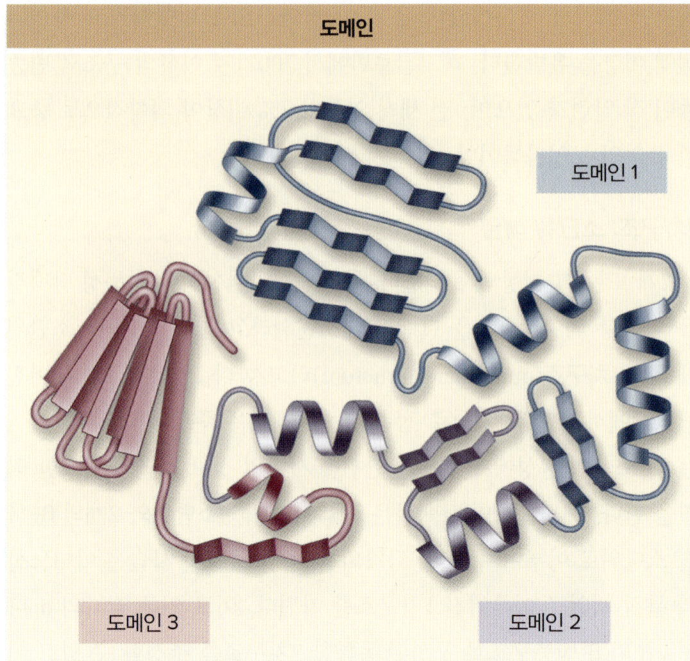

그림 2.23 모티브와 도메인.
단백질의 2차구조의 요소들이 결합, 접힘, 또는 주름으로 모티프를 형성한다. 이러한 모티프는 여러 다양한 단백질에서 발견되고 단백질 기능을 예측하는 데 이용될 수 있다. 또한 단백질은 기능적 영역인 도메인을 가진다. 이들 도메인의 공간적인 배열이 단백질의 3차구조이다.

적으로 적절한 형태를 취한다. 이러한 행동은 단백질의 도메인을 형성하는 폴리펩타이드의 조각을 인위적으로 합성한 후 이들 조각들이 단백질의 도메인과 동일한 구조로 다시 접힘을 실험적으로 확인하였다. 매듭으로 묶인 밧줄처럼 하나의 폴리펩타이드 사슬은 단백질 도메인들 사이를 연결한다.

도메인은 또한 유전자의 구조와 관련이 있다. 14장에서는 진핵생물의 유전자는 유전체에서 흩어진 조각들로 존재하여 이들 조각을 **엑손**(exon)이라고 부르며, 이는 주로 단백질의 기능적인 도메인을 암호화한다는 것을 배울 것이다. 이러한 발견은 단백질을 암호화하는 도메인들이 서로 섞임으로써 유전자가 진화할 수 있음을 의미한다.

단백질 접힘 과정은 샤페론 단백질에 의존한다

원래 생화학자들은 소수성 상호작용으로 비극성 아미노산을 단백질 내부로 밀어 넣는 것처럼 새롭게 합성된 단백질은 최종 구조로 도달할 때까지 자발적이고 무작위로 다양한 구조로 접힘을 시도할 것이라고 생각하였다. 지금 우리는 이들 견해가 너무 단순화된 것이라고 알고 있다. 단백질 사슬은 너무 많은 다양한 방법으로 접힐 수 있어 시행착오는 간단해 보이지만 너무 긴 시간이 걸린다. 더욱이 단백질 사슬이 최종 구조로 접혀지는 중간 단계에 있는 동안에 비극성의 '끈적한(sticky)' 내부 영역은 외부로 노출된다. 이러한 중간 단계의 단백질을 세포 내와 동일한 환경의 시험관에 넣어 두면 서로 뭉쳐서 거대한 덩어리를 형성한다.

세포는 어떻게 단백질 응집으로 거대해지는 것을 막을 수 있을까? 결정적인 실마리는 박테리아에서 바이러스의 복제를 억제하는 특별한 돌연변이 연구를 통해 얻어졌다. 박테리아에서 합성된 바이러스 단백질은 적절하게 접혀지지 않아 바이러스의 복제가 일어나지 않는다는 것을 확인하였다. 더 추가적인 연구로 정상 세포에는 단백질이 정확하게 접힐 수 있도록 도와주는 **샤페론 단백질**(chaperone proteins)이 있다는 것이 밝혀졌다.

분자생물학자들은 현재 샤페론처럼 작용하는 여러 수많은 단백질들이 존재한다는 것을 확인하였다. 이러한 수많은 종류의 샤페론 단백질은 하위 그룹(subclass)으로 나뉠 수 있으며, 모든 생물체에서 기본적으로 발견되는 대표 샤페론 단백질이 존재하였다. 일부 샤페론 단백질은 생물체의 생존에 필수적인 것으로 밝혀졌다. 열충격단백질(heat shock proteins)이라고 불리는 샤페론 단백질은 체온이 증가하면 많은 양이 합성된다. 높은 체온은 단백질 접힘을 풀어주므로 열충격 샤페론 단백질은 세포의 단백질이 적절하게 다시 접힐 수 있도록 도와준다.

샤페로닌(chaperonins)은 광범위하게 연구된 샤페론 단백질 가운데 한 종류이다. 예를 들어, 대장균(*Escherichia coli*, *E. coli*)의 GroE 샤페로닌은 필수 단백질이다. GroE 샤페로닌이 비활성화된 돌연변이에서는 결과적으로 박테리아 단백질의 30%가 적절하게 접혀지지 않았다. 샤페로닌은 원통형 용기를 닮은 큰 거대분자의 복합체를 형성한다. 단백질이 용기 내부로 이동하며 용기는 단백질 형태를 적절하게 변형시킬 수 있다(**그림 2.24**). 적절하지 않게 접힌 단백질은 샤페로닌 내부로 들어가 다시 접힐 수 있음을 실험적으로 증명

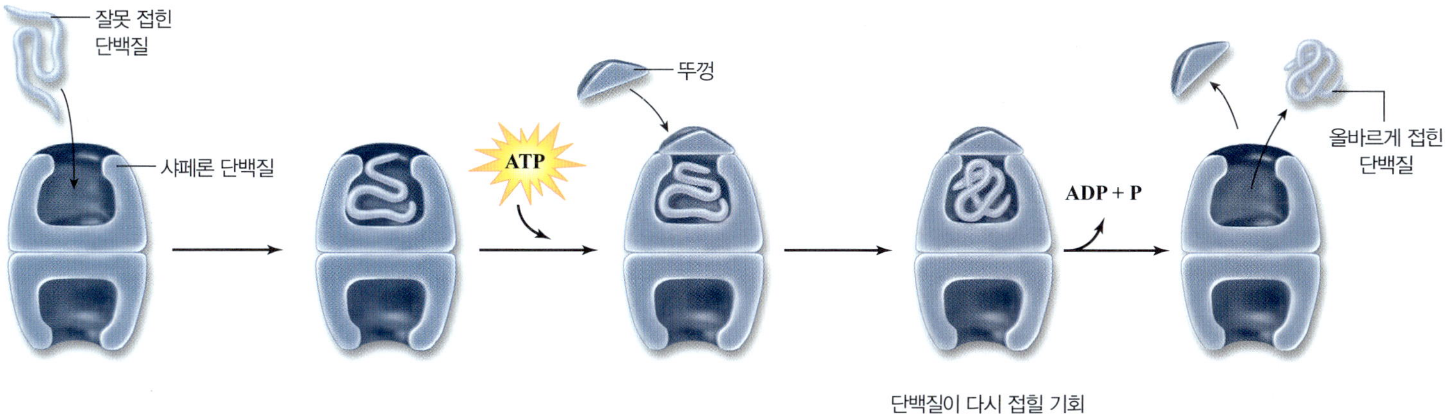

그림 2.24 샤페론 단백질의 작용방식.
원통 모양의 샤페로닌은 샤페론 단백질의 GroE 군에 속한다. 이는 2개의 동일한 고리를 가지며, 각 고리는 3개의 독특한 도메인을 가진 7개의 동일한 소단위 이루어져 있다. 잘못 접힌 단백질이 원통의 내부로 들어가면 뚜껑이 닫힌다. ATP 가수분해로 얻은 에너지는 원통의 구조 변경에 이용되어 원통 내부를 소수성에서 친수성으로 전환시킨다. 이러한 변화는 단백질이 다시 접히도록 한다. 짧은 시간 안에 단백질은 접힘 또는 풀림 상태로 방출되며, 이러한 과정들은 반복된다.

하였다. 이 작용이 어떻게 일어나는지 정확히 알 수는 없지만 용기 내의 소수성의 변화와 관련이 있는 것으로 여겨지고 있다.

샤페로닌 구조는 놀라운 유연성을 가진다. 단백질은 고정된 구조로 존재할 것이라고 생각하기 쉽지만, 샤페로닌의 경우에는 적용되지 않는다. 샤페로닌의 구조 유연성은 그들 기능에 필수적이다. 이와 같은 특성은 매우 큰 크기의 단백질에서 도메인들이 서로 멀리 떨어져 있더라도 여전히 기능적으로 연결되어 있음을 설명할 수 있다. 샤페로닌 내부의 접힘 과정은 ATP 가수분해에 의해 단백질 접힘에 필요한 구조로 변화된다. 이러한 과정은 적절한 단백질 구조를 얻을 때까지 반복적으로 진행된다. 세포는 기존 단백질의 접힘과 적절하지 않게 접힌 단백질의 복구를 위해 모두 샤페로닌을 이용한다.

적절하지 않게 접힌 단백질은 질병을 유발한다

샤페론 단백질의 결핍으로 적절하지 않게 접힌 단백질은 특정 질병의 유발과 관련이 있다. 낭포성섬유증(cystic fibrosis)은 이온이 세포막을 가로질러 이동할 수 있도록 하는 단백질의 돌연변이로 인해 유발되는 유전성 질병이다. 낭포성섬유증 환자는 정상인보다 더 두꺼운 점막을 가지므로 호흡 곤란, 폐질환, 소화불량을 초래한다. 이 질병의 분자 분석에서 흥미로운 특징은 사람마다 다른 돌연변이들이 발견된다는 것이다. 이들 대부분의 돌연변이들은 단백질이 적절하게 접히는 데 영향을 준다. 이로 인해 낭포성 섬유종은 단백질 접힘 이상과 관련이 있다.

변성은 단백질을 비활성화한다

단백질의 주변 환경이 바뀐다면 단백질은 형태가 변하거나 접힘이 완전히 풀릴 수 있는데, 이러한 과정을 **변성**(denaturation)이라고 부른다(**그림 2.25**). 단백질은 pH, 온도, 또는 이온 농도가 변하면 변성이 일어난다.

변성된 단백질은 보통 생물학적으로 비활성이 된다. 이는 효소의 경우에 특히 중요하다. 생물체의 모든 화학반응은 특정 효소에 의해 촉진되므로 세포내에서 효소의 적절한 활성은 생명 유지에 필수적

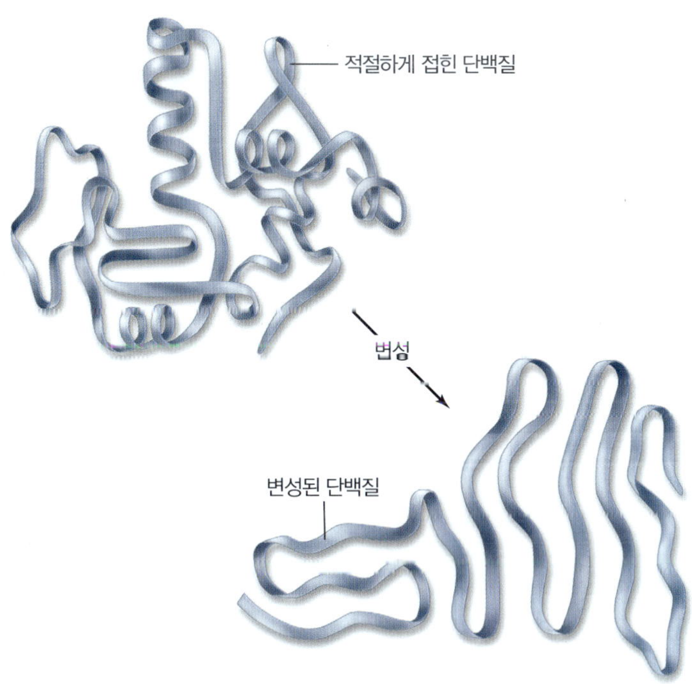

그림 2.25 단백질 변성.
온도 또는 pH 변화와 같이 환경적인 변화는 단백질을 풀리게 하거나 원래의 형태를 잃어버리게 한다. 이러한 단백질 구조의 손상을 변성이라고 부른다. 변성된 단백질은 생물학적으로 비활성이다.

이다.

식품 저장의 전통적인 방법인 염지(salting curing)와 절이기(pickling)는 단백질 변성과 관련이 있다. 냉장고와 냉동고가 보편적으로 이용되기 전에 식품에서 미생물 생장을 억제할 수 있는 현실적으로 유일한 방법은 식품을 고농도의 소금이나 식초에 담가두어 대부분의 미생물 효소들이 변성되어 식품에서 자라지 못하도록 하는 것이었다.

대부분의 효소들은 매우 좁은 범위의 조건에서만 활성을 가진다. 약 pH 7.4의 인체에서 작용하는 혈액 유래의 효소들은 위의 강산성 환경에서 쉽게 변성된다. 반대로 위의 pH 2 또는 그 이하의 pH에서 작용하는 단백질 분해효소들은 상대적으로 염기성인 혈액의 pH에서 변성된다. 이와 비슷하게 심해의 열수 분출공 근처에 서식하는 생물체들은 극한 온도(100℃ 이상)에서도 활성을 갖는 효소를 가진다. 이들 효소는 낮은 온도에서 제대로 작용하지 못하므로 차가운 물에서는 살 수가 없다. 생물체는 보통 pH, 온도, 그리고 염 농도의 내성 범위를 가진다. 이 범위 안에서 효소는 생물학적 기능을 수행하기 위한 적절한 형태를 유지한다.

단백질이 변성된 후 정상적인 환경으로 복구되는 경우에 크기가 작은 단백질은 비극성 아미노산과 물 분자 사이의 상호작용을 통해 자발적으로 원래의 형태로 다시 접히는데(**그림 2.26**), 이 과정을 **재생**(renaturation)이라고 부르며 리보핵산 가수분해효소(ribonuclease, RNase)에서 처음으로 밝혀졌다. 리보핵산 가수분해효소의 재생은 단백질의 1차구조가 3차구조를 결정한다는 원칙을 증명하였다. 그러나 크기가 큰 단백질은 구조가 복잡하기 때문에 자발적으로는 거의 재생되지 않는다.

몇몇 단백질이 자발적으로 재생된다는 사실은 단백질의 3차구조가 1차구조에 강하게 영향을 받는다는 것을 의미한다. 예를 들어, 대장균의 리보솜은 실험적으로 분해되고 다시 원래대로 조립될 수 있다. 이 과정에서 온도와 이온 농도를 변화시켜야 하지만 놀라울 정도로 자가조립(self-assembly)이 일어남을 보여준다. 현대 생물학의 연구에서 복잡한 구조가 자가조립에 의해 진행될 수 있다는 것은 중요한 개념이다.

변성과 **해리**(dissociation)는 정확히 구분되어야 한다. 단백질의 4차구조에서 소단위는 3차구조의 변형 없이 해리된다(분리된다). 예를 들어, 4개의 소단위로 이루어진 헤모글로빈은 4개의 소단위(2개의 α-글로빈과 2개의 β-글로빈)로 해리된다. 이들은 다시 4개의 소단위를 가지는 단백질의 4차구조로 쉽게 회복된다.

과학적 사고

가설: 단백질의 3차원 구조는 열역학적으로 안정한 구조이다. 이는 단백질의 1차구조와 용액 조건에만 따른다.
예상: 단백질을 변성시키고 원래의 조건에서 다시 접히도록 한다면 단백질은 원래의 구조로 다시 접힐 것이다.
실험: 리보핵산 가수분해효소에 환원제를 처리하여 2황화결합을 절단한 후 요소(urea)를 처리하면 단백질 접힘이 완전히 풀어진다. 단백질이 적절하게 다시 접힌다면 2황화 결합은 비변성 조건에서 재형성된다.

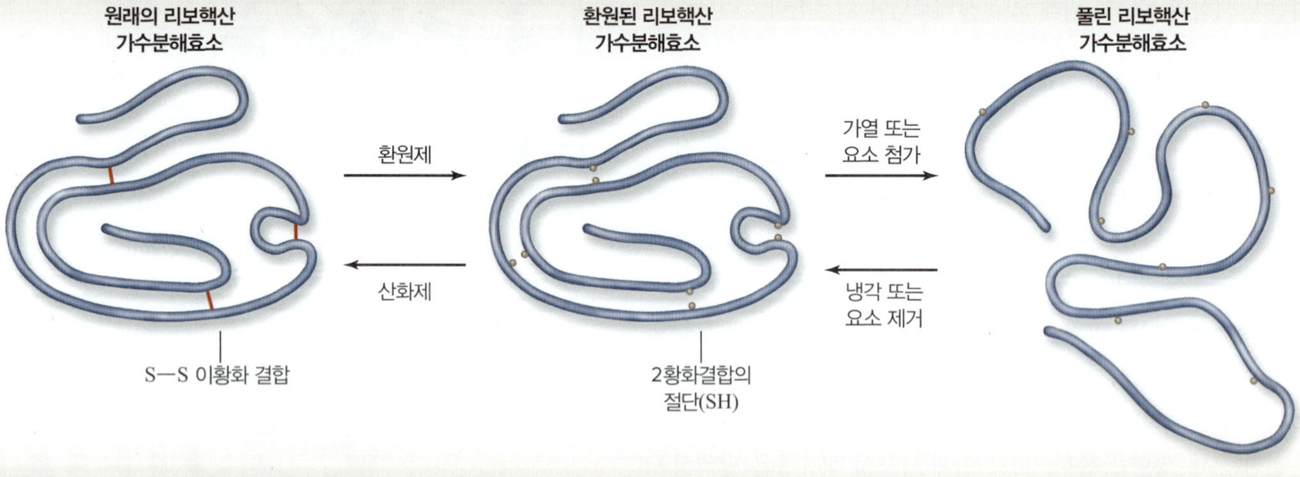

결과: 변성된 리보핵산 가수분해효소는 비변성 조건에서 다시 적절하게 접힌다.
결론: 가설을 뒷받침한다. 1차구조(아미노산 서열)의 정보만으로 단백질이 다시 접히는 데 충분하다. 이는 단백질 접힘이 열역학적으로 안정한 구조를 만든다는 것을 의미한다.
추가 실험: 변성 조건에서 2황화결합이 다시 형성된다면 동일한 결과를 얻을 수 있겠는가? 단백질이 완전히 변성되지 않아 일부 구조를 유지하고 있을 가능성을 어떻게 배제할 수 있겠는가?

그림 2.26 단백질의 1차구조는 3차구조를 결정한다.

핵심 요약 2.4

단백질은 다양한 기능을 가지는 분자이며, 이들은 20가지 아미노산으로부터 만들어진다. 단백질 구조는 아미노산 서열 또는 1차구조, 나선과 병풍의 2차구조, 3차원 형태의 3차구조, 각각의 폴리펩타이드 소단위들의 조립인 4차구조의 4단계로 구분된다. 여러 다양한 단백질은 모티프라고 불리는 유사한 하위 구조를 가지며, 기능적인 도메인으로 나누어 볼 수 있다. 단백질은 좁은 범위 안에서 적절하게 접힌다. 이 범위를 벗어나면 단백질은 풀리고(변성), 이전과 동일 조건으로 회복되면 변성된 단백질은 다시 접히고 기능은 회복(재생)된다.

- 지금까지 학습한 내용을 바탕으로 밝혀지지 않은 단백질의 기능을 어떻게 예측할 수 있을까?

2.5 지질: 소수성 분자

학습 목표

1. 트라이글리세라이드의 구조를 설명할 수 있다.
2. 지방이 어떻게 에너지 저장 분자로 작용할 수 있는지 설명할 수 있다.
3. 인지질의 구조와 막 형성의 관계를 설명할 수 있다.

지질(lipid)은 물에 잘 녹지 않는 화학적 특성을 가진 분자들이 다소 느슨하게 모여 있는 것이다. 동물성 지방처럼 저장 지방은 지질의 종류 중 하나이다. 올리브, 옥수수, 그리고 코코넛의 기름도 지질이며 밀랍(beeswax)과 귀지(earwax)와 같은 왁스도 역시 지질이다. 심지어 일부 바이타민도 지질이다.

지질은 매우 높은 비율의 비극성 탄소—수소(C—H) 결합을 가지며, 이러한 긴 사슬의 지질은 비극성 영역이 수용성 환경으로부터 배제되기 위해 뭉치는 단백질처럼 접히지 않는다. 대신 지질을 물에 넣으면 많은 지질 분자들은 자발적으로 서로 뭉쳐지는데, 이때 뭉쳐진 외부는 주위의 물 분자와 접하는 극성(친수성)기가 노출되어 있으나 내부는 비극성(소수성)기로 갇혀 있다. 물이 있는 그릇에 기름을 떨어뜨렸을 때 기름방울이 물 표면에서 응집되어 구슬 모양을 만드는 것을 본 적이 있을 것이다. 이러한 지질의 자발적인 조립은 세포에서 매우 중요한 점이며, 세포막 구조를 이해하는 바탕이 된다.

지방은 지방산과 글리세롤로 이루어져 있다

대부분의 지질은 2종류의 주요 분자인 지방산과 글리세롤로 이루어진 단순한 골격으로부터 생성된다. 지방산은 한쪽 끝에 카복실기(COOH)를 가지는 긴 사슬의 탄화수소이다. 글리세롤은 3개의 탄소와 3개의 —OH기를 가지는 폴리알코올이다. 대부분의 지질 분자들은 3개의 지방산과 1개의 글리세롤로 이루어져 있으며, 글리세롤 골격의 각 탄소에 지방산이 하나씩 부착되어 있다. 이처럼 3개의 지방산이 포함되어 있기 때문에 지방 분자를 흔히 **트라이글리세라이드**(triglyceride)라고 하며[보다 더 정확한 화학명은 **트라이아실글리세롤**(triacylglycerol)이다] 기본 구조는 **그림 2.27**에서 보는 바와 같다. 트라이글리세라이드의 3개의 지방산은 모두 다 동일할 필요는 없고 서로 다를 수 있다. 지방산의 탄화수소 사슬 길이는 다양하며 주로 14개에서 20개의 짝수로 된 탄소 사슬을 가진다. 지방에서 수많은 C—H 결합은 장기적인 에너지 저장의 형태로 이용된다.

지방산의 모든 탄소 원자들이 2개의 수소 원자와 결합하고 있으면 이를 **포화**(saturated)지방산이라고 부르며, 이것은 지방산이 가능한 모든 수소 원자를 가진다는 것을 의미한다(**그림 2.27**). 연속적인 탄소 원자들 사이에서 1개 이상의 2중결합을 가지는 지방산은 적은 수의 수소 원자를 가지는데, 이를 **불포화**(unsaturated)지방산이라고 한다. 1개의 2중결합을 가지는 지방산은 단불포화(monosaturated) 지방산, 1개 이상의 2중결합을 가지는 지방산은 **다불포화**(polyunsaturated)지방산이라고 한다. 자연계에서 발견되는 대부분의 불포화지방산은 2중결합 전과 후에 동일한 면에 탄소 원자를 가지는 *cis* 배열을 가진다(**그림 2.27***b*에서 지방산의 2중결합은 모두 *cis*이다). 산업적으로 지방에 수소가 부분적으로 첨가되면, 2중결합 전과 후에 반대 면에 탄소 원자가 있는 *trans* 배열을 가지는 2중결합을 생산할 수 있는데, 이들을 트랜스 지방이라고 부른다. 트랜스 지방은 나쁜 콜레스테롤인 LDL(low-density lipoprotein)의 수치를 높이고, 좋은 콜레스테롤인 HDL(high-density lipoprotein)의 수치를 낮추어 관상동맥 심장질환(coronary heart disease)의 위험성을 증가시킨다.

트랜스 지방과 관상동맥 심장질환의 상관관계는 미국 FDA가 일반적으로 안전하다고 인식(generally regarded as safe, GRAS)되는 물질의 목록에서 트랜스 지방을 제외시켰다는 것으로 알 수 있다. 트랜스 지방은 식이보충제(dietary supplement)로 사용될 수 있으므로 금지 식품은 아니지만, 제품표시를 함으로써 트랜스 지방을 제외하는 데 노움을 주고 있다.

C—C 단일결합과 달리 C=C 2중결합은 자유로운 회전이 일어나지 않으므로 2중결합은 분자의 행동을 변화시킨다. 이러한 특성은 주로 녹는점에 영향을 주어 실온에서 지방산이 고체 지방인지 액체 기름인지를 결정한다. 다불포화지방산의 지방산은 2중결합 부위가 굽어져 있어 지방 분자들이 서로 근접하게 배열되는 것을 막기 때문에, 다불포화지방산이 포함된 지방의 녹는점은 일반적으로 낮다. 대

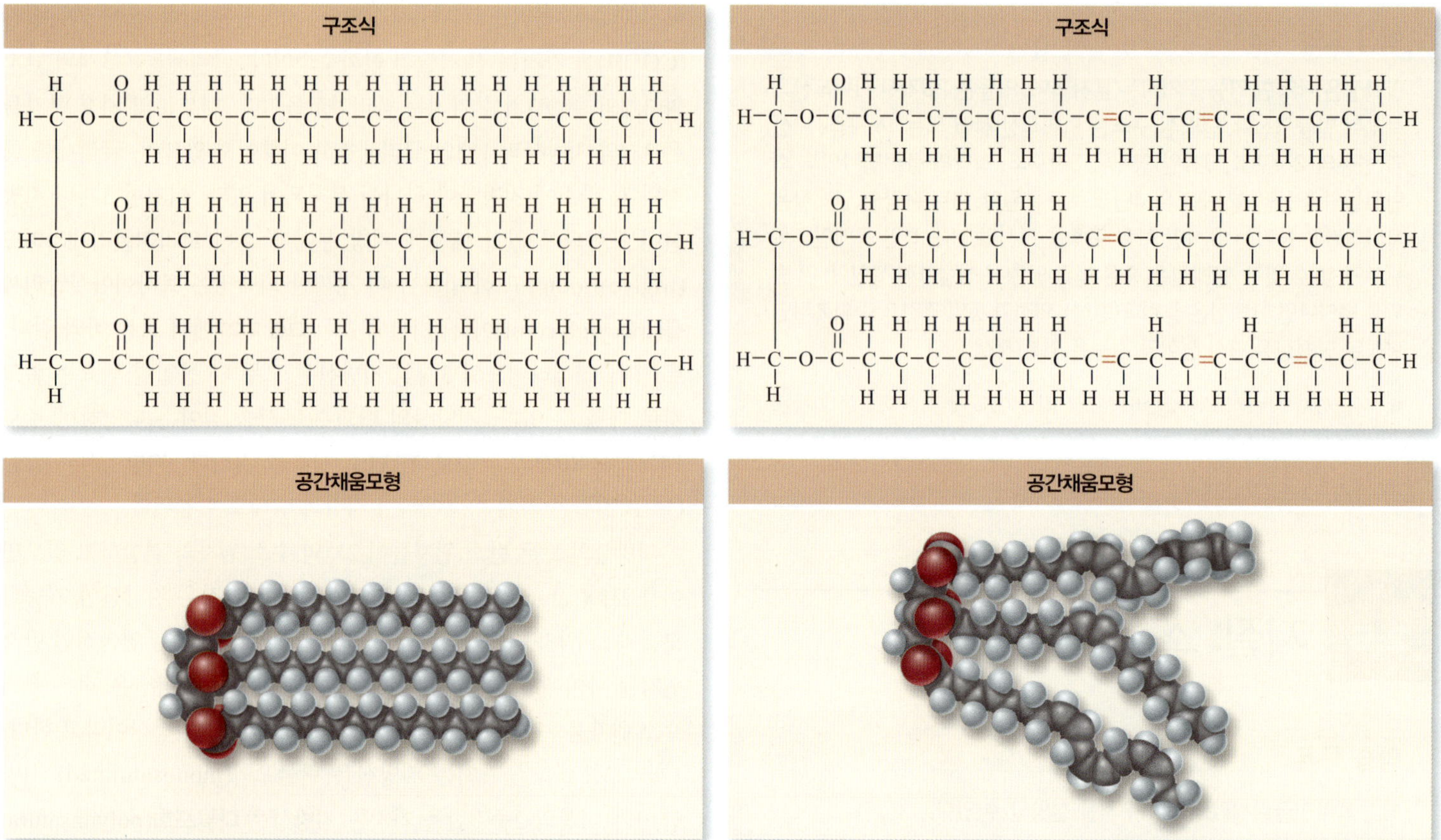

a. *b.*

그림 2.27 포화지방과 불포화지방.
a. 포화지방은 3개의 포화지방산(2중결합을 가지지 않음)을 가지는 트라이글리세라이드로 이루어져 있다. 따라서 포화지방산은 최대한의 수소 원자가 탄소 사슬에 결합하고 있다. 대부분의 동물성 지방은 포화지방산을 가진다. *b.* 불포화지방은 3개의 불포화지방산(1개 이상의 2중결합을 가짐)을 가지는 트라이글리세라이드로 이루어져 있다. 이는 탄소 사슬에 결합할 수 있는 최대 수보다 적은 수의 수소 원자를 가진다. 식물성 지방은 보통 불포화지방산을 가진다. 2중결합의 꺾임은 트라이글리세라이드가 밀착되어 배열되지 못하도록 하므로 실온에서 액체 상태를 유지한다.

부분의 포화지방산, 예를 들어 동물성 지방 또는 버터 지방은 실온에서 고체이다.

트라이글리세라이드를 물에 넣으면 자발적으로 서로 뭉쳐 둥근 지방 입자를 형성하는데, 이들 지방 입자는 트라이글리세라이드 분자의 크기에 비해 매우 크다. 지방산이 물에 녹지 않기 때문에 생물체에서 지방은 지방 조직의 소낭처럼 특정 부위에 저장될 수 있다.

생물체는 지방 이외에도 다른 종류의 수많은 지질을 포함한다(**그림 2.28**). **테르펜**(terpenes)은 긴 사슬의 지질이고 엽록소와 레티날(retinal)과 같은 생물학적으로 중요한 색소의 구성 성분이다. 고무 또한 테르펜이다. **스테로이드**(steroid)는 4개의 탄소 고리로 이루어져 있다. 대부분의 동물 세포막은 스테로이드성 콜레스테롤을 포함한다. 테스토스테론과 에스트로젠과 같은 다른 스테로이드는 다세포동물에서 호르몬으로 작용한다. **프로스타글란딘**(prostaglandins)은 2개의 비극성 '꼬리(tail)'가 부착된 5탄소 고리의 지방산이 포함된 지질들(약 20가지)이며, 이들은 수많은 척추동물 조직에 국소 화학전

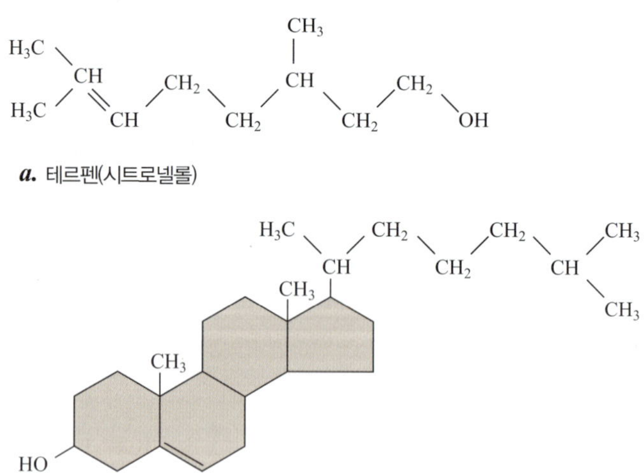

a. 테르펜(시트로넬롤)

b. 스테로이드(콜레스테롤)

그림 2.28 다른 종류의 지질.
a. 테르펜은 엽록소와 레티날과 같은 생물학적 색소에서 발견된다. *b.* 스테로이드는 막에서 중요한 역할을 하고 화학적 신호전달에 관련된 호르몬을 생성한다.

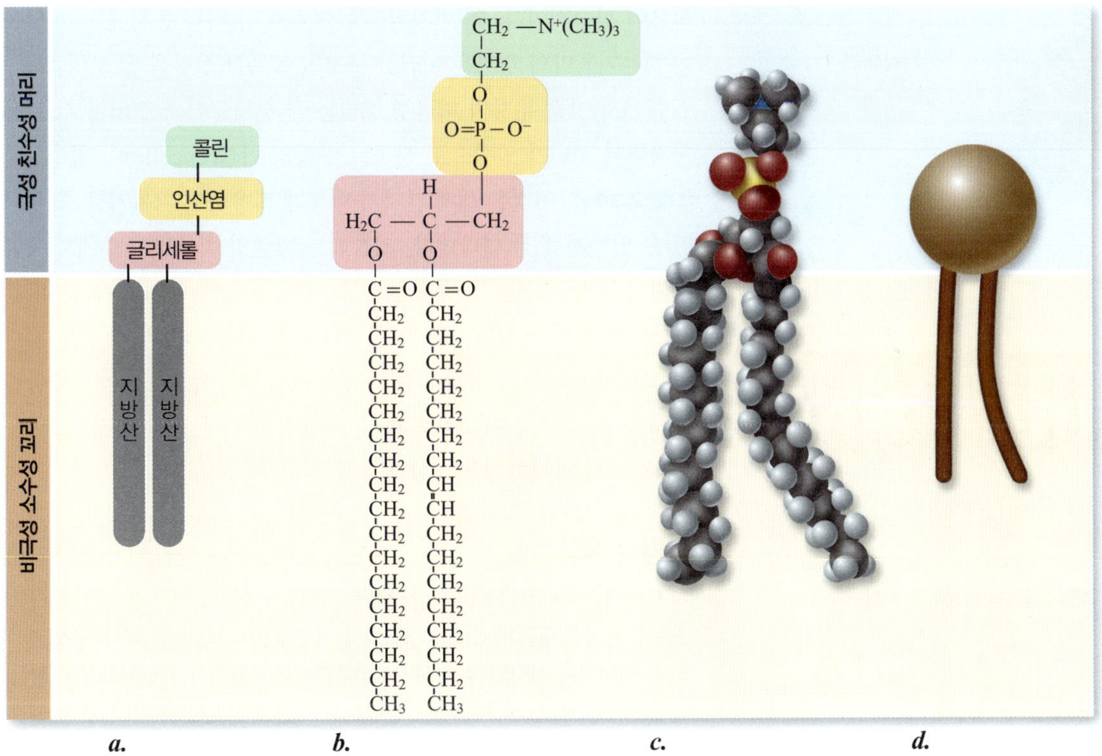

그림 2.29 인지질.
인지질의 일종인 포스파티딜콜린(phosphatidylcholine)의 모식도(***a***), 분자식(***b***), 공간채움모형(***c***), 그리고 생체막을 묘사하는 데 이용되는 아이콘(***d***)을 나타낸다.

달물질로 작용한다. 이러한 복잡한 지방산의 효과에 대해서는 39장에서 자세히 알아본다.

지방은 탁월한 에너지 저장 물질이다

대부분의 지방은 40개 이상의 탄소 원자를 포함한다. 지방의 C−H 결합 비율은 탄수화물보다 2배 이상이다(2.2절 참조). 이것은 산화과정에서 지방이 탄수화물보다 상대적으로 더 많이 감소하면서 더 많은 에너지를 방출할 수 있다는 것을 의미한다. 따라서 지방은 화학 에너지의 저장에 매우 효과적인 분자이다. 평균적으로 지방은 1 g당 약 9 kcal의 화학 에너지를 생산하는 반면에 탄수화물은 1 g당 약 4 kcal의 화학 에너지를 생산한다.

대부분의 동물 지방은 포화지방산이지만(일부 생선 기름은 제외), 대부분의 식물 지방은 불포화지방산이다(**그림 2.27** 참조). 예외적으로 열대식물 기름(팜 오일과 코코넛 오일)은 실온에서 액체 상태일지라도 포화지방산이다.

생물체가 탄수화물을 과잉 섭취하면 탄수화물은 녹말, 글리코겐, 또는 지방으로 전환되고 나중에 사용하기 위해 저장된다. 선진국의 대부분의 사람들은 나이가 들어 갈수록 필요로 하는 에너지양은 줄어드는 반면에 음식 섭취는 줄이지 않는다. 따라서 과잉의 탄수화물은 지방으로 전환되어 몸무게가 늘어난다.

지방이 많이 포함된 음식의 섭취는 동맥경화(atherosclerosis)와 같은 심장질환을 유발하는 여러 요인들 중 하나이다. 동맥경화는 흔히 '동맥경화증(hardening of the arteries)'이라고 부르며, 플라그(plaque)라는 지방이 많이 포함된 물질이 혈관 내벽에 부착되어 혈액의 흐름을 막는다. 또한 플라그에서 떨어진 조각들은 뇌로 가는 동맥을 막아 뇌졸중(stroke)을 유발한다.

세포막 형성의 인지질

복잡한 지질 분자라고 불리는 **인지질**(phospholipid)은 모든 생체막의 골격을 형성하기 때문에 세포의 가장 중요한 분자들 중 하나이다. 인지질은 변형된 트라이글리세라이드라고 생각할 수 있는데, 이는 트라이글리세라이드의 지방산 1개가 인산기로 치환되었기 때문이다. 인지질의 기본 구조는 3종류의 소단위를 포함한다.

1. **글리세롤**: 3개의 탄소를 가지는 알코올이며, 각 탄소는 하이드록실기를 가진다. 글리세롤은 인지질 분자의 골격을 형성한다.
2. **지방산**: $-CH_2$기(탄화수소 사슬)의 긴 사슬의 끝에 카복실기($-COOH$)를 가진다. 인지질 분자에서 2개의 지방산은 글리세롤 골격에 부착되어 있다.
3. **인산기**($-PO_4^{2-}$): 글리세롤의 한쪽 끝에 부착되어 있다. 전하를 띠는 인산기에 콜린, 에탄올아민, 또는 아미노산의 세린과 같은 전하를 띠는 유기분자가 연결되어 있다.

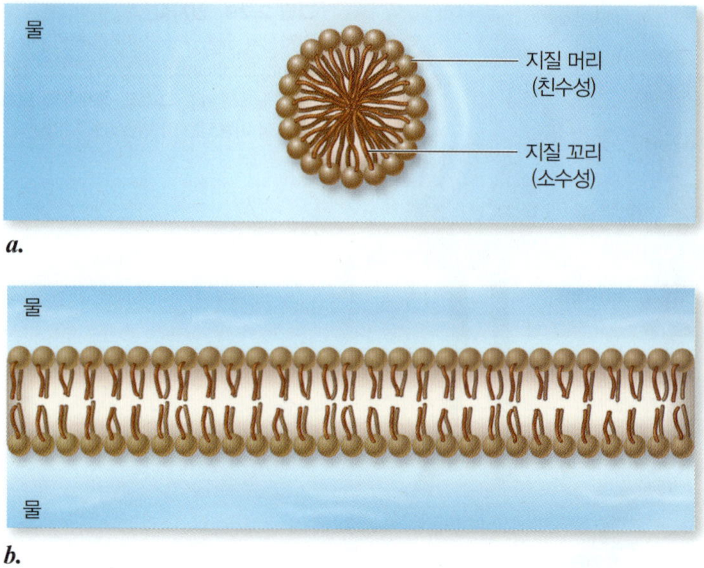

그림 2.30 물에서 자발적으로 미셀 또는 지질 2중층을 형성하는 지질. 수용액 환경에서 지질 분자의 극성(친수성) 머리는 극성인 물로 향하고 비극성(소수성) 꼬리는 물로부터 멀리 떨어져 뭉친다. ***a.*** 물방울 모양의 미셀. ***b.*** 인지질 분자들이 두 층으로 배열되어 인지질 2중층을 형성한다. 모든 구조에서 친수성 머리는 바깥쪽으로 향하고 소수성 꼬리는 안쪽으로 향하게 된다.

인지질 분자는 한쪽 말단에 인산기를 가지는 '머리(head)'와 다른 쪽 말단에 2개의 긴 비극성을 가지는 '꼬리(tail)'를 가진다(**그림 2.29**). 역설적으로 보일 수 있겠지만, 이러한 인지질 구조는 인지질 작용에 필수적이다. 왜 인지질은 물에 녹아야 하는 동시에 녹지 말아야 하는가? 막의 형성은 이러한 구조의 독특한 성질을 잘 보여준다.

물에서 지질 분자의 비극성 꼬리는 물 분자로부터 떨어져 서로 뭉쳐지면서 꼬리가 안쪽으로 향하는 구형의 **미셀**(micelle)이 형성된다(**그림 2.30***a*). 이것은 세제 분자가 어떻게 작용하여 기름기를 물에 녹일 수 있는지를 잘 나타낸다. 기름기는 미셀의 비극성 내부에서 녹고 미셀의 극성 표면은 물에 녹는다. 인지질을 물에 녹이면 두 층의 분자들이 배열된 복잡한 구조가 형성되는데, 이들 배열의 각 층의 소수성 꼬리는 안쪽으로 향하고 친수성 머리는 바깥쪽으로 향하는 2중층(bilayer)이 형성된다(**그림 2.30***b*). 생체막의 기본 골격인 지질 2중층은 4장에서 자세하게 설명한다.

핵심 요약 2.5

트라이글리세라이드는 지방산이 글리세롤에 연결되어 만들어진다. 지방은 탄수화물보다 C—H 결합의 수가 2배 많으므로 지방은 효율적으로 에너지를 저장할 수 있다. 지질의 C—H 결합은 비극성이므로 지질은 물에 녹지 않고 서로 뭉쳐진다. 인지질은 1개의 지방산이 친수성 인산기로 치환되었으며, 이로 인해 인지질은 자발적으로 생체막의 기본 구조인 2중층을 형성할 수 있다.

■ 물에서 트라이글리세라이드는 불용성 방울을 형성하는 반면에 인지질은 어떻게 막을 형성할 수 있을까?

핵심 개념 요약

2.1 탄소: 생체 분자들의 골격

모든 생체 분자들의 골격인 탄소는 4개의 공유결합을 형성하여 긴 사슬을 만들 수 있다. 탄화수소는 탄소와 수소로 이루어져 있으며 이들 결합은 상당한 에너지를 저장한다.

■ 작용기에 따라 분자의 특성을 설명할 수 있다

작용기는 독립적인 작은 분자이며 이들이 부착되면 탄화수소는 특별한 화학적 특성을 가진다.

탄소와 수소는 비슷한 전기음성도를 가지므로 C—H 결합은 비극성이다. 산소와 질소는 큰 전기음성도를 가지므로 극성 결합이다.

■ 이성질체는 분자식은 같지만 다른 구조를 가진다

구조이성질체는 실험식은 동일하지만 서로 다른 구조를 가지는 분자이다. 입체이성질체는 작용기들(groups)이 어떻게 부착되는지에 따라 달라진다. 거울상이성질체는 거울상의 입체이성질체를 가진다.

■ 생체 거대분자에는 탄수화물, 핵산, 단백질, 지질이 있다

대부분의 중요한 생체 거대분자들은 단량체로 이루어진 긴 사슬의 중합체이다. 생체 중합체는 두 단량체로부터 물(H와 OH)이 제거되어 형성되며(축합반응), 이들에 물이 첨가되면 분해된다(가수분해반응).

2.2 탄수화물: 에너지 저장과 구조적 분자

탄수화물의 구조식은 $(CH_2O)_n$이며, 이들은 에너지 저장과 구조 분자로 이용된다.

■ 단당류는 가장 단순한 탄수화물이다

당은 3개 또는 그 이상의 탄소 원자를 포함한다. 예를 들어, 글리세르알데하이드는 3개의 탄소, 디옥시리보스는 5개의 탄소, 그리고 포도당은 6개의 탄소를 가진다.

■ 당은 이성질체를 가진다

6개 탄소를 가지는 당의 일반 화학식은 $C_6H_{12}O_6$이며, 이들은 많은 이성질체를 가질 수 있다. 생명계는 이성질체를 다른 형태로 전환할 수 있는 효소를 가지고 있다.

■ **2당류는 식물의 수송 분자이고, 동물의 영양 공급원이다**

식물은 식물체 내의 수송을 위해서 포도당을 2당류인 설탕으로 전환한다. 포유류 암컷은 새끼에게 영양분을 공급하기 위해 2당류인 젖당을 생산한다.

■ **다당류는 에너지 저장과 구조적 성분을 제공한다**

포도당은 3가지 중요한 중합체인 글리코겐(동물) 그리고 녹말과 셀룰로스(식물)를 생성하는 데 이용된다. 키틴은 절지동물과 균류의 구조 형성 물질이다.

2.3 핵산: 정보 분자

DNA와 RNA는 뉴클레오타이드 단량체들로 이루어진 중합체이다. 세포는 유전정보의 저장과 전달을 위해 핵산을 이용한다.

■ **핵산은 뉴클레오타이드의 중합체이다**

핵산은 4종류의 뉴클레오타이드 염기들을 포함한다. DNA에서는 아데닌, 구아닌, 사이토신, 그리고 타이민이며, RNA에서는 타이민 대신 유라실이다.

■ **DNA는 유전정보를 저장한다**

DNA는 아데닌과 타이민 그리고 구아닌과 사이토신이 결합하는 특정 염기쌍에 의해 서로 붙잡고 있는 2중나선 모양으로 존재한다. 핵산 염기서열은 유전암호를 구성한다.

■ **RNA는 세포에서 많은 역할을 한다**

RNA는 DNA 복제에 의해 만들어지며, 이들은 DNA 정보를 전달하고 리보솜의 일부를 형성한다. 또한 RNA는 효소로 작용할 수 있으며 유전자 발현에 영향을 준다.

■ **다른 형태의 핵산들은 에너지 반응의 필수 성분이다**

ATP 가수분해는 세포가 이용할 수 있는 에너지를 생성한다. NAD^+와 FAD는 세포내 과정에서 전자를 전달한다.

2.4 단백질: 다양한 구조와 기능을 가지는 분자

대부분의 효소들은 단백질이며 방어, 수송, 이동, 조절의 역할을 한다.

■ **단백질은 아미노산의 중합체이다**

아미노산은 펩타이드결합으로 서로 연결되어 폴리펩타이드를 생성한다. 20가지 아미노산들은 그들의 특성을 결정하는 R기에 따라 화학적 특징을 가진다.

■ **단백질 구조는 4단계로 구분된다**

단백질 구조는 1차(아미노산 서열), 2차(수소결합 패턴), 3차(3차원 접힘), 4차(2개 이상의 폴리펩타이드들 사이의 조립)로 구분된다.

■ **모티프와 도메인은 단백질의 구조 요소이다**

모티프는 여러 단백질들에서 발견되는 비슷한 구조이다. 이들은 접힘, 주름, 또는 원통 형태를 가진다. 도메인은 기능적인 소단위 또는 3차구조의 영역이다.

■ **단백질 접힘 과정은 샤페론 단백질에 의존한다**

샤페론 단백질은 단백질 접힘에 도움을 준다. 열충격 단백질은 샤페론 단백질의 한 예이다.

■ **적절하지 않게 접힌 단백질은 질병을 유발한다**

일부 낭포성 섬유증과 알츠하이머병은 잘못 접힌 단백질들과 관련성이 있다.

■ **변성은 단백질을 비활성화한다**

변성은 단백질의 4차구조가 풀림을 의미하며, 이때 단백질의 기능은 파괴된다. 이처럼 풀린 단백질은 정상적인 환경에서 다시 접히고 기능을 회복한다. 따라서 단백질의 1차구조는 3차구조에 강력하게 영향을 준다.

해리는 단백질의 4차구조를 이루는 소단위가 분리되는 것을 의미하며, 이때 소단위들의 3차구조는 변화되지 않는다.

2.5 지질: 소수성 분자

지질은 비극성 C—H 결합의 비율이 높기 때문에 물에 녹지 않는다.

■ **지방은 지방산과 글리세롤로 이루어져 있다**

대부분의 지질은 3개의 지방산이 1개의 글리세롤 분자에 결합된 트라이글리세라이드로 존재한다. 포화지방산은 최대 수의 수소 원자를 포함하며, 불포화지방산은 탄소 원자들 사이에 1개 이상의 2중결합을 포함한다.

■ **지방은 탁월한 에너지 저장 물질이다**

지방은 탄수화물보다 C—H 결합의 수가 2배이므로 지방 산화(9 kcal/g)는 탄수화물 산화(4 kcal/g)보다 더 많은 에너지를 생성한다. 이러한 이유로 과잉의 탄수화물은 지방으로 전환되어 저장된다.

■ **인지질은 세포막을 형성한다**

인지질은 2개의 지방산과 1개의 인산기가 글리세롤에 부착되어 있다. 인지질 2중층 막의 인산기 머리는 친수성으로 막의 두 면을 형성하고 소수성 꼬리는 안쪽에 위치한다.

연습문제

■ 1단계: 이해력 확인하기

1. 중합체들은 다수의 단량체로부터 어떻게 형성되는가?
   a. 탄소원자의 사슬 성장
   b. —OH기와 수소 원자의 제거
   c. —OH기와 수소 원자의 첨가
   d. 수소결합의 형성

2. 탄수화물이 에너지 저장에서 중요한 분자인 이유는 무엇인가?
   a. 탄수화물의 C—H 결합이 에너지를 저장한다.
   b. 탄소와 산소 사이의 2중결합이 매우 강하다.
   c. 산소 원자의 전기음성도로 인해 탄수화물이 많은 극성결합을 가진다.
   d. 세포의 수용액 환경에서 고리 구조를 형성할 수 있다.

3. 식물세포는 ＿＿＿＿＿ 형태로 에너지를 저장하고, 동물세포는 ＿＿＿＿＿ 형태로 에너지를 저장한다.

a. 과당; 포도당
b. 2당류; 단당류
c. 셀룰로스; 키틴
d. 녹말; 글리코젠

4. RNA 분자의 일부를 발견할 수 있는 탄수화물은 무엇인가?

a. 갈락토스
b. 디옥시리보스
c. 리보스
d. 포도당

5. DNA 또는 RNA 중합체를 형성하는 단위체는 무엇인가?

a. 단당류
b. 뉴클레오타이드
c. 아미노산
d. 지방산

6. 셀룰로스가 녹말과 다른 점은 무엇인가?

a. 녹말은 식물세포에 의해 만들어지고 셀룰로스는 동물세포에 의해 만들어진다.
b. 셀룰로스는 긴 섬유를 형성하고 녹말은 높은 분지성을 갖는다.
c. 녹말은 물에 녹지 않고 셀룰로스는 물에 녹는다.
d. a, b, c 모두 맞다.

7. 단백질을 구성하는 단위체는 무엇인가?

a. 단당류
b. 뉴클레오타이드
c. 아미노산
d. 지방산

8. 트라이글리세라이드는 ＿＿＿＿＿ 로 이루어진 ＿＿＿＿＿ 의 형태이다.

a. 지질; 지방산과 포도당
b. 지질; 지방산과 글리세롤
c. 탄수화물; 지방산
d. 지질; 콜레스테롤

■2단계: 적용력 평가하기

1. 에너지원으로 녹말 또는 글리코젠을 이용할 수 있지만 셀룰로스는 이용할 수 없다. 그 이유는 무엇인가?

a. 녹말과 셀룰로스는 유사한 구조를 가지고 있다.
b. 셀룰로스와 글리코젠은 유사한 구조를 가지고 있다.
c. 녹말과 글리코젠은 유사한 구조를 가지고 있다.
d. 우리 몸은 녹말을 만들 수 있지만 셀룰로스는 만들 수 없다.

2. 다음 중 DNA와 RNA의 차이점이 아닌 것은 무엇인가?

a. 디옥시리보스 당과 리보스 당
b. 타이민과 유라실
c. 2중가닥과 단일가닥
d. 인산디에스터 결합과 수소결합

3. 아미노산의 부위 중 단백질의 전체 구조에 가장 큰 영향을 주는 것은 무엇인가?

a. 아미노기($-NH_2$)
b. R기
c. 카복실기($-COOH$)
d. 아미노기($-NH_2$)와 카복실기($-COOH$)

4. 단백질에서 하나의 아미노산이 바뀐 돌연변이는 단백질의 어떤 구조를 바꿀 수 있는가?

a. 1차구조
b. 2차구조
c. 3차구조
d. 1차, 2차, 3차구조

5. 두 가지 다른 단백질이 동일한 도메인을 가진다면 이들로부터 알 수 있는 것은 무엇인가?

a. 동일한 1차구조를 가진다.
b. 유사한 기능을 가진다.
c. 매우 다른 기능을 가진다.
d. 1차구조는 같지만 기능은 다르다.

6. 트라이글리세라이드 구조의 어떤 측면이 물에 녹지 않도록 하는가?

a. 지방산의 COOH기
b. 지방산의 비극성 C−H 결합
c. 글리세롤의 OH기
d. 불포화지방산에서 발견되는 C=C 결합

7. 수용액 환경에서 지질 2중층의 자발적인 형성이 일어나는 이유는 무엇인가?

a. 인지질의 극성 머리가 물 분자와 상호작용을 할 수 있다.
b. 인지질의 긴 지방산 꼬리가 물 분자와 상호작용을 할 수 있다.
c. 인지질의 지방산 꼬리가 소수성이다.
d. a와 c 모두 맞다.

■3단계: 사고력 함양하기

1. 4가지 생체 거대분자들의 차이점은 무엇인가? 그리고 이들의 구조와 기능은 어떤 관련성이 있는가?

2. 수소결합과 소수성 상호작용은 생체 거대분자를 조직화하고 안정화하는 데 중요한 역할을 한다. 이들이 어떻게 거대분자의 형태와 기능에 영향을 주는지 설명하시오. 그리고 수소결합이 끊어지면 형태와 기능에 주는 영향을 주는가? 또한 소수성 상호작용이 끊어지면 어떻게 되는가?

3. 식물은 녹말과 셀룰로스를 모두 생성한다. 녹말 합성에 관여하는 효소를 셀룰로스 합성에 사용할 수 있는가? 효소의 기능과 구조 그리고 중합체의 합성에 기초하여 이를 설명하시오.

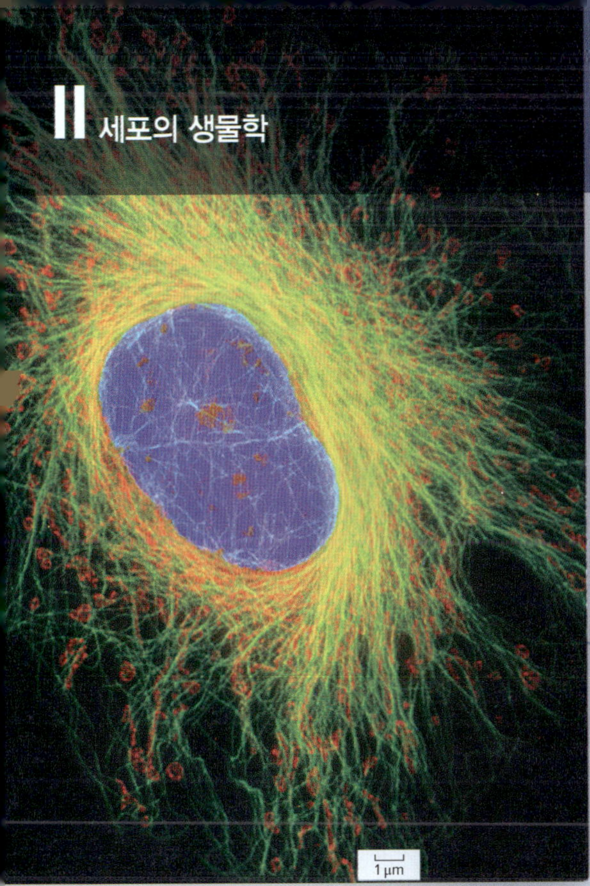

3

세포 구조

3.1 세포론
3.2 원핵세포
3.3 진핵세포
3.4 세포내막계
3.5 미토콘드리아와 엽록체: 세포의 발전소
3.6 세포골격
3.7 세포외 구조 및 세포 이동
3.8 세포간 상호작용

도입

모든 생물체는 세포로 구성되어 있다. 나비의 비단 날개는 얇은 세포 층이며 우리 눈의 반짝이는 외층도 마찬가지이다. 우리가 먹는 고기 또는 토마토 역시 세포로 구성되어 있으므로 그 내용물은 곧 세포의 일부가 된다. 어떤 생물체는 육안으로 볼 수 없는 아주 작은 1개의 세포로 구성된다. 인간과 같은 다른 생물들은 형광 현미경 사진에 보이는 섬유아세포 같은 많은 특성화된 세포로 구성된다. 세포는 생명체의 큰 부분이므로 우리는 사실상 세포가 아닌 생물체를 상상할 수 없다. 이번 장에서는 세포의 내부 구조를 자세히 살펴본다. 4~9장에서는 세포가 실제로 환경과 소통하고, 성장하고, 분열하는 세포 활동에 초점을 맞추어 알아본다.

3.1 세포론

학습 목표

1. 세포이론에 대해 설명할 수 있다.
2. 세포 크기를 제한하는 요인을 서술할 수 있다.
3. 세포의 구조적 및 기능적 유사성을 분류할 수 있다.

세포는 너무 작아서 사람의 눈으로 볼 수 없다. 예외가 있지만, 일반적인 진핵세포의 지름은 10~100 μm이고 대부분의 원핵세포는 지름이 1~10 μm에 불과하다.

이런 이유로, 17세기에 현미경이 발명되기 전까지 세포는 발견되지 않았다. 영국의 자연철학자인 훅(Robert Hooke)은 1665년에 처음으로 코르크 세포를 관찰하며, *cellulae*(라틴어로 작은 방이라는 뜻)라고 명명하였다. 이후 이것은 우리에게 **세포(cell)**로 알려졌다. 또 다른 초기 현미경학자인 네덜란드의 레벤후크(Anton van Leeuwenhoek)는 처음으로 살아있는 세포를 관찰했는데, 이를 미소동물(animalcules, 작은 동물)이라고 불렀다. 이러한 초기 노력 끝에 생물학자들이 세포의 중요성을 완전히 인식하기까지 한세기 반이 걸렸다. 1838년 독일의 식물학자 슐라이덴(Matthias Schleiden)은 모든 식물이 "완전히 개별화되고 독립적이며 분리된 존재, 즉 세포 자체의 집합체"라고 했다. 1839년 독일의 생리학자 슈반(Theodor Schwann)은 모든 동물 조직도 개별 세포로 구성되어 있다고 보고하며, 세포론이 탄생하였다.

세포론은 세포 생물학의 통합 기반이다

세포론은 모든 생물체가 세포로 구성되어 있다는 관찰을 설명하기 위해 제안되었다. 간단하게 들리지만, 생명체의 구성에 대한 광범위한 이론이다.

현대의 세포이론은 다음 세 가지 원칙으로 정리되었다.

1. 모든 생물은 하나 혹은 그 이상의 세포로 구성되며, 생명 활동에 필요한 대사 및 유전은 이 세포 내에서 일어난다.
2. 세포는 가장 작은 생물의 구성단위이다.
3. 모든 세포는 이미 존재하는 세포의 분열로부터 생긴다.

생명체는 초기 지구의 환경에서 자연적으로 진화했을 가능성이 있지만, 생물학자들은 현재 자연적으로 발생하는 추가 세포는 없다고 결론지었다. 오히려 지구상의 생명체는 초기 세포로부터 연속적으로 계승되었다.

세포의 크기는 제한적이다

대부분의 세포는 세포 내부와 외부의 물질 확산 때문에 비교적 크기가 작다. 확산 속도는 (1) 확산에 이용 가능한 표면적, (2) 온도, (3) 확산 물질의 농도 차, (4) 확산이 발생해야 하는 거리 등 여러 변수에 의해 영향을 받는다. 세포의 크기가 증가함에 따라 외막으로부터 세포 내부로의 확산 시간도 증가한다. 큰 세포는 더 많은 거대 분자를 합성하고, 이에 따라 더 많은 에너지가 필요하며, 더 많은 양의 노폐물이 생성된다. 에너지와 생합성에 사용되는 분자는 막을 통해 전달되어야 하며, 생성된 대사 노폐물 또한 막을 통과하여 제거되어야 한다. 이 이동 속도는 막까지의 거리와 이용 가능한 막의 표면적에 따라 달라진다. 이러한 이유로, 비교적 작은 세포로 구성된 생물체가 더 적은 수의 큰 세포로 구성된 생물체보다 유리하다.

작은 세포 크기의 이점은 **표면적-대-부피 비율**(surface area-to-volume ratio) 면에서 명백하다. 세포의 크기가 증가함에 따라 부피는 표면적보다 훨씬 더 빠르게 증가한다. 구형 세포의 경우 표면적은 반지름의 제곱에 비례하는 반면, 부피는 반지름의 세제곱에 비례한다. 따라서 두 세포의 반지름이 10배 차이가 나면, 큰 세포는 작은 세포에 비해 표면적은 10^2(100배), 부피는 10^3(1000배)가 된다(**그림 3.1**).

모든 물질이 세포 표면을 통해 들어오고 나가기 때문에 세포 표면은 환경과 상호작용할 수 있는 유일한 장소이다. 세포를 둘러싸고 있는 막은 세포 기능을 조절하는 데 중요한 역할을 한다. 작은 세포는

그림 3.1 표면적-대-부피 비율. 세포가 커질수록 부피가 표면적보다 빠른 속도로 증가한다. 만약 세포 반지름이 10배 증가하면 표면적은 100배 증가하지만 부피는 1000배 증가한다. 세포의 표면적은 부피의 대사 요구를 충족할 수 있을 만큼 충분히 커야한다.

세포 반지름(r)	r	10 r
표면적($4\pi r^2$)	12.57 r^2	1257 r^2
부피($\frac{4}{3}\pi r^3$)	4.189 r^3	4189 r^3
표면적 / 부피	3	0.3

큰 세포보다 부피 단위당 표면적이 더 크기 때문에 세포 내용물을 조절하는 것은 세포가 상대적으로 작을 때 더 효과적이다.

대부분의 세포는 작지만 꽤 큰 세포도 존재한다. 이러한 세포는 하나 혹은 그 이상의 적응 메커니즘을 통해 표면적-대-부피 문제를 극복하고 있다. 예를 들어, 골격근세포와 같은 일부 세포는 유전정보가 큰 세포 주위로 충분히 퍼질 수 있도록 하나 이상의 핵을 가지고 있다. 뉴런과 같은 또 다른 큰 세포는 가늘고 길기 때문에 세포 내의 어떤 지점이든 세포막에 가깝고, 이는 세포 내부와 외부 사이의 확산이 빠르게 이루어질 수 있도록 한다.

현미경을 통해 세포와 구성 요소를 볼 수 있다

난자세포 외에는 육안으로 볼 수 있는 세포가 많지 않다(**그림 3.2**). 대부분은 지름이 50 μm 미만이며 이 문장의 끝에 있는 마침표보다 훨씬 작다. 따라서 세포를 보려면 기술의 도움이 필요하다. 수세기에 걸친 현미경의 발달과 개선으로 우리는 세포를 더욱 자세히 탐구할 수 있게 되었다.

해상도 문제

세포가 너무 작아서 볼 수 없다면 어떻게 연구해야 할까? 핵심은 왜 우리가 볼 수 없는지를 이해해야 한다. 이러한 작은 물체를 볼 수 없는 이유는 인간의 눈은 해상도가 제한되어 있기 때문이다. 해상도는 2개의 개별 지점을 구별할 수 있는 최소한의 거리를 뜻한다. 두 물체가 약 100 μm 이내에 있을 때, 각 물체에서 반사된 빛이 눈 뒤쪽의 동일한 광수용체 세포에 닿는다. 물체가 100 μm 이상 떨어져

있을 때만 각각의 빛이 서로 다른 세포에 닿아 눈이 물체를 하나가 아닌 2개의 물체로 해석할 수 있다.

현미경의 종류

눈의 한계를 극복하는 한 가지 방법은 작은 물체가 크게 보이도록 배율을 높이는 것이다. 최초의 현미경 학자들은 유리 렌즈를 사용하여 작은 세포를 확대하여 인간 눈의 한계인 100 μm 보다 크게 보이게 만들었다. 유리 렌즈는 초점력을 증가시켜 물체가 더 가깝게 보이게 하기 때문에 눈 뒤에 맺히는 이미지는 렌즈가 없을 때보다 더 크게 보인다.

가시광선으로 작동하는 현대식 **광학현미경**(light microscope)은 매우 높은 배율과 선명도를 달성하기 위해 2개의 확대 렌즈(및 다양한 보정 렌즈)를 사용한다(**표 3.1**). 첫 번째 렌즈는 두 번째 렌즈에 있는 물체의 이미지에 초점을 맞추고 다시 확대하여 눈 뒤에 초점을 맞춘다. 여러 렌즈를 사용하여 단계별로 확대하는 현미경을 **복합현미경**(compound microscope)이라고 한다. 최소 200 nm로 분리된 구조를 구별할 수 있다.

광학현미경, 심지어 복합현미경도 세포 내의 많은 구조를 분석하기에는 역부족이다. 한 예로 세포막의 두께는 5 nm에 불과하다. 해상력을 높이기 위해 현미경에 또 다른 확대 단계를 추가하면 어떨까? 안타깝게도 두 물체가 수백 nm보다 가까우면 두 이미지에서 반사된 광선이 서로 겹치기 시작하므로 이 방법은 효과가 없다. 두 광선이 가까워도 겹침을 피할 수 있는 유일한 방법은 광선(beam of light) 대신 파장이 짧은 전자빔(beam of electron)을 쓰는 것이다. 전자는 훨씬 짧은 파장을 가지며, 전자빔을 사용하는 **전자현미경**(electron microscope)은 광학현미경보다 해상력이 1000배 높다. 전자가 표본을 투과하여 가시화되는 **투과전자현미경**(transmission electron microscope)은 심지어 수소 원자 지름의 2배만큼 작은 0.2 nm 떨어진 물체도 분석할 수 있다.

두 번째 전자현미경인 **주사전자현미경**(scanning electron microscope)은 전자가 표본을 투과하지 않고 표면을 주사한다. 전자를 표본에 주사하면 표본에서 반사되는 전자와 시료 표면에서 발생하는 2차 전자가 상호반응하여 표본의 표면 지형과 구성에 대한 신호를 확대, 선송하여 화면상에 3차원 이미지를 그려준다. 이 기술은 많은 생물학적 및 물리적 현상에 대한 이해도를 향상시켰다(**표 3.1**).

세포 구조 분석을 위한 염색

해상도는 물리적 한계로 남아있다 하더라도, 시료를 변경함으로써 더 나은 이미지를 얻을 수 있다. 특정 화학 염료를 이용하면 다른 세포 구성 요소 간의 대비를 증가시킨다. 세포내 구조물이 염료를 차등

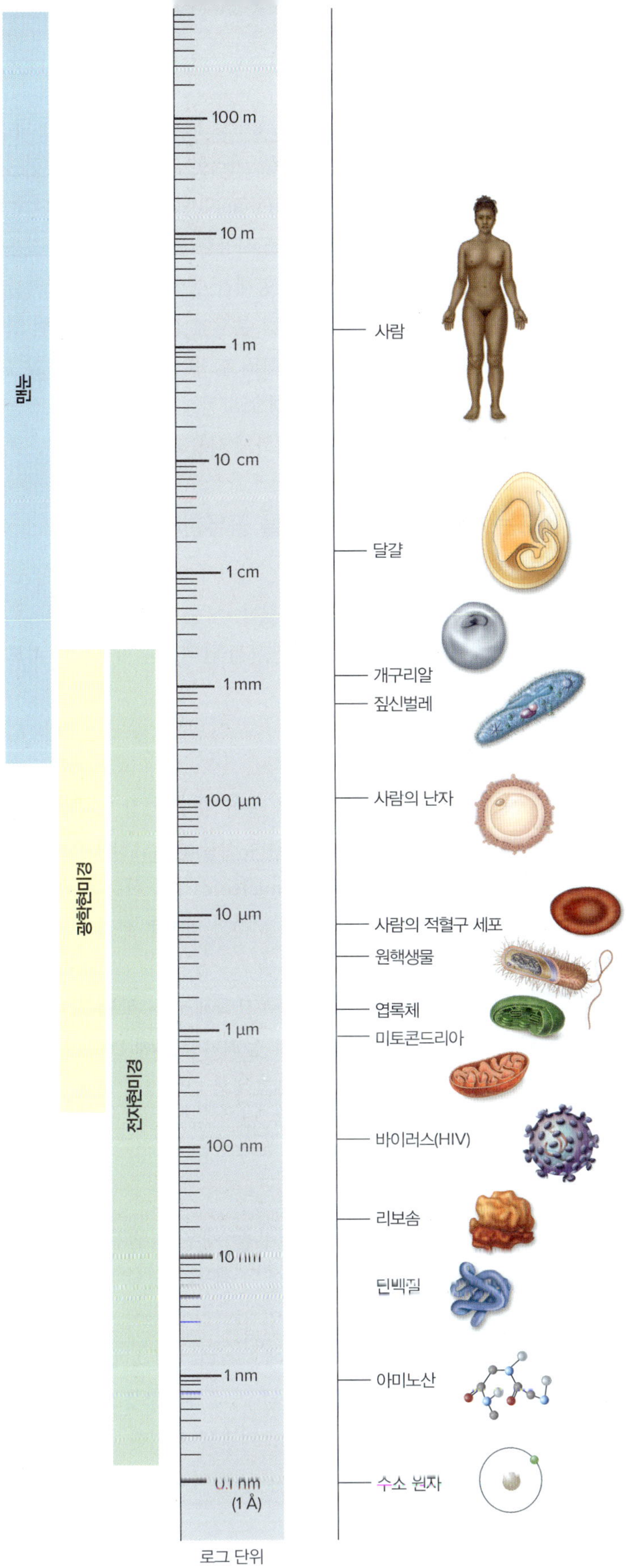

그림 3.2 세포와 구성 요소의 크기.
예외적으로 육안으로 볼 수 있는 척추동물의 알을 제외하고 대부분의 세포는 현미경으로 볼 수 있는 크기이다. 원핵세포의 크기는 일반적으로 1~10 μm이다.
$1\ m = 10^2\ cm = 10^3\ mm = 10^6\ \mu m = 10^9\ nm$

표 3.1	현미경
광학현미경	
명시야현미경(bright-field microscope): 빛은 표본을 통해 전달되므로 대비가 거의 없다. 염색 표본은 대비를 향상시키지만 세포를 고정(살아 있지 않음)해야 해서 구성 요소가 왜곡되거나 변경될 수 있다.	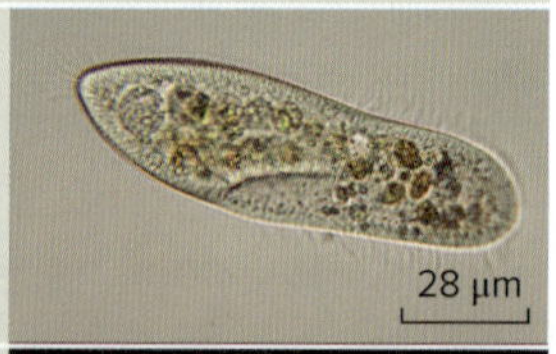
암시야현미경(dark-field microscope): 빛은 표본을 비스듬히 비춘다. 콘덴서 렌즈는 표본에서 반사된 빛만 투과한다. 시야는 어둡고 표본은 어두운 배경에 비해 밝다.	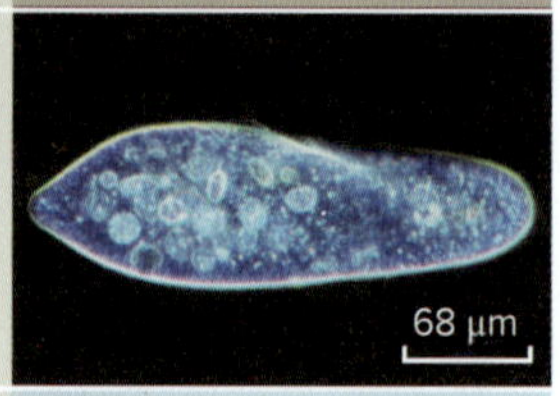
위상차현미경(phase-contrast microscope): 현미경의 구성 요소가 빛 파장을 위상에서 벗어나게 하여 빛 파장이 재결합할 때 대비와 밝기의 차이가 생긴다.	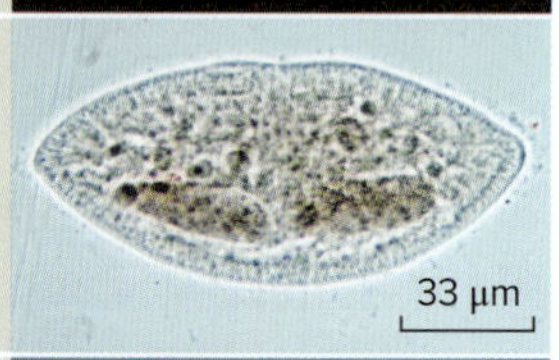
차등간섭현미경(differential-interference-contrast microscope): 편광된 빛은 시료를 통과하는 경로가 약간 다른 2개의 빔으로 분할된다. 이 두 빔을 결합하면 특히 구조물 가장자리에서 더 선명해진다.	
형광현미경(fluorescence microscope): 형광은 한 파장에서 빛을 흡수한 다음 다른 파장에서 방출한다. 필터는 방출된 빛만 투과시킨다.	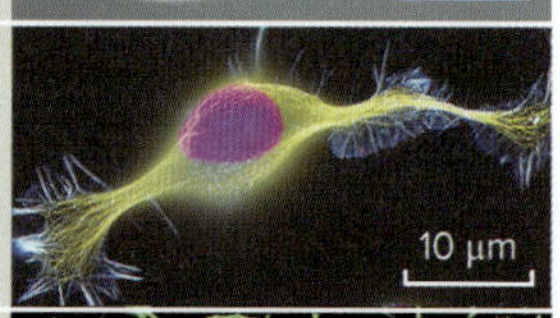
공초점현미경(confocal microscope): 레이저의 빛은 한 지점에 초점을 맞추고 형광 염색된 표본을 두 방향으로 스캔한다. 이것은 표본의 한 평면의 선명한 이미지를 생성한다. 이미지의 흐려짐을 방지하기 위해 표본의 다른 평면은 제외된다. 여러 평면을 사용하여 3D 이미지를 재구성할 수 있다.	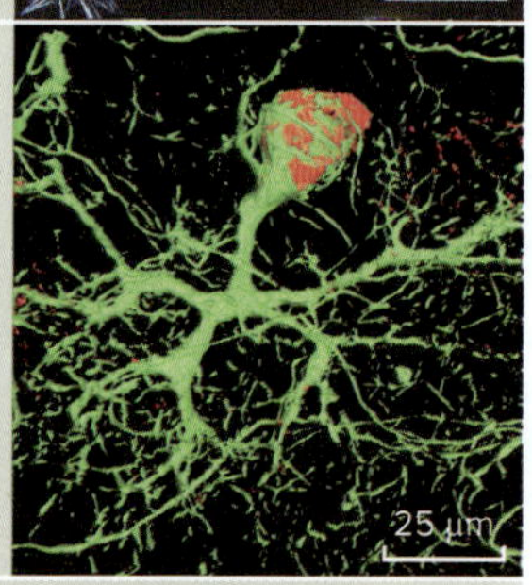
전자현미경	
투과전자현미경(transmission electron microscope): 전자빔이 표본을 통과한다. 통과하는 전자는 필름을 노출하는 데 사용된다. 전자를 산란시키는 표본 영역은 어둡게 보인다. 내부 구조가 잘 보이도록 임의의 색을 입힌다.	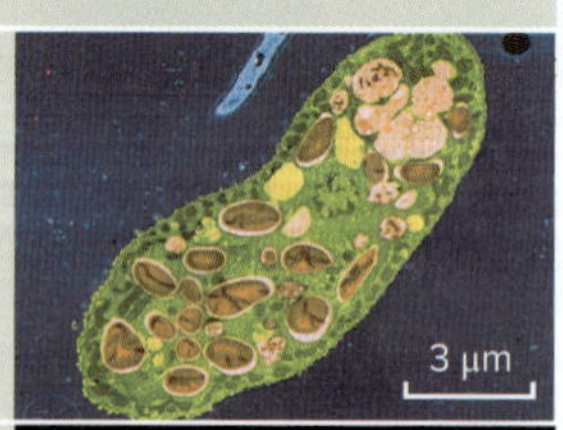
주사전자현미경(scanning electron microscope): 전자빔은 표본의 표면에 전자를 주사하여 표면 모양과 내용을 담은 입체이미지를 얻을 수 있다. 외부 구조가 잘 보이도록 임의의 색을 입힌다.	

적으로 흡수하거나 배제하여 명암을 형성하면 해상도에 도움이 된다.

특정 유형의 분자에 결합하는 염료는 이러한 기술을 더욱 발전시켰다. 예를 들어, **면역조직화학염색**(immunohistochemistry)이라는 방법은 특정 단백질에 결합하는 항체를 사용한다. 토끼나 생쥐 같은 동물에 특정 단백질을 주입하면 이런 항체가 생성되고, 이어 항체를 정제하고 화학적으로 효소나 염료, 형광 분자에 결합시킨다. 이런 항체를 포함하는 용액에서 세포를 배양하면 항체는 표적 분자를 함유하는 세포 구조에 결합하여 광학현미경으로 관찰할 수 있다. 이 접근법은 세포 구조 및 기능 분석에 광범위하게 사용되었다.

모든 세포는 간단한 구조적 특징을 공유한다

생명체마다 세포를 조직하는 데에는 차이가 있지만, 모든 세포는 기본적으로 동일한 구조적 특징을 가진다. 모든 세포는 공통적으로 (1) 유전 물질이 위치한 핵, (2) 세포질, (3) 단백질을 합성하는 **리보솜**(ribosome), (4) 원형질막을 가진다.

중앙에 위치한 유전물질

모든 세포에는 유전 분자인 DNA가 들어 있다. 가장 단순한 생물체인 **원핵생물**(prokaryote)은 대부분의 유전물질을 단일 원형 DNA에 가지고 있다. 그것은 주로 **핵양체**(nucleoid)라고 하는 세포 중심부에 위치하지만, 세포 내부의 나머지 부분과 막으로 분리되어 있지는 않다.

대조적으로 고등생물에 존재하는 진핵세포는 **핵막**(nuclear envelope)이라고 불리는 2중막 구조로 둘러싸인 핵에 DNA가 분리되어 있다. 이 둘 모두에서 DNA는 세포에서 단백질로 합성되는 유전암호를 가지고 있다(3.3절 참조).

세포질

세포질(cytoplasm)은 세포의 내부를 채우는 반유동성 기질(semifluid matrix)을 말한다. 세포질에는 세포가 일상 활동을 수행하는 데 사용하는 모든 당, 아미노산 및 단백질이 들어 있으며 단백질과 다른 고분자의 농도가 높기 때문에 물보다는 젤리에 가깝다. 세포질에 존재하는 특정 기능에 특화된 거대 분자 구조는 **소기관**(organelle)이라고 한다. 세포질에서 소기관을 제외한 유기 분자와 이온을 포함한 액상 부분을 **사이토졸**(cytosol)이라고 한다.

원형질막

원형질막(plasma membrane)은 세포를 둘러싸고 있는 경계로, 내용물을 주변과 분리한다. 원형질막은 약 5~10 nm 두께의 인지질 2중층으로 구성되며, 단백질이 그 안에 끼워 넣어져 있다. 전자현미경으로 단면을 보면 이러한 막은 밝은 영역과 구분되는 2개의 어두운 선으로 나타난다. 이 독특한 모양은 막을 구성하는 인지질 분자의 소수성 꼬리가 서로를 마주보고, 친수성 머리가 각각 세포질과 세포 외부와 접한 구조를 형성하며 만들어 진다(4장 참조).

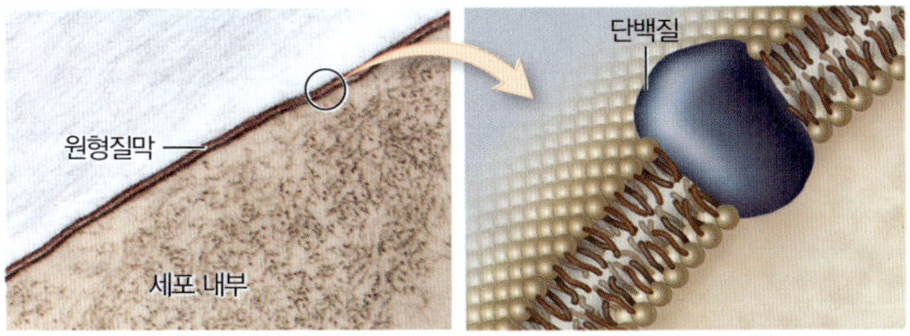

원형질막의 단백질은 일반적으로 세포가 환경과 상호작용하는 역할을 담당한다. 막 단백질은 세포의 정체성을 부여하고, 다른 세포 및 환경과의 수송 및 소통을 포함하여 다양한 기능을 제공한다. 세포 표면 분자 사이의 이러한 상호작용은 세포가 조직을 형성할 때 서로를 인식할 수 있어야 하는 다세포 생물체에서 특히 중요하다.

핵심 요약 3.1

모든 생물체는 단일 세포 또는 세포 집합체이며, 모든 세포는 기존 세포로부터 발생한다. 세포 크기는 주로 원형질막을 통한 확산 효율에 의해 제한된다. 세포가 커질수록 부피는 표면적보다 빠르게 증가한다. 세포가 너무 커지면, 확산에 의해 세포의 요구량을 충족시킬 수 없다. 모든 세포는 원형질막으로 둘러싸여 있고 세포질로 채워져 있다. 유전 물질은 세포의 중앙 부분에서 발견되고, 진핵 세포에서는 막으로 둘러싸인 핵에 들어있다.

■ 화성에서 생명체를 찾으면 세포론에 대한 우리의 관점이 바뀔까?

3.2 원핵세포

학습 목표

1. 원핵세포의 조직을 서술할 수 있다.
2. 박테리아와 고세균의 세포 유형을 구별할 수 있다.

세포를 현미경으로 살펴보면, 기본적인 세포 구조는 진핵생물과 원핵생물로 나뉜다. 이 용어는 각각 유전 물질을 함유한 핵을 둘러싼 막의 존재 유무에 따라 지칭된다. 원핵세포는 핵이 없는 것 외에도 막으로 둘러싸인 소기관이나 내부 막이 존재하지 않는다.

원핵세포는 비교적 간단한 조직을 가지고 있다

원핵생물은 가장 간단한 생물체이다. 원핵세포는 작다. 이들은 원형질막으로 둘러싸인 세포질로 구성되고, 단단한 **세포벽**(cell wall)

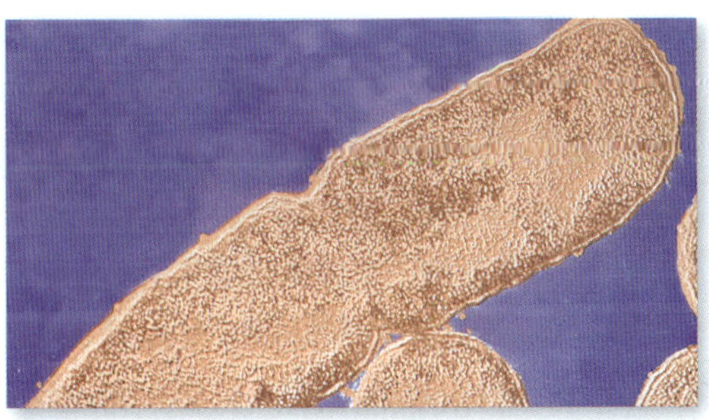

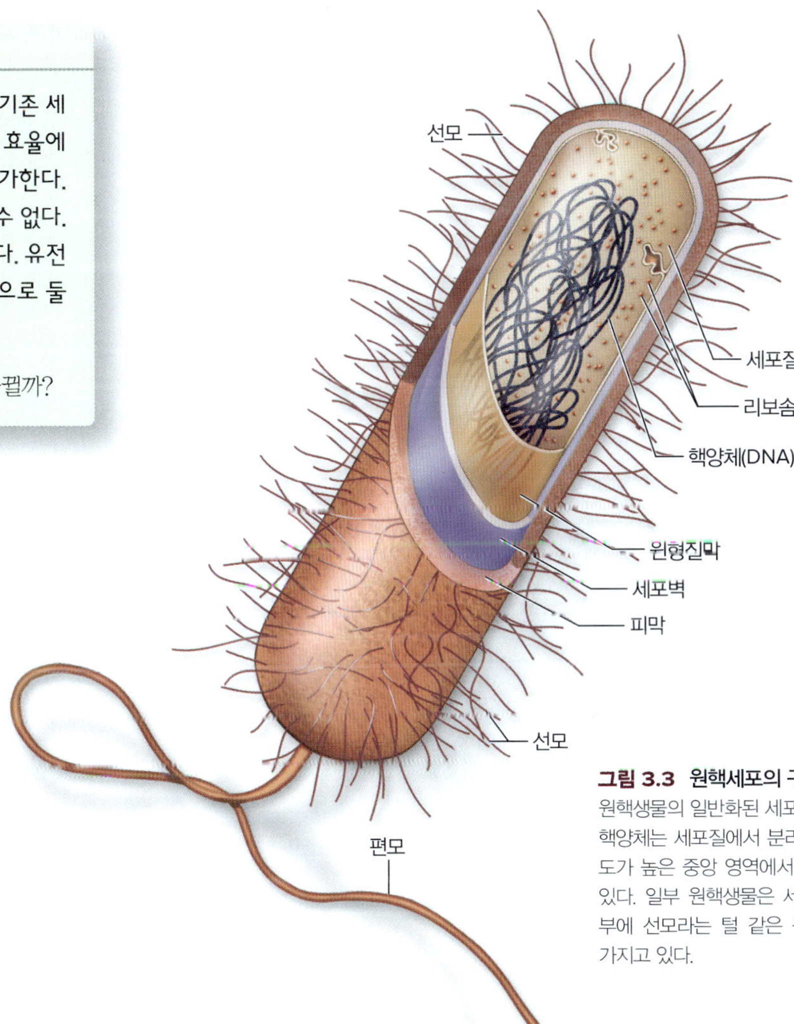

그림 3.3 원핵세포의 구조. 원핵생물의 일반화된 세포 구조. 핵양체는 세포질에서 분리된 밀도가 높은 중앙 영역에서 볼 수 있다. 일부 원핵생물은 세포 외부에 선모라는 털 같은 구조를 가지고 있다.

으로 둘러싸여 있으며, 내부 구획이 명확하게 구별되지 않는다(**그림 3.3**). 원핵세포는 한 공간에서 먹고, 자고, TV도 볼 수 있는 원룸과 같다고 볼 수 있다.

원핵생물은 살아있는 생물체의 생태에서 매우 중요하다. 일부는 광합성을 통해 빛을 이용하고 다른 일부는 죽은 생물체를 분해하고 구성 성분을 재활용한다. 또 다른 원핵생물은 질병을 일으키거나 많은 중요한 산업 공정에서 사용되기도 한다. 원핵생물은 크게 2가지로 분류할 수 있는데(고세균과 박테리아), 23장에서 다양한 원핵생물에 대해 자세히 살펴본다.

? 탐구문제 세포를 최대한 크게 만들려면 어떤 것을 변형해야 하겠는가?

원핵세포는 단백질 합성을 수행하는 **리보솜**(ribosome) 같은 소기관은 포함하지만, 진핵세포에서 발견되는 대부분의 막으로 둘러싸인 소기관은 존재하지 않는다. 또한 원핵생물은 진핵생물에서 발견되는 정교한 세포골격(cytoskeleton)이 없다고 오랫동안 생각되어 왔다. 하지만, 현재는 세포골격 구성요소(3.6절 참조) 중 액틴 및 튜불린과 관련된 단백질을 원핵생물에서 발견했다. 세포의 모양과 단단함은 세포골격이 아니라 세포벽에 의해 결정되지만(**그림 3.3**), 세포벽 구조는 세포골격에 의해 영향을 받는다. 예를 들어, 액틴 유사섬유인 MreB가 길쭉한 세포벽 섬유를 유지해주어 막대 모양의 세포를 만들어 준다. 이 MreB 단백질을 제거하면 세포가 막대 모양이 아니라 구형이 된다. 세포분열 동안, 세포벽 재배치는 튜불린 유사단백질인 FtsZ의 영향을 받는다(9장 참조).

원핵세포의 원형질막은 진핵세포 소기관의 기능 중 일부를 수행한다. 예를 들어, 광합성 박테리아인 남세균 프로클로론(*Prochloron*)은 원형질막이 수없이 접어져서 세포 내부까지 뻗어있다(**그림 3.4**). 이러한 막 접힘(membrane folding)은 광합성에 관련된 박테리아 색소를 포함하고 있다. 진핵 식물세포에서, 광합성 색소는 엽록체의 내부 막에서 발견된다.

원핵세포는 막으로 둘러싸인 세포 소기관을 가지고 있지 않기 때문에, DNA나 효소, 다른 세포질 구성 성분은 세포의 모든 부분에 접근할 수 있다. 원핵생물은 진핵생물처럼 구획화되어 있지 않기 때문에 원핵생물 전체가 하나의 단위로써 반응한다.

박테리아 세포벽은 펩타이도글리칸으로 구성된다

대부분의 박테리아 세포는 강한 **세포벽**(cell wall)으로 둘러싸여 있다. 세포벽은 짧은 폴리펩타이드 단위에 의해 교차결합된 탄수화물 기질(당의 중합체)인 **펩타이도글리칸**(peptidoglycan)으로 구성된다. 이 세포벽의 구조에 대한 자세한 내용은 23장에서 설명한다. 세포벽은 세포를 보호하고 모양을 유지하며 과도한 수분 흡수 또는 손실을 방지한다. 예외적으로 마이코플라스마(*Mycoplasma*)속을 포함하는 몰리쿠테스강(Mollicutes)은 세포벽을 가지고 있지 않다. 식물, 곰팡이 및 대부분의 원생생물은 세포벽을 가지고는 있지만, 화학적 구조가 펩타이도글리칸과는 다르다.

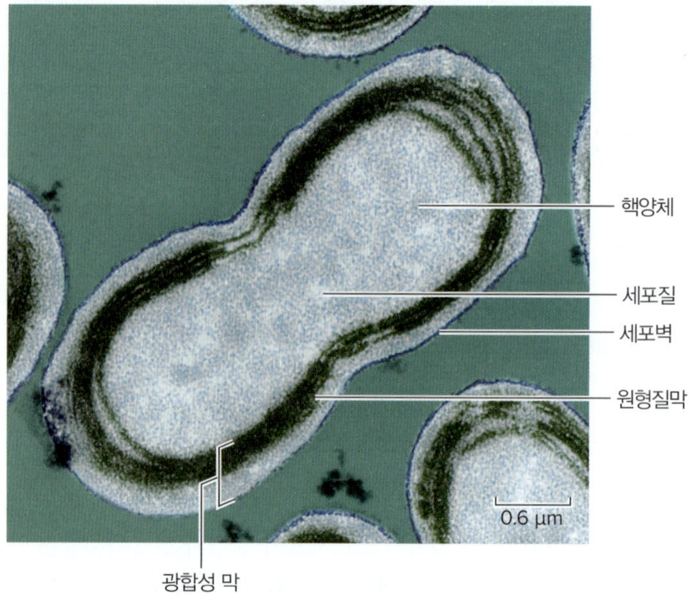

그림 3.4 **광합성 박테리아 세포의 전자현미경 사진.** 프로클로론 세포의 광범위하게 접힌 광합성 막이 전자현미경 사진에서 녹색으로 표시되었다.

항생제에 대한 박테리아의 민감성은 종종 세포벽의 구조에 따라 다르다. 예를 들어, 페니실린과 반코마이신은 박테리아가 펩타이도글리칸 세포벽에서 펩타이드를 교차결합시키는 능력을 파괴한다. 목조 주택에서 모든 못을 제거하는 것과 마찬가지로 이것은 기질의 견고함을 파괴하여 물이 들어와 세포가 터질 때까지 팽창하는 것을 막을 수 없다.

일부 박테리아는 세포 주위에 젤리 같은 다당류 보호 캡슐(피막)을 분비한다. 많은 질병을 일으키는 박테리아에는 이러한 캡슐이 있어 치아, 피부, 음식 또는 생존할 수 있는 거의 모든 표면에 붙을 수 있다.

고세균은 특이한 막지질을 가지고 있다

고세균의 생리와 구조는 여전히 연구 중이다. 이런 생물체의 대부분은 실험실에서 배양하기가 어렵기 때문에 아직 자세히 연구되지 않았다. 따라서 다른 특징보다 유전자 구성에 대해서 더 잘 알려져 있다.

고세균의 세포벽은 다당류와 단백질, 심지어는 무기물(inorganic components)을 포함하는 다양한 화학물로 구성되어 있다. 고세균과

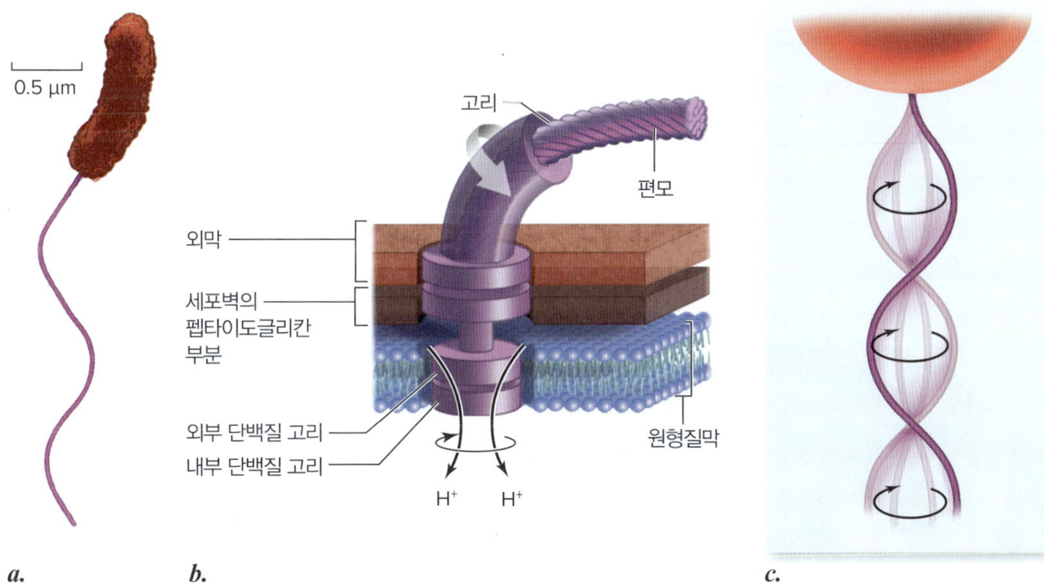

그림 3.5 **일부 원핵생물은 편모를 회전시켜 움직인다.**
a. 심각한 질환인 콜레라를 일으키는 미생물인 비브리오 콜레리. *b.* 박테리아 편모는 복잡한 구조이다. 양성자 농도 기울기에 의해 구동되는 운동 단백질은 원형질막에 고정되어 있다. 세포벽에는 2개의 고리가 있다. 운동 단백질은 전체 구조를 회전시킨다. *c.* 편모가 회전함에 따라 구조 아래로 나선형 물결이 생성된다. 이것은 세포를 앞으로 나아가게 한다. (역자 주: 진핵생물체의 편모는 튜불린으로 구성되어 있고 채찍처럼 움직이는 데 반해, 원핵생물의 편모는 플라젤린으로 구성되어 있고 프로펠러처럼 움직인다.)

박테리아를 구별하는 일반적인 특징은 막 지질의 특성이다. 고세균 지질의 화학적 구조는 박테리아의 지질과는 확연히 다르며, 포화 탄화수소의 양쪽 끝에 글리세롤이 공유결합하여 양쪽 모두 친수성을 띠어 단층으로 이루어진 세포막을 갖는다(23장 참조). 이러한 특징 때문에 고세균 막은 높은 열안정성을 보이지만, 탄화수소의 포화도를 변화시키지는 못한다. 즉, 고세균은 환경의 온도 변화에 적응할 수 없음을 의미한다.

고세균에서 DNA를 복제하고 단백질을 합성하는 세포기작(cellular machinery)은 박테리아보다는 진핵생물 시스템에 가깝다. 고세균의 전반적인 세포 구조는 원핵생물과 유사하다 하더라도 분자 기반은 진핵생물과 더 밀접하게 관련되어 있다.

일부 원핵생물은 편모를 회전시켜 움직인다

편모(flagella)는 세포 표면에서 튀어 나온 길고 실 모양의 구조로 세포의 이동에 사용된다. 원핵생물 편모는 세포로부터 뻗어나온 섬유 단백질이다. 종에 따라 세포당 하나 혹은 그 이상이 있을 수도 있고 없을 수도 있다. 박테리아는 나사 같은 편모를 회전시켜 초당 최대 세포 70개의 길이의 속도로 헤엄칠 수 있다(**그림 3.5**). 회전 모터는 원형질막을 통과하는 양성자의 농도 기울기에 따른 이동을 통해 생성된 에너지를 사용한다. 흥미롭게도, 동일한 원리(양성자 농도 기울기에 따른 에너지 생산)가 진핵생물의 미토콘드리아와 엽록체에서 ATP를 합성하는 효소에 의해 사용된다(6장과 7장 참조).

핵심 요약 3.2

원핵생물은 복잡한 내부 조직을 가지고 있지 않은 작은 세포이다. 원핵생물은 크게 고세균과 박테리아로 분류된다. 박테리아의 세포벽은 펩타이도글리칸으로 구성되어 있으며, 이는 고세균에서는 발견되지 않는다. 고세균은 다양한 다당류와 펩타이드뿐만 아니라 특이한 지질을 함유하는 막으로 만들어진 세포벽이 있다. 일부 박테리아는 편모를 회전시켜 이동한다.

■ 박테리아와 고세균은 어떤 특징을 공유할까?

3.3 진핵세포

학습 목표

1. 진핵세포와 원핵세포의 구조를 비교할 수 있다.
2. 진핵세포에서 핵이 역할에 대해 설명할 수 있다.
3. 단백질 합성에서 리보솜의 역할을 서술할 수 있다.

진핵세포(**그림 3.6**과 **3.7**)는 원핵세포보다 훨씬 더 복잡하다. 진핵세포의 대표적 특징은 구획화(compartmentalization)이다. 이것은 세포 내부와 수많은 소기관에 의해 구성된 복잡한 **세포내막계**(endomembrane system)가 합쳐서 이루어진다. 이들 소기관은 다양

그림 3.6 동물세포의 구조.
대략적인 동물세포 그림에서 원형질막은 세포를 둘러싸고 있으며, 세포골격과 다양한 세포 소기관 및 내부 구조가 세포질이라고 하는 반유체 기질에 떠 있다. 어떤 종류의 동물세포에는 미세융모(microvilli)라고 하는 손가락 모양의 돌기가 있다. 다른 유형의 진핵세포(예, 많은 원생생물 세포)에는 움직임을 돕는 편모 또는 다양한 기능을 가지는 섬모가 있다.

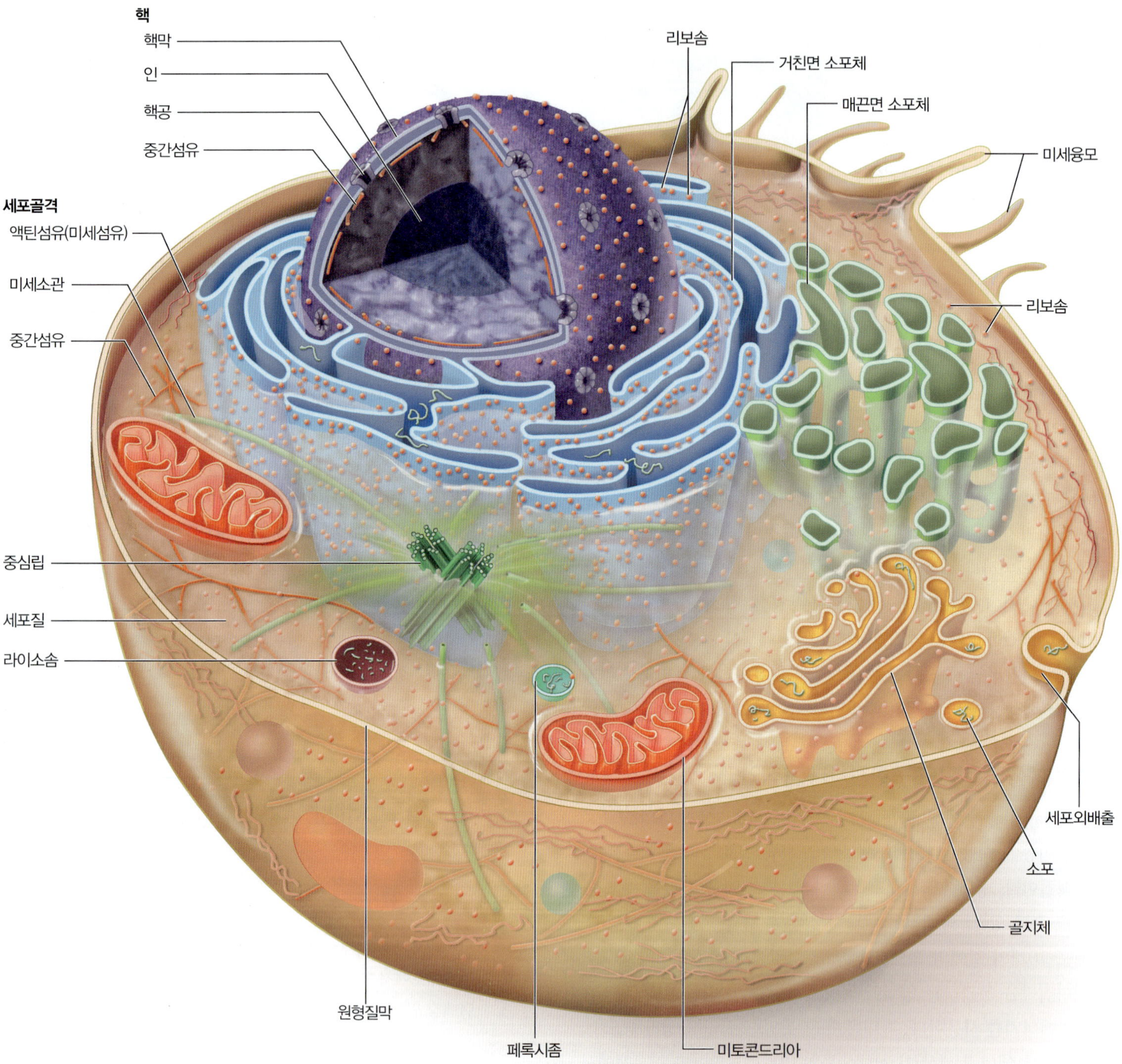

그림 3.5 식물세포의 구조.

대부분의 성숙한 식물세포에는 세포 내부 부피의 대부분을 차지하는 큰 중심 액포와 광합성이 일어나는 엽록체라는 소기관이 있다. 식물, 곰팡이, 일부 원생생물의 세포는 세포벽을 가지고 있지만 벽의 구성은 그룹마다 다르다. 식물세포는 원형질연락사(plasmodesmata)라고 하는 세포벽의 구멍을 통해 서로의 세포질이 연결된다. 편모는 몇 가지 식물 종의 정자를 제외하고는 식물이나 곰팡이 세포에서 발견되지 않는다. 중심립도 일반적으로 없다.

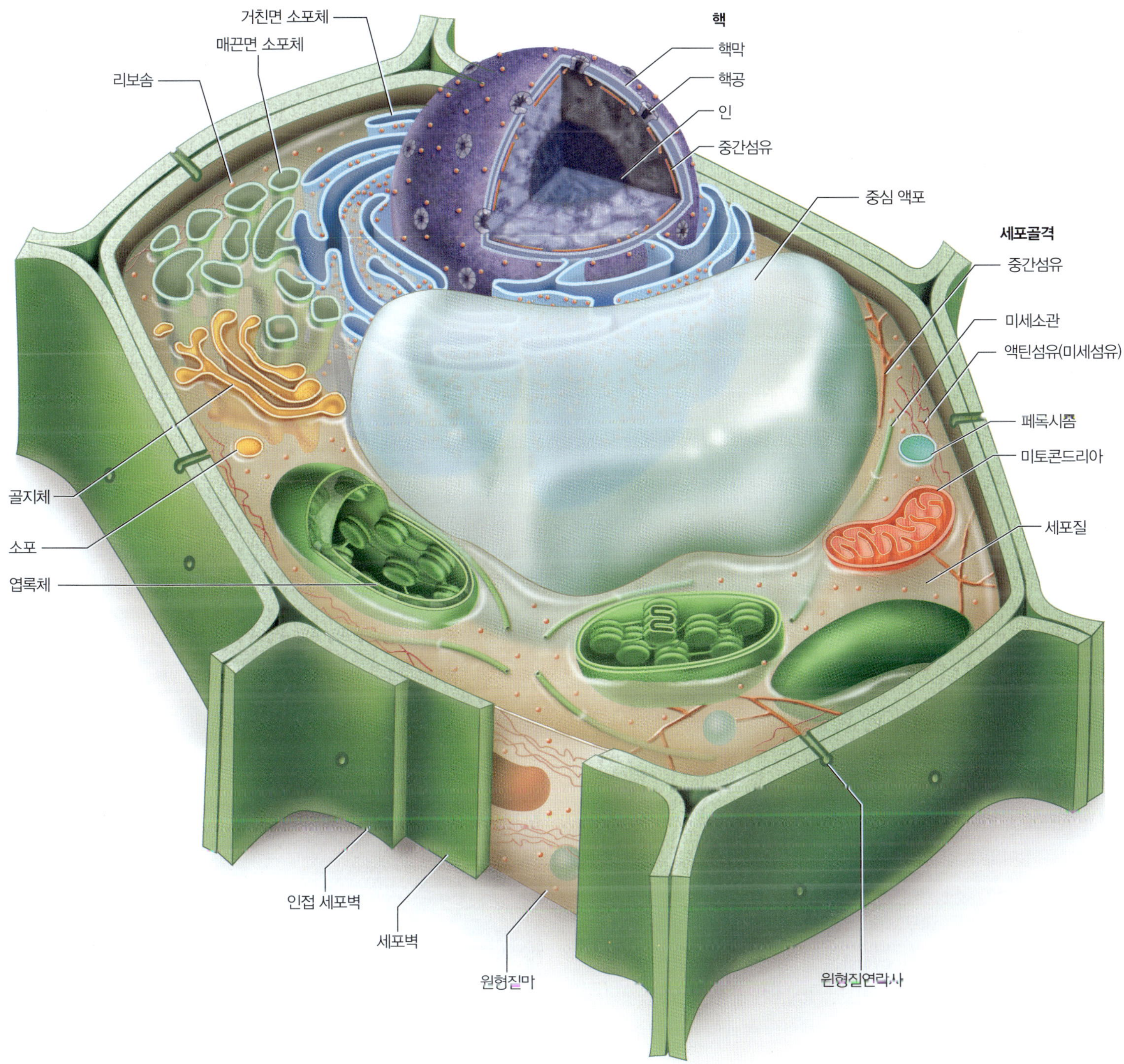

그림 3.8 핵.

a. 핵은 염색질을 포함하는 유체로 채워진 내부를 둘러싸고 있는 핵막이라고 하는 2중막으로 구성된다. 개별 핵공은 핵의 2중막을 통과한다. 핵공을 자세히 보면, 중앙 허브, 섬유가 있는 세포질 고리, 바구니가 있는 핵 고리가 보인다. *b.* 많은 핵공을 보여주는 세포핵의 동결 할단 전자 현미경 사진(**그림 4.4** 참조). *c.* 단일 핵공을 보여주는 핵막의 투과 전자 현미경 사진. 핵공 내의 어두운 물질은 단백질로, 핵공을 통한 접근을 제어하는 역할을 한다. *d.* 핵막층은 중간섬유로 만들어진 조밀한 섬유 네트워크로 보인다. 핵은 현미경 사진에서 보라색으로 착색되었다.

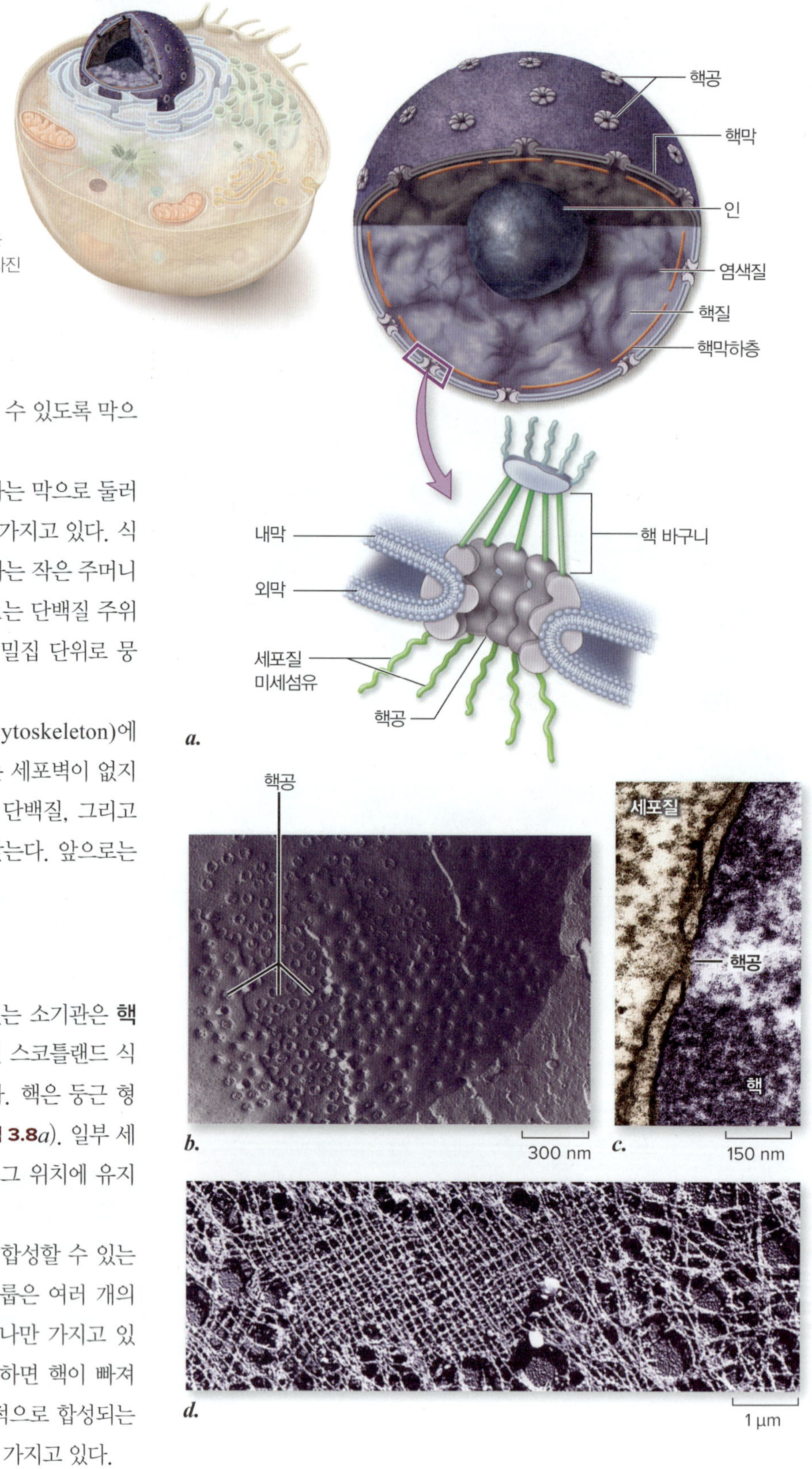

한 생화학적 과정이 동시에, 혹은 독립적으로 진행될 수 있도록 막으로 분리된 구조로 되어있다.

식물세포는 종종 단백질, 색소 및 노폐물을 저장하는 막으로 둘러싸인 커다란 주머니인 **중심 액포**(central vacuole)를 가지고 있다. 식물세포와 동물세포는 다양한 물질을 저장하고 운반하는 작은 주머니인 **소포**(vesicles)를 가지고 있다. 핵 내부에서 DNA는 단백질 주위에 단단히 감겨서 **염색체**(chromosomes)라고 하는 밀집 단위로 뭉쳐져 있다.

모든 진핵세포는 내부 단백질 뼈대인 **세포골격**(cytoskeleton)에 의해 지탱된다. 동물세포와 일부 원생생물 세포에는 세포벽이 없지만 곰팡이, 식물 및 많은 원생생물 세포는 다당류와 단백질, 그리고 셀룰로스 또는 키틴 섬유로 구성된 강한 세포벽을 갖는다. 앞으로는 진핵세포의 내부 구성 성분을 자세히 살펴본다.

핵은 정보센터의 역할을 한다

진핵세포 내에서 가장 크고 가장 쉽게 찾을 수 있는 소기관은 **핵**(nucleus, 라틴어로 씨앗, 견과라는 뜻)으로, 1831년 스코틀랜드 식물학자인 브라운(Robert Brown)이 처음 발견하였다. 핵은 둥근 형태로, 동물세포에서 일반적으로 중앙에 위치한다(**그림 3.8***a*). 일부 세포에서 미세한 세포질 필라멘트의 네트워크가 핵을 그 위치에 유지하는 것으로 보인다.

핵에는 살아있는 진핵세포의 거의 모든 단백질을 합성할 수 있는 유전정보가 들어 있다. 곰팡이 세포와 일부 다른 그룹은 여러 개의 핵을 가질 수 있지만, 대부분의 진핵세포는 핵을 하나만 가지고 있다. 포유류의 적혈구(erythrocytes)는 분화하고 성숙하면 핵이 빠져나와 없어진다. 대부분의 핵은 리보솜 RNA가 집중적으로 합성되는 **인**(nucleolus)이라고 불리는 어둡게 염색되는 영역을 가지고 있다.

핵막

핵의 표면은 2개의 인지질 2중층 막으로 둘러싸여 있으며, 이것이 **핵막**(nuclear envelope)을 구성한다(**그림 3.8**). 핵막의 외막은 **소포체**(endoplasmic reticulum)라고 불리는 세포질의 내막과 연결되어 있다(3.4절).

전자현미경 사진에서는 핵막 표면에 얕게 움푹 파인 모양이 흩어져 있는 것이 보이는데, 실제로는 **핵공**(nuclear pores)이라고 하는 구조이다(**그림 3.8**b, c). 핵공은 핵막의 두 막층이 함께 모이는 위치에서 50~80 nm 떨어져 형성된다. 이것은 핵막에 삽입된 8개의 단량체가 대칭으로 모인 구조로서, 세포질 쪽으로는 8개의 미세섬유를 부착하고 있고 핵 쪽으로는 중앙고리 아래에 바구니 모양의 복합고리를 형성한다. 핵공은 이온과 작은 분자가 핵질과 세포질 사이에서 자유롭게 확산되도록 하는 반면, 단백질과 RNA-단백질 복합체의 통과를 조절한다. 대부분의 경우 핵에서 작용하는 단백질은 핵으로 들어오고, 핵에서 만들어진 RNA와 RNA-단백질 복합체는 핵 밖으로 나가게 된다.

핵막의 내부 표면은 핵막하층(nuclear lamina)을 구성하는 섬유 네트워크로 덮여 있다(**그림 3.8**d). 이것은 중간섬유인 **라민**(lamins)으로 구성되어 있고, 핵의 모양을 유지하는 기능을 하며, 세포분열 시 핵막의 해체와 재구성에 관여한다.

염색질: DNA 포장

원핵생물과 진핵생물에서 DNA는 유전정보를 저장하는 분자이다. 진핵생물에서 DNA는 여러 개의 선형 염색체로 나뉘며, 단백질과 함께 **염색질**(chromatin)이라는 복잡한 구조로 구성된다. 여러 연구에서 염색질의 구조 자체가 DNA의 기능에 영향을 준다는 것이 분명해지고 있다. DNA 서열은 변하지 않은 채로 유전자의 발현이 변화하는, 즉 후성유전학적 변화는 염색질 구조의 변화로 야기된다(15장 참조). 이것은 아직 완전히 연구되지는 않았지만, 흥미로운 새로운 관점을 제공한다.

염색질은 아직 세부 사항이 명확하게 밝혀지지는 않았지만, 일반적으로 핵 안에서 길게 조직된 형태이다. 세포가 분열할 때, 염색질은 좀 더 고밀도로 압축되어야 광학현미경에서 볼 수 있는 X자형 염색체를 형성할 수 있다.

인: 리보솜 소단위 생산

세포가 단백질을 대량으로 만들기 전에, 먼저 이 합성을 수행하기 위한 다수의 리보솜을 합성해야 한다. 리보솜 RNA를 암호화하는 수백 개의 유전자 사본이 한 염색체 상에 모여 있어서 리보솜 합성을 용이하게 한다. 이 집단에서 RNA 분자를 전사함으로써, 세포는 리보솜을 합성하는 데 필요한 많은 수의 분자를 빠르게 생성한다.

리보솜 RNA 유전자의 집단, 이들이 생성하는 RNA 및 리보솜 단백질은 모두 리보솜 생산 동안 핵 내에 모여 있다. 이들 리보솜 조립 구역은 **인**(nucleous)이라고 불리는 하나 혹은 그 이상의 어둡게 염색된 영역으로서, 핵 내에서 쉽게 볼 수 있다. 염색체가 풀리더라도 인은 광학현미경으로 볼 수 있다.

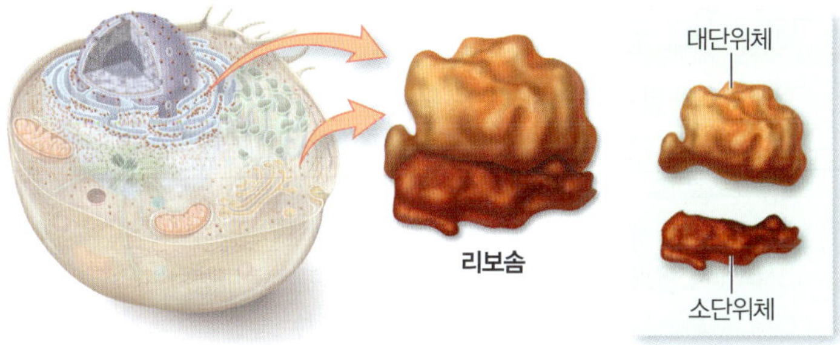

그림 3.9 리보솜.
리보솜은 rRNA와 단백질로 구성된 크고 작은 소단위체로 구성된다. 개별 소단위체는 인에서 합성된 다음 핵공을 통해 세포질로 이동하여 mRNA를 번역하기 위해 조립된다. 리보솜은 단백질이 합성되는 부위이다.

리보솜은 세포의 단백질 합성 공장이다

세포 핵에 있는 DNA는 세포에 있는 각 단백질의 아미노산 서열을 암호화하지만, 단백질은 그곳에서 합성되지 않는다. 간단한 실험을 통해 이를 증명할 수 있다. 짧은 시간 동안 방사성 아미노산을 세포에 주입하면, 새로 합성되는 단백질과 연관된 방사능이 핵이 아닌 세포질에서 나타난다. 연구자들이 이러한 실험을 처음 수행할 때, 단백질 합성은 핵 외부의 거대한 RNA-단백질 복합체(리보솜)와 관련이 있음을 발견했다.

리보솜은 세포에서 발견되는 가장 복잡한 분자 조합 중 하나이다. 각 리보솜은 2개의 소단위체로 구성되는데(**그림 3.9**), 각각은 **리보솜 RNA**(ribosomal RNA, rRNA)와 단백질의 복합체로 되어 있다. 소단위체는 단백질을 적극적으로 합성할 때만 결합하여 기능적인 리보솜을 형성한다. 이런 복잡한 과정은 2가지 RNA가 추가로 필요한데, DNA의 암호 정보를 전달하는 **메신저 RNA**(messenger RNA, mRNA)와 아미노산을 운반하는 **운반 RNA**(transfer RNA, tRNA)이다. 리보솜은 단백질의 합성을 시작하기 위해 mRNA에 있는 정보를 사용한다. 이 과정은 14장에서 더 자세히 설명한다.

리보솜은 세포질에 자유롭게 존재하거나 내막에 붙어 있다(3.4절 참조). 자유 리보솜은 세포질에서 발견되는 단백질, 핵 단백질, 미토콘드리아 단백질 및 세포내막계와 관계되지 않은 다른 소기관에서 발견되는 단백질을 합성한다. 내막에 붙어있는 리보솜은 막 단백질, 세포내막계에서 발견되는 단백질 및 세포로부터 분비되는 단백질을 합성한다.

리보솜은 3종류의 역(domain), 즉 원핵, 진핵, 고세균의 모든 세포 유형에서 발견되기 때문에 보편적인 소기관(universal organelles)으로 생각할 수 있다. 세포의 생존에 필요한 최소한의 필수적 기능에 대해 생각해 볼 때, 리보솜은 최종 목록 안에 들어올 것이다. 생명은 단백질 기반이며, 리보솜은 단백질을 만드는 공장이다.

핵심 요약 3.3

원핵세포와 달리, 진핵세포는 구획화되어 있다. 진핵세포는 특수 기능을 수행하는 세포내막계와 소기관을 포함한다. 세포내막계에 연결된 2중막으로 구성된 핵에는 세포의 유전정보가 들어 있다. 핵과 세포질 사이에서 물질의 이동은 핵공을 통해 이루어진다. 리보솜은 핵의 DNA에서 전사된 mRNA를 단백질을 구성하는 폴리펩타이드로 번역한다. 리보솜은 모든 알려진 세포에서 발견되는 보편적인 소기관이다.

■ 복잡한 동물에서 서로 다른 기관의 세포가 동일한 구조를 가질 것으로 기대할 수 있을까?

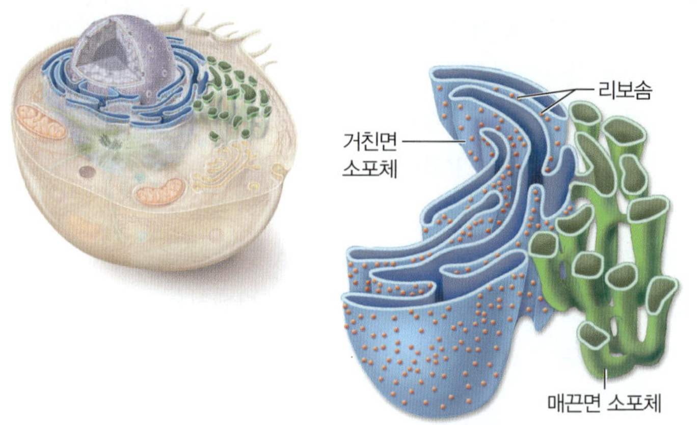

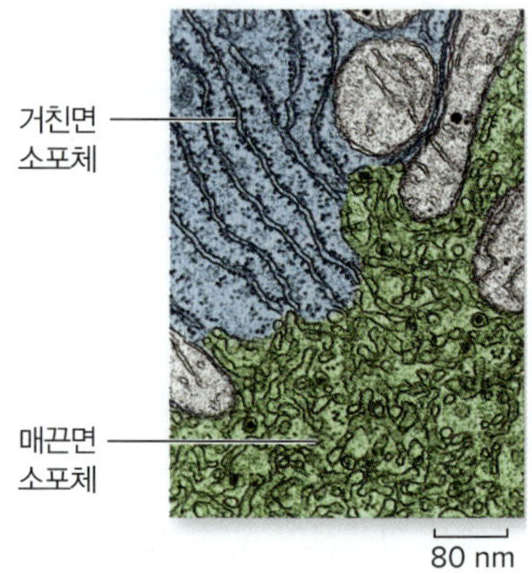

그림 3.10 소포체. 파란색으로 표시된 거친면 소포체(RER)는 편평한 주머니로 구성되어 있으며 세포질 전체에 구획을 형성한다. RER의 세포질 쪽의 표면에 결합된 리보솜은 새로 만들어진 단백질을 내강 또는 루멘으로 밀어낸다. 녹색으로 표시된 매끈면 소포체(SER)는 RER에 연결된 관 모양의 구조이다. 현미경 사진은 그림과 같은 색으로 착색했다.

3.4 세포내막계

학습 목표

1. 세포내막계의 여러 부분을 구별할 수 있다.
2. 내막과 구획의 다양한 기능을 대조할 수 있다.
3. 단백질 가공 경로에서 각 단계의 중요성을 평가할 수 있다.

진핵세포의 내부는 정교한 내부 또는 세포내막계를 형성하는 막으로 채워져 있다. 이 세포내막계는 세포를 채우고, 세포를 구획으로 나누고, 세포 내부를 통해 분자의 통과를 유도하고, 지질 및 일부 단백질의 합성을 위한 표면을 제공한다. 진핵세포의 세포내막계는 진핵생물과 원핵생물의 근본적인 차이점 중 하나이다.

소포체(endoplasmic reticulum, ER)는 가장 큰 내막계이다: ER은 단백질이 파묻힌 인지질 2중층으로 구성되어 있다. ER은 기능적인 여러 구역을 가지고 있는데, 접혀진 층에서부터 복잡한 관상 네트워크까지 다양한 구조를 형성한다(**그림 3.10**). 또한 ER은 세포골격과 연결되어 있어서 ER의 구조와 성장에 영향을 주고 있다. 진핵세포에서 가장 큰 2개의 구획은 내강이라고 하는 ER의 내부와 유기 분자와 이온들이 녹아 있는 사이토졸이라고 하는 ER의 외부이다.

거친면 소포체는 단백질을 합성하는 장소이다

거친면 소포체(조면소포체, rough ER, RER)는 표면의 자갈 같은 모양에서 이름을 얻었다. RER은 광학현미경으로 쉽게 볼 수 없지만, 전자현미경으로는 볼 수 있다. 리보솜 때문에 울퉁불퉁한 표면을 가진 편평한 주머니로 보인다(**그림 3.10**).

RER의 표면에서 합성된 단백질은 세포에서 분비되거나 라이소솜이나 액포(뒷부분에서 설명)로 보내지거나 원형질막에 삽입된다. 이들 단백질은 첫 번째 단계로 ER의 시스테나 공간으로 들어가고 이후 최종 목적지로 분류된다. 이 경로에는 또한 소포(vesicles)와 골지체(Golgi apparatus)가 포함되어 있다. 리보솜이 ER과 결합될 것인지 또는 세포질 리보솜으로 남을 것인지를 결정하는 것은 합성되는 단백질의 서열이다.

ER에서 새로 합성된 단백질은 단쇄 탄수화물(short-chain carbohydrates)을 첨가하여 당 단백질을 형성함으로써 변형될 수 있다. 이런 당단백질은 다른 단백질과 구별되는데, 소포로 포장되어 골지체로 이동한 후, 추가 변형과 분비가 이루어진다.

매끈면 소포체는 다양한 역할을 한다

상대적으로 적은 리보솜이 결합되어 있는 ER 부분을 **매끈면 소포체**(활면소포체, smooth ER, SER)라고 한다. SER의 구조는 관상 네트워크(network of tubules), 편평한 주머니(flattened sacs), 고차 관상 배열(higher-order tubular arrays)에 이르기까지 다양하다. SER의 막에는 다양한 탄수화물과 지질의 합성에 관여하는 많은 효소가 내포되어 있다. 스테로이드 호르몬도 SER에서 합성된다. 대부분의 막 지질은 SER에서 조립된 후 막 성분이 필요한 곳에 보내진다. 원형질막과 다른 세포막에 있는 막 단백질은 RER의 리보솜에 의해 삽입된다.

SER의 중요한 기능은 세포 내 Ca^{2+}를 저장하는 것인데, 세포질 내 Ca^{2+} 농도를 낮게 유지하여 Ca^{2+}가 신호 분자로 사용될 수 있게 한다. 예를 들어, 근육 세포에서 Ca^{2+}은 근육 수축을 유발하는 데 사용된다. 다른 세포에서는 SER 저장소에서 방출되는 Ca^{2+}이 다양한 신호전달경로에 관여한다.

SER 대 RER의 비율은 고정되어 있지 않지만 세포의 기능에 따라 달라진다. 인간과 같은 다세포 동물에서 이 비율은 크게 다를 수 있다. 정소, 장 및 뇌와 같이 광범위한 지질 합성을 수행하는 세포는 SER을 많이 포함하고 있다. 항체 같이 분비되는 단백질을 합성하는 세포는 훨씬 더 많은 RER을 가진다.

SER의 또 다른 역할은 외부 물질을 변형하여 독성을 줄여주는 것이다. 간에서 SER의 효소가 이러한 해독 작용을 한다. 이 기능은 페니실린 같은 치료의 목적으로 섭취한 약도 제거할 수 있기 때문에 해독작용을 고려하여 더 높은 농도의 약물을 처방하게 된다. 간세포에는 다양한 물질을 화학적으로 변형시켜 처리할 수 있는 효소가 포함된 다량의 SER이 있다.

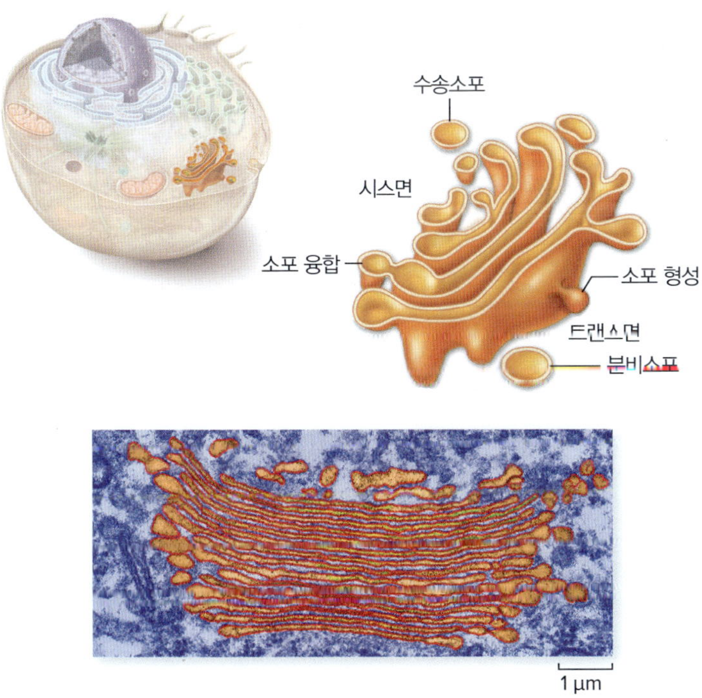

그림 3.11 골지체.
골지체는 매끄럽고 오목한 막 구조이다. 그것은 시스면의 수송소포에서 처리하기 위한 물질을 받고, 수송 또는 분비소포에 포장된 물질을 트랜스면으로 내보낸다. 소포의 물질은 세포 밖으로 내보내거나 동일한 세포 내의 다른 영역으로 배분된다.

골지체는 단백질을 분류하고 포장한다

편평한 막의 축적물은 **골지체**(Golgi body 혹은 Golgi apparatus)라고 하는 복합체를 형성한다(**그림 3.11**). 이 구조는 19세기 이탈리아 의사인 골지(Camillo Golgi)의 이름을 따서 명명되었다. 각각의 쌓인 막은 **시스터네**(cisternae, 라틴어로 수집 용기라는 뜻)라고 불리며, 원생생물에서 1~2개, 동물세포에서 20개나 그 이상, 식물세포에서는 수백 개가 존재한다. 척추동물에서는 개별 골지가 연결되어 골지 리본을 형성하는데, 특히 물질을 생산하고 분비하는 샘세포(glandular cells)에 풍부하다.

골지체는 한곳에서 합성되고 세포 내 · 외부의 다른 곳에서 사용되는 분자들을 수집, 포장하고 분배하는 일을 한다. 골지체는 앞면과 뒷면이 있으며 각각 뚜렷한 막 구성을 갖는다. 받는 쪽은 시스면(*cis* face)이라고 하며 일반적으로 ER 근처에 있다. 물질이 ER에서 수송소포로 떨어져 나와 시스면에 도착한 후, 분비소포로 포장되어 트랜스면(*trans* face)에서 배출된다(**그림 3.12**). 물질이 골지체를 통과하는 방식은 논쟁의 원천이었다. 모델로는 시스에서 트랜스로 이르는 개별적인 시스터네의 성숙, 소포에 의한 시스터네 사이의 수송, 직접적인 관상 연결이 제안되었다. 이들 모두에 의해 물질의 수송이 이루어질 가능성이 있지만, 현재 주요 메커니즘은 시스터네의 성숙인 것으로 보인다.

거친면 소포체와 매끈면 소포체에서 제조된 단백질과 지질은 골지체로 전송되어 골지체를 통과하며 수정된다. 가장 일반적인 변화는 짧은 당 사슬의 추가 또는 변형으로, 당단백질과 당지질을 형성한다. 많은 경우에 골지체의 효소는 ER에서 만들어진 기존의 당단백질과 당지질에서 당을 절단하거나, 하나 또는 그 이상의 당을 추가하여 변형한다. 그 후 소포는 골지의 트랜스면에서 떨어져 나온다. 이 소포는 세포 내의 다른 장소로 확산되어 새로 합성된 분자를 적절한 목적지로 분배한다.

골지체의 또 다른 기능은 세포벽 구성 요소의 합성이다. 식물 세포벽의 일부를 형성하는 비셀룰로스 다당류는 골지체에서 합성되어 원형질막으로 보내지고, 거기에서 세포 외부에서 조립된 셀룰로스가 첨가될 수 있다. 식물에서 분비되는 다른 다당류도 골지체에서 합성된다.

라이소솜은 소화효소를 포함하고 있다

라이소솜(lysosomes)은 골지체로부터 만들어지는 소화소포이다. 단백질, 핵산, 지질 및 탄수화물을 분해할 수 있는 다양한 효소를 많이 함유하고 있다. 이러한 효소는 세포를 파괴할 수 있으므로 분리해 두는 것이 중요하다. 진핵세포의 일생 동안 라이소솜 효소는 오래된

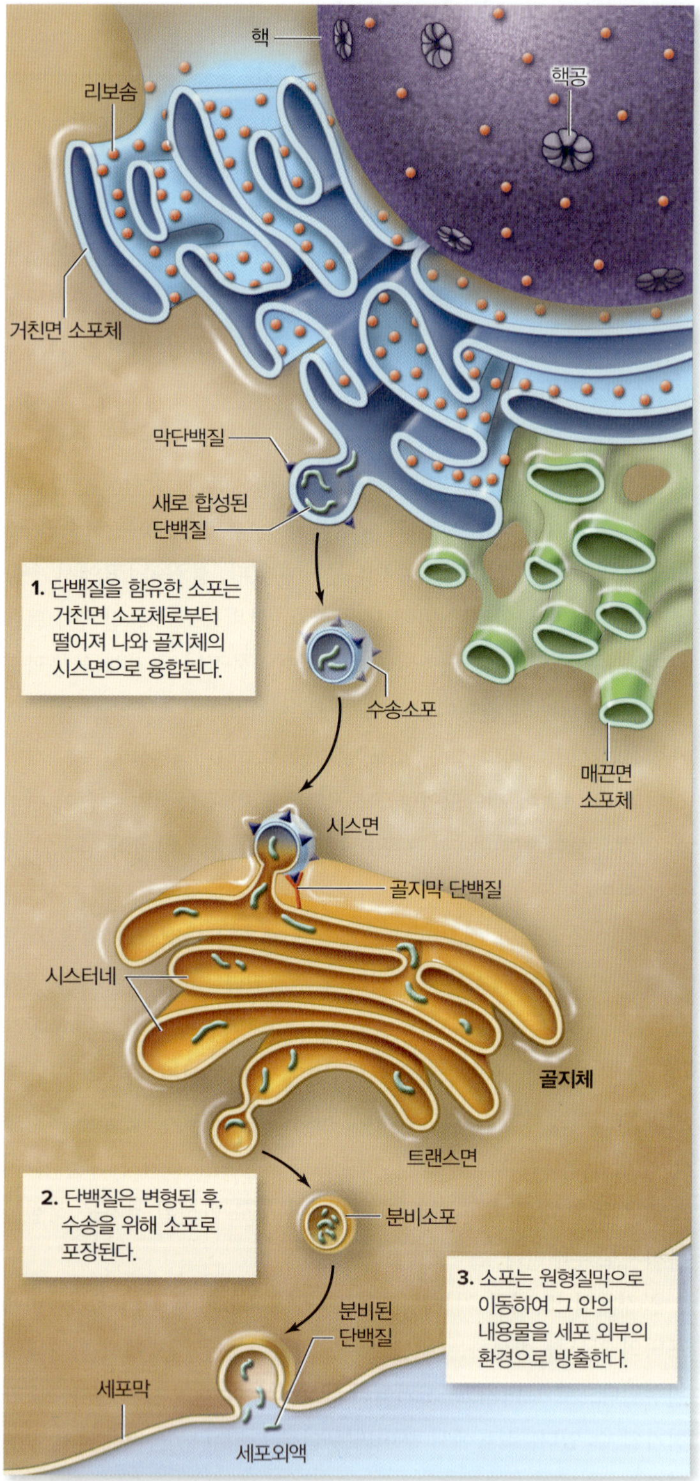

그림 3.12 세포내막계를 통한 단백질 수송.
RER에서 리보솜에 의해 합성된 단백질은 ER의 내부 구획으로 이동한다. 이러한 단백질은 세포 안의 먼 위치에서 사용되거나 세포에서 분비될 수 있다. 그들은 RER에서 떨어져 나온 소포로 운반된다. 이 수송소포는 골지체의 시스면으로 이동한다. 거기에서 변형되고 골지체의 트랜스면에서 빠져나오는 소포로 포장된다. 트랜스면을 떠나는 소포는 단백질을 세포의 다른 위치로 수송하거나 원형질막과 융합하여 그 내용물을 세포 외부로 방출한다.

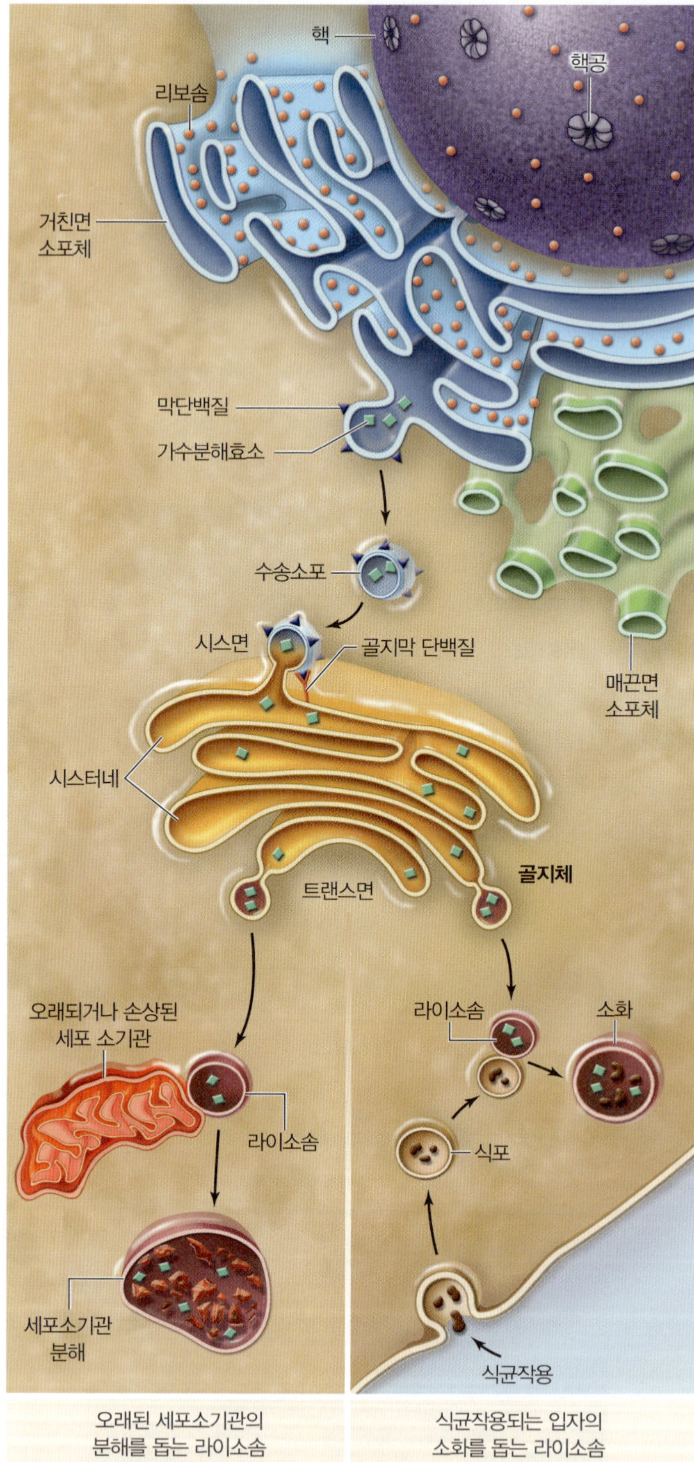

그림 3.13 라이소솜.
라이소솜은 골지체에서 떨어져 나온 소포로부터 만들어진다. 그들은 식균작용에 의해 세포로 들어온 입자나 세포를 소화하고, 오래된 세포소기관을 분해하는 가수분해효소를 가지고 있다.

세포 기관을 분해하고 구성인자를 재활용하여 새로 형성된 세포 기관을 위한 공간을 제공한다. 예를 들어, 일부 조직에서는 미토콘드리아가 10일마다 교체된다.

라이소솜의 소화효소는 산성 pH에서 최적으로 활성화된다. 라이소솜은 식균작용(phagocytosis)에 의해 생성된 식포(4장 참조)와 융합하거나, 오래되거나 낡은 세포 기관과 융합하여 활성화된다. 융합은 라이소솜 막에 있는 양성자 펌프를 활성화하여 내부 pH를 낮춘다. 내부 pH가 떨어지면 라이소솜에 포함된 소화효소가 활성화된다. 이것은 식포의 거대 분자의 분해 또는 오래된 세포 기관의 파괴로 이어진다.

총칭하여 라이소솜 저장 장애라고 하는 수많은 인간 유전질환은 라이소솜에 영향을 미친다. 예를 들어, 테이-삭스 병(Tay-Sachs disease)은 라이소솜 효소인 핵소사미니데이스(hexosaminidase) 하나의 기능상실로 인해 발생한다. 이 효소는 신경세포에서 발견되는 막 당지질을 분해하는 데 필요하다. 라이소솜에 당지질이 축적되면 신경세포 기능에 영향을 주어 발작 및 근육 경직과 같은 다양한 임상 증상을 유발한다.

라이소솜은 세포 내에 있는 소기관 및 기타 구조를 분해하는 것 외에도, 식균작용에 의해 삼켜진 다른 세포도 제거할 수 있다. 예를 들어 백혈구가 병원체를 식균할 때, 라이소솜은 식균작용으로 만들어진 "식포"와 융합하여 효소를 소포로 방출하여 그 안의 물질을 분해한다(**그림 3.13**).

지질 방울은 중성 지질을 저장한다

지질 방울(lipid droplet)은 나머지 세포내막계와 다른 구조를 가진 소기관이다. 이것은 인지질의 단일층으로 둘러싸인 중성 지질로 구성된다. 중성 지질은 소수성이며 트라이글리세라이드(triglycerides) 및 스테롤 지질(sterol lipids)을 포함한다. 이러한 중성 지질은 인지질로 둘러싸여 수용성 세포질에 용해된다.

지질 방울은 세포마다, 그리고 시간이 지남에 따라 크기가 다양해진다. 그들은 에너지 대사에 사용되는 지질을 저장하고 막을 형성한다. 지질 방울은 또한 단백질을 포함하거나 지질 합성과 관련된 단백질을 표면에 가질 수 있어서, 지질 합성의 두 번째 장소로 사용된다. 따라서 이 소기관은 에너지와 막 물질대사의 중심이 된다. 지질 방울의 크기는 세포의 필요에 따라 달라지며, 지질이 추가되거나 소비됨에 따라 성장하거나 축소된다.

미소체는 다양한 범주의 소기관이다

진핵세포에는 **미소체**(microbodies)라는, 효소를 포함하는 다양한 소포가 있다. 이들은 식물, 동물, 곰팡이 및 원생생물의 세포에서 발견된다. 소포체에 있는 효소의 분배는 진핵세포가 물질대사를 조직화하는 주요 방법 중 하나이다.

그림 3.14 **페록시좀.**
페록시좀은 커다란 단백질 결정 구조를 포함할 수 있는 구형 소기관이다. 페록시좀은 부산물로 과산화수소를 생성하는 소화효소와 해독효소를 가지고 있다. 페록시좀은 전자현미경 사진에서 녹색으로 나타냈다.

페록시좀: 과산화물 활용

페록시좀(peroxisomes, **그림 3.14**)은 지방산을 산화시키는 데 사용되는 효소를 포함하는 미소체이다. 이러한 산화효소가 세포질에서 자유롭다면, 간혹 산소에 수소 원자를 추가하는 것과 관련된 세포 대사에 혼선을 빚을 수 있다. 페록시좀은 산화효소 활동의 부산물로 생성되는 과산화수소(hydrogen peroxide)에서 이름을 따왔다. 과산화수소는 격렬한 화학적 반응성 때문에 세포에 위험하다. 하지만 페록시좀은 과산화수소를 물과 산소로 분해하는 반응을 촉매하는 효소인 카탈레이스(catalase)도 포함하고 있다.

많은 페록시좀 단백질이 세포질 리보솜에 의해 합성되기 때문에 소기관 자체는 지질과 단백질의 첨가에 의해 형성되어 성장하고, 커지면 분열하여 새로운 페록시좀을 생성한다고 오랫동안 생각되었다. 페록시좀의 분열이 여전히 발생하긴 하지만, 현재는 페록시좀이 ER에서 유래된 소포와의 융합으로 만들어진다는 것이 명백하다. 이 소포는 페록시좀 단백질을 가져와 성숙한 페록시좀을 형성한다. 유전학적 스크리닝을 통해 페록시좀의 생합성과 유지에 관여하는 단백질을 암호화하는 약 32개의 유전자를 분리했다. 페록시좀 형성장애(Peroxisome biogenesis disorders, PBDs)라고 불리는 인간 유전질환은 이 유전자들 중 일부의 돌연변이로 인해 발생할 수 있다.

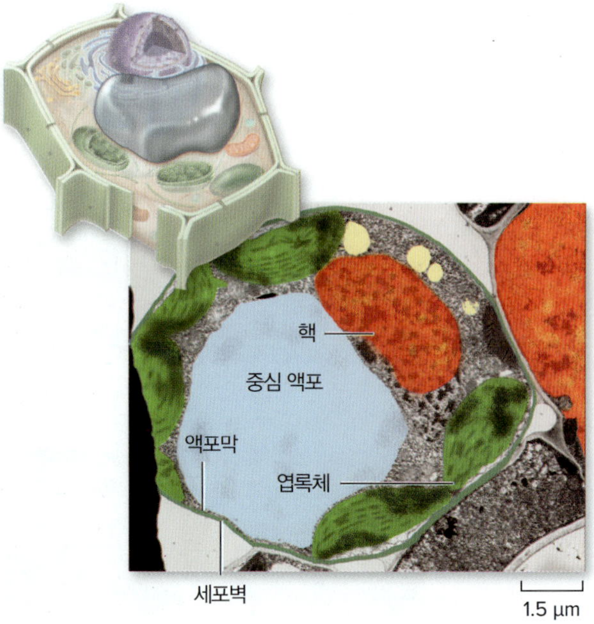

그림 3.15 중심 액포.
식물의 중심 액포는 용해된 물질을 저장하고 크기를 확장하여 식물세포의 긴장성을 높일 수 있다. 현미경 사진은 임의의 색으로 표시하였다.

식물은 저장과 수분 균형을 위해 액포를 사용한다

식물세포는 **액포**(vacuoles)라는 특수한 막으로 둘러싸인 구조를 가지고 있다. 가장 눈에 띄는 예는 대부분의 식물세포에서 볼 수 있는 큰 중심 액포(central vacuole)이다(**그림 3.15**). 사실 **액포**는 실제로 광학현미경에서 보이는 빈 공간을 의미한다. 이 액포를 둘러싸고 있는 막은 세포의 긴장성(tonicity) 또는 삼투 균형(osmotic balance)을 유지하는 데 사용되는 물 통로를 포함하고 있기 때문에 **액포막**(tonoplast)이라고 불린다(4.4절 참조).

수년 동안 생물학자들은 여러 기능을 가진 액포의 유형이 한 가지뿐이라고 생각했다. 여기에는 수분 균형과 유용한 분자(설탕, 이온, 색소)와 노폐물을 저장하는 기능이 포함된다. 액포는 또한 거대 분자를 분해하고 이물질을 해독하는 데 사용되는 효소를 포함하는 것으로 생각되었다. 몇몇 사람들은 액포를 다양한 물질을 저장하는 세포의 다락방이라고 불렀다.

액포막 수송체(tonoplast transporter)에 대한 연구 및 다양한 세포 유형에서 액포를 분리함에 따라 액포에 대한 보다 복잡한 관점을 가지게 되었다. 즉 여러 세포에서 서로 다른 액포의 유형이 발견된 것이다. 이들 액포는 세포의 기능에 따라 특수화된다.

중심 액포는 모든 식물세포에서 분명히 여러 가지 중요한 역할을 한다. 액포막의 물 통로는 세포의 긴장성을 유지하여 조건에 따라 세포가 확장 및 수축할 수 있도록 한다. 중심 액포는 또한 세포 부피의 대부분을 차지함으로써 세포 성장에 관여한다. 식물세포는 세포질 부피를 증가시키는 대신 액포를 확장하여 성장한다.

다양한 기능을 가진 액포는 일부 곰팡이와 원생생물에서도 발견된다. 한 가지 형태는 일부 원생생물에서 발견되는 수축포(contractile vacuole)로, 세포의 수분 균형을 유지하기 위해 물을 퍼낼 수 있다. 다른 액포는 나머지 세포질에서 독성 물질을 저장하거나 분리하는 데 사용된다. 세포에서 발견되는 액포의 수와 종류는 특정 세포 유형에서 요구하는 것에 따라 달라진다.

핵심 요약 3.4

소포체(ER)는 세포의 생합성 활동을 공간적으로 조직화하는 광범위한 막 시스템이다. 지질과 막 합성은 매끈면 소포체에서 발생하며, Ca^{2+}도 저장한다. 거친면 소포체(RER)는 단백질을 합성하는 리보솜으로 덮여있고, 이는 소포에 의해 골지체로 운반될 수 있으며, 여기서 변형, 포장되어 최종 위치로 배분된다. 라이소솜에는 침입자나 낡은 세포기관 같은 물질을 분해하는 데 사용되는 소화효소가 포함되어 있다. 지질 방울은 중성 지질과 효소를 가지고 있다. 페록시좀은 과산화물을 생성하는 산화 대사를 수행한다. 액포는 식물에서 저장과 세포 성장의 역할을 담당하는 막으로 둘러싸인 구조물이다. 이것은 일부 곰팡이와 원생생물에서도 발견된다.

■ RER의 리보솜은 세포질 리보솜과 어떻게 다를까?

3.5 미토콘드리아와 엽록체: 세포의 발전소

학습 목표

1. 미토콘드리아와 엽록체의 구조를 서술할 수 있다.
2. 미토콘드리아와 엽록체의 기능을 비교할 수 있다.
3. 미토콘드리아와 엽록체의 기원에 대해 설명할 수 있다.

미토콘드리아와 엽록체는 구조적, 기능적 유사성을 공유한다. 구조적으로 둘 다 2중막으로 둘러싸여 있으며, 자체 DNA 및 단백질 합성 기구를 포함하고 있다. 기능적으로는 둘 다 에너지 대사에 관여하는데, 에너지 대사와 광합성에 대해서는 각각 6장과 7장에서 자세히 살펴본다.

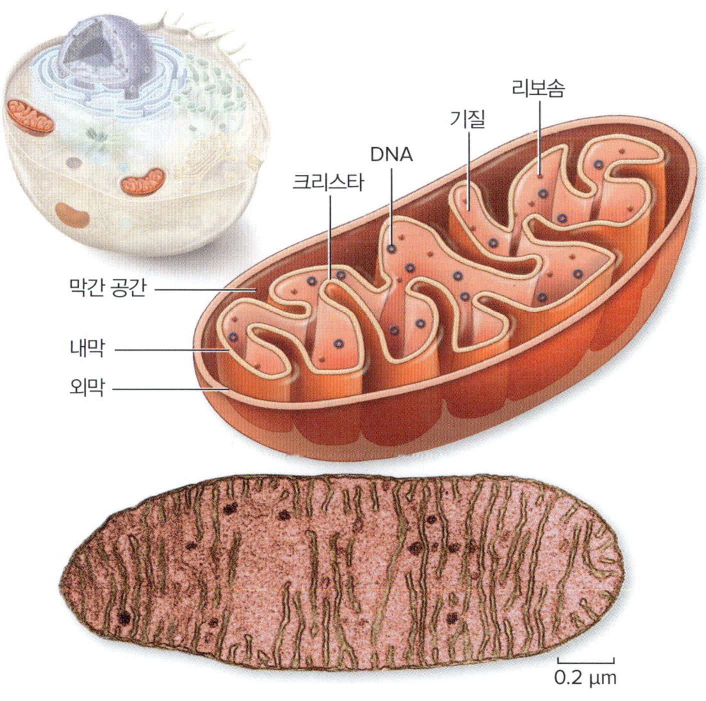

그림 3.16 미토콘드리아.
미토콘드리아의 내막은 크리스타(crista)라고 불리는 주름 모양으로 형성되어 산화대사를 위한 표면적을 크게 증가시킨다. 단면과 세루루 절단된 미투콘드리아는 현미경 사진에서 빨간색으로 표시했다.

미토콘드리아는 당을 사용하여 ATP를 생산한다

미토콘드리아(mitochondria)는 일반적으로 모든 유형의 진핵세포에서 발견되는 박테리아 크기 정도의 관 모양 또는 소시지 모양의 소기관이다(**그림 3.16**). 미토콘드리아는 매끈한 외막과 **크리스타**(crista)라고 하는 수많은 연속된 층으로 접혀있는 내막의 2가지 막으로 둘러싸여 있다.

크리스타는 미토콘드리아를 내막 내부에 있는 **기질**(matrix)과 2개의 미토콘드리아 막 사이에 있는 외부 구획인 **막간 공간**(intermembrane space)으로 분할한다. 내부 막의 표면에는 산화대사를 수행하는 단백질이 삽입되어 있으며, 산화대사는 산소를 사용하여 거대 분자의 에너지로부터 ATP가 생성되는 과정이다(6장 참조).

미토콘드리아는 자체 DNA를 가지고 있다. 이 DNA에는 산화대사에서 미토콘드리아의 역할에 필수적인 단백질을 생성하는 여러 유전자가 포함되어 있다. 따라서 미토콘드리아는 여러 측면에서 고유한 기능을 하는 특성 단백질을 위한 유전정보를 스스로 가지고 있는 세포 내의 세포 역할을 한다. 그러나 미토콘드리아는 완전히 자율적이지는 않다. 왜냐하면 산화대사에 사용되는 효소를 암호화하는 대부분의 유전자가 세포의 핵에 있기 때문이다.

진핵세포는 세포가 분열할 때마다 새로운 미토콘드리아를 생산하지는 않는다. 대신 미토콘드리아 자체가 분열로 인해 증식하여 새로운 세포로 나누어 진다. 미토콘드리아 분열에 필요한 대부분의 인자는 핵의 유전자에 암호화되어 있으며 세포질 리보솜에 의해 단백질로 번역된다. 따라서 미토콘드리아 복제는 핵의 참여 없이는 불가능하며, 따라서 미토콘드리아는 세포 없이 성장할 수 없다.

엽록체는 빛을 사용하여 ATP와 당을 생산한다

광합성을 하는 식물세포와 다른 진핵생물의 세포는 일반적으로 하나에서 수백 개의 **엽록체**(chloroplasts)를 포함하고 있다. 엽록체가 있는 생물체는 스스로 영양분을 생산할 수 있기 때문에 엽록체를 가진다는 것은 명백한 이점이다. 엽록체에는 대부분의 식물에 녹색을 나타내는 광합성 색소인 엽록소(chlorophyll)가 포함되어 있다.

미토콘드리아처럼 엽록체는 2개의 막으로 둘러싸여 있다(**그림 3.17**). 그러나 엽록체는 미토콘드리아보다 크고 복잡하다. 엽록체는 서로 밀접하게 연관되어있는 외막과 내막 외에도 내막 내부에 있는 **그라나**(grana)라고 하는 겹겹이 쌓인 막을 가지고 있다.

엽록체는 100개 이상의 그라나를 포함할 수 있으며 각 그라나는 **틸라코이드**(thylakoids)라고 하는 몇 개에서 수십 개의 원반 모양 구조를 포함하는데 틸라코이드의 표면에는 7장에서 자세히 논의할 빛

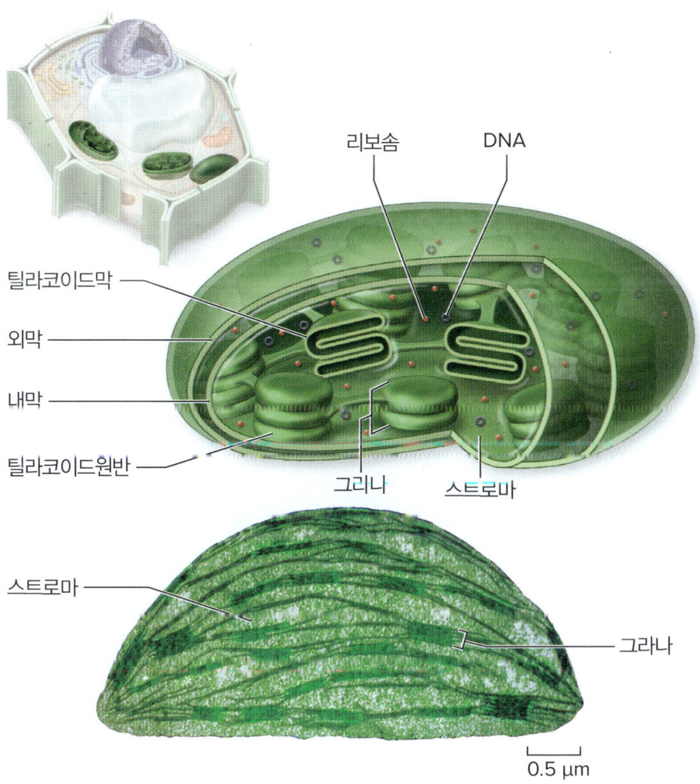

그림 3.17 엽록체 구조.
엽록체의 내막은 엽록소를 함유한 틸라코이드라는 소포의 층으로 이루어져 있으며, 그 안에서 광합성이 일어난다. 틸라코이드는 일반적으로 차곡차곡 쌓여 그라나를 형성한다. 엽록체는 현미경 사진에서 녹색으로 보인다.

을 포획하는 광합성 색소가 있다. 틸라코이드 주변에는 **스트로마**(stroma)라고 하는 수용성 기질이 있다. 광합성 중에 포도당을 합성하는 데 사용되는 효소는 스트로마에서 발견된다.

미토콘드리아와 마찬가지로, 엽록체에도 DNA가 포함되어 있지만 엽록체를 구성하는 다수의 단백질의 유전자는 핵에 있다. 광합성에 사용되는 일부 인자와 단백질들은 전적으로 엽록체에서 생산된다.

DNA를 함유하고 있는 식물의 또 다른 소기관인 **백색체**(leucoplasts)는 색소 및 복잡한 내부 구조가 없다. 뿌리세포와 다른 식물 세포에서 백색체는 녹말(starch)을 저장하는 장소로 쓰인다. 녹말(amylose)을 저장하는 백색체는 때때로 **전분체**(amyloplast)라고 불린다. 이러한 소기관(엽록체, 백색체 및 녹말체)을 총칭하여 **색소체**(plastids)라고 한다. 모든 색소체는 기존의 색소체가 분열하여 생산된다.

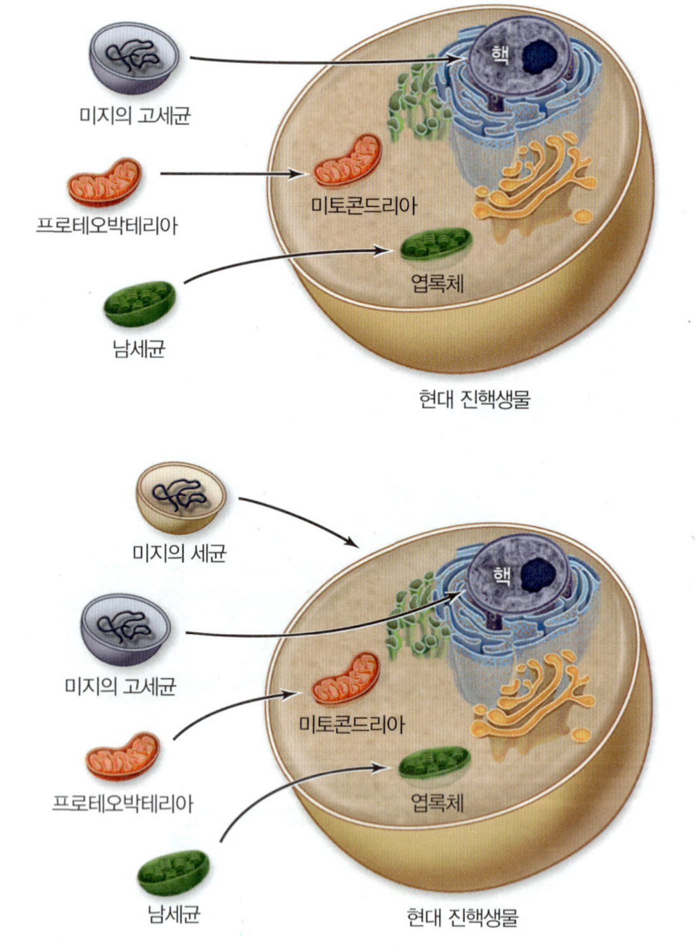

그림 3.18 진핵세포의 가능한 기원.
미토콘드리아와 엽록체는 모두 자유롭게 살아가던 세포가 흡수되었지만 소화되지 않았을 때 세포내공생에 의해 발생하는 것으로 생각된다. 삼키는 세포의 특성은 알려져 있지 않지만, 2가지 가능성은 다음과 같다. (1) 먹는 세포(위)는 핵 게놈과 세포질 내용물을 원래 가지고 있는 고세균이다. (2) 먹는 세포(아래)는 고세균으로부터 유래된 핵을 가지고 있는 박테리아 세포로 구성되었다. 이는 세포 융합이나 고세균이 박테리아를 삼킴으로써 발생할 수 있다.

> **?** **탐구문제** 미토콘드리아와 엽록체는 둘 다 ATP를 생산한다. 어떤 구조적 특징을 공유하는가?

미토콘드리아와 엽록체는 세포내공생에 의해 발생하였다

공생(symbiosis)은 함께 사는 다른 종의 생물체 간의 밀접한 관계를 뜻한다. **세포내공생**(endosymbiosis) 이론은 오늘날의 진핵세포 기관 중 일부가 각각 독립된 두 세포 사이의 공생에 의해 진화했다고 제안한다. 원핵생물인 한 세포는 현대 진핵생물의 전구체(precursor)인 다른 세포에 잡아 먹혀서 그 일부가 되었다(**그림 3.18**).

세포내공생 이론에 따르면, 삼켜진 원핵생물은 숙주에게 특정 대사 능력과 관련하여 상당한 이점을 제공했다. 2가지 주요 진핵세포 소기관은 이러한 세포내공생 원핵생물의 후손으로 여겨진다. 산화대사를 수행할 수 있는 박테리아에서 기원한 것으로 생각되는 미토콘드리아와 광합성 박테리아에서 발생한 것으로 보이는 엽록체가 그것이다. 이에 대해서는 WEB5장에서 자세히 설명한다.

> **핵심 요약 3.5**
>
> 미토콘드리아와 엽록체는 유사한 구조를 가지고 있으며 외막과 넓은 내막 구획이 있다. 미토콘드리아와 엽록체는 모두 자체 DNA를 가지고 있지만, 둘 다 일부 기능은 핵 유전자에 의존한다. 미토콘드리아와 엽록체는 모두 에너지 전환에 관여한다. 미토콘드리아는 당을 대사하여 ATP를 생성하는 반면, 엽록체는 빛 에너지를 이용하여 ATP와 당을 생산한다. 세포내공생 이론은 미토콘드리아와 엽록체 모두 원핵세포가 진핵 전구체에 먹혔을 때 생긴다고 제안한다.
>
> ■ 미토콘드리아와 엽록체의 많은 단백질은 핵 유전자에 의해 암호화된다. 세포내공생 가설에 비추어 볼 때, 이것이 어떻게 이루어질 수 있을까?

3.6 세포골격

> **학습 목표**
>
> 1. 세포골격에 있는 다양한 섬유의 구조와 기능을 대조할 수 있다.
> 2. 세포내 수송에서 미세소관의 역할을 설명할 수 있다.

모든 진핵세포의 세포질은 세포의 모양을 지탱하고 세포소기관을 지정된 위치에 고정시키는 단백질 섬유 네트워크에 의해 교차되어 있다. 세포골격(cytoskeleton)이라는 이 네트워크는 지속적으로 조립하고 분해되는 동적(dynamic) 시스템이다. 개별 섬유는 동일한 단백질 소단위의 중합체로 구성되는데, 서로를 끌어당기고 자발적으로 긴 사슬로 조립된다. 섬유는 동일한 방식으로 분해되는데, 소단위가 하나씩 사슬의 한쪽 끝에서 분리된다.

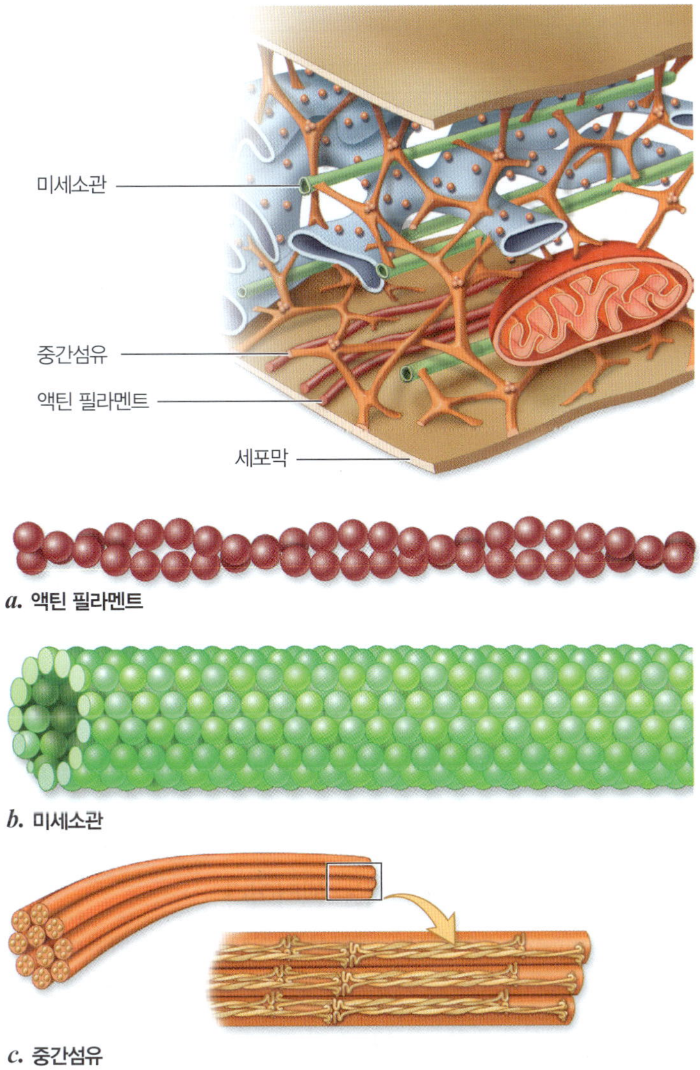

그림 3.19 세포골격을 구성하는 분자.
***a.* 액틴 필라멘트**: 미세섬유라고도 불리는 액틴 필라멘트는 함께 꼬인 두 가닥의 구형 단백질 액틴으로 구성된다. 이들은 종종 묶음이나 네트워크 형태로 존재한다. 많은 세포에서 액틴 필라멘트는 세포막 아래에 묶음 형태인 스트레스섬유로 집중되어 있고, 이는 수축 기능을 가지고 있다. ***b.* 미세소관**: 미세소관은 α 및 β 튜불린 단백질 소단위가 번갈아 배열된 프로토필라멘트가 관을 형성한다. 이것은 비교적 뻣뻣한 세포골격 요소이며 세포내 수송 및 체세포분열 동안 염색체 분리를 포함하여 세포에서 많은 기능을 한다. ***c.* 중간섬유**: 중간섬유는 엇갈려서 겹쳐진 단백질 4량체로 구성된다. 이 4량체는 서로 묶이고, 이러한 분자 배열은 세포에 엄청난 기계적 강도를 부여하는 밧줄 같은 구조가 된다.

3가지 유형의 섬유가 세포골격을 구성한다

진핵세포는 다음과 같은 3가지 유형의 세포골격 섬유를 가지고 있으며, 각 섬유는 서로 다른 종류의 소단위에서 형성된다. (1) 액틴 필라멘트 또는 미세섬유, (2) 미세소관, (3) 중간섬유.

액틴 필라멘트(미세섬유)

액틴 필라멘트(actin filaments)는 지름이 약 7 nm인 긴 섬유이다. 각 필라멘트는 두 가닥의 진주 목걸이처럼 느슨하게 결합된 2개의 단백질 사슬로 구성된다(**그림 3.19**). 사슬의 각 "진주" 또는 소단위는 구형 단백질인 액틴이다. 액틴 필라멘트는 극성을 나타내는데, 다시 말해 플러스(+)와 마이너스(−) 말단을 가지고 있다. 이들은 필라멘트의 성장 방향을 지정한다. 액틴 분자는 시험관에서도 자발적으로 이러한 필라멘트를 형성한다.

세포는 스위치 역할을 하는 다른 단백질을 통해 액틴 중합 속도를 조절하여 필요한 경우 중합체를 만든다. 액틴 필라멘트는 수축, 기어가기, 세포질분열 및 세포 확장 같은 세포의 이동을 담당한다.

미세소관

세포골격 요소 중 가장 큰 **미세소관**(microtubules)은 지름이 약 25 nm인 속이 빈 튜브로, 각각 13개의 단백질 프로토필라멘트(protofilament) 고리로 구성된다(**그림 3.19**). **알파 튜불린**(α-tubulin)과 **베타 튜불린**(β-tubulin) 소단위의 2량체(dimer)로 구성된 구형 단백질은 중합되어 13개의 프로토필라멘트를 형성한다. 프로토필라멘트는 원 모양으로 나란히 배열되어 있어 미세소관의 특징적인 관(tube)을 만든다.

많은 세포에서 미세소관은 세포 중심 근처의 핵중심(nucleation centers)에서 형성되어 주변으로 퍼져나간다. 그들은 일정한 속도로 지속적으로 중합하고 분해된다. 미세소관의 평균 반감기는 최대 10분(분열하지 않는 동물세포)에서 최소 20초(분열하고 있는 동물세포)까지 다양하다. 미세소관의 끝은 플러스(핵중심에서 먼 곳) 또는 마이너스(핵중심쪽)로 지정된다.

세포 이동을 촉진하는 것과 함께 미세소관은 세포질을 구성하고, 다음에서 설명하는 것처럼 세포 내에서 물질을 이동시키는 역할을 한다.

중간섬유

동물세포에서 세포골격의 구성요소 중 가장 내구성이 강한 것은 **중간섬유**(intermediate filaments)로, 함께 얽혀고 겹쳐서 배열되어 있는 질긴 섬유질 단백질 분자이다(**그림 3.19**). 이 중간섬유의 지름은 액틴 필라멘트와 미세소관의 중간 크기인 8~10 nm이다. 중간섬유는 한번 만들어지고 나면 안정적이어서 잘 부서지지 않는다.

그림 3.20 중심립.
각 중심립은 3개의 미세소관으로 이루어진 9개의 덩어리가 모여 구성된다. 중심립은 일반적으로 식물세포에서는 발견되지 않지만, 동물세포에서는 미세소관을 구성하는 데 도움을 준다.

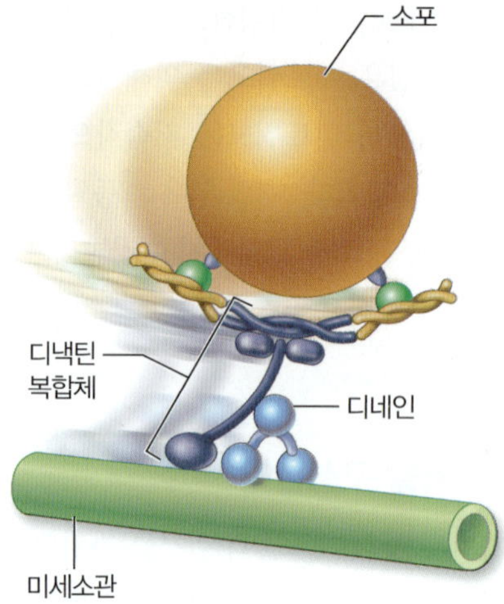

그림 3.21 분자 모터.
ATP를 사용하여 힘을 생성하는 모터 단백질을 통해 미세소관을 따라 소포를 운반할 수 있다. 소포는 여기에 표시된 디낵틴 복합체와 같은 연결 분자에 의해 운동단백질에 부착된다. 모터 단백질인 디네인은 연결된 소포를 미세소관을 따라 이동시킨다.

중간섬유는 세포골격 섬유들의 혼합 그룹을 구성한다. **비멘틴**(vimentin)이라는 단백질 소단위는 가장 일반적인 유형으로 많은 종류의 세포에 구조적 안정성을 제공한다. 또 다른 종류의 중간섬유인 **케라틴**(keratin)은 상피세포(기관과 체강을 형성하는 세포)와 모발 및 손톱과 같은 구조에서 발견된다. 신경세포의 중간섬유는 **신경섬유**(neurofilaments)라고 한다.

중심체는 미세소관을 조립하는 센터이다

중심립(centrioles)은 동물과 대부분의 원생생물에서 발견되는 통(barrel) 모양의 소기관이다. 이들은 쌍으로 발생하며, 일반적으로 핵막 근처에서 서로 직각으로 위치한다(**그림 3.20**). 거의 모든 동물세포에서 중심립을 둘러싼 영역을 **중심체**(centrosomes)라고 한다. 중심체에서 중심립을 둘러싸는 것은 튜불린으로 구성된 고리 모양의 구조를 포함하는 **중심립주변물질**(pericentriolar material)이다. 중심립주변물질은 동물세포에서 미세소관의 조립을 촉진할 수 있다. 이 기능을 가진 구조물을 **미세소관형성중심**(microtubule-organizing centers)이라고 한다. 중심체는 또한 세포분열 중에 발생하는 미세소관의 재구성을 담당한다. 식물과 곰팡이의 중심체는 중심립이 없지만 여전히 미세소관형성중심을 포함하고 있다. 9장에서 세포분열 과정을 설명할 때 중심체의 작용에 대해 더 많이 배울 것이다.

세포골격은 세포내 물질 이동을 돕는다

액틴 필라멘트와 미세소관은 종종 자신의 활동을 조율하여 세포 과정에 영향을 미친다. 예를 들어, 세포분열 동안(9장 참조) 새로 복제된 염색체는 짧은 미세소관에 부착되어 있기 때문에 분열하는 세포에서 서로 반대쪽으로 이동한다. 그런 다음 동물세포에서 액틴 필라멘트가 복주머니의 끈처럼 수축하여 2개의 세포로 잘라낸다.

근육세포는 근육이 수축할 때 운동 단백질 마이오신의 필라멘트를 따라 미끄러지는 액틴 필라멘트를 사용한다. 속눈썹이 움직이고 독수리가 날아가고 아기가 어색하게 기어가는 것은 모두 근육세포 내의 세포골격 이동에 달려 있다.

세포골격은 세포의 모양과 움직임을 담당할 뿐만 아니라 ER 및 기타 세포질 거대 분자와 상호작용하는 토대를 제공한다. 세포 대사에 관여하는 효소는 리보솜처럼 액틴 필라멘트에 결합한다. 특정 효소를 이동하고 서로 가까이 고정함으로써 세포골격은 세포의 활동을 조직하는 데 도움을 준다.

동물과 곰팡이 모두에서 ER은 미세소관과 액틴 필라멘트와 연관되어 있다. 동물세포에서 형광으로 세포 구조를 보면 ER의 관이 미세소관과 나란히 나열돼 있다. 즉 미세소관이 ER의 성장과 분배에 관여할 수 있다는 것이다. 효모에서 미세소관은 세포분열 중에 ER의 분배에 관여한다.

분자 모터

모든 진핵세포는 물질을 세포질의 한 위치에서 다른 위치로 이동해야 한다. 세포가 이를 수행하는 한 가지 방법은 소포체의 통로를 세포내 고속도로로 사용하는 것이다. 또한 소포에 물질을 적재한 후, 세포골격을 철길처럼 이용하여 이동할 수도 있다. 예를 들어, 세포체(cell body)에서 멀리 뻗을 수 있는 축삭(axon)을 가진 신경세포는 소포가 세포체에서 축삭의 끝까지 미세소관의 트랙을 따라 이동할 수 있다.

미세소관을 통해 재료를 이동하려면 (1) 수송될 소포 또는 소기관, (2) 에너지 구동 운동을 제공하는 운동 단백질, (3) 소포를 운동 단백질에 연결하는 연결 분자, (4) 철도 위의 기차처럼 소포가 탈 수 있는 미세소관(**그림 3.21**)이 필요하다.

소포가 움직이는 방향은 관련된 운동 단백질의 유형과 미세소관

표 3.2 진핵세포의 구조와 기능

구조		설명	기능
원형질막	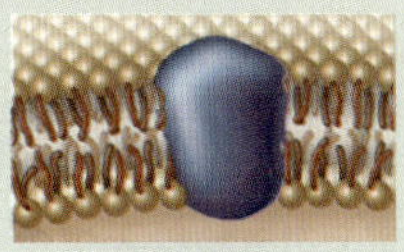	내재된 단백질을 포함하는 인지질 2중층	세포 안팎으로 전달되는 물질을 조절, 세포간 인식, 연결 및 접합, 세포간 소통
핵	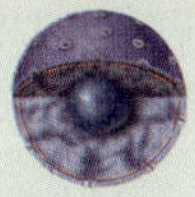	염색체를 포함하고 2중막으로 둘러싸인 구조(주로 구형)	단백질 합성과 세포분열을 지시, 유전정보 포함
염색체		단백질과 복합체를 형성하는 긴 DNA 가닥	단백질 합성을 지시하는 데 사용되는 유전정보를 포함
인		rRNA 합성을 위한 유전자들이 모인 장소	rRNA 합성과 리보솜 조립
리보솜		복잡한 단백질과 RNA의 집합체, 종종 ER에 붙어 있음.	단백질 합성 장소
소포체(ER)	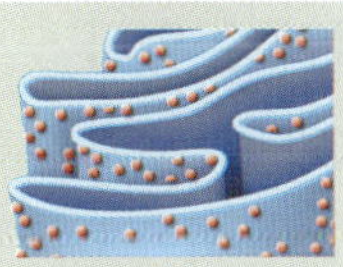	내부 막의 네트워크	수송소포를 형성하는 세포내 구획, 지질 합성 및 막 또는 분비 단백질 합성에 관여
골지체		납작한 소포의 층	세포에서 방출할 단백질을 포장, 분비소포 형성
라이소솜	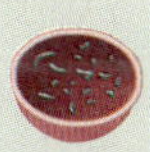	골지체로부터 만들어지는 소포로 가수분해 소화효소를 포함	낡은 세포 기관과 세포 파편을 소화, 세포내섭취에 의해 흡수된 물질을 소화
미소체		지질과 단백질의 결합으로 형성되고, 산화효소 및 기타 효소를 포함하는 소포	세포의 나머지 부분에서 특정 화학적 활동을 분리
미토콘드리아	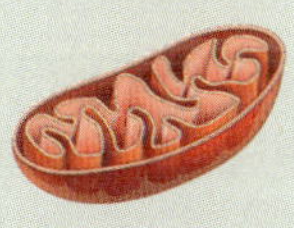	2중막을 가진 박테리아 같은 소기관	세포의 "발전소", 산화대사가 일어나는 장소
엽록체		광합성 색소인 엽록소가 포함된 세 번째 막인 틸라코이드를 둘러싸고 있는 2중막을 가진 박테리아 같은 소기관	광합성 장소
세포골격	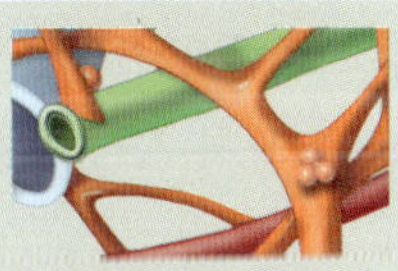	단백질 섬유의 네트워크	구조적 지지, 세포 운동, 세포내 소포의 이동
편모(섬모)		9+2쌍의 미세소관 배열이 있는 세포에서 뻗어나온 돌기	운동성 또는 세포 표면의 유체를 이동시킴
세포벽	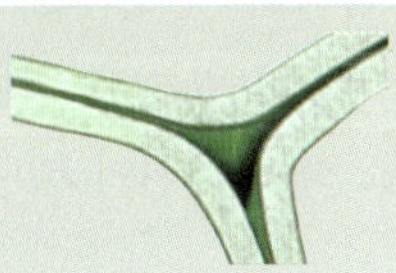	셀룰로스나 키틴으로 구성된 외막	보호, 지지

과학적 사고

가설: 키네신 분자는 분자 모터 역할을 하며, ATP의 에너지를 사용하여 미세소관을 따라 이동할 수 있다.
실험: 키네신을 정제하여 현미경 슬라이드에 편다. 정제된 미세소관과 ATP를 함유한 용액을 슬라이드에 넣는다. 현미경을 사용하여 미세소관의 움직임을 관찰하고 비디오 카메라로 찍는다.

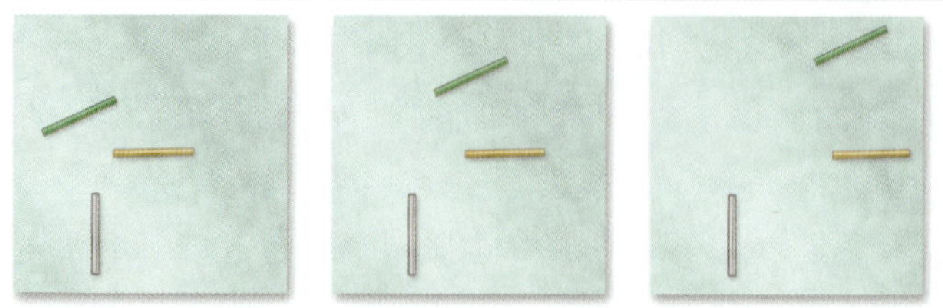

결과: 시간이 지남에 따라 개별 미세소관의 움직임을 현미경으로 관찰할 수 있다. 그림은 색으로 표시된 특정 미세소관의 움직임을 모식적으로 나타낸 것이다.
결론: 키네신은 미세소관을 따라 움직이는(이 경우 실제로 움직이는) 분자 모터 역할을 한다.
추가 실험: 이 실험에서 보여주지 않은 추가 대조군이 있는가? 슬라이드에 부착한 키네신의 양을 변경하면 어떤 추가 결론을 도출할 수 있을까?

그림 3.22 **분자 모터로서의 키네신 작용.**
키네신이 부착된 슬라이드 위로 미세소관이 움직이는 것을 관찰할 수 있다.

의 말단 방향에 따라 다르다. 한 예로 키넥틴(kinectin)이라는 단백질은 소포를 운동 단백질인 **키네신**(kinesin)에 결합시킨다. 키네신은 ATP를 사용하여 소포를 미세소관의 플러스 끝인 세포 주변부로 끌어당긴다(**그림 3.22**). 자연에서 가장 작은 모터로써 이 단백질은 미세소관 트랙을 따라 수송소포를 움직인다. 디낵틴 복합체(dynactin complex)라고 하는 또 다른 소포 단백질은 소포를 운동 단백질인 **디네인**(dynein)에 결합한다(**그림 3.21**). 이 단백질은 미세소관을 따라 반대 방향인 마이너스 끝을 향해, 즉 세포 중심을 향해 안쪽으로 이동한다. (디네인은 3.7절에서 논의된 바와 같이 진핵 생물체의 편모 이동에도 관여한다.) 따라서 특정 수송소포의 목적지와 그 내용물은 소포 막 내부에 포함된 연결 단백질의 특성에 따라 결정된다.

주요 진핵세포의 구조와 각각의 기능은 **표 3.2**에 정리되어 있다.

핵심 요약 3.6

세포골격의 3가지 주요 섬유는 액틴 필라멘트(미세섬유), 미세소관 및 중간섬유이다. 이 섬유들은 상호작용하여 세포 모양을 조절하고 세포 이동에 관여한다. 그들은 또한 세포질 내에서 물질을 이동시키는 역할을 한다. 큰 세포내에서 물질은 소포와 분자 모터를 사용하여 이동한다. 운동 단백질은 미세소관의 트랙을 따라 소포를 이동시킨다.

■ 세포골격은 큰 진핵세포에 어떤 이점을 제공할까?

3.7 세포외 구조 및 세포 이동

학습 목표

1. 세포가 어떻게 움직이는지 서술할 수 있다.
2. 세포운동에 관련된 다른 세포골격 요소를 찾아낼 수 있다.
3. 동물세포에서 세포외기질의 요소를 분류할 수 있다.

기본적으로 모든 세포 이동(cell movement)은 액틴 필라멘트, 미세소관 또는 둘 다의 이동과 관련이 있다. 중간섬유는 세포내 힘줄(intracellular tendons)로 작용하여 세포의 과도한 팽창을 방지한다. 액틴 필라멘트는 세포의 모양을 결정하는 데 중요한 역할을 한다. 액틴 필라멘트는 쉽게 형성되고 분해될 수 있기 때문에, 일부 세포는 빠르게 모양을 변화시킬 수 있다.

일부 세포는 기어갈 수 있다

세포질 내에서 액틴 필라멘트의 배열은 세포가 문자 그대로 기어갈(crawl) 수 있게 한다. 기어가기는 염증, 응고, 상처 치유 및 암 전이와 같은 다양한 과정에 필수적인 중요한 세포 현상이다. 백혈구(white blood cells)가 특히 이 능력을 나타낸다. 골수에서 생성된 백혈구는 순환계로 방출된 다음 혈관을 기어서 나간 후, 조직으로 들어가 잠재적 병원균을 파괴한다.

기어가는 세포의 앞쪽 가장자리에서 액틴 필라멘트가 빠르게 중합되고 확장되어 앞으로 나아갈 수 있게 한다. 이 확장된 영역은 미세소관이 여기에 중합되면 안정화된다. 세포의 전체적인 전진 운동은 근육 수축의 역할로 가장 잘 알려진 마이오신 단백질의 작용을 통해 이루어진다. 액틴 필라멘트를 따라 마이오신 모터가 수축하여 세포의 내용물을 새로 확장된 앞쪽 가장자리로 당긴다.

이러한 단계가 지속적으로 발생하면 앞쪽 가장자리가 확장되고 안정화되며 모터가 수축하여 나머지 세포를 끌어당겨서 세포를 기어갈 수 있게 한다. 세포 표면의 수용체는 세포 외부의 분자를 감지하고 특정 방향으로 확장하도록 자극하여 세포가 특정 표적을 향해 이동할 수 있게 한다.

편모와 섬모는 이동을 돕는다

3.2절에서 원핵생물 편모의 구조를 설명했다. 진핵세포는 완전히 다른 종류의 편모를 가지고 있는데, 2개의 중심 미세소관을 둘러싼 9개의 미세소관이 원으로 구성되어 있다. 이 배열을 **9+2 구조**라고 한다(**그림 3.23**).

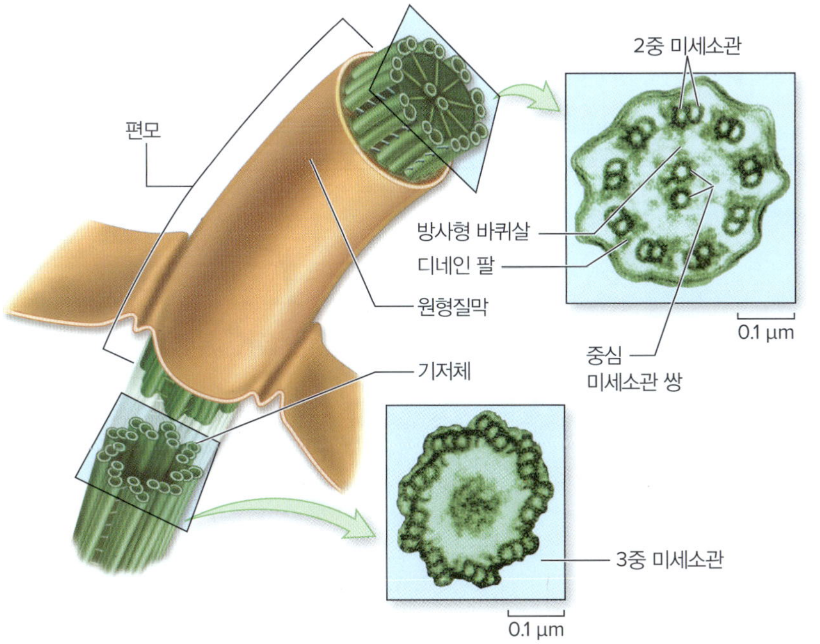

그림 3.23 편모와 섬모.
진핵세포 편모는 기저체에서 직접 유래한다. 편모는 중심에 2개의 미세소관이 있으며, 이는 방사형 바퀴살로 연결된, 디네인 팔을 가진 9쌍의 미세소관 외부 링에 연결된다(9+2 구조). 기저체는 짧은 단백질 분절로 연결된 9개의 미세소관 3중체로 구성된다. 섬모의 구조는 편모의 구조와 유사하지만 섬모가 일반적으로 더 짧다.

한 쌍의 미세소관이 운동 단백질 디네인의 팔을 사용하여 서로 지나갈 때, 진핵 편모는 회전하기보다는 위아래로 **물결친다**(undulates). 주의 깊게 살펴보면 각 편모는 세포질을 포함하고 원형질막으로 둘러싸인 구조로, 세포 내부가 외부로 돌출된 것이다. 편모의 미세소관은 편모가 세포 표면에서 돌출된 지점 바로 아래에 위치한 **기저체**(basal body)에서 파생된다.

편모의 복잡한 미세소관 기구(microtubular apparatus)는 초기 진핵생물에서 진화되었지만, 오늘날 많은 다세포 및 일부 단세포 진핵생물의 세포는 더 이상 편모를 가지고 있지 않고 이동 능력이 없다. **섬모**(cilia)라고 하는 또 다른 구조는 미세소관의 9+2 배열과 유사한 조직으로 여전히 여러 동물세포에서 찾을 수 있다. 섬모는 나란히 줄지어 조직되어 있는 짧은 구조물이다. 그들은 세포 표면에서 편모보다 더 많지만 내부 구조는 동일하다.

많은 다세포 생물체에서 섬모는 물속에서 세포를 나아가게 하는 본래의 기능과는 거리가 먼 작업을 수행한다. 예를 들어, 여러 종류의 척추동물 조직에서 줄지어 존재하는 섬모가 동시에 움직이면 조직의 표면위로 물이 이동한다. 척추동물 귀의 감각세포는 액틴을 기반으로 하는 부동섬모(stereocilia)로 둘러싸인 일반적인 섬모도 포함한다. 이러한 구조는 음파에 의해 구부러지면서 초기 청각 신호를 전달한다. 따라서 편모와 섬모의 9+2 구조는 진핵세포의 기본 구성 요소인 것으로 보인다(**그림 3.24**).

그림 3.24 편모와 섬모.
a. 물 속을 이동할 수 있는 수많은 편모가 있는 녹조류. *b.* 짚신벌레는 세포를 이동하기 위해 한꺼번에 움직일 수 있는 수많은 섬모로 덮여 있다. 섬모는 또한 물질을 섭취하기 위해 짚신벌레의 입으로 액체를 이동하는 데 사용할 수 있다.

식물 세포벽은 식물세포를 지탱하고 보호한다

식물, 곰팡이 및 여러 유형의 원생생물의 세포에는 세포를 보호하고 지지하는 세포벽이 있다. 이 진핵생물의 세포벽은 원핵생물의 세포벽과 화학적 및 구조적으로 다르다. 식물과 원생생물은 세포벽이 다당류 셀룰로스의 섬유로 구성되는 반면, 곰팡이에서는 키틴(chitin)으로 구성된다.

식물에서는 세포가 계속 성장할 때, **1차벽**(primary walls)이 형성된다. 인접한 세포의 벽 사이에는 **중엽층**(middle lamella)의 끈적한 물질이 세포를 서로 붙인다(**그림 3.25**). 일부 식물세포는 완전히 확장된 세포의 1차벽 내부에 쌓이는 강력한 **2차벽**(secondary walls)을 생성한다.

동물세포는 세포외기질을 분비한다

동물세포는 식물, 곰팡이 및 대부분의 원생생물을 감싸는 세포벽

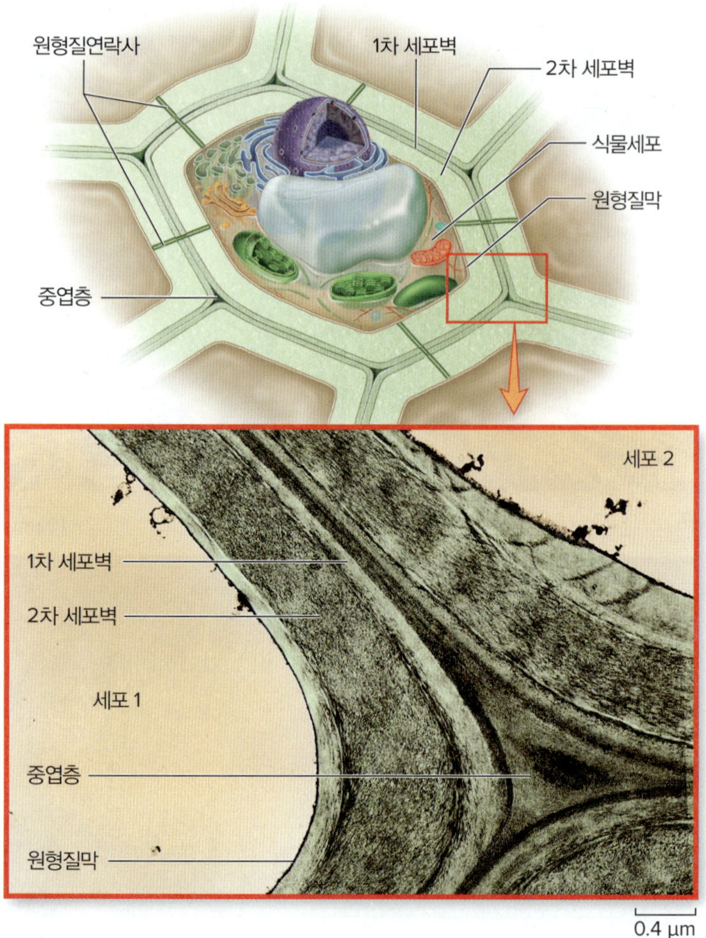

그림 3.25 식물의 세포벽.
식물 세포벽은 두껍고 튼튼하며 단단하다. 1차 세포벽은 세포가 성장할 때 만들어지고, 더 두꺼운 2차 세포벽은 세포가 충분히 자란 후 추가로 축적될 수 있다.

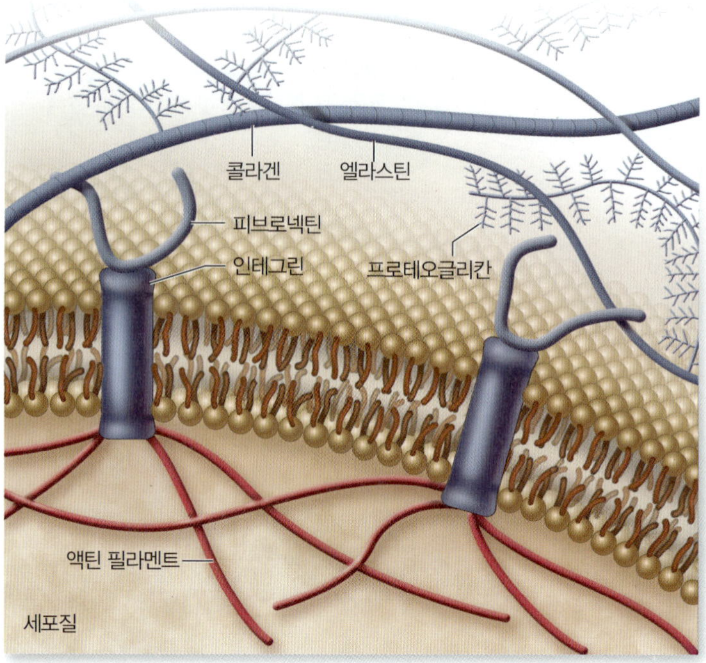

그림 3.26 세포외기질.
동물세포는 세포에 지지, 강도 및 탄력성을 제공하는 다양한 당단백질로 구성된 세포외기질로 둘러싸여 있다.

이 없다. 대신 동물세포는 정교한 당단백질 혼합물을 주변 공간으로 분비하여 **세포외기질**(extracellular matrix, ECM)을 형성한다(**그림 3.26**). 연골, 힘줄 및 인대에서 발견되는 것과 동일한 섬유질 단백질인 콜라겐(collagen)은 ECM에 풍부하다. 강력한 섬유인 콜라겐과

표 3.3 원핵세포, 식물세포, 동물세포의 비교

	원핵세포	동물세포	식물세포
외부 구조			
세포벽	있음(단백질-다당류)	없음	있음(셀룰로스)
세포막	있음	있음	있음
편모/섬모	있을 것으로 추정(9+2 구조가 아님)	있음(9+2 구조)	소수 종의 정자(9+2 구조)를 제외하고는 없음
내부 구조			
소포체	없음	일반적으로 있음	일반적으로 있음
리보솜	있음	있음	있음
미세소관	없음	있음	있음
중심립	없음	있음	없음
골지체	없음	있음	있음
핵	없음	있음	있음
미토콘드리아	없음	있음	있음
엽록체	없음	없음	있음
염색체	단일; 원형 DNA	다수; DNA-단백질 복합체	다수; DNA-단백질 복합체
라이소솜	없음	일반적으로 있음	있음
액포	없음	없거나 작음	일반적으로 커다란 단일 액포 있음

다른 섬유질 단백질인 엘라스틴(elastin)은 프로테오글리칸(proteoglycans)이라고 불리는 다른 당단백질의 복잡한 망에 삽입되어, 세포 표면 위에 보호층을 형성한다.

> **? 탐구문제** 기도의 통로(폐의 공기가 들어오고 나가는 길)에는 섬모 세포가 줄지어 늘어서 있는 것으로 알려져 있다. 이 섬모는 어떤 기능을 수행하는가?

일부 세포의 ECM은 세 번째 당단백질인 피브로넥틴(fibronectin)에 의해 원형질막에 부착되어 있다. 피브로넥틴 분자는 ECM 당단백질뿐만 아니라 **인테그린**(integrins)이라는 단백질에도 결합한다. 인테그린은 원형질막에 박혀 있는 단백질로서, 세포질로 돌출된 부분은 세포골격의 미세섬유 및 중간섬유와 결합하고 있다. 인테그린은 ECM과 세포골격을 연결함으로써, ECM이 세포 행동에 중요한 영향을 미칠 수 있도록 한다. 그들은 기계적 및 화학적 신호전달의 조합을 통해 유전자 발현과 세포 이동 패턴을 변경할 수 있다. 이러한 방식으로 ECM은 특정 조직에 있는 모든 세포의 행동을 조정할 수 있다.

표 3.3에는 3가지 유형의 세포의 특징을 비교하고 설명하였다.

핵심 요약 3.7

세포 운동에는 단백질이 포함된다. 세포는 내부적으로 액틴과 마이오신을 사용하여 기어가거나 외부적으로 섬모나 편모를 이용하여 이동할 수 있다. 진핵세포의 섬모와 편모는 9+2 배열의 미세소관 다발로 구성되어 있기 때문에 원핵세포의 편모와 다르다. 이들은 회전하기보다는 물결친다. 식물세포는 셀룰로스를 기반으로 하는 세포벽을 가지고 있다. 동물세포에는 세포벽이 없지만, 세포골격이 세포외기질이라고 하는 당단백질의 망에 연결되어 있다.

■ 미세소관과 미세섬유에 의해 수행되지만, 중간섬유는 하지 않는 세포 역할은 무엇일까?

3.8 세포간 상호작용

학습 목표

1. 표면 단백질의 역할을 설명할 수 있다.
2. 세포연접의 유형을 구별할 수 있다.

다세포 동물의 기본 특징은 세포가 특정 방식으로 조직화되어 피부, 혈액 또는 근육과 같은 다양한 종류의 **조직**(tissue)를 형성한다는 것이다. 세포는 또한 상호작용할 수 있어야하며 각각의 정체성을 나타내는 표지가 있어야 한다. 이러한 모든 기능(세포간의 연결, 세포 정체성 표지 및 세포 소통)은 막 단백질과 세포 분비 단백질을 포함한다. 생물체가 발달함에 따라 세포는 각 세포 유형의 기능에 필요한 단백질을 생산하는 특정 유전자의 발현을 신중하게 조절하여 정체성을 얻는다. **표 3.4**에는 세포간의 연결 유형에 대해 정리하였다.

표면단백질은 세포의 정체성을 부여한다

하나의 핵심 유전자 세트는 특정 유형의 세포에 정체성을 부여하여 세포 표면을 표지하는 기능을 한다. 세포가 접촉하면 서로의 세포 표면의 표지를 읽고 그에 따라 반응한다. 동일한 조직의 일부인 세포는 서로를 인식하고 표면 사이를 연결하여 기능을 더 잘 조정한다.

당지질

대부분의 조직 특이적 세포 표면 표지는 당지질(glycolipids), 즉 머리 부분이 탄수화물인 지질이다. 적혈구 표면의 당지질은 또한 A, B, O식 혈액형을 담당한다.

MHC 단백질

세포 표면의 표지는 면역 체계에서 “자기(self)”와 “비자기(non-self)”를 인식할 때 사용된다. 이 기능은 침입 또는 악성 세포로부터 스스로를 방어해야 하는 다세포 생물체에 필수적이다. 척추동물의 면역체계는 주조직적합성복합체(major histocompatibility complex, MHC)의 유전자에 의해 암호화된, 독특한 자기, 비자기 구별 표지 세트를 사용한다. 면역계의 세포인식은 45장에서 다룬다.

세포 연결은 세포간 접착을 매개한다

다세포성(multicellularity)의 진화는 세포를 서로 연결할 수 있는 분자를 얻는 것이 필요했다. 다세포성은 다른 계통에서 독립적으로 발생하는 것으로 보이지만, 세포간의 연결 유형은 분명히 보존되어 있으며 관련된 많은 단백질은 오래전부터 있어 왔다.

조직에서 세포 사이의 물리적 연결의 특성이 조직의 모습을 결정한다. 실제로 조직의 적절한 기능은 종종 개별 세포가 조직 내에 배열되는 방식에 따라 결정적으로 달라진다. 집이 못과 시멘트 없이는 구조를 유지할 수 없는 것처럼, 조직은 적절한 세포 연접(cell junction) 없이는 그 특징적인 구조를 유지할 수 없다. 세포 연접은 현미경에서 보이는 구조와 연접에 관련된 단백질 모두에 의해 특성화될 수 있다.

표 3.4 세포간 연결과 세포 정체성			
연결 유형	구조	기능	예시
세포표면 표지	원형질막에 존재하는 다양한 막내재단백질이나 인지질	세포에 정체성 부여	MHC 복합체, 혈액형, 항체
격벽연접 **밀착연접**	단단하게 결합되어 새지 않는 섬유 단백질 클라우딘은 세포 주변을 밀봉함	물질이 세포 사이를 통과하지 못하도록 세포를 함께 고정	내장에 있는 상피세포 사이의 접합
부착연접(데스모솜)	캐드헤린의 변이형과 데스모콜린은 세포골격 중 중간섬유에 결합	세포 사이에 강력하고 유연한 연결을 만듦. 척추동물에서 발견	상피세포
부착연접(접착연접)	고전적인 캐드헤린은 세포골격 중 미세섬유에 결합	세포를 함께 연결. 모든 다세포 생물체에서 발견되는 가장 오래된 형태의 세포연접	피부와 같은 높은 기계적 스트레스를 가지는 조직
부착연접(반데스모솜, 초점부착)	막내재단백질은 세포외기질에 결합	기질에 대한 부착점 제공	세포 이동과 관련되고 발생 과정에 중요함
소통연접(간극연접)	막관통 단백질 코넥손/파네신 6개가 세포를 연결하는 막공을 만듦	조직에서 세포 간에 작은 분자의 통과를 허용	심장근육 같은 흥분성 조직
소통연접(원형질연락사)	인접한 식물 세포벽의 틈 사이의 세포질 연결	식물세포 간의 소통 접합	식물조직

부착연접

부착연접(adhesive junctions)은 처음으로 진화한 것으로 보인다. 이것은 세포의 세포골격을 다른 세포의 세포골격이나 세포외기질에 기계적으로 부착시킨다. 이 접합부는 근육 및 피부 상피와 같은 기계적 스트레스를 받는 조직에서 발견된다.

접착연접(adherens junctions)은 세포 표면에 있는 **캐드헤린**(cadherin) 분자에 의해 형성된다. 캐드헤린 대집단은 거의 모든 후생 동물에서 발견되는 Ca^{2+} 의존성 접착 분자의 집단이다. 최초의 캐드헤린 분자는 6억 년 전에 모든 동물의 마지막 공통 조상에서 나타났으며, 시간이 지남에 따라 널리 퍼졌다. 인간 게놈(genome)에는 이것과 관련한 114개의 대집단이 존재한다. 캐드헤린의 고대 기원을 감안할 때, 접착연접이 모든 후생동물, 심지어 기본적으로 한 층의 세포로 된 판형동물(Placozoans)과 자포동물(Cnidarians)에서 발견된다는 것은 놀라운 일이 아니다(27장 참조).

캐드헤린(cadherin)은 세포외 영역(extracellular domain)을 가진 단일통과(single-pass) 막관통단백질(transmembrane protein)로 인접한 세포에 있는 캐드헤린의 세포외 영역과 상호작용하여 세포를 함께 연결할 수 있다(**그림 3.27**). 이 접합부에서 발견되는 캐드헤린은 고전적인 캐드헤린이라고 불리며, I형과 II형으로 나뉜다. I형 또는 II형 캐드헤린을 보유한 세포가 섞이면 I-I 또는 II-II 상호작용에 의해 결합된 집단으로 분류된다. I형과 II형 캐드헤린 사이에는 약간의 상호작용이 있지만, 그렇게 강력하지는 않다. 세포질 측면에서 캐드헤린은 다른 단백질을 통해 액틴과 간접적으로 상호작용하여 세포 간에 유연한 연결을 형성한다(**그림 3.27**).

데스모솜(desmosomes)은 척추동물의 고유한 캐드헤린에 기반한 접합부이다. 그들은 액틴 대신 세포골격의 중간섬유와 상호작용하는 캐드헤린, 데스모콜린(desmocollin)과 데스모글레인(desmoglein)을 포함한다. 데스모솜은 인접한 세포를 연결한다(**그림 3.28***b*). 이러한 연결은 기계적 스트레스에 대해 조직을 지탱한다.

반데스모솜(hemidesmosomes)과 **초점부착**(focal adhesions)은 세포를 기저판(basal lamina) 또는 기타 ECM에 연결한다. 이 경우

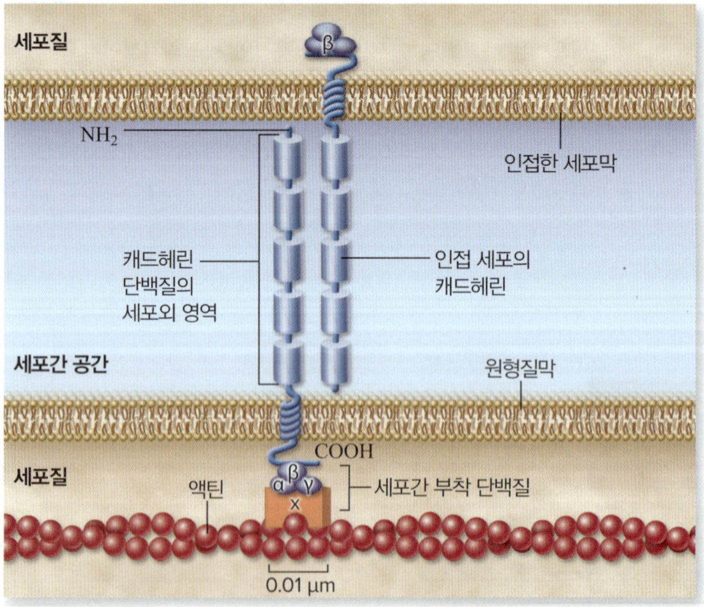

그림 3.27 캐드헤린-매개 연접.
캐드헤린 분자는 세포골격의 액틴에 고정되고 인접한 세포의 캐드헤린과 상호작용하기 위해 막을 통과한다.

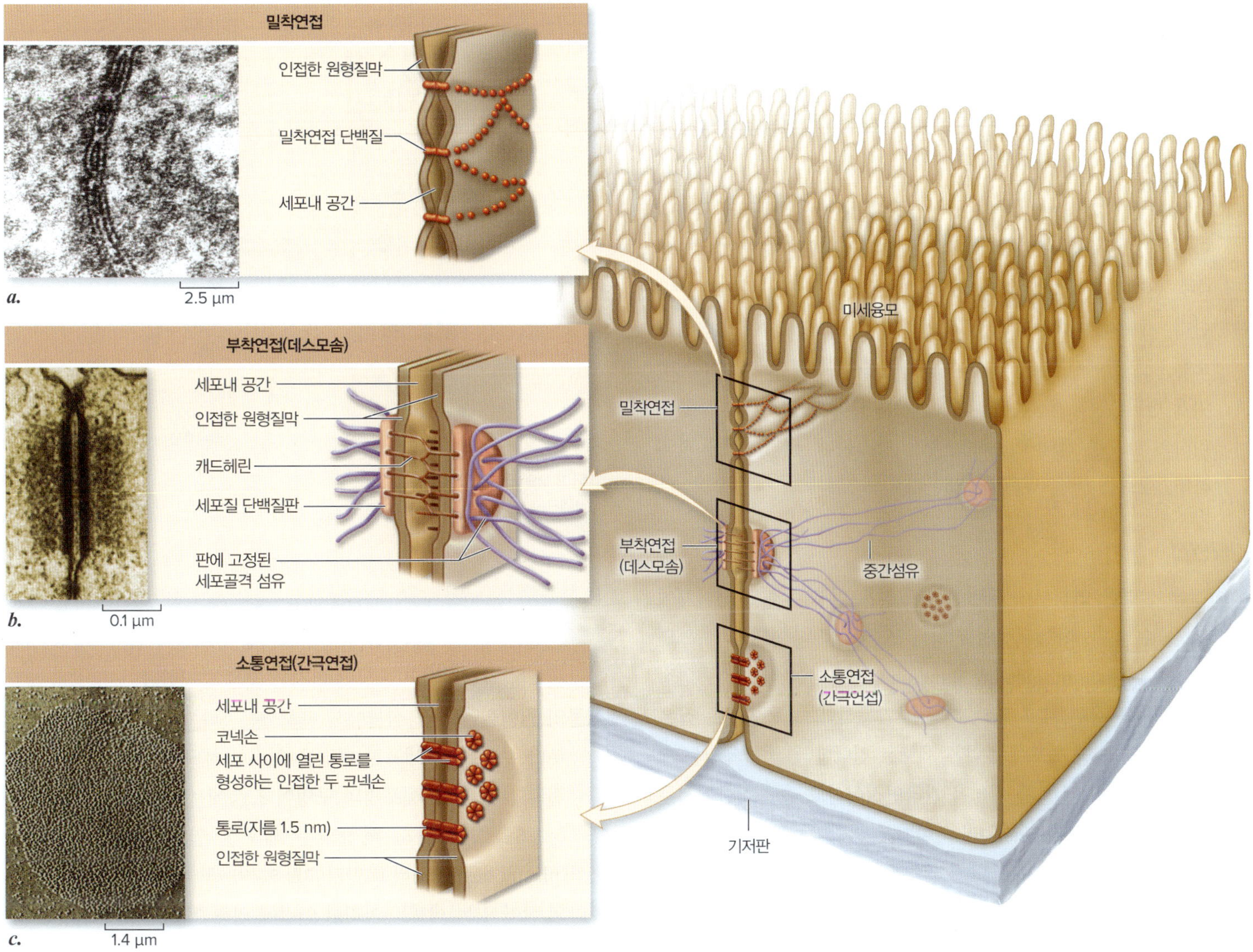

그림 3.28 **동물 상피에서의 세포 접합 유형.**
여기에서 오른쪽의 내장 상피 세포 그림은 일반적인 세포 연접부의 구조와 위치를 비교하여 보여준다. 왼쪽의 세부 그림은 세포 연접의 주요 3가지 유형의 구조이다. (*a*) 밀착연접, (*b*) 부착연접-표시된 예는 데스모솜이다. (*c*) 소통연접-표시된 예는 간극연접이다.

ECM과 상호작용하는 단백질을 인테그린(integrin)이라고 한다. 인테그린은 세포외기질의 단백질 성분에 결합하는 세포 표면 수용체의 대집단이다. 적어도 20개의 다른 인테그린이 존재하며, 각각은 다른 모양의 결합 도메인을 가지고 있다. 이 연접은 또한 세포의 세포골격, 즉 초점부착의 액틴 필라멘트와 반데스모솜이 중간섬유에 연결된다.

격벽연접 또는 밀착연접

격벽연접(seperate junctions)은 무척추동물과 척추동물 모두에서 발견되며 세포 층을 봉할 수 있는 장벽을 형성한다. 이 접합부에서 발견되는 단백질은 다른 시스템에서 다른 이름으로 불린다. 초파리에서 이들 단백질은 디스크 라지(Discs Large)와 뉴렉신(Neurexin)으로 불린다. 그들의 넓은 분포는 그들이 아마도 접착연접 직후 혹은 동시에 진화했음을 뜻한다.

밀착연접(tight junctions)은 척추동물에게 고유하며 세포 간에 물질이 통과하는 것을 차단(occlude)하는 능력 때문에 클라우딘(Claudins)이라는 단백질을 포함하고 있다. 이러한 세포 사이의 밀착연접은 조직 내에서 벽 역할을 하여 분자를 한쪽 또는 다른 쪽에 고정시킨다(**그림 3.28***a*).

세포 층 만들기: 동물의 소화관을 감싸는 세포는 세포 하나 두께의 층으로 구성된다. 층의 한 표면은 관 내부를 향하고 다른 표면은 혈관이 위치한 세포외 공간을 향한다. 사람의 허리를 꽉 묶은 벨

트처럼 단단한 접합부가 층의 각 세포를 둘러싸고 있다. 인접한 세포 사이의 접합부는 매우 단단히 부착되어 새어나갈 공간이 없다. 따라서 소화관의 음식에서 흡수된 영양소는 세포 사이의 공간을 통과할 수 없기 때문에, 세포층을 직접 통과하여 혈류로 들어가야 한다.

소화관을 감싸는 세포 사이의 밀착연접은 또한 세포의 원형질막을 별도의 구획으로 분할한다. 소화관 내부로 접해 있는 막의 수송 단백질은 영양분을 소화관의 내부에서 세포질 쪽으로 운반한다. 세포의 반대편의 막에 위치한 다른 단백질은 이러한 영양소를 세포질에서 세포 외액 쪽으로 운반하여 혈류로 들어갈 수 있게 한다. 밀착연접은 반대쪽에 있는 단백질을 효과적으로 분리하여 세포층 간에 이동하는 것을 방지한다. 밀착연접을 파괴하면, 세포층 간에 이동이 발생한다.

간극연접

이전에 설명한 연접부에 관련된 단백질은 일부 단세포 생물체에서도 찾을 수 있다. 다세포성의 진화는 또한 새로운 형태의 세포 연결인, **소통연접**(communicating junctions)으로 이어졌다. 소통연접은 작은 구멍을 통한 세포 간의 확산이 가능하다. 소통연접은 작은 분자 또는 이온을 한 세포에서 다른 세포로 전달한다. 동물에서는 세포사이의 이러한 직접 소통 채널을 **간극연접**이라고 하고 식물에서는 **원형질연락사**(plasmodesmata)라고 한다.

동물의 간극연접: 간극연접(gap junctions)은 무척추동물과 척추동물 모두에서 발견된다. 무척추동물에서는 파넥신(pannexins)으로 알려진 단백질에 의해 형성된다. 척추동물에서는 파넥신에 기반한 간극연접이 존재하고, 코넥손(connexons)이라는 유사한 단백질을 기반으로하는 유형이 추가적으로 존재한다. 각각의 경우 구조는 6개의 동일한 막관통단백질의 복합체로 형성된다(**그림 3.28***c*). 단백질은 원형으로 배열되어 세포 표면에서 수 nm 튀어 나와, 원형질막을 통해 통로를 생성한다. 두 세포의 코넥손/파넥신이 완벽하게 정렬될 때 간극연접이 형성되어 두 세포의 원형질막을 가로 지르는 열린 통로를 생성한다.

간극연접은 단당류나 아미노산 같은 작은 물질이 한 세포에서 다음 세포로 통과하기에는 충분한 통로를 제공한다. 그러나 단백질 같은 더 큰 분자의 통과는 막는다.

간극연접 통로는 Ca^{2+}나 H^+ 이온을 포함한 다양한 요인에 의해 열리거나 닫힐 수 있는 동적인 구조이다. 이 통로는 적어도 한가지 중요한 기능을 수행한다. 세포가 손상되면 원형질막이 종종 누출된다. Ca^{2+}와 같이 세포 외부의 농도가 높은 이온은 손상된 세포로 흘러 들어가 간극연접 통로를 닫는다. 이로 인해 세포를 격리시키고 손상이 퍼지는 것을 방지한다.

식물의 원형질연락사: 식물에서 세포벽은 모든 세포를 다른 세포로부터 분리한다. 세포간 연접은 인접한 세포의 원형질막이 서로 접촉할 수 있는 세포벽의 구멍이나 틈에서만 발생한다. 접촉하는 벽을 가로질러 형성되는 세포질 연결을 **원형질연락사**(plasmodesmata)라고 한다(**그림 3.29**). 고등식물에 있는 대부분의 살아 있는 세포는 이러한 연접에 의해 이웃 세포와 연결된다.

원형질연락사는 구조가 더 복잡하긴 하지만, 동물세포의 간극연접과 매우 유사한 기능을 한다. 간극연접과 달리 원형질연락사는 원형질막과 나란히 존재하며 두 세포의 소포체를 연결하는 중심세관을 포함한다.

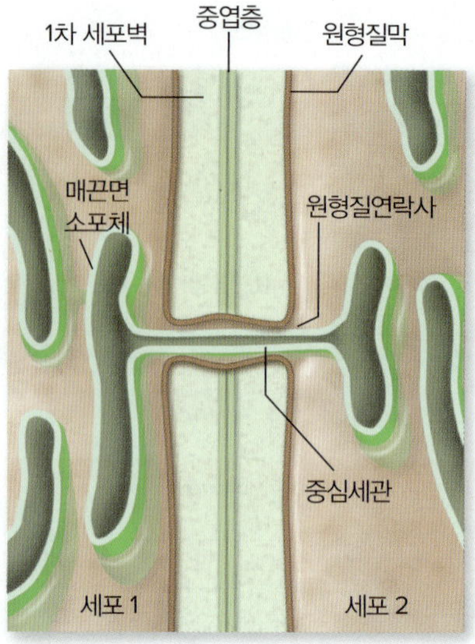

그림 3.29 원형질연락사.
식물세포는 인접한 세포의 세포질을 연결하는 원형질연락사라고 하는 세포벽의 특수 구멍을 통해 소통할 수 있다.

핵심 요약 3.8

다세포성의 진화는 세포를 서로 연결하는 세포 접착 분자를 필요로 한다. 세포 연결은 다음과 같은 기본 범주로 나뉜다. (1) 부착연접은 강도와 유연성을 제공한다. (2) 격벽연접이나 밀착연접은 방수 밀봉을 형성하는 세포층을 만드는 데 도움이 된다. 그리고 (3) 동물의 간극연접과 식물의 원형질연락사를 포함하는 소통연접은 세포 사이에 일부 물질의 통과를 허용한다. 다세포 생물체의 세포는 뚜렷한 정체성과 세포간 연결성을 가지고 있다. 세포 정체성은 표면 당단백질에 의해 부여되는데, 면역계에서 중요한 MHC 단백질을 포함한다.

■ 세포연접은 조직 형성에 어떻게 도움이 될까?

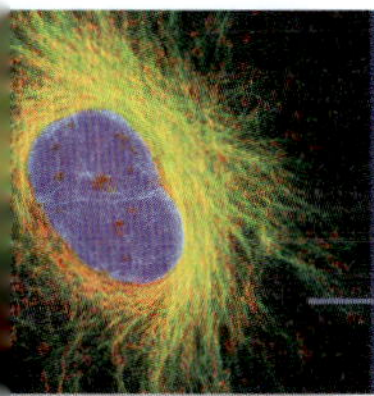

핵심 개념 요약

3.1 세포론

■ **세포론은 세포 생물학의 통합 기반이다**

모든 생물체는 하나 이상의 세포로 구성된다. 세포는 기존 세포의 분열에 의해서만 발생한다.

■ **세포의 크기는 제한적이다**

세포의 크기는 확산 거리에 의해 제한된다. 세포 크기가 증가함에 따라 확산의 효율은 감소한다.

■ **현미경을 통해 세포와 구성 요소를 볼 수 있다**

확대는 육안으로 보는 것보다 더 나은 해상도를 제공한다. 화학 물질로 염색하면 구조가 선명하게 대비된다.

■ **모든 세포는 간단한 구조적 특징을 공유한다**

모든 세포는 중앙에 위치한 DNA, 반유동체인 세포질, 그리고 이를 둘러싸는 원형질막으로 구성되어 있다.

3.2 원핵세포(그림 3.3)

■ **원핵세포는 비교적 간단한 조직을 가지고 있다**

원핵세포에는 DNA와 리보솜이 포함되어 있지만 핵, 내막계 및 막으로 둘러싸인 소기관이 없다. 단단한 세포벽이 원형질막을 둘러싸고 있다.

■ **박테리아 세포벽은 펩타이도글리칸으로 구성된다**

펩타이도글리칸은 짧은 펩타이드와 상호결합된 탄수화물로 구성된다.

■ **고세균은 특이한 막지질을 가지고 있다**

고세균의 세포벽은 펩타이도글리칸이 없으며, 독특한 원형질막을 가지고 있다.

■ **일부 원핵생물은 편모를 회전시켜 움직인다**

원핵생물 편모는 원형질막을 가로지르는 양성자 전달로 인해 회전한다.

3.3 진핵세포(그림 3.6과 3.7)

진핵세포는 막으로 둘러싸인 핵, 세포내막계와 다양한 소기관을 가지고 있다

■ **핵은 정보센터의 역할을 한다**

핵은 2개의 인지질 2중층의 외피로 둘러싸여 있다. 외층은 ER과 인접한다. 핵공은 작은 분자의 교환을 허용한다. 인은 rRNA가 전사되고 리보솜이 조립되는 핵질의 영역이다.

대부분의 원핵생물에서 DNA는 단일 원형 염색체로 구성된다. 진핵생물에는 수많은 염색체가 존재한다.

■ **리보솜은 세포의 단백질 합성 공장이다**

리보솜은 mRNA를 번역하여 폴리펩타이드를 생성한다. 그들은 모든 세포 유형에서 발견된다.

3.4 세포내막계(그림 3.10~15)

소포체(ER)는 세포질을 구획으로 나누고 세포 내에 물질 수송 통로를 생성한다.

■ **거친면 소포체는 단백질을 합성하는 장소이다**

RER에는 분비될 단백질 또는 막단백질을 합성하는 리보솜이 박혀 있다. 이 단백질들은 RER에서 변형할 수 있다.

■ **매끈면 소포체는 다양한 역할을 한다**

SER에는 리보솜이 없으며, 탄수화물과 지질 합성 및 해독에 관여한다. SER는 또한 Ca^{2+}를 저장한다.

■ **골지체는 단백질을 분류하고 포장한다**

골지체는 ER로부터 소포를 받아 거대 분자를 변형 및 포장하여 운반한다.

■ **라이소솜은 소화효소를 포함하고 있다**

라이소솜은 거대 분자를 분해하고 오래된 세포 기관의 구성 성분을 재활용한다. 라이소솜 효소는 산성 pH에서 활성화된다.

■ **지질 방울은 중성 지질을 저장한다**

지질 방울은 인지질 단층으로 둘러싸인 중성 지질로 구성된다.

■ **미소체는 다양한 범주의 소기관이다**

■ **식물은 저장과 수분 균형을 위해 액포를 사용한다**

3.5 미토콘드리아와 엽록체: 세포의 발전소

미토콘드리아와 엽록체는 2중막 구조를 가지고 있으며, 자체 DNA를 포함하여 독립적으로 분열할 수 있다.

■ **미토콘드리아는 당을 사용하여 ATP를 생산한다**

미토콘드리아의 내막은 크리스타라는 층이 매우 심하게 접혀 있다. 표면과 내막의 단백질은 대사를 수행하여 ATP를 생성한다(**그림 3.16**).

■ **엽록체는 빛을 사용하여 ATP와 당을 생산한다**

엽록체는 그라나라고 불리는 층에 배열된 틸라코이드 막을 통해 빛에너지를 포획하여 포도당을 합성하는 데 사용한다(**그림 3.17**).

■ **미토콘드리아와 엽록체는 세포내공생에 의해 발생하였다**

세포내공생 이론은 미토콘드리아와 엽록체가 한때 다른 세포에 의해 삼켜진 원핵생물이었다고 제안한다.

3.6 세포골격

세포골격은 세포의 모양을 지지하고 소기관을 고정하는 교차된 단백질 섬유로 구성된다(**그림 3.19**).

■ **3가지 유형의 섬유가 세포골격을 구성한다**

액틴 필라멘트 또는 미세섬유는 세포 운동에 관여하는 길고 얇은 중합체이다. 미세소관은 세포 내에서 물질을 이동시키는 속이 빈 관 구조이다. 중간섬유는 다양한 기능을 수행한다.

■ **중심체는 미세소관을 조립하는 센터이다**

중심체는 동물세포의 핵분열 기구를 조립하는 데 도움이 된다(**그림 3.20**).

■ **세포골격은 세포내 물질 이동을 돕는다**

분자 모터는 철길의 기차처럼 미세소관을 따라 소포를 이동시킨다. 키네신과 디네인은 2종류의 운동 단백질이다.

3.7 세포외 구조 및 세포 이동

■ 일부 세포는 기어갈 수 있다

세포 기어가기는 액틴 중합체가 세포막을 앞으로 밀고 마이오신이 세포체를 앞으로 당기면서 발생한다.

■ 편모와 섬모는 이동을 돕는다

진핵생물 편모는 9+2 구조를 가지며 기저체에서 발생한다. 섬모는 편모보다 짧고 더 많다.

■ 식물 세포벽은 식물세포를 지탱하고 보호한다

식물은 셀룰로스 섬유로 구성된 세포벽을 가지고 있다. 세포벽 사이의 중엽층은 인접한 세포를 함께 붙잡고 있다.

■ 동물세포는 세포외기질을 분비한다

당단백질은 동물세포의 세포외기질(ECM)의 주요 구성 성분이다.

3.8 세포간 상호작용(그림 3.28)

■ 표면단백질은 세포의 정체성을 부여한다

세포 표면의 당지질과 MHC 단백질은 자기와 비자기를 구별하는 데 도움이 된다.

■ 세포 연결은 세포간 접착을 매개한다

세포연접에는 밀착연접, 부착연접 및 소통연접이 포함된다. 동물에서 간극연접은 세포 사이에 작은 분자의 통과를 허용한다. 식물에서 원형질연락사는 세포벽을 관통하여 세포를 연결한다.

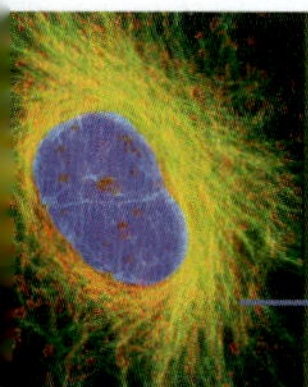

연습문제

■ 1단계: 이해력 확인하기

1. 다음 중 세포의 일부가 아닌 것은 무엇인가?
   a. 모든 생물체는 하나 이상의 세포로 구성된다.
   b. 세포는 분열에 의해 다른 세포에서 생긴다.
   c. 세포는 가장 작은 생물이다.
   d. 진핵세포는 원핵세포로부터 진화되었다.

2. 다음 중 모든 세포에 존재하지 않는 것은?
   a. 원형질막 b. 유전 물질
   c. 세포질 d. 세포벽

3. 진핵세포는 원핵세포보다 더 복잡하다. 다음 중 진핵세포에서만 발견되는 것은 무엇인가?
   a. 세포벽 b. 원형질막
   c. 소포체 d. 리보솜

4. 다음 중 박테리아와 고세균의 차이점은 무엇인가?
   a. 세포벽의 분자 구조
   b. 각각에서 발견되는 리보솜의 유형
   c. 고세균에는 박테리아에 없는 내막계가 있다.
   d. a와 b 모두 맞다.

5. 다음 중 세포골격에 해당하는 것은 무엇인가?
   a. 액틴 필라멘트로 만들어진 미세소관
   b. 튜불린으로 만들어진 미세섬유
   c. 비멘틴 및 케라틴의 꼬인 섬유로 만들어진 중간섬유
   d. 매끈면 소포체

6. 매끈면 소포체의 기능으로 옳은 것은 무엇인가?
   a. 단백질 합성
   b. 단백질의 당화작용
   c. 다양한 이온의 저장고
   d. 지질과 막합성

7. 식물의 원형질연락사와 동물의 간극연접은 기능적으로 어떻게 유사한가?
   a. 각각은 세포층을 고정시키는 데 사용된다.
   b. 그들은 세포 사이에 작은 분자의 확산을 허용하는 통로를 형성한다.
   c. 그들은 세포 사이에 긴밀한 접합을 형성한다.
   d. 이들은 세포외기질에 고정되어 있다.

■ 2단계: 적용력 평가하기

1. 세포의 크기를 제한하는 가장 중요한 요소는 무엇인가?
   a. 세포가 만들 수 있는 단백질과 소기관의 양
   b. 작은 분자의 확산 속도
   c. 세포의 표면적-대-부피 비율
   d. 세포에서 DNA의 양

2. 모든 진핵세포에서 발견할 수 없는 구조는 무엇인가?
   a. 미토콘드리아 b. 세포벽
   c. 세포골격 d. 핵

3. 캐드헤린을 포함하는 접착연접(adherens junctions)은 모든 동물에서 발견된다. 이 점을 감안할 때 다음 예측 중 가장 가능성이 높은 것은 무엇인가?

a. 캐드헤린은 모든 동물의 조상에서 찾을 수 없다.
b. 캐드헤린은 원핵생물에서 발견된다.
c. 캐드헤린은 모든 동물의 조상에서 발견된다.
d. 캐드헤린은 척추동물에서는 발견되지만 무척추 동물에서는 발견되지 않는다.

4. 키네신과 마이오신 같은 운동 단백질은 어떤 점에서 유사한가?
   a. 미세소관과 상호작용한다.
   b. 움직임을 일으키기 위해 ATP의 에너지를 사용한다.
   c. 액틴과 상호작용한다.
   d. a와 b 모두 맞다.
5. 다음의 소기관/구획에서 단백질 선별 경로를 순서대로 나타낸 것은?
   a. SER, RER, 수송소포, 골지
   b. RER, 라이소솜, 골지
   c. RER, 수송소포, 골지, 최종 목적지
   d. 골지, 수송소포, RER, 최종 목적지
6. 엽록체와 미토콘드리아의 공통적인 특징은 무엇인가?
   a. 식물세포에 존재한다.
   b. 세포내공생(endosymbiosis)에 의해 일어난다.
   c. 포도당을 산화시키는 기능
   d. 포도당을 생성하는 기능
7. 진핵세포는 3기지 유형의 세포골격 섬유로 구성된나. 이들 필라멘트는 어떻게 비슷한가?
   a. 그들은 세포의 모양에 기여한다.
   b. 그들은 모두 같은 유형의 단백질로 만들어졌다.
   c. 그들은 모두 같은 크기와 모양이다.
   d. 그들은 모두 똑같이 역동적이며 유연하다.

3단계: 사고력 함양하기

1. 매끈면 소포체는 세포의 모든 막, 특히 원형질막을 구성하는 인지질의 합성 부위이다. 인지질 분자를 SER에서 원형질막으로 운반하는 경로를 추적하여 동물세포(**그림 3.6**)에 표시하시오. 인지질이 통과하는 내막 구획은 무엇인가? 인지질 분자는 어떻게 막 구획 사이를 이동할 수 있는가?
2. 미토콘드리아와 엽록체가 한때 자유로운 원핵세포였다면 어떤 특성을 가졌을지 **표 3.3**에 제공된 정보를 사용하여 예측하시오. 여러분의 예측이 세포내공생(endosymbiosis)의 증거와 어떻게 일치하는가?
3. 진화론에서 상동형질이란 공통 조상에서 파생된 유사한 구조와 기능을 가진 것이다. 진화적으로 멀리 떨어진 생물체 사이에서 유사한 형질은 유사한 환경에의 적응을 나타낸다. 진핵세포와 원핵세포에서 발견되는 편모의 구조와 기능을 고려할 때, 편모는 상동(homologous) 또는 상사(analogous) 형질의 예인가? 답을 설명하시오.
4. 원생동물 지알디아편모충(*Giardia intestinalis*)은 수인성 설사병과 관련된 생물체이다. 지알디아는 미토콘드리아가 없는 특이한 진핵생물이다. 세포내공생 이론의 맥락에서 이를 설명하는 2가지 가능한 진화 시나리오를 설명하시오.

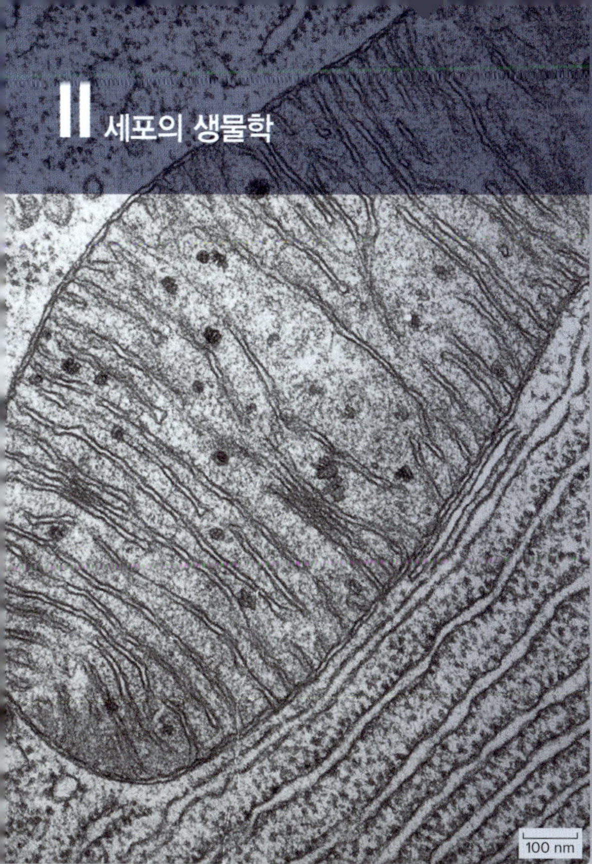

4

막

4.1 막의 구조

4.2 인지질: 막의 토대

4.3 단백질: 다양한 기능을 가진 구성 요소

4.4 막을 통한 수동수송

4.5 막을 통한 능동수송

4.6 세포내섭취와 세포외배출에 의한 대량 수송

도입

주변 환경과 세포의 지속적인 상호작용은 매우 중요하다. 이러한 상호작용이 없으면 생명은 존재할 수 없다. 살아 있는 세포는 소수의 수용성 물질을 투과시킬 수 있는 지질의 막으로 둘러싸여 있다. 이 원형질막에는 특정한 물질이 세포 안으로 들어오거나 세포 밖으로 나가도록 하고 세포와 주변 환경과의 정보교환을 할 수 있는 단백질 통로가 있다. 또한 진핵세포에는 위 사진에서 보이는 미토콘드리아와 소포체 같은 내부 막이 있다. 이처럼 세포를 둘러싸고 있으며, 섬세한 피부와 같은 지질에 단백질 분자들이 내장된 것을 원형질막이라 부른다. 이번 장에서는 세포막의 구조와 기능에 대해 알아본다.

4.1 막의 구조

학습 목표

1. 생물학적 막의 구성요소에 대해 설명할 수 있다.
2. 막 구조의 유동모자이크모델에 대해 설명할 수 있다.

모든 살아 있는 세포를 둘러싸고 있는 막은 두께가 5~10 nm에 불과한 2개의 인지질 판(sheets)으로 구성되어 있고, 10,000개 이상의 인지질 판이 중첩되어야 이 책 용지 1장의 두께와 같아진다. 생물학자들은 생화학 분석을 통해 지질뿐만 아니라 단백질과 기타 분자가 막 구성요소임을 밝혔지만, 아직도 막 구성 요소들이 어떻게 조직되어 있는지에 대해서는 명확하게 밝혀져 있지 않다.

우리는 발전된 이론들을 바탕으로 원형질막의 구조와 막을 구성하는 구성 요소들에 대해 자세히게 알아본다.

유동모자이크모델은 유동성 지질 2중층 내의 단백질들을 보여준다

세포막의 근간이 되는 지질 2중층은 **인지질**(phospholipids)로 이루어져 있다. 이들 인지질은 주로 글리세롤 인지질(**그림 4.1**)과 스핑고마이엘린과 같은 **스핑고지질**(sphingolipid, **그림 4.2**)을 포함한다.

이것들은 표면적으로 비슷해 보이지만, 서로 다른 탄소 골격으로 만들어져 있다. 수년 동안 생물학자들은 세포막의 단백질 성분이 인지질 2중층의 내부와 외부 표면을 페인트처럼 덮고 있다고 생각하였다. 즉 초기 모델은 원형질막을 구형 단백질의 두 층 사이에 인지질 2중층이 존재하는 샌드위치 형태로 묘사하였다.

1972년 싱어(S. Jonathan Singer)와 니콜슨(Garth J. Nicolson)은 샌드위치 모델을 단순하지만 심오한 방식으로 수정하여 수정 모델을 제시하였다. 그들은 구형 단백질의 비극성 절편이 2중층의 비극성 내부와 접촉하여 **삽입**(insert)되어 있고 단백질의 극성 부분은 막 표면으로 돌출된 형태라고 생각하였다. **유동모자이크모델**이라 불리는 이 모델에서, 모자이크인 단백질은 연못의 보트와 같은 유동성 지질 2중층 내부에 또는 그 위에 떠 있는 것으로 제안되었다(**그림 4.3**).

막과의 연관성에 기초하여 막단백질은 2가지로 구분된다. **내재 막단백질**(integral membrane proteins)은 막에 매립되어 있는 종류이고, **주변부 막단백질**(peripheral membrane proteins)은 막의 표면에 부착되어 있는 종류이다.

세포막은 4가지 구성 요소로 구성된다

진핵세포는 많은 종류의 막을 가진다. 이들이 모두 동일하지는 않지만 동일한 기본 토대(fundamental architecture)를 가지고 있다. 세포막은 다음의 4가지 요소로 구성된다(**표 4.1**).

1. **인지질 2중층**: 모든 세포막은 인지질 2중층으로 구성된다. 막의 다른 구성 요소는 2중층에 내장되어 있어 유연한 기질을 제공하는 동시에 물질투과 시 장벽의 역할을 한다. 또한 동물세포막에는 극성인 하이드록실기(−OH)를 포함한 스테로이드인 콜레스테롤이 함유되어 있다. 식물세포막에는 다른 스테롤이 있지만, 콜레스테롤은 동물세포에 비해 거의 또는 전혀 없다.
2. **막관통단백질**: 모든 막의 주요 구성 요소는 지질 2중층에 부유하는 단백질들이다. 이 단백질들은 막을 가로지르는 수송 및 정보교환을 포함한 다양한 기능을 가지고 있다. 많은 내재 막단백질(막관통단백질)은 위치가 고정되어 있지 않고, 인지질 분자와 마찬가지로 막 내에서 이동할 수 있다. 일부 막은 단백질이 풍부한 경우도 있지만 다른 막은 단백질이 더 적게 분포될 수도 있다.

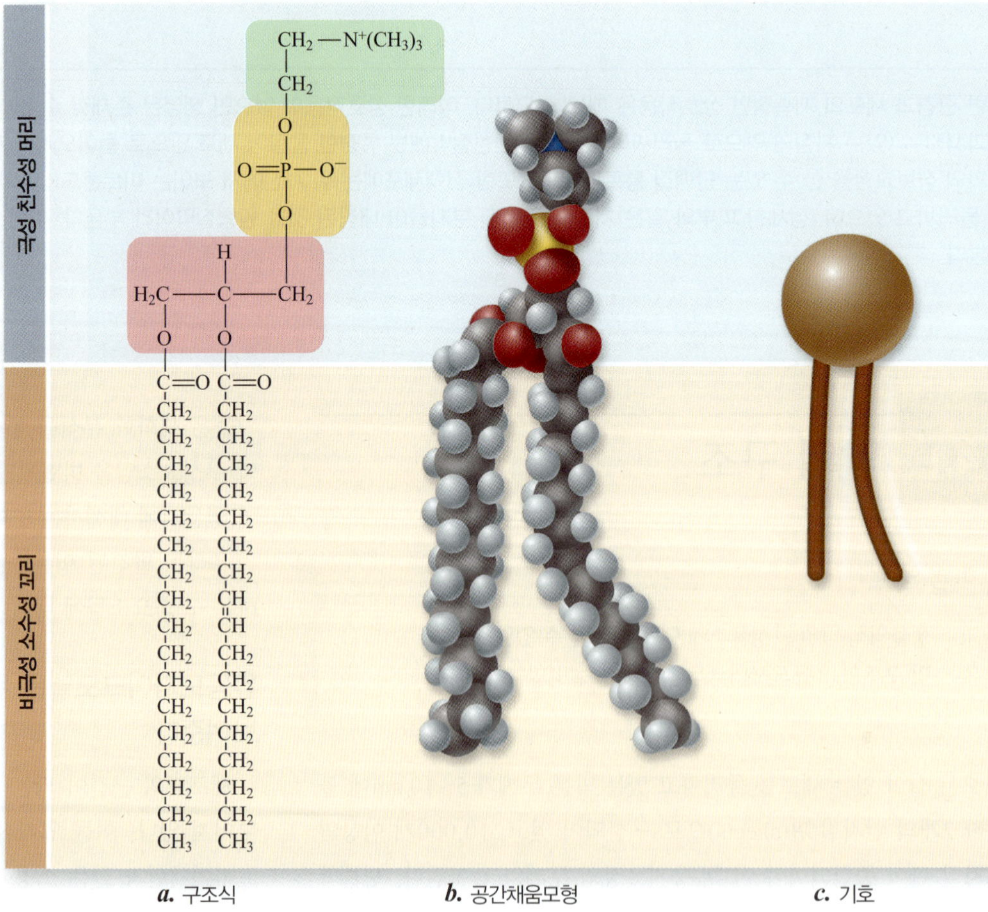

그림 4.1 인지질 구조에 대한 다른 견해. 인지질은 글리세롤(분홍색)에 2개의 지방산과 인산염 그룹이 연결되어 구성된다. 인산염 그룹(노란색)에는 양으로 하전된 콜린(초록색)과 같은 추가 분자가 부착되어있을 수 있다. 포스파티딜콜린은 막의 흔한 성분이다. ***a.*** 화학구조식, ***b.*** 공간채움모형, ***c.*** 이 장의 그림에서 인지질을 나타내는 기호.

3. **내부 단백질망**: 막은 구조적으로 막의 형태를 강화시켜 주는 세포질내 단백질에 의해 지지된다. 예를 들어, 적혈구는 원형질막의 단백질이 **스펙트린**(spectrin)이라는 단백질로 만들어진 스캐폴드(골격구조 단백질)와 세포의 세포골격인 액틴 섬유를 연결시켜 구조를 형성하기 때문에 양쪽이 오목한 특징적인 모양을 가지게 된다.

   또한 막은 다른 단백질망을 사용하여 일부 주요 막단백질의 측면 이동을 제한하여 이들을 특정 부위에 고정시키는 역할을 한다.

4. **세포 표면 표지**: 3장에서 언급한 내로, 막 부분은 소포체에서 조립되어 골지체로 옮겨진 후 원형질막으로 운반된다. 소포체(ER)는 막단백질과 지질에 당 분자 사슬을 첨가하여 **당단백질**(glycoproteins)과 **당지질**(glycolipids)을 만든다. 상이한 세포 유형은 이들 막 표면에 상이한 당단백질 및 당지질을 나타내며, 이는 세포 정체성(identity) 표지로서 작용한다.

세포막은 조직화된 구조를 가진다

예전에는 지질과 단백질이 균일하게 구성된 원형질막의 유동성으로 인해 평면에서 빠르게 확산될 수 있는 것으로 생각했었다. 그러나 지난 10년 동안 축적된 증거들로, 원형질막이 독특한 지질 및 단백질 조성을 가진 미세영역(microdomain)들을 함유한, 균일하지 않은 막임이 입증되고 있다. 실제로 상피세포 막에서 막의 정점(외부 방향)과 기저막(내부 방향)의 지질 조성이 뚜렷하게 다르다는 것을 처

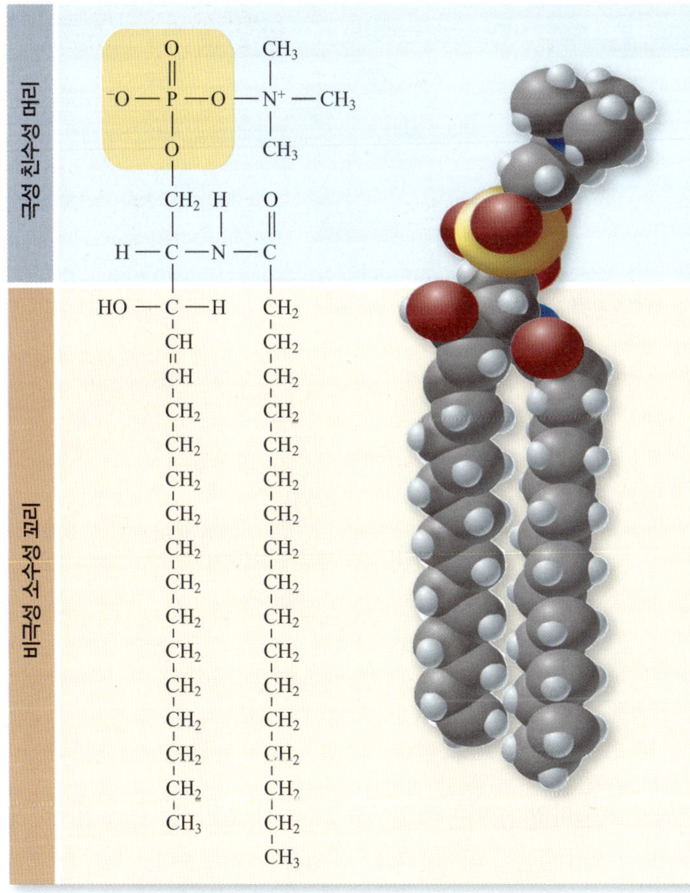

a. 구조식 *b.* 공간채움모형

그림 4.2 스핑고마이엘린.
스핑고마이엘린은 동물세포에서 발견되는 스핑고지질이다. *a.* 구조식, *b.* 공간채움모형.

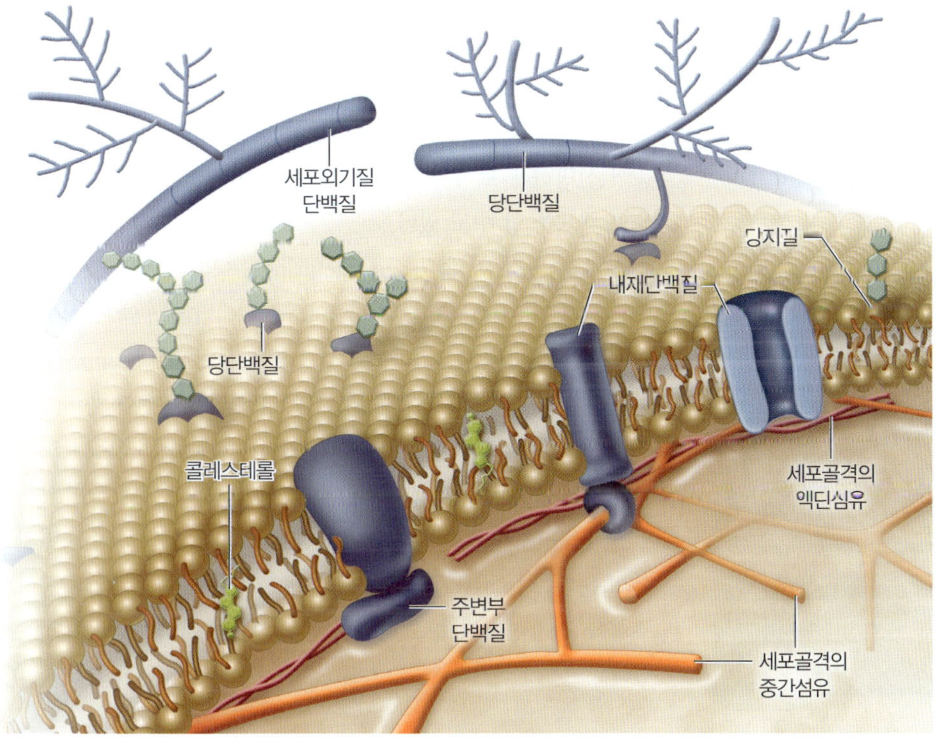

그림 4.3 세포막의 유동모자이크모델.
막관통단백질은 원형질막을 통해 튀어 나온 극성 영역은 외부와, 비극성 영역은 막의 소수성 내부와 연결되어 있다. 탄수화물 사슬은 종종 이러한 단백질의 세포밖 부분에 결합되어 당단백질을 형성한다. 주변부 단백질은 막의 표면과 결합되어있다. 막인지질은 탄수화물을 첨가하여 당지질을 형성함으로써 변형될 수 있다. 세포내에서, 액틴섬유와 중간섬유는 막단백질과 상호작용한다. 많은 동물세포는 세포 밖에서 주로 당단백질로 구성된 [illegible] 세포외기질 구조를 가진다.

표 4.1	세포막의 구성성분			
구성성분	구성	기능	작용 방식	예
인지질 2중층	인지질 분자	투과성 장벽 제공, 단백질에 대한 기질	2중층의 비극성 내부와 세포로부터 수용성 분자를 배제함	세포의 2중층은 포도당과 같은 큰 수용성 분자를 이동시키지 못함
막관통단백질	운반체	막을 능동 또는 수동으로 가로질러 분자를 수송	일련의 구조적 변화로 특정 분자를 막을 통과해 이동시킴	당류를 수송하는 글리코포린 운반체; Na^+/K^+ 펌프
	통로	분자의 수동적 수송	막을 가로지르는 통로로서 선택적 통로를 형성	신경, 심장, 근육세포의 Na^+/K^+ 펌프
	수용체	세포 안으로 정보 전달	신호 분자가 수용체 단백질의 세포 표면 부위에 결합하면 세포 안의 수용체 단백질 일부가 변화하여 활성화됨	특이한 수용체가 펩타이드 호르몬이나 신경전달물질과 결합
내부 단백질망	스펙트린	세포의 형태 결정	막 아래쪽에서 지지골격을 형성하고 막과 세포골격에 고정됨	적혈구 세포
	클라트린	단백질을 특정 위치, 특히 수용체-매개 세포내섭취에서 세포막 외부에 고정시킴	단백질이 함몰 부위를 둘러싸고 특정 분자에 결합하는 것을 촉진함	함몰 부위 안에 저밀도의 지질단백질 수용체를 위치시킴
세포 표면 표지	당단백질	자기 인식	개체의 특징적인 단백질/탄수화물 사슬 형태를 형성	면역계에 의해 인식되는 주조직적합성복합체(MHC) 단백질
	당지질	조직 인식	조직의 특징적인 지질/탄수화물 사슬 형태를 형성	A, B, O 혈액형 표지

음으로 관찰하였다. 이론적 연구도 2중층 내에서 지질이 무질서하거나 또는 질서 있는 형태로 존재할 수 있음을 보여 준다.

이것은 콜레스테롤과 스핑고지질이 풍부한 **지질 뗏목**(lipid rafts)이라고 불리는 지질 마이크로 도메인이라는 아이디어로 이어졌다. 이 지질들은 서로, 그리고 뗏목 관련 단백질과 상호작용하여 질서 있는 구조를 형성하는 것으로 보인다. 이러한 구조는 이제 기술적으로 "동적 나노미터 크기의 스테롤 및 스핑고지질 농축 단백질 어셈블리"로 정의된다. 45장에서 논의된 예를 들면 B-세포와 T-세포 수용체와 같은 신호 분자가 지질 뗏목과 관련이 있다는 증거가 있고, 이 연관성은 그들의 기능에 영향을 미친다.

전자현미경은 구조적 증거를 제공한다

전자현미경을 통해 생물학자들은 세포막의 섬세하고 얇은 구조를

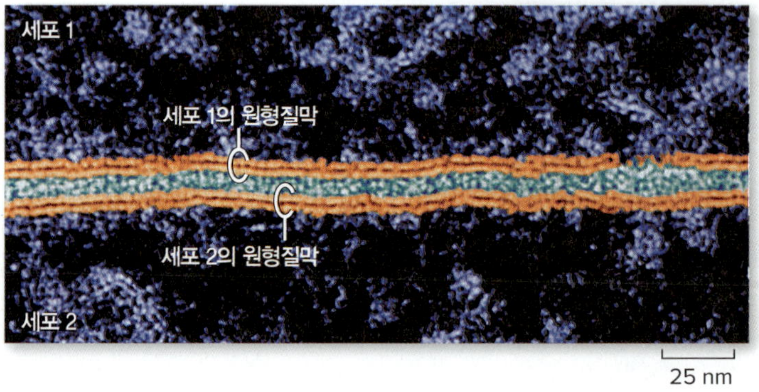

검사할 수 있게 되었다. 3장에서는 투과전자현미경(TEM)과 주사전자현미경(SEM)에 대해 논의했다. 둘 다 막 구조를 밝히는 데 유용하다.

세포막을 TEM으로 관찰하려면 시료(specimen)를 단단한 에폭시 기질(epoxy matrix)에 매몰시킨다. 그리고 나서 이 에폭시 블록을 매우 예리한 칼날을 가진 마이크로톰(microtome)으로 매우 얇고 투명한 두께 1 μm 미만인 "박편(epoxy shavings)"으로 절단한다.

이 박편을 그리드(grid) 위에 놓고, 그리드를 TEM에 장착한 후 전자빔을 통과시킨다. 전자현미경이 제공하는 고배율에서 막의 2중층이 선명하게 보이며, 이를 보다 자세히 관찰하기 위해서는 인공적으로 채색을 할 수도 있다.

시료의 동결-파쇄(freeze-fracturing)는 막 내부를 볼 수 있는 또 다른 방법이다(**그림 4.4**). 조직을 도구에 매립하고 액체 질소로 급속 냉동시킨 후, 냉동된 조직을 칼날(**그림 4.4**)로 "탭핑(tapped)"하여 막의 인지질층 사이에 균열을 일으킨다. 단백질, 탄수화물, 파인 곳, 구멍, 통로 등 막과 관련된 다른 구조들은 그대로 분리되어 노출된 채 분리되어 나온 막 중 어느 한쪽에 달라붙어 있게 된다(일반적으로).

그다음, 매우 얇은 백금으로 파쇄된 표면을 코팅하여 표면의 복제본 또는 "주형(cast)"을 만든다. 실제 조직은 녹이고, 막의 형상을 뜬 주형을 전자현미경으로 관찰하면 막의 3차원적인 형상을 얻을 수 있다.

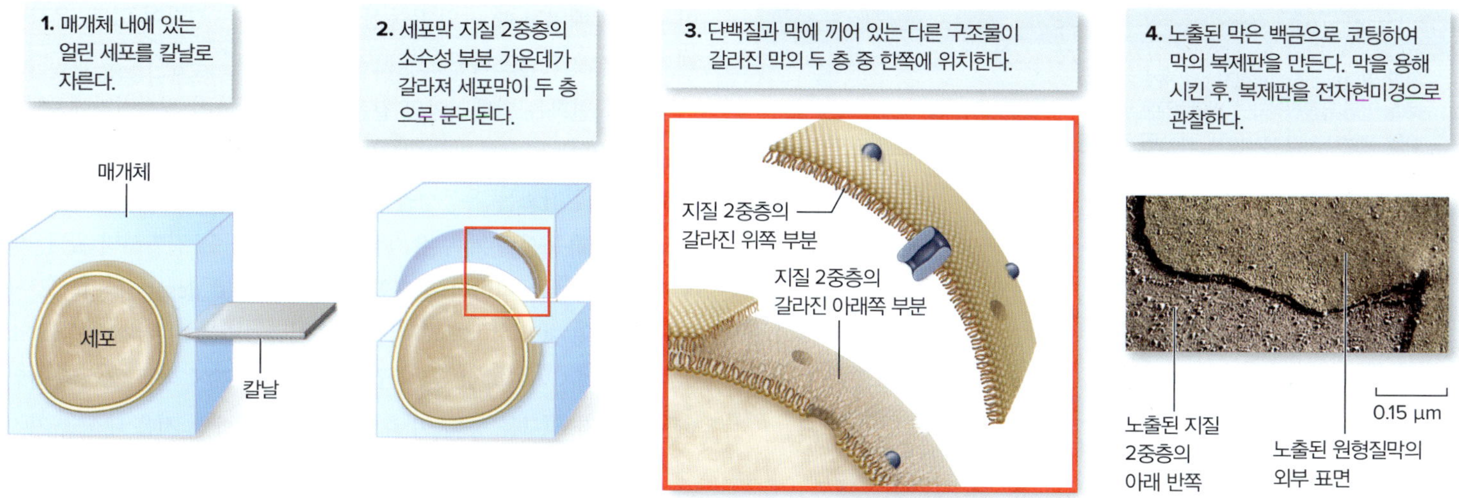

그림 4.4 원형질막의 동결-파쇄 현미경 관찰법.

핵심 요약 4.1

세포막에는 4가지 성분인 (1) 인지질 2중층, (2) 막관통단백질, (3) 구조적 지지를 제공하는 내부 단백질망, 및 (4) 당단백질과 당지질로 구성된 세포 표면 표지가 포함되어 있다. 막 구조의 유동모자이크모델은 막의 유동성과 인지질 2중층에 떠다니는 단백질의 모자이크 조성물 둘 다를 포함한다. 투과전자현미경(TEM)과 주사전자현미경(SEM)은 유동모자이크모델을 지지하는 증거를 제공하였다.

■ 원형질막이 단지 인지질 2중층으로만 구성되었다면, 이것이 막의 기능에 어떻게 영향을 미칠까?

4.2 인지질: 막의 토대

학습 목표

1. 인지질이 다양한 구성성분에 대해 설명할 수 있다.
2. 막이 어떻게 스스로 형성되는지 설명할 수 있다.
3. 막의 유동성에 관여하는 요인들에 대해 설명할 수 있다.

지질의 생물학적 기능과 종류를 분석하는 지질체학(lipidomics)은 상당한 막 지질의 다양성을 드러내고 있다. 세포에는 1000가지가 넘는 고유한 지질이 있지만, 글리세롤 인지질(**그림 4.1** 참조), 스핑고지질(**그림 4.2** 참조)과 콜레스테롤과 같은 스테롤로 분류할 수 있다. 고전적인 인지질 2중층은 글리세롤 인지질과 스핑고지질의 조합으로 구성된다. 글리세롤 인지질은 가장 다양하며 양전하와 음전하(양쪽성 이온, zwitterionic) 또는 주로 음전하(음이온)를 모두 가질 수 있는 머리 부분이 있다. 인지질은 또한 포화 또는 시스-불포화 상태인 지방산 꼬리의 길이와 조성이 다양할 수 있다(2.5절 참조). 스핑고지질은 일반적으로 포화 탄화수소 사슬을 함유한다. 이들 성분은 생물학적 막에 균일하게 분포되지 않으며, 이 절의 후반에서 논의되는 바와 같이, 상이한 세포 구획은 상이한 막 지질 조성을 갖는다.

인지질은 자발적으로 2중층을 형성한다

인지질은 양친매성 구조이기 때문에 자발적으로 2중층을 형성한다. 비극성 탄화수소 꼬리는 소수성인 반면, 극성 머리는 친수성이다. 2개의 비극성 지방산은 서로 평행하며 한쪽 방향으로 뻗어 있고, 극성의 인산기는 이와는 반대 방향으로 배열된다. 이런 구조를 나타내기 위해 인지질은 종종 **그림 4.1***c*에서와 같이 극성의 머리와 비극성의 두 꼬리를 가진 형태로 묘사된다.

인지질 분자가 물속에 들어가면 어떤 일이 일어날까? 극성의 물 분자는 수소결합을 할 상대를 찾는 동안 긴 비극성의 인지질 꼬리를 밀어낼 것이다. 물 분자의 극성으로 인해 인지질의 비극성 꼬리는 서로 밀접하게 밀착되어 물로부터 가능한 한 멀어지려 할 것이다. 모든 인지질 분자는 극성의 머리를 물 쪽으로, 그리고 비극성 꼬리를 그 반대쪽으로 향하게 한다. 꼬리가 서로 마주 보도록 두 층이 형성될 때, 꼬리는 물과 접촉하지 않는다. 이 구조가 바로 인지질 2중층이다. 인지질 2중층은 물 분자가 최대한 수소결합을 형성하려는 경향 때문에 자발적으로 형성된다.

인지질 2중층의 비극성 내부는 2중층을 통해 수용성 분자가 통과하는 것을 방해하며, 이는 기름층이 한 방울의 물 통과를 막는 것과

과학적 사고

가설: 원형질막은 단단하지 않고 유동성이 있다.

예측: 막이 유동적이라면, 막단백질은 옆으로 확산될 것이다.

실험: 생쥐와 사람 세포의 막단백질을 각각 표지한 다음 융합하여 시간이 지남에 따른 막단백질의 분포를 관찰한다.

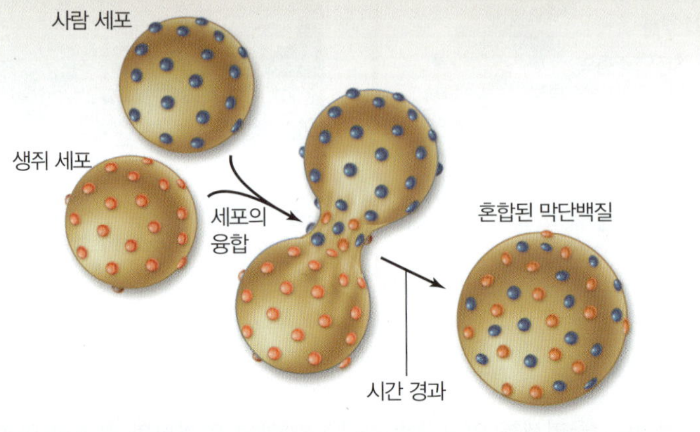

결과: 시간이 지남에 따라 혼합된 막단백질이 증가했다.

결론: 일부 막단백질은 막에서 측면으로 확산된다.

추가 실험: 이 결과에 대해 다른 해석을 할 수 있겠는가? 새로 합성된 단백질이 실험 중간에 막에 삽입되면 어떻게 되겠는가? 어떻게 하면 이 실험으로 다른 해석의 가능성을 배제시킬 수 있겠는가?

그림 4.5 막의 유동성 실험.

마찬가지이다. 수용성 물질에 대한 이러한 장벽은 지질 2중층의 핵심적인 생물학적 특성이 된다.

인지질 2중층은 유동성이 있다

지질 2중층은 물이 끊임없이 수소결합을 하고자 하는 성향 때문에 구조적으로 안정적이다. 표면장력(surface tension)이 비눗방울을 유지시켜주는 것처럼 물의 수소결합도 막을 계속 지지해준다. 물은 인지질을 2중층 형태로 계속 유지하게 하면서도 인지질 내에서의 지질성 및 비지질성 물질의 이동은 제한하지 않는다. 인지질은 서로 상대적으로 약하게 상호작용하기 때문에 개별적인 인지질 및 고정되지 않은 단백질들은 막 내에서 비교적 자유롭게 이동할 수 있다. 이는 융합된 세포의 단백질 구성원들이 시간이 지남에 따라 서로 섞이는 것을 관찰하여 확인할 수 있다(**그림 4.5**).

막 유동성은 지질 조성에 따라 달라진다

막의 유동성(fluidity)은 막 자체의 조성에 따라 변한다. 중성지방(triglycerides)이 실온에서 고체 또는 액체 상태로 있을 수 있는 것처럼 막의 유동성 역시 막 지방산 조성에 따라 변한다. 포화 또는 단일 시스-불포화(mono *cis*-unsaturated) 상태인 글리세롤 인지질은 이들이 촘촘히 배열될 때 막의 유동성을 감소시키는 경향이 있다. 유사하게, 일반적으로 불포화된 스핑고지질은 막을 덜 유동적으로 만든다.

환경의 변화는 박테리아와 같은 단세포 생물의 원형질막에 큰 영향을 줄 수 있다. 온도의 증가는 막을 보다 더 유동적으로 만들고, 반대로 온도의 감소는 유동성을 감소시킨다. 박테리아는 온도가 변화해도 막의 유동성을 계속 유지할 수 있는 기작을 진화시켜 왔다. 일부 박테리아에는 **지방산 불포화효소**(fatty acid desaturase)라고 하는 단백질을 생산하여 막의 지방산에 이중결합을 만든다. 이들 효소를 불활성화시키거나 또는 이 효소가 없는 세포에 이들 효소를 삽입하는 유전자 연구를 통해 이 효소가 박테리아에게 저온 내성을 가지게 해 준다는 것을 밝혔다. 즉, 저온에서는 지방산 불포화효소에 의해 생성된 이중 결합이 막의 유동성을 증가시켜 저온에 의한 유동성 감소 효과를 상쇄시켜 주는 것이다.

인지질 조성물은 막 구조에 영향을 미친다

대부분의 지질이 소포체에서 합성되기는 하지만, 소포체막, 골지체막 및 원형질막의 조성은 상당히 다르다. 세포는 그들 기능의 일부

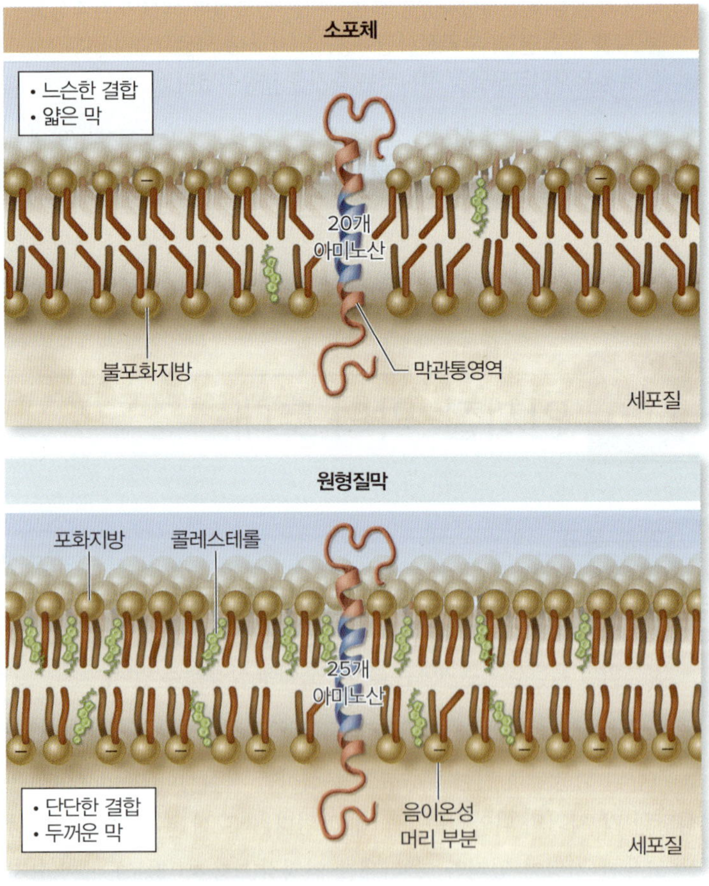

그림 4.6 소포체와 원형질막의 비교.
소포체와 원형질막에서 막지질의 상이한 조성으로 막 구조가 다르다. 원형질막은 두껍고 투과성이 낮다. 소포체막은 관 모양과 판을 형성하며 더 역동적이다.

로서 이들 소기관 사이에서의 수송에도 불구하고 이 별개의 지질 조성을 유지한다. 이러한 지질 조성의 차이는 각 막 구획의 구조와 기능에 영향을 미친다(**그림 4.6**).

원형질막은 고농도의 포스파티딜콜린과 스핑고마이엘린을 가지며, 둘 다 원통형이고 조밀한 젤형(gel-like) 막을 만든다. 이 막은 비극성 꼬리와 상호작용하는 콜레스테롤을 함유하여 유동성을 가진다. 세포질 쪽 막(cytoplasmic leaflet)과 비교하여 바깥쪽 막(outer leaflet)에 더 많은 콜레스테롤이 있다. 게다가 불포화 탄화수소 사슬 또한 두꺼운 막을 만들게 되는데, 이는 막단백질에서 막관통영역의 평균 길이가 약 25개 아미노산인 것을 보면 알 수 있다. 따라서 원형질막의 전체 구조는 유동체이지만 우수한 장벽을 형성하는 비교적 단단한 막이 될 수 있다.

소포체 막에는 주로 불포화된 인지질이 포함되어 있어 원형질막보다는 유동적으로 만들 수 있지만, 원통형보다는 원뿔 혹은 역원뿔을 형성하기 때문에 곡률(curvature)이 발생하게 된다. 소포체 막에는 콜레스테롤이 거의 없거나 전혀 없다. 그래서 소포체 막은 소포체 막단백질과 결합하는 막관통영역이 20개 아미노산 길이로 반영되기 때문에 원형질막보다는 얇다.

핵심 요약 4.2

생물학적 막은 글리세롤 인지질, 스핑고지질과 콜레스테롤을 함유한다. 물에서 인지질 분자는 자발적으로 2중층을 형성하며, 인산기 그룹은 물 쪽으로 향하고 지질 꼬리는 내부로 향하여 물에서 격리된다. 막 유동성은 조성과 조건에 따라 변한다. 불포화 지방은 지질 꼬리의 포장을 방해하고 고온에서와 마찬가지로 막을 더 유동적으로 만든다. 상이한 막 구획의 인지질 조성물은 구획 사이의 지질 이동에도 불구하고 다양하다.

■ 비극성 용매에서 인지질 2중층이 형성될까?

4.3 단백질: 다양한 기능을 가진 구성 요소

학습 목표

1. 막단백질의 기능에 대해 설명할 수 있다.
2. 단백질이 어떻게 막에 결합하는지 설명할 수 있다.
3. 막관통영역에 대해 정의할 수 있다.

세포막에는 다양한 종류의 단백질이 유동성인 인지질 내에서 떠다닌다. 이 유동적인 구조는 환경과의 광범위한 상호작용에 적합하고, 일부 막단백질이 식접 관여하는 경우가 있다.

단백질과 단백질 복합체는 핵심 기능을 수행한다

세포는 원형질막을 통해 다양한 방법으로 환경과 상호작용을 하는데, 이 장과 8장에서는 6가지 종류의 핵심적인 막단백질에 중점을 두고 소개한다(**그림 4.7**).

1. **수송단백질**: 막은 매우 선택적이며, 단백질로 구성된 통로나 수송단백질을 통해 특정 용질만이 세포로 들어오거나 나갈 수 있다.
2. **효소**: 세포는 막에 부착된 효소를 사용하여 원형질막의 내부 표면에서 많은 화학반응을 일으킨다.
3. **세포 표면 수용체**: 막은 표면에서 수용체 단백질을 통해 정교하고 민감하게 화학적 신호를 감지한다.
4. **세포 표면 정체성 표지**: 막은 세포 표면에 자신과 다른 세포를 구별할 수 있는 표지를 가진다. 대부분의 세포는 유형에 따라 고유한 표지를 가지며, 이는 당단백질 등 세포 유형에 특이적인 표면 단백질 또는 단백질 복합체에 의해 나타난다.
5. **세포 간 부착 단백질**: 세포는 특정 단백질을 사용하여 서로 부착되어 있다. 일부는 일시적인 상호작용을 형성하여 작동하고, 다른 일부는 보다 지속적인 결합을 형성하는 경우도 있다(3장 참조).
6. **세포골격에 부착**: 다른 세포와 상호작용하는 표면 단백질은 종종 연결 단백질을 통해 세포골격에 고정된다.
7. **막 구조에 영향을 미치는 단백질**: 물에서 막은 둥근 또는 편평한 모양을 형성하는 경향이 있다. 쐐기형 단백질은 막을 휘게 하여 관을 만들거나 접게할 수 있다.

막단백질의 구조적 특징은 기능과 관련이 있다

방금 자세히 설명했듯이 막단백질은 다양한 기능을 수행한다. 이러한 다양성은 이들 단백질의 구조적 다양성에 기인하지만, 막단백질은 그 역할과 관련되어 공통적인 구조적 특징을 가지기도 한다.

2중층에서 단백질의 고정

일부 막단백질은 인지질과 강하게 결합한 특정 분자에 의해 막 표면에 부착된다. 부두에 묶인 선박과 같이 이 고정된 단백질들은 인지질에 묶인 채 막의 표면을 자유롭게 떠다니게 된다. 고정시키는 분자는 변형된 지질로서, (1) 지질 2중층의 내부 부분으로 삽입되는 비극

그림 4.7 **원형질 막단백질의 기능.**
막단백질은 운반체, 효소, 세포 표면 수용체, 세포 표면 정체성 표지로 작용할 뿐만 아니라 세포-세포 부착이나 세포골격을 지탱하는 데도 도움을 준다.

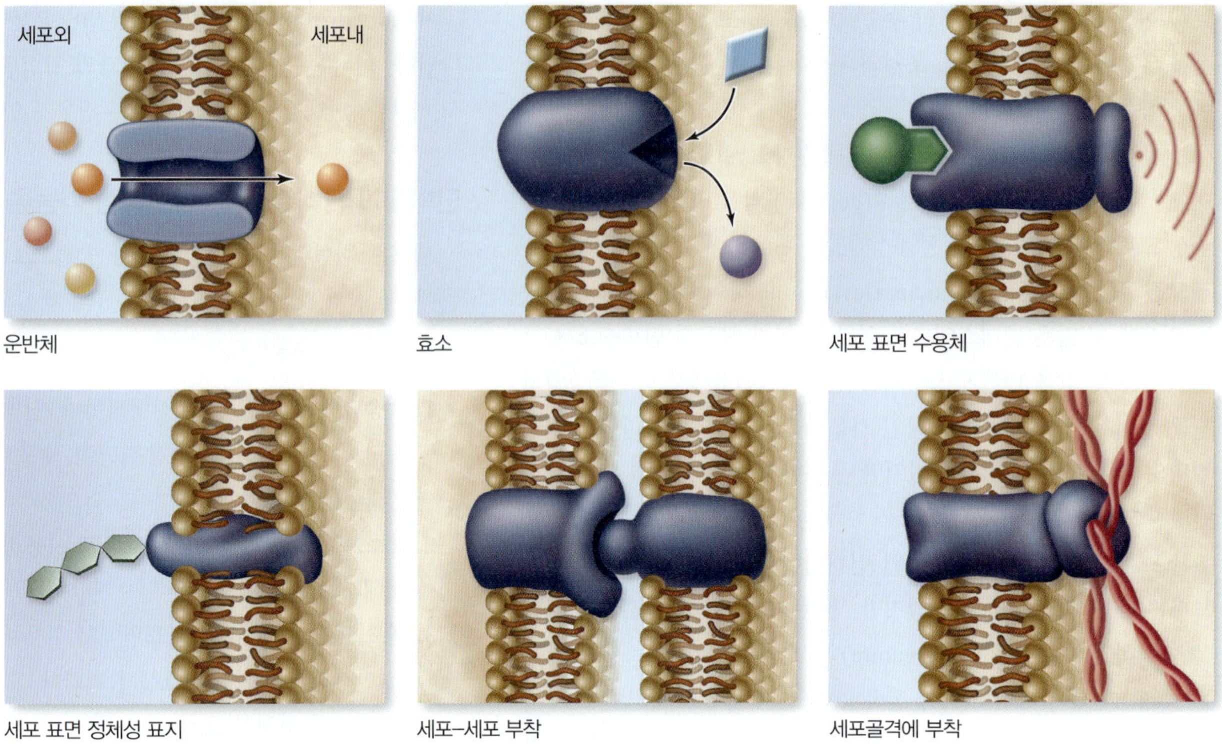

성 영역을 갖고, (2) 단백질에 직접 연결된 화학적 결합 도메인을 갖는다.

? **탐구문제** 유동모자이크모델에 따르면 막은 소수성 상호작용에 의해 유지된다. 일부 세포가 받는 힘을 고려해 볼 때, 왜 동물이 움직일 때마다 막은 부서지지 않는가?

대조적으로, 다른 단백질은 실제로 지질 2중층을 관통하는 막관통단백질이다. 지질 2중층의 비극성 내부로 뻗어 있는 부분은 비극성 아미노산으로 구성된 α 나선구조 또는 β 병풍구조(2장 참조)이다. 물은 비극성 아미노산을 회피하기 때문에 단백질의 이 부분은 지질 2중층의 안에 들어간 상태로 유지된다. 극성 부분은 막의 양쪽 표면 밖으로 튀어나와 있다. 어느 방향으로든 막 밖으로 단백질이 이동하려면 단백질의 비극성 영역이 물과 접촉하게 되어 단백질이 내부로 다시 밀려 들어가게 된다. 이러한 힘 때문에 막관통단백질은 막에서 빠져나오지 않고 제자리에 있을 수 있다.

막관통영역

세포막에는 지질 2중층을 가로지르는 방식이 다른 다양한 막관통단백질이 있다. 주요한 차이점은 단백질이 막을 통과하는 횟수에 있다. 막을 관통하는 각각의 부분을 **막관통영역**(transmembrane domain)이라고 부르는데, 이들은 일반적으로 α 나선구조의 소수성 아미노산으로 구성되어 있다(**그림 4.8**).

단백질은 막에 부착하기 위해 하나의 막관통영역으로 충분하지만 종종 다수의 이 영역을 가지는 경우도 있다. 하나의 막관통영역을 가지는 단백질의 예로는 세포골격의 스펙트린으로, 원형질막 내부와 연결하는 단백질이다.

생물학자들은 막관통영역의 수에 따라 수용체를 분류한다. 예를 들어, G단백질연결수용체(G protein-coupled receptor)는 7개의

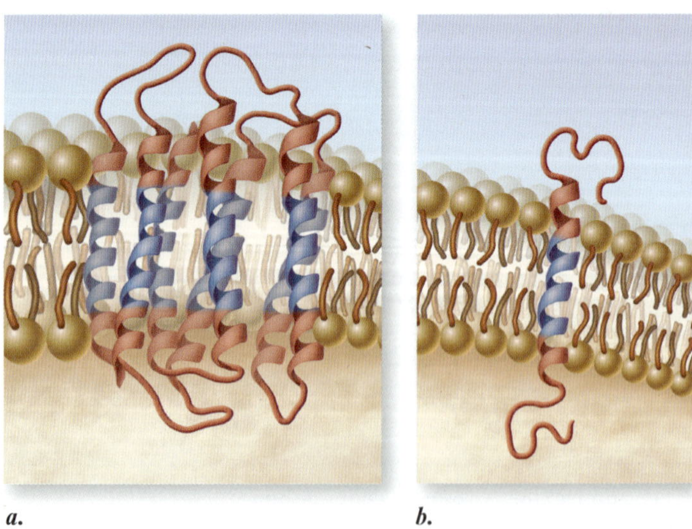

그림 4.8 **막관통영역.**
막관통단백질은 적어도 1개의 소수성 관통 영역(푸른색)이 막에 고정되어 있다. ***a.*** 7개의 막관통영역을 가진 수용체 단백질. ***b.*** 1개의 막관통영역을 가진 수용체 단백질.

막관통영역을 가지는 단백질이다(8장 참조). 이 수용체는 에피네프린과 같은 외부 분자에 반응하여 세포내부에서 일련의 반응을 유발한다.

다른 예로는 호염성 고세균에서 광합성을 수행하는 핵심 막관통단백질인 박테리오로돕신(bacteriorhodopsin)이 있다. 이 단백질 역시 막을 관통하는 7개의 비극성 나선구조 부위를 가지며, 양성자가 광구동(light-driven) 양성자 펌프를 통해 운반될 수 있는 구조를 형성한다.

막공(pores)

일부 막관통단백질은 α 나선구조 대신에 β 병풍구조의 2차구조를 갖는 광범위한 비극성 영역을 가진다(2장 참조). β 병풍구조는 원통 내에서 위아래로 접혀 막을 통과하는 독특한 관의 형태를 이룬다. 이렇게 해서 2중층을 관통하는 β 병풍구조 내부에 극성 환경이 형성된다. 이른바 **β 원통**(β barrel)이라고 하는 양쪽 끝이 열린 구조는 일부 박테리아의 외막에서 발견되는 포린(porin) 단백질에서 공통으로 나타나는 구조이다. 이 구조는 물질이 막을 통과할 수 있게 한다.

굽힌 막

많은 세포 안의 막은 소포체의 주름과 관상 네트워크와 같은 정교한 구조를 갖는다. 단백질은 여러 방식으로 막 구조에 영향을 줄 수 있다. 레티큘론(reticulons)이라고 불리는 쐐기 모양의 막관통단백질은 막을 구부러뜨리거나, 이 단백질이 충분한 경우에는 관을 형성한다. 이 단백질은 관형 영역과 막이 접히는 곳에 집중되어 있다. 편평한 영역은 막을 코팅하는 단백질에 의해 막이 구부러지는 것을 방지하고, 인접한 굽힘을 유지하는 접착 단백질에 의해 안정화될 수 있다.

핵심 요약 4.3

서로 다른 세포들이 많은 막단백질에서 주요한 차이점이 있다. 이들의 기능에는 수송, 효소 작용, 세포밖 신호 수신, 세포-세포 상호작용과 세포 정체성 표지가 있다. 주변부 단백질은 변형된 지질에 의해 막에 고정될 수 있다. 내재 막단백질은 막에 걸쳐 있고 막을 통과하는 막관통 영역으로 불리는 하나 이상의 소수성 영역을 갖는다.

■ 막관통영역은 왜 소수성일까?

? **탐구문제** 아미노산 서열만을 기반으로 어떻게 내재 막단백질을 인식할 수 있겠는가?

4.4 막을 통한 수동수송

학습 목표

1. 단순확산과 촉진확산을 비교하여 설명할 수 있다.
2. 통로단백질과 운반단백질의 차이를 설명할 수 있다.
3. 삼투에 의한 물의 이동을 설명할 수 있다.

세포가 에너지를 소비하지 않고도 많은 물질이 세포 안팎으로 이동할 수 있다. 이러한 유형의 이동을 **수동수송**(passive transport)이라 한다. 일부 이온과 분자들은 막을 상당히 쉽게 통과할 수 있으며 이런 이동이 일어나기 위해서는 **농도기울기**(concentration gradient, 막 내부와 외부의 물질 농도의 차이)가 필요하다. 또한 일부 물질들은 막의 특정 단백질 통로를 통해 농도기울기에 순응하여 이동한다.

물질수송은 단순확산을 통해 일어난다

물에 용해된 분자와 이온은 항상 무작위 운동을 한다. 이러한 무작위 운동은 고농도에서 저농도로 물질의 순 이동을 일으키게 되며 이를 **확산**(diffusion)이라고 한다(**그림 4.9**).

확산에 의한 순 이동은 모든 지역에서 농도가 동일해질 때까지 지속적으로 일어난다. 물이 있는 용기에 잉크 한 방울을 떨어뜨리면 어떻게 되는지 생각해 보자. 시간이 지남에 따라 잉크 분자가 확산되어 용액 전체에 분산된다. 세포의 맥락에서, 우리는 세포 내부와 외부 물질의 상대적인 농도와 물질이 얼마나 쉽게 막을 통과할 수 있는지를 고려해야 한다.

생체막을 통과하는 데 있어 가장 큰 장애 요인은 극성 분자를 밀어내는 소수성 내부이다. 비극성 분자에 대한 농도 차이가 존재하는 경우, 이 분자는 농도가 양쪽에서 동일해질 때까지 막을 가로질러 지속적으로 이동한다. 이 시점에서 양방향으로의 움직임은 여전히 발생하지만 어느 방향으로든 순 변화는 없다. 여기에는 O_2와 같은 분자와 스테로이드 호르몬과 같은 비극성 유기분자가 포함된다.

원형질막은 작은 극성 분자에 대한 투과성은 일부 제한적이며, 큰 극성 분자와 이온에 대한 투과성은 너욱 너 제한적이다. 가장 중요한 극성 분자 중 하나인 물의 이동은 별도로 다룬다.

단백질은 막 확산을 선택적으로 허용한다

세포에 필요한 많은 중요한 분자들 중 원형질막을 쉽게 통과하지 못하는 종류도 많다. 내부보다 세포 외부에서 분자의 농도가 높은 경우, 이들 분자들은 원형질막에 매립된 특정 통로단백질 또는 운반단백질을 통한 확산에 의해 세포로 유입될 수 있다. 우리는 막단백질에 의한 이런 확산을 **촉진확산**(facilitated diffusion)이라고 한다. **통로단백질**(channel protein)은 친수성 내부를 가지고 있어 통로가 개방될 때 극성 분자가 통과할 수 있게 한다. 통로단백질과 달리, **운반단백질**(carrier protein)은 효소가 기질에 결합하는 것처럼 보조 분자에 특이적으로 결합한다. 이들 통로단백질 및 운반단백질은 일반적으로 한 유형의 분자에 대해서만 선택적이므로, **선택적 투과성**(selectively permeable)을 갖는다.

통로를 통한 이온의 촉진확산

1장에서 양성자와 전자의 수가 동일하지 않은 원자는 전하를 띠게 되며 이것을 이온이라고 배웠다. 양전하를 띠는 이온을 **양이온**(cation)이라고 하고 음전하를 띠는 이온을 **음이온**(anion)이라고 한다.

전하로 인해 이온들은 물과 같은 극성 분자와 잘 상호작용하지만 원형질막 내부의 비극성 분자와는 서로 반발한다. 따라서 이온들은 막 수송단백질의 도움 없이는 세포질과 세포 외액 사이에서 이동할 수 없다.

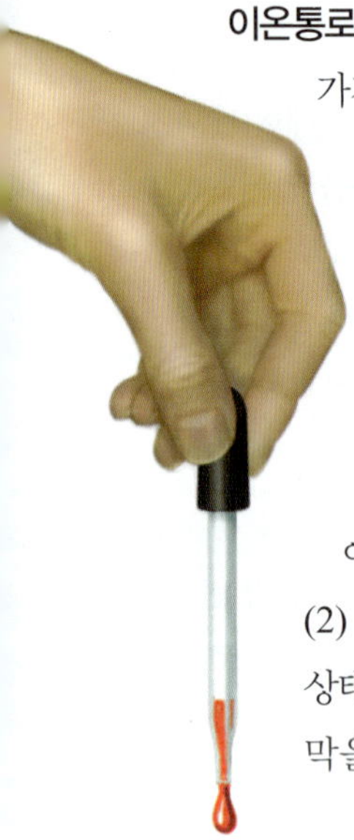

이온통로(ion channel)는 막에 걸쳐 있으며 친수성 내부를 가지고 있다. 이온들은 막을 가로지르는 농도 차이에 따라 통로를 통해 어느 쪽 방향으로든 이동할 수 있다(**그림 4.10**). 일부 통로단백질은 자극에 반응하여 열리거나 닫힐 수 있다. 이러한 통로를 **개폐형 통로**(gated channels)라고 부르며 통로의 특성에 따라 자극은 화학적 또는 전기적 신호일 수 있다.

이온의 순 이동 방향은 (1) 막 양면의 상대적 농도차, (2) 개폐형 통로와 막의 전위차, 그리고 (3) 막 통로의 상태(열림 또는 닫힘)의 3가지 조건에 따라 결정된다. 막을 사이에 둔 전위의 차이를 **막전위**(membrane potential)라 한다. 막 전위의 변화는 신경계와 일부 다른 조직에서 신호를 전달하는 기반이 된다. (이 주제에 대해서는 37장에서 자세히 설명한다.) 각 유형의 통로는 칼슘(Ca^{2+}), 소듐(Na^{+}), 포타슘(K^{+}), 혹은 염소 이온(Cl^{-})과 같은 특정 이온 또는 하나 이상의 양이온 또는 음이온에 따라 다르다. 이온통로는 신경계에서 신호전달 과정에 필수적인 기능을 한다.

운반단백질에 의한 촉진확산

운반단백질은 이온과 다른 용질, 예컨대 일부 당과 아미노산을 막을 가로질러 운반하는 것을 도울 수 있다. 운반단백질을 통한 수송도 역시 확산의 한 형태이므로 막 사이의 농도 차이를 필요로 한다.

운반단백질은 운반하는 분자에 결합해야 하므로 단순확산과는 농도기울기와 확산 속도의 관계에 있어 차이를 보인다. 농도가 증가함에 따라, 단순확산에 의한 수송은 확산 속도가 선형으로 증가한다. 그러나 운반단백질이 관여될 때, 농도 증가는 더 많은 운반체가 수송된 분자에 결합됨을 의미한다. 충분히 높은 농도에서 모든 운반체가 결합되면, 수송 속도는 더 이상 증가되지 않고 일정하게 유지된다. 이는 운반체가 **포화**(saturation) 상태임을 나타낸다.

이 상황은 관중으로 꽉 찬 운동경기장에서 사람들이 빠져나갈 때 회전문을 통과해야 하는 것과 같다. 비어 있는 회전문이 있으면 그곳을 통해 바로 통과할 수 있지만 모든 회전문이 차 있을 경우에는 기다려야 한다. 포화 상태에서는 아무리 많은 수가 기다려도 일정한 속도로 지나갈 수밖에 없다.

적혈구의 촉진확산

촉진확산의 몇몇 예는 척추동물의 적혈구(RBC) 원형질막에서 찾아볼 수 있다. 예를 들어, 하나의 RBC 운반단백질은 각 방향으로 다른 분자를 운반한다. 한 방향으로는 염소 이온(Cl^{-})을 반대 방향으로는 중탄산염 이온(HCO_3^{-})을 이동시킨다. 이 운반단백질은 이산화탄소의 흡수나 방출에 중요하게 작용한다(42장 참조).

포도당은 적혈구 원형질막에서 특정 운반단백질을 통해 촉진확산

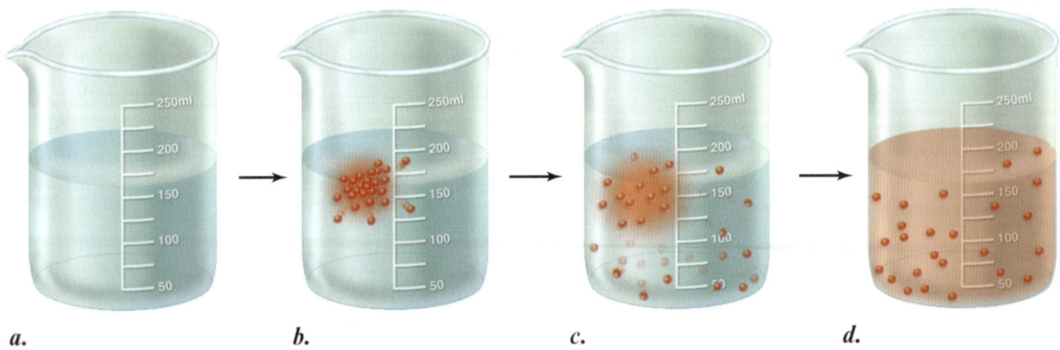

그림 4.9 확산. 잉크 한 방울을 비커에 담긴 물에 떨어뜨리면 (*a*) 잉크 분자들이 용해되어 (*b*) 확산되면서 (*c*) 잉크 분자가 물 전체에 균일하게 분포된다 (*d*).

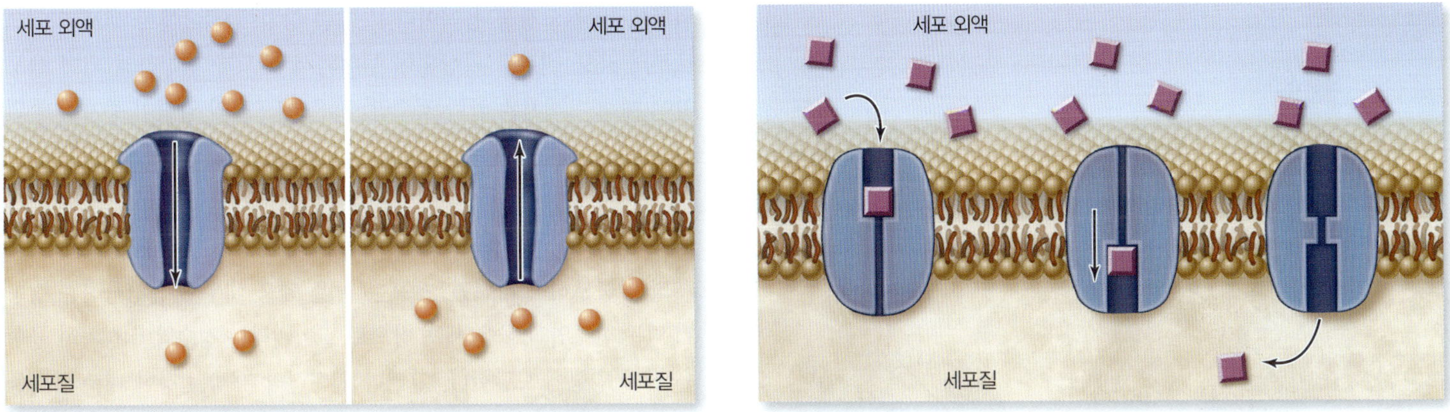

a. *b.*

그림 4.10 촉진확산.
막단백질에 의해 확산이 촉진된다. ***a.*** 통로를 통한 이온 이동을 나타냈다. 왼쪽 그림에서 세포 외부에서 이온농도가 높아지므로 이온이 세포 안쪽으로 이동한다. 오른쪽 그림에서는 상황이 반전된다. 두 경우 모두, 막의 양쪽에서 농도가 같아질 때까지 이온의 운반이 계속된다. 평형 상태에서 이온은 양방향으로 막을 통해 계속 이동되지만 전체적으로는 이동이 없는 것처럼 보인다. ***b.*** 운반단백질은 이들이 수송하는 분자에 특이적으로 결합한다. 이 경우 세포 외부의 농도가 높으므로 분자는 외부에서 운반단백질에 결합한다. 운반단백질의 형태가 변하면서 분자가 막을 가로질러 막 안쪽으로 들어오게 한다. 이것은 가역적이므로 막의 양쪽에서 농도가 같아질 때까지 이동은 계속된다.

으로 운반된다. 적혈구는 포도당이 세포 내로 들어갈 때 인산화하여 내부 농도를 낮게 유지한다. 이것은 여러 가지 결과를 초래한다. 포도당 인산염은 더 이상 운반체에 결합되지 않으므로 세포를 떠날 수 없게 된다. 이는 해당과정에 들어가는 글루코오스의 형태이며(6장 참조), 막을 사이에 두고 인산화되지 않은 포도당의 높은 농도 차이가 계속 유지되어 포도당이 세포 내로 지속적으로 들어올 수 있게 된다.

포도당 운반체는 막에 통로를 만들지 않는 대신 포도당에 특이적으로 결합하는 운반단백질이 있다. 포도당이 운반체에 결합할 때 운반단백질의 형태를 변형시켜 2중층을 통과한 후 원형질막 안쪽에서 포도당을 방출한다. 포도당을 방출한 후에는 다시 원래의 형태로 돌아가 외부의 다른 포도당 분자를 받아들일 준비를 한다.

삼투는 막을 통한 물의 이동이다

세포의 세포질에는 당과 아미노산과 같은 이온과 분자들이 물에 용해되어 있다. 이러한 물과 물질들의 혼합물을 **수용액**(aqueous solution)이라고 한다. 물은 **용매**(solvent)라고 하며, 물에 용해된 물질은 **용질**(solute)이라 한다. 물과 용질 양쪽 다 모두 고농도에서 저농도로 농도기울기를 따라 확산한다.

막에 의해 농도기울기가 형성될 때, 용질이 막을 통과할 수 있는지 여부는 용질에 따라 달라진다. 대부분의 이온들과 당을 포함한 용질은 지용성이 아니므로 지질 2중층을 통과 할 수 없다. 이러한 용질의 농도기울기는 용매인 물의 이동을 유발한다.

삼투

물 분자는 용해된 용질 분자 주변을 둘러싸는 수화(hydration)된 껍질을 형성한다. 막이 농도차가 나는 두 용액을 갈라놓으면 각 용액에서의 **자유**(free) 물 분자의 농도는 달라진다. 용질 농도가 높은 쪽은 수화된 껍질에서 더 많은 물 분자를 묶어버리기 때문에 자유 물 분자의 농도는 더 낮아진다.

이런 차이의 결과로 자유 물 분자는 농도기울기를 따라 더 높은 용질 농도로 이동한다. 더 높은 용질 농도로 막을 가로지르는 물의 이러한 순 확산을 **삼투**(osmosis)라고 한다(**그림 4.11**).

한 용액 내에 있는 모든 용질의 농도에 의해 **삼투 농도**(osmotic concentration)가 결정된다. 두 용액이 다른 삼투 농도를 가질 때 삼투 농도가 높은 용액을 **고장성**(hypertonic; 그리스어 *hyper*, "이상") 용액, 삼투 농도가 낮은 용액을 **저장성**(hypotonic; 그리스어 *hypo*, "작음") 용액이라 한다. 두 용액의 삼투 농도가 같으면 두 용액을 **등장성**(isotonic; 그리스어 *iso*, "동일") 용액이라고 부른다. **고삼투성**(hyperosmotic), **저삼투성**(hypoosmotic)과 **등삼투성**(isosmotic)이라는 용어도 이러한 조건을 설명하는 데 사용된다.

어떤 환경에서든 세포는 원형질막에 의해 세포질과 세포 외액 2가지 용액으로 분리된다. 원형질막을 가로지르는 물의 이동 방향 및 이동 범위는 이들 용액의 삼투압에 따라 결정된다. 달리 말하면, 고장성 용액에서 물은 세포 밖으로 이동된다(즉, 세포질은 세포 외액과 비교하면 저농도이다). 이러한 물의 손실로 인해 세포질과 세포 외액의 삼투 농도가 같아질 때까지 세포가 수축된다.

아쿠아포린: 물통로

막을 통한 물의 수송체계는 복잡하다. 인공막을 이용한 연구에서 물 분자는 극성임에도 불구하고 물이 막을 통과하긴 하지만 이동이

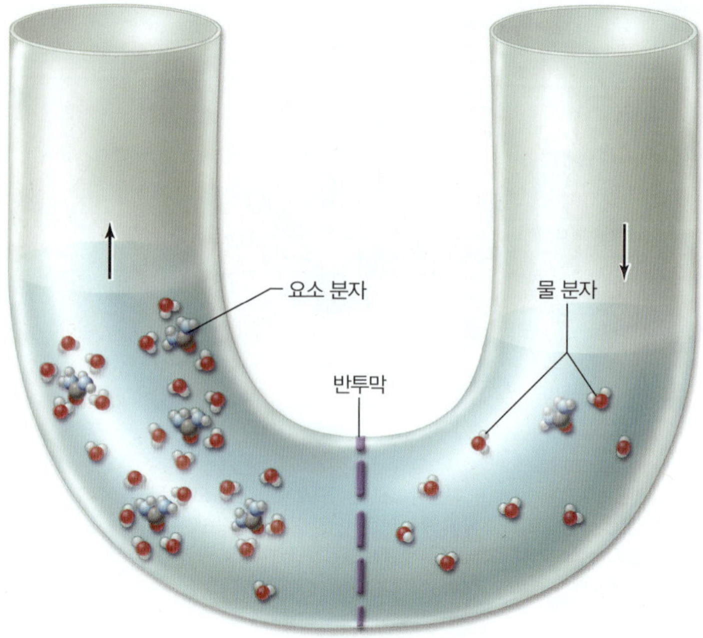

그림 4.11 삼투.
반투과성 막을 통과할 수 없는 하전 또는 극성 분자의 농도 차이는 물을 이동시켜 막을 통과하도록 한다. 물 분자는 하전 또는 극성 분자와 수소결합을 형성하여 용액에서 수화물을 형성한다. 그림에서 막의 왼쪽이 극성 분자(요소)의 농도가 더 높기 때문에 요소 분자 주위로 물 분자가 모이게 된다. 이 물 분자는 더 이상 막을 통한 자유로운 확산이 일어나지 않는다. 극성 용질은 자유 물 분자의 농도를 감소시켜 농도기울기를 만들게 된다. 따라서 U자관에서 오른쪽에서 왼쪽으로 물 분자의 확산이 일어나게 되며, 결과적으로 왼쪽은 높이가 상승하고 오른쪽은 하강하게 된다.

제한되고 있음을 보여준다. 살아 있는 세포에서 물의 이동은 물을 위해 특화된 통로인 **아쿠아포린**(aquaporin)에 의해 촉진된다.

간단한 실험으로 살펴보자. 양서류의 알은 저장성(세포의 용질 농도가 주변 물의 용질 농도보다 높음)인 물에 담가두어도 팽창하지 않는다. 그러나 아쿠아포린 mRNA를 알에 주입하면 통로단백질이 발현되어 알의 원형질막에 나타난다. 발현된 통로단백질에 의해 물이 알의 내부로 이동하여 팽창하게 된다.

현재까지 포유류에서 11종 이상의 아쿠아포린이 발견되었다. 아쿠아포린은 일반적으로 물에만 한정된 것과 글리세롤이나 요소와 같은 다른 작은 친수성 분자들의 통과도 허용하는 것으로 나눠진다. 후자는 일부 막이 어떻게 친수성인 작은 물질을 쉽게 통과시킬 수 있는지를 설명해준다.

사람의 유전질환인 신장성 요붕증(nephrogenic diabetes insipidus, NDI)은 아쿠아포린 단백질의 기능 이상에 의해 야기된다. 이 질병은 묽은 소변을 다량으로 배출하는 질병으로, 아쿠아포린 기능의 중요성을 보여준다.

삼투압

저장성 용액에서 세포는 어떤 변화를 보일까? (즉, 세포질이 세포 외액에 비해 고장성 용액이다.) 이런 상황에서는 물이 세포 외액으로부터 세포 내부로 확산되어 들어와서 세포가 팽창하게 되어 세포막에 대해 가해지는 압력(정수압) 혹은 세포질의 압력이 증가하게 된다. 세포로 들어가는 물의 양은 세포와 세포 외액 사이의 용질 농도의 차이에 의해 달라진다. 이는 **삼투압**(osmotic pressure)으로 표시되며, 삼투 이동을 정지시키는 데 필요한 힘으로 정의된다.

막이 충분히 강하다면, 세포는 물을 세포 내부로 유입하려는 경향이 있는 삼투압과 물을 세포 밖으로 밀어내려는 정수압이 정확히 균형을 잡아 평형에 도달한다. 그러나 원형질막 자체는 강한 내부 압력을 견딜 수 없으므로 저장액 조건하에서 분리된 세포는 팽창해서 결국 공기를 너무 많이 넣은 과팽창된 풍선처럼 터질 것이다(**그림 4.12**).

따라서 원형질막만을 가지는 동물세포의 경우 삼투 평형을 유지하는 것이 매우 중요하다. 대조적으로 원핵생물, 진균, 식물 및 많은

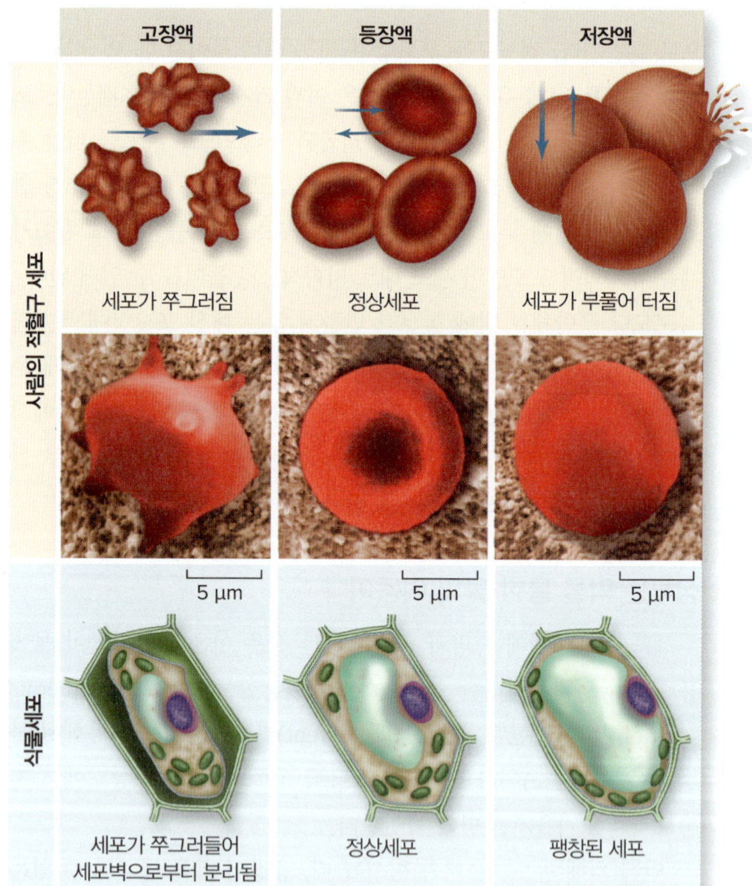

그림 4.12 용질이 삼투압을 만드는 방법.
고장액에서 물은 세포 밖으로 이동하여 세포가 쪼그라지게 된다. 등장액에서 물은 같은 속도로 세포 내외로 확산되어 세포 크기는 변하지 않는다. 저장액에서 물은 세포 안쪽으로 이동한다. 물의 이동 방향과 양은 파란색 화살표(위쪽)로 나타냈다. 저장액에서 물이 세포 안으로 들어옴에 따라 세포가 파열될 때까지 세포막에 압력이 가해진다. 세포 내의 높은 용질 농도로 인한 삼투압 때문에 물이 세포 안으로 들어온다. 삼투압은 삼투를 막는 데 필요한 압력으로 측정된다. 저장액에서 식물세포는 강한 세포벽 때문에 세포가 정수압을 견딜 수 있지만 동물세포는 부풀어 결국 터지게 된다.

원생생물의 세포는 강한 세포벽으로 둘러싸여 있어 파열 없이 높은 내부 압력을 견딜 수 있다.

삼투 평형 유지

생물체들은 저장성 환경에서 살아가면서 생기는 문제를 해결하기 위해 다음과 같이 삼투에 의한 물의 일정한 출입을 유지해 주는 많은 전략을 개발해 왔다.

배출: 원생생물인 짚신벌레(*Paramecium*)와 같은 일부 단세포 진핵생물은 수축포(contractile vacuoles)라고 하는 세포소기관을 사용하여 체내의 물을 배출한다. 각 액포(vacuole)는 세포질의 다양한 부분에서 물을 흡수하여 세포 표면에 있는 수축포로 운반한다. 수축포는 세포 외부로 열려 있는 작은 구멍을 가지고 있으며 주기적으로 수축함으로써 삼투압에 의해 세포 내부로 지속적으로 유입되는 물을 배출시킨다.

등삼투성 조절: 해양환경에 사는 일부 생물체는 내부 용질 농도를 주변 해수에 맞추어 조절한다. 따라서 환경과 비교하여 등삼투성(isosmotic)이기 때문에 이들 세포 내외부로의 순수한 물 이동은 발생하지 않는다.

많은 육상동물들은 순환계를 통해 세포들을 등장액에 잠기게 하여 삼투 문제를 해결한다. 예를 들어, 우리 몸의 혈액은 고농도의 알부민(albumin) 단백질을 함유하고 있어 세포질과 동등한 용질 농도를 유지하게 한다.

팽창: 대부분의 식물세포는 중심 액포에 고농도의 용질을 함유하고 있어 세포 주변 환경에 대해 고장성이다. **팽압**(turgor pressure)으로 알려진 내부 정수압(internal hydrostatic pressure)은 세포벽의 내부에서 원형질막으로 압력을 가하여 세포를 단단하게 만든다. 대부분의 녹색식물은 그 모양을 유지하기 위해 팽압에 의존하고 있으며 수분이 부족하면 시들게 된다.

핵심 요약 4.4

수동수송은 농도기울기가 필요하며 확산이 여기에 속한다. 소수성 분자는 막을 통해 직접 수송될 수 있다(단순확산). 또한 극성 분자들과 이온들은 막을 통해 수송될 수 있지만 통로 또는 운반단백질의 도움으로만 수송 가능하다(촉진확산). 통로단백질은 막을 관통하는 친수성 통로를 형성함으로써 수송하는 반면, 운반단백질은 그들이 수송하고자 하는 분자에 결합하여 수송한다. 물은 세포 내부와 외부의 용질 농도기울기 차이에 의해 막과 아쿠아포린을 통해 수송된다. 이 과정을 삼투라고 한다.

■ 병원에서 정맥(intravenous, IV) 주사가 필요한 경우 IV 용액의 용질 농도는 혈액 세포와 관련이 있어야 할까?

4.5 막을 통한 능동수송

학습 목표

1. 능동수송과 확산의 차이점을 설명할 수 있다.
2. Na^+/K^+ 펌프의 기능에 대해 설명할 수 있다.
3. 공역수송의 역학에 대해 설명할 수 있다.

확산(diffusion), 촉진확산(facilitated diffusion), 삼투(osmosis)는 물질이 농도기울기에 따라 이동하는 수동적인 수송과정이지만, 능동수송은 세포가 농도기울기를 거스르면서 물질 수송을 할 수 있다. 이 과정은 주로 ATP 형태의 에너지를 소비해야 하므로 **능동수송**(active transport)이라 부른다.

능동수송은 에너지를 사용하여 물질을 농도기울기에 역행하여 이동시킨다

촉진확산과 같이 능동수송에서도 이온이나 단순한 분자, 예컨대 당, 아미노산, 뉴클레오타이드 등 단순한 물질과 선택적으로 결합하는 운반단백질이 관여한다. 이러한 운반단백질이 단일 유형의 분자를 운반하는 경우에는 **단일수송체**(uniporter)라고 하며, 서로 다른 2개의 분자를 함께 운반하는 경우에는 공동수송체 또는 역수송체라고 한다. **공동수송체**(symporters)는 두 분자를 같은 방향으로 운반하고 **역수송체**(antiporters)는 두 분자를 반대 방향으로 운반한다. 이들 용어는 촉진확산에 이용되는 운반단백질에서 설명하는 데 사용될 수 있다.

능동수송은 모든 세포에서 가장 중요한 기능 중 하나이다. 세포는 세포 외액보다 더 높은 농도의 분자가 세포질에 존재하더라도 능동수송을 이용해 계속 분자들을 세포 내부로 취할 수 있게 한다. 반대로 세포 외부 농도가 높더라도 세포질에서 세포 외액으로 물질을 이동할 수 있게 한다.

능동수송에서는 ATP의 에너지가 직접적이거나 간접적으로 사용된다. 먼저 ATP가 어떻게 농도기울기에 역행하여 물질을 이동시키는지 알아본다.

소듐-포타슘(Na^+/K^+) 펌프는 ATP를 이용하여 작동된다

활발하게 분열하지 않는 동물세포는 소비되는 모든 에너지의 1/3 이상을 소듐 이온(Na^+)과 포타슘 이온(K^+)의 능동수송에 사용한다. 대부분의 동물세포는 주변 환경보다 Na^+의 내부 농도가 낮고, K^+의 내부 농도는 높다. 이러한 농도 차이의 유지는 Na^+를 배출하고,

K^+를 내부로 수송하기 때문에 나타나는 현상이다.

세포막을 가로질러 2개의 이온을 운반하는 특이한 막단백질을 **소듐-포타슘 펌프**(Na^+/K^+ pump)라고 한다(**그림 4.13**). 이 운반단백질은 ATP에 저장된 에너지를 이용하여 2개의 이온을 이동시킨다. 이 경우 에너지는 운반단백질의 형태를 변화시키는 데 사용되며, 이는 Na^+ 혹은 K^+에 대한 친화력을 변화시킨다. 이것은 단백질 구조의 미묘한 변화가 그 기능에 어떻게 영향을 미치는지에 대한 훌륭한 예이다.

세포는 Na^+/K^+ 펌프를 사용하여 세포 외부에 고농도 Na^+와 세포 내부에 고농도 K^+를 유지시킨다. 농도기울기에 역행하는 수송은 능동수송에 의해서만 가능하지만, 확산에 의한 수동수송은 막을 가로지르는 농도를 동일하게 할 것이다. 신경세포는 이러한 Na^+와 K^+의 농도기울기 전위차를 사용하여 기능을 수행하기 때문에 중요하다(37장 참조). Na^+/K^+ 펌프는 막관통단백질에서 다음과 같은 일련의 형태 변화를 거치면서 작동한다(**그림 4.13**에 요약).

1단계: 펌프에 ATP가 결합된 상태에서, 3개의 Na^+가 단백질의 세포질 측면에 결합한다.

2단계: 결합된 ATP를 ADP로 가수분해하여 인산염을 펌프로 옮긴다. 단백질은 이제 인산화된 상태가 된다.

3단계: 인산화된 단백질은 구조 변화를 겪고, 3개의 Na^+를 외부로 노출시킨다. 이러한 구조에서, 펌프는 Na^+에 대한 친화성이 낮아지면서 3개의 결합된 Na^+가 세포 외액으로 확산될 수 있게 한다.

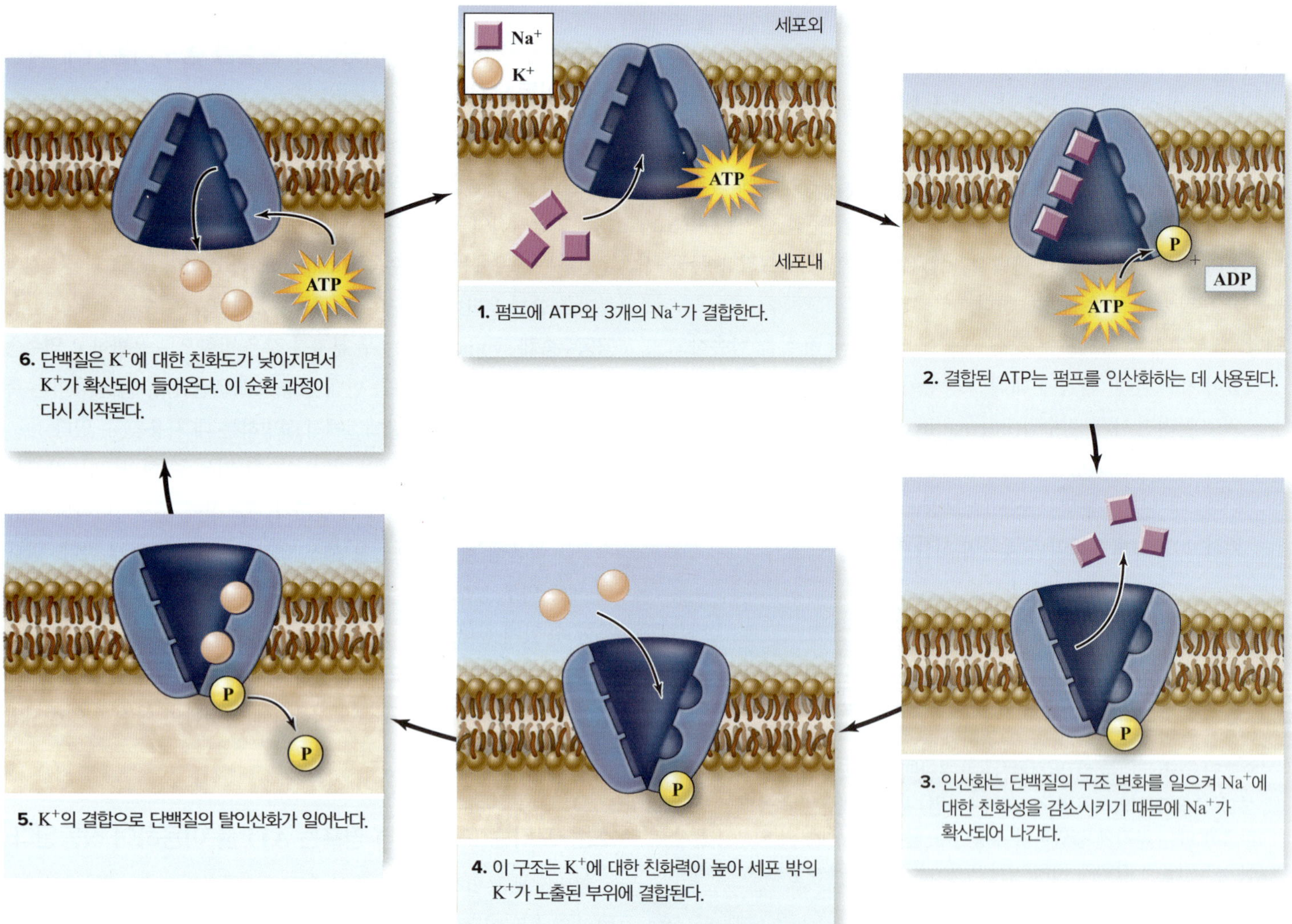

그림 4.13 소듐-포타슘 펌프.
소듐-포타슘 펌프는 원형질막을 가로질러 소듐(Na^+)과 포타슘(K^+)을 운반하는 운반단백질이다. 세포 밖으로 운송되는 3개의 Na^+마다 2개의 K^+가 운반된다. 이 과정 중 필요한 에너지는 ATP 가수분해에 의해 제공된다. 인산기가 붙고 떨어지는 과정에서 단백질의 구조를 변화시켜서, Na^+와 K^+에 대한 펌프의 친화력이 달라진다.

4단계: 인산화된 단백질은 K^+에 대해 높은 친화력을 가지게 되며, 이 중 2개는 Na^+가 확산된 후 펌프의 세포 밖 측면에 결합한다.

5단계: K^+의 결합은 결합된 인산기의 가수분해와 세포질을 향한 결합 포켓으로의 구조 변화를 야기한다.

6단계: 펌프는 ATP와 결합하여 K^+에 대한 친화력이 낮아지고 Na^+에 대한 친화력이 높은 상태로 돌아간다. 결합된 K^+는 확산되고, 3개의 새로운 Na^+가 결합하여 또 다른 사이클을 개시할 수 있다.

모든 주기에서 3개의 Na^+는 세포 외부로 나가고 2개의 K^+는 세포 내부로 들어온다. 이 과정 중에 일어나는 단백질의 구조 변화는 매우 빠르기 때문에, 각 운반단백질이 초당 300개의 Na^+를 운반할 수 있다. Na^+/K^+ 펌프는 모든 동물세포에 존재하는 것으로 보이지만 세포가 보유하고 있는 펌프 단백질의 수는 매우 다양하다.

공역수송은 ATP를 간접적으로 소비한다

일부 분자들은 다른 분자들의 농도기울기로부터 저장된 에너지를 사용하여 농도기울기를 거슬러 수송된다. 이 과정을 **공역수송**(coupled transport)이라고 부르며, 하나의 분자가 농도기울기를 따라 이동하면서 방출되는 에너지를 모아 다른 분자를 농도기울기에 반해 수송한다. 앞서 언급한 바와 같이 ATP에 저장된 에너지는 막을 사이에 두고 Na^+과 K^+의 농도기울기를 형성할 수 있게 한다. 이 농도기울기는 막을 통한 다른 물질의 수송에 이용될 수 있다.

일례로 동물세포에서 막을 가로지르는 포도당의 능동수송에 대해 살펴보자. 포도당은 생물체에서 매우 중요한 분자이므로 이에 대한 다양한 운반단백질이 있으며 그중 하나인 수동수송에 대해서는 앞에서 알아보았다. 다세포 생물체의 소장 상피세포는 외부보다 훨씬 더 높은 농도의 포도당을 내부에 함유하고 있기 때문에 이들 세포는 농도기울기에 거슬러 포도당을 수송할 수 있어야 한다. 따라서 이는 촉진확산과는 다른 에너지와 능동수송을 위한 운반단백질을 필요로 한다.

활성화된 포도당 운반체는 Na^+/K^+ 펌프에 의해 생성된 Na^+이 농도기울기를 에너지원으로 사용하여 포도당을 세포 내로 수송한다. 이 체계에서 포도당과 Na^+는 모두 운반단백질에 결합하여 Na^+가 농도기울기를 따라 세포 내로 들어올 때 발생하는 에너지를 이용해 포도당을 세포 내로 수송한다. 이런 종류의 공수송(cotransport)에서 두 분자는 막을 가로질러 같은 방향으로 수송되고, 이 운반체는 공동수송체(symporter)가 된다(**그림 4.14**).

역수송(countertransport)이라고 하는 관련 과정에서 Na^+의 세포 내 수송은 Ca^{2+} 및 H^+과 같은 물질의 세포외 수송과 연결되어 있다. 공수송에서처럼 Na^+과 다른 물질 둘 다 동일한 운반단백질에 결합하지만, 서로 반대쪽에서 결합하여 수송하기 때문에 역수송체(antiporter)이다. 역수송에서 세포들은 Na^+의 농도기울기에 따른 이동으로부터 얻은 에너지를 이용해 다른 분자나 이온을 농도에 역행해 세포 외로 배출하게 된다. 공수송과 역수송 모두 한 물질의 농도기울기로부터 발생하는 퍼텐셜에너지를 이용해 다른 분자를 농도기울기에 역행해 수송한다. 다만 수송되는 두 번째 분자가 첫 번째 분자에 대해 움직이는 방향에서만 다르다.

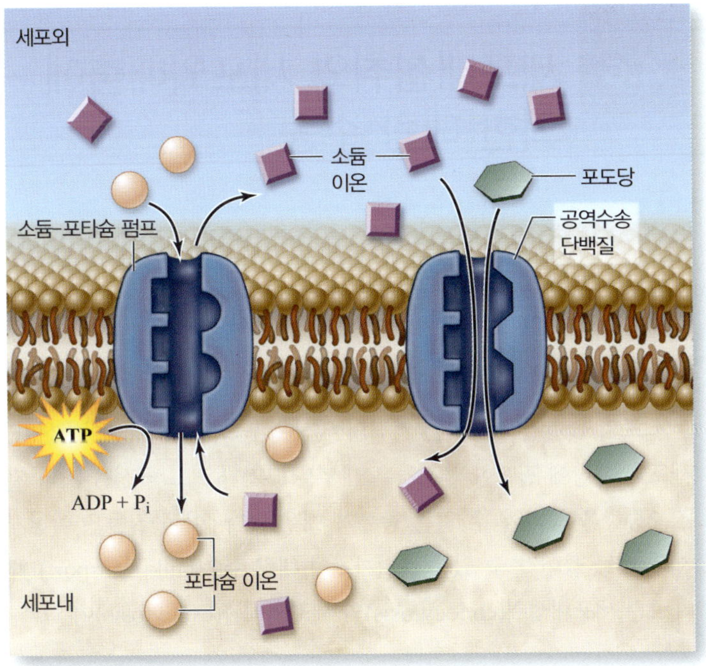

그림 4.14 공역수송.
막단백질은 농도기울기에 따라 Na^+과 포도당 분자를 동시에 세포 안쪽으로 운반한다. Na^+/K^+ 펌프에 의해 세포 외부에 고농도로 Na^+가 형성되면 공역수송이 시작되면서 포도당 분자의 농도기울기에 따라 세포 내부로 이동한다. Na^+ 기울기는 Na^+/K^+ 펌프에 의해 유지된다. ADP＝아데노신 디포스페이트, ATP＝아데노신 트리포스페이트, P_i＝무기 인산염

핵심 요약 4.5

능동수송은 농도기울기에 역행하여 분자나 물질을 이동시키기 위해 보통 ATP 형태의 에너지와 운반단백질 둘 다를 필요로 한다. Na^+/K^+ 펌프는 ATP를 사용하여 Na^+는 세포 외로 수송하고 K^+는 세포 내로 수송하여 이들 이온의 농도 차이를 생성하고 유지시킨다. 공동수송은 Na^+에 의한 포도당의 수송에서와 같이 한 분자의 농도기울기에 역행하여 다른 분자를 수송시키는 데 사용된다.

■ 능동수송은 통로단백질을 포함할 수 있을까? 그 이유는 무엇일까?

4.6 세포내섭취와 세포외배출에 의한 대량 수송

학습 목표

1. 세포내섭취와 세포외배출을 구별하여 설명할 수 있다.
2. 세포내섭취의 특징에 대해 설명할 수 있다.

세포의 원형질막에 있는 지질의 특성은 또 다른 문제를 야기한다. 세포의 생장에 필요한 물질들은 대부분 크기가 크고 극성을 지녀 지질 2중층을 통과할 수 없는 종류가 매우 많다. 이 물질들은 어떻게 세포 내로 들어갈 수 있는 것일까? 이 **대량 수송**(bulk transport) 체계로는 **세포내섭취**(endocytosis)와 **세포외배출**(exocytosis)이 있다.

대량의 물질은 소포에서 세포로 들어간다

세포내섭취(endocytosis)에서 원형질막은 먹이 입자와 유동액을 둘러싼다. 세포는 식균작용과 음세포작용 및 수용체에 의해 매개되는 세포내섭취 등 3가지 주요한 세포내섭취 기작을 이용한다(**그림 4.15**). 능동수송에서처럼 이 과정들에서도 에너지가 필요하다.

식세포작용과 음세포작용

세포가 섭취하는 물질이 생물체나 다른 유기물의 절편과 같은 미립자(개별 입자로 구성)일 경우(**그림 4.15***a*), 이 과정을 **식세포작용**(phagocytosis; 그리스어 *phagein*, "먹을 것"+ *cytos*, "세포")이라고 부른다. 섭취하려는 물질이 액체일 경우(**그림 4.15***b*) **음세포작용**(pinocytosis; 그리스어 *pinein*, "마실 것")이라 한다. 음세포작용은 동물세포에서 일반적으로 나타난다. 포유동물의 난세포는 주변 세포들이 양분을 분비하면 이를 음세포작용으로 섭취하여 성숙한다.

거의 모든 진핵세포는 입자나 세포 외액을 소포에 포획하여 세포 내로 들여와 소화하는 세포내섭취를 지속적으로 수행하고 있다. 세

그림 4.15 세포내섭취.
식세포작용(*a*)과 음세포작용(*b*)은 모두 세포내섭취이다. *c.* 수용체-매개 세포내섭취 과정에서, 세포는 표적 분자가 원형질막의 수용체 단백질에 결합할 때 세포내섭취를 개시하는 단백질 클라트린으로 둘러싸인 홈을 갖게 된다. 사진(구조를 명확하게 구별하기 위해 채색함): (*a*) 생쥐 복막 중피세포에 의한 박테리아(*Rickettsia tsutsugamushi*) 식세포작용의 TEM 사진. 박테리아는 식세포작용에 의해 숙주세포로 들어가고 세포질에서 복제된다. (*b*) 평활근 세포에서 음세포작용의 TEM 사진. (*c*) 단백질층으로 덮인 발생 중인 난자세포의 원형질막에 나타난 홈. 분자들이 피막 홈 부위에 적절히 모이면, 구멍이 깊어지고 결국 분리되어 피막 소포를 형성한다.

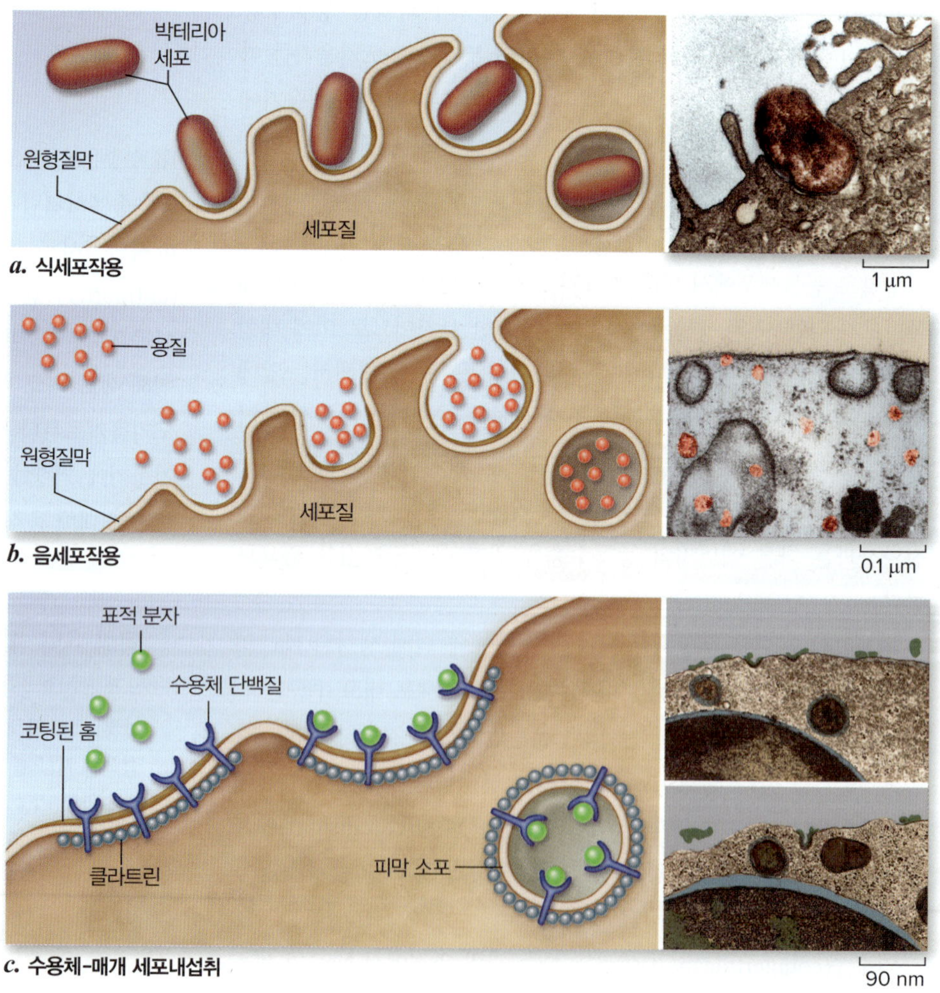

포내섭취 속도는 세포 유형에 따라 다르다. 백혈구의 경우 매 시간당 세포 체적의 25%까지 섭취할 수 있다.

수용체-매개 세포내섭취

진핵세포는 **수용체-매개 세포내섭취**(receptor-mediated endocytosis) 과정을 통해 분자들을 세포 내로 운반한다. 이들 분자들은 우선 원형질막에 있는 특이 수용체와 결합하는데, 분자의 구조는 수용체에 정확하게 들어맞게 된다. 세포 유형에 따라 각각 다른 종류의 수용체 조합을 가지며 각 수용체는 각각 다른 종류의 분자를 대상으로 작용한다.

수용체 분자에서 막 내부로 들어가 있는 부분은 세포질 쪽에 **클라트린**(clathrin)이라고 부르는 단백질로 둘러싸인 홈 부위에 부착되어 있다. 각 홈 부위는 분자의 쥐덫과 같은 기능을 하며 적절한 분자가 들어오면 이를 감싸 세포 내부로 소포를 형성하도록 닫힌다(**그림 4.15***c*). 이 덫의 방아쇠는 수용체에 적절한 분자가 결합했을 때 일어난다. 결합이 일어나면 세포는 세포내섭취를 시작하는데, 이 과정은 매우 구체적이며 빠르게 진행된다. 소포(vesicle)는 안에 대상물을 품고 세포 내로 들어가게 된다.

수용체-매개 세포내섭취에 의해 흡수되는 물질 중 하나로 저밀도 지질단백질(low-density lipoprotein, LDL)이 있다. LDL 분자는 콜레스테롤을 필요한 곳에 정확히 전달하여 삽입하는 기능을 한다. 콜레스테롤은 막의 견고함을 결정하는 데 중요한 역할을 하는 요소이다. 유전병인 가족성 고콜레스테롤증(familial hypercholesterolemia) 환자들은 LDL 수용체의 꼬리 부분이 결여되어 있어 클라트린 코팅 홈 부위에 고정이 되지 않으며 그 결과 소포가 형성되지 않는다. 따라서 콜레스테롤이 혈중에 계속 남아 있게 되고 동맥 내부에 축적되어 심장마비를 일으키기도 한다.

세포내섭취 자체가 물질을 세포의 세포질로 직접 수송하는 것이 아님을 이해하는 것이 중요하다. 섭취된 물질들은 여전히 소포의 막에 의해 세포질로부터 분리된다.

물질은 세포외배출에 의해 세포로부터 배출된다

세포내섭취의 반대가 세포 표면에서 소포내 물질을 방출시키는 **세포외배출**(exocytosis)이다(**그림 4.16**). 식물세포에서 세포외배출은 세포벽을 만드는 데 필요한 재료를 원형질막을 통해 전달하는 매우 중요한 수단이다. 원생생물 중에는 수축포에 의한 배출이 세포외배출의 한 예가 될 수 있다. 동물세포에서는 세포외배출이 다양한 호르몬, 신경전달물질, 소화효소 등의 물질을 분비하는 기작이다.

세포막을 통한 수송의 기작은 **표 4.2**에 요약되어 있다.

핵심 요약 4.6

커다란 분자와 대용량 물질은 세포내섭취에 의해 세포 내부로 들어가고 세포외배출로 세포 외부로 배출될 수 있다. 이러한 과정에는 에너지가 필요하다. 세포내섭취는 소포의 형성을 유발하는 막의 특이 수용체 단백질에 의해 매개될 수 있다.

- 수용체-매개 세포내섭취에 의한 수송, 운반단백질에 의한 수송 및 효소에 의한 촉매작용의 특징은 무엇일까?

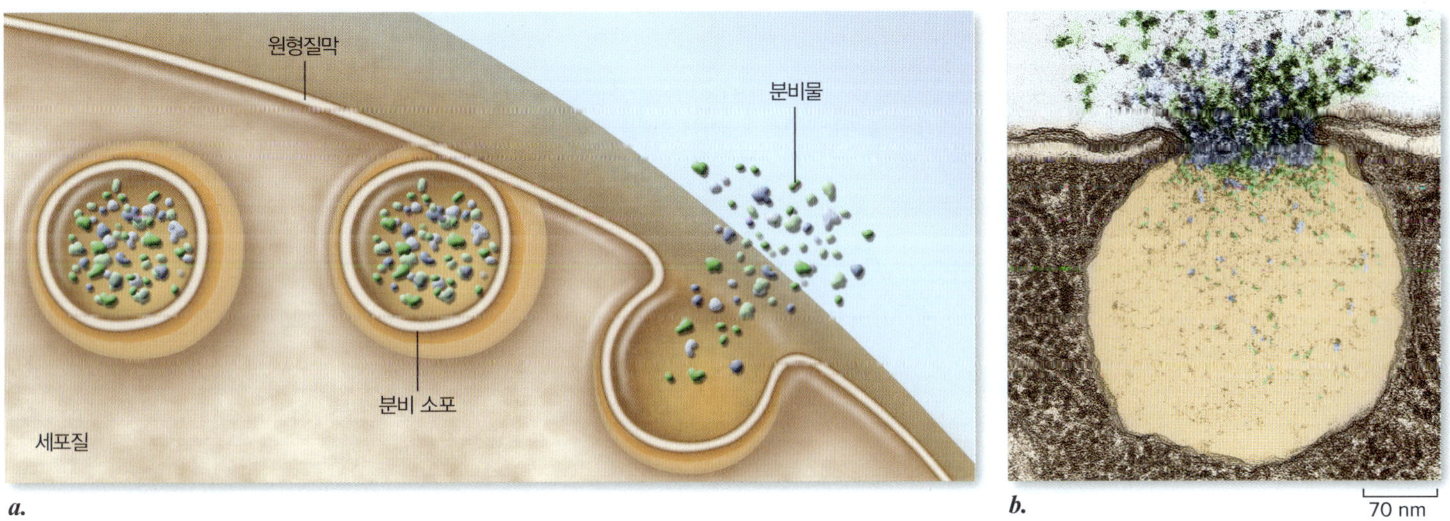

그림 4.16 세포외배출.
a. 단백질과 또 다른 분자는 작은 소포로 세포에서 분비되는데, 소포막은 원형질막과 융합하여 세포 외부로 내용물만 배출한다. *b.* 세포외배출을 나타내는 투과전자현미경 사진(시각적 효과를 위해 채색함)

표 4.2	**세포막을 통한 수송기작**		
과정		**작용 방법**	**예**
		수동적 과정	
확산			
직접	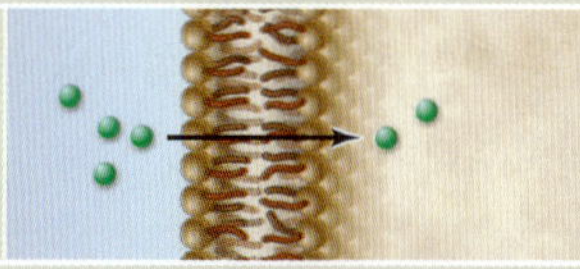	분자가 직접 이동하여 농도가 높은 곳에서 낮은 곳으로 비극성 분자를 이동시킴	세포 내로의 산소 이동
촉진확산			
단백질 통로	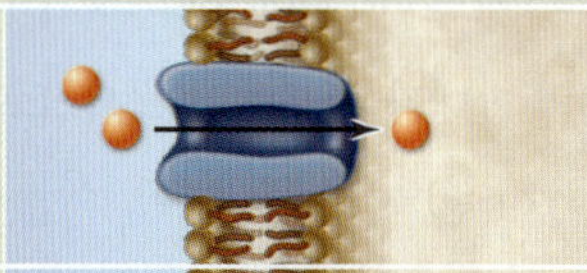	극성 분자나 이온이 단백질 통로를 통해 이동, 농도가 높은 곳에서 낮은 곳으로 이동	세포 안팎으로 이온 이동
단백질 운반체	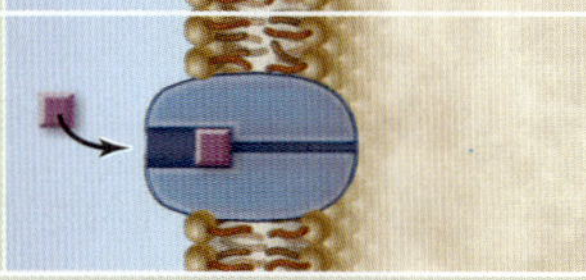	분자들이 막에 있는 운반단백질과 결합하여 수송됨, 농도가 높은 곳에서 낮은 곳으로 이동	세포 안으로 당 이동
삼투			
아쿠아포린	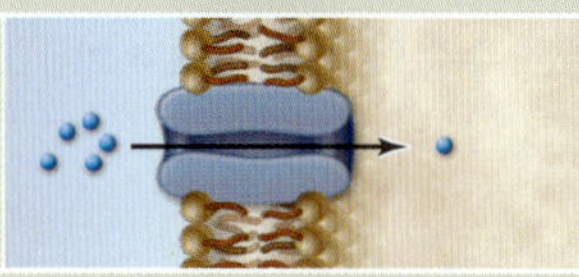	삼투에 의해 막을 통해 물이 이동, 용질의 농도 차이가 필요	저장액에서 세포 안으로 물 이동
		능동적 과정	
능동수송			
단백질 운반체			
Na^+/K^+ 펌프	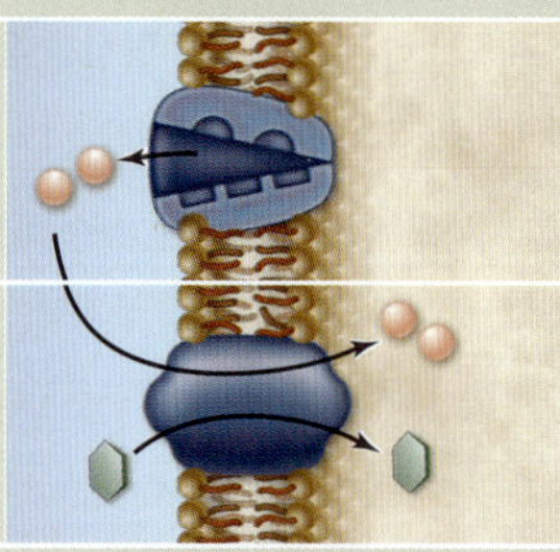	운반체가 농도기울기에 역행하여 에너지를 이용하여 물질 수송	농도기울기에 역행하여 Na^+와 K^+ 이동
공역수송		Na^+나 양성자가 수송될 때 분자가 농도기울기에 역행하여 함께 수송됨	Na^+의 농도기울기를 이용하므로 포도당은 농도기울기에 역행하여 세포 안으로 수송됨
세포내섭취			
막소포			
식세포작용	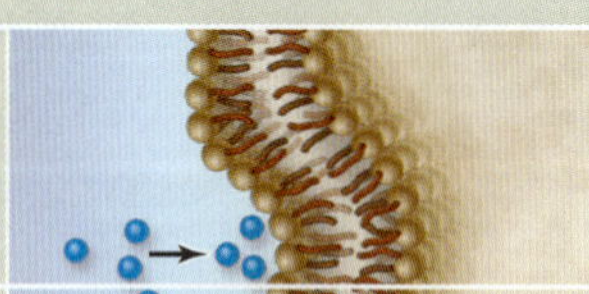	입자는 막으로 둘러싸여 소포를 형성	백혈구에 의한 식세포작용
음세포작용		유동물질이 막으로 둘러싸여 소포를 형성	사람 난세포의 영양 섭취
수용체-매개 세포내섭취	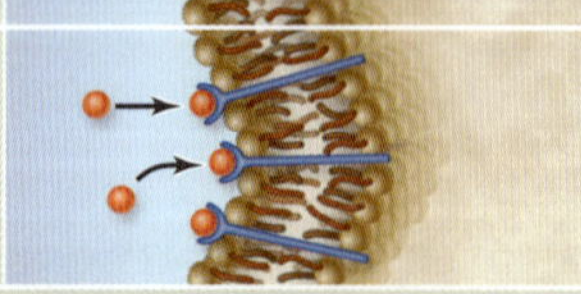	특별한 수용체에 의해 개시되는 식세포작용으로 클라트린으로 감싸인 소포 형성	콜레스테롤 섭취
세포외배출			
막소포	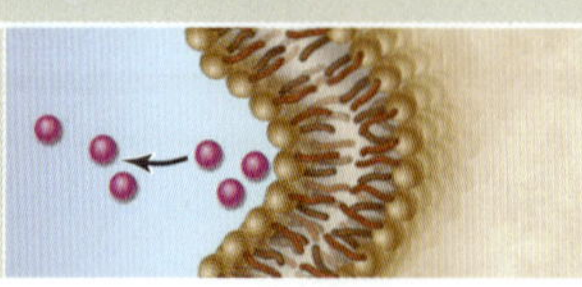	소포가 세포막과 융합되어 분비물을 방출	점액질 분비, 신경전달물질 방출

핵심 개념 요약

4.1 막의 구조

■ 유동모자이크모델은 유동성 지질 2중층 내의 단백질들을 보여준다

막은 단백질이 있는 인지질 2중층 판이다(**그림 4.3**). 막의 소수성 영역은 안쪽으로 향하고 친수성 영역은 바깥쪽으로 향한다. 유동모자이크모델에서 단백질은 지질 2중층 내에 또는 지질 2중층에 부유한다.

■ 세포막은 4가지 구성 요소로 구성된다

진핵세포에서 막은 인지질 2중층, 막관통단백질(내재 막단백질), 내부 단백질망과 세포 표면 표지의 4가지 구성 성분을 갖는다. 내부 단백질망은 세포골격섬유와 주변부 막단백질로 구성되며, 막과 관련되어 있지만 그 일부는 아니다. 막은 표면에 세포 정체성 표지로서 작용하는 당단백질과 당지질을 함유한다.
콜레스테롤과 스핑고지질은 연합하여 미세영역을 형성할 수 있다. 원형질막의 2개의 판(세포 외부 쪽과 세포 내부 쪽)은 동일하지 않다.

■ 전자현미경은 구조적 증거를 제공한다

투과전자현미경(TEM)과 주사전자현미경(SEM)으로 유동모자이크모델에 의해 예측된 구조를 확인할 수 있다.

4.2 인지질: 막의 토대

인지질은 글리세롤 분자에 연결된 2개의 지방산과 1개의 인산염으로 구성된다.

■ 인지질은 자발적으로 2중층을 형성한다

인지질의 인산기는 극성이고 친수성이며, 지방산은 비극성이고 소수성이며, 인지질의 극성 머리로부터 멀어지도록 배치된다. 지질 2중층의 비극성 내부는 물과 수용성 물질의 통과를 방해한다.

■ 인지질 2중층은 유동성이 있다

물의 수소결합은 막을 2층 구조로 유지시킨다. 그러나 막의 인지질과 고정되지 않은 단백질은 느슨하게 결합되고 측 방향으로 확산될 수 있다.

■ 막 유동성은 지질 조성에 따라 달라진다

막 유동성은 막의 지방산 조성에 의존한다. 불포화 지방은 지방산 꼬리에서 이중결합의 "구부러짐" 때문에 막을 더 유동적으로 만드는 경향이 있다. 온도는 유동성에도 영향을 준다.

■ 인지질 조성물은 막 구조에 영향을 미친다

상이한 막 구획은 상이한 인지질 조성을 갖는다. 이것은 서로 다른 막의 구조와 기능에 영향을 미치며 막의 이동에도 불구하고 지속된다.

4.3 단백질: 다양한 기능을 가진 구성 요소

■ 단백질과 단백질 복합체는 핵심 기능을 수행한다

운반체는 막을 통해 특정 물질을 운반하는 필수 막단백질이다. 효소는 종종 막의 내부 표면(세포질 쪽)에 위치한다. 세포 표면 수용체는 외부 화학신호에 반응하고 세포 내부의 상태를 변화시킨다. 표면의 세포 정체성 표지는 신체의 세포를 "자기"로 인식할 수 있게 한다. 세포 대 세포 부착단백질은 세포를 서로 접착시킨다. 다른 세포와 상호작용하는 표면 단백질은 세포골격에 고정된다.

■ 막단백질의 구조적 특징은 기능과 관련이 있다

표면 단백질은 인지질의 극성 영역과 관련된 비극성 영역에 의해 표면에 부착된다. 막관통단백질은 2중층을 여러 번 통과할 수 있으며, 각각의 막관통영역을 가지고 있다. 이러한 영역은 일반적으로 α 나선구조로 배열된 소수성 아미노산으로 구성된다. 특정 단백질에서 비극성 영역의 β 병풍구조는 극성 환경을 갖는 파이프형 통로를 형성한다. 포린 단백질류가 그 예이다.

4.4 막을 통한 수동수송

■ 수송은 단순확산을 통해 일어난다

단순확산은 화학적 또는 전기적 농도기울기를 따른 물질의 수동적인 이동이다. 생물학적 막은 친수성 극성 분자에 대해서는 장벽이 되지만, 소수성 물질은 자유롭게 이동시킨다.

■ 단백질은 막 확산을 선택적으로 허용한다

이온과 큰 친수성 분자는 인지질 2중층을 통과할 수 없다. 확산은 여전히 촉진확산에 의해 통로 또는 운반단백질을 통해 일어날 수 있다. 통로는 막에 단백질들이 친수성 통로를 형성함으로써 특정 이온의 확산을 허용한다. 운반단백질은 효소와 마찬가지로 운반하는 분자에 결합한다. 운반단백질에 의한 수송 속도는 막 내 운반단백질의 수에 의해 제한된다.

■ 삼투는 막을 통한 물의 이동이다

삼투로 인한 이동 방향은 막의 양쪽에 있는 용질 농도에 달려 있다(**그림 4.11**과 **4.12**). 용액은 등장성, 저장성 또는 고장성일 수 있다. 등장액의 세포는 삼투압 균형을 이룬다. 저장액 속 세포는 물을 얻고, 고장액 속 세포는 물을 잃는다. 아쿠아포린은 물의 확산을 촉진하는 통로이다.

4.5 막을 통한 능동수송

■ 능동수송은 에너지를 사용하여 물질을 농도기울기에 역행하여 이동시킨다

능동수송은 에너지원을 운반하기 위해 결합된 특수 운반단백질을 사용한다. 그들은 운반하고자하는 분자의 수와 수송 방향에 따라 분류된다. 단일수송체는 특정 분자를 한 방향으로만 운반한다. 공동수송체는 같은 방향으로 동시에 두 분자를 운반한다. 역수송체는 동시에 반대 방향으로 두 분자를 운반한다.

■ 소듐-포타슘 펌프는 ATP를 이용하여 직접 작동된다

소듐-포타슘 펌프는 ATP를 이용하여 농도기울기에 역행하여 Na^+를 세포 밖으로 수송하고 K^+를 세포 내부로 수송시킨다. 펌프의 모든 사이클에서 3개의 Na^+가 세포 밖으로 나가고 2개의 K^+가 세포 내부로 들어온다. 이 펌프는 동물세포에서 거의 보편적인 것으로 보인다.

■ 공역수송은 ATP를 간접적으로 소비한다

공역수송은 한 분자의 농도기울기를 사용하여 다른 분자를 그 분자의 농도기울기에 역행하여 같은 방향으로 이동시킨다. 역수송은 비슷하지만 두 분자는 서로 반대 방향으로 움직인다.

4.6 세포내섭취와 세포외배출에 의한 대량 수송

대량 수송은 세포막을 통과할 수 없는 다량의 물질을 이동시킨다.

■ **대용량의 물질은 소포에서 세포로 들어간다**

세포내섭취에서 세포막은 물질을 둘러싸고 압박하여 소포를 형성한다. 수용체-매개 세포내섭취에서 특정 분자는 세포막의 수용체에 결합한다.

■ **물질은 세포외배출에 의해 세포로부터 배출된다**

세포외배출에서 소포 안의 물질은 소포가 세포막과 융합될 때 세포 밖으로 배출된다.

연습문제

■1단계: 이해력 확인하기

1. 막의 유동성모자이크모델은 막을 어떻게 기술하고 있는가?
   a. 내부에 상당량의 물을 함유한다.
   b. 외부는 유동성 인지질로, 내부는 단백질로 구성되어 있다.
   c. 외부는 단백질로, 내부는 유동성 인지질로 구성되어 있다.
   d. 자유롭게 이동할 수 있는 단백질과 지질로 구성되어 있다.
2. 인지질 2중층의 내부를 특징 짓는 화학적 특성은 무엇인가?
   a. 소수성이다.
   b. 극성이다.
   c. 친수성이다.
   d. 포화상태이다.
3. 막관통단백질의 막관통영역에 대해 바르게 설명한 것은 무엇인가?
   a. 소수성 아미노산으로 구성된다.
   b. 종종 α 나선구조를 형성한다.
   c. 막을 여러 번 통과할 수 있다.
   d. a, b, c 모두 맞다.
4. 세포에서 막의 특정한 기능은 무엇에 의해 결정되는가?
   a. 인지질 2중층에 들어 있는 지방산의 포화도
   b. 세포내에서 막의 위치
   c. 지질 뗏목과 콜레스테롤의 존재 여부
   d. 막단백질의 유형과 수
5. 막을 통과하는 물의 이동은 어느 요인에 의존적인가?
   a. 용매의 농도
   b 용질의 농도
   c. 운반단백질의 존재
   d. 막전위
6. 소금과 설탕 용액에 잠긴 세포는 수축한다. 이것으로부터 유추되는 것은 무엇인가?
   a. 등장액이다.
   b. 고장액이다.
   c. 저장액이다.
   d. 알 수 없다.
7. 다음 중 세포 내부로 물질을 끌어들이는 기작이 아닌 것은 무엇인가?
   a. 세포외배출
   b. 세포내섭취
   c. 음세포작용
   d. 식세포작용

■2단계: 적용력 평가하기

1. 지질에서 포화지방산과 불포화지방산의 조성을 변경할 수 있는 박테리아는 추운 환경에 적합하다. 이 박테리아가 따뜻한 환경으로 이동하면 어떻게 반응하겠는가?
   a. 막의 콜레스테롤 양을 증가시킨다.
   b. 막에 있는 단백질의 양을 변경시킨다.
   c. 막에서 포화지방산의 비율을 증가시킨다.
   d. 막에서 불포화지방산의 비율을 증가시킨다.
2. 비극성 분자가 수동적인 확산으로 막을 통과하는지 여부에 영향을 주는 변인은 무엇인가?
   a. 인지질 2중층의 구조
   b. 막을 통과하는 분자의 농도 차이
   c. 막 운반단백질의 존재
   d. a, b, c 모두 맞다.
3. 다음 중 생체막의 선택적 투과성에 영향을 주지 않는 요인은 무엇인가?
   a. 막에서 운반단백질의 특이성
   b. 막에서 통로단백질의 선택성
   c. 인지질 2중층의 소수성 장벽
   d. 물과 인산기 사이의 수소결합 형성
4. 능동수송과 공역수송은 어떤 연관성이 있는가?
   a. 모두 ATP를 사용하여 분자를 이동시킨다.
   b. 능동수송은 농도기울기를 만들지만 공역수송은 만들지 않는다.
   c. 공역수송은 능동수송에 의해 만들어진 농도기울기를 이용한다.
   d. 능동수송은 분자 1개를 이동시키나 공역수송은 2개를 이동시킨다.
5. 세포의 촉진확산 과정은 언제 일어나는가?
   a. 세포 내부의 포도당과 같은 분자를 농축할 때
   b. 한 세포로부터 독성 분자를 모두 제거할 때

c. 농도에 관계없이 막을 통과하는 이온이나 극성이 큰 분자를 이동시킬 때

d. 고농도에서 저농도로 이온이나 극성이 큰 물질을 이동시킬 때

▪3단계: 사고력 함양하기

1. **그림 4.5**는 단백질이 세포의 원형질막 내로 이동하는 능력을 증명하는 고전적인 실험을 보여준다. 다음 표는 표지된 생쥐 세포와 사람 세포를 융합시키는 데 사용한 3가지 상이한 실험을 개략적으로 나타낸다. 이런 단백질의 움직임에 대해 어떤 결론을 내릴 수 있는가?

실험	조건	온도(℃)	결과
1	사람과 생쥐 세포의 융합	37	혼합된 막단백질 형성
2	ATP 억제자가 있을 때, 사람과 생쥐 세포의 융합	37	혼합된 막단백질 형성
3	사람과 생쥐 세포의 융합	4	혼합된 막단백질을 형성하지 않음

2. 한 세포의 세포내막계의 각 구획은 원형질막과 관계가 있다. 거친면 소포체, 골지체, 소포 및 원형질막을 포함하는 세포의 간단한 도표를 만드시오. 거친면 소포체에서 시작하여 다른 2가지 색으로 각각의 막에 대해 2중층의 안쪽과 바깥쪽을 나타내시오. 무엇을 관찰할 수 있는가?

3. 소포체막에 있는 지질의 분포는 대칭적이다. 즉, 막의 양쪽 얇은 판이 동일하다. 골지체와 원형질막에서는 막 지질이 대칭적으로 분포하지 않는다. 어떤 과정에 의해 이런 결과가 나타났는가?

5

에너지와 대사작용

5.1 생물계의 에너지 흐름
5.2 열역학 법칙과 자유에너지
5.3 ATP: 세포의 에너지 화폐
5.4 효소: 생체 촉매
5.5 대사: 세포 기능의 화학적 기술

도입

생명 현상은 생물체를 통해 전달되면서 일을 가능케 하는 지속적인 에너지의 흐름으로 설명할 수 있다. 생명의 주요 특성인 질서, 생장, 생식, 반응성, 내적조절 등의 유지에는 지속적인 에너지 공급이 필요하다. 사자가 기린을 사냥하여 얻은 에너지는 세포를 움직이고, 포효하고, 달리고, 몸집을 키우는 데 사용된다. 에너지가 고갈된다면 생명 현상은 멈춰진다. 따라서 에너지가 생물계의 활동에 어떻게 작용하는지에 대해서 분석하는 생물에너지학(bioenergetics)의 논의 없이는 생명 현상의 포괄적인 연구가 불가능할 것이다. 이번 장에서는 에너지의 정의 및 화학반응이 일어나는 동안의 에너지 변화에 중점을 두고 살펴본다.

5.1 생물계의 에너지 흐름

학습 목표

1. 운동에너지와 위치에너지를 구별할 수 있다.
2. 생물권의 에너지원을 확인할 수 있다.
3. 산화-환원 반응의 특성을 설명할 수 있다.

열역학(thermodynamics)은 에너지 변화에 관해 연구하는 화학의 한 분야이다. 세포는 물리와 화학의 법칙들에 통제되기 때문에, 세포의 기능을 알기 위해서는 이 법칙들을 이해해야 한다.

에너지는 여러 형태로 존재할 수 있다

에너지(energy)는 일을 할 수 있는 능력으로 정의된다. 우리는 에너지가 운동에너지와 위치에너지라는 2가지 상태로 존재한다고 생각한다(**그림 5.1**). **운동에너지**(kinetic energy)는 움직임의 에너지를 나타낸다. 움직이는 물체는 다른 물체를 움직이게 함으로써 일을 하게 된다. **위치에너지**(퍼텐셜에너지, potential energy)는 저장 에너지이다. 현재 활발하게 움직이지는 않지만, 움직일 능력이 있는 물체는 위치에너지를 가지고 있다. 언덕 위에 있는 바위는 중력 위치에너지를 가지고 있다. 이 바위가 아래로 굴러 내려오기 시작하면, 일부 위치에너지는 운동에너지로 전환된다. 생명체가 하는 많은 일은 위치에너지를 운동에너지로 전환하는 일과 연관되어 있다.

에너지는 기계적 에너지, 열, 소리, 전류, 빛, 방사능 등의 여러 형태로 존재할 수 있다. 에너지는 이렇게 여러 형태로 존재할 수 있기 때문에 여러 가지 방법으로 측정될 수 있다. 다른 모든 형태의 에너지가 열로 변환될 수 있으므로 열은 에너지를 측정하는 가장 편리한 방법이다. 실제로 **열역학**(thermodynamics)이라는 용어는 "열 변화"를 의미한다.

생물학에서 가장 널리 사용되는 열량의 단위는 kcal(킬로칼로리)이다. 1 kcal는 1000 cal(칼로리)를 의미한다. 1 cal는 1 g의 물을 1°C 올리는 데 필요한 열량을 나타낸다. [대문자 C로 **칼로리**(Calorie)라는 용어를 보는 것이 더 익숙할 것이다. 이것은 식품 표지에서 사용되며 실제로는 kcal이다.] 물리학에서 사용하는 또 다른 에너지 단위는 **줄**(joule, J)인데 1 J은 0.239 cal에 해당한다.

태양은 대부분의 생물계에 에너지를 제공한다

에너지는 태양으로부터 대부분의 생태계로 흘러 들어간다. 태양은 지구에 연간 13×10^{23} cal 이상 또는 초당 4000만 cal를 제공하는 것으로 추정된다. 식물과 조류 그리고 일부 특정 세균들은 광합성을 통해 이 에너지의 일부를 포획한다.

광합성 과정에서, 태양에너지는 작은 분자들(물과 이산화탄소)로부터 더 복잡한 분자(당)를 만드는 데에 이용된다. 광합성 과정에서 탄소는 무기물에서 유기물 형태로 바뀌며, 햇빛으로부터 온 에너지는 당 분자 내 원자 사이의 공유결합에 화학에너지로 저장된다.

화학반응에서 화학결합을 끊을 때 에너지가 필요하고, 공유결합을 형성하면 에너지가 방출된다. 광합성처럼 반응이 더 정돈된 높은 에너지 상태를 형성하는 경우 에너지 투입이 필요하다. 광합성에서, 햇빛으로부터 흡수된 에너지는 작은 분자(물과 이산화탄소)를 더 복잡한 분자(당)로 결합하는 데 사용된다. 이 과정에서 흡수된 에너지는 당 분자의 구조에 화학에너지로 저장된다.

산화-환원 반응은 전자를 이동시킨다

화학반응 동안 화학결합에 저장되어 있던 에너지는 새로운 결합을 만드는 데에 쓰일 수 있다. 이런 반응 중 일부에서는 전자가 한 원자나 분자로부터 다른 원자나 분자로 이동할 수 있다. 전자를 잃은 원자나 분자는 산화되었다고 표현하며, 이런 과정을 **산화**(oxidation)라고 한다. 산화라는 명칭은 생물계에서 산소가 가장 일반적인 전자 수용체로 쓰이는 데서 온 것이다. 역으로 원자나 분자가 전자를 얻으면 환원되었다고 하며, 이 과정을 **환원**(reduction)이라고 한다. 한 분자의 환원된 형태는 산화된 형태일 때보다 에너지 준위가 높다(**그림 5.2**). 한 원자가 산화 과정에서 전자를 잃으면 그 전자는 다른 원자에 전달되면서 그 원자가 환원되기 때문에 산화와 환원은 항상 함께 일어난다. 따라서 이러한 화학반응을 **산화-환원**(oxidation-reduction, redox) **반응**이라고 한다.

산화-환원 반응은 결합이 형성되거나 끊어질 때 전자를 전달하며, 이 전자와 함께 전자가 보유하는 퍼텐셜에너지도 전달한다. 이러한 이유로, 환원된 형태의 분자는 산화된 형태보다 높은 에너지 수준을 갖는다.

산화-환원 반응은 생물계의 에너지 흐름에서 중요한 역할을 한다.

a. 위치에너지

b. 운동에너지

그림 5.1 **위치에너지와 운동에너지.**
a. 움직일 수 있는 능력은 있지만 현재 움직이고 있지 않는 물체는 위치에너지를 갖고 있다. 소녀가 에너지를 쓰면서 미끄럼틀 위로 올라서면 위치에너지를 저장하고 있게 된다. ***b.*** 움직이는 대상은 운동에너지를 갖고 있다. 소녀가 미끄럼틀 아래로 내려오면서 저장되어 있던 위치에너지가 운동에너지로 방출된다.

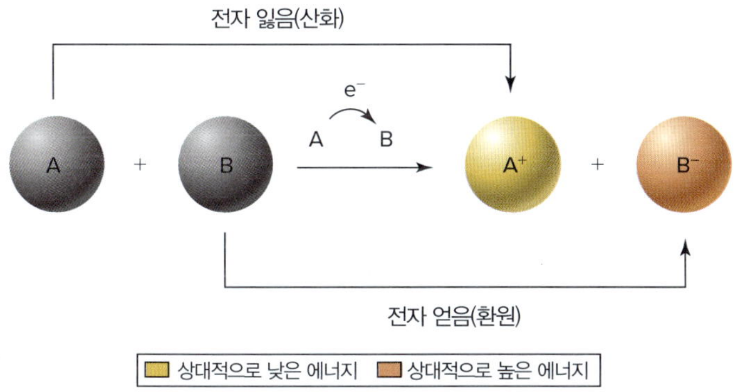

그림 5.2 산화-환원 반응.
산화는 전자를 잃고 환원은 전자를 얻는 반응이다. 이 그림에서 분자 A와 분자 B의 전하가 위 첨자로 표시되어 있다. 분자 A가 전자를 잃으면 분자 B는 전자를 받으면서 에너지를 얻게 된다.

다음 두 장에서는 생물이 호흡을 통해 어떻게 유기화합물을 산화하면서 에너지를 얻는지, 그리고 광합성을 통해 태양에너지를 얻는지에 대해 자세하게 다룬다.

핵심 요약 5.1

에너지는 일을 할 수 있는 능력으로 정의된다. 2가지 형태의 에너지는 운동에너지 또는 움직임의 에너지와 위치에너지 또는 저장 에너지이다. 생물계의 궁극적인 에너지원은 태양이다. 생물체는 산화-환원 반응으로부터 에너지를 얻는다. 산화에서 분자는 전자를 잃고, 환원에서 분자는 전자를 얻는다.

■ 해양 바닥의 생태계는 어떤 에너지원을 사용할 수 있을까?

5.2 열역학 법칙과 자유에너지

학습 목표

1. 열역학 법칙을 설명할 수 있다.
2. 자유에너지 변화를 화학반응의 결과와 관련시킬 수 있다.
3. 효소 촉매가 있을 때와 없을 때의 반응 과정을 대조할 수 있다.

열역학(thermodynamics)은 에너지 변화에 관해 연구하는 화학의 한 분야이다. 세포는 물리와 화학의 법칙들에 통제되기 때문에, 세포의 기능을 알기 위해서는 이 법칙들을 이해해야 한다. 생물이 성장하고, 달리고, 생각하고, 노래하고, 글을 읽는 등의 모든 활동에는 에너지 변화가 관련되어 있다. 우리가 열역학의 법칙이라고 부르는 2가지 보편적 법칙은 태양에서 일어나는 핵반응에서부터 책을 집어 들기까지 우주의 모든 에너지 변화를 지배한다.

열역학 제1법칙: 에너지는 생성되거나 파괴될 수 없다

열역학 제1법칙(First law of thermodynamics)은 우주의 에너지 양에 관한 것이다. 에너지는 생성되거나 파괴될 수 없다. 한 형태에서 다른 형태로만 전환될 수 있다(예를 들어, 위치에너지에서 운동에너지로). 우주의 총 에너지 양은 일정하게 유지된다.

이번 장 첫 페이지의 기린을 잡아먹는 사자는 에너지를 얻고 있는 것이다. 사자는 새로운 에너지를 만들거나 태양에너지를 포획하는 것이 아니라(기린이 살아 있을 때 먹은 식물에 저장된 퍼텐셜에너지를 획득했던 것과 마찬가지로) 기린의 조직 내에 있는 퍼텐셜에너지 일부를 자신의 몸으로 이동시키는 것이다.

어떤 생물체에서든지 분자에 저장된 화학적 퍼텐셜에너지는 다른 분자로 이동될 수 있고 다른 화학결합으로 저장될 수 있다. 또한 퍼텐셜에너지는 운동에너지, 빛, 전기 등과 같이 다른 형태로 전환될 수 있다. 전환이 일어날 때마다 일부 에너지는 **열**(heat)의 형태로 주변에 분산되는데, 이 열이 분자의 무작위적 운동의 척도이므로 운동에너지의 척도이다. 에너지는 생물계에서 한 방향으로 흐르게 되는데, 태양에서 계속해서 새로운 에너지가 생물계로 들어와서 열로 소실되는 에너지를 대체하게 된다.

열 기울기, 즉 두 영역 사이의 온도 차이가 있는 경우에만 열을 사용하여 작동할 수 있다. 세포는 내부 온도차를 유지하기에 너무 작아 세포 내의 열에너지는 일을 수행할 수 없다. 대신 세포는 화학반응에 의존해 에너지를 얻는다.

우주의 에너지 총량은 일정하게 유지되지만, 일을 할 수 있는 에너지는 점차 열로 소실되면서 감소한다.

열역학 제2법칙: 무실서도가 증가함에 따라 일부 에너지는 손실된다

열역학 제2법칙(Second law of thermodynamics)은 에너지 전환 효율을 다룬다. 에너지는 100% 효율로 한 형태에서 다른 형태로 전환될 수 없다. 따라서 일부 에너지는 항상 사용할 수 없다. 이러한 이용 불가능한 에너지는 분자의 무작위적 운동의 증가, 원자에 이용 가능한 에너지 상태의 수의 증가, 또는 계에서 에너지 분산의 증가로 나타난다. 이것은 종종 계의 무질서 또는 무작위성의 증가로 특정 지어지는데, 이것을 **엔트로피**(entropy, 다음 절의 방정식에서 S로 표시)의 증가로 측정한다. 간단히 말해서, 무질서는 질서보다 더 가능성이 높다. 예를 들어, 벽돌 기둥이 자발적으로 배열하여 쌓일 가능성보다 쌓아 둔 벽돌이 무너질 가능성이 크다는 것이다.

에너지 전환은 물질을 보다 질서 있고 덜 안정된 형태에서 무질서하지만 더 안정된 형태로 전환하기 위해 자발적으로 진행된다. 25℃의 실내에 있는 얼음물 한 잔을 생각해 보자. 얼음의 물 분자는 규칙적인 배열을 형성하는 반면에 액체의 물 분자는 더 무질서하다. 분자는 액체 물에서보다 결정 내에서 배열될 수 있는 방법이 훨씬 적다. 얼음이 주변으로부터 열을 흡수함에 따라, 결정을 유지하는 데 관여하는 수소결합이 끊어지고 물 분자가 덜 정렬된다(더 높은 엔트로피). 모든 얼음이 녹으면 물의 엔트로피가 계에서 최대가 된다(**그림 5.3**). 평소의 경험에 의해 **그림 5.3**을 이해할 수 있지만, 그 근본적 이유는 열역학 제2법칙에 의한 것이다.

화학반응은 자유에너지 변화를 통해 예측할 수 있다

한 분자 내의 원자들 사이의 화학결합을 끊는 데에는 에너지가 필요하다. 열에너지는 원자의 운동을 증가시켜 원자들을 서로 분리시킨다. 화학결합은 무질서를 감소시키고 열은 무질서를 증가시켜 주면서 분자의 구조에 중요한 영향을 미친다. 화학결합을 끊고 다른 결합을 형성하게 하는 데 실제로 사용될 수 있는 에너지를 분자의 자유에너지라 부른다.

자유에너지(free energy)는 어떤 계에서 일을 하는 데에 사용될 수 있는 에너지로 정의된다. 일정한 온도, 압력 및 부피의 조건에서 이는 **깁스 자유에너지**(Gibbs free energy)로 불리며 $\boldsymbol{G}$로 나타낸다. G는 한 분자의 화학결합이 지닌 전체 에너지[**엔탈피**(enthalpy), $\boldsymbol{H}$로 표시]에서 무질서도를 나타내는 엔트로피(S)에 캘빈(K = ℃ + 273) 단위로 나타내는 절대온도 T를 곱한 $\boldsymbol{TS}$를 뺀 값이다.

$$G = H - TS$$

화학반응은 반응물의 일부 결합이 끊어지고 새로운 결합을 통해 생성물이 만들어지는 과정으로, 자유에너지 변화가 일어나는 반응이다. 대부분의 생물학적 반응에서처럼 화학반응이 일정한 온도, 압력, 부피 조건하에서 일어날 때 자유에너지의 변화는 변화를 의미하는 그리스 문자 Δ(델타)를 이용하여 다음과 같이 나타낼 수 있다.

$$\Delta G = \Delta H - T\Delta S$$

자유에너지의 변화량으로 화학반응의 자발성 여부를 예측할 수 있다. 자유에너지의 변화는 생성물의 에너지에서 반응물의 에너지를 뺀 값으로 계산되므로, 생성물이 반응물보다 더 많은 자유에너지를 갖는 경우, ΔG는 양이다. 이러한 반응은 에너지 투입이 필요하기 때문에 자발적이지 않다. 이는 결합에너지(H)가 높거나 계의 무질서(S)가 더 낮기 때문일 수 있다. 이것을 **자유에너지증가성**(endergonic) 반응이라고 부른다. **그림 5.4***a*를 통해 반응물과 생성물의 자유에너지(G)를 비교할 수 있다. 자유에너지증가성 반응은 반응물에서 생성물로 "오르막"이며 자발적이지 않다.

반대로 생성물이 반응물보다 작은 자유에너지를 갖는 경우, ΔG는 음이며, 반응은 자발적으로 진행될 것이다. 음의 ΔG는 결합에너지(H)가 더 낮거나 무질서(S)가 더 높거나 둘 다일 수 있기 때문이다. 이러한 반응은 에너지를 방출하며 **자유에너지감소성**(exergonic) 반응이라고 한다. 반응에 대한 자유에너지의 변화는 반응물에서 생성물까지 "내리막"이며, 반응은 자발적일 것이다(**그림 5.4***b*). 자발적인 것이 순간적인 것과 같다는 의미는 아니다. 자발적인 반응은 매우 느리게 진행될 수 있다.

화학반응은 가역적으로 일어나기 때문에 정반응이 자유에너지감소성 반응이라면 역반응은 자유에너지증가성 반응이 된다. 각 반응마다 반응물과 생성물의 상대적인 양이 평형에 이른다. 이는 생성물 농도를 반응물의 농도로 나눈 비율인 평형 상수(K_{eq})에 의해 정량적으로 표현될 수 있다. 자유에너지감소성 반응의 경우, ΔG는 음이 되고 K_{eq}는 >1이 되어 평형이 생성물을 선호함을 의미한다. 자유에너지증가성 반응의 경우, ΔG는 양수이고 K_{eq}는 <1이 된다. 이는 반대로 평형이 반응물을 선호함을 의미한다.

자발적인 화학반응에서는 활성화 에너지가 필요하다

자유에너지를 방출하는 모든 화학반응이 자발적으로 발생하는 경향이 있다면 왜 그러한 반응이 모두 발생하지 않았을까? 자동차의 휘발유 탱크를 생각해 보자. 휘발유에서 탄화수소의 산화는 자유에너지감소성 반응이지만, 휘발유 탱크가 스스로 폭발하지는 않는다. 한 가지 이유는 대부분의 반응이 시작되려면 에너지가 투입되어야 하기 때문이다. 자동차의 경우 이 투입은 엔진 실린더의 전기 스파크로, 폭발을 제어한다.

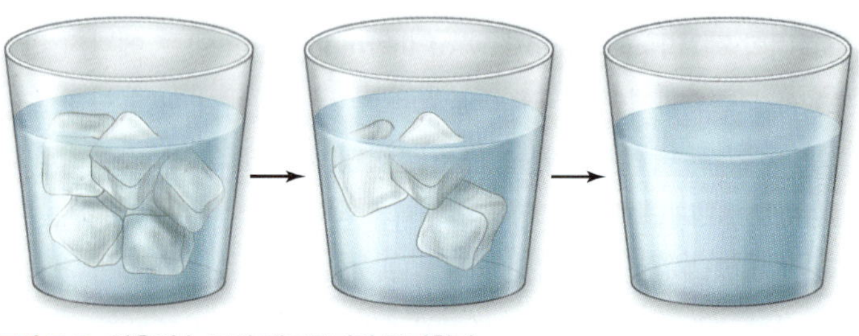

그림 5.3 얼음이 녹으면 엔트로피가 증가한다.
얼음이 녹을수록 물 분자의 엔트로피가 증가한다. 얼음의 결정 격자에 분자를 붙들어 두는 수소결합이 끊어짐에 따라 각 분자가 차지할 수 있는 분자 상태의 수가 증가한다. 액체 상태의 물분자는 지속적으로 수소결합을 파괴하고 재구성한다.

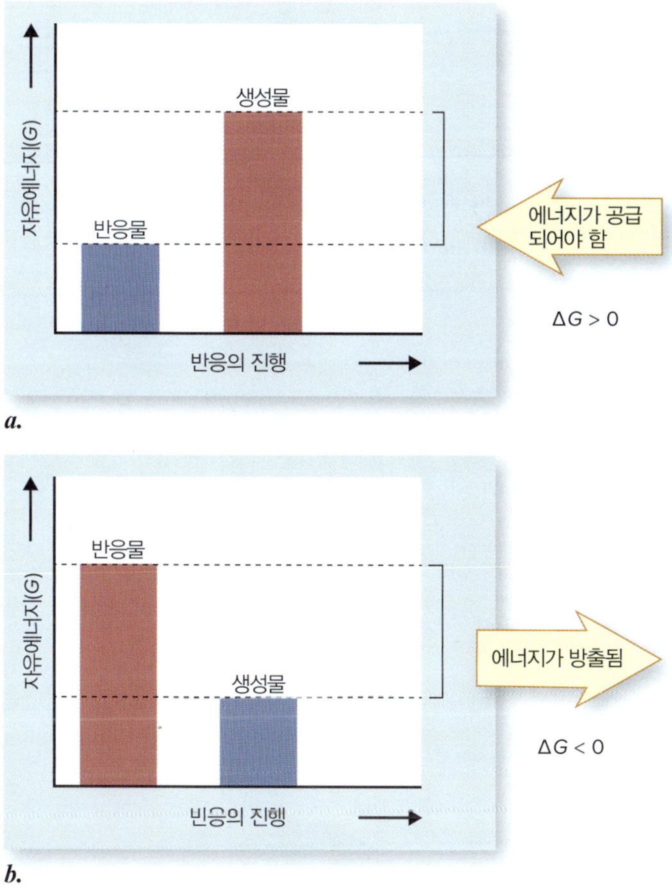

그림 5.4 화학반응에서의 에너지.
a. 자유에너지증가성 반응의 경우 반응의 생성물이 반응물보다 더 많은 에너지를 함유하고 있기 때문에 반응이 진행되려면 에너지가 공급되어야 한다. ***b.*** 자유에너지감소성 반응의 경우에는 생성물이 지닌 에너지가 반응물보다 낮기 때문에 남는 에너지는 방출된다.

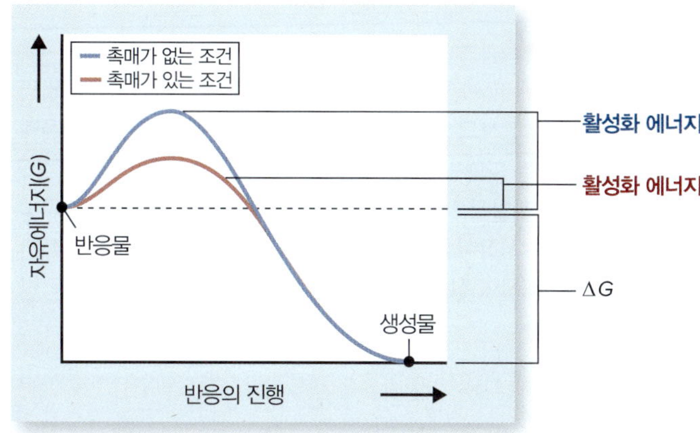

그림 5.5 활성화 에너지와 촉매.
반응물의 화학결합을 불안정하게 해주는 활성화 에너지가 공급되어야 반응이 시작되기 때문에 자유에너지감소성 반응이 반드시 빠르게 진행되는 것은 아니다. 촉매는 반응을 시작하는 데 필요한 활성화 에너지의 양을 낮추어 줌으로써 특정 반응을 가속화시켜 주지만, 촉매가 반응에서 자유에너지 변화에 영향을 주는 것은 아니다.

활성화 에너지

새롭게 생성될 화학결합의 에너지가 이전 결합의 것보다 낮은 경우라도 새로운 결합이 생기려면 이미 존재하던 결합은 끊어져야 하는데, 이를 위해 에너지가 유입되어야 한다. 원래의 화학결합을 불안정하게 만들어 화학반응을 개시하는 데 필요한 추가 에너지를 **활성화 에너지**(activation energy)라고 한다(**그림 5.5**).

자유에너지감소성 반응의 속도는 반응 시작을 위해 필요한 활성화 에너지에 따라 다르다. 활성화 에너지가 크면 아주 적은 양의 분자만 초기 에너지 장벽을 넘을 수 있기 때문에 반응은 느리게 진행된다. 반응속도를 빠르게 할 수 있는 방법에는 (1) 반응물 분자의 에너지를 높이거나, (2) 활성화 에너지를 낮추는 2가지 방법이 있다. 화학자들은 반응물에 열을 가하는 간단한 방법으로 반응 분자의 에너지를 높임으로써 중요한 산업적 반응이 일어나도록 한다. 다른 방법은 촉매를 이용해서 활성화 에너지를 낮추는 것이다.

촉매작용

특정한 화학결합에 힘을 가하면 끊어지기 쉽게 된다. 반응 개시에 필요한 활성화 에너지를 낮추어 화학결합에 영향을 주는 과정을 **촉매작용**(catalysis)이라고 하며, 이 역할을 하는 물질을 **촉매**(catalyst)라고 부른다(**그림 5.5**).

촉매는 반응의 중간 단계인 전이 상태에 영향을 미침으로써 작용한다. 이 전이 상태에 도달하는 데 필요한 에너지는 활성화 에너지이다. 촉매는 이 전이 상태를 안정화시켜 활성화 에너지를 낮춘다.

촉매는 열역학 법칙을 위배하지 못한다. 촉매는 자유에너지증가성 반응을 자발적으로 일어나도록 하지 못한다. 촉매가 활성화 에너지를 낮추면 정반응과 역반응이 동일하게 가속화된다. 그러므로 촉매가 반응물이 생성물로 전환되는 비율을 바꾸어 주는 것은 아니다.

이를 이해하기 위해 언덕 위의 움푹한 곳에 있는 볼링공을 상상해 보자. 공 주변에 흙이 있어서 공은 언덕 아래로 굴러 내려가지 못한다. 공 주변에 있는 흙을 치우면 공은 언덕 아래로 굴러 가지만, 언덕 위로는 올라가지 않는다. 흙을 치운 결과 공이 자유로이 움직이게 된 것이고, 공이 이동하는 방향은 중력에 따라 결정된 것이다.

이와 마찬가지로 화학반응이 진행되는 방향은 반응물과 생성물 간의 자유에너지 차이에 의해서만 결정된다. 언덕 위에 있는 볼링공 아래쪽의 흙을 제거할 때처럼 촉매는 반응의 진행을 막고 있는 에너지 장벽을 낮추어 주는 것이다. 자유에너지감소성 반응만이 저절로 일어날 수 있으며, 촉매는 이를 변화시킬 수 없다. 촉매가 하는 일은 반응을 빠르게 해 주는 것이며, 생물계에서는 효소가 촉매 역할을 한다.

핵심 요약 5.2

열역학 제1법칙에 따르면 에너지는 생성되거나 파괴될 수 없다. 열역학 제2법칙은 무질서도 또는 엔트로피가 증가한다는 것이다. 자유에너지 변화(ΔG)는 화학반응의 발생 여부를 예측할 수 있다. 음의 ΔG를 가진 반응은 자발적으로 일어나지만, 양의 ΔG를 가진 반응은 그렇지 않다. 반응을 시작하는 데 필요한 에너지를 활성화 에너지라고 한다. 촉매는 중간 전이 상태를 안정화시켜 활성화 에너지를 낮추고 반응을 가속화한다.

■ 효소는 자유에너지증가성 반응을 자유에너지감소성 반응으로 만들 수 있을까?

5.3 ATP: 세포의 에너지 화폐

학습 목표

1. 단기간 에너지 저장 과정에서의 ATP의 역할을 설명할 수 있다.
2. ATP가 지니고 있는 "고에너지" 결합에 대해 설명할 수 있다.

2장에서는 RNA의 전구체와 세포의 에너지 화폐로 **아데노신 3인산**(adenosine triphosphate, ATP)을 알아보았다. ATP 가수분해에 의해 방출된 에너지가 대부분의 자유에너지증가성 반응 과정에 영향을 줄 수 있기 때문에 ATP를 에너지 화폐라고 한다.

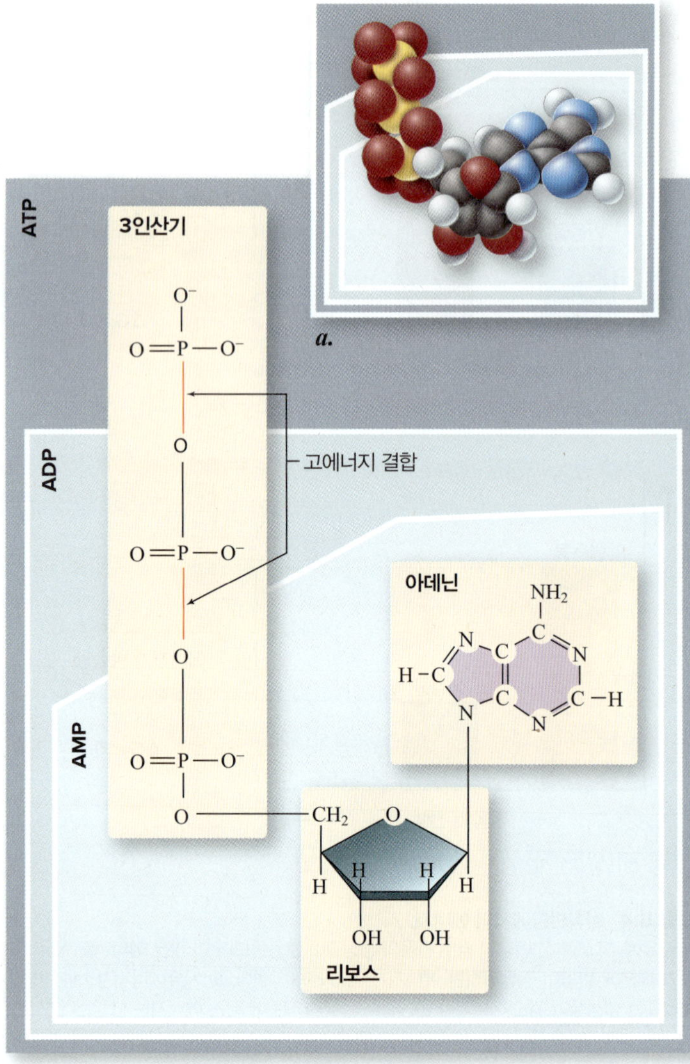

b.

그림 5.6 ATP 분자.
모델(***a***)과 화학구조(***b***)는 AMP가 ATP의 기본구조임을 보여준다. AMP에 인산이 하나 추가되면 ADP가 되고 두 번째 인산이 추가되면 ATP가 된다. 추가된 2개의 인산기는 고에너지 결합이기 때문에 이 결합이 가수분해되면 에너지가 방출된다.

ATP는 세포의 에너지 저장과 방출에 핵심요소이다

세포의 에너지 대사 과정은 다음 두 장에서 볼 수 있듯이 복잡하다.

에너지가 필요할 때 이를 공급하기 위해 세포는 대사 과정 중 자유에너지감소성 반응에 의해 방출된 에너지를 사용하여 중간 매개체를 합성한다. 이 매개체는 나중에 에너지 요구시 분해되어 에너지를 방출한다. 세포에서 이 역할을 수행하기 위해 진화된 분자는 ATP이다.

ATP의 구조

ATP는 3개의 작은 구성 요소로 구성된다(**그림 5.6**). 첫 번째 성분은 5탄당인 리보스(ribose)이며 여기에 염기(base)인 아데닌(adenine)과 인산(phosphate)이 연결되어 있다. 아데닌은 탄소-질소로 이루어진 2개의 고리로 구성된 유기분자로, 고리에 있는 각각의 질소 원자에는 비공유 전자쌍이 하나씩 있어서 수소 이온을 약하게 끌어당겨 주기 때문에 아데닌은 화학적으로 약한 염기이다. 그리고 ATP에는 3개의 인산이 연결되어 있다.

ATP의 에너지 저장

ATP에 에너지가 저장되는 부분은 3인산기이다. 인산기는 강한 음전하를 띠고 있어서 서로 강하게 반발하며, 이 정전기적 반발로 인해 인산기를 연결하고 있는 공유결합은 불안정하게 된다. ATP 분자는 인산기들 사이에 반발력이 작용하고 있어 "감겨 있는 스프링"으로 비유되기도 한다.

ATP 분자의 인산기는 불안정한 결합으로 인해 활성화 에너지가 낮기 때문에 가수분해되어 쉽게 끊어진다. 이 결합이 끊어지면서 많은 양의 에너지가 방출되는데, ATP 가수분해의 ΔG 값이 음수이기 때문에 방출되는 에너지는 일을 수행하는 데에 쓰일 수 있다. 이러한 이유로, 우리는 ATP의 인산 결합을 종종 실제 결합에너지가 아니라 에너지 방출을 언급하는 "고에너지" 결합으로 부른다.

ATP가 관련된 대부분의 반응은 가장 바깥쪽에 있는 고에너지 인산기가 가수분해되면서 일어나는데, ATP가 **아데노신 2인산**(ADP)과 **무기인산**(inorganic phosphate, P_i)으로 분해되면서 표준 조건에서는 7.3 kcal/mol에 해당하는 에너지가 방출된다. 이 과정에서 떨어져 나온 인산기는 일시적으로 다른 분자에 붙게 되고 그 분자에서 가수분해되면서 무기인산으로 방출된다.

말단의 두 인산기가 모두 가수분해되면서 에너지를 방출하면 **아데노신 1인산**(AMP)만 남게 된다. 세 번째 인산기의 결합에너지는 높지 않다. 이는 인산기가 하나인 AMP의 경우 전기적 반발력으로 인해 고에너지 결합을 이루었던 다른 인산기가 없기 때문이다.

ATP의 가수분해는 자유에너지증가성 반응을 매개한다

세포에서는 ATP를 이용한 자유에너지증가성 반응이 일어난다. 자유에너지증가성 반응은 반응물보다 생성물의 자유에너지가 높기 때문에 자발적으로 진행될 수 없다는 것을 명심하자. 자유에너지증가성 반응의 ΔG는 양수이다. ATP의 가수분해가 다른 반응에서 필요한 것보다 더 많은 에너지를 방출하면, 두 반응을 연계한 전체 반응의 ΔG는 음이 된다. 즉, ATP의 가수분해에 의해 방출된 에너지는 자유에너지증가성 반응에 필요한 에너지를 공급할 수 있다. 세포에서 대부분의 자유에너지증가성 반응은 ATP의 가수분해에 의해 방출되는 에너지보다 적은 에너지를 필요로 하기 때문에, ATP는 세포에 필요한 대부분의 에너지를 제공할 수 있다. 또한 ATP는 에너지를 필요로 하는 근육에 힘을 생성하거나 중요한 이온의 농도 기울기 생성과 같은 다른 세포 기능에 동력을 공급한다.

자료 분석 다음 반응을 고려해 보자.
글루타민+NH_3 ⟶ 글루타민($\Delta G = +3.4$ kcal/mol)이 반응이 ATP의 가수분해($\Delta G = -7.3$ kcal/mol)와 연계되면 전체 ΔG의 값은 얼마인가? 이 반응은 자유에너지증가성 반응인가? 자유에너지감소성 반응인가?

ATP는 지속적으로 순환한다

불안정한 인산 결합 때문에 ATP는 에너지 공급원으로 효율적이지만 장기간 에너지 저장 분자로는 적합하지 못하며, 지방이나 탄수화물이 에너지의 저장에 더 적합하다.

세포는 ATP를 주기적으로 만들고 사용한다. 세포는 ADP+P_i로부터 ATP를 합성하기 위한 에너지를 제공하기 위해 자유에너지감소성 반응을 사용하고, 그런 다음 ATP의 가수분해를 사용하여 에너지를 제공하여 자유에너지증가성 반응을 유도한다(**그림 5.7**). 대부분의 세포는 ATP의 대량 비축을 유지하지 않는다. 대신 일반적으로 ATP가 특정 시간에 몇 초만 공급되며 ADP 및 P_i를 이용하여 지속적으로 더 많은 양을 생산한다. 앉아 있는 사람조차도 하루에 체중과 거의 같은 양의 ATP를 대사회전하는 것으로 추정된다. 이 통계는 ATP 합성의 중요성을 분명하게 나타내고 있다. 6장과 7장에서는 ATP를 합성하기 위한 세포 내의 기작에 대해 자세히 살펴본다.

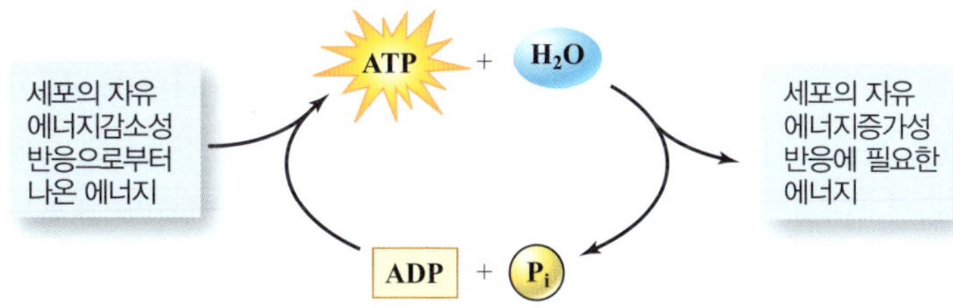

그림 5.7 ATP의 순환.
ATP는 순환적으로 합성되고 가수분해된다. ADP+P_i로부터 ATP가 합성되는 것은 자유에너지증가성 반응이며, 세포 내의 자유에너지감소성 반응으로부터 에너지를 얻는다. ATP가 ADP+P_i로 가수분해되는 것은 자유에너지감소성 반응이며, 방출된 에너지는 근육수축 등의 세포 활동에 쓰인다.

핵심 요약 5.3

ATP는 3개의 인산기를 가진 뉴클레오타이드이다. 세포의 자유에너지증가성 반응은 2개의 말단 인산기의 자유에너지감소성 가수분해반응과 연결하여 일어날 수 있다. 말단 인산기를 유지하는 결합은 쉽게 끊어지면서 감겨진 스프링과 같은 에너지를 방출한다. 세포는 지속적으로 자유에너지감소성 반응을 사용하여 ATP를 합성하고 그것을 분해하여 자유에너지증가성 반응을 유도한다.

- ATP의 분자량이 507.18 g/mol이고 가수분해에 대한 ΔG가 −7.3 kcal/mol인 경우, 100 kg인 남성은 하루 동안 얼마나 많은 에너지를 방출할까?

5.4 효소: 생체 촉매

학습 목표

1. 효소의 특이성을 설명할 수 있다.
2. 효소가 기질에 붙는 방법에 대해 설명할 수 있다.
3. 효소의 촉매반응 속도에 영향을 주는 요인들을 나열할 수 있다.

생물체 내의 화학반응은 촉매작용이 일어나는 부위의 조절에 의해 통제된다. 따라서 생명 자체가 촉매에 의해 조절된다고 할 수 있다. 생물체 내에서 일어나는 대부분의 촉매작용은 효소(enzyme)에 의해 이루어진다. RNA 분자도 촉매 활성을 가지고 있지만, 대부분의 효소는 단백질이다.

효소는 반응의 활성화 에너지를 낮춘다

효소의 독특한 3차원 형태는 반응을 겪게 될 분자인 **기질**(substrates) 사이의 일시적 결합을 안정화시킬 수 있게 한다. 2가지 기질을 올바른 방향으로 모아 주거나 기질의 특정 화학결합에 스트레스를 가함으로써 효소는 새로운 결합이 형성되는 데 필요한 활성화 에너지를 낮춘다. 따라서 반응은 효소가 없을 때보다 훨씬 빠르게 진행된다. 효소 자체는 변화되거나 소비되는 것이 아니고 반복적으로 사용되기 때문에 아주 적은 양으로도 효과적으로 작용할 수 있다.

효소 작용기작의 예로 이산화탄소와 물이 탄산을 생성하는 반응을 들 수 있는데, 이 효소 촉매반응은 척추동물의 적혈구에서 일어난다.

$$\underset{\text{이산화탄소}}{CO_2} + \underset{\text{물}}{H_2O} \rightleftharpoons \underset{\text{탄산}}{H_2CO_3}$$

이 반응은 양방향으로 진행될 수 있지만, 활성화 에너지가 크기 때문에 효소가 없으면 반응이 매우 느리게 진행된다. 효소가 전혀 없는 세포에서는 시간당 200분자의 탄산이 생성된다. 이렇게 느린 반응은 세포에서 의미가 없다. 척추동물 적혈구는 세포질 내에 **탄산무수화효소**(carbonic anhydrase; 효소 이름에는 대개 "-ase"가 붙음)를 이용하여 이 문제점을 해결한다. 같은 조건이지만 탄산무수화효소의 존재하에서 초당 약 600,000개의 탄산 분자가 생성된다. 즉, 이 효

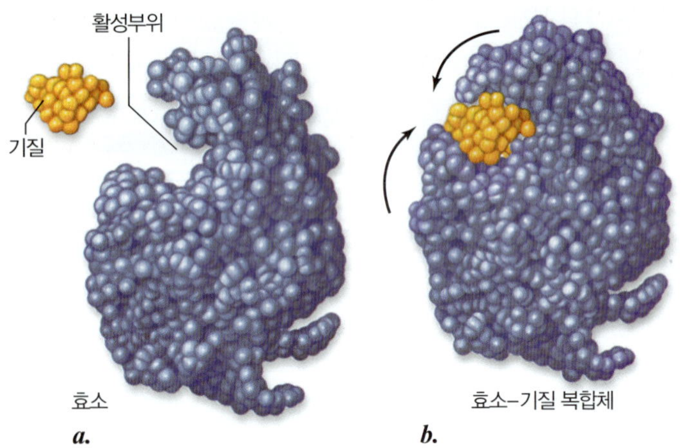

그림 5.8 기질에 결합하는 효소.
a. 효소 라이소자임의 활성부위에 기질인 세균 세포벽의 펩타이도글리칸이 들어온다. *b.* 노란색으로 표시된 기질이 활성부위의 움푹한 곳에 들어가면 단백질 모양이 약간 변해서 기질과 더 잘 들어맞게 된다. 효소가 기질에 모양이 맞게 변하는 것을 유도적합이라고 한다.

과학적 사고

가설: 단백질은 단단하지 않고 유연성이 있다.
예측: 항체–항원이 결합할 때 단백질 구조의 변화가 일어난다.
실험: 특정 항체에 항원이 붙어 있지 않을 때의 결정구조와 항원이 붙어 있을 때 구조를 비교한다.

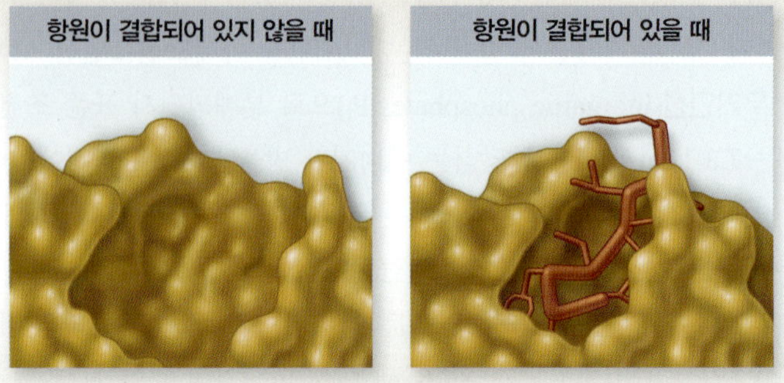

결과: 결합 후에 항체는 항원을 주머니처럼 감싼다.
결론: 이 경우 결합이 될 때 구조의 변화, 즉 유도적합이 일어난다.
추가 실험: 효소를 가지고 하는 실험보다 항체를 이용한 이 실험이 용이한 이유는 무엇인가? 효소를 가지고 실험을 할 수 있을까?

그림 5.9 항원과 결합하는 항체의 유도적합.

소는 반응속도를 100만 배 이상으로 증가시켜 주는 것이다.

효소의 종류에는 수천 가지가 있는데, 각각의 효소는 하나 또는 몇 가지 특정한 화학반응을 촉매한다. 특정한 화학반응을 촉진함으로써 효소는 세포 내의 대사과정을 결정한다.

서로 다른 종류의 세포에는 서로 다른 효소들이 들어 있는데, 이런 차이에 의해 세포 유형에 따른 구조와 기능적 변이가 생기게 된다. 그 실례로 적혈구 안에서 일어나는 화학반응은 신경세포의 것과는 다르게 나타나는데, 그 이유 중 하나는 세포 유형에 따라 서로 다른 효소들이 들어 있기 때문이다.

효소의 활성부위는 기질의 모양에 맞도록 변화한다

효소는 대개 구형 단백질로, 표면에 **활성부위**(active site)라고 부르는 주머니 또는 홈 같은 자리가 1개 또는 그 이상 존재한다(**그림 5.8**). 기질이 효소에 결합하면서 **효소–기질 복합체**(enzyme-substrate complex, **그림 5.10**)를 형성한다. 이 복합체에서 촉매 작용이 일어나려면 기질분자가 활성부위에 정확히 들어맞아야 한다. 이렇게 되면 효소의 아미노산의 곁사슬(side group)들이 기질의 특정한 부분과 결합되면서 화학적인 상호작용을 통해 스트레스를 주거나 비틀어서 결합을 끊는 데 필요한 활성화 에너지를 줄여준다. 기질의 결합이 끊어지거나 새로운 결합이 생기면 기질은 생성물로 변하게 된다. 이 생성물은 효소에서 분리되고 효소는 다시 다른 기질과 결합하여 같은 반응을 반복하게 된다.

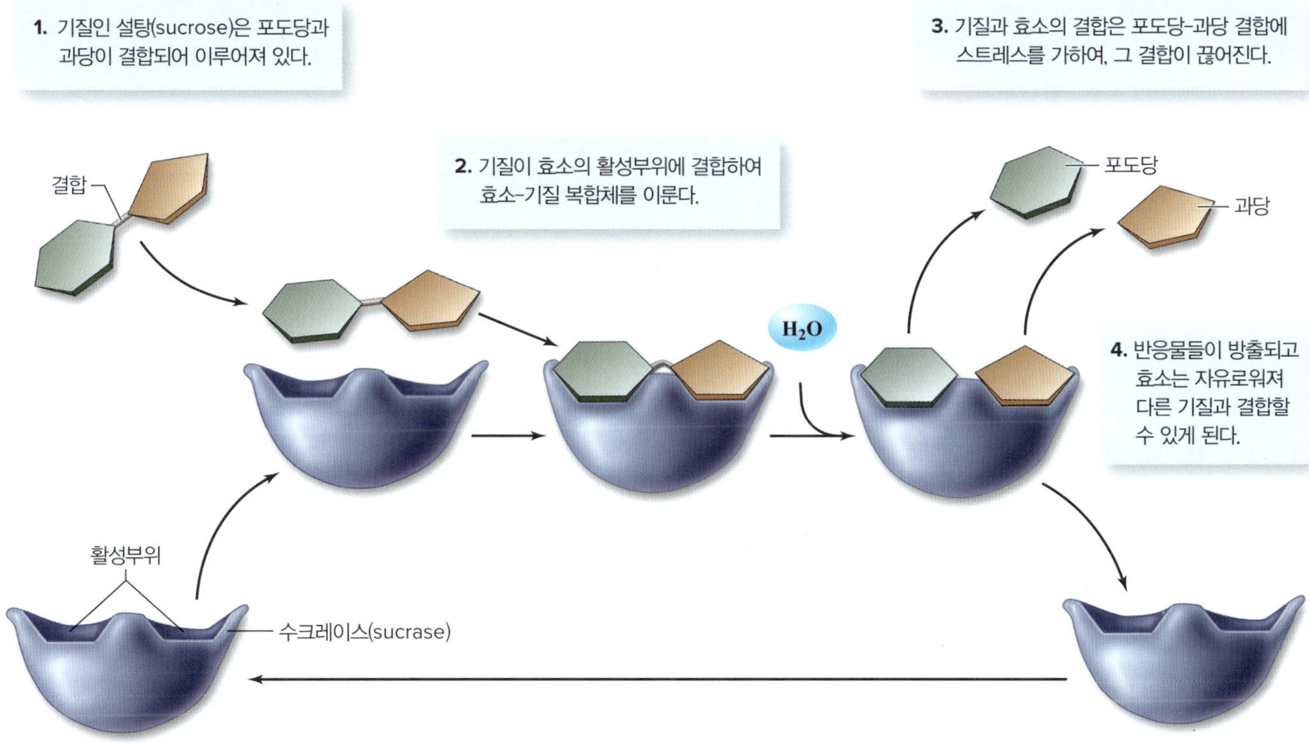

그림 5.10 효소의 촉매 순환.
효소는 화학반응의 속도를 빠르게 하지만 자신은 변화되지 않는다. 그림에서 보는 바와 같이 수크레이스는 설탕을 포도당과 과당으로 분해한다.

단백질은 단단하지 않다. 기질이 붙으면 효소의 모양이 약간 변화되어 효소와 기질이 더 잘 붙도록 하는 **유도적합**(induced fit)이 일어난다(**그림 5.9**). 이러한 상호작용을 통해 효소와 다른 기질과의 결합이 더 용이해지는데, 이 경우 하나의 기질이 다른 기질들을 받아들이도록 효소를 "활성화(activation)"시켜주게 된다.

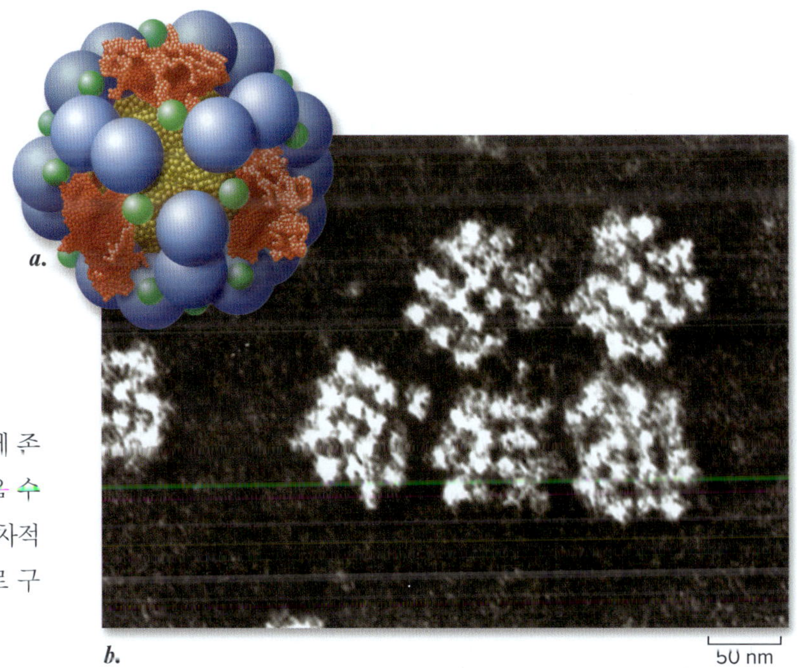

그림 5.11 복합체 효소: 피루브산 탈수소효소.
피루브산의 산화를 촉매하는 피루브산 탈수소효소는 구조가 복잡한 다효소복합체 중 하나이다. ***a.*** 이 효소의 모델을 보면 60개의 단백질 소단위체(subunit)가 배열하고 있다. ***b.*** 많은 단백질 소단위체는 전자현미경으로 관찰이 가능하다.

효소는 여러 형태로 나타난다

많은 효소들이 세포내 어떤 구조에 부착하지 않고 세포질 내에 존재하지만, 일부는 세포막에 내재해 있거나 소기관에서 그 기능을 수행한다. 어떤 효소들은 함께 모여 **다효소복합체**를 이루면서 순차적인 반응을 수행하기도 한다. 어떤 효소는 단백질 이외에 RNA로 구성된 것도 있다.

다효소복합체

순차적인 반응 중 서로 다른 단계를 촉매하는 몇 가지 효소들이 비공유결합으로 연결되어 **다효소복합체**(multienzyme complex)를 이룰 수도 있다. **그림 5.11**에서 보는 것처럼 세균의 피루브산 탈수소효소 복합체는 산화적 대사 중 3단계의 순차적인 반응을 촉매한다. 각 복합체에는 3가지 효소가 여러 세트 들어 있는데 모두 60개 단백질 소단위로 이루어져 있다. 여러 소단위체가 모여서 분자 기구를 형성하여 다양한 기능을 수행한다.

다효소복합체는 다음과 같이 촉매의 효율성 면에서 중요한 이점을 갖는다.

1. 효소반응 속도는 효소가 기질과 충돌하는 빈도에 의해 제한된다. 일련의 순차적 반응이 다효소복합체에서 일어나면, 한 반응의 생성물이 멀리 확산되지 않고도 다음 효소에 넘겨지게 된다.
2. 기질이 일련의 반응을 거치는 동안 복합체로부터 떨어져 나가지 않기 때문에 불필요한 부수적 반응이 일어나지 않는다.
3. 다효소복합체 내에서 일어나는 모든 반응은 하나의 단위로서 조절될 수 있다.

산소호흡(6장 참조)이 일어날 때 시트르산 회로(citric acid cycle)로 반응물이 유입되는 것을 조절하는 피루브산 탈수소효소 외에도 세포내 또 다른 중요한 반응들도 다효소복합체에 의해 촉매된다. 잘 알려진 또 다른 경우는 탄소 2개짜리 전구물질로부터 지방산 합성을 촉매하는 지방산 합성효소복합체이다. 이 복합체는 7개의 서로 다른 효소들로 이루어진 다효소복합체로, 전체 반응이 순차적으로 일어날 때 반응의 중간산물들이 복합체에 결합해 있다.

비단백질성 효소

최초로 발견되고 연구된 효소는 모두 단백질이었다. 수년 동안, 우리는 1981년 체크(Thomas R. Cech)와 동료들이 단백질이 필요하지 않은 RNA 스플라이싱 반응을 제시할 때까지 모든 효소가 단백질이라고 가정했다. 비슷한 시기에 알트만(Sidney Altman)과 페이스(Norman Pace)는 RNase P를 연구하면서, 이 효소가 단백질과 RNA로 구성되어 있고 RNA가 촉매 분자라는 것을 발견했다. 단백질 효소와 같이, **"라이보자임**(ribozyme)"이라 불리는 이들 RNA 촉매는 특정 생화학반응의 속도를 크게 가속화시키고 기질 특이성을 나타낸다.

두 종류의 라이보자임이 밝혀졌는데, 하나는 접혀 있는 구조를 가지며 자신의 분자에 반응하는 것으로 **분자내**(intramolecular) 촉매작용이라 부른다. 다른 라이보자임은 자신은 변하지 않지만 다른 분자에 작용하는 것으로 **분자간**(intermolecular) 촉매작용이라 부른다.

효소로서의 RNA 역할 중 가장 중요한 예는 리보솜의 구조와 기능에 대한 최근의 연구에서 밝혀지고 있다. 오랫동안 RNA가 리보솜의 구조적인 틀이라 생각되었지만 지금은 리보솜 기능에서 RNA 부분이 중요한 역할을 한다는 것이 명백해졌다. 즉, 리보솜 자체가 라이보자임인 것이다.

정보 분자인 RNA가 촉매로 작용하는 능력은 단백질과 핵산 중 어느 것이 먼저인가라는 질문과 관련이 있어 흥미로운데, 먼저 진화한 RNA가 첫 번째 단백질의 생성을 촉매했을 가능성을 보여주는 것이다.

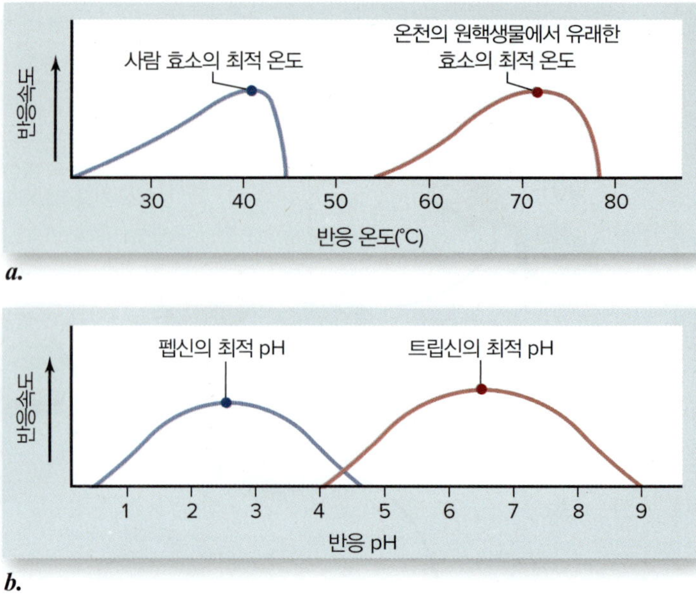

그림 5.12 환경에 민감한 효소.
효소의 활성은 온도(***a***)와 pH(***b***)의 영향을 받는다. 인체 내의 대부분의 효소는 단백질 분해효소인 트립신과 같이 40°C 정도의 pH 6~8에서 최적의 기능을 한다. 고온을 견디는 온천에 사는 원핵생물이 지닌 효소의 최적온도는 이보다 높으며, 펩신은 위장의 산성 조건에서 작용하기 때문에 최적의 pH가 낮다.

효소 기능은 환경 요인에 민감하다

효소의 촉매 반응속도는 기질과 효소 농도의 영향을 받는다. 또한 효소의 3차원적 모양을 변화시키는 화학적 또는 물리적 인자인 온도, pH 및 조절 분자의 결합 등이 효소의 반응인 촉매 능력에 영향을 미친다.

온도

촉매가 없는 반응에 온도를 높여주면 열로 인해 무작위적인 분자 운동이 활발해지면서 반응속도가 증가한다. 이는 반응의 운동에너지가 활성화 에너지보다 큰 분자의 분율(fraction)을 증가시킨다.

효소의 촉매 반응률은 **최적 온도**(optimum temperature)에 이를 때까지 온도에 따라 증가한다(**그림 5.12***a*). 최적 온도 이하에서는 효소의 구조를 결정하는 수소결합과 소수성결합이 최적의 촉매를 가능케 할 만큼 유연성이 있는 상태가 되지 못한다. 적정온도 이상에서는 효소를 구성하는 원자들의 움직임이 증가하기 때문에 효소의 구조가 제대로 유지되지 못하게 된다. 이는 2장에서 설명한 것과 같이 효소가 단백질이기 때문에 고온에서 변성되어 일어나는 현상이다.

인체의 대부분 효소들의 최적 온도는 체온 범위를 포함하는

35~40℃이다. 온천에 사는 원핵생물은 열에 안정한 효소를 갖고 있는데 효소가 더 강한 결합에 의해 안정화되어 있어 최적 온도는 70℃ 이상이 될 수 있다. 각각의 경우에 효소에 대한 최적 온도는 생물의 유형에 따라 신체 또는 환경에서 일반적으로 접하는 "정상"온도에 해당한다.

pH

글루탐산(glutamic acid, −)이나 라이신(lysine, +)처럼 아미노산의 전하를 띤 부분 사이의 이온결합도 효소의 작용에 영향을 미친다. 이러한 상호작용은 효소가 용해되는 유체의 수소 이온 농도에 민감하다. 수소 이온 농도에 따라 양전하와 음전하 아미노산 잔기 사이의 균형이 이동하기 때문이다. 이런 이유로 대부분 효소의 적정 pH는 보통 6~8이다.

산성 환경에서 기능하는 효소는 수소 이온 농도가 높아도 효소를 구성하는 단백질의 3차원적 구조가 유지되는 것들이다. 그 예로 펩신(pepsin)은 pH 2 정도 되는 강한 산성 조건의 위장에서도 단백질을 분해한다(**그림 5.12***b*).

억제자 및 활성자

효소 활성은 효소에 붙어 구조를 변화시키는 물질에 민감하게 반응한다. 이런 물질들에 의해 세포내 효소가 특정한 시기에 활성화 또는 비활성화 될 수 있다. 효소의 이러한 능력을 이용하여 효소의 반응과정에서의 특성의 변화를 조절하고 효율화할 수 있다. 효소에 붙어 효소의 활성을 낮추는 물질을 **억제자**(inhibitor)라고 한다. 흔히 생화학적 경로의 마지막 산물이 앞 쪽의 반응에 억제자로 작용하는데, 이를 **피드백억제**(feedback inhibition)라고 한다(5.5절 참조).

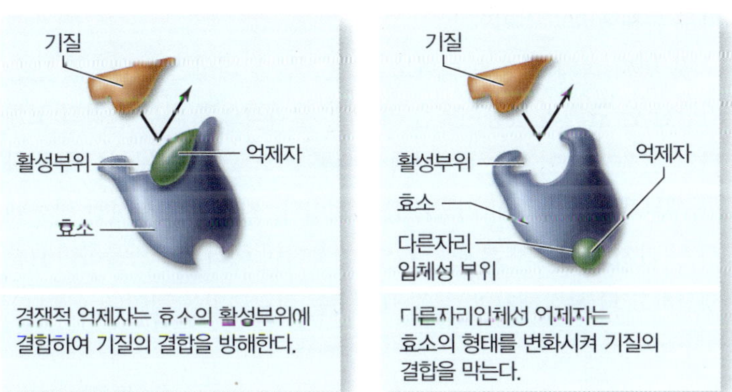

a. 경쟁적 억제　　***b.*** 비경쟁적 억제

그림 5.13　효소의 억제.
a. 경쟁적 억제의 경우 억제자가 기질과 모양이 비슷하여 효소의 활성부위를 두고 기질과 경쟁한다. ***b.*** 비경쟁적 억제의 경우는 억제가 활성부위에서 떨어진 다른자리입체성 부위에 붙어서 효소의 구조를 변화함으로써 기질이 붙지 못하게 작용한다.

효소 억제는 2가지 방식으로 일어난다. **경쟁적 억제자**(competitive inhibitors)는 효소의 활성부위를 차지하여 기질이 효소에 붙지 못하게 함으로써 기질과 경쟁하며, **비경쟁적 억제자**(noncompetitive inhibitors)는 효소의 활성부위가 아닌 다른 곳에 붙어서 효소의 모양을 변화시켜 기질이 붙지 못하게 한다(**그림 5.13**).

많은 효소들이 활성 구조와 비활성 구조로 존재할 수 있는데, 이런 효소들을 **다른자리입체성 효소**(allosteric enzyme)라 부른다. 대부분의 비경쟁적 억제자는 **다른자리입체성 부위**(allosteric site)라 불리는 효소의 특정 부분에 결합한다. 이 부위는 화학적 on/off 스위치 역할을 한다. 이 부위의 물질 결합은 효소를 활성 및 비활성 형태로 전환시킬 수 있다. 다른자리입체성 부위에 결합하여 효소 활성을 감소시키는 물질을 **다른자리입체성 억제자**(allosteric inhibitor)라고 한다(**그림 5.13***b*).

이러한 조절은 효소의 활성화에도 쓰인다. **다른자리입체성 활성자**(allosteric activator)는 다른자리입체성 부위에 붙어서 효소를 활성화된 구조로 유지시킴으로써 효소 활성을 높여준다.

효소 보조인자

단백질이 아닌 부수적인 화학적 요소로서 효소의 기능을 보조해 주는 물질을 **보조인자**(cofactors)라고 한다. 효소의 활성부위에서 직접 촉매 작용에 관여하는 금속 이온들이 이에 속한다. 예를 들어, 금속성 아연 이온(Zn^{2+})은 단백질을 분해하는 카복시펩티데이스(carboxypeptidase)와 같은 효소에 사용되는데, 이는 공유결합의 전자를 끌어당겨서 결합을 불안정하게 만들어 쉽게 끊어지게 하는 것이다. 몰리브덴(molybdenum)이나 망간(manganese) 같은 금속 원자도 보조인자로 쓰인다. 아연(zinc)과 마찬가지로 이 물질들은 음식을 통해 소량만 섭취하면 된다.

보조인자 중 비단백질성 유기분자는 **조효소**(coenzyme)라고 한다. 바이타민이나 바이타민 유도체가 조효소로 작용한다. 그 예로 비이타민 B_6와 B_{12}는 여러 효소들이 조효소로 기능을 한다. 뉴클레오타이드 유도체도 조효소로 작용한다.

많은 산화-환원 반응에서 전자들은 효소의 활성부위에서 조효소(전자수용체 역할)로 전달된다. 이 조효소는 전자를 다른 효소에 전달하는데, 이 효소는 또 다른 반응에서 전자와 전자가 가진 에너지를 기질에 전달한다. 때로는 전자들이 양성자에 전달되어 수소 원자를 생성하기도 한다. 이러한 방식으로 조효소는 한 효소에서 다른 효소로 에너지를 수소 원자의 형태로 전달한다. 조효소의 역할과 작용의 특이성에 대해서는 6장과 7장에서 자세히 알아본다.

핵심 요약 5.4

효소는 세포 내부의 화학반응을 가속화시키는 생물학적 촉매이다. 효소는 분자 형태에 기초하여 기질과 결합하며, 이것이 효소를 매우 특이적으로 만든다. 효소 활성은 온도 및 pH와 같은 조건에 의해 영향을 받거나 억제자 또는 활성자의 존재에 의해서도 영향을 받는다. 또한 일부 효소는 무기 보조인자 또는 유기 조효소가 필요하다.

- 단백질과 RNA가 효소로 작용하는 것과 달리 DNA는 왜 효소로 작용하지 않을까?

5.5 대사: 세포 기능의 화학적 기술

학습 목표

1. 대사과정에서 나타나는 반응의 종류를 설명할 수 있다.
2. 대사과정이 무엇을 의미하는지 토론할 수 있다.
3. 대사과정이 진화의 산물이라는 것을 이해할 수 있다.

생명체에서 일어나는 모든 화학반응을 **대사**(metabolism)라고 한다. 대사작용 중에서 에너지를 사용하여 분자들을 형성하는 화학반응을 **동화작용**(anabolism)이라고 하고, 분자를 분해하면서 에너지를 발생하는 반응을 **이화작용**(catabolism)이라고 한다. 2장에서 생체 고분자(biopolymer)가 탈수반응에 의해 형성되고(동화작용) 가수분해반응에 의해 분해되는 것(이화작용)을 알아 보았다.

생화학적 경로는 세포 내의 화학반응을 체계화한다

생물체는 다양한 반응을 촉매하는 수천 가지 종류의 효소를 가지고 있다. 세포에서 이러한 많은 반응은 **생화학적 경로**(biochemical pathway)를 따라 순차적으로 일어난다. 생화학적 경로에서 한 반응의 생성물은 다음 반응에서 기질로 사용된다(**그림 5.14**). 생화학적 경로는 물질대사의 구성 단위인 여러 요소들이 서로 연결되어 대사활동이 조절된다.

생화학적 경로에 관여하는 순차적인 효소의 많은 반응 단계는 세포 내의 특정 부위에서 일어난다. 그 예로 시트르산 회로(6장 참조)의 반응 단계들은 진핵생물의 미토콘드리아 내부의 기질에서 일어난다. 각 단계를 촉매하는 많은 효소들이 어디에 존재하는지 알아봄으로써 세포내 대사과정의 모델을 정밀하게 파악할 수 있다.

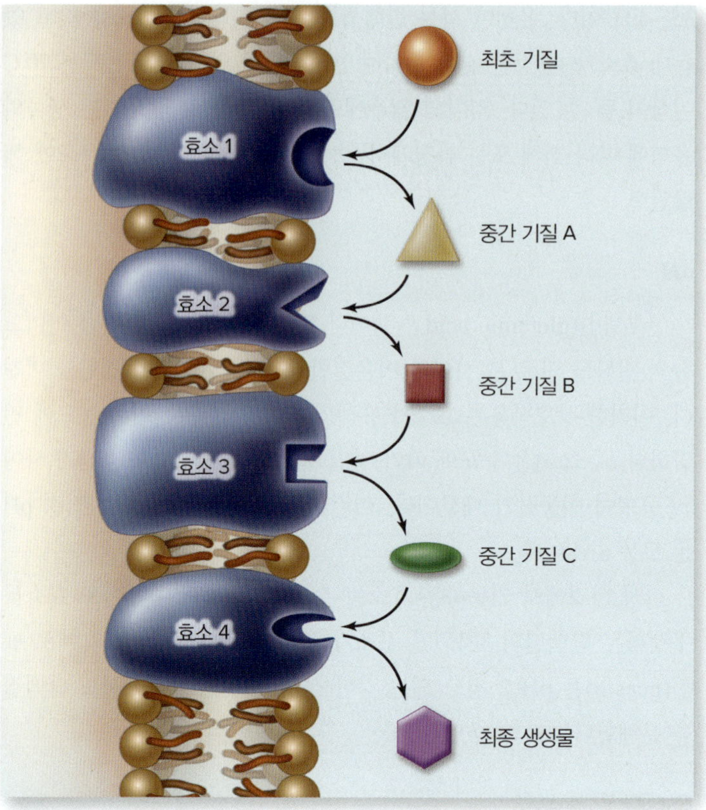

그림 5.14 생화학적 경로.
원래의 기질이 효소 1에 의해 새로운 중간산물인 기질 A로 변하고 이것은 효소 2에 의해 인식된다. 이 경로에서 각 효소는 전 단계의 생성물에 작용한다. 효소들은 수용성이거나 이 그림에서처럼 막에 배열된 것도 있다.

생화학적 경로는 단계적으로 진화했을 것이다

가장 초기의 세포에서, 첫 번째 생화학적 과정은 아마도 환경으로부터 들어온 고에너지 분자를 포함했을 것이다. 이런 과정에 필요했던 분자의 대부분은 초기 해양의 "유기 스프(organic soup)"에 따로따로 존재했었을 것이다.

첫 번째 촉매 반응은 아마도 이 분자들을 다양한 조합으로 만든 간단한 한 단계의 반응이었을 것이다. 결과적으로 외부 환경의 고에너지 분자가 줄어들고 고에너지 분자를 스스로 만들 수 있도록 진화한 생물체만이 생존이 가능해졌을 것이다. 따라서 가설적인 반응에서 두 가지 고에너지 분자(F, G)가 반응하여 에너지를 방출하며 H를 생성하고 더 복잡해지며, 환경 내의 F는 고갈되었을 것이다.

$$\begin{matrix} F \\ + \longrightarrow H \\ G \end{matrix}$$

다음과 같이 환경 내에 존재하는 E라는 또 다른 분자로부터 고갈된 F를 제공할 새로운 반응이 생겨났다.

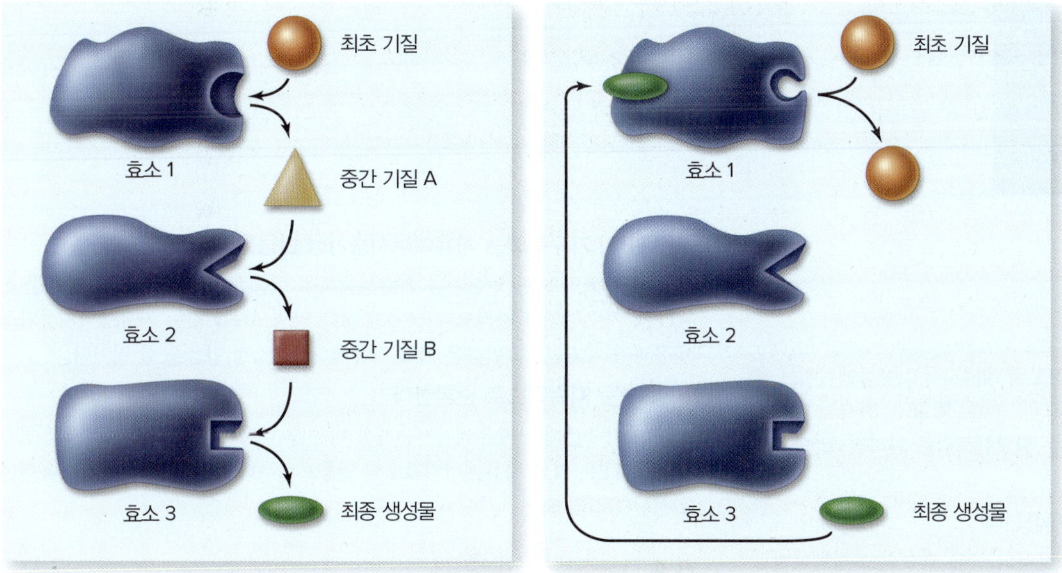

a. *b.*

그림 5.15 피드백억제. ***a.*** 피드백억제가 일어나지 않는 생화학적 경로. ***b.*** 경로의 최종 생성물이 첫 번째 효소의 다른자리입체성 억제자로 작용하는 생화학적 경로. 경로의 최종 생성물이 생성되면 경로는 멈추게 된다. 이 경로는 아미노산, 뉴클레오타이드, 또는 다른 중요한 세포내 분자의 합성 경로일 수 있다.

$$\begin{array}{l} E \longrightarrow F \\ \qquad\quad + \longrightarrow H \\ \qquad\quad G \end{array}$$

이 반응에 이용되던 E가 다 쓰여 없어지더라도 다른 전구물질인 D가 E를 만들어서 생물체는 살아남을 수 있게 된다. D가 고갈되면 또 다른 분자 C로부터 D를 만들 수 있는 생물이 살아남게 될 것이다.

$$\begin{array}{l} C \longrightarrow D \longrightarrow E \longrightarrow F \\ \qquad\qquad\qquad\quad + \longrightarrow H \\ \qquad\qquad\qquad\quad G \end{array}$$

이 가설적인 생화학적 경로는 시간이 지남에 따라 천천히 진화했을 것이며, 경로의 최종 반응은 먼저 생겼으며, 초기 반응들은 나중에 진화했을 것이다.

이제 경로를 살펴보면, 화합물 C로 시작하는 "고급" 생물체가 일련의 단계를 통해 H를 합성 할 수 있다고 말할 것이다. 이를 통해 생물체내 생화학적 경로가 한꺼번에 진화한 것이 아니라 한 단계씩 진화했을 것으로 여겨지고 있다.

피드백억제는 일부 생화학적 경로를 조절한다

생화학적 경로가 효율적으로 작동하기 위해서는 세포에 의해 그 활성이 조정되고 조절되어야 한다. 충분한 양이 이미 존재하는 경우 화합물을 합성할 필요가 없는데, 만일 합성을 하게 된다면 세포가 다른 곳에 사용할 수 있는 에너지와 원료를 낭비하는 셈이다. 따라서 생화학적 경로에서 불필요한 생성물이 만들어지는 것을 일시적으로 차단하게 되면 세포에게는 이익이 된다.

간단한 생화학적 경로의 조절은 정교한 피드백 기작에 의해 이루어지곤 한다. 경로의 최종 산물이 경로의 첫 반응을 촉매하는 효소의 다른자리입체성 부위에 붙는 이러한 조절방식은 **피드백억제**(feedback inhibition)라고 한다(**그림 5.15**).

앞에서 언급한 가상의 경로에서 C ⟶ D를 촉매하는 효소에서 H에 대한 다른자리입체성 부위가 있을 수 있다. 세포 내에 H의 양이 증가하면 H 분자가 C ⟶ D 과정의 효소에 있는 다른자리입체성 부위에 붙을 수 있다. 결과적으로 C ⟶ D 반응은 차단되면서 전체 경로도 차단된다.

이번 장에서 우리는 생물계에서 수행되는 에너지의 기본 사항과 그 변형을 알아보았다. 화학결합은 에너지 저장 및 방출의 주요 장소이며, 세포는 필요한 분자를 만들기 위해 화학결합을 만들고 끊는 정교한 방법을 개발했다. 효소는 촉매로 작용함으로써 이러한 반응을 촉진시킨다. 6장과 7장에서는 생물체가 에너지를 수확, 저장 및 활용하는 기작의 세부 사항을 학습한다.

핵심 요약 5.5

데사는 세포의 모든 화학반응의 총합이다. 동화반응은 에너지를 사용하여 분자를 만든다. 이화반응은 분자를 분해하여 에너지를 방출한다. 대사경로에서, 한 반응의 최종 생성물은 다음 반응의 기질로 사용된다. 진화는 전구체 분자를 사용하여 영양소를 합성할 수 있는 생물체를 선호했을 것이다. 시간이 지남에 따라, 돌연변이에 의해 새로운 효소가 발생하였고 더 많은 반응이 함께 연결되었을 것이다.

■ 이화반응의 경로가 피드백억제의 대상이 될 가능성이 있을까?

핵심 개념 요약

5.1 생물계의 에너지 흐름

열역학은 에너지 변화에 대한 연구이다.

■ 에너지는 여러 형태로 존재할 수 있다

에너지는 일하는 능력이다. 위치에너지는 저장된 에너지이고 운동에너지는 움직임의 에너지이다. 에너지는 기계적, 열, 소리, 전류, 빛 또는 방사능 방사와 같은 다양한 형태를 취할 수 있다. 에너지는 킬로칼로리로 알려진 열 단위로 측정된다.

■ 태양은 대부분의 생물계에 에너지를 제공한다

광합성은 태양으로부터의 빛 에너지를 당 분자의 공유 결합에 화학에너지로 저장한다. 살아있는 세포에서 이러한 결합을 끊는 것은 다른 반응에 사용하기 위해 에너지를 방출하는 것이다.

■ 산화-환원 반응은 전자를 이동시킨다

산화는 전자 손실과 관련된 반응이다. 환원은 전자의 획득이다(**그림 5.2**). 이 2가지 반응은 함께 일어나므로 산화-환원 반응이라고 한다.

5.2 열역학 법칙과 자유에너지

■ 열역학 제1법칙: 에너지는 생성되거나 파괴될 수 없다

살아있는 생물체의 거의 모든 활동에는 에너지가 필요하다. 생물체와 생화학적 시스템을 통해 에너지가 변하지만 생성되거나 파괴되지 않는다.

■ 열역학 제2법칙: 무질서도가 증가함에 따라 일부 에너지는 손실된다

우주의 무질서 또는 엔트로피는 지속적으로 증가하고 있다. 태양으로부터 에너지를 받는 지구와 같은 개방형 시스템에서는 그렇지 않을 수 있다. 그러나 질서를 높이려면 에너지를 소비해야 한다. 에너지 전환에서 일부 에너지는 항상 열로 손실된다.

■ 화학반응은 자유에너지 변화를 통해 예측할 수 있다

자유에너지(G)는 모든 시스템에서 일을 하는 데 사용할 수 있는 에너지이다. 자유에너지의 변화(ΔG)는 반응의 방향을 예측한다. 음의 ΔG를 가진 반응은 자발적인(자유에너지감소성) 반응이며, 양의 ΔG를 가진 반응은 비자발적인(자유에너지증가성) 반응이다. 자유에너지증가성 화학반응은 주변에서 에너지를 흡수하는 반면, 자유에너지감소성 반응은 주변으로 에너지를 방출한다.

■ 자발적인 화학반응에서는 활성화 에너지가 필요하다

활성화 에너지는 화학결합을 불안정하게 하고 화학반응을 시작하는 데 필요한 에너지이다(**그림 5.5**). 심지어 자유에너지감소성 반응에도 이 활성화 에너지가 필요하다. 촉매는 활성화 에너지를 낮추어 화학반응 속도를 높인다.

5.3 ATP: 세포의 에너지 화폐

아데노신 3인산(ATP)은 세포 에너지 거래에 사용되는 분자 화폐이다.

■ ATP는 세포의 에너지 저장과 방출에 핵심 요소이다

ATP의 에너지는 말단 인산기 사이의 결합에 저장된다. 이들 그룹은 그들의 음전하로 인해 서로를 접근을 막기 때문에 이들 인산기 사이의 공유 결합은 불안정하다.

■ ATP의 가수분해는 자유에너지증가성 반응을 매개한다

효소는 ATP의 말단 인산기를 가수분해하여 반응을 위한 에너지를 방출한다. ATP의 가수분해가 자기보다 크기가 작은 양의 ΔG를 갖는 자유에너지증가성 반응과 연계되면, 두 반응은 함께 자유에너지감소성 반응을 할 것이다.

■ ATP는 지속적으로 순환한다

ATP의 가수분해는 자유에너지증가성 반응을 일으키기 위하여 에너지를 방출하고, ATP는 다른 자유에너지감소성 반응으로부터 방출된 에너지를 사용하여 합성된다(**그림 5.7**).

5.4 효소: 생체 촉매

■ 효소는 반응의 활성화 에너지를 낮춘다

효소는 화학반응을 시작하는 데 필요한 활성화 에너지를 낮춘다.

■ 효소의 활성부위는 기질의 모양에 맞도록 변화한다

기질은 효소의 활성부위에 결합한다. 효소는 기질에 잘 맞게 결합하기 위해 모양을 조정한다(**그림 5.8**).

■ 효소는 여러 형태로 나타난다

효소는 세포질에서 자유롭게 존재하거나 막 및 소기관에 결합된 구성요소로 존재할 수 있다. 생화학적 경로에 관여하는 효소는 다효소복합체를 형성할 수 있다. 대부분의 효소는 단백질이지만 일부는 라이보자임이라고 하는 RNA 분자이다.

■ 효소 기능은 환경 요인에 민감하다

효소의 기능은 온도와 pH에 영향을 받는 3차원 구조를 유지하는 능력에 달려 있다. 효소의 활성은 억제인자에 의해 영향을 받을 수 있다. 경쟁적 억제인자는 효소의 활성 부위에 대해 기질과 경쟁하여 효소 활성을 감소시킨다(**그림 5.13**). 효소 활성은 이 인자에 의해 제어될 수 있다. 다른자리입체성 효소는 활성 부위에서 떨어진 또 다른 부위를 가지며, 작동인자와 결합하여 활성화되거나 억제된다. 비경쟁적 억제인자 및 활성인자는 다른자리입체성 부위에 결합하여 효소의 구조를 변화시켜 효소를 억제 또는 활성화시킨다. 보조인자는 효소 기능에 필요한 무기질 금속이다. 조효소는 효소 기능에 필요한 특정 바이타민과 같은 비단백질 유기 분자이다. 종종 조효소는 전자 수용체로 사용된다.

5.5 대사: 세포 기능의 화학적 기술

대사는 세포의 모든 생화학반응의 총합이다. 동화반응은 분자를 합성하기 위해 에너지가 필요하고, 이화반응은 분자를 분해하고 에너지를 방출한다.

■ 생화학적 경로는 세포 내의 화학반응을 체계화한다

생화학적 경로에서 화학반응은 한 반응의 생성물을 다음 반응의 기질로 사용한다.

■ 생화학적 경로는 단계적으로 진화했을 것이다

초기 대양의 "원시 수프(soup)"에서, 많은 반응은 아마도 두 분자를 결합한 단일 단계 반응일 것이다. 기질 분자 중 하나가 고갈됨에 따라, 이 기질을 합성할 수 있는 효소를 갖는 생물체는 선택적인 이점을 가질 것이다. 이러한 방식으로, 생화학적 경로는 기존 반응을 위해 한정된 양의 기질을 생성하는 새로운 반응으로 "역으로" 진화한 것으로 생각된다.

■ 피드백억제는 일부 생화학적 경로를 조절한다

생합성 경로는 종종 경로의 최종 생성물에 의해 조절된다. 반응의 최종 생성물이 효소의 다른자리입체성 부위와 결합하여 효소의 활성을 저해하는 피드백억제가 발생한다(**그림 5.15**).

연습문제

■ 1단계: 이해력 확인하기

1. 두 원자 사이의 공유결합은 어떤 종류의 에너지에 해당하는가?
   a. 운동에너지
   b. 퍼텐셜에너지(화학에너지)
   c. 기계적 에너지
   d. 태양에너지
2. 다음 중 산화-환원 반응이 일어날 때 전자를 얻는 분자에서 일어나는 변화는 무엇인가?
   a. 환원되어 에너지 준위가 높아진다.
   b. 산화되어 에너지 준위가 낮아진다.
   c. 환원되어 에너지 준위가 낮아진다.
   d. 산화되어 에너지 준위가 높아진다.
3. 자유에너지증가성 반응의 특성으로 옳은 것은 무엇인가?
   a. 양(+)의 ΔG 값을 갖고 자발적인 반응이다.
   b. 양(+)의 ΔG 값을 갖고 비자발적인 반응이다.
   c. 음(−)의 ΔG 값을 갖고 자발적인 반응이다.
   d. 음(−)의 ΔG 값을 갖고 비자발적인 반응이다.
4. 자발적인 반응의 특성은 무엇인가?
   a. 반응물의 자유에너지가 생성물의 것보다 높다.
   b. 생성물이 자유에너지가 반응물의 것보다 높다.
   c. 에너지 유입이 필요하다.
   d. 무질서도가 감소한다.
5. 활성화 에너지란 무엇인가?
   a. 분자들의 무작위적인 움직임과 연관된 열에너지
   b. 화학결합이 끊어지면서 나오는 에너지
   c. 반응물과 생성물의 자유에너지의 차이
   d. 화학반응을 시작하는 데 필요한 에너지
6. 다음 중 촉매의 성질이 아닌 것은 무엇인가?
   a. 반응의 활성화 에너지를 낮추어 준다.
   b. 반응물의 자유에너지를 낮추어 준다.
   c. 반응이 끝나도 촉매는 변화되지 않는다.
   d. 촉매는 정반응과 역반응 모두에 영향을 준다.
7. ATP 분자의 에너지는 어디에 저장되어 있는가?
   a. 질소와 탄소 사이의 결합에
   b. 리보스의 탄소와 탄소 결합에
   c. 인과 산소 사이의 이중 결합에
   d. 말단에 있는 2개의 인산기를 연결하는 결합에

■ 2단계: 적용력 평가하기

1. 세포가 자유에너지증가성 반응에 ATP를 사용하는 이유는 무엇인가?
   a. ATP가 일반적인 촉매이기 때문이다.
   b. ATP 가수분해에서 방출되는 에너지가 함께 일어나는 반응의 ΔG 값을 더 큰 음수가 되게 해주기 때문이다.
   c. ATP 가수분해에서 방출되는 에너지가 함께 일어나는 반응의 ΔG 값을 더 큰 양수가 되게 해주기 때문이다.
   d. ATP가 ADP로 바뀌는 것도 자유에너지증가성 반응이기 때문이다.
2. 효소에 대한 다음 반응 중 틀린 것은 무엇인가?
   a. 효소는 활성부위의 3차원적 모양에 따라 반응물과 붙게 된다.
   b. 효소는 반응의 활성화 에너지를 낮추어 준다.
   c. 효소는 반응의 ΔG를 더 큰 음의 값이 되게 한다.
   d. 효소는 반응의 정방향과 역방향의 반응을 모두 촉매한다.
3. ATP 가수분해는 -7.4 kcal/mol의 ΔG를 갖는다. ATP 가수분해에 의해 ΔG가 12 kcal/mol인 자유에너지증가성 반응이 일어나도록 "구동"할 수 있는가?
   a. 아니다, 전체 ΔG 값은 여전히 양수이다.
   b. 그렇다, 전체 ΔG 값은 이제 음수이다.
   c. 그렇다, 그러나 효소를 사용하여 ΔG를 낮추는 경우에만 가능하다.
   d. 아니다, 전체 ΔG 값은 이제 음수이다.
4. 온라인 경매 사이트에서 계속해서 작동하는 영구 기관을 판매한다고 한다. 당신이 입찰하지 않기로 결정한 이유는 무엇인가?
   a. 우주에는 이 기계를 가동시키기에 충분한 에너지가 없다.
   b. 열역학 제1법칙은 에너지를 만들 수 없다고 말한다.
   c. 열역학 제2법칙에 따르면 엔트로피로 인해 발생한 에너지 손실은 영구적인 작동을 허용하지 않는다.
   d. 작동할 수 있지만 강력한 촉매가 필요하다.

5. 효소는 온도와 pH의 변화에 유사한 반응을 한다. 이 2가지는 어디에 영향을 주는가?
   a. 기질 분자의 운동 속도
   b. 기질 내의 화학결합의 세기
   c. 효소의 3차원적 모양
   d. 효소가 움직이는 속도
6. 피드백억제는 대사 경로를 제어하는 효율적인 방법이다 그 이유는 무엇인가?
   a. 경로의 첫 번째 효소가 자신이 만든 생성물에 의해 억제되기 때문이다.
   b. 경로의 마지막 효소가 자신이 만든 생성물에 의해 억제되기 때문이다.
   c. 경로의 첫 번째 효소가 마지막 생성물에 의해 억제되기 때문이다.
   d. 경로의 마지막 효소가 마지막 생성물에 의해 억제되기 때문이다.

■ 3단계: 사고력 함양하기

1. 온도에 따라 인체 내의 효소가 촉매하는 반응의 속도를 나타내는 그래프를 보고 다음 문제에 답하시오.
   a. 40℃ 정도에서 효소에 일어나는 일을 설명하시오.
   b. 20℃와 45℃에서 그래프가 x축과 만나는 이유를 설명하시오.
   c. 사람의 평균 체온은 37℃인데, 이 효소의 적정 온도가 37℃보다 높은 이유를 설명하시오.

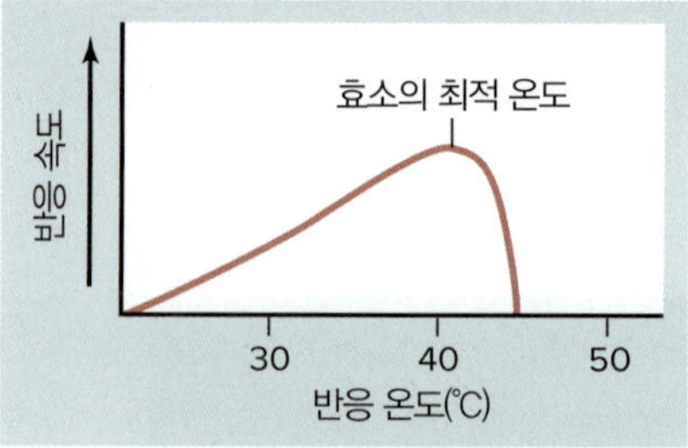

2. 인산과당인산화효소(phosphofructokinase)는 과당-6-인산 분자에 인산기를 붙이는 기능을 한다. 이 효소는 에너지를 생성하는 생화학적 경로인 초기 해당과정에서 기능을 한다. 이 효소의 활성부위에는 과당과 ATP가 붙는다. 세포 내에 ATP가 많으면 이 효소의 다른자리입체성 부위에 ATP가 붙는다.
   a. 세포 내에 ATP가 적을 경우, 이 반응의 속도를 예상해 보시오.
   b. 세포 내에 ATP가 많을 경우, 이 반응의 속도를 예상해 보시오.
   c. ATP가 많을 경우 이 효소에 어떤 변화가 있을지 설명하시오.

6 세포의 에너지 획득

6.1 호흡의 개요
6.2 해당과정: 포도당의 분해
6.3 피루브산의 산화에 의한 아세틸 CoA의 생성
6.4 시트르산 회로
6.5 전자전달연쇄와 화학삼투
6.6 산소호흡의 에너지 수율
6.7 산소호흡의 조절
6.8 무산소 조건에서의 산화
6.9 단백질과 지방의 이화작용
6.10 대사작용의 진화

도입

생명은 에너지에 의해 움직인다. 박테리아의 움직임, 고양이의 가르랑거림, 심지어 이 단어들을 처리하기 위한 생각들과 같이 생물체가 하는 모든 활동에는 에너지가 사용된다. 이번 장에서는 세포가 유기분자에 저장되어 있는 화학에너지를 ATP로 전환하는 과정들을 다룬다. 이후 7장에서는 빛 에너지를 사용하여 화학에너지를 만드는 광합성에 대해 알아본다. 광합성을 하는 식물 및 식물을 먹는 유충(사진) 등과 같은 모든 생물체는 화학결합에서 에너지를 획득할 수 있기 때문에 화학에너지를 ATP로 전환하는 것은 먼저 고려해야 한다. 호흡을 통한 에너지 획득은 보편적인 과정이다.

6.1 호흡의 개요

학습 목표

1. 생물계에서 일어나는 산화-탈수소 반응을 설명할 수 있다.
2. 에너지 대사에서 전자운반체의 역할을 설명할 수 있다.
3. 생물계에서 ATP의 역할을 서술할 수 있다.

식물, 조류 및 일부 박테리아는 광합성을 통해 햇빛의 에너지를 수확하여 복사 에너지를 화학 에너지로 전환한다(7장 참조). 비슷한 방식으로 화학 에너지를 사용하는 다른 생물체들과 함께 이 생물체를 **독립영양생물**(autotrophs; "자가 영양 공급")이라고 한다. 그 외 다른 모든 생물체는 독립영양생물이 생산하는 유기화합물을 먹이로 사용하여 살고 있으며, 이 생물체를 **종속영양생물**(heterotrophs; "다른 것에 의한 영양 공급")이라고 한다. 모든 동물과 균류, 대부분의 원생생물과 원핵생물을 포함하는 지구상의 생물 종의 95% 이상이 종속영양생물이다. 독립영양생물 역시 유기화합물에서 에너지를 추출한다. 이들은 단지 화합물을 합성하기 위해 태양에너지를 사용할 수 있는 추가적인 능력을 가진 것이다. 화학결합에서 에너지를 추출하기 위해 유기물을 산화시키는 과정을 **세포호흡**(cellular respiration)이라고 한다.

유기산을 명명하기 전에 다음의 사항을 알아두자. 해리된(탈양성자화된) 산은 접미사로 "-ate"를 사용한다. 예를 들어, 피루브산(pyruvic acid)은 "pyruvate"와 "H^+"로 해리된다. 생리학적 조건하에서 대부분의 유기산은 탈양성자화될 것이다.

세포 산화는 일반적으로 탈수소화이다

대부분의 음식물은 에너지를 저장하고 있는 화학결합이 풍부한 탄수화물, 단백질, 지질을 함유하고 있다. 2장에서 살펴본 바와 같이 탄수화물과 지질은 많은 탄소-수소(C—H) 결합과 탄소-산소(C—O) 결합으로 이루어져 있다.

대부분의 식품에 존재하는 복잡한 유기물에서 에너지를 추출하는 작업은 단계적으로 처리된다. 먼저 소화 과정에서 소화효소들이 큰 분자들을 작은 분자들로 분해한다(41장 참조). 이어서 다른 효소들이 소화 과정 중에 만들어진 작은 분자들을 분해하여 C—H 결합과 다른 화학결합들에 저장되어 있는 화학에너지를 방출되도록 한다.

이러한 유기분자들의 분해 과정은 산화 반응으로, 에너지대사는 산화-환원 반응과 연관되어 있다. 이 과정을 이해하기 위해서는 음식물 분자들로부터 유래한 전자의 경로를 추적할 필요가 있다. 이화작용에서 일어나는 산화 반응은 단순한 전자전달 반응이 아니라 **탈수소반응**(dehydrogenation)으로 산화 반응에서 전자와 더불어 양성자도 잃게 되면서 수소 원자를 잃게 되는 것이다.

세포호흡은 포도당의 완전한 산화이다

5장에서 원자나 분자가 전자를 잃는 과정이 **산화**이며, 전자를 얻는 과정이 **환원**이라는 것을 배웠다. 생물계에서 산화반응과 환원반응이 서로 연계되어 있는데, 이와 같이 짝을 이루는 반응을 **산화-환원 반응**(redox reaction)이라고 한다. 세포는 효소가 촉매하는 산화-환원 반응을 통해 음식물 분자로부터 에너지를 획득하고 이를 ATP로 전환한다.

산화-환원 반응

산화-환원 반응은 생물계 내의 에너지 흐름에서 중요한 역할을 한다. 왜냐하면 한 원자로부터 다른 원자로 전달되는 전자는 자신이 가지는 에너지와 함께 전달되기 때문이다. 전자가 가지는 에너지의 양은 원자의 핵 주위에서 전자 궤도 위치 또는 에너지 준위에 의해 결정된다. 산화-환원 반응에서 전자가 이동될 때 에너지도 함께 전달된다.

그림 6.1은 효소가 에너지가 풍부한 기질 분자의 산화-환원 반응을 보조인자인 **니코틴아미드아데닌디뉴클레오타이드**(nicotinamide adenine dinucleotide; NAD^+)의 도움으로 촉매하는 과정을 보여주고 있다. 이 반응에서, 2개의 수소 원자가 기질로부터 제거되어 2개의 전자와 1개의 양성자는 NAD^+로 전달되어 **NADH**를 형성하고, 나머지 양성자는 용액으로 방출된다. 기질은 산화되고 NAD^+는 NADH로 환원되며 산화된 생성물 및 NADH는 효소의 활성부위에서 방출된다.

그림 6.1 산화-환원 반응에서 이용되는 보조인자. 세포는 NAD^+라 불리는 보조인자를 이용하여 산화-환원 반응들을 수행한다. 2개의 수소에서 유래한 2개의 전자와 1개의 양성자가 NAD^+로 전달되며, 동시에 나머지 1개의 양성자는 용액에 유리된다. 전자를 받은 분자는 환원되었다고 하고, 전자를 잃은 분자는 산화되었다고 한다. NAD^+는 전자를 받아서 에너지가 풍부한 분자를 산화시킨다(그림에서 이 과정은 1 ⟶ 2 ⟶ 3 방향으로 진행된다). NAD^+의 환원된 형태인 NADH는 전자를 다른 분자에 전달해서 그 분자를 환원시킨다(그림에서 이 과정은 3 ⟶ 2 ⟶ 1 방향으로 진행된다).

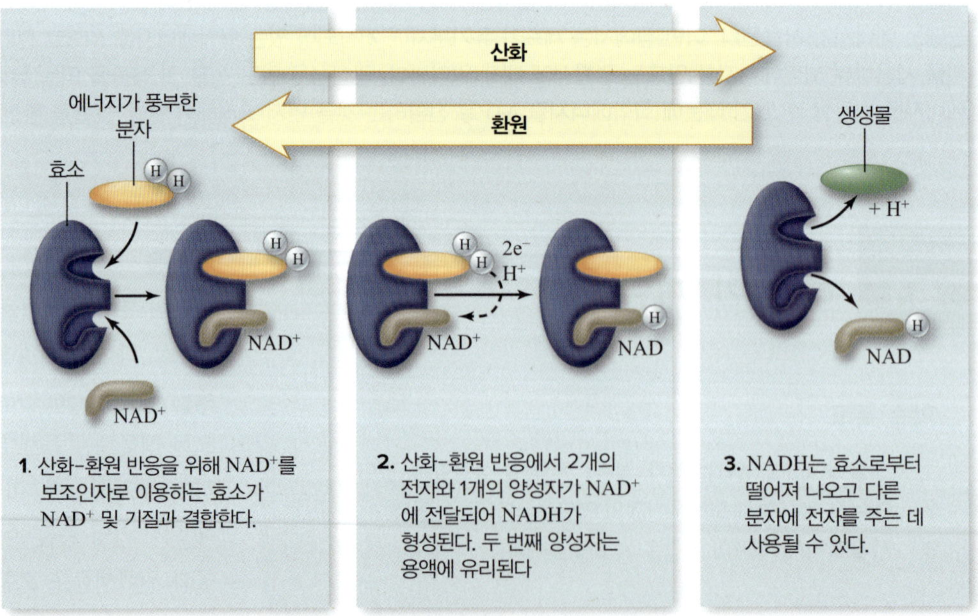

세포의 에너지 획득의 전체 과정에서 수십 개의 산화-환원 반응들이 일어나고 NAD^+를 포함하는 많은 분자들이 전자수용체로 역할을 한다. 각각의 산화-환원 반응에서 나오는 에너지는 ATP를 만들거나, 다른 화학결합을 형성하는 데 사용되거나 또는 열로 소실된다.

이러한 에너지 획득을 위한 산화-환원 반응 과정에서 최초의 화학결합으로부터 나온 고에너지 전자는 많은 에너지를 잃게 되고 마지막으로 최종 전자수용체에 전달된다(**그림 6.2**). 최종 전자수용체가 산소이면 이 과정을 **산소호흡**(유기호흡, aerobic respiration)이라 하고, 최종 전자수용체가 산소가 아닌 무기분자일 때는 **무산소호흡**(무기호흡, anaerobic respiration)이라 한다. 최종 전자수용체가 유기분자인 과정은 **발효**(fermentation)라고 한다.

탄수화물의 "연소"

세포 내에서 탄수화물의 이화작용과 벽난로에서 장작의 연소는 화학적으로 볼 때 거의 차이가 없다. 두 경우 모두 반응물은 탄수화물과 산소이고, 생성물은 이산화탄소, 물 그리고 에너지이다.

$$\underset{\text{포도당}}{C_6H_{12}O_6} + \underset{\text{산소}}{6O_2} \longrightarrow \underset{\text{이산화탄소}}{6CO_2} + \underset{\text{물}}{6H_2O} + \text{에너지(열과 ATP)}$$

이 반응에서 자유에너지 변화량은 표준조건(25°C, 1기압)에서 −686 kcal/mol(−2870 kJ/mol)이다. 세포 내의 조건에서 이 반응이 일어나면 1몰의 포도당에서 −720 kcal/mol(−3012 kJ/mol) 정도의 에너지가 나올 수 있다. 이것은 실제 세포 내 환경에서는 표준조건보다 더 많은 에너지가 이 반응에서 나온다는 것을 의미한다.

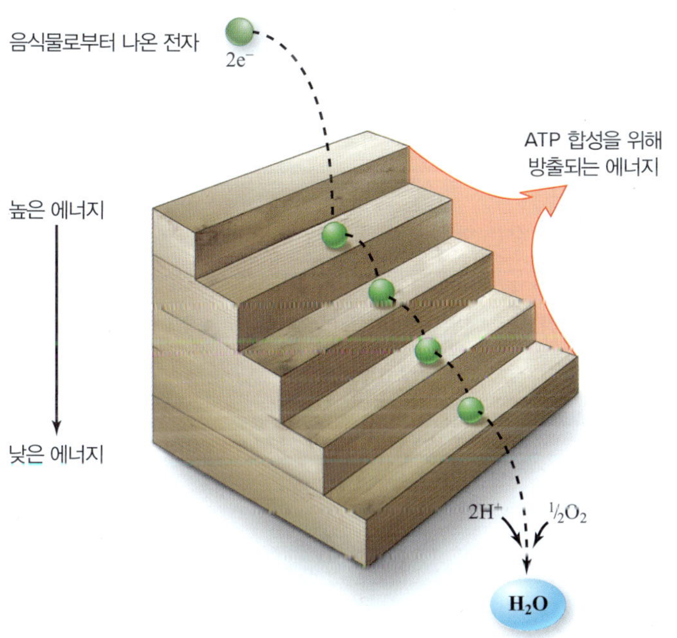

그림 6.2 전자전달 작동 방식.
그림은 전자가 한 에너지 준위에서 다른 에너지 준위로 전달될 때 어떻게 ATP가 생성되는지를 보여준다. 전자는 에너지를 한 번에 순간적으로 방출하는 것이 아니라, 보다 낮은 에너지 준위로 단계적으로 전달될 때마다 저장된 에너지를 단계적으로 방출하며, 결국 가장 낮은 에너지 준위(가장 큰 전기음성도를 가짐)의 전자수용체인 O_2로 전달된다.

포도당이 이화작용에 의해 분해되는 경우와 연소되는 경우 동일한 양의 에너지가 나오지만, 포도당이 연소되면 대부분의 에너지는 열로 방출된다. 세포는 포도당의 이화작용으로부터 나온 에너지의 일부를 이용하여 ATP를 생산함으로써 세포가 이용할 수 있는 에너지를 얻는다.

전자운반체가 에너지 대사에 중요한 역할을 한다

세포호흡 과정에서 포도당은 CO_2로 산화된다. 만약 포도당의 전자들이 한 번에 직접 산소로 전달되는 연소반응이 일어나면 발생되는 열에 의해 세포는 타버릴 것이다. 따라서 세포는 여러 단계에 걸쳐 여러 중간 전자운반체들을 통해 최종적으로 전자를 O_2에 전달한다.

다음과 같은 여러 형태의 전자운반체들이 이 과정에서 사용된다. (1) NAD^+와 같이 한 분자에서 다른 분자로 전자를 이동시키는 수용성 전자운반체, (2) 산화-환원 사슬을 형성하는 막에 결합되어 있는 전자운반체, (3) 막 내에서 이동하는 전자운반체. 이 모든 전자운반체들이 가지는 공통된 특징은 이들이 가역적으로 산화되고 환원될 수 있다는 것이다. 전자운반체는 철 이온을 포함하는 사이토크롬(cytochrome)과 같은 전자만을 이동시킬 수 있는 전자운반체와 전자와 양성자를 모두 이동시킬 수 있는 전자운반체로 구분된다.

전자운반체(양성자도 운반 가능한) 중 가장 중요한 것은 NAD^+이다. **그림 6.3**에서 보는 것처럼 NAD^+ 분자는 서로 결합되어 있는 2개의 뉴클레오타이드로 구성되어 있다. 이 2개의 뉴클레오타이드는 니코틴아미드 1인산(nicotinamide monophosphate; NMP)과 아데노신 1인산(adenosine monophosphate; AMP)으로, 인산기에 의해 연결되어 있다. NAD^+ 분자 안에서 이 두 뉴클레오타이드는 서로 다른 기능을 하는데, AMP는 핵심부위로 작용하며 효소가 인식할 수 있는 부위이고, NMP는 이 분자의 활성 부분으로서 산화/환원이 일어나는 부위이다.

NAD^+가 2개의 전자와 1개의 양성자를 효소의 활성부위로부터 받으면 NADH로 환원된다(**그림 6.3**, 오른쪽). NADH 분자는 에너지가 풍부한 2개의 전자를 갖게 되며, 그 전자를 다른 분자에 전달하여 환원시킬 수 있다.

고에너지 전자를 공급하는 NADH의 능력은 에너지대사 및 지방과 당을 포함한 많은 유기분자의 합성에서 중요하게 작용한다. 동물에서 ATP가 풍부할 때 축적된 NADH의 환원력은 지방산 전구물질에 고에너지 전자를 공급하여 환원시키는 데 사용된다. 그 결과 전구물질은 환원되어 지방을 형성하게 되고 지방 분자에 전자의 에너지가 저장된다.

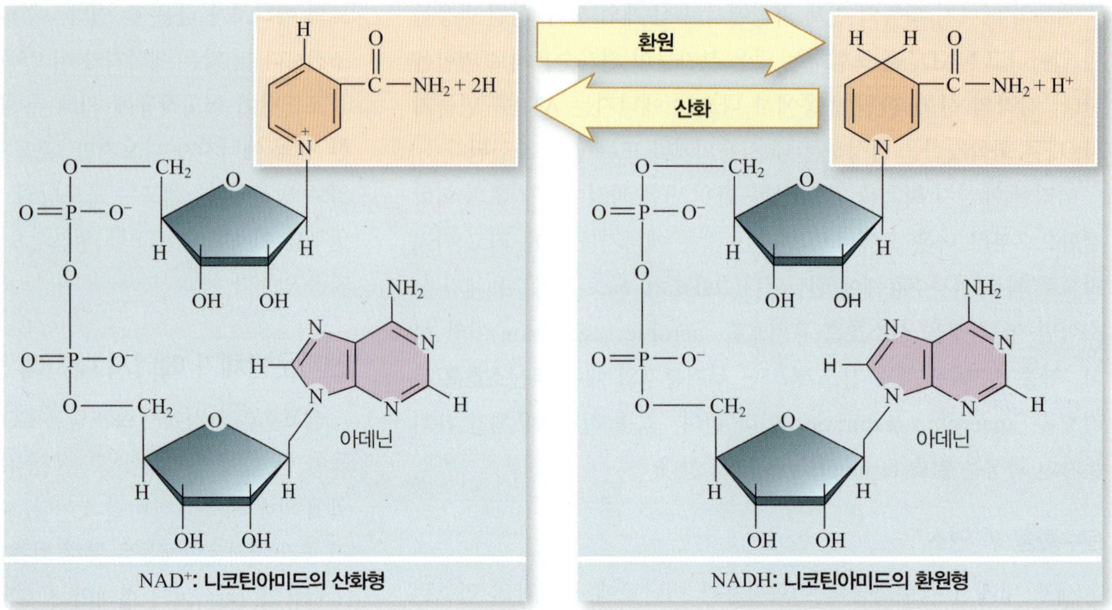

그림 6.3 **NAD^+와 NADH.** 디뉴클레오타이드는 세포호흡 동안 "전자운반체"로 작용한다. NAD^+는 거대분자들의 이화작용에서 나온 1쌍의 전자와 1개의 양성자를 받아 NADH로 환원된다.

호흡은 단계적으로 에너지를 수확한다

일반적으로 한 단계에서 에너지의 방출이 크면 클수록 더 많은 에너지가 열로서 소실되고, 더 적은 에너지가 일에 사용될 수 있다. 휘발유의 연소에서 자동차의 연료통에 있는 모든 휘발유가 한 번에 폭발하는 경우와 실린더 안에서 일련의 매우 작은 폭발을 통한 연소에서는 모두 같은 양의 에너지가 방출된다. 휘발유에 저장되어 있는 에너지를 한 번에 조금씩 방출함으로써 더 많은 에너지가 엔진의 피스톤을 밀어내어 차를 움직이게 하는 데 사용될 수 있다.

같은 원리가 세포 내에서 포도당의 산화과정에 적용된다. 만약 포도당의 모든 전자가 한 번의 폭발 단계에서 산소로 전달되면, 즉 한 번에 모든 자유에너지가 방출되면 세포는 일에 사용할 수 있는 형태의 에너지를 매우 적게 얻을 것이다. 그러나 세포는 자동차에서 연소가 일어나듯이 연료를 한 번에 조금씩 연소시킨다.

포도당의 C—H 결합 내의 전자는 해당과정과 시트르산 회로라 부르는 일련의 효소에 의해 촉매되는 반응들에서 여러 단계에 걸쳐 NAD^+ 또는 다른 전자운반체에 전달된다. 전자는 앞에서 설명한대로 NAD^+ 또는 다른 전자운반체로 이동함으로써 제거된다. 이러한 산화반응들에서 나오는 에너지는 한 번에 모두 방출되지 않는다(**그림 6.2**). 전자는 미토콘드리아 내막에 위치한 **전자전달연쇄**(electron transport chain)라고 불리는 또 다른 전자운반체 세트로 전달된다. 이들 전자운반체의 순차적 산화-환원 반응은 전기화학적 기울기 형태의 퍼텐셜에너지로 전환되어 에너지를 방출한다. 이 과정은 6.5절에서 더 자세하게 살펴본다.

ATP는 대사에 중심적인 역할을 한다

5장은 ATP를 세포의 에너지 화폐로 설명했다. 세포는 ATP를 이용하여 운동과 같은 에너지가 필요한 대부분의 활동을 수행한다. 근육세포 내의 작은 섬유는 근육이 수축할 때 서로를 향해 당긴다. 이 미세한 움직임으로 매일매일 놀라운 일을 할 수 있다. 세포는 원형질막을 가로질러 물질을 이동시키거나 세포 내에서 세포소기관을 이동

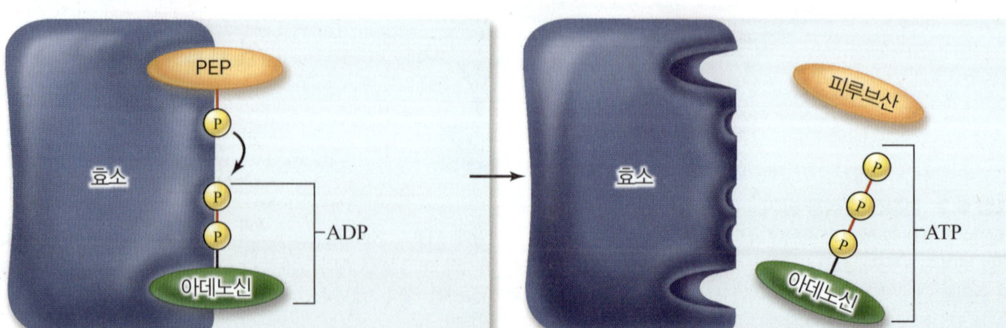

그림 6.4 **기질수준의 인산화.** 포스포에놀피루브산(PEP)과 같은 일부 분자들은 ATP에서와 유사한 고에너지 인산결합을 가진다. PEP의 인산기가 효소 작용에 의해 ADP로 전달되면 ATP가 생긴다.

시켜 내용물을 조절해야 한다. 이것 또한 ATP에 의해 일어날 수 있다. 세포는 또한 ATP를 사용하여 비자발적인 자유에너지증가성 반응을 유도한다(5장 참조).

ATP가 어떻게 자유에너지증가성 반응을 일어나게 하는 것일까? 특정 반응을 촉매하는 효소는 표면에 2개의 결합부위(반응물 결합부위와 ATP 결합부위)를 가진다. ATP 결합부위는 ATP 분자를 분해하여 7 kcal($\Delta G = -6.3$ kcal/mol) 이상의 화학에너지를 방출한다. 이때 나온 에너지는 두 번째 부위에 있는 반응물의 에너지 상태를 높이는 데 사용되어 자유에너지증가성 반응이 일어나게 한다. 따라서 ATP 가수분해와 짝지은 자유에너지증가성 반응은 열역학적으로 일어날 수 있게 된다.

세포호흡의 많은 단계는 ATP 생산을 궁극적인 목표로 한다. ATP 합성 자체는 세포호흡의 자유에너지감소성 반응으로부터 에너지를 사용하는 자유에너지증가성 반응이다.

세포는 근본적으로 다른 2가지 기작으로 ATP를 만든다

ATP의 합성은 2개의 서로 다른 기작에 의해 이루어진다. 첫 번째 기작은 인산기와 결합되어 있는 중간물질과의 직접적인 화학반응이며, 두 번째 기작은 ADP를 인산화시키기 위한 퍼텐셜에너지를 얻기 위해 양성자의 전기화학적 기울기를 이용하는 반응이다.

1. **기질수준의 인산화**(substrate-level phosphorylation)에서는 인산기를 가지는 중간물질 또는 기질에서 인산기가 직접 ADP로 전달되면서 ATP가 형성된다(**그림 6.4**). 포도당의 초기 분해 과정인 **해당과정**(glycolysis)에서 포도당의 화학결합은 반응 도중 위치를 변동하면서 기질수준 인산화 기작으로 ATP를 만드는 데 필요한 에너지를 낸다.
2. **산화적 인산화**(oxidative phosphorylation)에서는 양성자(H^+) 농도기울기의 에너지를 이용하여 **ATP 합성효소**(ATP synthase)에 의해 ATP가 합성된다. 포도당의 산화과정에서 나온 고에너지 전자가 전자전달연쇄를 통해서 산소로 전달되기 때문에 이와

그림 6.5 산소호흡의 개요.

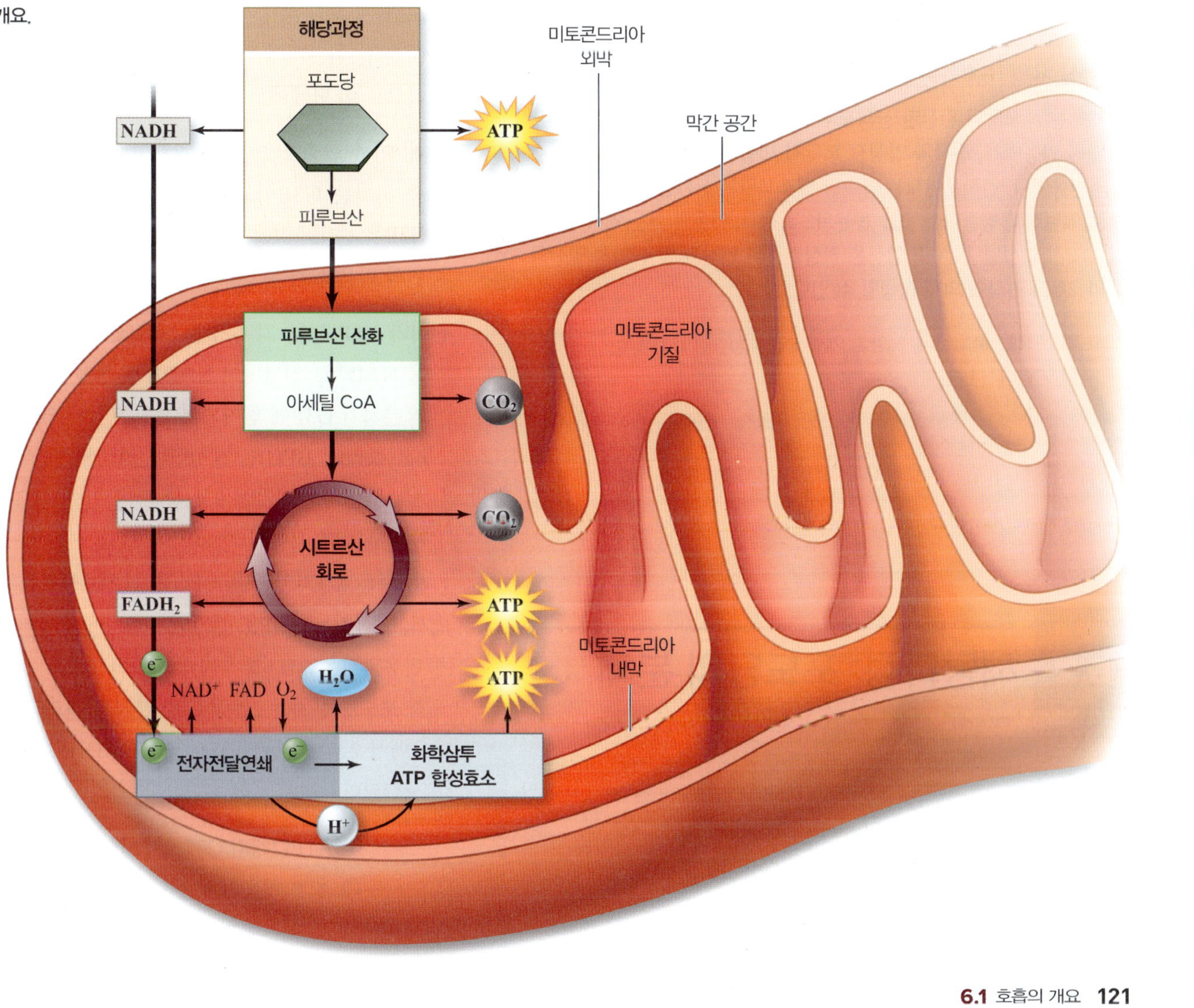

같이 ATP가 형성되는 과정을 **산화적 인산화**라 한다. ATP 합성 효소는 양성자 농도기울기의 에너지를 이용하여 다음의 반응을 촉매한다.

$$ADP + P_i \longrightarrow ATP$$

진핵생물과 호기성 원핵생물은 그들이 생산하는 ATP의 대부분을 이러한 방식으로 생산한다.

대부분의 생물에서 이 두 기작이 함께 일어난다. 세포는 포도당과 O_2를 CO_2와 H_2O로 바꾸고, 이때 방출된 에너지를 사용하여 ATP를 만든다. 이는 고에너지 전자를 전자전달연쇄를 통해 이동시키는 복잡한 일련의 산화반응을 포함하며 막을 가로질러 양성자를 운반하는 동안 전자운반체를 통해 이루어진다. 최종 전자수용체는 산소이며, 생성된 양성자 기울기는 ATP 합성 효소가 ADP를 ATP로 인산화하기 위한 퍼텐셜에너지를 제공한다(**그림 6.5**). 진핵생물에서, 전자전달연쇄는 미토콘드리아 내막에 매립되어 있고, 원핵생물에서는 원형질막이 접혀진 곳에서 발견된다. 진핵생물에서 이 과정의 세부 사항은 앞으로 더 자세히 살펴본다.

핵심 요약 6.1

세포는 포도당의 완전한 산화로부터 에너지를 얻는다. 이러한 산화-환원 반응에서, 전자와 양성자 모두가 이동되기 때문에 이것은 탈수소반응이다. 전자운반체는 급속한 연소보다는 산화를 통해 단계적으로 에너지를 방출하는 것을 돕는다. 그 결과, 이동이 쉬운 에너지원인 ATP가 합성된다. ATP 합성은 기질수준의 인산화 및 산화적 인산화의 2가지 기작에 의해 발생할 수 있다.

- 왜 세포는 포도당의 산화를 에너지를 필요로 하는 세포 기능에 직접 연결하지 않을까?

6.2 해당과정: 포도당의 분해

학습 목표

1. 해당과정에 대해 설명할 수 있다.
2. 해당과정에서 나오는 에너지 산출량을 계산할 수 있다.
3. 산소호흡과 발효를 구별할 수 있다.

포도당 분자는 여러 방식으로 분해될 수 있지만, 원시생물은 효소 연계반응에서 ATP의 합성에 충분한 자유에너지를 방출시키는 포도당 이화과정을 진화시켰다. 해당과정은 세포질에서 일어나며, 이 과정을 통해 포도당은 3-탄소로 이루어진 2개의 피루브산으로 전환된다(**그림 6.6**). 포도당 1분자가 해당과정을 거칠 때 세포는 2분자의 ATP를 생산한다.

해당과정은 포도당을 2개의 피루브산으로 바꾸며, 2개의 ATP와 2개의 NADH를 형성한다

해당과정의 첫 단계는 5개의 연쇄반응으로 이루어져 있는데, 이 단계에서 포도당 1분자가 3-탄소 화합물인 **글리세르알데하이드 3-인산**(glyceraldehyde-3-phosphate, G3P) 2분자로 전환된다. 이러한 반응에서 ATP가 소비되므로, 이는 자유에너지증가성 반응이다. 해당과정의 후반부에서 ATP를 생성하는 에너지 획득 공정에서 5개의 반응이 G3P를 피루브산으로 전환한다.

준비 반응: 처음 3개의 반응은 포도당을 2개의 3-탄소 인산화 분자로 쉽게 분해될 수 있는 화합물로 변경함으로써 포도당을 "준비"시킨다. 이 3개의 반응 중 2개의 반응은 ATP에서 인산기를 전달하므로 이 단계에서는 세포가 2개의 ATP 분자를 사용해야 한다.

분해: 이 6-탄소 2인산 당은 2개의 3-탄소 1인산 당으로 나뉜다. 이 중 하나는 G3P이고 다른 하나는 G3P로 전환된다. 그런 다음 G3P는 준비과정에 소비된 것보다 더 많은 에너지를 생성하는 일련의 반응을 겪는다.

산화와 ATP 생성: 각 G3P는 산화되어 2개의 전자(및 1개의 양성자)를 NAD^+로 전달하여 NADH를 형성한다. 이 과정에서 1분자의 P_i 분자가 G3P에 첨가되어 1,3-2인산글리세르산(1,3-bisphosphoglycerate, BPG)을 생성한다. 이 때 첨가된 인산기는 나중에 기질수준의 인산화(**그림 6.4** 참조)에 의해 ADP에 전달되어 ATP를 생산하는 데 사용된다.

또 다른 4가지 반응은 BPG를 피루브산으로 전환시킨다. 이 과정에서, 인산기는 ADP로 전달되어 G3P당 2개의 ATP를 생성한다. 전체 반응과정은 **그림 6.7**에 자세히 나타냈다.

각 포도당 분자는 2개의 G3P 분자로 분리되므로 해당과정의 전체 반응에서 2분자의 ATP, 2분자의 NADH 그리고 2분자의 피루브산이 생산된다.

4 ATP(2개의 G3P로부터 생산된 ATP 개수)
−2 ATP(처음의 두 반응에서 사용된 ATP 개수)
―――――――――――――――
2 ATP(전체 해당과정에서의 ATP의 순생산량)

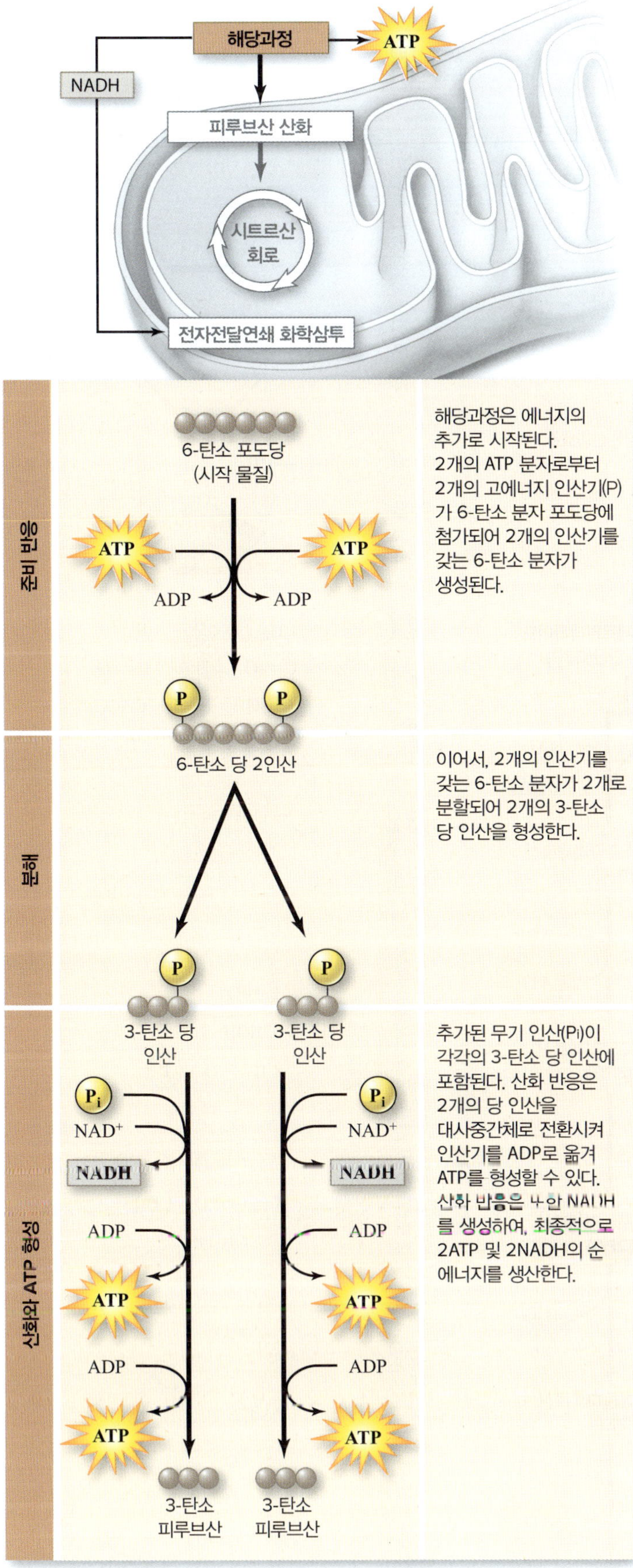

그림 6.6 해당과정의 개요.

1분자의 ATP가 가수분해될 때 표준조건에서의 자유에너지 변화량 (ΔG)은 -7.3 kcal/mol이다. 따라서 세포는 해당과정에서 포도당 1몰로부터 최대 14.6 kcal의 에너지를 수확한다.

해당과정의 간략한 역사

해당과정에 의한 ATP 수율은 낮지만 방출된 에너지의 40% 미만이 ATP에 저장되어 실제로 매우 효율적이다. 지구상에 생명체가 나타나고 산소가 없던 초기 10억 년 이상의 시기 동안에 해당과정은 종속영양생물이 유기분자로부터 ATP를 생성하는 주요한 방법이었다.

많은 생화학적 경로들과 마찬가지로, 해당과정은 역방향으로 진화되었다고 여겨지고 있다. 즉, 해당과정의 마지막 단계가 가장 오래 전에 진화되어 나왔다는 것이다. 따라서 G3P가 분해되며 ATP가 나오는 해당과정의 후반기 반응들이 먼저 진화되었을 것이다. 포도당으로부터 G3P가 합성되는 해당과정의 전반기 반응들은 포도당이 아닌 G3P의 원료 분자가 고갈되었을 때 나중에 진화됐을 것이다.

산소가 없는 조건에서 해당과정이 일어나면 비교적 적은 양의 에너지가 생성되는데, 왜 해당과정은 현재의 생물에서 계속 일어나며 존재할까? 첫째, 해당과정은 에너지 효율이 뛰어나고 ATP가 없는 대안보다 낫다. 둘째, 진화는 과거의 성공적인 과정에 덧붙여져 개선되는 과정이다. 이화 대사에서, 해당과정은 하나의 필수 진화 기준인 개선을 만족시켰다. 해당과정을 수행할 수 없는 세포는 경쟁적으로 불리하였고, 해당과정이 가능한 세포만이 생존하였다. 산소가 산화제로서 이용 가능해짐에 따라 ATP의 수율을 증가시키기 위해 이 체계상에 그후 이화 대사의 개선이 이루어졌다. 한 단계의 반응이 다른 단계에 추가되면서 대사가 발전하였다. 거의 모든 오늘날의 생물체는 과거에 일어났던 진화적 산물인 물질대사를 통해 해당과정을 수행한다.

6.10절에서 대사의 진화에 대해 자세히 설명한다.

호흡을 계속하려면 NAD^+를 재생산해야 한다

해당과정의 순반응식은 다음과 같다.

$$\text{포도당} + 2\ \text{ADP} + 2\ P_i + 2\text{NAD}^+ \longrightarrow 2\ \text{피루브산} + 2\ \text{ATP} + 2\ \text{NADH} + 2\text{H}^+ + 2\text{H}_2\text{O}$$

해당과정에서는 다음과 같이 3가지 변화가 일어남을 볼 수 있다 (1) 포도당이 2분자의 피루브산으로 전환되고, (2) ADP 2분자가 기질 수준의 인산화 과정을 통해서 ATP로 전환되며, (3) NAD^+ 2분자가 NADH로 환원된다. 해당과정은 세포에 2가지 문제점을 남기는데, 피루브산 2분자에 아직 남아 있는 에너지를 수확하는 것과 해당과정을 계속할 수 있게 NAD^+를 다시 생산하는 것이다.

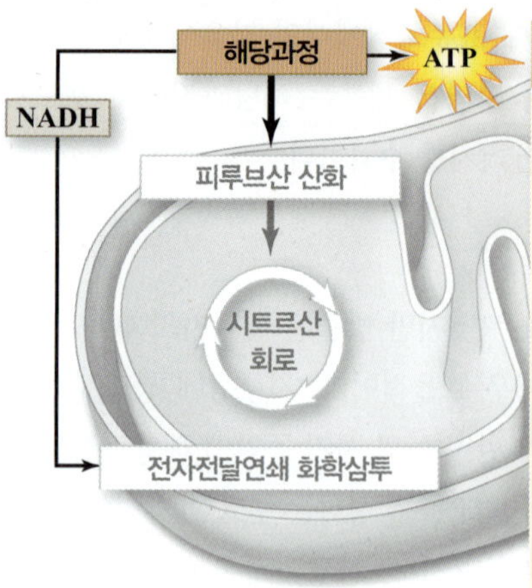

1. ATP에 의한 포도당의 인산화

2–3. 분자의 재배열과 두 번째 인산화

4–5. 6-탄소 분자가 2개의 3-탄소 분자로 분해됨. 하나는 G3P이고, 다른 하나는 다른 반응을 거쳐 G3P로 전환

6. 산화와 인산화 반응 결과 2NADH와 2BPG 생산. 각 BPG는 고에너지 인산결합 1개를 지님

7. 고에너지 인산결합이 ADP에 전달되어 두 분자의 ATP와 두 분자의 3PG 생성

8–9. 물이 제거되고 두 분자의 PEP가 생성됨. 각 PEP는 고에너지 인산결합 1개를 지님

10. PEP로부터 고에너지 인산결합이 ADP에 전달되어 2ATP와 2피루브산이 생산됨

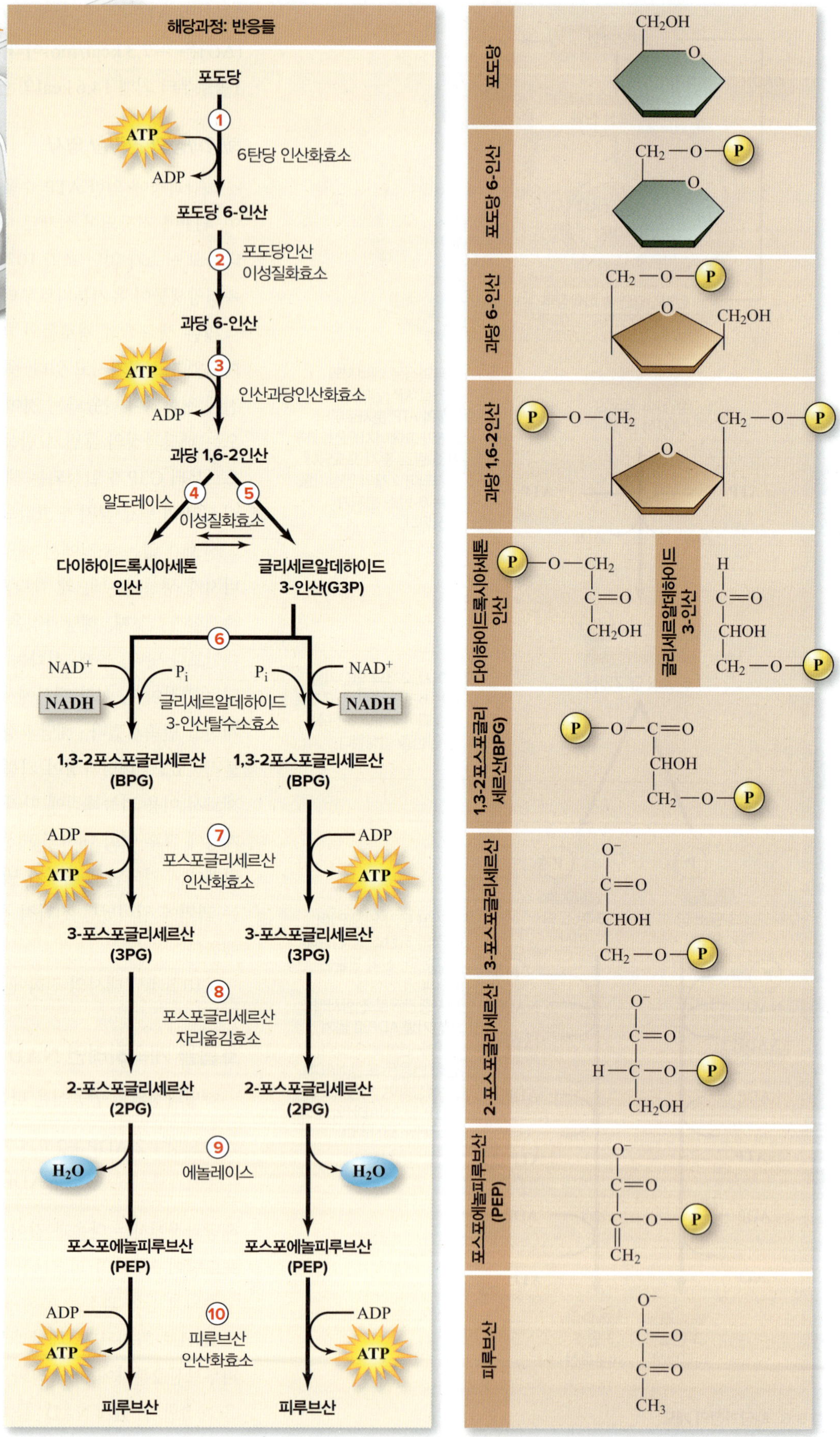

그림 6.7 해당과정의 개요.
처음 5단계 반응에서 1분자의 포도당은 2분자의 G3P로 전환된다. 다음의 5단계 반응을 거치며 G3P는 피루브산으로 전환된다.

그림 6.8 해당과정의 생성물인 피루브산과 NADH의 운명.
산소가 있으면 NADH는 미토콘드리아의 전자전달연쇄에서 산소를 최종 전자수용체로 이용하여 산화된다. 이 과정에서 NAD^+가 재생산되며 해당과정은 계속하여 작동할 수 있다. 해당과정에서 생성된 피루브산은 산화되어 아세틸 CoA로 되고 아세틸 CoA는 시트르산 회로로 들어간다. 산소가 없으면 피루브산이 대신 환원되며 NADH를 산화시켜 NAD^+를 재생산함으로써 해당과정이 계속되게 한다. 근육세포에서는 피루브산이 직접 환원되며 젖산이 된다. 효모에서는 피루브산에서 CO_2가 떨어져 나와 생성된 아세트알데하이드가 환원되어 에탄올이 생성된다.

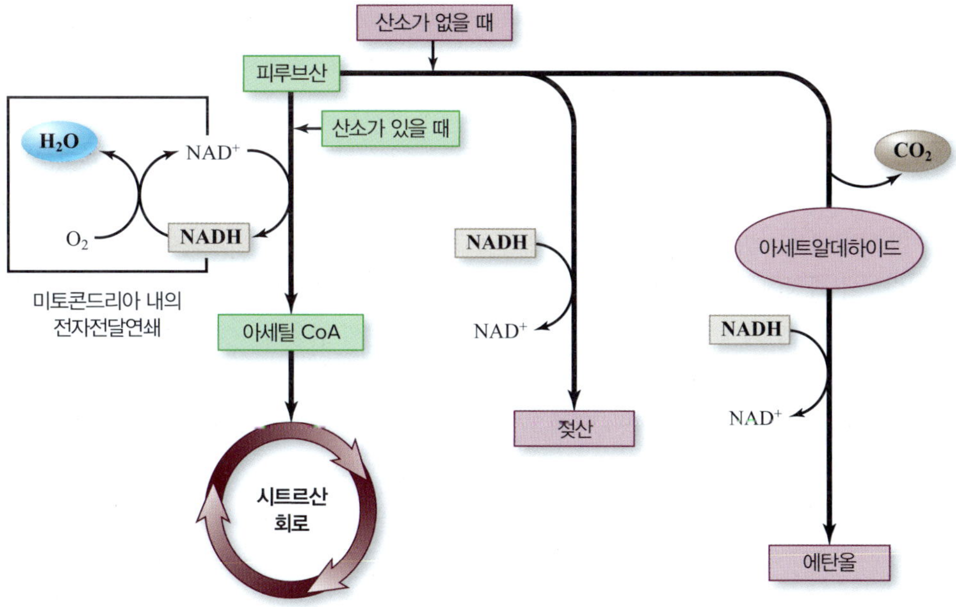

NAD^+의 재활용

포도당으로 전환될 수 있는 음식물 분자의 이용이 가능한 경우 세포는 계속적인 해당과정을 통해 세포 활동에 필요한 ATP를 생산한다. 그 과정 중에 NADH는 세포내에 축적되고, NAD^+는 고갈되게 된다. 세포내에는 많은 양의 NAD^+가 없기 때문에 해당과정이 계속되려면 NADH가 NAD^+로 전환되어 재활용되어야 한다. NADH는 다른 분자를 환원시킴으로써 NAD^+로 다시 산화된다. 세포는 2가지 방법으로 이를 수행할 수 있으며, 어떤 것이 사용되는지는 O_2의 사용 여부에 따라 다르다(**그림 6.8**).

1. **산소호흡**: 산소는 뛰어난 전자수용체(electron acceptor)이다. 일련의 전자전달 과정을 거쳐 G3P로부터 나온 전자는 산소로 전달될 수 있고, 그 결과물이 형성된다. 이 과정은 산소가 존재하는 조건에서 진핵세포의 미토콘드리아에서 일어난다. 공기에는 산소가 풍부하므로, 이 과정을 **산소대사**(aerobic metabolism)라고도 부른다. 이 과정에서 상당량의 ATP가 생산된다.
2. **발효**: 산소를 사용할 수 없는 경우 유기분자가 전자를 받아들일 수 있다. 사용되는 유기분자는 매우 다양하며 에탄올 발효에서는 아세트알데하이드 또는 젖산 발효에서는 피루브산 자체를 포함한다. 이 반응은 대부분의 생물체, 심지어 산소호흡이 가능한 생물체의 대사에도 중요한 역할을 한다.

피루브산의 운명

해당과정에서 생산된 피루브산은 산소호흡 또는 발효 경로에서 대사가 일어난다. 산소호흡 경로의 첫 반응은 피루브산이 아세틸 CoA(acetyl-CoA)로 산화되는 반응이다. 아세틸 CoA는 시트르산 회로라 불리는 일련의 반응들에서 더 산화된다. 반면에 발효 경로에서는 피루브산의 전부 또는 일부가 환원되어 NADH를 NAD^+로 다시 산화시킨다(**그림 6.7**). 다음 절에서는 산소호흡에 대해 알아보며, 발효는 6.8절에서 자세히 설명한다.

핵심 요약 6.2

해당과정은 6-탄소 분자 포도당을 3-탄소 분자 피루브산 2분자로 나눈다. 이 과정은 "준비"반응에서 2개의 ATP 분자를 사용하고, 그 후 4개의 ATP 분자를 생성하기에, 결과적으로 포도당 1분자당 2분자의 ATP가 얻어진다. 해당과정의 산화 반응에는 NAD^+가 필요하고 NADH가 생성된다. 산소가 풍부한 경우, O_2를 전자수용체로 사용하여 전자전달연쇄에서 NAD^+가 재생된다. 산소가 없으면, 유기 분자를 전자수용체로서 사용하는 발효 반응에서 NAD^+가 재생된다.

■ 세포질에서 일어나는 해당과정은 미토콘드리아의 세포공생 기원을 지지할까? 아니면 반대할까?

6.3 피루브산의 산화에 의한 아세틸 CoA의 생성

학습 목표

1. 피루브산의 산화가 어떻게 해당과정을 시트르산 회로와 연결시키는지 설명할 수 있다.

산소가 존재할 때, 해당과정에 의해 생성된 피루브산은 추가로 산화될 수 있다. 진핵생물에서 피루브산은 추가 세포호흡 과정을 위해 미토콘드리아로 능동적으로 운반된다. 원핵생물에서 유사한 반응이 세포질 및 원형질막에서 일어난다.

세포는 피루브산에 있는 상당량의 에너지를 2단계에 걸쳐 수확한다. 첫 단계에서는 피루브산이 산화되어 2-탄소 화합물과 CO_2를 생산한다. 이 과정에서 나온 전자들은 NAD^+에 전달되어 NADH가 생산된다. 다음 단계에서 2-탄소 화합물은 시트르산 회로의 반응에 의해 CO_2로 산화된다.

피루브산은 "탈카복실화" 반응에 의해 3개의 탄소 중 1개가 CO_2의 형태로 떨어져 나간다(**그림 6.9**). 남은 2-탄소로 이루어진 아세틸기는 조효소 A(CoA)와 결합하여 아세틸 CoA가 형성된다. 이 과정에서

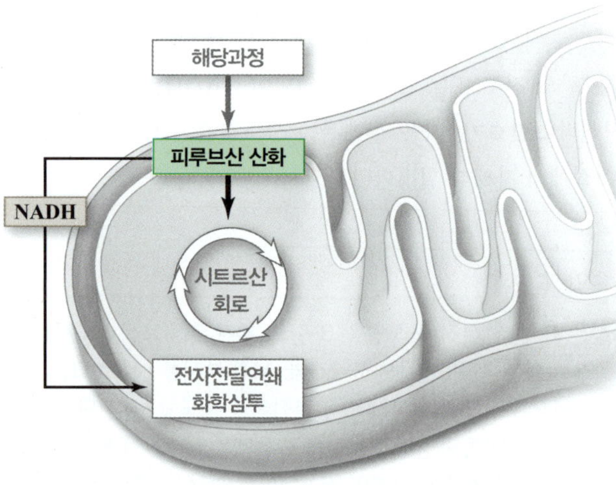

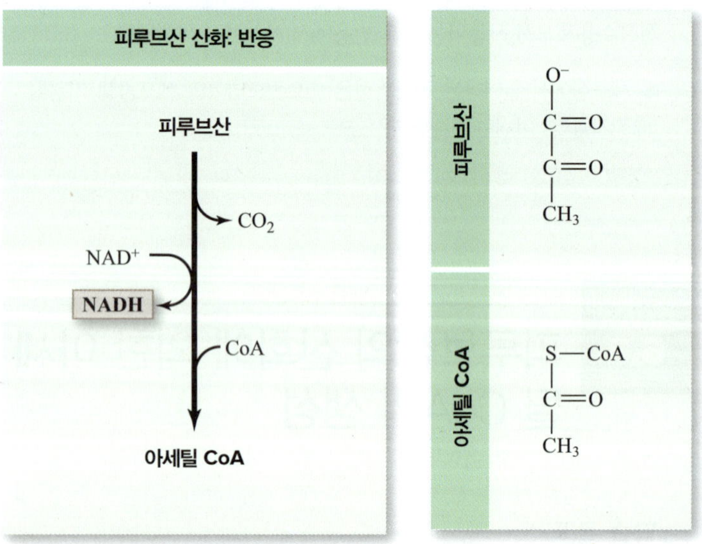

그림 6.9 피루브산의 산화.
복합 반응을 통해 NAD^+는 전자를 받아 NADH로 환원된다. 반응 생성물인 아세틸 CoA는 아세틸기를 시트르산 회로에 공급하고, CoA는 또 다른 피루브산의 산화를 위하여 재활용된다. NADH는 전자전달연쇄에 고에너지 전자를 공급한다.

한 쌍의 전자와 이와 결합되어 있는 양성자 하나는 전자운반체인 NAD^+에 전달되어 NADH로 환원시키고, 두 번째 양성자는 용액에 유리된다.

이 반응은 3개의 중간 단계로 이루어져 있으며 미토콘드리아 내에서 **다효소복합체**에 의하여 촉매된다. 5장에서 살펴본 것처럼 다효소복합체는 다단계 반응의 중간물질들이 확산되어 나가거나 다른 반응에 사용되지 않도록 일련의 효소반응 단계를 배열한다. 복합체 내에서, 소단위체는 기질을 방출하지 않고 한 효소에서 다른 효소로 기질을 통과시킨다. **피루브산 탈수소효소**(pyruvate dehydrogenase)는 피루브산으로부터 CO_2를 제거하는 다효소복합체로서 알려진 가장 큰 효소 중 하나이다. 이 복합체는 60개의 소단위체로 이루어져 있으며, 이 효소에 의해 촉매되는 반응은 다음과 같다.

$$\text{피루브산} + NAD^+ + CoA \longrightarrow$$
$$\text{아세틸 } CoA + NADH + CO_2 + H^+$$

이 반응에서 생산되는 1분자의 NADH는 나중에 ATP를 만드는 데 사용된다. 아세틸기는 시트르산 회로에 들어가서 사용되고 조효소 A는 다른 피루브산의 산화를 위하여 재활용된다. 시트르산 회로에서 포도당 유래 탄소의 산화가 완료된다.

핵심 요약 6.3

피루브산은 미토콘드리아에서 산화되어 아세틸 CoA와 CO_2를 생성한다. 아세틸 CoA는 해당과정과 시트르산 회로의 반응을 연결하는 분자이다.

■ 다효소복합체의 장점과 단점은 무엇일까?

6.4 시트르산 회로

학습 목표

1. 시트르산 회로의 9가지 반응을 탄소 및 전자의 흐름과 관련시킬 수 있다.
2. 시트르산 회로의 산화 반응을 도표로 나타낼 수 있다.

시트르산 회로(citric acid cycle)는 조효소(coenzyme) A에 결합된 아세틸기 형태의 2-탄소 단위(아세틸 CoA)를 산화한다. 이들은

피루브산의 산화 또는 지방산의 산화에서 비롯될 수 있다(6.9절 참조). 아세틸기는 4-탄소인 옥살로아세트산(oxaloacetate)에 첨가되어 6-탄소인 트라이카복실산(tricarboxylic acid)을 생성한다. 이 중요한 경로는 다수의 명칭을 갖는데, 초기 대사중간체가 시트르산이기 때문에 시트르산 회로, 시트르산이 트라이카복실산이기 때문에 TCA 회로 그리고 발견자 중 한 명의 이름을 딴 **크렙스 회로**(Krebs cycle) 등이 있다. 시트르산 회로의 반응은 시트르산을 옥살로아세트산으로 다시 전환시켜 CO_2를 생성하고 전자 및 양성자를 전자운반체인 NADH 및 $FADH_2$로 전달한다. 시트르산 회로 동안 한 분자의 ATP가 생성되지만, 방출된 에너지의 대부분은 전자전달연쇄에 의해 NADH 및 $FADH_2$ 내의 전자 형태로 유지되며, 이는 ATP 합성을 유도하기 위한 **양성자 기울기**(proton gradient)를 생성하는 데 사용될 수 있다.

시트르산 회로의 개요

진핵생물에서, 시트르산 회로의 반응은 미토콘드리아 기질에서 일어난다. 그들은 아세틸 CoA에서 아세틸기를 취하여 CO_2로 전환하며 전자와 양성자를 NADH와 $FADH_2$로 전달한다(**그림 6.10**).

첫 번째 반응은 4-탄소 분자인 옥살로아세트산을 아세틸기와 결합하여 6-탄소 분자인 시트르산 분자를 생성한다. **그림 6.10**에 간략히 나타낸 것처럼 5단계의 반응에서 시트르산을 5-탄소 대사중간체로 전환한 다음, 4-탄소분자인 숙신산(succinate)으로 전환한다. 이러한 반응 동안, 2분자의 NADH와 1분자의 ATP가 생성된다.

숙신산은 또한 3단계의 추가 반응을 거쳐 옥살로아세트산이 된다. 이러한 반응 동안, 하나 이상의 NADH가 생성되며, 다른 보조인자인 플래빈아데닌디뉴클레오타이드(flavin adenine dinucleotide, FAD)는 $FADH_2$로 환원된다.

각 반응의 세부 사항은 다음과 같다.

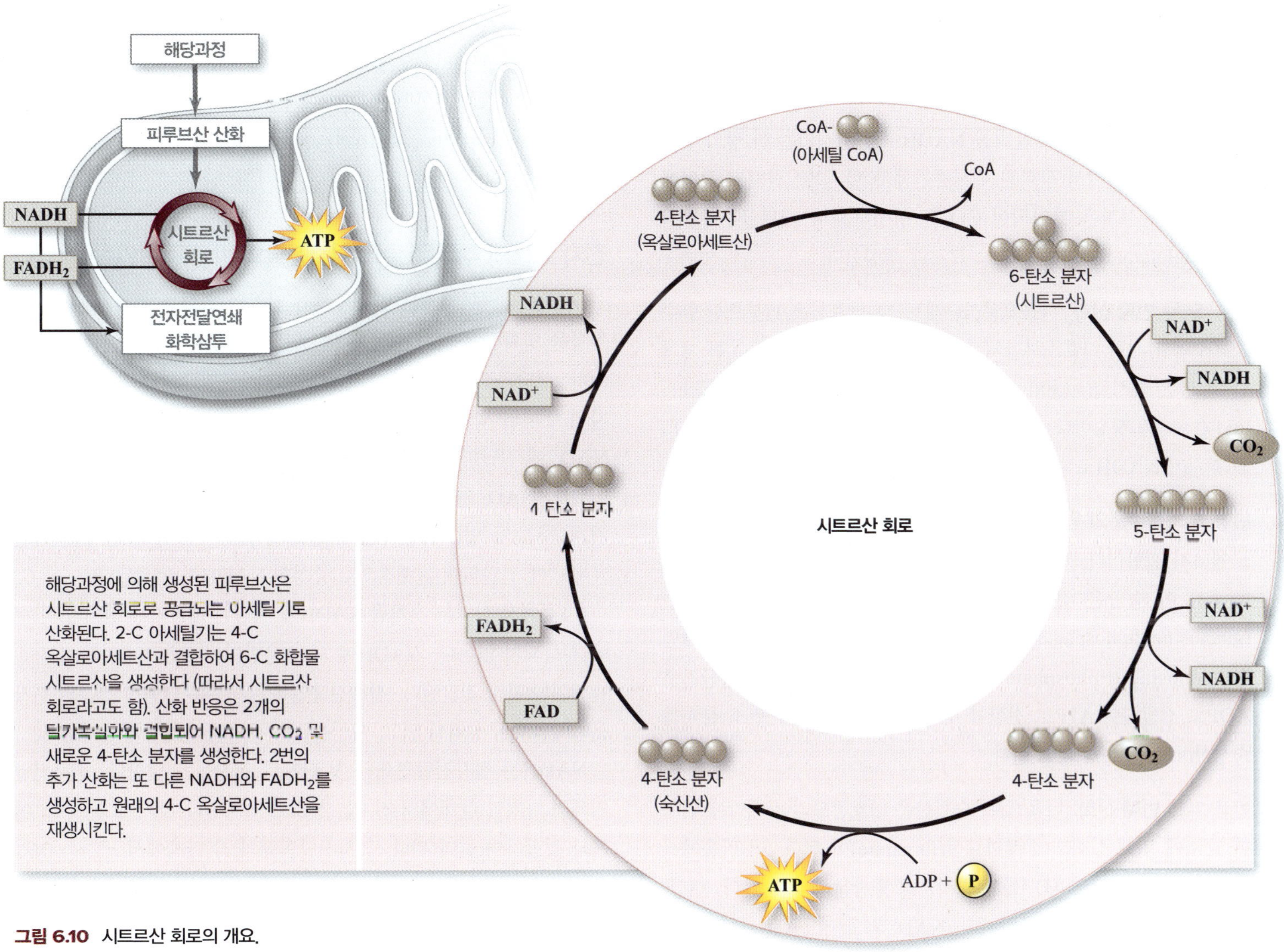

해당과정에 의해 생성된 피루브산은 시트르산 회로로 공급되는 아세틸기로 산화된다. 2-C 아세틸기는 4-C 옥살로아세트산과 결합하여 6-C 화합물 시트르산을 생성한다 (따라서 시트르산 회로라고도 함). 산화 반응은 2개의 탈카복실화와 결합되어 NADH, CO_2 및 새로운 4-탄소 분자를 생성한다. 2번의 추가 산화는 또 다른 NADH와 $FADH_2$를 생성하고 원래의 4-C 옥살로아세트산을 재생시킨다.

그림 6.10 시트르산 회로의 개요.

시트르산 회로는 전자를 추출하고 1개의 ATP를 합성한다

그림 6.11은 시트르산 회로 반응의 순서를 요약한 것이다. 아세틸 CoA의 2-탄소 그룹은 회로에 처음으로 들어가고, 2개의 CO_2 분자, 1개의 ATP 분자 및 4개의 전자쌍이 생성된다.

반응 1-축합: 시트르산은 아세틸 CoA 및 옥살로아세트산으로부터 형성된다. 이 축합 반응은 비가역적이며, 2-탄소 아세틸기를 시트르산 회로에 투입한다. 세포의 ATP 농도가 높으면 반응이 억제되고 낮으면 촉진된다. 결과적으로 세포에 충분한 양의 ATP가 있으면 시트르산 회로가 종료되고 아세틸 CoA가 지방 합성으로 보내진다.

반응 2와 3-이성질화: 산화 반응이 시작되기 전에, 시트르산의 하이드록실기(—OH)를 재배치해야 한다. 이러한 재배열은 2단계로 진행된다. 먼저, 물 분자가 하나의 탄소로부터 제거되고 물은 다른 탄소에 첨가된다. 결과적으로, —H 그룹 및 —OH 그룹은 위치를 변경한다. 이 생성물은 시트르산의 이성질체인 **아이소시트르산**(isocitrate)이다. 이러한 재배열은 후속 반응을 용이하게 한다.

반응 4-첫 번째 산화: 회로의 첫 번째 에너지 수확 단계에서, 아이소시트르산은 산화성 탈카복실화 반응을 겪는다. 먼저, 아이소시트르산은 산화되어 NAD^+의 분자를 NADH로 환원시키는 한 쌍의 전자를 생성한다. 이어서 산화된 대사중간체가 탈카복실화되고 중앙에 위치한 카복실기는 분리되어 CO_2를 형성하고 **α-케토글루타르산**(α-ketoglutarate)이라는 5-탄소 분자를 생성한다.

반응 5-두 번째 산화: 다음으로, α-케토글루타르산은 피루브산 탈수소효소와 유사한 다효소복합체에 의해 탈카복실화된다. CO_2를 제거한 후 남은 숙시닐(succinyl)은 CoA에 결합하여 **숙시닐 CoA**(succinyl-CoA)를 형성한다. 이 과정에서 2개의 전자가 추출되고 NAD^+의 분자가 NADH로 환원된다.

반응 6-기질수준의 인산화: 4-탄소 숙시닐기와 CoA 사이의 연결은 고에너지 결합이다. 해당과정에서 일어나는 것과 유사한 짝지은 반응에서 이 결합은 절단되고, 방출된 에너지는 구아노신 2인산(guanosine diphosphate, GDP)의 인산화를 유도하여 구아노신 3인산(guanosine triphosphate, GTP)을 형성한다. GTP는 인산기를 ADP로 전달하여 ATP로 전환할 수 있다. 남아 있는 4-탄소 분자를 **숙신산**(succinate)이라고 한다.

반응 7-세 번째 산화: 다음으로, 숙신산은 미토콘드리아 내막에 위치한 효소에 의해 산화되어 **푸마르산**(fumarate)이 된다. 이 반응에서 자유에너지 변화는 NAD^+를 환원시키기에 충분히 크지 않다. 대신, 전자수용체로 FAD를 사용하는데, NAD^+와 달리 FAD는 미토콘드리아 내에서 자유롭게 확산되지 않는다. 미토콘드리아 내막의 효소와 단단히 연결되어 있어서, 환원된 형태인 $FADH_2$는 전자를 내막의 전자전달연쇄에만 전달할 수 있다.

반응 8과 9-옥살로아세트산의 재생: 회로의 마지막 두 반응에서 물 분자가 푸마르산에 첨가되어 **말산**(malate)을 형성한다. 이어서, 말산을 산화시켜 **옥살로아세트산**(oxaloacetate)의 4-탄소 분자와 2개의 전자를 생성하여 NAD^+의 분자를 NADH로 환원시킨다. 회로를 시작한 옥살로아세트산은 아세틸 CoA의 2-탄소 아세틸기와 자유롭게 결합하여 회로를 다시 시작한다.

포도당은 CO_2와 퍼텐셜에너지가 된다

포도당은 산소호흡 과정에서 완전히 소비된다. 6-탄소 포도당 분자는 해당과정 동안 2개의 3-탄소 피루브산 분자로 분해된다. 각 피루브산의 탄소 중 하나는 피루브산의 아세틸 CoA로의 전환에서 CO_2로 손실된다. 아세틸 CoA의 2개의 다른 탄소는 시트르산 회로의 산화반응 동안 CO_2로 전환된다.

결국 포도당 분자가 6개의 CO_2 분자로 산화되면서 에너지가 나오는데, 에너지는 4개의 ATP 분자와 12개의 환원된 전자운반체에 저장된다. 이 전자운반체 중 10개는 NADH이고 나머지 2개는 $FADH_2$이다.

전자 흐름의 추적을 통해 전자전달의 방향을 확인할 수 있다

포도당을 산화시키는 반응들에서 전하의 변화를 조사할 때, 전자전달을 명확하게 하기 위한 좋은 전략은 **전자의 흐름을 추적**하는 것이다. 해당과정에서 한 효소가 포도당으로부터 2개의 수소(2개의 전자와 2개의 양성자)를 뽑아내어 2개의 전자와 1개의 양성자를 NAD^+에 전달하고, 나머지 양성자 하나는 주위의 용액에 방출된다. 이 결과 NAD^+가 NADH로 전환된다. 즉, 음(—)전하를 가진 2개의 전자($2e^-$)와 양(+)전하를 가진 1개의 양성자가 양전하를 띠는 NAD^+에 전달되어 전체적으로 중성인 NADH가 형성된다.

6.1절에서 살펴본 것처럼 NADH에 저장된 에너지는 전체가 한 번에 획득되지 않는다. NADH에 의해 운반되는 2개의 전자는 전자전달연쇄를 따라 전달된다. 전자전달연쇄는 대부분 단백질 성분의 전자운반체들로 구성되어 있고, 이들은 미토콘드리아 내막에 존재한다.

NADH는 전자전달연쇄의 첫 단계로 전자를 전달한다. 전자전달연쇄의 마지막 단계에서 전자는 산소로 넘겨진다. 이 산소는 수소 이온과 결합하여 물이 된다. 전자전달연쇄의 각 단계에서 전자는 전기음성도가 더 큰 전자운반체로 옮겨가며, 전자는 에너지수준이 낮은 단계로 이동한다.

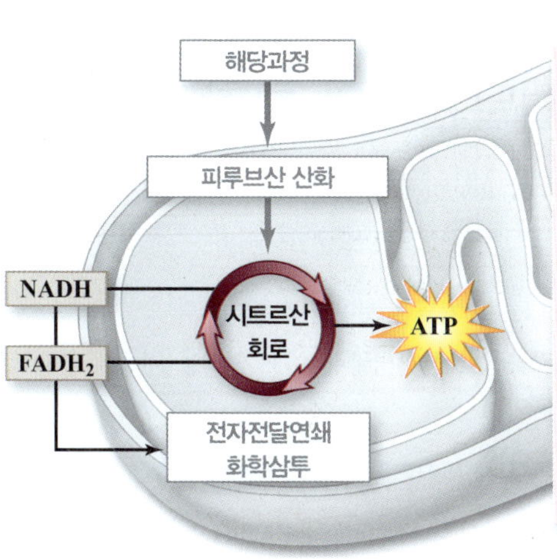

1. 반응 1: 축합반응
2–3. 반응 2와 3: 이성질화 반응
4. 반응 4: 첫 번째 산화 반응
5. 반응 5: 두 번째 산화 반응
6. 반응 6: 기질수준의 인산화
7. 반응 7: 세 번째 산화 반응
8–9. 반응 8과 9: 옥살로아세트산의 재생산과 네 번째 산화 반응

그림 6.11 시트르산 회로.
반응은 미토콘드리아 기질 내에서 일어난다. 1분자의 포도당이 완전히 분해(산화)되기 위해서는 해당과정과 피루브산 산화로 만들어진 2분자의 아세틸 CoA가 시트르산 회로를 따라 진행해야 한다.

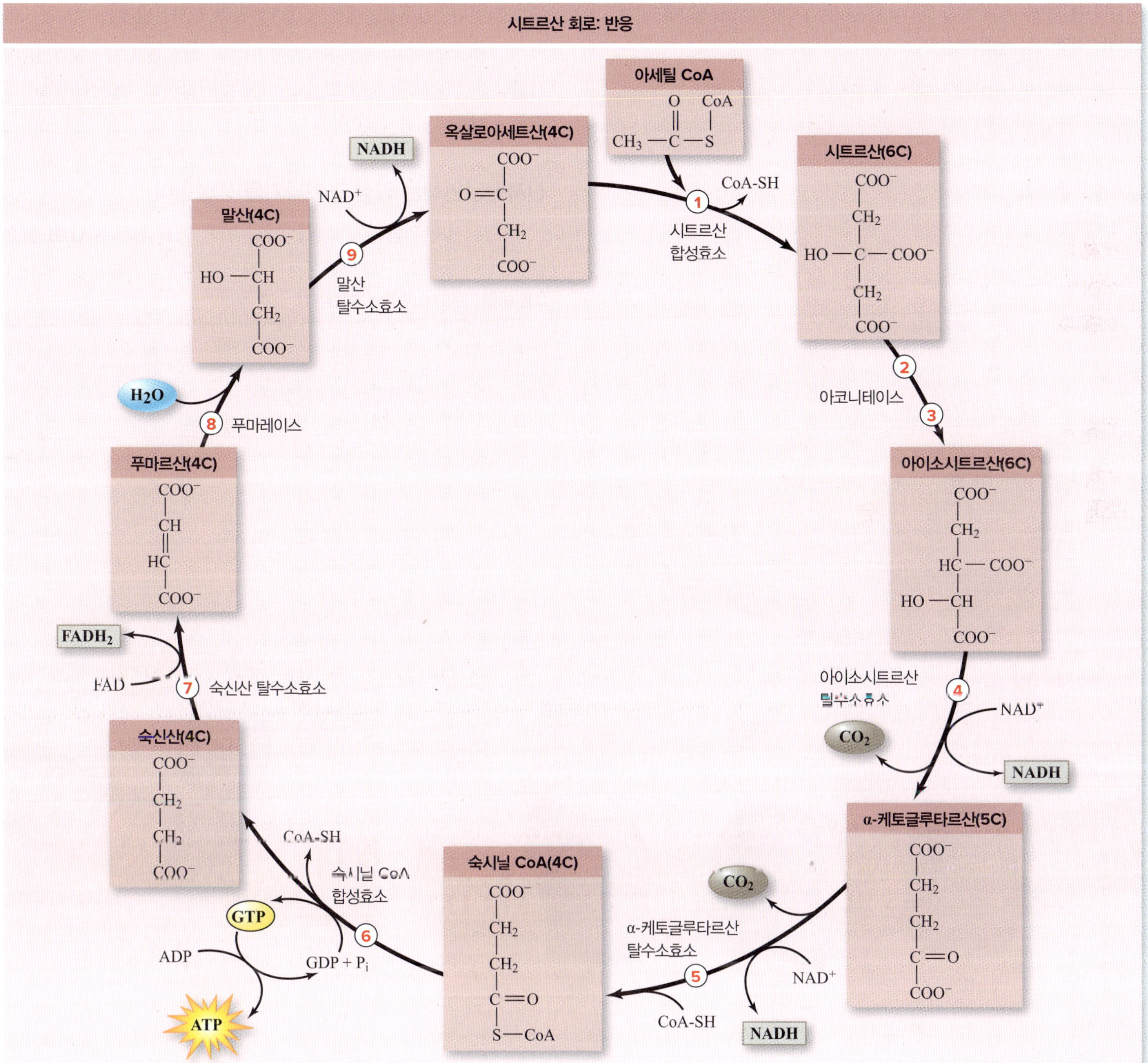

표준 조건에서 전자전달의 전 과정에서 53 kcal/mol(222 kJ/mol)의 에너지가 방출된다. 전자전달연쇄를 통해 여러 단계로 전자가 전달되는 과정에서 에너지가 점진적으로 획득된다. 다음으로, ATP 생산을 위해 이 에너지가 어떻게 작용하는지 알아본다.

핵심 요약 6.4

시트르산 회로는 해당과정으로 시작된 포도당의 산화를 완료한다. 첫 번째 반응에서, 아세틸 CoA가 옥살로아세트산에 첨가되어 시트르산을 생성한다. 다음 5개의 반응을 통해 숙신산 및 NAD^+로부터 2개의 NADH 및 1개의 ATP를 생성한다. 마지막으로 숙신산은 옥살로아세트산을 재생시키기 위해 3번 더 반응하여 1개의 NADH 및 FAD로부터 1개의 $FADH_2$를 생성한다.

■ 이 시점에서 포도당으로부터 제거된 전자는 어떻게 될까?

6.5 전자전달연쇄와 화학삼투

학습 목표

1. 전자전달연쇄의 구조와 기능을 설명할 수 있다.
2. 양성자의 농도 기울기가 전자전달과 ATP 합성을 어떻게 연결하는지 설명할 수 있다.

호흡의 모든 단계에서 생성된 NADH와 $FADH_2$는 전자전달연쇄에 도달한다. 진핵생물에서 이들 막 관련 전자운반체는 미토콘드리아 내막에 존재하고, 원핵생물에서 이들은 원형질막에 존재한다. 전자전달연쇄의 산화-환원 반응은 전자의 에너지를 양성자 기울기를 위한 위치에너지로 전환한다.

전자전달연쇄는 양성자 기울기를 생성한다

최초로 전자를 받는 단백질은 내막 안에 박혀 있는 **NADH 탈수**

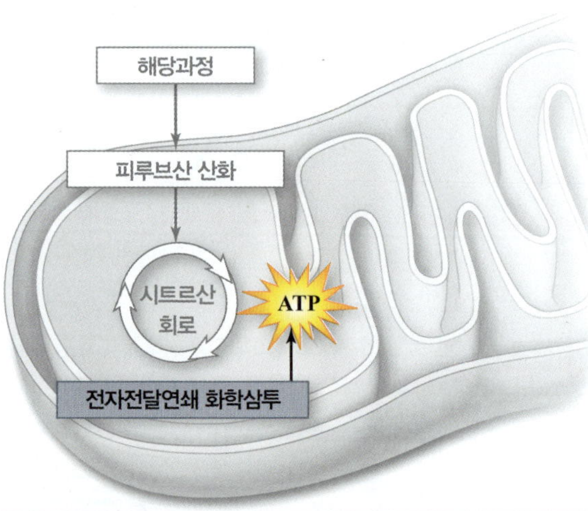

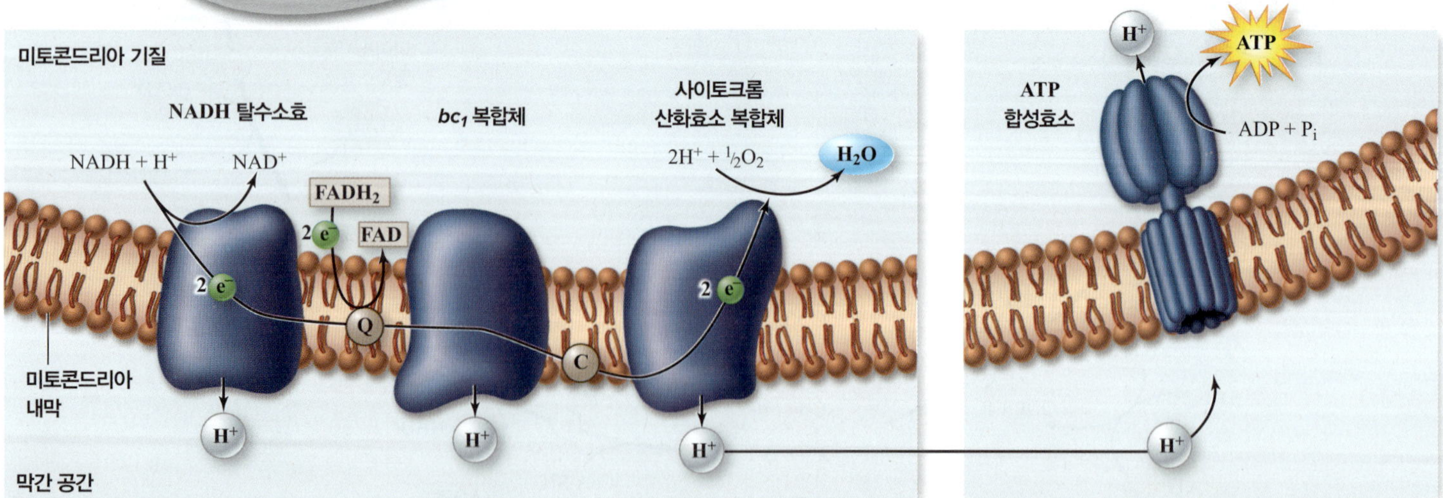

a. 미토콘드리아 내막

b. 화학삼투

그림 6.12 전자전달연쇄와 화학삼투.
a. 이화작용에 의해 분해된 분자들로부터 나온 고에너지 전자는 이동이 가능한 전자운반체들(Q, 유비퀴논; C, 사이토크롬 *c*)에 의해 3개의 막단백질 복합체들 간에 전달된다. 3개의 복합체들은 전자의 에너지의 일부를 사용하여 기질로부터 막간 공간으로 양성자를 퍼낸다. 전자는 최종적으로 산소에 전달되어 물을 형성한다. *b.* 이 과정에서 내막을 사이에 두고 양성자의 농도기울기가 형성된다. 이 전기화학적 기울기는 일종의 위치에너지로서 ATP 합성효소에 의해 이용된다. 이 효소는 양성자를 기질 방향으로 되돌아오게 하면서 ADP를 인산화시켜 ATP를 형성한다.

소효소(NADH dehydrogenase)이다. **유비퀴논**(ubiquinone)이라는 전자운반체가 NADH 탈수소효소로부터 전자를 **bc_1 복합체**(bc_1 complex)라는 단백질-사이토크롬 복합체에게 넘긴다. 전자전달연쇄에서 이 복합체들은 양성자 펌프로 작용해 양성자를 내막을 통해서 막간 공간으로 퍼낸다(**그림 6.12***a*).

그런 다음 전자는 다른 운반체인 **사이토크롬 c**(cytochrome c)에 의해 사이토크롬 산화효소 복합체에 넘겨진다. 이 복합체는 다음과 같이 4개의 전자를 이용하여 산소 1분자를 환원시킨다. 각 산소 원자는 2개의 양성자와 결합하여 물 분자를 만든다.

$$O_2 + 4H^+ + 4e^- \longrightarrow 2H_2O$$

NADH는 전자를 전자전달연쇄의 첫 단계인 NADH 탈수소효소에 전달하는 반면 미토콘드리아 내막의 숙신산 탈수소효소의 내부에 존재하는 $FADH_2$는 전자를 유비퀴논에 전달한다. 따라서 $FADH_2$ 유래의 전자는 전자전달연쇄의 첫 단계를 거치지 않는다.

강한 전자수용체인 산소가 풍부히 있어야 산화적 호흡이 가능하다. 7장에서 다루겠지만, 산소호흡에서 사용되는 전자전달연쇄는 광합성에서 사용되는 전자전달연쇄와 비슷하며, 따라서 아마도 광합성 전자전달연쇄로부터 진화되었을 것으로 여겨지고 있다.

내막에서 전자 수송은 양성자 펌프에 동력을 공급한다

호흡은 거의 모든 진핵세포에 존재하는 미토콘드리아 내에서 발

과학적 사고

가설: ATP 합성효소는 인산화 반응에 필요한 에너지를 공급하기 위해 양성자 농도기울기를 이용한다.

예측: 양성자 농도기울기가 어떻게 만들어졌는가는 중요하지 않다. 빛에 의해 작동하는 양성자 펌프인 박테리오로돕신(bacteriorhodopsin)에 의해 형성된 양성자 농도기울기는 빛이 있는 조건에서 ATP 합성효소에 의한 ADP의 인산화를 일으킨다.

실험: 박테리오로돕신과 ATP 합성효소를 막에 가지는 인공소포(artificial vesicle)와 대조군으로 ATP 합성효소만을 가지는 인공소포를 만든다. 제조된 인공소포에 빛을 비춘 후에 ATP 합성을 확인한다.

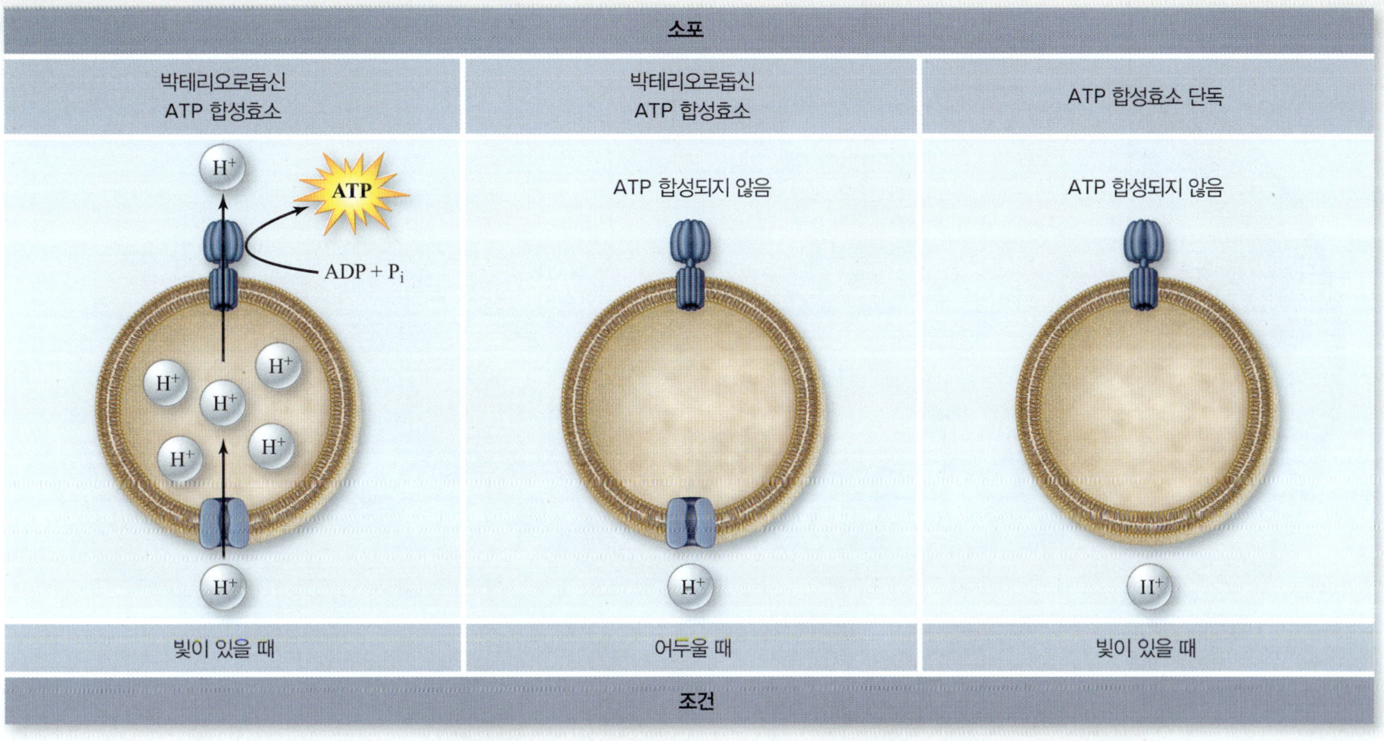

결과: 박테리오로돕신과 ATP 합성효소를 막에 가지는 인공소포는 빛이 있을 때 ATP를 합성하고, 어두울 때 ATP를 합성하지 못한다. ATP 합성효소만을 가지는 소포는 빛이 있어도 ATP를 합성하지 못한다.

결론: ATP 합성효소는 ATP를 형성하는 에너지로서 양성자 농도기울기를 이용한다.

추가 실험: 이 유형의 실험에 적합한 다른 대조군은 무엇일까? 왜 이 실험이 야겐도르프실험(Jagendorf acid bath experiment)보다 화학삼투 가설에 대한 직접적인 실험인지 설명해 보자(**그림 7.16** 참조).

그림 6.13 화학삼투를 이용한 ATP 합성효소에 의한 ATP 합성의 증거.

생한다. 미토콘드리아의 기질은 시트르산 회로의 반응을 수행하는 효소를 함유한다. 6.1절에서 언급했듯이, 전자가 NAD^+로 옮겨질 때 양성자(H^+)가 생성된다. 산화성 호흡에 의해 수확된 전자가 전자전달연쇄를 따라 전달됨에 따라, 방출된 에너지는 양성자를 기질에서 막간 공간이라 불리는 외부 구획으로 운반한다.

미토콘드리아 내막에 존재하는 전자전달연쇄의 3개의 막관통 복합체는 실제로 양성자 수송을 수행한다(**그림 6.12***a*). 고에너지 전자의 흐름은 펌프 단백질의 모양의 변화를 유도하여 막을 가로질러 양성자를 운반하게 한다. NADH에 의해 제공되는 전자는 이들 3개의 양성자 펌프를 모두 활성화시키는 반면, $FADH_2$에 의해 제공되는 전자는 이들이 전자전달연쇄로 들어가는 위치 때문에 단지 2개의 복합체만을 활성화시킨다. 이러한 방식으로, 막간 공간과 기질 사이에 양성자 기울기가 형성된다.

화학삼투는 전기화학적 기울기를 사용하여 ATP를 생성한다

미토콘드리아 기질은 막간 공간과 비교하여 음전하를 띠기 때문에, 양으로 하전된 양성자가 막간 공간에서 기질 방향으로 들어오려는 경향이 있다. 기질 외부의 양성자는 높은 농도로 인해 다시 기질쪽으로 확산되려는 경향이 있지만, 막은 이온에 대해 비교적 불투과성이기 때문에 이 과정은 매우 느리게 일어난다. 대신 기질로 다시 들어가는 대부분의 양성자는 ADP와 P_i부터 ATP의 합성을 촉매하기 위해 양성자 기울기 에너지를 사용하는 효소인 ATP 합성효소를 통과한다. ATP의 화학적 형성은 삼투와 유사한 확산력에 의해 일어나기 때문에 이 과정을 **화학삼투**(chemiosmosis)라고 부른다(**그림 6.12***b*). 새로 형성된 ATP는 효소의 자유에너지증가성 반응을 매개하기 위해 에너지를 필요로 하는 세포 내 많은 곳으로 촉진확산에 의해 운반된다. 전자 수송과 ATP 합성의 연관을 설명하는 화학삼투 기작은 처음 제

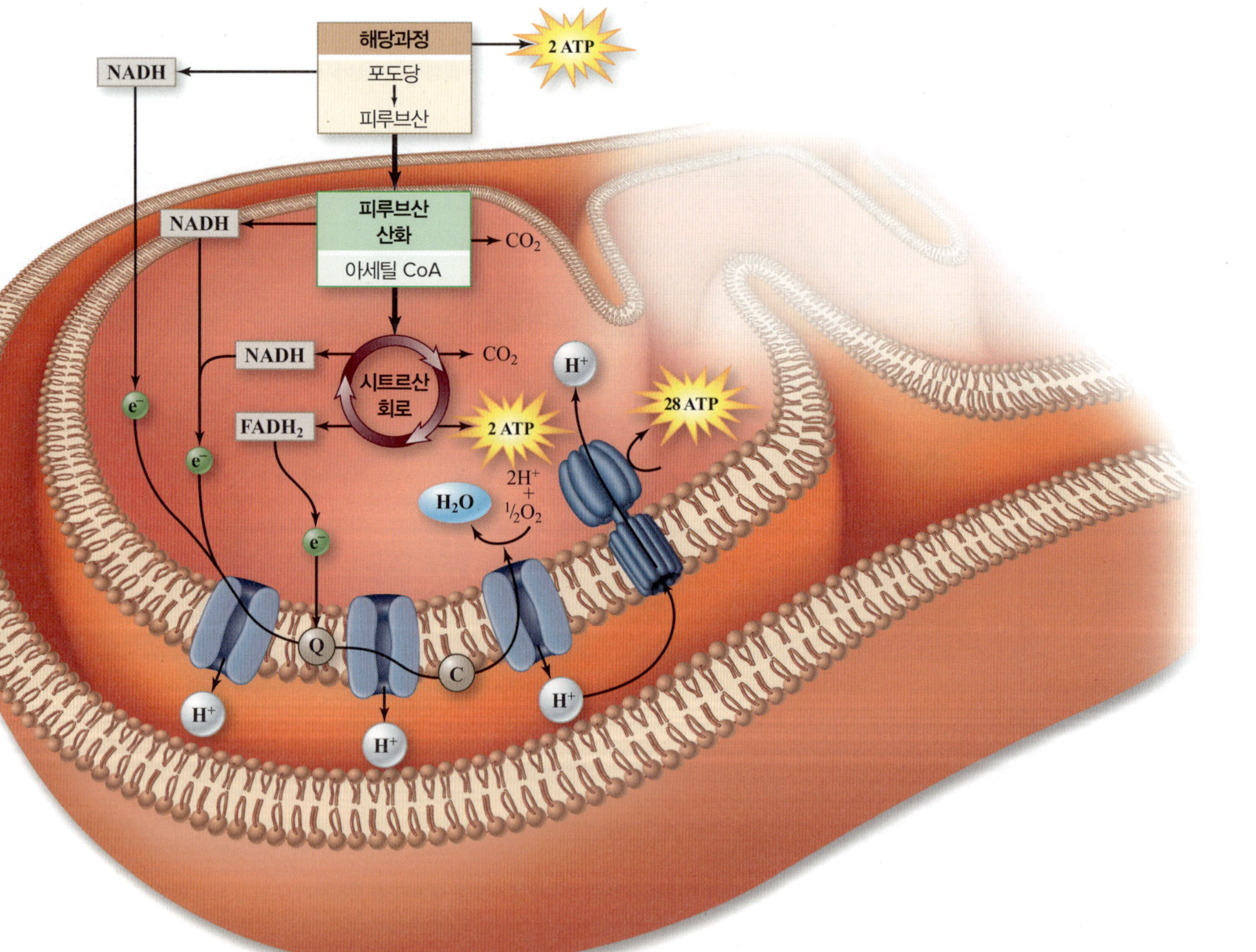

그림 6.14 미트콘드리아에서의 산소호흡.
해당과정은 세포질에서 일어나고, 여기에서 형성된 NADH와 피루브산은 미토콘드리아로 들어간다. 미토콘드리아에서 피루브산은 산화된 후 시트르산 회로에 들어가서 완전히 산화된다. 산화 반응들에서 나온 전자들은 NADH와 $FADH_2$에 의하여 전자전달연쇄로 전달된다. 전자전달연쇄는 전자전달 과정에서 나온 에너지를 이용하여 양성자를 막간 공간으로 퍼낸다. 이 과정을 통해서 전기화학적 기울기가 만들어지고, ATP 합성효소는 이를 퍼텐셜에너지로 이용하여 ADP를 ATP로 인산화시킨다.

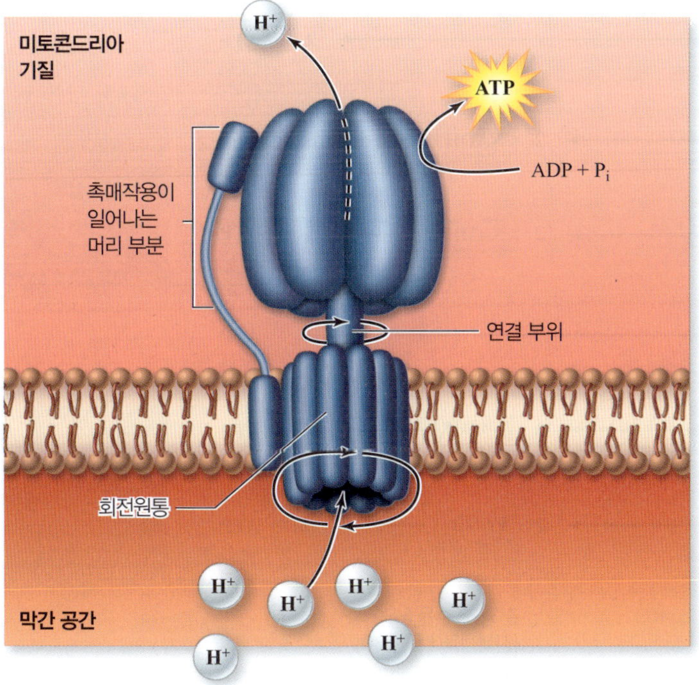

그림 6.15 ATP 합성효소.
양성자의 농도기울기를 감소시키는 방향으로 양성자는 ATP 합성효소를 통해서 막을 통과한다. 이 과정에서 나오는 에너지는 ATP 합성효소의 회전원통 부위와 연결 부위를 회전시킨다. 이 기계적 에너지는 ATP 합성효소의 모양을 변화시켜 ATP의 합성을 촉매하게 한다.

안되었을 때 논란이 되었다. 수년에 걸쳐 이 가설을 뒷받침하기 위한 실험적 증거가 축적되었다(**그림 6.13**).

세포호흡 반응으로 방출된 에너지는 궁극적으로 양성자 기울기를 생성하는 양성자 펌프를 작동시킨다. 양성자 기울기는 ATP 합성에 필요한 에너지를 제공한다. **그림 6.14**는 전체 과정을 요약한 것이다.

ATP 합성효소는 분자 회전모터이다

ATP 합성효소는 환상적인 분자 기작을 사용하여 ATP 합성을 수행한다(**그림 6.15**). 구조적으로 이 효소는 막-결합 부분과 동그란 손잡이 같은 촉매 부분을 연결하는 좁은 줄기를 갖는다. 이 복합체는 두 부분으로 분리될 수 있는데 F_0 막-결합 복합체와 줄기 및 머리 도메인으로 구성된 F_1 복합체이다.

F_1 복합체는 효소활성을 가지며, F_0 복합체는 양성자가 농도기울기에 따라 이동하는 통로를 포함하고 있다. 양성자가 이 통로를 통해 이동하면서 F_0 복합체의 일부 및 연결 부위가 고정된 머리 부분에 대해 회전하게 된다. 이 회전의 기계적 에너지가 사용되어 F_1 복합체의 촉매 도메인의 모양을 변화시킨다.

ATP 합성은 미세한 크기의 회전 모터에 의해 이루어지는데, 모터의 회전은 양성자의 농도 기울기에 따른 양성자의 이동으로 인해 일어난다. 양성자의 흐름은 수력발전소에서의 물의 흐름과 같다. 중력에 의해 일어나는 물의 흐름이 터빈을 회전시켜 전기를 만들어내는 것과 같이 양성자 농도기울기는 ATP 합성효소의 회전을 일으키는 에너지를 공급한다.

핵심 요약 6.5

전자전달연쇄는 NADH와 $FADH_2$로부터 전자를 받아 최종적으로 산소에 전달한다. 미토콘드리아 내막에 있는 전자전달연쇄에 존재하는 단백질 복합체는 전자 이동 에너지를 사용하여 양성자를 막을 가로질러 막간 공간으로 이동시킴으로써 전기화학적 기울기를 생성한다. ATP 합성효소는 양성자 기울기를 사용하여 ADP를 인산화하는 자유에너지 증가성 반응을 유도한다.

- 외막에 작은 구멍을 내는 것은 ATP 합성에 어떤 영향을 미칠까?

6.6 산소호흡의 에너지 수율

학습 목표

1. 산소호흡에 의해 생산되는 ATP의 분자 수를 계산할 수 있다.

포도당이 산소호흡에 의하여 분해될 때 세포는 ATP의 형태로 어느 정도의 에너지를 얻게 될까? 이 간단한 질문은 실제로 생화학에 대한 논쟁의 근원이었다.

진핵생물의 이론적 수율은 포도당 분자당 30분자의 ATP이다

포도당 분자당 ATP 합성효소에 의해 생성된 ATP 분자의 수는 내막을 가로질러 수송된 양성자의 수와 ATP를 합성하기 위해 필요한 양성자의 수에 의존한다. NADH 및 $FADH_2$당 수송된 양성자의 수는 각각 10 H^+와 6 H^+이나, ATP를 합성하기 위해 4 H^+가 필요하므로 $10/4 = 2.5$ ATP/NADH와 $6/4 = 1.5$ ATP/$FADH_2$가 된다.

해당과정을 통해 포도당을 피루브산으로 산화하면 2 ATP가 직접 생성되고 NADH에서 $2 \times 2.5 = 5$ ATP가 생성된다. 피루브산의 아세틸 CoA로의 산화는 NADH로부터 또 다른 $2 \times 2.5 = 5$ ATP를 생성한다. 마지막으로, 시트르산 회로는 2 ATP를 직접 생성하고, NADH로부터 $6 \times 2.5 = 15$ ATP와 $FADH_2$로부터 $2 \times 1.5 = 3$ ATP

그림 6.16 이론적인 에너지 수율. 이론적으로 산소호흡에 의해서 포도당 1분자로부터 총 32분자의 ATP가 생성된다. 진핵세포에서의 ATP 에너지 수율은 30 ATP로 감소한다. 그 이유는 세포질에서 일어나는 해당과정에서 만들어진 2 NADH가 미토콘드리아로 들어갈 때 2 ATP가 소모되기 때문이다.

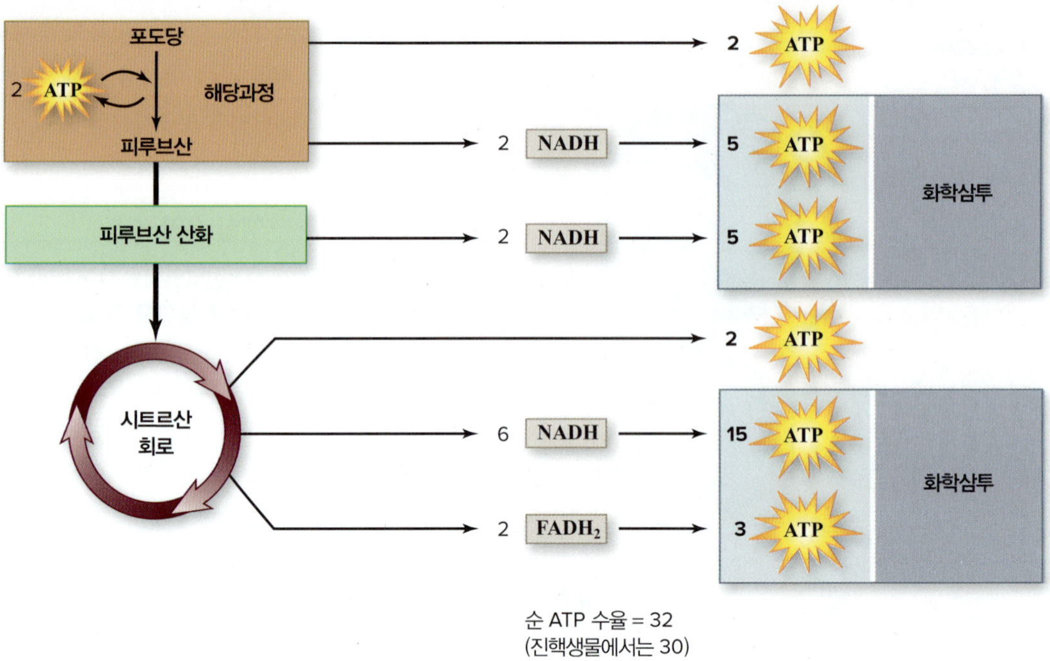

를 생성한다. 이 과정을 통해 총 32 ATP가 세포호흡 과정에서 형성된다(**그림 6.16**).

이 숫자는 박테리아에 대해서는 정확하지만, 진핵생물에서는 달라진다. 해당과정에 의해 세포질에서 생성된 NADH가 능동수송에 의해 미토콘드리아로 들어가야 하기 때문에 1개의 NADH 수송당 1개의 ATP가 필요하다. 이것 때문에 진핵생물의 예상 수확량은 30 ATP로 줄어든다.

P/O 비율의 산출은 시간이 지남에 따라 변경되었다

환원된 O_2 분자당 합성된 ATP의 양에 대한 값을 인산-산소 비율(P/O 비율)이라고 한다. 이 값의 이론적 계산과 직접 측정은 논쟁의 여지가 있다. 이론적 산출이 처음 도입되었을 때, 호흡 반응과 전자 수송을 ATP 합성에 연결하는 기작에 대한 자세한 지식이 부족했다. 산화-환원 반응은 NADH의 3개 부위와 $FADH_2$의 2개 부위에서 발생하기 때문에, NADH당 3개의 ATP가 생성되고 $FADH_2$당 2개의 ATP가 생성되었다고 가정하였다. 이제는 이 가정이 지나치게 단순하다는 것을 알고 있다.

현재는 양성자 기울기가 전자 수송과 ATP 합성 사이의 연결이라는 것을 이해하는 것으로 계산의 본질을 바꾸었다. 전자 수송 동안 NADH당 10 H^+와 $FADH_2$당 6 H^+ 등의 전달된 양성자 수를 알아야 한다. 그런 다음 ATP 1분자당 합성에 필요한 양성자 수를 알아야 한다. ATP 합성효소는 회전 모터이므로, 이 계산은 ATP 결합 부위의 수와 회전에 필요한 양성자의 수에 의존한다. ATP 합성효소에는 ATP를 위한 3개의 결합 부위가 있다. 1회전당 12개의 양성자가 사용된 경우, 이전 계산에서는 ATP 분자당 4 H^+의 값을 얻는다. 실제 P/O 비율 측정에 문제가 있었지만, 이제는 최대 2.5인 것으로 보인다.

또한 호흡이 포도당 산화에 의해 방출되는 자유에너지를 ATP 형태로 얼마나 효율적으로 획득하는지 계산할 수 있다. 포도당의 산화에 의해 방출된 자유에너지의 양은 686 kcal/mol이며, 각 ATP에 저장된 자유에너지는 7.3 kcal/mol이다. 따라서 진핵세포는 포도당에서 이용 가능한 에너지의 약 $(7.3 \times 30)/686 = 32\%$를 수확한다. (비교하자면 전형적인 자동차는 휘발유 에너지의 약 25%만을 유용한 에너지로 전환한다.)

산소호흡의 더 높은 에너지 수율은 종속영양생물의 진화를 촉진시키는 주요 요인 중 하나였다. ATP를 생성하기 위한 이러한 기작이 진화함에 따라 비광합성 생물체는 호흡을 이용하여 다른 생물체로부터 유래된 분자에서 에너지를 추출하는 데 더욱 효과적으로 되었다. 일부 생명체가 광합성에 의해 에너지를 포획하는 한, 다른 생명체는 그들을 먹음으로써만 존재할 수 있다.

핵심 요약 6.6

전자전달연쇄에 따라 높은 전자운반체에서 낮은 운반체로의 전자 통과는 NADH 분자당 대략 2.5 분자의 ATP를 생성한다($FADH_2$ 분자당 1.5 ATP를 생성한다). 포도당의 완전한 산화의 경우, 이 과정과 기질수준의 인산화는 최대 32 ATP를 생산할 수 있다. 진핵생물의 세포질에서 생성된 NADH는 미토콘드리아로의 수송 비용으로 2개의 ATP를 사용함에 따라 생산수율을 30 ATP로 낮춘다.

■ 화학삼투에서 정수가 아닌 ATP/NADH의 수가 어떻게 나올까?

6.7 산소호흡의 조절

학습 목표

1. 세포호흡의 조절점을 설명할 수 있다.

ATP 수준이 높을 때, 세포는 세포호흡에 의해 다량의 ATP를 생성할 필요가 없다. 이 과정은 매우 복잡하므로 조절할 수 있는 많은 단계가 있다. 시트르산 회로에서 높은 수준의 ATP와 대사중간체는 해당과정, 시트르산 회로 및 지방산의 분해를 억제하기 위해 피드백된다.

해당과정의 속도는 인산과당인산화효소의 다른자리입체성 억제인자(5장 참조)인 ATP에 의해 직접 영향을 받는다. 시트르산도 이 효소의 저해제이며, 시트르산 회로 대사중간체의 축적이 해당과정을 피드백억제하도록 한다. 대조적으로, ADP는 이 인산과당인산화효소의 활성제로서 효소를 ADP와 ATP 수준에 민감하게 만든다(**그림 6.17**).

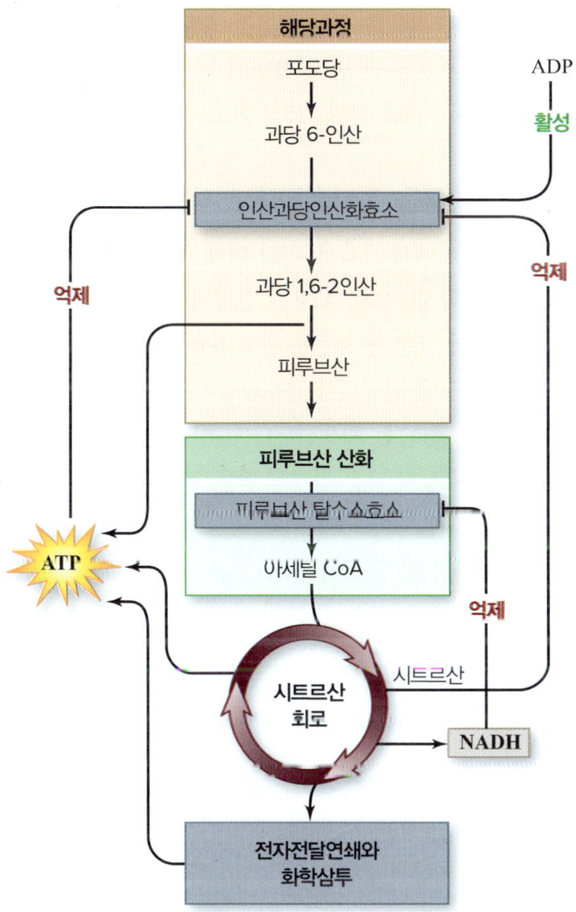

그림 6.17 포도당 이화작용의 조절.
ADP와 ATP의 상대적 양과 주요 대사중간체인 시트르산과 NADH에 의하여 이화대사 경로의 두 지점에서 조절이 일어난다.

피루브산의 산화와 시트르산 회로 자체에 대해서도 제어가 이루어진다. NADH가 충분히 빠르게 산화되지 않으면, NADH의 수준이 상승하여 피루브산탈수소효소(pyruvate dehydrogenase)를 억제하여 피루브산의 아세틸 CoA로의 전환을 막을 것이다. 시트르산 회로에 대한 조절은 시트르산을 생성하는 "첫 번째" 반응에서 발생하며, 시트르산 합성효소(citrate synthase)에 의해 촉매된다. 이 효소는 ATP와 NADH에 의해 억제된다. 시트르산 회로의 또 다른 효소도 ATP 및 NADH에 의해 억제되어, ATP 및 NADH가 과잉으로 존재할 경우 이 경로를 정지시키도록 돕는다.

지방산 분해에 대한 조절은 더 복잡하다. ATP가 과잉으로 존재할 경우, 아세틸 CoA는 지방산을 구축하는 데 사용되며, 세포가 ATP를 필요로 하는 경우, 지방산은 시트르산 회로에 아세틸 CoA를 제공하도록 분해된다. 시트르산 회로의 대사중간체의 축적은 지방산의 합성을 자극하고 분해를 억제한다. 낮은 수준의 아세틸 CoA와 시트르산이 존재할 경우, 그 반대의 결과를 초래하는데 지방산 합성이 억제되고 분해가 촉진된다.

핵심 요약 6.7

호흡은 세포의 ATP 수준과 주요 대사중간체 수준에 의해 제어된다. 해당과정의 조절점은 인산과당인산화효소이며, 이는 ATP 또는 시트르산(또는 둘 다)에 의해 억제된다. 피루브산 산화의 주요 제어점은 피루브산탈수소효소이며, NADH에 의해 억제된다.

- 피드백억제는 어떻게 ATP의 경제적인 생산을 보장할까?

6.8 무산소 조건에서의 산화

학습 목표

1. 무산소호흡과 산소호흡을 비교할 수 있다.
2. 무산소호흡과 발효를 구별할 수 있다.

산소의 존재하에서, 세포는 산소를 사용하여 다량의 ATP를 생성할 수 있다. 그러나 전자를 받을 산소가 없는 경우에도 일부 생명체는 무기 분자를 전자전달연쇄의 최종 전자수용체로 사용하여 **무산소 조건하**에서 호흡할 수 있다.

그림 6.18 황 호흡 원핵생물. *a.* 고세균인 *Thermoproteus tenax*의 현미경 사진. 이 세균은 황 원소를 무산소호흡의 최종 전자수용체로 사용한다. *b. Thermoproteus*는 미국 옐로스톤 국립공원에 있는 Norris Geyser Basin과 같은 유황 온천에서 발견된다.

그 예로 많은 원핵생물들은 산소를 대신하여 황, 질산염, 이산화탄소 또는 무기금속을 최종 전자수용체로 사용한다(**그림 6.18**). 이러한 산소 이외의 분자들이 최종 전자수용체로 이용될 때 방출되는 자유에너지는 산소를 이용할 때만큼 크지 못하다. 그 이유는 그들이 산소에 비해 낮은 전자친화력을 갖기 때문이다. 생산되는 ATP의 양은 적지만 무기분자를 최종 전자수용체로 사용하기 때문에 이 과정은 발효가 아닌 호흡이다.

메테인생성균은 이산화탄소를 이용한다

무산소호흡을 수행하는 종속영양생물들 중에는 메테인생성균과 호열성 생물 같은 고세균이 있다. 메테인생성균은 이산화탄소를 전자수용체로 이용한다. 그 결과 CO_2가 환원되어 메테인(CH_4)가스가 형성된다. 환원에 필요한 수소는 다른 생물들에 의해 생산된 유기분자로부터 얻는다. 메테인생성균은 토양과 소와 같은 반추동물의 소화계를 포함한 다양한 환경에서 발견된다.

황세균은 황산염을 이용한다

원시 세균 중 두 번째 무산소호흡 과정의 증거는 약 27억 년 전의 암석 그룹에서 발견되는데, 이것은 캐나다 온타리오주의 Woman River의 철(iron) 형성과정과 관련되어 있다. 이 암석의 유기물질은 황의 무거운 동위원소인 ^{34}S에 비해 가벼운 동위원소인 ^{32}S가 풍부하다. 이는 보통의 지질화학적 과정으로는 일어나지 않지만 생물학적인 황 환원으로는 가능하며, 오늘날에도 특정 원핵생물에 의해 수행되고 있다.

이 황산염 호흡에서, 원핵생물은 황산염(SO_4)을 황화수소(H_2S)로 환원함으로써 에너지를 획득한다. 이에 필요한 수소 원자는 다른 생물체가 생산하는 유기분자로부터 얻는다. 따라서 황세균은 메테인생성균과 유사하지만, 전자수용체로서 CO_2 대신 SO_4를 사용한다.

초기의 황산염 환원으로 인해 H_2S가 풍부한 환경에서 광합성의 진화단계가 시작되었다. 첫 번째 형태의 광합성은 태양에너지를 사용하여 H_2S로부터 수소를 얻었다(7장 참조).

발효는 유기화합물을 전자수용체로 사용한다

산소가 없는 상태에서 호흡을 위한 대체 전자수용체를 이용할 수 없는 세포는 해당과정만으로 ATP를 만들어내야 한다. 이러한 조건에서 해당과정에서 나온 전자들은 **발효**(fermentation)라고 하는 과정을 통해 유기분자에 전달된다. 이 과정에서 해당과정에서 사용되는 전자수용체인 NAD^+는 재생산된다.

세균은 NADH로부터 나온 전자를 받는 전자수용체로 피루브산이나 피루브산 유도체를 사용하여 여러 종류의 발효 반응들을 수행할 수 있다. 피루브산과 그 유도체가 아닌 유기분자들도 전자수용체로 사용될 수 있다. 중요한 점은 이 과정에서 다음과 같이 NAD^+가 재생산된다는 것이다.

$$\text{유기분자} + \text{NADH} \longrightarrow \text{환원된 유기분자} + \text{NAD}^+$$

환원된 유기분자는 아세트산, 부틸산, 프로피온산, 젖산과 같은 유기산이나 알코올인 경우가 많다.

에탄올 발효

진핵세포 역시 몇 가지 발효 능력을 가지고 있다. 그중 한 가지가 효소에서 일어나는 것인데, NADH로부터 전자를 받아들이는 분자가 해당과정의 최종 생성물인 피루브산에서 유래된다.

효모의 효소는 탈카복실화 반응으로 피루브산의 말단 CO_2기를 떼어 내어 2-탄소인 아세트알데하이드를 만든다. 방출된 CO_2는 효모로 빵을 만들 때 빵을 부풀게 한다. 아세트알데하이드는 NADH로부터 한 쌍의 전자를 받아서 NAD^+와 에탄올을 만든다(**그림 6.19**).

에탄올 발효를 통해서 포도주와 맥주에 있는 에탄올이 만들어지기 때문에 에탄올 발효는 인간에게 큰 관심의 대상이 되어 왔다. 에탄올은 발효의 부산물로 효모에게는 독성을 나타내는 물질로 작용해 에탄올의 농도가 12% 정도 되면 효모가 죽기 시작한다. 따라서 자연 발효된 포도주는 에탄올의 농도가 약 12% 정도가 된다.

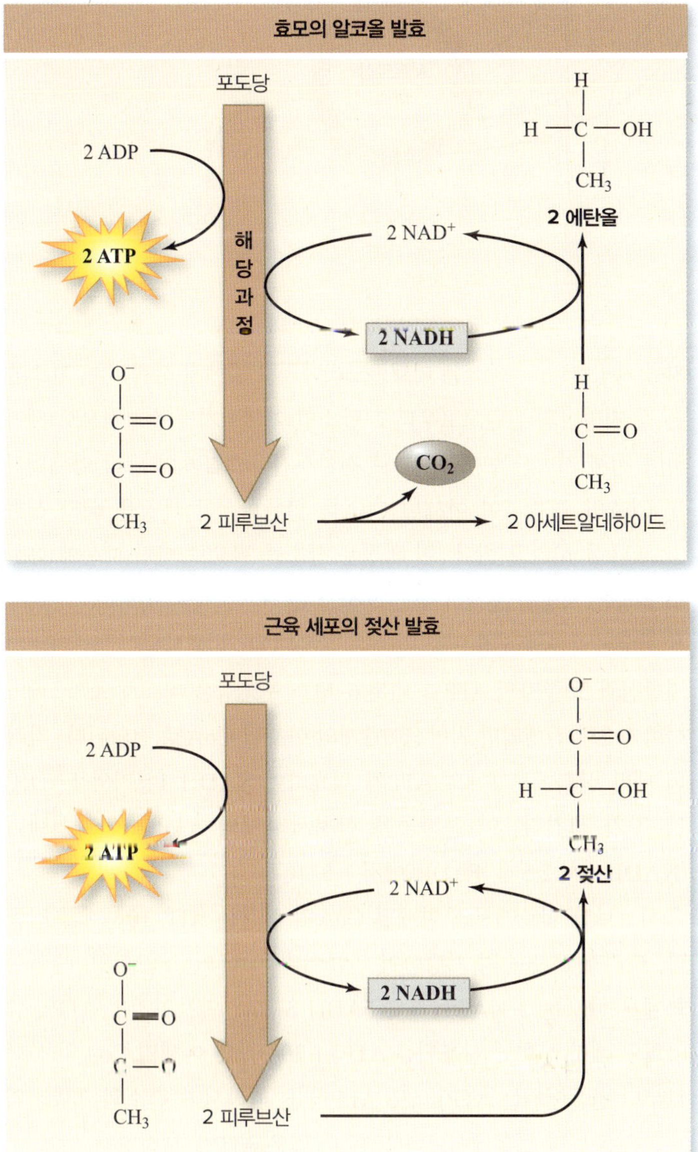

그림 6.19 발효.
효모는 피루브산을 에탄올로 전환시킨다. 근육세포는 피루브산을 에탄올보다 덜 독성이 있는 젖산으로 전환시킨다. 두 경우 모두 포도당의 대사물질(아세트알데하이드와 피루브산)이 NADH를 NAD^+로 재산화시켜 해당과정이 무산소 조건에서 계속 일어나게 한다.

젖산 발효

대부분의 동물세포는 탈카르복실화 작용이 없이 NAD^+를 재생시킨다. 예를 들어 근육세포는 젖산 탈수소효소를 이용하여 NADH로부터 전자를 해당과정에서 만들어진 피루브산으로 전달한다. 이 반응은 피루브산을 젖산으로 전환시키고 NADH로부터 NAD^+를 재생시킨다(**그림 6.19**). 이 반응은 대사회로를 폐쇄시켜서 포도당이 있는 한 해당과정을 계속 진행시킨다.

순환하는 혈액은 근육으로부터 과다한 젖산을 제거하지만, 젖산의 제거 속도보다 생산 속도가 더 빠르면 젖산은 축적되어 근육 기능을 방해하고 근육 피로를 일으킨다.

핵심 요약 6.8

질산염, 황 및 CO_2는 모두 다른 생물체의 무산소호흡에서 최종 전자 수용체로 사용된다. 유기분자도 NAD^+를 재생하는 발효 반응에서 전자를 수용할 수 있다. 발효 반응은 효모의 에탄올과 인간의 젖산을 포함한 다양한 화합물을 생성한다.

■ 어떤 종류의 생태계에서 무산소호흡을 기대할 수 있을까?

6.9 단백질과 지방의 이화작용

학습 목표

1. 단백질과 지방이 에너지 대사에 투입되는 지점을 식별할 수 있다.
2. 대사에서 주요 대사중간체들의 중요성을 알 수 있다.

지금까지 생물들이 탄수화물의 수화나 광합성으로부터 얻은 포도당을 산화하는 산소호흡에 이용하는 과정에 대해 알아보았다. 그러나 포도당이 아닌 단백질과 지방 같은 다른 유기분자들도 중요한 에너지원으로 이용된다(**그림 6.20**).

단백질의 이화작용은 아미노기를 제거한다

단백질은 먼저 아미노산으로 분해된다. 이어서 **탈아미노반응**(deamination) 과정에서 질소를 함유하는 아미노기가 아미노산으로부터 제거된다. 그리고 일련의 반응을 거쳐 남아 있는 탄소골격이 해당과정이나 시트르산 회로에 들어갈 수 있는 분자로 전환된다. 예를 들어 알라닌은 피루브산으로, 글루탐산은 α-케토글루타르산으로

그림 6.20 세포의 화학에너지 생성.
모든 진핵생물들과 많은 원핵생물들은 유기물 분자들을 산화하여 에너지를 얻는다. 고분자를 구성단위로 분해하는 첫 단계에서는 거의 에너지를 얻지 못한다. 두 번째 단계인 산화 또는 산소호흡 단계에서는 주로 고에너지 전자 형태로 에너지를 생성하게 되며, 물과 이산화탄소를 생산한다. 이 에너지대사 경로들의 주요 대사중간체들은 생합성 대사경로(역방향의 화살표로 표시)에서 사용된다.

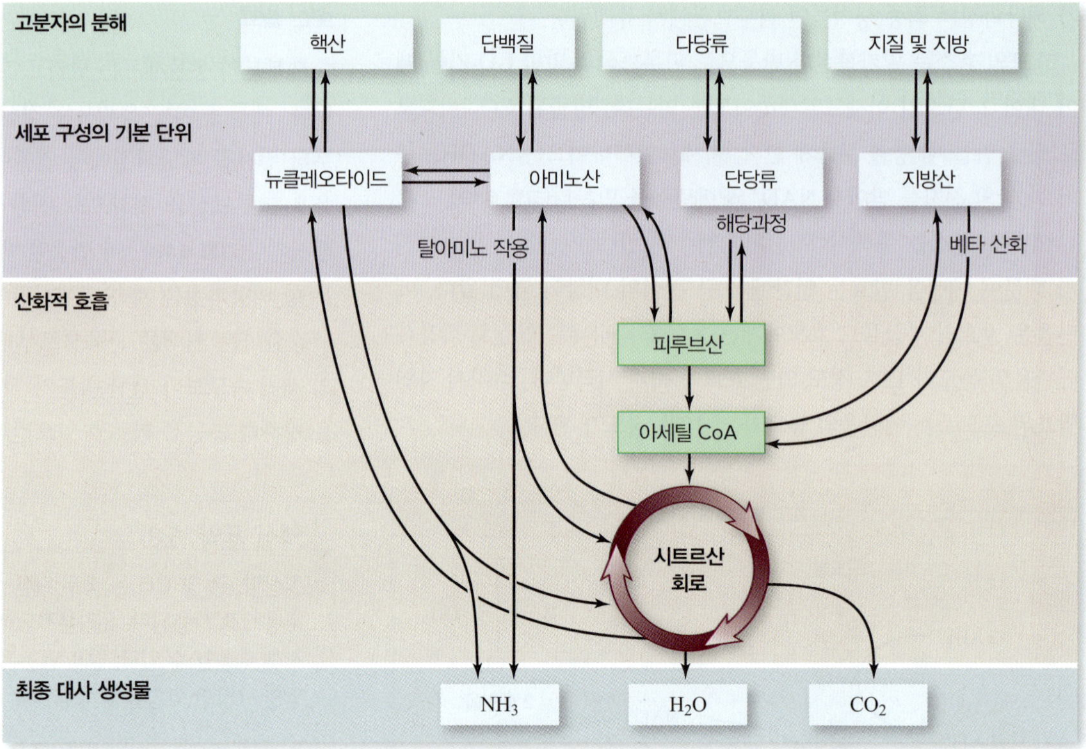

(**그림 6.21**), 그리고 아스파르트산은 옥살로아세트산으로 전환된다. 해당과정과 시트르산 회로의 반응들은 이 분자들로부터 고에너지 전자를 추출하여 ATP를 만드는 데 이용한다.

지방산의 이화작용은 시트르산 회로를 위한 아세틸기를 생성한다

지방은 지방산과 글리세롤로 분해된다. 긴 사슬 모양의 지방산은 일반적으로 짝수의 탄소 수를 가지며 많은 C—H 결합은 풍부한 에너지를 제공한다. 지방산은 미토콘드리아의 기질에서 산화되며, 효소들은 각 지방산의 말단으로부터 2-탄소인 아세틸기를 순차적으로 제거하여 전체 지방산을 아세틸기로 전환시킨다(**그림 6.22**). 각 아세틸기는 CoA와 결합하여 아세틸 CoA를 만든다. 이 과정을 **베타 산화**(β oxidation)라고 한다. 이 과정은 산소를 필요로 하기 때문에 유산소 운동은 지방을 분해하지만, 무산소 운동은 그렇지 못하다.

지방산의 이화작용으로 얼마나 많은 ATP가 생산될까? 6-탄소의 지방산과 30분자의 ATP를 내는 6-탄소 포도당을 비교해 보자. 베타 산화가 2회 진행되면 지방산이 3개의 아세틸 CoA로 전환된다. 각각의 베타 산화에는 1개의 ATP가 필요하며 NADH 1분자와 $FADH_2$ 1분자가 생긴다. 이 분자들은 합쳐서 4개의 ATP를 만들어낸다(NADH에서 2.5개, $FADH_2$에서 1.5개).

시트르산 회로에서의 아세틸 CoA의 산화는 ATP 10분자를 만든다. 따라서 6-탄소의 지방산이 만들어내는 ATP는 8(2회의 베타 산화에서 나오는 2 NADH와 2 $FADH_2$로부터 만들어지는 ATP)−2(2회의 베타 산화에 사용되는 ATP)+30(3개의 아세틸 CoA의 산화로부터 만들어지는 ATP)=36 ATP이다. 따라서 6-탄소의 지방산의 호흡은 포도당 호흡에서보다 20% 더 많은 ATP를 생산한다.

게다가, 포도당과 같은 크기의 지방산의 무게는 포도당의 2/3 미만이므로 지방산 1 g은 포도당 1 g보다 두 배 이상의 열량을 가진다. 그래서 지방은 동물에서 잉여 에너지를 저장하는 분자의 역할을 하

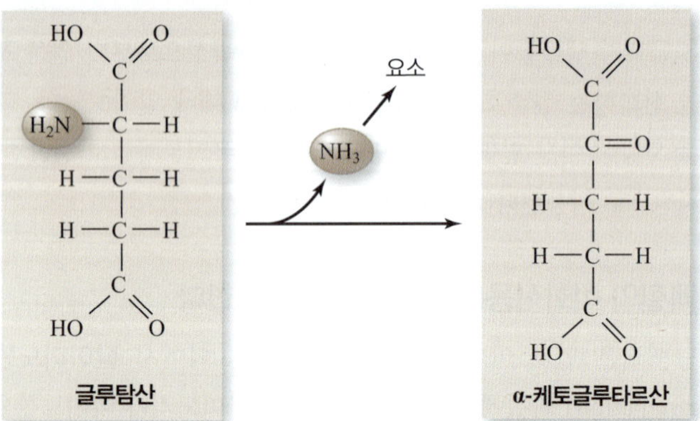

그림 6.21 탈아미노 작용.
단백질이 아미노산으로 분해된 뒤 아미노산으로부터 아미노기가 제거된다. 아미노기가 제거된 분자는 해당과정이나 시트르산 회로로 들어가 대사된다. 그 예로 아미노산인 글루탐산은 탈아미노 반응이 일어나면 시트르산 회로의 중간 분자인 α-케토글루타르산으로 전환된다.

는데, 식물에서처럼 잉여의 에너지가 탄수화물의 형태로 저장된다면 동물체의 크기는 훨씬 커져야 할 것이다.

적은 수의 주요 대사중간체들이 대사경로들을 연결한다

음식물 분자들의 산화경로들은 서로 연결되어 있다. 예를 들어, 피루브산과 아세틸 CoA와 같은 대사중간체들이 서로 다른 시작점을 가지는 이화경로로 연결된다. 이러한 주요 중간체들은 당과 아미노산과 같은 다른 종류의 분자들 간에 상호 전환이 가능하게 한다(**그림 6.20**).

세포는 포도당, 아미노산, 그리고 지방을 외부로부터 얻을 뿐 아니라 스스로 만들 수도 있다. 이들의 합성을 위해 세포는 이화작용에 사용하는 반응들과 유사한 반응들을 이용한다. 많은 경우 반응의 자유에너지의 변화량이 작으면 합성반응은 분해를 할 때 사용한 동일한 효소들을 이용하기도 한다. 그 예로 피루브산으로부터 포도당을 만드는 과정인 포도당 신생과정(gluconeogenesis)에서는 해당과정에서 사용되었던 3개의 효소들을 제외한 다른 모든 효소들이 사용된다. 따라서 해당과정의 대부분의 반응들은 대사중간체의 농도에 따라 가역적으로 일어나고, 3개의 주요 단계만이 정반응과 역반응을 위한 서로 다른 효소들을 가진다.

아세틸 CoA는 많은 역할을 한다

여러 대사과정에서 아세틸 CoA가 만들어진다. 피루브산의 산화뿐만 아니라 단백질, 지방, 그리고 다른 지질의 이화과정 중에 아세틸 CoA가 생산된다. 실제로 에너지의 생산을 위해 이화되는 거의 모든 분자들이 아세틸 CoA로 전환된다.

아세틸 CoA는 동화대사에서도 역할을 한다. 아세틸 CoA로부터 유래한 2-탄소 단위는 지방산의 탄화수소 골격을 만드는 데 사용된다. 따라서 여러 경로로 생산된 아세틸 CoA는 세포 내의 ATP 농도에 따라 지방산의 합성이나 산화경로를 통한 ATP 생산을 위해 이용된다.

ATP 농도가 높으면 산화경로는 억제되고 아세틸 CoA는 지방산 합성을 위한 경로로 들어간다. 이것은 사람을 포함한 동물들이 활동에 필요로 하는 것보다 많은 음식을 먹었을 때 지방을 축적하게 되는 이유에 대한 설명이 된다. 반대로 ATP의 농도가 낮으면 산화경로는 촉진되고 아세틸 CoA는 에너지를 생산하는 산화적 대사과정에서 사용된다.

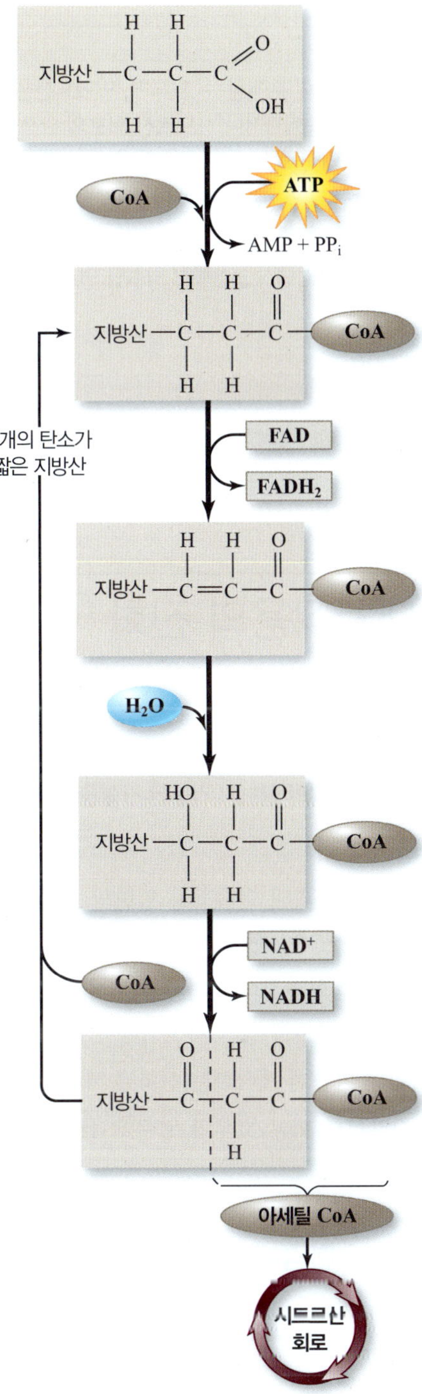

그림 6.22 베타 산화.
베타 산화라는 일련의 반응들을 통해 지방산 말단의 마지막 2개의 탄소가 CoA와 결합하여 아세틸 CoA를 형성하여 시트르산 회로로 들어간다. 탄소가 2개 짧아진 지방산은 다시 베타 산화 과정을 거치고 모든 탄소가 아세틸 CoA로 바뀔 때까지 반복한다. 베타 산화 과정이 한 번 일어날 때마다 1분자의 ATP를 소모하고 1분자의 $FADH_2$와 1분자의 NADH를 생산한다.

자료 분석 이번 장에서 배운 것을 감안할 때, 16개의 탄소를 가진 지방산은 산화에 의해 얼마나 많은 ATP가 생성되는가?

핵심 요약 6.9

단백질은 아미노산으로 분해될 수 있으며, 아미노산은 탈아미노화되어 해당과정 대사에 들어가거나 시트르산 회로의 다른 단계에 들어갈 수 있다. 지방은 베타 산화에 의해 아세틸 CoA 단위로 분해된 후 시트르산 회로로 공급될 수 있다. 많은 대사 과정을 가역적으로 사용하여 주요 생물학적 고분자를 합성하거나 분해할 수 있다. 피루브산과 아세틸 CoA와 같은 주요 대사중간체가 이러한 대사과정들을 연결한다.

■ O_2가 없는 상태에서 지방을 산화시킬 수 있을까?

6.10 대사작용의 진화

학습 목표

1. 대사의 진화에 대한 하나의 가능한 가설을 설명할 수 있다.

우리는 세포호흡에 대해 연속적인 일련의 단계로 이야기하지만, 이러한 단계는 시간이 지남에 따라 진화했으며 대사는 그 당시에 많은 변화를 겪었다. 동화과정과 이화과정은 서로 협력하여 진화했다. 우리는 이 생화학적 진화의 세부 사항이나 이러한 과정의 출현 순서를 모른다. 따라서 다음에 제시하는 진화 순서는 이용 가능한 지질화학적 증거를 기반으로 하고 있으며 엄격한 진화 순서라기보다는 가설을 나타낸다.

최초의 생물체는 환경에 존재하는 탄소 기반의 분자들을 분해했다

가장 원시적인 형태의 생물은 초기의 지구에서 생물이 생산하지 않은 탄소를 함유하는 유기분자들을 분해함으로써 화학에너지를 얻었을 것이다.

대사의 진화에서 일어난 최초의 중요 사건은 화학결합에 저장된 에너지를 이용할 수 있는 능력이 생긴 것이다. 초기 단계에서 생물들은 이 에너지를 ATP의 화학결합에 저장하기 시작했다.

해당과정의 진화는 초기에 일어났다

대사의 진화에 있어서 두 번째 중요 사건은 해당과정이다. 단백질들이 다양한 촉매 기능을 가짐에 따라 일련의 다단계 반응에서 화학결합을 끊어 유기분자로부터 더 많은 화학에너지를 얻는 것이 가능해졌다.

해당과정은 모든 생물들에 남아 있기 때문에, 분명히 해당과정은 지구상의 생물 역사에서 초기에 진화되어 나온 것이 틀림없다. 해당과정은 20억 년 이상 변하지 않고 남아 있는 화학적 과정이다.

빛 에너지를 획득하는 무산소성 광합성이 일어났다

대사의 진화에서 세 번째 중요 사건은 산소가 발생하지 않는 광합성이다. 생물 역사의 초기에 다른 방식으로 ATP를 생산하는 생물들이 진화되어 나왔다. 이들은 해당과정에서와 같이 화학결합을 재배열함으로써 ATP 합성에 필요한 에너지를 얻는 대신에 세포 밖으로 양성자를 퍼내는 데 필요한 에너지를 빛으로부터 얻는 능력과 그 결과 생긴 양성자 농도기울기를 화학삼투를 통해 ATP의 합성에 이용하는 능력을 개발하였다.

광합성은 산소가 없던 시기에 진화되어 나왔고 산소가 없이도 잘 수행되었다. 산소가 없는 대기를 가진 초기 지구의 해양에 녹아 있는 H_2S는 광합성을 통해 유기분자를 합성하는데 수소 공급원으로 이용되었고, 이 과정에서 황(S)이 부산물로 생성되었다.

산소를 생성하는 광합성은 다른 수소 공급원을 사용했다

대사의 진화 역사에서 네 번째로 중요한 사건은 광합성에서 H_2S가 H_2O로 대체된 것이다. 산소를 발생시키는 광합성에서는 H_2S 대신에 H_2O가 수소 원자와 전자의 공여체로서 사용된다. 따라서 광합성 과정에서 황 대신에 산소 기체가 발생한다.

20억 년 전에 남세균과 같은 산소를 발생시키는 광합성을 수행할 수 있는 작은 세포가 지구상에서 우점종이 되었다. 그 결과 산소 기체가 대기 중에 축적되기 시작하였으며, 이것이 지구상의 조건을 영구적으로 변화시킨 중요한 전환점의 시작이었다. 현재 지구상의 대기는 20.9%의 산소를 포함하고 있는데, 모든 산소 분자는 산소를 발생시키는 광합성 반응으로부터 만들어진다.

질소고정은 새로운 유기질소를 제공했다

질소는 죽은 유기물과 질소를 포함하는 유기분자로부터 얻을 수 있다. 지구 역사에서 생명체가 늘어나기 위해서는 새로운 질소원이 필요하였다. 질소고정은 대사의 진화에서 다섯 번째로 중요한 사건이었다. 생명체에 중요한 분자인 단백질과 핵산은 질소를 포함하고 있기 때문에 그들의 합성을 위해서는 고정된 질소원이 필요하다. **질소고정**(nitrogen fixation)이라 부르는 N_2 가스로부터 질소 원자를 얻는 과정에서 $N\equiv N$ 삼중결합이 끊어져야 한다.

질소고정 반응은 초기 지구의 산소가 없고 수소가 풍부한 대기에서 진화되었다. 산소는 질소고정을 억제한다. 따라서 질소고정은 산소가 없는 환경이나, 특정 원핵생물체 내의 산소가 없는 부분에서 일어난다.

산소를 이용하는 산소호흡이 나타났다

호흡의 출현은 대사의 역사에서 여섯 번째이고 마지막인 중요한 사건이다. 산소호흡은 광합성과 같은 종류의 양성자 펌프를 이용한다. 따라서 산소호흡은 기본적인 광합성 대사기구가 변형되어 진화되었다고 생각된다.

생물학자들은 H_2S를 사용하지 않는 광합성 능력은 H_2S 대신에 유기화합물로부터 수소를 얻는 홍색비황세균(purple nonsulfur bacteria)으로부터 처음 진화되어 나왔을 것으로 생각한다. 이러한 호흡을 하는 광합성세균의 후손들 중 일부는 유기분자들의 분해로부터 유래하는 전자와 에너지를 이용하며, 광합성을 수행하지 않고도 살아갈 수 있었을 것이다. 진핵세포에 있는 미토콘드리아는 이러한 세균들로부터 유래했을 것으로 여겨지고 있다.

자연선택에 의해 유기분자들로부터 에너지를 보다 효율적인 방법으로 얻는 생물들이 선택되는 과정에서 유기대사의 복잡한 과정은 오랜 지질학적 시간에 걸쳐 발달되었다. 광합성 과정도 오랜 기간에 걸쳐 발달되었고, 광합성의 출현은 지구상의 생물 구성을 변화시켰다. 7장에서는 광합성에 대하여 자세히 다룬다.

핵심 요약 6.10

대사의 중요한 단계에는 유기 화합물에서 에너지를 생성하는 경로, 광합성 경로 및 질소고정 경로의 진화가 포함된다. 광합성은 무산소성 과정으로 시작하여 산소를 생성하는 방향으로 진화하였고 이후에 유기대사의 진화를 가능하게 했다.

■ 대사 진화의 가설에 대해 어떤 증거를 인용할 수 있을까?

핵심 개념 요약

6.1 호흡의 개요(그림 6.5)

■ **세포 산화는 일반적으로 탈수소화이다**

■ **세포호흡은 포도당의 완전한 산화이다**

산소호흡은 산화–환원 반응의 최종 전자수용체로 산소를 사용한다. 무산소호흡은 무기분자를 수용체로 사용하고, 발효는 유기분자를 사용한다.

■ **전자운반체가 에너지 대사에 중요한 역할을 한다**

전자운반체는 가역적으로 산화 및 환원될 수 있다. 예를 들어, NAD^+는 2개의 전자를 획득함으로써 NADH로 환원되고 NADH는 이들 전자를 다른 분자에 공급하여 그 분자를 환원시킨다.

■ **호흡은 단계적으로 에너지를 수확한다**

진핵세포의 미토콘드리아는 에너지를 효율적으로 획득하기 위해 전자전달연쇄를 통해 단계적으로 전자를 이동시킨다.

■ **ATP는 대사에 중심적인 역할을 한다**

세포호흡의 궁극적인 목표는 대부분의 세포 활동을 강화하는 데 사용되는 ATP의 합성이다.

■ **세포는 근본적으로 다른 2가지 기작으로 ATP를 만든다**

기질수준의 인산화는 인산염을 ADP로 직접 옮긴다(**그림 6.4**). 산화적 인산화는 양성자 기울기에 의해 작동되는 ATP 합성효소를 통해 ATP를 생성한다.

6.2 해당과정: 포도당의 분해(그림 6.6, 6.7)

■ **해당과정은 포도당을 2개의 피루브산으로 전환하며, 2개의 ATP와 2개의 NADH를 형성한다**

준비 반응은 포도당에 2개의 인산염을 첨가한다. 이것은 글리세르알데하이드 3-인산(G3P)의 2개의 3-탄소 분자로 분해된다. G3P의 산화는 전자를 NAD^+로 전달하여 NADH를 생성한다. 4번 더 반응이 일어난 후의 최종 생성물은 2개의 피루브산 분자이다. 해당과정은 2개의 ATP, 2개의 NADH 및 2개의 피루브산을 생산한다.

해당과정은 에너지 수율이 낮은 아주 오래된 과정이지만 가용 에너지의 최대 40%가 ATP에 저장되어 있어 효율적일 수 있다. 해당과정은 아마도 최초의 이화작용 반응일 것이다.

■ **호흡을 계속하려면 NAD^+를 재생산해야 한다**

산소의 존재하에서 피루브산은 아세틸 CoA로 산화되며, 이는 시트르산 회로에 의해 산화될 수 있다. 이 과정은 많은 양의 ATP의 생성으로 이어진다. 산소가 없는 경우, 발효 반응은 피루브산의 전부 또는 일부를 사용하여 NADH를 산화시킨다.

산소의 존재하에서 NADH는 전자를 전자전달연쇄로 통과시킨다. 산소가 없는 경우, NADH는 전자를 아세트알데하이드(발효)와 같은 유기분자로 전달한다.

6.3 피루브산의 산화에 의한 아세틸 CoA의 생성(그림 6.9)

피루브산은 산화되어 1분자의 CO_2, 1분자의 NADH 및 1분자의 아세틸 CoA를 생성한다. 아세틸 CoA는 시트르산 회로에 2-탄소 아세틸 단위로 들어간다.

6.4 시트르산 회로(그림 6.10, 6.11)

- **시트르산 회로의 개요**
- **시트르산 회로는 전자를 추출하고 1개의 ATP를 합성한다**

첫 번째 반응은 시트르산을 생성하는 비가역적 축합인데, ATP가 많으면 억제된다. 두 번째와 세 번째 반응은 시트르산을 아이소시트르산으로 재배열한다. 네 번째와 다섯 번째 반응은 산화이며 각각의 반응에서, 1개의 NAD^+는 NADH로 환원된다. 여섯 번째 반응은 GTP를 생성하는 기질수준의 인산화이다. GTP는 ATP로 전환될 수 있다. 일곱 번째 반응은 FAD를 $FADH_2$로 환원시키는 또 다른 산화이다. NAD^+를 NADH로 환원시키는 최종 산화를 포함하여 여덟 번째와 아홉 번째 반응은 옥살로아세트산을 재생시킨다.

- **포도당은 CO_2와 퍼텐셜에너지가 된다**

포도당 분자가 CO_2로 분해됨에 따라 일부 에너지는 4분자의 ATP, 10분자의 NADH 및 2분자의 $FADH_2$에 보존된다.

- **전자 흐름의 추적을 통해 전자전달의 방향을 확인할 수 있다**

6.5 전자전달연쇄와 화학삼투(그림 6.12)

- **전자전달연쇄는 양성자 기울기를 생성한다**

미토콘드리아 내막에서, NADH는 NADH 탈수소효소에 의해 NAD^+로 산화된다. 전자는 유비퀴논과 bc_1 복합체를 통해 사이토크롬 산화효소로 이동하여 H^+ 및 O_2와 결합하여 H_2O를 형성한다. 이로 인해 3개의 양성자가 막간 공간으로 전달된다. $FADH_2$의 경우, 전자는 유비퀴논으로 직접 전달된다. 따라서 2개의 양성자만이 막간 공간으로 전달된다.

- **내막에서 전자 수송은 양성자 펌프에 동력을 공급한다**
- **화학삼투는 전기화학적 기울기를 사용하여 ATP를 생성한다**
- **ATP 합성효소는 분자 회전모터이다**

6.6 산소호흡의 에너지 수율

- **진핵생물의 이론적 수율은 포도당 분자당 30분자의 ATP이다**
- **P/O 비율의 산출은 시간이 지남에 따라 변경되었다**

6.7 산소호흡의 조절

포도당의 이화작용은 시트르산 회로에서 ATP 분자와 대사중간체의 농도에 의해 조절된다(**그림 6.17**).

6.8 무산소 조건에서의 산화

산소가 없으면 다른 최종 전자수용체가 호흡에 사용될 수 있다.

- **메테인생성균은 이산화탄소를 이용한다**
- **황세균은 황산염을 이용한다**
- **발효는 유기화합물을 전자수용체로 사용한다**

발효는 NADH의 산화와 유기분자의 환원에 의한 NAD^+의 재생이다. 효모에서 피루브산은 탈카복실화되고 에탄올로 환원된다. 동물에서 피루브산은 젖산으로 직접 환원된다.

6.9 단백질과 지방의 이화작용

- **단백질의 이화작용은 아미노기를 제거한다(그림 6.21)**
- **지방산의 이화작용은 시트르산 회로를 위한 아세틸기를 생성한다**

연속적인 베타 산화 반응에 의해 지방산이 아세틸기로 전환된다(**그림 6.22**). 이 아세틸기는 시트르산 회로로 공급되어 산화되고 전자 수송을 위해 NADH를 생성한다.

- **적은 수의 주요 대사중간체들이 대사경로들을 연결한다**
- **아세틸 CoA는 많은 역할을 한다**

ATP가 높으면 아세틸 CoA가 지방산으로 전환된다.

6.10 대사작용의 진화

대사 과정에서 중요한 단계들이 알려져 있는데, 각 단계의 순서는 가정적(hypothetical)이다.

- **최초의 생물체는 환경에 존재하는 탄소 기반의 분자들을 분해했다**
- **해당과정의 진화는 초기에 일어났다**
- **빛에너지를 획득하는 무산소성 광합성이 일어났다**
- **산소를 생성하는 광합성은 다른 수소 공급원을 사용했다**
- **질소고정은 새로운 유기질소를 제공했다**
- **산소를 이용하는 산소호흡이 나타났다**

연습문제

1단계: 이해력 확인하기

1. 독립영양생물에 대한 설명 중 옳은 것은 무엇인가?
   a. 유기화합물로부터 에너지를 얻는다.
   b. 이산화탄소를 탄소원으로 이용할 수 있는 생물이다.
   c. 에너지원으로 다른 생물들이 생산한 에너지에 의존한다.
   d. a와 b 모두 맞다.
2. 다음 중 포도당의 완전한 산화를 위해 필요한 것은 무엇인가?
   a. 시트르산 회로
   b. 해당과정
   c. 피루브산의 산화
   d. a, b, c 모두 맞다.
3. 다음 중 해당과정의 생성물이 아닌 것은 무엇인가?
   a. ATP
   b. 피루브산
   c. CO_2
   d. NADH
4. 해당과정에서 어떻게 ATP가 생성되는가?
   a. 준비 반응에서 유기분자들을 인산화시킴에 의해
   b. 글리세르알데하이드 3-인산을 생성함에 의해
   c. 기질수준의 인산화에 의해
   d. NAD^+의 NADH로의 환원에 의해
5. 세포호흡에서 NAD^+의 역할은 무엇인가?
   a. 전자운반체로서 역할을 한다.
   b. 효소로서 역할을 한다.
   c. 무산소호흡의 최종 전자수용체이다.
   d. ATP 합성에 필요한 뉴클레오타이드 원료의 역할을 한다.
6. 시트르산 회로의 반응은 어디에서 일어나는가?
   a. 미토콘드리아 내막
   b. 미토콘드리아의 막간 공간
   c. 세포질
   d. 미토콘드리아의 기질
7. NADH와 $FADH_2$에 의해 운반된 전자에 대한 설명 중 옳은 것은 무엇인가?
   a. 미토콘드리아의 막간 공간으로 퍼내어진다.
   b. ATP 합성효소에 전달된다.
   c. 미토콘드리아 내막에 있는 단백질들 사이에서 전달된다.
   d. 미토콘드리아의 기질로 운반된다.

2단계: 적용력 평가하기

1. 다음 중 세포호흡에 대한 설명으로 옳지 않은 것은 무엇인가?
   a. 효소들은 전자를 전달하는 반응을 촉매한다.
   b. 전자는 세포호흡 과정의 끝에서는 더 큰 퍼텐셜에너지를 갖는다.
   c. 이산화탄소는 세포호흡의 부산물이다.
   d. 세포호흡 과정은 다수의 산화-환원 반응들을 포함한다.
2. ATP 합성효소가 ATP를 생산하는 데 필요한 직접적인 에너지원은 무엇인가?
   a. 전자전달연쇄
   b. 양성자 농도기울기
   c. 기질수준의 인산화
   d. 호흡과정 중 일어나는 산화 반응
3. 무산소호흡이란?
   a. 산소가 없을 때 사람에게서 일어난다.
   b. 효모에서 맥주와 와인을 만들 때 일어난다.
   c. 최종 전자수용체가 산소보다 전자에 대한 친화력이 낮기 때문에 산소호흡보다 적은 에너지를 생성한다.
   d. 최종 전자수용체가 산소보다 전자에 대한 친화력이 높기 때문에 산소호흡보다 많은 에너지를 생성한다.
4. 발효가 세포 내에서 중요한 대사로서 기능을 하는 이유는 무엇인가?
   a. 세포 내에서 산소가 없는 조건에서 포도당을 생성하기 때문이다.
   b. 전자전달 과정에서 NADH를 NAD^+로 산화하기 때문이다.
   c. 산소가 없을 때 피루브산을 산화하기 때문이다.
   d. 산소가 없을 때 ATP를 생산하기 때문이다.
5. 다음 중 전자전달과 ATP 합성을 연결해 주는 것은?
   a. 포스포에놀피루브산처럼 고에너지 중간물질이다.
   b. ATP 합성효소로 전자가 전달되는 것이다.
   c. 양성자 기울기이다.
   d. 산소가 없는 조건일 때이다.
6. 미토콘드리아의 내막에 구멍을 만드는 화학물질에 대한 설명 중 옳은 것은 무엇인가?
   a. 전자전달연쇄를 따라 전자가 전달되는 것을 멈추게 한다.
   b. ATP 합성을 멈추게 한다.
   c. 시트르산 회로를 멈추게 한다.
   d. a, b, c 모두 맞다.
7. 해당과정의 효소 유전자에 돌연변이가 생긴 효모 세포는 글리세롤을 이용하여 성장할 수 있다. 이 효모가 글리세롤을 이용할 수 있는 이유는 무엇인가?

a. 글리세롤은 돌연변이에 의해 영향을 받은 반응 단계 다음에서 해당과정에 들어가서 대사되기 때문이다.
b. 글리세롤은 시트르산 회로에 들어갈 수 있고 전자전달과 화학삼투를 통해 ATP를 생성할 수 있기 때문이다.
c. 글리세롤은 발효에 의해 이용될 수 있기 때문이다.
d. 글리세롤은 전자를 직접 전자전달연쇄에 줄 수 있기 때문이다.

■ 3단계: 사고력 함양하기

1. 다음 표를 이용하여 분자들과 대사반응과의 상관관계를 간단히 서술하시오.

분자	해당과정	세포호흡
포도당		
피루브산		
산소		
ATP		
CO_2		

2. 동물의 새끼와 겨울잠을 자는 동물 또는 추위에 적응이 된 동물들은 갈색 지방조직이 있어서 체온을 유지할 수 있다(**열발생**이라는 과정에 의해서). 갈색 지방조직의 세포에는 미토콘드리아가 많다. 이 세포의 미토콘드리아는 내막에 **열발생 단백질**(thermogenin)이라는 특수한 단백질을 가지고 있는데, 이는 양성자를 수동적으로 이동시키는 수송단백질로서 기능을 한다. 대사, 수송 그리고 미토콘드리아의 구조와 기능에 대한 지식을 기반으로 열발생에서 갈색 지방조직의 역할에 대해 제안해 보시오.
3. 최근 데이터는 추운 온도와 체중 감량 사이의 연관성을 나타낸다. 성인이 갈색 지방을 유지하는 경우, 이를 어떻게 설명할 수 있는가?

7

광합성

7.1 광합성의 개요
7.2 광합성 과정의 발견
7.3 색소
7.4 광계의 구성
7.5 광의존성 반응
7.6 탄소고정: 캘빈회로
7.7 광호흡

도입

광합성이 없다면 지구상에 현재와 같은 다양한 생명체들이 존재할 수 없다. 우리가 흡입하는 대부분의 산소 원자는 물분자의 한 부분으로, 예전에 광합성으로 방출된 것이다. 석탄, 장작, 휘발유, 천연가스 등이 연소할 때 나오는 에너지나 몸에서 섭취한 음식물을 연소시킬 때 나오는 에너지는 모두 광합성을 통해 포획한 태양의 에너지이다. 이러한 점에서 광합성을 이해하는 것은 매우 중요하며, 날로 증가 추세에 있는 세계 인구문제를 해결하기 위해서는 광합성 연구를 통해 작물 수확과 토지 이용도를 향상시켜야 한다. 6장에서는 세포가 음식물 분자로부터 세포활동에 필요한 화학에너지를 얻는 방법에 대해 살펴보았다. 이번 장에서는 해바라기(사진)와 같은 식물체가 태양에너지를 포획하여 화학에너지가 풍부한 음식물 분자를 생산하는 과정인 광합성에 대해 살펴본다.

7.1 광합성의 개요

학습 목표

1. 광합성 반응에 대해 설명할 수 있다.
2. 엽록체의 구조에 대해 서술할 수 있다.

생명체는 햇빛으로부터 에너지를 얻어 살아가고 있다. 대부분의 생명체가 이용하는 에너지는 궁극적으로 태양에서 유래한 것으로서 식물, 조류, 박테리아의 광합성 과정을 통해 포획된다.

지구상에 생명체의 다양성이 가능한 것은 지구가 태양으로부터 끊임없이 쏟아지는 에너지를 받기 때문이다. 지구 표면에 매일 도달하는 복사에너지는 히로시마에 투하된 원자탄 약 100만 개 분량의 에너지에 해당한다. 이 중에서 광합성으로 포획되는 에너지는 약 1%에 불과하며, 이로부터 지구의 모든 생명체가 에너지를 공급받는다.

광합성은 CO_2와 H_2O를 결합하여 포도당과 O_2를 생산한다

지구상의 생물체에서 일어나고 있는 광합성(photosynthesis)은 산소를 생산하지 않는 무산소(anoxygenic) 광합성과 산소를 생산하는 유산소(oxygenic) 광합성으로 구분된다. 무산소 광합성은 홍색세균(purple bacteria), 녹색황세균(green sulfur bacteria), 녹색비황세균

(green nonsulfur bacteria), 헬리오박테리아(heliobacteria) 등 4종류의 세균에서 볼 수 있다. 유산소 광합성은 남세균(cyanobacteria), 7가지 조류군 및 모든 육상식물에서 일어난다. 이들 2가지 유형의 광합성에서 빛에너지를 포획하기 위해 이용하는 색소 종류는 유사하지만 이들 색소의 배열이나 작용은 서로 다르다.

식물의 경우 광합성은 주로 잎에서 일어난다. **그림 7.1**은 식물 잎의 구조적 특징을 여러 수준에서 보여주고 있다. 3장에서 살펴본 바와 같이 식물의 잎 세포는 광합성을 수행하는 세포소기관인 엽록체(chloroplast)를 가지고 있다. 식물세포에서 엽록체 이외의 어떤 다른 구조도 광합성을 할 수 없다. 광합성은 다음과 같은 3단계를 거쳐 진행된다.

1. 햇빛으로부터 에너지의 포획
2. 포획된 에너지를 이용한 ATP의 생성과 전자운반체인 $NADP^+$의 NADPH로의 환원
3. ATP와 NADPH를 이용하여 대기 CO_2로부터 유기물 분자의 합성

처음의 두 단계는 빛을 필요로 하기 때문에 **광의존성 반응**(light-dependent reactions)이라고 한다.

세 번째 단계인 CO_2로부터 유기물 분자를 형성하는 과정은 **탄소고정**(carbon fixation)이라고 한다. 이 과정들은 일련의 순환반응을 통해 진행된다. ATP와 NADPH가 공급되는 한 탄소고정 반응은 빛의 유무와 상관없이 일어날 수 있으므로, 이들 반응은 **광비의존성 반응**(light-independent reactions)이라고 한다(**그림 7.2**).

광합성의 전체 과정은 간단한 식으로 요약할 수 있다.

$$\underset{\text{이산화탄소}}{6CO_2} + \underset{\text{물}}{12H_2O} + \text{빛} \longrightarrow \underset{\text{포도당}}{C_6H_{12}O_6} + \underset{\text{물}}{6H_2O} + \underset{\text{산소}}{6O_2}$$

이 반응은 호흡의 역반응임을 알 수 있다. 호흡에서는 산소를 전자수용체(electron acceptor)로 이용하여 포도당을 CO_2로 산화시키지만, 광합성에서는 물을 산화시켜 얻은 전자를 이용하여 CO_2를 포도당으로 환원시킨다. 물의 산화와 CO_2의 환원에는 에너지가 필요한데, 이 에너지는 빛에 의해 공급된다. 이러한 설명은 너무 단순화된 것일 수도 있으나 유용한 '지구적 관점(global perspective)'을 제공한다는 점에 의의가 있다.

식물에서 광합성이 일어나는 곳은 엽록체이다

6장에서 미토콘드리아(mitochondria)의 복잡한 내막 및 외막의 구조가 미토콘드리아의 기능 수행에 중요하게 기여하고 있음을 살펴보았는데, 엽록체의 구조도 마찬가지이다.

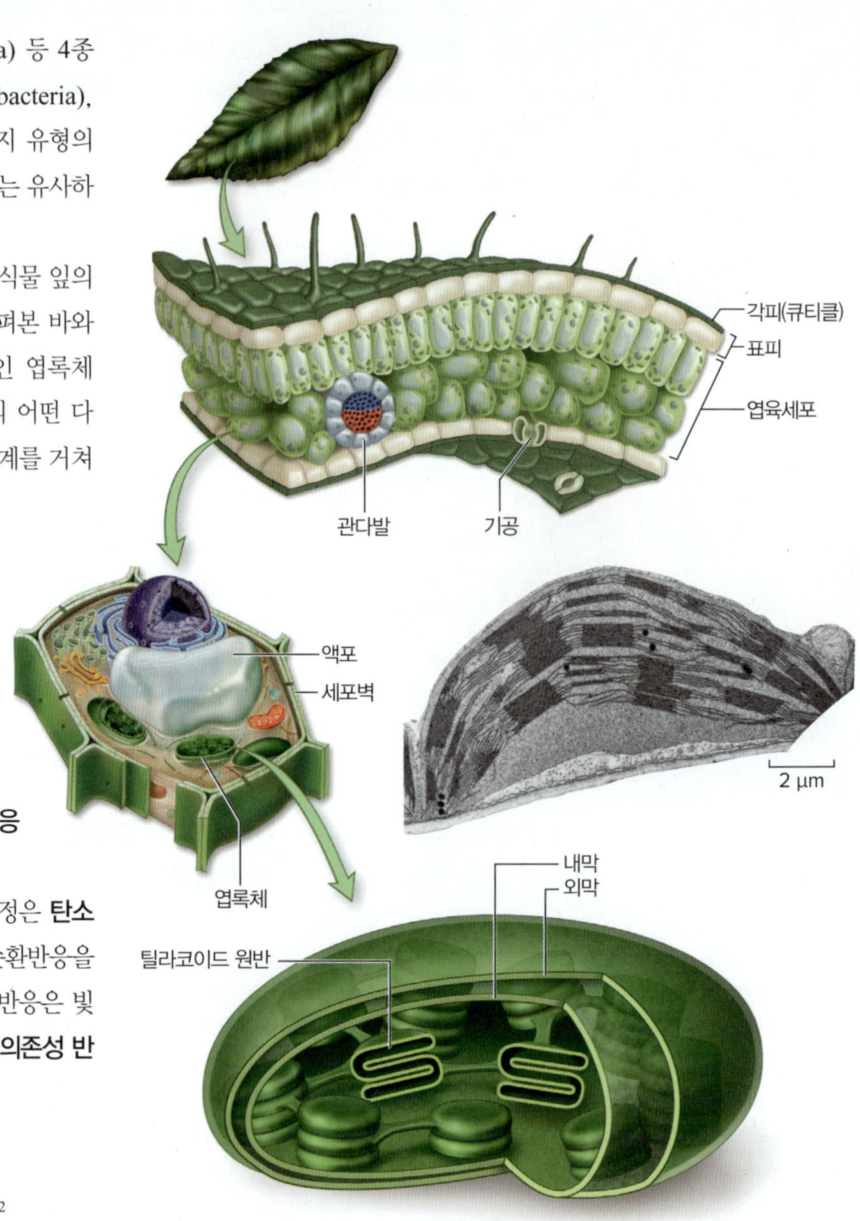

그림 7.1 잎으로의 여행.
식물의 잎에는 엽록체가 풍부한 엽육세포들이 두꺼운 층을 이루고 있다. 엽록체의 내막은 틸라코이드 원반(thylakoid disk)이라고 부르는 편평한 구조로 조직화되어 있으며, 틸라코이드 원반들은 그라나라고 하는 기둥 형태로 층을 이루고 있다. 내부의 나머지 부분은 스트로마라는 반유동성 물질로 채워져 있다.

틸라코이드막(thylakoid membranes)이라는 엽록체 내부의 막은 연속적인 인지질 2중층이 편평한 주머니를 이루면서 서로 차곡차곡 쌓인 형태인 **그라나**(grana)를 형성한다. 틸라코이드막에는 빛에너지를 포획하는 **엽록소**(chlorophyll)와 기타 광합성 색소, 그리고 ATP 합성 기구가 들어 있다.

틸라코이드막을 둘러싸는 반액체성 물질을 **스트로마**(stroma)라고 하며, 여기에는 ATP와 NADPH를 이용하여 CO_2로부터 유기물 분자를 합성하는 데 필요한 효소들이 들어 있다.

틸라코이드막의 광합성 색소들은 집단을 이루며 **광계**(photosys-

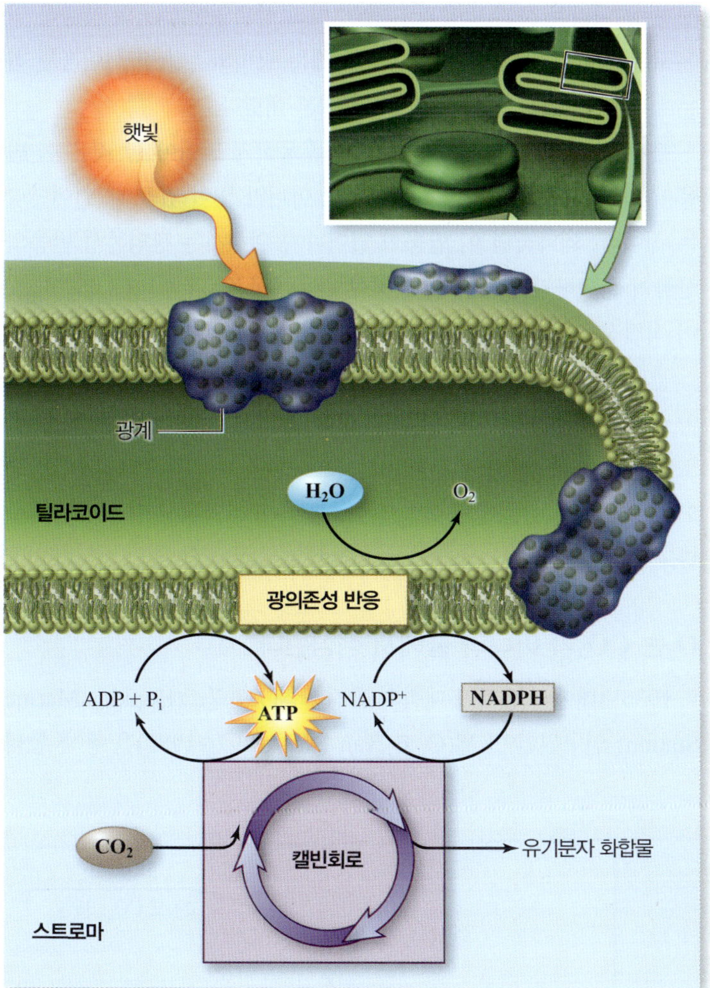

그림 7.2 광합성의 개요.
엽록소 분자들은 광계 내에 모여 있다. 이 엽록소가 햇빛의 광자를 수용하면서 광의존성 반응이 시작된다. 이 빛에너지는 ATP와 NADPH 생성에 사용한다. 광계에서 소실된 전자는 물의 산화로 대체되며, 부산물로 O_2가 생성된다. 광의존성 반응에서 생성된 ATP와 NADPH는 스트로마의 캘빈 회로를 통한 탄소고정에 사용된다.

tem)를 형성하는데, 광계는 틸라코이드막 안에 뚜렷하게 체계화되어 있다. 광계 안에 있는 각 색소 분자는 에너지의 다발인 광자(photon)를 포획할 수 있다. 적당한 파장의 빛이 광계 안의 색소 분자와 충돌하면 들뜬 에너지가 다른 색소 분자에게 전달되는데, 이때 들뜬 전자 자체가 물리적으로 이동하는 것이 아니라 그 에너지가 한 분자에서 다른 분자로 이동하는 것이다. 이러한 에너지 전달은 한 줄로 세워 놓은 도미노를 따라 운동에너지가 전달되는 것과 비슷하다. 처음 도미노 패 하나만 쓰러지게 하면 다음 도미노들이 연달아 쓰러져 마침내 전체가 다 쓰러지게 되는 것처럼 결국 에너지는 하나의 핵심 엽록소 분자에 도달하게 되는데, 이 핵심 엽록소 분자는 전자를 받을 수 있는 막결합 단백질과 접하고 있다.

에너지는 들뜬 전자의 형태로 결합 단백질로 이동하며, 이 단백질은 전자를 막에 결합된 일련의 다른 단백질들에게 차례로 전달하여 ATP와 NADPH를 생성한다. 이어서 ATP와 NADPH는 유기물 분자를 합성하는 데 사용된다. 이와 같이 광계는 많은 수의 개별 색소 분자가 포획한 빛에너지를 한군데로 수집하는 커다란 안테나처럼 작용한다.

핵심 요약 7.1

광합성은 햇빛을 필요로 하는 광의존성 반응과 CO_2를 유기분자로 전환하는 다른 반응으로 구성된다. 전반적인 반응은 본질적으로 호흡과 반대로 진행되어 부산물로서 O_2를 발생시킨다. 엽록체의 내막인 틸라코이드는 광합성 색소가 모이는 장소이고 하나의 분자에서 다음 분자로 에너지를 전달하는 경로가 된다. 틸라코이드막은 그라나라고 하는 기둥처럼 쌓여 있는 편평한 주머니들로 이루어져 있다.

■ 엽록체의 구조는 미토콘드리아의 구조와 어떻게 비슷할까?

7.2 광합성 과정의 발견

학습 목표

1. 광합성을 증명한 초기 실험들에 대해 서술할 수 있다.
2. 광의존성 반응과 광비의존성 반응을 비교하여 설명할 수 있다.

광합성에 대한 연구는 300년 이상 이루어져 왔으며, 현재도 진행 중이다. 초기 광합성 연구는 유기물질 무게의 증가를 통한 식물 생장이 어떻게 이루어지는지를 알고자하는 호기심에서 출발했다.

식물은 물과 토양만으로는 무게가 증가하지 않는다

그리스 시대부터 식물이 양분을 얻는 것은 문자 그대로 뿌리가 토양을 흡수하기 때문이라고 생각해 왔다. 벨기에의 의사였던 반 헬몬트(Jan Baptista van Helmont, 1580~1644)는 이러한 아이디어를 실험하기 위한 난순한 방법을 고안했다.

그는 작은 버드나무와 토양의 무게를 각각 잰 후 이 나무를 화분에 심고 몇 년간 물만 주면서 재배하였다. 5년 후 나무는 크게 자라 무게가 74.4 kg까지 증가하였다. 그러나 화분의 토양 무게는 겨우 57 g만 감소되는 데 그쳤다. 이러한 실험을 통해 반 헬몬트는 식물 무게의 증가 원인이 토양에만 있는 것이 아니라는 것을 입증하였다.

그럼에도 불구하고 그는 식물의 생체량이 증가한 주된 원인이 첨가해 준 물이라는 잘못된 결론에 이르렀다.

그 후 100년의 세월이 지나서야 광합성 연구의 진전이 나타나기 시작했는데, 그 핵심적 실마리는 영국 과학자인 프리스틀리(Joseph Priestly, 1733~1804)에 의해 발견되었다. 1771년 8월 17일에 그는 양초를 태운 공기에 살아 있는 박하나무 가지를 넣어 두었다. 같은 달 27일 그는 동일한 공기 안에서 새로운 양초를 태울 수 있다는 사실을 알게 되었고, 그 원인에 대해 박하 가지가 어떤 작용을 통해 공기를 복원시켰기 때문이라고 생각했다. 또 그는 양초를 태운 공기에서는 생쥐가 호흡할 수 없었으나, 박하 가지로 인해 "복원된" 공기에서는 생쥐의 호흡이 전혀 불편하지 않음을 알게 되었다. 즉, 핵심적 실마리는 **살아 있는 식물이 무언가를 공기에 첨가한다는 것**이었다.

그렇다면 식물이 어떻게 공기를 복원할 수 있는 것일까? 그로부터 25년 후 네덜란드 의사인 잉겐하우스(Jan Ingenhousz, 1730~1799)가 그 의문을 해결하였다. 그는 오직 햇빛이 주어질 때만 그리고 뿌리가 아닌 녹색 잎이 있을 때만 공기가 복원된다는 것을 입증했다. 그는 식물의 녹색 부위가 태양광을 이용하여 이산화탄소를 탄소와 산소로 분할시키는 과정을 수행한다고 주장하면서, 산소는 O_2 기체 형태로 공기 중에 방출되며 탄소 원자는 물과 결합하여 탄수화물을 형성한다고 제안하였다. 그에 이어 다른 연구들에 의해 이러한 결론은 보다 세련되어졌으며, 19세기 말에는 광합성의 전체 반응을 다음과 같이 기술할 수 있게 되었다.

$$CO_2 + H_2O + \text{빛에너지} \longrightarrow (CH_2O) + O_2$$

그 후 이 반응에 더 복잡한 내용이 있음이 밝혀졌고, 20세기에 들어와서 과학자들은 보다 상세한 광합성 과정의 연구를 통해 빛의 역할이 예상과 달리 매우 복잡하다는 것을 알게 되었다.

광합성에는 광의존성 반응과 광비의존성 반응이 존재한다

20세기 초 영국 식물생리학자 블랙만(F. F. Blackman, 1866~1947)은 광합성이 여러 단계를 거쳐 일어나는 과정으로 그중 한 단계에서만 빛을 직접 이용한다는 놀라운 결론에 도달하였다.

빛의 세기, CO_2 농도 및 온도가 광합성에 미치는 영향을 측정한 결과, 그는 빛의 세기가 비교적 낮을 때는 빛의 양을 증가시킴에 따라 광합성이 가속화되지만 온도나 CO_2 농도를 증가시키는 경우에는 그렇지 않다는 것을 알았다(**그림 7.3**). 그러나 빛의 세기가 높을 때에는 온도나 CO_2 농도를 증가시키면 광합성이 크게 촉진되었다.

이러한 실험 결과를 바탕으로 블랙만은 광합성이 온도와는 큰 상관없이 빛에 의존적인 소위 '명(light)' 반응(더욱 적절하게는 광의존성 반응)이라는 초기 반응과 더불어 빛과 상관없이 CO_2의 제한을 받는 소위 '암(dark)' 반응(더욱 적절하게는 광비의존성 반응)이라고 하는 두 번째 반응으로 이루어졌다고 결론 내렸다.

블랙만이 지칭한 '암' 반응에 대해 혼동하지 말아야 할 것은 이 반응이 어두운 곳에서 이루어지는 것이 아니라 빛이 있을 때 일어난다는 점이다. 왜냐하면 이 반응이 일어나기 위해서는 광의존성 반응의 산물이 필요하기 때문이다. 단지 암반응에서 '암'의 의미는 단순히 빛이 직접적으로 이 반응에 관여하지 않음을 의미할 뿐이다.

블랙만은 온도 증가에 따라 광비의존성 반응의 속도도 증가하나 약 35°C까지만 그렇다는 것을 알았다. 이보다 높은 온도는 반응 속도를 급속하게 떨어뜨렸는데 식물 효소들은 대부분 35°C에서 변성되기 시작하기 때문에 블랙만은 효소들이 광비의존성 반응에 관여한다고 결론지었다.

O_2는 CO_2가 아니라 물에서 생성된다

1930년대에 스탠퍼드 대학의 홉킨스 해양연구소(Hopkins Marine Station) 연구원인 반 닐(C. B. van Niel, 1897~1985)은 홍색 황세

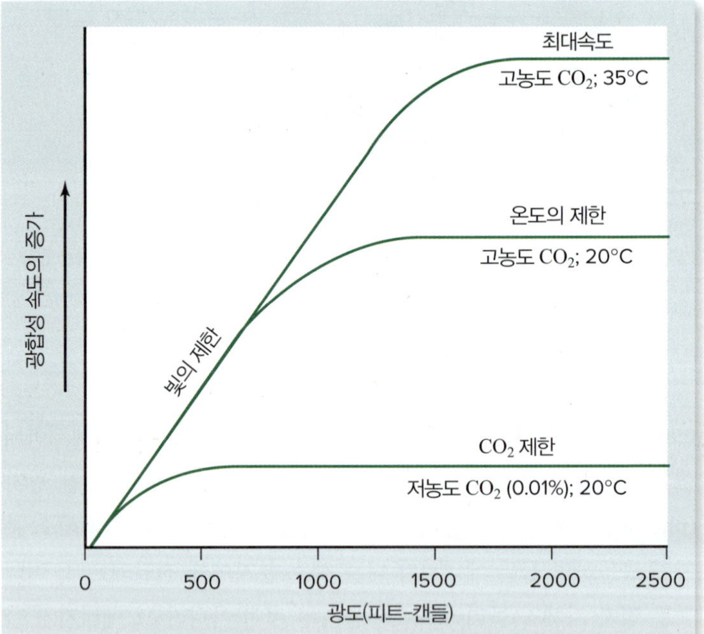

그림 7.3 광비의존성 반응의 발견.
블랙만은 서로 다른 광도, CO_2 농도 및 온도에서 광합성 속도를 측정하였다. 그래프와 같이 낮은 광도에서는 빛이 제한요인으로 작용하지만, 높은 광도에서는 온도와 CO_2 농도가 제한요인이 된다. 이것은 효소와 CO_2를 동시에 사용하는 반응이 존재함을 의미한다.

자료 분석 블랙만은 2000 피트-캔들(약 2000럭스) 이상 빛의 세기가 증가되면 더이상 광합성률이 높아지지 않는다는 것을 발견했다. 이것을 설명한 가설은 무엇인가?

균에서 광합성이 일어날 때 산소가 방출되는 대신 황화수소(H_2S)가 순수한 황 원소로 전환되어 체내에 축적된다는 것을 발견했다. 그가 관찰한 반응은 다음과 같은 식으로 나타낼 수 있다.

$$CO_2 + 2H_2S + \text{빛에너지} \longrightarrow (CH_2O) + H_2O + 2S$$

이 반응과 잉겐하우스의 식 사이에 보이는 놀라운 유사성을 바탕으로 반 닐은 광합성의 일반식을 다음과 같이 쓸 수 있었다.

$$CO_2 + 2H_2A + \text{빛에너지} \longrightarrow (CH_2O) + H_2O + 2A$$

이 반응식에서 물질 H_2A는 전자 공여체로서, 녹색식물의 광합성에서 H_2A는 물이고 홍색 황세균에서 H_2A는 황화수소이다. 반응 산물인 A는 H_2A가 분할되어 나온 것이므로 녹색식물 광합성에서 생성되는 O_2는 이산화탄소가 아니라 물이 분해된 결과이다.

1950년대 초 동위원소의 사용이 일반화되기 시작하면서 반 닐의 혁신적 가설이 실험에 부쳐졌다. 녹색식물에 무거운 산소(^{18}O)가 포함된 물을 공급하면서 광합성을 조사한 결과 ^{18}O 표지는 반 닐이 예측한 대로 탄수화물에서 발견되지 않고 산소 기체에 나타났다.

$$CO_2 + 2H_2{}^{18}O + \text{빛에너지} \longrightarrow (CH_2O) + H_2O + {}^{18}O_2$$

조류와 녹색식물에서 광합성으로 생산되는 대표적인 탄수화물은 포도당(glucose)이다. 이들 생물에서 일어나는 광합성 반응식은 다음과 같다.

$$6CO_2 + 12H_2O + \text{빛에너지} \longrightarrow C_6H_{12}O_6 + 6H_2O + 6O_2$$

광의존성 반응의 ATP와 NADPH는 당을 만들어 CO_2를 감소시킨다

광의존성 반응에 대한 선구적 연구를 통해 반 닐은 물이 분할되어 생성되는 H^+ 이온과 전자는 **탄소고정**(carbon fixation)이라는 과정을 통해 CO_2를 유기물질로 전환시키는 데 이용된다고 하였다. 1950년대에 힐(Robin Hill, 1899~1991)은 빛에너지가 수확되어 환원 반응에 이용될 수 있다는 사실을 토대로 반 닐의 주장이 옳았음을 입증하였다. 잎 세포에서 분리한 엽록체는 빛에 반응하여 색소를 환원시키고 산소를 방출할 수 있다. 이후의 실험을 통해 물에서 방출된 전자는 $NADP^+$로 전달되며, CO_2가 고갈된 상태에서 빛을 조사받은 엽록체는 ATP를 축적함을 알게 되었다. 여기에 CO_2를 가해주면 ATP와 NADPH가 축적되지 않고 CO_2는 유기물 분자로 동화된다.

이러한 실험들은 3가지 이유로 중요하다. 첫째, 식물의 광합성이 엽록체에서 일어난다는 사실을 확실하게 보여준다. 둘째, 광의존성 반응이 빛에너지를 이용하여 $NADP^+$를 환원하고 ATP를 합성한다는 것을 보여준다. 셋째, 이러한 광합성의 초기 단계에서 생성된 ATP와 NADPH가 이산화탄소를 환원시켜 단순 당을 형성하는 반응에 사용된다는 사실을 보여준다.

핵심 요약 7.2

초창기 실험을 통해 식물은 햇빛이 있는 곳에서만 산소를 생성하여 공기를 사용 가능한 상태로 '복원'시킨다는 것이 밝혀졌다. 이후의 실험을 통해 광의존성 반응과 광비의존성 반응이 존재한다는 것이 밝혀졌다. 광의존성 반응은 H_2O로부터 O_2를 생산하고 ATP와 NADPH를 생성한다. 광비의존성 반응은 탄소고정을 통해 유기화합물을 합성한다.

■ 사람의 몸에 존재하는 탄소는 어디에서 온 것일까?

7.3 색소

학습 목표

1. 광합성에서 색소의 중요성에 대해 설명할 수 있다.
2. 색소의 흡수 스펙트럼과 그의 색깔을 연관시켜 설명할 수 있다.

식물이 태양에너지를 이용하기 위해서는 그 에너지를 흡수할 수 있는 어떤 생화학적 구조가 엽록체(chloroplast)와 틸라코이드(thylakoid)막에 존재해야 한다. 가시광선 영역의 빛에너지를 흡수하는 분자를 **색소**(pigment)라고 한다. 우리는 의복이나 다른 물질에 일정한 색을 부여하는 물감을 통해 색소를 친숙하게 알고 있는데, 우리 눈은 흡수되지 않은 반사된 색을 보고 있는 것이다. 식물이 빛에너지 포획을 위해 색소를 어떻게 이용하는지를 이해하기 위해서는 먼저 빛의 성질에 대해 살펴볼 필요가 있다.

빛은 에너지의 한 형태이다

그림 7.4에서 보는 것처럼 빛은 파동성으로 인한 파장(wavelength)으로 구분할 수 있는 전자기 스펙트럼(electromagnetic spectrum)을 생성한다. 우리는 이 스펙트럼 중에서 실제로 볼 수 있는 가시광선 영역과 가장 친숙하지만, 가시광선은 전체 스펙트럼의 작은 한 부분에 지나지 않는다. 가시광선은 파장에 따라 빛을 분리시키는 프리즘에 의해 개별 색으로 구분된다.

그림 7.4 **전자기 스펙트럼.** 빛은 흔히 파동으로 간주되는 전자기 에너지의 한 형태이다. 빛의 파장이 짧을수록 그 에너지는 커진다. 가시광선은 전체 전자기 스펙트럼 가운데 400~740 nm 사이의, 일부 파장 범위에 있다.

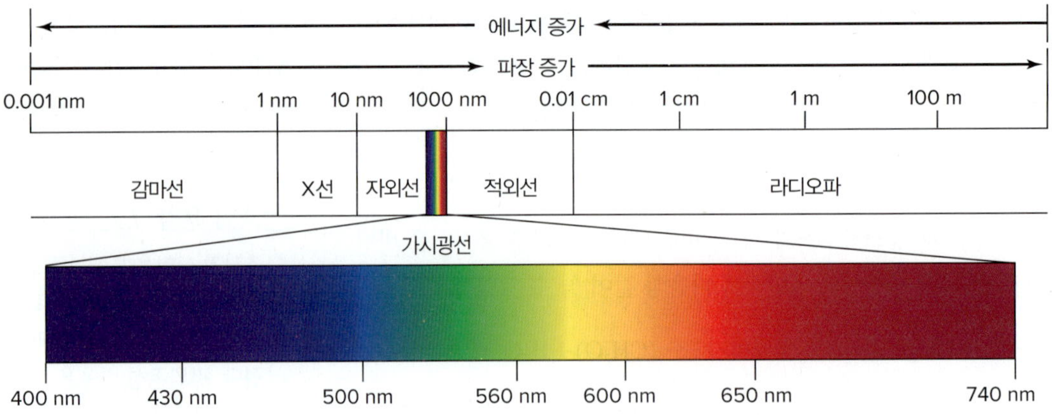

광자(photon)라고 부르는 빛의 입자는 별도의 에너지 다발처럼 행동한다. 서로 다른 색의 빛을 이해하기 위해 빛의 파동 개념이 사용되고 있으며, 광합성에서의 에너지 전달을 이해하기 위해서는 빛의 입자 개념이 사용되고 있다. 따라서 이 장에서는 빛의 파장과 광자에 대해 알아본다.

광자의 에너지

광자의 에너지 함량은 빛의 파장에 반비례하며, 단파장의 빛은 장파장의 빛보다 더 높은 에너지를 가진 광자를 포함한다(**그림 7.4** 참조). 에너지 함량이 매우 높은 X선은 가시광선(visible light)에 비해 훨씬 짧은 파장을 가진다.

광선은 분자로부터 전자를 이탈시켜 전류를 생성할 수 있는데, 이러한 현상을 **광전효과**(photoelectric effect)라고 하며 광자가 전자에게 에너지를 전달할 때 발생한다. 광전효과의 세기는 빛의 파장과 관련 있으며, 짧은 파장의 빛일수록 에너지가 크기 때문에 효율적으로 광전효과를 생성한다.

광합성에서 엽록체는 마치 광전장치(photoelectric devices)와 같은 특성으로 햇빛을 흡수하여 들뜬 전자를 운반체에게 전달한다. 이러한 과정을 상세히 추적하면 이 과정에서 에너지가 어떻게 포획되며, 유기화합물 합성을 위해 그 에너지를 어떻게 사용하는지가 밝혀지게 된다.

각각의 색소는 특징적인 흡수 스펙트럼을 나타낸다

전자를 들뜨게 하는 데 필요한 에너지를 가진 광자가 분자와 충돌하면 분자는 그 광자를 흡수하여 자신의 전자를 보다 높은 에너지 수준으로 올려놓는다. 분자에 의한 광자 에너지의 흡수 여부는 광자에 포함된 에너지의 크기 및 광자와 충돌한 분자의 화학적 성질에 따라 결정된다.

1장에서 살펴본 것처럼 전자는 원자핵 주위의 자신의 궤도에서 특정 에너지 준위를 점유하고 있다. 전자를 다른 에너지 준위로 끌어올리려면 그에 맞는 적정량의 에너지가 필요한데, 그것은 마치 사람이 사다리를 올라갈 때 다음 계단으로 올라서기 위해서는 딱 알맞은 거리만큼만 발을 올려야 하는 것과 비슷하다. 따라서 특정 원자는 그 원자의 에너지 수준에 해당하는 특정한 빛의 광자만을 흡수할 수 있다. 그 결과 각각의 분자는 특징적인 **흡수 스펙트럼**(absorption spectrum)을 보이게 된다. 흡수 스펙트럼이란 어떤 분자가 흡수할 수 있는 광자의 범위와 그 흡수 효율을 나타낸 그래프이다.

앞에서 살펴본 것처럼 색소들은 가시광선을 잘 흡수하는 물질들이다. 생물체들은 다양한 색소들을 진화시켰는데 녹색식물의 광합성에는 엽록소(chlorophyll)와 카로티노이드(carotenoid)라는 두 종류의 색소만이 이용된다. 일부 생물에서는 다른 색소 분자가 빛에너지를 흡수하기도 한다.

엽록소의 흡수 스펙트럼

엽록소는 좁은 에너지 범위의 광자들을 흡수한다. 식물의 엽록소는 **그림 7.5**에서 보는 것처럼 보라색-청색광을 흡수하는 엽록소 *a*와 적색광을 흡수하는 엽록소 *b*로 구분된다. 이들 색소는 500~600 nm의 파장을 갖는 광자를 흡수하지 못하고 반사시킨다. 이들 반사된 광자들이 사람 눈의 레티날(retinal) 색소에 흡수되면 녹색이 감지된다.

엽록소 *a*(chlorophyll *a*)는 식물과 남세균의 주요 광합성 색소로 빛에너지를 화학에너지로 직접 전환시킬 수 있는 유일한 색소이다. **엽록소 *b***(chlorophyll *b*)는 **보조색소**(accessory pigment)로 작용하는 2차적 광흡수 색소로서, 엽록소 *a* 의 빛 흡수를 보조하고 그 흡수량을 증가시켜 준다.

엽록소 *b*는 녹색 파장 쪽으로 이동된 흡수 스펙트럼을 가진다. 따라서 엽록소 *b*는 엽록소 *a*가 흡수할 수 없는 광자도 흡수할 수 있어 식물이 수확하는 태양광 광자의 비율을 크게 증가시켜 준다. 그에 부가하여 식물, 박테리아, 조류에서는 다양한 보조색소들이 발견된다.

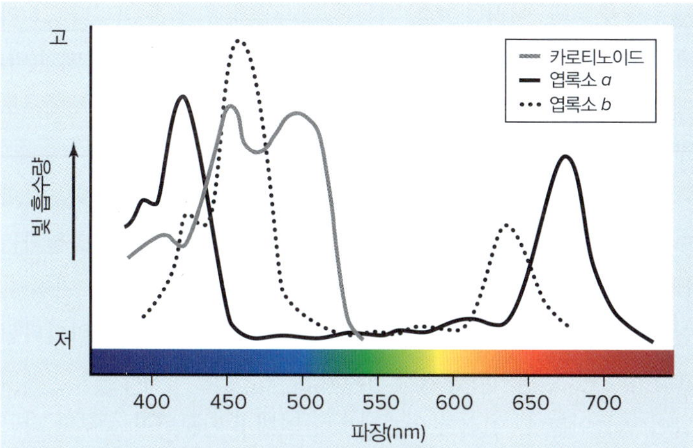

그림 7.5 엽록소와 카로티노이드의 흡수 스펙트럼.
그래프의 극대점은 광합성 색소의 2가지 공통형태인 엽록소 *a*와 *b*, 그리고 카로티노이드가 흡수한 태양광의 파장을 나타낸다. 엽록소는 스펙트럼의 2개의 좁은 밴드에서 주로 보라색-청색광과 적색광을 흡수하며, 스펙트럼 중간 부분의 녹색광을 반사한다. 카로티노이드는 대부분 청색광과 녹색광을 흡수하며 주황색광과 황색광을 반사한다.

엽록소의 구조

엽록소는 광전효과와 유사한 들뜨는 과정(excitation process)을 통해 광자를 흡수한다. 이들 색소에는 **포르피린 고리**(porphyrin ring) 구조가 들어 있는데, 이것은 단일결합과 이중결합이 교대로 나타나는 복잡한 고리 구조이다. **그림 7.6**에서 보는 것처럼 고리의 정중앙에는 마그네슘 원자가 들어 있다.

광자는 포르피린 고리의 전자를 들뜨게 해주며, 들뜬 전자들은 교대로 출현하는 탄소의 단일결합과 2중결합 시스템을 통해 이동한다. 고리 외부에 부착된 서로 다른 작은 측쇄는 여러 종류의 엽록소가 서로 다른 흡수 스펙트럼을 갖게 한다(**그림 7.6** 참조). 흡수 스펙트럼은 엽록소와 단백질의 결합에 의해 영향을 받기도 한다.

광합성의 **작용 스펙트럼**(action spectrum)이란 서로 다른 파장의 빛이 광합성을 일으키는 상대적 효율성을 나타낸 그래프로서 엽록소의 흡수 스펙트럼과 상응하는 개념이다. **그림 7.7**은 이에 대한 실험을 보여준다. 모든 식물, 조류 및 남세균은 엽록소 *a*를 1차적 색소로 사용한다.

색소 중에는 500~600 nm 범위의 흡수 스펙트럼을 갖는 레티날(retinal)과 같은 눈의 색소도 있지만 광합성 생물들은 이를 광합성 색소로 사용하지 않는다. 그 이유에 대해 의문이 있을 수 있는데, 그에 대한 가장 합리적인 가설로 **광효율**(photoefficiency)을 들 수 있다. 레티날이 넓은 범위의 파장을 흡수하기는 하지만 그 흡수 효율이 상대적으로 낮기 때문이라는 것이다. 그에 비해 엽록소가 흡수하는 파장은 단지 2개의 좁은 밴드에 불과하지만, 그 흡수 효율이 높기 때문에 식물과 대부분의 다른 광합성 생물들은 다른 색소보다는 엽록소를 이용한 에너지 포획을 선택하여 전체적으로 훨씬 많은 에너지를 흡수할 수 있게 된 것이다.

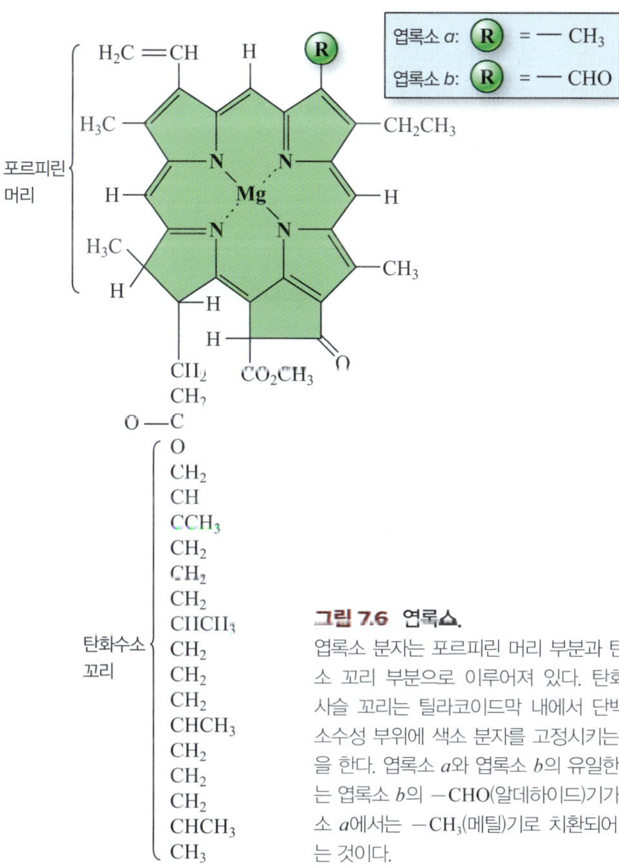

그림 7.6 엽록소.
엽록소 분자는 포르피린 머리 부분과 탄화수소 꼬리 부분으로 이루어져 있다. 탄화수소 사슬 꼬리는 틸라코이드막 내에서 단백질의 소수성 부위에 색소 분자를 고정시키는 역할을 한다. 엽록소 *a*와 엽록소 *b*의 유일한 차이는 엽록소 *b*의 $-CHO$(알데하이드)기가 엽록소 *a*에서는 $-CH_3$(메틸)기로 치환되어 있다는 것이다.

과학적 사고

가설: 모든 파장의 빛은 광합성을 촉진하는 효율이 같다.
예측: 프리즘으로 분산시킨 빛을 식물세포에 쪼이면 모든 파장의 빛에 의해 동일한 양의 O_2가 생산될 것이다.
실험: 슬라이드 위에 고정시킨 사상체 조류에 프리즘을 통과한 빛을 쪼인다. 이어서 생장을 위해 산소를 필요로 하는 운동성 박테리아를 슬라이드에 첨가한다.

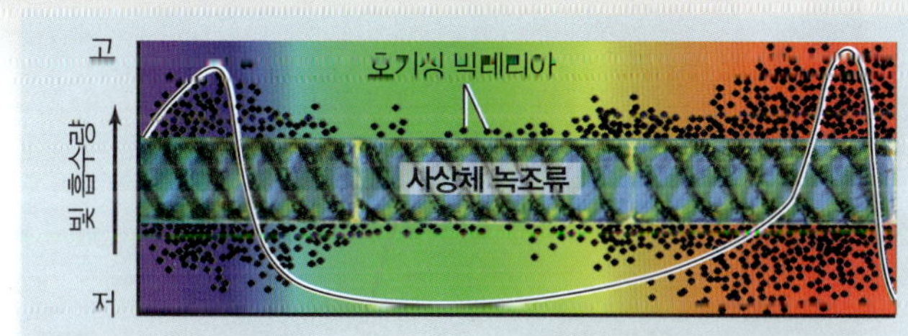

결과: 박테리아는 고농도 O_2 부위인 광합성이 가장 활발한 구역으로 이동한다. 광합성이 가장 활발한 부위는 스펙트럼에서 보라/청색광과 적색광 지역이다.
결론: 모든 파장의 빛이 광합성을 촉진하는 효율이 같지는 않다. 가장 효과적인 파장의 빛은 광합성의 작용 스펙트럼을 구성한다.
추가 실험: 작용 스펙트럼은 **그림 7.5**의 여러 가지 흡수 스펙트럼과 어떻게 연관되어 있을까?

그림 7.7 광합성의 작용 스펙트럼.

카로티노이드와 기타 보조색소들

카로티노이드(carotenoids)는 탄소 고리가 단일결합과 2중결합이 교대로 출현하는 사슬에 연결된 구조로 되어 있다. 카로티노이드는 흡수한 에너지를 항상 높은 효율로 전달하지는 못하지만 넓은 범위의 에너지를 가진 광자를 흡수할 수 있다. 이들 색소는 엽록소가 효과적으로 흡수하지 못하는 파장의 빛에너지를 포획함으로써 광합성을 돕는다(**그림 7.8**; **그림 7.5** 참조).

카로티노이드는 또한 자유 라디칼(free radical)을 제거해 주는 중요한 역할을 수행한다. 엽록체에서 일어나는 산화-환원 반응(oxidation-reduction reaction)에서는 다량의 자유 라디칼이 생성될 수 있는데, 카로티노이드는 자유 라디칼이 초래한 상해를 감소시키는 범용 항산화제(antioxidants)의 역할을 할 수 있다. 이와 같이 카로티노이드는 빛을 흡수하는 분자로서의 역할 이외에도 보호 기능을 제공해 주는데, 이러한 보호 기능은 그리 놀라운 일은 아니다. 그 이유는 엽록소와 달리 카로티노이드는 생명체 분류의 3가지 도메인(역)에 포함된 개체들을 포함하여 많은 종류의 서로 다른 생물체에서도 발견되기 때문이다.

그림 7.8 단풍의 색깔을 만드는 카로티노이드와 기타 보조색소.
봄과 여름에는 잎의 엽록소가 카로티노이드 및 기타 보조색소들을 덮어씌우고 있다. 선선한 가을의 기온은 잎의 엽록소 생산을 멈추게 하기 때문에 엽록소는 분해되어 더 이상 녹색광을 반사할 수 없으며, 잎은 카로티노이드 및 다른 색소들이 흡수하지 않는 주황색광과 황색광을 반사하게 되어 단풍 색깔이 나타나게 된다.

대표적인 카로티노이드로서 β-카로틴(β-carotene)이 있다. 이 화합물은 2개의 탄소 고리가 단일결합과 2중결합이 교대로 출현하는 18개 탄소 원자의 사슬에 의해 서로 연결되어 있는 구조를 가진다. 한 분자의 β-카로틴을 정확히 반으로 나누면 두 분자의 바이타민 A가 생성된다. 바이타민 A가 산화되면 척추동물의 시각색소인 레티날이 만들어진다. 이러한 연관성으로 인해 β-카로틴이 풍부한 당근을 먹으면 시력 향상에 도움이 될 수 있을 것이다.

남세균과 일부 조류에서는 보조색소로서 **파이코빌리 단백질**(phycobiliproteins)이 발견된다. 이들 색소는 테트라피롤(tetrapyrrole)기와 여기에 부착된 단백질로 이루어져 있다. 또한 피롤 고리(pyrrole ring)는 전자를 전달하는 다른 색소나 분자에서 발견되는 바와 같이 교대로 출현하는 2중결합 시스템을 포함한다. 파이코빌리 단백질은 파이코빌리솜(phycobilisome)이라고 부르는 복합체를 조직함으로써 엽록소가 흡수하지 못하고 반사하는 녹색광을 흡수할 수 있는 또 하나의 광수확(light-harvesting) 복합체를 형성한다. 이들 복합체는 아마도 남세균으로 하여금 해양의 낮은 광도 조건에서 생존할 수 있게 도와주기 때문에 남세균에게 생태적 중요성을 가진 것으로 여겨진다. 이는 해수면에 보다 가까이 사는 녹조류가 적색광과 청색광을 흡수하기 때문에 남세균이 사는 장소에는 녹색광만 남아 있게 되기 때문이다.

핵심 요약 7.3

색소는 빛에너지를 흡수할 수 있는 분자이며 흡수 스펙트럼은 에너지를 가장 효율적으로 흡수하는 파장을 보여준다. 색소의 색은 흡수되지 않은 파장으로 인해 발생한다. 주요 광합성 색소는 엽록소이며, 이들은 흡수 스펙트럼이 약간 다른 여러 가지 형태로 존재한다. 많은 광합성 유기체들은 엽록소와는 다른 흡수 스펙트럼을 가진 보조색소들을 가지고 있으며, 이것이 빛에너지의 포획을 증가시킨다.

- 작용 스펙트럼과 흡수 스펙트럼의 차이점은 무엇일까?

7.4 광계의 구성

학습 목표

1. 광계의 특성에 대해 설명할 수 있다.
2. 반응중심의 기능과 안테나 복합체의 기능을 비교하여 설명할 수 있다.

광합성에서 색소의 역할을 연구하는 한 가지 방법은 광합성 양과 광도 사이의 상관관계를 측정하는 것으로, 얼마나 많은 빛에 의해 얼마나 많은 광합성이 이루어졌는가를 측정하는 것이다. 식물에 대한 실험 결과 낮은 광도에서는 광합성 양이 빛의 세기에 비례해서 증가하지만 높은 세기의 빛에서는 더 이상 증가하지 않고 포화되는 것으로 나타났는데, 포화가 일어나는 것은 그 식물의 광흡수 능력이 모두 사용되고 있기 때문에 나타나는 현상이다.

O_2의 생성에도 다수의 엽록소 분자가 필요하다

빛의 세기가 증가될 때 광합성이 포화된다는 것이 밝혀진 다음, 제기되는 의문은 얼마나 많은 엽록소 분자들이 실제로 광자를 흡수했는지에 대한 것으로 그 질문은 다음과 같이 표현할 수도 있다. "모든 엽록소 분자들이 광자를 흡수했을 때 광합성은 포화상태에 이르는 것일까?" 이 질문에 답하려면 O_2 발생량을 기초로 하여 측정될 수 있는 광합성 양과 그때 존재하는 엽록소 분자 수를 측정할 수 있어야 한다.

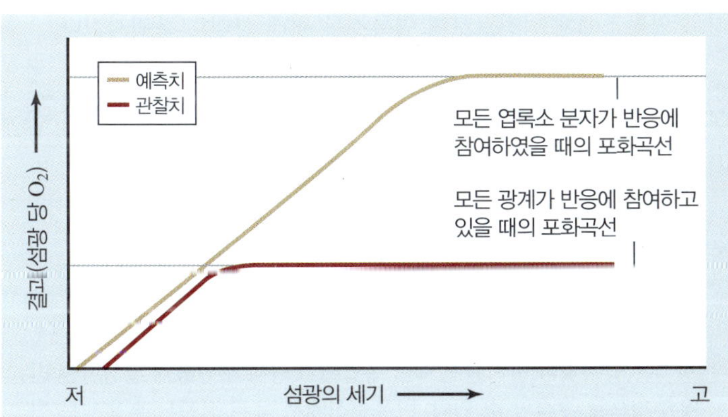

그림 7.9 광합성의 포화.
광합성이 포화점에 도달하면 빛의 세기를 증가시켜도 더 이상 광합성이 증가하지 않는다. 광합성의 포화점은 존재하는 엽록소 분자의 수를 토대로 예측한 값보다 훨씬 낮은 수준에서 형성된다. 이러한 결과는 많은 수의 엽록소 분자를 포함한 광계들이 조직화되어 있을 것이라는 개념을 도출시켰다. 이들 광계는 엽록소 분자의 수로부터 예측된 것보다 낮은 O_2 발생량에서 광합성이 포화된다.

자료 분석 제시된 그래프보다 엽록소 분자 수가 더 많거나 적은 광계의 그래프를 그려보시오.

연구자들은 단세포 조류인 클로렐라(*Chlorella*)를 이용하여 그 값을 구할 수 있었다. 클로렐라 배양액에 빛의 세기를 증가시켜 가면서 광을 조사하면 시스템이 포화될 때까지 섬광당 O_2의 발생량이 증가하는데, 이를 통해 O_2 발생량과 배양액에 존재하는 엽록소 분자의 수를 비교할 수 있다.

광합성이 포화된 상태에서 엽록소 분자당 관찰된 O_2의 양을 조사한 결과 엽록소 2500 분자당 한 분자의 O_2가 발생함을 알게 되었다(**그림 7.9**). 실험 결과는 원래의 예상과 다르게 나타났는데, 빛을 흡수하는 것은 개개의 독립적인 색소 분자가 아니라 엽록소와 보조색소의 클러스터인 광계(photosystem)라는 것이 제안되었다. 하나의 광계에 있는 수백 개의 색소 분자 중 어떤 색소 분자도 빛을 흡수할 수 있으며, 빛을 흡수한 각 색소 분자는 보다 낮은 에너지 준위를 가진 하나의 분자에게 자신의 들뜬 에너지를 전달한다는 것이다.

일반적인 광계는 안테나 복합체와 반응중심으로 이루어진다

한 종류의 광합성 원핵생물을 제외한 모든 엽록체에서 빛에너지는 광계에 의해 포획된다. 각 광계는 광합성 막 표면의 단백질 기질 내에 있는 엽록소 *a* 분자, 보조색소 및 결합 단백질의 네트워크이다. 한 지점에 빛의 초점을 집중해 주는 확대경과 같이 광계는 자신의 색소 분자가 수집한 들뜬 에너지를 반응중심 엽록소(reaction center chlorophyll)라고 부르는 특수한 분자에게 집중시킨다. 반응중심 엽록소는 그 에너지를 들뜬 전자의 형태로 광계 밖으로 내보내고, 이동한 전자는 ATP와 유기화합물 분자의 합성에 사용된다. 따라서 광계는 다음과 같은 2개의 밀접하게 연관된 요소로 이루어져 있다.

1. 수백 개의 분자 색소로 이루어진 **안테나 복합체**는 광자를 수집하여 포획한 빛에너지를 반응중심에 집중시켜 준다.
2. 단백질의 기질 내에 하나 이상의 엽록소 *a* 분자로 이루어진 **반응중심**은 들뜬 전자를 광계 밖으로 이동시킨다.

안테나 복합체

안테나 복합체(antenna complex)는 광수확 복합체(light-harvesting complex)라고도 부를 정도로 그 역할이 잘 표현되어 있다. 이 광수확 복합체는 **그림 7.10**에서 보는 것처럼 태양광으로부터 광자를 포획하여 반응중심 엽록소에게 집중시켜 준다.

엽록체의 광수확 복합체는 엽록소 분자들을 서로 연결한 그물이 단백질 기질에 의해 틸라코이드막에 단단히 결합되어 있는 구조이

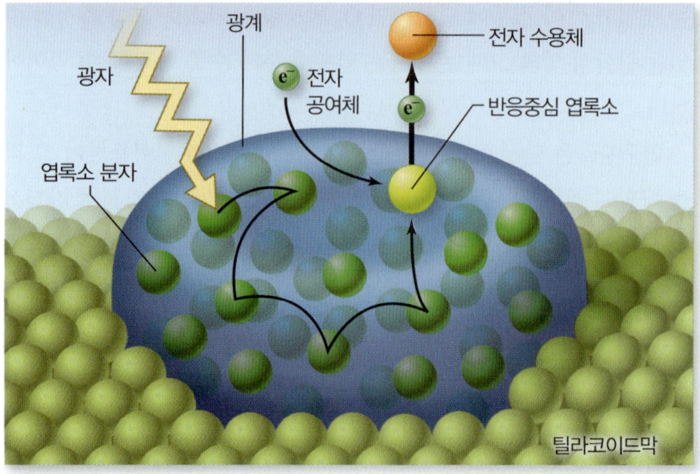

그림 7.10 안테나 복합체의 작용 방식.
적정한 파장의 빛이 광계의 색소 분자를 타격하면 색소 분자가 그 빛을 흡수하고, 그 결과 얻어진 들뜬 에너지는 반응중심의 엽록소 *a*에 도달할 때까지 집단을 이룬 색소 분자 사이를 이동한다. 들뜬 에너지가 반응중심 엽록소에 도달하면 전자전달이 개시된다.

며, 카로티노이드 보조색소도 다양하게 함유되어 있다. 단백질 기질은 각 색소 분자가 에너지 전달을 최적화할 수 있도록 색소 분자들과 결합되어 있다.

광자 흡수로 생성된 들뜬 에너지는 반응중심을 향해 가는 과정에서 인접한 색소 분자들을 통해 연속적으로 이동한다. 전자 전달이 끝나면 각 분자의 들뜬 에너지는 광자가 흡수되기 전의 낮은 에너지 준위로 되돌아온다. 결과적으로 색소 분자들 사이를 이동하는 것은 들뜬 전자 자체가 아닌 에너지로서, 안테나 복합체는 많은 전자 에너지를 수집하여 반응중심으로 전달해 주는 것이다.

반응중심

반응중심(reaction center)은 막을 관통하는 단백질-색소 복합체이다. 홍색 광합성 세균의 반응중심은 엽록체의 반응중심보다 구조가 단순하여 연구가 더 잘 이루어져 있는데, 한 쌍의 박테리아 엽록소 *a*(bacteriochlorophyll *a*) 분자가 광자 에너지의 덫(trap)으로 작용하며, 적정한 위치를 확보한 이웃 수용체에게 들뜬 전자를 전달한다. 여기서 유의할 것은 안테나 복합체에서는 에너지가 색소를 따라 이동하는 경우와 달리 반응중심에서는 에너지가 아닌 들뜬 전자 자체가 전달된다는 점이다. 이러한 차이는 광자로부터 흡수한 에너지가 엽록소를 이탈하는 것이고 이것은 빛을 화학에너지로 바뀌게 하는 핵심적 전환이 된다.

그림 7.11은 반응중심을 이탈한 들뜬 전자가 1차 전자 수용체로 전달되는 것을 보여준다. 빛은 반응중심 엽록소의 전자 에너지를 증가시킴으로써 이제까지 존재하지 않았던 강한 전자 공여체가 생겨나게 해주며, 엽록소는 에너지가 높아진 전자를 1차 전자 수용체인 퀴논

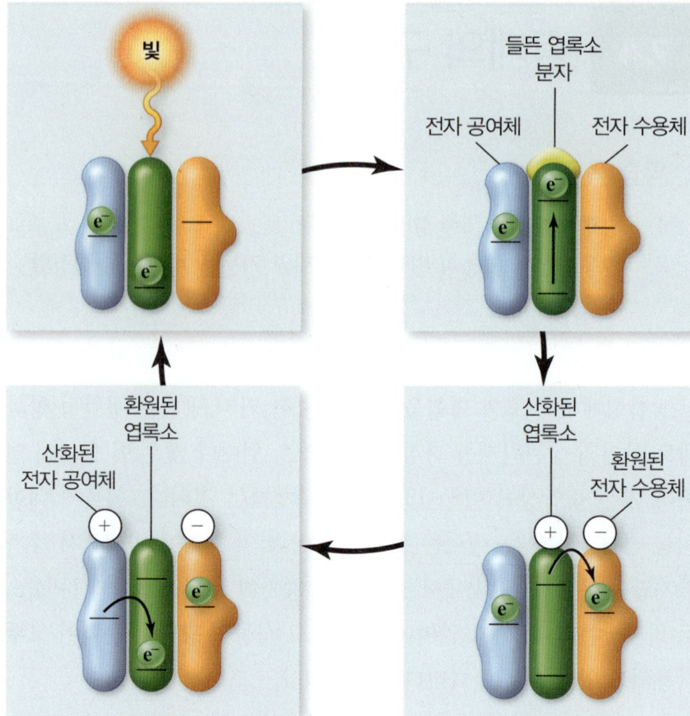

그림 7.11 빛에너지의 화학에너지로의 전환.
반응중심의 엽록소가 빛의 광자를 흡수하면 전자 하나가 고에너지 수준으로 들뜨게 되며, 빛에 의해 에너지가 증가된 전자는 1차 전자 수용체에게 전달되어 그것을 환원시킨다. 이어서 산화된 엽록소는 공여체 분자를 산화시켜 자신의 전자 "공백"을 채우게 된다. 이 공여체의 원천은 본문에서처럼 광계에 따라 다르게 나타난다.

(quinone) 분자로 전달하여 환원시킴으로써 퀴논을 강력한 전자 공여체로 변화시킨다. 주변의 약한 전자 공여체는 자신의 저에너지 전자를 엽록소에게 넘김으로써 엽록소를 원래 상태로 복귀시킨다.

식물 엽록체에서 이와 같은 약한 전자 공여체 역할을 하는 것은 물이며, 물이 이러한 방법으로 산화되면 2개의 양성자(H^+)와 함께 산소가 방출된다.

핵심 요약 7.4

엽록소와 보조색소는 틸라코이드막에서 발견되는 광계를 구성한다. 광계는 광수확과 관련된 안테나 복합체와 광화학 반응이 발생하는 반응중심으로 구분할 수 있다. 반응중심에서 들뜬 전자는 수용체로 전달되고, 이것이 에너지를 엽록소로부터 이동시키고 빛을 화학에너지로 전환시키는 열쇠가 된다.

■ 왜 광계가 예상치 못한 발견일까?

7.5 광의존성 반응

학습 목표

1. 녹색식물에서 두 광계의 기능을 비교하여 설명할 수 있다.
2. ATP와 NADPH를 생성하는 광의존성 반응(명반응)에 대해 설명할 수 있다.

앞에서 살펴본 것처럼 광합성의 광의존성 반응(light-dependent reaction)은 막에서 일어난다. 광합성 박테리아의 경우에 원형질막 자체가 광합성 막이며, 많은 박테리아는 원형질막을 반복적으로 접어 표면적을 증가시킨다. 식물과 조류의 광합성은 엽록체(chloroplast)에서 일어나는데 엽록체는 진화적으로 광합성 박테리아로부터 유래했다고 여겨지고 있다.

엽록체 내부의 틸라코이드막은 고도로 조직화되어 광의존성 반응에 참여하는 구조들을 포함하고 있다. 이 때문에 광의존성 반응을 틸라코이드 반응(thylakoid reaction)이라고도 부르는데, 틸라코이드 반응은 다음과 같은 4단계로 일어난다.

1. **1차 광작용**: 색소가 빛의 광자를 포획하는 1차 광작용은 색소 내의 전자를 들뜨게 한다.
2. **전하 분리**: 들뜬 에너지는 반응중심으로 전달되며, 반응중심은 고에너지 전자를 수용체 분자에게 전달함으로써 전자전달을 개시한다.
3. **전자전달**: 들뜬 전자들은 광합성 막 내에 묻혀 있는 일련의 전자전달 분자들을 따라 운반된다. 전자전달 분자 중 일부는 막을 가로질러 양성자를 수송하는 반응을 일으킴으로써 양성자 기울기를 생성한다. 전자들은 궁극적으로 최종 전자수용체인 $NADP^+$를 환원시켜 NADPH를 생성한다.
4. **화학적 삼투**: 막의 한쪽에 축적된 양성자는 ATP 합성효소를 통과하면서 막을 가로질러 되돌아온다. 이 과정에서 ATP 합성효소는 산소호흡에서와 같은 화학적 삼투 방식으로 ATP를 합성한다(6장 참조).

이들 4가지 과정은 앞에서 언급했던 광의존성 반응의 두 단계를 구성한다. 1~3단계는 빛으로부터 에너지를 포획하는 단계이며, 4단계는 ATP(그리고 나중에 살펴보겠지만 NADPH)를 생성하는 단계이다. 이 절의 나머지 부분에서는 광계의 진화와 더불어 광의존성 반응에서 광계의 기능에 대해 알아본다.

어떤 박테리아는 하나의 광계만을 사용한다

광합성 색소의 배열은 20억여 년 전에 오늘날의 홍색세균 및 녹색세균과 유사한 박테리아에서 진화된 것으로 추정되고 있다. 이들 박테리아는 전자전달을 통한 ATP 생성을 위해 하나의 광계를 사용하며, 전자는 다시 반응중심으로 되돌아가기 때문에 순환적 광인산화(cyclic photophosphorylation)라고 부르며, 광계에서 산소가 발생하지 않기 때문에 무산소 광합성(anoxygenic photosynthesis)이라고 할 수 있다.

홍색비황세균(purple nonsulfur bacteria)이 최대로 흡수하는 파장은 적외선에 가까워 사람 눈에는 보이지 않는 870 nm로, 반응중심 색소를 P_{870}이라고 한다. P_{870} 엽록소가 광자를 흡수하는 경우 전자의 에너지가 높지 않아 $NADP^+$로 전달되지 못하기 때문에 다른 방법을 통해 환원력이 만들어져야한다.

P_{870} 반응중심이 광자를 흡수하면 들뜬 전자는 전자전달연쇄를 경유하여 반응중심으로 되돌아오는데, 이 과정에서 ATP 합성을 위한 양성자 기울기가 생성된다(**그림 7.12**). 홍색세균 광계의 단백질들은 오늘날의 광계 II 단백질들과 상동성이 높다고 알려져 있다.

녹색황세균(green sulfur bacteria)이 최대로 흡수하는 파장은 840 nm이다. 광계를 이탈한 들뜬 전자는 NADPH로 전달되거나 혹은 홍색세균과 유사한 전자전달연쇄를 따라 반응중심으로 되돌아오게 되는데, 이때 NADPH로 이동한 전자를 보충하기 위한 전자 공여체로 황화수소를 사용한다. 녹색황세균 광계의 단백질들은 오늘날의

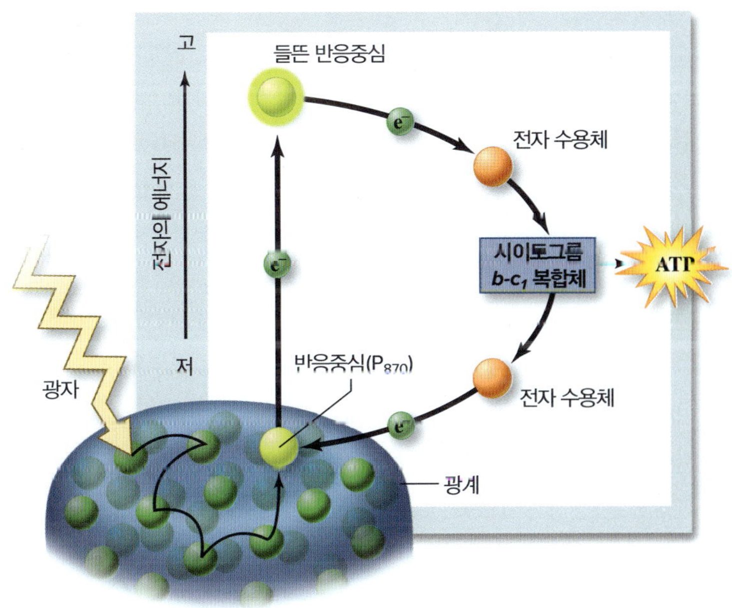

그림 7.12 홍색비황세균에서의 전자 경로.
빛에 의해 들뜬 전자는 광계의 반응중심(P_{870})을 떠난 후 ATP를 생성하는 순환적 경로를 경유하여 광계로 다시 복귀한다. 이 경로에서 NADPH는 생성되지 않는다.

광계 I의 단백질들과 상동성이 높은 것으로 밝혀져 있다.

이들 세균의 광계는 H_2O를 산화시키는 데 필요한 산화력을 충분히 만들지 못하기 때문에 산소를 발생하지 않으며, 무산소(혐기성) 조건에서 진행된다. 그에 비해 남세균과 식물 엽록체의 연결되어 있는 두 광계는 H_2O를 산화시키는 데 필요한 산화력을 만들며, 따라서 H_2O는 전자와 양성자 발생의 원천이 된다. 이러한 산소발생 광합성에 의한 O_2의 생산은 문자 그대로 지구상의 대기를 변화시켰다.

엽록체는 연결되어 있는 2개의 광계를 지닌다

황세균과 달리 식물은 연결된 2개의 광계를 가지기 때문에 물의 산화를 통해 전자의 공급원을 제공함으로써 순환적 광인산화의 한계를 극복한다. 또한 물의 산화는 O_2를 발생시키기 때문에 이러한 유형의 광합성은 산소발생 광합성(oxygenic photosynthesis)이라 부른다. 또한 비순환적 전자전달은 NADPH를 생성하는데, 이것은 탄수화물을 합성하는 데 쓰일 수 있다.

광계 I(photosystem I)은 700 nm에서 흡수 최대치를 갖기 때문에 그 반응중심 색소를 P_{700}이라고 부르며, 앞서 언급된 황세균의 광계와 유사한 방식으로 작동한다. **광계 II**(photosystem II)는 680 nm에서 흡수 최대치를 갖기 때문에 그 반응중심 색소를 P_{680}이라고 하며, 물을 산화시킬 수 있을 만큼 높은 산화 퍼텐셜(oxidation potential)을 만들어 낼 수 있다. 이 2개의 광계는 함께 작용하여 비순환적 전자전달을 수행하며, 이를 통해 ATP와 NADPH를 생성한다.

광계 I과 II는 발견 순서에 따라 명명된 것으로 광의존성 반응에서의 작용 순서와는 관계가 없다. 식물과 조류에서 2개의 광계는 전체 산소발생 광합성 과정을 통해 서로 다른 역할을 수행하도록 분리되어 있다. 광계 I에서는 최종적으로 전자가 $NADP^+$에게 전달되어 NADPH가 생성된다. 광계 I을 떠난 전자는 광계 II로부터 유래한 전자에 의해 보충되며, 높은 산화 퍼텐셜을 가진 광계 II는 물의 산화로 발생한 전자를 이용하여 광계 I로 이동한 전자의 부족분을 보충한다. 따라서 전자가 물을 떠나 NADPH까지 흘러가는 전체적인 전자의 흐름을 볼 수 있다.

이들 두 광계는 **사이토크롬 b_6-f 복합체**(cytochrome b_6-f complex)라고 하는 전자전달 복합체를 매개로 하여 연결되어 있다. 이 복합체는 전자 이동에서 유래하는 에너지를 이용하여 틸라코이드 막을 가로지르는 양성자 수송을 일으킬 수 있으며, 이때 생성된 양성자 기울기를 ATP 합성효소가 이용할 수 있게 한다.

2개의 광계는 비순환적 광인산화 과정 안에서 작용한다

2개의 광계가 작용한다는 증거는 두 종류의 서로 다른 파장의 빛인 적색광(red)과 원적색광(far-red)을 이용한 광합성 속도 측정 실험에서 얻어졌는데, **그림 7.13**에서 보는 것처럼 두 종류의 빛을 동시에 조사하여 얻은 광합성 속도는 각 파장의 빛을 단독으로 조사할 때 얻어진 광합성 속도의 합보다 높다는 것이 밝혀졌다. 이러한 결과는 **증진효과**(enhancement effect)라고 하며, 적색광 흡수를 선호하는 광계와 원적색광 흡수를 선호하는 광계가 차례로 연계되어 작용하는 기작 때문임을 알게 되었다.

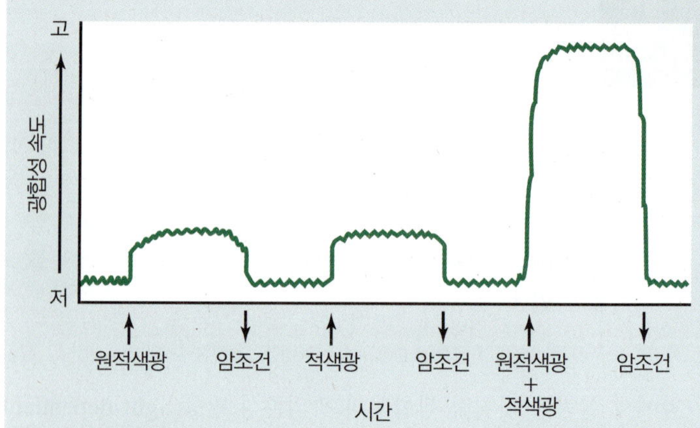

그림 7.13 증진효과.
적색광과 원적색광을 동시에 조사했을 때의 광합성 속도는 각 파장의 빛을 단독으로 조사했을 때의 각 광합성 속도의 합보다 크다. 이러한 결과는 1950년대의 과학자들을 당황하게 했지만, 오늘날에는 2개의 광계가 순차적으로 작용하여 광합성이 이루어진다는 것을 입증하는 중요한 증거로 이용되고 있다. 한 광계는 스펙트럼 중 원적색광 부분을 최대로 흡수하고 다른 광계는 적색광 부분을 최대로 흡수한다.

자료 분석 만약 원적색광과 적색광이 모두 켜진 경우의 광합성 속도가 각각의 빛에 대한 광합성 속도를 합한 값과 같다면 어떻게 결론을 내릴 수 있는가?

식물은 광계 II와 광계 I을 순서대로 이용하여 ATP와 NADPH를 생산한다. 이와 같은 두 단계의 과정을 **비순환적 광인산화**(noncyclic photophosphorylation)라고 한다. 왜냐하면 전자의 경로가 원을 그리는 순환이 아니라 광계를 탈출한 전자가 광계로 되돌아오지 않고 NADPH에서 흐름이 완료되는 비순환이기 때문이다. 광계의 전자 부족은 물의 분해를 통해 얻어진 전자로 보충된다.

그림 7.14에서 보는 모식도는 일명 **Z 모식도**(Z diagram)라고 하며, 두 광계에서 각각 전자가 높은 에너지 단계로 이행하는 것을 보여주고 있다. 가로축에는 광의존성 반응의 진행과 복합체의 상대적 위치가 나타나 있으며, 세로축은 전자의 상대적 에너지 준위를 보여준다. 전자를 내놓는 물은 전자를 매우 단단히 결합하고 있고(산화–환원 퍼텐셜 = +820 mV), 전자를 받아들인 NADPH는 전자를 훨씬 느슨하게 결합하고 있다(산화–환원 퍼텐셜 = −320 mV).

광계 II가 먼저 작용하여 광계 II에서 고에너지 전자가 생성되고 이

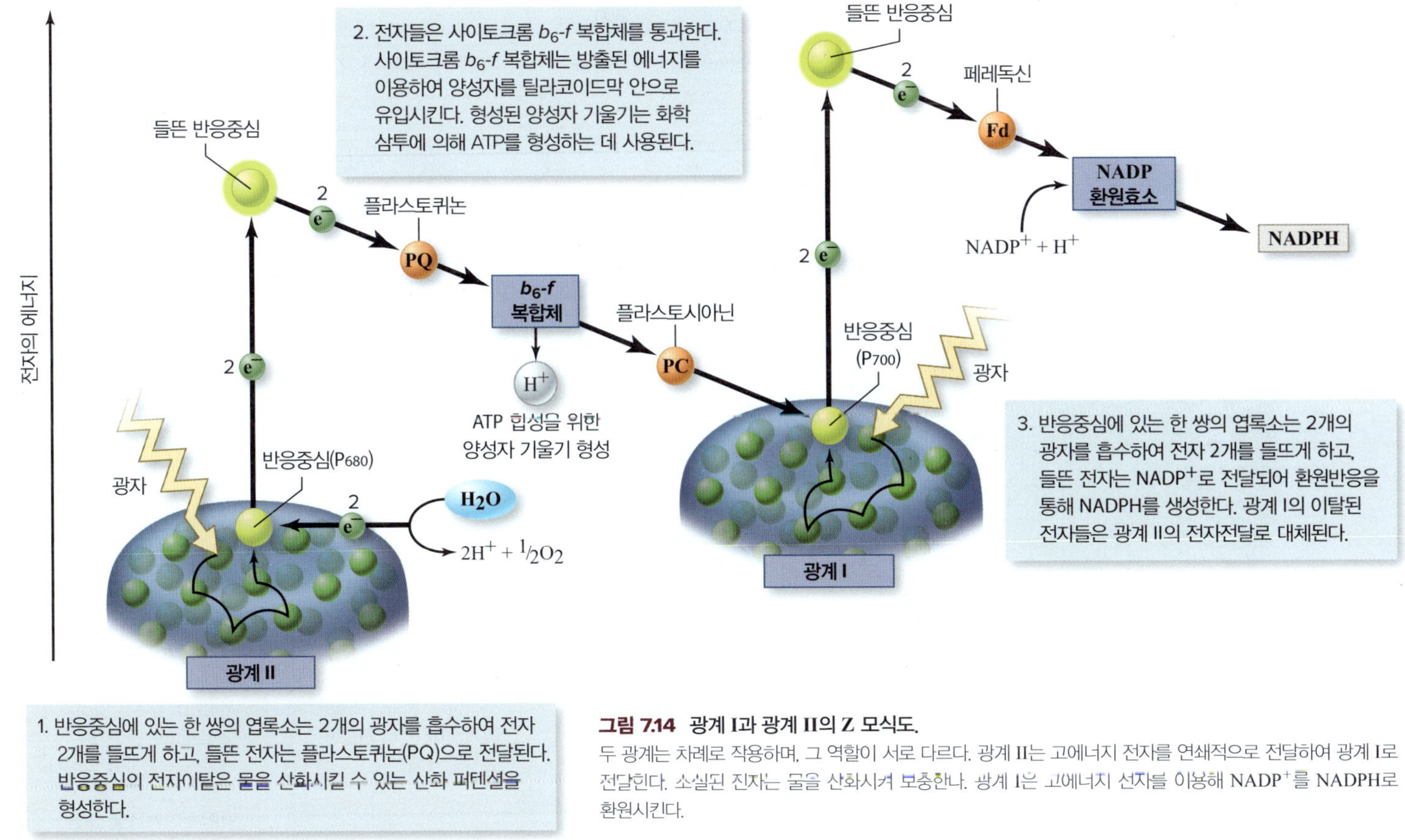

그림 7.14 광계 I과 광계 II의 Z 모식도.
두 광계는 차례로 작용하며, 그 역할이 서로 다르다. 광계 II는 고에너지 전자를 연쇄적으로 전달하여 광계 I로 전달한다. 소실된 전자는 물을 산화시켜 보충한다. 광계 I은 고에너지 전자를 이용해 $NADP^+$를 NADPH로 환원시킨다.

전자들은 ATP 합성에 사용되며, 이어서 광계 I로 전달되어 NADPH 생성을 추진한다. 1개의 물 분자에서 얻어진 1쌍의 전자가 전달될 때마다 한 분자의 NADPH와 한 분자보다 약간 많은 ATP가 생산된다.

광계 II

광계 II(photosystem II)의 반응중심은 홍색세균의 반응중심과 매우 유사하다. 반응중심 핵심부에는 전자전달 성분을 가진 10개의 막 관통 단백질 소단위가 있고 그 주위에는 두 분자의 P_{680} 엽록소가 배열되어 있다. 광수확 안테나 복합체는 몇몇 단백질 사슬에 결합된 엽록소 *a* 분자와 보조색소 분자들로 이루어져 있다. 광계 II 반응중심이 홍색세균의 반응중심과 다른 점은 4개의 망간 원자를 포함한다는 것이며, 망간 원자들은 물을 산화시키는 데 꼭 필요한 요소이다.

물의 산화에 대한 화학적 기작은 완전히 명확하지 않지만 대략적 내용은 밝혀지고 있다. 망간 원자가 4개 모인 클러스터는 반응중심 단백질에 결합되어 있으며, 2개의 물 분자가 이 망간 클러스터에 결합되어 있다. 광계 II의 반응중심이 광자를 흡수하면 P_{680} 엽록소 분자의 전자 하나가 들뜨고, 들뜬 전자는 수용체에 전달되며, 산화된 P_{680}은 망간 원자의 전자를 제거하는데, 그 결과 산화된 망간 원자는 반응중심 단백질의 도움을 받아 2개의 물 분자에 포함된 산소의 전자를 제거한다. 이 과정에서는 2개의 물분자가 산화되어 1개의 O_2 분자를 방출하려면 반응중심은 4개의 광자를 흡수해야 한다.

사이토크롬 b_6-f 복합체의 역할

빛에너지를 흡수하여 광계 II를 떠난 전자는 1차 전자 수용체인 퀴논 분자에게 전달된다. 전자 1쌍을 받아 환원된 퀴논 분자인 **플라스토퀴논**(plastoquinone)은 강한 전자 공여체로 들뜬 전자 1쌍을 틸라코이드막에 존재하는 **사이토크롬 b_6-f 복합체**(b_6-f complex)에게 넘겨준다(**그림 7.15**). 이 복합체는 6장에서 설명한 호흡의 전자전달연쇄의 사이토크롬 bc_1 복합체와 매우 유사하다.

에너지가 높은 전자 1쌍을 받은 사이토크롬 b_6-f 복합체는 양성자를 틸라코이드 공간 내로 펌핑하며, 구리를 포함하는 작은 단백질인 **플라스토시아닌**(plastocyanin)은 그 전자 1쌍을 광계 I에 전달한다.

광계 I

광계 I(photosystem I)의 반응중심은 12~14개의 단백질 소단위로 이루어진 막 관통 핵심 복합체와 2개의 P_{700} 엽록소 분자로 이루어져 있다. 엽록소 *a* 분자와 보조색소 분자로 이루어진 안테나 복합체는 광계 I에 에너지를 제공한다.

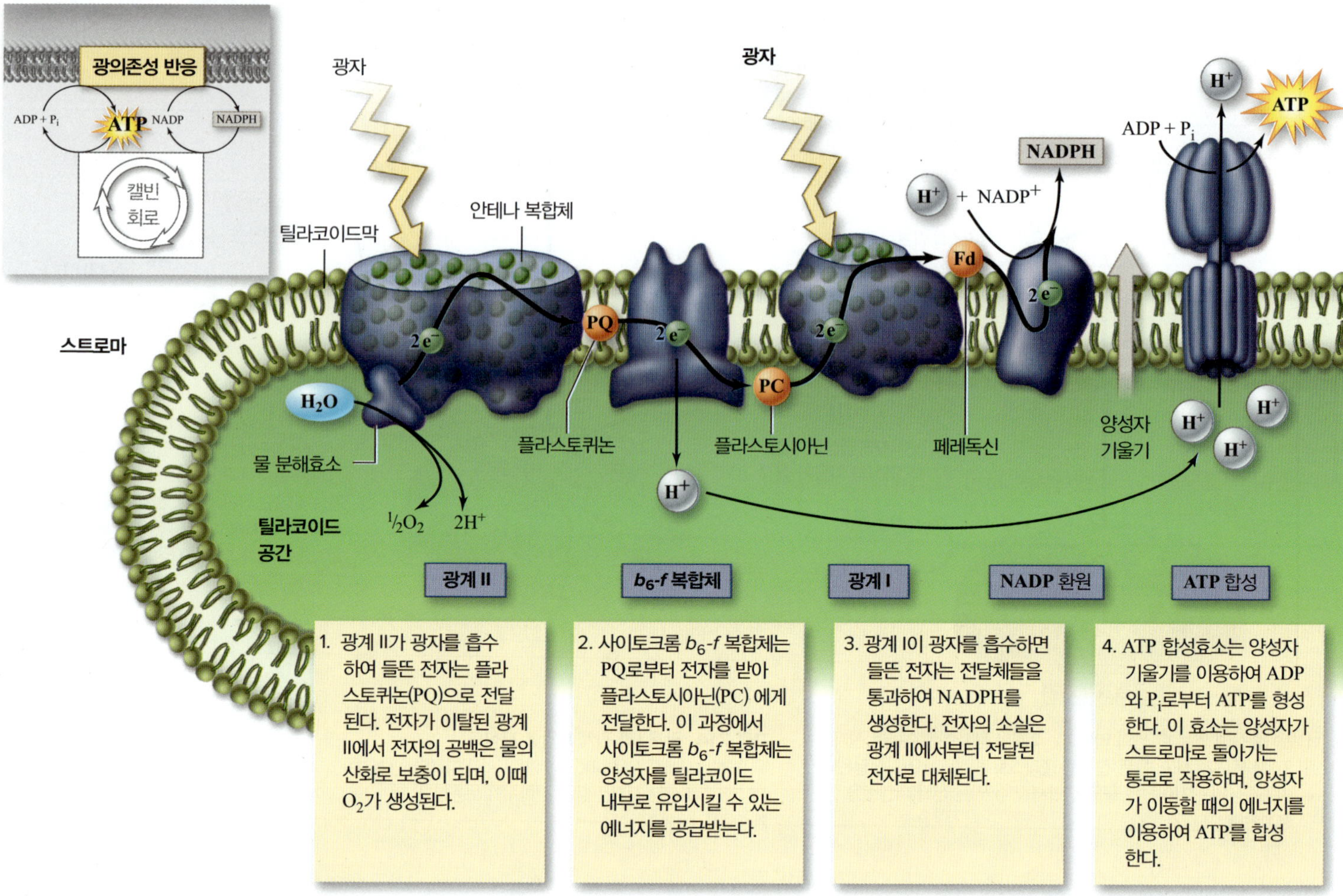

그림 7.15 광합성 전자전달계와 ATP 합성효소.
틸라코이드막에서 사이토크롬 b_6-f 복합체를 포함하는 전자전달계는 2개의 광계를 연결한다. 광계 I과 광계 II를 통한 전자전달의 상호작용으로 ATP 합성효소가 ATP를 합성하기 위해 필요한 양성자 기울기를 생성한다.

광계 I에서 빛에너지를 흡수한 들뜬 전자가 나가고 남은 빈 "구멍(hole)"은 플라스토시아닌에게서 받은 전자로 메워진다. 광계 I의 광자 흡수로 반응중심을 떠난 전자는 매우 높은 에너지 준위에 도달하면서 **페레독신**(ferredoxin)이라고 하는 철-황 단백질로 전달된다. 광계 II나 박테리아 광계와 달리 식물의 광계 I은 퀴논을 전자 수용체로 사용하지 않는다.

NADPH의 생성

광계 I은 틸라코이드막의 바깥쪽 측면인 스트로마 쪽에서 전자를 페레독신에게 전달한다. 환원된 페레독신은 매우 높은 퍼텐셜의 전자를 운반한다. 환원된 페레독신 2분자가 지닌 전자 2개는 한 분자의 $NADP^+$에게 전달되어 NADPH를 형성한다. 이 반응의 촉매작용을 하는 효소는 막에 결합된 **NADP 환원효소**(NADP reductase)이다.

이 반응은 막의 스트로마 쪽에서 일어나고, NADPH를 만들 때 양성자 흡수가 필요하므로 광합성 전자전달이 일어나는 동안 더 많은 양성자 기울기를 생겨나게 한다. **그림 7.15**에 두 광계의 기능이 요약되어 있다.

ATP는 화학적 삼투에 의해 생성된다

사이토크롬 b_6-f 복합체에 의해 양성자는 스트로마에서 틸라코이드 공간 안으로 들어가게 되며, 물이 분해되면서 양성자 기울기가 만들어진다. 이때 틸라코이드막은 양성자에 대해 불투과성이기 때문에 틸라코이드막을 사이에 둔 양성자의 농도 차이로 인해 ATP 합성에 쓰일 수 있는 전기화학적 기울기가 생겨난다.

ATP 합성효소

엽록체의 틸라코이드막에는 ATP 합성효소(ATP synthase)가 놓여 있는데, 이 효소는 통로를 형성하여 틸라코이드 공간의 양성자가 스트로마로 복귀할 수 있게 한다. 이 통로는 틸라코이드막 외부 표면에 도어의 손잡이 모양으로 돌출되어 있으며, 양성자가 ATP 합성효소의 통로를 통해 틸라코이드막 밖으로 빠져나옴에 따라 ADP가 인산화되어 ATP가 만들어져 스트로마로 방출된다(**그림 7.15**). 스트로마

과학적 사고

가설: 광인산화는 양성자 기울기에 의해 전자전달과 연결되어 있다.
예측: 인위적으로 양성자 기울기를 형성시키면 분리된 엽록체는 암조건에서도 ADP의 인산화를 일으킬 것이다.
실험: 분리된 엽록체를 산성 용액에 보관한 후 암조건에서 알칼리 용액으로 옮겨 인위적인 양성자 기울기를 형성한다.

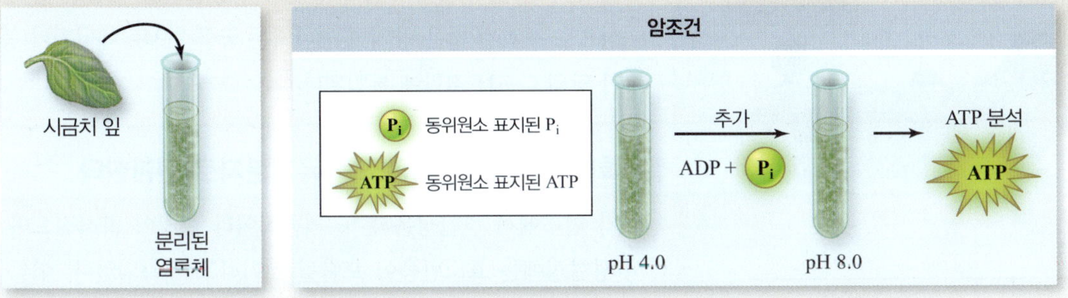

결과: 분리된 엽록체가 암조건에서 방사성 Pi를 ATP로 합성하는지 여부를 분석한 결과 ADP의 인산화를 일으킴을 알 수 있다.
결론: 엽록체의 전자전달 에너지는 양성자기울기를 매개로 한 ADP의 인산화와 연관되어 있다.
추가 실험: 이 실험에서 막에 양성자를 투과하게 하는 시스템을 추가하였다면 그 결과는 어떻게 될까? 이후의 광합성과 관련된 실험에서 그 결과는 어떻게 쓰일 수 있을까?

그림 7.16 야겐도르프의 산성 수조(Jagendorf acid bath) 실험.

에는 탄소고정 반응인 캘빈회로(Calvin cycle) 반응의 촉매가 되는 효소들이 포함되어 있다.

그 메커니즘은 미토콘드리아 ATP 합성효소에서 살펴본 바와 같으며, 실제로 이 2종류의 효소는 진화적으로 관련이 깊다. 엽록체와 미토콘드리아에서 전자전달에 의한 양성자 기울기의 형성이나 화학적 삼투에 의한 ATP 합성에 유사성이 있다는 것은 이들이 구조적, 기능적으로 유사하다는 것을 말해준다. 실제로 광인산화 반응이 화학적 삼투에 의해 일어난다는 증거가 먼저 발견되었는데(**그림 7.16**), 이것은 미토콘드리아 ATP 합성효소를 이용한 실험의 배경이 되었다.

추가적인 ATP 생산

전자 1쌍이 물을 출발해 NADPH까지 이동하는 비순환적 전자전달에서는 한 분자의 NADPH와 한 분자보다 약간 많은 ATP가 생성된다. 뒤에서 다루겠지만 유기물 분자를 합성하기 위해서는 이보다는 더 많은 에너지가 필요하다. 즉, 탄소고정을 위해서 NADPH 1분자당 1.5분자의 ATP가 요구된다.

많은 식물들은 필요한 여분의 에너지 생산을 위해 광계 I을 연결시킴으로써 광합성을 **순환적 광인산화**(cyclic photophosphorylation)모드로 전환한다. 그 결과 빛에너지를 받아 광계 I을 탈출한 들뜬 전자가 NADPH 대신 ATP를 생성하게 된다. 여기에서 고에너지 전자는 $NADP^+$로 이동하지 않고 단순히 사이토크롬 b_6-*f* 복합체로 전달되며, 이 과정에서 사이토크롬 b_6-*f* 복합체는 틸라코이드 공간으로 양성자를 유입시킴으로써 양성자 기울기를 증가시켜 ATP의 화학적 삼투 합성이 유도된다. 식물에서 순환적 광인산화와 비순환적 광인산화의 상대적 비율은 유기물 분자를 합성하는 데 필요한 ATP와 NADPH의 상대적 함량을 결정한다.

틸라코이드 구조는 막 성분의 배열을 나타낸다

틸라코이드막 내에 분포하는 광의존성 반응에 관여하는 4개의 복합체들인 광계 I, 광계 II, 사이토크롬 b_6-*f* 복합체, ATP 합성효소는 무작위적으로 배열되어 있는 것이 아니다. 분자의 배열을 나노미터(nanometer) 단위의 해상력으로 관찰할 수 있는 원자력 현미경(atomic force microscope)을 이용한 연구를 통해 이들 복합체의 이미지가 밝혀지기 시작했다. 광계 II는 주로 그라나(grana)에서 발견되고, 광계 I과 ATP 합성효소는 스트로마 라멜라(stroma lamella)라고 부르는 그라나 사이의 연결부위에서 주로 발견되며, 중첩되지 않은 그라나 가장자리에서도 발견된다. 사이토크롬 b_6-*f* 복합체는 그라나와 스트로마 라멜라 사이의 경계 부분에서 발견된다. **그림 7.17**은 이들 복합체들의 배열에 대한 모델을 보여준다.

틸라코이드는 중첩된 원반으로만 이루어진 것이 아니다. 전자현미경과 기타 이미징 기법에 기초한 틸라코이드 모델에서는 그라나를 서로 연결된 스트로마 라멜라가 접혀진 구조로 묘사한다. 이런 배열은 박테리아 광합성에서 볼 수 있는 접힘구조와 비슷하며, 따라서 다양한 복합체들의 상대적 배열이 좀 더 유연해질 수 있다.

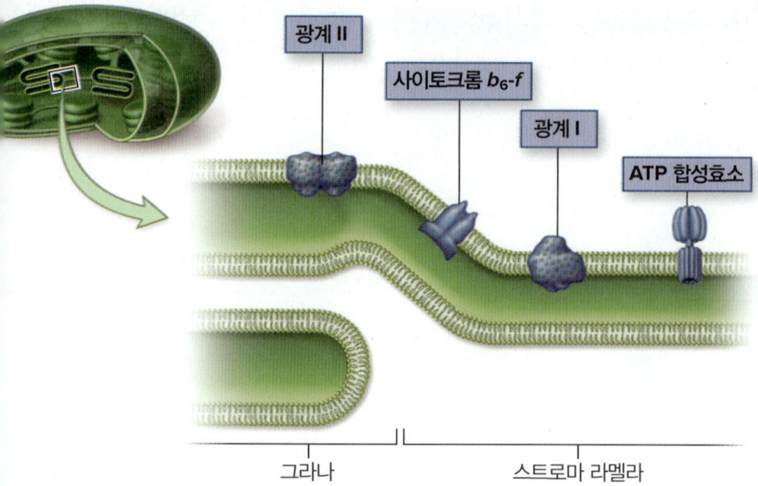

그림 7.17 틸라코이드막 내 복합체들의 배열 모델.
광합성에 관여하는 2종류의 광계와 여타 복합체들은 무작위적으로 배열되지 않는다. 광계 II는 그라나, 특히 중첩 부위에 집중 분포하며 광계 I과 ATP 합성효소는 스트로마 라멜라와 그라나 가장자리 부위에 집중 분포한다. 그리고 사이토크롬 b_6-f 복합체는 그라나와 스트로마 라멜라 사이의 가장자리에 있다. 그림은 이러한 배열에 관한 하나의 가능한 모델을 나타낸다.

핵심 요약 7.5

엽록체는 틸라코이드막에 전자전달연쇄로 연결된 2종류의 광계를 가진다. 광계 I은 NADPH로 전자를 전달한다. 이 전자는 광계 II의 전자로 대체된다. 광계 II에서는 물이 산화되면서 소실된 전자를 대체한다. 양성자 기울기는 틸라코이드 공간에 형성되고, 이 양성자 기울기로 인해 양성자가 ATP 합성효소를 통과하며 ATP가 생성된다.

■ 만약 틸라코이드막을 양성자가 통과할 수 있다면 ATP는 생성될까? NADPH의 형성은 가능할까?

7.6 탄소고정: 캘빈회로

학습 목표

1. 탄소고정을 서술할 수 있다.
2. 어떻게 6개의 CO_2 분자가 1개의 포도당 분자를 만드는 데 쓰이는지 설명할 수 있다.

탄수화물(carbohydrates)은 많은 C—H 결합을 포함하므로 CO_2에 비해 고도로 환원되어 있다. 세포는 탄수화물 합성을 위해 다음과 같이 틸라코이드막의 광의존성 반응에서 생산된 에너지와 전자 공급원을 사용한다.

1. **에너지**: 순환적 및 비순환적 광인산화에서 공급된 ATP는 자유에너지 흡수반응(endergonic reaction)을 진행시킨다.
2. **환원 퍼텐셜**: 광계 I에서 제공된 NADPH는 탄소 원자의 결합에 필요한 양성자와 고에너지 전자의 공급원을 제공한다. 광합성으로 포획된 많은 양의 빛에너지는 궁극적으로 에너지가 풍부한 당의 C—H 결합에 투입된다.

캘빈회로 반응은 무기탄소를 유기분자로 전환한다

초기 연구에서 광합성은 온도 의존적이라는 것이 밝혀졌으며 따라서 광합성에는 효소반응이 포함될 것이라고 예측되었다. 이들 반응은 마치 호흡의 시트르산 회로(citric acid cycle)에서처럼 효소 촉매반응 단계들이 회로를 이루고 있다. 그러나 시트르산 회로와 달리 탄소고정은 새로운 화합물을 생산하는 쪽에 방향을 맞추기 때문에 회로의 성격은 판이하게 다르다.

탄소고정 반응 회로는 발견자인 캘빈(Melvin Calvin, 1911~1997)의 이름을 따서 **캘빈회로**(Calvin cycle)라고 부르는데, 이 회로의 첫 번째 대사산물인 포스포글리세르산(phosphoglycerate)이 3개의 탄소 원자를 포함하므로 **C_3 광합성**(C_3 photosynthesis)이라고도 한다.

CO_2의 환원을 가능하게 하는 이 과정의 핵심 단계는 CO_2가 매우 특별한 유기물 분자에 결합하는 것이다. 광합성 세포는 과당 6인산(fructose 6-phosphate)과 글리세르알데하이드 3인산(glyceraldehyde 3-phosphate, G3P)을 해당과정에서 생성되는 2가지 중간물질을 재조합해서 만들고, 이를 이용해 다량의 에너지를 가진 5탄당 **리불로스 1,5-2인산**(ribulose 1,5-biphosphate, RuBP)을 생성한다.

CO_2는 RuBP와 반응하여 일시적으로 6-탄소 중간 대사산물을 생산하고, 이어서 바로 두 분자의 3-탄소 화합물인 **3-포스포글리세르산**(3-phosphoglycerate, PGA)으로 나누어진다. 이 전체 반응을 탄소고정 반응(carbon fixation reaction)이라고 하는데, 그 이유는 무기탄소(CO_2)가 유기물 형태인 유기산 PGA로 도입되었기 때문이다. 이 반응을 수행하는 효소인 **리불로스 2인산 카복실화효소/산소화효소**[ribulose bisphosphate carboxylase/oxygenase, **루비스코**(rubisco)]는 엽록체의 스트로마에서 발견되는, 16개의 소단위로 구성된 커다란 효소이다.

탄소는 중간 물질을 통해 전달되어 포도당을 생성한다

포도당이 바로 캘빈회로에서 생성되는 것은 아니지만, 캘빈회로가 어떻게 1분자의 포도당을 생성하는지 알아보자(**그림 7.18**). 일련의 반응에서 6분자의 CO_2는 루비스코(rubisco)를 통해 6분자의 RuBP와 결합하여 12분자의 PGA를 생성한다. (여기에는 총 12×3=36개의 탄소 원자가 포함되는데, 6개는 CO_2에서, 30개는 RuBP에서 유래한 것이다.) 36개의 탄소 원자는 이어진 반응 회로를 거쳐 최초 단계에서 사용된 6분자의 RuBP를 재생성한다(6×5=30개의 탄소 원자 포함). 이를 통해 2분자의 **글리세르알데하이드 3-인산**(glyceraldehyde 3-phosphate, G3P) (각각 3개의 탄소를 가짐)이 얻어진다. (G3P는 6장에서 기술한 해당경로의 중간산물이기도 하다.) 이들 2분자의 G3P는 포도당 1분자를 만드는 데 사용될 수 있다.

캘빈회로의 순수 반응식을 정리하면 다음과 같다.

$$6CO_2 + 18\ ATP + 12\ NADPH + 물 \longrightarrow$$
$$2\ 글리세르알데하이드\ 3\text{-}인산 + 16\ P_i + 18\ ADP + 12\ NADP^+$$

캘빈회로가 6차례 순환하면 6분자의 CO_2가 회로에 진입하여 2분자의 G3P가 생산되고 6분자의 RuBP가 생성된다. 따라서 캘빈회로가 6번 회전되어 생성된 2분자의 G3P는 하나의 포도당 분자를 만드는 데 쓰일 수 있다. 또한 캘빈회로가 6차례 순환하면 6분자의 CO_2가 도입되는데, 탄소 원자 6분자가 모두 포도당 분자를 만드는 데 쓰이는 것은 아니지만, 포도당 합성에 필요한 충분한 탄소가 제공된다.

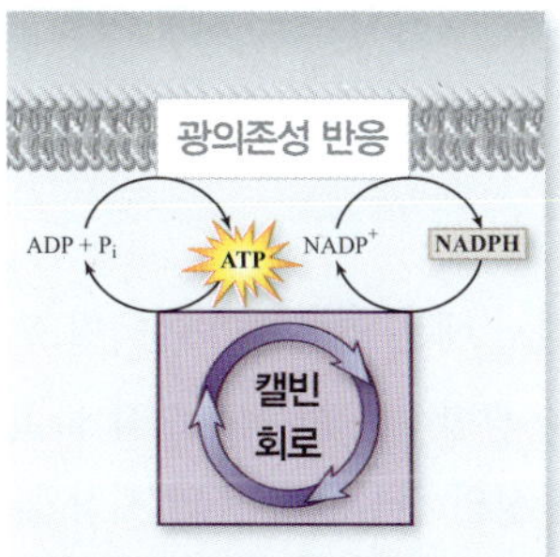

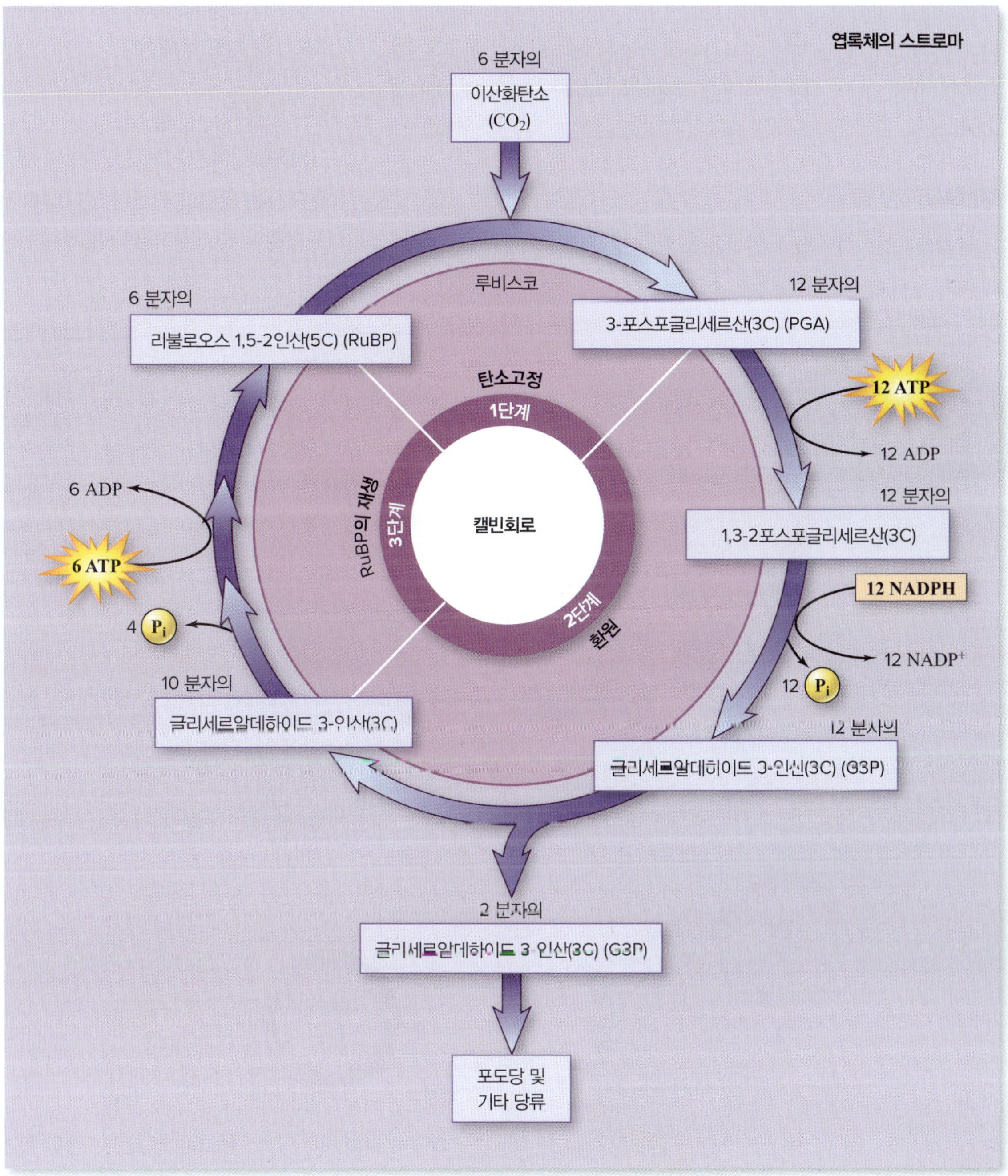

그림 7.18 캘빈회로.
캘빈회로는 탄소고정, 즉 CO_2 형태의 무기탄소를 탄수화물 형태의 유기탄소로 전환시켜 주는 과정이다. 회로는 (1) 탄소고정, (2) 환원, (3) RuBP의 재생으로 구성되어 있다. 캘빈회로가 고정하는 6분자의 CO_2로부터 환원 반응의 산물인 G3P를 경유하여 1분자의 포도당이 합성될 수 있다. 캘빈회로는 광의존성 반응에서 생성된 ATP와 NADPH를 사용한다.

캘빈회로의 단계

캘빈회로는 (1) 탄소고정, (2) 환원, (3) RuBP의 재생의 3단계로 나누어 생각할 수 있다. 탄소고정 반응은 3탄소의 유기산인 PGA 2분자를 생성하고, PGA는 해당경로의 역과정을 통해 G3P로 환원되며, 마지막으로 PGA는 RuBP를 재생하는 데 쓰인다. 회로를 3차례 순환하면 G3P 한 분자를 생산하기에 충분한 탄소가 흡수되며, 6차례 순환하면 포도당 한 분자를 생성하기에 충분한 탄소가 얻어진다.

CO_2 환원 반응의 여러 다른 단계에서 **간접적**으로 빛이 필요한데, 루비스코(rubisco)를 포함한 캘빈회로의 5가지 효소는 빛에 의해 활성화되므로 빛이 있을 때 더욱 효과적으로 작용한다. 빛은 또한 엽록체 막을 통한 3-탄소 중간 대사산물의 수송을 촉진하기도 하며, 스트로마를 향한 Mg^{2+} 이온의 이동을 촉진하여 루비스코를 더욱 활성화시켜 준다.

캘빈회로의 산물

글리세르알데하이드 3-인산은 3-탄소 당으로서 해당과정(glycolysis)의 핵심 대사산물이다. 이 화합물의 대부분은 엽록체 밖의 세포질로 수송된 후 해당과정의 역과정을 통하여 과당 6-인산과 포도당 1-인산으로 전환된다. 이들 산물은 식물 당의 주된 수송 형태인 설탕을 형성하는 데 사용된다(설탕은 과당과 포도당으로 이루어진 이당류이다).

광합성이 활발하게 일어날 때 엽록체 스트로마의 G3P 수준이 증가한다. 그 결과 엽록체의 일부 G3P는 포도당 1-인산으로 전환된다. 이 과정은 세포질에서 일어나는 해당과정과 유사하며, 해당과정과 유사한 몇몇 반응들의 역과정이다. 이후 포도당 1-인산은 불용성 중합체와 결합하여 긴 사슬의 녹말(starch)을 형성하여 세포질에 녹말과립(starch granule)으로 저장된다. 이 녹말과립은 나중에 사용될 포도당의 저장 형태이다.

에너지 회로

6장에서 배운 미토콘드리아와 이 장에서 배운 엽록체의 에너지 포획 대사는 밀접한 관련이 있다(**그림 7.19**). 광합성은 반응의 시작 물질로 호흡의 산물을 사용하며, 호흡은 광합성의 산물을 반응의 시작 물

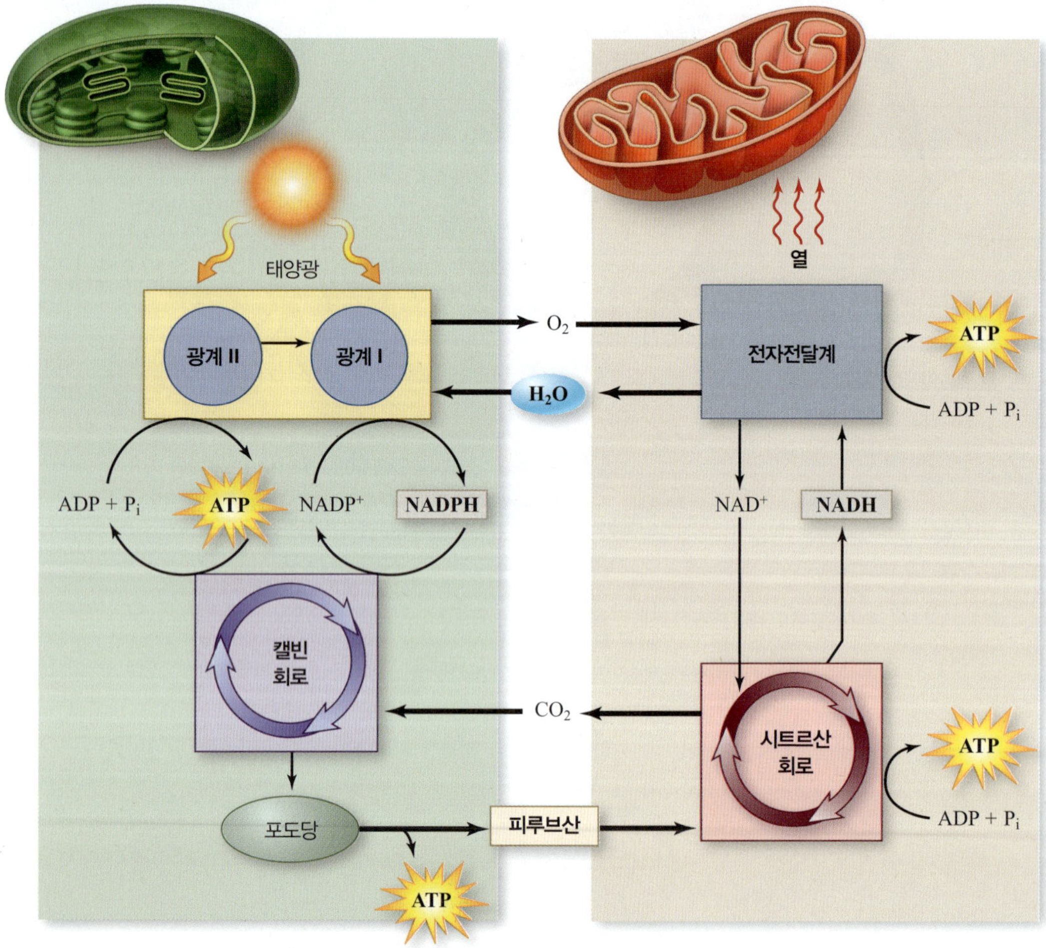

그림 7.19 엽록체와 미토콘드리아: 에너지 순환의 완성.
식물세포에서 물과 O_2는 포도당과 CO_2가 그러하듯이 엽록체와 미토콘드리아 사이를 순환한다. 엽록체를 가지는 세포는 CO_2와 H_2O를 활용하여 포도당과 O_2를 생성한다. 동물세포처럼 엽록체가 없는 세포들은 포도당과 O_2를 이용해 CO_2와 H_2O를 생성한다. 이것은 그림 51.1에서 볼 수 있듯 호흡과 광합성을 통한 탄소의 전체적인 순환이다.

질로 사용한다. 심지어 G3P로부터 포도당을 생산하는 과정을 보면 오래전에 만들어진 해당과정 일부를 거꾸로 돌려 사용하기도 한다. 또한 식물에서 전자전달과 ATP 생산에 참여하는 주요 단백질들은 미토콘드리아의 해당 단백질과 진화적으로 유연관계가 있다.

광합성은 식물의 한 분야이지만 중요하다. 30~35장에서 식물 전반에 대해 더욱 상세하게 다루게 된다. 이제까지 광합성을 세포생물학의 일부로 간주하여 논의해 왔는데, 그 이유는 광합성은 식물이 출현하기 오래전에 시작되었고, 대부분의 생물이 생명 활동의 에너지를 얻기 위해 직간접적으로 광합성에 의존하기 때문이다.

핵심 요약 7.6

탄소고정은 무기물인 CO_2가 유기분자로 합성되는 엽록소의 스트로마에서 진행된다. 핵심 중간물질은 루비스코 효소를 촉매로 이용하여 CO_2와 결합하는 5탄당인 RuBP이다. 이 순환과정은 탄소고정단계, 환원단계, RuBP의 재생단계의 3단계로 구분할 수 있다. 광의존성 반응을 통해 얻어진 ATP와 NADPH는 환원을 위한 에너지와 전자를 제공하여 G3P를 생성한다. 포도당은 2 분자의 G3P가 결합하면서 합성된다.

■ ■ 캘빈회로와 해당과정은 어떻게 연관되어 있을까?

7.7 광호흡

학습 목표

1. 루비스코가 RuBP를 생성하는 방법과 RuBP를 산화시키는 것을 구분할 수 있다.
2. C_3, C_4 그리고 CAM 식물에서의 탄소고정을 비교하여 설명할 수 있다.

진화가 항상 생물계에서 가장 적절한 해결책을 제시해 주는 것은 아니며, 진화는 이미 존재하고 있는 모습으로부터 유도 가능한 실질적 해결책을 찾아내는 데 이용된다. 광합성도 예외가 아니며, 광합성의 핵심적 탄소고정 반응을 촉매하는 효소인 루비스코(rubisco)가 최선의 해결책을 제시해 주는 것은 아니다. 이 효소는 탄소고정 반응을 방해하는 또 다른 활성으로 RuBP를 **산화**시키는 활성을 지니고 있다. **광호흡**(photorespiration)이라고 하는 이 과정을 통해 O_2는

그림 7.20 기공.
담뱃잎의 닫힌 기공. 기공은 2개의 공변세포로 이루어져 있으며, 기공이 열리고 닫히기 위해서는 공변세포의 모양이 팽압에 따라 변해야 한다. 식물은 건조한 환경에서는 물을 보존하기 위해 기공을 닫는다.

RuBP에 도입된 후 추가적 반응들을 거치면서 CO_2를 방출한다. 광호흡에서는 탄소고정에 쓰여야 할 CO_2가 방출되는 것이다.

광호흡은 광합성의 수율을 감소시킨다

RuBP의 카복실화반응(carboxylation)과 산화반응(oxidation)은 루비스코의 동일한 활성 부위에 의해 촉매작용을 받으며, 이 부위를 놓고 CO_2와 O_2가 서로 경쟁한다. 25°C의 정상조건에서 카복실화반응 속도는 산화반응의 4배에 달하는데, 이것은 광합성을 통해 고정된 탄소의 20%가 광호흡을 통해 소실된다는 것을 보여주는 것이다.

이러한 소실은 온도 상승에 따라 더욱 증가하는데, 그 이유는 덥고 건조한 환경에서는 물을 보존하기 위해 잎의 **기공**(stomata)이 닫히기 때문이다(**그림 7.20**). 기공 폐쇄는 잎으로 들어가는 CO_2 공급을 차단하는 동시에 O_2가 빠져나오는 것을 허용하지 않기 때문에(**그림 7.21**), 잎 내부에 형성된 낮은 CO_2 및 높은 O_2 조건은 광호흡을 촉진하게 된다.

C_3 광합성(C_3 photosynthesis)만을 이용해 탄소를 고정하는 식물을 **C_3 식물**(C_3 plant)이라고 부른다(**그림 7.22*a***). 어떤 식물들은 포스포에놀피루브산(phosphoenolpyruvate, PEP)에 CO_2를 첨가하여 4-탄소 분자를 형성한다. 이 반응의 촉매로 사용되는 효소는 PEP **카복실화효소**(carboxylase)이다. 이 효소는 루비스코에 비해 CO_2에 대한 친화도가 더 높고 산화효소 활성이 없다는 2가지 이점을 갖고 있다.

PEP 카복실화효소에 의해 생성되는 4-탄소 화합물은 추가적 변화를 통해 탈카복실화 되며, 그 결과 방출된 CO_2는 캘빈회로의 루비스코가 이용한다. 이것은 CO_2를 루비스코 부위에 직접 공급해 주는 것이기 때문에 O_2에 대한 CO_2 의 국부적 농도가 증가하여 광호흡이

그림 7.21 광호흡을 증가시키는 조건. 덥고 건조한 환경에서 수분을 보존하기위해 기공을 닫는데, 그 결과 CO_2의 흡수와 O_2의 배출이 차단된다. 고농도의 O_2 및 저농도의 CO_2 조건은 광호흡을 촉진한다.

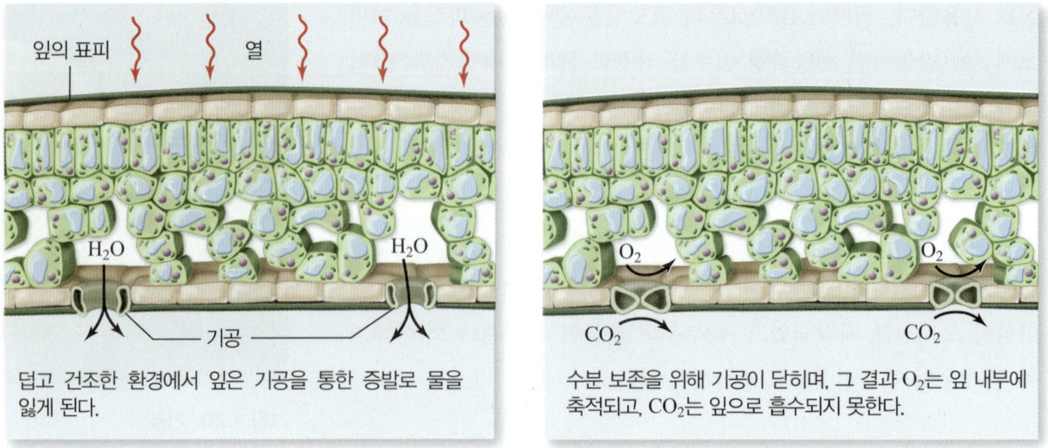

최소화된다. PEP 카르복실화효소가 생산한 4-탄소 화합물은 CO_2가 유기물 형태로 저장된 것으로, 이 CO_2를 다른 세포에서 혹은 다른 시간대에 방출하여 O_2에 대한 CO_2의 상대적 농도를 높게 유지시킬 수 있다.

C_3 식물은 자신이 광합성을 통해 고정한 탄소의 25~50%를 광호흡으로 소실하기 때문에 광호흡 결과로 탄수화물 생산의 감소를 초래한다. 광호흡 속도는 주로 온도에 의존하는데, 열대 기후 특히 기온이 자주 28°C를 상회하는 곳에서는 이 문제가 심각하며, 열대 농업에 중요한 영향을 미친다.

PEP 카복실화효소를 이용하여 CO_2를 처음 포획하는 주요한 두 그룹의 식물들은 O_2에 대한 CO_2의 농도를 높게 유지하는 방식에서 차이를 보인다. **그림 7.22*b***에서 보는 것처럼 **C_4 식물**(C_4 plant)은 CO_2 포획이 일어나는 세포와 탈카복실화가 일어나는 세포가 다르며 이들은 서로 인접해 있다. 이것은 광호흡 문제를 공간적으로 해결한

그림 7.22 C_3 경로와 C_4 경로. ***a.*** C_3 경로는 탄소고정을 위해 캘빈회로를 이용한다. 모든 과정은 기공을 통해 들어온 CO_2를 이용하여 엽육세포에서 일어난다. ***b.*** C_4경로는 엽육세포에서 CO_2를 결합시켜 4-탄소 분자인 말산을 만든다. 말산은 관다발초세포로 옮겨진 후 CO_2와 피루브산으로 다시 전환되어 고농도의 CO_2 상태가 된다. 이로 인해 캘빈회로의 탄소고정은 효율적으로 일어난다.

a. C_3 경로

b. C_4 경로

방식이다. 두 번째 그룹인 **CAM 식물**(CAM plant)은 동일한 세포에서 양쪽 반응을 다 수행하지만 야간에 PEP 카복실화효소를 이용하여 CO_2를 포획하고 주간에 탈카복실화 반응을 수행한다. CAM은 돌나물과 식물의 유기산 대사를 의미하는 **crassulacean acid metabolism**의 약어로, 이 과정이 처음 발견된 돌나물과(돌나물, 기린초)의 명칭에서 따온 것이다. 이것은 광호흡 문제를 시간대를 달리하여 해결한 방식이다.

C_4 식물은 광호흡을 최소화하는 방향으로 진화되었다

C_4 식물에는 옥수수, 사탕수수, 기장 및 많은 초본류들이 포함된다. 이들 식물은 엽육세포(mesophyll cell)에서 PEP 카복실화효소를 이용해 탄소고정을 시작한다. 이 반응으로 유기산인 옥살로아세트산(oxaloacetic acid)이 생성되며, 이것이 말산(malic acid)으로 전환되어 잎맥 주위를 둘러싸는 관다발초세포(bundle-sheath cell)로 수송된다. 관다발초세포에서 말산은 탈카복실화되어 피루브산과 CO_2를 생성한다(**그림 7.23**). 관다발초세포는 CO_2에 대해 불투과성이므로 국부적으로 내부의 CO_2 농도가 높아져 루비스코에 의한 탄소고정과 캘빈회로가 효율적으로 일어나게 된다. 탈카복실화로 생성된 피루브산은 엽육세포로 되돌아가 다시 PEP로 전환되면서 회로를 마친다.

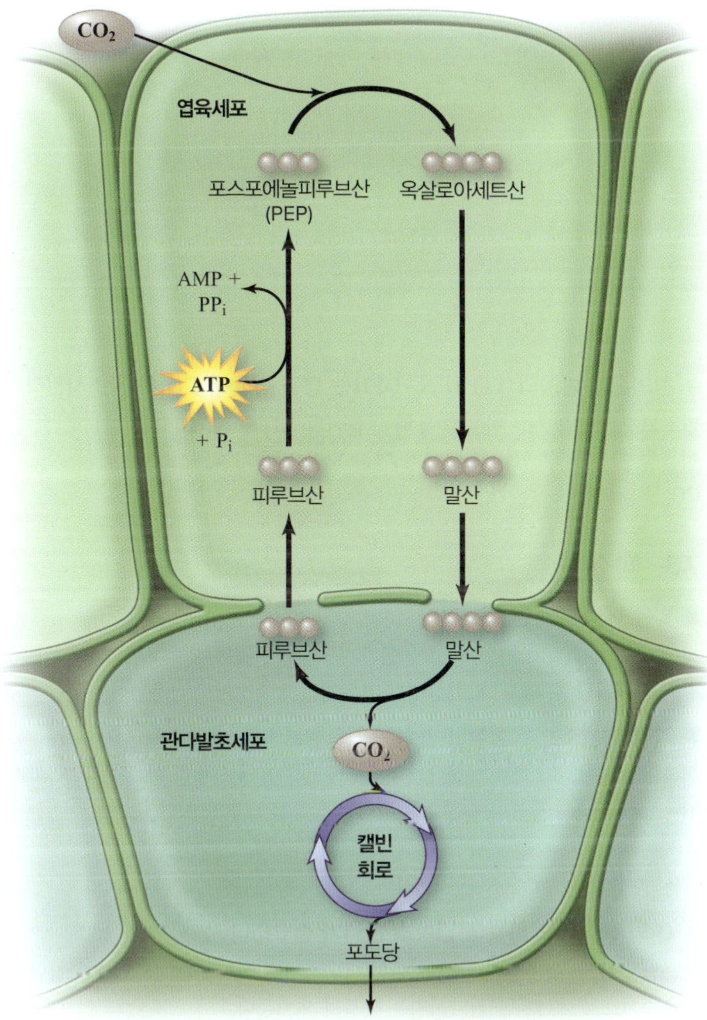

그림 7.23 C_4 식물의 탄소고정.
이 과정의 첫 반응에서 생성된 분자인 옥살로아세트산이 탄소 4개를 포함하므로 C_4 경로라고 한다. 옥살로아세트산은 말산으로 전환되어 관다발초세포로 수송되고 이어서 탈카복실화되어 CO_2와 피루브산으로 전환된다. 이로 인해 관다발초세포에는 고농도의 CO_2가 생성되며, 그 결과 캘빈회로는 광호흡을 거의 하지 않으면서 CO_2를 고정할 수 있다. 피루브산은 확산을 통해 엽육세포로 돌아간 후 PEP로 전환되어 또 다른 C_4 고정반응에 사용된다.

C_4 경로를 통해 광호흡의 문제점이 극복되기는 하지만 여기에는 비용이 따른다. 피루브산이 PEP로 되돌아가는 전환반응이 일어나기 위해서는 2분자의 ATP가 소모되기 때문이다. 즉, 1분자의 포도당을 생성하기 위해서는 캘빈회로에 비해 추가로 12분자의 ATP를 필요로 하는 셈이다. 이러한 추가 비용에도 불구하고 C_4 광합성은 덥고 건조한 기후에서 유리하다. 왜냐하면 이러한 기후에서는 C_3 경로가 고정한 탄소의 절반 이상이 광호흡으로 소실되기 때문이다.

CAM 경로는 광합성을 밤과 낮으로 분할한다

CAM 식물은 더운 지방에서 광호흡을 감소시키는 두 번째 전략을 채택하였다. CAM 식물에는 선인장, 파인애플 및 20여 개의 서로 다른 식물군의 몇몇 식물들과 같이 물을 많이 저장하고 있는 다육식물(succulent plant)이 포함된다.

그림 7.24에서 보는 것처럼 이들 식물은 밤에 기공을 열고 낮에는 기공을 닫는다. 이러한 기공 개폐의 패턴은 일반 식물과는 반대이다.

그림 7.24 CAM 식물의 탄소고정.
CAM 식물도 탄소고정 시에 광호흡을 최소화하기 위해 C_4 경로와 C_3 경로를 모두 이용한다. CAM 식물에서 두 경로는 동일한 세포에서 일어나지만 시간대를 달리해서 일어나는데, 야간에는 탄소고정을 위해 C_4 경로를 이용하며, 주간에는 야간에 축적했던 저장물질로부터 CO_2를 방출하여 C_3 경로가 작동한다. 이러한 대사경로는 온도가 낮은 야간에 기공을 개방함으로써 물의 손실을 최소화하면서 동시에 광호흡을 최소화하는 효과가 있다.

CAM 식물은 PEP 카복실화효소에 의해 CO_2 고정을 시작하여 옥살로아세트산을 생성하며, 옥살로아세트산은 CAM 식물의 종류에 따라 다르기는 하지만 유기산으로 전환되고 이들 유기화합물은 밤에 축적되어 액포에 저장된다. 이어서 낮이 되어 기공이 닫히면 유기산이 탈카복실화되어 고농도의 CO_2를 방출한다. 이러한 고농도의 CO_2는 캘빈회로를 촉진하며 광호흡을 최소화시킨다.

CAM 식물은 C_4 식물처럼 C_3 경로와 C_4 경로를 모두 사용하지만 이들 2가지 경로를 동일한 세포에서 이용한다는 점이 C_4 식물과 다른 점이다. 즉, 밤에 C_4 경로를 이용하고 낮에는 C_3 경로를 이용한다. 그러나 C_4 식물에서 이 2가지 경로는 서로 다른 세포에서 일어난다.

핵심 요약 7.7

루비스코는 고농도의 O_2와 저농도의 CO_2 조건에서는 RuBP를 산화시킬 수도 있다. C_3 방식(캘빈회로)만을 사용하는 식물에서는 20% 이상의 고정된 탄소가 광호흡을 통해 소실된다. C_4 식물은 고온의 건조한 환경에 적응하여 4-탄소 분자를 이용하여 고농도의 CO_2를 만들어내 이러한 고정된 탄소 소실을 방지한다. CAM 식물에서는 CO_2가 밤에 C_4 유기물로 고정되고, 수분 보존을 위해 기공이 닫히는 낮에는 이 화합물을 통해 C_3 반응을 위한 CO_2를 얻는다.

■ C_4 식물과 CAM 식물의 차이점은 무엇일까?

핵심 개념 요약

7.1 광합성의 개요

광합성은 빛에너지가 화학에너지로 전환되는 것이다(**그림 7.2**).

■ **광합성은 CO_2와 H_2O를 결합하여 포도당과 O_2를 생산한다**

광합성은 3단계로 구분된다. 광에너지의 흡수, 빛에너지를 이용하여 ATP와 NADPH를 만드는 과정, 그리고 ATP와 NADPH를 이용해 CO_2를 유기화합물로 바꾸는 과정이다. 첫 번째와 두 번째 과정은 광의존성 반응이고, 세 번째 과정은 광비의존성 반응이다.

■ **식물에서 광합성이 일어나는 곳은 엽록체이다**

엽록소는 내부에 틸라코이드막과 반액체성 물질로 된 스트로마를 가진다. 에너지 포획 과정에 얽혀 있는 광계는 틸라코이드막에서 발견되며, 유기분자를 결합시키는 효소는 스트로마에 존재한다.

7.2 광합성 과정의 발견

■ **식물은 물과 토양만으로는 무게가 증가하지 않는다**

초기 연구에서 식물이 광조건 하에서 CO_2와 물로부터 O_2를 생성한다는 사실이 밝혀졌다.

■ **광합성에는 광의존성 반응과 광비의존성 반응이 존재한다**

광의존성 반응은 빛을 필요로 하지만 광비의존성 반응은 광조건과 암조건에 관계없이 일어난다. 광합성 속도는 빛의 양과 CO_2의 양, 온도에 따라 달라진다.

■ **O_2는 CO_2가 아니라 물에서 생성된다**

동위원소를 이용하여 광합성 반응에서 서로 다른 분자의 유래와 운명을 밝혀냈다.

■ **광의존성 반응의 ATP와 NADPH는 당을 만들어 CO_2를 감소시킨다**

탄소고정은 광의존성 반응을 통해 만들어진 ATP와 NADPH를 필요로 한다. 이들을 활용할 수 있는 조건에서 단순 당을 만들기 위해 스트로마의 효소가 CO_2를 소모한다.

7.3 색소

■ **빛은 에너지의 한 형태이다**

빛에는 입자성(광자)과 파장성이 있다. 빛은 광전효과를 통해 일부 금속에서 전자를 제거할 수 있고, 광합성에서 엽록체는 광전장치로 작용한다.

■ **각각의 색소는 특징적인 흡수 스펙트럼을 나타낸다(그림 7.5)**

엽록소 *a*는 빛에너지를 화학에너지로 바꿀 수 있는 유일한 색소이다. 엽록소 *b*는 보조색소로, 광합성에 필요한 광자를 모으는 역할을 한다.

7.4 광계의 구성(그림 7.10)

■ **O_2의 생성에도 다수의 엽록소 분자가 필요하다**

방출되는 O_2의 측정은 광합성에 대한 아이디어로 이어졌다. 색소 분자 집단이 반응중심으로 에너지를 집약시키는 통로가 되어준다.

■ **일반적인 광계는 안테나 복합체와 반응중심으로 이루어진다**

광계는 엽록소 *a*와 보조색소, 그리고 틸라코이드막에 박힌 단백질들의 연결이다. 안테나 복합체의 색소 분자들은 광자를 모아 빛에너지를 반응중심으로 전달한다. 반응중심은 단백질 층에 박힌 2개의 엽록소 *a*로 이루어져 들뜬 전자를 수용한다.

7.5 광의존성 반응

광의존성 반응은 1차 광작용, 전하분리, 전자전달, 화학적 삼투의 4단계로 나눌 수 있다.

■ 어떤 박테리아는 하나의 광계만을 사용한다(그림 7.12)

들뜬 상태의 전자는 이동경로를 홀로 움직여서 결국 광계로 돌아온다. 이 전자전달연쇄는 양성자 기울기를 형성한다. 몇몇 박테리아에서 이것은 NADPH도 형성할 수 있다.

■ 엽록체는 연결되어 있는 2개의 광계를 지닌다(그림 7.14)

광계 I은 전자를 $NADP^+$로 전달하여 NADPH를 형성한다. 광계 II는 전자를 광계 I로 전달하며 전자를 잃게 된다. 광계 II가 잃은 전자는 물의 산화를 통해 얻은 전자로 대체되며 이때 산소도 생성된다.

■ 2개의 광계는 비순환적 광인산화 과정 안에서 작용한다(그림 7.14)

광계 II와 광계 I은 전자전달을 통해 연결되어 있다. 이 연결과정에 있는 b_6-f 복합체는 양성자를 틸라코이드 공간 내로 펌핑한다.

■ ATP는 화학적 삼투에 의해 생성된다

ATP 합성효소는 통로단백질이다. 미토콘드리아에서 일어나는 작용과 유사하게 양성자가 이 통로를 통해 흐르면서 그 기울기가 줄어들고, ADP가 인산화되어 ATP가 생성된다. 식물은 순환적 광인산화를 통하여 추가적인 ATP도 생성할 수 있다.

■ 틸라코이드 구조는 막 성분의 배열을 나타낸다

이미징 기법을 통해 연구된 결과 광계 II는 주로 그라나에서 발견되는 반면, 광계 I과 ATP 합성효소는 스트로마 라멜라에서 발견된다.

7.6 탄소고정: 캘빈회로(그림 7.18)

■ 캘빈회로 반응은 무기탄소를 유기분자로 전환한다

C_3 광합성으로 알려진 캘빈회로는 당 합성을 위해 CO_2, ATP, NADPH를 사용한다.

■ 탄소는 중간 물질을 통해 전달되어 포도당을 생성한다

캘빈회로는 RuBP와 CO_2에 대한 루비스코 효소의 활성을 통한 탄소고정, 3탄소 PGA를 G3P로 만드는 환원과정, RuBP의 재생과정의 3단계로 구분할 수 있다. 6번의 사이클을 통해 얻어진 충분한 양의 탄소는 2개의 G3P를 생성하고, 이를 통해 포도당 1분자를 만들 수 있다.

7.7 광호흡

■ 광호흡은 광합성의 수율을 감소시킨다

루비스코는 탄소고정과 반대로 RuBP의 산화작용을 촉매할 수 있다. 건조하고 더운 조건에서는 이러한 작용이 더욱 증가하는 경향이 있다.

■ C_4 식물은 광호흡을 최소화하는 방향으로 진화되었다

C_4식물은 3-탄소 분자에 CO_2를 추가하여 옥살로아세트산을 만드는 방식으로 탄소를 고정한다. 탄소는 C_4 방식으로 1개의 세포에서 고정된 후 다른 세포로 방출되어 캘빈회로에서 쓰인다(그림 7.23).

■ CAM 경로는 광합성을 밤과 낮으로 분할한다

CAM 식물은 기공이 닫혀 있는 낮에 C_4 방식을 활용하고, 동일한 세포에서 밤에 캘빈회로를 자동한다.

연습문제

■ 1단계: 이해력 확인하기

1. 광합성에서 광의존성 반응으로 생성되는 것은 무엇인가?
   a. 포도당
   b. CO_2
   c. ATP와 NADPH
   d. H_2O
2. 빛에너지의 포획과 관련 있는 엽록체의 부위는 무엇인가?
   a. 틸라코이드막
   b 외막
   c. 스트로마
   d. a와 c
3. 광합성에 가장 효과적인 빛은 어떤 색인가?
   a. 적색, 청색, 보라색
   b. 녹색, 황색, 오렌지색
   c. 적외선과 자외선
   d. 빛의 모든 색깔은 같은 효과를 나타낸다.
4. 비순환적 광합성 과정에서 광계 I의 기능은 ______________이고, 광계 II의 기능은 ______________이다.
   a. ATP의 합성; 산소의 발생
   b. $NADP^+$의 환원; H_2O의 산화
   c. CO_2의 환원; NADPH의 산화
   d. 반응 중심으로 전자의 복귀; 물로부터 전자의 획득

5. 광계의 반응중심 색소와 안테나 복합체의 색소는 어떻게 다른가?

a. 반응중심 색소는 엽록소 분자이다.
b. 안테나 복합체의 색소는 빛을 반사하기만 한다.
c. 반응중심 색소는 빛에너지를 흡수하면 전자를 잃는다.
d. 안테나 복합체의 색소는 단백질에 부착되어 있지 않다.

6. 광의존성 반응에서 유래한 ATP와 NADPH는 어디에 쓰이는가?

a. 뿌리의 해당과정
b. 세포내 대부분의 생화학 반응에 직접 사용된다.
c. 포도당 생산을 위한 캘빈회로 반응에 사용된다.
d. 엽록소 합성에 사용된다.

7. 탄소고정 반응에서 __________을(를) __________(으)로 전환한다.

a. 무기 탄소를 유기산으로
b. CO_2를 포도당으로
c. 불활성 루비스코를 활성 루비스코로
d. 유기산을 CO_2로

8. C_4 식물이 1차적으로 탄소를 고정하는 방법은 무엇인가?

a. C_3 식물과 같은 경로를 사용하지만 그 결과 생성된 산물을 변화시킨다.
b. CO_2를 도입하여 옥살로아세트산을 만들고 이것을 말산으로 전환시킨다.
c. 크렙스 회로에 따라 CO_2를 도입하여 시트르산을 생성한다.
d. 해당과정의 역과정으로 CO_2를 도입하여 포도당을 생성한다.

■2단계: 적용력 평가하기

1. 광의존성 반응에서 전체적인 전자 흐름의 방향은 어떻게 되는가?

a. 안테나 색소로부터 반응중심으로
b. H_2O로부터 CO_2로
c. 광계 I로부터 광계 II로
d. H_2O로부터 NADPH로

2. 엽록체 내에서 pH를 측정할 수 있다면 가장 낮은 곳은 어디인가?

a. 스트로마
b. 틸라코이드의 내강
c. 엽록체 바로 바깥의 세포질
d. 안테나 복합체

3. 광계 I을 떠난 전자는 어떻게 되는가?

a. ATP를 생성하기 위해 반응중심으로 복귀된다.
b. H_2O의 산화를 위해 공급된다.
c. 광계 II에서 나온 전자가 그 자리를 대체한다.
d. a와 c 모두 맞다.

4. 캘빈회로가 6번 회전한 결과는 무엇인가?

a. 고정된 모든 탄소가 단일 포도당 분자에 들어 있게 된다.
b. 이 과정에서 12개의 탄소가 고정될 것이다.
c. 한 분자의 포도당을 생성하기에 충분한 탄소가 고정되나 이들 탄소가 같은 분자에 들어 있지는 않을 것이다.
d. 포도당 한 분자가 6분자의 CO_2로 전환될 것이다.

5. 미토콘드리아와 엽록체의 구조적, 기능적 특징이 유사한 것은 무엇인가?

a. 이들은 모두 전자전달을 통해 내부에 양성자 기울기를 생성한다.
b. 이들은 모두 산화반응을 통해 CO_2를 발생한다.
c. 이들은 모두 외막과 내막 시스템을 갖는다.
d. a와 c 모두 맞다.

6. C_4 방식을 이용하면 광호흡 문제를 해결할 수 있음에도 왜 모든 식물이 C_4 방식을 활용하지 않는가?

a. 더 최근의 방식이고 많은 식물들이 C_4 방식으로 진화하지 못하였기 때문이다.
b. 많은 식물들에게는 존재하지 않는 추가적인 효소가 필요하기 때문이다.
c. 많은 식물들에게는 존재하지 않는 특별한 운송조직이 필요하기 때문이다.
d. 추가적인 에너지 소비가 있기 때문이다.

7. 틸라코이드막에서 이온의 누출이 발생한다면 광의존성 반응의 결과는 어떻게 될 것으로 예측되는가?

a. ATP 생성이 멈춘다.
b. NADPH 생산이 멈춘다.
c. H_2O의 산화가 멈춘다.
d. a, b, c 모두 맞다.

8. 광합성의 전체 과정에 대해 올바르게 설명한 것은 무엇인가?

a. 결과적으로 CO_2가 환원되고 H_2O가 산화된다.
b. H_2O가 환원되고 CO_2가 산화된다.
c. O_2가 소비되고 CO_2가 생산된다.
d. CO_2로부터 O_2가 생성된다.

■3단계: 사고력 함양하기

1. C_3 식물, C_4 식물, CAM 식물의 탄소고정을 비교하여 설명하시오.
2. 광합성과 호흡의 생성물과 반응산물 사이의 관계를 모식도로 표현하시오.
3. 식물세포에 미토콘드리아가 왜 필요한지에 대해 답하고 설명하시오.

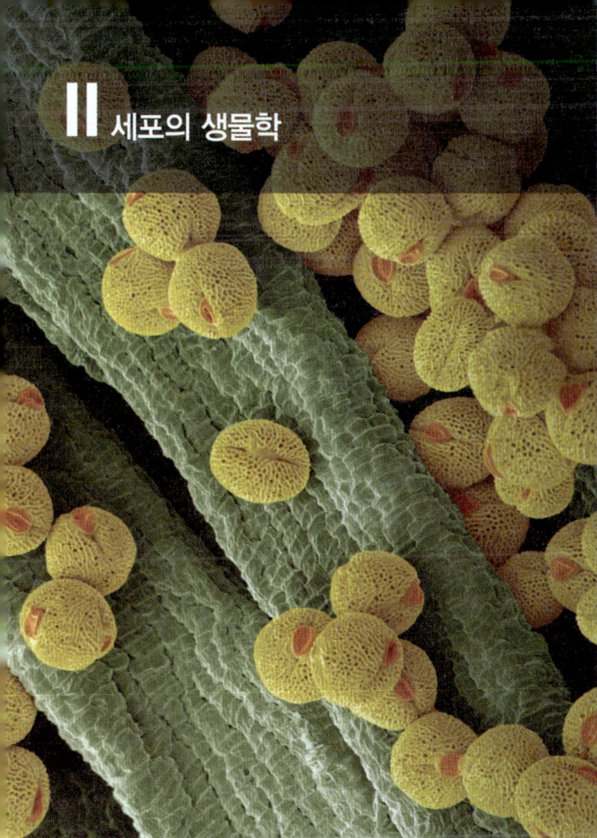

8

세포의 소통

8.1 세포 소통의 개요

8.2 수용체의 종류

8.3 세포내 수용체

8.4 수용체 카이네이스를 통한 신호전달

8.5 G 단백질연결수용체를 통한 신호전달

도입

봄은 부활과 재생의 시간이다. 죽은 것만 같았던 나무에서는 잎과 싹이 나고 땅에서는 꽃이 핀다. 하지만 봄철 알러지로 고생하는 사람에게는 이 계절이 그다지 즐겁지만은 않을 것이다. 왜냐하면 현미경으로나 확인 가능한 꽃가루와 여러 알러지 유발 물질들로 인해 세포 신호를 생성하는 히스타민 및 다른 분자들이 생성되어 면역체계가 자극받게 되어, 이러한 신호들에 의해 염증반응, 점액분비, 혈관확장과 함께 시도 때도 없이 비정상적으로 콧물과 눈물이 흐르는 증상이 알러지 반응으로 나타나기 때문이다. 이와 같은 알러지로 고생하는 사람들은 위와 같은 증상을 완화하기 위하여 세포내 신호전달을 방해하는 항히스타민제를 사용하기도 한다. 한 예로 로라타딘(loratadine, 그러나 Claritin으로 더 잘 알려진)이라는 유명한 약은 히스타민 수용체를 막는 역할을 함으로써 위와 같은 알러지 반응을 막는 것으로 잘 알려져 있다.

이 장에서는 신호전달에 대한 전반적인 내용과 함께 신호에 대한 반응으로 세포가 이용하는 수용체에 관해서 알아본다. 또한 이렇게 다양한 종류의 수용체들이 어떻게 세포 반응을 이끌어 낼 수 있는지 그리고 다른 세포와 어떻게 연관되어 있는지에 대해서 자세하게 알아본다.

8.1 세포 소통의 개요

학습 목표

1. 신호 발신체와 수용체 사이의 거리에 따른 신호전달 방법을 구별할 수 있다.
2. 인산화가 어떻게 단백질의 기능에 영향을 미칠 수 있는지 설명할 수 있다.

세포간에 이루어지는 상호작용은 자연적인 현상이다. 세포간의 신호전달은 모든 다세포 생물에서 발생하며, 세포가 서로 영향을 미치는데 필수적인 메커니즘을 제공한다. 효과적인 신호전달을 위해서는 **리간드**(ligand)라고 부르는 신호전달 분자 및 이와 결합하는 **수용체 단백질**(receptor protein)이 필요하다. 이와 같은 두 가지 요소들의 상호작용은 **신호전달**(signal transduction) 과정을 개시하며, 신호전달 과정으로 인해 전달된 신호를 세포 반응으로 바꾸어 준다(**그림 8.1**).

다세포생물의 세포는 펩타이드(peptide), 대형 단백질(large

그림 8.1 세포 신호전달의 개요. 세포 신호전달은 리간드라 불리는 신호 분자, 수용체, 세포 반응을 생성하는 신호전달경로를 포함한다. 수용체는 세포 안 또는 세포막에 위치하며, 세포내 수용체는 막을 가로지르는 소수성 리간드를, 세포막 수용체는 막을 통과할 수 없는 친수성 리간드를 위해 존재한다.

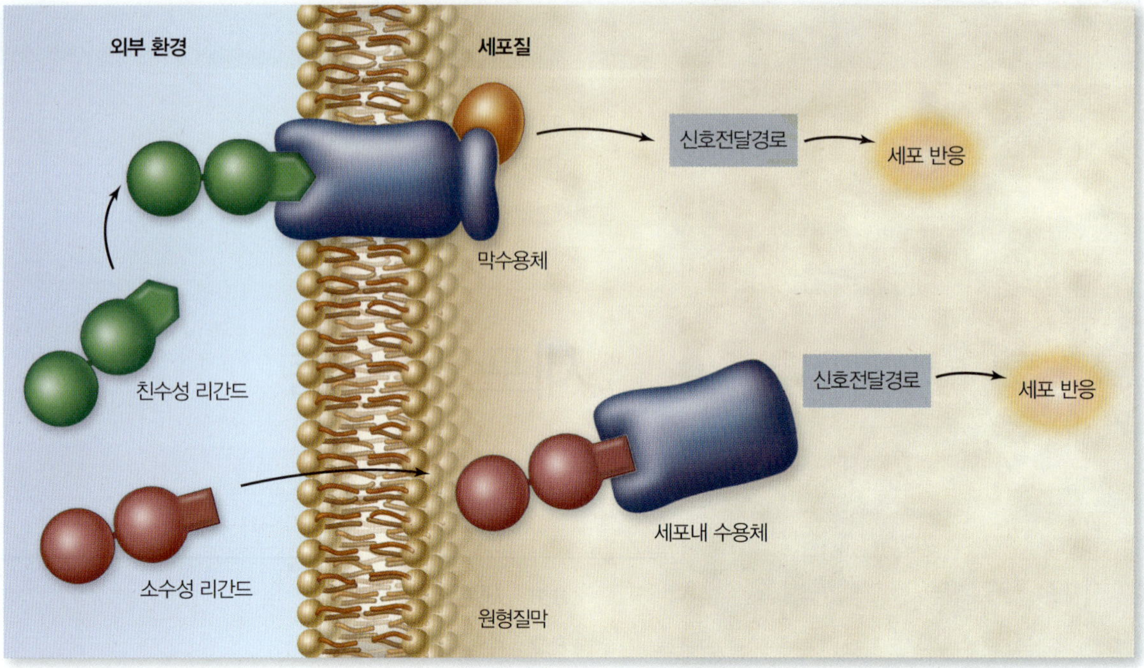

protein), 개별적인 아미노산(amino acid), 핵산(nuclotide), 스테로이드(steroid)나 그 외에 지질(lipid)과 같은 다양한 분자들을 신호로 이용한다. 또한 일산화질소(NO)와 같은 용해된 기체도 신호로 사용될 수 있다.

다세포생물의 세포는 일정한 신호 흐름에 노출된다. 언제든지 수백 가지의 다양한 화학 신호가 세포를 둘러싼 환경에 존재할 수 있다. 그러나 각각의 세포는 특정 신호에만 반응하고, 나머지 신호는 무시해 버린다. 이것은 마치 시끄럽고 북적이는 공간에서 1~2명과 대화하는 사람과 같다.

그렇다면 세포는 어떻게 특정 신호만을 선택하여 반응할 수 있는 것일까? 이는 세포에서 발견되는 다양한 수용체 분자의 수와 종류에 의해 결정된다. 리간드는 상보적 형태의 수용체에 결합하여 수용체-리간드 복합체를 형성하는데, 이는 효소-기질 복합체와 매우 유사하다. 리간드 결합은 수용체 단백질의 형태 변화를 유도하여 세포 반응을 일으키는 신호전달경로(signal transduction pathway)를 시작한다. 세포는 보유하고 있는 특정 수용체 단백질에 알맞은 신호 분자에만 반응하며, 그렇지 않은 것은 무시한다.

신호는 신호 발신체와 수용체 사이의 거리에 의해 정해진다

세포는 기본적으로 신호세포와 반응세포 사이의 거리에 따라 구분되는 다음과 같은 기본적인 기작 중 하나를 통해 소통할 수 있다(**그림 8.2**). 이러한 기작은 (1) 직접 접촉, (2) 국소분비 신호, (3) 내분비 신호 및 (4) 시냅스 신호가 있다.

이 4가지 기본 기작을 사용하는 것 외에도 어떤 세포들은 자신들의 세포막에 존재하는 특별한 수용체에 붙을 수 있는 신호물질을 분비하여 그들 자신에게 신호를 보내기도 한다. **자가신호**(autocrine signaling)라고 불리는 이 과정은 발생 동안의 변화를 강화하는 데 중요한 역할을 하는 것으로 생각되며, 면역계에서 신호전달의 중요한 구성요소이다(45장 참조).

직접 접촉

4장에서 보았듯이, 진핵생물 세포의 표면은 단백질, 탄수화물 및 지질이 풍부하게 세포막에 부착되어 있으며 원형질막 외부로 확장되어 있다. 세포가 서로 아주 가까울 때 한 세포의 원형질막에 있는 분자 중 일부는 인접한 세포의 원형질막에 있는 수용체에 의해 인식될 수 있다. 발생 초기 과정에서 세포와 세포 사이의 중요한 상호작용은 세포 표면의 직접 접촉을 통해서 이루어진다. 또한 세포는 간극연접(gap junction, **그림 8.2***a*)을 통해 신호를 전달한다. 17장에서는 세포 발생 과정 동안의 접촉-의존적 상호작용(contact-dependent interaction)에 대해서 알아본다.

국소분비에 의한 신호

세포가 방출한 신호 분자는 세포외액(extracellular fluid)을 통해서 다른 세포로 확산될 수 있다. 만약 이 분자들이 인접한 세포들에 의해 받아들여지고, 세포 밖에 존재하는 효소에 의해 분해되거나 다른 방식으로 세포외액에서 신속하게 제거된다면, 이 분자를 분비한 세포의 주변 세포만이 영향을 받을 것이다. 이처럼 짧은 시간 동안

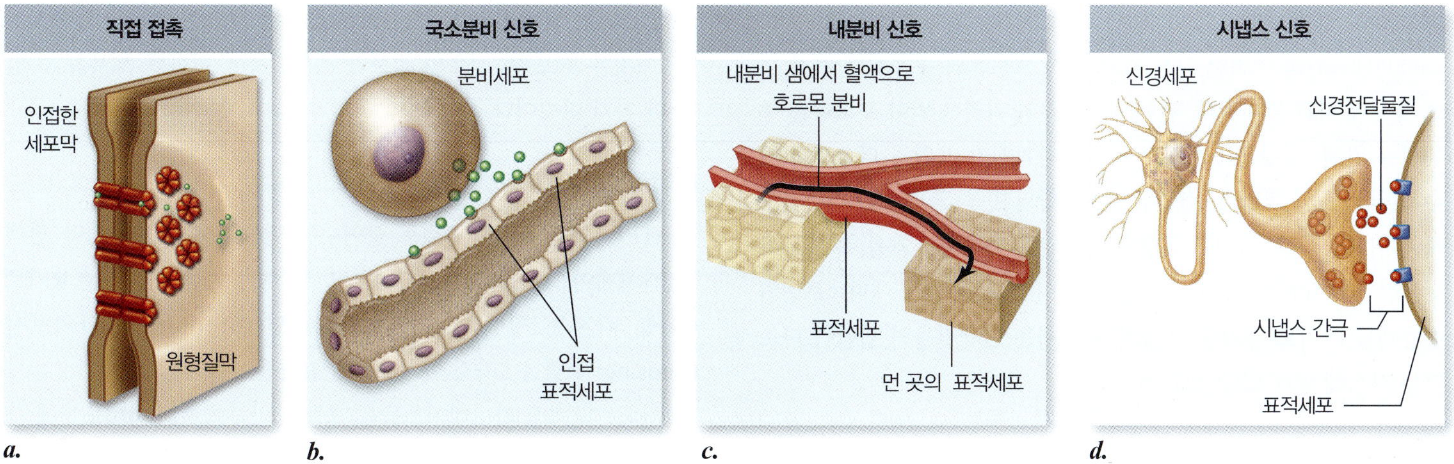

그림 8.2 세포 신호의 4가지 종류.
세포들간의 소통에는 여러 가지 방법이 있다. ***a.*** 직접 접촉. 서로 직접적으로 접촉한 두 세포는 간극연접을 통하여 신호를 보낸다. ***b.*** 국소분비 신호. 한 세포로부터 분비된 물질은 아주 가까이에 있는 세포에만 영향을 준다. ***c.*** 내분비 신호. 호르몬은 생물체의 순환계로 분비되어 표적세포로 운반된다. ***d.*** 화학적 시냅스 신호. 신경전달물질이라 부르는 신호 분자가 신경세포에서 작은 시냅스 간극을 건너 표적세포까지 도달한다.

국부적인 영향을 나타내는 신호를 **국소분비**(paracrine) 신호라고 한다(**그림 8.2***b*).

국소분비 신호는 직접 접촉과 마찬가지로 발생 초기 단계에서 중요한 역할을 하며, 인접세포군의 활동을 조절한다. 척추동물에서의 면역반응은 면역세포 사이의 국소분비 신호와 관련이 있다(45장 참조).

내분비에 의한 신호

분비세포에서 분비된 신호 분자가 세포외액에 오랫동안 잔류할 수 있으면 이 신호 분자는 생물체의 순환계로 들어가서 몸 전체로 이동할 수 있다. 이처럼 오래 잔존하여 분비세포로부터 멀리 떨어진 세포에 영향을 줄 수 있는 신호물질을 **호르몬**(hormones)이라고 부르며, 이러한 유형의 세포 간 소통을 **내분비 신호전달**(endocrine signaling)이라고 한다(**그림 8.2***c*). 식물과 동물에서 이러한 신호 기작은 광범위하게 사용되고 있으며, 39장에서 내분비 신호전달에 관하여 자세하게 알아본다.

시냅스 신호

동물에서 신경계 세포들은 멀리 있는 세포들과 신속하게 소통할 수 있게 해준다. 시냅스 신호전달에서는 **신경전달물질**(neurotransmitter)이 신호 분자로서 작용한다. 그들의 신호 분자인 신경전달물질은 호르몬처럼 순환계를 통해 멀리 떨어져 있는 표적세포로 이동하지 않는다. 오히려, 신경세포의 긴 섬유 모양의 축삭 끝에서 신경전달물질을 매우 가까이 있는 표적세포로 방출한다(**그림 8.2***d*). 한 뉴런과 이의 표적세포의 연합을 **화학적 시냅스**(chemical synapse)라고 하며, 이런 유형의 세포 간 소통을 **시냅스 신호**(synaptic signaling)라고 한다. 국소분비 신호가 세포들 사이의 액체를 통하여 전달되는 것과는 다르게, 신경전달물질은 시냅스 간극을 가로질러 신호가 전달된다. 시냅스 신호는 37장에서 더욱 자세하게 알아본다.

신호는 세포 반응을 유발한다

신호의 종류들에 대해서는 앞에서 간략하게 알아보았지만, 세포가 신호에 어떻게 반응하는지에 대해서는 살펴보지 않았다. 신호를 받은 세포 내부에서 일어나는 현상을 **신호전달**(signal transduction)이라고 한다. 이러한 현상은 개별적인 경로를 형성하여 수용체들이 받아들이는 신호에 대한 세포 반응을 이끌어 낸다. 이러한 경로는 복잡하고 종종 다른 수용체에 의해 활성화될 수 있거나 동일한 수용체가 다른 형태로 활성화할 수 있다. 따라서 서로 다른 세포 유형은 서로 다른 신호에 대해 동일한 반응을 보이거나, 동일한 신호에 대해 서로 다른 반응을 보일 수 있다.

예를 들면 여러 종류의 세포에서 글루카곤(glucagon)이라는 호르몬이 신체 기작의 일부로 포도당(glucose)을 이용하여 혈당을 조절한다(39장 참조). 이것은 저장된 글리코겐을 포도당으로 분해하는 것과 포도당을 합성하는 데 필요한 효소의 유전자가 활성화되는 것을 포함한다. 반면, 호르몬 에피네프린(epinephrine)은 세포 종류에 따라 다른 영향을 나타낸다. 갑작스러운 일에 깜짝 놀라는 경우 심장박동이 빨라지고, 더욱 기민해지고, 머리카락이 서는 느낌을 받을 것이다. 이와 같은 반응은 신체에서 아드레날린(adrenaline)이라고 부르는 에피네프린이 혈관으로 분비되어 나타나는 현상이다. 이렇게 되면 경계태세가 높아지고 심박수와 에너지가 증가하여 극한 상황에 대응할 수 있게 된다.

에피네프린의 이러한 다른 효과는 이 호르몬의 수용체를 가진 세포 유형에 따라 달라진다. 간에서는 세포가 자극을 받아 포도당을 동원하는 반면, 심장근육세포는 혈류를 증가시키기 위해 더욱 강하게 수축한다. 또한 혈관의 어떤 부위는 확장되고, 다른 부위는 수축하도록 하여 간, 심장, 골격근에 혈액이 부위마다 다르게 흐를 수 있도록 작용한다. 이러한 다양한 반응은 각각의 세포 종류가 에피네프린의 수용체를 가지고 있지만, 신호에 반응하는 단백질들의 집합이 다르다는 사실에 달려 있다.

인산화는 단백질 기능의 조절에 핵심이다

신호전달경로의 기능은 세포의 성질과 행동을 변화시키는 것이다. 이를 위해서는 세포를 이루는 단백질의 구성 변화나 세포 단백질의 활성 변화가 요구된다. 많은 단백질이 최초로 합성되었을 때 활성이나 기능이 없기 때문에, 활성을 가지기 위해서 합성된 이후에 변형(modification)이 필요하다. 다른 경우에는 단백질을 변형시켜 비활성화할 수 있다. 단백질 기능은 주로 인산기(phosphate group)를 첨가하는 **인산화**(phosphorylation)와 인산기를 제거하는 **탈인산화**(dephosphorylation)에 의해 조절된다.

6장과 7장에서 배웠듯이, 세포호흡(cellular respiraton)과 광합성 대사경로의 마지막 결과는 ADP에서 ATP로의 인산화였다. 이와 같은 경로로 합성된 ATP는 단백질에 인산기를 제공할 수 있다. 단백질의 인산화는 단백질의 활성을 켜거나 끄는 것으로 기능을 변화시킨다. 이것은 세포 외 신호의 정보가 세포활동에 변화를 가져올 수 있는 한 가지 방법이다.

단백질 카이네이스

ATP의 인산기를 단백질로 붙여주는 기능을 하는 효소들을 **단백질 카이네이스**(protein kinase)라고 부른다. 이들 인산기는 R기로 OH를 가지는 세린(serine), 트레오닌(threonine), 타이로신(tyrosine)과 같은 3가지 아미노산에 첨가될 수 있다.

우리는 단백질 카이네이스들을 그들이 바꾸어주는 아미노산에 근거하여 세린-트레오닌 또는 타이로신 카이네이스로 분류한다(**그림 8.3**). 대부분의 세포질 단백질 카이네이스들은 세린-트레오닌 카이네이스에 속한다.

인산가수분해효소

단백질 변형의 한 형태인 인산화의 다양성에 대한 이유 중 하나는 그것이 가역적이기 때문이다. **인산가수분해효소**(phosphatase)라는 또 다른 효소는 카이네이스의 기능과는 반대로 인산기를 떼어내는 역할을 한다. 따라서 카이네이스에 의해 활성을 가진 단백질은 인산가수분해효소에 의해 활성을 잃을 수 있으며, 카이네이스에 의해 활성을 잃은 단백질은 인산가수분해효소에 의해 활성을 가질 수 있다.

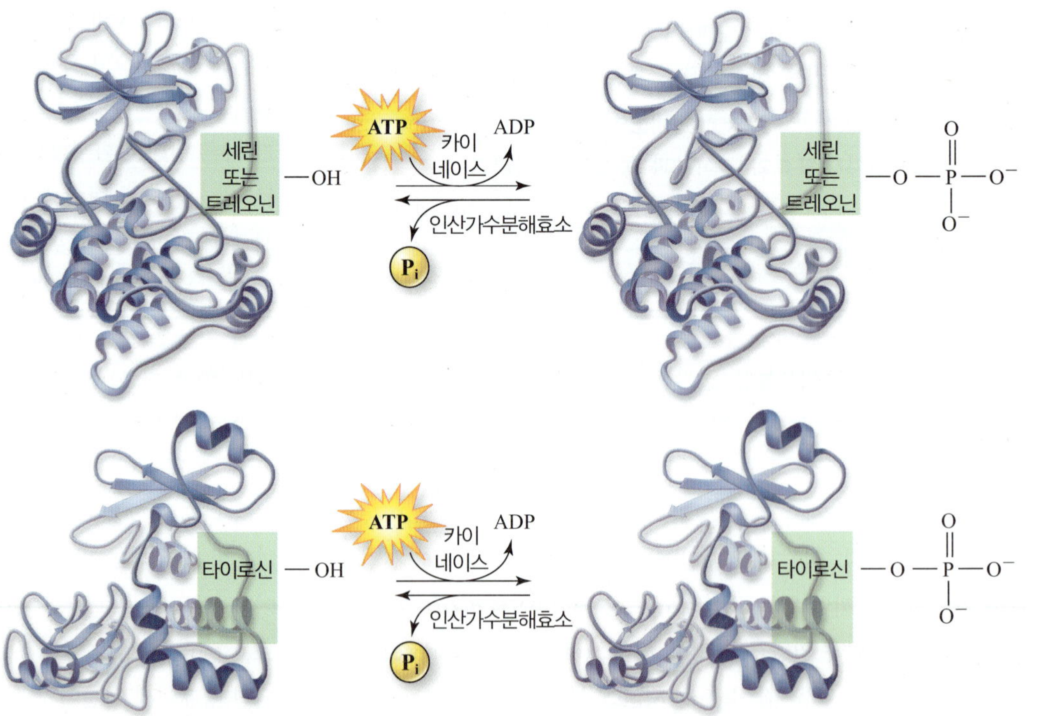

그림 8.3 단백질의 인산화.
많은 단백질은 인산화 상태에 의해서 기능이 조절된다. 인산화에 의해 활성을 가지거나, 탈인산화에 의해 활성을 잃을 수 있으며, 이와 반대되는 현상이 일어날 수도 있다. 인산기를 붙여주는 효소는 카이네이스라 부른다. 카이네이스는 인산기가 붙는 아미노산의 잔기에 따라 세린/트레오닌 카이네이스, 타이로신 카이네이스와 같이 두 가지 종류로 분류할 수 있다. 카이네이스는 인산가수분해효소와 반대되는 역할을 한다.

핵심 요약 8.1

세포의 소통에는 세포 수용체에 결합하는 화학 신호 또는 리간드가 포함된다. 수용체에 대한 리간드의 결합은 세포 반응을 유도하는 신호전달경로를 개시한다. 서로 다른 세포들은 하나의 신호에 대해 동일한 세포반응을 하거나 동일한 신호에서는 서로 다른 세포 반응을 도출할 수 있다. 신호전달경로에서 발견되는 단백질의 인산화-탈인산화는 단백질 기능을 제어하는 일반적인 메커니즘이다.

■ 수용체-리간드 상호작용은 효소-기질 상호작용과 어떻게 유사할까?

8.2 수용체의 종류

학습 목표

1. 다양한 수용체를 비교할 수 있다.

세포신호를 이해하기 위해서는 먼저 수용체 그 자체를 이해해야 한다. 세포가 특정 신호 분자에 반응할 수 있기 위해서는 신호 분자에 결합할 수 있는 수용체가 있어야 한다. 수용체와 리간드의 상호결합은 분자 인식의 한 예라고 할 수 있으며, 한 분자는 상보적인 형태를 기반으로 다른 분자와 상호작용한다. 이 상호결합은 수용체의 구조를 변화시키며, 그로 인해 수용체는 활성을 가지게 된다. 이것이 신호전달과정의 시작이다.

수용체는 위치에 의해 구분된다

수용체는 세포의 위치와 리간드의 화학적 특성에 따라 구분될 수 있다. 세포내 수용체는 소수성 리간드에 결합하여 원형질막을 쉽게 통과하여 세포 내로 들어간다. 이와는 반대로 세포표면 또는 막수용체는 이들 리간드가 쉽게 막을 통과할 수 없기 때문에 세포 외부의 친수성 리간드에 결합한다(**그림 8.1** 참조). 막수용체는 세포질 및 세포외 영역에 접하고 있는 막관통단백질(transmembrane protein)로 세포 내외의 다른 분자와 상호작용할 수 있다. **표 8.1**은 이 장에서 논의된 수용체 및 소통 기작의 유형을 요약한 것이다.

막수용체는 세 부류가 있다

막관통단백질이 수용체일 경우, 리간드는 수용체의 세포 밖 부위의 수용체에 결합하고 세포막을 통과할 수는 없다. 이 경우, 신호 분자가 아니라 수용체가 막을 통과하는 정보를 조절한다. 이러한 막수용체는 그들의 구조와 기능에 따라 구분된다.

통로와 연결된 수용체

화학개폐성이온통로(chemically gated ion channel)는 이온의 통과를 조절하는 수용체이다(**그림 8.4***a*). 다양한 신경전달물질이 결합하는 수용체 단백질들의 구조는 유사하다. 이들은 다중 막관통단백질(multiple transmembrane protein)로, 아미노산 사슬이 세포막 안팎으로 여러 번 왕복해 뻗어 있다. 단백질의 중심부에는 구멍이 있어서 세포외액과 세포질을 연결한다. 이 단백질의 구멍은 이온이 통과할 만큼 커서 **이온통로**(ion channel)로 기능한다.

이 통로는 화학적으로 개폐된다고 말하는데, 이는 화학물질(신경전달물질)이 결합했을 때만 열리기 때문이다. 화학적으로 제어된 이온통로가 열릴 때 막을 통해 흐르는 이온의 유형은 통로의 전하와 구조에 따라 다르다. 소듐, 포타슘, 칼슘, 염소 이온은 특정한 이온통로를 가지고 있다.

근육세포 막에서 발견되는 아세틸콜린(acetylcholine) 수용체는

표 8.1 세포 신호에 연관된 수용체들

수용체 유형	구조	기능	예
세포내 수용체	세포외 신호 결합 부위가 없음	지용성, 비극성 소형 분자로부터 신호를 받음	스테로이드 호르몬, 바이타민 D, 갑상선 호르몬 수용체
세포표면 수용체			
화학개폐성이온통로	중앙부에 통로를 형성하는 다중 막관통단백질	화학적으로 자극받아 개폐되는 분자적 관문	뉴런
효소 수용체	단일 막관통단백질	세포외에서 신호와 결합. 세포내 반응을 촉매함	단백질 카이네이스의 인산화
G 단백질연결수용체	G 단백질과 세포질 내의 결합 부위를 가지며, 7번 막을 통과하는 막관통단백질	수용체에 신호가 결합하면 GTP가 G 단백질에 결합함. GTP가 부착된 G 단백질은 세포 내에서 신호를 전달함	펩타이드 호르몬, 눈의 간상세포

Na^+ 통로와 비슷한 기능을 한다. 아세틸콜린 수용체가 신경전달물질인 아세틸콜린 리간드에 결합하면 통로가 열리고 Na^+가 근육세포 안으로 흐르게 된다. 이것은 운동뉴런(motor neuron)에서 나오는 신호를 근육세포 수축으로 연결하는 중요한 단계이다(40장 참조).

효소 수용체

많은 세포표면 수용체는 효소처럼 작용하거나 효소와 직접적으로 연관되어 있다(**그림 8.4***b*). 신호 분자가 수용체에 결합하면 효소는 활성을 가진다. 대부분의 경우 이 효소들은 단백질에 인산기를 부착시켜주는 **단백질 카이네이스**(protein kinases)이다. 이러한 수용체에 대해서는 8.4절에서 자세히 다룬다.

G 단백질연결수용체

세포표면 수용체의 세 번째 종류인 **G 단백질**(G protein)은 세포막에서 원형질막의 효소 또는 이온통로에 간접적으로 영향을 주는 단백질이다. G 단백질은 GTP(구아노신 3인산, guanosine triphosphate)가 결합하기 때문에 붙여진 이름으로, 수용체와 효소(반응 단백질) 사이에 삽입된 것으로 생각할 수 있다. 즉, 리간드가 수용체에 결합하여 수용체가 활성화되면 수용체는 G 단백질을 활성화시키고, 활성화된 G 단백질은 반응 단백질(effector protein)을 활성화시킨다(**그림 8.4***c*). 이러한 수용체들은 8.5절에서 자세히 다룬다.

막수용체는 2차전달자를 생성할 수 있다.

몇몇 효소 수용체와 대부분의 G 단백질연결수용체는 또 다른 물질을 이용하여 세포질 내로 메시지를 전달한다. 여기서 말하는 '또 다른 물질'을 **2차전달자**(second messenger)라고 하며, 이것은 작은 분자 또는 이온의 형태로서 세포 속 단백질과 그들의 구조를 변하게 하여 기능을 변화시킨다. (원래의 신호 분자는 "1차전달자"로 간주한다.) **cAMP**(cyclic adenosine monophosphate, cyclic AMP)와 칼

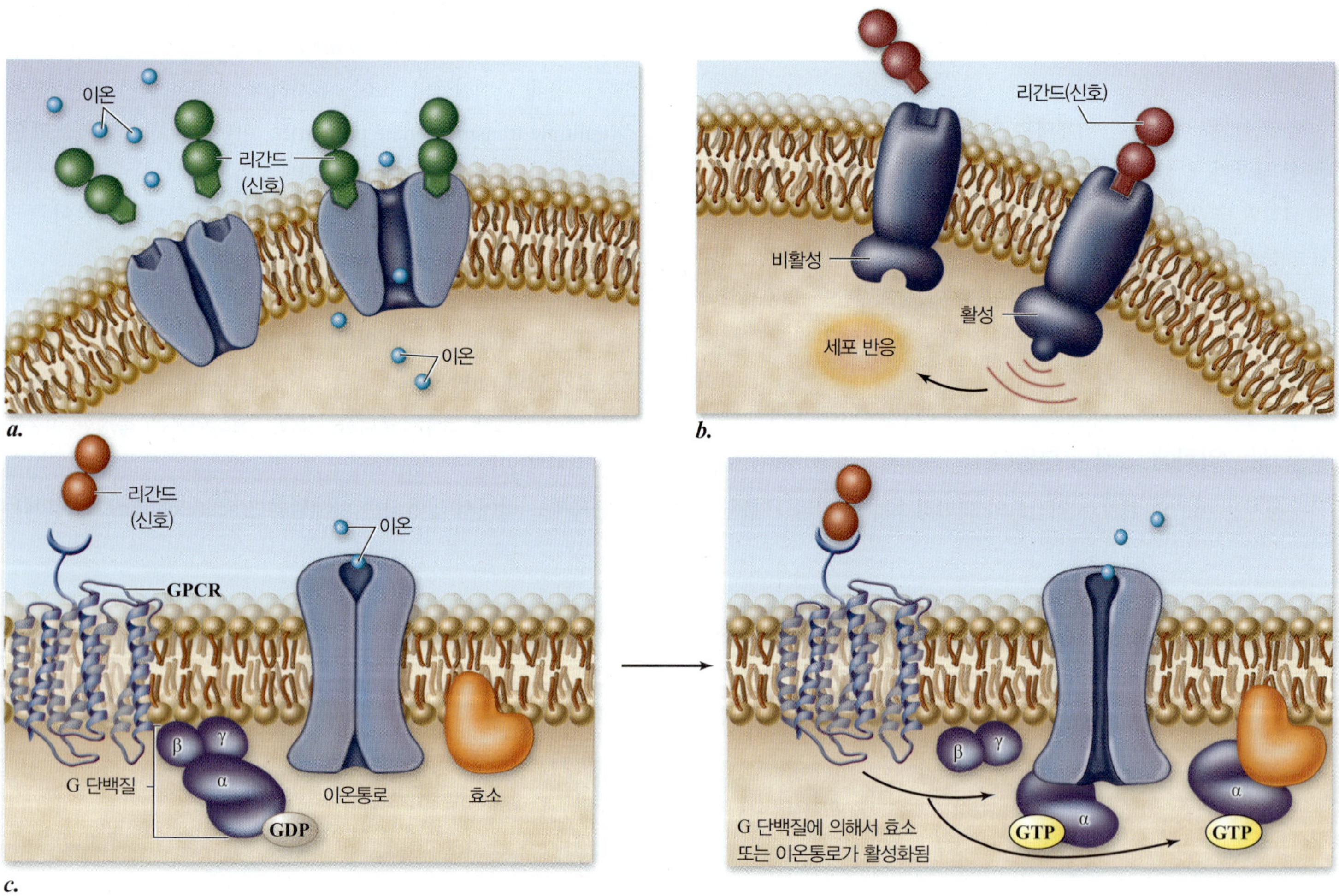

그림 8.4 세포 표면 수용체.
a. 화학개폐성 이온통로는 화학적 신호에 의해서 열고 닫히는 통로이다. 이들은 선택적으로 단 1가지 종류의 이온만 통과시킨다. ***b.*** 효소 수용체는 세포 밖 표면에서 리간드와 결합한다. 세포질 부분에 존재하는 촉매 영역은 세포질에서 효소처럼 작용하여 신호가 막을 가로질러 전달될 수 있도록 한다. ***c.*** G 단백질연결수용체(GPCR)는 세포 밖에서 리간드와 결합하여 세포내의 G 단백질과 결합한다. ***d.*** 그 결과 G 단백질은 효소 또는 이온통로를 활성화하여 세포 밖의 신호를 세포 안으로 전달한다.

슘 이온은 일반적인 2차전달자로 이들의 역할에 대해서는 8.5절에서 더 자세히 알아본다.

핵심 요약 8.2

수용체는 내부(세포내 수용체) 또는 외부(막수용체)일 수 있다. 막수용체는 통로-연결 수용체, 효소 수용체 및 G 단백질연결수용체를 포함한다. 막수용체를 통한 신호전달은 종종 세포 내에서 2번째 신호 분자 또는 2차전달자의 생성을 수반한다.

- 소수성 분자는 세포 내부의 수용체와 막수용체 중 누구와 결합할까?

8.3 세포내 수용체

학습 목표

1. 세포내 수용체에 결합하는 리간드의 화학적 성질에 대해 설명할 수 있다.
2. 세포내 수용체를 통한 신호전달의 경로를 나타낼 수 있다.

지용성이거나 매우 작은 분자로 된 많은 세포신호는 표적세포의 세포막을 쉽게 통과하여 세포 속으로 들어가서 세포내 수용체와 결합할 수 있다. 이러한 리간드 중 일부는 세포질에 있는 단백질 수용체와 결합하기도 하고, 핵 속에 있는 수용체와 결합하기도 한다.

스테로이드 호르몬 수용체는 유전자 발현에 영향을 준다

이 장에서 논의된 모든 수용체 중에서 스테로이드 호르몬 수용체의 역할이 가장 단순하고, 직접적이다.

스테로이드 호르몬은 코티솔(cortisol), 에스트로겐(estrogen), 프로게스테론(progesterone), 테스토스테론(testosteron)과 같이 주로 비극성 구조를 공유하는 많은 종류의 화합물을 말한다. 에스트로겐, 프로게스테론, 테스토스테론은 성적 발달과 성적 행동에 영향을 준다(46장 참조). 코티솔과 같은 다른 스테로이드 호르몬은 포도당의 이동에서부터 백혈구의 염증반응 조절의 억제에 이르기까지 표적 조직에 따라 다양한 영향을 미치며 염증을 조절한다. 이들의 항염증반응 기능은 의학적으로 사용될 수 있다.

이들 호르몬은 비극성 구조 때문에 막을 쉽게 통과하여 세포내 수용체와 결합할 수 있다. 호르몬이 결합하기 전의 스테로이드 호르몬 수용체는 세포질에 위치하지만 1차적으로 활동을 하는 곳은 핵 안이다. 수용체에 호르몬이 결합하면 복합체는 세포질에서 핵 안으로 이동한다(**그림 8.5**). 이렇게 리간드-수용체 복합체가 세포의 핵에 도달

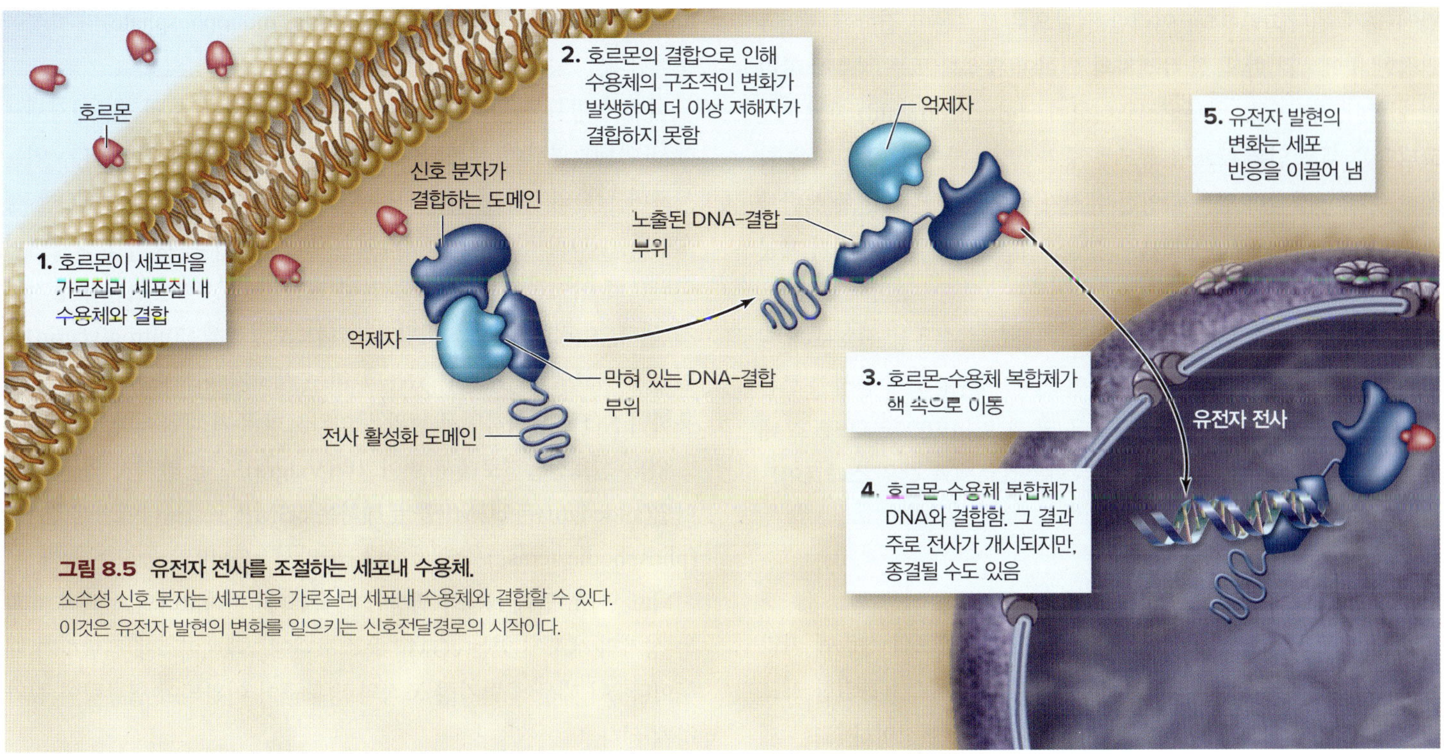

그림 8.5 유전자 전사를 조절하는 세포내 수용체. 소수성 신호 분자는 세포막을 가로질러 세포내 수용체와 결합할 수 있다. 이것은 유전자 발현의 변화를 일으키는 신호전달경로의 시작이다.

하기 때문에 이러한 수용체를 종종 **핵 수용체**(nuclear receptor)라고 한다.

스테로이드 수용체의 역할

바이타민 D 및 갑상선 호르몬과 같이 크기가 작고, 지용성인 신호 분자의 수용체와 스테로이드 호르몬 수용체의 주된 역할은 유전자 발현을 조절하는 것이다(15장 참조).

이들 수용체들은 모두 유사한 구조를 가지는데, 발현하는 유전자가 하나의 조상 유전자에서 진화하였기 때문이다. 이들의 구조적 유사성 때문에 **핵 수용체 집단**(nuclear receptor superfamily)에 포함된다.

이러한 각각의 수용체들은 다음과 같은 기능적 도메인(domain)을 가진다.

1. 호르몬 결합 도메인(hormone-binding domain)
2. DNA 결합 도메인(DNA-binding domain)
3. 유전자 전사 단계에 영향을 주는 보조활성자(coactivator)와 상호작용할 수 있는 도메인

불활성 상태일 때 수용체는 일반적으로 DNA와 결합할 수 없는데, 억제 단백질(inhibitor protein)이 DNA 결합 부위에 위치하고 있기 때문이다. 신호 분자가 호르몬 결합 부위에 결합하게 되면, 수용체의 구조적인 변화가 일어나고 억제자가 떨어져 나가서, DNA 결합 부위가 노출되어 수용체가 DNA의 특정한 뉴클레오타이드 서열에 붙게 된다(**그림 8.5**). 이러한 결합으로 호르몬이 결합한 서열과 인접한 곳에 위치한 특정 유전자의 발현이 활성화(또는 경우에 따라 억제)한다. 한 예로, 글루코코르티코이드(glucocorticoid) 호르몬인 코티솔은 세포 안의 포도당 농도를 증가시키는데, 이는 포도당을 합성하는 데 연관되어 있는 다양한 유전자가 이 호르몬-수용체 복합체(hormone-receptor complex)와 결합할 수 있는 영역을 가지기 때문이다.

세포내 수용체가 인식하는 지용성 리간드는 수용성 신호보다 훨씬 오래 혈액 내에서 지속되는 경향이 있다. 대부분의 수용성 호르몬은 수분 내에, 그리고 신경전달물질은 몇 초 또는 1000분의 몇 초 내에 분해된다. 그에 반해 코티솔 또는 에스트로젠과 같은 스테로이드 호르몬은 수 시간 동안 지속된다.

보조활성자의 특성과 역할

지용성 세포신호에 대한 표적세포의 반응은 세포의 성질에 따라 다양하게 나타나는데, 이러한 특징은 여러 표적세포가 동일한 세포내 수용체를 가지고 있음에도 불구하고 나타나는 현상이다. 모든 세포에서 수용체 단백질이 특별한 DNA 서열에 동일하게 결합되는 것을 고려해 볼 때, 이것은 이해가 잘 되지 않는 현상이 될 수 있다. 그러나 수용체가 그 수와 종류가 세포마다 다른 **보조활성자**(coactivators)와 함께 활동하기 때문에 위와 같은 현상이 나타날 수 있는 것이라고 생각한다면 쉽게 이해될 수 있을 것이다. 따라서 수용체뿐만 아니라, 보조활성자의 존재도 세포의 반응에 영향을 줄 수 있음을 짐작할 수 있다.

에스트로젠 호르몬은 유선조직(mammary tissue)과 자궁조직(uterine tissue)에 각각 다른 영향을 준다. 이와 같은 서로 다른 반응은 두 조직에 있는 수용체의 유무 때문이 아니라 보조활성자에 의해 조절되기 때문이다. 유선조직에서는 중요한 보조활성자가 없으며, 대신에 호르몬-수용체 복합체(hormone-receptor complex)가 유전자 발현을 감소시키는 다른 단백질과 상호작용한다. 자궁조직에서는 보조활성자가 존재하며 이에 의해 임신이 가능하도록 자궁을 준비시키는 단백질을 암호화하는 유전자가 발현된다.

다른 세포내 수용체들은 효소처럼 작용한다

흥미롭게도 일산화질소(NO)의 수용체에서 효소처럼 활동하는 수용체가 발견되었다. 작은 기체 분자인 NO는 세포에서 생성된 후 세포 밖으로 쉽게 확산되며, 주위의 세포를 직접 통과하여 구아닐산 사이클레이스(guanylyl cyclase)와 결합한다. NO의 결합은 구아닐산 사이클레이스를 활성화시키고, 평활근(smooth muscle) 세포의 이완과 같은 세포 특이적 반응을 이끌어내는 세포내 전달자(intracellular messenger)인 **cGMP**(cyclic guanosine monophosphate)의 합성을 촉매한다.

뇌에서 평활근 세포를 이완시키는 신경신호를 보낼 때, 신경세포에서 아세틸콜린이 분비되어 상피세포의 수용체에 결합한다. 이는 세포내 칼슘의 농도를 증가시켜 NO 합성효소를 자극하여 NO를 생성한다. NO가 평활근 안으로 확산되면 cGMP의 농도가 증가하여 이완으로 이어진다. 이완으로 인해 혈관은 확장되어 혈류가 증가하게 된다. 이러한 사실을 바탕으로 니트로글리세린(nitroglycerin)은 협심증 치료에 사용할 수 있는데 이는 세포가 니트로글리세린을 이용하여 NO를 생성하면서 혈관을 이완시켜 주기 때문이다.

위의 신호전달경로에서 비아그라(Viagra)로 잘 알려져 있는 실데나필(sildenafil)은 cGMP를 분해하는 cGMP 포스포디에스테레이스(phosphodiesterase)를 억제한다. 따라서 cGMP의 농도는 높게 유지되고, 이로 인해 NO의 생성이 계속된다. 비아그라의 선택적 효과는 성기의 세포에 있는 cGMP 포스포디에스테레이스에 결합하기 때문이다. 이 때문에 발기성 조직의 평활근이 이완되어 혈류량이 증가하게 된다.

핵심 요약 8.3

소수성 신호 분자는 막을 통과하여 세포내 수용체에 결합할 수 있다. 스테로이드 호르몬 수용체는 유전자 발현에 직접 영향을 줌으로써 작용한다. 일단 호르몬에 결합하면, 수용체-호르몬 복합체는 유전자 발현의 활성화(또는 억제)를 위해 핵으로 이동한다. 또한 호르몬-수용체 복합체와 함께 작용하는 보조활성자가 필요할 수도 있다. 따라서 호르몬에 대한 세포의 반응은 수용체와 보조활성자의 존재에 달려 있다.

■ 이러한 유형의 세포내 수용체는 빠르게 작용할까? 긴 지속 시간의 효과를 가질까?

8.4 수용체 카이네이스를 통한 신호전달

학습 목표

1. RTK와 스테로이드 호르몬 수용체를 비교하여 설명할 수 있다.
2. 정보가 어떻게 RTK를 통해 막을 통과하는지 설명할 수 있다.
3. 신호전달에서 카이네이스 연쇄반응의 역할에 대해 설명할 수 있다.

8.1절에서 단백질 카이네이스가 단백질의 기능을 전환하기 위해 단백질을 인산화시키며, 대부분의 카이네이스는 세린, 트레오닌, 타이로신과 같은 아미노산에 인산기를 붙여준다는 것을 알았다. **수용체타이로신카이네이스**(receptor tyrosine kinase, RTK)는 세포주기(cell cycle), 세포 이동(cell migration) 및 세포 증식(cell proliferation)에 영향을 주며, 이 수용체를 통한 신호에 의해 대부분의 세포가 영향을 받는다. 이 수용체의 기능과 신호전달경로의 변화는 인간과 다른 동물에서 암을 유발하기도 한다.

암유발유전자 또는 종양유전자(oncogene)의 초기 사례 중 일부는 RTK의 기능과 연관이 있다(9장 참조). 조류 적아구증 바이러스(avian erythroblastosis virus)는 세포외 도메인의 대부분이 소실된 표피생장인자 수용체를 지니고 있다. 이 바이러스에 감염된 세포는 변형된 수용체를 생성하여 세포 내부 신호를 계속 전달하게 된다. 이와 같이 수용체에 발생하는 지속적인 신호에 의해 세포는 과대 성장을 조절하지 못하게 되는 것이다.

수용체 타이로신 카이네이스는 동물세포의 광범위한 막수용체로서 친수성 리간드를 인식한다. 식물체에서 발견되는 이와 비슷한 구조와 기능을 가지는 수용체는 세린-트레오닌 카이네이스(serin-threonine kinase)로 이는 **식물수용체카이네이스**(plant receptor kinase)라 부른다.

이들 수용체는 식물 및 동물세포에서 유사한 기능을 수행하지만 기질이 상이하기 때문에, 각 종류의 수용체 카이네이스의 복제 및 차이는 아마도 식물-동물 분기 후에 발생했을 것이다. 이들 유형의 신호전달 분자의 증식은 각 그룹에서 다세포 생물의 독립적 진화와 일치하는 것으로 생각된다.

여기에서는 다양한 동물세포에서 광범위하게 연구된 RTK 수용체 패밀리에 중점을 둔다.

RTK는 자가인산화에 의해 활성화된다

RTK는 막에 고정되어 있기 위한 단일 막관통 도메인, 세포 밖 리간드 결합 도메인 및 세포내 카이네이스 도메인으로 구성된 비교적 간단한 구조로 이루어져 있다. 카이네이스 도메인은 수용체의 촉매부위(catalytic site)를 포함하고 있으며, 이는 타이로신 잔기에 인산기를 부착하는 역할을 한다. 특정 수용체에 리간드가 결합하면, 2개의 수용체-리간드 복합체가 서로 모이게 되어(2량체화, dimerization) 서로를 인산화시키는데 이러한 과정을 **자가인산화**(autophosphorylation)라고 한다(**그림 8.6**).

수용체에 리간드가 결합하여 생성된 신호는 자가인산화 반응에 의해 막을 가로질러 전달된다. 다음 단계는 세포질 내로 신호를 전달하는 것으로 다양한 방식으로 신호가 전달된다. 신호가 전달되는 방식으로는 다른 세포 내부 표적을 인산화시키기 위해 타이로신 카이네이스 도메인(tyrosine kinase domain)을 활성화시키거나, 인산화된 수용체와 또 다른 단백질 사이의 상호작용을 증가시키는 방법이 있다.

세포내 단백질에 따라 활성화 이후에 일어나는 세포 반응은 달라진다. 서로 다른 두 세포가 동일한 수용체를 가질 수 있지만, 세포질 내에 어떤 단백질이 반응하는가에 따라서 다른 반응을 나타낼 수 있다. 예를 들어, 섬유아세포(fibroblast) 생장인자는 섬유아세포의 세포분열을 촉진하지만, 신경세포에서는 분열보다 분화를 촉진한다.

포스포타이로신 도메인은 단백질-단백질 상호작용을 매개한다

특이적으로 인산화된 수용체의 타이로신 잔기와 단백질과의 결합에 의해서 수용체가 받은 신호는 세포질로 전달된다. 수용체가 활성화되면 촉매 부위 외부의 단백질 영역이 인산화되는데, 이는 포스포타이로신에만 특이적으로 결합하는 단백질의 결합 부위를 만든다. 이와 같은 인산화된 타이로신 잔기에 결합하는 단백질에 의해 리간드로부터 오는 신호가 세포 반응으로 바뀌는 현상이 개시될 수 있다(**그림 8.6**).

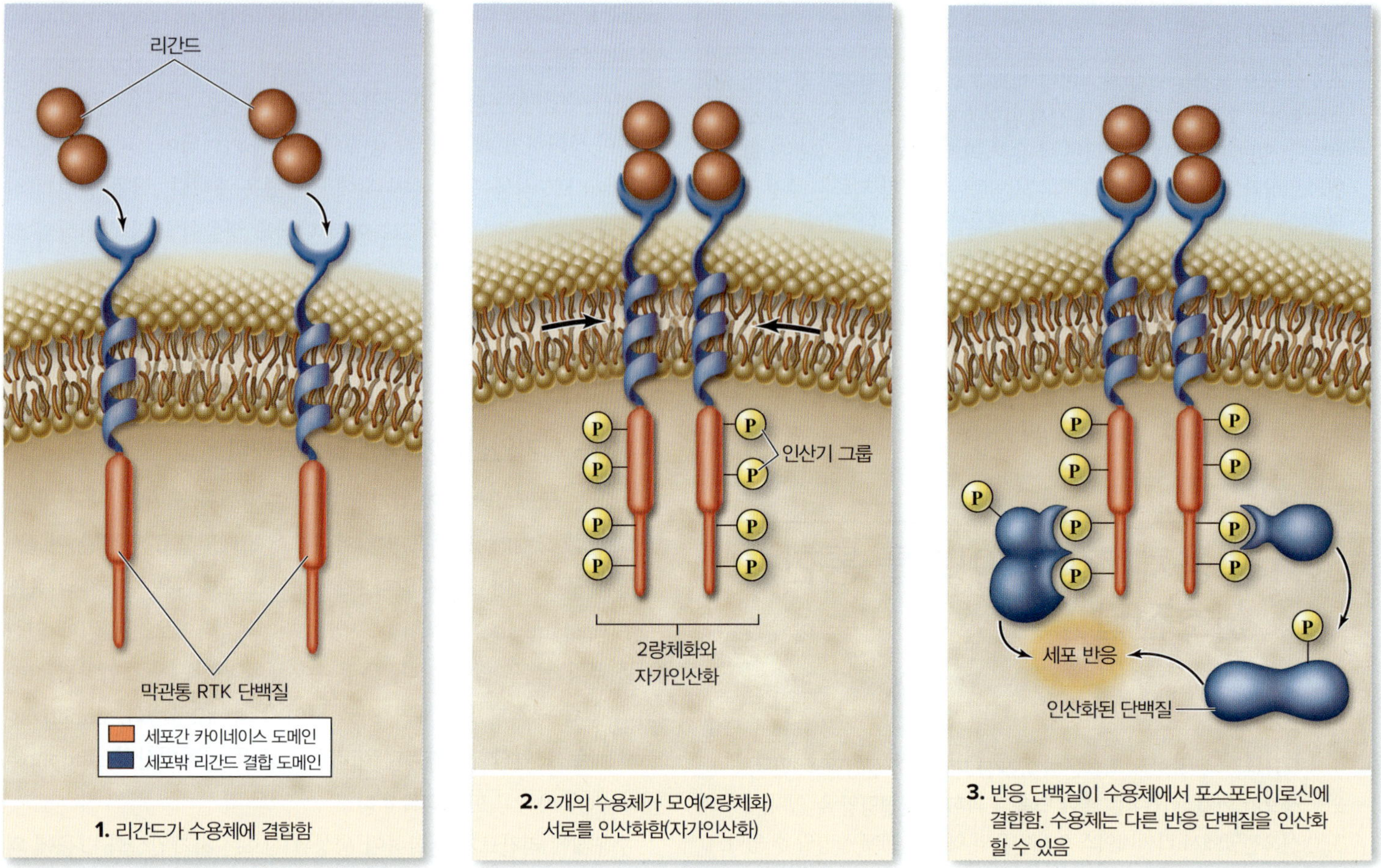

그림 8.6 RTK(수용체타이로신카이네이스)의 활성화.
막수용체는 막을 통과할 수 없는 친수성 호르몬 또는 생장인자와 결합한다. 이 수용체는 막관통단백질로 세포 밖 리간드 결합 도메인과 세포내 카이네이스 도메인이 존재한다. 반응 단백질이 수용체의 포스포타이로신에 결합하여 수용체에 의해 인산화됨으로써 신호전달경로가 시작된다.

인슐린 수용체

인슐린 수용체(insulin receptor)는 위와 같은 선착 단백질(docking protein)이 어떻게 이용되는지 보여주는 사례이다. 인슐린 호르몬은 혈당을 일정하게 유지하도록 하는 신체 조절 시스템 중 하나이며, 인슐린은 RTK에 결합하여 혈당을 낮춰주는 역할을 담당한다. **인슐린 반응 단백질**(insulin response protein)이라고 부르는 또 다른 단백질은 인산화된 수용체에 결합하여 인산화된다. 인슐린 반응 단백질은 포도당을 글리코겐으로 바꿔주는 글리코겐 합성효소를 활성화시켜 혈당이 떨어지도록 한다(**그림 8.7**). 인슐린 수용체에 의해 활성화되는 또 다른 단백질은 포도당을 만드는 데 관여하는 효소의 합성을 억제하며, 세포막에 존재하는 포도당 운송단백질의 수를 증가시켜 준다.

어댑터 단백질

또 다른 부류의 단백질 중 **어댑터 단백질**(adapter proteins)은 포스포타이로신과 결합이 가능하다. 이 단백질 자체가 신호전달에 참여하지는 않지만, 신호전달 하위 반응을 개시하는 단백질과 수용체 사이를 연결하는 역할을 한다. 예를 들면, 후에 논의하게 될 Ras 단백질은 수용체와 결합하는 어댑터 단백질에 의해 활성을 가지게 된다.

단백질 카이네이스 연쇄반응은 신호를 증폭시킬 수 있다

세포질의 카이네이스 중 **MAP 카이네이스**(mitogenactivated protein kinases)는 매우 중요한 단백질 중 하나이다. **유사분열물질**(mitogen)은 세포분열을 조절하는 일반적인 경로를 활성화시켜 세포분열을 촉진하는 화학물질이다. MAP 카이네이스는 **인산화 연쇄반응**(phosphorylation cascade) 또는 **카이네이스 연쇄반응**(kinase cascade)이라 부르는 신호전달모듈(signaling module)에 의해 활성화된다. 이 모듈은 하위 단계의 효소를 잇달아 인산화하는 단백질 카이네이스의 연속이다. 연쇄반응의 마지막 단계는 MAP 카이네이스 자체의 인산화에 의한 활성화이다(**그림 8.8**).

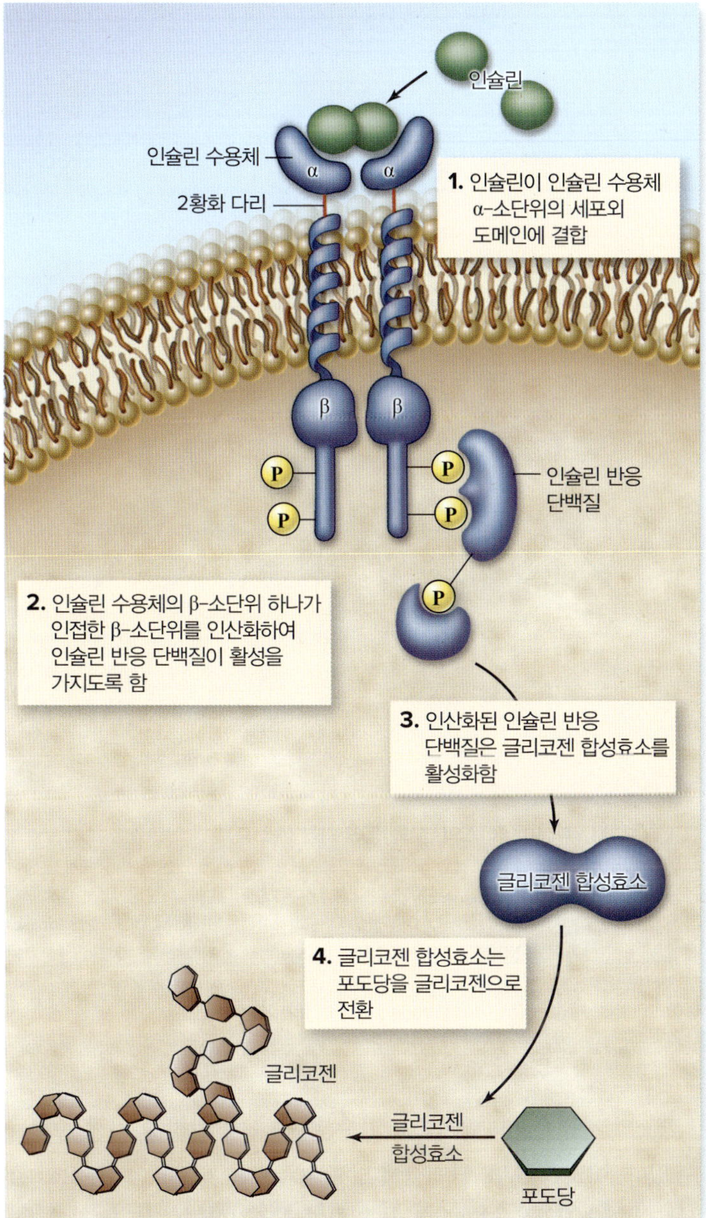

그림 8.7 인슐린 수용체.
인슐린 수용체는 포도당 대사과정에 연관이 있는 세포 반응을 시작하도록 하는 수용체티이로신카이네이스이다. 이 수용체가 영향을 주는 신호전달경로에 의해 글리코젠 합성효소가 활성을 가지게 되며, 효소는 포도당을 이용하여 글리코젠을 합성한다.

카이네이스 연쇄반응의 한 가지 기능은 원래의 신호를 증폭시키는 것이다. 연쇄반응의 각 단계에는 효소들이 위치하고 있어 다수의 기질 분자에 영향을 준다. 연쇄반응의 각각의 효소들이 많은 기질에 영향을 줌으로써 최종 산물이 많이 생산된다(**그림 8.8**). 이로 인해 적은 수의 초기 신호 분자로 큰 반응을 이끌어 낼 수 있게 되는 것이다. 어떠한 특정 세포의 연쇄반응에 대한 세포 반응은 어떤 MAP 카이네이스가 표적이 되는가에 따라 다르지만, 대부분의 경우 유전자 발현을 활성화시키는 전사인자(transcription factor)의 인산화에 영향을 준다(15장 참조). 이와 같은 생장인자 수용체(growth factor receptor)를 통한 신호의 예는 9장에서 다루어지며, 성장인자에 의해 시작되는 신호전달이 카이네이스 연쇄반응을 통한 세포 분열의 과정을 어떻게 조절하는지를 알아본다.

골격구조 단백질은 카이네이스 연쇄반응을 조직한다

카이네이스 연쇄반응의 단백질은 효과적이기 위해 순차적으로 작용해야 한다. 세포질 내에서 그들의 체계성을 높이는 것이 연쇄반응 과정의 효율을 높일 수 있는 한 방법이다. **골격구조 단백질**(scaffold protein)이라고 부르는 단백질은 카이네이스 연쇄반응의 구성요소를 하나의 단일 단백질 복합체(single protein complex)처럼 조직하는 것으로 생각된다. 이는 신호모델에서 궁극적이다. 구조(scaffold) 단백질은 개별적인 카이네이스와 결합하여, 그들을 공간적으로 분리함으로써 최상의 효과를 이끌어 낼 수 있게 해준다(**그림 8.9**).

이와 같은 체계화의 장점은 매우 크게 나타나는데, 이는 확산에 의해 순서에 맞는 적절한 반응을 이끌어 내는 것보다 물리적으로 순서가 잡혀 있는 것이 더 효율적이기 때문이다. 또한 이와 같은 체계화로 인해 세포질 내 나른 위치에서 일어나는 신호 보듈의 분리가 가능해진다.

이러한 체계화의 단점은 카이네이스 연쇄반응의 증폭 효과를 감소시킨다. 한곳에 묶여 있는 효소는 새로운 기질 분자를 자유롭게 찾을 수 없고 근처에 있는 기질에 의존해야 하기 때문이다.

발아 중인 효모에서의 짝짓기 행동에서 골격구조 단백질의 예를 찾아볼 수 있다. 효모 세포는 짝짓기 페로몬에 반응하여 세포의 형태와 유전자 발현의 변화가 일어나는데, 이는 단백질 카이네이스 연쇄반응에 의해 조절된다. Ste5라 부르는 단백질은 짝짓기 행동에 필요한 단백질이라고 밝혀졌지만, 어떠한 효소적 움직임도 확인되지 않았다. 이 단백질은 카이네이스 연쇄반응의 모든 단백질과 상호작용하며, 연쇄반응을 조절하고 다른 신호전달경로로부터 연쇄반응을 격리하는 골격구조 단백질처럼 행동한다고 밝혀졌다.

Ras는 분자 스위치 역할을 하는 소형 G 단백질이다

RTK와 MAP 카이네이스 연쇄반응은 **Ras**라고 부르는 GTP-결합 단백질(G 단백질)이 연결시켜 준다. 모든 G 단백질과 마찬가지로 Ras는 GTP에 결합할 때 활성화되고 GDP에 결합될 땐 불활성을 나타낸다. 많은 암에서 Ras 단백질의 돌연변이가 확인되고 있으며, Ras는 생장인자 수용체와 세포 반응을 연결해주는 중심 역할을 한다.

Ras는 인간의 게놈에서 150개 이상의 구성원을 가진 G 단백질의 큰 집단에서 확인된 최초의 단백질이다. 집단은 5개의 하위 그룹으

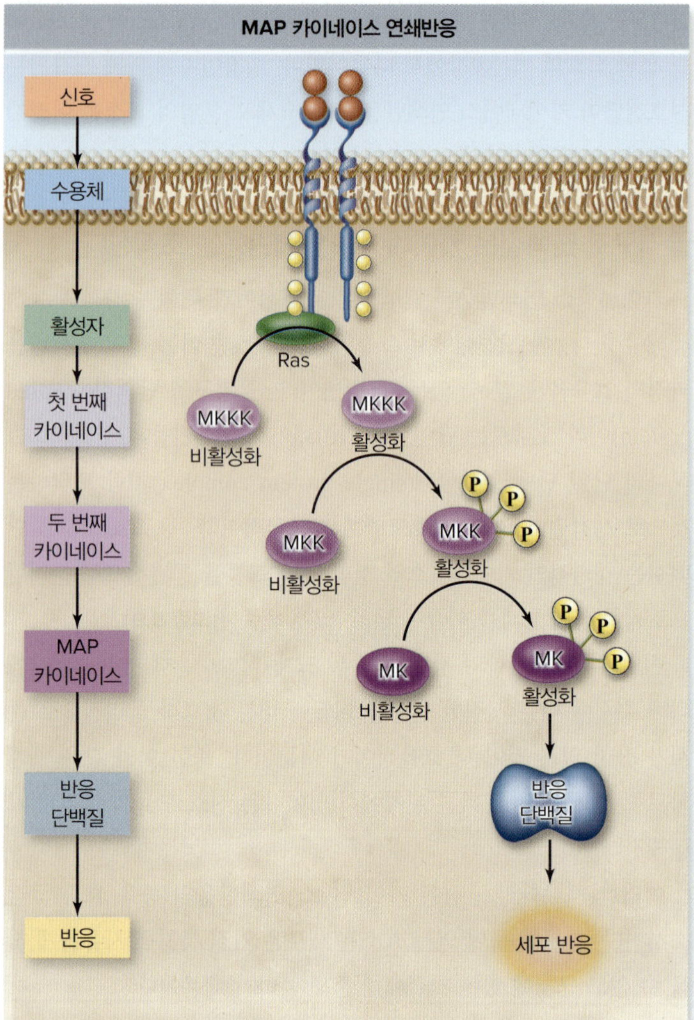

a.

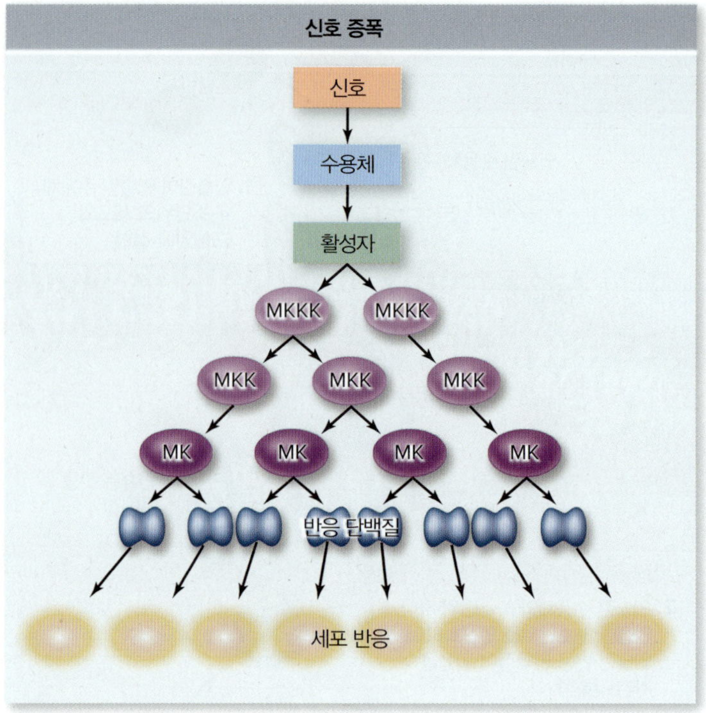

b.

그림 8.8 MAP 카이네이스의 연쇄반응에 의한 신호 증폭.
a. 왼쪽 그림은 인산화 연쇄반응을 보여준다. 이에 상응하는 세포 현상은 세포막에 존재하는 수용체에서 시작되며, 이를 오른쪽에 나타냈다. 각각의 카이네이스는 맨 마지막에 위치하는 MAP 카이네이스(MK)로부터 이름을 붙이는데, MK는 MKK(MAP kinase kinase)에 의해서 인산화되고, MKK는 MKKK(MAP kianse kinase kinase)에 의해서 인산화된다. 이러한 연쇄반응은 활성자 단백질에 의해 연결되어 있다. *b.* 다양한 기질에 의한 카이네이스의 효소 활성은 각 단계를 거쳐감에 따라 신호가 계속 증폭된다.

로 구성되며 그중 하나는 Ras 집단이다. 소형 G 단백질은 효모에서부터 척추동물에 이르는 진핵생물에서 발견되는데, 이것은 그들의 고대 기원을 보여준다.

이 작은 G 단백질의 역할은 다양하며 세포 증식, 세포 골격, 막 수송 및 핵 운반에 영향을 미친다. 이것은 어떻게 유전자 증폭과 다양성이 다재다능한 모듈을 만드는 진화를 가능하게 했는지에 대한 훌륭한 예이다. 집단 구성원 모두의 공통적인 특징은 외부 신호를 내부 신호전달경로와 연결하는 분자 스위치로 작동하는 것이다(**그림 8.10**).

Ras 스위치는 GDP를 GTP로 교체하고, GTP를 GDP로 가수분해함으로써 전환된다. 이 스위치는 Ras의 활성화 및 불활성화를 조절하는 외부 신호에 민감하다. 구아닌 뉴클레오타이드 교환인자(GEFs)는 GDP를 GTP로 교체하여 Ras를 활성화시킨다. 생장인자 수용체가 활성화되면 GEF 역할을 하는 어댑터 단백질에 결합한다. 활성화된 Ras 단백질은 MAP 카이네이스 연쇄반응에서 가장 첫 번째 카이네이스를 활성화시킨다(**그림 8.8**과 9장 참조).

Ras의 작용은 내재된 GTP 가수분해효소의 활성에 의해 종결될 수 있다. 이것은 GAP 단백질에 의해 자극될 수 있으며, 이는 Ras 활성도의 지속시간을 기반으로 신호를 미세 조정할 수 있도록 한다. 이러한 단백질의 중요성은(신경섬유종과 같은 특정 암을 유발하는) GAP 단백질의 돌연변이에 의해 볼 수 있다.

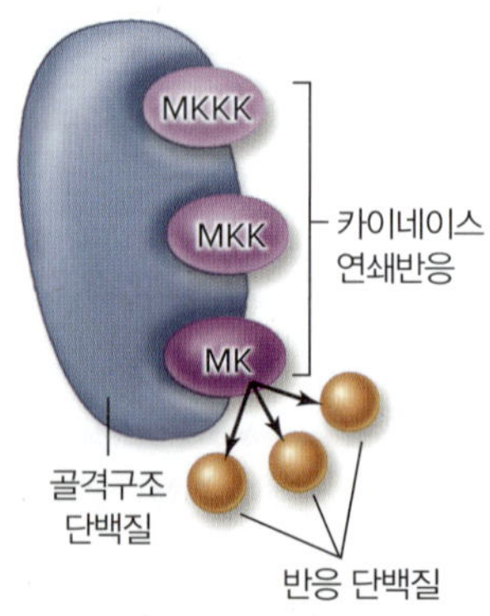

그림 8.9 골격구조 단백질에 의해 체계화되는 카이네이스 연쇄반응.
연쇄반응에서 골격구조 단백질은 각각의 카이네이스들과 결합하며, 기질이 효소 옆에 위치하도록 카이네이스들을 체계화한다. 또한 이러한 조직화로 인해 세포질 내의 다른 신호경로로부터 카이네이스가 분리할 수 있다.

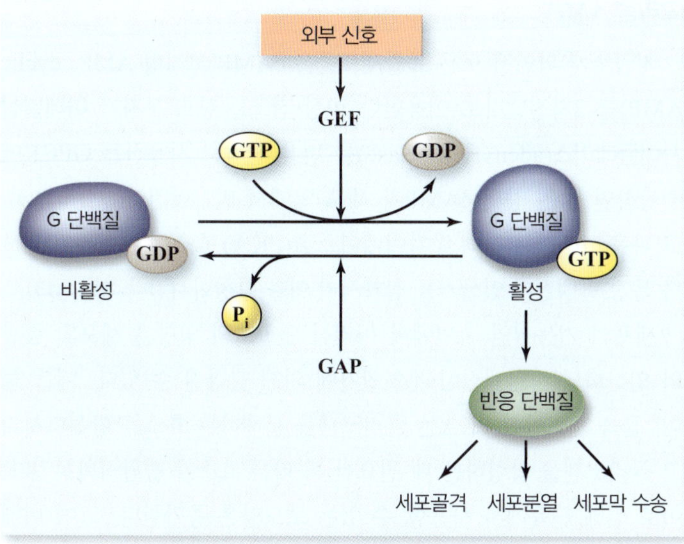

그림 8.10 분자 스위치로 작용하는 소형 G 단백질. Ras와 같은 소형 G 단백질은 외부 신호를 내부 신호전달경로에 연결한다. 외부 신호는 G 단백질을 활성화시키는 구아닌 뉴클레오타이드 교환 단백질(GEF)을 활성화시킨다. G 단백질은 약한 고유 GTP 가수분해효소 활성에 의해 비활성화될 수 있으며, 이는 활성화된 단백질(GAP)에 의해 자극될 수 있다.

RTK는 내재화에 의해 불활성화된다

신호전달경로가 일시적으로만 활성화된다는 것은 세포에서 매우 중요하다. 활성화가 지속되면 세포는 다른 신호에 반응하지 못하거나, 더 이상 관련이 없는 신호에는 부적절하게 반응한다. 따라서 불활성화는 신호의 조절에 있어서 활성화만큼 중요하다. RTK는 탈인산화(dephosphorylation)와 내재화(internalization)의 2가지 기본적인 기작에 의해서 불활성화된다. 내재화는 세포내섭취(endocytosis)에 의해 일어나는데, 수용체는 소낭(vesicle)의 형태로 세포질 내로 들어가 분해되거나 재사용될 수 있다.

카이네이스 연쇄반응의 효소들은 인산가수분해효소(phosphatase)의 탈인산화 기능에 의해 조절된다. 이는 수용체와 반응 단백질의 적절한 수위를 인식하여 반응의 종결을 이끈다.

핵심 요약 8.4

수용체타이로신카이네이스(RTKs)는 타이로신을 인산화할 수 있는 막수용체이다. 활성화되면 자가인산화하여 다른 단백질을 위한 결합 도메인을 만든다. 이 단백질은 세포 내부의 신호를 전달한다. 신호전달 경로의 한 가지 형태는 각각의 카이네이스가 다음 카이네이스를 활성화시키는 MAP 카이네이스 연쇄반응이다. 최종 단계는 유전자 발현을 바꾸기 위해 전사인자를 활성화시키는 MAP 카이네이스로 종결된다.

■ 많은 암 환자에게서 Ras 단백질은 돌연변이되어 있다. 이것의 근거는 무엇일까?

8.5 G 단백질연결수용체를 통한 신호전달

학습 목표

1. GPCR과 RTK를 통한 신호를 구분할 수 있다.
2. 2차전달자의 기능과 신호전달경로를 연관지어 설명할 수 있다.

동물세포에서 수용체 종류의 가장 큰 난일 범주로 **G 단백질연결수용체**(GPCR, G protein-coupled receptor)가 존재하며, 이는 수용체가 G 단백질과 결합하여 작용하기 때문에 명명되었다. 이 수용체는 이온, 유기물질 냄새(organic odorants), 펩타이드, 단백질 및 지질을 비롯한 다양한 리간드에 결합한다. 빛 감지 수용체(light-sensing receptors)도 이 계열의 일부이기 때문에 광자를 "리간드"로 간주할 수도 있다.

이 단백질의 집단은 막에 수용체를 고정시키는 7개의 막관통영역을 가진 특징적인 구조를 가지고 있다. 7개의 막관통영역의 배열은 고도로 보존되어 있으며 게놈에서 새로운 GPCR 구성원을 찾는 데 사용된다. 많은 동물 게놈의 분석은 GPCR이 대부분의 동물에서 가장 큰 유전자군임을 보여준다. GPCR은 거의 모든 종류의 진핵생물에서 발견되는데, 복제와 다양성이 있는 고대의 기원을 나타내며, 다양한 신호전달경로로 이어진다.

인간의 게놈에서 GPCR을 암호화하는 850개 이상의 유전자가 있으며, 이 중 절반 정도는 후각과 연관된 수용체를 암호화한다. 쥐에서는 1000개가 넘는 다른 종류의 냄새 수용체가 후각을 감지한다. GPCR은 구조와 기능에 근거하여 로돕신, 세크레틴, 어드히션(Adhesion), 글루타민산염, Frizzled/Taste 2와 같이 5개의 그룹으로 세분화할 수 있다, 이 이름들은 각 그룹에서 가장 먼저 발견된 것의 이름을 따서 지었다. 그 실례로 로돕신은 포유류에서 빛을 감지하는데 연관이 있는 GPCR이다. 여기서는 활성화의 기본적인 기작과 가능한 신호전달경로의 일부를 집중적으로 다룬다.

G 단백질은 수용체와 반응 단백질을 연결한다

GPCR에 의한 신호에서 G 단백질의 기능은 신호를 받아들이는 수용체와 세포 반응을 이끌어 내는 반응 단백질(effector protein) 사이를 연결해 주는 것이다. G 단백질의 스위치로서의 기능은 수용체에 의하여 좌우되는데, G 단백질의 스위치가 켜진 상태에서는 반응 단백질이 활성을 가지게 되어 세포 반응이 나타난다.

모든 G 단백질은 GTP가 결합하면 활성을 가지고, GDP가 결합하면 활성을 잃어버린다. GPCR의 G 단백질과 8.4절에서 설명된 소형 G 단백질(Ras)의 주요 차이점은 이러한 G 단백질이 α, β 및 γ라 불리는 3개의 소단위(subunit)로 구성되어 있다는 점이다. 이 때문에 **이종3량체 G 단백질**(heterotrimeric G protein)이라고 불리기도 한다. 리간드가 GPCR에 결합하여 GPCR과 연관된 G 단백질을 활성화시키면, G 단백질은 GDP를 떼어내고 GTP와 결합하여 GTP가 결합되어 있던 G_α와 $G_{\beta\gamma}$로 나뉘게 된다. G_α 또는 $G_{\beta\gamma}$ 중 하나에 의해 신호가 전파되고 이에 반응 단백질은 활성을 가지게 된다. 결합된 GTP가 G_α에 의해 GDP로 가수분해되면 G 단백질은 이종삼량체(heterotrimer)로 재결합되고 시스템은 활성을 잃은 상태로 돌아가게 된다(**그림 8.11**).

반응 단백질은 거의 효소라고 보아도 무방하다. 반응 단백질은 신호를 직접 전파하기 위해 단백질을 인산화시키는 단백질 카이네이스로 작용하거나, 신호전달경로를 개시할 수 있는 2차전달자를 생성할 수 있다.

반응 단백질은 다중 2차전달자를 생산한다

흔히 G 단백질에 의해 활성을 가지는 반응 단백질은 2차전달자를 생성한다. 가장 유명한 2가지 반응 인자로는 cAMP를 생성하는 **아데닐산 사이클레이스**(adenylyl cyclase)와 IP_3, DAG를 생성하는 **포스포리페이스 C**(phospholipase C)가 있다.

고리형 AMP

지금까지 확인된 모든 동물세포들은 cAMP(고리형 AMP, cyclic AMP)를 2차전달자로 이용한다(39장 참조). 신호 분자가 **아데닐산 사이클레이스**(adenylyl cyclase)를 반응 인자로 사용하는 GPCR에 결합하면 많은 양의 cAMP가 세포 안에서 만들어진다(**그림 8.12**a). 그 다음 cAMP는 단백질 카이네이스 A(PKA) 효소에 결합하여 세포 속 특정 단백질에 인산기를 첨가시켜 이를 활성화시킨다(**그림 8.13**).

세포의 기능적인 측면에서 이러한 인산화의 영향은 세포의 종류와 인산화되는 단백질이 무엇인가에 의해 달라질 수 있다. 예를 들어, 근육 세포에서 PKA는 글리코젠을 분해하는 효소를 활성화시키고 글리코젠을 합성하는 데 필요한 또 다른 효소를 불활성화시킨다. 이로 인해 근육에서 사용할 수 있는 포도당은 증가한다. 그에 비해 신장에서는 PKA에 의하여 세뇨관 세포(tubule cell)의 물에 대한 투과성을 증가시키는 물 통로(water channel)가 생성된다.

cAMP 신호의 중단은 매우 다양한 효과를 일으킨다. 위장 세포에서는 cAMP 수준이 바뀜에 따라 콜레라의 증상이 나타난다. 비브리오균은 위장 상피세포의 GPCR에 결합하는 독소를 분비하고, 그 결과 세포는 계속 활성을 띤 상태로 존재한다. 이로 인해 세포 속 cAMP 수위는 크게 올라가게 되어 Cl^-가 세포 밖으로 이송되면서 물이 함께 배출되어 설사와 탈수 증상이 나타난다.

cAMP는 세포 밖 신호로도 작용할 수 있다. *Dictyostelium discoideum*이라는 점균류(slime mold)에서 cAMP는 굶주린 상황에서 집

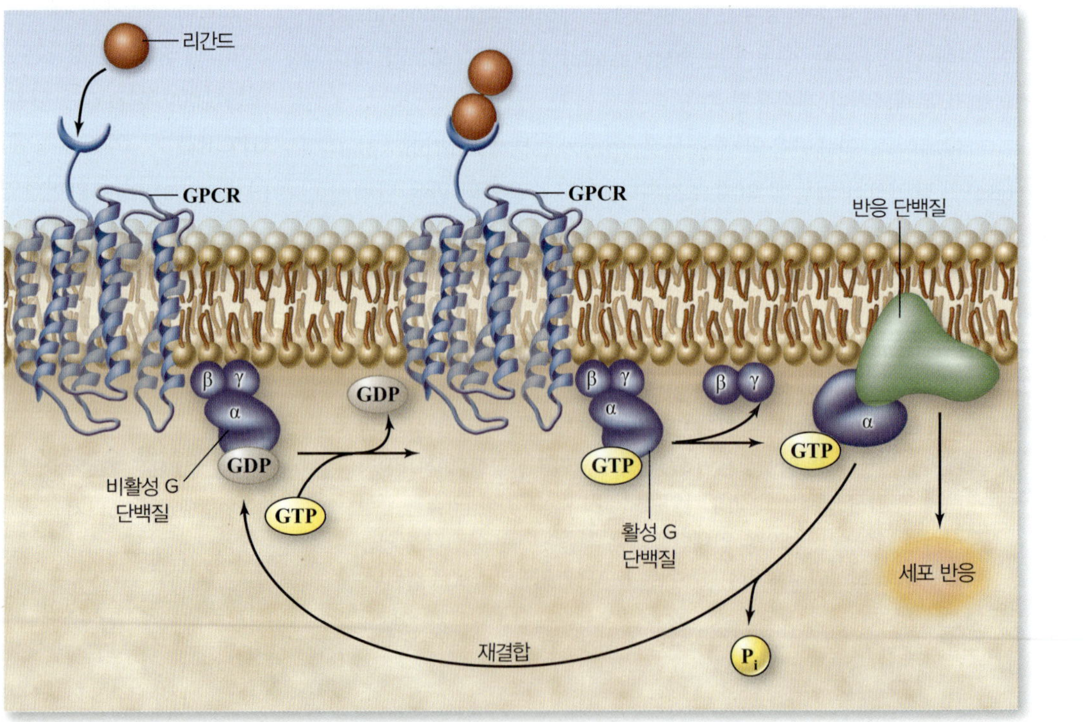

그림 8.11 G 단백질 연결수용체의 작용. G 단백질연결수용체는 수용체와 반응 단백질을 이어주는 이종3량체 G 단백질을 통해서 활동한다. 리간드가 수용체에 결합하면, G 단백질에 붙어 있던 GDP가 GTP로 바뀜으로써 G 단백질은 활성을 갖는다. 활성화된 G 단백질 복합체는 G_α와 $G_{\beta\gamma}$로 나뉜다. G_α 소단위는 반응 단백질을 활성화시킨다. 반응 단백질은 직접 세포 단백질에 영향을 주거나, 세포 반응을 야기하는 2차전달자를 생산할 수도 있다. G_α는 GTP를 가수분해하며, 이로 인해 이 시스템은 활성을 잃고 G_α는 $G_{\beta\gamma}$와 다시 재결합한다.

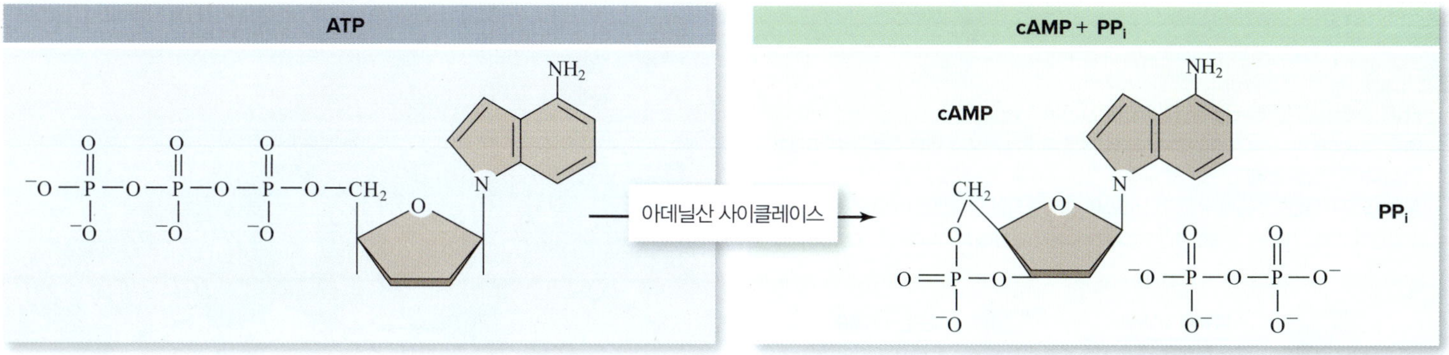

a.

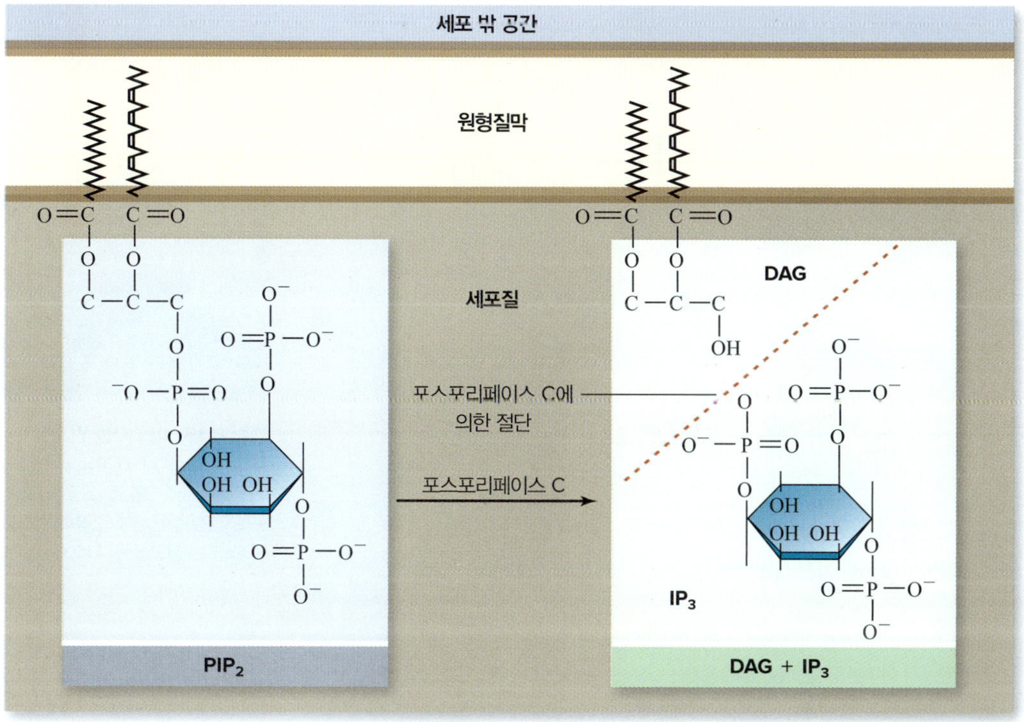

b.

그림 8.12 2차전달자의 생성.
2차전달자는 세포 안에서 신호 분자를 생성한다. ***a.*** ATP는 아데닐산 사이클레이스에 의해 cAMP와 PP_i(pyrophosphate)로 전환된다. ***b.*** 이노시톨 인지질(PIP_2)은 2개의 지질과 인산기가 붙어 있는 글리세롤로 이루어져 있다. 또한 이 인산기는 당 이노시톨에도 붙어 있다. 이 분자는 포스포리페이스 C에 의해 잘릴 수 있으며, 이로 인해 DAG와 IP_3와 같은 2가지 2차전달자가 생성되는데, 이들은 2개의 지질이 붙어 있는 글리세롤과 이노시톨 3인산이다.

합신호로 작용한다. GPCR은 또한 이 신호의 수용체이다(**그림 8.14**).

이노시톨 인산

일반적인 2차전달자는 이노시톨 인지질(inositol phospholipid) 분자를 주원료로 생성된다. 이노시톨 인지질에는 원형질막 안으로 삽입되는 지질 말단 부분과 세포질 내로 돌출되는 **이노시톨 인산**(inositol phosphate) 부분이 존재한다. 가장 일반적인 이노시톨 인지질로는 PIP_2(phosphatidylinositol-4,5-bisphosphate)가 있다.

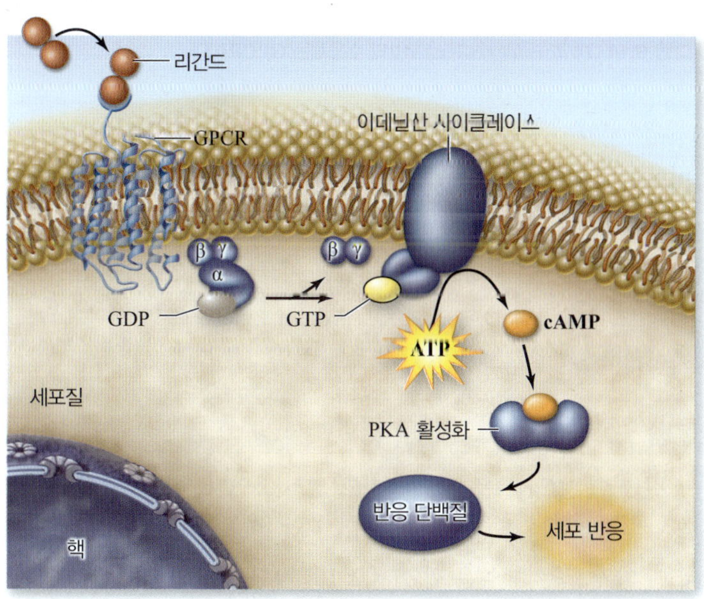

그림 8.13 cAMP 신호전달경로.
세포 밖 신호는 GPCR에 결합하여 G 단백질을 활성화시킨다. 이어서 G 단백질은 반응 단백질 아데닐산 사이클레이스를 활성화시키고, 이는 ATP를 cAMP로 전환시키는 것을 촉매한다. 그런 다음 cAMP는 단백질 카이네이스 A(PKA)를 활성화하여 표적 단백질을 인산화시켜 세포 반응을 일으킨다.

과학적 사고

질문: cAMP의 수용체는 무엇일까?

가설: 앞에서 살펴본 G 단백질연결수용체가 cAMP 수용체이다.

예측: 만일 cAMP 수용체의 기능이 없어진다면 굶주림 신호에 대한 세포의 집단 형성이 나타나지 않을 것이다.

실험: G 단백질연결수용체 유전자의 mRNA에 상보적인 안티센스 RNA를 세포 내로 주입한다. 이로 인해 G 단백질연결수용체의 유전자 발현이 나타나지 않는다.

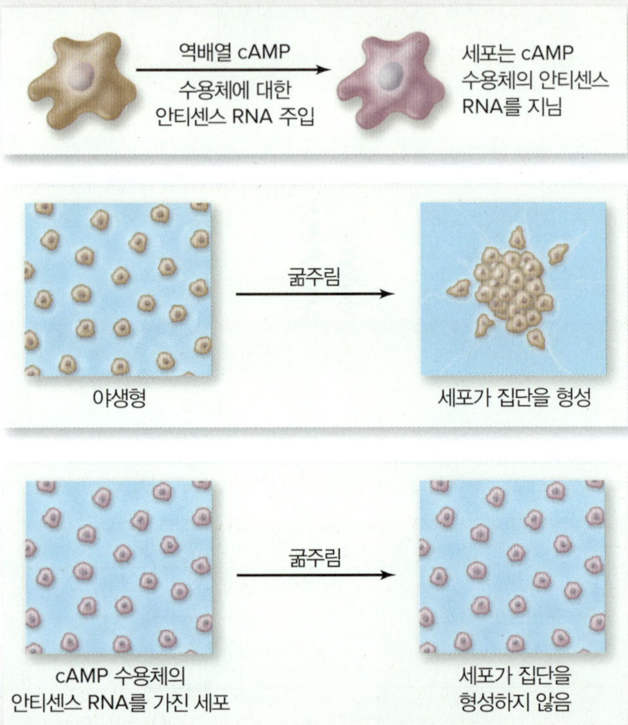

결과: 안티센스 RNA를 가진 세포는 정상적으로 뭉치지 않는다.

결론: 앞에서 살펴본 G 단백질연결수용체는 cAMP 수용체이며, 위와 같은 집단 형성 반응을 조절한다.

추가 실험: 이 신호 시스템의 또 다른 측면을 해석하기 위해서 이러한 종류의 실험이 어떻게 사용될 수 있겠는가?

그림 8.14 ***D. discoideum*의 cAMP의 수용체는 GPCR이다.**

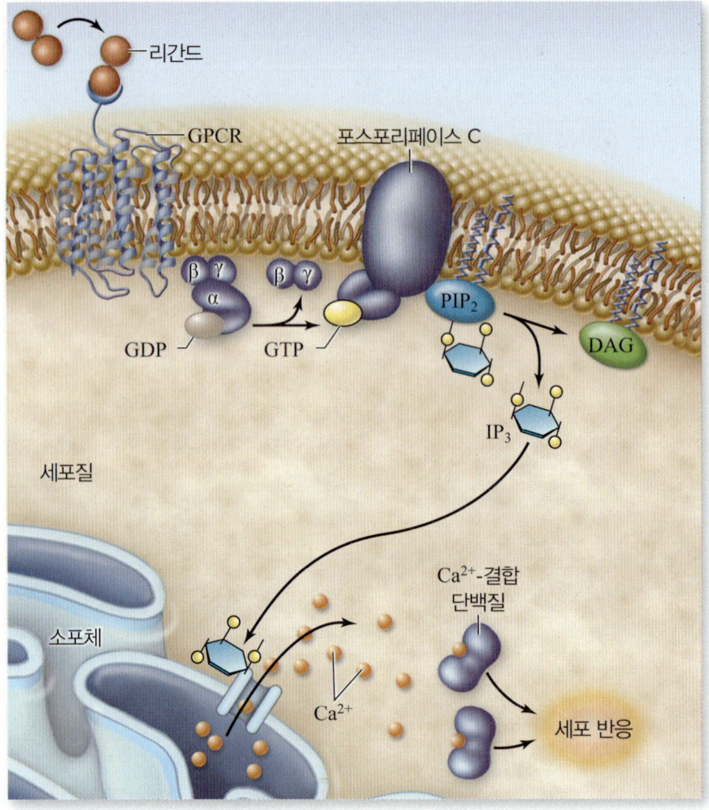

그림 8.15 이노시톨 인지질 Ca^{2+} 신호.
세포 밖 신호가 GPCR과 결합하여 G 단백질을 활성화한다. G 단백질은 반응 단백질인 포스포리페이스 C를 활성화시켜 PIP_2를 DAG와 IP_3로 전환한다. IP_3는 소포체 막에 존재하는 통로-연결 수용체에 결합하여 소포체에 저장된 Ca^{2+}를 세포질 내로 방출하도록 한다. 방출된 Ca^{2+}는 칼모듈린과 PKC 같은 Ca^{2+} 결합 단백질과 결합하여 세포 반응을 야기한다.

PIP_2는 포스포리페이스 C에 의해 잘려져 **DAG**(diacylglycerol)와 **IP_3**(inositol-1,4,5-trisphosphate)가 생성된다(**그림 8.12***b* 참조).

이 두 화합물은 다양한 세포 반응을 이끌어내는 2차전달자로 사용되며, cAMP처럼 DAG도 PKC(protein kinase C)와 같은 단백질 카이네이스를 활성화시킨다.

칼슘

칼슘 이온(Ca^{2+})은 2차전달자로 널리 쓰인다. 세포질 내의 Ca^{2+} 농도는 일반적으로 매우 낮지만(10^{-7} M 미만), 세포 밖과 소포체의 Ca^{2+}의 농도는 꽤 높은 편이다(약 10^{-3} M). 소포체에는 Ca^{2+}를 방출하는 이온통로처럼 활동하는 수용체 단백질이 존재한다. 이와 같은 수용체는 2차전달자인 IP_3와 결합하여 Ca^{2+}를 방출하며 이노시톨 인산을 통한 신호와 Ca^{2+}에 의한 신호를 연결한다(**그림 8.15**).

소포체로부터 Ca^{2+}가 방출됨에 따라 나타나는 결과는 세포의 종류에 따라 차이를 보인다. 한 예로 골격 근육세포에서 Ca^{2+}는 근육 수축을 야기하지만 내분비세포에서는 호르몬 분비를 촉진한다.

Ca^{2+}는 **칼모듈린**(calmodulin)에 결합함으로써 다양한 세포 반응을 이끌어 낸다. 칼모듈린은 148개의 아미노산으로 이루어진 세포질 내 단백질로 Ca^{2+}가 결합하는 장소가 4군데 존재한다(**그림 8.16**). 4개의 Ca^{2+}가 칼모듈린에 결합하면 칼모듈린/Ca^{2+} 복합체는 다른 단백질과 결합하여 그 단백질을 활성화시킬 수 있다. 결합 가능한 단백질로는 단백질 카이네이스, 이온통로, 수용체 단백질 및 사이클릭 뉴클레오타이드 포스포디에스터레이스(phosphodiesterase) 등이 포함된다. 이와 같이 세포의 다양한 장소에서 Ca^{2+}가 이용되는 것으로 보아 Ca^{2+}는 가장 다재다능한 2차전달자 중 하나임을 알 수 있다.

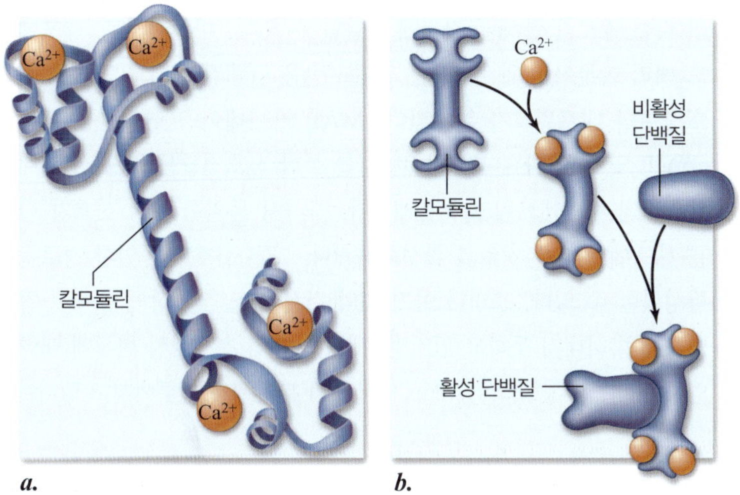

그림 8.16 칼모듈린.
a. 칼모듈린은 Ca^{2+}의 기능을 조절하는 148개의 아미노산으로 구성된 단백질이다. *b.* 4개의 Ca^{2+}가 칼모듈린 분자에 결합하면 칼모듈린의 구조적인 변화가 일어나고, 이로 인해 다른 세포질 단백질과 결합하여 세포 반응에 영향을 준다.

다른 종류의 수용체는 동일한 2차전달자를 생산한다

8.1절에서 언급했듯이 호르몬인 글루카곤과 에프네프린은 간 세포를 자극하여 포도당의 이동을 야기할 수 있다. 이와 같이 다른 종류의 신호가 같은 현상을 불러올 수 있는 이유는 그들이 모두 글리코젠의 합성을 억제하고 분해를 촉진하는 동일한 신호전달경로를 활성화시키기 때문이다.

각각의 호르몬이 수용체에 결합하면 G 단백질이 활성화되어 아데닐산 사이클레이스가 자극을 받게 된다. 그 결과 생성된 cAMP는 PKA가 활성을 가지도록 하고, 그 결과 차례대로 또 다른 단백질 카이네이스를 활성화시킨다. 활성화된 인산화효소(phosphorylase)는 글리코젠 인산화효소를 활성화시켜 글리코젠 다량체가 분해되어 포도당 6인산(glucose 6-phosphate)이 생성된다(**그림 8.17**). 이처럼 다양한 카이네이스 활동의 결과에 따른 신호의 증폭은 작은 신호 분자로도 많은 수의 포도당 분자가 생성될 수 있게끔 도와준다.

이와 동시에 PKA는 글리코젠 합성효소를 인산화하여 불활성화되며, 이로 인해 글리코젠의 합성이 억제된다. 그리고 PKA는 다른 단백질을 인산화하고, 다른 단백질은 포도당 합성에 필요한 효소들을 암호화하는 유전자의 발현을 촉진한다. 이처럼 다른 수용체로부터 출발한 신호전달경로의 수렴 현상으로 인하여 포도당의 이동이라는 현상이 동일하게 나타나게 되는 것이다.

수용체 아형은 다른 종류의 세포에서 다른 효과를 이끌어 낸다

8.1절에서 에프네프린과 같은 하나의 신호 분자가 어떻게 각기 다른 세포에 다른 효과를 나타내는지에 대하여 살펴보았다. 이와 같은 현상은 동일한 수용체가 다양한 유형으로 존재함으로써 가능해진다. 사실 에프네프린 수용체에는 9가지의 다른 아형(subtype 또는 isoform)이 존재한다. 이들은 각기 다른 유전자에 의해 암호화되며, 사실상 다른 수용체 분자이다. 이들 수용체의 단백질 서열은 매우 유사하며, 특히 에프네프린이 결합하는 리간드 결합 도메인의 서열이 매우 유사하다. 하지만 이들은 주로 G 단백질과 상호작용하는 세포질 도메인(cytoplasmic domain)에서 차이를 보인다. 이것으로 보아 수용체의 다른 아형들은 다른 G 단백질을 활성화시키며, 그로 인해 다른 신호전달경로를 유도한다는 것을 알 수 있다.

심근세포에는 에피네프린이 결합하는 수용체 아형이 존재하는데, 이것은 아데닐산 사이클레이스 활성화하는 G 단백질을 활성화시켜서, 결과적으로 세포의 cAMP의 생성을 증가시킨다. 이로 인해 심장의 수축은 더 강렬해지고 빨라진다. 장의 평활근에는 에피네프린 수용체의 또 다른 아형이 존재하며, 에피네프린에 결합하면 다른 G 단

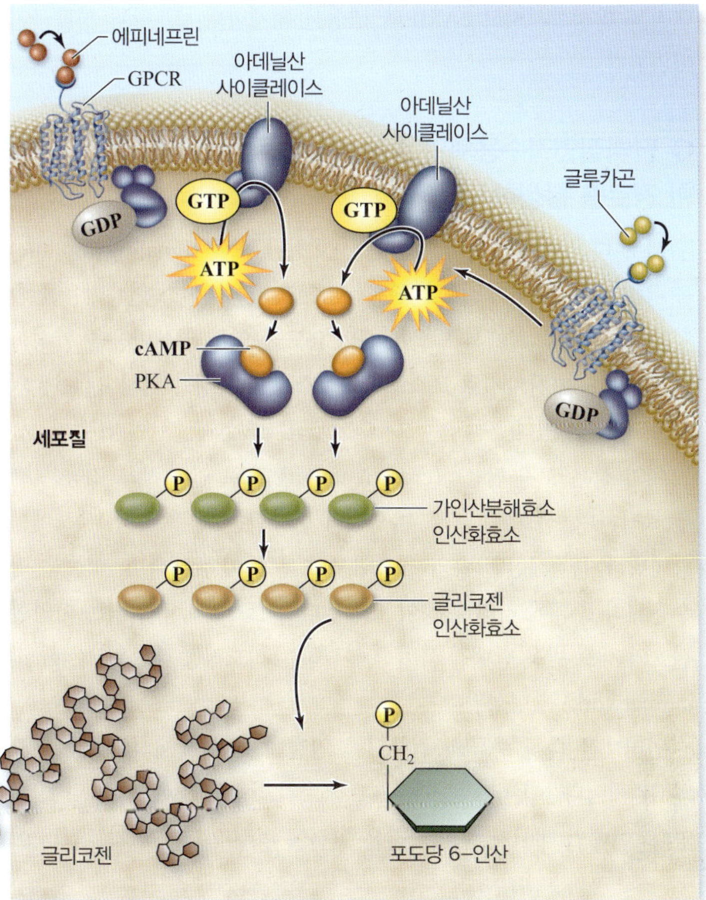

그림 8.17 동일한 신호경로를 활성화하는 다른 수용체.
글루카곤과 에피네프린은 GPCR을 통해 기능을 나타낸다. 이들 각각의 수용체는 G 단백질을 통해 cAMP를 생성하는 아데닐산 사이클레이스를 활성화시킨다. PKA의 활성화로 인해 카이네이스 연쇄반응이 시작되어 글리코젠이 분해된다.

백질을 활성화시키고 cAMP의 생성을 억제한다. 그 결과 평활근이 이완된다.

G 단백질연결수용체와 수용체타이로신카이네이스는 동일한 경로를 활성화시킨다

서로 다른 수용체들이 동일한 신호전달 모듈(signaling module)을 유발할 수 있다. 그 예로 RTK는 MAP 카이네이스 연쇄반응을 활성화하지만, 앞 절에서 언급한 GPCR도 동일한 연쇄반응을 활성화할 수 있다. 마찬가지로 포스포리페이스 C의 활성화 역시 RTK에 의해 야기될 수 있다.

이와 같은 교차 반응성(cross-reactivity)으로 인해 세포 기능은 매우 복잡하며, 신호에 대단히 유연하게 반응함을 알 수 있다. 세포에는 광범위하지만 제한된 수의 세포내 신호 모듈이 존재하며, 이들은 막 수용체의 종류에 따라 활성이 조절된다. 이로 인해 유입되는 다양한 신호와 세포 반응 단백질 사이를 연결하는 신호전달 네트워크(signaling network)가 형성된다.

인터넷은 다른 종류의 컴퓨터를 연결해 주는 세계적인 네트워크의 한 예이다. 이 네트워크는 서브네트워크(subnetwork)로 나눌 수 있다. 이메일 메시지는 이와 같은 연결에 의해 인터넷을 가로질러 여러 다른 경로를 통해 목적지에 도달할 수 있다. 마찬가지로, 세포에도 여러 다른 신호와 수용체, 그리고 반응 단백질이 서로 연결된 신호경로의 네트워크가 존재한다. MAP 카이네이스 연쇄반응 또는 cAMP 및 Ca^{2+}와 같은 2차전달자를 통한 신호전달은 전체 신호 네트워크의 서브네트워크로 존재한다. 따라서 동일한 특정 신호가 다른 세포에서 다른 경로를 활성화하거나, 다른 신호가 동일한 경로를 활성화할 수 있다. 그러나 아직 이와 같은 세포의 현상에 대해서 완벽하게 밝혀내지 못하고 있지만, 세포 기능의 전체적인 현상에 대한 연구는 시스템생물학(systems biology) 분야에서 이루어지고 있다.

핵심 요약 8.5

GPCR을 통한 신호전달은 수용체, G 단백질 및 반응 단백질을 이용한다. G 단백질은 GTP에 결합할 때 활성화되고 GDP에 결합할 때 불활성화된다. 수용체에 결합하는 리간드는 G 단백질을 활성화시켜 반응 단백질을 활성화시킨다. 반응 단백질은 아데닐산 사이클레이스를 포함하며, 2차전달자 cAMP를 생성한다. 또 다른 반응 단백질인 포스포리페이스 C는 이노시톨 인산을 절단하여 소포체에서 Ca^{2+}를 방출한다.

■ 어떠한 다른 수용체 유형보다 GPCR이 훨씬 더 많다. 이에 대한 가능한 설명은 무엇일까?

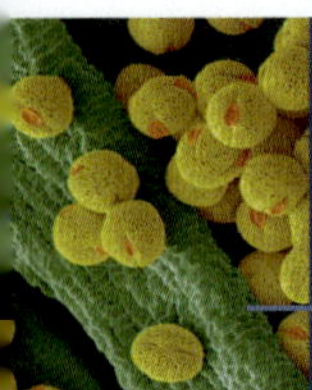

핵심 개념 요약

8.1 세포 소통의 개요(그림 8.1)

세포소통에는 세포 반응을 일으키는 특정 수용체 단백질에 결합하는 리간드라고하는 신호 분자가 필요하다.

■ **신호는 신호 발신체와 수용체 사이의 거리에 의해 정해진다(그림 8.2)**

직접 접촉 : 한 세포의 원형질막에 있는 분자는 인접한 세포의 수용체 분자와 접촉한다.

국소분비 신호 : 수명이 짧은 신호 분자가 세포외액으로 방출되어 주변 세포에 영향을 미친다.

내분비 신호 : 수명이 긴 호르몬이 순환계로 들어가서 멀리 떨어진 표적세포로 전달된다.

시냅스 신호 : 수명이 짧은 신경전달물질은 뉴런과 표적세포 사이의 시냅스 간극으로 방출된다.

■ **신호는 세포 반응을 유발한다**

세포외 신호에 의해 시작된 세포내 신호를 신호전달이라 부른다.

■ **인산화는 단백질 기능의 조절에 핵심이다**

단백질은 카이네이스에 의해 첨가되고 인산가수분해효소에 의해 제거되는 인산기에 의해 조절될 수 있다.

8.2 수용체의 종류(그림 8.4)

■ **수용체는 위치에 따라 구분된다**

수용체는 세포내 또는 세포표면 수용체(막수용체)로 광범위하게 구분된다.

막수용체는 막을 가로질러 정보를 전달하지만 막 신호분자는 통과시키지 않는 막관통단백질이다.

■ **막수용체는 세 부류가 있다**

통로-연결 수용체는 화학개폐성 이온통로로, 특정 이온들이 가운데 구멍을 통해 통과할 수 있다.

효소 수용체는 리간드와 결합함으로써 활성화되는 효소이며, 이들 효소는 일반적으로 단백질 카이네이스이다.

G 단백질연결수용체는 효소 또는 이온통로와 같은 반응 단백질의 기능을 제어하는 G단백질과 상호작용한다.

■ **막수용체는 2차전달자를 생성할 수 있다**

일부 효소와 대부분의 G 단백질연결수용체는 세포질에서 신호를 전달하기 위해 2차전달자를 생성한다.

8.3 세포내 수용체(그림 8.5)

많은 세포 신호는 지용성이며 원형질막을 통해 쉽게 통과하여 세포질의 수용체에 결합하거나 핵으로 이동한다.

■ **스테로이드 호르몬 수용체는 유전자 발현에 영향을 준다**

스테로이드 호르몬은 세포질 수용체에 결합한 다음 핵으로 운반된다. 따라서 그것들을 핵 수용체라고 한다. 이들은 유전자 발현에 직접적으로 영향을 줄 수 있으며, 일반적으로 그들이 조절하는 유전자의 전사를 활성화시킨다.

핵 수용체는 3가지 기능적 도메인, 즉 호르몬-결합, DNA-결합 및 전사-활성화 도메인을 갖는다.

리간드 결합은 수용체 형태를 변화시켜 DNA-결합 부위를 점유하는 억제자를 방출한다.

지용성 신호에 대한 세포의 반응은 호르몬-수용체 복합체 및 다른 보조활성자들에 달려 있다.

■ **다른 세포내 수용체는 효소처럼 작용한다**

8.4 수용체 카이네이스를 통한 신호전달

식물 및 동물의 수용체 카이네이스는 친수성 리간드를 인식하고 세포주기, 세포 이동, 세포 대사 및 세포 증식에 영향을 미친다.

이들이 성장조절에 관여하기 때문에, 수용체 카이네이스의 변형과 신호전달경로는 암으로 이어질 수 있다.

■ **RTK는 자가인산화에 의해 활성화된다**

활성화된 수용체는 또한 다른 세포내 단백질을 인산화할 수 있다.

■ **포스포타이로신 도메인은 단백질-단백질 상호작용을 매개한다**

어댑터 단백질은 포스포타이로신에 결합할 수 있고 수용체와 하위 신호전달 사이의 매개로서 작용할 수 있다.

■ **단백질 카이네이스 연쇄반응은 신호를 증폭시킬 수 있다**

■ **골격구조 단백질은 카이네이스 연쇄반응을 조직한다**

골격구조 단백질과 단백질 카이네이스는 효소가 순차적으로, 또한 최적으로 작용하기 위해 단일 복합체를 형성한다.

내부화된 수용체는 분해되거나 재활용된다.

■ **Ras는 분자 스위치 역할을 하는 소형 G 단백질이다**

소형 G 단백질은 외부 신호를 신호전달경로에 연결하는 분자 스위치로서 작용한다.

■ **RTKs는 내재화에 의해 불활성화된다**

8.5 G 단백질연결수용체를 통한 신호전달(그림 8.11)

G 단백질연결수용체는 G 단백질의 활성화를 통해 기능한다.

■ **G 단백질은 수용체와 반응 단백질을 연결한다**

G 단백질은 GTP에 결합하여 활성화되고 GDP와 결합하여 불활성화된다.

수용체는 GDP를 GTP로 교환하는 것을 촉진한다.

활성화된 G 단백질은 2개의 부분, 즉 G_α와 $G_{\beta\gamma}$로 해리되며, 이들 각각은 반응 단백질에 작용할 수 있다.

G_α는 또한 GTP를 GDP로 가수분해하여 G 단백질을 불활성화시킨다.

■ **반응 단백질은 다중 2차전달자를 생산한다**

2가지 일반적인 반응 단백질은 아데닐산 사이클레이스와 포스포리페이스 C이며, 알려진 2차전달자를 생산하는데 2차전달자로는 각각 cAMP, DAG와 IP_3가 있다.

Ca^{2+} 또한 2차전달자이다. Ca^{2+} 방출은 소포체에서 통로-연결 수용체에 결합한 IP_3에 의해 유발된다.

Ca^{2+}는 칼모듈린 단백질에 결합한 후 다른 단백질을 활성화시켜 세포질에서 다양한 반응을 일으킨다.

■ **다른 종류의 수용체는 동일한 2차전달자를 생산한다**

상이한 GPCR 수용체는 동일한 반응 효소를 활성화시키고, 동일한 2차전달자를 생산한다.

■ **수용체 아형은 다른 종류의 세포에서 다른 효과를 이끌어낸다**

에피네프린은 심장근육에서는 수축을 증가시키지만, 평활근에서는 이완을 유발시킨다.

■ **G 단백질연결수용체 및 수용체타이로신카이네이스는 동일한 경로를 활성화시킨다**

RTK와 GPCR 모두 MAP 카이네이스 연쇄반응을 활성화시킨다.

연습문제

■ **1단계: 이해력 확인하기**

1. 국소분비 신호는 리간드에 의해 묘사되는데 이 리간드에 대한 설명으로 옳은 것은 무엇인가?

   a. 세포 자체에서 생성된다.

   b. 이웃 세포에서 분비된다.

   c. 이웃 세포의 세포막에 존재한다.

   d. 먼 거리에 있는 세포에서 분비된다.

2. 신호전달경로에 대한 설명으로 옳은 것은 무엇인가?

   a. 막을 가로지르는 신호에 필요하다.

   b. 세포외 신호에 의해 활성화되는 세포내 활동을 포함한다.

c. 세포내 신호에 의해 활성화되는 세포의 활동을 포함한다.

d. 막을 가로지를 수 있는 신호에서만 발견된다.

3. ____________의 기능은 단백질에 인산기를 첨가하는 것인 반면, ____________의 기능은 인산기를 제거하는 것이다.

a. 타이로신; 세린

b. 단백질 인산화효소; 단백질 탈인산화효소

c. 단백질 카이네이스; 단백질 인산화효소

d. 수용체; 리간드

4. 다음의 수용체 종류 중 막수용체가 아닌 것은 무엇인가?

a. 통로-연결 수용체　　b. 효소 수용체

c. G 단백질연결수용체　　d. 스테로이드 호르몬 수용체

5. 세포내 수용체의 기능은 막수용체와 어떻게 다른가?

a. 세포내 수용체는 리간드와 결합한다.

b. 세포내 수용체는 DNA와 결합한다.

c. 세포내 수용체는 카이네이스를 활성화시킨다.

d. 세포내 수용체는 2차전달자처럼 활동한다.

6. 다음 중 수용체타이로신카이네이스를 통한 신호에 대한 설명으로 옳은 것은 무엇인가?

a. cAMP와 같은 2차전달자를 생성한다.

b. IP_3과 같은 2차전달자를 생성한다.

c. 유전자 발현을 직접적으로 활성화시킨다.

d. 카이네이스 효소의 연쇄반응을 활성화시킨다.

7. 타이로신 카이네이스 세포 신호가 진행되는 동안 Ras는 어떤 기능을 하는가?

a. 통로-연결 수용체가 열리도록 한다.

b. 2차전달자를 합성하는 효소로 활동한다.

c. MAP 카이네이스 경로와 수용체 단백질을 연결한다.

d. 다른 효소를 인산화한다.

8. G 단백질연결수용체에 리간드가 결합했을 때의 즉각적인 반응으로 가장 옳은 것은 무엇인가?

a. G 단백질 3량체는 GDP를 방출하고 GTP와 결합한다.

b. G 단백질 3량체는 수용체에서 떨어진다.

c. G 단백질 3량체는 반응 단백질과 상호작용한다.

d. G 단백질의 α-소단위가 인산화된다.

■ 2단계: 적용력 평가하기

1. 스테로이드 호르몬의 작용이 펩타이드 호르몬의 작용보다 오래 지속되는 이유는 무엇인가?

a. 세포에서 더 오랜 기간동안 효소처럼 작용하기 때문이다.

b. 유전자 발현을 활성화하여 세포에 지속되는 단백질을 생성하기 때문이다.

c. 세포 과정에 직접 작용하는 2차전달자를 생성하기 때문이다.

d. 세포 과정에 직접 작용하는 G 단백질을 자극하기 때문이다.

2. Ca^{2+}는 2차전달자로서 활동하는데 그 이유는 무엇인가?

a. 칼슘 합성효소에 의해서 생성되기 때문이다.

b. 일반적으로 세포질에 높은 농도로 존재하기 때문이다.

c. 일반적으로 세포질에 낮은 농도로 존재하기 때문이다.

d. 세포질에 저장되기 때문이다.

3. 서로 다른 수용체는 세포에 대해 동일한 효과를 가질 수 있다. 그 이유는 무엇인가?

a. 대부분의 수용체는 동일한 2차전달자를 생성하기 때문이다.

b. 수용체의 아형(isoform)은 서로 다른 리간드에 결합하지만 동일한 신호경로를 자극하기 때문이다.

c. 신호전달경로는 교차하여, 동일한 경로는 다른 수용체에 의해 자극될 수 있기 때문이다.

d. 모든 수용체가 동일한 신호전달경로에 모이기 때문이다.

4. 소형 G 단백질인 Ras 및 GPCR 단백질을 비교할 때 옳은 것은 무엇인가?

a. 두 단백질 모두 신호전달을 중단하는 GTP 가수분해 효소 활성을 가진다.

b. 두 단백질 모두 GTP에 결합되어 있다.

c. Ras는 GDP에 결합되어 있고, GPCR은 GTP에 결합되어 있다.

d. a, b 모두 맞다.

5. 동일한 신호가 다른 세포에 다른 영향을 미칠 수 있다. 그 이유는 무엇인가?

a. 다른 신호전달경로를 개시하는 수용체 아형(subtype)이 존재하기 때문이다.

b. 다른 세포에 각기 다른 보조활성자(coactivator)가 존재하기 때문이다.

c. 다른 세포의 신호전달경로에 다른 표적 단백질이 존재하기 때문이다.

d. a, b, c 모두 맞다.

6. 스테로이드 호르몬과 펩타이드 호르몬의 수용체는 근본적으로 다르다. 그 이유는 무엇인가?

a. 분자 크기가 다르기 때문이다.

b. 펩타이드는 주된 4가지 다량체 중 하나이고, 스테로이드는 간단한 원형구조이기 때문이다.

c. 펩타이드는 친수성이고, 스테로이드는 소수성이기 때문이다.

d. 펩타이드는 소수성이고, 스테로이드는 친수성이기 때문이다.

■ 3단계: 사고력 함양하기

1. 이 장에서 논의된 모든 세포신호에서 발견되는 공통적인 특징에 대해서 설명하시오. 그리고 그에 대한 예를 제시하시오.

2. 장의 상피를 이루고 있는 세포층은 접혀져 융모와 소낭샘(crypt)을 형성한다. 소낭샘에 존재하는 이 세포는 Netrin-1이라고 하는 단백질을 분비하는데, 이 단백질은 소낭샘에 농축된다. Nertrin-1은 모든 장 상피세포의 표면에서 발견되는 수용체 단백질의 리간드로서 작용한다. Netrin-1의 결합으로 인해 세포 생장을 촉진하는 신호경로가 개시된다. Netrin-1 리간드의 결합이 없어지면 장의 상피세포는 죽게 된다.

a. 이 시스템에서 발견되는 신호의 유형(자가신호, 국소분비 신호, 내분비 신호)을 어떻게 특성화할 수 있겠는가?

b. 장의 상피세포에서 세포 생장과 세포사멸이 가장 많이 발생되는 곳은 각각 어느 곳인가?

c. Netrin-1 수용체의 소실은 결장암에서 발견된다. 신호경로와 종양 생성 사이의 관계에 대해 설명하시오.

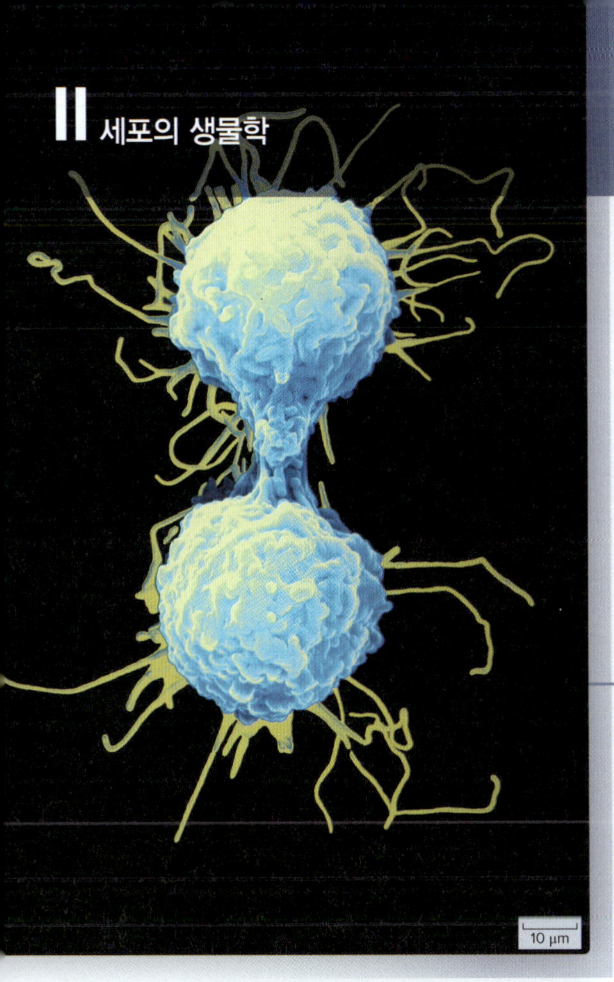

9

세포분열

9.1 박테리아의 세포분열
9.2 진핵세포의 염색체
9.3 진핵세포주기의 개요
9.4 간기: 유사분열 준비
9.5 M기: 염색체 분리 및 세포질 내용물의 분할
9.6 세포주기 조절
9.7 암 유전학

도입

박테리아, 악어, 잔디밭의 잡초 등 모든 종류의 생물체가 성장하고 번식한다. 단세포 생물체에서 우리와 같은 복잡한 다세포 생물체에 이르기까지 모든 종은 자신과 같은 자손을 생산하고 자신을 만드는 유전정보를 전달한다. 이번 장에서는 백혈구(사진)와 같은 세포가 어떻게 분열하고 증식하는지 살펴본다. 세포분열은 생물체의 성장, 상처 치유, 피부와 장 내벽과 같이 정기적으로 손실되는 세포를 대체하는 데 필요하다. 세포 생식 메커니즘과 그 생물학적 결과는 지구상의 생명체가 진화하는 동안 크게 변경되었다. 이 과정은 염색체의 복제와 딸세포로의 분리를 모두 포함하는 진핵생물에서 복잡하다. 암의 원인에 대해 우리가 배우고 있는 많은 내용은 모든 진핵생물에서 동일하게 작용하는 세포가 이 과정을 조절하는 방법, 특히 분열하려는 경향성과 관련이 있다.

9.1 박테리아의 세포분열

학습 목표

1. 2분법에 의한 세포분열 과정을 설명할 수 있다.

박테리아는 스스로를 재생산하는 방식으로 분열을 한다. 박테리아는 DNA를 교환하지만 진핵생물과 같은 유성생식기를 갖지 않는다. 따라서 박테리아 집단의 모든 생장은 새로운 세포를 생산하기 위한 분열로 인한 것이다. 박테리아의 번식은 클론성이다. 즉, 세포분열에 의해 생성된 각 세포는 원래 세포의 동일한 복제품이다.

2분법은 단순한 형태의 세포분열이다

박테리아와 진핵세포 모두에서 세포분열은 원본과 동일한 유전정보를 가진 2개의 새로운 세포를 생성한다. 이러한 세포 유형의 차이에도 불구하고 분열 과정의 필수 요소는 동일하다. 즉 유전정보를 복제하여 딸세포로 분리하고 세포 내용물을 분할하는 것이다. 더 간단한 과정인 박테리아의 **2분법**(binary fission)을 살펴보는 것으로 시작해 보자.

대부분의 박테리아에는 단일 원형 DNA 분자로 구성된 게놈이 있다. 명백한 단순성에도 불구하고 대장균(*Escherichia coli*) 박테리아의 DNA 분자는 실제로 세포 자체보다 약 500배 더 길다. 따라서 이 "단순한" 구조는 실제로 세포에 끼워 맞추기 위해 매우 촘촘하게 포장된다. 핵에서 발견되지는 않지만 DNA는 주변의 세포질과 구별되는 **핵양체**(nucleoid)라고 하는 영역에 위치한다.

핵양체의 압축과 조직화는 SMC(structural maintenance of chromosome) 단백질이라고 하는 단백질 부류를 포함한다. 이들은 여러 계통에서 DNA의 조직화와 관련된 다양한 역할을 수행하기 위해 진화한 고대 단백질이다. 이 장 전체에서 논의될 코헤신(cohesion)과 콘덴신(condensin) 단백질은 진핵생물의 SMC 단백질이다.

2분법 분열동안 염색체가 복제되고 두 산물은 세포의 실제 분열 전에 세포의 양쪽 끝으로 나뉜다. 박테리아 세포분열의 한 가지 주요 특징은 염색체의 복제 및 분할이 같은 시기의 과정에서 발생한다는 것이다. 대조적으로 진핵세포의 DNA 복제는 분열 초기에 발생하고 염색체 분리는 훨씬 나중에 발생한다.

박테리아 세포는 염색체 분리와 격벽 형성을 조절한다

2분법은 특정 부위, 즉 복제원점(origin of replication, 13장 참조)에서 박테리아 DNA의 복제를 시작하여 원형 DNA의 특정 종결 부위까지 양방향으로 진행된다(**그림 9.1**). 세포는 길쭉하게 성장하고 분열은 대략 세포의 중간에서 발생한다. 수 년 동안 새로 복제된 대장균 DNA 분자는 막에 부착되고 세포가 길어짐에 따라 막의 성장에 의해 수동적으로 분리되는 것으로 생각되었다. 복제원점의 이동을 추적하는 실험을 통해 복제 이전에는 복제원점이 세포의 중간에 있다가 새로 복제되면서 세포의 양쪽 끝으로 이동함을 발견하였다. 이 이동은 신장률보다 빠르기 때문에 성장만으로는 충분하지 않다는 것을 보여준다. 원점은 전체 세포의 1/4과 3/4 지점에서 발견되었는데, 이는 만들어질 딸세포의 중간이 될 것으로 보인다.

염색체 분리의 실제 메커니즘은 명확하지 않지만 사건의 순서는 분명하다. 복제하는 동안, 원점이 먼저 이동하고, 그 다음으로 나머지 새로 복제된 염색체가 세포의 양쪽 끝으로 이동하며, 동시에 2개의 새로운 핵양체가 조립된다. 복제의 마지막 과정은 최종 복제품의 분리(decatenation, untangling)이다. 복제 및 분리 후, 중간 세포 영역에서 핵양체가 제거되고 분열이 발생한다. 염색체 분리의 힘은 DNA 복제 자체, 전사 및 액틴 유사 분자의 중합에서 기인한다. 현재 이 과정을 설명하는 단일 모델은 없으며, 하나 이상의 모델이 제

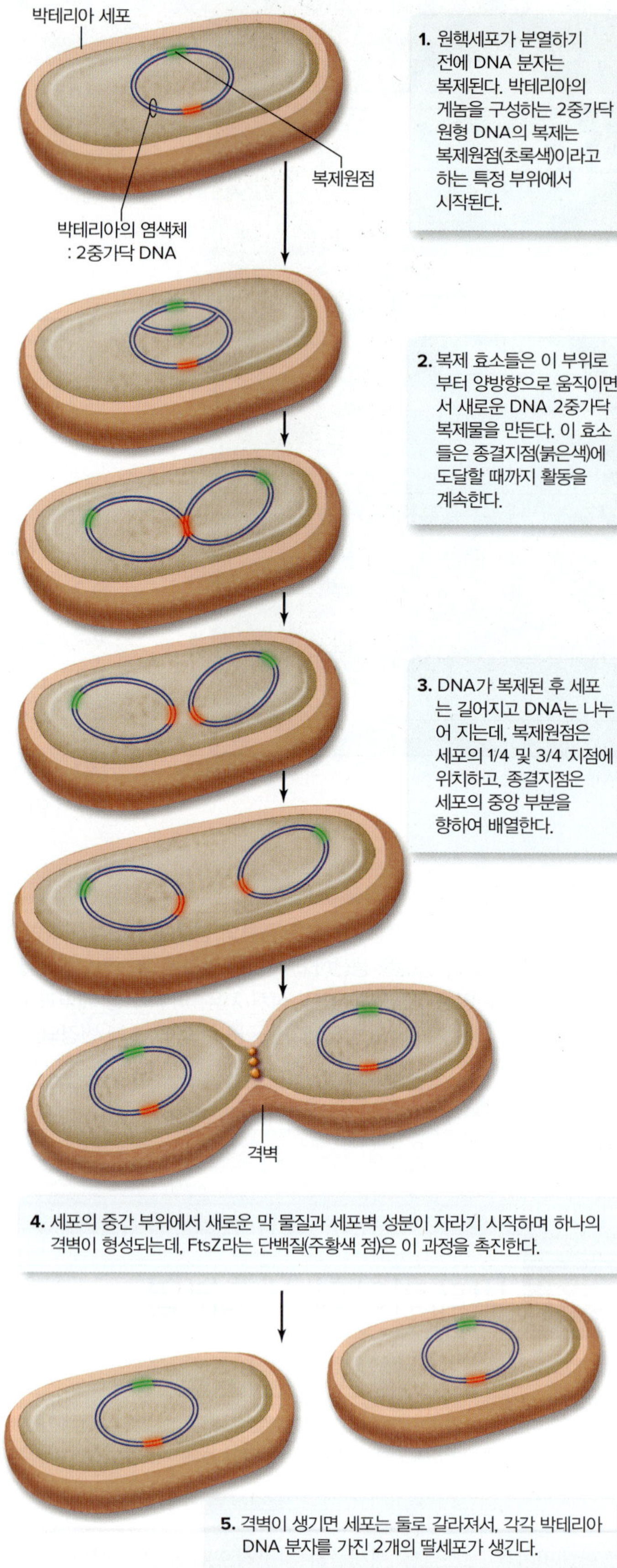

그림 9.1 2분법에 의한 분열.

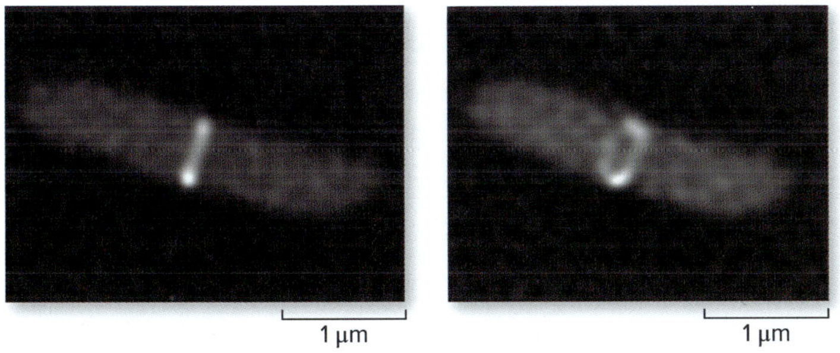

그림 9.2 FtsZ 단백질.
분열하는 *E. coli* 박테리아에서 FtsZ 단백질은 형광 염료로 표지되어 분열 동안의 위치를 보여준다. 이 단백질은 세포의 대략 중간지점에서 고리 모양으로 조립되어 분리와 세포분열을 촉진한다. FtsZ 유전자에 돌연변이가 있는 박테리아는 분열할 수 없다.

시될 수 있다.

세포의 다른 구성 요소는 새로운 막의 성장과 **격벽**(septum)의 생성에 의해 분할된다(**그림 9.1**). **격벽형성**(septation)이라고 불리는 이 과정은 일반적으로 세포의 중간 지점에서 발생한다. 그것은 FtsZ라는 단백질로 구성된 고리의 형성으로 시작된다(**그림 9.2**). 다음으로, 막에 삽입된 단백질을 포함하여 많은 다른 단백질이 축적된다. 이 구조는 세포가 꼬집어져서 2개의 새로운 딸세포로 분리될 때까지 방사형으로 안쪽으로 수축한다. FtsZ 고리가 세포의 중간에 위치하는 이유는 FtsZ 고리 형성을 억제하는 극에 존재하는 인자들 때문이다.

FtsZ 단백질은 고세균을 포함한 대부분의 원핵생물에서 발견된다. 그것은 필라멘트와 고리를 형성할 수 있으며, 3차원 결정구조는 진핵생물의 튜불린과 매우 유사하다. 그러나 박테리아 분열에서의 역할은 진핵생물의 체세포분열에서 튜불린의 역할과는 상당히 다르다.

진핵세포는 막으로 둘러싸인 핵에 포함된, 다중 선형 염색체로 구성된 훨씬 더 복잡한 게놈으로 진화되었다. 이러한 복잡한 게놈은 복제 후 염색체 분리를 지연시키는 메커니즘의 진화로 인해 가능할 수 있었다. 염색체를 함께 유지하는 이 능력이 어떻게 진화했는지는 불분명하지만, 이전에 생각되던 것보다 2분법과 더 밀접하게 관련되어 있는 것 같다(**그림 9.3**).

핵심 요약 9.1

대부분의 박테리아는 DNA 복제와 분리가 동시에 일어나는 2분법으로 분열한다. 이 과정은 단일 박테리아 염색체의 능동적인 분할 및 격벽의 위치 지정을 포함한다.

- 박테리아가 많은 염색체를 가지고 있다면 2분법이 잘 작동할까?

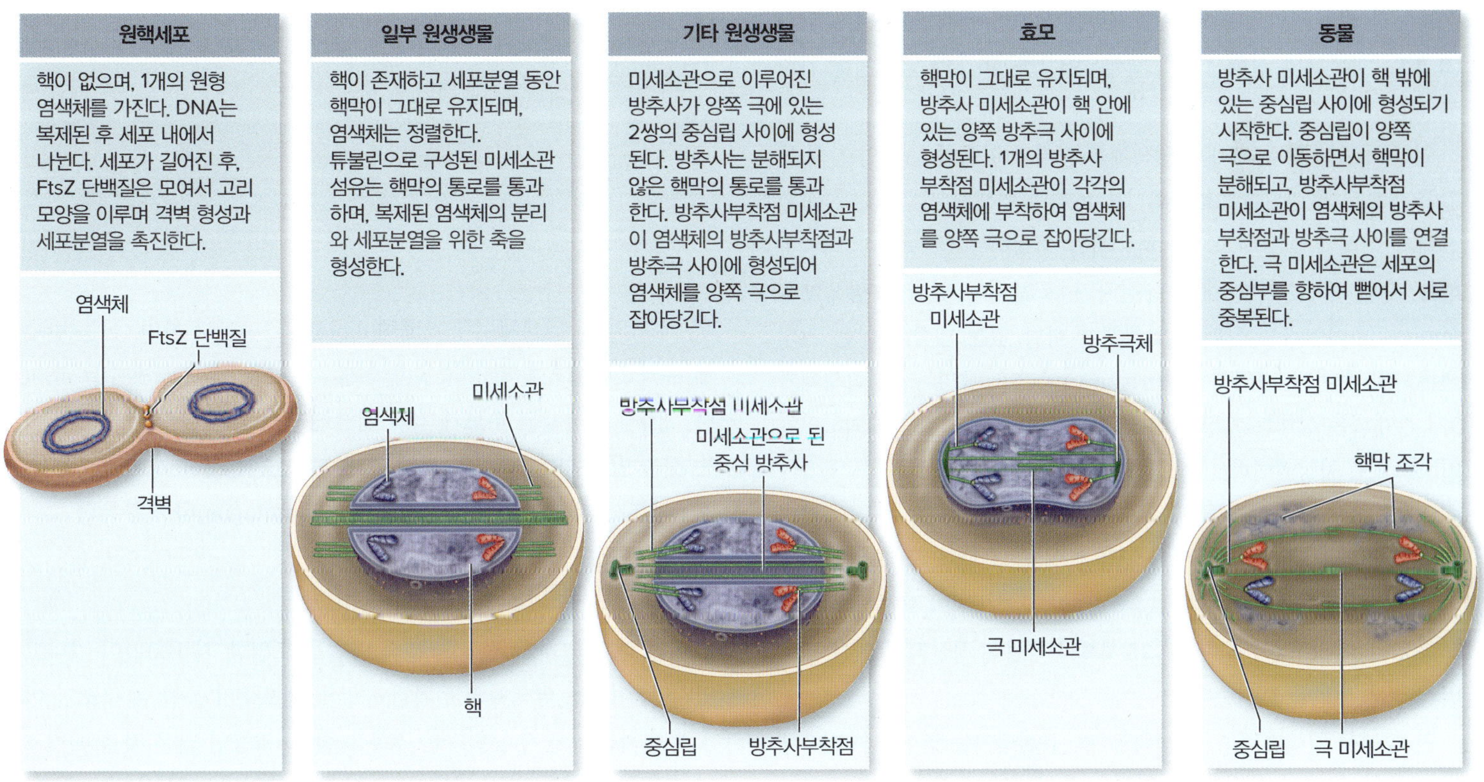

그림 9.3 다른 생물체 간의 세포분열 중 단백질 집합체 비교.
원핵 단백질 FtsZ는 진핵 단백질 튜불린과 유사한 구조를 가지고 있다. 튜불린은 진핵세포가 염색체를 분리하는 데 사용되는 방추체를 구성한다. 튜불린은 미세소관의 단백질 구성 요소이다.

9.2 진핵세포의 염색체

학습 목표

1. 코헤신과 콘덴신 단백질의 역할을 서술할 수 있다.
2. 상동염색체와 자매염색분체를 구별할 수 있다.
3. 복제된 염색체와 복제되지 않은 염색체를 설명할 수 있다.

염색체는 1879년에 독일 발생학자 플레밍(Walther Flemming, 1843~1905)이 빠르게 분열하는 도롱뇽 유생의 세포를 조사하여 처음으로 발견하였다. 다소 원시적인 광학현미경을 사용하여 플레밍은 길이 방향으로 분열하는 것처럼 보이는 핵 내부의 미세한 실을 발견했다. 플레밍은 이 분열을 **유사분열**(mitosis, 그리스어로 '실'을 의미하는 *mitos*에서 따옴)이라고 불렀다. (역자 주: 대부분의 유사분열은 감수분열과 대비되는 개념으로 사용할 때가 많은데, 이 경우 혼동을 피하기 위해 체세포분열로 용어를 통일한다.)

염색체 수는 종마다 다양하다

초기 발견 이래로 염색체는 모든 진핵생물의 세포에서 발견되었지만, 그 수는 종에 따라 엄청나게 다르다. 한 쌍의 염색체만을 가진 생물체가 발견되었으며 일부 양치류는 500쌍 이상을 가지고 있다(**표 9.1**). 대부분의 진핵생물은 체세포에 10~50개의 염색체를 가지고 있다.

인간 세포는 각각 46개의 염색체를 가지고 있으며 23개의 거의 동일한 쌍으로 구성된다(**그림 9.4**). 이 46개의 염색체 각각에는 사람의 신체가 어떻게 발달하고 작용하는지를 결정하는 데 중요한 역할을 하는 수백 또는 수천 개의 유전자가 포함되어 있다. 1염색체성(monosomy)이라는 상태인 염색체가 하나 없는 인간 배아는 거의 생존하지 못한다. 3염색체성(trisomy)이라고 불리는 한 염색체가 3개 존재하는 상태는 가장 작은 염색체가 관련된 경우를 제외하고는 일반적으로 치명적이다(12장 참조).

염색체는 크기, 염색 특성, 동원체(centromere)라고 하는 가시적인 잘록한 부분의 위치, 동원체 양쪽에 있는 두 팔의 상대적 길이 등이 다양하다. 개별 생물체가 보유하고 있는 염색체의 특별한 배열을 **핵형**(karyotype)이라고 한다. **그림 9.5**의 핵형은 정상적인 인간 세포의 염색체 세트를 보여준다.

한 종에서 염색체의 수를 정의할 때, 유전학자는 염색체의 **반수체**(haploid) 수(n)를 계산한다. 이것은 생물체를 정의하는 데 필요한 하나의 완전한 염색체 세트를 나타낸다. 인간과 다른 많은 종의 경우, 세포의 총 염색체 수를 **2배체**(diploid, $2n$)라고 하며, 이는 반수체 수의 2배이다. 인간의 경우 반수체 수는 23이고, 2배체 수는 46이다. 2배체 염색체는 부모가 각각 자손에게 동일한 유전적 기여를 하는 것을 반영한다. 모계 및 부계 염색체를 **상동성**(homologous)을 가지고 있다고 하며, 각 쌍을 **상동염색체**(homologue)라고 부른다.

표 9.1 일부 진핵생물의 염색체 수

그룹	총 염색체 수
곰팡이	
빵곰팡이(반수체)	7
효모(*Saccharomyces*)	16
곤충	
모기	6
초파리	8
꿀벌	2배체 암컷 32, 반수체 수컷 16
누에	56
식물	
하플로파푸스 그라실리스 (*Haplopappus gracilis*)	2
완두	14
옥수수	20
사탕수수	42
빵밀	80
속새	216
나도고사리삼 (Adder's tongue fern)	1262
척추동물	
주머니쥐	22
개구리	26
생쥐	40
인간	46
침팬지	48
말	64
닭	78
개	78

DNA는 염색질로 조직화된다

점점 더 다양하고 정교한 분석 방법을 도입한 지 100년이 지나고 있지만, 여전히 염색체의 정확한 구조와 세포주기 동안 이 구조가 어떻게 변하는지 알지 못한다는 것은 놀랍다. 그동안 많은 것을 배웠고 더 정확한 질문을 할 수 있는 능력도 향상되었지만, 사용 가능한 모든 데이터를 합리화할 수 있는 단일 모델은 없다.

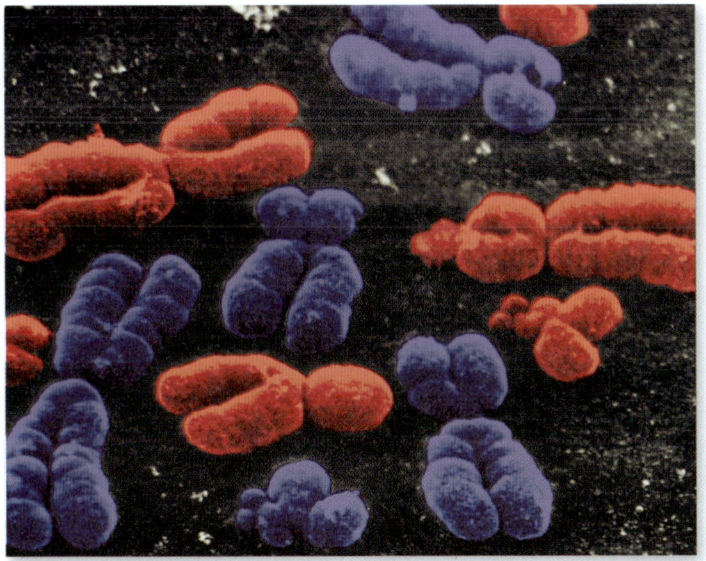

그림 9.4 인간 염색체.
이 주사전자현미경 사진은 핵분열 직전에 나타나는 인간 염색체를 보여준다. 각 DNA 분자는 이미 복제되어 동일한 사본이 동원체라는 잘록한 부위에 함께 결합되어 있다. 염색체는 임의의 색으로 표시했다.

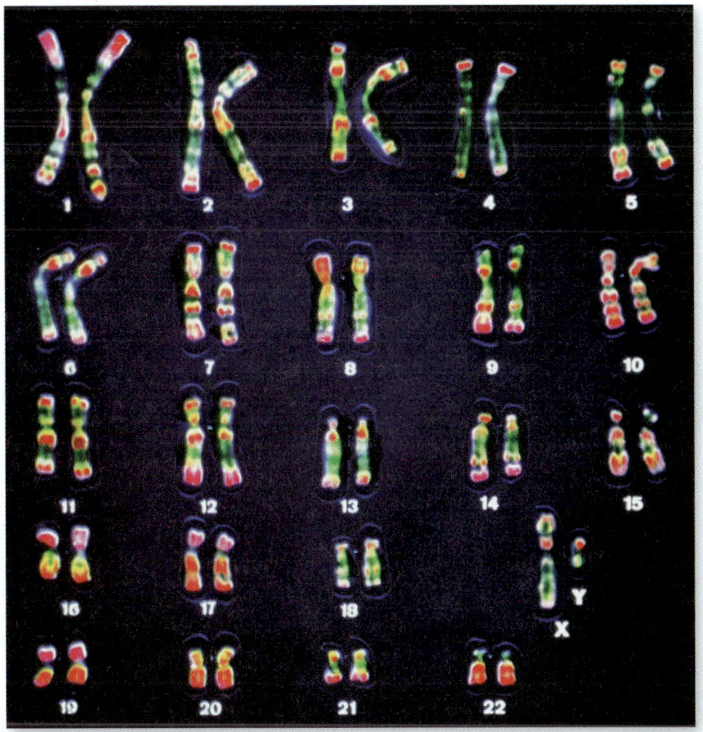

그림 9.5 인간 핵형.
23쌍을 구성하는 염색체는 각각의 크기와 동원체 위치가 서로 다르다. 사진의 남성의 핵형에서 염색체는 구성의 차이를 나타내고 서로 명확하게 구별하기 위해 특별히 염색되었다. 염색체 쌍에서 각 염색체는 매우 유사하지만 동일하지는 않다.

염색체는 DNA와 단백질의 복합체인 **염색질**(chromatin)로 구성되며, 일반적으로 약 40%는 DNA, 60%는 단백질이다. 염색체는 RNA 합성이 일어나는 부위이기 때문에 상당한 양의 RNA도 염색체와 관련되어 있다. 각 염색체는 하나의 연속된 DNA 분자를 포함한다. 전형적인 인간 염색체는 DNA에 약 1억 4천 만(1.4×10^8)개의 뉴클레오타이드(nucleotide)를 포함한다. 각 뉴클레오타이드를 "단어"로 생각하면, 평균 염색체에 포함된 정보의 양은 페이지당 500개의 "단어"가 있는 1000페이지 책의 약 280권 분량이다.

인간 염색체에서 DNA 가닥을 잡아 늘리면 평균 길이는 약 4.3 cm이다. 이 길이의 DNA를 세포핵에 집어 넣는 것은 축구장 길이의 줄을 야구공에 넣는 것과 같다. 심지어 염색체 1개가 말이다. 그러나 세포에서 DNA는 압축되어 훨씬 더 작은 공간에 들어갈 수 있으며, 압축 수준은 세포주기에 따른 염색체의 이동성 필요에 따라 달라진다.

분열하지 않는 핵에서 염색질의 정확한 구조는 잘 알려져 있지 않지만, 유전학자들은 수년 동안 **이질염색질**(heterochromatin)이라고 하는 염색질이 일부 영역은 활성화되지 않고 **진정염색질**(euchromatin)이라고 하는 영역은 활성화되어 있음을 인식해 왔다. 우리는 이제 이 측정 가능한 유전적 상태가 염색질의 물리적 상태와 관련이 있다는 것을 알고 있다. 15장에서 살펴보겠지만 염색질 자체의 구조는 이른바 후성유전의 기초가 되는, 유전자 발현이 조절되는 방식 중 한 부분이다.

뉴클레오솜은 DNA를 조직한다

진핵생물의 핵을 파괴하고 전자현미경으로 DNA를 조사해 보면 마치 구슬의 끈과 닮았다는 것을 알 수 있다(**그림 9.6**). 구슬은 **뉴클레오솜**(nucleosome)이라는 구조로 DNA와 **히스톤 단백질**(histone proteins)로 구성된다. 히스톤은 염기성 아미노산인 아르지닌(arginine)과 라이신(lysine)이 풍부하기 때문에 양전하(+)를 띠고 있다. 따라서 그들은 음전하(−)를 띤 DNA에 강하게 끌린다. 히스톤 역할의 중요성은 매우 높은 수준의 진화적 보존으로 나타난다.

뉴클레오솜은 H2A, H2B, H3, H4의 4종류의 주요 히스톤을 포함한다. 이들은 서로 결합하여 소위 히스톤 8량체(histone octamer)라는 큰 복합체를 형성하며, 이는 DNA가 감겨있는 실패 역할을 한다. 각각의 히스톤 8량체는 약 10 nm 지름의 뉴클레오솜 핵심 입자를 형성하기 위해 외손 방향으로 1.7회 감는 147 bp DNA로 감싸져 있다. 이들 각각은 연결 DNA라고 하는 20~80 bp인 다양한 길이의 DNA로 분리되어 있어서 "실에 꿴 구슬" 모양이 된다. 추가 히스톤인 H1은 연결 DNA와 상호작용할 수 있으며, 핵심 입자인 히스톤은 또한 뉴클레오솜이 상호작용할 수 있도록 튀어나온 "꼬리"를 가지고 있다. 둘 다 염색질의 고차원 구조에 영향을 미칠 수 있다.

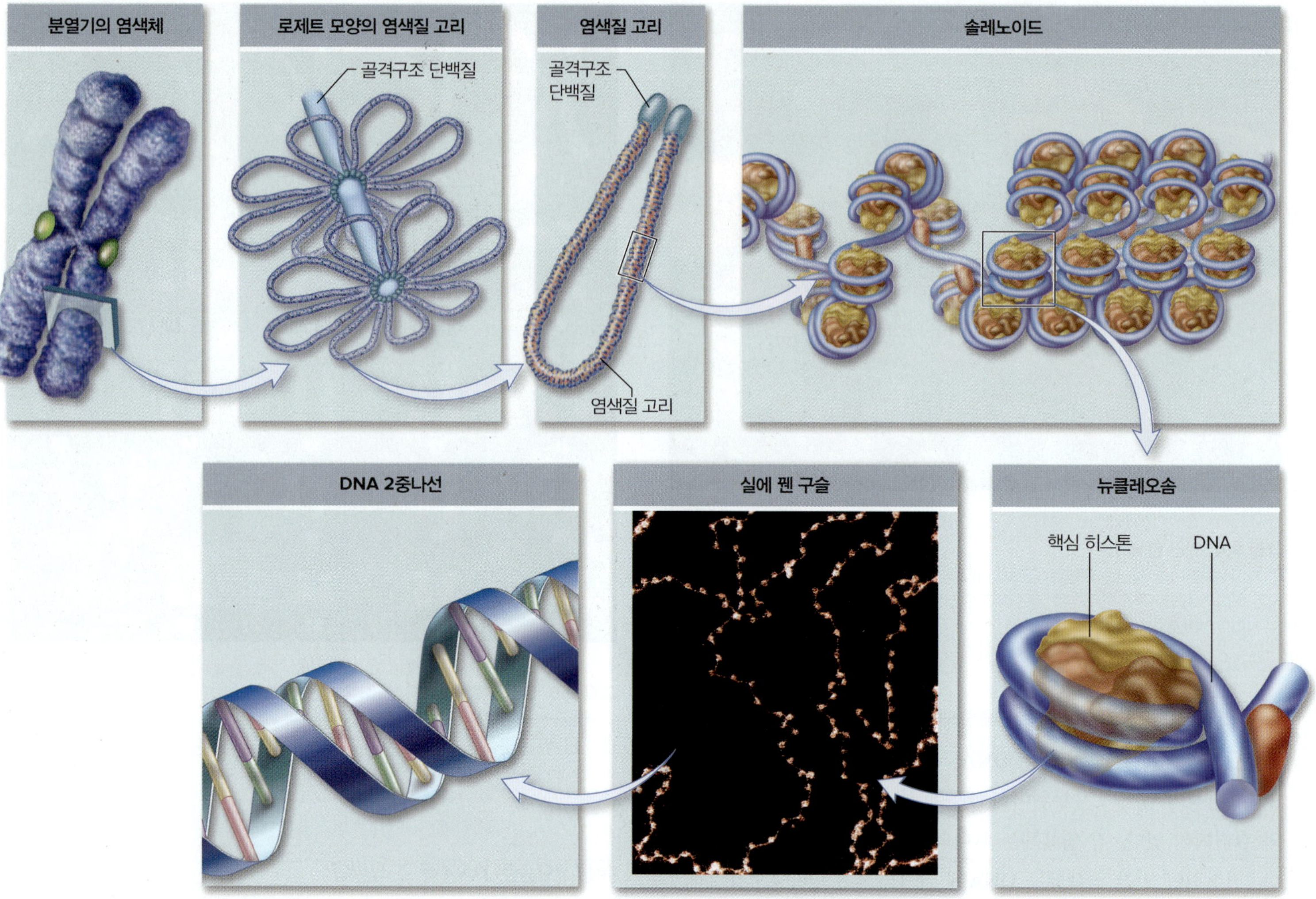

그림 9.6 **진핵세포 염색체의 조직화 수준.**
각 염색체는 단일 DNA 분자로 구성된다. 이들은 세포핵에 들어가도록 압축되어야 한다. DNA는 히스톤이라는 단백질 주위에 감겨져 뉴클레오솜을 형성한다. 이것은 EM 현미경 사진에서 나타나는 모양 때문에 "실에 꿴 구슬"로 불린다. 뉴클레오솜은 조직화된 염색질 고리로 보이는 고차원 구조로 되기 위해 더 응축된다. 분열기 염색체의 정확한 구성은 알려져 있지 않지만 그림은 하나의 모델을 보여준다. 여기에 표시된 배열은 많은 가능성 중 하나이다.

뉴클레오솜에 싸여있는 분리된 DNA를 H1과 함께 저염 조건에서 배양하면 지름 30 nm의 더욱 조밀한 구조를 형성한다. 이 소위 "30 nm 섬유"는 솔레노이드(solenoid)라고 하는 나선형으로 감겨지거나 동일한 지름의 지그재그 구조를 형성한다. 30 nm 섬유는 오랫동안 비분열 세포에서 일반적인 염색질 상태로 간주되어 왔는데, 온전한 세포에서 DNA의 상태를 보는 것이 불가능했기 때문에 이를 확인하기는 어려웠다.

염색체는 세포분열 동안 응축되고 탈응축된다

염색체 응축 상태는 동적이며 세포주기의 단계에 따라 변한다. 분열기 사이에서 염색질은 상대적으로 풀어지며, 세포분열 중에는 염색체 분리를 위해 응축되어야 하며 분열 후 다시 탈응축되어야 한다. 수년 동안 지배적인 모델은 30 nm 섬유를 형성하기 위해 연속적으로 꼬여있고, 단백질 골격에서부터 방사형 고리 형태로 추가로 응축된다는 것이었다(**그림 9.6**).

이 유형의 모델은 기각되지는 않았지만, 온전한 세포에서 30 nm 섬유와 다른 고차원 구조를 찾으려는 연구에서 상충되는 증거가 나타났다. 특정 모델에 관계없이, 단백질 복합체 **콘덴신**(condensin)이 관련되어 있음은 분명하다. 콘덴신은 2개의 SMC 단백질을 포함하며, 이는 핵양체 압축에 관여하는 박테리아 SMC 단백질과 관련된 것이다. 콘덴신은 ATP 가수분해의 에너지를 사용하여 DNA 고리를 만들고 이 고리를 조절한다. 온도 민감성 콘덴신 돌연변이를 가진 효모는 염색체 응축에 결함을 나타낸다.

단계적으로 꼬여 있는 모델에 대해 생각해 볼 수 있는 한 가지 방법은 구조가 크리스탈과 비슷하다는 것이다. 현재는 세포의 DNA가 크리스탈보다는 "액체"에 가깝다는 증거가 있다. 이 모델에서 DNA

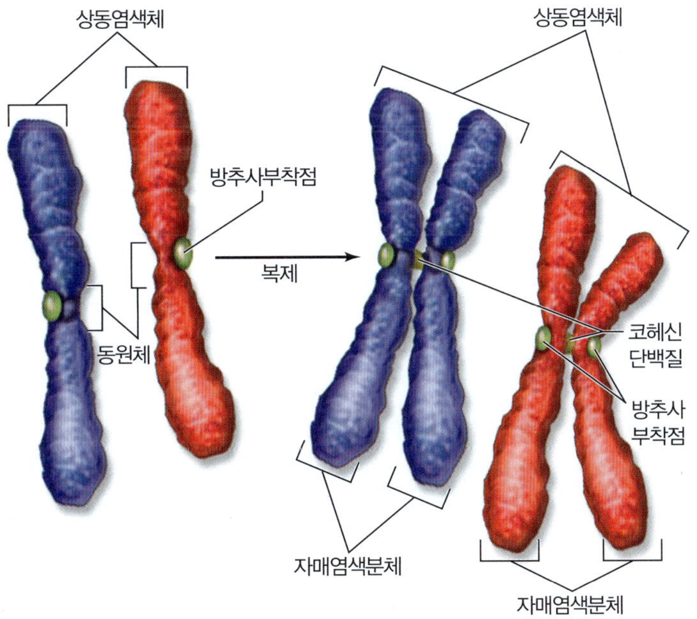

그림 9.7 상동염색체와 자매염색분체의 차이.
상동염색체는 동일한 염색체의 모계와 부계 사본이다(예를 들어 염색체 번호 16번). 자매염색분체는 DNA 복제 후 코헤신 단백질에 의해 동원체에서 함께 결합된 단일 염색체의 두 복제물이다. 방추사부착점(9.4절에서 나중에 설명됨)은 유사분열 동안 미세소관이 부착되는 동원체에서 발견되는 단백질로 구성된다.

는 뉴클레오솜으로 감싸인 다음 연결 히스톤의 상호작용을 통해 뉴클레오솜 자체가 "액체 DNA"의 밀도를 변경할 수 있다. 이상하게 들릴지 모르지만, 이것이 염색체 형태에 대한 많은 새로운 데이터에 더 적합하다.

염색체 복제

핵형에서 보이는 염색체는 세포가 분열하는 짧은 기간 동안만 존재한다. DNA가 복제될 때 각 염색체의 단일 분자는 **코헤신**(cohesin)이라는 단백질 복합체에 의해 동원체에 함께 결합된 2개의 동일한 DNA 분자가 된다. 각 염색체가 더 응축되면 핵형에서 X자 모양의 구조로 보인다. 이 때 우리는 여전히 이것을 하나의 염색체라고 부르지만 2개의 **자매염색분체**(sister chromatid)로 구성된다(**그림 9.7**).

복제 생산물이 함께 결합되어 있다는 사실은 분열 과정에 중요하다. 세포가 해결해야 하는 한 가지 문제는 각각의 딸세포가 완전한 염색체 세트를 받도록 하는 방법이다. 대부분이 컴퓨터에서 파일을 복제할 때 사용하는 라벨과 같이 각 염색체를 식별하기 위해 일종의 라벨을 사용할 수 있다. 그러나 염색체에 라벨을 붙이는 대신 세포는 복제 생성물을 동원체에 함께 붙여 놓는다. 그런 다음 유사분열 과정에서 이 모든 사본을 동시에 분리하여 각 딸세포가 각 염색체의 사본을 확실히 하나씩 얻도록 한다.

핵심 요약 9.2

진핵세포의 염색체는 세포분열을 위해 응축될 수 있는 복잡한 구조이다. 간기 동안 DNA는 단백질 주위에 감겨져 뉴클레오솜이라는 구조로 만들어진다. 염색질의 고차 구조는 조직화된 결정이거나 비조직화된 액체이다. 2배체 세포는 각 염색체에 대해 모계와 부계 사본, 즉 상동염색체를 포함한다. 염색체 복제 후, 각 상동염색체는 동원체에 코헤신이라고 하는 단백질에 의해 결합된 두 자매염색분체로 구성된다.

- 염색체 수는 생물체의 복잡성과 관련이 있을까?

9.3 진핵세포주기의 개요

학습 목표

1. 진핵세포주기를 서술할 수 있다.

원핵생물과 비교할 때, 진핵생물 게놈의 증가된 크기와 더 복잡한 구조는 복제된 게놈을 딸세포로 분할하는 데 급진적인 변화를 필요로 했다. 세포주기는 게놈의 복제, 정확한 분리 및 세포 내용물의 분할을 필요로 한다.

세포주기는 5단계로 나뉜다

세포주기는 게놈 복제와 분리의 주요 과정에 따라 단계가 나뉜다. 세포주기는 일반적으로 **그림 9.8**과 같이 표시된다.

- **G_1**(Gap 1)은 세포의 주요 성장 단계이다. 간기는 세포질분열(cytokinesis)과 DNA 합성 사이의 간극을 채우는 것을 의미한다. 대부분의 세포에서 가장 긴 단계이다.
- **S**(Synthesis)는 세포가 게놈의 복제품을 합성하는 단계이다.
- **G_2**(Gap 2)는 새로 복제된 게놈의 분리를 위한 두 번째 성장 단계이다. 이 단계는 DNA 합성과 유사분열 시작 사이의 간격을 채운다. 이 단계에서 미세소관이 재조직되어 방추(spindle)를 형성하기 시작한다.
- G_1과 S, G_2는 함께 세포분열 사이의 세포주기 일부인 **간기**(interphase)를 구성한다.
- **유사분열**(mitosis)은 방추체가 모이고, 염색체에 결합하고, 자매염색분체를 분리하는 세포주기의 단계이다. 유사분열은 두

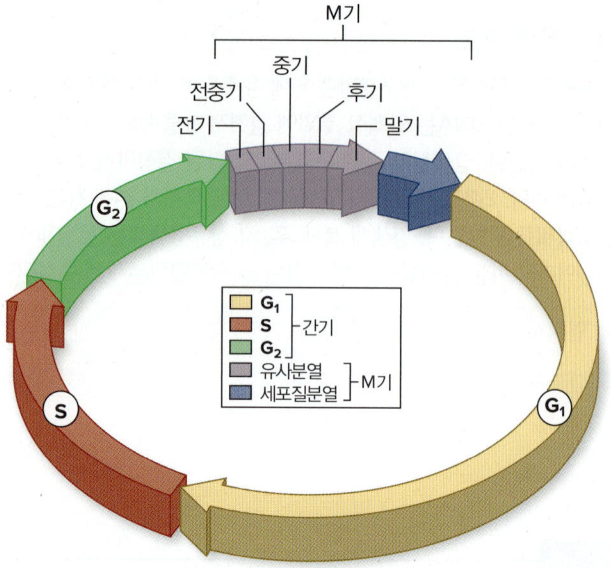

그림 9.8 세포주기.
세포주기는 원으로 표시된다. 첫 번째 간극 단계인 G_1은 DNA 합성을 위한 성장과 준비를 포함한다. S기 동안 게놈의 사본이 합성된다. 두 번째 간극 단계인 G_2는 유사분열을 위해 세포를 준비한다. 유사분열 동안 복제된 염색체가 분할된다. 세포질분열은 세포를 동일한 게놈을 가진 2개의 세포로 나눈다.

딸 게놈의 분리에 필수적인 단계이다. 전통적으로 전기(prophase), 전중기(prometaphase), 중기(metaphase), 후기(anaphase), 말기(telophase)로 세분된다.

- **세포질분열**(cytokinesis)은 세포질이 분열하여 2개의 딸세포를 생성하는 세포주기의 단계이다. 동물세포에서 미세소관 방추는 세포를 2개로 잘라내기 위해 졸라매는 끈처럼 수축하는 액틴의 수축 고리를 위치시키는 데 도움이 된다. 식물세포와 같이 세포벽이 있는 세포에서는 분열하는 세포 사이에 판이 형성된다.

유사분열과 세포질분열은 일반적으로 간기로부터 분열기를 구별하기 위해 집합적으로 M기라고 한다.

세포분열의 기간은 세포 유형에 따라 다르다

세포주기를 완료하는 데 걸리는 시간은 크게 다양하다. 동물 배아 세포는 20분 이내에 세포주기를 완료할 수 있다. 알려진 가장 짧은 동물의 핵 분열주기는 초파리 배아에서 발생한다(8분). 이 세포들은 세포 성장 없이 DNA를 복제할 수 있는 만큼, 빠르게 핵을 분열시킨다. 이 경우 본질적으로는 G_1과 G_2없이, 주기의 절반은 S, 절반은 M이 차지한다.

성숙한 세포는 성장하는데 시간이 필요하기 때문에 대부분의 주기는 배아 조직의 주기보다 훨씬 길다. 일반적으로 분열하는 포유류 세포는 약 24시간 내에 세포주기를 완료하지만, 인간의 간에 있는 어떤 세포는 1년 이상 지속되는 세포주기를 가지고 있다. 주기 동안 성장은 G_1 및 G_2기뿐만 아니라 S기에서도 발생한다. M기는 전체 주기에서 작은 부분인 약 1시간이 소요된다.

생물체 또는 세포 유형 사이의 다양한 세포주기 길이는 대부분 G_1기에서 발생한다. 세포는 종종 DNA 복제 전에 G_1에서 일시 중지하고 **G_0기**(G_0 phase)라고 하는 휴지 상태에 들어간다. 세포는 세포분열을 재개하기 전에 수일에서 수년 동안 이 시기에 남아있을 수 있다. 평소에 동물의 신체에 있는 대부분의 세포는 G_0기에 있다. 일부 근육 및 신경세포는 여기에 영구적으로 남아 있다. 간세포와 같은 다른 세포들은 손상 중에 방출된 인자에 반응하여 G_1기를 재개할 수 있다.

핵심 요약 9.3

진핵생물의 세포분열은 첫 번째 간극기(G_1기), DNA 합성기(S), 두 번째 간극기(G_2기), 유사분열(M), 염색분체가 분리되는 기간, 세포가 2개로 분리되는 세포질분열을 포함하는 복잡한 과정이다.

- 유사분열을 완료했지만 세포질분열을 완료하지 않은 세포는 어떻게 될까?

9.4 간기: 유사분열 준비

학습 목표

1. 간기 동안 발생하는 사건을 서술할 수 있다.
2. S기 후 자매염색분체 간의 결합을 설명할 수 있다.

간기(G_1와 S, G_2기) 중에 발생하는 사건은 유사분열을 성공적으로 완료하는 데 매우 중요하다. G_1기 동안 세포는 대부분의 성장을 거친다. S기 동안 각 염색체는 복제하여 2개의 자매염색분체를 생성하며, 이 염색분체는 동원체에 서로 붙어 있다. G_2기에서는 염색체가 훨씬 더 단단히 감겨 있다.

동원체(centromere)는 특정 단백질에 결합하는 반복된 DNA 서열을 포함하는 염색체의 잘록한 지점이다. 이 단백질은 **방추사부착점**(kinetochore)이라고 하는 원반 모양의 구조를 구성한다. 이 원반은 세포분열 중에 염색체를 분리하는데 필요한 미세소관의 부착 부

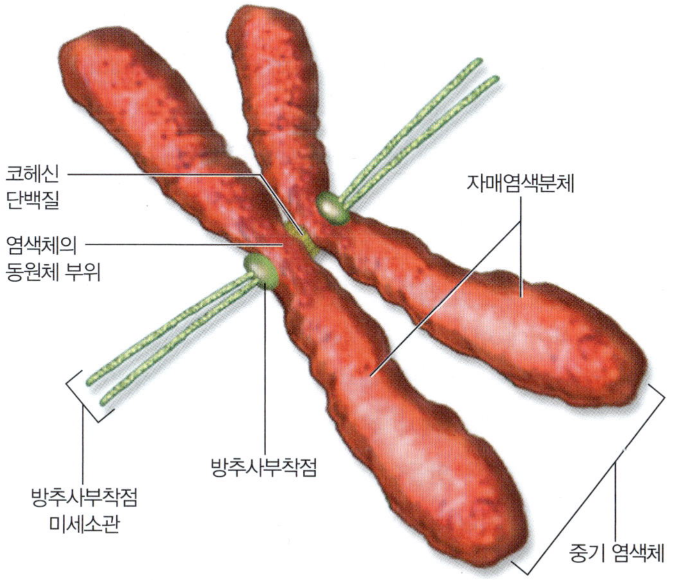

그림 9.9 방추사부착점.
유사분열 동안 자매염색분체의 분리는 방추사부착점에서 발견되는 단백질에 부착된 미세소관에 따라 달라진다. 이 방추사부착점 단백질은 염색체의 동원체에 조립된다. 두 자매염색분체의 동원체는 코헤신 단백질에 의해 결합된다.

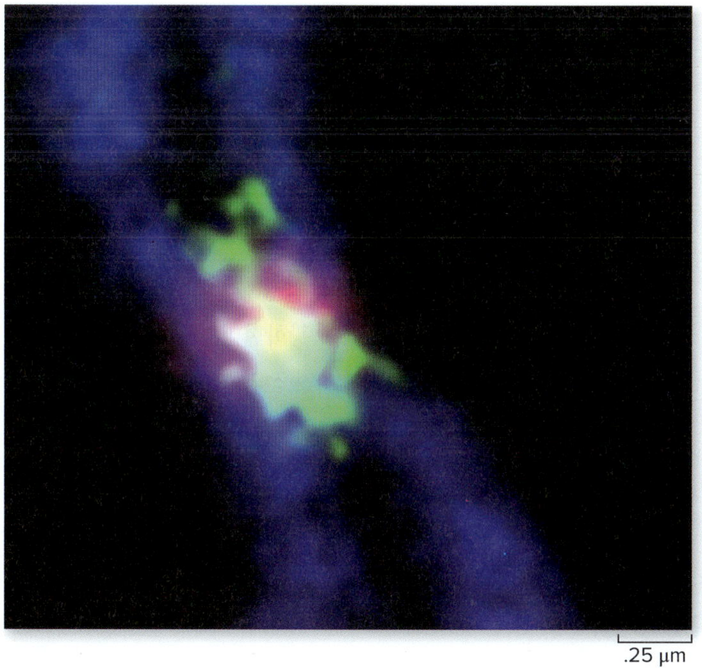

그림 9.10 동원체에서 발견되는 단백질.
이 사진에서 인간 유사분열 염색체는 콘덴신(파란색), 코헤신(녹색) 및 동원체 특이 히스톤 CENP-A(빨간색)으로 염색되었다. 코헤신 단백질은 자매염색분체의 동원체에 함께 결합되어 있다.

위 역할을 한다(**그림 9.9**). **그림 9.5**에서 볼 수 있듯이 각 염색체의 동원체는 염색체 길이에 따라 특징적인 위치에 있다.

S기 후 자매염색분체는 동원체를 공유하는 것처럼 보이지만 분자 수준에서 동원체의 DNA는 실제로 이미 복제되었으므로 2개의 완전한 DNA 분자가 존재한다. 이것은 2개의 염색분체가 동원체에서 코헤신 단백질에 의해 함께 유지되고, 각 염색분체는 자신의 방추사부착점 단백질 세트를 가지고 있음을 의미한다(**그림 9.10**). 다세포 동물에서 복제 후 자매염색분체를 함께 유지하는 대부분의 코헤신은 염색체가 응축됨에 따라 콘덴신으로 대체되는 것으로 보인다. 이것은 염색체가 동원체에서는 단단히 붙어 있지만 다른 곳에는 느슨하게 붙어 있게 한다.

세포는 간기 동안 자란다. 간기의 G_1기와 G_2기는 단백질이 합성되고 세포소기관이 생성되는, 활발히 성장하는 기간이다. 세포의 DNA는 세포주기의 S기에서만 복제된다.

염색체가 S기에서 복제된 후에는 코헤신 단백질이 복제된 염색체를 함께 유지하고 있기는 하지만 분산된 상태로 남아 있다. G_2기에서 그들은 응축 과정을 시작하여 훨씬 더 단단히 감긴다. 또한 G_2기 동안 세포는 나중에 염색체를 세포의 반대극으로 이동하는데 사용할 기구를 조립하기 시작한다. 동물세포에서는 **중심립**(centrioles)이라고 불리는 한 쌍의 미세소관형성중심이 복제되어 각 극에 하나씩 생성된다. 모든 진핵세포는 미세소관을 형성하는 단백질인 **튜불린**(tubulin)을 광범위하게 합성한다.

핵심 요약 9.4

간기에는 세포주기의 G_1과 S, G_2기가 포함된다. 간기 동안 세포는 성장하며, 염색체, 소기관 및 중심립이 복제되고, 튜불린을 포함하여 유사분열에 필요한 성분이 합성된다. 코헤신 단백질은 각 염색체의 동원체에서 염색분체를 함께 붙잡고 있다.

■ 코헤신 단백질이 제거된 돌연변이는 세포분열에 어떤 영향을 미칠까?

9.5 M기: 염색체 분리 및 세포질 내용물의 분할

학습 목표

1. 유사분열의 단계를 서술할 수 있다.
2. 중기의 중요성을 설명할 수 있다.
3. 식물과 동물의 세포질분열을 비교할 수 있다.

유사분열 과정은 우리가 쉽게 관찰할 수 있는 가장 극적이고 아름다운 생물학적 과정 중 하나이다. 이 과정을 이해하기 위해 여러 단계로 나눴지만, 이것은 구별된 단계가 아니라 역동적이고 연속적인 과정이라는 것을 항상 기억해야 한다. 이 과정은 **그림 9.11**에서 현미경 사진과 그림으로 나타냈다.

전기 동안 유사분열 기구가 형성된다

G_2기에서 염색체 응축이 시작되어 광학현미경으로 처음 관찰되는 지점에 도달하면 유사분열의 첫 단계인 **전기**(prophase)가 시작된다. 응축 과정은 전기 내내 계속되는데, 결과적으로 미세한 실 모양으로 시작한 전기의 염색체는 이 단계가 끝나기 전에 상당히 부피가 커져 보인다.

방추체와 중심립

나중에 자매염색분체를 분리할 **방추체**(spindle apparatus)의 조립은 전기 동안 생긴다. 세포의 정상적인 미세소관 구조는 G_2기에서 분해되어 방추체로 대체된다. 동물세포에서 G_2기에서 형성된 2쌍의 중심립은 전기 초기에 떨어져 움직이기 시작하여 그들 사이에 방추사(spindle fibers)라고 불리는 미세소관 축을 형성한다. 중심립이 세포의 반대 극에 도달할 때까지 그들은 방추체라고 하는 미세소관의 다리를 그 사이에 형성한다. 식물세포에서는 비록 중심립은 없지만 유사한 미세소관 섬유 다리가 세포의 반대극 사이에 형성된다.

동물세포의 유사분열에서 중심립은 세포의 극에 도착했을 때 방사형 미세소관 배열을 만들어서 원형질막을 향해 뻗어간다. 이러한 미세소관 배열을 **성상체**(aster)라고 한다. 성상체의 기능이 완전히 이해되지는 않았지만, 아마도 중심립을 막에 지탱하여 방추사가 짧

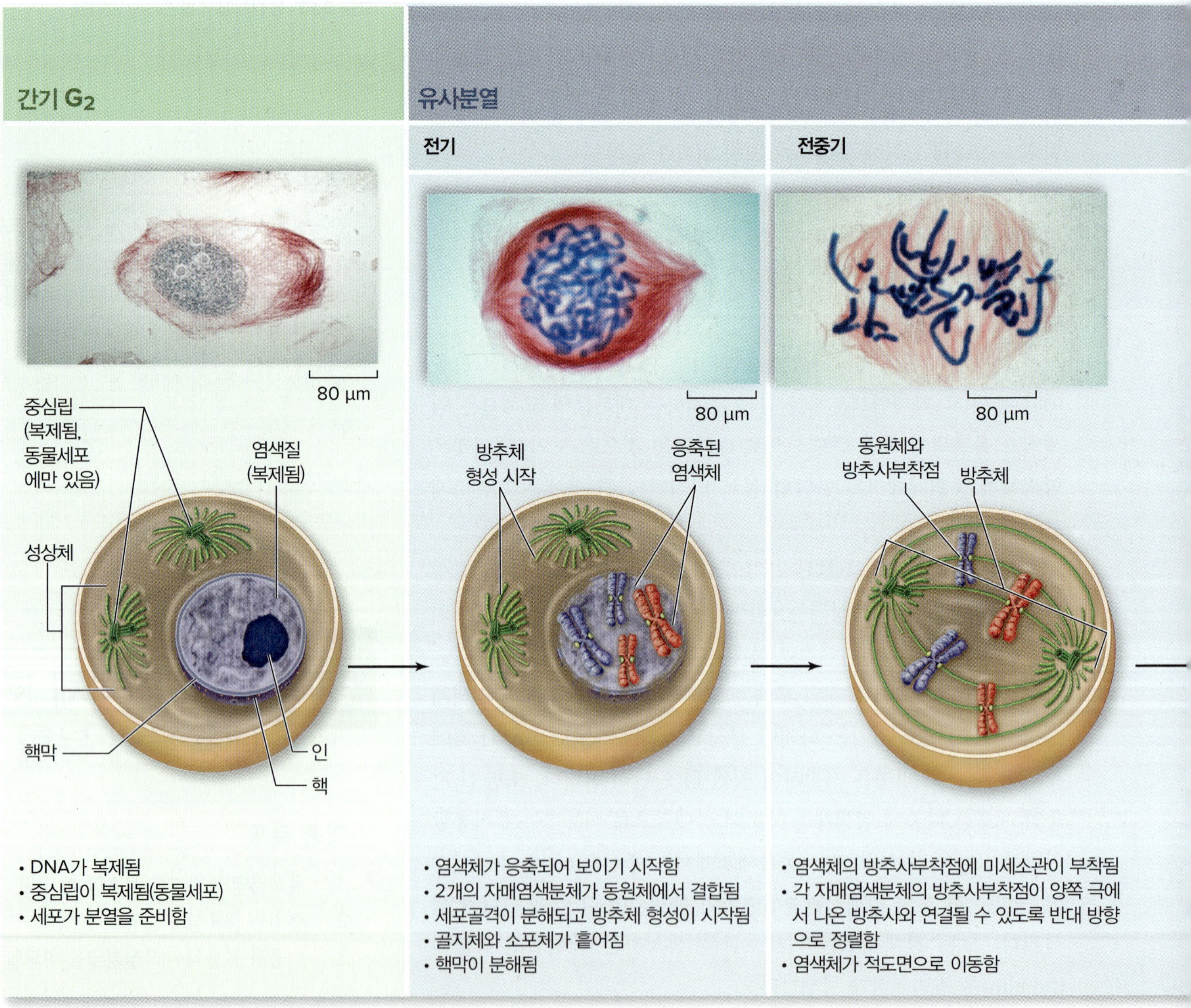

그림 9.11 유사분열과 세포질 분열.
유사분열은 전통적으로 5단계(전기, 전중기, 중기, 후기, 말기)로 나뉘어 복제된 염색체를 분리하는 역할을 한다. 이후 세포를 2개의 딸세포로 나누는 세포질분열이 뒤 따른다. 사진은 염색체가 파란색으로 염색되고 미세소관이 빨간색으로 염색된 식물(*Haemanthus katharinae*)의 유사분열과 세포질분열을 보여준다. 그림은 동물세포의 유사분열과 세포질분열을 나타냈다.

아지는 동안 미세소관 부착 지점을 강화할 것이다. 단단한 세포벽을 가진 식물세포는 성상체를 형성하지 않는다.

핵막의 분해

방추체가 형성되는 동안 핵막(nuclear envelope)은 부서지고 소포체가 구성 요소를 재흡수한다. 이 시점에서 미세소관 방추사는 한 극에서 다른 극으로 세포를 완전히 가로질러 확장된다. 그들의 방향은 방추체에 직각으로 세포의 중심을 관통하는, 세포가 분할되는 평면을 결정한다.

전중기 동안 염색체는 방추사에 부착된다

전기에서 전중기로의 전환은 핵막의 분해 후에 발생한다. **전중기**(prometaphase) 동안 응축된 염색체는 방추사부착점에 의해 방추사에 부착된다. 각 염색체는 2개의 방추사부착점을 가지고 있으며, 각 자매염색분체의 동원체에 부착되어 있다(**그림 9.9** 참조).

미세소관 부착

전중기가 계속됨에 따라 두 번째 미세소관 그룹은 세포의 극에서 동원체를 향해 성장한다. 이러한 미세소관은 각 자매염색분체 쌍의 방추사부착점에 의해 포착된다. 이로 인해 각 자매염색분체의 방추사부착점이 방추사의 반대 극에 연결된다.

이 양극성 부착은 유사분열 과정에 중요한데, 미세소관 위치 지정에 실수가 생기면 재앙이 될 수 있다. 예를 들어, 두 자매염색분체의 방추사부착점을 동일한 극에 부착하면 자매염색분체 분리는 실패하고 동일한 극으로 당겨져 한쪽의 딸세포로 들어가고 다른 딸세포는 해당 염색체가 누락된다.

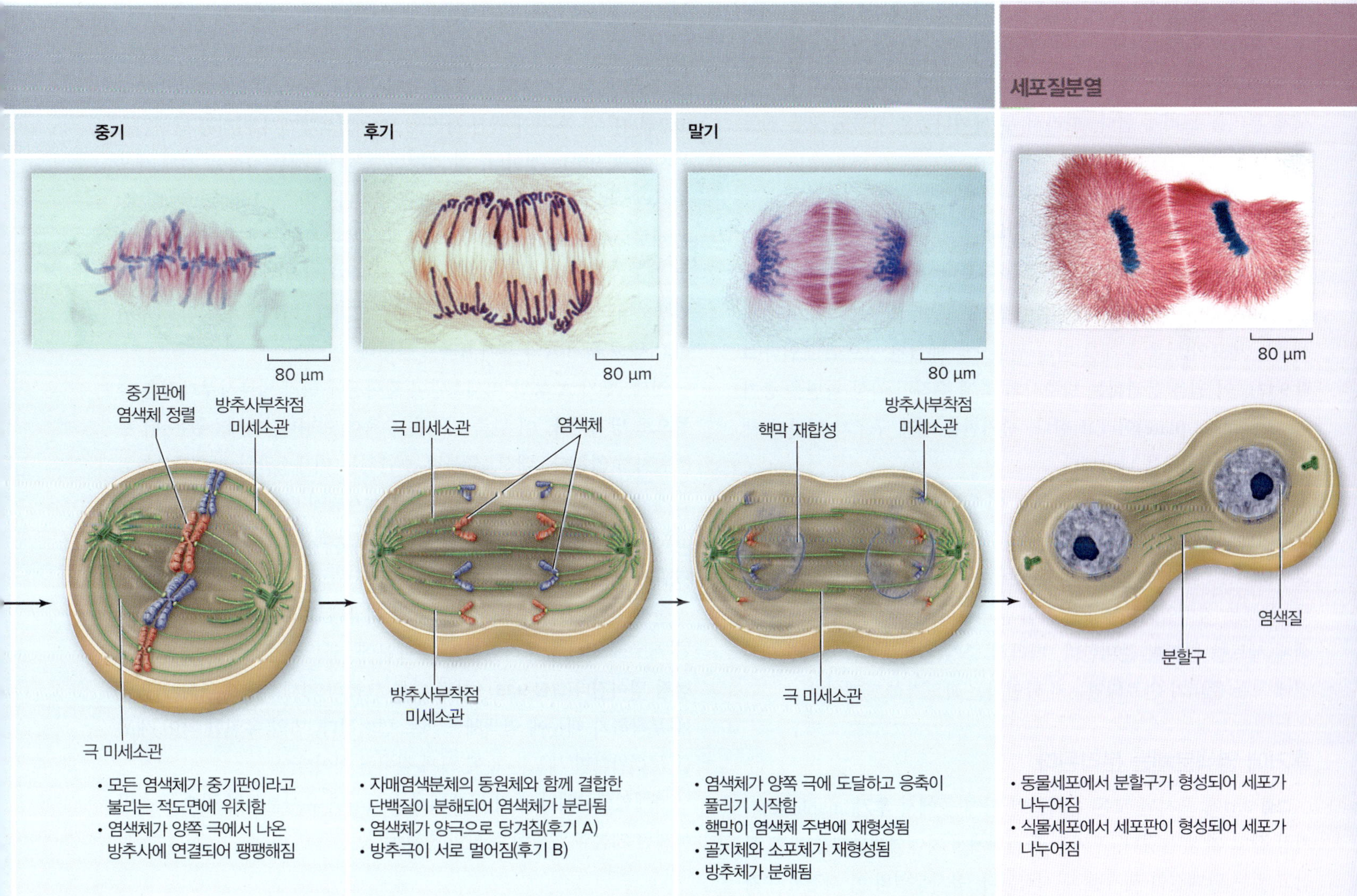

세포 중심으로 염색체 이동

각 염색체는 양쪽극에서 자매염색분체의 방추사부착점으로 이어지는 미세소관 방추사에 부착된다. 염색체는 중앙을 향해 동시에 당겨져서 결국 모든 염색체를 세포의 적도로 끌어 당기는 갑작스러운 움직임으로 이어진다. 이 시점에서 염색체는 적도에 배열되어 있으며 자매염색분체는 장력을 받고 방추사부착점 미세소관에 의해 반대극을 향한다.

염색체를 움직이는 힘은 유사분열 과정이 처음 관찰된 이후로 큰 관심을 끌었다. 이를 설명하기 위해 2가지 기본 메커니즘이 제안되었다. (1) 미세소관의 조립 및 분해는 염색체를 이동시키는 힘을 제공하고, (2) 방추사부착점과 세포의 극에 위치한 운동 단백질이 미세소관을 당겨 힘을 제공한다. 실험 자료는 두 메커니즘을 모두 지지하고 있다.

분리된 염색체는 미세소관 분해에 의해 당겨질 수 있기에 미세소관-단축설을 지지한다. 방추사는 매우 역동적인 구조로, 중기 동안에도 미세소관이 방추사부착점에서 추가되고 극에서 단축된다. 여러 운동 단백질이 방추사부착점 단백질로 확인됨으로써, 운동 단백질설을 뒷받침했다. 운동 단백질 디네인(dynein)의 억제는 후기에서 염색체 분리를 느리게 한다. 따라서 두 메커니즘은 아마도 모두 작동하고 있을 것이다.

중기에 염색체는 적도에 정렬한다

세포 중앙으로의 염색체 정렬은 유사분열의 세 번째 단계인 **중기**(metaphase)의 신호이다. 광학현미경으로 보면, 지구의 적도처럼 염색체는 세포의 안쪽 둘레를 따라 원형으로 배열된 것으로 보인다(**그림 9.12**). 이 원을 통과하는 방추사의 축에 수직인 가상 평면을 **중기판**(metaphase plate)이라고 한다. 중기판은 실제 구조가 아니라 세포 분열의 미래 축을 나타낸다.

동원체의 방추사부착점에 부착된 미세소관에 의해 모든 염색체가 중기판에 정렬된다. 이 시점에서 동원체는 반대쪽 극을 향해 확장되는 미세소관에 의해 세포의 양쪽 극에서 같은 거리에 있도록 배열된다. 세포는 자매염색분체를 적절히 분리하여 각 딸세포가 완전한 염색체 세트를 받도록 준비한다. 따라서 중기는 세포분열이 계속되기 전에 모든 준비가 완료되었는지 확인되는 과도기적 단계이다.

후기에 염색분체는 분리된다

그림 9.11에 표시된 모든 유사분열 단계 중에서 **후기**(anaphase)가 가장 짧고 가장 놀랍다. 후기는 동원체에서 자매염색분체를 함께 붙잡고 있는 단백질이 제거될 때 시작된다. 유사분열의 이 시점까지 자매염색분체는 동원체에 집중된 코헤신 단백질에 의해 결합되어 있다(9.2절 참조). 후기의 핵심 사건은 모든 염색체에서 이러한 단백질을 동시에 제거하는 것이다. 이 과정의 조절 및 세부 사항은 전체 세포주기의 맥락에서 9.6절에서 논의될 것이다.

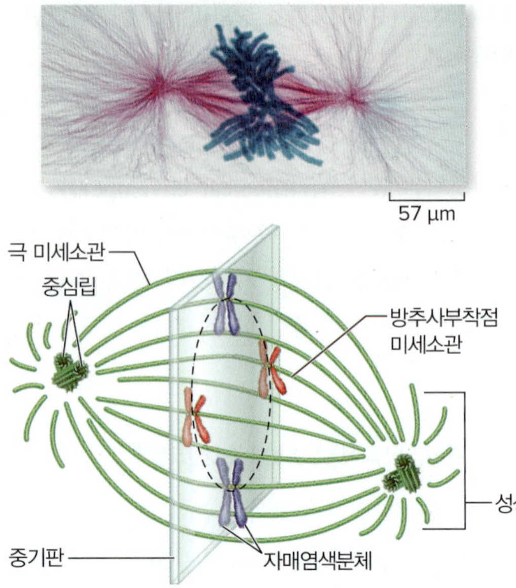

그림 9.12 중기.
중기에 염색체는 세포의 중간지점에 배열된다. 세포의 적도를 통과하는 가상의 평면을 중기판이라고 한다. 방추체 자체가 3차원 구조이기 때문에 염색체는 중기판에 원형으로 배열된다.

서로로부터 해방된 자매염색분체는 방추사부착점과 연결된 극으로 빠르게 당겨진다. 이 과정에서 두 가지 형태의 움직임이 동시에 발생하며, 각각은 미세소관에 의해 주도된다. 이러한 움직임을 구별하기 위해 후기 A와 후기 B라고 불린다.

첫째, 후기 A 동안 미세소관이 짧아짐에 따라 **방추사부착점은 극쪽으로 당겨진다**. 이 단축 과정은 수축이 아니다. 미세소관은 더 두꺼워지지 않는다. 대신, 튜불린 소단위는 미세소관의 방추사부착점 끝에서 제거된다. 더 많은 소단위가 제거됨에 따라 염색분체를 잡고 있는 미세소관이 점진적으로 분해되고 염색분체가 세포의 극에 더 가깝게 당겨진다.

둘째, 후기 B 동안 물리적으로 반대극에 고정된 미세소관 방추사가 서로를 지나 활주하면서 밀기 때문에, 세포의 중심에서 양쪽 **극은 점점 멀어진다**(**그림 9.13**). 한편 다른 그룹의 미세소관이 염색체를 극에 부착하기 때문에 염색체도 서로 멀어진다. 만약 유연한 막이 세포를 둘러싼다면 세포는 눈에 띄게 길어질 것이다.

자매염색분체가 후기 단계에서 분리되면 유사분열의 필수 요소인 복제된 게놈의 정확한 분할이 완료된다.

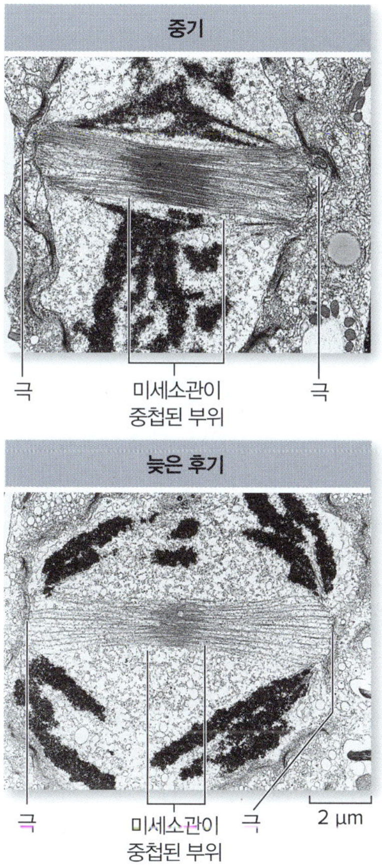

그림 9.13 염색체가 분리됨에 따라 미세소관이 서로 지나쳐 간다. 분열하는 규조류의 전자현미경 사진에서, 세포가 중기에서 후기로 이동함에 따라 방추사가 연장되는 동안 미세소관의 겹침이 현저히 줄어든다. 후기 B 동안 염색체가 극쪽으로 이동함에 따라 두 극이 더 멀어진다.

말기동안 핵이 재형성된다

말기에서 방추체는 미세소관이 딸세포의 세포골격을 구성하는데 사용할 수 있는 튜불린 단량체로 분해됨에 따라 해체된다. 자매염색분체의 각 세트 주위에 핵막이 형성되며, 염색분체는 더이상 동원체에 부착되지 않기 때문에 염색체라고 할 수 있다. 염색체는 곧 더 확장된 형태로 풀리기 시작하며, 유전자 발현을 허용한다. 유사분열이 완료된 후 발현되는 초기 유전자 그룹 중 하나는 인이 다시 나타나도록 하는 rRNA 유전자로 구성된다.

말기는 전기 과정의 반대로 볼 수 있으며 세포를 간기 상태로 되돌린다. 유사분열은 말기 끝에 완료된다. 진핵세포는 복제된 게놈을 세포의 반대쪽 끝에 위치한 2개의 새로운 핵으로 분할한다. 미토콘드리아와 엽록체(존재하는 경우)를 포함한 다른 세포질 소기관은 분리될 영역으로 재분류되어 딸세포가 된다.

그러나 세포질분열이 아직 시작되지 않았기 때문에 유사분열의 끝에서도 세포분열은 완료되지 않았다. 세포가 실제로 분열하는 세포주기의 단계를 **세포질분열**(cytokinesis)이라고 한다. 이것은 일반적으로 세포를 거의 동일한 절반으로 절단하는 것을 포함한다.

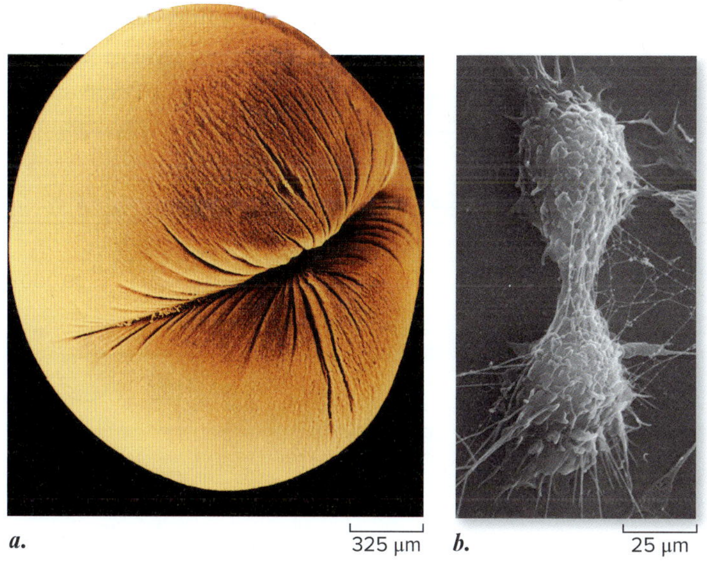

그림 9.14 동물세포에서 세포질분열.
a. 분열하는 개구리 알 주위에 분열구가 형성된다. *b.* 동물세포에서 세포질분열의 완료. 2개의 딸세포는 여전히 미세소관이 주로 차지하는 얇은 세포질 띠로 연결되어 있다.

동물세포에서 액틴 띠는 딸세포를 분리한다

동물세포와 세포벽이 없는 다른 모든 진핵생물의 세포에서 세포질분열은 액틴 필라멘트의 수축 띠를 통해 이루어진다. 이러한 필라멘트가 서로 지나갈 때 띠의 지름이 감소하여 세포 둘레에 **분열구**(cleavage furrow)가 생긴다(**그림 9.14***a*).

수축이 진행됨에 따라 분열구는 결국 세포의 중앙을 완전히 자를 때까지 깊어진다. 이 시점에서 세포는 2개로 나뉜다(**그림 9.14***b*).

식물세포에서 세포판은 딸세포를 분리한다

식물 세포벽은 너무 단단해서 액틴 필라멘트로는 2개로 압착할 수 없다. 대신, 이러한 세포는 방추체에 직각으로 내부에서 막 구성 요소를 조립한다. **세포판**(cell plate)이라고 하는 이 확장하는 칸막이는 원형질막의 내부 표면에 도달하여 융합될 때까지 계속 바깥쪽으로 성장하여 세포를 효과적으로 둘로 나눈다(**그림 9.15**). 그런 다음 셀룰로스가 새로운 세포막 위에 놓여져 2개의 새로운 세포벽이 생성된다. 딸세포 사이의 공간에는 펙틴이 주입되어 **중엽층**(middle lamella)이 생긴다.

곰팡이와 일부 원생생물에서 딸핵은 세포질분열 동안 분리된다

대부분의 곰팡이와 일부 원생생물 그룹에서는 핵막이 분해되지 않으며 결과적으로 모든 유사분열 사건이 전적으로 핵 내에서 발생한다. 이러한 생물체에서 유사분열이 완료된 후에야 핵이 2개의 딸핵으로 나뉜다. 그런 다음 세포질분열 동안 각각의 핵이 각 딸세포로

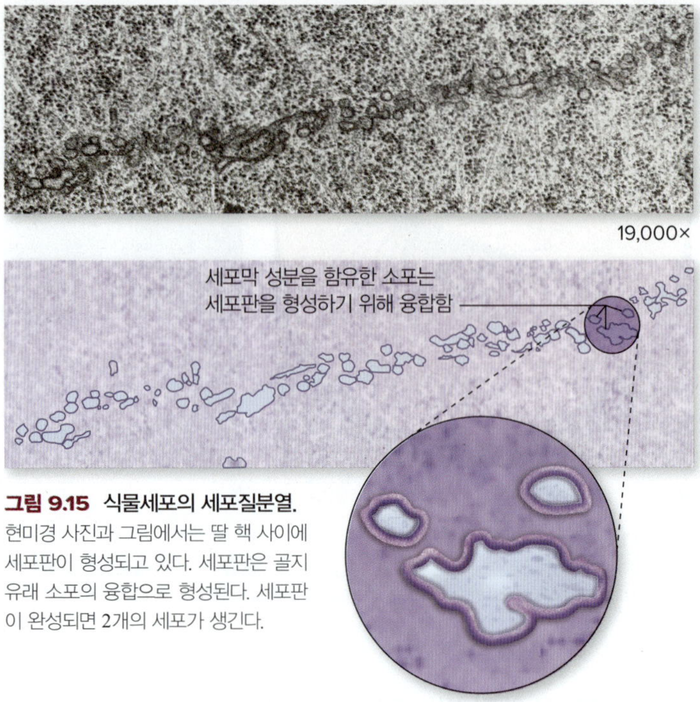

그림 9.15 식물세포의 세포질분열. 현미경 사진과 그림에서는 딸 핵 사이에 세포판이 형성되고 있다. 세포판은 골지 유래 소포의 융합으로 형성된다. 세포판이 완성되면 2개의 세포가 생긴다.

이동한다. 세포주기에서 이 분리된 핵분열 단계는 식물, 동물 또는 대부분의 원생생물에서는 발생하지 않는다.

진핵세포에서 세포질분열 후 두 딸세포는 완전한 세포의 모든 구성 요소를 가지게 된다. 유사분열은 두 딸세포가 염색체의 완전한 구성을 포함하도록 보장하는 반면, 미토콘드리아 및 엽록체와 같은 소기관이 딸세포 사이에 균등하게 분포되도록 보장하는 유사한 메커니즘은 없다. 그러나 각 소기관 중 적어도 하나가 각 세포에 존재하는 한, 소기관은 해당 세포에 적합한 수만큼 복제할 수 있다.

핵심 요약 9.5

유사분열은 전기, 전중기, 중기, 후기, 말기의 단계로 나뉜다. 초기 단계는 중기에서 염색체를 세포의 적도로 끌어 당기는 미세소관 방추사를 생성하기 위해 세포를 재구성하는 것을 포함한다. 각 염색체의 염색분체는 코헤신 단백질에 의해 동원체에서 서로 붙어 있다. 염색분체는 코헤신 단백질이 파괴되는 후기 동안 반대쪽 극으로 당겨진다. 핵은 말기에 재형성되고, 세포질분열은 세포질과 소기관을 분할한다. 동물세포에서 액틴의 띠는 수축하여 세포를 둘로 분리한다. 식물세포에서는 분열하는 세포의 중간에 세포판이 형성된다.

- 중기 전에 자매염색분체 사이의 코헤신 단백질이 소실된 염색체는 어떻게 될까?

9.6 세포주기 조절

학습 목표

1. 세포주기의 조절에서 확인점의 역할을 구별할 수 있다.
2. 유사분열에서 후기촉진복합체/사이클로솜의 역할을 설명할 수 있다.

세포분열 과정을 조절하는 것은 중요하다. 인간과 같은 다세포 생물체에서 이 통제의 상실은 암 질환으로 이어진다. 생물학자들은 다양한 학문과 관점에서 이 문제에 접근했다. 이를 통해 세포주기를 앞당기는 요인과 분열 과정을 지배하는 다른 요인을 밝혀냈다. 세포주기에는 2가지 비가역적 단계가 있다. DNA 복제 및 자매염색분체의 분리가 그것이다. 이 두 지점은 우리가 확인점(checkpoint)이라고 부르는 다른 특정 지점과 마찬가지로 엄격하게 통제된다. 이러한 확인점에서 과정의 정확성을 평가하고 오류가 있는 경우 중지할 수 있다. 이는 전체 과정에 대해 매우 높은 정확도를 제공한다. 또한 세포주기가 주요 확인점에 통합된 내부 및 외부 신호 모두에 응답할 수 있도록 한다.

연구를 통해 세포주기 조절인자가 밝혀졌다

세포주기 조절에 대한 조사의 역사는 2가지 면에서 교훈적이다. 첫째, 현대적 관찰을 전후 상황에 맞출 수 있다. 둘째, 매우 다른 접근법을 사용하는 생물학자들이 종종 같은 결과를 보여줄 수 있다는 것이다. 다음의 간략한 역사에서 3가지 관찰을 소개한 후, 이를 어떻게 단일 메커니즘으로 통합하는지를 보여준다.

MPF의 발견

개구리 난모세포의 활성화에 관한 연구에서 **성숙촉진인자**(maturation-promoting factor, MPF)라는 물질이 처음으로 발견되었다. 난세포가 되는 개구리 난모세포는 생식세포를 생산하는 감수1분열 이전인 G_2기의 끝부분에 멈추어져 있다(10장 참조). 그들은 정지된 상태로 남아 있으며 이 분열 과정을 완료하기 위해 호르몬 신호를 기다린다.

활발하게 분열하는 다양한 세포에서 채취한 세포질을 난모세포에 주입하면 조기에 세포분열을 유발할 수 있다(**그림 9.16**). 이 실험은 분열하는 세포의 세포질에 존재하는 세포주기 진행의 양성 조절인자(positive regulator)인 MPF의 존재를 나타냈다. 이 실험은 또한 분열기 및 간기 세포로 수행된 세포 융합 실험에도 적합한데, 그 결과

과학적 사고

가설: 세포주기를 촉진시키는 인자가 존재한다.

예측: 개구리의 난모세포는 감수1분열 이전의 G_2기에 정지해 있는데, 프로게스테론을 처리하면 성숙(감수분열 재개)하게 만들 수 있다. 만약 성숙한 난모세포에 세포주기를 촉진하는 인자가 있다면, 이 세포질을 미성숙한 난모세포에 주사하면 감수분열이 시작될 것이다.
실험: 프로게스테론으로 난모세포의 성숙을 유도하고, 이 성숙한 난모세포의 세포질을 미성숙 단계의 난모세포에 주사한다.

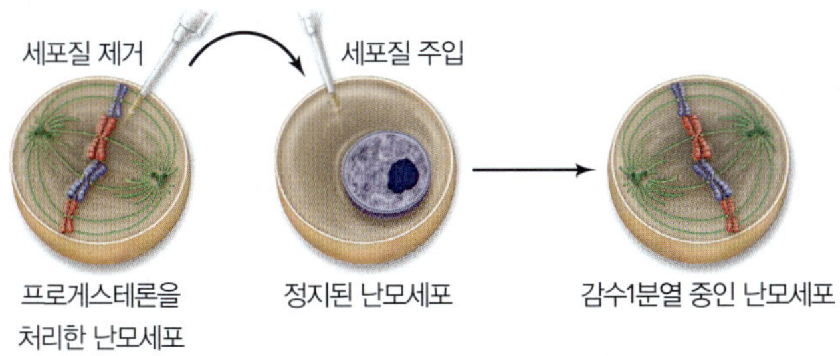

결과: G_2 시기에 있던 난모세포는 주사에 의해 감수1분열이 시작되었다.
결론: 프로게스테론 처리에 의해 성숙을 유도하는 양성 조절인자, 즉 성숙촉진인자(MPF)가 생성되었다.

예측: 만약 유사분열이 양성 조절인자에 의해 이루어진다면, 분열 중인 세포의 세포질은 G_1 상태의 세포를 분열기로 이끌 수 있다.
실험: M기의 세포를 G_1기의 세포와 융합시키고, G_1기의 세포에서 유래된 핵을 현미경으로 관찰한다.

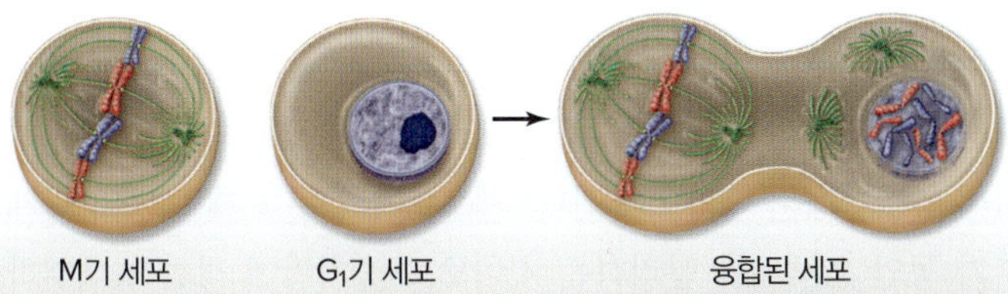

결론: M기의 세포질은 세포를 유사분열로 유도하는 촉진인자를 가지고 있다.

추가 실험: 어떻게 두 실험을 합리적으로 설명할 수 있을까? 이 인자를 규명하는 다음 실험은 무엇인가?

그림 9.16 세포분열 양성 조절인자 발견.

또한 유사분열을 유도할 수 있는 세포질 양성 조절인자를 나타냈다(**그림 9.16**).

추가 연구는 MPF의 2가지 주요 측면을 강조했다. 첫째, MPF 활동은 세포주기 동안 다양하다. 초기 G_2기에서 낮았다가, 점점 상승한 다음 분열기에서 최고점에 도달했다(**그림 9.17**). 둘째, MPF의 효소 활성은 단백질의 인산화와 관련이 있다. 이 두 번째 요점은 단백질 활성에 대한 가역적 스위치로서 인산화의 중요성을 고려할 때 놀라운 일이 아니다(8장 참조). 첫 번째 관찰은 MPF 자체가 항상 활성을 갖는 것이 아니라 세포주기에 의해 조절되고 있음을 나타내었고 두 번째는 MPF의 가능한 효소적 활성을 보여주었다.

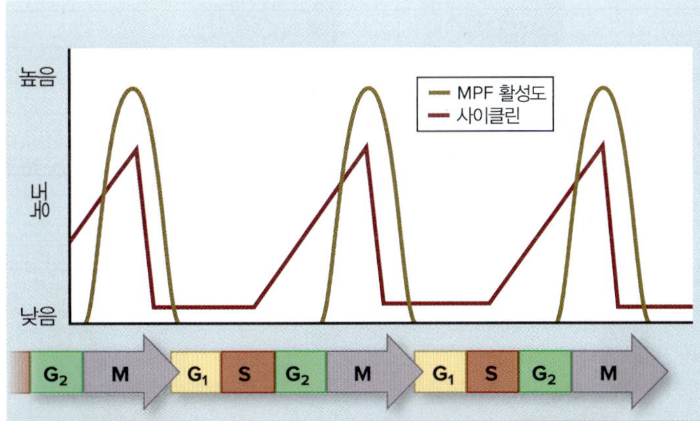

그림 9.17 **MPF 활성, 사이클린 단백질의 양 및 세포주기의 상관 관계.** 사이클린 농도 및 MPF 활성을 세포주기의 여러 단계에 대해 나타냈다. MPF 활동은 세포주기를 통해 반복되는 양상을 나타낸다. 이것은 또한 유사분열 사이클린의 수준과 관련이 있는데, 비슷한 양상을 보여준다. 이 상관 관계의 이유는 사이클린이 실제로 MPF의 한 구성 요소이고, 다른 하나는 사이클린 의존성 카이네이스(Cdk)이기 때문이다. 이들은 함께 세포분열의 양성 조절자로서 작용한다.

사이클린의 발견

다른 연구자들은 성게 배아의 초기 분열 과정에서 생성된 단백질을 조사했다. 그들은 세포주기와 동시에 생성된 단백질을 확인하고 **사이클린**(cyclins)이라고 명명했다(**그림 9.17**). 이러한 결과는 또 다른 해양 무척추동물인 함박조개(surf clam)에서도 나타났다. G_1/S와 G_2/M 경계의 최고점에 도달하는 주기를 가진 2가지 형태의 사이클린이 발견되었다. 많은 노력에도 불구하고 이들 단백질의 효소 활성은 밝혀지지 않았다. 그들의 특징은 생산 시기였으며 내재적인 활성이 아니었다.

세포주기의 유전분석

유전학자들은 2가지 다른 효모, 출아 효모(budding yeast)와 분열 효모(fission yeast)를 사용하여 세포주기 조절에 필수적인 유전자를 밝혀냈다. 분열 도중 중단되는 돌연변이를 분리하여 이 유전자가 세포주기 진행에 필요함을 밝혀냈다. 이 연구는 효모에서 2가지 중요한 조절 지점이 있음을 보여 주었다. 분열을 시작한다는 뜻으로 START라고 불리는 DNA 합성을 위한 지점과 유사분열에 대한 지점이 그것이다. 분열 효모에서 유래한 cdc2라는 이름의 특정 유전자는 이 두 경계를 통과하는 데 중요한 것으로 나타났다.

MPF는 사이클린과 cdc2이다

이러한 모든 발견은 다음의 관찰과 함께 명확한 방식으로 종합되었다. 첫째, cdc2 유전자에 의해 암호화된 단백질이 단백질 카이네이스(kinase)인 것으로 밝혀졌다. 둘째, MPF의 정제 및 동정으로 그것이 사이클린 인자와 카이네이스 인자로 구성되어 있음을 보여주었

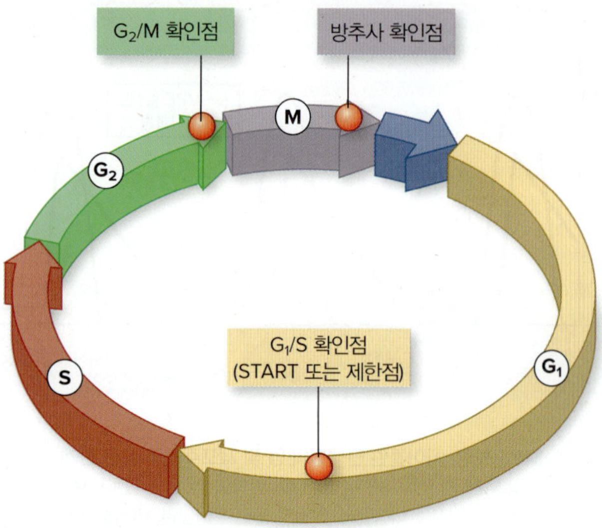

그림 9.18 세포주기 조절.
세포는 중앙 집중식 조절 시스템을 사용하여 세포주기에서 3가지 주요 확인점을 통과하기 전에 적절한 조건이 달성되었는지 확인한다.

다. 마지막으로 카이네이스 자체가 cdc2 단백질이었다.

cdc2 단백질은 처음으로 확인된 **사이클린 의존성 카이네이스**(cyclin-dependent kinase, Cdk), 즉 사이클린과 복합체를 형성할 때만 활성화되는 단백질 카이네이스 효소였다. 이 발견은 MPF의 역할이 단순히 개구리 난모세포의 성숙을 촉진하는 것보다 분명히 더 일반적이었기 때문에 MPF의 이름을 **유사분열촉진인자**(mitosis-promoting factor)로 바꾸도록 했다.

이 Cdk 효소는 세포분열 주기의 주요한 긍정적인 추진 요인이다. 그들은 종종 세포분열을 유도하는 엔진이라고 불린다. 고등 진핵생물의 세포주기 조절은 효모의 단순한 단일 엔진 주기보다 훨씬 더 복잡하지만, 효모 모델은 더 복잡한 조절을 이해하는 데 유용한 체제로 남아 있다.

세포주기는 3개의 확인점에서 조절된다

우리가 세포주기를 여러 단계로 나누고 유사분열을 더 세분화하더라도, 세포는 주기에서 확인점이라고 부르는 G_1/S와 G_2/M, 늦은 중기(방추사 확인점)의 3지점만 능동적으로 조절한다. 이러한 확인점을 사용하면 필요할 때 주기를 지연하거나 중지할 수 있다. 세포는 이 확인점을 사용하여 내부 상태를 평가하고 외부 신호를 통합한다(**그림 9.18**). 이 확인점을 통과하는 것은 이 장에서 설명하는 Cdk 효소에 의해 조절된다.

G_1/S 확인점

G_1/S 확인점(G_1/S checkpoint)은 세포가 분열 여부를 "결정"하는 주된 지점이다. 따라서 이 확인점은 외부 신호가 주기에 영향을 미칠 수 있는 초기 지점이다. 생장인자(뒷부분에서 설명)가 주기에 영향을 미치는 단계이며 세포분열을 세포 성장 및 영양과 연결하는 단계이기도 하다.

대부분의 세포주기 유전자 분석이 수행된 효모 시스템에서는 이 확인점을 START라고 하며, 동물에서는 제한점(restriction point, R점)이라고 한다. 모든 시스템에서 세포가 게놈을 복제하기 위해 비가역적 약속을 수행하면 분열이 시작된다. DNA 손상은 기아 상태나 생장인자 부족과 마찬가지로 이 시점에서 주기를 중단시킬 수 있다.

G_2/M 확인점

G_2/M 확인점(G_2/M checkpoint)은 유사분열에 대한 자극으로서의 복잡성과 중요성 때문에 많은 관심을 받았다. 역사적으로 이 확인점에서 활성화되는 Cdk는 최초의 MPF로 밝혀졌으며, 이 용어는 이제 **M기촉진인자**(M phase-promoting factor, MPF)로 발전했다.

이 확인점을 통과하는 것은 유사분열에 대한 약속을 나타낸다. 이 확인점은 DNA 복제의 성공을 평가하고 DNA가 정확하게 복제되지 않은 경우 주기를 멈출 수 있다. 세포분열은 DNA 손상 물질에 의해 이 확인점과 G_1/S 확인점에서 중단될 수 있다.

방추사 확인점

방추사 확인점(spindle checkpoint)은 모든 염색체가 후기에 대비하여 방추사에 부착되도록 한다. 세포주기의 두 번째 비가역 단계는 후기 동안 염색체를 분리하는 것이므로 중기판에 적절히 배열하는 것이 중요하다.

사이클린 의존성 카이네이스가 세포주기를 이끈다

세포주기 조절의 주요 분자 메커니즘은 인산화이며, 이는 단백질

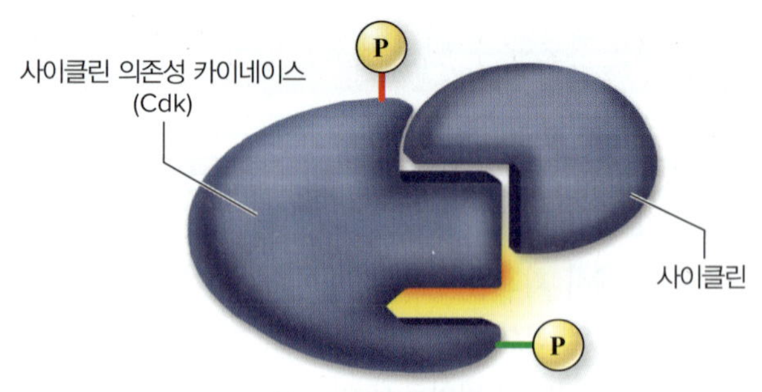

그림 9.19 Cdk 효소는 사이클린과 복합체를 형성한다.
Cdk는 수많은 세포 단백질을 인산화하여 활성화하는 단백질 카이네이스이다. 사이클린은 Cdk를 활성화하는데 필요한 조절 단백질이다. 이 복합체는 유사분열촉진인자(MPF)라고도 한다. Cdk의 활성은 또한 인산화 패턴에 의해 조절된다. 한 부위의 인산화(붉은색)는 Cdk를 비활성화하고, 다른 부위(푸른색)의 인산화는 Cdk를 활성화한다.

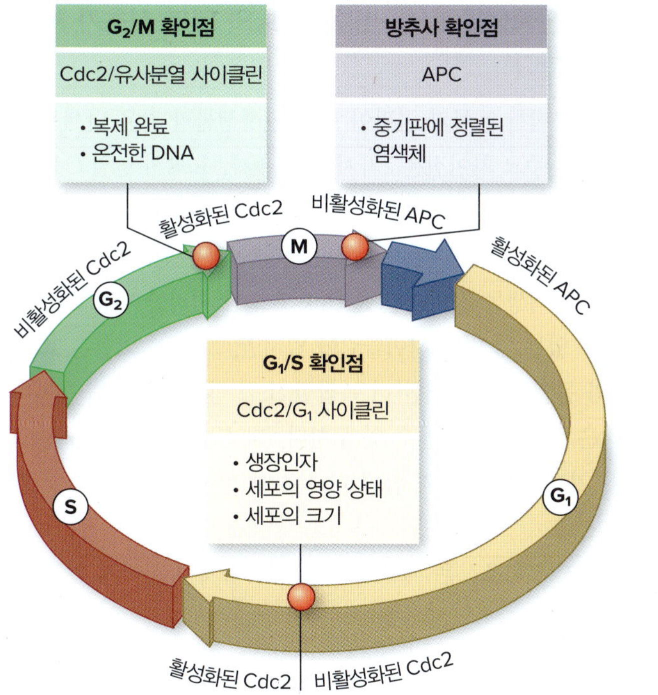

그림 9.20 효모 세포주기의 확인점.
자세히 연구된 가장 간단한 세포주기는 분열 효모이다. 이것은 3개의 주요 확인점과 Cdc2라고 하는 단일 Cdk 효소에 의해 조절된다. Cdc2 효소는 G_1/S 및 G_2/M 확인점을 조절하기 위해 다른 사이클린과 결합한다. 방추사 확인점은 후기촉진복합체인 APC에 의해 조절된다.

의 세린, 트레오닌 및 타이로신 아미노산에 인산염 그룹을 추가하는 것이다(8장 참조). 이 인산화를 수행하는 효소는 Cdk이다(**그림 9.19**).

Cdk의 활동

최초의 중요한 세포주기 카이네이스는 분열 효모에서 확인되었으며 Cdc2(현재는 Cdk1이라고 함)로 명명되었다. 효모에서 이 Cdk는 세포주기의 다른 지점에서 다른 사이클린과 결합할 수 있다(**그림 9.20**).

효모의 단순화된 세포주기에서조차도 주기 동안 Cdk의 활동을 조절하는 것이 무엇인지에 대한 중요한 질문이 남아 있었다. 수년 동안 공통된 견해는 사이클린이 세포주기를 주도한다는 것이었다. 즉, 사이클린의 주기적인 합성과 파괴가 시계 역할을 했다는 것이다. 나중에 Cdc2 카이네이스 자체도 인산화에 의해 조절된다는 것이 분명해졌다. 한 부위의 인산화는 Cdc2를 활성화하고 다른 부위의 인산화는 이를 비활성화한다(**그림 9.19** 참조). Cdc2 카이네이스의 완전한 활성화는 사이클린 및 적절한 인산화 패턴과의 복합성을 필요로 한다.

G_1/S 확인점에 다가감에 따라 효모의 촉발 신호는 G_1 사이클린의 축적인 것으로 보인다. 이들은 Cdc2와 복합체를 형성하여 활성화된 G_1/S Cdk를 생성하여 DNA 복제를 위한 효소활성을 증가시키는 여러 표적을 인산화한다.

MPF의 활동

MPF와 G_2/M 확인점에서의 역할은 다양한 실험에서 광범위하게 분석되었다. MPF의 통제는 복제를 방해하거나 지연시키는 물질과 DNA를 손상시키는 물질에 민감하다. 한때 MPF는 M기 특이적 사이클린의 수준에 의해서만 제어된다고 생각되었지만, 이제는 이것이 아니라는 것이 분명해졌다.

M기 사이클린은 MPF 기능에 필요하지만, 활성은 카이네이스 성분인 Cdc2의 억제성 인산화(inhibitory phosphorylation)에 의해 조절된다. 이 과정에서 중요한 신호는 단백질인 인산가수분해효소(phosphatase)에 의해 억제성 인산기를 제거하는 것이다. 이 작용은 활성화된 MPF가 자체 활성화 인산가수분해효소를 더욱 활성화하기 때문에 양성피드백을 기반으로 분자 스위치를 형성한다.

확인점은 억제성 인산기를 추가하는 카이네이스와 이를 제거하는 인산가수분해효소의 균형을 평가한다. DNA 손상은 손상 감지 및 MPF의 억제성 인산화 반응을 포함하는 복잡한 경로를 통해 작용한다. 다음 절에서는 일부 암이 이러한 억제를 어떻게 극복하는지 알아본다.

후기촉진복합체

방추사 확인점에서 감지 시스템의 분자적 세부사항은 명확하지 않다. 중기판에 모든 염색체가 존재하는 것과 반대 극 사이의 미세소관의 장력이 모두 중요하다. 신호는 **사이클로솜**(cyclosome, C) 또는 **후기촉진복합체**(anaphase-promoting complex; APC)를 통해 전송된다.

APC/C의 기능은 후기 자체를 촉발시키는 것이다. 중기의 자매염색분체는 여전히 단백질 복합체 코헤신에 의해 함께 유지된다(9.5절 참조). APC는 코헤신에 직접 작용하지 않고 분해하기 위해 **세큐린**(securin)이라는 단백질에 표시을 남김으로써 작용한다. 세큐린 단백질은 코헤신 복합체의 한 성분에 특이적인 **세퍼레이스**(separase)라는 또 다른 단백질분해효소(protease)의 억제제 역할을 한다. 일단 억제가 해제되면 세퍼레이스는 코헤신을 파괴한다.

이 과정은 출아 효모에서 자세히 분석되었으며, 세퍼레이스 효소가 Scc1이라고 불리는 코헤신의 한 구성 성분을 특이적으로 분해하는 것을 보였다. 이것은 자매염색분체의 분리로 이어지며 후기 동안 반대쪽 극으로 갑작스런 이동을 초래한다.

척추동물에서 대부분의 코헤신은 염색체 응축과정에서 자매염색분체로부터 제거되며, 코헤신은 콘덴신으로 대체될 수 있다. 중기에서 척추동물 염색분체에 남아 있는 대부분의 코헤신은 동원체에 집중되어 있다(**그림 9.10** 참조). 이 코헤신의 파괴는 염색체의 후기 이동과 동원체의 명백한 "분할"을 설명한다.

APC/C는 유사분열에서 2가지 주요한 역할을 한다. 즉 자매염색분체를 함께 유지하고 있는 코헤신을 제거하는 단백질분해효소를 활성화하고, 세포가 유사분열을 벗어나도록 만드는 유사분열 사이클린의 파괴에 필요하다. APC/C 복합체는 단백질의 분해를 조절하는 기능을 담당하는 소기관인 프로테아좀(proteasome, 단백질분해효소 복합체)에 의한 파괴를 위해 단백질에 표식을 남긴다(15장 참조). 단백질 분해를 위한 표식은 **유비퀴틴**(ubiquitin)이라는 분자를 추가하는 것이며, APC/C는 유비퀴틴 연결효소 역할을 한다. APC/C와 기능에 대해 더 많이 알게되면서 그 활동을 제어하는 것이 세포주기의 핵심 조절 기작이라는 것이 분명해졌다.

다세포 진핵생물에서는 많은 Cdk와 외부 신호가 세포주기에 작용한다

보다 복잡한 동물과 곰팡이 또는 원생생물과 같은 단세포 진핵생물 사이의 주요 차이점은 2가지이다. 첫째, 효모의 단일 Cdk와 달리 다중 Cdk가 주기를 조절한다. 둘째, 주로 생식에 필요한 신호에 반응하는 효모보다 동물세포는 훨씬 다양한 외부 신호에 반응한다.

고등 진핵생물에는 더 많은 Cdk 효소와 이러한 다중 Cdk와 짝을 이룰 수 있는 더 많은 사이클린이 있지만, 그 기본 역할은 효모 주기에서와 동일하다. 이러한 더 복잡한 조절 방식은 주기를 통제하는데 더 많은 신호를 통합할 수 있게 한다. 더 복잡한 형태의 구성(조직과 기관, 기관계)의 진화와 함께 더 복잡한 형태의 세포주기 조절도 진화했다.

다세포체의 조직은 세포 증식을 심각하게 제한하지 않고는 유지

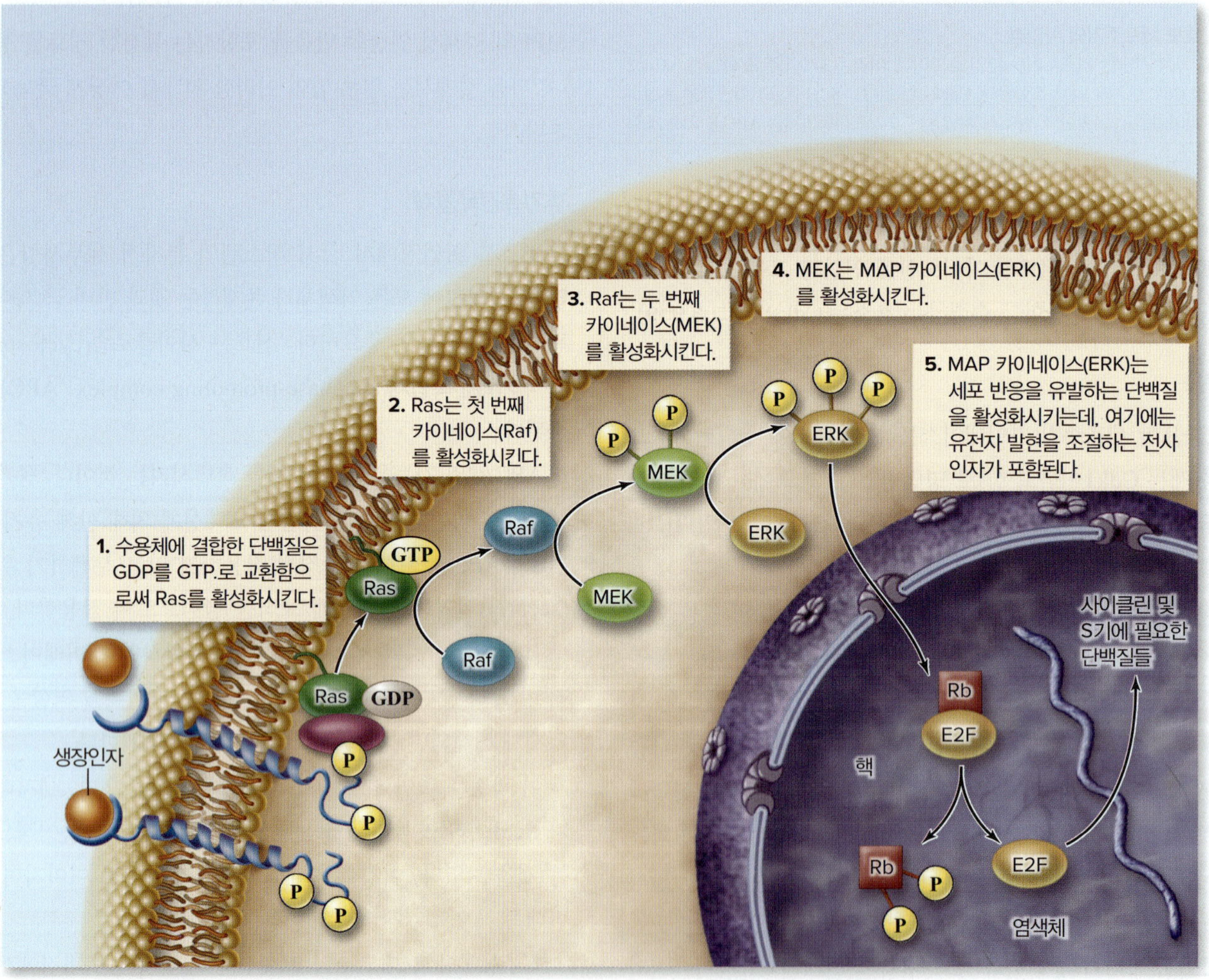

그림 9.21 세포 증식 신호전달경로.
생장인자의 결합은 MAP 카이네이스 세포내 신호전달경로(8장 참조)를 개시하여 세포분열을 유발하는 핵 조절 단백질을 활성화한다. 이 예에서 핵의 망막아종 단백질(Rb)이 인산화되면 또 다른 핵 단백질(전사 인자 E2F)을 방출하여 사이클린 및 S기에 필요한 다른 단백질의 생산을 자극할 수 있다.

될 수 없다. 따라서 특정 세포만, 그리고 필요한 시간에만 분열한다. 세포가 다른 세포의 생장을 억제하는 방식은 조직 배양 중인 포유류 세포에서 분명하게 나타난다. 단일 세포층의 세포는 배양 접시에서 인접한 세포의 경계에 접촉할 때까지 성장하여 뻗어나간 다음 분열을 멈춘다. 세포층의 한 부분이 사라진다면 인접한 세포가 해당 부분을 빠르게 다시 채우고 주변 세포와 접촉시 다시 분열을 중지한다.

세포는 주변 세포의 밀도를 어떻게 감지할 수 있을까? 세포가 서로 접촉하면 원형질막의 수용체 단백질이 Cdk 작용을 억제하는 신호전달경로를 활성화한다. 이것은 세포주기로의 진입을 방지한다.

생장인자와 세포주기

생장인자(growth factors)는 세포내 신호전달계를 촉발하여 작용한다. 예를 들어, 섬유아세포(fibroblasts)는 최초로 밝혀진 생장인자 중 하나인 **혈소판유래생장인자**(platelet-derived growth factor, PDGF)에 대한 수많은 수용체를 원형질막에 가지고 있다. PDGF 수용체는 수용체타이로신카이네이스(receptor tyrosine kinase, RTK)로 세포분열을 자극하기 위해 MAP 카이네이스 연쇄반응(MAP kinase cascade)을 시작한다(8장 참조).

PDGF는 섬유아세포가 성장배지에 혈청(serum)을 포함하는 경우에만 조직배양에서 성장하고 분열한다는 것을 연구자들이 알아냈을 때 발견되었다. 혈청은 혈액이 응고된 후 남아있는 액체이다. 혈액 응고 없이 세포가 제거된 액체인 혈장(blood plasma)은 이 실험에서 작동하지 않는다. 연구진은 혈전의 혈소판이 섬유아세포 생장에 필요한 하나 또는 그 이상의 인자를 혈청으로 방출한다고 가정했다. 결국 그들은 그러한 인자를 분리하고 PDGF라고 명명했다.

PDGF와 같은 생장인자는 세포분열을 억제하고 있는 세포의 조절을 무시할 수 있다. 조직이 손상되면 혈전이 형성되고, PDGF가 방출되면 인접한 세포가 분열하여 상처를 치유하는 데 도움이 된다. PDGF 수용체가 있는 세포에서 세포분열을 자극하는 데에는 소량의 PDGF(약 10^{-10} M)면 충분하다.

생장인자의 특성

생장인자 활성을 갖는 것으로 보이는 300개 이상의 다른 펩타이드가 확인되었다. 이들은 30개 이상의 관련 펩타이드 계열로 그룹화될 수 있다. 특정 세포표면 수용체는 각 생장인자를 인식하고, 그 생장인자에 정확히 맞는 결합부위를 제공한다. 이러한 생장인자 수용체는 MAP 카이네이스 연쇄반응을 시작하여, 최종 카이네이스가 핵으로 들어가 인산화에 의해 전사인자를 활성화하게 한다. 이러한 전사인자는 G_1 사이클린과 세포주기 진행에 필요한 단백질의 생산을 자극한다(**그림 9.21**).

특정 생장인자의 세포 선택성은 어떤 표적세포가 독특한 수용체를 가지고 있는지에 따라 다르다. PDGF 및 표피생장인자(epidermal growth factor, EGF)와 같은 일부 생장인자는 광범위한 세포 유형에 영향을 미치지만 다른 일부는 특정 유형에만 영향을 미친다. 예를 들어, 신경생장인자(nerve growth factor, NGF)는 특정 유형의 뉴런의 생장을 촉진하고, 적혈구생성인자(erythropoietin)는 적혈구 전구체(precursors)에서 세포분열을 유발한다. 대부분의 동물세포는 세포분열을 억제하는 다양한 통제를 극복하기 위해 여러 가지 생장인자의 조합이 필요하다.

G_0단계

세포에 적절한 생장인자가 없으면 세포주기의 G_1/S 확인점에서 중단된다. 성장과 분열이 중지되어 세포는 휴면기인 G_0기에 머물게 된다.

G_0에 진입하는 능력은 다른 조직에서 볼 수 있는 놀랍도록 다양한 세포주기의 길이를 설명할 수 있다. 인간의 소화관을 둘러싸는 상피세포는 하루에 2번 이상 분열하여 내벽을 지속적으로 재생한다. 대조적으로 간세포는 1~2년에 한 번만 분열하며 대부분의 시간을 G_0 단계에서 보낸다. 성숙한 뉴런과 근육세포는 일반적으로 G_0를 떠나지 않는다.

핵심 요약 9.6

사이클린 단백질은 세포주기와 동시에 생성된다. 이들 단백질은 세포주기를 구동하기 위해 사이클린 의존성 카이네이스와 복합체를 형성한다. 세포주기에는 G_1/S 확인점, G_2/M 확인점, 방추사 확인점이 있다. 분열과정이 정확하지 않은 경우, 이 확인점에서 세포주기를 멈출 수 있다. 후기촉진복합체/사이클로솜(APC/C)은 염색분체를 함께 유지하는 코헤신을 제거하는 단백질분해효소에 대한 억제를 해제하여 후기를 촉발한다.

■ 유사분열에서 MPF의 역할은 무엇일까?

9.7 암 유전학

학습 목표

1. 원종양유전자와 종양억제유전자를 구별할 수 있다.
2. p53 단백질의 역할을 설명할 수 있다.

동물에서 조절되지 않고 억제되지 않은 세포 생장은 **암**(cancer)이라는 질병을 유발한다. 암은 본질적으로 세포의 생장 장애이다. 이것은 정상적인 세포가 통제되지 않는 방식으로 생장하기 시작할 때 명백히 야기된다. 그 결과 종양(tumor)이라는, 계속해서 크기가 커지는 세포 군집이 생성된다. **그림 9.22**에서 덩어리진 분홍색 폐세포는 종양을 형성하고 있다. 악성 종양은 침습적이다. 이들 세포는 **전이**(metastasis)라는 과정을 통해 원래의 종양에서 신체의 다른 부위로 퍼질 수 있다.

2가지 유형의 유전자 돌연변이는 암으로 이어질 수 있다

담배 연기의 화학 물질이나 햇빛의 자외선과 같은 환경 요인처럼 DNA를 손상시키는 모든 것은 돌연변이로 이어질 수 있다. 무작위 돌연변이는 또한 DNA가 한번 복제될 때마다 발생한다. 세포분열 조절에 관여하는 단백질 중 하나를 암호화하는 유전자가 돌연변이되면 통제되지 않는 생장으로 이어질 수 있다.

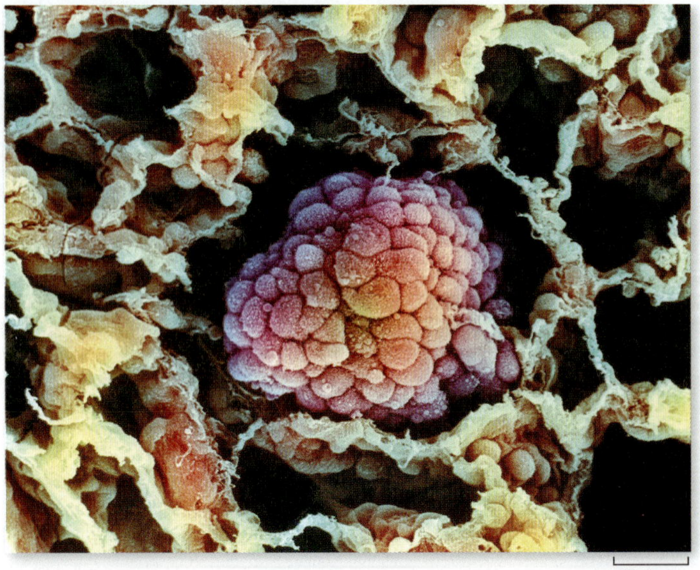

그림 9.22 폐암세포.
이 세포는 인간 폐의 폐포(공기주머니)에 위치한 종양에서 유래한다.

암 연구자는 암을 유발하는 유전자를 **종양유전자**(oncogenes)와 **종양억제유전자**(tumor-suppressor genes)라는 두 종류로 분류한다. 종양유전자는 암을 유발하는 바이러스에서 발견되었으며, 첫 번째는 라우스 육종 바이러스(Rous sarcoma virus)에 의해 운반되는 *Src* 유전자이다. 종양유전자가 세포에 들어가면 악성 형질전환을 일으킨다. 최초의 종양억제유전자는 가족성 암인 망막아종(retinoblastoma)의 원인으로 발견되었다. 우리는 이 두 종류의 암 유전자에서 유사점과 차이점을 살펴볼 것이다.

원종양유전자

종양유전자의 발견으로 암의 특징인 세포주기의 통제력 상실에 대한 간단한 유전적 근거가 마련되었다. 더욱 중요한 것은 이러한 종양유전자가 세포에서 발견된 것이다. 소위 **원종양유전자**(proto-oncogenes)는 정상적인 세포 유전자이지만 돌연변이되면 발암성이 되는 것이다. 단 하나의 대립유전자만 돌연변이가 될 때 이 유전자는 유전적으로 우성(dominant)인 방식으로 작용하며 기능획득(gain-of-function) 돌연변이가 된다.

생장인자에 의한 신호전달에 대해 방금 본 예를 생각해 보자(**그림 9.21** 참조). 일부 원종양유전자는 생장인자에 대한 수용체를 암호화하고 다른 일부는 많은 단백질 카이네이스 효소와 같이 수용체 이후에 작용하는 신호전달 관련 단백질을 암호화한다. 생장인자에 대한 수용체가 영구적으로 "켜져 있는" 상태로 돌연변이되면 생장인자가 없는 상태에서도 세포분열이 발생한다. 이것은 조명 스위치가 고장나서 항상 조명이 켜져 있는 것과 유사하다. 이것을 상상하는 간단한 방법은 자동차에 비유하는 것이다. 종양유전자는 세포주기가 앞으로 나아가도록 밀어주는 가속기 역할을 한다.

종양억제유전자

종양억제유전자 또한 돌연변이가 발생하면 암으로 이어질 수 있는 정상적인 세포 유전자이지만, 이 경우 두 대립유전자 모두 기능을 상실하여야 암을 유발한다. 즉, 이 유전자는 열성(recessive) 방식으로 작용한다. 자동차로 비유하면 종양억제유전자는 브레이크가 된다.

처음으로 확인된 종양억제유전자는 **망막아종 감수성 유전자**(retinoblastoma susceptibility gene, Rb, **그림 9.21**)로, 눈의 망막에 영향을 미치는 희귀한 형태의 암에 취약하게 한다. 세포주기에서 Rb 단백질의 역할은 생장인자의 신호를 통합하는 것이다. Rb 단백질은 다른 단백질과 결합하는 포켓이 있기 때문에 "포켓(pocket) 단백질"이라고 한다. 따라서 그 역할은 중요한 조절 단백질에 결합하여 이들이 사이클린이나 Cdk 같은 세포주기-방출-단백질의 생산을 자극하지 못하도록 하는 것이다.

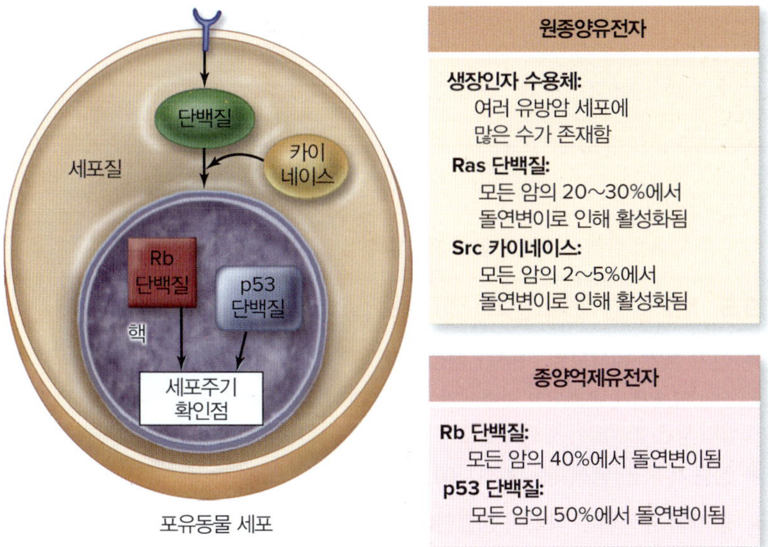

그림 9.23 인간 암과 관련된 주요 단백질.
세포분열 신호전달경로의 핵심 구성요소를 암호화하는 유전자의 돌연변이는 많은 암의 원인이 된다. 그중에는 생장인자 수용체를 암호화하는 원종양 유전자, Ras 단백질과 같은 단백질 릴레이 스위치, Ras 및 생장인자 수용체 다음에 작용하는 Src와 같은 카이네이스 효소가 있다. Rb 및 p53과 같은 종양 억제 단백질을 파괴하는 돌연변이도 암 발생을 촉진한다.

p53 유전자

인간 종양에서 가장 자주 변이되는 유전자는 종양억제유전자 *TP53*이다. 이 유전자는 "게놈의 수호자(guardian of the genome)"라고 불리는 단백질 p53을 암호화한다. 정상 세포에서 p53은 손상된 DNA로 인해 세포주기를 중단시키거나 손상이 심한 경우 세포자살(apoptosis)이라는 세포사멸 프로그램을 시작하는 G_1/S 확인점에 관여한다. 이로 인해 세포가 DNA를 복구할 시간을 제공하거나 암이 될 수 있는 세포를 신체에서 제거한다.

이러한 중요성 때문에 *TP53*은 집중적인 연구 주제였다. 이를 통해 p53이 많은 신호전달경로의 교차 중심에 있으며 생리학의 여러 측면을 통합하는 데 중요하다는 것을 밝혀냈다. p53 단백질은 DNA 손상을 포함한 다양한 스트레스 요인에 반응하며 다양한 양성 및 음성 전사인자에 영향을 미친다. p53의 작용은 세포주기와 세포자살에 영향을 미칠 수 있을 뿐만 아니라 염증과 신진대사에도 영향을 미칠 수 있다. 따라서 p53에는 많은 역할이 있으며, 그 중 일부는 종양 억제자로 작용한다.

그림 9.23은 다양한 암의 분석에서 발견된 여러 주요 유전자를 나타낸다.

전체 게놈의 염기서열은 암 유전학의 전망을 밝게 한다

암 발생의 대표적인 모델은 악성 종양으로 향하는 일직선으로 이어진 단계들에서 발생하는 일련의 돌연변이들 때문이다. 이것이 오류라고 입증되지는 않았지만 지나치게 단순한 것으로 판명되었다. 종양세포의 염기서열을 정상세포와 비교함으로써 암세포에서의 유전적 변화를 전례없이 찾아볼 수 있었다. 전통적인 염기서열 분석법 및 지도작성법을 사용한 초기 결과는 많은 수의 종양유전자 및 종양억제유전자를 발견하여, 상당한 수의 종양에서 돌연변이된 유전자를 "산(mountain)"유전자, 돌연변이가 빈번하지 않은 유전자를 "언덕(hill)" 유전자로 나눴다.

차세대 염기서열 분석 기술을 암세포의 게놈에 적용함으로써 다양한 암의 유전적 변화를 훨씬 더 자세히 분석할 수 있게 되었다. DNA 복구, mRNA 스플라이싱(splicing) 및 염색체 구조와 관련된 유전자의 새로운 범주가 확인되었다. 이러한 유전자는 아마도 돌연변이의 수를 늘리거나 세포 클론 내에서 유전자 발현의 변화를 통해 작용할 것이다.

또한 암마다 돌연변이된 유전자의 스펙트럼이 다르다는 것이 이제 분명해졌다. 이것은 진단과 특정 암에 대한 보다 구체적인 치료 측면에서 중요하다. 특정 종양 유형과 관련하여 현저하게 변형된 유전자(significantly modified genes, SMGs)가 발견되고 있다. 이러한 데이터는 개별 환자의 유전자형이 어떻게 암의 성장과 특정 종양에 효과적일 수 있는 약물에 영향을 미치는지에 대한 정보와 결합될 수 있다.

종양에서 개별 세포의 염기서열 분석은 또한 종양세포에서의 이질성(heterogeneity)을 밝혀 냈다. 이것은 종양이 하나의 형질전환된 세포에서 파생된 세포의 클론이 아니라는 것을 의미한다. 상이한 세포는 상이한 돌연변이 스펙트럼을 가질 수 있으며, 단일 종양 내의 세포에서 염색체 변화의 양과 종류가 다양할 수 있다. 이를 통해 심지어 게놈과 염색체를 손상시키는 새로운 메커니즘이 발견되었다.

핵심 요약 9.7

세포주기 조절 유전자의 기능상실은 암으로 이어진다. 이는 종양유전자가 되는 기능을 얻는 원종양유전자 또는 기능 상실로 암을 유발하는 종양억제유전자 때문일 수 있다. 종양의 게놈 분석은 새로운 유전자를 밝혀냈으며 더 나은 진단과 치료로 이어질 수 있다.

- 종양억제유전자와 원종양유전자를 어떻게 구별할 수 있을까?

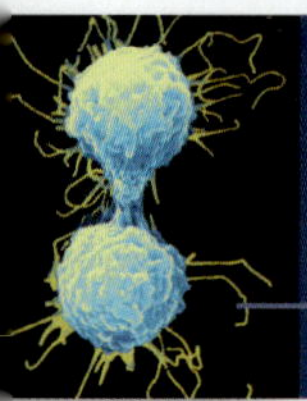

핵심 개념 요약

9.1 박테리아의 세포분열

■ **2분법은 단순한 형태의 세포분열이다**

원핵세포 분열은 클론성이므로 2개의 동일한 세포가 생성된다. 박테리아 DNA 복제 및 염색체 분할은 동시에 일어나는 과정이다.

■ **박테리아 세포는 염색체 분리와 격벽 형성을 조절한다**

DNA 복제는 복제원점이라는 특정 지점에서 시작하여 특정 종료 지점까지 양방향으로 진행된다. 새로 복제된 염색체는 복제되는 동시에 서로 반대쪽 극으로 분리된다. 새로운 세포는 세포의 중간 지점에 새로운 세포막과 여러 세포물질의 삽입을 포함한 격벽에 의해 분리된다. 세포막에 내재된 FtsZ와 단백질의 방사형 고리가 안쪽으로 확장되어 세포를 2개의 새로운 세포로 분리한다.

9.2 진핵세포의 염색체

■ **염색체 수는 종마다 다양하다**

염색체의 획득 또는 손실은 일반적으로 치명적이다.

■ **DNA는 염색질로 조직화된다**

염색체는 염색질과 DNA 복합체, 단백질로 구성된다. 이질염색질은 발현되지 않고 진정염색질은 발현된다. 단일 염색체의 DNA는 매우 긴 2중가닥이다. DNA는 8개의 핵심 히스톤을 감싸 뉴클레오솜을 형성하며, 이는 간기 세포에서 30 nm 섬유로 더 감길 수 있다.

■ **염색체는 세포분열 동안 응축되고 탈응축된다**

유사분열 동안, 염색체는 골격구조 단백질 주위에 방사형으로 감겨진 30 nm 섬유를 배열하여 추가로 응축된다.

새로 복제된 염색체는 반복된 DNA 서열로 구성된 동원체라는 수축된 영역에 부착된 상태로 유지된다. 복제 후 염색체는 코헤신이라는 단백질 복합체에 의해 동원체에서 함께 결합된 2개의 자매염색분체로 구성된다(**그림 9.7**).

9.3 진핵세포주기 개요(그림 9.8)

■ **세포주기는 5단계로 나뉜다**

세포주기의 단계는 간극1(G_1), 합성(S), 간극2(G_2), 유사분열, 세포질분열(C)로 나뉜다. G_1과 S, G_2를 총칭하여 간기라고 하며, 유사분열과 세포질분열을 함께 M기라고 한다.

■ **세포분열의 기간은 세포 유형에 따라 다르다**

세포주기의 길이는 나이, 세포 유형 및 종에 따라 다르다. 세포는 G_1기를 빠져나와 G_0이라는 비분열기로 들어갈 수 있다. G_0기는 일시적이거나 영구적일 수 있다.

9.4 간기: 유사분열 준비

G_1과 S, G_2는 간기의 3가지 하위 단계이다. G_1기는 1차 성장기이다. S기에서는 DNA가 합성된다. G_2기는 S기 후와 유사분열 전에 발생한다.

동원체는 유사분열 중에 미세소관이 부착되는 방추사부착점이라고 하는 원반형 구조로 조립된 단백질에 결합한다. 동원체 DNA도 복제되지만, 두 DNA 가닥은 코헤신 단백질에 의해 함께 유지된다.

9.5 M기: 염색체 분리 및 세포질 내용물의 분할(그림 9.11)

■ **전기 동안 유사분열 기구가 형성된다**

전기에 염색체가 응축되고 방추체가 형성되고 핵막이 분해된다. 동물세포에서 중심립 쌍은 분리되어 세포의 반대쪽 끝으로 이동하여 핵분열의 축을 형성한다.

■ **전중기 동안 염색체는 방추사에 부착된다**

■ **중기에 염색체는 적도에 정렬한다**

각 염색체의 염색분체들은 방추사부착점 미세소관에 의해 서로 반대쪽 극에 연결된다. 이들은 극으로 당겨지는 장력에 의해 세포의 적도에 고정된다.

■ **후기에 염색분체는 분리된다**

이 시점에서 동원체에서 자매염색분체를 함께 유지하고 있던 코헤신 단백질은 파괴되고 염색체는 서로 반대극으로 당겨진다. 이 움직임을 후기 A라고 하고, 점점 멀어지는 극의 이동을 후기 B라고 한다.

■ **말기동안 핵이 재형성된다**

말기는 전기에 일어난 일들이 되돌아 가고 세포질분열을 위해 세포를 준비한다.

■ **동물세포에서 액틴 띠는 딸세포를 분리한다**

막 아래 액틴의 수축 고리가 세포질분열 동안 수축한다.

■ **식물세포에서 세포판은 딸세포를 분리한다**

세포의 중간에 세포판을 생성하기 위해 소포의 융합으로 새로운 막이 생긴다.

■ **곰팡이와 일부 원생생물에서 딸핵은 세포질분열 동안 분리된다**

9.6 세포주기 조절(그림 9.18)

■ **연구를 통해 세포주기 조절인자가 밝혀졌다**

실험에서 유사분열의 양성 조절인자가 있고 세포주기와 동조화된 단백질(사이클린)이 있음을 보여주었다. 양성 조절인자는 사이클린 의존성 카이네이스(Cdk)이다. Cdk는 카이네이스와 사이클린이라는 조절 분자의 복합체이다. 그들은 단백질을 인산화하여 세포주기를 유도한다.

■ **세포주기는 3개의 확인점에서 조절된다**

확인점은 세포가 과정의 정확성을 평가하고, 필요한 경우 중지할 수 있는 지점이다. G_1/S 확인점은 분할에 대한 약속이다. G_2/M 확인점은 DNA의 온전함을 보장한다. 방추사 확인점은 모든 염색체가 양쪽 극 방향으로 방추사에 부착되도록 한다.

■ **사이클린 의존성 카이네이스가 세포주기를 이끈다**

세포주기는 Cdk의 활동으로 진행된다. 효모에는 CDK 효소가 하나뿐이다. 척추동물에는 4개 이상의 효소가 있다. G_1기에서 G_1 사이클린은 Cdc2 카이네이스와 결합하여 S기로의 진입을 유발하는 Cdk를 형성한다.

후기촉진복합체/사이클로솜(APC/C)은 자매염색분체를 동원체에 함께 유지하는 코헤신을 제거하는 단백질분해효소를 활성화한다. 그 결과 후기를 촉진하여 염색분체를 분리하여 반대쪽 극으로 끌어 당긴다. APC/C는 또한 유사분열을 종료하기 위해 유사분열 사이클린의 분해를 유발한다.

■ **다세포 진핵생물에서는 많은 Cdk와 외부 신호가 세포주기에 작용한다**

혈소판유래생장인자(PDGF)와 같은 생장인자는 세포분열을 자극한다. 이들은 MAP 카이네이스 연쇄반응을 통해 작용하여, 조직 손상 후 섬유아세포에서 세포분열을 자극하기 위해 사이클린 생성과 Cdk의 활성화를 초래한다.

9.7 암 유전학(그림 9.23)

■ **2가지 유형의 유전자 돌연변이는 암으로 이어질 수 있다**

암을 유발하는 원종양유전자의 돌연변이는 우성인 기능획득 효과를 가지고 있다. 종양억제유전자의 돌연변이는 열성이다. 두 대립유전자의 기능상실은 암으로 이어진다.

■ **전체 게놈의 염기서열은 암 유전학의 전망을 밝게 한다**

새로운 범주의 유전자가 확인되었으며, 종양세포에서 커다란 유전적 이질성이 관찰된다.

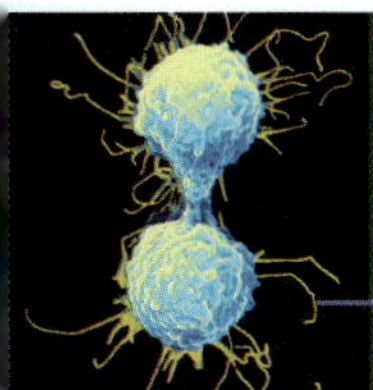

연습문제

■1단계: 이해력 확인하기

1. 다음 중 원핵생물의 2분법 분열에 필요하지 않은 것은?
   a. DNA 복제
   b. 세포의 신장
   c. 격벽 형성에 의한 딸 세포의 분리
   d. 핵막의 조립

2. 다음 중 염색질을 구성하는 것은?
   a. RNA와 단백질　　b. DNA와 단백질
   c. 자매염색분체　　d. 염색체

3. 뉴클레오솜이란 무엇인가?
   a. 진정염색질을 포함하는 세포 핵
   b. 히스톤 단백질 주위에 감긴 DNA
   c. 여러 개의 염색질 고리로 구성된 염색체
   d. 염색질에서 발견되는 30 nm 섬유

4. 세포분열에서 코헤신 단백질의 역할은 무엇인가?
   a. 염색체의 DNA를 고도로 응축된 구조로 조직한다.
   b. 자매염색분체의 DNA를 함께 붙잡는다.
   c. 세포가 2개의 딸세포로 나뉘도록 도와준다.
   d. 미세소관과 염색체를 연결한다.

5. 다음 중 방추사부착점의 기능은 무엇인가?
   a. 동원체를 미세소관에 연결한다.
   b. 중심립을 미세소관에 연결한다.
   c. 염색체 응축을 돕는다.
   d. 염색체 결합을 돕는다.

6. 자매염색분체의 분리는 언제 일어나는가?
   a. 전기　　b. 전중기
   c. 후기　　d. 말기

7. 왜 세포질분열이 세포분열의 중요한 부분인가?
   a. 유전정보의 적절한 분리를 담당한다.
   b. 세포질 내용물의 적절한 분리를 담당한다.
   c. 세포주기를 통해 세포의 이동을 유발한다.
   d. 세포가 확인점에서 멈출 수 있게 한다.

8. 세포주기의 어떤 단계가 돌이킬 수 없는 약속인가?
   a. S/G_2 확인점
   b. G_1/S 확인점
   c. 후기
   d. b와 c 모두 맞다.

■2단계: 적용력 평가하기

1. 다음 중 사이클린 의존성 카이네이스(Cdk)의 활성을 조절하는 것은?
   a. 사이클린의 주기적인 파괴
   b. 방추에 대한 염색체의 양극성 부착
   c. DNA 합성
   d. a와 b 모두 맞다

2. 유사한 구조를 공유하는 박테리아 SMC 단백질 및 진핵생물의 코헤신 단백질과 콘덴신 단백질의 기능으로 옳은 것은?
   a. 미세소관과 상호 작용한다.
   b. 카이네이스 효소로 작용할 수 있다.
   c. DNA의 상호작용하여 가닥을 압축하거나 고정한다.
   d. 염색체를 세포골격 요소에 연결한다.

3. 원종양유전자가 유전적으로 우성인 방식으로 작용하는 이유로 옳은 것은?
   a. 게놈에는 원종양유전자가 하나만 존재한다.
   b. 세포주기를 켜기 위해 기능획득 방식으로 작용한다.
   c. 세포주기를 끄기 위해 기능상실 방식으로 행동한다.
   d. 기능에 영향을 미치기 위해 두 게놈 사본이 변경되어야 한다.

4. 다음 중 중기에서 후기로의 전환에 필요한 것은 무엇인가?
   a. 염색분체를 분리하기 위해 새로운 힘의 생성
   b. 자매염색분체를 이동시키는 힘의 증가
   c. 염색체를 분리할 수 있도록 동원체의 DNA 복제를 완료
   d. 자매염색분체 간의 코헤신 상실
5. 다음 중 박테리아 세포분열과 진핵세포 분열의 주요 차이점은 무엇인가?
   a. 박테리아는 염색체가 하나뿐이기 때문에 염색체 수를 셀 수 있다.
   b. 진핵생물은 염색체를 식별하기 위해 염색체를 표시하고 박테리아는 그렇지 않다.
   c. 박테리아에서 DNA 복제와 염색체 분리는 동시 과정이지만 진핵생물에서는 시간이 지난 후에 분리된다.
   d. a, b, c 모두 옳지 않다.
6. 동물세포에서 세포질분열은 액틴을 포함하는 수축 고리에 의해 수행된다. 다음 중 박테리아에서의 과정으로 옳은 것은?
   a. 액틴 유사 단백질을 사용하는 염색체 분리
   b. 액틴 유사 단백질인 FtsZ 단백질 고리를 통한 격벽 구분
   c. 소포 융합을 통해 세포판의 형성을 필요로 하는 세포질분열
   d. 튜불린 유사 단백질인 FtsZ 단백질 고리를 통한 분리

■3단계: 사고력 함양하기

1. 세포주기의 조절은 매우 복잡하며 여러 단백질을 포함한다. 효모에서는 cdc2와 유사분열 사이클린의 복합체가 G_2/M 확인점을 지나 세포를 다음 단계로 이동시키는 역할을 한다. 사이클린 의존성 카이네이스 cdc2의 활성은 카이네이스 Wee-1에 의해 인산화될 때 억제된다. Wee-1 돌연변이 효모의 표현형은 무엇인가? 세포가 정상적으로 작동하도록 하는 Wee-1 결핍 돌연변이 효모에서 어떤 다른 유전자가 변경될 수 있는가?
2. 신호전달경로에 대한 지식을 검토하자(8장 참조). 어떻게 생장인자(리간드)가 S기를 유발하는 사이클린 단백질의 생산으로 이어질 수 있는지를 설명하시오.
3. 세포의 원종양유전자와 종양억제유전자의 돌연변이가 어떻게 암세포로 이어질 수 있는지 비교하고 대조하여 설명하시오.

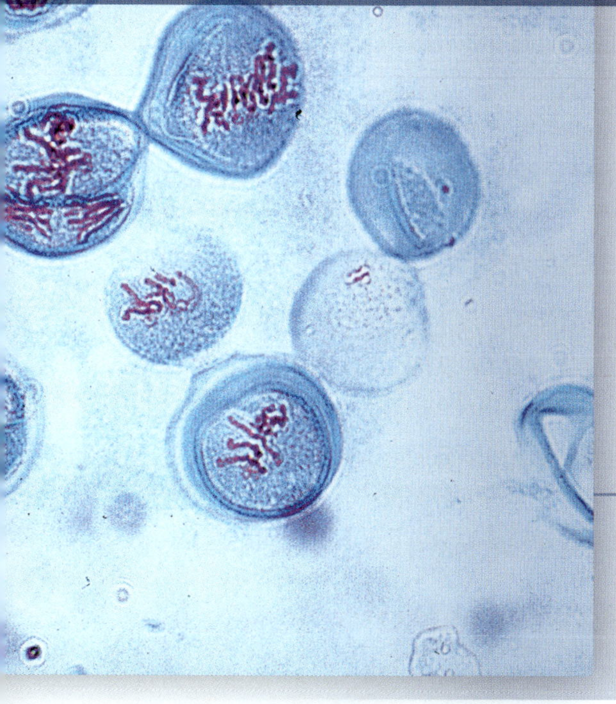

10

유성생식과 감수분열

10.1 유성생식과 감수분열
10.2. 감수분열의 특징
10.3. 감수분열의 과정
10.4. 요약: 감수분열과 체세포분열

도입

대부분의 동물과 식물은 유성생식을 한다. 상대 성의 배우자는 융합하여 수정란이 되고 이후 지속적인 체세포분열을 통하여 대략 100조 개 정도의 세포를 갖는 성체가 된다. 초기 세포 형태를 형성하는 생식세포는 이번 장의 주된 내용으로 감수분열(사진)이라는 특수한 분열형태로 생산된다. 감수분열은 체세포분열보다 더 복잡하고 그 기작에 대한 자세한 내용이 아직 많이 밝혀지지 않았으나. 그 기본적인 과정은 명확하다. 또한 유성생식이 엄청나게 중요한 것은 확실하다. 유성생식은 진화의 근본이 되는 수많은 유전적 다양성을 만드는 핵심 역할을 한다.

10.1 유성생식과 감수분열

학습 목표

1. 유성생식에서 감수분열의 기능을 특징지어 설명할 수 있다.
2. 생식세포계열과 체세포를 구별할 수 있다.

유성생식의 핵심은 2가지 세포의 유전적 기여이다. 이러한 유형의 생식 방법으로 인해 생물학자들은 유성생식 생물에 대해 이해하기 어려웠다. 최근 들어서야 감수분열 동안의 정교한 염색체 행동에 대한 기본 기작을 이해하게 되었다. 우선, 감수분열의 역사와 유성생식과의 관계를 간략히 알아본다.

감수분열로 염색체 수가 감소한다

1879년에 플레밍(Walther Flemming)이 염색체를 발견한 이후 몇 년 지나지 않아 벨기에의 세포학자 반 베네든(Edouard van Beneden)은 회충(*Ascaris*)에서 세포의 유형에 따라 각기 다른 염색체 수를 가지고 있음을 발견하고 놀랐다. 특히 **배우자**(gamete, 난자와 정자)는 2개의 염색체를 가지는 반면, 배아와 성충의 비생식세포, 즉 **체세포**(somatic cells)는 4개의 염색체를 가지고 있다는 사실을 발견했다.

이러한 발견을 토대로 1883년에 베네든은 체세포 염색체 수의 절반을 갖는 1개의 정자와 1개의 난자가 융합하여 **접합자**(zygote)가

된다고 제안하였다. 접합자는 접합자 유래의 개체를 구성하는 다른 모든 세포들과 마찬가지로 각 염색체의 2개 복사본을 갖는다. 새로운 세포를 만들기 위한 배우자의 융합을 **수정**(fertilization) 또는 **배우자 접합**(syngamy)이라고 한다.

체세포에서 발견되는 염색체 수가 반으로 줄어드는 어떤 기작이 생식세포가 형성되는 과정에서 반드시 관여한다는 것은 초기 연구자들에게도 분명한 것이었다. 만약 이렇게 되지 않는다면 수정할 때마다 염색체 수가 2배가 될 것이고, 몇 세대 지나지 않아서는 각 세포의 염색체 수가 극단적으로 많아질 것이다. 예를 들면, 사람 세포의 염색체 46개는 10세대 만에 47,000(46×2^{10})개로 증가할 것이다.

염색체 수는 **감수분열**(meiosis)이라 불리는 염색체 수를 감소시키는 특별한 분열로 인해 이러한 방식으로 증가하지 않는다. 정상 염색체 수의 반을 갖는 세포를 생성하는 감수분열은 배우자 형성 과정 동안에 일어난다. 이후 이들 두 세포의 융합은 한 세대에서 다음 세대로 일정한 염색체 수를 확실히 유지하도록 한다.

성 생활주기는 반수체 단계와 2배체 단계로 구성된다

감수분열과 수정은 번식주기를 구성하는 요소이다. 2세트의 염색체가 성체를 구성하는 개개의 체세포에 있어 **2배체**(diploid) 세포로 규정되는데, 생식세포에는 1세트만 있기 때문에 **반수체**(haploid)가 된다. 이러한 감수분열과 수정에 의한 염색체 수의 변화를 수반하는 생식을 **유성생식**(sexual reproduction)이라 한다. 이러한 독특한 특성으로 자식은 부모로부터 염색체를 전달받을 수 있다(**그림 10.1**). 예를 들면, 여러분은 어머니로부터 23개의 염색체(모계 상동염색체, maternal homologue)를, 아버지로부터 23개의 염색체(부계 상동염색체, paternal homologue)를 받았다.

모든 유성생식 생명체의 생활주기는 2배체 염색체 수에서 반수체 염색체 수를 번갈아가는(교번하는) 유형을 따르지만, 일정 부분 변경된 생활주기가 있다. 예를 들면, 대부분의 조류(algae)는 생활주기의 대부분을 반수체 상태로 산다. 접합자는 감수분열을 통하여 반수체를 생산하고, 반수체는 체세포분열을 한다. 일부 식물과 일부 조류는 다세포 반수체기와 다세포 배수체기를 교번한다(24, 25장 참조). 대부분의 동물에서는 2배체 상태가 주를 이룬다. 접합자는 세포분열을 통하여 2배체 세포를 생성한다. 그 이후 생활주기 동안에 일부 2배체 세포가 감수분열을 수행하여 반수체인 생식세포를 생성한다(**그림 10.2**).

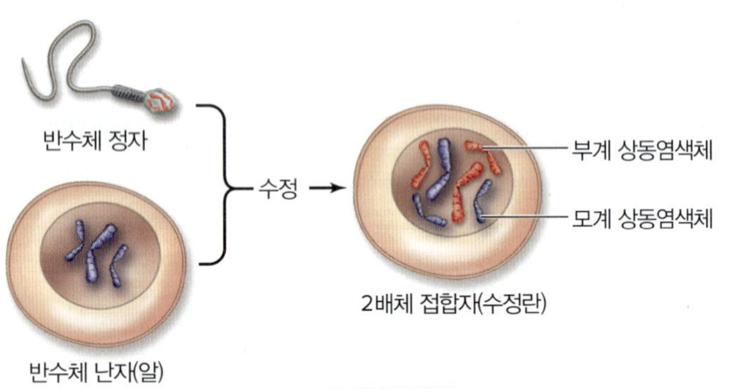

그림 10.1 양친으로부터 받은 염색체를 가진 2배체 세포.
2배체 세포는 어머니의 반수체 난자로부터 물려받은 모계 상동염색체와 아버지의 반수체 정자로부터 물려받은 부계 상동염색체의 상동염색체쌍을 갖는다.

동물에서 생식계열 세포는 발생 초기에 독립적으로 형성된다

동물에서 단일 2배체 접합자는 세포분열을 통해 성체 내 모든 세포를 형성한다. 감수분열을 통해 배우자를 만들 세포들은 발생 초기에 다른 체세포들과는 다르게 독립적으로 위치하게 된다. 이들 세포를 **생식계열 세포**(생식주 세포, germ-line cells)라 한다.

체세포와 생식계열 세포 모두는 2배체이다. 이 둘 간의 가장 큰 차이는 체세포는 세포분열을 통하여 유전적으로 동일한 2배체의 딸세

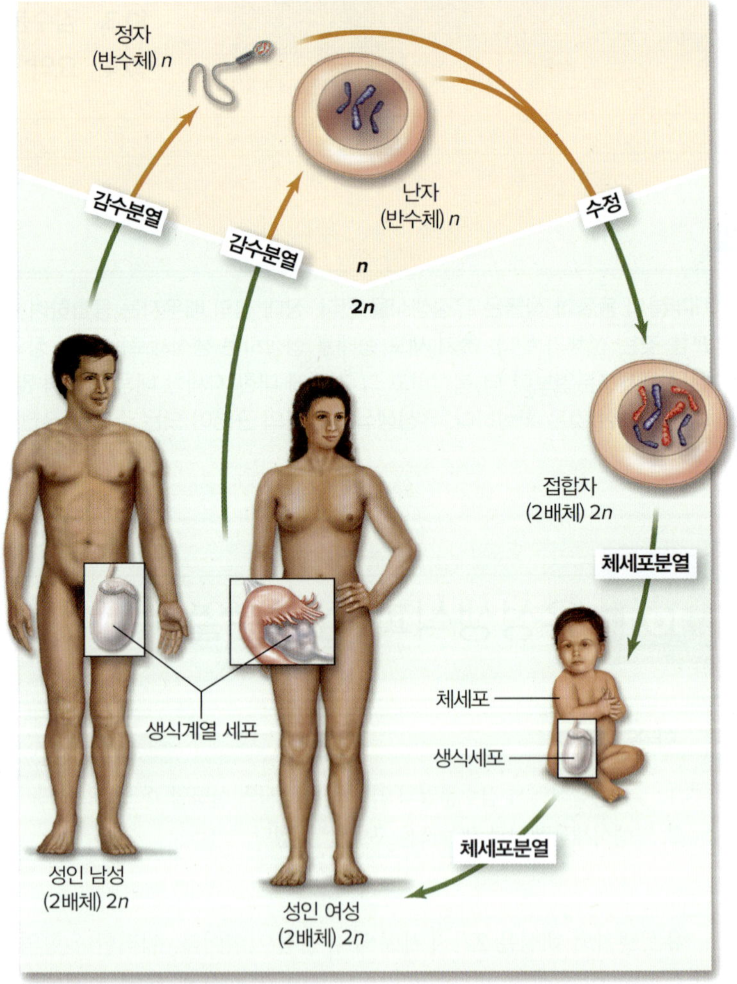

그림 10.2 동물의 유성생식 생활사.
동물에서 접합자는 세포분열을 통해 성체의 모든 세포로 된다. 생식계열 세포는 발생 초기에 독립적으로 형성되고 감수분열을 통해 반수체 배우자(정자나 난자)를 형성한다. 신체의 나머지 세포는 체세포라고 한다.

포를 생산하지만, 생식계열 세포는 감수분열을 수행하여 반수체 생식세포를 생산할 수 있다는 것이다(**그림 10.2**).

핵심 요약 10.1

유성생식은 서로 다른 개체에서 유래하는 2개의 세포가 유전적으로 관여하는 것을 의미한다. 감수분열은 염색체 수가 절반인 반수체 세포를 생산한다. 이들 반수체 세포는 이후 수정을 통하여 2배체의 다음 세대로 복귀한다. 생식계열 세포만이 감수분열을 하여 생식세포를 만들 수 있다. 신체의 다른 모든 세포는 체세포라 하는데, 이들은 체세포분열만을 수행한다.

- 생식계열 세포는 감수분열을 하는데 어떻게 신체는 생식계열 세포를 지속적으로 유지할 수 있을까?

10.2 감수분열의 특징

학습 목표

1. 감수분열 동안 어떻게 상동염색체가 쌍을 이루는지 서술할 수 있다.
2. 감수1분열이 왜 감소하는 분열로 불리는지를 설명할 수 있다.

감수분열하는 세포의 분열 기작은 생명체에 따라 그 주요 세부 과정이 다양하다. 이러한 다양함은 염색체 분리 기작에서 특히 뚜렷하다. 원생생물과 균류는 식물이나 동물과 매우 다른데 이를 알아보기로 하자.

2배체 생물의 감수분열은 **감수1분열**(meiosis I)과 **감수2분열**(meiosis II)이라는 2단계로 구성되며, 각 단계는 전기(prophase), 중기(metaphase), 후기(anaphase), 말기(telophase)로 구성되어 있다. 이 과정을 자세히 알아보기 전에, 체세포분열과 구분되는 감수분열의 특징을 우선적으로 알아보도록 하자.

감수분열 초기에 상동염색체는 쌍을 이룬다

감수1분열 전기의 초기 단계 동안에 상동염색체(homologous chromosomes)는 서로를 찾아 가까이 접근하는데, 이를 접합(paring) 또는 **시냅시스**(접합, synapsis)라 한다(**그림 10.3***a*). 연구 역사가 깊에도 불구하고, 분자적 수준의 자세한 사항은 불분명하다. 생물학자들은 시냅시스에 대한 이해를 도모하고자 전자현미경, 유전적 교배 자료, 생화학적 분석 등을 수행하여 왔으나 완전한 이해를 하는 것은 아직 역부족이다.

시냅시스복합체

전기 I 동안에 상동염색체가 그 짝을 찾아 매우 밀접하게 결합하는 것은 확실하다. 이 과정에서 많은 종은 쌍을 이룬 상동염색체가 접하는 **시냅시스복합체**(synaptonemal complex)라는 정교한 복합체를 형성한다. 시냅시스복합체는 두 세트의 상동염색체의 측면요소와 섬유로 연결된 중심 요소로 이루어져 있다. 시냅시스복합체의 구조는 아직 그 기능이 정확히 규명되지는 않았지만, 현재까지 연구된 모든 시스템에서 유사하게 나타난다. 대표적인 예를 **그림 10.3***b*에 나타냈다. 이는 이 단계의 감수분열 세포에서 상동염색체를 짝을 이루게 하고 각 상동염색체를 이루는 두 자매염색분체가 근접하게 위치하게 한

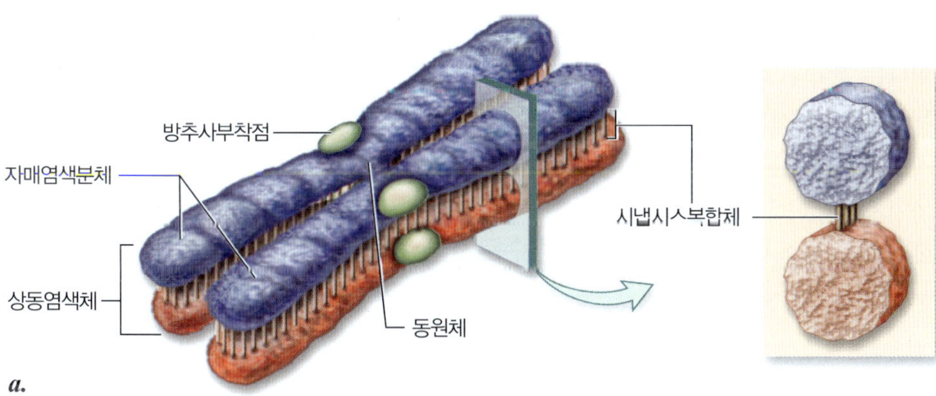

a.

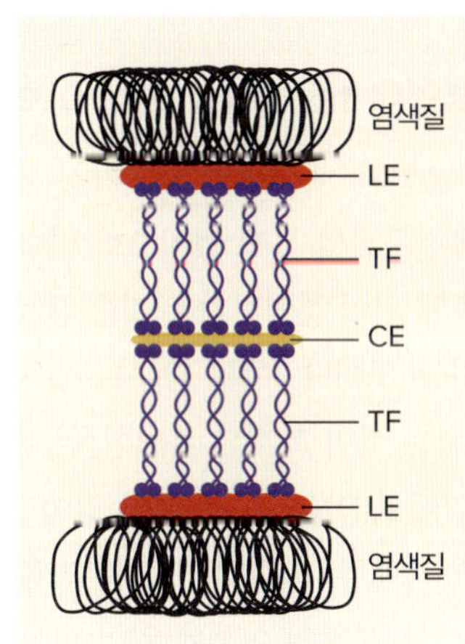

b.

그림 10.3 감수분열의 특징.
상동염색체는 감수1분열의 전기에서 짝을 이룬다. 이러한 현상은 시냅시스라고 하고 시냅시스복합체라는 구조에 의해 결합된 상동염색체를 만든다. 결합된 상동염색체는 교차 과정에 의해 유전물질을 교환한다. ***b.*** 시냅시스복합체 모식도. 2개의 측면 요소(LE)가 횡필라멘트(TF)를 매개로 중심 요소(CE)에 결합한다. 각 상동염색체의 염색질은 측면 요소에 부착되어 있다.

다. 이 구조는 **4분염색체**(tetrad) 또는 **2가염색체**(bivalent)라 불린다.

상동염색체 간 유전물질 교환

상동염색체가 짝을 이루는 전기 I 동안 감수분열의 독특한 과정인 **유전자 재조합**(genetic recombination) 또는 **유전자 교차**(genetic crossing over)가 일어난다. 문자 그대로 이 진행으로 상동염색체가 염색체 일부를 교환할 수 있다.

이 현상은 세포학적으로 교차라 하고, 유전적으로는 재조합이라 한다. 왜냐하면 이러한 교차로 서로 다른 상동염색체 상에 있던 대립유전자가 동일 상동염색체 상에 위치할 수 있기 때문이다(12장 참조).

교차가 일어나는 부위는 **키아즈마**(chiasma, 교차점)라 하고, 이 부위는 후기 I 이전까지 유지된다. 교차에 의한 상동염색체 사이의 물리적 연결과 자매염색분체 간의 지속적 연결은 상동염색체가 함께 고정된 상태로 있게 한다.

상동염색체의 결합과 분리

상동염색체 간의 결합은 감수1분열 전 과정에 걸쳐 지속되며, 염색체의 이동에 영향을 준다. 중기에서 짝을 이룬 상동염색체는 중기판(metaphase plate) 쪽으로 이동하여 짝을 이룬 상태로 양극의 방추사에 연결된다. 이와는 달리 체세포분열에서는 상동염색체가 각각 독립적으로 움직인다. 짝을 이룬 상동염색체는 후기 동안 각각 분리되어 양극으로 끌려간다. 체세포분열에서는 상동염색체가 아닌 자매염색분체가 양극으로 끌려가게 되는 것에 차이가 있다. 딸세포는 짝을 이룬 염색체 한 쌍 중에서 하나의 상동염색체를 받기 때문에, 첫 번째 분열은 "감수분열(reduction division)"이라고 부른다. 감수2분열에서는 더 이상 염색체의 수를 감소시키지 않고, 오직 각각의 상동염색체에서 자매염색분체를 분리시키기만 한다.

감수분열은 1회 DNA 복제 이후 2번 연속적으로 분열한다

감수분열과 체세포분열의 가장 뚜렷한 차이는 감수분열은 분열 간에 유전물질의 복제 없이 2회 연속적 분열을 한다는 것이다. 유전물질 복제 없이 분열한다는 것은 두 연속 분열 중에 복제가 억제되어야 한다는 것이다. 이는 감수1분열 동안에 상동염색체가 분리된 결과, 세포는 이미 복제된 자매염색분체 1개씩만 가지기 때문이다. 감수2분열에서 DNA 복제 없이 일어나는 체세포와 같은 분열은 딸세포가 각 자매염색분체의 한 사본만을 가지게 되는 결과를 가져온다. 이것이 감수분열의 이해에 있어 핵심이 되는데, 감수2분열은 염색체 복제가 없는 체세포분열과 같다.

핵심 요약 10.2

감수분열은 제1 분열 전기에 상동염색체가 짝을 이룬다는 것이 특징이다. 대부분의 종에서 시냅시스복합체라 불리는 독특한 구조가 상동염색체 간에 형성된다. 짝을 이루는 과정에 상동염색체 간에는 키아즈마라 불리는 곳에서 염색체 일부를 교환한다. 감수1분열 중에 상동염색체는 서로 분리되어 염색체 수가 반으로 된다(따라서 감수분열이다). 이는 바로 염색체 복제 없이 다음 분열로 연결되는데, 이로 인해 자매염색분체가 분리된다. 감수분열의 결과로 4개의 반수체 세포가 형성된다.

■ 만약 자매염색분체가 감수1분열에서 나누어지면 감수분열이 지속될까?

10.3 감수분열의 과정

학습 목표

1. 감수분열 과정 중 염색체의 행동을 서술할 수 있다.
2. 중기 I 때 자매염색분체의 동일방향 부착의 중요성을 설명할 수 있다.
3. 감수분열의 후기 I과 후기 II의 차이점을 설명할 수 있다.

감수분열을 이해하기 위해서는 각 분열 동안 염색체가 어떻게 행동하는지 주의 깊게 살펴보는 것이 필요하다. 감수1분열은 각 상동염색체가 짝을 이루는 행동을 통하여 체세포분열에서처럼 개별적으로 행동하는 것이 아니라 단위체로서 행동한다는 것이다. 이는 이들이 분리되는 후기 I까지 상동염색체를 서로 결합시키는 복잡한 과정들에 의해 진행된다.

전기 I은 감수분열을 위한 준비 단계이다

감수분열하는 세포는 체세포처럼 G_1, S, G_2기의 간기를 가진다. 간기 이후, 생식계열 세포는 감수1분열로 진입한다. 전기 I(prophase I) 시기에 DNA는 응축되어 광학현미경상에서 뚜렷한 실 모양으로 볼 수 있게 된다. 감수분열 전에 DNA는 이미 복제된 상태이므로 각각의 실 모양 염색체는 실질적으로 동원체에 부착된 2개의 자매염색분체를 갖고 있는 것이다. 전기 I 동안 상동염색체들은 시냅시스를 통하여 서로 결합되어 있고 교차를 통해 절편을 교환하는데, 결과적으로 총 4개의 염색분체가 연합된 상태이다.

시냅시스

생식계열 세포는 간기 동안, 염색분체의 말단은 핵막의 특정 부위에 부착한 듯하다. 따라서 상동염색체가 결합하는 부위는 인접하게 위치하게 되어 전기 I 동안 짝을 이룬다. 그리고 각각의 상동염색체 쌍은 시냅시스 과정을 통하여 나란히 배열하게 된다.

서로 부착하기 시작한 상동염색체는 전체 길이를 따라 나란히 접하게 된다. 각 상동염색체의 자매염색분체는 코헤신(cohesin) 단백질을 매개로 부착되어 있다. 자매염색분체의 이러한 관계를 **자매염색분체 결합**(sister chromatid cohesion)이라 한다. 자매염색분체 결합은 체세포분열에서도 일어나지만, 감수분열에서는 감수분열 특이적 코헤신이 존재하여 감수분열 후반부에 중요한 역할(자매염색분체의 분리)을 한다.

교차

전기 I 동안 시냅시스복합체 형성(**그림 10.3**)과 동시에 재조합이 일어나는 다른 종류의 구조가 나타난다. 이는 **재조합소결절**(recombination nodule)이라 불리는데, 상동염색체의 염색분체를 절단하고 다시 붙이는 효소들을 포함하는 것으로 추정된다.

교차(crossing over)는 DNA가 단편으로 절단된 후 절단된 부위에서 다시 재결합하여 결과적으로 상동염색체 사이에 교환이 일어나는 것이다. 상동염색체의 절단과 재결합의 분자적 기작은 감수분열당 하나 또는 몇 개의 교차가 보통 각 염색체 팔에 일어나도록 조절한다. 사람의 염색체에서는 전형적으로 2개 또는 3개의 교차가 진행된다.

교차가 진행된 후 시냅시스복합체는 분해된다. 상동염색체 간의 결합은 좀 느슨해지나 키아즈마에 의해 결합 상태를 유지하게 된다. 이 시점에, 각 염색체는 4개의 염색분체를 가지는 2가염색체로, 각 상동염색체 한 쌍은 각각 2개의 염색분체를 가지는 4개의 염색분체로 관찰된다.

4개의 염색분체는 다음과 같은 2가지 방식으로 묶인다. (1) DNA 복제로 형성된 각 상동염색체의 두 자매염색분체는 코헤신 단백질(자매염색분체 결합)로 서로 묶임, 그리고 (2) 상동염색체 간의 교차는 4개의 염색분체 모두를 서로 묶인 상태가 되게 한다.

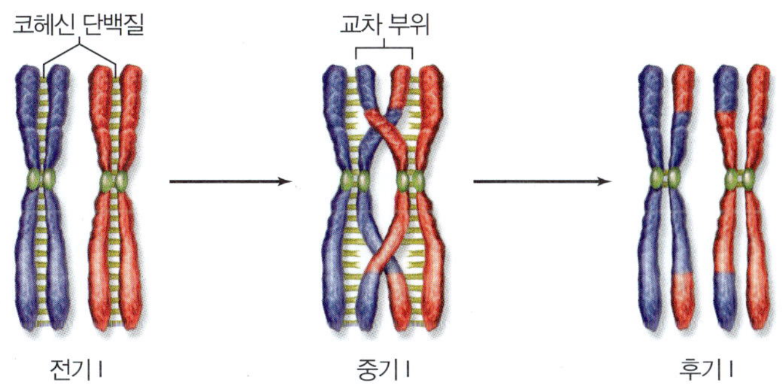

염색체가 정교하게 짝을 이루는 행동을 하는 동안, 전기 I 동안에는 다른 일들이 진행되어야 한다. 즉, 핵막과 간기의 미세소관은 분해되어야 한다. 미세소관은 체세포분열에서처럼 방추사로 재형성된다.

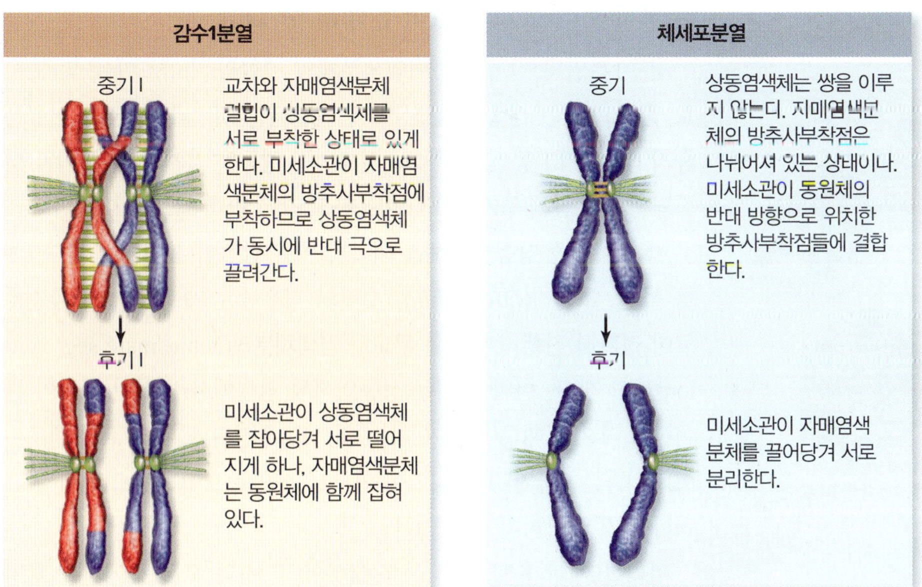

그림 10.4 감수분열과 체세포분열에서의 염색체 배열의 차이. 감수분열의 중기 I 동안, 자매염색분체 간의 결합과 키아즈마로 인해 상동염색체는 서로 근접하게 위치한다. 각 상동염색체의 자매염색분체 쌍과 짝을 이룬 동원체의 방추사부착점은 한쪽 극에서 유래한 미세소관과 결합하게 된다. 중기 I이 끝날 때, 미세소관이 짧아지면서 동원체의 중심절은 그렇지 않지만 자매염색분체 팔 사이의 결합이 깨지며 상동염색체가 떨어지게 된다. 체세포 분열에서는 서로 반대 극에서 온 미세소관이 각 자매염색분체의 동원체에 있는 방추사부착점과 결합한 후 자매염색분체 간의 연결이 깨지고, 미세소관이 짧아지면서 자매염색분체를 반대 극으로 끌어당긴다.

중기 I에 쌍을 이룬 상동염색체가 중기판에 배열한다

전기 I이 끝나갈 무렵, 각 상동염색체 쌍은 앞에서 언급한 것처럼 결합되어 있어 2가염색체처럼 보인다. 이들 2가염색체는 방추사와 결합한 후 세포의 중간 지역으로 이동하여 중기판인 적도면에 쌍을 이룬 상태로 배열한다.

체세포분열에서처럼 각 염색체의 자매염색분체들이 각 방향에서 유래하는 방추사에 결합하는 것이 아니라 상동염색체의 자매염색분체들은 한쪽 방향의 방추사에 결합하기 때문에 이러한 기작을 동일방향 부착(monopolar attachment)이라 한다. 동일방향 부착의 분자적 기작은 아직 밝혀지지 않았다. 일부 동감을 얻는 모델은 자매염색분체의 동원체(centromere)-방추사부착점(kinetochore) 복합체가 중기 I 때 형성되어 하나의 단위로 역할을 한다는 것이다.

자매염색분체의 동원체에 이러한 동일방향 부착은 체세포분열을 하는 세포에서는 비극이 될 수 있으나 감수1분열에서는 절대적으로 필요하다. 이것은 짝을 이룬 상동염색체에 장력을 형성하고 세포의 적도로 이끈다. 이러한 방식으로, 결합한 한 쌍의 상동염색체는 중기판에 일렬로 배열하게 된다(**그림 10.4**). 방추체 축에 이들 상동염색체 쌍이 위치하는 것은 무작위적이다. 또한 모계 또는 부계 상동염색체가 특정 극을 향하는 것도 무작위적이다(**그림 10.5**; **10.6**)

후기 I 동안 상동염색체는 반대 극으로 끌려간다

후기 I 동안 방추사 미세소관의 길이는 짧아지기 시작한다. 따라서 키아즈마에서 두 상동염색체 간의 연결은 깨지게 되고 서로 반대 방향의 극으로 끌려가게 된다.

후기 I이 진행되면서 자매염색분체의 동원체 이외의 다른 부위에서의 자매염색분체 코헤신은 풀어져 서로 떨어진다. 이러한 풀어짐은 감수분열 특이적 코헤신의 파괴 결과인데 체세포분열 후기에서와 유사하게 진행된다. 차이점은 10.4절에서 논의되는 기작에 의해 동원체 부분에서는 억제된다는 것이다.

이러한 결과로 상동염색체는 양 극으로 끌리는 반면 자매염색분체는 그렇지 않다. 각 상동염색체는 동원체에서 서로 부착된 자매염색분체를 갖고 각각 양 극으로 이동한다. 방추사가 완전히 수축하면 각 극은 각 쌍의 상동염색체 중 하나를 갖는 온전한 반수체 세트의 염색체를 가진다.

중기판에 상동염색체가 무작위로 배열하기 때문에 한 극은 각 염색체 쌍에서 모계 또는 부계의 염색체를 받을 것이다. 결과적으로, 서로 다른 염색체상의 유전자들이 독립적으로 짜맞추어지게 되므로, 감수1분열의 결과, 모계와 부계의 염색체들이 **독립분리**(independent assortment)된 생식세포가 형성된다(11장 참조)

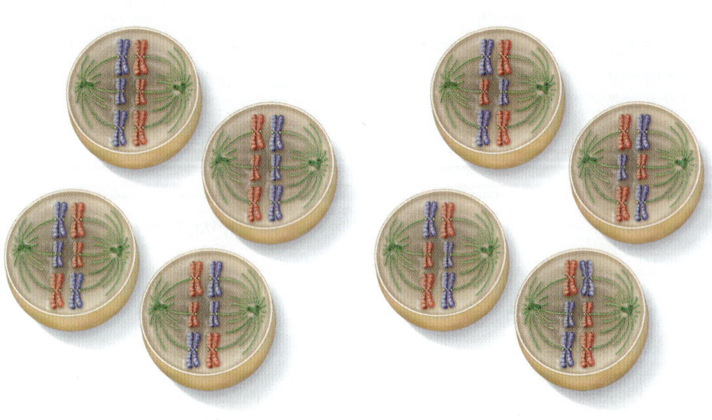

그림 10.5 중기판에서 염색체들의 무작위적 방향성.
가능한 염색체의 배열 방향은 2의 염색체 쌍 수의 승이다(2^n). 3쌍의 염색체 쌍을 갖는 이 가설적 세포는 8(2^3)가지의 가능한 배열이 존재한다. 각 배열에 따라 부모 염색체로부터 서로 다른 조합을 가지는 생식세포가 생성된다.

말기 I은 감수1분열의 완성이다

말기가 시작되면서 염색체들은 각각의 극에서 무리를 이룬다. 그리고 각 딸세포 핵 주변에 핵막이 재형성된다.

딸세포에 있는 각 염색체는 감수1분열 시작 전에 복제되었기 때문에, 1개의 공동 동원체에 부착된 2개의 자매염색분체를 가진다. 주의할 점은 이들 **자매염색체는 전기 I 동안에 교차가 일어났기 때문에 더 이상 동일하지 않다**는 것이다(**그림 10.6**). 이러한 변화는 유전적 다양성에 매우 중요한 영향을 끼친다.

이후 세포질이 나뉘는 세포질분열이 연속적으로 진행되거나 또는 진행되지 않는다. 두 번째 감수분열인 감수2분열은 매우 다양한 시간적 차이를 가지고 연속된다.

염색체 분리는 교차 없이 진행될 수 있다

감수1분열의 진행은 자매염색분체의 결합과 키아즈마에 의해 서로 붙들고 있는 상동염색체상에서 관찰되는 것이다. 이러한 연결은 중기 I과 후기 I 동안 염색체의 전형적인 행동을 가져와 짝을 이룬 상동염색체가 함께 중기판으로 이동하고 각각 반대 극으로 이동한다.

비록 이러한 상동염색체 간의 연결이 일반적이나 예외가 있다. 예를 들면, 초파리(*Drosophila*) 수컷의 경우에는 재조합 없이 감수분열이 정확히 진행되어 이를 **무교차 염색체분리**(achiasmate segregation)라고 한다. 아마도 이는 상동염색체 연결에서 변형된 기작이 관여하고 후기 I 때 분리하게 하는 것으로 추정된다. 말단소체(텔로미어) 및 다른 이질염색체 서열이 연루된 것으로 보고되었으나 아직 그 정확한 것은 알려져 있지 않다.

이러한 예외가 있으나, 실험 대상이 된 거의 모든 종에서는 후기

I의 분리때까지 키아즈마의 형성과 자매염색분체 코헤신에 의해 상동염색체가 서로를 잡고 있다.

감수2분열은 DNA 복제 없는 체세포분열과 같다

독특하게, 감수1분열과 감수2분열 사이의 간기는 S기가 없이 간단히 지나치고, 감수2분열은 정상적인 체세포분열과 닮았다. 전기 II, 중기 II, 후기 II, 말기 II가 연속된다(**그림 10.6**).

전기 II: 세포의 두 극 각각에서 염색체 무리가 짧은 전기 II에 들어간다. 새로운 방추체가 형성되면서 핵막이 붕괴된다.

중기 II: 중기때 각 극에서 오는 방추사가 각 자매염색분체의 동원체에 결합하여 중기판에 배열하고, 극미세섬유가 자매염색분체를 당기는 장력이 형성된다. 이러한 과정은 체세포 분열의 중기 과정과 동일하다.

후기 II: 방추사의 수축은 자매염색분체의 동원체 내 코헤신 복합체를 파괴하고 자매염색분체로 양극으로 이동할 수 있게 한다. 이 과정은 체세포분열 동안의 후기와 근본적으로 동일하다.

말기 II: 궁극적으로, 4세트의 딸염색체 주변에 핵막이 재형성되고 세포질분열이 뒤따라 진행된다.

이러한 분열은 최종적으로 4개의 세포를 형성하는데, 각각은 완전한 반수체의 염색체 수를 포함한다. 반수체 핵을 갖는 이들 세포는 동물에서 바로 배우자(생식세포)로 발달한다. 그렇지 않으면 식물, 균류, 원생생물에서처럼 이들이 스스로 체세포분열 방식으로 분열하여 엄청나게 많은 수의 생식세포를 생성하거나 또는 일부 식물이나 곤충에서처럼 염색체 세트 수가 다양한 세포로 구성된 성체를 만드는 것이 있다.

감수분열에서의 실수는 이수성의 배우자를 생성하는 결과를 가져온다

감수분열 과정에서 진행되는 모든 실수는 정확한 수의 염색체를 갖지 못하는 배우자가 생성되기 때문에 감수분열 과정의 정확성은 매우 중요하다. 감수1분열 또는 감수2분열 동안 반대극으로 염색체의 이동이 실패하는 것을 **비분리**(nondisjunction)라 하는데, 결과적으로 한 배우자는 염색체가 없고 다른 배우자는 2개의 염색체를 갖게 된다. 부정확한 염색체 수를 갖는 배우자를 **이수성 배우자**(또는 이수성 생식세포, aneuploid gamete)라 부른다. 사람에게서는 이러한 염색체수의 이상은 자연유산의 가장 일반적 원인이다. 이수성 배우자의 영향은 12장에서 보다 자세히 설명한다.

핵심 요약 10.3

자매염색분체의 결합과 교차에 의한 결합은 감수1분열 동안 상동염색체를 부착하게 한다. 각 상동염색체의 동원체는 동일방향 부착을 하고 중기 I 동안에 짝을 이룬 상동염색체를 배열하게 한다. 후기 I 동안에 상동염색체의 염색분체 팔 사이의 결합은 상실하나 동원체는 그렇지 않기 때문에 상동염색체가 반대 극으로 이동하게 된다. 후기 II 동안, 동원체에서 자매염색분체를 잡고 있는 코헤신 단백질이 제거되어 염색분체는 서로 반대 극으로 이동하게 된다.

- 후기 I의 염색체 비분리 결과는 무엇일까? 후기 II 때의 비분리 결과는 무엇일까?

10.4 요약: 감수분열과 체세포분열

학습 목표

1. 감수분열의 독특한 특징을 서술할 수 있다.
2. 감수분열과 체세포분열에서 염색분체 결합의 차이점을 설명할 수 있다.
3. 감수분열 사이의 복제 억제의 중요성을 설명할 수 있다.

감수분열에서의 핵심은 체세포분열과의 차이점을 이해하느냐에 달려있다. 양 과정에서 기본 기작은 동일하나 염색체의 행동은 감수1분열 과정에서 뚜렷하게 다르다(**그림 10.7**).

체세포분열과 비교할 때 감수분열은 다음과 같은 4가지의 뚜렷한 특징의 차이가 있다.

1. 감수1분열 동안 상동염색체의 접합과 교차가 모계와 부계 상동염색체를 결합하게 한다.
2. 자매염색분체는 동원체로 연결되어 있는 상태를 유지하고 후기 I 동안 함께 이동한다.
3. 자매염색분체의 방추사부착점은 감수1분열 동안 동일방향으로 부착되는데 이는 체세포분열과 반대되는 것이다.
4. DNA 복제는 두 감수분열 사이에 억제된다.

비록 분자 수준에서의 이해가 완전하지는 않으나, 여기에서는 지금까지 알려진 사실에 대해 알아보고자 한다.

상동염색체의 접합은 감수분열의 독특한 현상이다

감수분열 전기 I에서 염색체의 짝이룸은 체세포분열과 다른 첫 번

감수1분열

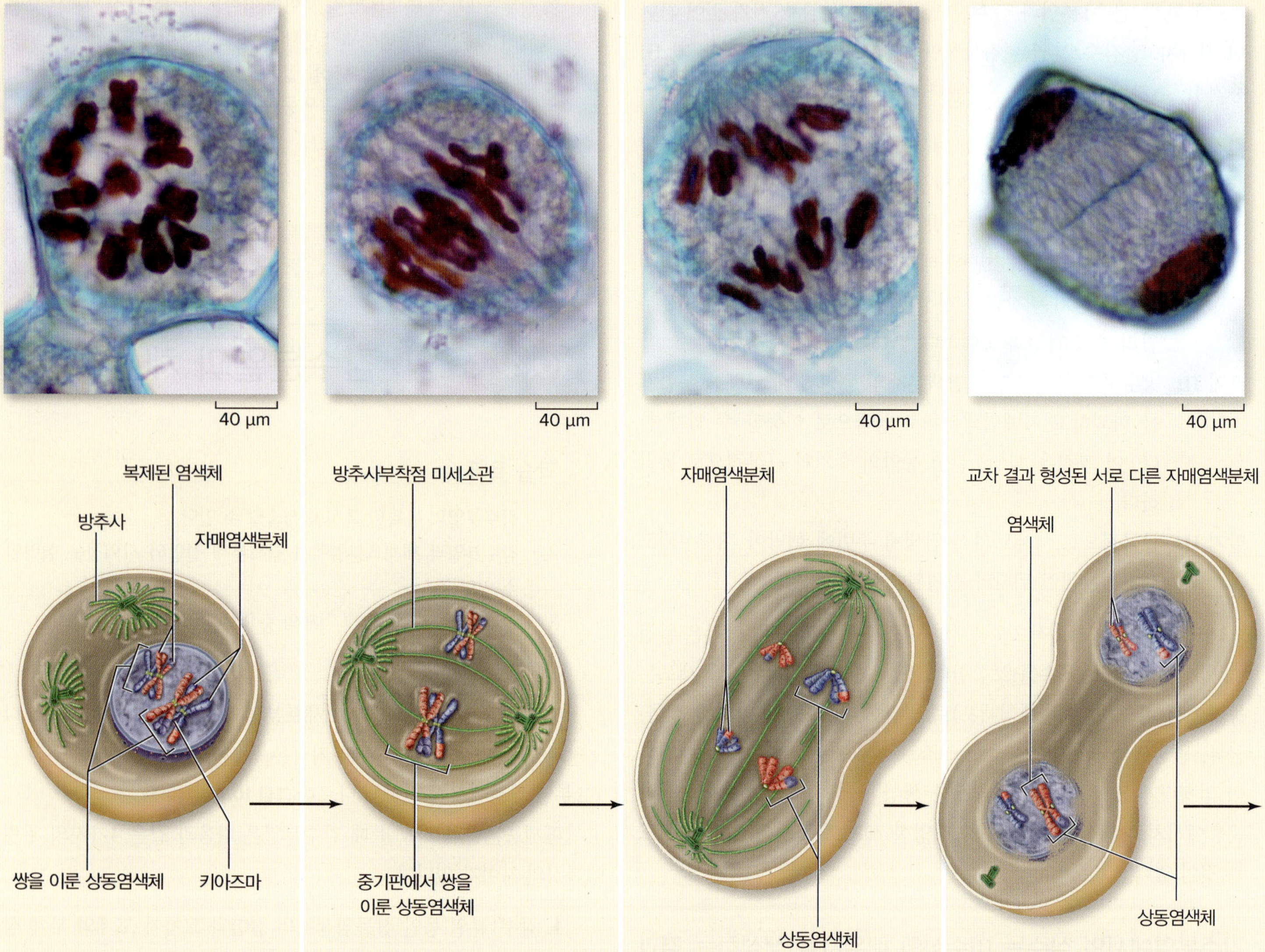

전기 I

전기 I에 염색체들은 응축을 시작하고, 미세소관의 방추사가 형성되기 시작함. DNA는 복제된 상태이고 각 염색체는 동원체 부분에 부착되어 있는 2개의 자매염색분체로 구성되어 있음. 위 그림의 세포는 2쌍의 상동염색체(4개의 염색체)를 가지고 있음. 상동염색체는 시냅시스 동안에 전체 길이에 걸쳐 짝을 이룸. 교차가 일어나 키아즈마를 형성하고, 교차는 각 상동염색체를 함께 붙잡고 있음

중기 I

중기 I에 상동염색체 쌍은 세포의 적도에 배열함. 키아즈마가 상동염색체 쌍이 함께 붙어 있도록 유지시키고 서로 반대 극에서 유래한 미세소관이 각 상동염색체의 자매염색분체 방추사부착점에 부착하여 장력이 형성됨. 세포의 한 극으로부터 뻗어나온 방추사부착점 미세소관은 상동염색체 쌍의 한쪽에 부착하고 다른 극에서 유래하는 미세소관은 다른 상동염색체에 부착함

후기 I

후기 I에 방추사부착점 미세소관은 짧아져서 결과적으로 상동염색체 쌍은 서로 반대 방향으로 끌려감. 하나의 복제된 상동염색체는 세포의 한 극으로 이동하고 다른 복제된 상동염색체는 다른 극으로 이동함. 자매염색분체는 나누어지지 않음. 이것은 체세포분열과 다른 점으로, 체세포분열에서는 복제된 각각의 상동염색체가 중기판에 배열되고 자매염색분체가 후기에 떨어짐

말기 I

말기 I에 나뉘어진 상동염색체는 세포의 각 극에서 무리를 형성하고 딸세포의 핵 주변에 핵막이 재형성됨. 세포질분열이 일어날 것임. 결과적으로 두 세포는 모세포의 염색체 수의 반을 가지게 됨: 이 예로, 각 핵은 2개의 염색체를 가지게 됨(모세포는 4개의 염색체). 각 염색체는 2개의 자매염색분체로 구성되어 있으나 이들 자매염색분체는 교차가 진행되었기 때문에 서로 동일하지 않음

그림 10.6 감수분열의 단계. 식물세포(사진)와 동물세포(그림)의 감수분열

감수2분열

전기 II

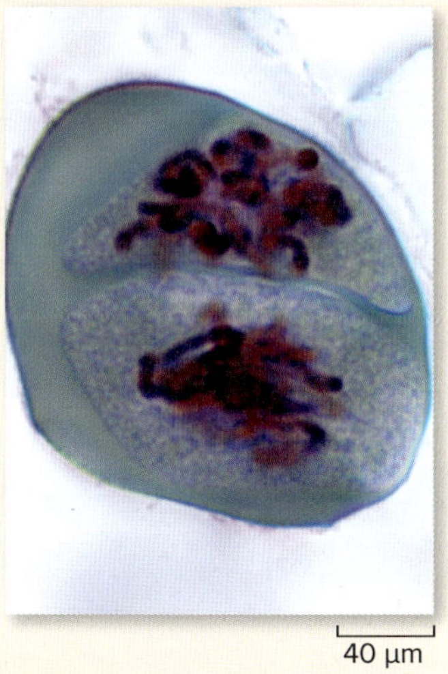

짧은 간기를 이어 S기 없이 감수2분열이 시작됨. 전기 II 동안 각 세포에 새로운 방추체가 형성되고 핵막이 붕괴됨. 일부 종에서는 핵막이 말기 I에도 재형성되지 않아 핵막 붕괴가 없게 됨

중기 II

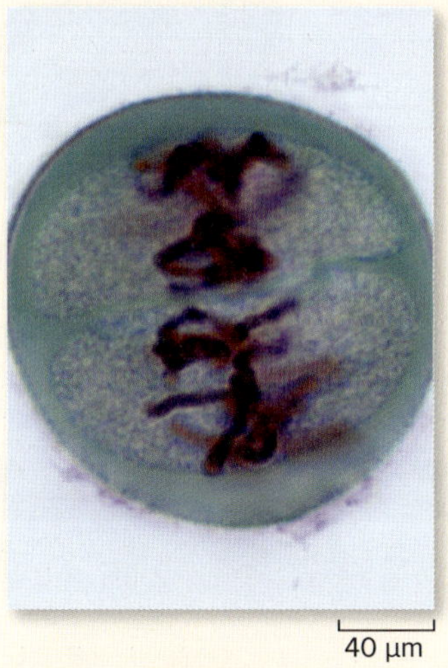

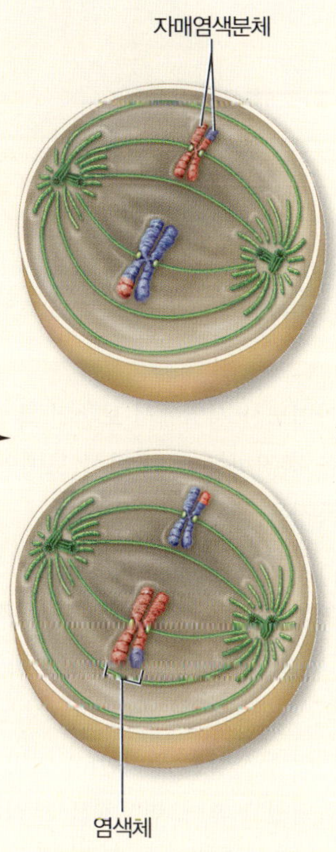

중기 II에 동원체에 결합된 자매염색분체는 각 세포의 중기판을 따라 배열됨. 체세포분열에서처럼 반대 극에서 유래한 방추사부착점 미세소관이 방추사부착점에 부착함

후기 II

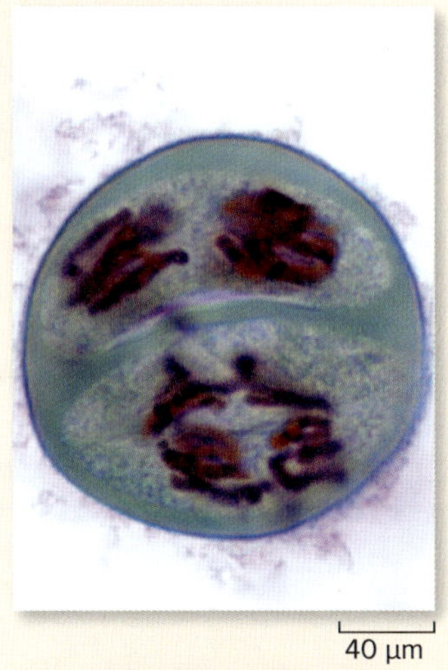

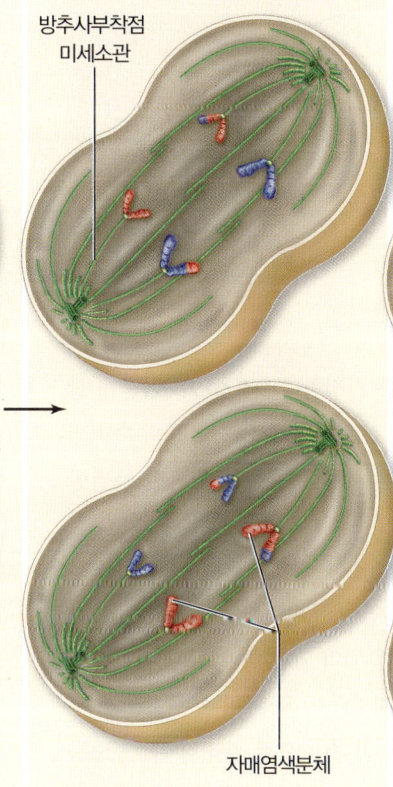

후기 II에 미세소관이 짧아지면서, 자매염색분체가 체세포분열에서처럼 세포의 반대 방향으로 끌려감

말기 II

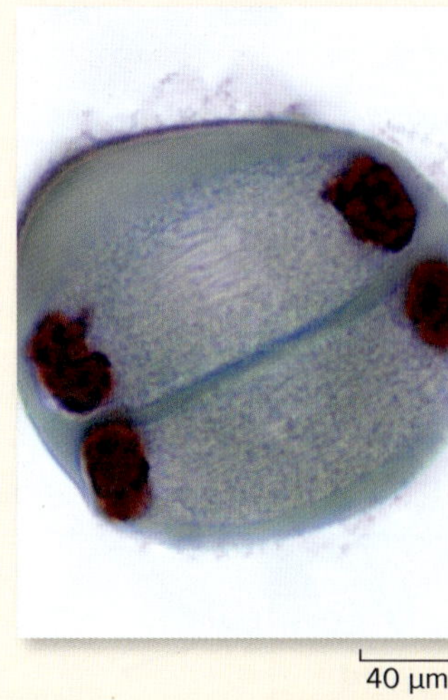

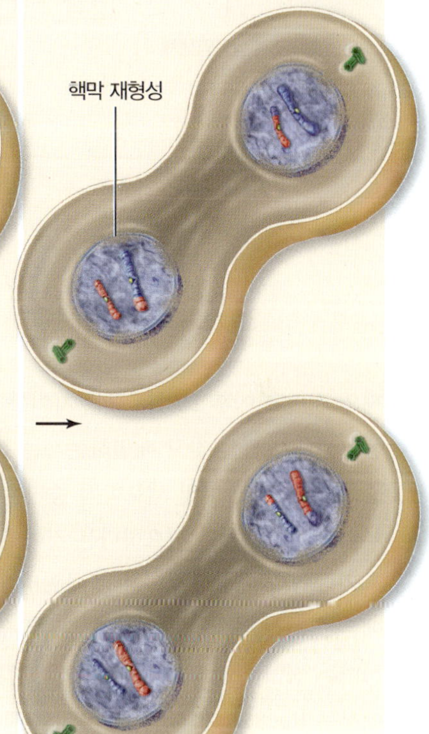

말기 II에, 4개의 서로 다른 염색체이 무리 주변에 핵막이 재형성됨. 세포질분열 이후, 결과적으로 4개의 반수체 세포가 만들어짐. 전기 I의 교차와 중기 I에서 상동염색체 쌍의 무작위적 배열로 비슷한 두 딸세포는 없음

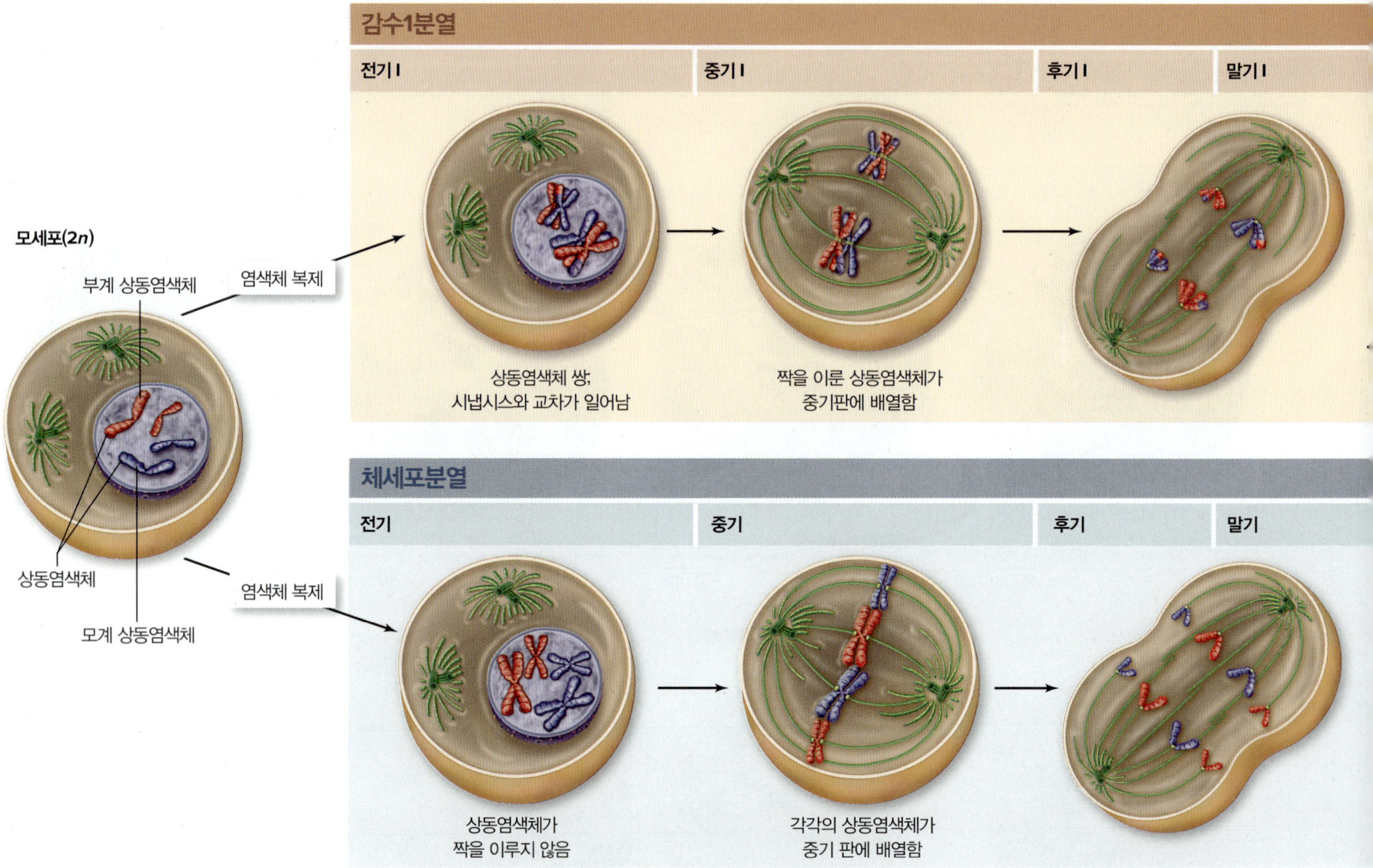

째의 것이고 이후 보이는 모든 차이를 결정한다(**그림 10.7**). 어떻게 상동염색체가 짝을 찾고 배열하는가는 감수분열에서 가장 큰 수수께끼 중의 하나이다. 몇몇 세포학적 증거는 짝을 이루는데 필요한 특별한 부위와 말단소체가 필요하다는 것이다.

자매염색분체 코헤신은 체세포분열과 유사하나 감수분열의 경우에는 코헤신 단백질 복합체가 감수분열에 특이적인 소단위체를 포함한다는 점이 다르다. 효모 코헤신 복합체의 Scc1 단백질이 감수분열에서는 Rec8로 대체된다. 9장에서 보았듯이 Scc1이 체세포분열 후기 동안에 파괴되어 자매염색분체가 반대 극으로 끌려갈 수 있도록 한다. 이 중요한 코헤신 복합체 구성물을 감수분열 특이적 단백질로 대체하는 것은 현재까지 분석된 감수분열에서 공통적 특징인 것으로 보인다.

시냅시스복합체 단백질이 다양한 종에서 발견되었으나, 이들 단백질 간의 보존된 아미노산 서열은 희박하다. 그러나 연구된 바에 의하면 이들 사이에 분자 구조의 유사성이 존재하기에 세포학적으로 관찰된 구조적 유사성을 설명할 수 있다. 횡필라멘트를 비교해 보면 아미노산 서열에서 보존된 특성이 없어도 단백질과 단백질 상호작용을 촉진하는 꼬인 나선 도메인(coiled-coil domain)을 갖는 구조적 특징을 공유한다.

교차에 의한 재조합 과정에서 분자적 기작은 복잡하지만, 이에 관여하는 많은 단백질들이 밝혀졌다. 이 과정은 우선 한 상동염색체의 DNA 2중가닥이 절단되는 것이 초기 과정이다. 이는 2중가닥 절단의 수선 과정에 관여하는 시스템과 감수분열 재조합에 필요한 시스템이 유사함을 의미한다. 아마도 재조합은 초기에 수선 기작으로 진화되었고 후에 염색체를 분리하는 데 활용되도록 선택되었을 것이다. 적절한 염색체 분리에서 재조합의 중요성은 많은 생물체에서 확인된다. 재조합 단백질의 기능상실 돌연변이 개체에서 감수분열의 비분리는 매우 높은 수준으로 증가한다.

자매염색분체의 동원체는 감수1분열을 통하여 자매염색분체를 결합된 상태로 유지하게 한다

감수1분열 후기의 특징은 자매염색체가 아닌 상동염색체가 분리

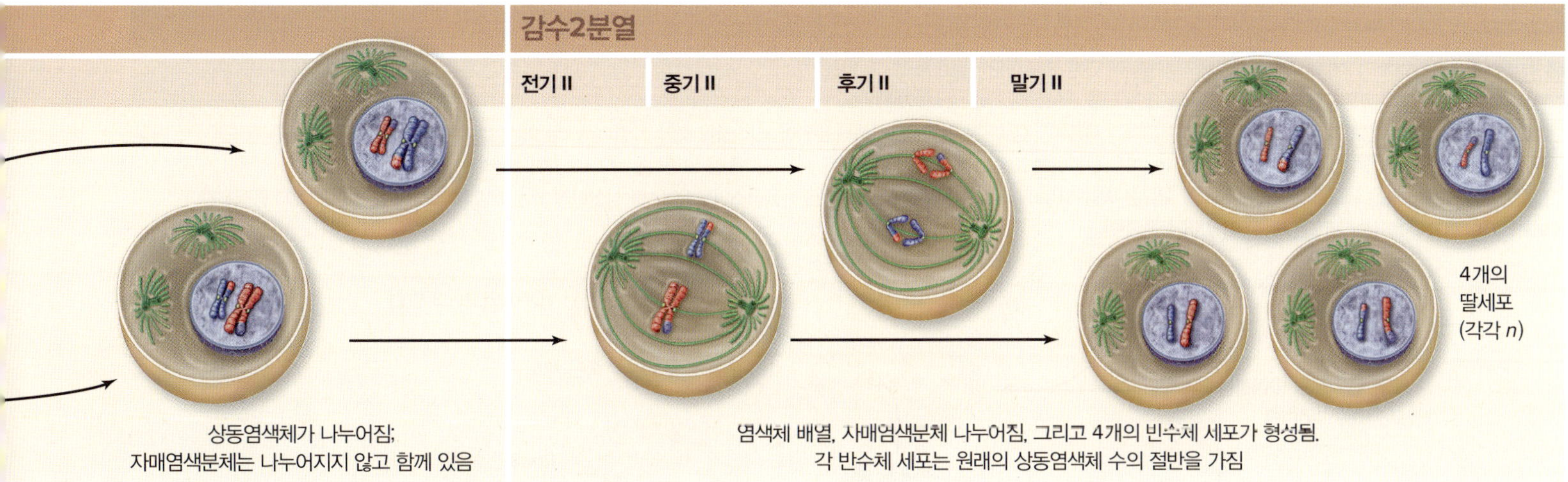

그림 10.7 감수분열과 체세포분열의 비교.
감수분열은 DNA 복제 없이 2번의 핵분열이 진행된다. 이로 모세포 염색체 수의 절반을 갖는 4개의 딸세포가 생성된다. 감수분열의 전기 I에 교차가 일어난다. 체세포분열은 DNA 복제 후 1번의 핵분열이 있다. 따라서 모세포 염색체 수만큼의 염색체를 가지는 2개의 딸세포가 생성된다.

? 탐구문제 체세포의 염색체가 감수1분열의 염색체처럼 행동한다면 결과적으로 생성된 세포는 적정한 염색체 수를 가지겠는가?

되는 것이다. 이러한 분리가 되기 위해서는, 자매염색분체의 동원체는 후기 I 동안에 단위체로 함께 분리되거나 동일 극으로 이동하여야만 한다. 이것은 감수분열 특이적 코헤신 단백질이 우선적으로 염색체 팔에서 제거되어야 하고 이후에 자매염색분체의 동원체 중심절에서 제거되어야 함을 의미한다.

상동염색체는 키아즈마로 연결되어 있고 염색체 일부가 교환된 키아즈마 주변의 자매염색분체 코헤신은 상동염색체를 함께 잡아둔다. 염색체 팔 부분의 Rec8 단백질이 파괴되면 후기 I 시기에 염색체가 서로 분리되도록 한다.

감수1분열 내내 동원체에 자매염색분체 코헤신이 유지되고 염색체 팔 부분의 코헤신은 후기 I 동안에 상실되는 것은 감수분열과 체세포분열 간의 뚜렷한 주요 차이점이다(**그림 10.7**). 감수1분열 동안 코헤신 단백질이 세퍼레이스(separase)에 의해 분해되는 것을 억제하는 슈고신(Shugoshin, 일본어로 수호신을 의미)이라는 종간에 보존된 단백질이 밝혀짐으로써 일정 부분 사실들이 밝혀졌다(**그림 10.8**). 생쥐는 2개의 슈고신, Sgo-1과 Sgo-2를 가진다. Sgo-2의 기능상실은 감수1분열의 초기에 자매염색분체가 분리되는 결과를 가져온다. 이는 왜 Sgo-2가 후기 I 시기에 활성을 갖고 후기 II에는 그렇지 않은가의 숙제를 남기고 있다. 이에 대한 제안의 하나는 후기 II 동안에 형성된 장력이 Sgo-2가 동원체에서 방추사부착점으로 이동하는 원인이 된다는 것이다.

자매염색분체의 방추사부착점은 감수1분열 동안 동일 극에 결합되어 있다

자매염색분체의 방추사부착점이 공동분리되려면 감수1분열 동안 동일 극에 부착해야 한다. 이러한 부착은 자매염색분체의 방추사부착점이 반대 극에 부착해야만 하는 체세포분열(**그림 10.7**) 및 감수2분열과 대비를 이루는 것이다.

이러한 자매염색분체의 방추사부착점의 동일방향 부착에 대한 기본 이해는 부족하나 감수1분열과 체세포분열 간의 동원체-방추사부착점 복합체의 구조적 차이에 기인하는 것 같다. 체세포분열 동원체를 전자현미경으로 보면 더 안쪽으로 함입되어 있는데, 이는 양쪽 방

과학적 사고

질문: 감수분열의 후기 I에 왜 자매염색분체의 동원체에 있는 코헤신 단백질이 파괴되지 않을까?

가설: 감수분열 특이적 코헤신인 Rec8이 동원체에 있는 다른 단백질에 의해 보호받기 때문이다.

예측: 만약 Rec8과 동원체 보호 단백질이 체세포분열하는 세포에서 둘 다 발현된다면, 염색체 분열이 되지 않을 것이다. 결과적으로 이 분열하는 세포는 죽을 것이다.

실험: 분열효모종을 정상적인 체세포 코헤신 대신 Rec8을 발현하게 조작한다. 이들 세포를 모든 세포 단백질을 발현하는 cDNA 라이브러리로 형질전환시킨다.
형질전환된 세포를 죽은 세포를 염색하는 시약을 함유한 배양액(Rec8과 cDNA가 발현되도록 함)과 플라스미드 DNA를 상실하게 하는 배양액(Rec8만을 발현함)에서 증식시킨다.
보호단백질 cDNA를 갖는 세포는 Rec8이 있어 죽을 것이다.

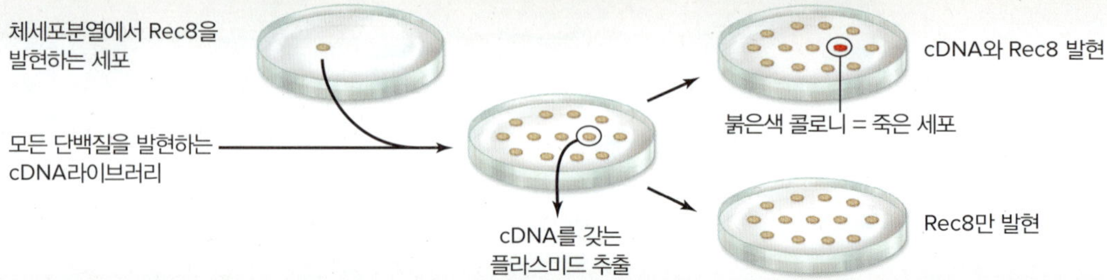

결과: 배양접시에서 죽은 형질전환된 세포는 Rec8이 보호단백질 cDNA와 함께 발현하였다. cDNA를 추출하여 분석하였을 때 감수분열 세포의 동원체에 위치하는 단백질을 암호화하고 있었다.

결론: 이 검사로 Rec8 보호 활성을 갖는 단백질을 동정하였다.

추가 실험: 보호단백질을 암호화하는 유전자가 세포에서 제거되면 어떤 표현형의 세포가 만들어질까? 체세포분열 세포에서는 어떤가? 감수분열 세포에서는 어떤가?

그림 10.8 감수분열 특이적 코헤신 보호 단백질 동정.

향에서의 부착이 잘 일어나도록 하는 것 같다. 감수1분열 동원체는 동일방향 부착이 용이하도록 보다 돌출되어 있다.

명확한 것은 동원체에서 자매염색분체의 응집력 유지와 동일방향 부착은 체세포분열과는 다른 감수1분열의 특성인 상동염색체의 분리에 필요하다.

감수분열 간에 DNA 복제는 억제된다

체세포분열 후, 새로운 DNA 복제가 다음 분열에 앞서 진행되어야 한다. 감수분열에서는 염색체 수를 반으로 나누기 위해서 두 분열 간에 이러한 DNA 복제는 억제되어야만 한다. 한 단초는 사이클린의 하나인 사이클린 B의 양이 체세포 분열에서처럼 완전히 없어지는 것이 아니라 감수분열 사이에 감소한다는 것이다.

체세포분열 동안, 다른 세포주기로 넘어가기 위해서는 체세포분열 사이클린이 파괴되어야 한다. 생식계열 세포에서 감수분열 간에 사이클린 B가 일정 수준 유지되는 것은 DNA 복제에 필요한 초기 복합체가 형성되지 못하게 한다. 이 초기 복합체 형성의 실패는 이 복합체가 DNA 복제를 억제함에 있어 절대적임을 의미한다.

감수분열은 동일하지 않은 세포를 생성한다

체세포분열을 통해 생성된 딸세포는 적어도 염색체 구성에 있어서 동일하다. 이러한 정확한 복사는 생장, 발생, 상처 치료를 위한 새로운 세포 생성에 절대적이다. 감수1분열 동안 서로 다른 염색체의 무작위적 배열 및 교차에 의해 감수분열은 동일한 세포를 거의 생성하지 않는다. 감수분열로 만들어진 배우자는 완전히 반수의 염색체를 가지지만, 이들 염색체는 모계와 부계의 상동염색체가 섞인 것이다. 게다가 상동염색체 간의 교차에 의해 염색체 일부분이 교환된 것들이다. 이렇게 형성된 유전적 다양성은 진화에 있어 중요하며, 유성생식하는 개체군이 무성생식하는 개체군에 비하여 그 다양성이 매우 큰 이유이다.

감수분열은 단지 유성생식 과정에서만 중요한 의미를 갖는 것이 아니라 유전의 기초를 이해하는 기반이 된다. 감수분열에 의해 생성된 유전적 다양성을 갖는 세포는 유전적 교배에서 관찰할 수 있는 유전 형질을 이해하는 기반을 형성한다. 11장과 12장에서 유전적 교배에 따른 형질의 유전에 대하여 알아볼 것이고 감수분열에서의 염색체 행동과 어떻게 연계되는지를 알아볼 것이다.

핵심 요약 10.4

감수분열은 상동염색체의 접합과 교차, 첫 번째 분열에서 자매염색분체의 결합이 팔 부분에서는 상실되는 반면 동원체에서는 상실되지 않음, 두 감수분열 사이에 DNA 복제가 억제됨, 자매염색분체의 방추사 부착점은 같은 극에서 나온 방추사에 결합함을 특징으로 한다. 만약 감수1분열과 감수2분열 사이에 DNA 복제가 억제되지 않으면, 배우자는 2배체가 되고 접합자는 4배체가 될 것이다.

■ 생성된 세포에서의 유전적 다양성을 유도하는 감수분열의 특징은 무엇일까?

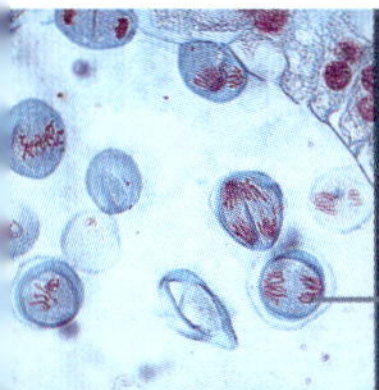

핵심 개념 요약

10.1 유성생식과 감수분열(그림 10.2)

■ **감수분열로 염색체 수가 감소한다**

난자(알)와 정자는 반수체(n) 세포로, 한 세트의 모든 염색체를 가지고 있는 감수분열의 산물이다.

■ **성 생활주기는 반수체 단계와 2배체 단계로 구성된다**

수정 또는 접합 동안, 두 반수체 배우자의 융합은 2배체($2n$)의 접합자를 만든다. 접합자는 두 세트의 염색체를 가진다. 성이 있는 개체는 감수분열과 수정을 통하여 2배체와 반수체 염색체 수를 번갈아 가지는 생식주기를 구성한다. 체세포분열을 통하여 분열하는 체세포는 개체의 몸을 구성한다.

■ **동물에서 생식계열 세포는 발생 초기에 독립적으로 형성된다**

감수분열을 통하여 반수체 배우자를 만들 세포는 생식계열 세포이다. 이들 세포는 동물의 발생 초기에 특정 부위에 국한되어 형성된다.

10.2 감수분열의 특징

■ **감수분열 초기에 상동염색체는 쌍을 이룬다**

시냅시스라 불리는 상동염색체의 접합은 전기 I의 초기에 일어난다. 짝을 이룬 상동염색체는 종종 시냅시스복합체에 의해 연결되어 있다(**그림 10.3**). 시냅시스 동안, 상동염색체 간에 교차가 일어나 염색체의 일부를 서로 교환한다. 상동염색체가 짝을 이루고 있기 때문에 한 단위로 중기 I 동안에 중기판으로 이동한다. 후기 I 동안에 각 쌍을 이루는 상동염색체는 서로 반대 극으로 끌려가고 완전한 한 세트의 염색체를 가지는 2개의 세포를 생성한다.

■ **감수분열은 1회 DNA 복제 이후 2번 연속적으로 분열한다**

감수2분열은 체세포분열과 같지만 DNA 복제가 없다. 자매염색분체가 반대 극으로 끌려가 4개의 반수체 세포를 생산한다.

10.3 감수분열의 과정(그림 10.6)

■ **전기 I은 감수분열을 위한 준비 단계이다**

감수분열 세포는 체세포분열 세포처럼 G_1, S, G_2 단계의 간기를 갖는다. 이후 전기 I이 진행되는데 이때 상동염색체의 길이를 따라 전체가 나란히 결합한다. 자매염색분체는 코헤신 단백질을 이용해 서로 붙잡고 있다. 상동염색체는 교차를 통해 염색체 일부를 교환하는데, 이는 감수1분열 동안 상동염색체를 서로 잡고 있게 도와준다. 핵막이 없어지고 방추체가 형성된다.

■ **중기 I에 쌍을 이룬 상동염색체가 중기판에 배열한다**

방추사가 상동염색체의 동원체에 부착한다. 자매염색분체의 동원체는 한 단위체로 행동한다. 각 쌍의 상동염색체는 방추사부착점 미세소관이 서로 반대 극에 부착하고 상동염색체 짝은 한 단위체가 되어 중기판으로 이동한다. 적도면에서 각 상동염색체 쌍의 방향은 무작위적이어서 모계 상동염색체 또는 부계 상동염색체가 같은 극 쪽을 향하게 되기도 한다.

■ **후기 I 동안 상동염색체는 반대 극으로 끌려간다**

후기 I 동안 상동염색체 각 쌍은 동원체 미세소관이 짧아지면서 반대 방향으로 끌려간다. 팔 부위의 자매염색분체 간의 결합은 상실되나 동원체 부분의 상동염색체는 계속 결합한 상태를 유지함으로써 자매염색분체가 부착된 상태로 있게 된다. 이는 팔 부분에 있는 코헤신 단백질은 없어지나 동원체에 있는 것은 없어지지 않기 때문이다. 후기 I의 후반에 각 극은 한 세트의 온전한 반수체의 염색체를 가지게 된다. 중기 I에 각 상동염색체 쌍은 무작위로 배열하기 때문에 감수1분열 결과 생식세포에 모계 또는 부계 염색체가 독립적으로 분배되는 결과를 가져온다.

■ **말기 I은 감수1분열의 완성이다**

말기 I 동안 각 딸세포의 핵 주변에 핵막이 재형성된다. 이 단계는 모든 동물에서 일어나는 것은 아니다. 말기 I 이후 세포질분열이 일어날 수도 있고 일어나지 않을 수도 있다.

■ **염색체 분리는 교차 없이 진행될 수 있다**

보통 상동염색체가 키아즈마에 의해 함께 묶여 있지만, 일부에서는 교차 없이 염색체 분리가 될 수 있다.

■ **감수2분열은 DNA 복제 없는 체세포분열과 같다**

감수1분열 후 DNA 복제가 없는 짧은 간기가 있다. 감수2분열 동안, 자매염색분체를 잡고 있던 동원체의 코헤신 단백질이 깨지면서 각각을 반대 극으로 끌고 갈 수 있게 된다. 감수1분열과 감수2분열 결과 4개의 세포가 생성되고 각각은 서로 상이한 반수체의 온전한 한 세트의 염색체를 갖는다. 감수분열이 완료되면 반수체 세포는 배우자를 생성하거나 또는 체세포분열 방식으로 분열하여 더 많은 배우자 또는 반수체 성체를 생성한다.

■ **감수분열에서의 실수는 이수성의 배우자를 생성하는 결과를 가져온다**

비분리에 의한 감수분열상의 오류는 염색체가 반대 극으로 이동하지 못하는 것이다. 이는 결과적으로 이수성 배우자를 형성한다. 한 배우자는 염색체를 가지고 있지 않고 다른 배우자는 한 염색체 2개를 갖게 된다.

10.4 요약: 감수분열과 체세포분열(그림 10.7)

감수분열의 4가지 특징은 다음과 같다. (1) 모계와 부계 상동염색체의 접합과 교차에 의한 유전정보의 교환, (2) 감수1분열 동안 자매염색분체의 동원체가 한 단위로 기능을 하여 후기 I 동안 자매염색분체가 공동분리됨, (3) 자매염색분체의 동원체가 감수1분열에서는 한쪽 극에 연결되나 체세포분열에서는 서로 반대 극에 연결됨, (4) 감수1분열과 감수2분열 사이에 DNA 복제가 억제됨. 이들은 체세포분열에서 관찰되지 않는다.

■ **상동염색체의 접합은 감수분열의 독특한 현상이다**

감수분열 동안 어떻게 상동염색체가 서로를 찾는지는 아직 모른다. 시냅시스 복합체의 단백질은 다른 종간에 보존되어 있지 않은 것 같으나 감수분열 특이적 코헤신 단백질이 있다. 이들 단백질은 감수1분열 동안 염색체 팔과 동원체에서 서로 다른 시기에 파괴된다. 짝을 이룬 상동염색체 간의 재조합 과정은 잘 알려져 있다. 이 과정은 DNA 수선에 관여하는 단백질들을 사용하고 DNA 2중가닥이 끊어짐으로 시작된다.

■ **자매염색분체의 동원체는 감수1분열을 통하여 자매염색분체를 결합된 상태로 유지하게 한다**

슈고신 단백질은 후기 I에서 동원체의 코헤신 단백질을 보호하여 자매염색분체가 연결된 상태를 유지한다. 염색체 팔 부분의 코헤신은 보호되지 않기에 후기 I 동안 파괴되어 상동염색체가 반대 극으로 이동할 수 있도록 한다.

■ 자매염색분체의 방추사부착점은 감수1분열 동안 같은 방향으로 부착되어 있다

자매염색분체의 동원체는 함께 분리되기 위해서 동일 방추사(동일방향 부착)에 부착되어야 한다.

■ 감수분열 간에 DNA 복제는 억제된다

복제 억제는 체세포분열의 끝 무렵에 파괴되는 몇 사이클린 단백질의 유지와 관련되어 있다.

■ 감수분열은 동일하지 않은 세포를 생성한다

상동염색체의 독립적 분리와 교차에 의해 배우자는 매우 큰 유전적 다양성을 가진다.

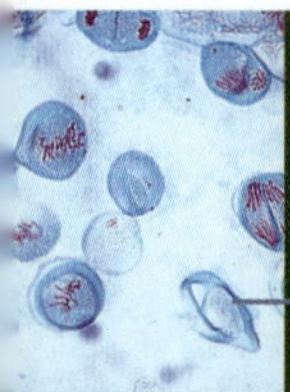

연습문제

■1단계: 이해력 확인하기

1. 생식세포와 비교할 때, 체세포는 어떤 특징이 있는가?
   a. 반수의 염색체를 갖는 2배체
   b. 반수의 염색체를 갖는 반수체
   c. 2배의 염색체를 갖는 2배체
   d. 2배의 염색체를 갖는 반수체
2. 상동염색체에 대한 설명으로 옳은 것은?
   a. 복제된 염색체의 두 반쪽
   b. 한 부모에게서 유래된 2개의 동일한 염색체
   c. 각 부모로부터 유래된 유전적으로 동일한 염색체
   d. 각 부모로부터 유래된 유전적으로 비슷한 염색체
3. 키아즈마는 어디에서 형성되는가?
   a. 상동염색체 간에
   b. 자매염색분체 간에
   c. 동일 염색체의 복제된 복사본 간에
   d. 성염색체에서는 형성되나 상염색체에는 아님
4. 다음 중 교차와 관련되어 있지 않은 것은?
   a. 두 비자매염색분체 간의 DNA의 이동
   b. 두 자매염색분체 간의 DNA의 이동
   c. 시냅시스 복합체의 형성
   d. 상동염색체의 길이에 따른 배열
5. 후기 I 동안 일어나는 일로 옳은 것은?
   a. 자매염색분체는 분리되어 정해진 극으로 이동
   b. 상동염색체가 서로 반대 극으로 이동
   c. 상동염색체가 세포의 중앙에 배열
   d. 모든 염색체가 독립적으로 세포의 중앙에 배열
6. 중기 I 때 자매염색분체의 방추사부착점에 대한 설명으로 옳은 것은?
   a. 동일 극에서 온 미세소관에 부착
   b. 반대 극에서 온 미세소관에 부착
   c. 코헤신 단백질로 서로 붙음
   d. 어떤 미세소관과도 부착하지 않음
7. 감수2분열의 후기에 어떤 일이 일어나는가?
   a. 상동염색체가 길이에 따라 배열
   b. 자매염색분체가 서로 반대 극으로 끌려감
   c. 상동염색체가 서로 반대 극으로 끌려감
   d. 반수체 염색체가 배열함

■2단계: 적용력 평가하기

1. 다음 중 유전적 다양성에 기여하지 않는 것은 무엇인가?
   a. 독립적 분리
   b. 재조합
   c. 감수분열 중기 II
   d. 감수분열 중기 I
2. 체세포분열과 감수분열 간의 DNA 복제 차이점은 무엇인가?
   a. 세포가 반수체이기 때문에 감수분열에서는 DNA 복제 시간이 짧게 걸림
   b. 감수분열 동안, 2번의 세포분열을 위해 단지 1회의 DNA 복제가 있음
   c. 체세포분열 동안, 2번의 분열에서 1회의 DNA 복제가 있음
   d. 체세포분열과 감수분열에서 DNA 복제는 완전히 동일함
3. 감수분열만의 독특한 특징이 아닌 것은 무엇인가?
   a. 상동염색체 간의 접합과 유전물질 교환
   b. 자매염색분체의 동원체에 방추사가 부착
   c. 자매염색분체가 동일 극으로 이동
   d. DNA 복제 억제
4. 감수1분열과 체세포분열을 비교할때 가장 유사한 시기는 어느 때인가?
   a. 전기 I
   b. 중기 I
   c. 후기 I
   d. 말기 I

5. 구조적으로 감수분열 코헤신이 체세포분열 코헤신과 다른 요소를 가지고 있기 때문에 생기는 기능적 차이는 무엇인가?

   a. 중기 I 동안 자매염색분체의 방추사부착점은 동일 방향으로 부착하고 있음
   b. 동원체는 감수분열 후기 I 동안 부착된 상태로 남아 있음
   c. 동원체는 두 분열 동안 계속 부착된 상태로 있음
   d. 동원체의 코헤신은 후기 I 동안 분해되고, 염색체 팔 부위의 코헤신은 후기 II에서 분해됨

6. DNA 수선에 영향을 미치는 돌연변이는 종종 감수분열의 정확성에도 영향을 미치는데 그 이유는 다음 중 무엇 때문인가?

   a. DNA 두 가닥이 절단된 것을 수선하는 단백질이 교차에도 관여함
   b. DNA 수선에 이용되는 단백질이 자매염색분체의 결합에도 관여함
   c. DNA 수선은 오로지 감수분열에서 발견되는 응축된 염색체에서만 일어남
   d. 코헤신 단백질이 DNA 수선에도 필요함

■ 3단계: 사고력 함양하기

1. 2배체 세포에 6개의 염색체를 가지는 가상의 세포가 감수분열하는 과정을 그림으로 나타내 보시오.

   a. 몇 개의 상동염색체가 있는가? 각 상동염색체 쌍을 구별하여 나타내시오.
   b. 각각의 상동염색체에 모계(M) 또는 부계(P)를 표시하시오.
   c. 감수1분열 중기 동안에 이들 염색체가 어떻게 배열할 것인가를 새로운 세포에 나타내시오. 모계 상동염색체가 세포의 한쪽 방향으로만 배열되게 그려야 하는가?
   d. 이 그림은 감수2분열 후기의 그림과 어떻게 다른가?

2. 노새는 말과 당나귀가 교배하여 태어난 새끼이다. 노새는 새끼를 낳을 수 없다. 말은 64개의 염색체를 가지고 당나귀는 62개의 염색체를 갖는다. 감수분열에 대한 당신의 지식을 이용하여 노새의 2배체 세포의 염색체 수를 예측하시오. 노새가 생식을 할 수 없는 이유는 무엇인가?

3. 염색체의 독립적 분리와 교차 과정을 비교하시오. 어떤 과정이 유전적 다양성에 가장 큰 영향을 주는가?

4. 이수성 배우자는 비정상적인 염색체 수를 갖는 배우자이다. 이수체는 감수분열 과정에서 비분리에 의하여 생긴다.

   a. 감수분열 과정의 어느 단계에서 비분리가 일어나는가?
   b. 4개의 염색체를 가지는 2배체 세포를 그리시오. 한 쌍의 상동염색체 비분리가 감수1분열 과정에서 일어나는 경우와 감수2분열 과정에서 일어날 경우 그 결과를 설명하는 그림을 그리시오.

III 유전과 분자생물학

11 유전법칙

11.1 유전의 신비
11.2 단성잡종 교배: 분리의 법칙
11.3 양성잡종 교배: 독립의 법칙
11.4 확률: 교배 결과 예측
11.5 검정교배: 유전자형 알아내기
11.6 멘델 법칙의 확장

도입

지구상에 모든 생명체는 진화라는 긴 역사의 산물이다. 모든 생명체는 이 역사를 공유하고 있지만, 인간만이 유일하게 그들의 기원으로 향하는 과정을 궁금해 하며 가능성을 탐구한다. 우리는 기원에 대한 모든 것을 완벽하게 알지 못하지만 많은 것들을 발견해 왔다. 부분적으로 완성된 퍼즐처럼 중요한 의문점들이 점점 밝혀지고 있다. 이번 장에서는 그 퍼즐의 한 부분인 유전의 수수께끼에 대해 논의한다. 우리는 모두 같은 종임에도 불구하고 사진 속의 아이들처럼 개개인의 외형은 왜 다를까? 왜 한 가족끼리는 다른 가족의 구성원에 비해 서로 닮았을까?

11.1 유전의 신비

학습 목표

1. 멘델 이전의 유전에 대해 설명할 수 있다.
2. 멘델의 실험적 모델의 이점을 설명할 수 있다.

유사 이래 가족의 구성원들 사이의 비슷한 생김새(**그림 11.1**)를 기록한 내용은 많았으나, 이러한 유형을 설명할 수 있는 일관된 모델이 없었다. 20세기 이전, 유전에 관한 2가지 개념이 있었는데 유전은 같은 종 내에서 일어난다는 것과 형질은 부모로부터 자손으로 직접 전달된다는 것이다. 이 2가지 개념을 바탕으로 유전은 일정한 생물종 내에서 형질들이 혼합되는 것으로 생각하였다.

유전은 체액(fluid, 일반적으로 혈액으로 여김)을 통해 전달된 형질이 혼합되어 자손에게 나타나는 것으로 생각하였다. 이 오래된 생각은 말과 같은 가축의 교배 시 "혈통(bloodlines)"이라는 용어로 오늘날까지 남아 있다.

하지만 이러한 2가지 고전적인 개념은 역설적인 문제점을 낳게 되는데, 만약 하나의 종에 어떠한 변이도 섞이지 않고 세대마다 종 내의 변이가 계속 혼합된다면 곧 하나의 종 내 모든 개체는 같은 모습을 하게 될 것이다. 그러나 이러한 일은 실제로 일어나지 않는다. 종

그림 11.1 유전과 서로 닮은 가족 구성원.
가족은 서로 많이 닮을 수 있다. 이는 유전의 기적을 시각적으로 보여주고 있다.

내의 개체는 서로 다르며, 세대 간에 전달되는 특징들도 다르다.

초기 식물학자들은 수수께끼 같은 결과를 나타내는 잡종을 만들었다

1760년 쾰로이터(Josef Kölreuter)는 서로 다른 담배 종을 교배하여 번식 가능한 자손을 만들어, 실험적으로 **잡종화**(hybridizations)에 성공하고 그 기록을 남긴 첫 번째 연구자가 되었다. 잡종인 자손은 부모 품종과 외형이 달랐으며, 잡종 세대의 개체 간 교배를 통해 만들어진 자손들은 더욱 다양한 외형을 보였다. 일부는 잡종 부모와 비슷하였고, 일부는 원래의 종(조부모)과 비슷하였다. 제2세대 자손에서 관찰된 다양성은 유전이 부모로부터 자손으로 직접 전달된다는 개념과 모순되었고, 이는 현대 유전학의 시작이었다.

그 후 수백 년간 다른 연구자들이 쾰로이터의 연구에 대하여 해석하였는데, 1823년 영국의 나이트(T. A. Knight)는 본인의 토지에서 완두(*Pisum sativum*, **그림 11.2**) 변종 2가지, 초록색 완두콩을 생산하는 품종과 노란색 완두콩을 생산하는 품종을 교배하였다. 2가지 변종은 모두 **순종**(true-breeding)으로 자가수정(self-fertilization)을 통해 부모와 동일한 형질을 가지는 자손을 생산한다. 두 변종을 교배하여 나온 잡종 자손은 모두 노란색 완두콩이었으며, 이 잡종 자손의 자손들도 대부분 노란색 완두콩이었으나, 적은 수이지만 초록색인 것도 있었다.

다른 연구자들 역시 나이트와 유사하게 관찰하는 형질의 대립 유형(alternative forms)이 자손들 사이에 나타나는 것을 관찰하였다. 현대 유전학자는 각 형질의 대립 유형이 교배 후 자손들에게 **분리**(segregating)되었다고 하며, 일부 자손은 한 형질에 대한 1가지 대립 유형(노란색 콩)을, 다른 일부 자손은 다른 대립 유형(초록색 콩)을 나타낸다고 설명한다. 이처럼 한 형질에 대한 대립 유형의 분리는 멘델에게 유전의 원리를 이해하는 중요한 단서를 제공하였다.

이와 같이 단순한 결과들 속에는 과학적 혁명이 포함되어 있으나, 분리의 과정이 완전히 이해되기까지는 1세기가 걸렸다.

멘델은 최초로 교배 결과를 정량화하였다

멘델(Gregor Mendel, **그림 11.3**)은 1822년 오스트리아의 한 농부의 아들로 태어나 수도원에서 교육을 받고 과학과 수학을 공부하기 위해 비엔나 대학으로 갔다. 교사 자격시험에 불합격한 뒤, 수도원으로 다시 돌아와 여생을 보냈고 대수도원 원장이 되었다. 멘델은 수도원 정원에서 식물 잡종 교배에 관한 실험을 시작하였고, 이 실험의 결과는 궁극적으로 유전에 대한 우리의 견해를 완전히 바꾸어 놓았다.

완두를 사용하게 된 배경

멘델은 나이트와 이전 연구자들이 사용했던 완두를 연구 대상으로 선택하여 실험을 수행하였다. 이는 여러 가지 측면에서 매우 좋은 선택이었는데, 첫 번째로 많은 초기 연구자들이 다양한 변종들을 교배하여 잡종을 생산하였으므로 멘델은 교배를 통해 생산된 자손에서 형질들이 분리될 것을 이미 알고 있었다.

그림 11.2
완두(*Pisum sativum*).
완두는 재배가 용이하고 다양한 변종들을 만들 수 있어서 멘델의 실험 1세기 이전에도 인기 있는 연구 재료였다.

그림 11.3 멘델의 실험 방법.
완두의 꽃밥(반수체 정자를 지닌 화분을 가짐)과 심피(암술, 반수체 난자를 지닌 밑씨를 가짐)는 꽃잎에 싸여 있고, 외부의 방해 요소가 없는 한 자가수정을 한다. 멘델은 흰색 꽃의 수술에서 화분을 모아 수술이 제거된 보라색 꽃의 심피에 묻혔다. 이와 같이 타가수정의 결과로 생산된 잡종 씨앗은 자라서 모두 보라색 꽃을 피웠으며, 보라색 꽃의 화분을 흰색 꽃의 심피에 옮겨도 결과는 동일하였다.

? **탐구문제** 만약 멘델의 실험에서 암술과 수술이 노출되어 있는 식물을 선택하였다면 어떤 문제가 있을 수 있는가?

두 번째로 완두의 경우 다수의 순종인 품종을 이용할 수 있는데 멘델은 처음에 34개의 변종들을 조사하여 종자가 둥근 것과 주름진 것 또는 노란색과 초록색과 같이 분명한 차이를 보이는 2가지 형질을 지닌 변종 7가지를 선택하였다.

세 번째로 완두는 식물의 크기가 작고 재배가 용이하며 세대가 짧은 편이다. 따라서 연구자들은 많은 개체를 재배할 수 있고, 또 한 해에 여러 세대를 재배하여 비교적 빠른 결과를 얻을 수 있었다.

마지막으로, 완두는 하나의 꽃에 암수 생식기관이 모두 있고 같은 꽃에서 생산된 배우자가 융합하여 생존 가능한 자손을 만들 수 있는 **자가수정**(self-fertilization)을 한다. 자가수정은 각각의 꽃 속에서 자발적으로 일어나지만, 타가수정도 가능하다. 자가수정이 일어나기 이전에 수술을 제거하여 자발적인 자가수정을 막고, 다른 변종의 화분을 떨어뜨려 잡종을 생산할 수 있다(**그림 11.3**).

멘델의 실험설계

멘델은 실험에 이용한 완두 사이의 몇 가지 특정한 차이점에만 초점을 두고 관찰하였으며, 그 외의 차이는 무시하였다. 또한 둥근 콩 대 주름진 콩, 보라색 꽃 대 흰색 꽃처럼 대립 유형을 보이는 형질에 집중하였다.

멘델은 다음과 같이 3단계로 실험을 진행하였다.

1. 멘델은 각양각색의 식물을 여러 세대에 걸쳐 자가수정하여 자신이 관찰하고자 하는 형질이 세대 간에 변하지 않는 확실한 순종을 확립하였다.
2. 멘델은 형질에 대하여 대립하는 유형을 보이는 순종 개체 간의 교배를 하였고, 또한 **상호교배**(reciprocal crosses)하였다. 다시 말해 흰색 꽃 완두의 화분을 보라색 꽃 완두의 심피에 수정하고, 반대로 보라색 꽃 완두의 화분을 흰색 꽃 완두의 심피에 수정하였다.
3. 마지막으로 멘델은 타가수정을 통해 생성된 자손(잡종)을 몇 세대에 걸쳐 자가수정하여 한 형질의 대립 유형들이 어떻게 유전되는지 관찰하였다. 가장 중요한 것은 멘델이 각 세대의 완두에서 각 형질을 보이는 자손의 수를 세었다는 것이다.

정성적인 차이점만을 기술한 이전의 연구자들에 비해, 멘델은 결과를 정량화함으로써 오늘날까지 사용하고 있는 유전법칙을 끌어냈다.

핵심 요약 11.1

멘델 이전의 유전 개념은 일관적인 모델을 제시하지 못했다. 부모의 형질이 체액을 통해 전달되어 자손에서 혼합된다는 "혼합" 가설이 지배적이었다. 그러나 멘델보다 앞선 식물학자들은 잡종에서 관찰된 특징이 제2세대 자손에서 바뀌는 것을 보고 이미 혼합 가설에 대한 의심을 품기 시작했다. 식물을 이용한 멘델의 실험은 자손의 유형을 정량화하고 수학적으로 분석하였다.

■ 멘델의 접근 방식 또는 그의 연구 대상 선택 중 어떤 것이 실험의 성공에 더 중요했을까?

11.2 단성잡종 교배: 분리의 법칙

학습 목표

1. 단성잡종 교배의 결과를 계산할 수 있다.
2. 멘델의 분리의 법칙에 대하여 설명할 수 있다.
3. 대립유전자의 분리와 감수분열에서 상동염색체의 행동을 비교하여 설명할 수 있다.

단성잡종 교배(monohybrid cross)는 흰색 꽃과 보라색 꽃처럼 2가지 변이를 가지는 단일 형질에 관한 교배이다. 이 간단한 교배로 유전의 중요한 특성을 끌어낼 수 있다.

멘델이 실험에서 사용한 7가지 특징은 식별하고 판단하기 쉬운 서로 다른 2가지 변이를 가지고 있다(**그림 11.4**). 우리는 멘델의 교배 실험 중 꽃 색깔을 이용한 실험을 좀 더 자세히 알아보는데, 다른 특징에 대한 멘델의 실험도 이와 유사한 결과를 보였다.

F_1 세대는 혼합되지 않고 2가지 형질 중 하나만 나타난다

멘델이 흰색 꽃과 보라색 꽃 완두를 교배하여 얻은 잡종 자손들은 유전의 "혼합" 가설에 따른 중간색을 나타내지 않았다. 자손들을 통칭하여 **F_1 세대**(F_1, first filial generation)라 하며, 자손의 꽃 색깔은 항상 부모의 색깔 중 하나를 나타내었다. 흰색 꽃과 보라색 꽃 완두를 교배한 경우 멘델과 그 이전의 과학자가 관찰했듯이 F_1 자손들은 보라색 꽃을 피운다.

멘델은 F_1 식물에서 표현되는 형질을 **우성**(dominant)이라 하고

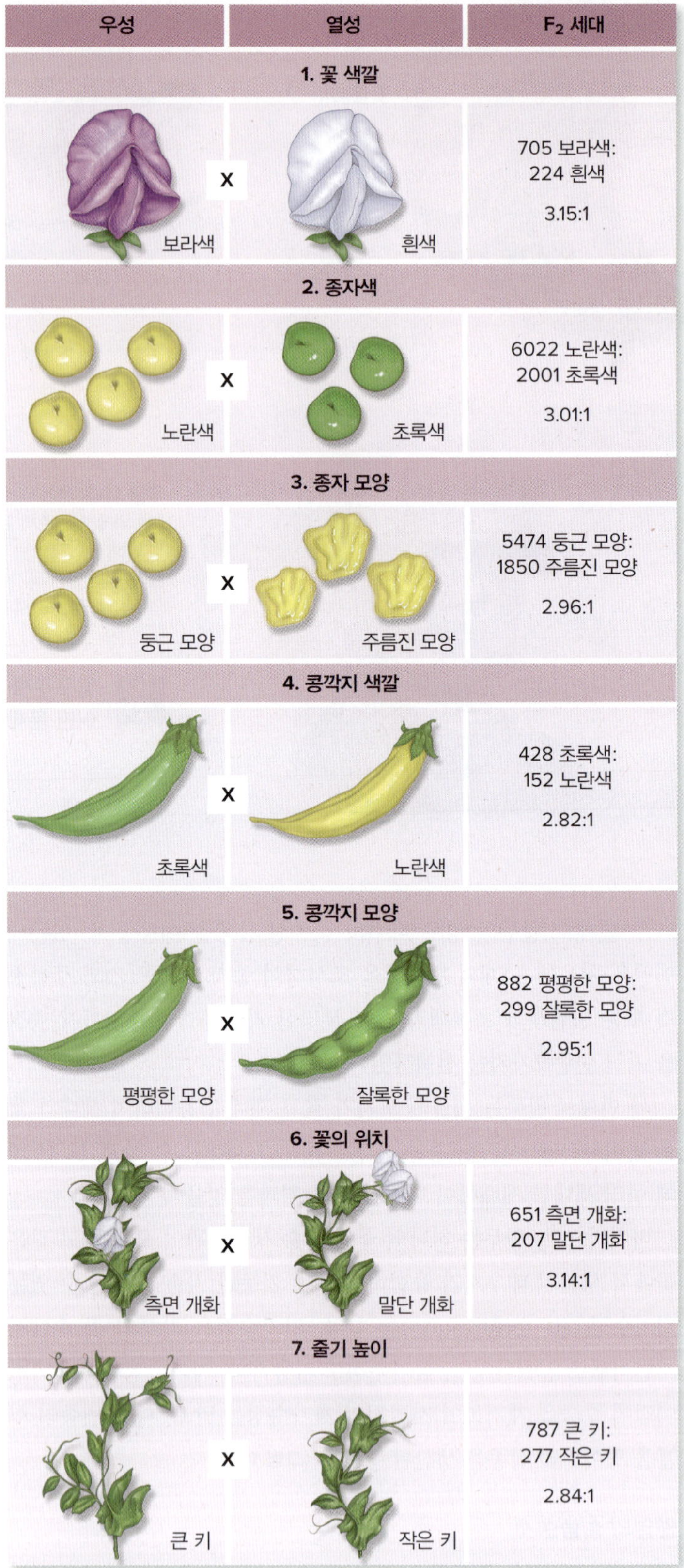

그림 11.4 멘델의 7가지 형질.
멘델은 완두의 변종을 교배하여 품종 간 차이가 어떻게 유전되었는지 연구하였다. 유사한 실험은 이전에도 있었지만, 멘델이 처음으로 결과를 수치화하였고 그 수치의 중요성을 인식하였다. 그림은 7가지 형질에 대한 단성잡종 교배의 결과를 보여준다. F_1 세대는 나타내지 않았다.

표현되지 않는 형질을 **열성**(recessive)이라 하였으며, 멘델이 조사한 7가지 특징에 대하여 대조되는 형질 중 하나는 우성, 다른 하나는 열성이다.

F_2 세대는 2가지 형질이 3:1 비율로 나타난다

멘델은 F_1 세대의 완두를 키워 자가수정한 뒤 얻어진 콩을 다시 심어 **F_2 세대**(F_2, second filial generation)의 자손을 관찰하였다. F_2 완두의 대부분은 보라색 꽃을 피웠지만, 일부는 열성 형질인 흰색 꽃을 피운 것을 발견하였다. F_1 세대에서 감춰졌던 열성 형질이 F_2 세대의 일부 개체에서 다시 나타났다.

멘델은 F_2 세대의 형질들의 비율이 유전의 비밀을 푸는 열쇠가 될 수 있다고 믿었고, 각 형질에 대한 개체 수를 세었다. 보라색 꽃의 F_1 완두의 교배를 통해 총 929개의 F_2 개체를 얻었으며, 이 중 705개(75.9%)는 보라색 꽃, 224개(24.1%)는 흰색 꽃을 피웠다(**그림 11.4**). 따라서 F_2 개체 중 약 1/4은 그 특징(character)에 대한 열성 형질을 나타내며, 멘델이 조사한 다른 6가지 형질도 같은 결과를 보였다. F_2 개체의 3/4은 우성 형질, 1/4은 열성 형질을 나타내며(**그림 11.4**), F_2 세대에서 우성 대 열성의 비는 항상 3:1에 가깝게 나타났다.

3:1의 실제 비율은 1:2:1이다

멘델은 형질이 F_2 세대에 어떻게 전해지는지 조사하였는데, 열성을 표현하는 개체는 항상 순종임을 발견하였다. 예를 들어 F_2 세대의 흰색 꽃 완두는 자가수정을 통해 항상 흰색 꽃 자손을 생산하지만, 우성 형질인 보라색 꽃의 F_2 완두는 1/3만 순종이고, 2/3는 순종이 아닌 것으로 나타났다. 순종이 아닌 개체는 제3세대(F_3)에서 3:1 비율의 우성과 열성 자손을 생산한다.

이러한 결과는 멘델이 F_2 세대에서 관찰하였던 3:1의 비율이 실제로는 우성 순종 1/4, 우성 비순종 1/2, 열성 순종 1/4, 즉 1:2:1 비율인을 보여준다(**그림 11.5**).

> **자료 분석** 앞서 본 일련의 교배에서 만약 보라색 꽃의 F_1을 흰색 꽃 부모와 교배한다면 표현형과 유전자형의 비율은 어떻게 되는가?

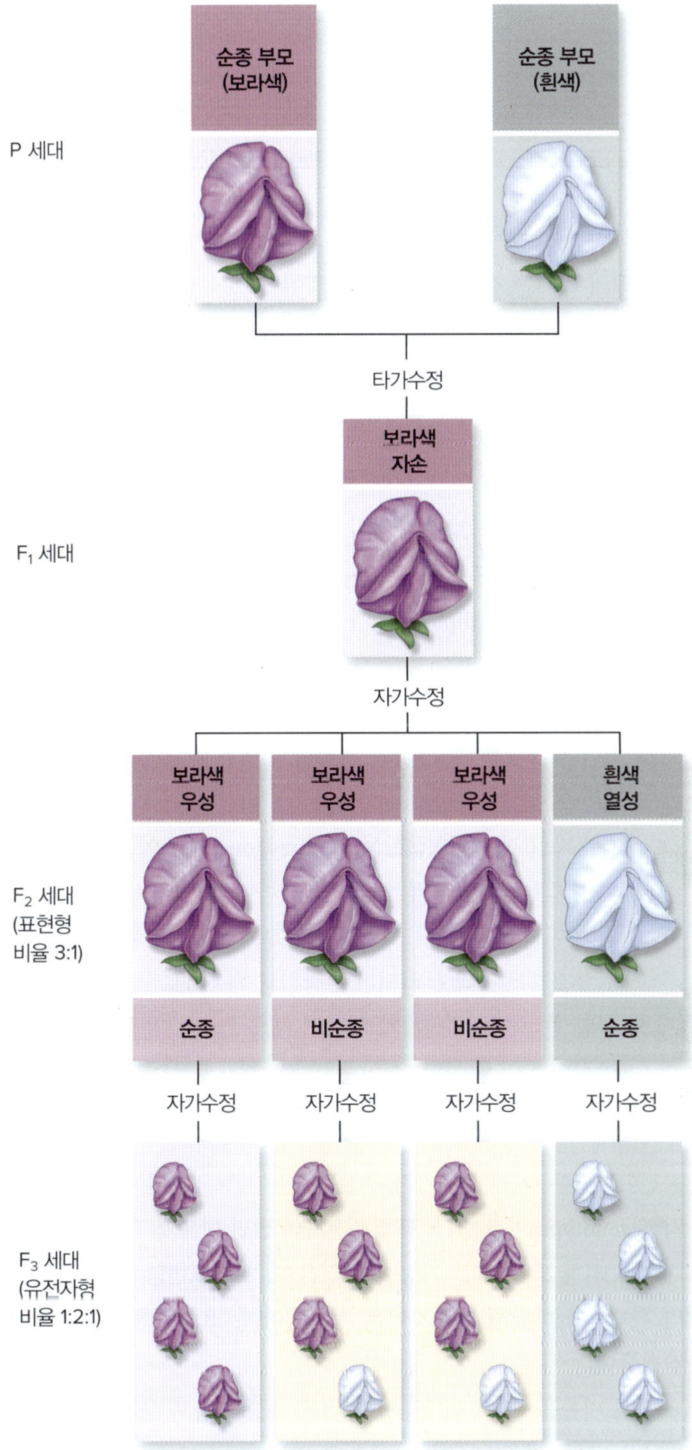

그림 11.5 **F_2 세대의 비율은 실제로는 1:2:1.**
멘델은 F_2 세대를 자가수정한 뒤 그 자손(F_3)을 관찰하여 F_2 세대가 우성 순종 1, 우성 잡종 2, 열성 순종 1의 비율이라는 것을 발견하였다.

멘델의 분리의 법칙은 단성잡종 교배의 결과를 설명한다

멘델은 실험을 통해서 유전의 4가지 특성을 이해할 수 있었다.

- 교배한 식물들은 중간 형질을 나타내지 않았으며, 이는 유전의 "혼합" 가설에서 벗어난 것이다. 식물의 각 형질은 서로 섞이지 않고 별개로 구분되어 유전된다.
- 한 형질에 대한 2가지 대립 유형 중 하나는 F_1 잡종에서 나타나지 않았다. (F_2에서 다시 나타나지만) **대립 유형은 사라진 것이 아니라 F_1에 존재하고 있지만 표현되지 않았다.**
- 형질에 대한 대립 유형은 분리되어 자손에게 전달되고 어떤 개

체는 한 대립 유형의 형질을, 어떤 개체는 또 다른 대립 유형의 형질을 나타낸다.

- F_2 세대에서 우성과 열성은 3/4과 1/4의 비율로 발현되며, 이 3:1 비율을 **멘델 비율**(Mendelian ratio)이라 한다.

5요소를 지닌 멘델의 모델

멘델의 결과는 간단한 모델로 설명될 수 있는데, 이를 좀 더 현대적인 유전학 용어를 사용하여 다음과 같이 5가지로 요약할 수 있다.

1. 부모는 생리적인 형질을 자손에게 바로 전해주는 것이 아니라 형질을 결정할 수 있는 개별적인 인자, 지금 우리가 유전자(gene)라 부르는 것을 전달한다.
2. 개체는 부와 모로부터 각각 유전자 1개만 받는데, 유전자는 염색체상에 있으므로 성체는 부와 모로부터 받은 염색체 1쌍을 가지는 2배체(diploid)이다.
3. 위와 같이 물려받은 유전자의 1개를 **대립유전자**(allele)라 하며, 각 특징에 대한 대립유전자는 늘 동일한 것은 아니다. 반수체 배우자 2개가 수정될 때, 동일한 대립유전자를 가지는 배우자일 경우 **동형접합성**(homozygous), 다른 대립유전자를 가지는 배우자일 경우 **이형접합성**(heterozygous) 자손이 만들어진다.
4. 두 대립유전자는 독립적으로 존재하며, 섞이거나 서로를 변화시키지 않는다. 그러므로 성체가 그들의 배우자를 만들 때, 대립유전자는 각각 분리되어 무작위로 배우자로 들어간다.
5. 어떤 특정 대립유전자가 있다고 해도 그 대립유전자가 반드시 발현되는 것은 아니다. 이형접합성 개체에서는 우성인 대립유전자만 표현되고 열성인 다른 대립유전자는 표현되지 않는다.

유전학자들은 한 개체가 가지고 있는 모든 세트의 대립유전자를 **유전자형**(genotype)이라 한다. 대립유전자의 발현 여부에 따라, 나타나는 개체의 외형 또는 관찰 가능한 특징을 개체의 **표현형**(phenotype)이라 한다. 다시 말해 유전자형은 청사진이며, 표현형은 눈에 보이는 결과물이다.

멘델 비율을 좀 더 현대적인 용어로 설명하면, 우성과 열성의 3:1 비율은 단성잡종 교배 결과의 표현형 비율이며, 1:2:1 비율은 우성 동형접합, 이형접합, 열성 동형접합의 유전자형 비율이다. 우성 대립유전자의 발현으로 인해 이형접합체의 표현형은 우성 동형접합체와 동일하므로 유전자형의 비율이 합쳐져 표현형의 비율로 나타난다.

분리의 법칙

멘델의 모델은 그가 관찰한 비율을 깔끔하게 보여준다. 주요한 결론은 하나의 특징에 대한 대립유전자 쌍은 배우자가 형성될 때 분리되어 존재하며, 이러한 결론은 다른 생물에서도 확인되었다. 이를 **분리의 법칙**(the Principle of Segregation)이라 하고, 다음과 같이 간단히 표현할 수 있다. **한 유전자의 2개 대립유전자는 배우자 형성 동안 분리되고, 수정될 때 부와 모로부터 나온 각각의 대립유전자는 무작위로 결합한다.**

대립유전자의 분리는 감수분열 시 염색체의 이동과 관련한다. 10장에서 본 바와 같이 각 상동염색체는 감수1분열 후기에 분리되며, 감수2분열 때 분리된 염색분체를 지닌 배우자가 형성된다. 멘델의 시대에는 염색체나 감수분열과 같은 것들이 알려져 있지 않았기 때문에 멘델은 유전의 기작에 대해서는 몰랐지만, 그의 분석은 올바른 결론에 도달하였다.

퍼넷 사각형을 이용한 분석

멘델은 형질을 나타내는 부호를 사용하여 그의 교배 실험 결과를 분석하였다. 이 분석법은 그 부호가 살짝 변형되긴 했지만 현재까지 사용되고 있다. 멘델의 보라색 꽃과 흰색 꽃 완두 교배 실험을 생각해 보자. 보라색 꽃의 우성 형질을 대문자 *P*로, 흰색 꽃의 열성 형질을 소문자 *p*로 표시하고, 이 책 전체를 통틀어 유전자형은 이탤릭체로 표시한다.

우리는 흰색 꽃을 피우는 식물의 열성 동형접합 유전자형을 *pp*로, 보라색 꽃의 우성 동형접합 유전자형을 *PP*로 표시할 수 있다. 그리고 보라색 꽃을 피우는 식물의 우성 이형접합 유전자형은 *Pp*(우성형질을 먼저 표시)로 나타낼 수 있다.

흰색 꽃 부모는 오직 *p* 배우자만을, 순종의 보라색 꽃 부모는 *P* 배우자만 형성할 수 있으므로, F_1 세대는 이형접합의 *Pp* 자손만 만들어진다. 이때 *P* 대립유전자가 우성이므로 F_1 세대는 보라색 꽃을 피운다.

F_1 세대를 자가수정하면 *P*와 *p* 대립유전자가 배우자 형성 시 분리되어 들어가므로 *P* 배우자와 *p* 배우자 둘 다 만들어지고, 배우자들은 무작위로 수정되어 F_2 개체를 만든다. F_2 세대의 모든 경우의 수를 **퍼넷 사각형**[Punnett square; 영국 유전학자 퍼넷(R. C. Punnett)의 이름에서 유래, **그림 11.6***a*]으로 분석할 수 있다. 멘델의 모델을 퍼넷 사각형을 이용하여 분석하면 F_2 세대는 보라색 꽃 3/4과 흰색 꽃 1/4로, 표현형 비는 3:1로 명확히 예측할 수 있다(**그림 11.6***b*).

사람의 형질은 우성/열성 유전을 따른다

인간의 많은 형질은 우성 유전 또는 열성 유전된다(**표 11.1** 참조). 사람은 완두처럼 교배를 조절할 수 없으므로, 유전학자는 이미 형성된 가족의 역사(family history)를 연구한다. 어떤 형질에 대하여 수 세대에 걸쳐 부부 관계 및 자손들을 그림으로 일관적으로 표시하는

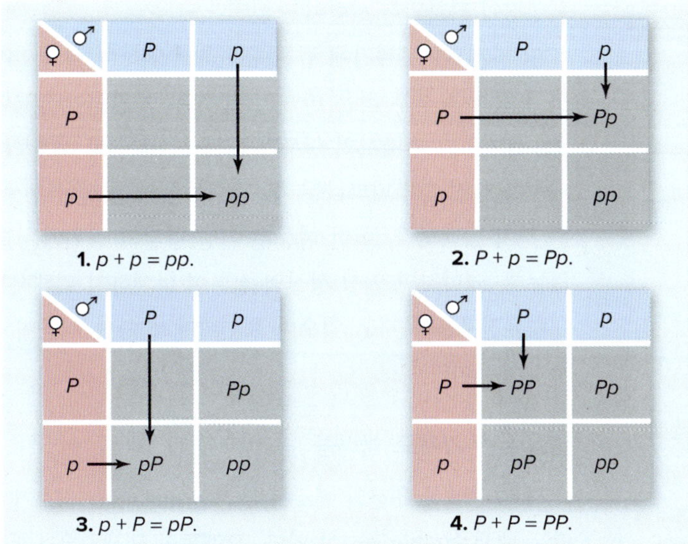

a.

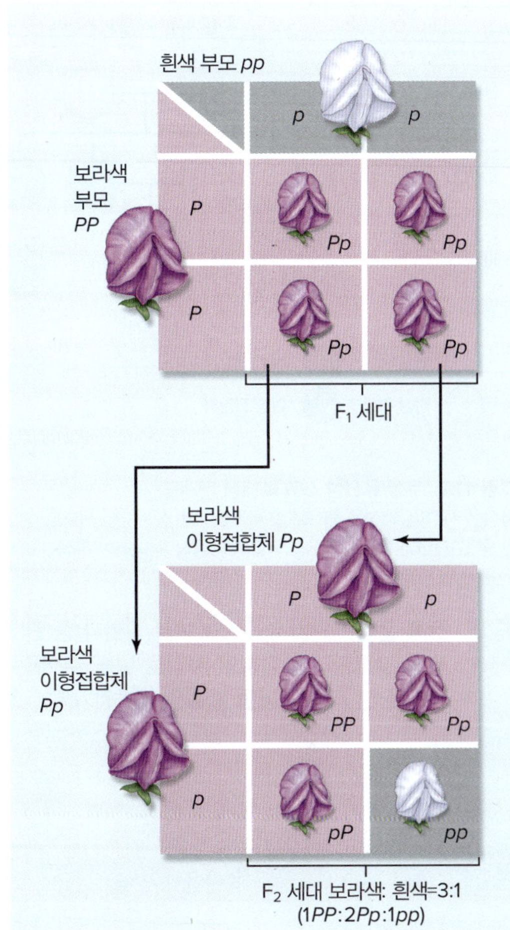

b.

그림 11.6 퍼넷 사각형을 이용한 멘델의 교배 결과 분석.

a. 퍼넷 사각형을 작성하려면 정방형의 측면에 서로 다른 암술 배우자를 배치하고, 사각형의 상부에 수술 배우자를 배치한다. 잠재적 접합자(수정에 의해 생산 가능)는 수직선과 수평선이 교차하는 지점에 표시한다. ***b.*** 멘델의 교배실험에서 흰색 꽃과 보라색 꽃의 각 부모는 1종류의 배우자만 생산한다. 그리고 모든 F_1은 보라색으로 *Pp* 이형 접합체이다. 이 F_1 자손은 2종류 유형의 배우자를 생산하므로, 이들이 수정할 경우 3종류의 F_2 자손을 생산할 수 있다. *PP* 동형접합 우성(보라색); *Pp* 이형접합(보라색); 그리고 *pp* 동형접합 열성(흰색)으로 나타난다. 그리고 표현형 비율은 보라색 3: 흰색 1이 되며, 유전자형 비율은 1*PP*:2*Pp*:1*pp*로 표현된다.

가계도(pedigree)를 방법론으로 사용하고 있다. 유전학자는 가계도 속 정보를 이용하여 사람의 형질의 유전 양상을 추론한다. 가계도 분석에 있어 일반 집단에서는 질병의 원인이 되는 대립유전자가 매우 드물다는 것을 인식해야 한다.

우성 유전 가계도: 소아 녹내장

지금까지 가장 큰 가계도 중 하나는 우성 대립유전자에 의해 발생하는 시각장애 유전 패턴을 추적하기 위한 가계도였다. 이 질환의 대립유전자는 유전성 소아 녹내장(juvenile glaucoma)을 일으키는데,

표 11.1 사람의 우성 형질과 열성 형질

열성 형질	표현형	우성 형질	표현형
백색증(albinism)	멜라닌 색소 결핍	중간 마디의 털(middigital hair)	손가락의 중간 마디에 털이 있음
알캅톤뇨증(alkaptonuria)	호모겐티신산을 대사하지 못함	단지증(brachydactyly)	손가락이 짧음
적록색맹(red-green color blindness)	붉은색 또는 초록색 파장의 빛을 식별하지 못함	헌팅턴병(Huntington disease)	중년기 이후 신경계의 퇴화
낭포성섬유증(cystic fibrosis)	분비선의 이상으로 인한 간 퇴화 및 폐의 기능 이상	페닐티오카바마이드(PTC) 감수성	PTC를 쓴맛으로 느낌
듀센형근위축증 (Duchenne muscular dystrophy)	유년기의 근육 소실	굴지증(camptodactyly)	새끼 손가락을 펼 수 없음
혈우병(hemophilia)	혈액이 응고되지 않거나, 응고 과정이 매우 느림	고콜레스테롤혈증(사람의 가장 흔한 멘델 유전 질환, hypercholesterolemia)	혈중 콜레스테롤 수치가 증가하며 심장마비 위험이 커짐
낫모양적혈구빈혈증 (sickle cell anemia)	헤모글로빈의 결함으로 적혈구는 굽은 혈관을 통과하지 못하거나 응집함	다지증(polydactyly)	손가락이나 발가락이 한쪽에 6개 이상 존재

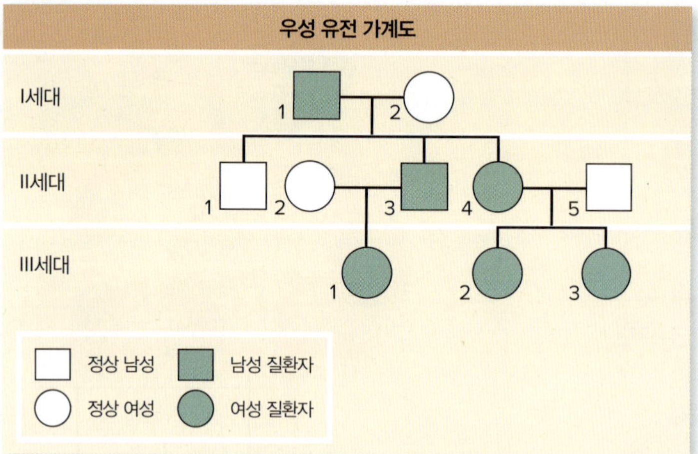

그림 11.7 우성 유전성 소아 녹내장 가계도.
남성은 사각형, 여성은 원으로 표시하였으며, 질환자는 색으로 나타내었다. 각 세대에서 질환 형질이 나타나는 것은 우성 형질의 특징이며, 이러한 특징이 이 가계도에서도 보인다.

자료 분석 만약 3세대의 여성 질환자 중 한 사람이 정상인 남자와 결혼한다면 정상인 자식을 낳을 수 있는가? 만약 그렇다면 정상인 자식을 낳을 확률은 얼마인가?

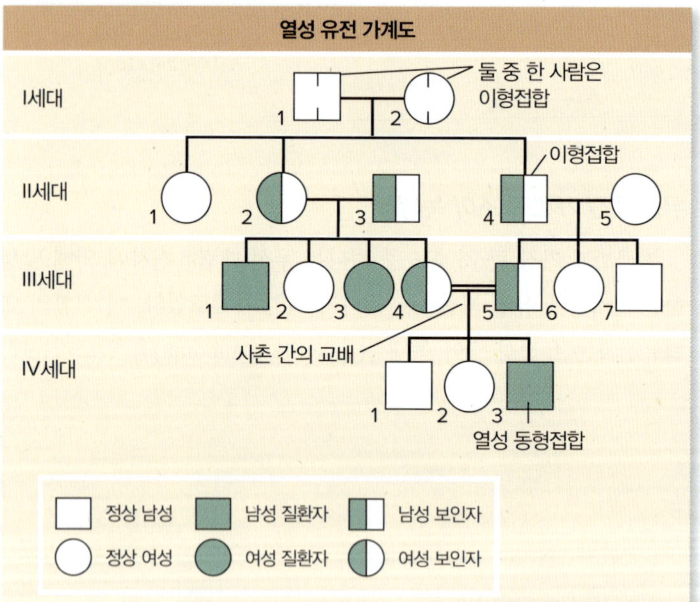

그림 11.8 열성 유전인 백색증 가계도.
I세대의 두 사람 중 한 사람은 이형접합임이 분명하며, II-2, II-4 사람도 이형접합체이다. 백색증 사람의 부모는 모두 백색증이기보다는 둘 다 이형접합체(보인자)이다. 2중선은 근친혼(두 사람은 혈연관계임)을 표시하며, 이 경우 백색증 자손이 출생하였다.

탐구문제 유전질환의 관점에서 가까운 친족끼리의 혼인과 자녀 출산이 바람직하지 않은 이유는 무엇인가?

시신경이 퇴화되어 시력이 소실된다.

이 가계도는 3세기에 걸친 유전을 추적하여 결국 1495년에 사망한 프랑스 북서부 작은 마을의 한 부부에 원인이 있음이 밝혀졌다. **그림 11.7**에 그 가계도의 일부가 나타나 있다. 이 가계도에 의하면 각 세대마다 질병이 나타나는 것으로 보아 이 형질이 우성으로 유전되는 것이 명백하다. 이런 현상은 열성 형질의 경우에는 거의 있을 수 없는데, 왜냐하면 열성 형질의 질환이 발생하기 위해서는 이 질환의 대립유전자를 가지고 있으며 혈연관계가 아닌 사람이 매우 많아야 하기 때문이다.

열성 유전 가계도: 백색증

사람의 열성 유전의 예로는 멜라닌(melanin) 색소가 잘 형성되지 않는 백색증(albinism)이 있다. 오랫동안 백색증은 1개 유전자로 인해 발생하는 것으로 생각되어 왔으나, 백색증은 여러 유전자의 변이의 결과이다. 백색증은 일반적으로 털, 피부 및 눈에 색소가 없다는 특징을 지니고 있으며, 색소가 결핍된 백색증 사람은 태양에 매우 민감하다. 태양광에 피부를 노출시켜 피부색이 진해지는 태닝 효과는 색소를 만드는 피부세포 수 및 생산되는 색소의 양 모두의 증가로 인한 것인데, 백색증 사람은 이러한 색소 자체가 만들어지지 않는다.

그림 11.8은 멜라닌 색소 형성에 관여하는 타이로시네이스(tyrosinase) 효소 유전자의 기능상실로 인한 백색증 가계도이다. 백색증의 유전적 특징은 남녀가 같은 비율로 발병하고, 대부분의 백색증 사람의 부모들은 백색증이 아니다. 부모 중 한 사람만 백색증인 경우 보통 자손은 백색증이 아니고 부모가 혈연관계에 있는 경우(근친교배) 자손은 백색증에 걸릴 확률이 높다. **그림 11.8**에 이러한 특징들이 나타나며, 이 모든 특징들은 열성 유전의 양상을 보여준다.

핵심 요약 11.2

멘델의 단성잡종 교배는 "혼합" 가설을 반박한다. 한 형질이 첫 번째 세대(F_1)에서 사라지고, 그 다음 세대(F_2)에서 예측 가능한 비율로 다시 나타났다. F_1 세대에서 나타난 형질을 우성이라 하고 그렇지 않은 형질을 열성이라 한다. F_2 세대에서 우성 자손과 열성 자손의 비율은 3:1이며, 이는 우성 동형접합 1: 이형접합 2: 열성 동형접합 1이다. 분리의 법칙은 대립유전자가 서로 다른 배우자에 무작위로 분리되고, 수정 시 다시 합쳐짐을 말한다. 분리의 법칙은 감수1분열 후기에 나타나는 상동염색체의 분리 현상을 바탕에 두고 있다.

■ F_2 세대에서 순종인 식물의 비율은 얼마일까?

11.3 양성잡종 교배: 독립의 법칙

학습 목표

1. 양성잡종 교배의 결과를 계산할 수 있다.
2. 멘델의 독립의 법칙에 대하여 설명할 수 있다.
3. 여러 유전자에 대한 대립유전자들의 독립적인 분리와 감수분열에서 나타나는 상동염색체들의 행동을 비교해 설명할 수 있다.

분리의 법칙은 단성잡종 교배에서 한 형질을 결정하는 대립 유형(즉, 대립유전자)의 움직임을 설명해주고 있다. 다음 단계는 이러한 법칙을 확장하여 **양성잡종 교배**(dihybrid cross), 즉 한 교배에서 다른 형질 2가지가 어떤 양상을 보이는지 설명한다.

멘델은 단일 형질의 양상을 이해한 뒤 여러 형질들이 잡종에서 서로 독립적으로 행동하는지 의문을 가졌다. 그는 연구를 위해 선택한 7가지 특징 중에서 2가지 특징에 대하여 순종을 만들고 상반되는 형질들의 순종을 교배하여 이형접합체를 만들었다. 이렇게 만들어진 이형접합체는 양성 이형접합체(doubly heterozygous), 즉 양성잡종(dihybrid)이다. 또한 멘델은 F_1 세대의 양성잡종을 자가수정하여 F_2 세대를 만들어 그 수를 세었다.

양성잡종 교배에서 형질은 독립적으로 분리된다

종자 모양을 결정하는 대립유전자(둥근 것 *R*, 주름진 것 *r*)와 종자 색깔을 결정하는 대립유전자(노란색 *Y*, 초록색 *y*)에 관한 교배를 살펴보자. 둥글고 노란색 종자를 만드는 완두(*RR YY*)와 주름지고 초록색 종자를 만드는 완두(*rr yy*)를 교배하면 이형접합인 F_1 개체들은 모두 같은 표현형(둥글고 노란색 종자)과 유전자형(*Rr Yy*)을 가진다. 양종잡종 F_1 개체를 자가수정하여 F_2 세대를 만든다.

F_2 세대의 표현형비 9:3:3:1

이 교배에서 나타날 수 있는 표현형의 수를 생각해 보자. 우선 부모의 표현형인 둥글고 노란색 그리고 주름지고 초록색 종자를 기대할 수 있다. 만약 형질이 독립적으로 행동한다면 각 부모로부터 하나의 형질만 물려받아 둥글고 초록색 그리고 주름지고 노란색 종자도 기대할 수 있다.

다음으로 F_1 개체가 생산할 수 있는 배우자의 종류를 생각해 보자. 우리는 *RY*와 *ry*의 2가지 배우자를 예상할 수 있는데, 만약 형질이 독립적으로 분리된다면 *Ry*와 *rY* 배우자도 기대할 수 있다. 현대적인 용어를 사용하면 두 유전자에 대한 2개의 대립유전자는 4가지 경우의 수로 조합되어 *RY*, *ry*, *Ry*, *rY* 배우자를 만들 수 있다.

양성잡종 교배의 퍼넷 사각형

이 배우자들로 만들 수 있는 모든 자손들을 퍼넷 사각형으로 알 수 있다. 4×4 정사각형으로 총 16개의 결과가 가능하고, 퍼넷 사각형을 채우면 나올 수 있는 모든 자손을 알 수 있다(**그림 11.9**). 9개의 둥글고 노란색 종자, 3개의 주름지고 노란색 종자, 3개의 둥글고 초록색 종자, 1개의 주름지고 초록색 종자가 생산되고, 이러한 결과로부터 독립적으로 행동하는 형질의 표현형 비는 9:3:3:1로 예측할 수 있다.

독립의 법칙은 양성잡종 교배의 결과를 설명한다

멘델은 양성잡종 교배로부터 무엇을 관찰하였을까? 멘델은 양성잡종을 자가수정하여 얻은 556개의 종자로부터 다음과 같은 결과를 관찰하였다.

- 둥글고 노란색 완두콩 315개(*R*__*Y*__로 표시함. 밑줄은 *R* 또는 *r* 대립유전자를 나타냄)
- 둥글고 초록색 완두콩 108개(*R*__*yy*)
- 주름지고 노란색 완두콩 101개(*rr Y*__)
- 주름지고 초록색 완두콩 32개(*rr yy*)

이 결과는 9:3:3:1에 매우 가깝다. 556개 자손에 대한 9:3:3:1 비율은 313:104:104:35가 된다.

두 유전자의 대립유전자는 서로 독립적으로 행동하며, 멘델은 이 현상을 두고 형질이 독립적으로 분리되었다고 하였다. 즉, **독립분리**(independent assortment)란 서로 다른 유전자는 서로의 대립유전자 쌍의 분리에 영향을 미치지 않는다. 둥근 것에 대하여 주름진 것의 비는 약 3:1(423:133)이며, 노란색과 초록색의 비도 3:1(416:140)이다.

우리는 이를 **독립의 법칙**(Principle of Independent Assortment)이라 한다. 간단히 말하면, **양성잡종 교배에서 각 유전자의 대립유전자들은 독립적으로 분리된다.** 더 정확히 말해 서로 다른 대립유전자 쌍의 분리는 독립적으로 일어난다. 독립적 분리는 감수분열 시 염색체의 행동과 밀접한 관련이 있다(10장 참조). 감수1분열 시 상동염색체들이 독립적 배열이 대립유전자 쌍의 독립적인 분리를 초래한다.

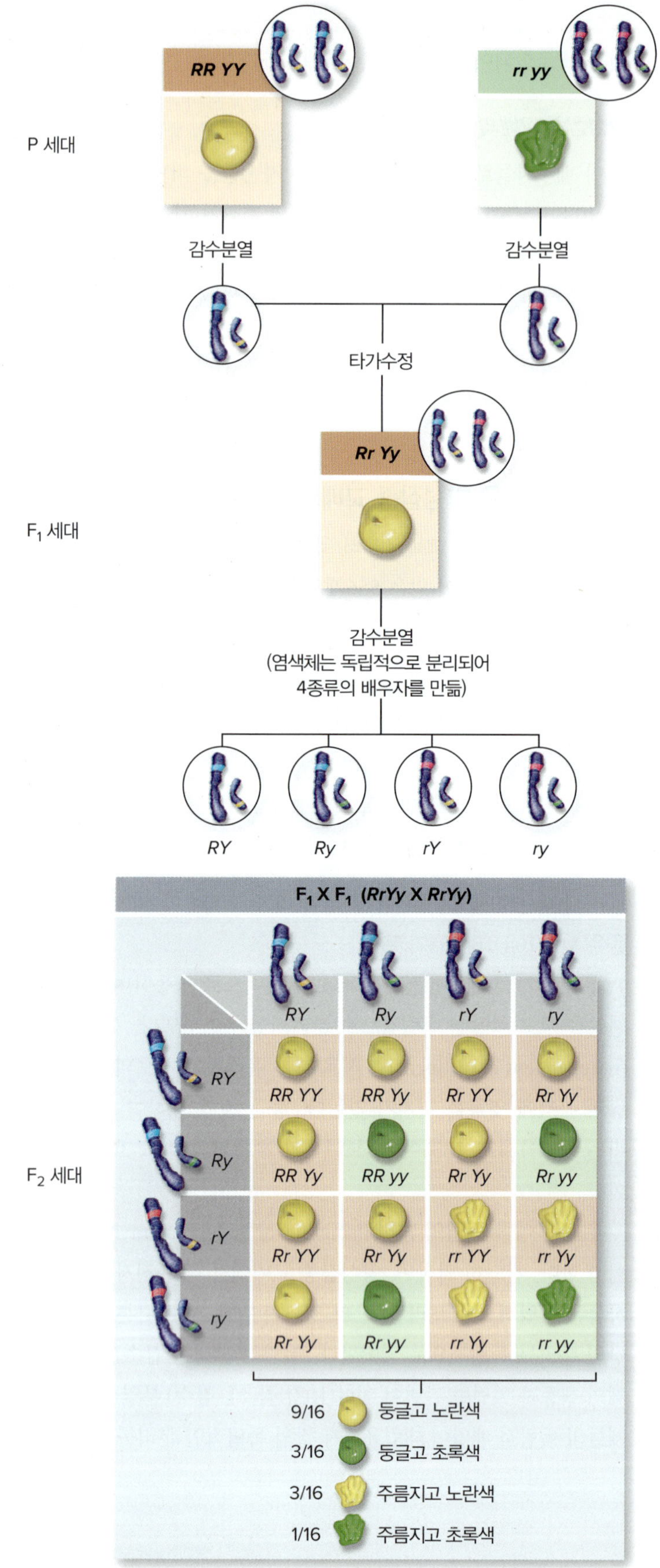

그림 11.9 양성잡종 교배 분석.
퍼넷 사각형은 멘델의 둥글고 노란색 종자와 주름지고 초록색 종자의 양성잡종 교배 결과를 보여준다. 멘델은 4가지 가능한 표현형의 비율이 9:3:3:1인 것을 발견하였다.

핵심 요약 11.3

양성잡종 교배에 대한 멘델의 분석은 서로 다른 특징에 대한 대립유전자는 독립적으로 분리됨을 보여주며, 이를 멘델의 독립의 법칙이라 한다. 2개의 특징에 대하여 서로 다른 개체를 교배하여 얻은 자손을 자가수정하면 9:3:3:1이라는 멘델의 양성잡종 교배 비율(Mendel's dihybrid ratio)을 얻을 수 있다. 이는 감수1분열 동안 상동염색체 쌍이 독립적인 행동을 보이는 것과 관련되어 있다.

- 멘델의 법칙을 설명하는 데 있어 감수1분열과 감수2분열 중 어느 것이 더 중요할까?

11.4 확률: 교배 결과 예측

학습 목표

1. 합의 법칙과 곱의 법칙을 설명할 수 있다.
2. 유전적 교배에 확률을 적용할 수 있다.

확률은 무작위로 발생하는 사건의 결과를 예측할 수 있는데, 감수분열 과정에서 서로 다른 염색체들의 행동이 독립적이기 때문에 교배 결과를 예측하는 데 확률을 이용할 수 있다. 확실하게 일어날 수밖에 없는 사건의 발생 확률은 1이며, 절대로 일어날 수 없는 사건의 발생 확률은 0이다. 따라서 그 외의 사건들은 발생 확률 0과 1 사이의 값을 갖게 된다. 예를 들어 동전을 던지면 2가지 결과가 가능한데, 그림이 나오는 것은 그 결과 중 하나에 해당하므로 확률은 1/2이다. 꽃 색깔의 대립유전자에 대한 이형접합체인 *Pp*를 생각해 보자. 이 개체는 감수분열 시에 염색체의 분리에 의해 두 종류의 배우자를 같은 수로 생산하게 된다. *P* 배우자가 생성되는 것은 이중 하나이며, *P* 대립유전자를 갖는 배우자가 만들어질 확률은 1/2, 즉 동전을 던질 때와 같은 확률이다.

2가지 확률 법칙에 의해 단성잡종 교배의 결과를 예측할 수 있다

간단한 2가지 확률의 법칙으로 유전적 교배의 결과를 예측할 수 있다. 이 법칙과 그 사용에 대하여 설명하기 전 우리는 다른 정의가 필요하다. 2가지 사건이 동시에 일어날 수 없는 경우 우리는 2개의 사건을 **상호 배타적**(mutually exclusive)이라 한다. 예를 들면, 동전 던지기에서 그림과 숫자가 나오는 것은 상호 배타적이다. 이것은 동전을 연속으로 2번 던져서 그림이 2번 나오거나 숫자가 2번 나오는 것과는 다르며, 각각의 동전 던지기는 서로 **독립적인 사건**(independent event)이다. 상호 배타적인 사건과 독립적인 사건의 정의는 앞으로 설명할 확률 법칙의 기본이 된다.

합의 법칙

동전 대신에 주사위를 던져 보자. 주사위를 던지면 한 가지 결과만 나오는데 각각의 결과들은 상호 배타적이다. 어떤 특정 값이 나올 확률은 1/6이다. 특정 두 가지 숫자 중 하나가 나올 확률은 각각의 확률을 더한 값이 되며, 이를 **합의 법칙**(rule of addition)이라 한다.

상호 배타적인 2가지 사건에 대하여, 2가지 사건 중 어느 하나가 일어날 확률은 각 사건의 확률의 합이다.

주사위를 한 번 던졌을 때 2 또는 6이 나올 확률은

$$1/6+1/6=2/6=1/3$$

이것을 이형접합체인 보라색 완두콩 F_1 세대의 교배($Pp \times Pp$)에 적용하면, 4가지 상호 배타적인 결과(PP, Pp, pP, pp)가 가능하다. 이형접합체가 될 확률은 Pp 또는 pP가 될 확률이므로 $1/4+1/4=1/2$이 된다.

즉, F_2 세대에서 이형접합체가 나올 확률은 $1/4Pp+1/4pP=1/2$

앞에서 나온 교배 결과에서 총 379개체 중 190개체가 이형접합체가 될 것으로 예측할 수 있다(실제 이형접합체 수는 189.5개체였다).

곱의 법칙

두 번째 법칙은 유전학에서 매우 유용한 것으로 독립적인 사건에 관한 확률 법칙이다. 이를 **곱의 법칙**(rule of multiplication 또는 product rule)이라 하며, 2개의 독립적인 사건이 둘 다 발생할 확률은 각 사건의 확률의 곱으로 나타낸다.

이 법칙은 단성잡종 교배에 적용할 수 있다. 특정한 결과는 2개의 독립적인 사건으로 인한 것으로, 각 부모의 배우자 형성을 독립적인 사건으로 보고 2가지 독립적 사건이 발생해 자손이 나오는 것을 결과로 생각하자. 앞에서 언급한 F_1 세대의 보라색 꽃의 완두(이형접합체)는 모두 Pp이므로, P 혹은 p의 배우자를 만들 것이며 그 확률은 각각 1/2이다. F_2 개체가 pp일 확률은 p 배우자를 한 부모(수컷)로부터 받을 확률 1/2과 p 배우자를 다른 부모(암컷)로부터 받을 확률 1/2을 곱한 값, 즉 1/4이 된다.

$$pp \text{ 동형접합체일 확률}=1/2p(\text{부})\times 1/2p(\text{모})=1/4\ pp$$

이것은 사실 퍼넷 사각형의 기본 원리이다. 퍼넷 사각형의 각 칸은 그 칸에 기여하는 배우자들의 확률의 곱이다. 그리고 각 칸을 채우는 상호 배타적 사건들의 가능성은 합의 법칙으로 계산한다.

이러한 확률 계산은 이형접합체 사이의 교배에서 열성 동형접합체의 수를 예측하는 데 사용할 수 있는데, 예를 들어 총 379개의 자손 중 열성 동형접합체는 95개체로 예측 가능하다(실제 계산값은 94.75).

양성잡종 교배의 확률은 단성잡종 교배 확률에 기초한다

확률 분석은 양성잡종 교배에도 적용될 수 있다. 단성잡종 교배의 경우 보라색 꽃 F_1 완두 사이의 교배 시 4가지 결과가 가능하며, 이 중 3개는 우성 형질을 나타낸다. 따라서 어떤 자손이 우성 표현형을 보일 확률은 3/4, 열성 표현형을 보일 확률은 1/4이다. 우리는 이를 이용하여 양성잡종 교배의 결과를 예측할 수 있다. 앞 절에서 언급한 종자의 모양과 색의 양성잡종 교배를 확률로 분석해 보자.

만약 종자의 모양을 결정하는 대립유전자와 종자 색을 결정하는 대립유전자가 독립적으로 행동한다면, 종자 모양에 대한 특정 대립유전자 쌍과 종자 색의 특정 대립유전자 쌍이 같이 존재할 확률은 각각의 대립유전자 쌍이 발생할 확률의 곱이 된다. 예를 들어, 주름지고 초록색인 종자($rr\ yy$)가 F_2 세대에 나타날 확률은 주름진 종자가 생길 확률 1/4과 초록색 종자가 생길 확률 1/4을 곱한 값이 된다.

$$rr\ yy\text{가 생길 확률}=1/4\ rr\times 1/4\ yy=1/16\ rr\ yy$$

독립의 법칙으로 인해 양성잡종 교배는 2개의 독립적인 단성잡종 교배로 취급할 수 있는데, 이 2가지 교배는 독립적인 사건이므로 곱의 법칙이 적용된다. 따라서 양성잡종의 각 표현형의 확률은 다음과 같이 계산할 수 있다.

$$\text{둥글고 노란색 종자}(R\_\ Y\_)=3/4\ R\_\times 3/4\ Y\_=9/16$$
$$\text{둥글고 초록색 종자}(R\_\ yy)=3/4\ R\_\times 1/4\ yy=3/16$$
$$\text{주름지고 노란색 종자}(rr\ Y\_)=1/4\ rr\times 3/4\ Y\_=3/16$$
$$\text{주름지고 초록색 종자}(rr\ yy)=1/4\ rr\times 1/4\ yy=1/16$$

종자 색깔 유전자와 종자 모양에 대한 유전자가 독립적으로 분리된다는 가정은 F_2 세대가 9:3:3:1의 표현형 비가 나올 것으로 예측 가능하게 한다. 이 비율은 전체 자손의 수에서 각 표현형의 수를 계산하는 데 사용될 수 있다. 확률의 기본적인 원리와 결과는 퍼넷 사각형의 원리 및 결과와 동일하다.

자료 분석 보라색 꽃과 둥글고 노란색 종자의 완두를 흰색 꽃과 주름지고 초록색 종자를 가진 완두와 교배하여 보라색 꽃과 둥글고 노란색 종자의 F_1을 얻었다. 만약 이 F_1을 자가교배한다면 보라색 꽃과 둥글고 노란색 종자를 얻을 확률은 얼마인가?

핵심 요약 11.4

합의 법칙은 두 사건 중 어느 하나라도 일어날 확률은 각 사건이 일어날 확률의 합임을 말한다. 곱의 법칙은 2개 독립적인 사건이 모두 일어날 확률은 각 사건이 일어날 확률의 곱임을 말한다. 이러한 법칙들은 유전학적 교배에서 특정 유전자형과 표현형이 나올 확률의 계산에 적용할 수 있고, 예상한 확률과 교배 결과를 비교할 수 있다.

- 만약 유전자 *A*와 *B*가 독립적으로 분리된다면, *Aa Bb*와 *aa Bb*의 교배 시 각 유전자에 대한 우성 표현형을 얻게 될 확률은 얼마일까?

11.5 검정교배: 유전자형 알아내기

학습 목표

1. 검정교배 자료를 해석하여 유전자형을 유추할 수 있다.

멘델은 그의 유전 모델을 검증하기 위해 **검정교배**(testcross)라는 간단하고 훌륭한 방법을 고안하였다. 검정교배는 미지의 유전자형의 개체와 열성 동형접합체(recessive homozygote)를 교배한다. 열성 동형접합체 부모는 오직 열성 대립유전자만 물려줄 수 있으므로 열성 동형접합체 부모가 자손의 표현형에 기여하는 바를 배제할 수 있다.

보라색 꽃의 완두를 생각해 보자. 우리는 이 식물이 동형접합인지 이형접합인지 알 수 없다. 유전자형을 알아내기 위해서 흰색 꽃의 완두와 교배하면 동형접합체와 이형접합체는 다른 결과를 보여 준다(**그림 11.10**).

경우 1: 미지의 개체가 우성 동형접합체(*PP*)인 경우
PP×*pp*: 모든 자손은 보라색 꽃(*Pp*)
경우 2: 미지의 개체가 이형접합체(*Pp*)인 경우
Pp×*pp*: 자손의 1/2은 흰색 꽃(*pp*), 1/2은 보라색 꽃(*Pp*)

검정교배에서 열성 형질의 자손이 나타나는 것은 시험 개체(미지의 개체)가 이형접합체임 보여준다.

멘델이 연구한 각 대립유전자 쌍에 대하여 F_2의 표현형은 3:1이며(**그림 11.4**), 검정교배 결과의 비율은 그가 예상한 것과 같이 1:1이다. 검정교배는 2가지 유전자에 대한 유전자형을 결정할 때에도 이용될 수 있다. 멘델은 종종 우성 형질을 보이는 F_2 개체를 확인하기 위하여 검정교배를 실시하였다.

우성 형질을 보이는 F_2 개체(*A*__ *B*__)의 유전자형은 *AABB*, *AaBB*, *AABb*, *AaBb*가 될 수 있다. 멘델은 이 개체를 열성 동형접합체와 교배하여(*A*__ *B*__×*aabb*) 자손이 두 형질에 대하여 모두 또는 둘 중 하나만 순종인지 판단하여 부모인 F_2 개체의 유전자형을 결정하였다.

자료 분석 2가지 형질에 대하여 우성 표현형을 가지는 개체의 유전자형을 결정하기 위하여 가능한 4가지 검정교배를 모두 그리시오.

검정교배는 간단하게 유전적 분석을 하는 데 효과적인 기술이며 이 방법은 다음 장의 유전자 지도 분석(genetic mapping)에서도 사용한다.

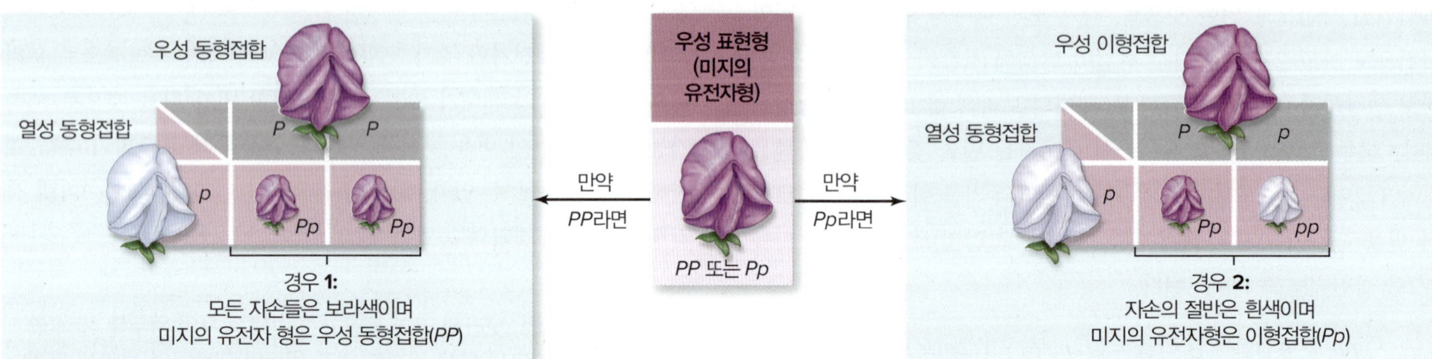

그림 11.10 검정교배.
보라색 꽃과 같은 우성 표현형을 가지는 개체가 우성 대립유전자에 대하여 이형접합인지 동형접합인지 알기 위하여 멘델은 미지의 개체를 열성 동형접합체(이 경우엔 흰색 꽃을 가지는 개체)와 교배하였다.

핵심 요약 11.5

우성의 표현형을 가지는 개체는 우성 동형접합이거나 이형접합일 것이다. 미지의 유전자형은 열성 동형접합체와의 교배를 통한 검정교배로 알 수 있다. 이형접합체일 경우 검정교배에서 우성과 열성 표현형이 동일한 비율로 나타난다.

- 양성 이형접합체(doubly heterozygous)에 대하여 양성잡종 검정교배를 할 경우 예상되는 표현형의 비는 무엇일까?

11.6 멘델 법칙의 확장

학습 목표

1. 멘델의 모델이 간단명료하게 성립될 수 있었던 전제 조건을 설명할 수 있다.
2. 연속변이를 유전적으로 설명할 수 있다.
3. 멘델의 비율과 다르게 관찰되는 경우에 대한 유전적 근거를 설명할 수 있다.

멘델의 연구 결과는 그 당시에는 큰 주목을 받지는 못했지만, 사망하고 16년 후인 1900년도에 3명의 연구자가 각각 그의 연구 결과를 재발견하였다. 그들은 멘델이 30년 전에 연구한 것과 유사한 연구 결과를 논문으로 출판하기 위하여 필요한 문헌을 찾던 중 멘델의 논문을 보게 된 것이다.

멘델 연구 결과의 재발견 후 수십 년 동안 많은 연구자들이 멘델의 법칙을 시험하였고, 멘델의 이론을 확인하고자 했던 과학자들은 때로는 멘델의 비율과는 다른 비율을 관찰하기도 했다.

멘델의 비율이 항상 나오지 않았던 이유는 다른 연구자들이 사용한 형질에 그 원인이 있었다. 단순명료한 멘델의 모델이 성립하기 위해서는 다음과 같은 많은 전제 조건들이 첨가되어야 한다. 각 형질은 2개의 대립유전자로 이루어진 단일 유전자에 의해 결정되어야 하고, 환경적인 영향을 받지 않아야 하며, 유전자의 산물은 서로 독립적으로 작용해야 한다. 앞으로 유전 현상을 좀 더 이해하기 위하여 멘델의 법칙이 어떻게 확장될 수 있는지 알아보자(**표 11.2**).

다인자유전: 하나 이상의 유전자가 단일 형질을 결정한다

하나의 대립유전자가 하나의 형질을 결정하는 것보다 실제 유전자형과 표현형의 관계는 더 복잡하다. 대부분의 표현형은 완두의 꽃 색깔처럼 보라색과 흰색으로 단순히 2가지 상태로만 나타나지 않는다.

멘델이 했던 키 큰 완두와 키 작은 완두의 교배를 생각해 보자. 실제로는 "키 큰" 완두는 정상 신장이며, "키 작은" 완두는 한 유전자에 대한 대립유전 자에 의해 신장이 짧아진 것이다. 하지만 인간을 포함한 대부분의 생물종에서 신장은 값의 차이를 극명하게 보이기보다 연속적인 값으로 나타난다. 어떤 표현형이 연속적인 분포를 나타내는 것은 한 가지 이상의 유전자가 작용하고 있기 때문으로 설명할 수 있는데, 이러한 유전의 형태를 **다인자유전**(polygenic inheritance)이라 한다.

실제로 단일 유전자에 의해 표현형이 결정되는 경우는 그리 많지 않으며, 대부분의 특징은 여러 유전자의 작용이 합쳐진 표현형으로 나타난다. 여러 유전자들이 함께 작용하여 특징에 영향을 미치는 경우, 그 특징의 표현형은 키나 몸무게처럼 미세한 차이를 가지는 값으로 분포한다. 이 유전자들이 독립적으로 분리된다면 한 집단을 구성하는 다수의 개체들은 그 특징에 대하여 단계적인 차이의 정도를 보일 것이다(**그림 11.11**). 이를 **연속변이**(continuous variation)라 하며 이러한 형질을 **양적 형질**(quantitative traits)이라 한다. 어떤 형질을 결정하는 유전자가 많으면 많을수록 그 표현형은 더 높은 연속성을 보인다.

이러한 연속변이를 보이는 형질은 여러 색깔의 페인트를 혼합하는 것과 같다. 예를 들어, 빨간색과 흰색을 1:7로 섞으면 5:3으로 혼합하여 나온 분홍색에 비해 훨씬 밝다. 빨간색과 흰색의 혼합비율을 다르게 하면 순수한 빨간색부터 순수한 흰색 사이에서 연속적인 미세한 색의 차이를 볼 수 있다.

다양한 변이들은 때로 구간으로 묶을 수 있다. 다양한 신장을 각 구간에 속하는 수로 표시하면 **그림 11.11**과 같은 곡선을 볼 수 있는데, 이를 **히스토그램**(histogram, 도수 분포도)이라 한다. 종 모양의 히스토그램은 이상적인 **정규 분포**(normal distribution)를 나타낸다. 중앙값은 평균을 나타내고, 곡선의 좌우 분포는 변이의 정도를 나타낸다.

하나의 유전자에 의해 결정될 것으로 생각했던 형질이 이제는 여러 유전자에 의해 영향을 받는다는 것을 알게 되었다. 사람의 눈 색깔은 파란색에 비해 갈색이 우성이라고 생각되어 왔으나 이는 잘못된 생각이었다. 정확히 몇 개의 유전자가 관여하는지 아직 모르지만, 눈의 다양한 색깔은 2~4개의 유전자의 작용으로 인한 것이다. 이러한 정보는 법의학 유전학(forensic genetics)이라는 새로운 분야에서 미지의 인물의 눈 색깔을 예측하는 데 사용되기도 한다. 표현형에 대한 유전학적 지식을 바탕으로 미지의 인물의 머리색, 피부색을 예상

표 11.2	멘델의 법칙이 적용되지 않는 경우	
유전적 발생	정의	사례
다인자유전	1개 이상의 유전자가 1개 형질에 영향을 줌	• 눈 색깔을 결정하는 4개의 유전자 • 사람의 키
다면발현	1개의 유전자가 1개 이상의 형질에 영향을 줌	• 생쥐의 노란색 털을 결정하는 다면발현 우성 대립인자는 치명적인 발생 결함에 대하여 열성임 • 낭포성섬유증 • 낫모양적혈구빈혈증
복대립유전자	2개 이상의 대립인자를 가지는 유전자	사람의 ABO 혈액형
우성의 정도	• 불완전우성에서 이형접합체는 두 부모의 중간 형질을 가짐 • 공동우성에서는 어느 대립인자도 우성이 아니므로 이형접합체는 부모의 표현형을 모두 가짐	• 분꽃 • 사람의 혈액형
환경적 요인	유전자는 환경에 의해 영향을 받을 수 있음	샴고양이
유전자 간 상호작용	유전자의 산물이 서로 상호작용하여 유전적 비율을 변화시킴	• 옥수수의 보라색 색소의 생산 • 포유동물의 털 색깔

하기 위한 비슷한 노력이 행해지고 있으며, 이러한 노력들은 유전자형 분석을 바탕으로 몇몇 외형 추정 인자(externally visible characteristics, EVCs)의 확률적인 예측이 가능하게 한다.

다면발현: 하나의 유전자가 1가지 이상의 형질을 결정한다

여러 유전자가 단일 형질에 영향을 미칠 수 있지만, 하나의 유전자가 1가지 이상의 형질에 영향을 줄 수도 있다. 다세포 생물에서는 생화학적 경로가 복잡하고 기관들의 기능들이 서로 연계되어 있기 때문에 이러한 복잡한 유전현상이 있는 것이 그다지 놀랍지 않다.

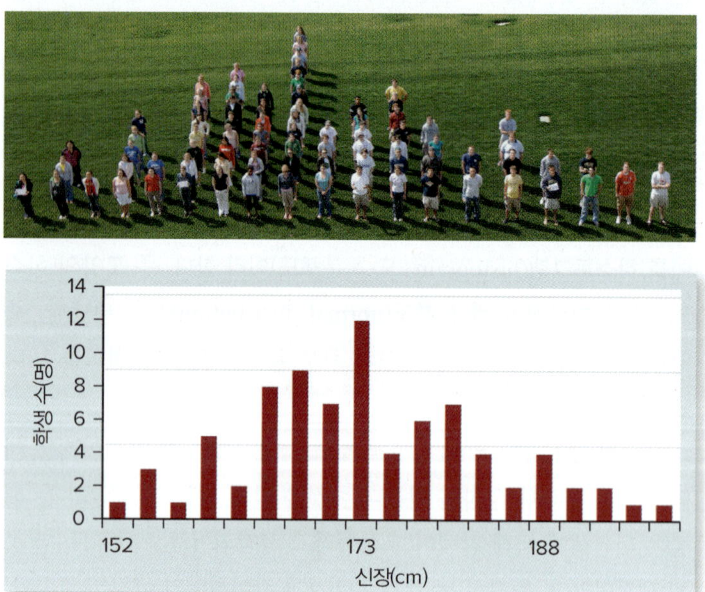

그림 11.11 연속변이로 표현되는 신장 형질.
사진과 그래프는 2005~2007년에 하이드 박사(Dr. Hyde)의 유전학 수업을 들은 노트르담 대학 학생 83명의 키의 변이를 보여주고 있다. 많은 유전자가 키에 영향을 주고, 또한 서로 독립적으로 분리되는 경향이 있기 때문에 상이한 대립유전자 조합의 누적된 영향은 키의 연속분포를 형성한다. 양쪽 극의 값(즉, 큰 키와 작은 키)은 중간 키인 학생 수보다 훨씬 적게 분포되어 있다. 이러한 변이는 영양과 환경 요인 등으로 인하여 발생할 수 있다.

1가지 이상의 표현형에 영향을 미치는 대립유전자는 **다면발현성**(pleiotropic)이다. 프랑스의 선구적인 유전학자 퀴에노(Lucien Cuenot)는 생쥐의 우성 형질인 노란색 털을 연구하였는데, 그는 노란색 털을 가진 생쥐들을 교배해도 순종의 노란색 털 생쥐를 얻을 수 없음을 발견하였다. 노란색 털을 결정하는 대립유전자가 다면발현성이고, 노란색 우성 동형접합체는 죽게 되는데, 그 이유는 이 대립유전자가 노란색 털을 결정하는 것 외에 치명적인 발생적 결함도 나타내기 때문이다.

자료 분석 퀴에노가 노란색 털의 생쥐를 교배하였을 때 야생형(wild type) 생쥐와 노란색 털의 생쥐의 비율은 얼마인가?

다면발현 대립유전자는 한 표현형에서는 우성(노란색 털)일 수 있으나, 다른 표현형에서는 열성(치명적인 발생 결함)일 수 있다. 한 형질을 결정하는 유전자가 알려지지 않은 다른 기능들을 수행할 수 있으므로 다면발현은 예측하기 쉽지 않다.

다면발현은 낭포성섬유증(cystic fibrosis), 낫모양적혈구빈혈증(sickle cell anemia, 12장 참조)과 같이 사람의 여러 유전질환의 특징이다. 이러한 유전질환은 여러 가지 증상(표현형)이 나타나며, 이 모든 증상이 하나의 유전자의 결함으로 인한 것으로 볼 수 있다. 낭포성섬유증 환자는 혈관이 막히거나 끈적한 점액질, 염류가 높은 땀, 간 및 췌장의 기능 이상 등과 같은 다양한 증상을 보인다. 따라서 유전자 결함으로 인한 주된 증상이 어떤 것인지는 알아내기 힘들다. 낭포성섬유증의 원인은 세포막 투과성 염소 이온의 통로를 암호화하고 있는 유전자의 결함으로 밝혀졌다.

유전자는 2가지 이상의 대립유전자를 가질 수 있다

멘델은 항상 2가지 대립유전자를 가지는 유전자를 관찰하였다. 2배체인 개체는 한 유전자에 대하여 오직 대립유전자 2개를 가지지만, 한 유전자에 2가지 이상의 대립유전자가 존재할 수 있다. 뒤에서 알아볼 사람의 ABO 혈액형은 3가지 대립유전자가 관여하고 있다.

만약 DNA 분자의 뉴클레오타이드 서열이 유전자라고 생각한다면, 하나의 뉴클레오타이드의 변화로 새로운 대립유전자를 만들 수 있으므로 가능한 대립유전자의 종류가 매우 많아질 수 있다. 실제로는 가능한 대립유전자의 종류가 제한적이긴 하지만, 집단 밖의 구성원과 교배(outbreeding)를 하는 개체군에서 어떤 유전자는 2가지 이상의 대립유전자를 가지기도 한다. 이러한 대립유전자 사이의 우위성을 예측할 수는 없으나 이형접합의 다양한 조합에 의한 표현형을 관찰함으로써 결정할 수 있다.

불완전우성: 우성은 항상 완전하지 않다

멘델의 우성과 열성의 개념은 생화학적 관점에서 설명하기 쉽지 않다. 예를 들어, 열성 대립유전자에 의해 효소의 기능을 상실하여 나타나는 열성 형질이 있다면, 효소 활성이 절반뿐인 이형접합체는 어떻게 우성 동형접합체와 같은 표현형을 가지게 될까? 1가지 가능한 해답은, 만약 해당하는 화학 반응이 일어나기에 충분한 효소 활성이 하나의 기능적인 대립유전자에 의해서 제공된다면 완전한 우성 표현형을 보게 될 것이지만, 만약 1개의 대립유전자로 충분한 효소 활성을 제공하지 못한다면 표현형이 다른 이형접합체를 보게 될 것이다.

불완전우성

불완전우성(incomplete dominance)에서 이형접합체는 중간 형질을 나타낸다. 예를 들어, 붉은색 꽃 또는 흰색 꽃을 피우는 분꽃을 교배하면 **그림 11.12**에서 보는 것처럼 F_1은 모두 분홍색 꽃을 피운다. 이는 붉은색과 흰색 어느 것도 완전한 우성이 아님을 의미한다. F_1 세대만 보면 이러한 현상이 "혼합" 유전의 경우에 해당하는 것으로 보이지만, F_1 세대끼리 다시 교배하면 붉은색 꽃, 분홍색 꽃, 흰색 꽃을 피우는 개체가 1:2:1의 비율로 나타난다. 이 경우엔 자손의 표현형의 비가 유전자형의 비와 동일하다.

공동우성

대부분의 유전자는 여러 가지 다른 대립유전자를 가지며, 종종 특정한 우성 대립유전자가 없는 대신 각각의 대립유전자가 고유의 영향을 끼칠 수 있는데, 이때 이형접합체는 두 동형접합체의 표현형을 모두 가진다. 이를 **공동우성**(codominance)이라 한다.

과학적 사고

가설: 붉은색과 흰색 분꽃 교배를 통한 분홍색 F_1은 우성이 완전히 발현되지 않은 것이며, 혼합 유전의 예는 아니다.

예측: 만약 분홍색 F_1을 자가교배하면 자손은 멘델의 단성잡종 교배 시 나타나는 유전자형 비율과 동일하게 나타날 것이다. 그 비율은 붉은색 1 : 분홍색 2 : 흰색 1이 될 것이다.

실험: 교배하여 자손의 수를 센다.

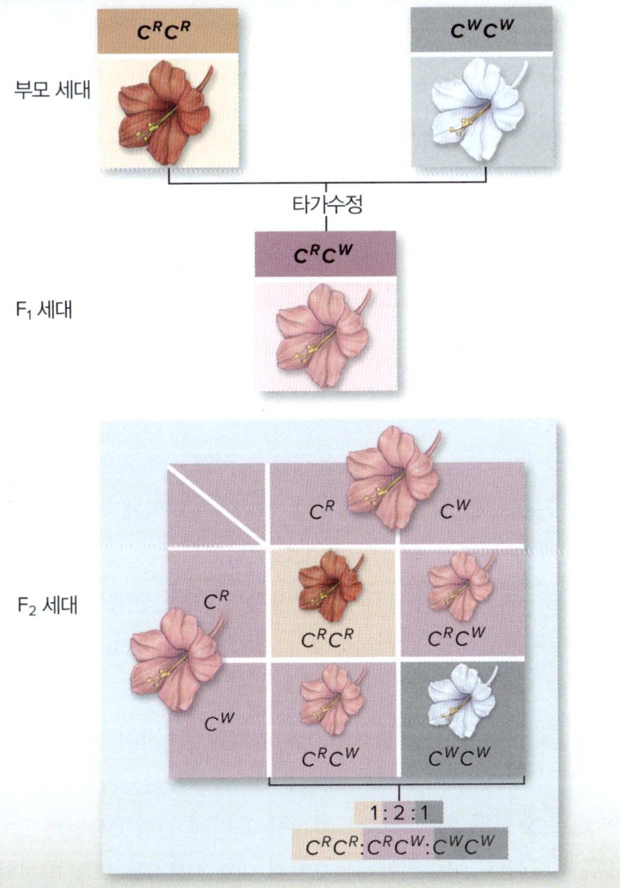

결과: 교배를 통하여 예측했던 결과를 관찰하였다.

결론: 분꽃의 꽃 색깔은 불완전우성이다.

추가 실험: 관찰된 비율에 확신을 갖기 위해서 얼마나 많은 자손의 수를 세어야 하는가?

그림 11.12 불완전우성.
분꽃의 붉은색 꽃(유전자형 C^RC^R)과 흰색 꽃(유전자형 C^WC^W)의 교배에서는 어떤 대립유전자도 우성이 아니다. 이형접합인 자손은 분홍색 꽃으로 나타나며, 유전자형은 C^RC^W이다. 이들 이형접합체끼리 교배하면 그 자손의 표현형은 1:2:1(붉은색:분홍색:흰색)로 나타난다.

공동우성은 이형접합체의 표현형에서 불완전우성과 구분된다. 불완전우성의 이형접합체는 2가지 동형접합체 표현형의 중간이지만, 공동우성의 이형접합체는 2가지 대립유전자의 표현형을 모두 볼 수 있는데, 사람의 혈액형이 그 예이다.

인간의 혈액형 표현형은 적혈구의 표면에 존재하는 단백질에 대한 면역반응에 기초하여 나타난다. 동형접합체의 경우 한 종류의 단

대립유전자	혈액형	표현된 당 성분	공여자와 수여자
I^AI^A, I^Ai (I^A는 i에 대해 우성)	A	갈락토사민	수여: A형, O형 공여: A형, AB형
I^BI^B, I^Bi (I^B는 i에 대해 우성)	B	갈락토스	수여: B형, O형 공여: B형, AB형
I^AI^B (공동우성)	AB	갈락토스와 갈락토사민 양쪽 모두	수여: 모든 혈액형 공여: AB형
ii (i는 열성)	O	당 성분이 없음	수여: O형 공여: 모든 혈액형

그림 11.13 공동우성과 복대립유전(multiple alleles)을 보이는 ABO 혈액형.
ABO 혈액형을 결정하는 I 유전자에는 3가지 대립유전자 I^A, I^B, i가 있으며, I^A와 I^B는 모두 i에 대하여 우성이지만(A형과 B형 참조), 둘은 서로 공동우성이다(AB형 참조). 각 유전자형에 의한 혈액형은 적혈구 표면 단백질에 첨가된 당의 종류와 수혈 후 몸의 반응 같은 표현형과 관련이 있다.

백질이 존재하며, 이형접합체의 경우 2가지 단백질이 존재하는 공동우성을 보이고 있다.

사람의 ABO 혈액형

ABO 혈액형을 결정하는 유전자는 적혈구의 표면 단백질에 당을 첨가하는 효소를 암호화하고 있다. 이 당은 면역계가 인식할 수 있는 표지인자이다(45장 참조). 이 효소를 암호화하는 유전자를 I로 표시하며 일반적으로 3가지 대립유전자가 있는데, 단백질에 갈락토사민(galactosamine)을 첨가하는 I^A, 갈락토스(galactose)를 첨가하는 I^B, 어떤 당도 첨가하지 않는 i이다.

I 유전자의 3가지 대립유전자를 조합하면 6가지 다른 유전자형이 만들어질 수 있고, I^A와 I^B 대립유전자를 가지는 이형접합체는 2가지 효소를 모두 발현하므로 적혈구 표면에 갈락토사민과 갈락토스 모두 존재한다. 이형접합체는 2가지 대립유전자를 모두 발현하기 때문에 I^A와 I^B 대립유전자는 공동우성이다. I^A와 I^B는 i에 대하여 모두 우성인데, I^A와 I^B는 모두 당을 첨가하지만 i는 당을 첨가하지 못하기 때문이다. 3가지 대립유전자의 다양한 조합은 4가지 표현형을 만든다(**그림 11.13**).

1. A형은 갈락토사민만 첨가할 수 있다. I^AI^A 동형접합체이거나 I^Ai 이형접합체(2가지 유전자형)
2. B형은 갈락토스만 첨가할 수 있다. I^BI^B 동형접합체이거나 I^Bi 이형접합체(2가지 유전자형)
3. AB형은 2가지 당을 모두 첨가할 수 있으며, I^AI^B 이형접합체(1가지 유전자형)
4. O형은 당을 첨가할 수 없으며, ii 동형접합체(1가지 유전자형)

세포 표면에 나타나는 서로 다른 4가지 표현형을 **ABO 혈액형**(ABO blood groups)이라 한다.

사람의 면역계는 4가지 표현형을 구별할 수 있다. 만약 A형인 사람이 B형의 혈액을 수혈 받는다면 수여자의 면역계는 "외부"항원(여기서는 갈락토스)을 인식하여 공여자의 적혈구를 공격하고 결국 응집 반응을 유발할 것이다. AB형 혈액을 수혈하여도 마찬가지이다. 하지만 O형의 혈액을 수혈하면 갈락토스 항원이 없으므로 면역계는 어떠한 공격도 하지 않는다.

일반적으로 O형 혈액은 누구에게나 수혈할 수 있으므로, O형을 만능공여자(universal donor)라 한다. AB형인 사람은 갈락토사민과 갈락토스 둘 다 항원으로 인식하지 않으므로 어떤 혈액이든 수혈 받을 수 있어 AB형을 만능수여자(universal recipient)라 한다. 하지만 수혈 시에는 동일한 혈액형을 수혈하는 것이 가장 바람직하다.

표현형은 환경의 영향을 받는다

멘델의 실험이 성립하기 위한 또 하나의 전제 조건은 유전자형과 표현형의 관계에 환경이 아무런 영향을 미치지 않아야 한다. 예를 들어, 멘델이 실험을 수행한 수도원의 토양은 항상 일정하지 않았을 테지만, 형질 발현에 대한 토양의 영향력은 고려하지 않았다. 실제로는 유전자형이 발현되어 표현형이 되지만, 환경이 이 둘 사이에 영향을 미칠 수 있다.

환경적 영향은 외부 환경에만 국한된 것은 아니다. 그 실례로 열에 민감한 단백질을 암호화하는 대립유전자는 신체의 온도 차이에

그림 11.14 샴고양이.
털 색깔의 패턴은 온도에 민감한 타이로시네이스 효소를 암호화하는 대립유전자로 인한 결과이다.

영향을 받는다. 히말라야 토끼와 샴고양이의 *ch* 대립유전자는 열에 매우 민감한 타이로시네이스(tyrosinase, 백색증과 관련 있는 효소, **그림 11.14**)를 암호화하고 있다. 이 효소는 33℃ 이상의 온도에서는 불활성화되는데, 몸통 표면과 머리의 체온은 33℃ 이상이어서 타이로시네이스가 불활성화되고 그로 인해 흰색 털이 자라지만, 몸의 말단인 귀와 꼬리는 보통 33℃ 이하로 효소가 활성을 가지게 되므로 멜라닌이 형성되어 어두운 색 털을 가지게 된다.

> **?** **탐구문제** 출생 직후 떨어져 자란 1란성 쌍둥이에 대한 많은 연구는 그들의 성장(신장, 몸무게 등)과 관련한 표현형의 차이가 있음을 빌견하였다. 이들이 1란성 쌍둥이임에도 이러한 차이점을 보이는 이유는 무엇인가?

상위: 유전자 간의 상호작용은 유전 비율을 변화시킨다

멘델의 모델 성립을 위한 마지막 전제 조건은 유전자의 산물들이 서로 상호작용하지 않는다는 것인데, 사실 하나의 유전자 산물은 다른 유전자 산물에 영향을 끼칠 수 있다. 만약 유전자 산물이 서로 독립적으로 행동하지 않는다면 대립유전자들이 독립적으로 분리된다 하더라도 양성잡종 교배의 예측 가능한 비율은 바뀔 수 있다. 대사경로들이 서로 긴밀하게 연관되어 있는 것만 보더라도 유전자 산물에 의해 영향을 받는 유전자들이 많다는 사실은 당연하다. 예를 들어, 한 대사 경로에 있는 각각의 유전자는 앞선 유전자의 작용에 의존적이며, 이는 앞서 보았던 교배 결과와는 다른 결과를 보여줄 것이다.

그 예로 옥수수(*Zea mays*)의 몇몇 상업적 품종은 종자의 껍질에 안토시아닌(anthocyanin)이라는 보라색 색소를 가지고 있으나 다른 품종은 그렇지 않다. 1918년 유전학자 에머슨(Rollins Adams Emerson)은 안토시아닌 색소가 없는 순종인 옥수수 품종 2개를 교배하였다. 만약 이것이 멘델의 실험에 사용되었던 형질과 같은 성격이라면 우리는 색소가 없는 종자를 예상할 수 있으나, 그 반대로 F_1 식물은 보라색 종자를 생산하였다.

에머슨은 다시 색소를 형성하는 F_1 개체 2개를 수정하여 F_2 세대를 만들었는데 56%는 색소가 있는 종자였고, 44%는 무색의 종자였다. 이는 분명히 멘델의 단성 또는 양성잡종 교배 비율과는 다른 결과이다. 에머슨은 2개의 유전자가 색소 형성에 관여할 것이라 정확히 추론하였고, 두 번째 교배는 양성잡종 교배와 같은 것으로 추론하였다. 양성잡종 교배의 가능한 결과는 16개이므로, 에머슨은 각 자손의 비율에 16을 곱하여 (0.56) (16)=9, (0.44) (16)=7, 즉 보라색 색소 9: 무색 7의 비율을 구했다. 이는 결과적으로 멘델의 양성잡종 교배 비율인 9:3:3:1의 변형으로 볼 수 있는데(**그림 11.15**), 이때 3의 비율을 보이는 집단의 표현형이 모두 동일하다(무색). 표현형이 같은

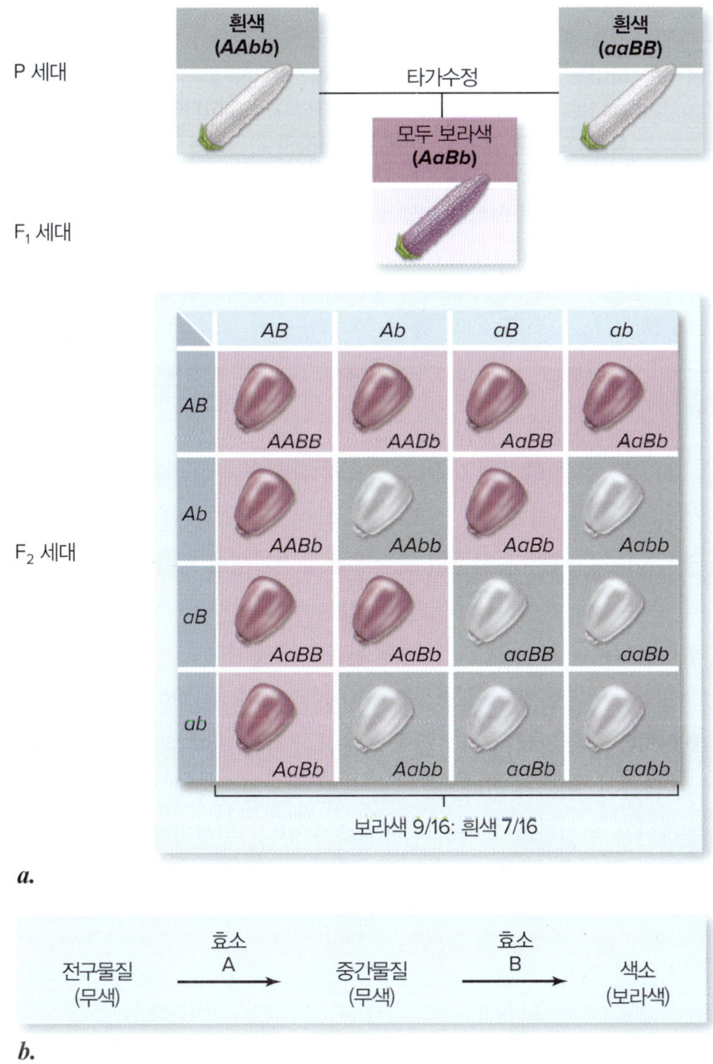

그림 11.15 상위는 곡물의 색깔에 영향을 준다.
a. 몇몇의 흰색 변종 옥수수를 교배한 결과 F_1 세대는 모두 보라색이고, F_1 개체를 자가수정하면 보라색 종자 9와 흰색 종자 7의 비율로 나온다. 이는 보라색 색소를 만드는 데 필수적인 효소를 암호화하고 있는 2가지 유전자로 인한 것이다. 모든 효소가 활성형(유전자형은 *A*__*B*__)이지 않으면, 색소는 형성되지 않는다. ***b.*** 색소를 형성하는 생화학적 경로는 *A*와 *B* 유전자에 암호화된 효소들로 구성되어 있다.

3개의 그룹을 더하면 3+3+1=7이므로 9:7의 비율이 성립한다.

이는 2개의 유전자 산물이 안토시아닌 색소를 생성하는 생화학적 경로에 순차적으로 작용하기 때문이며, 두 유전자 중 하나라도 제 기능을 하지 못하는 효소를 만들 경우 색소는 형성되지 않는다. 정상적인 기능에 대한 대립유전자에 비하여 불능의 대립유전자는 열성이며, 따라서 각각의 유전자는 최소 하나 이상의 정상 기능 대립유전자를 가지고 있어야 색소가 있는 종자를 만들어 낼 수 있다.

자료 분석 생쥐의 털 색깔은 여러 유전자의 영향을 받는데, 하나는 색소 자체를 만들지 못하는 유전자(백색증)이며, 다른 하나는 검은색 또는 갈색 털을 결정하는 유전자이다. 검은색 생쥐를 또 다른 검은색 생쥐와 교배하면 검은색 9: 갈색 3: 백색증 4 비율의 자손이 생긴다. 두 유전자가 독립적으로 분리된다고 가정하면 이 현상은 어떻게 설명될 수 있는가?

안토시아닌 색소는 2단계의 생화학적 경로의 산물이다.

출발물질 (무색) $\xrightarrow{\text{효소 A}}$ **중간물질** (무색) $\xrightarrow{\text{효소 B}}$ **안토시아닌** (보라색)

한 유전자의 발현이 다른 유전자의 작용을 간섭하여 가리는 것을 상위(epistasis)라 한다. 두 유전자 중 어느 하나가 열성 동형접합일 경우 나머지 다른 유전자의 표현형과 유전자형에 영향을 끼친다. 만약 우리가 무색 종자를 보았다면 이는 두 유전자 중 하나가 열성 동형접합이거나 또는 둘 다 열성 동형접합일 것이다.

또 다른 예로 생쥐의 털 색깔이 있다. 타이로시네이스 효소를 암호화하는 유전자에는 색소를 형성하지 못하는 변이 대립유전자(백색증, 11.2절 참조)가 있다. 또 다른 유전자는 검은색 멜라닌 또는 갈색 멜라닌을 형성할지 결정하는 유전자가 있다. 동형접합의 백색증 대립유전자를 가진 생쥐는 갈색 털 유전에 대한 유전자형을 알 수 없다. 이를 백색증 유전자가 털 색깔에 대한 유전자에 대하여 상위라고 말한다. 이런 논리는 생화학적 경로의 유전자 순서에 적용될 수 있다. 돌연변이의 표현형은 첫 번째로 작용한 유전자의 역할이 반영된 것이다(이 경우에는 백색증 유전자).

핵심 요약 11.6

멘델의 모델은 형질에 대한 대립유전자 쌍으로 이루어진 하나의 유전자에 의해 결정되며, 형질은 환경적 영향을 받지 않고, 유전자의 산물은 독립적으로 행동할 것을 전제해야 성립한다. 이 조건들은 모두 지나치게 단순화된 것이다. 형질은 여러 유전자의 작용에 의해 결정되기도 하며(다인자유전), 이때 표현형은 연속적인 분포를 보인다. 또는 하나의 유전자가 여러 가지 형질을 결정할 수 있으며(다면발현), 유전자는 때로는 우위성을 보이지 않는 2개 이상의 대립유전자를 가지기도 한다(공동우성). 불완전우성 유전에서 이형접합체는 동형접합체 부모의 중간적 표현형을 가지며, 공동우성 유전의 이형접합체는 동형접합체 부모의 표현형이 둘 다 나타난다. 따라서 이들은 멘델의 단성잡종 교배의 비율에서 벗어난다. 독립적으로 행동하지 않는 유전자의 산물들은 양성잡종 교배의 비율을 변화시킨다.

■ **그림 11.15**의 교배에서 2개 유전자 중 적어도 하나가 열성 동형접합이기 때문에 나타나는 F_2 세대의 흰색 자손의 비율은 얼마일까?

핵심 개념 요약

11.1 유전의 신비

■ 초기 식물학자들은 수수께끼 같은 결과를 나타내는 잡종을 만들었다

식물학자는 어떤 형질은 한 세대에서 사라지고 그 다음 세대에 다시 나타나는 것을 발견하였다. 이는 형질은 혼합되는 것이 아니라 분리됨을 보여준다.

■ 멘델은 최초로 교배 결과를 정량화하였다

멘델은 순종인 완두 식물 간의 상호교배 후 여러 세대에 걸쳐 자가수정하였다. 그는 실험 결과를 수학적으로 분석하였고, 현재의 유전 모델이 탄생하였다.

11.2 단성잡종 교배: 분리의 법칙

■ F_1 세대는 혼합되지 않고 2가지 형질 중 하나만 나타난다

멘델은 F_1 식물에서 표현되는 형질을 우성이라 하고, 표현되지 않은 형질을 열성이라 하였다.

■ F_2 세대는 2가지 형질이 3:1 비율로 나타난다

F_1 세대의 완두를 자가수정하여 얻은 F_2 세대는 일관되게 우성 3: 열성 1의 비율을 보이며, 이 3:1의 비율을 멘델의 단성잡종 비율이라 한다.

■ 3:1의 실제 비율은 1:2:1이다

멘델은 F_2 개체 중 열성을 표현하는 개체는 항상 순종이며, 우성 표현형 중 1/3만 순종임을 발견하였다. 이러한 결과는 멘델이 F_2 세대에서 관찰하였던 3:1의 비율이 실제로는 우성 순종 1: 우성 비순종 2: 열성 순종 1의 비율임을 보여준다.

■ 멘델의 분리의 법칙은 단성잡종 교배의 결과를 설명한다

형질은 유전자라 부르는 독립적인 인자에 의해 결정된다. 유전자는 서로 다른 형질을 나타내는 대립유전자로 이루어져 있다. 하나의 유전자에 대하여 동일한 2개의 대립유전자를 가지는 경우 동형접합성이라 하며, 2개의 다른 대립유전자를 가지는 경우 이형접합성이라 한다. 유전자형은 모든 유전자의 대립유전자 쌍을 나타내며, 표현형은 이러한 대립유전자의 발현으로 인한 개체의 형태이다.

분리의 법칙은 배우자가 형성될 때 하나의 유전자에 대한 2개의 대립유전자가 분리되어 들어감을 설명한다. 부모의 대립유전자들은 무작위로 합쳐져 2배체 수정란을 만든다. 분리의 법칙은 감수1분열 후기에 나타나는 상동염색체의 분리 현상을 바탕에 두고 있다.

■ **퍼넷 사각형을 이용한 분석**

퍼넷 사각형을 만들기 위해 부 또는 모의 배우자를 사각형 위에 배열하고 나머지 다른 부모의 배우자를 사각형 옆에 배열한다. 접합자는 사각형의 칸에 있는 배우자의 조합으로 만들어진다(**그림 11.6**).

■ **사람의 형질은 우성/열성 유전을 따른다**

사람의 특정 형질은 멘델의 법칙에 따른다(**표 11.1**). 수 세대에 걸친 가계도를 이용하여 가족 내 유전 양상을 분석하고 추론할 수 있다.

11.3 양성잡종 교배: 독립의 법칙

■ **양성잡종 교배에서 형질은 독립적으로 분리된다**

2가지의 서로 다른 형질을 지닌 부모를 교배하여 생성된 F_1은 우성을 나타낼 것이다. 이 F_1은 4가지 다른 종류의 배우자를 만들 수 있으며, 이들은 수정되어 16종류의 F_2 개체를 만드는데, 이들은 9:3:3:1의 4가지 표현형의 비율을 보인다.

■ **독립의 법칙은 양성잡종 교배의 결과를 설명한다**

독립의 법칙은 서로 다른 형질이 독립적으로 분리됨을 설명한다. 이는 감수1분열 동안 염색체의 상동염색체 쌍이 독립적인 행동을 보이는 것과 관련되어 있다.

11.4 확률: 교배 결과 예측

■ **2가지 확률 법칙에 의해 단성잡종 교배의 결과를 예측할 수 있다**

합의 법칙은 2개의 사건 중 어느 하나라도 일어날 확률은 각 사건이 일어날 확률을 더한 값이라는 의미이다. 곱의 법칙은 2개의 독립적인 사건이 모두 일어날 확률은 각 사건이 일어날 확률을 곱한 값이라는 의미이다.

■ **양성잡종 교배의 확률은 단성잡종 교배의 확률에 기초한다**

양성잡종 교배는 기본적으로 독립된 2개의 단성잡종 교배이다. 곱의 법칙은 양성잡종 교배의 결과를 예측하는 데 사용될 수 있다.

11.5 검정교배: 유전자형 알아내기(그림 11.10)

검정교배는 미지의 유전자형을 가진 개체를 열성 동형접합체와 교배하는 것으로, F_1 자손이 모두 같은 표현형을 보이면 미지의 개체는 우성 동형접합체이며, 우성과 열성 표현형이 1:1로 나타나면 미지의 개체는 이형접합체이다.

11.6 멘델 법칙의 확장

■ **다인자유전: 하나 이상의 유전자가 단일 형질을 결정한다**

사람의 키와 같이 어떤 형질은 여러 유전자의 복합적인 작용으로 결정되며, 그 결과 연속적인 표현형의 분포를 보인다.

■ **다면발현: 하나의 유전자가 1가지 이상의 형질을 결정한다**

다면발현은 하나의 대립유전자가 하나 이상의 형질을 결정하는 것으로, 그 결과를 예측하기 어렵다.

■ **유전자는 2가지 이상의 대립유전자를 가질 수 있다**

어떤 유전자는 2가지 이상의 대립유전자를 가지고 있다. DNA 서열의 경우의 수를 생각해 보면 그리 놀라운 사실이 아니다.

■ **불완전우성: 우성은 항상 완전하지 않다**

불완전우성 유전에서 이형접합체는 중간 표현형을 가지며, 단성잡종의 경우 유전자형과 표현형의 비가 같다(**그림 11.12**). 공동우성 대립유전자는 이형접합체의 표현형에 모두 기여한다.

■ **표현형은 환경의 영향을 받는다**

유전자형에 의해 표현형이 결정될 때 환경이 영향을 미칠 수 있다. 환경이란 생물체의 외부 및 내부 환경 모두를 뜻한다. 예를 들어, 샴고양이는 온도에 민감한 효소가 있어 체온이 상대적으로 낮은 몸의 말단 부위가 좀 더 까맣다.

■ **상위: 유전자 간의 상호작용은 유전 비율을 변화시킨다**

하나의 생화학적 경로에서 함께 작용하는 효소를 암호화하는 유전자는 서로 독립적이지 않다. 옥수수의 안토시아닌 색소는 2가지 효소의 작용으로 형성되는데, 이 효소들의 유전자에 대하여 모두 이형접합인 개체를 자가수정하면 9:7의 비율이 나타난다(**그림 11.15**).

연습문제

■ **1단계: 이해력 확인하기**

1. 멘델의 연구가 이전의 연구들과 뚜렷한 차이를 보인 점은 무엇인가?
   a. 순종 완두콩을 사용하였다.
   b. 결과를 정량화하였다.
   c. 여러 가지 형질을 연구하였다.
   d. 형질의 분리를 연구하였다.

2. 보라색 꽃 완두(*PP*)와 흰색 꽃 완두(*pp*)의 단성잡종 교배에서 F_1 세대는 어떤 표현형을 나타내는가?
   a. 모두 흰색 꽃이다.
   b. 모두 연한 보라색 또는 혼합된 색 꽃이다.
   c. 모두 보라색 꽃이다.
   d. 3/4은 보라색 꽃이며, 1/4은 흰색 꽃이다.

3. 위 문제에서 F_1 세대를 자가수정하면 F_2 세대의 표현형의 비율은 얼마인가?
   a. 모두 보라색 꽃
   b. 보라색 1: 흰색 1
   c. 보라색 3: 흰색 1
   d. 흰색 3: 보라색 1
4. 다음 중 멘델 모델의 5가지 요소가 아닌 것은 무엇인가?
   a. 형질은 대립 유형(대립유전자)을 가지고 있다.
   b. 부모는 서로 섞이지 않는 형질을 자손에게 물려준다.
   c. 대립유전자가 존재하면 그것은 발현된다.
   d. 형질은 혼합되지 않는다.
5. 한 생물체의 ____________는(은) 그 생물체의 ____________에 의해 결정된다.
   a. 유전자형; 표현형
   b. 표현형; 유전자형
   c. 대립유전자; 표현형
   d. 유전자; 대립유전자
6. 사람의 키와 같이 표현형이 연속적인 형질을 보이는 이유는 무엇인가?
   a. 단일 유전자에 대한 복대립유전자(multiple alleles)로 인해 우위성이 변화했기 때문이다.
   b. 단일 유전자에 대하여 복대립유전자가 존재하기 때문이다.
   c. 하나의 유전자가 여러 가지 형질에 영향을 미치기 때문이다.
   d. 여러 가지 유전자가 하나의 형질에 영향을 미치기 때문이다.

■2단계: 적용력 평가하기

1. 꽃이 붉고 키가 큰 분꽃과 꽃이 희고 키가 작은 분꽃을 교배하여 분홍색 꽃을 피우고 키가 큰 F_1을 얻었다. 이 유전자들이 독립적으로 분리된다고 가정하고 F_1을 자가수정하여 나오는 F_2의 표현형 비율을 예측한 것은?
   a. 키가 크고 붉은색 꽃 3: 키가 작고 흰색 꽃 1
   b. 키가 크고 붉은색 꽃 1: 키가 작고 분홍색 꽃 2: 키가 작고 흰색 꽃 1
   c. 키가 크고 분홍색 꽃 3: 키가 크고 붉은색 꽃 6: 키가 크고 흰색 꽃 3: 키가 작고 분홍색 꽃 1: 키가 작고 붉은색 꽃 2: 키가 작고 흰색 꽃 1
   d. 키가 크고 붉은색 꽃 3: 키가 크고 분홍색 꽃 6: 키가 크고 흰색 꽃 3: 키가 작고 붉은색 꽃 1: 키가 작고 분홍색 꽃 2: 키가 작고 흰색 꽃 1
2. 만약 1번 문제의 2개의 유전자가 완전 연관(complete linkage)을 보인다면 F_2 표현형 비율은 무엇인가?
   a. 키가 크고 붉은색 꽃 1: 키가 작고 분홍색 꽃 2: 키가 작고 흰색 꽃 1
   b. 키가 크고 붉은색 꽃 1: 키가 작고 붉은색 꽃 2: 키가 작고 흰색 꽃 1
   c. 키가 크고 분홍색 꽃 1: 키가 크고 붉은색 꽃 2: 키가 작고 흰색 꽃 1
   d. 키가 크고 붉은색 꽃 1: 키가 크고 분홍색 꽃 2: 키가 작고 흰색 꽃 1
3. 유전자형 *Bb*와 *Bb*를 교배하였을 때 유전자형 *bb*를 얻게 될 확률은 얼마인가?
   a. 1/2　　b. 1/4
   c. 1/8　　d. 0
4. *Aa Bb cc*×*Aa Bb Cc* 교배에서 유전자형 *AA Bb Cc*를 얻게 될 확률은 얼마인가?
   a. 1/16　　b. 3/16
   c. 1/64　　d. 3/64
5. 순종인 키가 큰 담배와 역시 순종인 키가 작은 담배를 교배하여 얻은 F_1은 키가 중간이다. 이 F_1을 자가수정하여 얻은 F_2 세대의 신장은 연속적인 분포를 보였다. 이러한 결과를 가장 잘 설명할 수 있는 것은 무엇인가?
   a. 키는 불완전 우성을 보이는 단일 유전자에 의해 결정된다.
   b. 키는 여러 대립유전자를 가지는 단일 유전자에 의해 결정된다.
   c. 키는 여러 유전자의 복합적인 작용에 의해 결정된다.
   d. 키는 상위 유전자(epistatic genes)에 의해 결정된다.
6. 멘델의 모델은 각 형질이 대립 유형을 지니는 하나의 요소에 의해 결정된다고 전제하고 있는데, 이는 지나치게 단순화한 것임을 우리는 알고 있다. 실제는 어떠한가?
   a. 하나의 유전자는 하나 이상의 형질을 결정한다.
   b. 하나의 형질은 하나 이상의 유전자에 의해 결정되기도 한다.
   c. 하나의 유전자는 항상 하나의 형질을 결정하지만, 형질은 하나 이상의 유전자에 의해 결정되기도 한다.
   d. 하나의 유전자는 하나 이상의 형질을 결정하기도 하며, 형질 역시 하나 이상의 유전자에 의해 결정되기도 한다.

■3단계: 사고력 함양하기

1. 다음 교배에 대한 퍼넷 사각형을 만들고, 우성과 열성 표현형의 비율을 예측하시오. 우성 대립유전자는 대문자로 열성 대립유전자는 소문자로 표시되어 있고, b번과 c번은 확률과 곱의 법칙을 이용하시오.
   a. 유전자형 *Aa*와 *Aa* 사이의 단성잡종 교배
   b. 유전자형 *AaBb*와 *AaBb* 사이의 양성잡종 교배
   c. 유전자형 *AaBb*와 *aabb* 사이의 양성잡종 교배
2. 분리의 법칙과 독립의 법칙이 감수분열 현상에 근거하고 있음을 설명하시오.
3. 노란색 털을 가진 생쥐끼리 교배하여 노란색 2: 검은색 1의 자손을 얻었다. 이 결과를 어떻게 설명할 수 있는가? 또 이 교배를 어떻게 검정할 수 있는가?
4. 포유동물의 경우 여러 유전자가 털의 색깔을 결정한다. 이 유전자 중에 하나는 색소를 형성할 수 없는, 즉 백색증의 돌연변이 대립유전자이다. 또 다른 유전자는 색소의 명암을 결정하는 것으로 검은색 또는 갈색 대립유전자를 가지고 있다. 백색증 형질은 열성이며, 검은색은 갈색에 대하여 우성이다. 검은색 생쥐 2마리를 교배하여 검은색 털 9: 백색증 4: 갈색 털 3 비율의 자손을 얻었다. 이 결과를 설명하시오.

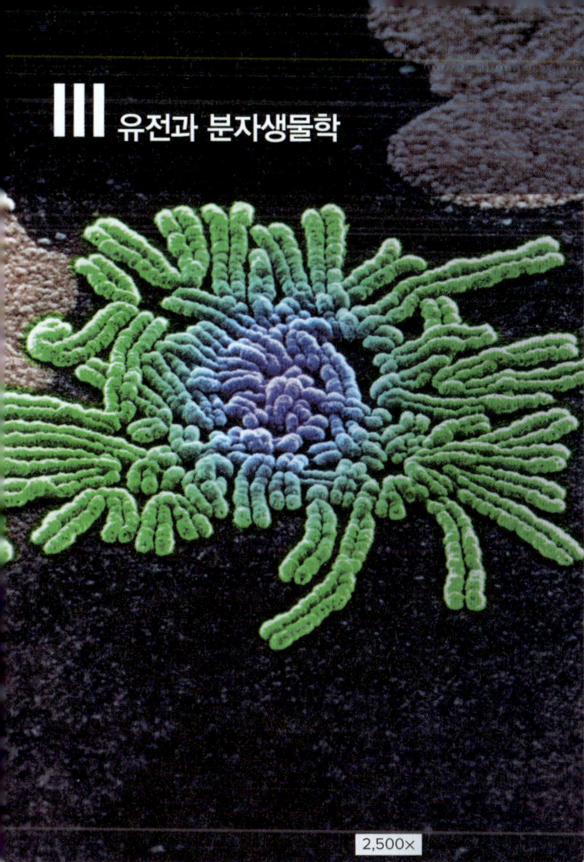

12

염색체, 지도작성, 감수분열과 유전의 연계성

12.1 성-연관과 유전의 염색체설
12.2 성염색체와 성의 결정
12.3 유전의 염색체설에 대한 예외
12.4 유전자지도 작성
12.5 인간의 유전질환

도입

멘델의 실험으로 유전 현상을 이해할 수 있게 되었으나, 여전히 많은 의문점이 남아 있었다. 20세기 초까지 사람들은 멘델이 설명한 유전에 관여하는 인자(factor)의 특성에 대하여 모르고 있었다. 20세기 초에 많은 연구자에 의해 염색체의 행동과 형질의 유전에 대한 정보들이 통합되었으며, 멘델의 분리의 법칙과 독립의 법칙은 감수분열 과정에서 일어나는 사건들에 그 근거를 두고 있다는 사실이 밝혀지게 되었다.

감수분열 과정에서 염색체의 행동은 멘델의 법칙을 설명해 줄 뿐만 아니라, 유전 연구를 새롭고 다른 방법으로 접근할 수 있게 해주었다. 유전자지도 작성을 할 수 있는 능력은 고전 유전학의 분석에서 훌륭한 도구가 되었다. 초파리를 비롯한 다른 생물들에서 개발된 유전자지도 작성법은 인간게놈프로젝트에서 얻어진 정보들과 더불어 유전질환에 관여하는 유전자들의 염색체상의 위치 결정과 해당 유전자의 분리를 가능하게 해준다.

12.1 성-연관과 유전의 염색체설

학습 목표

1. 초파리에서 성-연관 유전을 설명할 수 있다.
2. 유전자가 염색체에 존재한다는 증거를 설명할 수 있다.

유전에서 염색체가 중심적 역할을 한다는 것은 1900년에 독일 유전학자 코렌스(Carl Correns)가 멘델의 연구를 재발견한 논문에서 처음으로 제안한 바 있다. 그 후로 감수분열 동안에 유사한 염색체끼리 짝을 짓는다는 관찰 결과가 밝혀지면서 유전의 **염색체설**(chromosomal theory of inheritance)이 제안되었으며, 1902년에 미국의 서턴(Walter Sutton)에 의해 구체화되었다.

모건은 유전되는 형질과 성염색체를 연관시켰다

1910년에 모건(Thomas Hunt Morgan)은 초파리(*Drosophila melanogaster*)를 대상으로 유전 현상을 연구하면서 붉은색 눈이 아닌 흰색 눈을 가진 수컷 돌연변이체를 발견하였다(**그림 12.1**). 모건은 이 새로운 형질이 멘델 유전을 따르는지 알아보았다. 그는 이 돌연변이 수컷을 정상의 붉은색 눈 암컷과 교배하여 붉은색 눈과 흰색 눈 중 어느 것이 우성인지를 알아보려고 하였다. 교배 결과 모든 F_1 세

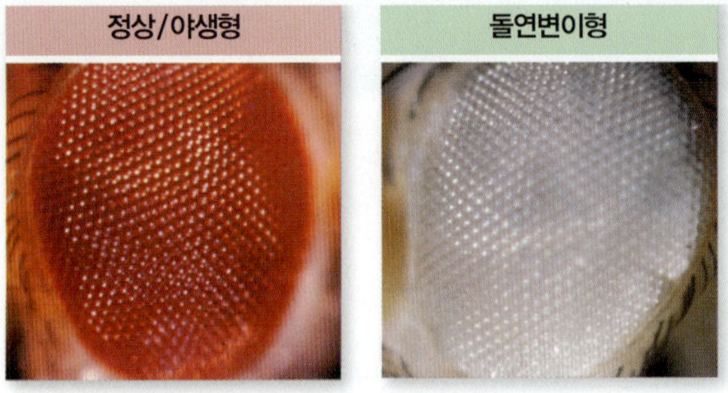

그림 12.1 초파리의 붉은색 눈(야생형)과 흰색 눈(돌연변이).
돌연변이는 유전물질에 생긴 유전적 변이이다. 초파리의 X 염색체상에 있는 흰색과 붉은색 눈 대립유전자들을 연구하여 모건은 처음으로 유전자가 염색체에 있다는 것을 증명하였다.

대가 붉은색 눈으로 나타나 모건은 붉은색 눈이 흰색 눈에 대하여 우성이라고 결론지었다.

F_1 교배

멘델이 오래전에 확립해 놓은 실험 방법에 따라서 모건은 F_1 세대의 붉은색 눈을 가진 초파리들을 서로 교배하였다. 그 결과 4252마리의 F_2 개체 중 782개체(18%)에서 흰색 눈이 나타났다. 이때 붉은색 눈과 흰색 눈의 비율이 3:1보다 높게 나타나기는 했지만, 이 결과는 눈 색깔이 분리되는 것을 보여주었다. 그러나 **F_2 세대의 흰색 눈 초파리가 모두 수컷이었다**는 점에서 멘델의 이론으로는 예측이 되지 않는 결과였다(**그림 12.2**).

검정교배

모건은 이러한 결과를 설명하기 위해 생각했다. 한 가지 가능성은 어떤 알려지지 않은 원인으로 흰색 눈의 초파리 암컷은 아예 존재하지 않을지도 모른다는 것이다. 이러한 생각이 맞는지 검정하기 위해 모건은 F_1 암컷과 원래의 흰색 눈의 수컷을 교배하였고, 흰색 눈과 붉은색 눈이 수컷과 암컷에서 각각 1:1의 비율로 나타나는 것을 관찰했다(**그림 12.2**). 결론적으로 흰색 눈 암컷이 존재하기 때문에, 모건은 이 결과를 설명하기 위해 암컷과 수컷 염색체의 성질에 관심을 가지고 연구를 계속하였다.

눈 색의 유전자는 X 염색체에 존재한다

초파리에서 각 개체의 성은 특정 염색체인 **X 염색체**(X chromosome)에 의해 결정된다. 초파리 염색체를 관찰해 보면 암컷은 2개를, 수컷은 오직 1개의 X 염색체를 갖고 있음을 알 수 있다. 수컷의 경우는 하나의 X 염색체가 다른 모양의 **Y 염색체**(Y chromosome)와 감수분열 동안에 짝짓는다. X와 Y 염색체는 성의 결정과 관련되어 있기 때문에 **성염색체**(sex chromosome)라고 부른다.

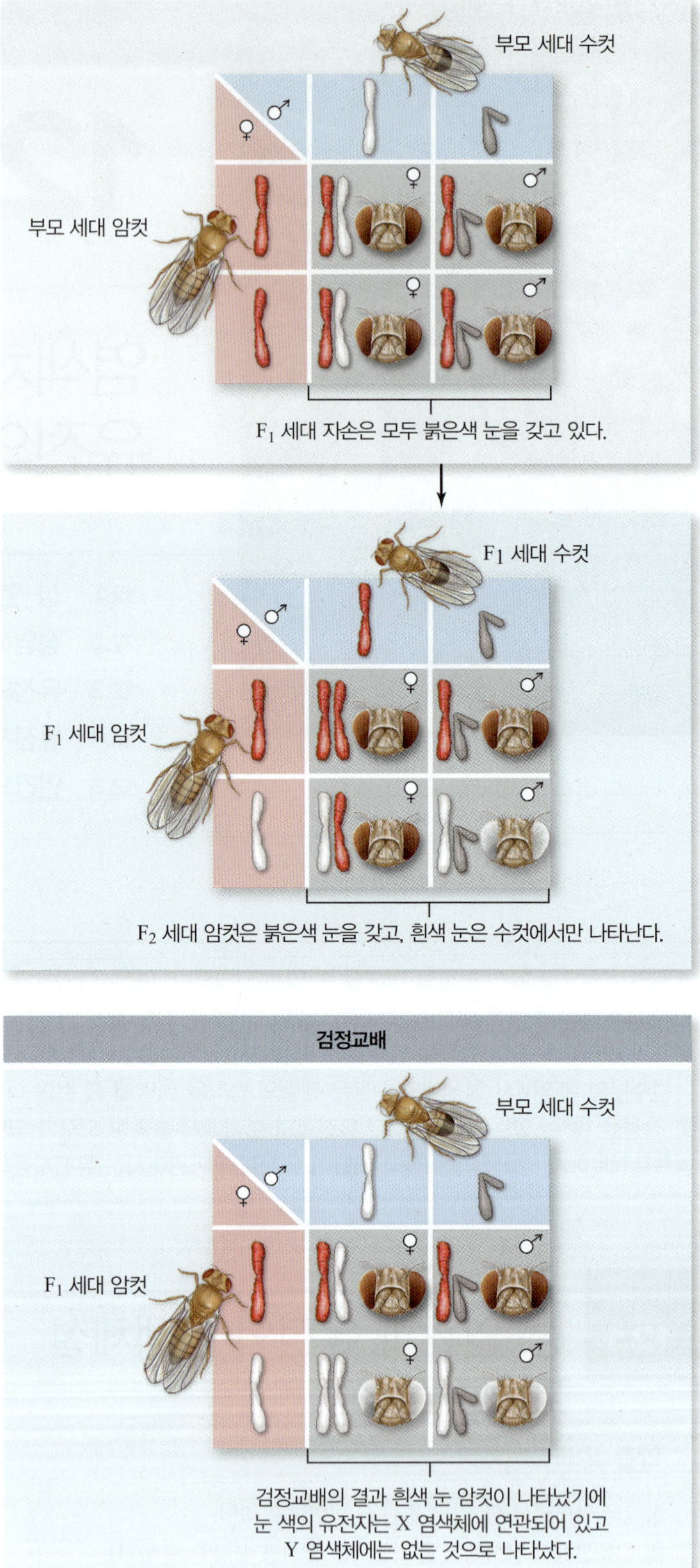

그림 12.2 염색체에 기반을 둔 성-연관.
흰색 눈 초파리 수컷과 붉은색 눈 초파리 암컷을 교배하였다. 흰색 눈의 대립유전자가 열성이므로 예상대로 F_1 세대는 모두 붉은색 눈으로 나타났다. F_2 세대에서 흰색 눈 초파리는 모두 수컷에서 나타났는데, 그 이유는 Y 염색체에는 흰색 눈 유전자가 없기 때문이다. 성염색체의 유전과 눈 색이 관련되어 있다는 것은 X 염색체상에 흰색 눈을 발현하는 유전자가 있다는 것을 보여줌으로써 증명이 되었다.

감수분열에서 암컷은 X 염색체를 가진 배우자만을 만드는 반면, 수컷은 X 염색체를 가진 배우자와 Y 염색체를 가진 배우자를 만든다. 따라서 X 정자가 수정을 하면 XX인 수정란이 만들어져 암컷이 되고, Y 정자가 수정을 하면 XY인 수정란이 만들어져 수컷이 된다.

모건의 수수께끼에 대한 해답은 다음과 같다. 초파리의 흰색 눈을 만드는 유전자는 X 염색체에만 존재하고 Y 염색체에는 존재하지 않는다(현재 Y 염색체에는 기능성 유전자가 거의 없는 것으로 알려져 있다). X 염색체에 있는 유전자에 의해 결정되는 형질을 **성-연관**(sex-linked) 혹은 **X-연관**(X-linked)이라 부른다. 흰색 눈 형질은 열성이므로 모건이 수행한 실험의 결과는 멘델의 분리의 법칙에 따른 정상적인 결과였던 것이다(**그림 12.2**).

모건의 실험은 유전학의 역사에서 가장 중요한 실험 중의 하나이다. 왜냐하면 서턴이 제안한 것처럼 형질을 결정하는 유전자가 염색체에 있다는 것을 명백히 보여주었기 때문이다. 교배 실험에서 형질이 분리되는 것은 배우자 형성 동안 상동염색체가 분리되기 때문이다.

핵심 요약 12.1

모건은 초파리의 흰색 눈 형질이 자손의 성에 의해 분리된다는 것을 보여주었다. X와 Y 염색체는 또한 성에 따라 분리된다. 따라서 이 발견은 형질과 염색체의 행동을 연관 지으며, 형질이 염색체에 의해 운반된다는 염색체 유전 이론을 지지했다.

- 흰색 눈을 가진 암컷과 붉은색 눈을 가진 수컷을 교배하면 어떻게 될까?

12.2 성염색체와 성의 결정

학습 목표

1. 성염색체와 성 결정의 관련성에 대해 설명할 수 있다.
2. 포유동물에서 유전자량 보정의 유전적 결과를 설명할 수 있다.

성염색체의 구소와 수는 종에 따라 나르게 나타닌다(**표 12.1**). 사람을 비롯한 다른 포유동물에서와 마찬가지로 초파리는 암컷이 XX이고 수컷이 XY이다. 그러나 조류의 경우는 수컷은 2개의 Z 염색체를 갖고 있으며, 암컷은 하나의 Z와 하나의 W 염색체를 갖고 있다. 메뚜기와 같은 곤충들은 Y 염색체를 가지지 않아 암컷은 XX이고 수컷은 XO이다(여기에서 O는 염색체가 없음을 의미한다).

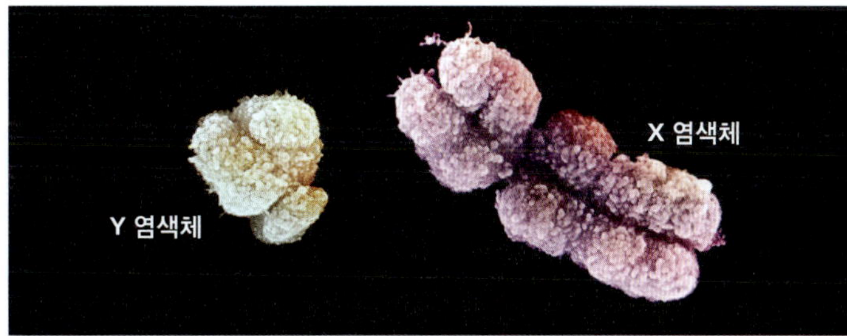

35,000×

표 12.1 몇몇 생물의 성 결정

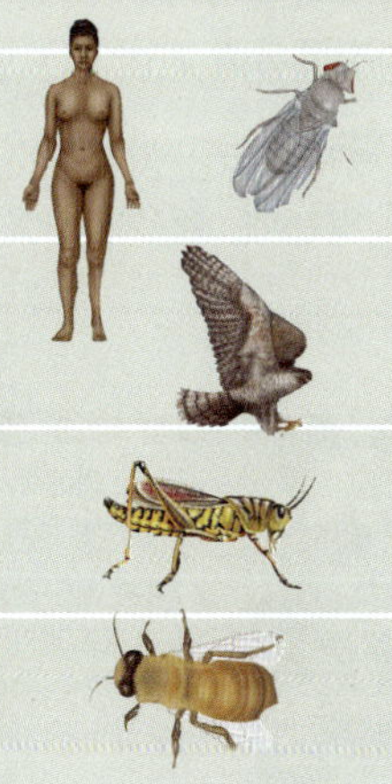

	암컷	수컷
인간, 초파리	XX	XY
조류	ZW	ZZ
메뚜기	XX	XO
꿀벌	2배체	반수체

인간의 경우, Y 염색체는 일반적으로 남성성을 결정한다

사람의 염색체는 46개(23쌍)로 이루어져 있으며(9장 참조), 그중 남성과 여성 모두에 존재하는 22쌍의 염색체는 **상염색체**(autosome)라고 부르고, 나머지 1쌍의 염색체는 성염색체로 여자는 XX, 남자는 XY이다.

남성에 있는 Y 염색체는 매우 응축되어 있다. Y 염색체에서는 소수의 유전자만이 발현되기 때문에 남성의 단일 X 염색체에 있는 열성 대립인자는 Y 염색체에는 없는 경우가 대부분이다.

사람의 배아에서 "기본 설정(default)"은 여성으로 발생하는 것이다. 남성과 관련된 특징은 Y 염색체에 있는 일부 활동적인 유전자들, 특히 *SRY* 유전자에 의한 생식기와 2차 성 기관들의 남성화로 인해 나타난다. 결과적으로 **최소한 하나의 Y 염색체**를 가진 사람은 남성이 된다.

이 법칙에 예외가 되는 경우를 통하여 성 결정의 기작을 알 수 있다. 예를 들어, Y 염색체의 일부가 X 염색체로 이동한 경우에 XX인 사람이 남성이 될 수 있으며, XY임에도 불구하고 남성호르몬인 안드로젠(androgen)에 반응하지 않는 안드로젠 불감증(androgen insensitivity syndrome)인 경우 여성으로 될 수도 있다. 마지막으로 *SRY* 유전자의 돌연변이는 XY 개체를 여성으로 만들 수 있다.

사람에게 나타나는 이런 유형의 성 결정은 포유동물에서 공통적이지만 모든 척추동물에 적용되는 것은 아니다. 어류와 파충류 중 몇 종류는 환경적인 요인이 성 결정 유전자의 발현에 영향을 미쳐 성체의 성을 결정한다.

인간의 몇몇 유전질환은 성-연관을 나타낸다

고대로부터 사람들은 여성보다 남성에게 더 많이 발생하는 질환이 있음을 알았다. 적록색맹은 유전자가 X 염색체에 있기 때문에 남성에게 더 많이 발생하는 잘 알려진 질환이다.

다른 예로는 혈액 응고의 연속반응에 관여하는 단백질 중의 하나가 잘못되어 발생하는 질환인 **혈우병**(hemophilia)이다. 혈우병 환자는 작은 상처에도 지혈이 되지 않는데, 혈우병은 X-연관 열성 대립인자에 의해 발생한다. 혈우병 대립인자에 대하여 이형접합인 여성은 증상을 보이지 않는 보인자(carrier)로 나타나며, 혈우병 대립인자가 있는 X 염색체를 받는 남성은 혈우병이 된다.

혈우병 대립인자는 영국의 빅토리아 여왕(Queen Victoria)에 의해 유럽의 여러 왕족에게 옮겨졌다. 이 왕족들은 산부인과적인 기록을 잘 보존하였기 때문에 이 질환에 대한 광대한 가계도를 갖고 있다. **그림 12.3**에서 보는 것처럼 빅토리아 여왕 이후 5세대에 걸쳐서 10명의 남성 자손들이 혈우병을 앓았다.

러시아의 로마노프 왕가에게는 빅토리아 여왕의 손녀인 알렉산드라(Alexandra Feodorovna)를 통하여 혈우병 유전자가 전해졌다. 그녀는 니콜라스 II세(Czar Nicholas II)와 결혼하였고 그들의 독자인 알렉시스(Alexis)가 혈우병을 앓았다. 그 가족 전체는 러시아 혁명

그림 12.3 왕가의 혈우병 가계도.
사진의 아래쪽 중앙에 보이는 빅토리아 여왕은 혈우병의 보인자였다. 여왕의 딸 4명 중 2명의 딸, 앨리스(Alice)와 베아트리스(Beatrice)가 혈우병 대립인자를 물려받았다. 사진에서 앨리스의 두 딸은 빅토리아 여왕의 뒤에 깃털 목도리를 두른 채 서 있는데, 오른쪽은 프러시아의 공주가 된 아이린(Irene)이고, 왼쪽은 곧 러시아의 황후가 될 알렉산드라(Alexandra)이다. 두 명 모두 혈우병의 보인자였다. 아래의 가계도에서 앨리스가 혈우병 대립인자를 러시아와 프러시아의 왕가에 들여온 것이 확실하며, 베아트리스는 스페인 왕가에 그 인자를 들여온 것이 확실하다. 빅토리아의 아들인 레오폴드(Leopold)는 혈우병 환자였으며, 이 병을 3세대로 전파했다. 가계도의 기호 중에서 반쪽만 색칠한 것은 정상 대립인자와 혈우병 대립인자를 각각 하나씩 가진 보인자이며, 완전히 색칠한 기호는 혈우병이 있는 가진 사람을 나타낸다.

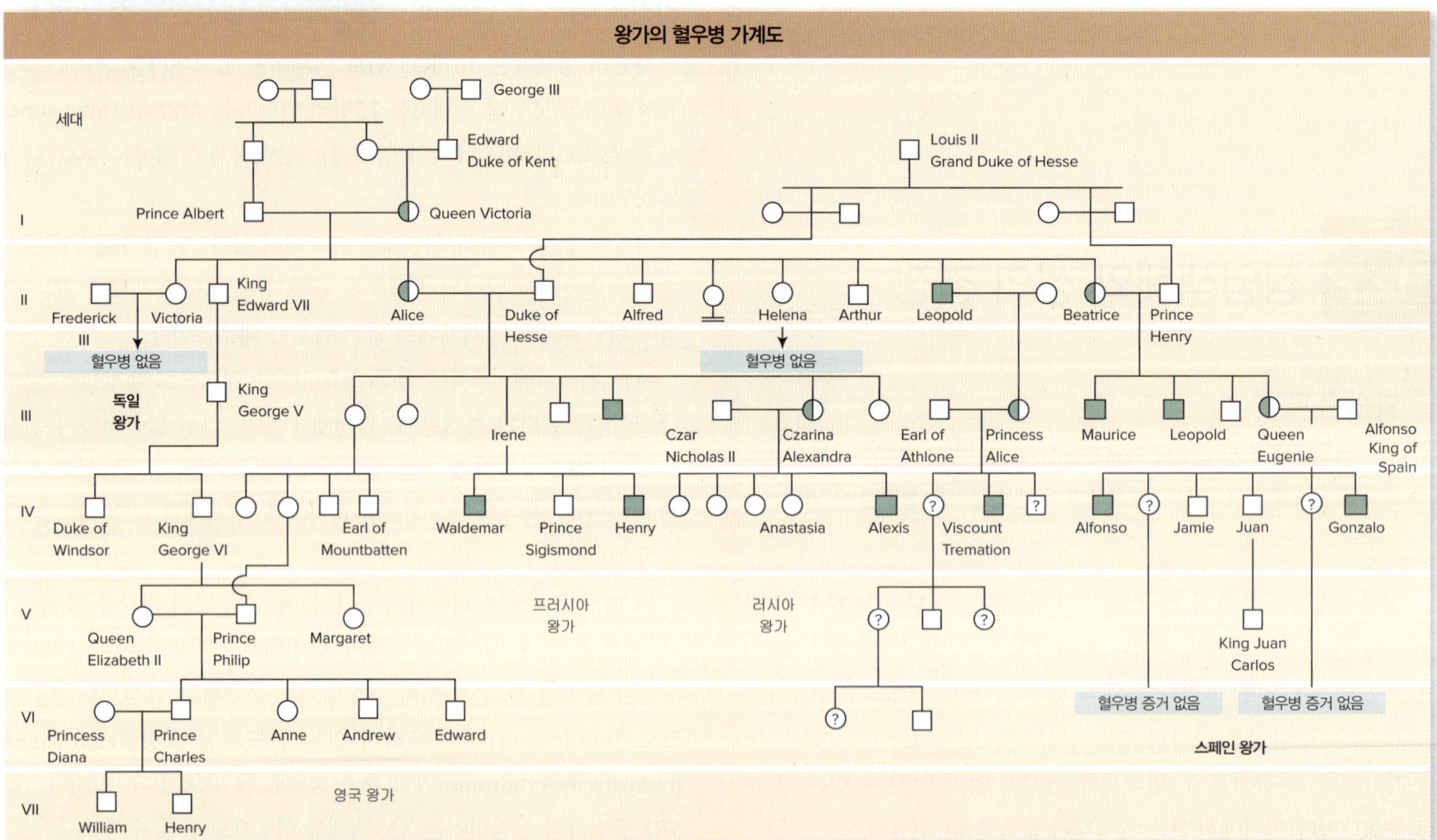

동안에 몰살당하였다. 최근 살아남은 딸이라고 주장하던 여자가 있었으나, 그녀가 죽은 후 유전자 검사를 한 결과 사실이 아님이 밝혀졌다.

아이러니하게도 혈우병이 현재의 영국 왕실에서는 존재하지 않는데, 그 이유는 빅토리아 여왕의 아들 에드워드 VII세(Edward VII)가 혈우병 인자를 유전받지 않았으며, 그의 후손들이 영국의 통치자가 되었기 때문이다.

유전자량 보정은 성-연관 유전자의 산물이 2배가 되는 것을 방지한다

남성은 하나의 X 염색체를 갖고 있고 여성은 2개의 X 염색체를 갖고 있지만, 여성의 세포는 X 염색체에 있는 유전자의 단백질을 남성보다 2배로 만들어 내는 것은 아니다. 이는 여성의 X 염색체 중 하나가 배아 발생의 초기 단계에서 불활성화되어 나타나는 현상이다. 이러한 불활성화는 **유전자량 보정**(dosage compensation)의 한 예로, 남성과 여성의 성염색체 수가 다름에도 불구하고 유전자 발현량을 동일하게 유지하기 위한 것이다. 이와는 대조적으로 초파리에서는 수컷 염색체의 발현수준을 증가시킴으로써 유전자량 보정 기작이 작동한다.

여성에서 어느 X 염색체가 불활성화될지는 세포에 따라서 무작위로 정해진다. 어떤 여성이 성-연관 형질에 대하여 이형접합체이면 어떤 세포는 2개의 대립인자 중 하나를 발현하고, 어떤 세포에서는 다른 대립인자가 발현되기도 한다. 불활성화된 X 염색체는 매우 농축되어서 핵막에 부착된 상태로 진하게 염색되어 다음 그림에서 보는 바와 같이 **바소체**(Barr body)로 관찰된다.

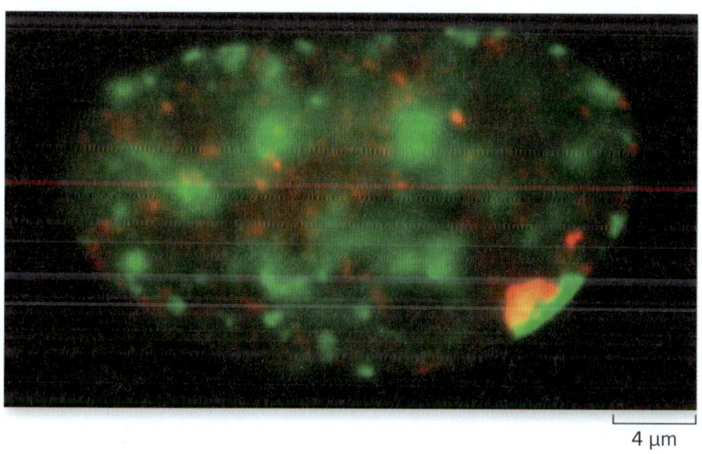

X 염색체 불활성화는 유전적 모자이크로 이어질 수 있다

X 염색체 불활성화에 의한 유전자량 보정은 사람뿐 아니라 모든 포유동물에서도 일어난다. X 염색체에 있는 대립인자들에 대하여 이형접합체인 암컷들은 **유전적 모자이크**(genetic mosaic)로 나타나는데, 어느 X 염색체가 불활성화되는가에 따라 각 세포는 서로 다른 대립인자를 발현하게 된다.

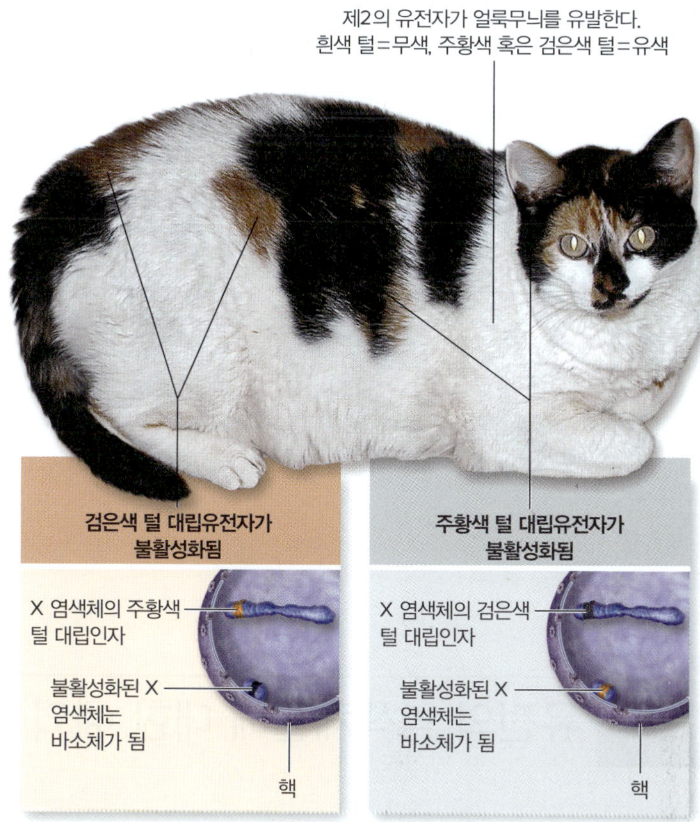

그림 12.4 삼색 고양이.
이 고양이는 검은색 혹은 주황색 털을 결정하는 털 색 유전자에 대하여 이형접합이다. 이 유전자는 X 염색체에 위치하며, 서로 다른 색은 X 염색체 불활성화 때문에 발생한다. 얼룩무늬와 흰색 털은 색깔 유전자에 대하여 상위 발현을 하여 그 효과를 막는 제2의 유전자에 의해 나타난 것이다.

그 실례로 검은색 털, 주황색 털, 흰색 털이 군데군데 섞여 있는 암컷 삼색 고양이(calico cat)를 들 수 있다(**그림 12.4**). 캘리코 고양이에서 검은색 털과 주황색 털은 X 염색체에 있는 색소 결정 유전자의 이형접합에 의해 나타나는데, 한 대립인자는 검은색 털을 만들고 다른 대립인자는 주황색 털을 만든다. 어느 X 염색체가 불활성화되는가에 따라서 특정 부위의 색깔이 정해지는 것이다. 주황색 대립인자를 가진 X 염색체가 불활성화되면 그 부분은 검은색 털로 니디니고, 그 반대이면 주황색 털로 니디니게 되는 것이디.

색깔의 분포와 흰색 털의 존재는 털 색깔 유전자에 대하여 상위(epistasis) 발현을 하는 제2의 유전자에 의해 결정된다(11장 참조). 즉, 제2유전자의 발현이 색소 유전자의 발현을 차단하기 때문에 색소가 전혀 없는 부분이 생겨서 흰색 털이 만들어진다. 이 고양이는 X 염색체 불활성화와 상위 발현을 동시에 볼 수 있는 좋은 예이다.

핵심 요약 12.2

성 결정은 성염색체라 불리는 특정 염색체의 존재 혹은 부재에 의해 시작된다. 다른 요인들은 다른 종의 성 결정에 영향을 줄 수 있다. 인간에서는 남성이 XY이므로 X 염색체상의 대립유전자에 대해 열성 형질이 나타난다. 포유류 암컷에서는 각 세포의 X 염색체 하나가 불활성화되어 유전자 발현의 균형을 맞춘다. 이 무작위 불활성화는 유전적 모자이크로 이어질 수 있다.

■ XXX 개체는 생존 가능할까? 그렇다면 그 사람은 남성일까? 여성일까?

12.3 유전의 염색체설에 대한 예외

학습 목표

1. 엽록체 또는 미토콘드리아 DNA에 포함된 유전자의 유전 양상에 대해 설명할 수 있다.

염색체설로 대부분의 유전 현상이 설명되지만 예외가 있다. 이러한 예외는 미토콘드리아와 엽록체와 같은 세포소기관에 있는 게놈의 DNA에 의해 발생한다. 세포소기관을 통한 비멘델성 유전은 많은 사람이 회의적으로 인식하고 있었음에도 1960년대와 1970년대에 단세포 녹조류인 클라미도모나스(*Chlamydomonas*)에 있는 엽록체의 유전자 지도작성을 한 새거(Ruth Sager)에 의해 심도 있게 연구되었다.

미토콘드리아와 엽록체는 감수분열 동안 핵 게놈과 함께 나누어지지 않기 때문에 이들 소기관에 있는 유전자에 의해 결정되는 형질들은 멘델 유전을 따르지 않는다.

미토콘드리아 유전자는 모계로부터 유전된다

세포소기관들은 일반적으로 부모 중 모친으로부터 유전된다. 수정란이 형성될 때 그 수정란은 부모로부터 각각 동일한 핵 게놈을 받게 되지만, 모든 미토콘드리아는 대부분의 세포질을 가진 난자로부터 받게 된다. 수정란이 분열함에 따라서 미토콘드리아들도 분열하여 무작위로 분배된다.

결과적으로 성체의 모든 세포에 있는 미토콘드리아는 난자에 있던 모계의 미토콘드리아에서 유래된 것이다. 이와 같이 모친으로부터 유전되는 현상을 **모계유전**(maternal inheritance)이라고 부른다.

사람의 경우 레버 유전성 시신경 장애(Leber's hereditary optic neuropathy, LHON)는 모계유전을 한다. 이 질환은 NADH 탈수소효소(dehydrogenase)의 소단위체의 돌연변이 때문에 일어난다. 이 돌연변이 유전자는 미토콘드리아 전자전달연쇄의 전자전달 효율을 감소시켜(6장 참조) 전반적으로 ATP의 생성이 줄어들게 하는데, 어떤 시신경 세포는 ATP 감소에 특별히 민감하여 신경 퇴화를 초래한다.

이 질환을 앓고 있는 모친은 그 질환을 모든 자손에게 물려주지만, 이 질환을 앓고 있는 부친은 자손에게 물려주지 않는다. 이 질환은 남녀에서 동일하게 나타나기 때문에 성-연관 유전과는 다른 현상이다.

엽록체 유전자 또한 한쪽 부모로부터 전달될 수 있다

부계 혹은 부모 모두에 의한 엽록체 유전이 몇몇 종의 식물에서 알려졌지만, 엽록체의 유전 형태도 보통 모계로 유전된다. 1909년에 코렌스(Carl Correns)는 처음으로 분꽃(*Mirabilis jalapa*)에서 식물의 얼룩무늬(초록색과 흰색이 섞인 잎) 유전이 엽록체 때문이라고 제안한 바 있는데, 이때 자손은 부계의 표현형과 상관없이 모계의 표현형을 나타냈다.

클라미도모나스를 이용한 새거의 연구에서 항생제 스트렙토마이신(streptomycin)에 대한 내성은 mt^+ 교배형의 엽록체 DNA를 통하여 유전되었으며, mt^- 교배형은 mt^+와 mt^- 배우자의 융합으로 인해 만들어진 접합자에게 아무런 엽록체 DNA도 전달하지 않는 것으로 나타났다.

핵심 요약 12.3

미토콘드리아와 엽록체의 게놈은 핵과는 독립적으로 분열한다. 이러한 세포소기관은 난자의 세포질에 존재하므로 이 게놈으로 인해 결정되는 특성은 모계유전을 따르며, 따라서 멘델의 법칙을 따르지 않는다. 그러나 몇몇 종의 엽록체는 부계 혹은 부모로부터 전해진다.

■ mt^+와 mt^-의 교배로 만들어진 클라미도모나스 접합체에서 mt^- 엽록체 DNA가 없는 것을 어떻게 설명할 수 있을까?

12.4 유전자지도 작성

학습 목표

1. 동일 염색체상에 있는 유전자들이 독립적으로 분리되지 않는다는 사실을 설명할 수 있다.
2. 재조합빈도와 유전자 사이의 거리 관계에 대해 설명할 수 있다.
3. 검정교배 자료에서 얻은 재조합빈도로부터 지도 거리를 구할 수 있다.

11장에서 멘델의 유전 법칙에 따르는 형질은 염색체에 위치한 유전자에 의해 결정된다는 것과 멘델의 형질들이 독립적으로 분리되는 것은 감수분열에서 염색체의 독립적 분리에 따른다는 사실을 살펴보았다. 그러나 이러한 사실에는 아직 불완전한 점들이 있다. **그림 11.4**에 제시된 멘델의 7가지 형질 중에서 같은 염색체에 2개의 유전자가 있는 두 가지 경우가 존재한다. 한 사례의 경우 멘델은 양성잡종 교배를 수행하였고, 두 유전자는 독립적으로 분리되는 것처럼 보였다. 같은 염색체에 있는 두 유전자는 서로 다른 염색체에 있는 두 유전자와는 다르게 행동할 것이다. 그러나 실제로 생물체에는 염색체의 수보다 훨씬 많은 수의 유전자가 독립적인 분리 현상을 보인다. 이것은 독립적인 분리가 감수분열 동안에 염색체의 무작위 짝짓기와 분리에 의해서만 발생하는 것이 아님을 의미한다.

? **탐구문제** 멘델은 양성잡종 교배에서 식물의 키와 꼬투리의 모양에 대한 것을 조사하지 않았다. 이러한 형질을 나타내는 유전자들은 동일한 염색체상에서 매우 가깝게 위치한다. 그렇다면 멘델의 결과는 어떻게 나타날까?

이 문제에 대한 답은 10장에서 살펴본 관찰 결과에서 찾을 수 있는데, 그것은 바로 감수분열에서 상동염색체 간의 교차(crossing over)가 일어난다는 사실에 기인한다. 감수1분열 전기에 상동염색체는 교차로 인해 두 염색체 사이에서 물질교환이 일어나는데, 그 교환은 자매염색분체 사이에서 일어나는 것이 아니라 상동염색체 사이에서 일어나며(**그림 12.5**), 감수1분열 후기에 두 염색체는 분리된다.

유전자 재조합에 의해 상동염색체에 있는 대립유전자는 교환된다

멘델의 실험 틀을 이용하여 양성잡종 교배를 한다고 생각해 보자. 두 가지 형질에 있어서 서로 다른 두 가지 동형접합체를 교배하여 2중 이형접합체(double heterozygote)인 F_1을 만든다. 두 형질을 결정하는 유전자들이 같은 염색체에 있다면, F_1에서 감수분열 동안 2개의 유전좌위는 같이 분리되어 부모가 갖고 있던 2가지 형태의 배우자만 생산할 것이라고 예상할 수 있다. 그러나 2개의 유전좌위 사이에 교차가 발생한다면 각 상동염색체는 각각의 부모로부터 하나씩의 대립유전자를 받게 되어 부모의 형질들을 조합한 배우자가 만들어질 것이다(**그림 12.5**). 이때 새로운 조합을 갖는 배우자는 부모의 대립유전자가 재조합되어 형성되었기 때문에 **재조합**(recombinant) 배우자라고 부른다.

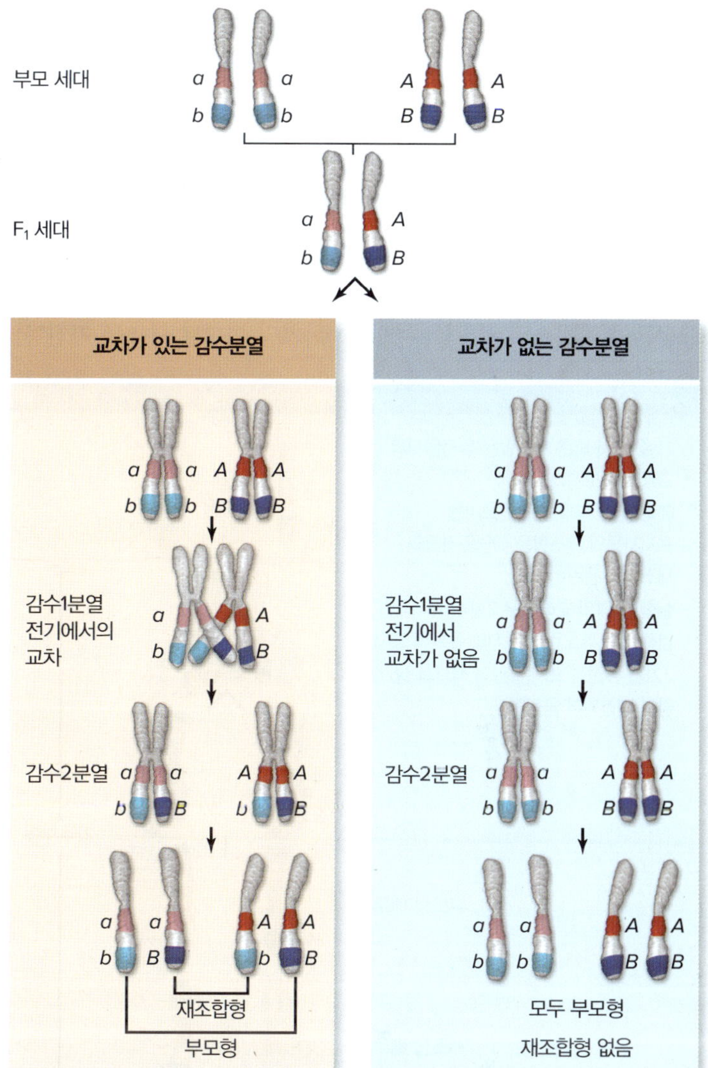

그림 12.5 **교차에 의한 상동염색체상의 대립유전자 교환.**
두 유전좌위 사이의 교차로 인해 재조합 염색체가 생긴다. 교차가 없으면 염색체는 부모형의 대립유전자 조합을 그대로 갖게 된다.

이러한 재조합에 대한 증거는 초파리의 X 염색체에 있는 3개 유전자의 연구를 통해 모건이 처음으로 제시하였다. 그는 세 가지 형질이 재조합된 자손 초파리보다 부모의 형질을 갖는 초파리가 훨씬 많음을 발견하고, 이는 3개의 유전자가 모두 X 염색체에 있어서 같이 유전되었기 때문이라고 설명하였다. 더 나아가 그는 재조합된 유전자형을 갖는 개체는 감수분열 동안 상동염색체 사이의 교차로 인하여 만들어진 것이라고 제안하였다.

맥클린톡(Barbara McClintock)과 크라이튼(Harriet Creighton)이 실험한 옥수수와 스턴(Curt Stern)이 실험한 초파리에서 유전물질이 서로 교환된다는 구체적인 증거가 제시되었다. 크라이튼과 맥클린톡의 실험은 **그림 12.6**에 상세하게 설명되어 있다. 이 실험에서 그들은 현미경으로 관찰할 수 있는 두 가지 변형된 구조를 가진 한 염색체(한쪽 끝에는 혹(knob) 표지가 있고, 다른 쪽 끝은 신장(extension) 표지를 가진 염색체)를 사용하였다. 이 염색체는 관찰 가능한 표지 외에도 낱알의 색깔(유색과 무색) 그리고 낱알의 질감[밀납질(waxy) 혹은 전분질(starchy)]을 결정하는 유전자도 갖고 있었다.

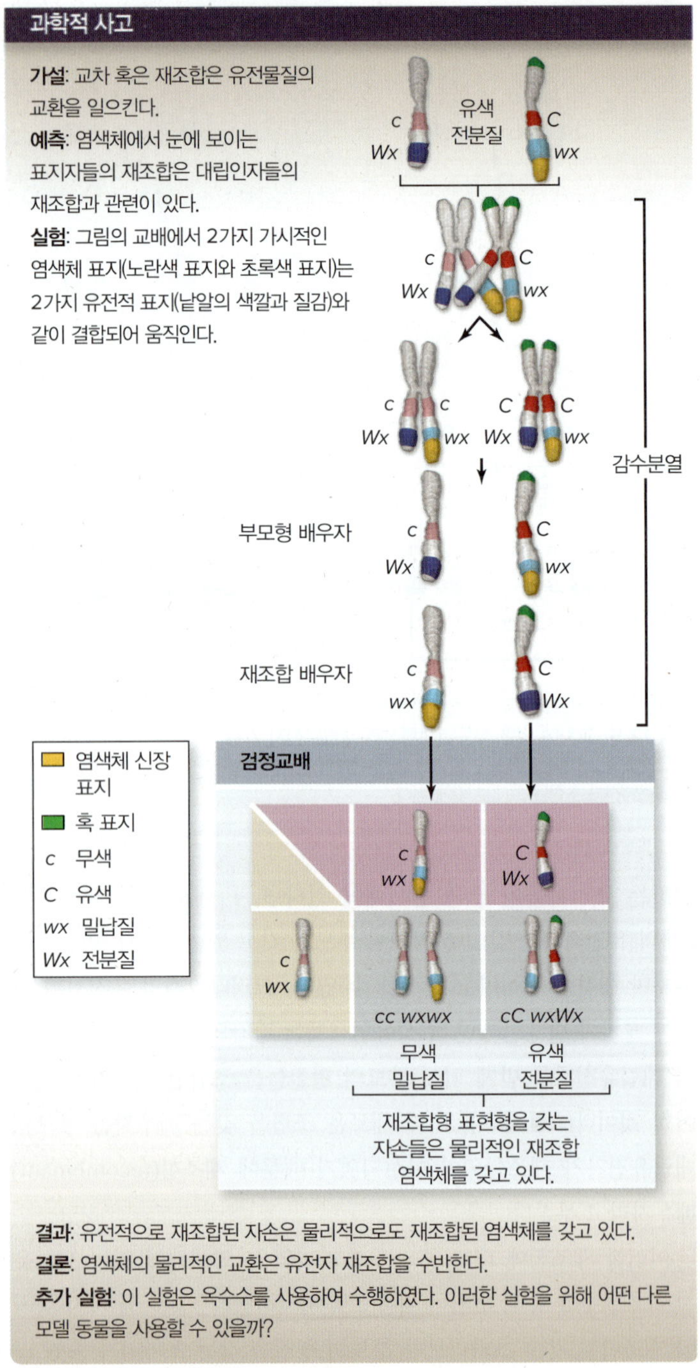

그림 12.6 크라이튼과 맥클린톡의 실험.

혹을 가진 긴 염색체는 낱알의 유색을 나타내는 우성 대립인자(C)와 낱알의 밀납질을 나타내는 열성 대립인자(wx)를 갖고 있었다. 이 형접합체는 이 염색체와 열성인 무색 대립인자(c)와 우성인 전분질 대립인자(Wx)를 가진 정상 모양의 염색체로 이루어져 있다(**그림 12.6**). 이 식물체는 두 유전좌위에서 이형접합이기 때문에 유색의 전분질 표현형을 갖고 있으며, 또한 2개의 구별되는 염색체를 가지고 있다.

유전자형과 염색체에 있어서 이형접합체인 이 식물을 정상 모양의 염색체를 가진 무색의 밀납질 식물과 검정교배하였다. 그 자손들의 표현형을 조사하여 유전적 재조합이 일어났는지, 그리고 현미경으로 염색체의 모양을 관찰하여 염색체의 교차가 일어났는지를 조사한 결과 놀라운 사실이 발견되었다. 유전적으로 재조합이 일어난 모든 자손(유색이면서 전분질인 개체와 무색이면서 밀납질인 개체)은 2가지 염색체 표지 중 하나의 표지만 갖고 있었는데, 이는 유전적 재조합에 염색체의 교환이 항상 동반된다는 사실을 입증한 결과였다.

재조합은 유전자지도의 근간을 이룬다

유전적 교배로부터 나온 자료를 이용하여 염색체상의 유전자들의 위치를 결정하는 것은 유전학에 있어서 가장 유용한 기법 중의 하나이다. 이 기법이 가능하게 된 원리는 매우 간단하다.

모건은 자손들 중에서 재조합된 자손들의 출현 비율이 염색체상의 유전자들의 상대적인 거리에 따라 정해진다고 제안하였다. 모건의 실험실에 있던 학부생인 스터트반트(Alfred Sturtevant)는 양적으로 이러한 관찰 결과를 처리하여 교배에서 관찰되는 재조합의 비율이 유전적 거리의 척도로 사용될 수 있음을 보여주었다. 이는 염색체상의 거리가 증가함에 따라 두 유전좌위 사이의 재조합(또는 교차)의 확률도 증가한다는 논리로, 재조합 배우자의 발생 빈도는 염색체상의 유전자 사이의 거리를 측정하는 척도가 된다는 것이다.

연관자료

재조합빈도를 쉽게 측정하기 위해 연구자들은 검정교배를 사용하였다. 검정교배에서는 F_2 자손의 표현형으로부터 부모 세대인 F_1 2중 이형접합체에서 나타나는 배우자의 유전자형을 알 수 있다. 감수분열 시에 두 유전좌위 사이에 교차가 일어나지 않으면 자손은 부모의 형질을 나타내게 되고, 교차가 일어나면 자손은 부모와는 다른 재조합된 형질을 나타내게 된다(**그림 12.5**).

두 유전자 사이의 거리가 가까울수록 재조합된 표현형을 갖는 자손의 수는 부모의 형질을 갖는 자손 수보다 훨씬 더 적게 되며, 그 두 유전자는 서로 연관되어(linked)있다고 말한다. 재조합된 자손의 수를 총 자손의 수로 나눈 값을 재조합빈도(recombination frequency)라고 부른다. 이 값을 퍼센트(%)로 변환했을 때, 1%의 재조합빈도 단위를 지도단위라고 한다. 이 단위는 모건의 이름을 따라서 센터 모건(cM)으로 표시하기도 하고, 그냥 단순히 지도단위(map unit, m.u.)로 나타내기도 한다.

유전자지도 작성

유전자지도 작성은 2중 이형접합체와 열성 동형접합체를 교배하는 검정교배에서 재조합빈도를 결정하기 위해 자손의 수를 세기만 하면 되는 간단한 과정이다. 유전자지도 작성은 다음에 설명하는 바와 같이 2점교배(two-point cross)의 예에서 잘 볼 수 있다.

초파리에서 두 가지 돌연변이인 흔적 날개(vg)와 검은색 몸(b)에 대하여 동형접합체를 이들 유전자에 대해 야생형 대립인자(vg^+ b^+)를 가진 정상 초파리와 교배한다. 2중 이형접합체인 F_1 개체(vg^+ b^+/vg b)를 열성 동형접합체(vg b/vg b)와 검정교배하여 그 자손들의 수를 표현형별로 측정한 결과(**그림 12.7**), 다음과 같은 자료를 얻었다.

흔적 날개, 검은색 몸 (vg b) 405 (부모 표현형)
긴 날개, 회색 몸 (vg^+ b^+) 415 (부모 표현형)
흔적 날개, 회색 몸 (vg b^+) 92 (재조합 표현형)
긴 날개, 검은색 몸 (vg^+ b) 88 (재조합 표현형)
총 자손 수 1000

재조합빈도를 구하기 위해 재조합 자손들의 수를 합하여 총 자손 수로 나누면[(92+88)/1000] 0.18이 된다. 이것은 두 유전자 사이의 유전적 거리로 18 cM이 된다.

다중 교차는 독립적 분리와 같은 결과를 나타낸다

두 유전좌위 사이의 거리가 증가하면 감수분열 동안 이들 사이의 재조합 확률도 증가한다. 그렇다면 두 유전자 사이에 교차가 한 번 이상 발생하면 어떻게 될까?

상동염색체의 두 유전좌위 사이에 2번의 교차가 발생하게 되면 부모의 유전자 조합이 유지된다. 그렇게 되면 교차가 일어나지 않은 것처럼 보이므로 실제의 유전적 거리보다 작게 나온다. 그 결과 실제의 유전적 거리와 교차율은 정확하게 비례하지 않게 되는데, 그 관계식은 처음에는 직선으로 비례하지만 기울기가 점점 감소하여 재조합 비율 0.5에 접근하게 된다(**그림 12.8**).

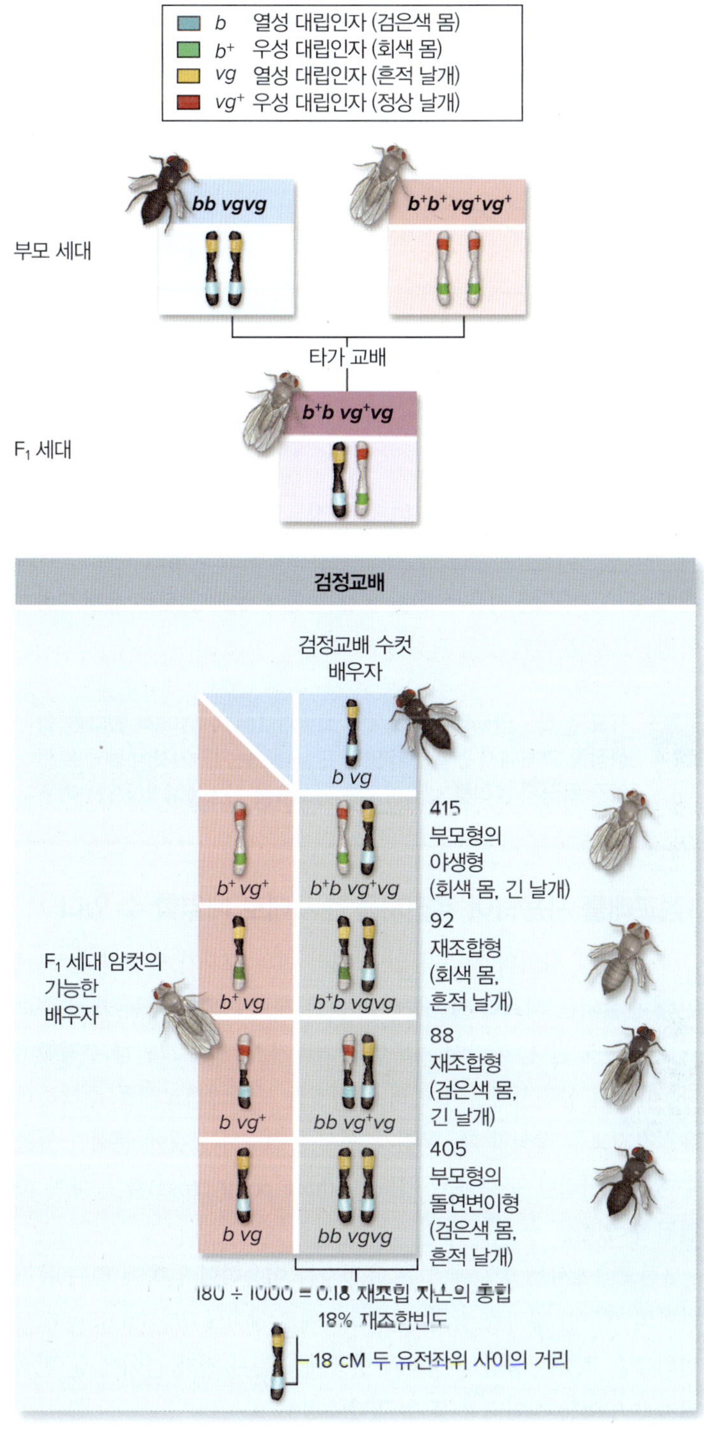

그림 12.7 2점교배로 유전자지도 작성하기.
긴 날개(vg^+)와 회색 몸(b^+)에 대하여 동형접합인 초파리를 흔적 날개(vg)와 검은색 몸(b)에 대하여 동형접합인 초파리와 교배하였다. 흔적 날개와 검은색 몸은 성상(야생형)인 긴 날개와 회색 몸에 대하여 열성이다. 지도작성을 위해 F_1 자손을 흔적 날개와 검은색 몸의 동형접합체와 검정교배를 하여 F_2 자손을 만들었다. 자료 분석 내용은 본문을 참조한다.

두 유전좌위 사이의 거리가 멀면 여러 번의 교차가 발생하는 경우가 많다. 이런 경우 교차가 홀수(1, 3, 5)로 일어나면 재조합 배우자를 만들게 되지만, 교차가 일어나지 않거나 짝수(0, 2, 4)로 발생하면 부모형의 배우자가 만들어지게 된다. 두 유전자 사이의 거리가 충

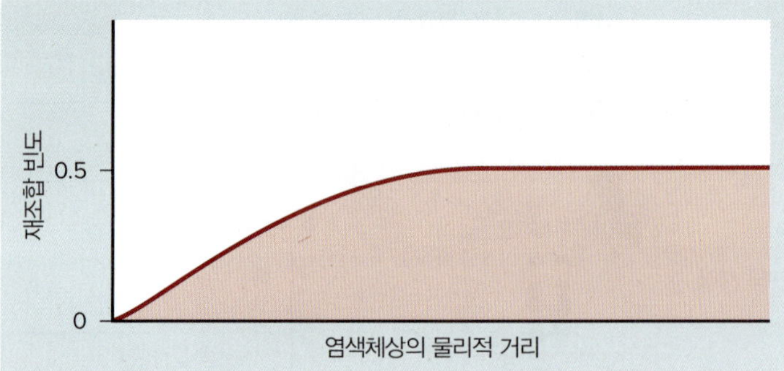

그림 12.8 실제 거리와 재조합빈도 사이의 관계.
염색체상의 거리가 증가함에 따라 2중교차로 인해 재조합체가 모두 다 탐지되지 않을 수 있다. 이로 인해 곡선은 0.5에 근접한다.

분히 멀면 두 가지 경우가 거의 같은 정도로 발생하여 재조합 배우자와 부모형 배우자가 같은 비율로 나타나게 되어 독립적 분리를 나타내게 된다. 이러한 이유로 멘델이 같은 염색체에 있는 두 유전좌위가 독립적으로 분리된 것을 관찰한 것이다.

자료 분석 염색체에서 2개의 좌위가 10 cM 떨어져 있다면 양성잡종 교배에서 멘델은 무엇을 관찰했겠는가? 이것이 멘델로 하여금 독립적 분리를 생각하도록 이끌었을 가능성이 있었겠는가?

3점교배를 사용하여 유전자를 순서대로 배열할 수 있다

두 유전자 사이의 거리가 멀면 여러 번의 교차가 발생하고, 그로 인해 관찰되는 재조합 자손들의 수는 실제로 나와야 하는 개체 수보다 줄어들게 된다. 따라서 지도상의 거리가 먼 것은 그만큼 부정확하다. 따라서 유전학자들이 여러 유전자들 간에 2점교배를 수행하여 유전자지도를 작성할 때, 유전자 순서를 결정하는 것에 문제가 있을 수 있다. 이러한 문제점은 3점교배(three-point cross)를 통하여 해결될 수 있다.

3점교배에서는 중간에 있는 유전자를 이용하여 양쪽에 있는 유전자와의 재조합 결과를 알 수 있다. 그 예로 양쪽에 있는 두 유전자 사이의 2중 교차는 중간 유전자와 양쪽에 있는 유전자 사이에 한 번씩 교차가 일어난 것이라고 볼 수 있다(**그림 12.9**).

두 번의 교차가 발생할 확률은 각각의 교차가 발생할 확률을 서로 곱한 값이다. 그러나 각각의 교차는 그 발생 확률이 비교적 낮은 편이어서 3점교배에서는 2번의 교차로 생겨난 표현형을 가진 자손의 수가 제일 적게 나타난다. 따라서 3점교배에서 자손 수가 제일 적은 표현형의 그룹을 분석해 보면, 어느 유전자가 두 유전자 사이에 위치하는지를 알 수 있다(**그림 12.9**).

실제로 유전학자들은 유전자의 순서를 결정하기 위하여 3점교배를 실시하며, 가장 가까이 있는 두 유전자 사이의 교차 결과를 사용

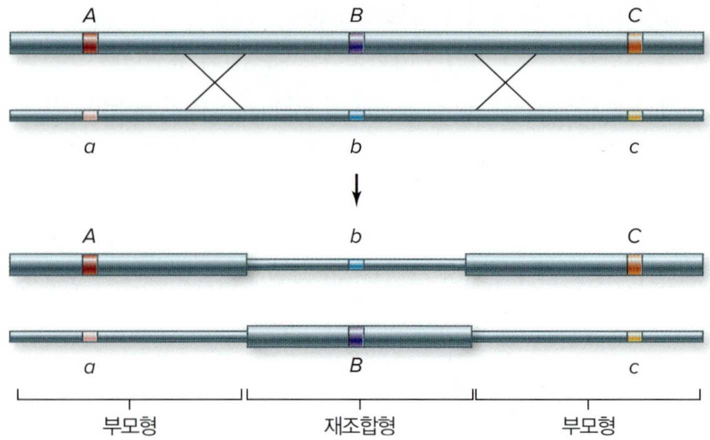

그림 12.9 유전자 순서를 정하기 위한 3점교배의 사용.
2점교배에서 2중 교차가 일어나더라도 바깥쪽의 두 유전좌위는 부모형처럼 보이게 된다. 여기에 제3의 좌위를 첨가하면, 두 번의 교차가 발생하더라도 중간 유전자 자리가 재조합형이 되기 때문에 각각의 교차를 탐지할 수 있다. 이 2중교차로 생긴 자손은 그 수가 제일 적으므로 이 대립인자는 항상 중간에 위치하게 된다.

하여 그 두 유전자 사이의 거리를 결정한다. 먼 거리는 가까운 거리의 합으로 계산하며, 그렇게 함으로써 멀리 떨어져 있는 두 유전좌위 사이의 2점교배 사이에서 여러 번의 교차로 인하여 발생할 수 있는 부정확성을 피할 수 있다.

인간 게놈에 대한 유전자지도를 만들 수 있다

사람의 경우 유전자지도도 작성할 수 있으나, 가계도로부터 나온 자료를 사용할 수밖에 없다. 적용되는 원칙은 동일하며, 유전적 거리는 재조합 비율에 비례한다는 것이지만 수많은 가계도의 자료를 통계적으로 분석해야 하는 어려움이 있다.

인간의 유전자지도 작성의 어려움

유전자지도가 실험동물에서 처음으로 만들어질 때, 대다수의 표지 유전자들은 초파리의 눈 색깔의 변화와 같이 가시적인 표현형에서 유발된다. 사람의 경우에 그러한 유전자들은 유전질환과 관련되어 있다. 이러한 유전질환은 집단 내에서 낮은 빈도로 발생하고 인류유전학의 초창기에서는 많이 알려져 있지 않기 때문에 유전자지도 작성에 어려움이 있다. 1980년대 초반 인간 유전체에서 표지자 수는 수백 개에 불과했다.

분자 표지자

이러한 상황은 표현형을 변형시키지 않는 개체 간의 DNA상의 차이점을 규명함에 따라 바뀌었다. 널리 사용되는 표지 종류 중 하나는 **짧은염기서열반복구간**(short tendom repeat, STR)이다. 이들은 2~4개의 짧은 염기서열이 반복된 것으로, 개인 간에 반복 횟수가 다르

다. STR은 유전자지도 작성에 사용되었으며, DNA 법의학 분석 자료의 근간을 형성한다(16장 참조). 분자 표지자는 기술 발전과 더불어 진화해 왔으며, 30년 전에는 상상할 수 없었던 인간 유전자지도를 만들 수 있었다(단순화한 X 염색체 지도는 **그림 12.10**에 나타냈다).

단일염기다형성(SNPs)

인간의 게놈 염기서열로부터 나온 정보는 개인 간에 서로 다른 염기를 찾아내고 그 위치를 알아내는 데 사용할 수 있다. 다형성은 어떤 집단의 구성원인 개인 간의 차이를 의미한다. 다형성 중에서도 어떤 유전자의 염기 하나가 다를 경우를 **단일염기다형성**(single nucleotide polymorphism, SNP)이라고 부른다. 인간 게놈에서 1억 개의 SNP가 확인되었다. 이중 대다수는 집단에서 매우 낮은 빈도를 보이며, 약 800만 개만이 0.5%를 넘는 빈도를 나타낸다. 이들은 국제 컨소시엄에 의해 식별되고 지도화되어 공개적으로 이용 가능하다.

게놈 차원의 연관 연구(GWAS)

SNP의 사용으로 가계도에 직접 의존하지 않는 게놈 차원의 연관 연구(genome-wide association study, GWAS)라는 유전적 분석이 생겨났다. 이런 연구에서는 관상동맥 질환같이 복잡한 질병의 표현형과 관련된 SNP를 찾을 수 있다. 각 SNP의 위치를 알면 해당 지역에서 후보 유전자를 동정할 수 있다. 관상동맥 질환의 경우 60개 이상의 유전적 변이를 동정하였는데, 대부분이 집단에서 낮은 빈도를 보인다. 몇몇 개의 더 큰 영향을 주는 유전자가 확인되었지만, 대부분의 변이형(variant)은 미미한 효과를 나타낸다.

유전적 변이가 표현형에 어떤 영향을 미치는지 측정한 것을 **유전율**(heritability)이라 부른다. GWAS를 사용한 연구는 표현형의 유전율을 알아내기 위한 것이다. 이 접근법을 이용하여 임상적으로 표현형에 큰 영향을 미치는 많은 유전자를 확인했지만, 아직도 유전율에 대해 설명하기 어려운 부분이 많이 남아 있다. 이 "사라진 유전율"에 대한 이유는 현재 명확한 답이 없는 큰 관심거리이다.

핵심 요약 12.4

감수분열 중 교차는 상동염색체의 대립유전자를 교환하는 것이다. 이 대립유전자의 재조합은 유전자의 위치를 지도로 작성하는 데 사용될 수 있다. 서로 가깝게 위치한 유전자는 연관되어있다고 말하며, 검정교배에서 재조합형에 비해 부모형이 많이 나타나게 된다. 검정교배에서의 재조합빈도는 유전적 거리의 척도로 사용한다. 멀리 떨어진 유전좌위는 여러 번의 교차점을 가지므로 서로 독립적으로 분리된다.

- 만약 2개의 유전자가 독립적으로 분리된다면, 그들이 하나의 염색체 안에서 떨어져 있는지, 아니면 2개의 다른 염색체에 존재하는지 알 수 있을까?

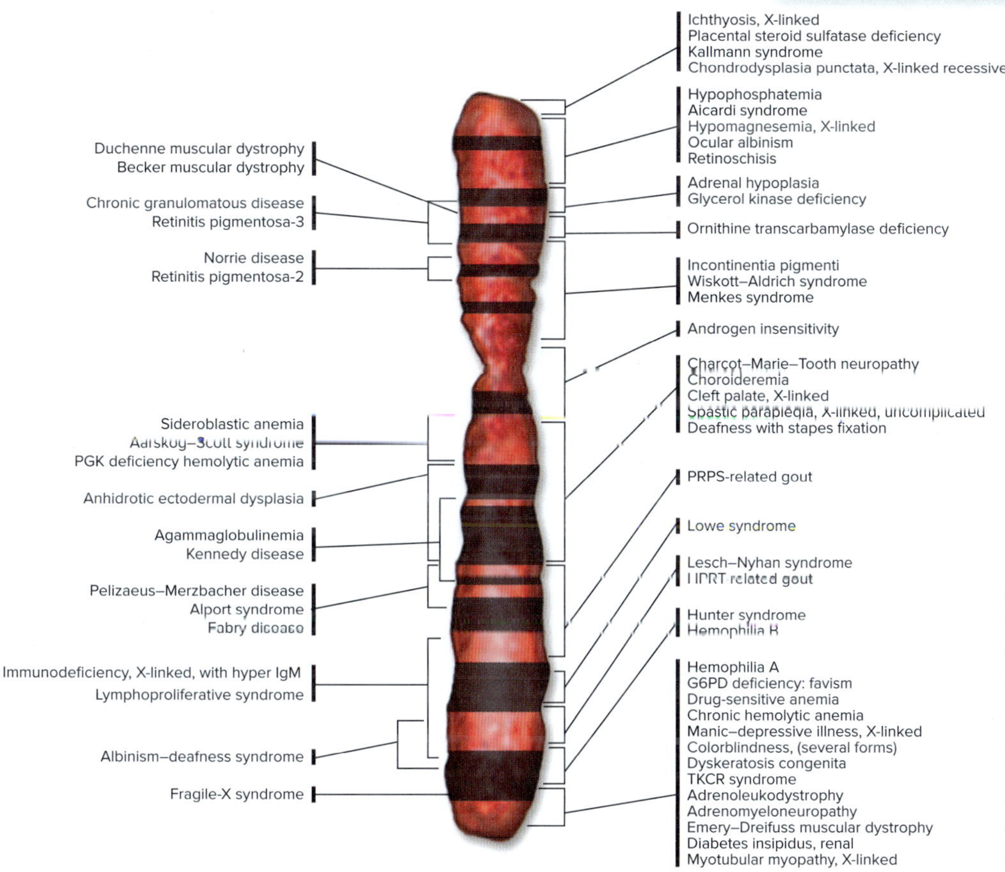

그림 12.10 인간의 X 염색체 유전자지도. 여기에서는 인간의 X 염색체 지도에서 일부분만 나타냈는데, 더 자세히 나타내려면 훨씬 더 큰 지도가 필요하다. 검은색 띠는 현미경에서 볼 수 있는 염색된 패턴을 나타내고, 수축된 부분은 동원체를 나타낸다. 염기서열 분석으로 X 염색체에 1805개의 유전자가 있는 것이 밝혀졌는데, 이들 중 821개는 질병에 영향을 주는 돌연변이 대립유전자를 가지고 있는 것으로 확인되었다. 각 묶음으로 표시된 바와 같이 59가지 유전 질병이 X 염색체의 특정 부위에 있는 유전자에 의한 것임이 밝혀졌다.

12.5 인간의 유전질환

학습 목표

1. 돌연변이가 어떻게 질환을 일으키는지에 대해 설명할 수 있다.
2. 인간에서 염색체 비분리 결과를 설명할 수 있다.
3. 유전체 각인에 의한 비멘델 유전에 대해 설명할 수 있다.

가족성 질환들은 오래전부터 알려져 왔다. 11장에서 멘델의 우성과 열성 돌연변이에 의해 나타나는 사람 형질의 예를 보았다. 이 유전적 변화의 본질에 대해서는 14장에서 논의한다. 여기서는 인간의 유전적 장애에 대한 개요를 제시할 것이다.

낫모양적혈구빈혈증은 변형된 헤모글로빈에 의해 발병한다

돌연변이 단백질로 인해 나타나는 질환 중 첫 번째로 알려진 사람의 유전질환은 낫모양적혈구빈혈증(sickle cell anemia)인데, 간헐적인 질병을 일으키고 수명을 단축시킨다. 이 질환은 산소 운반 분자인 헤모글로빈에 결함이 생겨서 초래된다. 낫모양적혈구 분자는 응집하는 경향이 있기에 막대 모양의 구조를 형성하여 적혈구를 변형시키고 산소를 운반하는 능력을 저하시킨다. 이 적혈구는 "낫모양적혈구"라고 부르는 독특한 모양을 가지고 있다(**그림 12.11**). 낫모양적혈구 대립유전자에 대하여 이형접합인 사람은 비록 산소 운반능력은 감소하나, 정상적인 산소 환경에서는 정상인과 차이를 보이지 않는다.

낫모양적혈구 대립유전자는 헤모글로빈의 구조 변형을 일으키는 유일한 유전자가 아니다. 사실 700가지 이상의 구조적 변형이 기록되어 있다. 세계 인구의 7% 정도가 서로 다른 헤모글로빈 질환을 가진 것으로 추정한다. 여기에는 글로빈(globin) 유전자의 발현을 변화시키지만, 구조적인 변형을 일으키지 않는 지중해 빈혈(thalassemia)이 포함된다.

낫모양적혈구 대립유전자는 아프리카인의 후손들에게 특히 많다. 아프리카의 어떤 지역에서는 인구의 45% 정도가 이 형질에 대하여 이형접합이며, 6%가 동형접합으로 나타난다. 이러한 이형접합체의 비율은 우연히 생길 수 있는 비율보다 높은 것인데, 이형접합인 사람들은 혈액에 기생하여 말라리아를 일으키는 말라리아 원충에 대하여 내성을 지닌다. 말라리아가 대유행하는 중앙아프리카 지역에서는 낫모양적혈구 대립유전자가 높은 빈도로 나타난다(18장).

인간에서 멘델식 표현형은 수많은 유전자에 의해 나타난다

표 12.2는 대표적인 유전병 사례를 제시한다. 이것은 분명히 일부

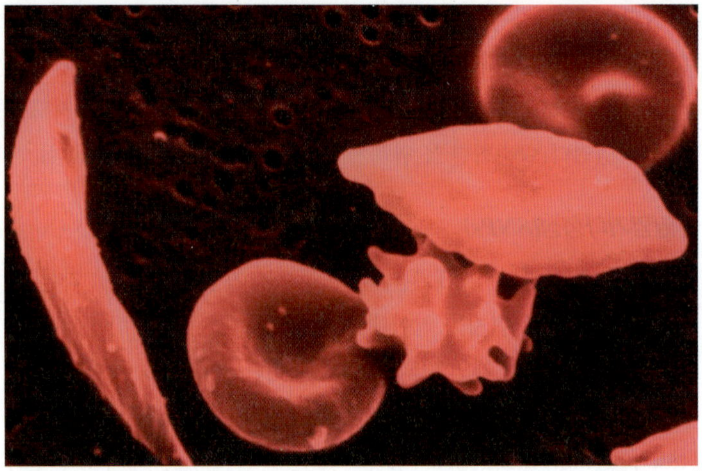

그림 12.11 낫모양적혈구빈혈증.
낫모양적혈구 형질에 대해 동형접합인 경우, 많은 적혈구가 맨 왼쪽의 세포와 같이 낫 모양이거나 불규칙한 모양을 가지고 있다.

만을 나타낸 것이기 때문에 인간에게 얼마나 많은 멘델 표현형이 존재하는지에 대해서는 의문이 남아 있다. 이에 대한 해답은 모델 시스템으로 생쥐를 사용하는 것이다. 생쥐에서 900개 유전자의 기능상실 돌연변이체가 만들어졌고, 그 표현형에 대해서 분석하였다. 이들 돌연변이체 중에서 최소 30%는 배아에서 치사 작용을 나타냈고, 대다수는 적어도 하나의 표현형을 가진다. 이것은 잠재적으로 대부분의 인간 유전자가 돌연변이 되었을 때 표현형이 나타날 수 있음을 의미한다.

인간 유전 변이에 대한 데이터의 증가와 함께 이 정보를 저장하는 데이터베이스 또한 증가되었다. 가장 오래된 것은 OMIM(Online Mendelian Inheritance in Man)이다. **Mendelian Inheritance in Man**은 1966년에 맥쿠식(Victor McKusick)에 의해 시작되었고, 여러 차례 인쇄판이 발행된 후 온라인으로 옮겨져 1987년에 대중이 이용할 수 있게 공개되었다. 2017년의 요약본에 따르면 6000가지 이상의 표현형이 멘델 기반으로 알려져 있다. 이 중 3000가지 이상이 단일 유전자 질환 또는 형질을 나타냈다. 많은 유전자는 다수의 표현형을 생성하는데, 2가지 표현형이 나타난 것은 700개였고, 3가지 표현형은 260개였으며, 4가지 또는 그 이상의 표현형이 나타난 것은 230개 유전자였다.

염색체의 비분리에 의해 염색체 수가 달라진다

지금까지는 단일 유전자 질환만 고려하였는데, 염색체 수의 변화로 인해 나타나는 임상 증후군도 있다. 감수분열에서 상동염색체 혹은 염색분체의 분리 실패를 염색체 **비분리**(nondisjunction)라고 한다. 그 결과 염색체 수가 하나 늘거나 줄어들게 되는데, 이러한 상태

표 12.2 사람의 중요한 유전질환

질환	증상	결함	우성/열성	출생자 발생 빈도
낭포성섬유증	폐, 간, 췌장의 점액성 폐쇄	염소 이온의 수송 불능	열성	1/2500(백인)
낫모양(겸상)적혈구빈혈증	혈액순환 불량	비정상 헤모글로빈 분자	열성	1/600(미국 이주 흑인)
타이-삭스병	소아기 신경 중추 퇴화	효소 결핍(헥소스아미데이스 A)	열성	1/3500(아시케나지계 유태인)
페닐케톤뇨증	소아기 두뇌 발달 장애, 제한 급식으로 치료 가능	효소 결핍 (페닐알라닌 하이드록실레이스)	열성	1/12,000
혈우병	혈액응고 불능	혈액응고인자 VIII 결핍	X-연관 열성	1/10,000(백인 남성)
헌팅턴병	중년에 뇌 조직의 점진적 퇴화	뇌세포 대사 방해물질 생산	우성	1/24,000
듀센형근위축증	근육이 없어짐	근육을 자극하는 신경의 마이엘린 수초가 분해됨	X-연관 열성	1/3700(남성)
고콜레스테롤혈증	혈중 콜레스테롤 수준이 과다하여 심장마비 초래	콜레스테롤 세포 표면의 비정상 수용체	우성	1/500

를 **이수성**(aneuploidy)이라고 한다. 인간에서 이수성의 빈도는 임상적으로 확인된 임신의 7~10%로 추정된다.

상염색체의 비분리

상염색체 하나를 잃어버린 사람은 **1염색체성**(monosomic)이라고 하며, 일반적으로 배아 발생단계에서 살아남지 못한다. 일부 경우를 제외하곤 하나의 염색체가 늘어난 **3염색체성**(trisomic) 사람도 생존하지 못한다. 임상적으로 자연유산으로 판단된 경우 이수성이 35% 정도로 높게 나타난다.

사람의 염색체 중에서 가장 작은 상염색체에 속하는 5개 염색체(13, 15, 18, 21, 22번)는 3개가 존재해도 출산 때까지 생존할 수 있다. 그러나 13, 15, 18번의 3염색체성은 발생에 심각한 문제를 초래하여 생후 수개월 만에 죽게 된다. 그에 비해 21번, 혹은 드물긴 하지만 22번이 하나 더 많은 사람은 일반적으로 성인이 될 때까지 살아남는다. 이러한 사람들은 골격의 성장이 지연되어 키가 작고 근육이 약하며, 지적 발달 역시 영향을 받게 되어 21번의 3염색체성 어린이는 지적 장애를 가지고 있다.

21번 3염색체(**그림 12.12**)에 의해 초래된 발생 결함은 1866년 다운(J. Langdon Down)에 의해 처음 알려져 **다운증후군**(Down syndrome)이라고 부른다. 대략 750명의 어린이 중 1명꼴로 다운증후군을 보이며, 모든 인종에서 비슷한 발생 빈도를 나타낸다. 다운증후군과 비슷한 증상은 침팬지를 비롯한 다른 영장류에서도 볼 수 있다.

임상적으로 다운증후군이 나타나기 위해선 21번 염색체의 특정 부분이 3개의 복사본으로 존재하면 된다. 다운증후군의 97%는 21번 염색체 전체가 3개로 존재하고, 나머지 3%에서는 21번 염색체의 일부분이 전좌(translocation)에 의해 다른 염색체로 이동해 나타난다(14장 참조). 이것은 정상인 2개의 21번 염색체 이외에 특정 부분이 추가해서 나타나기 때문에 **전좌다운증후군**(translocation Down syndrome)이라고 부른다.

산모의 나이와 다운증후군이 나타날 위험 요소 사이에는 연관성이 있다. 다운증후군이 나타날 빈도는 20세의 여성에게서는 0.07%

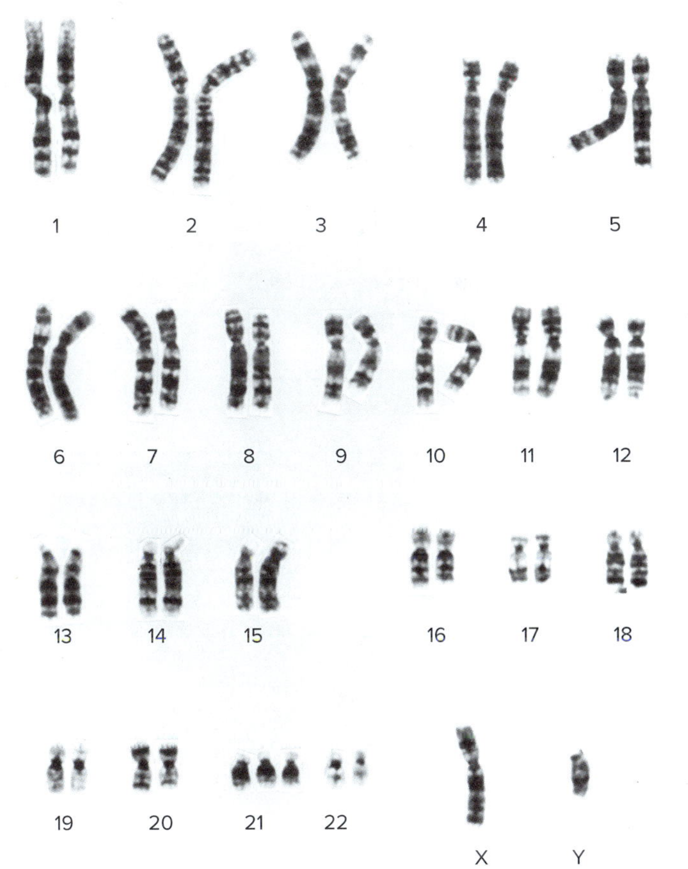

그림 12.12 다운증후군.
이 남성의 핵형에서 보는 바와 같이 다운증후군은 21번 염색체의 3염색체성과 관련되어 있다.

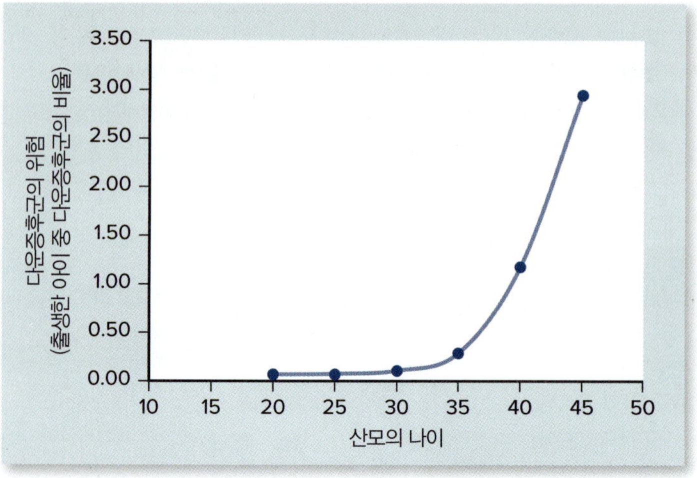

그림 12.13 산모의 나이와 다운증후군 발생의 상관관계.
산모의 나이가 증가함에 따라 다운증후군의 아이를 낳을 확률이 증가한다. 여성이 35세가 되면 다운증후군의 빈도는 급격히 증가한다.

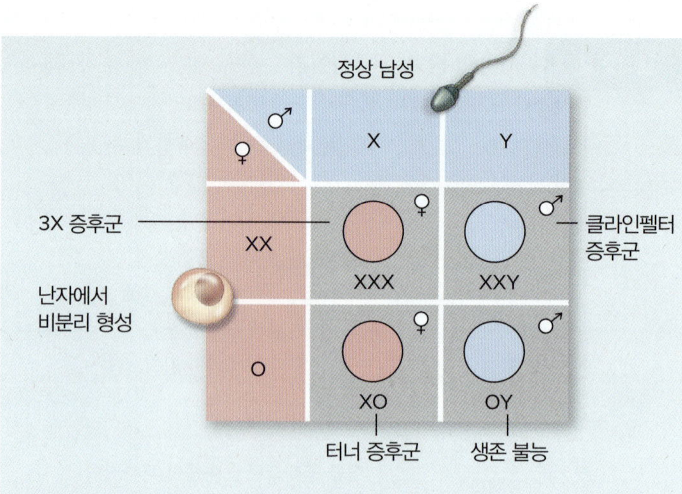

그림 12.14 염색체 비분리에 의한 성염색체 수의 이상.
난자 형성 과정에서 염색체 비분리가 발생하면, 2개의 X 염색체(XX)를 갖는 배우자는 클라인펠터증후군의 남성(XXY) 혹은 3중 X 여성(XXX)을 만들게 된다. X 염색체가 없는 배우자(O)는 터너증후군 여성(XO) 혹은 X 염색체가 없는 생존 불능의 OY 남성을 만든다.

자료 분석 20세에서 25세 사이의 5년 동안 다운증후군의 발생률은 대략 0.07%로 일정하다. 35세에서 40세 사이의 5년 동안 발생률은 0.29%에서 1.18%로 증가하여 5년간 4배, 25세에 비해서는 15배 증가한다. 두 경우에 있어서 기간은 동일한데, 무엇이 변하였는가?

이고, 산모가 30대가 되면 0.1%이고, 산모의 나이가 40대일 때 위험성은 1%이다(**그림 12.13**). 비정상적인 염색체는 여성 쪽에서 더 높게 나타나는데, 그 이유는 여성의 생식세포는 태아 시기에 생성되어 상동염색체가 접합된 상태로 감수1분열에 머물러 있기 때문이다. 따라서 이것은 산모 나이에 따라 이수성이 증가하는 현상을 설명하는 분자적 토대가 된다.

성염색체의 비분리

성염색체의 이수성은 상염색체의 이수성보다 발생 과정의 결함을 덜 겪게 된다. 유전자형에 따라 특이한 결과가 나타날 수도 있지만, 성염색체 이수성인 사람은 종종 정상적인 형질을 가진 성인으로 자라며, 드물게는 아이를 갖는 경우도 있다.

성염색체의 비분리는 남성 또는 여성의 감수분열에서 발생할 수 있다. 여성의 감수분열에서 성염색체 비분리는 2개의 X 염색체를 가진, 또는 X 염색체가 없는 난모세포를 생성할 것이다(**그림 12.14**). 남성의 감수분열에서는 비분리가 감수1분열 또는 감수2분열 동안에 발생하는지에 따라 XY 정자, YY 정자 및 성염색체가 없는 정자를 생성할 수 있다.

이러한 배우자와 정상 배우자의 다양한 조합은 XXX, XXY, XO, OY, XYY 등의 성염색체 이수성을 가진 접합자로 이어진다. 가장 극단적인 경우는 배아의 사망을 초래하는 X 염색체의 완전한 결핍(OY)이다. 이 스펙트럼의 다른 쪽 끝에 있는 XXX 개체는 하나의 기능적 X 염색체와 2개의 바소체를 가진 여성으로 발생한다(12.2절 참조). 그들은 키가 큰 편으로 나타나며, 그 외는 정상으로 보인다. 3중 X라 부르는 이 경우는 1000명의 여성당 약 1명꼴로 발생한다. 이와 유사하게, XYY 접합체는 정상으로 보이는 생식력을 가진 남자로 발생한다. XYY 유전자형(**제이콥증후군**, Jacob syndrome)의 빈도는 남성 1000명당 1명이다.

XXY와 XO 접합체의 경우에는 더 심각한 상태를 보인다. XXY 개체는 여성의 신체 특성을 많이 가진 남성으로 발생하고, 모든 경우는 아니지만 일부에서는 지적 능력이 떨어진다. **클라인펠터증후군**(Klinefelter syndrome)이라고 부르는 이 상태는 약 1000명의 남성 중 1명에게서 나타난다. XO 접합체는 키가 작고, 등이 굽을 뿐만 아니라, 사춘기에 생식기관이 성숙되지 않아서 불임 여성이 된다. XO 개체의 지능은 정상에서 낮은 범위에 있다. **터너증후군**(Turner syndrome)이라 부르는 이 상태는 5000명의 여성 중 1명의 빈도로 발생한다.

탐구문제 XXY 남성을 만드는 비분리는 어떤 것인가?

유전체 각인은 대립유전자의 부모 기원에 달려 있다

20세기 후반까지 유전학자들은 유전을 지배하는 기본 기작을 이해하고 있다고 자신하였다. 그래서 유전학자들이 현화식물과 포유동

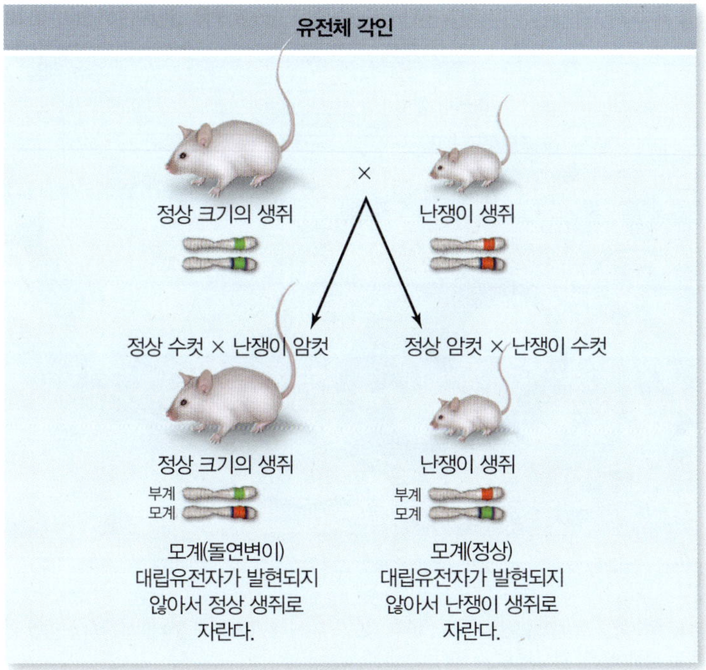

그림 12.15 생쥐에서 *igf 2* 유전자의 유전체 각인.

물에 독특한 것으로 보이는 멘델 유전의 예외를 발견한 것은 놀라운 일이었다. **유전체 각인**(genomic imprinting)에서는 돌연변이 대립인자에 의한 표현형이 부모 중 한 사람으로부터 그 대립인자를 물려받았을 때는 발현되지만 부모 중 다른 사람으로부터 물려받았을 때는 발현되지 않는다.

어떤 유전자는 부계의 생식세포에서 불활성화되어 자손에서 발현되지 않고, 어떤 유전자들은 모계의 생식세포에서 불활성화되어 자손에서 발현되지 않는다. 이러한 특징 때문에 자손은 각인된 유전자에 대하여 반수체와 같은 상태가 된다. 각인된 유전자의 발현은 부모 중 누구에게서 받았는지에 따라 달라지며, 각인된 유전자들은 게놈의 어떤 특정 지역에 모여 있는 것처럼 보이는데, 이 지역들에는 부계와 모계로 각인된 유전자들이 포함되어 있다.

생쥐의 ifg 2 유전자

확인된 최초의 각인된 유전자 중 하나는 생쥐의 인슐린-유사 생장인자 2(*igf 2*)의 유전자였다. 이 유전자는 배아의 발달과 성장에 중요한 생장인자를 암호화한다. *igf 2* 기능이 결핍되면 난쟁이 생쥐가 생성된다. 하지만 오직 부계의 대립유전자만 발현된다. *igf 2*의 염색체 각인은 **그림 12.15**에서 설명하고 있다. 정상 생쥐가 *igf 2*의 열성 동형접합인 난쟁이 생쥐와 교배하는 경우에는 부모 중 어느 쪽에서 돌연변이 대립유전자를 전달하는지에 따라 이형접합 자손의 표현형은 다르게 나타난다.

프래더-윌리 증후군과 엔젤만 증후군

인간 유전체 각인의 사례로 프래더-윌리 증후군(Prader-Willi syndrome, PWS)과 엔젤만 증후군(Angelman syndrome, AS)의 2개 질병을 들 수 있다. PWS는 호흡곤란, 비만, 단신, 경미한 정신 지체, 강박적인 행동을 유발한다. AS는 발달지연, 심한 정신 지체, 과다 활동, 공격적인 행동, 부적절한 웃음 등이 나타난다.

유전학 연구는 두 질환이 15번 염색체의 결실로 인해 일어났음을 시사했는데, 실제로 같은 결실 부위를 가진 염색체가 부모 중 어느 쪽에서 왔는지에 따라 어느 한쪽의 증후군을 일으킬 수 있다. 만약 결실이 있는 염색체가 부계일 경우 PWS를 일으키며, 모계일 경우 AS를 유발한다.

15번 염색체의 결실된 부위는 각인으로 인해 일부 유전자를 불활성화시킨다. PWS의 경우 모계의 생식세포에서 유전자가 불활성화되기 때문에, 부계로부터 유래한 대립유전자의 결실 또는 다른 기능 상실이 이 증후군을 일으킨다. 이와는 정반대로 AS는 부계의 생식세포에서 유전자가 불활성화되기에, 모계로부터 유래된 대립유전자에 결실이 생기면 이 증후군이 유발된다.

유전체 각인은 후성유전학의 한 예이다

유전체 각인은 보다 일반적인 현상인 **후성유전**(epigenetic inheritance)의 한 예이다. 후성유전학적 변화는 DNA 서열은 변하지 않은 채 유전자 기능이 변한 것으로, 체세포분열 혹은 감수분열을 통해서도 안정적으로 유지되는 것으로 정의한다. 이 장에서 언급한 예는 전체 염색체가 침묵하는 X 염색체 불활성화이며, 그 효과는 여러 번의 체세포분열을 통해서도 지속된다. 일부 생쥐 및 쥐 모델에서는 심지어 어미의 먹이가 F_2 자손에 대해 미치는 영향도 포함된다.

후성유전학적 메커니즘에는 DNA 메틸화 및 히스톤 변형이 포함된다. 비암호화 RNA 및 핵의 조직 또한 관련되어 있다. 염색질 구조와 DNA 접근성의 변화는 여러 후성유전학적 메커니즘에 대해 공통으로 적용되는 것으로 보인다(15장 참조). 수컷 또는 암컷 생식세포에서 발생하는 각인 양상은 수컷 또는 암컷 특이적 DNA 메틸화 양상 및 염색체 구조에 관여하는 단백질의 변형에 기인할 수 있다.

일부 유전적 결함은 임신 초기에 발견될 수 있다

비록 대부분의 유전병은 아직 치료할 수 없지만, 여러 경우에 성공적인 치료법이 발전되어 왔다. 치료법이 없다면 유전질환에 대처하는 한 가지 방법은 예방하는 것이다. **유전상담**(genetic counseling)은 질병 대립유전자를 가진 부모를 확인하는 데 도움을 줄 수 있으며, 태아 검진은 초기 배아의 유전 상태를 평가할 수 있다.

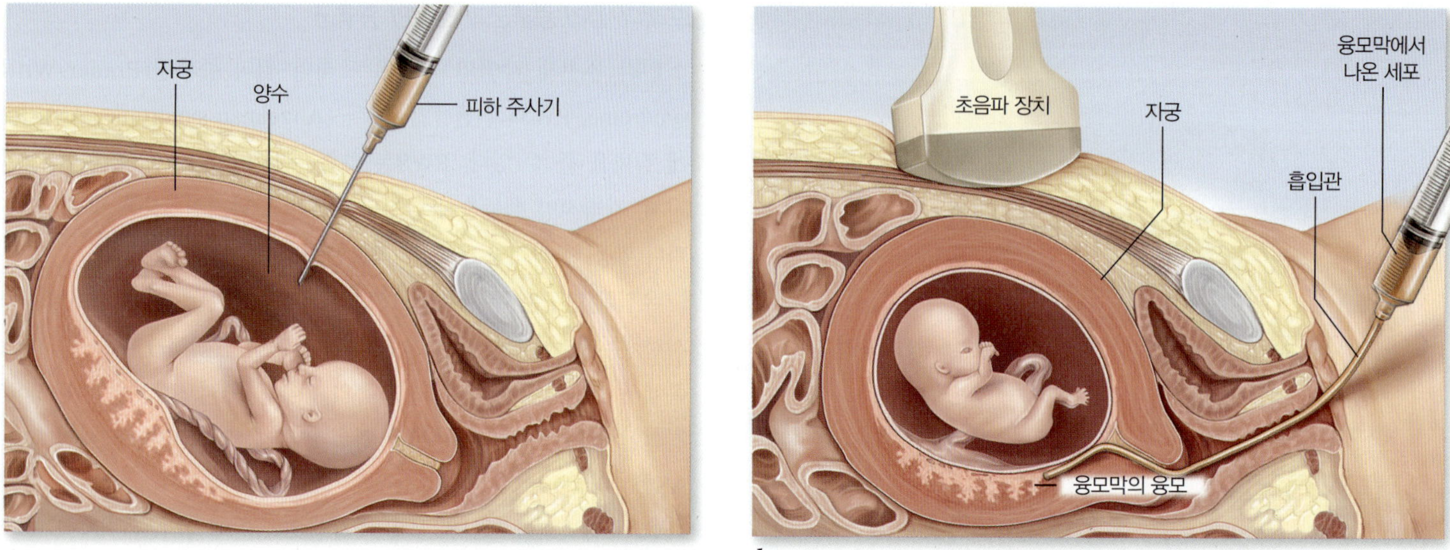

그림 12.16 태아 세포를 얻는 2가지 방법.

a. 양수검사는 주사기 바늘을 양막강에 삽입한 후 태아에서 나온 부유 세포를 양수로부터 채취한다. *b.* 융모막 시료 채취법은 8주에서 10주 정도의 임신 초기에 자궁경부를 통해서 삽입한 관으로 융모막의 융모 세포를 채취한다. 각각의 경우, 세포들을 배양하여 핵형을 조사하거나 유전학 또는 생화학적인 검사를 할 수 있다.

가계도 분석

위험도를 측정하는 한 가지 방법은 가계도를 분석하는 것이며, 종종 유전상담을 통해 이루어진다. 예를 들어, 유전상담을 받는 사람의 가계에서 어떤 친족이 낭포성섬유증(cystic fibrosis)과 같은 열성 유전질환을 앓은 적이 있다면, 피상담자는 그 질환의 열성 인자를 가진 이형접합체일 가능성이 있다. 어떤 부부가 아이를 갖게 될 예정이고, 부부 모두 어떤 해로운 질환에 대하여 이형접합체일 가능성이 높을 때, 그 임신을 고위험(high-risk) 임신이라고 한다. 그런 경우 아이는 그 질환에 걸릴 확률이 높다.

또 다른 고위험 임신으로서 산모의 나이가 35세 이상인 경우를 들 수 있다. 이미 언급한 바와 같이 다운증후군의 빈도는 나이 많은 여성이 임신하였을 때 극적으로 크게 증가한다.

양수검사

고위험 임신으로 진단되면 태아의 유전질환을 검사하는 **양수검사**(amniocentesis)를 받게 된다. 임신 4개월의 팽창한 자궁에 멸균된 주사기 바늘을 피하로 삽입하여 태아를 담고 있는 양수 시료를 소량 채취한다(**그림 12.16**). 양수액에는 태아로부터 떨어져 나온 세포들이 있는데, 이 세포들은 실험실에서 배양할 수 있다.

양수검사 동안에 바늘과 태아의 위치를 초음파(ultrasound)로 볼 수 있는데, 초음파 검사는 모체나 태아에 해롭지 않으며, 태아에 상처를 주지 않고 검사할 수 있다. 또한 초음파를 통하여 태아의 이상 유무를 알 수 있다. 그러나 양수검사 과정에서 200번에 한 번 정도는 태아 사망이나 유산을 일으킬 수도 있다.

융모막시료채취

융모막시료채취(chorionic villi sampling, CVS)는 산전 진단을 하기에 덜 외과적(침습적)인 방법이다. 이 방법을 사용하여 의사들은 태아에 영양을 공급하는 태반의 막 부분인 융모로부터 세포를 채취한다(**그림 12.16**). 이 방법은 임신 초기(8주까지)에 사용할 수 있고, 양수검사보다 더 빨리 결과를 알 수 있다. 융모막시료채취로 인한 위험은 양수검사와 비슷하다.

유전적 질환 검사를 하기 위해 유전 상담자들은 양수검사나 융모막 시료에서 얻은 세포에서 3가지 특성을 조사한다. 첫째, 핵형 분석으로 이수성이나 염색체의 전반적인 이상을 볼 수 있다. 둘째, 많은 경우 유전질환에 관여된 효소가 정상적으로 기능하는지 조사할 수 있다. 예를 들어, 당지질인 갱글리오사이드(ganglioside)를 분해하는 효소가 없으면 태이-삭스병(Tay-Sachs disease)이 있음을 나타낸다. 셋째, 알려진 유전자의 손상을 분석하기 위해 DNA를 직접 이용할 수 있다. 마지막 사례인 DNA의 직접 분석에서 멘델의 표현형을 나타내는 것으로 알려진 유전자의 수는 최근 몇 년 동안 폭발적으로 증가했다. 진단은 유전자 발견에 뒤지지만 수많은 질병의 변이를 검사할 수 있다.

비외과적 태아 검사

양수검사와 CVS는 모두 외과적인 절차로 간주된다. 다운증후군과 관련된 많은 생체표지자가 모체의 혈장에서 발견된 것은 이 특별한 3염색체성에 대한 비외과적 검사 방법으로 이어졌다. 최근에는 모체 혈장(무세포 DNA 또는 cfDNA, cell free DNA)에서 태아 DNA가 발견되어 비외과적 산전 검사의 새로운 방법이 개발되었다.

현재 이 방법은 13번, 18번, 21번 염색체의 3염색체성 검사와 성 결정 검사에 사용할 수 있다. 이러한 방법의 검사 범위를 확대하기 위해 수많은 노력을 기울이고 있으나, 얼마나 빨리 또는 얼마나 확대될지는 예측하기 어렵다. 이것은 검사 방법의 한 유형이지, 현재로서는 진단이 아님을 기억해야 한다. 진단을 위해서는 보다 외과적인 기법을 사용해야 정확한 결과를 얻을 수 있다. 현재는 부계 유전자(모계 유전체에 존재하지 않는 DNA로 인해)에 대한 진단만 가능하다.

핵심 요약 12.5

변형된 단백질을 생성하는 DNA의 돌연변이가 유전병을 일으킬 수 있다. 가계도 연구와 유전검사는 질병의 위험을 명확히 할 수 있다. 염색체 수준에서 감수분열 중 비분리에 의해 염색체 수가 너무 적거나 너무 많은 배우자를 생성할 수 있으며, 대부분이 생존 불가능한 자손을 생산한다. 각인이란 대립유전자가 어느 쪽의 부모에게서 왔는지에 따라 불활성화되는 것을 말한다. 각인이 발생하는 자손은 2배체임에도 불구하고 영향을 받은 유전자에 대해 반수체로 나타난다.

- 정자형성 동안에 감수1분열과 감수2분열에서 비분리가 일어난 결과의 차이는 무엇일까?

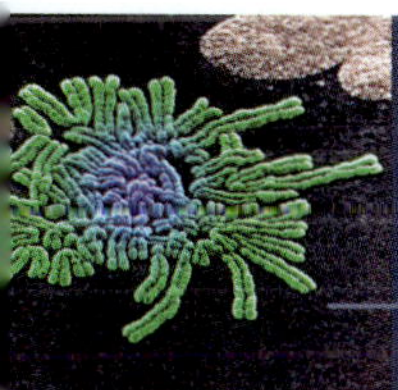

핵심 개념 요약

12.1 성-연관과 유전의 염색체설

■ 모건은 유전되는 형질과 성염색체를 연관시켰다

모건은 붉은색 눈의 초파리와 흰색 눈의 초파리를 교배시키고 자손의 성별에 따라 유전되는 차이점을 발견하였다. 흰색 눈의 자손은 모두 수컷이었지만, 검정교배에서는 흰색 눈의 암컷이 나온 것으로 보아 흰색 눈의 유전자가 X 염색체에 있다는 것을 보여주었다.

■ 눈 색의 유전자는 X 염색체에 존재한다

초파리에서 눈 색의 유전은 X 염색체에 의해 나타나고, 이러한 현상을 성-연관 유전이라고 한다.

12.2 성염색체와 성의 결정

동물의 성 결정은 대개 염색체의 차이와 관련이 있다. 몇몇 동물에서 암컷은 2개의 유사한 성염색체를 가지며, 수컷은 다른 모양의 성염색체를 가진다. 또 다른 종에서는 암컷의 성염색체가 다르다(**표 12.1**).

■ 인간의 경우, Y 염색체는 일반적으로 남성성을 결정한다

Y 염색체는 고도로 응축되어 있고 X 염색체에서 발현되는 대부분의 유전자가 Y 염색체에는 없다. Y 염색체상의 *SRY* 유전자는 생식기의 남성화 및 2차 성징을 담당한다. XY 개체는 *SRY* 유전자에 돌연변이가 생기거나 배아가 안드로젠에 반응하지 않아서 불임의 암컷으로 발생할 수 있다.

■ 인간의 몇몇 유전질환은 성-연관을 나타낸다

인간의 유전 질병은 관련된 유전자가 X 염색체에 있을 때 성-연관을 보인다. 그 예로 혈우병이 있다.

■ 유전자량 보정은 성-연관 유전자의 산물이 2배가 되는 것을 방지한다

초파리에서 수컷은 단일 X 염색체에 있는 유전자 발현을 2배로 증가시킨다. 포유동물에서는 여성의 X 염색체 중 하나가 발생 중에 무작위로 불활성화된다.

■ X 염색체 불활성화는 유전적 모자이크로 이어질 수 있다

X 염색체상의 대립유전자에 대해 이형접합인 포유동물 암컷에서, X 염색체 불활성화는 삼색 고양이의 몸 색에서 보이는 것처럼 모자이크 패턴을 형성한다(**그림 12.4**).

12.3 유전의 염색체설에 대한 예외

■ 미토콘드리아 유전자는 모계로부터 유전된다

미토콘드리아는 그들 자신의 게놈을 가지고 있으며 독립적으로 분열한다. 난세포의 세포질에 있는 미토콘드리아는 자손에게 전달된다.

■ 엽록체 유전자 또한 한쪽 부모로부터 전달될 수 있다

엽록체는 또한 세포질에 존재하고, 그들 자신의 게놈을 가지고 있으며, 독립적으로 분열한다. 그들은 대개 모계유전을 한다.

12.4 유전자지도 작성

멘델의 독립적 분리는 매우 단순하다. 같은 염색체상의 유전자들은 독립적으로 분리될 수도 있고, 분리되지 않을 수도 있다.

■ 유전자 재조합에 의해 상동염색체에 있는 대립유전자는 교환된다

상동염색체는 교차로 인해 대립유전자를 교환할 수 있다(**그림 12.5**). 재조합은 볼 수 있는 표지자와 유전적 표지자 둘 다를 가진 염색체에서 보여준 바와 같이 염색체의 절단과 재결합을 포함한다(**그림 12.6**).

■ 재조합은 유전자지도의 근간을 이룬다

같은 염색체상에 가깝게 위치한 유전자들은 연관되어있다고 한다. 연관된 두 유전자가 멀리 떨어져 있을수록 재조합빈도는 커진다. 따라서 유전자지도는 재조합빈도에 근거하여 작성된다. 지도단위는 재조합 자손의 백분율로 표시한다.

■ 다중 교차는 독립적 분리와 같은 결과를 나타낸다

다중 교차의 확률은 두 유전자의 거리에 따라 증가하며, 재조합빈도를 과소평가하는 결과를 초래한다. 재조합빈도의 최대치는 50%인데, 이는 독립적 분리의 결과치와 같다.

■ 3점교배를 사용하여 유전자를 순서대로 배열할 수 있다

2개가 아닌 3개의 유전자를 사용한다면, 다중 교차의 자료를 사용하여 유전자 순서를 정할 수 있다. 지도 거리가 멀면 다중 교차의 영향을 반영하지 못하므로 실제 거리를 과소평가하게 된다. 교차율이 낮은 유전자들을 이용해서 보다 정확한 거리를 얻을 수 있다.

■ 인간 게놈에 대한 유전자지도를 만들 수 있다

인간의 유전자지도 작성은 가족 내에서 여러 가지 질병을 유발하는 대립유전자를 분리해야 하기 때문에 어려웠다. 이 과정은 표현형을 나타내지 않는 식별 가능한 분자적 표지자, 즉 익명의 표지자를 사용함으로써 더욱 쉽게 이루어졌다. 단일염기다형성(SNP)은 개체 간의 차이를 탐지하는 데 사용할 수 있다.

12.5 인간의 유전질환

■ 낫모양적혈구빈혈증은 변형된 헤모글로빈에 의해 발병한다

낫모양적혈구빈혈증은 적혈구의 모양에 영향을 주는 헤모글로빈의 구조적 변화로 인해 표현형을 모두 추적할 수 있다. 헤모글로빈 구조를 변형시키는 700개 이상의 변이가 확인되었는데, 그중 일부는 또한 장애를 유발한다.

■ 인간에서 멘델식 표현형은 수많은 유전자에 의해 나타난다

생쥐의 실험은 대다수 인간 유전자의 돌연변이가 표현형을 생성한다는 것을 암시한다. OMIM과 같은 온라인 데이터베이스에는 인간의 유전질환이 정리되어 있다. 현재까지 3000개의 단일 유전자 질환이 알려졌다.

■ 염색체의 비분리에 의해 염색체 수가 달라진다

비분리는 상동염색체 또는 자매염색분체가 감수분열 중에 분리되지 않는 것이다. 그 결과는 접합체의 어떤 염색체에서 1염색체성 또는 3염색체성이 나타나는 이수성이다. 대부분의 이수성은 치명적이지만, 사람의 21번 염색체의 3염색체성(다운증후군)과 같은 일부는 생존 가능한 자손을 낳을 수 있다. 성염색체 비분리는 XX, XY 또는 성염색체가 없는 배우자를 생성할 수 있다(**그림 12.14**). 비분리는 모계 쪽에서 더 일반적이며, 나이에 따라 빈도가 증가한다.

■ 유전체 각인은 대립유전자의 부모 기원에 달려 있다

유전체 각인에서 유전자의 발현은 부모의 기원에 의존한다. 이것은 후성 유전의 한 사례인데, 표현형이 유전되는 것은 DNA 변화 때문이 아니다. 각인된 유전자는 메틸화에 의해 불활성화될 것으로 보인다. 각인은 반수체 표현형을 나타낸다.

■ 일부 유전적 결함은 임신 초기에 발견될 수 있다

사람의 유전적 결함은 가계도 분석, 양수검사, 융모막시료채취 또는 비외과적 산전 검사로 확인할 수 있다.

연습문제

▪1단계: 이해력 확인하기

1. 흰색 눈 표현형이 항상 흰색 눈 대립인자를 가진 수컷에서만 관찰되는 이유는 무엇인가?
   a. 그 형질이 우성이기 때문이다.
   b. 그 형질이 열성이기 때문이다.
   c. 그 대립인자가 X 염색체에 있고, 수컷은 X 염색체가 하나밖에 없기 때문이다.
   d. 그 대립인자가 Y 염색체에 있고, 수컷만 Y 염색체를 갖고 있기 때문이다.
2. 생명체의 게놈에서 상염색체는 무엇인가?
   a. 남성과 여성 간에 다른 염색체이다.
   b. 성 결정에 연관된 염색체이다.
   c. 모계로부터만 유전된다.
   d. 성염색체 이외의 모든 염색체를 지칭한다.
3. 유전자 재조합은 어떤 과정에서 일어나는가?
   a. 감수1분열 동안 상동염색체 짝의 독립적인 배열
   b. 감수1분열에서 상동염색체의 분리
   c. 감수2분열에서 염색분체의 분리
   d. 상동염색체 사이의 교차
4. 두 유전자 사이의 지도 거리는 다음 중 어느 것에 의해 결정되는가?
   a. 재조합빈도
   b. 부모형의 빈도
   c. 염색체 길이에 대한 유전자의 길이 비율
   d. 재조합 자손에 대한 부모형 자손의 비율
5. 재조합빈도가 0.07이면 두 대립인자 사이는 지도단위로 얼마나 떨어져 있는가?
   a. 700 cM　　b. 70 cM
   c. 7 cM　　d. 0.7 cM

6. 미토콘드리아의 모계유전은 성-연관과는 어떻게 다른가?

a. 미토콘드리아 유전자는 개체의 표현형에 아무런 기여도 하지 않는다.
b. 미토콘드리아는 모계로부터 유전되므로 암컷만 영향을 받는다.
c. 미토콘드리아는 모계로부터 유전되므로 암수 동일 비율로 유전된다.
d. 미토콘드리아 유전자는 우성이며, 성-연관 형질은 열성이다.

7. 다음 성염색체의 비분리에 의한 유전자형 중에서 치사 작용을 일으키는 것은 무엇인가?

a. XXX b. XXY
c. OY d. XO

2단계: 적용력 평가하기

1. 인간에서 땀샘의 결실을 유발하는 유전자는 열성이며 성-연관 유전자이다. 이 유전자에 대해 이형접합인 여성은?

a. 땀샘이 없다.
b. 정상 땀샘이 있다.
c. 땀샘이 있는 피부와 없는 피부가 모자이크 형태로 나타난다.
d. 땀샘이 과도하게 존재한다.

2. 다음 중 재조합빈도에 의해 계산된 거리 중 어떤 경우에 실제 거리가 증가하는가?

a. 측정할 수 없는 다중 교차에 의해 재조합빈도가 너무 많이 측정되었을 때
b. 측정할 수 없는 다중 교차에 의해 재조합빈도가 너무 적게 측정되었을 때
c. 다중 교차로 인한 비율이 재조합빈도에 첨가되어 과소평가되었을 때
d. 다중 교차로 인한 비율이 재조합빈도에 첨가되어 과대평가되었을 때

3. 다운증후군은 21번 염색체의 3염색체성에 원인이 있다. 이 3염색체성은 생존할 수 있고 다른 염색체의 3염색체성은 생존할 수 없는 이유는 무엇인가?

a. 21번 염색체는 큰 염색체이고 많은 유전물질이 덜 해롭기 때문
b. 21번 염색체는 감수1분열에서 다른 염색체와 다르게 행동하기 때문
c. 21번 염색체는 작은 염색체로 유전자가 많지 않아서 게놈에 미치는 영향이 적기 때문
d. 21번 염색체는 다른 염색체보다 염색체 비분리가 잘 일어나지 않기 때문

4. 같은 염색체에 있는 두 유전자는 다음 중 어느 경우에 독립적으로 분리하는가?

a. 두 번의 교차가 발생할 수 있도록 유전자가 충분히 거리를 두고 있는 경우
b. 짝수 번의 교차와 홀수 번의 교차가 같은 비율로 발생할 정도로 두 유전자 사이의 거리가 충분할 때
c. 그 염색체에 대하여 재조합빈도가 낮을 때만
d. 유전자가 각인되었을 때만

5. *A*와 *B* 유전자는 염색체에서 10 cM 떨어져 있다. *A B*/*a b*인 이형접합체가 *a b*/*a b*와 검정교배할 경우, 총 100명의 자손 중 각 그룹별로 몇 명의 자손을 예상하는가?

a. *A B* 25, *a b* 25, *A b* 25, *a B* 25
b. *A B* 10, *a b* 10
c. *A B* 45, *a b* 45
d. *A B* 45, *a b* 45, *A b* 5, *a B* 5

6. 정자 형성 동안 감수2분열에서 염색체 비분리가 1번 발생했을 때 다음 중 옳은 것은?

a. 감수1분열의 비분리보다 더 나빠서 4개의 배우자 모두 이수체가 될 것이다.
b. 4개의 배우자 중 2개만이 이수성이 되어 감수1분열의 염색체 비분리보다 나은 상태가 된다.
c. 감수1분열의 비분리와 마찬가지로 4개의 세포 모두 이수성이 된다.
d. 감수1분열의 비분리와 마찬가지로 2개의 세포만이 이수성이 된다.

3단계: 사고력 함양하기

1. 색맹은 성-연관된 열성 유전자에 의해 발생한다. 만약 부친이 색맹인 여성이 정상적인 남성과 결혼하여 자식을 낳으면, 그 자식들 중 몇 퍼센트가 색맹이 되는가? 그리고 아들 중 몇 퍼센트, 딸 중 몇 퍼센트가 색맹이 되는가?

2. 종자의 색깔과 모양을 결정하는 유전자가 같은 염색체에 있다고 가정하자. 이 두 유전자에 대하여 이형접합인 개체를 주름지고 초록색인 개체와 검정교배를 하여 다음과 같은 결과를 얻었다면, 부모의 유전자형은 어떻게 되며, 두 유전자 사이의 거리는 어떻게 되는가?

초록색, 주름진 것	645
초록색, 둥근 것	36
노란색, 주름진 것	29
노란색, 둥근 것	590

3. 수컷 삼색 고양이는 빈도가 낮게 나타난다(약 1/3000). 이런 일이 어떻게 일어나는가?

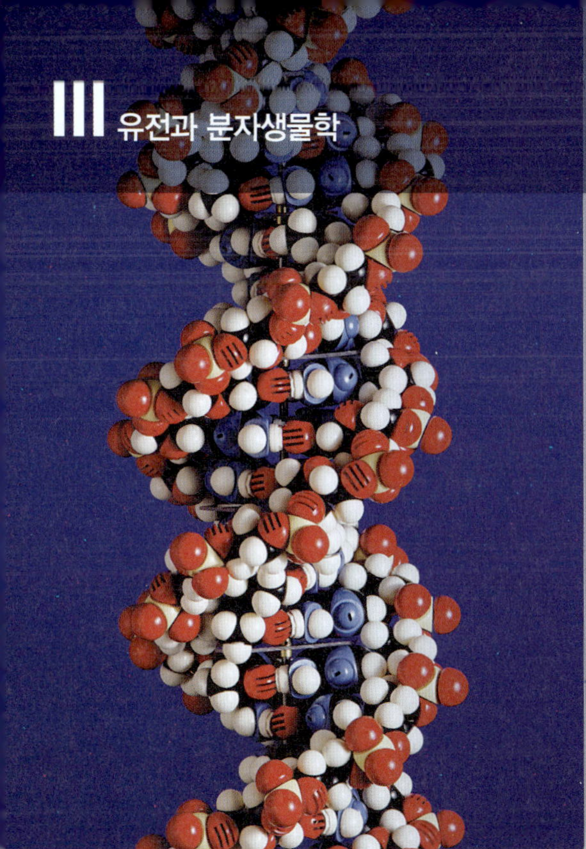

13

DNA: 유전물질

13.1 유전물질의 본질
13.2 DNA 구조
13.3 DNA 복제의 기본 특징
13.4 원핵생물의 복제
13.5 진핵생물의 복제
13.6 DNA 수선

도입

20세기로 넘어오면서 멘델의 재발견은 11장과 12장에서 자세히 다룬 유전기작의 빠른 발견을 가능하게 했다. 50년 이상 궁금증을 불러일으켰던 "유전자는 무엇으로 이루어져 있는가"에 대한 대답은 사실 아주 간단한 것이었는지 모른다. 유전자가 존재한다고 알려진 염색체는 DNA, RNA 및 단백질로 구성된 복잡한 구조를 가지고 있다. 이번 장에서는 위 그림에서 모형화된 DNA 구조와 유전의 분자기작을 이해하게 된 일련의 실험들을 설명한다. 이 실험들은 과학계에서 가장 우아한 실험들 중 하나이다. DNA 구조에 대한 설명은 오늘날 가속화되고 있는 분자시대의 시작을 알렸다.

13.1 유전물질의 본질

학습 목표

1. 그리피스와 에이버리의 실험을 설명할 수 있다.
2. DNA가 유전물질이라는 증거에 대해 설명할 수 있다.

11장과 12장에서 유전의 본질과 형질들을 결정하는 정보를 가진 유전자들이 염색체에 어떻게 위치하는지 살펴보았다. 이 발견은 염색체의 어떤 구성성분이 실제로 유전정보를 가지고 있는가에 대한 질문을 이끌어낸다. 특히 생물학자들은 어떤 분자가 유전정보를 가지는지에 대한 궁금증을 가져왔는데, 염색체가 단백질과 DNA로 구성되어 있다는 것은 이미 알고 있는 사실이었다. 그렇다면 이러한 유기분자들 중 무엇이 실제로 유전자들을 만드는 것일까?

1920년대 후반부터 시작하여 약 30년 넘게 이 질문에 대한 답을 얻기 위해 일련의 연구들이 진행되어 왔다. DNA는 화학적으로 유사한 4가지 뉴클레오타이드(nucleotide)들로 구성되어 있다. 그에 비해 단백질은 핵산보다 화학적으로 더욱 다양한 20종류의 아미노산으로 구성되어 있다. 이런 특징들이 정보 능력에 있어서 DNA보다 단백질을 크게 부각시켰던 것으로 여겨진다. 그러나 실험들을 통해 DNA가 유전정보를 지닌 분자라는 증거들이 밝혀지기 시작했는데, 여기에서 그 주요 발견들에 대해 살펴본다.

그리피스는 세균 세포가 형질전환됨을 발견했다

첫 번째 단서는 1928년에 영국의 미생물학자인 그리피스(Frederick Griffith)의 실험에 의해 밝혀졌다. 그리피스는 폐렴균(*Streptococcus pneumoniae*)에 의한 것으로 여겨지던 독감(influenza)에 대한 백신을 만들고 있었다. 이 세균은 폐렴을 유발하는 독성형과 돌연변이인 비독성형, 2가지 형태가 있다. 독성형은 세균 배양접시에서 매끄러운(smooth) 콜로니를 형성하기 때문에 S형(S form)이라고 부르며, 돌연변이인 비독성형은 다당류 외피를 만드는 데 필요한 효소의 결핍으로 거친(rough) 콜로니를 만들기 때문에 R형(R form)이라고 부른다.

그리피스는 위 세균으로 생쥐를 감염시킨 후 질환의 증상을 관찰하는 단순한 실험을 수행했다(**그림 13.1**). S형으로 감염된 생쥐들은 폐렴으로 죽었지만, R형으로 감염시킨 생쥐에게는 어떠한 증상도 나타나지 않았다. 이 결과는 다당류 외피가 독성에 필수적이라는 것을 보여준다. 하지만 S형 균을 열로 가열하여 죽인 다음 생쥐들에게 감염시키면 어떠한 해로움도 주지 못했는데, 이것은 외피 그 자체만으로는 질환을 유발하기에 충분하지 못하다는 것을 의미한다. 마지막으로 그리피스는 열로 가열하여 죽인 S형과 살아 있는 R형을 혼합하여 생쥐들에게 감염시켰는데, 이 생쥐에서는 질환이 유발되는 것을 관찰하였다. 뿐만 아니라 죽은 생쥐의 폐에서 다량의 살아 있는 S형의 세균이 발견되었다.

이는 다당류 외피에 대한 특정 정보가 죽은 S형으로부터 살아 있는 R형으로 전달되어 외피가 없는 R형을 독성형인 S형으로 변형시킨 것이다. 그리피스는 한 세포에서 다른 세포로의 독성이 전달되는 이 현상을 **형질전환**(transformation)이라고 명명하였고, 현재 이 용어는 세포 간 유전물질의 이동을 일컫는 말이다.

에이버리, 맥레오드, 그리고 맥카티는 형질전환의 원리를 규명하였다

폐렴균을 형질전환하는 물질은 1944년이 되어서야 밝혀졌다. 고전적 실험과정을 통해 에이버리(Oswald Avery)와 그의 동료인 맥레오드(Colin MacLeod), 맥카티(Maclyn McCarty)는 그리피스 실험에서 형질전환을 일으킨 물질을 밝혀냈다.

그들은 먼저 그리피스가 사용했던 S형과 R형의 세균 혼합물을 준비한 후, 가능한 한 최대로 단백질을 제거하여 순도가 99.98%가 되게 하였다. 이 실험에서 거의 모든 단백질을 제거했음에도 불구하고 형질전환 활성이 그대로 남아 있음을 발견하였다.

또한 이때 형질전환을 일으키는 물질의 성질은 다음과 같이 몇 가지 측면에서 DNA와 유사하였다.

1. 원소 배열이 DNA의 원소 배열과 상당히 일치했다.
2. 초원심분리에서 형질전환 물질은 DNA와 같은 밀도로 분리되었다.
3. 지질이나 단백질의 제거로 형질전환 활성이 감소하지 않았다.

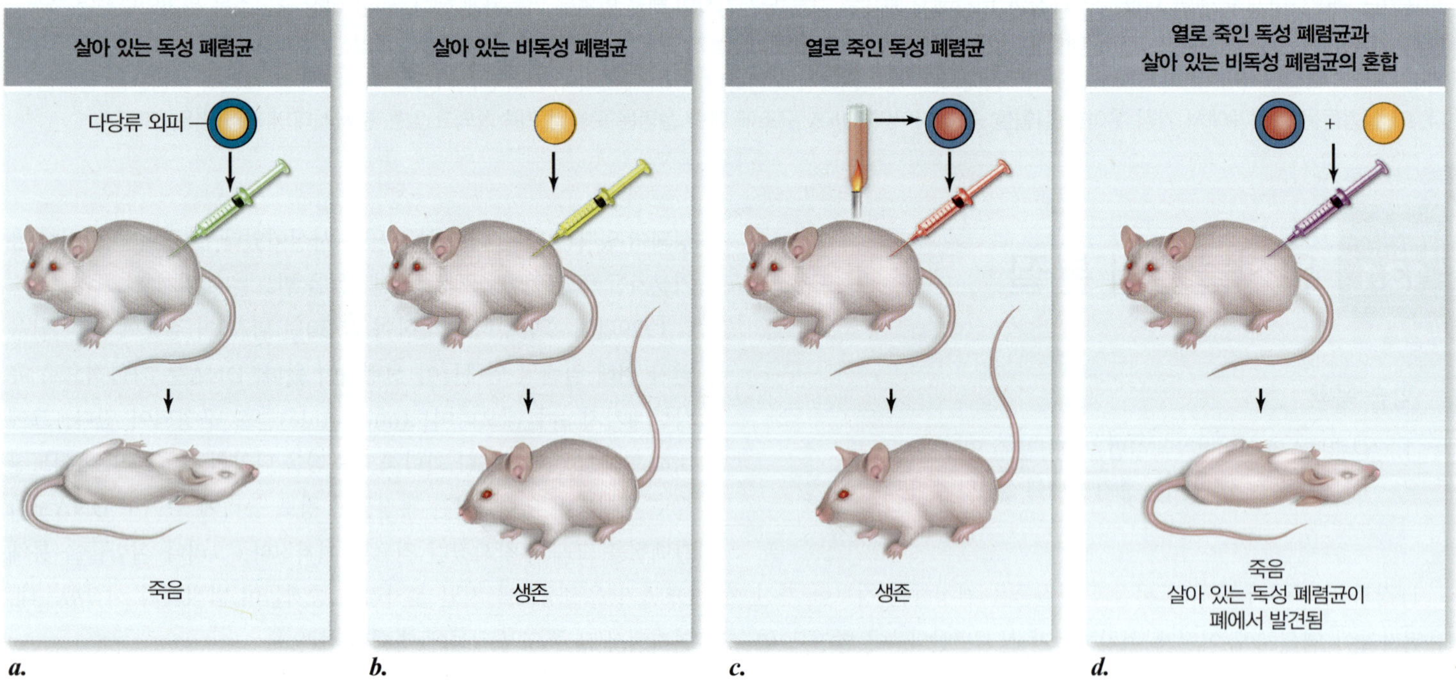

그림 13.1 그리피스의 실험.
그리피스는 폐렴 백신을 만드는 과정에서 형질전환을 발견했다. ***a.*** 살아 있는 독성균을 생쥐에 주입하여 생쥐가 폐렴에 걸리게 했다. 비독성균의 삽입(***b***)이나 열을 가해 죽인 독성균의 삽입(***c***)은 생쥐에게 어떠한 영향도 끼치지 않았다. ***d.*** 그러나 열을 가해 죽인 독성균과 살아 있는 비독성균의 혼합은 생쥐에게 폐렴을 일으켰다. 이것은 죽은 독성균의 유전정보가 비독성균으로 전달되어 비독성균을 독성균으로 형질전환했음을 나타낸다.

4. 단백질 분해효소나 RNA 분해효소가 형질전환 활성에 영향을 주지 않았다.
5. DNA 분해효소는 모든 형질전환 활성을 제거하였다.

이 실험들은 DNA가 형질전환에 의해 세포들 사이에서 전달되는 물질이라는 것을 지지해주며, 적어도 이 세균에서는 DNA가 유전물질이라는 사실을 암시해준다.

허쉬와 체이스는 파지의 유전물질이 DNA임을 증명하였다

많은 생물학자들은 단백질을 유전물질로 생각하고 있었기 때문에, 에이버리의 연구 결과는 쉽게 받아들여지지 않았다. 그러나 1952년에 허쉬(Alfred Hershey)와 체이스(Martha Chase)의 실험에 의해 에이버리의 결론이 받아들여지게 되었는데, 그들은 세균을 감염시키는 바이러스로 실험을 수행하였다. 이러한 바이러스는 **박테리오파지**(bacteriophage) 또는 간단히 **파지**(phage)라고 한다.

바이러스(virus, 22장 참조)는 DNA 또는 RNA와 같은 유전물질과 이를 둘러싸고 있는 단백질 외피로 이루어져 있어 세포보다 훨씬 단순하다. 파지가 세균 세포를 감염시킬 때 먼저 세포 바깥쪽 표면에 결합한 후, 유전물질을 세포 안으로 들여보낸다. 세포 내부에 들어간 바이러스의 유전물질은 세균의 정보처리 장치들을 이용해 바이러스 단백질들을 만들어, 수천 마리의 바이러스를 생산한다. 결국 생산된 바이러스들은 세포를 용해시키고 파지의 자손들이 방출하게 한다.

허쉬와 체이스가 사용한 파지는 DNA와 단백질로만 구성되어 있어, DNA와 단백질의 역할을 구분할 수 있는 단순한 체계를 제공할 수 있었다. 이런 파지가 세균 세포 안으로 집어넣은 물질을 밝히게 된다면 바이러스의 유전물질을 확인하게 된다. 이를 위해 DNA와 단백질에 독특한 표지를 하는 방법을 사용하였다. 뉴클레오타이드는 인(phosphorus)을 포함하지만 단백질은 포함하지 않고, 몇몇 아미노산은 황(sulfur)을 가지지만 DNA는 가지지 않는다. 따라서 방사성 동위원소인 ^{32}P는 DNA를 특이적으로, ^{35}S는 단백질을 특이적으로 표지하게 된다. 두 동위원소는 붕괴(decay)될 때 방출되는 입자

과학적 사고

가설: DNA가 박테리오파지의 유전물질이다.
예측: 파지 생활주기는 파지 단백질을 만들기 위해 세포를 재프로그램해야 한다. 이를 위해 파지의 유전정보는 감염되는 동안에 세포 안으로 들어가야만 한다.
실험: DNA는 방사성 ^{32}P를 이용하여 특이적으로 표지할 수 있고, 단백질은 방사성 ^{35}S로 표지할 수 있다. ^{35}S 또는 ^{32}P를 포함하는 배양액에서 파지를 각각 배양한 후 두 실험에서 각각 세포를 감염시키는 데 이용하였다. 파지의 외피는 세포의 바깥쪽에 부착되어 있는데, 이를 혼합기에 넣어 잠깐 흔들어서 제거한다. 원심분리에 의해 세포 현탁액을 모으면, 파지의 외피는 상층액에 남아 있게 된다.

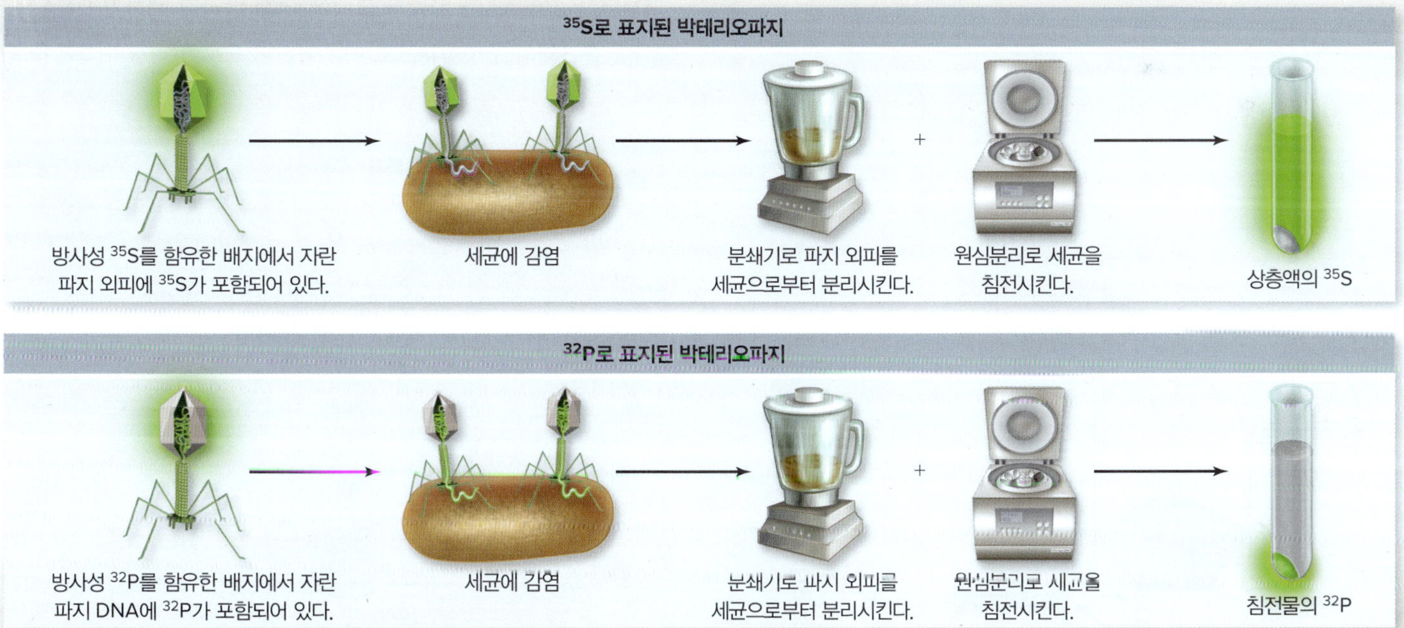

결과: 실험을 마쳤을때, 상당한 양의 ^{32}P만이 세포 침전물에서 검출되었다.
결론: 따라서 DNA가 세포를 재프로그램하는 데 이용되는 분자이다.
추가 실험: 형질전환 입자의 규명에 대한 에이버리의 연구를 어떻게 확장하거나 실험을 보완할 수 있을까?

그림 13.2 DNA가 파지의 유전물질임을 보여주는 허쉬와 체이스의 실험.

를 확인하면 쉽게 구별할 수 있다.

이들은 두 실험군을 만들었는데(**그림 13.2**), 첫 번째 실험군은 ^{32}P가 있는 배양액에서 바이러스를 배양하여 ^{32}P를 지닌 DNA를 가지도록 하고, 다른 실험군에서는 ^{35}S가 함유된 배지에서 배양하여 ^{35}S를 지닌 단백질 외피를 갖도록 하였다. 그 후 각각의 표지된 바이러스들로 세균을 감염시켰다.

감염 후, 혼합기를 이용해 강하게 흔들어 세균 세포 표면에 붙은 바이러스의 외피 입자들을 제거하였다. 이를 통해 세균 세포 내로 주입된 바이러스 부분만을 검출하여 유전물질로 결론내릴 수 있기 때문이다.

각각의 세균 부유액을 원심분리하여 침전물(pellet)을 얻어 분석하였다. 그 결과, ^{32}P를 가진 바이러스로 감염시킨 세포에서 다량의 방사성 인이 발견되었으나, ^{35}S로 표지된 바이러스로 감염시킨 세포에서는 방사성 황이 거의 탐지되지 않았다(**그림 13.2**). 허쉬와 체이스는 이 결과를 통해 바이러스가 세균 안으로 삽입한 유전정보는 단백질이 아니라 DNA라고 추정하였다.

핵심 요약 13.1

폐렴을 유발하는 세균에 대한 실험은 독성이 한 세포에서 다른 세포로 전달될 수 있음을 보여주었다. 이러한 형질전환을 일으키는 물질은 DNA로 밝혀졌다. 파지를 이용한 표지실험 역시 유전물질이 단백질이 아닌 DNA임을 나타냈다.

■ 단백질이 유전물질로서의 좋은 후보였던 이유는 무엇일까?

13.2 DNA 구조

학습 목표

1. 왓슨과 크릭이 DNA 구조를 밝히기 위해 유용하게 사용하였던 자료들에 대해 설명할 수 있다.
2. DNA 구조와 기능에서 상보성의 중요성에 대해 설명할 수 있다.

멘델의 연구가 알려진 지 4년 후인 1869년에 스위스 화학자인 미셔(Friedrich Miescher)에 의해 DNA가 발견되었는데, 그는 멘델의 실험들에 대해 알지 못하고 있었다. 미셔는 사람의 세포와 물고기 정자의 핵에서 흰색 물질을 분리하였는데, 그 물질은 세포에서 알려진 물질의 구성성분과는 다른 질소(nitrogen)와 인(phosphorus)의 비율을 보였기 때문에 새로운 생물학적 물질을 발견했다고 생각하였다. 그는 이 물질이 핵과 특별히 연관되어 있다고 생각하여 "핵질(nuclein)"이라고 명명하였다. 미셔가 발견한 핵질은 약산성을 띠고 있어, 후에 이 핵질은 **핵산**(nucleic acid)으로 불리게 되었다.

DNA의 구성요소는 잘 알려져 있었지만, 3차원 구조는 수수께끼였다

DNA의 3차구조가 왓슨과 크릭에 의해 알려질 때까지 DNA는 다음과 같은 3개의 구성성분으로 이루어진 것으로 알려졌다(**그림 13.3**).

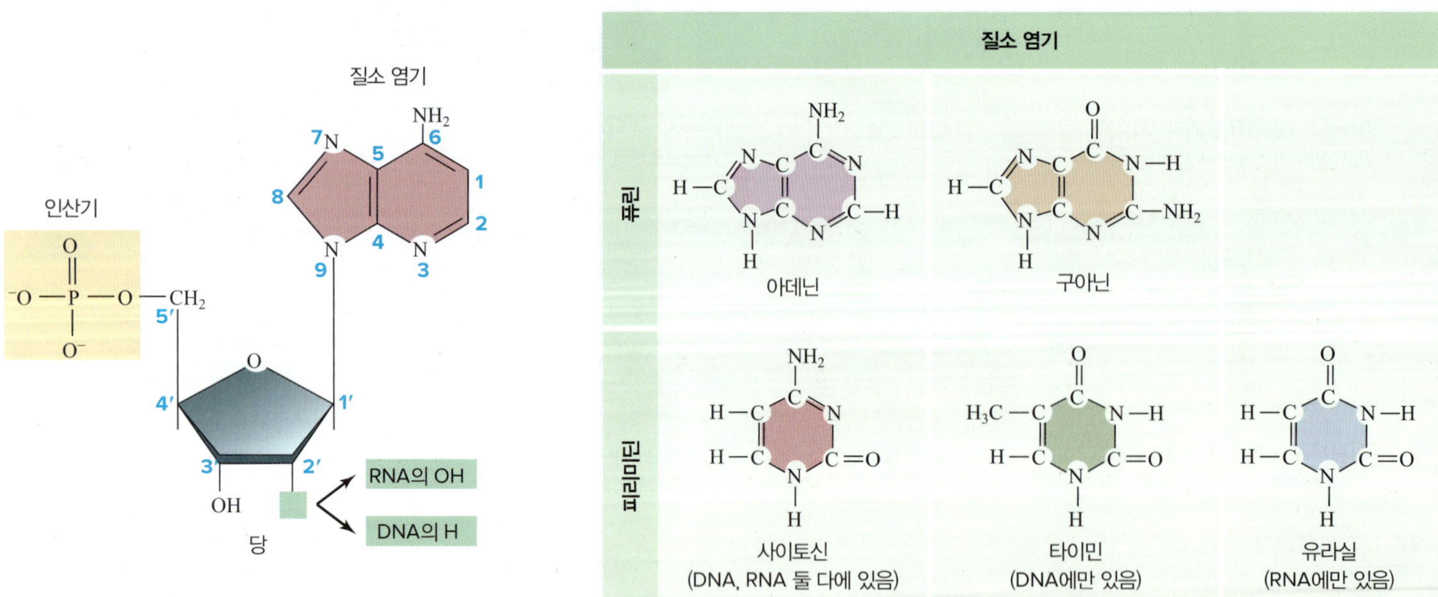

그림 13.3 DNA와 RNA의 뉴클레오타이드 소단위.
DNA와 RNA의 뉴클레오타이드 소단위는 5탄당(DNA는 디옥시리보스, RNA는 리보스), 인산기 그리고 질소염기(피리미딘 또는 퓨린)로 이루어져 있다.

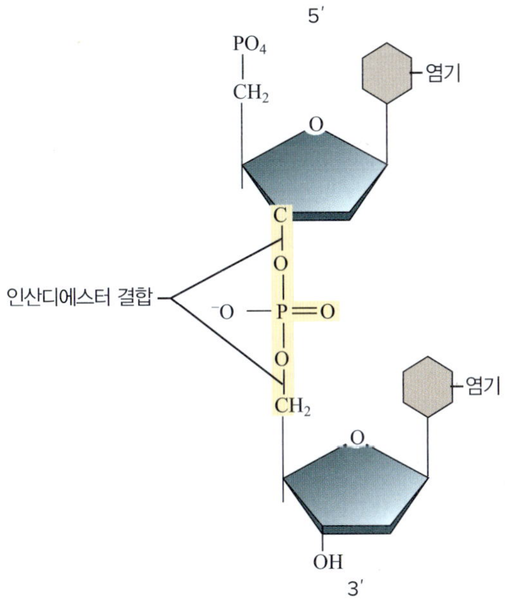

그림 13.4 인산디에스터 결합.

1. 5탄당(5-carbon sugar)
2. 인산기(phosphate group, PO_4^-)
3. 질소염기(nitrogenous base): 염기에는 2개의 고리를 가진 퓨린(purine)계의 아데닌(adenine, A)과 구아닌(guanine, G), 그리고 1개의 고리구조로 이루어진 피리미딘(pyrimidine)계인 타이민(thymine, T)과 사이토신(cytosine, C)이 있다. RNA는 타이민 대신에 유라실(uracil, U)을 갖는다.

뉴클레오타이드의 탄소 원자를 명확하게 구분할 수 있는 방법이 필요하게 되는데, 일반적으로 염기에 붙은 탄소 원자와 구분하기 위해 당에 붙은 탄소에는 프라임 기호(′)를 사용한다. 핵산에 있는 리보스(ribose) 당은 4개의 탄소 원자와 1개의 산소 원자, 총 5개로 구성된 고리(ring)를 형성한다. **그림 13.3**에서 보는 것처럼 탄소 원자들은 산소 원자에서 시계 방향을 따라 1번에서 5번으로 번호를 붙여 부른다.

이런 번호에 따라 인산기는 당의 5′ 탄소에 붙어 있고, 염기는 1′ 탄소 원자에 연결되어 있다. 그리고 하이드록실기(—OH)는 3′ 탄소에 부착되어 있다.

뉴클레오타이드 단량체(monomer)는 5′ 인산기와 다른 뉴클레오타이드의 3′ 하이드록실기의 탈수반응(dehydration reaction)에 의해 함께 연결될 수 있다. 이 연결은 한 쌍의 에스터 결합(ester bond)에 의해 2개의 당에 인산기가 연결되기 때문에 **인산디에스터 결합**(phosphodiester bond)이라고 부른다(**그림 13.4**). 수많은 뉴클레오타이드가 인산디에스터 결합을 통해 서로 연결되어 긴 핵산 중합체(nucleic acid polymer)를 형성한다.

한 가닥의 DNA 또는 RNA는 길이가 얼마나 길든 항상 한쪽 끝에는 5′ 자유인산기를, 다른 쪽 말단에는 3′ 자유하이드록실기를 갖는다. 그래서 모든 DNA와 RNA는 고유의 방향성을 가지게 되어 각 분자의 말단을 확인할 수 있다. 염기들의 서열은 관례적으로 5′에서 3′ 방향으로 표시한다.

샤가프, 프랭클린, 그리고 윌킨스는 몇 가지 구조적 증거를 얻었다

왓슨과 크릭이 제안한 모델을 이해하기 위해서 이 모델을 가능하게 해준 증거들을 알아보자.

샤가프의 규칙

샤가프(Erwin Chargaff)에 의해 수행된 연구는 DNA 분자의 뉴클레오타이드 조성이 DNA 출처에 따라 복잡하고 다양하다는 것을 보여준다. 이것은 DNA가 단순히 반복된 중합체가 아니라, 유전물질이 필요한 정보를 암호화하는 성질을 가지고 있음을 강력하게 시사해 주고 있다. 하지만 DNA의 복잡함에도 불구하고 샤가프는 천연 DNA에서 발견되는 염기 비율에서의 중요한 기본적 규칙성을 관찰하였는데, **DNA에 존재하는 아데닌의 양은 타이민의 양과 같으며, 구아닌의 양은 항상 사이토신의 양과 같다**는 것이다. 이 연구의 다음 2가지 중요한 발견을 **샤가프의 규칙**(Chargaff's rule)이라 부른다.

1. A의 비율은 항상 T의 비율과 같으며, G의 비율은 C의 비율과 같다. 즉, A=T, G=C이다.
2. G—C와 A—T의 비율은 종(species)에 따라 다르다.

DNA가 유전정보를 저장한다는 증거들이 축적됨에 따라 연구자들은 단순해 보이는 분자가 어떻게 복잡한 암호 기능을 수행할 수 있는지에 대한 퍼즐을 풀기 시작했다.

DNA의 X선 회절양상

X선 회절(X-ray diffraction) 기술은 DNA의 가능한 구조에 대해 보다 직접적인 정보를 제공하였다. X선 회절에서는 X선 빔을 분자의 결정체에 부딪히게 한다. X선이 부딪히는 분자들에 의해 선이 굴절되거나 회절되며, 이 회절 양상은 필름에 기록된다. 이 회절의 모양은 마치 수면에 던진 돌이 만드는 물결과 유사한데, 이 회절 양상을 수학적으로 분석하면 분자의 3차원적 구조에 대한 정보를 얻을 수 있다.

1950년대에는 천연 DNA의 완전한 결정체를 얻는 것이 불가능했기 때문에, 이 기술을 DNA에 접목시키기 어려웠다. 하지만 영국 연구자 윌킨스(Maurice Wikins)는 균일하게 배열된 DNA 섬유를 만

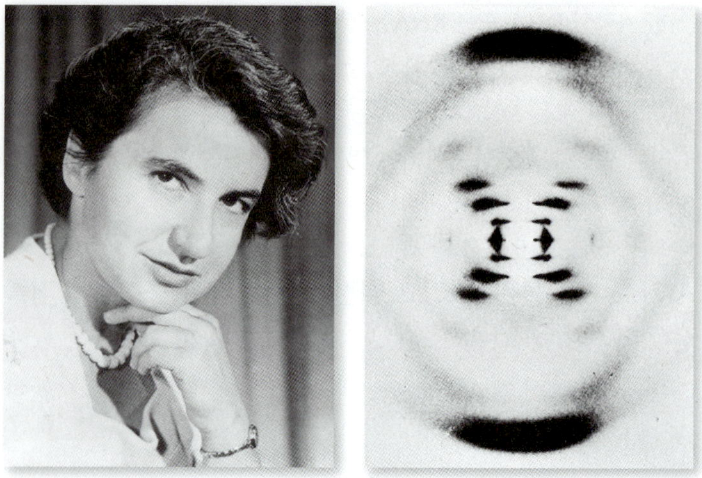

a. *b.*

그림 13.5 프랭클린의 X선 회절 양상.
a. 프랭클린(Rosalind Franklin). *b.* 1953년 프랭클린에 의해 만들어진 DNA 섬유의 X선 회절 사진으로 DNA가 나선구조로 되어 있음이 증명되었다.

드는 방법을 배웠고, 1950년 대학원생이었던 고슬링(Ray Gosling)과 함께 최초로 천연 DNA의 회절정보를 얻는 데 성공하였다. 그들의 초기 X선 사진은 DNA 분자가 나선(helix) 모양을 가지고 있음을 보여줬다.

이후 영국의 화학자인 프랭클린(Rosalind Franklin, **그림 13.5***a*)은 지속적인 연구를 통해 배열된 DNA 섬유의 더 선명한 "사진"을 얻기 위한 기술을 완성했다. 사진들 중 가장 선명한 이미지(**그림 13.5***b*)를 통해 DNA가 나선형이고, 지름이 약 2 nm이며, 매 3.4 nm마다 완전한 나선형 회전이 나타나는 분자임을 알 수 있었다.

염기의 호환성

왓슨과 크릭에게 중요한 정보 중 하나는 염기 그 자체의 형태였다. 염기에서 번갈아 나오는 2중결합과 단일결합 때문에 이 2개의 다른 형태가 수용액에서 평형 상태로 존재한다. 이 2가지 다른 형태는 염기에 붙은 케토(keto, C=O) 대 에놀(enol, C−OH), 그리고 아미노(amino, $-NH_2$) 대 이미노(imino, =NH)를 가져야 하는데, 이런 구조들을 **호변체**(tautomers)라고 부른다.

이런 화학적 차이의 중요성은 염기의 2가지 형태가 매우 다른 수소결합을 가질 수 있다는 데 있다. 염기는 케토와 아미노기(**그림 13.3**)를 주로 갖지만, 당시의 저명한 생화학 교재들은 틀린 반대의 정보를 싣고 있었다. 왓슨은 정확한 정보를 알고 있으면서도 당시 생화학자

그림 13.6 DNA 2중나선.
1953년 왓슨(왼쪽)과 크릭(오른쪽)은 염기의 적절한 호변 구조를 밝힌 사가프의 법칙과 프랭클린의 회절 연구를 이용하여 DNA 구조를 추론하였다.

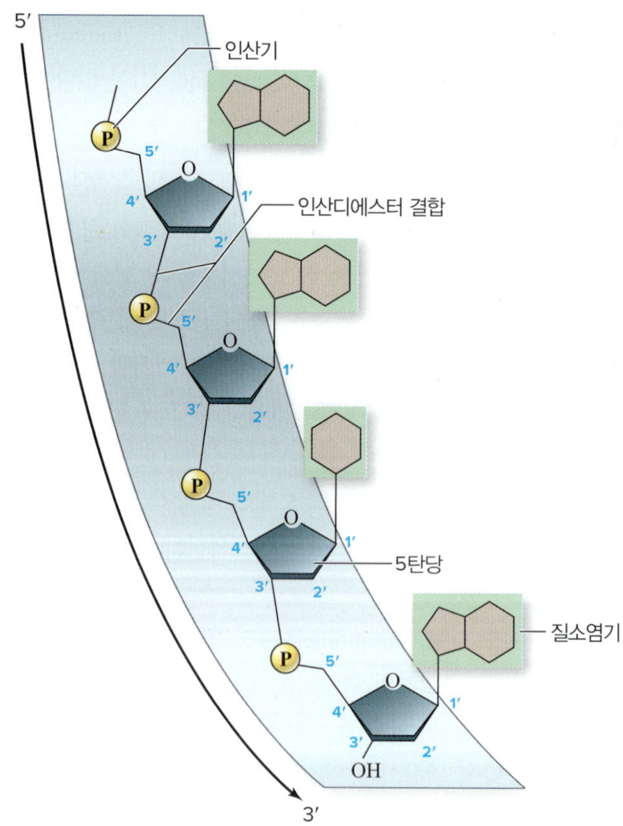

그림 13.7 단일 가닥 DNA의 구조.
인산디에스터 골격은 교대로 나타나는 당과 인산기로 구성되어 있다. 염기는 각각의 당에 연결되어 있다.

인 친구들과 점심을 즐겼다는 얘기도 있다.

왓슨-크릭은 알맞은 모델을 제시하였다

1953년 프랭클린의 연구결과가 출간되기 전에 비공식적으로 알게 된 영국 케임브리지 대학(Cambridge University)의 두 젊은 과학자인 미국 화학자 왓슨(James Watson)과 영국 분자생물학자 크릭(Francis Crick)은 현재 정확한 것으로 알려져 있는 DNA의 분자구조를 신속하게 추론해냈다(**그림 13.6**). 왓슨과 크릭은 DNA 구조와 관련된 실험을 한 번도 수행하지 않았지만, 유용한 정보에 기반하여 세밀한 분자모델을 만들었다.

이 모델의 핵심은 각각의 DNA 분자가 실제로는 두 가닥의 뉴클레오타이드 사슬이 서로 꼬여 2중나선(double helix)을 이룬다는 것이다.

인산디에스터 골격

2중나선의 두 가닥은 뉴클레오타이드의 긴 중합체로 구성되고, 각 가닥은 당과 인산이 반복해 인산디에스터 결합으로 연결되어 있다(**그림 13.7**). 이것을 분자의 **인산디에스터 골격**(phosphodiester backbone)이라고 부른다. 골격의 두 가닥은 공통 축의 중심을 감싸면서 2중나선을 이루는데(**그림 13.8**), 이 나선 구조의 두 가닥은 계단의 난간 같은 것으로 종종 나선형 계단에 비유된다.

상보적 염기

왓슨과 크릭은 각 가닥의 염기가 수소결합에 의해 2개의 가닥이 서로 결합되어 있다고 제안하였다. 이 결합은 특수한 **염기쌍**(base-pairs)을 형성하는데, 아데닌과 타이민 사이에는 2개의 수소결합에 의한 A－T 염기쌍을, 사이토신과 구아닌 사이에는 3개의 수소결합에 의한 G－C 염기쌍을 이룬다(**그림 13.9**).

이런 배열 형태는 고리 2개를 지닌 퓨린과 고리 하나를 지닌 피리미딘 사이에 쌍을 형성하게 되기 때문에 각 염기쌍 사이의 직경이 일정해지며, 이렇게 일정한 직경은 X선 회절 연구에서 이미 시사된 바 있다.

이런 염기쌍의 배열 양식을 **상보적**(complementary)이라고 하는데, 상보적이란 DNA 가닥이 같지는 않지만 염기쌍에 의해 다른 한 가닥을 규정한다는 것을 의미한다. 예를 들어, 한 가닥의 염기서열이 ATGC라면, 이에 대응하는 다른 한쪽의 염기서열은 TACG가 되는데 이런 특징은 DNA 복제와 발현에 매우 중요하다(13.3절).

왓슨과 크릭의 모델은 샤가프의 연구 결과도 설명할 수 있었다. 2중나선 구조에서 아데닌은 타이민과 2개의 수소결합을 형성하지만 사이토신과는 수소결합을 형성하지 않는다. 그와 마찬가지로 구아닌

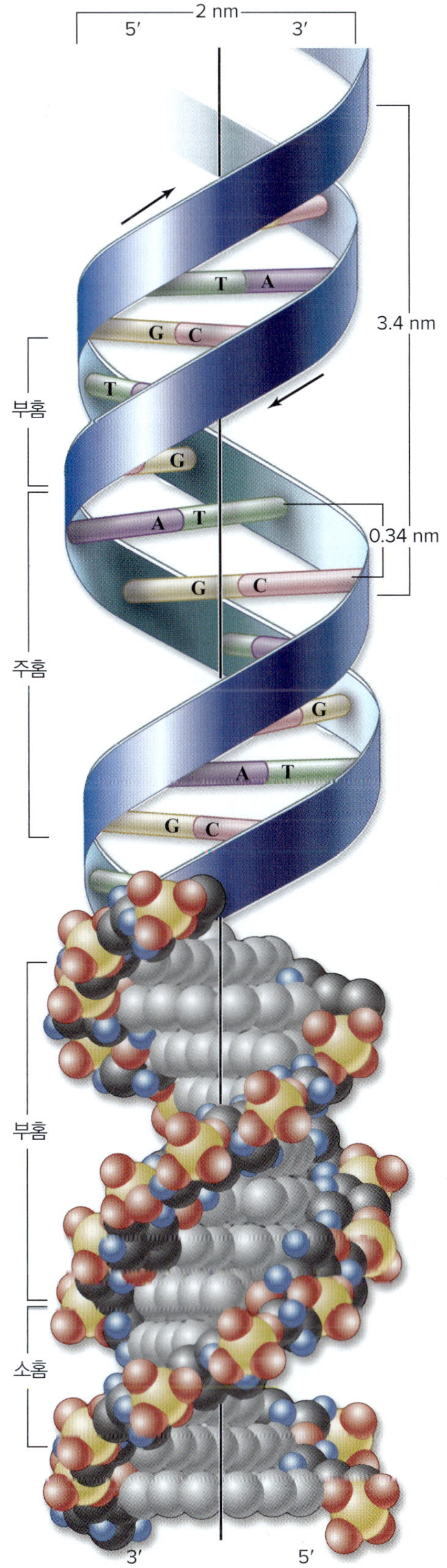

그림 13.8 2중나선.
인산디에스터 골격이 위쪽에는 리본 모형으로, 아래쪽에는 공간채움모형으로 표시되어 있다. 염기는 나선의 안쪽으로 돌출되어 있고, 거기서 염기들은 염기쌍을 이루어 나선을 붙잡고 있다. 골격은 큰 주홈(major groove)과 작은 부홈(minor groove)을 형성한다.

은 사이토신과는 수소결합을 형성하지만, 타이민과는 수소결합을 만들지 않는다. 이러한 염기쌍으로 인해 모든 DNA 분자에서 구아닌과 사이토신, 아데닌과 타이민은 항상 같은 비율로 존재한다.

역평행 배열

이 장의 앞부분에서 단일 인산디에스터 가닥은 본래의 방향성을 갖는다고 설명한 바 있는데, 이는 한쪽 끝은 3′ OH로 끝나고, 다른 쪽 끝은 5′ PO_4로 끝나는 것을 의미한다. 따라서 DNA 가닥의 방향성은 5′에서 3′ 또는 3′에서 5′이라고 부르고, 두 가닥은 같은 방향성을 갖는 평행(parallel) 또는 반대의 방향성을 갖는 역평행(antiparallel)의 2가지 방식에 의해 서로 결합할 수 있다. 본래의 2중가닥의 DNA는 한 가닥은 5′에서 3′으로, 다른 한 가닥은 3′에서 5′으로 역평행 배열(antiparallel configuration)을 갖는다. DNA의 상보성 외에도 이런 역평행은 DNA 복제에 중요한 영향을 미친다.

왓슨과 크릭의 DNA 분자

왓슨과 크릭의 모델에서 DNA 분자는 공통 나선축을 중심으로 둘러싸인 2개의 인산디에스터 가닥으로 되어 있으며, 나선의 안쪽으로 염기들이 뻗어 있다. 두 가닥의 염기서열은 서로 상보적이므로, 가닥들은 함께 묶여 염기쌍을 형성한다. 가닥들은 각각 5′과 3′ 말단을 가지며 반대 방향(역평행)으로 배열되어있다(**그림 13.8**과 **13.9**).

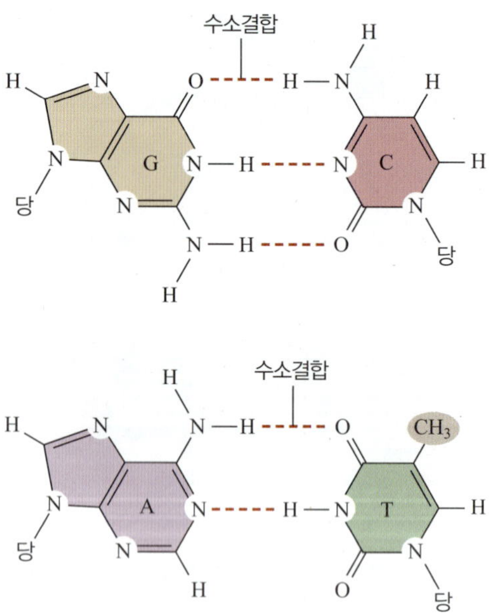

그림 13.9 염기쌍에 의한 DNA 가닥 연결.
A와 T, G와 C 사이의 수소결합이 점선으로 표시되어 있다. 이 수소결합들이 두 가닥을 연결하는 A−T와 G−C 염기쌍을 만든다. 이것은 항상 퓨린과 피리미딘으로 쌍을 형성하며, 2중나선의 지름을 일정하게 유지하게 한다.

자료 분석 왓슨과 크릭의 모델이 본문에서 논의된 자료를 어떻게 설명하였는가?

각각의 개별적인 수소결합은 낮은 수준의 에너지 결합이지만, 수천 혹은 수백만 개의 수소결합의 합은 매우 안정한 분자를 만들게 된다. 이러한 사실은 또한 DNA 분자가 전체 분자의 안정성에는 영향을 미치지 않으면서 나선이 “개방된(풀린)” 지역을 가질 수 있다는 것을 의미하게 되는데, 이것은 DNA의 기능에 매우 중요하다.

왓슨과 크릭의 모델이 DNA에 대한 합리적인 구조를 제안했지만, 연구자들은 세포분열에서 가장 중요한 단계인 DNA가 어떻게 복제될 수 있는지 그리고 세포가 손상되거나 변형된 DNA를 어떻게 복구할 수 있는지에 대한 대답을 찾아야만 했는데, 이 장의 나머지 부분에서 이런 질문들에 대해 살펴본다. 14장에서는 유전암호 및 암호와 단백질 합성 사이의 연관성에 대해 다룬다.

핵심 요약 13.2

샤가프는 DNA에서 아데닌의 양은 타이민과 같고, 구아닌의 양은 사이토신의 양과 동일함을 보였다. 프랭클린과 윌킨스는 X선 회절연구를 통해 DNA가 나선을 형성한다고 밝혔다. 왓슨과 크릭은 공통 축을 중심으로 나선형으로 감싸진 2개의 역평행 가닥으로 구성된 DNA 모델을 만들었다. 두 가닥은 염기 사이의 수소결합에 의해 함께 고정된다(아데닌과 타이민, 구아닌과 사이토신이 염기쌍 형성). 따라서 두 가닥은 서로 상보적이다.

■ 왜 염기의 호변성 형태에 대한 정보가 중요할까?

13.3 DNA 복제의 기본 특징

학습 목표

1. 반보존적 복제의 생성물을 설명할 수 있다.
2. DNA 복제에 필요한 조건들에 대해 설명할 수 있다.

세포분열 전의 정확한 DNA 복제는 기본적이면서 중요한 기능이다. 이 복잡한 과정에 세포 내 수많은 단백질이 관여하는 것으로 밝혀졌는데, 유전학자들은 이런 것들의 세부 사항들을 밝히기에 앞서 일반적인 기작을 위한 기본 연구가 필요하다는 사실을 인식하였다.

메셀슨과 스탈은 반보존적 복제를 규명하였다

왓슨과 크릭의 모델은 유전정보의 복제가 상보적으로 일어남을 제시하였다. 따라서 DNA 분자의 한쪽 가닥의 염기서열을 알면 다른 쪽 가닥의 염기서열도 알 수 있게 된다.

DNA 복제에서 부모 DNA 가닥의 염기서열은 딸 가닥에서도 같아야 한다. 즉, 부모의 2중나선 DNA는 전체적으로 네 가닥인 2개의 딸 나선 DNA를 생산할 수 있어야 한다. 이 2개의 딸 DNA 분자는 세포분열 과정 동안 분리된다.

DNA 복제에 대해 다음과 같은 3개의 모델이 제안되었다(**그림 13.10**).

1. **보존적 모델**(conservative model): 부모 DNA 2중나선 가닥이 보존되고, 완전히 새로운 분자로 이루어진 새 DNA 복제물이 만들어진다. 딸 DNA 2중나선 가닥은 새로운 DNA 가닥으로 구성된다.
2. **반보존적 모델**(semiconservative model): 부모 2중나선 가닥 중 하나는 딸 DNA에서 보존되고(반보존), 각각의 부모 DNA 가닥에 대한 새로운 DNA 가닥이 만들어진다. 딸 DNA 가닥은 하나의 부모 DNA 가닥과 새로 합성된 다른 하나의 DNA 가닥으로 구성된다.
3. **분산 모델**(dispersive model): DNA 복제물들이 부모가닥과 새로 합성되는 가닥과의 혼합 형태로 구성된다. 즉, 새로운 DNA는 복제 후 2개의 딸 DNA 2중나선 분자의 각 가닥에 산재되어 분포하게 된다.

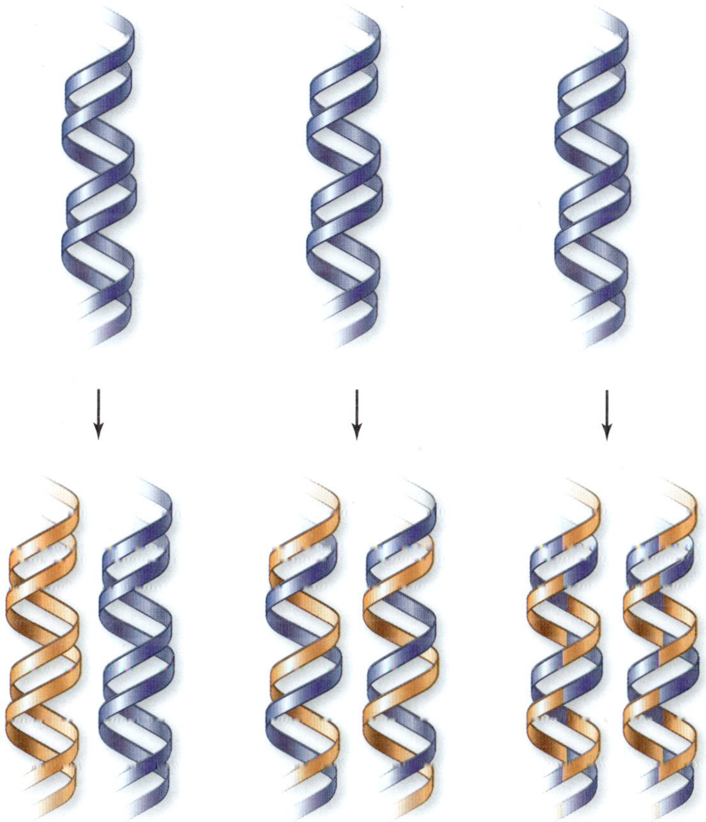

그림 13.10 DNA 복제에 대한 3가지 모델.
보존적 모델은 하나의 완전한 새로운 분자를 만들고 기존의 것은 보존한다. 반보존적 모델은 기존 가닥과 새 가닥의 2개의 혼성 분자를 만든다. 분산적 모델은 각각의 가닥이 새것과 기존의 것이 혼합된 혼성 분자를 만든다.

이 3가지 모델은 복제 과정의 분자적 세부사항에 대한 규명 없이 복제에 대한 일반적 기작을 제안하고 있다는 사실에 유념할 필요가 있다.

메셀슨과 스탈의 실험

DNA 복제에 대한 3개의 모델은 1958년 메셀슨(Matthew Meselson)과 스탈(Franklin Stahl)에 의해 평가되었다. 이 모델들을 구분하기 위해 그들은 두 번의 복제 과정 동안 DNA를 표지하였다(**그림 13.11**).

메셀슨과 스탈은 실험에서 질소 동위원소 중 무거운 ^{15}N(방사선 원소가 아님)을 이용하였다. ^{15}N을 가진 분자는 ^{14}N을 가진 분자보다 큰 밀도를 지니고 있는데, 초원심분리(ultracentrifugation)를 사용하여 다른 밀도를 갖는 분자들을 분리할 수 있다.

세균을 ^{15}N을 포함하는 배양액에서 배양하여 세균의 DNA로 ^{15}N이 혼입되도록 하면 몇 세대 후에는 ^{14}N을 포함하는 배지에서 배양한 세균의 DNA보다 더 큰 밀도를 갖게 된다. 메셀슨과 스탈은 ^{15}N 배지에서 배양한 세균을 ^{14}N 배지로 옮긴 후 시간차를 두고 세균의 DNA를 분리하였다.

이렇게 수집된 DNA를 무거운 염인 염화세슘(cesium chloride) 용액에 녹여 초원심분리기에서 매우 높은 속도로 분리하였다. 높은 원심분리력에 의해 세슘 이온이 원심분리 튜브의 바닥으로 이동되면서 세슘의 농도에 따른 밀도 기울기(density gradient)가 형성된다. 각각의 DNA는 이 세슘의 밀도 기울기에 의해 분리되는데, ^{15}N은 ^{14}N보다 무겁기 때문에 튜브의 아래쪽에 위치하게 된다.

^{14}N이 있는 배지로 옮긴 후 바로 채취한 세균의 DNA는 ^{15}N DNA만의 밀도를 나타내지만 한 번의 DNA 복제를 완전히 마친 후 채취한 세균의 DNA 밀도는 ^{14}N과 ^{15}N의 중간값으로 감소하였다. 두 번의 복제를 마친 후 채취한 세균의 DNA에서는 2종류의 DNA 밀도, 즉 ^{14}N 밀도 및 ^{15}N과 ^{14}N의 중간 밀도가 관찰되었다(**그림 13.11**).

메셀슨과 스탈의 실험 결과 해석

메셀슨과 스탈은 그들의 연구 결과를 3가지 모델의 예견될 수 있는 결과들과 비교해 보았다.

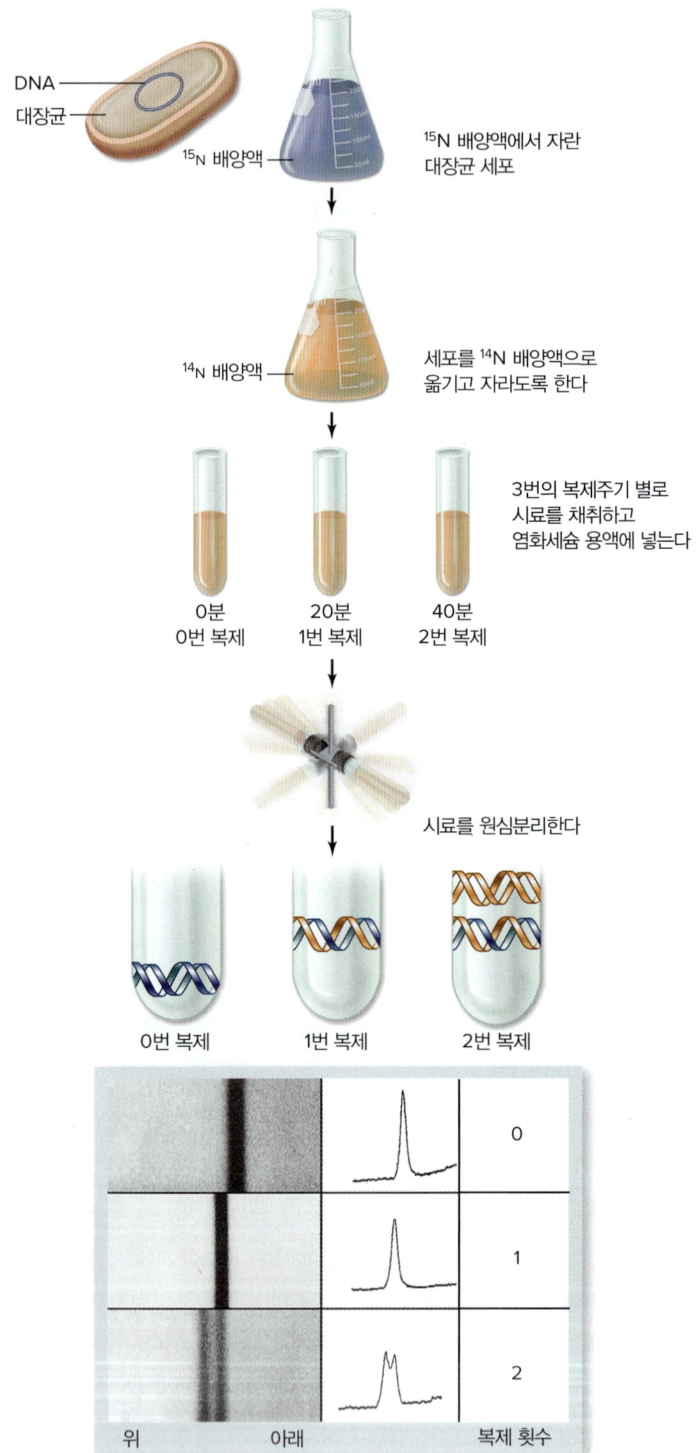

그림 13.11 메셀슨과 스탈의 실험.
무거운 ^{15}N 배지에서 자란 세균을 가벼운 ^{14}N 배지로 옮긴 후, 두 번의 복제주기를 거쳤다. ^{15}N 배지에서 시료가 채취된 시간을 상대적으로 0이라 하고, 두 번의 복제주기 후 농도 구배 형성을 위해 세슘이 첨가된 시험관에 세균을 넣고 원심분리했다. 실제 자료가 아래 그림에 나타나 있고, 이 결과는 반보존적 복제로 해석된다.

자료 분석 3번의 복제를 마친 복제물에 대해 예측하시오.

1. 보존적 모델과의 비교: 한 번의 복제 후에 DNA 가닥은 무겁거나(부모 DNA), 가벼운(딸 DNA) 2종류의 밀도가 관찰되어야 한다는 점에서, 이 모델은 연구 결과에 일치하지 않는다. 따라서 이 모델은 틀린 모델이다.
2. 반보존적 모델과의 비교: 한 번의 복제 후 모든 DNA 분자는 가벼운 가닥과 무거운 가닥으로 되어 있기 때문에 한 종류의 밀도가 예측된다. 두 번의 복제 후 DNA 분자들 중 반은 2개의 가벼운 가닥을, 나머지 반은 한쪽의 가벼운 가닥과 다른 한쪽의 무거운 가닥을 갖게 되어 두 종류의 밀도가 관찰되어야 한다. 따라서 이 모델은 모든 연구 결과와 일치한다.
3. 분산 모델과의 비교: 이 모델은 한 번의 복제주기 후 모든 DNA 분자들의 한 가닥이 1/2의 가벼운 가닥(새 가닥)과 1/2의 무거운 가닥(기존 가닥)의 혼합된 혼성 분자로 구성되어 있기 때문에 실험 결과와 일치한다. 하지만 두 번째 복제 후, 분산 모델에서는 DNA의 한 가닥은 3/4의 가벼운 가닥과 1/4의 무거운 가닥으로 구성된 오직 한 종류의 밀도만 만들어야 하는데, 실험 결과에서는 2개의 밀도가 관찰되었다. 따라서 이 모델은 틀린 모델이다.

DNA 복제의 기본 기작은 반보존적(semiconservative)이다. 이를 간단히 설명하면 DNA 나선을 풀어서 두 가닥의 복사물을 각각 만들어, 하나의 기존 가닥에 다른 하나의 새 가닥으로 이루어진 2개의 딸 나선구조를 복제하는 것이다.

DNA 복제는 주형, 뉴클레오타이드, 그리고 중합효소를 필요로 한다

DNA 복제에는 복제할 대상(주형), 복제를 수행하는 것, 그리고 복제물을 만들 수 있는 구성요소 등 3가지 사항이 요구된다. 부모 DNA는 주형(template)의 역할을 하고, 효소는 주형을 복제하는 역할을 수행하며, 구성요소로는 뉴클레오사이드3인산(nucleoside triphosphate)이 이용된다.

복제 과정에는 과정이 시작되는 지점, 뉴클레오타이드가 첨가되는 중간 지점, 그리고 과정이 끝나는 지점이 있는데, 이러한 생화학 과정을 **개시**(initiation), **신장**(elongation), 그리고 **종결**(termination)이라고 한다. 이들 과정은 단순해 보이지만 개시와 종결에는 신장에서 요구되지 않는 확실하게 구별되는 기능이 있다.

많은 효소들이 새로운 가닥을 조립하는 일에 함께 관여하지만, 실제로 기존의 DNA 가닥에 상보적인 뉴클레오타이드를 맞추고 연결하여 새로운 DNA 가닥을 만드는 일을 하는 것은 **DNA 중합효소**(DNA polymerase)이다(**그림 13.12**). 그간 밝혀진 모든 DNA 중합효

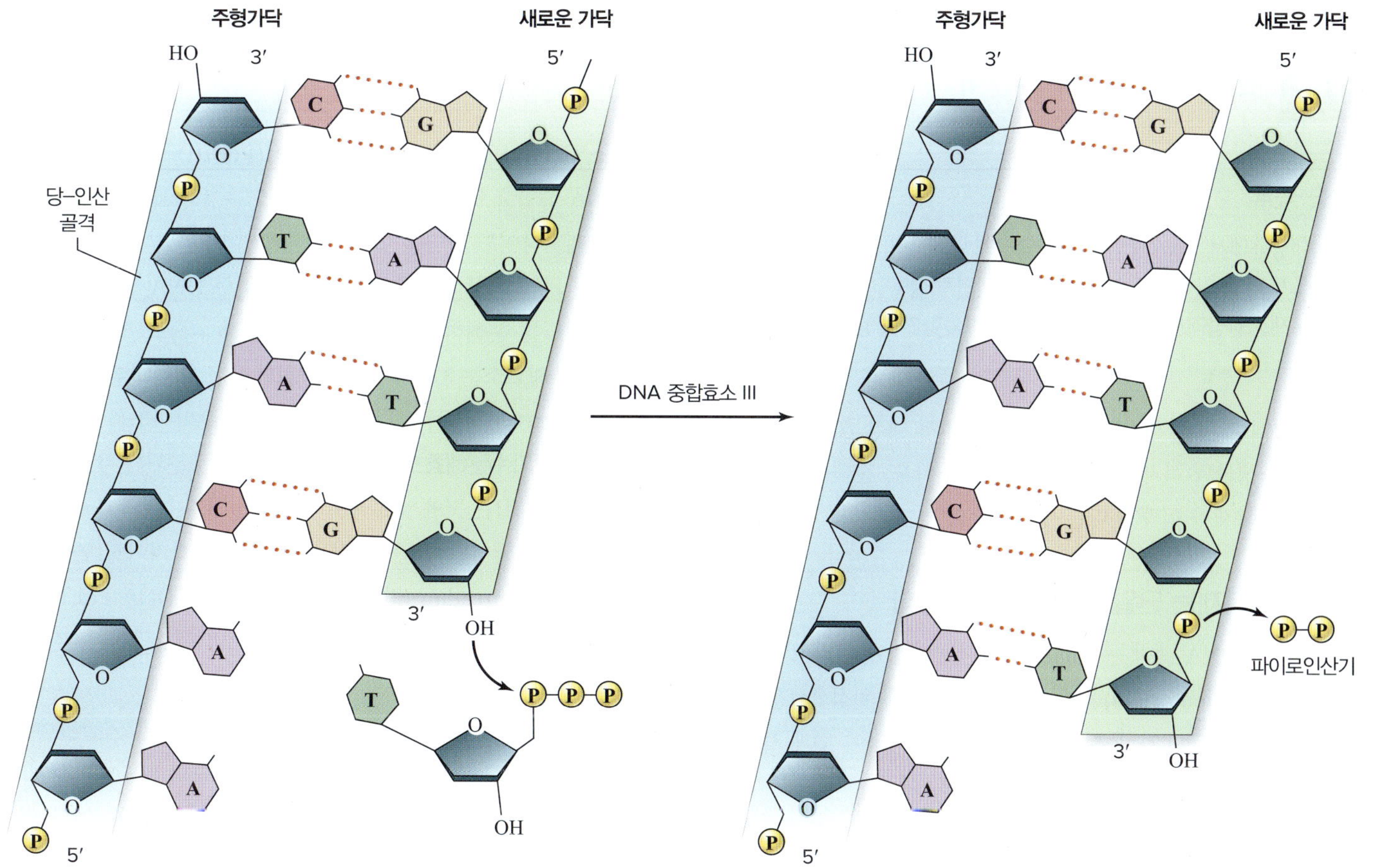

그림 13.12 DNA 중합효소의 작용.
DNA 중합효소는 자라고 있는 사슬의 3′ 말단에 뉴클레오타이드를 첨가한다. 첨가된 뉴클레오타이드는 주형가닥의 염기에 따라 다르다. 각각의 새 염기는 주형가닥 염기에 상보적이어야 한다. 각각의 새 뉴클레오사이드3인산이 첨가될 때 3인산 중 2개의 인산은 파이로인산기의 형태로 잘려 나간다.

탐구문제 왜 DNA의 당-안산기 골격은 공유결합으로 연결되고, 두 가닥의 교차 다리(cross-bridges)는 수소결합에 의해 결합되어 있는 것이 중요하다고 생각하는가?

소들은 여러 공통적 특징들을 지니는데, DNA 중합효소는 주형에 대해 5′에서 3′ 방향으로 염기쌍을 형성하면서 새 가닥을 합성한다. 모든 DNA 중합효소는 합성을 시작하기 위해 **프라이머**(primer)를 필요로 하는데, 프라이머 없이 주형에 DNA 또는 RNA 가닥의 염기쌍 형성을 시작할 수 없다. RNA 중합효소는 스스로 RNA 프라이머를 만들 수 있다.

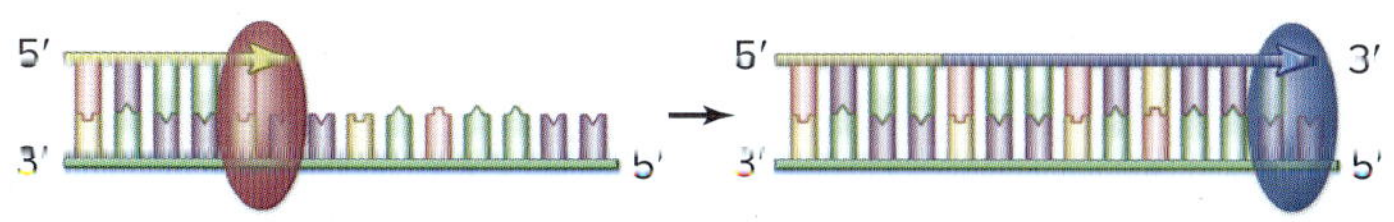

핵심 요약 13.3

메셀슨과 스탈은 반보존적 복제의 기본 기작을 밝혔다. 각각의 새로운 DNA 나선은 하나의 기존 가닥과 하나의 새로운 가닥으로 이루어진다. 복제 과정에는 복제할 주형, 뉴클레오사이드3인산, 그리고 DNA 중합효소가 필요하다. DNA 중합효소는 보통 RNA로 이루어진 프라이머로부터 5′에서 3′ 방향으로 합성한다.

- 메셀슨-스탈 실험에서 초원심분리에 의해 분리되기 전에 DNA가 변성된다면 어떻게 될까?

13.4 원핵생물의 복제

학습 목표

1. 대장균에서 DNA 중합효소의 역할에 대해 설명할 수 있다.
2. 복제가 왜 한쪽 가닥에서는 불연속적인지 설명할 수 있다.
3. 복제분원점에서 관찰되는 작용을 도식화하여 설명할 수 있다.

복제과정에 대해 자세히 이해하기 위해 먼저 대장균(*E.coli*)을 모델로 한 원핵생물의 복제과정에 대해 알아본 다음, 진핵생물과 원핵생물의 DNA복제가 어떻게 다른지 알아본다.

원핵생물의 복제는 단일 원점에서 시작된다

대장균에서 DNA 복제는 DnaA라는 단백질이 *oriC*라고 부르는 복제원점(replication origin)을 인식하여 결합할 때 원점으로부터 시작된다. 이 부위는 AT가 풍부한 서열로 DNA 가닥이 쉽게 벌어질 수 있어 복제를 위한 효소가 풀린 가닥의 DNA에 쉽게 접근할 수 있도록 한다. G－C 염기쌍의 3개의 수소결합에 비해 A－T 염기쌍은 2개의 수소결합만을 가지기 때문에 쉽게 벌어진다.

복제 개시 후 복제는 고유한 원점에서 특정 종결점을 향해 양방향으로 진행된다(**그림 13.13**). DNA 복제에서 하나의 원점에 의해 조절을 받는 DNA 부분을 **복제단위**(replicon)라고 부르며, 원핵세포에서는 염색체와 원점을 합한 것이 하나의 복제단위를 형성한다.

대장균은 최소 3개의 DNA 중합효소를 가진다

13.3절에서 언급했듯이 DNA 중합효소는 DNA 주형을 바탕으로 새로운 DNA 가닥을 만드는 효소의 종류를 지칭한다. 대장균에서 처음으로 분리된 중합효소는 **DNA 중합효소 I**(DNA polymerase I, Pol I)이었다. 처음에 연구자들은 이 중합효소가 DNA 복제에 관여된 모든 일을 하는 것으로 추측하였으나, 후에 활성이 없는 Pol I 돌연변이형도 여전히 염색체를 복제할 수 있는 것을 발견하였다. 그 후 대장균으로부터 2가지 중합효소가 더 분리되었고, 각각을 **DNA 중합효소 II**(Pol II)와 **DNA 중합효소 III**(Pol III)라고 명명하였다. 다른 DNA 중합효소처럼 이 3가지 효소 모두 5′에서 3′ 방향으로만 폴리뉴클레오타이드 가닥을 합성하며, 프라이머를 필요로 한다.

DNA 가닥을 합성하는 기능 외에도 일부 DNA 중합효소는 뉴클레오타이드를 분해하는 핵산분해효소(nuclease)로 작용할 수 있다. 이 핵산분해효소는 DNA 내부를 절단하는 **핵산내부가수분해효소**(endonucleases)와 DNA의 말단의 뉴클레오타이드를 제거시켜 주는 **핵산말단가수분해효소**(exonucleases)로 구분된다. DNA Pol I, Pol II와 Pol III는 3′에서 5′으로의 핵산말단가수분해효소의 기능을 가지며, 이는 합성된 부분을 "되돌아가" 잘못 짝지어진 염기를 제거하는 교정(proofreading)의 기능을 할 수 있다. DNA Pol I은 RNA 프라이머를 제거할 수 있는 5′에서 3′으로의 핵산말단가수분해효소의 기능을 가지고 있다.

3개의 중합효소는 각각 DNA 복제 과정에서 다른 역할을 하는데, DNA Pol III는 주된 복제효소로서 방대한 양의 DNA 합성에 관여한다. DNA Pol I은 지연가닥(lagging strand)의 프라이머를 없애고 그 자리에 DNA를 합성하여 대체한다. Pol II는 복제 과정에 관여하지 않는 듯하나 DNA 수선에 관여한다.

오랫동안 대장균에는 이 3가지 중합효소들만이 있는 것으로 여겨졌으나, 새로운 중합효소가 추가적으로 발견되었다. 비록 이들 모두가 DNA 복제에 관여하는 것은 아니지만 현재 모두 5개의 중합효소가 존재한다.

DNA를 풀려면 에너지가 필요하고 비틀림 변형이 일어난다

대부분의 DNA 중합효소가 합성 중에 DNA를 풀 수 있지만 중합효소보다 앞서 나선을 풀어준다면 복제가 더 효율적일 것이다. 이러한 DNA 풀기 기능을 하는 효소를 **DNA 풀기효소**(DNA helicase)라

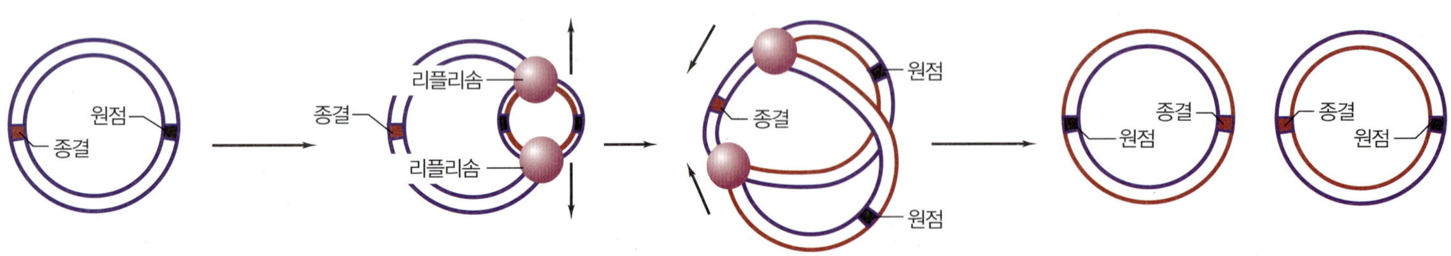

그림 13.13 복제는 하나의 고유 복제원점에서 양방향으로 복제된다.
복제는 하나의 특별한 복제원점에서 시작된다. 2개의 분리된 복합체인 리플리솜이 복제원점에 실리고, 염색체상의 반대 방향으로 복제를 시작한다. 이런 2개의 복제 복합체는 특별한 종결점에 도달할 때까지 반대 방향으로 복제를 계속한다.

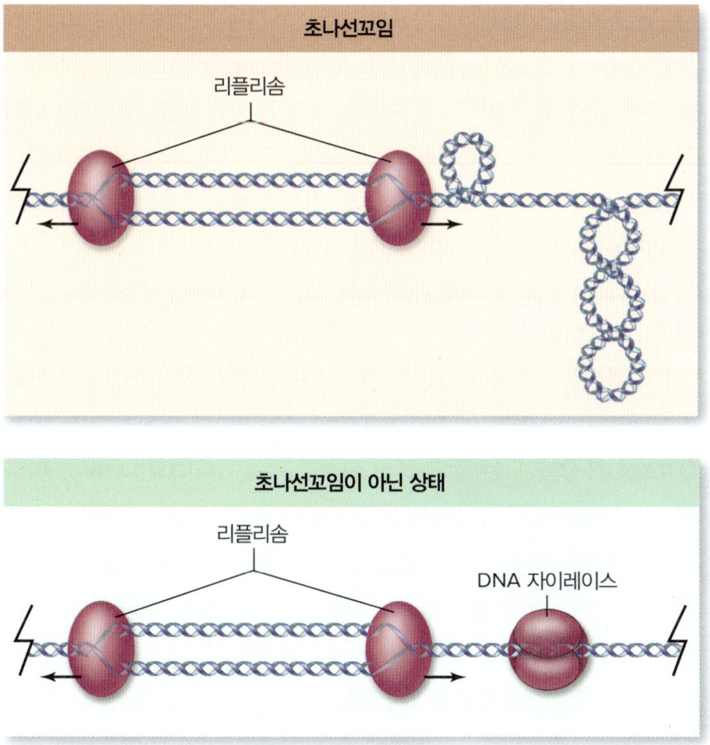

그림 13.14 나선의 풀림은 비틀린 가닥을 만든다.
선형 DNA 분자의 끝이 세포에 있는 것처럼 갇혀 있다면, 나선을 푸는 것은 비틀린 가닥을 만들게 된다. 나선이 풀리게 되면 공간의 나선을 더욱 꼬이게 한다. DNA 자이레이스가 이 초나선꼬임을 감소시켜 준다.

고 부른다. DNA 풀기 과정은 ATP 형태의 에너지가 필요하고, DNA를 풀어 단일가닥을 형성하게 한다. 이러한 단일가닥은 소수성 염기들이 물에 노출되기 때문에 매우 불안정한데, 이런 문제를 해결하기 위해 세포는 단일가닥 결합단백질(single-strand-binding protein, SSB)을 노출된 DNA 단일가닥에 붙인다.

DNA 2중나선 가닥을 푸는 것은 DNA 분자를 비틀어진 가닥으로 변하게 한다. 2개의 고무 밴드가 서로 꼬여 있다고 상상해 보자. 만약 이 꼬인 고무 밴드를 푼다면 어떤 일이 일어나겠는가? 이 고무 밴드는 이미 서로 꼬여 있고, 꼬인 가닥을 양쪽으로 벌려 풀게 되면 더욱 심한 꼬임이 생기게 된다. DNA에서의 이런 현상을 **초나선꼬임**(supercoiling)이라고 부른다(**그림 13.14**). 수학 분야에서는 공간에서의 꼬임이 어떻게 생기는지 연구하는 것을 **위상기하학**(topology)이라고 부르며, 2중나선의 이런 꼬임을 DNA의 **위상 상태**(topological state)라고 한다. 이 위상 상태는 어떻게 2중나선이 공간에서 스스로 꼬일 수 있는지를 설명해 준다. 9장에서 진핵생물 염색체에서 뉴클레오솜(nucleosome)에 있는 히스톤 단백질에 싸여 있는 DNA의 꼬인 모습을 살펴본 바가 있다.

DNA의 이런 위상 상태를 변형시키는 효소를 **위상이성질체효소**(topoisomerases)라고 부른다. 위상이성질체효소는 꼬임을 푸는 과정에서 생기는 DNA 가닥의 뒤틀림을 완화시켜 초나선꼬임이 생기는 것을 막아준다. **DNA 자이레이스**(DNA gyrase)는 DNA 복제에 관련된 위상이성질체효소이다(**그림 13.14**).

복제는 불연속적이다

앞에서 DNA의 한 가닥은 3′에서 5′ 방향으로, 다른 상보적 가닥은 5′에서 3′으로 배열되어 역평행(antiparallel)을 이루고 있다는 것을 살펴보았다. 중합효소의 성질과 함께 DNA의 역평행의 성질은 복제 과정에서 제약으로 작용한다. 중합효소는 오직 한 방향으로만 DNA를 합성하는데, DNA는 서로 반대 방향으로 있기에, 두 가닥에서의 중합효소는 서로 반대 방향으로 DNA를 합성해야 한다(**그림 13.15**).

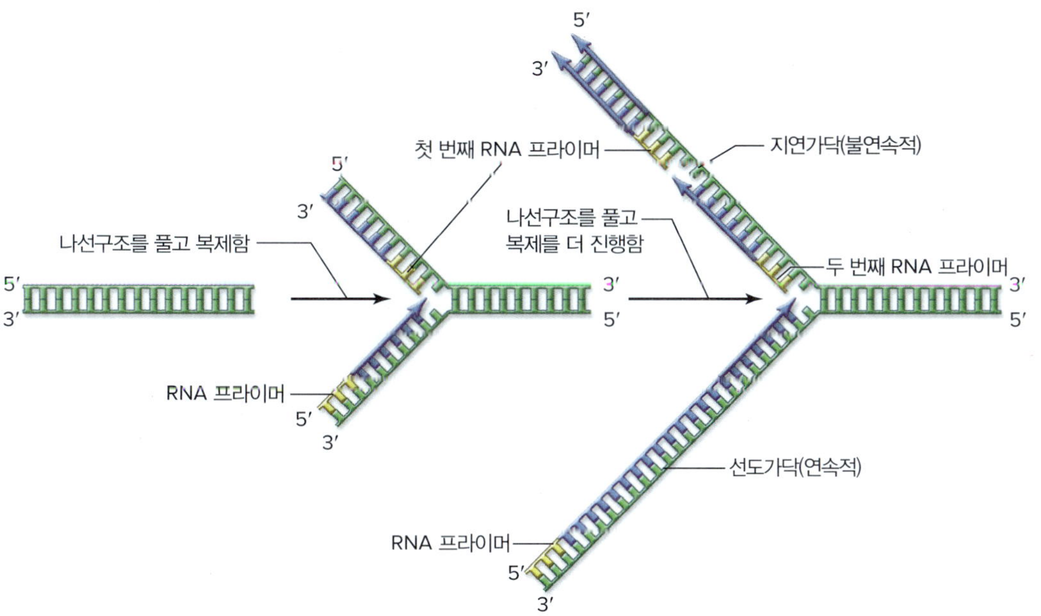

그림 13.15 반불연속적 복제.
DNA 중합효소의 5′에서 3′으로의 합성과 DNA의 역평행 특성은 오직 선도가닥만 연속적으로 합성하게 해준다. 다른 가닥인 지연가닥은 각각 자신의 프라이머를 갖는 절편으로 만들어져야 한다.

꼬인 DNA 나선이 풀어져서 열렸을 때, DNA 중합효소는 각 가닥에 결합한 프라이머를 필요로 한다(**그림 13.15**). 이것은 최초의 프라이머로부터 새로운 DNA 가닥이 연속적으로 합성될 수 있음을 의미하지만, 다른 한쪽 가닥은 여러 개의 프라이머와 짧은 조각의 DNA가 조립되어야 하는 불연속적인 방식으로 합성되어야 한다. 연속적으로 합성되는 가닥을 **선도가닥**(leading strand)이라고 부르고, 불연속적으로 합성되는 가닥을 **지연가닥**(lagging strand)이라고 부른다. 지연가닥에서 만들어지는 짧은 DNA 조각을 **오카자키 절편**(Okazaki fragment)이라고 하며, 이 명칭은 실험적으로 불연속적 합성을 증명한 사람의 이름을 따서 붙여졌다. 지금부터 지연가닥에서의 DNA 합성에 관련된 많은 효소에 대해 살펴본다.

합성은 복제분기점에서 발생한다

2개의 단일가닥을 만들기 위해 DNA 나선이 부분적으로 풀려 갈래모양을 하게 되는데, 이를 **복제분기점**(replication fork)이라고 한다. 지금까지 논의된 모든 효소 활성과 몇 개의 효소들이 복제분기점에서 더 발견되고 있다(**표 13.1**). 선도가닥과 지연가닥에서의 DNA 합성은 다른 방식으로 일어난다.

프라이머 붙이기

복제 동안 DNA 중합효소가 필요로 하는 프라이머(primer)는 **DNA 프라이메이스**(DNA primase)에 의해 만들어진다. 이 효소는 10~20 bp (base-pair, 염기쌍) 정도 길이의 짧은 RNA 가닥을 합성하고 이 짧은 가닥의 RNA가 DNA 중합효소에 필요한 프라이머의 기능을 하게 된다. 이후 RNA 프라이머는 제거되고 DNA로 대체된다.

선도가닥의 합성

선도가닥(leading strand)에서의 DNA 합성은 상대적으로 단순하다. 단 1개의 프라이머가 필요하며 DNA 가닥이 DNA Pol III의 활동에 의해 무한정으로 확장된다. 만약 DNA Pol III가 주형가닥에 붙은 채 남아 있게 되면, 이 효소는 원형 모양의 대장균 염색체 전체를 합성할 수 있다.

주형에 지속적으로 붙을 수 있는 이러한 중합효소의 능력을 **진행성**(processivity)이라고 한다. Pol III는 다수의 소단위 효소로 구성되어 있으며 그중 **β 소단위**(β subunit)에 의해 높은 진행성을 갖게 된다(**그림 13.16*a***).

β 소단위는 2개의 동일한 단백질로 구성되어 있고, 이 2개의 단백질이 원형을 이룬다. 이 원형은 DNA 주형가닥에 얽혀져, Pol III를 DNA에 붙잡아 두는 집게(clamp)처럼 작용한다(**그림 13.16*b***). 따라서 이 구조를 "활주집게(sliding clamp)"라고 부르고, 진핵생물의 중합효소에서도 이와 비슷한 구조가 발견된다. 이 집게가 작용하기 위해서는 활주집게가 열려 DNA를 둘러싼 다음에 닫혀야 한다. 다수의 단위로 구성된 집게적재기(clamp loader)가 이 일을 수행한다. 이 기능은 진핵생물에서도 발견된다.

지연가닥의 합성

지연가닥(lagging strand)에서의 합성은 불연속적이기 때문에, 이 가닥을 복제하기 위해서는 더 많은 단계가 필요하다. 각 오카자키 절

표 13.1 대장균의 DNA 복제 효소

단백질	역할	크기 (kDa)	세포당 분자 수
풀기효소	2중나선을 풀어줌	300	20
프라이메이스	RNA 프라이머 합성	60	50
단일가닥 결합 단백질	단일가닥 부분 안정화	74	300
DNA 자이레이스	비틀림을 덜어줌	400	250
DNA 중합효소 III	DNA 합성	≈900	20
DNA 중합효소 I	프라이머를 제거하고 간극을 채움	103	300
DNA 연결효소	DNA 조각의 말단을 연결; DNA 수선	74	300

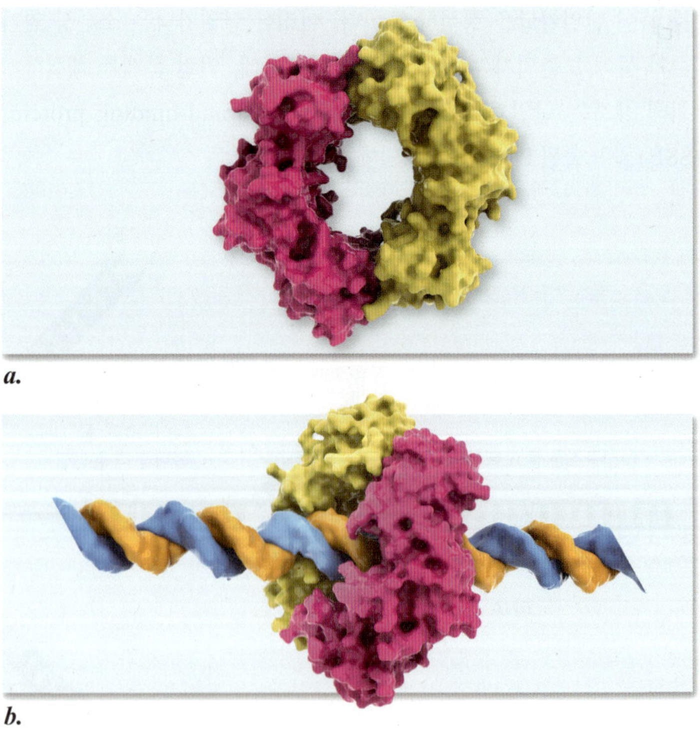

그림 13.16 DNA 중합효소 활주집게.
a. β 소단위는 DNA를 감싸는 고리를 형성한다. ***b.*** DNA에 부착한 β 소단위를 보여준다. β 소단위는 중합효소가 주형가닥에 부착한 것을 유지하는 "활주집게"를 형성한다.

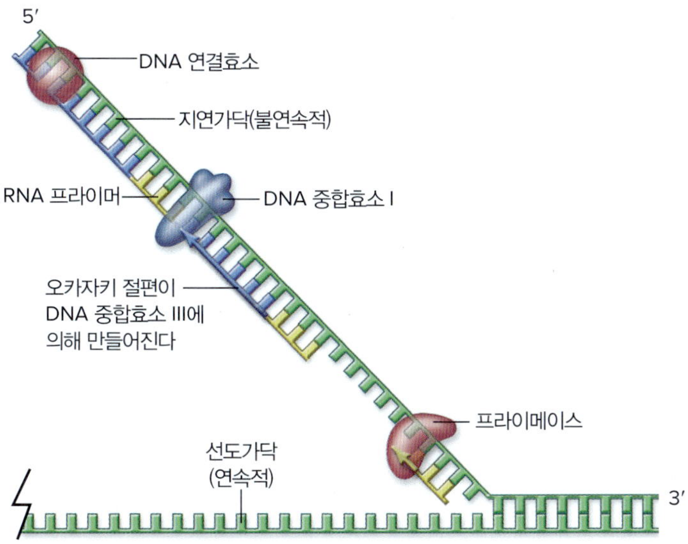

그림 13.17 지연가닥 합성.
프라이메이스의 작용은 DNA 중합효소 III(이 그림에서 나타나지 않음)에 의해 요구되는 프라이머를 만드는 것이다. 프라이머들은 DNA 중합효소 I의 5′에서 3′으로의 핵산말단가수분해효소 작용에 의해 제거되고, DNA로 대체되면서 오카자키 절편을 확장한다. 프라이머 제거 후의 오카자키 절편들 사이의 간극은 DNA 연결효소에 의해 봉합된다.

편에 대한 프라이머를 합성하기 위해 프라이메이스가 필요하고, 이 모든 RNA 프라이머는 제거된 후 DNA로 대체되어야 한다. 그리고 마지막으로 각 절편들을 서로 연결시켜야 한다.

오카자키 절편 자체는 선도가닥과 마찬가지로 DNA Pol III에 의해 합성되지만 프라이머의 제거와 대체는 DNA Pol I에 의해 이루어진다. 5′에서 3′으로의 핵산말단가수분해효소(exonucleases) 작용으로 Pol I은 프라이머를 제거한 다음 중합효소 기능으로 DNA로 대체할 수 있다. Pol I은 자기(효소) "뒤에서는" 오카자키 절편을 확장시키고, "앞에서는" RNA 프라이머를 제거한다.

Pol I에 의한 합성이 끝나면 마지막 인산디에스터 결합을 남기게 되는데, 완전한 가닥을 만들기 위해 **DNA 연결효소**(ligase)는 오카자키 절편들 사이의 틈새를 연결한다. 지연가닥에서의 모든 효소의 작용은 **그림 13.17**에 요약되어 있다.

> **?** **탐구문제** **DNA 연결효소의 역할은 무엇인가? 이 효소가 작동하지 않는다면 세포의 DNA 복제는 어떻게 되는가?**

종결

종결(termination)은 *oriC*로부터 원형 염색체의 반대쪽에 위치한 특정 부위에서 일어난다. 복제의 마지막 단계에서는 2개의 고리처럼 사슬에 서로 감겨 있는 2개의 딸 분자가 만들어진다. 이렇게 서로 감겨 있는 분자는 복제분기점에서 비틀린 가닥을 완화하는 DNA 자이레이스(gyrase)와 같은 효소에 의해 서로 분리된다.

리플리솜은 복제에 필요한 모든 효소를 포함한다

DNA 복제에 관여하는 효소들은 **리플리솜**(replisome)이라고 부르는 거대분자 복합체를 형성한다. 이 복합체는 단백질을 합성하는 세포소기관인 리보솜처럼 "복제소기관(replication organelle)"이라고 볼 수 있다. 리플리솜은 2개의 주된 소구성원으로 이루어져 있는데, **프리모솜**(primosome)과 각각의 DNA 가닥에 대해 하나씩 해당

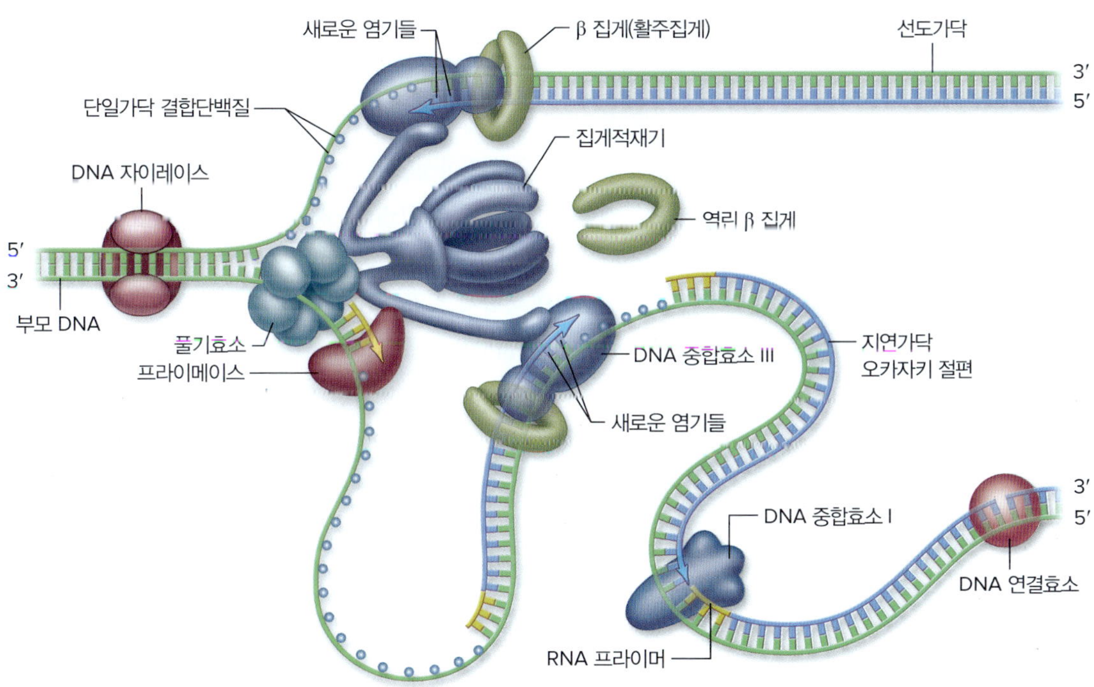

그림 13.18 복제분기점
큰 보조 단백질 복합체들에 의해 뭉쳐진 2개의 중합효소 III가 있는 복제분기점의 구조 모형. 이 모형에 지연가닥에 주기적으로 β 소단위 활주집게를 싣고 있는 집게적재기도 있다. 지연가닥의 중합효소 III는 주기적으로 주형가닥을 놓아주고, β 활주집게와 다시 뭉친다. 지연가닥 주형에서의 고리 형성은 DNA가 역평행임에도 불구하고 두 중합효소가 같은 방향으로 움직일 수 있도록 해준다. 지연가닥에서 프라이머를 만드는 프라이메이스와 풀기효소는 중심 복합체와 연관되어 있다. 중합효소 I은 프라이머를 제거하고 연결효소는 절편들을 연결해준다.

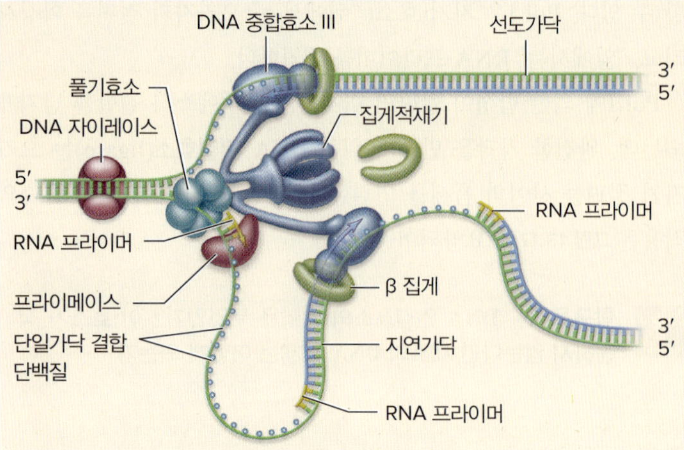

1. DNA 중합효소 III는 각 가닥에서 활성적이다. 프라이메이스는 지연가닥을 위한 새로운 프라이머들을 합성한다.

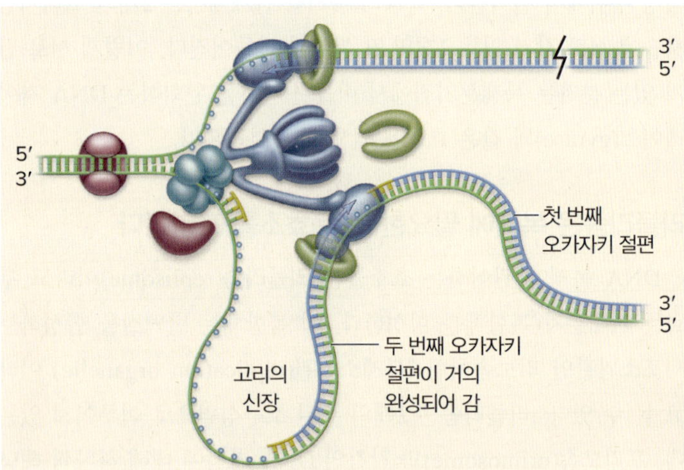

2. 지연가닥 주형의 고리는 복합체들이 왼쪽으로 움직이면서, DNA 복제가 양쪽 가닥에서 5′에서 3′으로 일어나도록 한다.

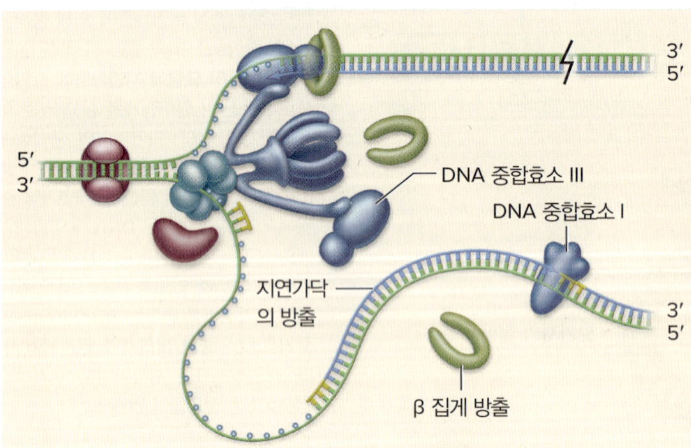

3. 지연가닥의 중합효소 III가 앞에 만들어진 절편에 부딪히면, 중합효소는 β 활주집게와 DNA 주형가닥을 놓아준다. DNA 중합효소 I이 프라이머를 제거하기 위해 부착한다.

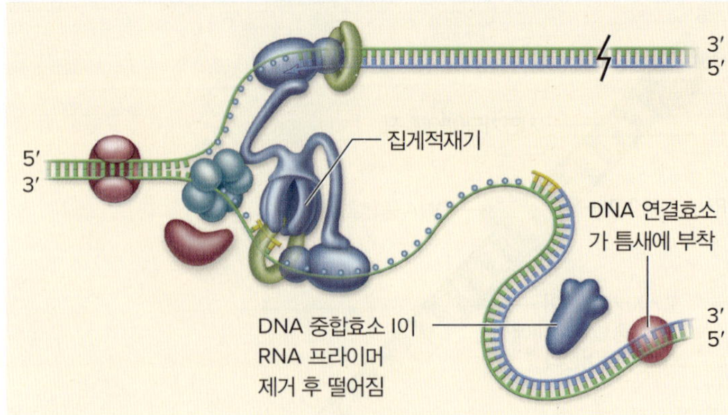

4. 집게적재기가 β 집게에 부착되고, 이것을 중합효소 III로 옮겨 지연가닥의 주형에서 새로운 고리를 형성한다. DNA 중합효소 I이 프라이머들을 제거한 후, DNA 연결효소가 단편들을 연결해 준다.

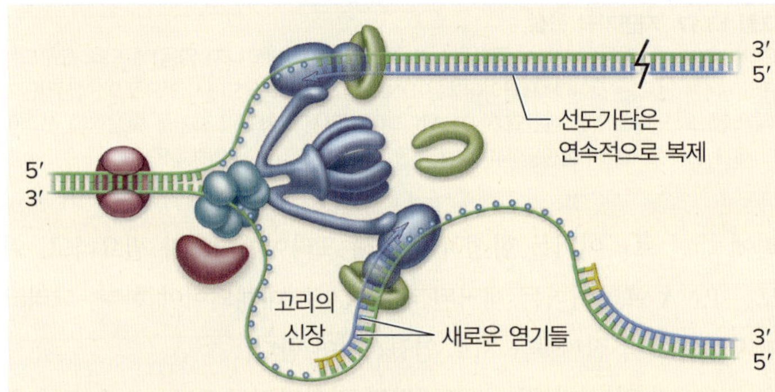

5. β 집게가 DNA 가닥에 실어진 후, 지연가닥의 DNA 중합효소 III이 오카자키 절편에 염기들을 첨가한다.

그림 13.19 리플리솜에 의한 DNA 합성.
DNA의 반불연속 합성을 **그림 13.18**의 모형을 이용하여 단계별로 나타내었다.

되는 2개의 DNA Pol III 효소 복합체가 그것이다. 프리모솜은 프라이메이스와 DNA 풀기효소, 그리고 많은 부속 단백질로 구성되어 있다.

한 가닥이 지연가닥이지만 리플리솜 내에서 2개의 Pol III 효소가 동시에 두 가닥 모두에서 활성을 갖게 된다. 두 가닥이 역평행한데 어떻게 같은 방향으로 합성할 수 있을까? 이것을 설명해주는 가장 좋은 모델은 지연가닥에서 고리를 형성해서 2개의 중합효소가 같은 방향으로 움직일 수 있도록 하는 것이다(**그림 13.18**).

2개의 Pol III 복합체는 각각 β 활주집게 소단위와 함께 2개의 합성 핵심 소단위(synthetic core subunit)를 지니고 있다. 리플리솜 복합체 전체에는 집게적재기를 포함한 많은 단백질들이 서로 뭉쳐 있다. Pol III가 오카자키 절편 합성을 완료하면 집게적재기가 β 소단위를 다음 절편에 올리고, 그 후 Pol III가 새로운 β 소단위로 이동하게 된다(**그림 13.18**).

최근 이 복잡한 복제 복합체가 DNA 가닥을 따라 움직이는 것이 아니라 정지되어 있고, 재봉틀의 실처럼 DNA가 복제 복합체를 통과한다는 증거가 제시되고 있다. 이 정지된 복합체는 새로 만들어지는 DNA 가닥을 밖으로 밀어내고 염색체의 분리를 돕게 되는데, 그 과정을 **그림 13.19**에 요약하였다.

핵심 요약 13.4

대장균은 DNA Pol I, Pol II, Pol III의 3가지 DNA 중합효소를 가지고 있다. DNA는 역평행하고, 중합효소는 5′에서 3′ 방향으로만 합성이 가능하기 때문에 한쪽 가닥의 합성은 불연속적이다. 복제는 두 가닥이 나눠지는 복제분기점에서 일어난다. 여기에는 DNA 중합효소 III, 프라이메이스, DNA 풀기효소 및 많은 단백질을 포함하는 거대한 복합체인 리플리솜이 있다. 지연가닥은 프라이머를 제거하고 DNA로 대체하기 위한 DNA 중합효소 I과 오기자키 절편을 연결하기 위한 연결효소를 필요로 한다.

- 복제하는 동안 다른 중합효소의 핵산분해효소 기능은 어떻게 사용될까?

13.5 진핵생물의 복제

학습 목표

1. 진핵생물과 원핵생물의 복제를 비교하여 설명할 수 있다.
2. 말단소체의 기능에 대해 설명할 수 있다.
3. 텔로머레이스와 세포분열을 연관시켜 설명할 수 있다.

진핵생물에서의 복제는 2개의 주요 요인에 의해 복잡해진다. 하나는 많은 양의 DNA가 다수의 염색체 내에 조직화되어 있다는 것이고, 다른 하나는 염색체의 선형 구조(linear structure)이다. 복제과정에 염색체의 말단을 위한 새로운 효소의 작용이 필요하다는 것을 제외하면 기본적인 효소작용들은 동일하다.

진핵생물의 복제는 여러 원점을 사용한다

진핵세포에서는 엄청난 양의 DNA와 이들이 어떻게 짜임새 있게 구성되어 있는지가 핵심이다(**그림 13.20**). 진핵세포는 대장균의 염색체보다 훨씬 큰 다수의 염색체를 가지고 있다. 만일 더 큰 각각의 염색체가 하나의 특정한 개시점을 가진다면 복제에 매우 많은 시간이 필요하게 되는데, 이 문제는 개개 염색체가 다수의 원점(origin), 즉 여러 개의 **복제단위**(replicon)를 갖는 것으로 해결된다.

복제원점들은 대장균의 *oriC*에서와 같이 염기서열이 특이적이지 않고, 염기서열뿐만 아니라 염색체 구조도 함께 고려하여 복제원점으로 인식하는 것으로 알려져 있다. 진핵세포에서 사용되는 복제원점의 수는 발생과정에서 조정될 수 있는데, 발생 초기에 세포분열이 빠르게 일어날 필요가 있을 때 많은 복제원점들이 활성화된다. 각 원점들은 한 번의 세포주기당 한 번만 사용되어야 한다.

그림 13.20 사람의 단일 염색체 DNA.
이 염색체에서는 대부분의 포장 단백질이 제거된 DNA 본래의 모습을 보여주고 있다. 남아 있는 골격구조 단백질(protein scaffolding)은 현미경 사진 아랫부분에 검은 물질로 나타나 있다.

진핵생물의 복제분기점은 더 복잡하다

S기 이전에 DNA 풀기효소 복합체는 복제원점을 인식해 달라붙지만, 활성화되지는 않는다. S기 동안 이들 중 일부가 활성화되고 나머지 리플리솜이 조립된다. 리플리솜의 작용은 대장균과 다른데, 여기에서 살펴본다.

진핵세포에서의 프라이머 합성(priming)은 **DNA 중합효소 α**(DNA polymerase α)와 프라이메이스의 복합체에 의해 수행된다. 이 복합체는 먼저 RNA와 짧은 DNA로 구성된 프라이머를 합성한다. 선도가닥과 지연가닥에는 서로 다른 중합효소가 작용하는데, **DNA 중합효소 입실론**(DNA polymerase epsilon, Pol ε)은 선도가닥 합성을 담당하고, **DNA 중합효소 델타**(DNA polymerase delta, Pol δ)는 지연가닥을 합성한다. 이 중합효소 복합체가 주형에 붙어 있게 해주는 활주집게 소단위를 PCNA(proliferating cell nuclear antigen, 증식세포핵항원)이라고 부른다. 이 이름은 PCNA가 증식(분열)하고 있는 세포에서 항체유도 단백질(antibody-inducing protein)로 처음 알려졌기 때문에 붙여진 것이다. PCNA 활주집게는 3량체(trimer)로 형성되지만, β 소단위 활주집게의 구조 및 기능과 유사하다.

원핵세포의 DNA 복제와 가장 다른 부분은 지연가닥의 합성이다. 오카자키 절편은 1000 bp가 아닌 200 bp로 상당히 짧게 합성된다. 각 절편이 합성되면서 이전의 절편에 도달하게 되면 프라이머를 제거하고 DNA로 대체된다. 이전의 프라이머는 핵산가수분해효소(nuclease)에 의해 제거되고, DNA 연결효소에 의해 절편들이 연결된다.

고세균과 진핵생물의 복제 단백질은 진화적으로 연관되어 있다

두 가닥의 DNA를 동시에 복제할 수 있는 리플리솜은 DNA 풀기효소에 의한 DNA 풀기(unwinding), 프라이메이스와 중합효소에 의한 합성, 활주집게와 집게적재기에 의한 진행(processivity)을 포함한 다양한 기능을 하게 된다. 생명의 모든 영역에 걸쳐 이러한 기능은 잘 보존되어 있지만, 이들의 주요성분은 세균과는 다르게 고세균/진핵생물에서 독립적으로 진화된 것으로 보인다.

여러 DNA 중합효소들은 유사한 구조 및 상동성의 합성 도메인을 갖는다. 이들은 비상동성 부위(nonhomologous region)에 기초하여 7개의 하위 그룹으로 분류된다. 이 하위 그룹들은 진핵생물과 고세균은 동일하고 세균과는 구분된다. 모든 DNA 풀기효소는 비슷한 구조를 가지고 DNA의 단일가닥에 고리를 형성하지만, 세균과 고세균/진핵생물 간에는 DNA를 따라 반대로 움직이는 등 차이를 보인다. 마지막으로, 리플리솜의 프라이메이스 역시 세균과 고세균/진핵생물 간에 차이를 보인다. 활주집게와 집게적재기만이 모든 영역에서 명확하게 동일한 기능을 가지고 있다.

선형 염색체는 특수한 말단을 갖는다

진핵생물의 염색체 말단에서 발견되는 특이적 구조를 **말단소체**(telomere)라고 부른다. 이 구조는 핵산가수분해효소로부터 염색체

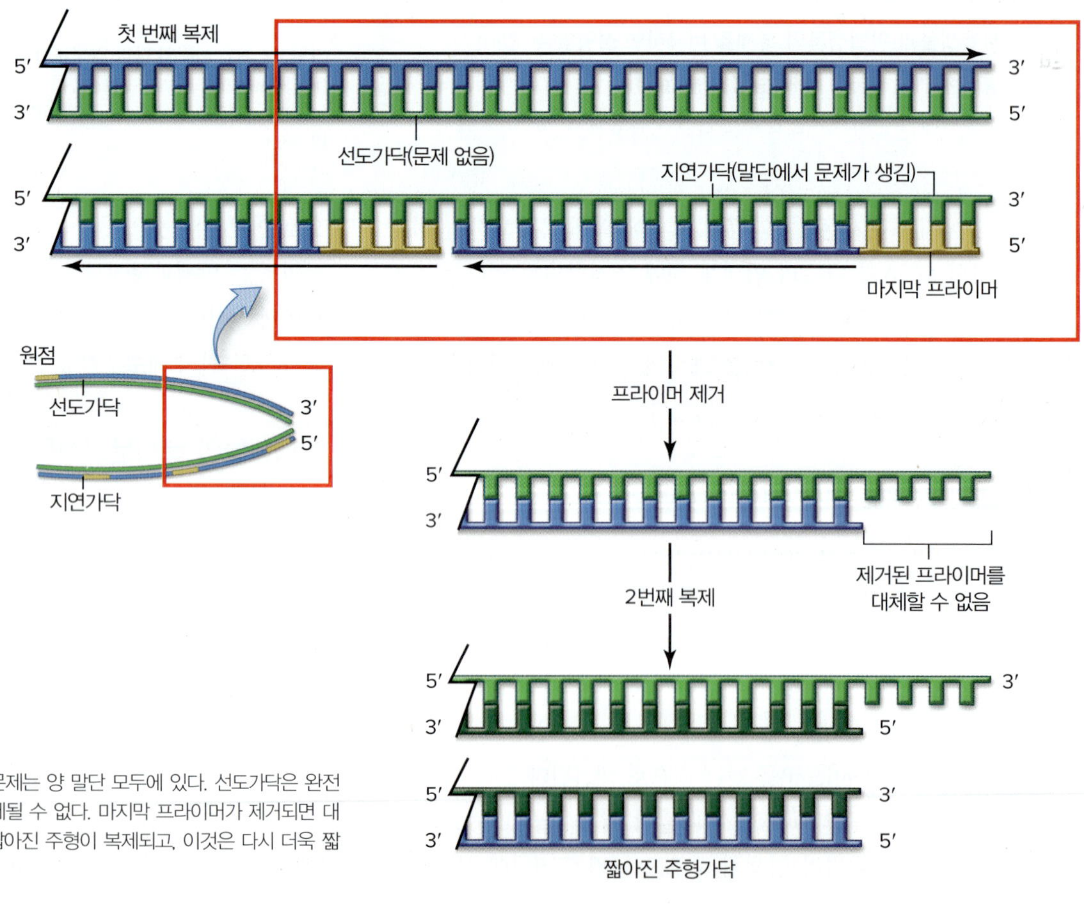

그림 13.21 선형 DNA 말단의 복제.
단순화를 위해 오직 한쪽 말단만 나타내었다. 문제는 양 말단 모두에 있다. 선도가닥은 완전히 복제될 수 있지만, 지연가닥은 완전하게 복제될 수 없다. 마지막 프라이머가 제거되면 대체될 수 없다. 다음 세대의 복제주기 동안 이 짧아진 주형이 복제되고, 이것은 다시 더욱 짧아진 염색체를 만들게 된다.

말단을 보호하고, 선형의 염색체 본래의 모습을 유지하도록 해준다. 말단소체는 특이 염기서열로 구성되어 있으나, 복제 복합체에 의해 만들어지지 않는다.

복제 말단

선형의 염색체 구조는 말단 부분을 복제하는 데 있어 세포에 문제가 되는데, 중합효소의 방향성과 프라이머에 대한 필요성이 이 문제를 유발한다.

그림 13.21에서 보는 것처럼 단순한 직선 모양의 분자를 고려해 볼 때, 각 주형가닥 말단의 복제는 단순히 선도가닥 주형의 5′ 끝이며, 중합효소가 5′에서 3′ 방향으로 DNA를 합성하면서 이 말단에 도달하면 결국 주형가닥이 끝나게 되고 복제는 종결된다.

그러나 다른 쪽 가닥인 지연가닥의 3′ 끝에서의 프라이머 제거는 간극(gap)을 남기게 되는데, 이 간극에는 프라이머가 붙을 수 없어 중합효소 복합체가 말단을 정확하게 복제할 수 없게 된다. 그 결과 매 세포분열마다 염색체가 점차 짧아지게 된다(**그림 13.21**).

텔로머레이스의 작용

말단소체는 DNA 가닥의 짧은 반복된 염기서열로, 이 반복염기서열의 특징은 텔로머레이스에 의한 합성에 의해 쉽게 설명될 수 있다. 이 말단소체는 DNA가 아닌 내부의 RNA를 주형으로 사용하는 **텔로머레이스**(telomerase)라고 부르는 효소에 의해 만들어진다(**그림 13.22**).

내부 RNA를 주형으로 사용하여 상보적 뉴클레오타이드 서열로 구성된 짧은 DNA를 합성한다. 이 반복된 가닥을 주형으로 복제 기구의 일반적인 작용에 의해 새로운 가닥이 합성된다.

텔로머레이스, 노화 그리고 암

염색체 말단의 점진적인 감소는 텔로머레이스 활성이 없을 때 일어난다. 사람이 배아와 유년기 발달 시기 동안 텔로머레이스의 활성은 높으나, 림프구(lumphocyte)처럼 기능상 분열을 해야 하는 세포를 제외하고는 성인 대부분의 체세포에서 이 효소의 활성은 낮다. 체세포에서의 텔로머레이스의 활성은 이 효소를 만드는 유전자의 발현이 억제되어 낮게 조절된다.

텔로머레이스의 역할을 조사하기 위해 텔로머레이스 활성이 안전히 결여된 생쥐를 생산하였다. 이 생쥐는 6세대까지는 정상처럼 보였으나, 점차 말단소체가 감소하면서 더 이상 살아 있는 자손을 만들지 못하게 된다. 이 발견은 세포 **노화**(senescence 또는 aging)와 말단소체 길이 사이에 관련성이 있음을 시사해 준다.

배양되는 정상세포는 일정 횟수만큼만 분열하게 되는데 이 한계성

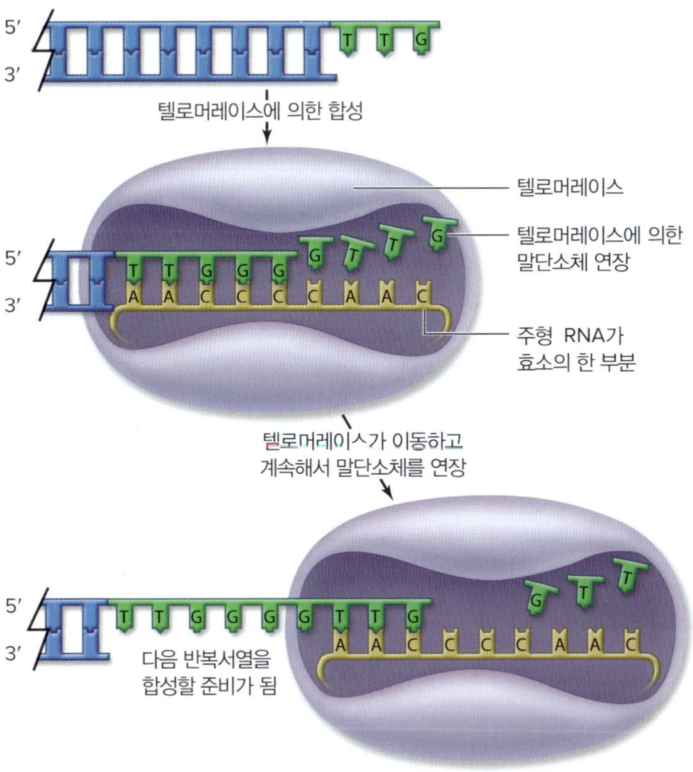

그림 13.22 텔로머레이스의 작용.
텔로머레이스는 고유 RNA를 가지고 있어서 이 RNA를 주형으로 염색체 말단의 DNA를 확장시킬 수 있다. 텔로머레이스에 의한 여러 번의 합성은 반복된 염기서열을 만든다. 이렇게 만들어진 단일가닥을 주형으로 정상 합성과정은 완료된다(이 그림에서는 나타내지 않음).

은 부분적으로 말단소체의 길이 때문이다. 세포의 노화와 말단소체의 길이 사이의 관계는 텔로머레이스를 섬유아세포(fibroblasts)로 이식시킨 실험에 의해 확인되었다. 이 세포들은 텔로머레이스를 이식받지 못한 대조군에 비해 수명이 증가하였다. 흥미롭게도, 이 세포들은 악성세포(malignant cell)의 특징을 보이지 않았는데, 이는 텔로머레이스 활성화만으로는 세포를 악성으로 만들 수 없음을 의미한다.

텔로머레이스와 암 사이의 관련성이 발견되었는데, 암세포는 무한성 분열을 하지만 이들 염색체가 지속적으로 짧아지면 이런 무한정 분열은 불가능해진다. 암세포들은 일반적으로 텔로머레이스의 활성을 보이며, 이 텔로머레이스가 말단소체의 길이를 유지할 수 있게 해준다. 그러나 이러한 특징은 정상적 성장 조절에서 벗어나게 하는 조건들 중 하나일 뿐이다.

? 탐구문제 진핵생물의 유전체 구조는 복제에 어떠한 영향을 미치는가? 또한, 원핵생물은 직면하지 않는 어떤 문제를 야기하는가?

핵심 요약 13.5

진핵생물의 복제는 선형의 염색체 및 염색체로 조직된 DNA의 방대한 양에 의해 복잡하다. 진핵생물은 다수의 복제원점을 사용하여 짧은 시간에 많은 양의 DNA를 복제한다. 선형 염색체의 끝부분에는 말단소체가 있는데, 이 말단소체의 길이는 세포가 분열하는 능력과 관련이 있다. 텔로머레이스 효소는 말단소체를 합성한다. 암세포는 텔로머레이스의 활성을 보이고, 이는 세포의 분열을 더욱 활발하게 만든다.

- 말단소체가 비정상적으로 짧아지거나, 텔로머레이스 활성이 부족해지면 어떤 결과를 예상할 수 있을까?

13.6 DNA 수선

학습 목표

1. DNA 수선이 세포에게 중요한 이유에 대해 설명할 수 있다.
2. DNA 수선의 여러 유형에 대해 설명할 수 있다.

DNA 복제의 정확도는 매우 높은 편이지만, 복제의 오류는 항상 발생한다. 만약 오류를 교정하는 기작이 없다면, 세포는 감당할 수 없는 수준의 유해하거나 치명적인 돌연변이를 축적하게 된다. 각 세포는 돌연변이에 의한 새로운 변이와 치명적인 돌연변이의 영향 사이의 균형을 반드시 유지해야 한다.

세포는 DNA 손상 유발물질에 지속적으로 노출된다

DNA 복제에서의 오류 외에도 세포는 방사선(자외선 및 X선)과 같은 DNA에 손상을 주는 물질들에 항상 노출되어 있다. DNA에 손상을 주는 물질들은 돌연변이를 유발할 수 있는데, 어느 정도 수준 이상의 돌연변이를 유발하는 요인을 **돌연변이원**(mutagen)이라고 부른다. 햇빛 자체는 자외선을 포함하고 있어 돌연변이원이 된다. 일반적으로 햇빛의 많은 자외선이 오존에 의해 차단되지만 일부는 어쩔 수 없이 통과된다. "오존 구멍(ozone hole)" 밑에 위치한 남반구 지역에서의 피부암 증가는 햇빛과 돌연변이가 상관성이 있음을 분명하게 보여주고 있다.

우리는 또한 오염된 음식물이나 천연 식물제품으로부터 돌연변이원을 접하게 된다. 돌연변이원을 검출하는 간단한 검사법이 고안되어 돌연변이원들을 검사한 결과 놀라울 만큼 많은 돌연변이원이 환경과 천연자원에 있음이 밝혀졌다. 인류에게 노출되어 있는 많은 양의 돌연변이원을 줄이기 위해 제품에 대한 검사를 수행하고 있으나, 천연자원으로부터는 벗어날 수 없다.

DNA 수선은 손상된 DNA를 복원한다

손상된 DNA를 원래의 상태로 복원하는 과정을 DNA 수선(DNA repair)이라고 한다. DNA 수선이 얼마나 중요한지는 세포 내에서 밝혀진 다양한 수선체계로부터 알 수 있다. 모든 세포는 손상된 DNA를 수선하고 복제 중 발생된 오류들을 되돌릴 수 있는 다수의 경로를 가지고 있다. 이러한 수선체계(repair systems)는 개체가 감당할 수 있는 수준으로 돌연변이의 양을 감소시켜 준다. 모든 생명체에서 나타나는 공통적인 DNA 수선 형태는 그들의 중요성을 나타낸다.

DNA 수선은 일반적으로 특이적 수선(specific repair)과 비특이적 수선(nonspecific repair)의 2개의 범주로 분류된다. 특이적 수선체계는 DNA상의 한 종류의 손상(lesion)만을 겨냥하여 수선하는 것을 의미하고, 비특이적 수선체계는 DNA상의 여러 종류의 손상을 수선하기 위해 한 가지의 기작만을 사용한다.

부정합수선

DNA 복제의 오류로 인한 돌연변이는 DNA 중합효소의 교정 작용으로 인해 예상보다 훨씬 적게 발생한다. 잘못된 염기를 제거하고 주형가닥을 복제하여 올바른 염기로 대체하는 것을 **부정합수선**(mismatch repair, MMR)이라고 한다. 이 수선체계가 작동하려면 주형가닥과 새롭게 합성된 가닥을 구별할 수 있어야 한다. 대장균에서는 5′GATC3′ 서열의 아데닌 염기를 메틸화시키는데, 이 서열은 회문구조(palindrome)이기 때문에 상보적 염기서열인 3′CTAG5′이 역시 마찬가지로 아데닌(A)이 메틸화된다. 메틸화효소(methylase)의 반응은 복제 직후에는 작용하지 못하기에 MMR 체계는 이를 이용하여 오래된 가닥과 새롭게 합성된 가닥을 식별할 수 있다.

광수선

DNA가 자외선에 노출되면 다양한 광화학 반응이 발생하게 된다. 그중 가장 대표적인 것으로 이웃한 타이민이 그들 사이에 공유결합을 형성하게 되는 **타이민 2량체**(thymine dimer)가 있다. 이렇게 손상된 것을 인지하고 복구하는 특이적 수선체계가 있는데 그것을 **광수선**(photorepair)이라고 부른다. **광분해효소**(photolyase)가 타이민 2량체에 결합한 후 가시광선의 에너지를 사용하여 2량체를 쪼개고 2개의 타이민 염기는 원래 상태로 복원된다(**그림 13.23**).

유전적, 생화학적 분석을 통해 서로 다른 광화학 반응 생성물을 인지하는 2개의 상이한 광분해효소를 밝혀냈다. 이들 효소는 가시광선을 흡수하지만 광분해효소 활성이 없는 크립토크롬(cryptochrome) 단백질과 진화적으로 관련이 있는 것으로 보인다. 포유류에서의 크립토크롬은 신진대사 활동과 하루의 명암주기를 연결하는 생화학 기작의 일부를 담당한다.

광수선은 세균부터 동물에 이르기까지는 광범위한 생명체에서 발견된다. 초기 보고서에 따르면 사람의 피부는 광수선이 가능한 것으로 알려졌지만, 후에 활성이 없는 것으로 밝혀졌다. 태반 포유동물은 어떠한 광분해효소 활성도 보이지 않는 것으로 알려져 있다.

절제수선

비특이적 수선인 절제수선(excision repair)의 일반적인 형태는 손상된 부위가 제거되거나 절제된 후 DNA 합성에 의해 대체되는 것이다(**그림 13.24**). 대장균에서 이 작용은 *uvr A*, *B*, *C* 유전자에 암호화된 단백질에 의해 이루어진다. 이런 유전자들이 자외선(UV light)에 대한 세포의 민감도를 증가시킨 대립유전자(그래서 "uvr"이라고 이름이 붙여짐)를 통해 밝혀지기는 했지만, 이 단백질들은 다른 돌연변이원에 의한 DNA 손상에 작용한다.

절제수선은 (1) 손상 인식, (2) 손상된 부위 제거, (3) 손상되지 않은 가닥을 주형으로 제거된 부위의 재합성의 3단계를 따른다(**그림 13.24**). 손상 부위의 인식과 제거는 UvrABC 복합체에 의해 이루어지는데, UvrABC 복합체가 손상된 DNA에 결합하고 손상된 부분의 단일가닥을 잘라 제거한다. 합성 단계에서는 DNA Pol I 또는 Pol II

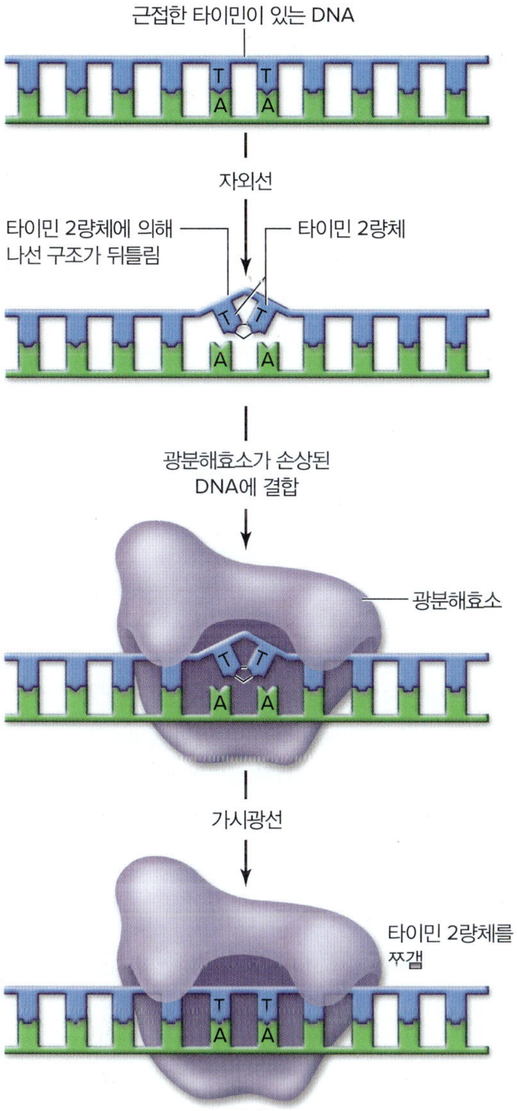

그림 13.23 광수선에 의한 타이민 2량체 수선.
자외선은 이웃한 타이민 사이의 공유결합을 만들기 위해 광화학 반응을 촉매한다. 광분해효소는 손상을 인지하고 타이민 2량체에 결합한다. 이 효소는 가시광선을 흡수하여 타이민 2량체를 자르는 데 이 에너지를 사용한다.

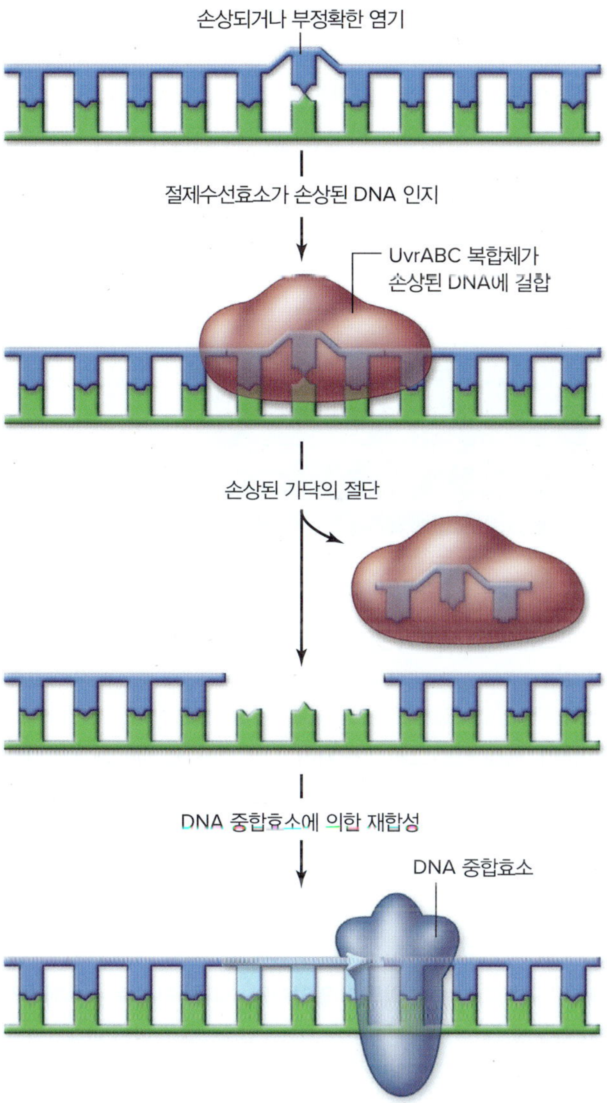

그림 13.24 절제수선에 의한 손상된 DNA 수선.
손상된 DNA는 UvrABC 복합체에 의해 인지되는데, 이 복합체가 손상된 부위에 결합하여 DNA 가닥을 제거한다. DNA 중합효소에 의해 손상된 영역이 대체된다. DNA 연결효소가 이 과정을 끝마친다(이 그림에 나타내지 않음).

가 제거된 DNA 부분을 대체하기 위해 DNA를 합성한다. 중합효소는 손상되지 않은 상보적인 가닥을 주형으로 제거된 부분을 채움으로써 본래의 염기서열이 재합성된 DNA를 만들게 된다.

다른 수선 경로

세포는 다른 형태의 특이적 및 비특이적 수선체계를 갖는다. 이들 중 대부분은 무오류(error-free)이지만, 오류유발체계(error-prone system)도 있다. 오류유발체계는 다소 이상해 보이지만 무오류체계를 압도하는 엄청난 손상에 노출된 세포를 살리기 위한 최후의 시도로 여겨지고 있다. 실제로 이러한 체계는 대장균의 "SOS 반응(SOS response)"의 일부분이 되고 있다.

세포는 DNA의 절단(break)에 의한 손상을 수선할 수 있는데, 이 수선체계에서는 감수분열동안 일어나는 재조합과 연관된 효소들을 이용한다(10장 참조). 이는 재조합이 본래 DNA 수선에서 진화해 온 효소들을 이용하는 것으로 여겨진다.

많은 다른 수선체계와 다양한 범위의 손상에 대한 수선은 유전체의 온전한 상태를 유지하는데 도움을 준다. 세포가 복제하는 동안 일어난 오류를 바꿔놓을 수 없거나, 환경에 의한 손상을 수선할 수 없다면, 유전체의 정확한 복제는 소용이 없게 된다.

? **탐구문제** 아데닌 메틸화효소 기능이 결여된 대장균 돌연변이(*deficient in adenine methylation, Dam*)를 분리하였다. *Dam* 돌연변이의 표현형을 어떻게 예상하는가?

핵심 요약 13.6

DNA 수선은 복제 오류를 제거하고, DNA 손상 유발물질의 영향을 되돌리는 데 중요하다. 복제 후 바로 부정합수선이 작용하여 오류를 제거한다. 수선체계는 특이적이거나 비특이적이다. 광수선은 특이적이며 자외선으로 인한 타이민 2량체를 제거한다. 절제수선은 비특이적이며 다른 종류의 손상을 제거하고 대체한다.

■ 세포가 DNA 수선 없이 생존할 수 있을까?

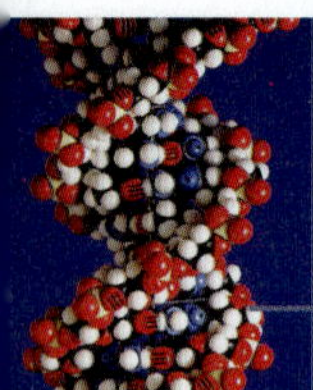

핵심 개념 요약

13.1 유전물질의 본질

■ 그리피스는 세균 세포가 형질전환됨을 발견했다

비독성 폐렴균은 독성균주로부터 알려지지 않은 물질을 흡수하여 독성을 가지게 되었다.

■ 에이버리, 맥레오드, 그리고 맥카티는 형질전환의 원리를 규명하였다

형질전환 물질은 단백질 분해효소가 아닌 DNA 분해효소에 의해 불활성되었다.

■ 허쉬와 체이스는 파지의 유전물질이 DNA임을 증명하였다

방사성 표지는 파지의 감염원이 단백질이 아닌 DNA라는 것을 보여주었다.

13.2 DNA 구조

■ DNA의 구성요소는 잘 알려져 있었지만, 3차원 구조는 수수께끼였다

DNA의 뉴클레오타이드 구성요소는 디옥시리보스와 염기인 아데닌(A), 구아닌(G), 사이토신(C), 그리고 타이민(T)을 함유한다. 인산디에스터 결합은 한 뉴클레오타이드의 5′ 인산기와 다른 뉴클레오타이드의 3′ 하이드록실기 사이에 형성된다(**그림 13.4**).

■ 샤가프, 프랭클린, 그리고 윌킨스는 몇 가지 구조적 증거를 얻었다

샤가프는 DNA에서 아데닌과 타이민, 사이토신과 구아닌이 같은 양으로 존재함을 발견했다. 염기는 주로 수소결합을 나타내는 케토와 에놀 형태로 존재한다. 프랭클린과 윌킨스의 X선 회절연구는 DNA가 나선형 구조를 가지고 있음을 나타냈다.

■ 왓슨-크릭은 알맞은 모델을 제시하였다(그림 13.8과 그림 13.9)

DNA는 공통 나선 축을 중심으로 감싸진 2개의 역평행한 폴리뉴클레오타이드 가닥으로 구성된다. 이들 가닥은 특정 염기쌍(A－T와 G－C)을 형성하는 수소결합에 의해 함께 유지된다. 두 가닥은 상보적으로, 한 가닥은 다른 가닥을 규정할 수 있다.

13.3 DNA 복제의 기본 특징

■ 메셀슨과 스탈은 반보존적 복제를 규명하였다(그림 13.11)

반보존적 복제는 DNA 분자의 각 가닥을 사용하여 새로운 가닥을 합성하는 것이다. 메셀슨과 스탈은 질소 동위원소를 사용하여 복제 산물의 분리를 통해 이를 증명하였다. 복제는 각각 하나의 새로운 가닥과 하나의 기존 가닥으로 구성된 2개의 새로운 분자를 생성한다.

■ DNA 복제는 주형, 뉴클레오타이드, 그리고 중합효소를 필요로 한다

모든 새로운 DNA 분자는 주형을 복제하는 DNA 중합효소에 의해 생성된다. 알려진 모든 중합효소는 5′에서 3′ 방향으로 새로운 DNA를 합성한다. 이 효소는 또한 프라이머를 필요로 한다. 복제에는 디옥시뉴클레오사이드3인산의 고에너지 결합을 사용하기 때문에 추가 에너지는 필요하지 않다.

13.4 원핵생물의 복제

■ 원핵생물의 복제는 단일 원점에서 시작된다

대장균의 원점은 쉽게 개방할 수 있는 AT가 풍부한 서열로 구성된다. 염색체와 원점은 복제단위를 구성한다.

■ 대장균은 최소 3개의 DNA 중합효소를 가진다

일부 DNA 중합효소는 한쪽 끝에서 DNA를 분해할 수 있는 핵산말단가수분해효소의 활성도 가지고 있다. Pol I, II, III 모두 잘못 짝지어진 염기를 제거할 수 있도록 3′에서 5′으로 핵산말단가수분해효소 활성을 가지고 있다. Pol I은 5′에서 3′ 방향으로도 염기를 제거할 수 있는데, 따라서 RNA 프라이머 제거에 중요하다.

■ DNA를 풀려면 에너지가 필요하고 비틀림 변형이 일어난다

DNA 풀기효소는 DNA를 풀기 위해 ATP로부터 에너지를 사용한다. DNA의 비틀림 현상은 DNA 자이레이스 효소에 의해 제거된다.

■ 복제는 불연속적이다

DNA 복제는 한 가닥에서 불연속적이다(**그림 13.15**). 연속적인 가닥을 선도가닥, 불연속적인 가닥을 지연가닥이라고 한다.

■ 합성은 복제분기점에서 발생한다

DNA 가닥에서 일부 개방된 부분은 복제분기점이라고 하는 2개의 단일가닥 영역을 형성한다. 분기점에서 선도가닥에서의 합성은 단일 프라이머를 필요로 하고, 중합효소는 β 소단위 활주집게로 인해 주형에 부착된 상태를 유지한다. 지연가닥에서는 DNA 프라이메이스가 주기적으로 프라이머를 첨가하고 DNA Pol III는 오카자키 절편을 합성한다. DNA Pol I은 프라이머 부분을 제거하고 DNA 연결효소는 절편들을 이어준다.

■ 리플리솜은 복제에 필요한 모든 효소를 포함한다

리플리솜은 2개의 Pol III, DNA 프라이메이스, DNA 풀기효소 및 여러 보조 단백질을 가지고 있다. 이것은 지연가닥에 고리를 형성하여 한 방향으로 움직이며, 역평행한 주형가닥에서 같은 방향으로 복제할 수 있게 한다(**그림 13.18**과 **13.19**).

13.5 진핵생물의 복제

■ 진핵생물의 복제는 여러 원점을 사용한다

진핵생물 염색체는 크기가 매우 크고 조직화되어, S기 시간 동안 모든 DNA를 복제하기 위해서는 여러 개의 복제원점이 필요하다.

■ 진핵생물의 복제분기점은 더 복잡하다

진핵생물의 프라이메이스는 짧은 RNA를 합성한 다음 DNA를 만들 수 있도록 전환된다. 이 프라이머는 2개 효소의 복합체인 주 복제 중합효소에 의해 신장된다. 활주집게 소단위는 증식세포에 의해 생성된 단백질로 동정되었기에 PCNA로 불린다.

■ 고세균과 진핵생물의 복제 단백질은 진화적으로 연관되어 있다

활주집게, 집게적재기 그리고 DNA 중합효소를 포함하여 고세균의 복제 단백질들은 원핵생물보다 진핵생물과 더 유사하다.

■ 선형 염색체는 특수한 말단을 갖는다

선형 염색체의 말단을 말단소체라고 부른다. 그들은 복제 복합체에 의해 만들어지는 것이 아니라 텔로머레이스에 의해 합성된다. 텔로머레이스는 염색체 말단의 DNA를 연장시키기 위해 주형으로 작용하는 RNA를 갖는다. 성체 세포는 텔로머레이스 활성이 없고 말단소체의 단축은 노화와 관련이 있다.

13.6 DNA 수선

■ 세포는 DNA 손상 유발물질에 지속적으로 노출된다

DNA 복제의 오류 및 자외선 및 화학적 돌연변이원과 같은 작용제에 의해 유발되는 손상으로 인해 돌연변이가 발생한다.

■ DNA 수선은 손상된 DNA를 복원한다

수선 기작 없이는 세포는 생존할 수 없을 때까지 돌연변이가 축적될 것이다. 수선은 특이적이거나 비특이적이다. 부정합수선은 새로 복제된 DNA를 식별하기 위해 메틸화를 사용하여 복제오류를 되돌린다. 광수선에는 가시광선을 사용하여 UV 유발 손상을 되돌릴 수 있는 광분해효소가 작용한다. 2종류의 광분해효소는 특정 종류의 DNA 손상을 인식한다. 절제수선은 비특이적이다. 원핵생물의 수선은 손상된 DNA 부위를 제거하고 대체할 수 있는 uvr 체계를 사용한다. 다른 수선체계로는 절단된 DNA 손상을 복구할 수 있으며, 일부는 오류유발체계를 사용한다.

연습문제

■ 1단계: 이해력 확인하기

1. 살아 있는 병원균과 가열해서 죽인 병원균을 이용한 그리피스의 실험에서 발견한 핵심은 무엇인가?
   a. S형 세균이 쥐를 죽인다.
   b. R형 세균은 치명적이지 않다.
   c. DNA가 유전물질이다.
   d. 유전물질은 죽은 세균에서 살아 있는 세균으로 이동이 가능하다.

2. 다음 중 DNA의 구성성분이 아닌 것은 무엇인가?
   a. 피리미딘 유라실 b. 5탄당
   c. 퓨린 아데닌 d. 인산기

3. 출처가 다른 DNA 구성요소들을 연구한 샤가프가 그 연구에서 발견한 사실은 무엇인가?
   a. 인산기의 수는 항상 5탄당의 수와 같다.
   b. A와 C, G와 T의 비율은 항상 같다.

c. A와 T, G와 C의 비율은 항상 같다.
d. 퓨린은 피리미딘과 결합한다.

4. 서로 상보적인 DNA 가닥과 연결되어 있는 결합은 무엇인가?
   a. 수소결합 b. 펩타이드 결합
   c. 이온결합 d. 인산디에스터 결합

5. DNA 복제의 기본 기작인 반보존적 복제에서 2개의 합성된 분자는 무엇인가?
   a. 각각이 모두 새로운 가닥이다.
   b. 하나는 완전히 새로운 가닥들이고, 다른 하나는 모두 오래된 가닥들이다.
   c. 각각 하나의 새로운 가닥과 오래된 가닥이다.
   d. 각각의 가닥은 오래된 가닥과 새로운 가닥의 혼합물이다.

6. 모든 DNA 중합효소의 공통된 특징은 무엇인가?
   a. DNA를 3′에서 5′ 방향으로 합성한다.
   b. DNA를 5′에서 3′ 방향으로 합성한다.
   c. 가닥을 바꿈으로써 양쪽 방향으로 DNA를 합성한다.
   d. 프라이머를 필요로 하지 않는다.

7. 다음 중 DNA 구조에 대한 왓슨과 크릭 모델의 설명 중 옳지 않은 것은 무엇인가?
   a. DNA는 2가닥으로 구성되어 있다.
   b. DNA는 5′에서 3′ 방향으로 평행하고 있다.
   c. 퓨린은 피리미딘과 결합한다.
   d. DNA는 2중나선 구조를 가진다.

■2단계: 적용력 평가하기

1. DNA의 한 가닥이 5′ ATCGTTAAGCGAGTCA 3′일 때, 상보적인 가닥은 무엇인가?
   a. 5′ TAGCAATTCGCTCAGT 3′
   b. 5′ ACTGAGCGAATTGCTA 3′
   c. 5′ TGACTCGCTTAACGAT 3′
   d. 5′ ATCGTTAAGCGAGTCA 3′

2. 허쉬와 체이스는 실험에서 방사성 인산염과 황을 사용하였는데, 그것은 무엇을 위한 것인가?
   a. DNA와 단백질을 같은 분자로 표지하기 위해서이다.
   b. 단백질과 DNA를 다르게 표지하기 위해서이다.
   c. 형질전환의 원리를 밝히기 위해서이다.
   d. b와 c 둘 다 맞다.

3. 메셀슨과 스탈은 밀도 표지를 통해 무엇을 가능하게 했는가?
   a. DNA 복제의 방향성을 알아냈다.
   b. DNA와 단백질을 다르게 표지할 수 있었다.
   c. 새로 복제된 가닥과 기존 가닥을 구분할 수 있었다.
   d. RNA 프라이머와 복제된 DNA를 구별할 수 있었다.

4. 선도가닥 대 지연가닥 합성의 차이점은 무엇 때문에 생기는가?
   a. 오직 DNA의 물리적 구조 때문에
   b. DNA 중합효소의 활성 때문에
   c. DNA의 물리적 구조와 중합효소의 작용 때문에
   d. 지연가닥의 커다란 크기 때문에

5. 만일 DNA 연결효소가 복제과정에서 제거된다면, 이것은 무엇에 큰 영향을 주게 되는가?
   a. 선도가닥에 비해 지연가닥 합성에 더 영향을 준다.
   b. 지연가닥에 비해 선도가닥 합성에 더 영향을 준다.
   c. 실질적인 DNA 합성에 비해 프라이머를 만드는 과정에 영향을 준다.
   d. DNA 복제에 비해 DNA 광수선에 영향을 준다.

6. 성공적인 DNA 합성을 위해 다음 중 필요한 요소가 아닌 것은 무엇인가?
   a. DNA 풀기효소
   b. 핵산내부가수분해효소
   c. DNA 프라이메이스
   d. DNA 연결효소

7. 말단소체의 합성에 대한 설명으로 옳은 것은 무엇인가?
   a. DNA 중합효소를 이용하지만, 활주집게는 사용하지 않는다.
   b. DNA 수선에 관여하는 효소들을 사용한다.
   c. 텔로머레이스가 필요하지만, 주형을 필요로 하지 않는다.
   d. 내부 RNA를 주형으로 사용하는 텔로머레이스를 필요로 한다.

8. DNA 복제에 영향을 미치는 돌연변이가 분리되었을 때, 두 종류가 발견되었다. 한 종류는 복제를 중단하였고, 다른 한 종류는 복제 과정을 천천히 중단하였다. 첫 번째 종류는 중합효소와 프라이메이스와 같은 복제분기점의 기능에 영향을 준다. 두 번째 종류는 어떠한 기능에 영향을 주는가?
   a. 선도가닥이 아닌 지연가닥의 신장
   b. 지연가닥이 아닌 선도가닥의 신장
   c. 개시: 세포가 복제를 완료하지만 새롭게 시작할 수는 없다.
   d. 활주집게: 중합효소를 느리게 만든다.

■3단계: 사고력 함양하기

1. 그리피스의 업적은 DNA가 유전물질이라는 것을 처음으로 제시한 것이다. 4개의 실험에 관한 개요가 **그림 13.1**에 나타나 있다. 그리피스의 실험에 아래와 같은 균을 적용했을 때, 나올 수 있는 결과를 예측하시오.
   a. 가열해 죽인 병원균과 가열해 죽인 비병원성균
   b. 단백질 분해효소가 있을 때 가열해서 죽인 병원균과 살아 있는 비병원성균
   c. DNA를 분해하는 효소(핵산내부가수분해효소)가 있을 때 가열해서 죽인 병원균과 살아 있는 비병원성균

2. 메셀슨과 스탈은 대조 실험에서 1회 복제 후의 혼성(hybrid) 밴드가 하나는 가볍고 하나는 무거운 2개의 완전한 가닥으로 되어 있는 것을 보여주었다. 본문에서 상세히 설명된 실험조건을 이용하여 어떻게 이것을 증명할 수 있겠는가?

3. 효소의 역할은 올바른 DNA 복제를 위해 매우 중요하다. 다음의 효소들이 기능을 상실했을 때의 결과를 예측하시오.
   a. DNA 자이레이스 b. DNA 중합효소 III
   c. DNA 연결효소 d. DNA 중합효소 I

III 유전과 분자생물학

14 유전자와 그 작용

14.1 유전자의 특성
14.2 유전암호
14.3 원핵세포의 전사
14.4 진핵세포의 전사
14.5 진핵세포에서 mRNA전구체의 스플라이싱
14.6 tRNA와 리보솜의 구조
14.7 번역의 과정
14.8 유전자 발현의 요약
14.9 돌연변이: 변형된 유전자

도입

앞에서 유전자들이 어떻게 형질을 결정하며, 그러한 형질들이 어떻게 유전적 교차를 따르는가에 대해 살펴보았다. 위의 그림은 대장균의 염색체에 존재하는 DNA를 보여준다. 유전정보는 DNA상에 존재하며 세포분열 시 복제되어 균등하게 나누어진다. DNA상의 정보는 건물의 설계도와 같다. 건물을 지을 때에는 설계도에 있는 정보들도 이용하지만, 다양한 건축자재, 도구들과 이를 다룰 수 있는 목수와 인부들이 또한 요구된다. 이와 마찬가지로 하나의 세포를 이루기 위해서는 건물설계도와 같은 DNA 유전정보가 필요하며, 뉴클레오타이드 및 아미노산, 다양한 형태의 RNA, 그리고 단백질들이 서로 조직화되어 작용해야 한다.

이 장에서는 유전자 자체의 특성 및 세포 내의 유전자 발현 과정에서 DNA 정보가 어떻게 이용되는지 알아볼 것이다. 이때 유전자 발현이란 DNA 상의 유전자형이 표현형으로 나타나는 것으로 볼 수 있다.

14.1 유전자의 특성

학습 목표

1. 1-유전자/1-폴리펩타이드 가설에 대한 증거를 설명할 수 있다.
2. 전사와 번역의 차이점을 구분하여 설명할 수 있다.
3. 유전자 발현에서 RNA의 역할에 대하여 설명할 수 있다.

우리는 DNA가 단백질을 암호화(encoding)한다는 사실을 알고 있지만, 이 지식만으로 DNA상의 유전정보가 세포의 기능을 조절할 수 있는지에 대하여는 설명하기 어렵다. 연구자들은 DNA 구조와 암호가 알려지기 오래전부터 유전자상의 돌연변이가 특정 효소와 같은 단백질에 영향을 준다는 것을 입증해 왔다. 이 절에서는 유전자와 효소 사이의 관련성에 대한 증거들에 대하여 알아본다.

가로드는 특정 효소에 의해 유전적 질환이 발생한다고 결론 내렸다

1902년, 영국의 내과의사인 가로드(Archibald Garrod)는 부모들의 어떤 질환이 특정 가족 구성원들에게서 좀 더 흔하게 나타나는 것을 알아냈다. 이런 가족에서 여러 세대를 검사한 가로드는 어떤 질환은 단순히 열성 대립유전자(recessive allele)의 결과로 나타난다는 사실을 발견했다. 그는 이런 질환이 멘델의 유전형질에 의해 질환을 가졌던 조상의 유전정보에서의 변화 때문에 나타나는 것으로 결론지었다.

가로드는 이런 종류의 여러 질환들을 면밀하게 조사했다. 알캅톤뇨증(alkaptonuria) 환자들은 소변 안에 호모겐티스산[homogentisic acid(alkapton)]이 포함되어 있어 공기에 노출되면 빠르게 산화되어 소변의 색깔이 검게 되지만, 정상인의 경우 소변 안에 호모겐티스산이 단순한 물질로 분해되어 있다. 가로드는 알캅톤뇨증 환자들이 호모겐티스산을 분해하는 데 필요한 효소가 없다고 가정하여, 다양한 질환들도 효소 결핍에 의한 것일 수 있다고 추정하였다.

비들과 타툼은 유전자가 효소를 지정한다는 것을 증명하였다

멘델 대립유전자와 효소와의 연관성에 대해 거의 40년 동안 증명하지 못하였기에 가로드의 효소와 유전자의 연관성에 대한 가정은 그 시대보다 앞선 결론이라 볼 수 있었다. 이러한 가로드의 가정은 스탠포드대학의 비들(George Beadle)과 타툼(Edward Tatum)의 실험에 의해서 유전자의 특성과 단백질 사이의 연관성이 존재한다는 것이 1941년에 증명되었다. 그들은 상세한 연구를 위해 돌연변이를 유도할 수 있는 X선을 이용하여 실험에 사용될 수 있는 일련의 돌연변이를 얻을 수 있었다. 그들의 실험은 **그림 14.1**에 요약하여 볼 수 있다.

붉은빵곰팡이

비들과 타툼이 실험에서 분명한 결과를 얻을 수 있었던 이유 중의 하나는 실험 재료로 사용한 붉은빵곰팡이(*Neurospora crassa*)를 선택한 덕분이다. 이 곰팡이는 탄소의 공급원인 포도당(glucose)과 바이타민(biotin), 그리고 무기염류로 구성된 배지에서 쉽게 배양할 수 있다. 성장에 최소한의 조건들만 필요로 하는 이런 유형의 배지를 "최소배지(minimal medium)"라고 부른다. 최소배지에서 자랄 수 있는 세포들은 모든 필수적인 생화학적 분자들을 합성할 수 있어야 한다.

비들과 타툼은 붉은빵곰팡이 포자에 X선을 쬐면, 돌연변이가 생겨 최소배지에서 자랄 수 없게 하는 어떠한 돌연변이가 있을 것으로 예측하였다. 이러한 돌연변이를 **영양요구성돌연변이**(nutritional mutants)라 하며 정상 성장에 필요한 물질을 합성할 수 있는 암호화된 영역에 손상을 받은 것이라고 결론을 내렸다.

영양요구성돌연변이

영양요구성돌연변이의 원인을 밝히기 위해서, 비들과 타툼은 영양배지(rich medium)에서 자라고 있는 곰팡이들을 최소배지로 옮겼다. 성장에 필요한 물질을 만들 수 있는 능력을 잃어버린 세포들이 최소배지에서 자랄 수 없다는 점을 이용하여, 비들과 타툼은 영양조건에 따른 각각의 돌연변이 곰팡이의 종류를 분리할 수 있었다. 비들과 타툼은 아미노산의 한 종류인 아르지닌(arginine)의 존재하에서만 자랄 수 있는 특정 돌연변이인 arg 돌연변이를 집중적으로 연구하였다.

그 다음 개개 돌연변이에서 결핍 원인을 규명하기 위해 아르지닌을 최소배지에 공급해 주어, 붉은빵곰팡이 돌연변이종들의 생화학적 경로상의 결핍 원인을 정확히 찾을 수 있었다

아르지닌 관련 유전자에는 4개의 유전자인 *argE*, *argF*, *argG*, *argH*가 있으며, 이들 유전자는 각각 다른 위치에 존재하는 것을 확인하였다.

1-유전자/1-폴리펩타이드 설

비들과 타툼은 다음 단계에서 각각의 돌연변이가 아르지닌 생합성 경로가 막혀서 생긴 것인지를 조사하였다. 이를 위해 아르지닌 생합성 경로에서 각각의 중간산물을 배지에 첨가하여 어떤 중간산물이 돌연변이종들의 성장을 가능하게 할 수 있는지를 알아보고자 했다. 생합성 경로에서 보충하여 추가된 중간산물 이전 단계에 작용을 하는 효소에 문제가 있는 돌연변이라면, 최소배지에서도 보충된 중간산물로 인해 성장은 일어날 것이지만, 중간산물 이후 단계에 영향을 미치는 돌연변이라면 성장하지 않을 것이다(**그림 14.1**).

이 접근법을 이용하여, 비들과 타툼은 아르지닌 생합성 경로에서 결함이 보이는 효소 각각의 돌연변이종을 분리해 낼 수 있었다. 그들이 연구한 각각의 돌연변이종들은 염색체상의 한 자리에서 일어난 돌연변이에 의해 유도된 한 효소의 결함에 의한 결과였다.

결과적으로 비들과 타툼은 하나의 유전자가 하나의 효소를 암호화한다고 결론지었다(**그림 14.1**). 이를 **1-유전자/1-효소 설**(one-gene/one-enzyme hypothesis)이라고 불렀다. 지금은 많은 효소들이 다양한 별개의 유전자에 의해 만들어진 각각의 폴리펩타이드 소단위를 가지고 있는 것이 밝혀져, 1-유전자/1-폴리펩타이드 설(one-gene/one-polypetide hypothesis)이라고 부르고 있는데, 이 가설은 유전자형과 표현형 사이의 분자적 관계를 분명하게 명시하고 있다.

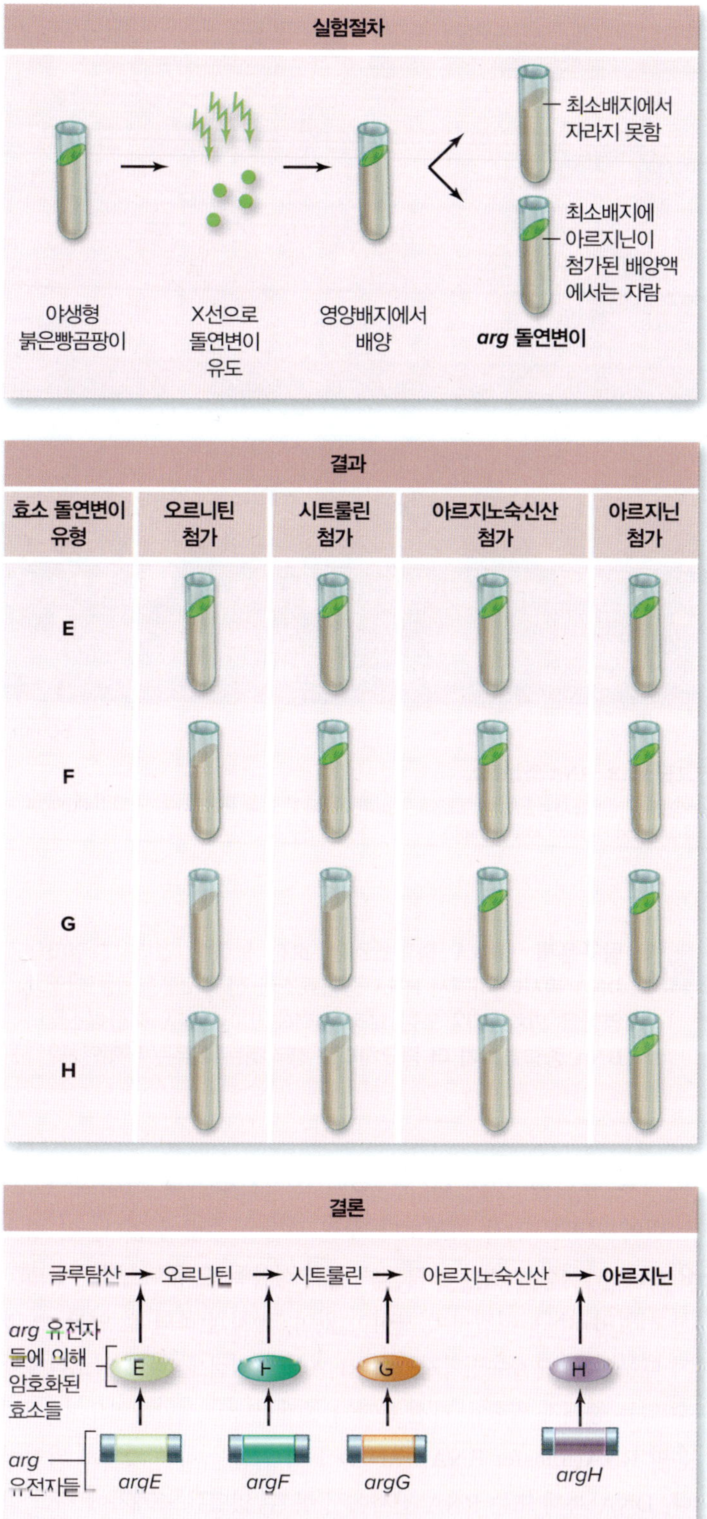

그림 14.1 비들과 타툼의 실험.

아르지닌 합성을 못하는 돌연변이형을 만들기 위해 야생형 붉은빵곰팡이에 X선을 쬐어 돌연변이를 유도하였다(위). 각 돌연변이형의 특이적인 결함은 아르지닌 생합성 경로에서 중간물질들이 공급된 배양액에서 자라는 것에 의해 밝혀졌다(중간). 돌연변이형은 이 생합성 경로에서 결함이 있는 효소 다음에 만들어지는 중간물질을 공급 받았을 때 자랄 수 있다. 이 생합성 경로에서 효소들은 염색체 상의 유전자들과 서로 연관되어 있다(아래).

게놈과 유전자 발현에 대해 알수록, 이 관계가 너무 단순하다는 것을 알 수 있다. 이 장의 후반부에서 살펴볼 내용인 진핵생물의 유전자는 원핵생물의 유전자보다 좀 더 복잡하다. 예를 들어, 어떤 효소들은 단백질의 합성과정 중 중간물질인 RNA의 형태로 이루어져 있다. 하지만 1-유전자/1-폴리펩타이드 개념은 유전자 발현에 대한 사고에 있어 좋은 시작점이 되고 있다.

자료 분석 만약 당신이 ***argE*와 *argG*를 함께 이용한 2중 돌연변이를 만든다면, 어떤 종류의 배지에서 이 돌연변이가 자라날까? 일반적으로, 2중 돌연변이는 유전자의 순서에 대해 무엇을 말해줄 수 있는가?**

중심원리는 세포에서의 정보가 DNA에서 RNA로, 그리고 단백질로 흐른다고 제안한다

유전자형이 표현형으로 전환되는 것은 DNA에 저장된 정보가 단백질로 전환되어야 가능해진다. 세포에서 정보 흐름은 크릭(Francis Crick)에 의한 **분자생물학의 중심원리**(central dogma of molecular biology)에서 처음으로 제안되었다. 정보는 유전자(DNA)에서 유전자의 복사본인 RNA로 흘러가고, RNA 복사본은 아미노산 사슬의 순차적인 결합을 지시하여 단백질을 생산한다(**그림 14.2**). 이를 간단하게 표현하면 DNA → RNA → 단백질로 나타낼 수 있다.

이 중심원리는 생물계의 정보 흐름을 설명하는 지적인 틀을 마련했다. 법정에서 속기사가 법정 안에서의 발언을 정확히 기록하고 적절한 상황에 이용하는 것처럼, DNA에서 RNA 복사본을 만드는 과정 또한 DNA의 정확한 복사가 요구되기 때문에 이러한 과정을 **전사**(transcription)라고 부른다. RNA에서 단백질을 만드는 과정은 **번역**(translation)이라고 하며, 이는 핵산에서 단백질 "언어(language)"로의 번역이기 때문이다.

중심원리의 체계화 이후 **레트로바이러스**(retrovirus)의 효소인 **역전사효소**(reverse transcriptase)를 이용하여 RNA 게놈으로부터 DNA를 복사하는 것을 발견하였다. 이 전환은 중심원리의 정보 흐름의 방향에 어긋났다. 이후에 아래 그림에서 보는 것처럼 RNA에서 DNA로의 "역방향(reverse)"을 포함하는 정보의 흐름이 새로 첨가되었다.

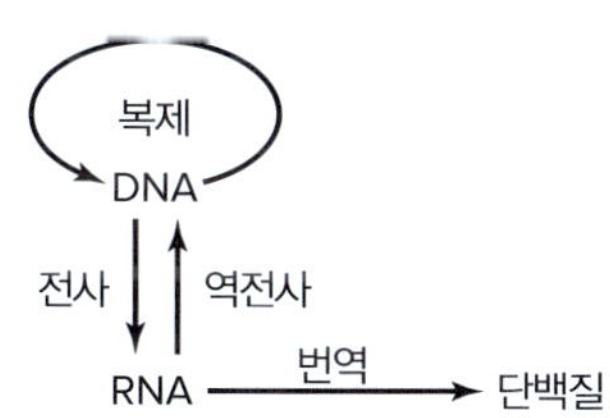

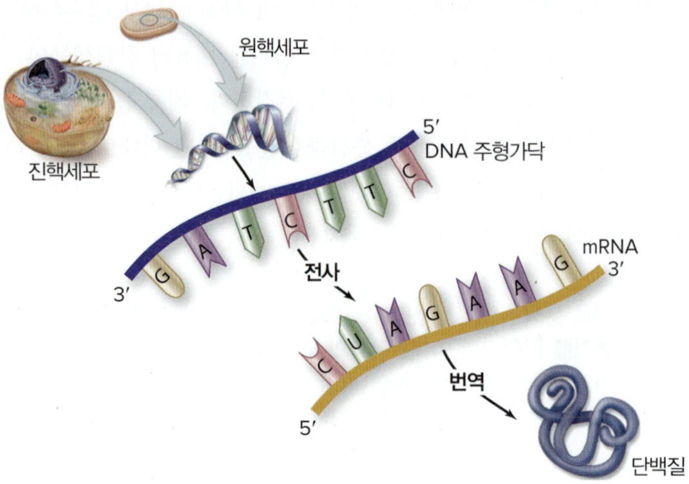

그림 14.2 **분자생물학의 중심원리.**
DNA는 mRNA로 전사되고, 이것은 단백질로 번역된다.

DNA에서 RNA가 복사되는 과정을 전사라 한다

전사 과정은 DNA의 유전정보가 RNA로 복사되는 과정으로, DNA의 지시에 따른 RNA 중합효소(RNA polymerase)가 RNA를 합성하는 과정을 의미한다(**그림 14.3**). 이 과정은 13장에서 설명된 것처럼 DNA를 주형으로 RNA를 만드는 상보성의 원칙에 따른다.

DNA는 2중가닥(double-stranded)이지만 RNA는 단일가닥(single-stranded)이다. 이 때문에 DNA의 두 가닥 중 한 가닥만 RNA 복사에 사용되는데, 복사에 이용되는 한 가닥을 **주형가닥**(template strand)이라고 부른다. RNA 전사체의 염기서열은 주형가닥에 상보적이다. 주형으로 사용되지 않는 DNA 가닥은 암호가닥(coding strand)이라고 부르며, 이 가닥의 염기서열은 DNA 암호가닥의 T(thymine, 타이민)가 RNA에서 U(uracil, 유라실)로 바뀐 것을 제외하고는 RNA 전사체의 염기서열과 동일하다. DNA 가닥의 또 다른 이름으로 암호가닥을 센스가닥(sense strand)이라고 하는데, 이는 RNA와 같은 염기배열을 갖는다는 점에서 RNA와 같은 "센스(sense)" 가닥이기 때문에 붙여진 것이며 주형가닥은 안티센스(antisense)가닥이 된다.

암호가닥(센스) 5′ –TCAGCCGTCAGCT– 3′ ⎤
주형가닥(안티센스) 3′ –AGTCGGCAGTCGA– 5′ ⎦ DNA

전사
↓

암호가닥 5′ –UCAGCCGUCAGCU– 3′ mRNA

폴리펩타이드의 합성에 사용되는 RNA 전사체를 **전령 RNA**(messenger RNA, mRNA)라고 부르는데, 이 이름은 단백질 합성 과정에서 세포가 DNA의 메시지(message)를 리보솜(ribosome)에게 실어주기 위해 사용하는 것에서 기인한 것이다.

그림 14.3 **RNA 중합효소.**
DNA 가닥에 결합된 RNA 중합효소 분자를 보여주는 동결 파쇄 투과전자현미경(platinum shadowed electron micrograph)

? 탐구문제 **RNA 중합효소는 교정 능력이 없다. 그렇다면 DNA 복사에 비해서 RNA 중합효소가 전사 오류율에는 어떻게 영향을 끼치는가? 또한 교정 능력에 있어 RNA 중합효소보다 DNA 중합효소가 더 중요하다고 생각하는 이유는 무엇인가?**

단백질 합성을 위해 번역과정은 RNA 정보를 이용한다

번역 과정은 전사 과정보다 훨씬 복잡할 수밖에 없다. 이 경우 RNA는 단백질을 위한 주형으로 직접 사용될 수 없다. 이는 아미노산 서열이 RNA 서열과 상보성이 없어 "화학적 조화"를 이룰 수 없기 때문이다. 분자유전학자들은 RNA와 단백질 둘 다에 상호작용할 수 있는 중개자 역할을 가진 분자가 존재한다고 제안하였으며, 이때 **운반 RNA**(transfer RNA, tRNA)가 이 역할을 하는 것으로 밝혀졌다. DNA 복제 또는 RNA 전사에서 볼 수 없었던 중개자에 대한 필요성이 단백질 번역과정의 복잡성을 나타낸다.

번역은 세포 내부에 단백질 합성 기구인 리보솜에서 일어나고 이 과정에서 다양한 종류의 RNA와 단백질들이 요구된다. 먼저 이 과정의 개요를 살펴보고, 세부 과정에 대해 알아본다.

RNA는 유전자 발현에서 다양한 역할을 수행한다

대부분의 RNA는 DNA 주형가닥에서 전사과정에 의해 합성된다. 유전자 발현에는 다양한 종류의 RNA가 필요하고, 이 RNA들은 각기 다른 역할을 갖는다. 아래에 이들의 역할을 간단히 요약하였다. 세부적인 내용은 뒤에서 다룬다.

전령 RNA(mRNA): 유전자 발현의 세부 사항이 알려지기 전에 유전학자들은 DNA 정보의 중간 형태가 진핵세포의 핵 안에서 세포질에 존재하는 리보솜까지 이동하는 것을 인지하였다. 이 가설은 "메신저 가설(messenger hypothesis)"이라고 불렸고, 이 존재를 전령 RNA(messenger RNA)라고 명명함으로써 그 용어가 유지되고 있다.

리보솜 RNA(rRNA): 리보솜에서 발견되는 RNA 종류를 리보솜 RNA(ribosomal RNA)라고 부른다. 다양한 형태의 rRNA가 있으며 2개의 리보솜 소단위체가 발견되었다. rRNA는 유전자 발현 시 리보솜 기능에 필수적인 역할을 한다.

운반 RNA(tRNA): 앞에서 언급했듯이 mRNA와 단백질 사이의 중개 분자를 운반 RNA(transfer RNA)라고 부른다. tRNA 분자는 한쪽 끝에 공유결합을 이룬 아미노산을 가지고 있고, 다른 한쪽에는 mRNA 코돈(codon)과 염기쌍을 형성할 수 있는 안티코돈(anticodon)을 가지고 있다. tRNA는 mRNA 상의 정보를 해석하는 역할을 하고 리보솜에서 아미노산의 위치 결정을 도와준다.

소형 핵 RNA(snRNA): 소형 핵 RNA(small nuclear RNA)는 진핵세포의 핵에서 mRNA 전구체(pre-mRNA)를 가공하는 기구의 한 부분이다. 이러한 스플라이싱 반응에 대해서는 14.5절에서 알아본다.

SRP RNA: SRP(signal recognition particle)는 RNA와 단백질로 구성되어 있다. 진핵세포에서 특정 단백질은 거친면(조면) 소포체(rough endoplasmic reticulum, RER)에서 합성되고, 이 과정에서 SRP가 관계되어 반응을 매개하며 이에 대해서는 14.7절에 추가적으로 설명한다.

소형 RNA: 이 범주 안에 마이크로 RNA(micro-RNA, miRNA)와 **소형 간섭 RNA**(small interfering RNA, siRNA)가 포함된다. 이들이 유전자 발현에 하는 역할은 15장을 참조한다.

핵심 요약 14.1

가로드는 변형된 효소가 신진대사 장애를 일으킬 수 있다는 것을 보여주었으며 비들과 타툼은 하나의 유전자가 하나의 효소를 생성하는 것을 보여주었다. 유전자 정보는 mRNA를 중간체로 하여 DNA(유전자)에서 단백질(효소)로 진행된다. 번역은 DNA의 정보를 RNA 전사체로 변환하고, 번역은 이 RNA 전사체를 단백질로 바꾸어 준다. RNA는 다양한 기능을 가진 여러 가지 종류가 있는데, 여기에는 mRNA(전사체), tRNA(전달자), rRNA(리보솜)와 snRNA, SRP RNA 및 소형 RNA(miRNA, siRNA)가 포함된다.

- 왜 세포는 RNA와 단백질 사이에 tRNA와 같은 어댑터 분자를 필요로 할까?

14.2 유전암호

학습 목표

1. 유전암호를 밝힌 실험들을 요약하여 설명할 수 있다.
2. 유전암호의 특징들을 서술할 수 있다.
3. 코돈과 아미노산의 관계에 대하여 설명할 수 있다.

DNA상의 뉴클레오타이드의 서열이 어떻게 폴리펩타이드상의 아미노산 순서를 명시화하도록 암호화할 수 있는가? 이 중요한 질문에 대한 답은 1961년에 크릭(Francis Crick)과 브레너(Sydney Brenner)의 실험에 의해 밝혀졌다. 이 실험결과는 이 장에서 자세히 다룰 유전정보를 이해하는 데 매우 중요하다.

유전암호는 3개의 그룹 단위로 해석되는 코드이다

크릭과 브레너는 유전암호가 **코돈**(codon, 하나의 코돈은 단백질에서의 하나의 아미노산에 해당)이라고 부르는 유전정보의 한 그룹으로 구성되어 있을 가능성이 높을 것으로 추정하였다. 더 나아가 그들은 하나의 코돈 내의 정보는 3개의 뉴클레오타이드 서열로 되어 있을 것이라는 가설을 세웠다. 만약 4종류의 뉴클레오타이드(G, C, T, A) 중에서 코돈 구성으로 2개가 이용된다면 4^2으로 16개의 다른 종류의 코돈을 만들 수 있지만 20개의 아미노산에 대한 암호로는 부족하다. 그러나 코돈 구성으로 3개의 뉴클레오타이드를 이용하면 4^3으로 64개의 조합이 되므로 아미노산의 서열을 암호화하기에 충분하게 된다.

코돈 사이에서 여백 여부

이론적으로 유전자의 코돈서열은 문장에서 단어를 분리하는 띄어쓰기처럼 역할을 할 수 있다. 대체적으로 코돈은 서로 인접하게 놓여 결국 뉴클레오타이드들은 연속된 서열을 이루게 된다.

다음에서 보는 것처럼 유전 메시지에서의 정보가 빈칸에 의해 분리된다면, 변이된 어떤 한 단어가 전체 문장에 영향을 주지 않게 된다. 그에 비해 모든 단어가 연결되어 있고 단지 3개의 그룹으로만 읽혀진다면, 그 그룹에서 일어나지 않은 변이에도 불구하고 변이된 하나의 단어가 전체 문장을 변형시킬 수 있다. 이러한 DNA에서 유전정보를 이용하는 이 2가지 방법은 단백질로 유전정보를 번역하는 다른 방법들이 있음을 암시해 준다.

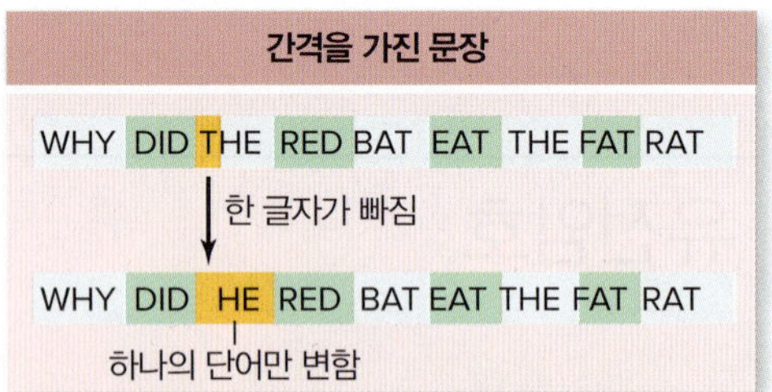

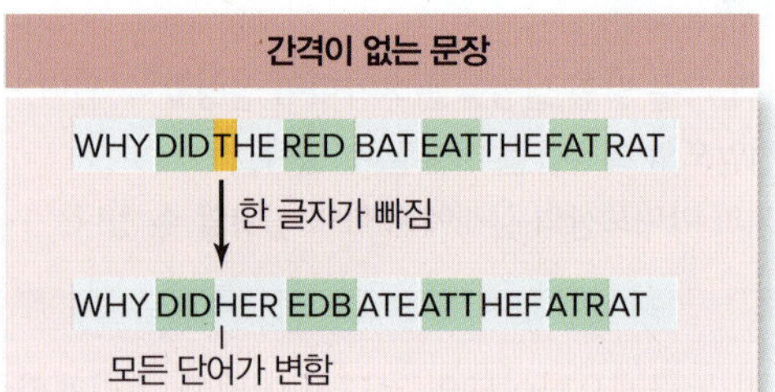

여백을 가지지 않는 코돈

위의 2가지 방법에서 하나를 고르기 위해, 크릭과 그의 동료들은 화학물질을 이용하여 바이러스 DNA에 1개의 염기 삽입(insertion) 또는 결실(deletion)을 유발하는 돌연변이를 만들었다. 비록 각각의 돌연변이는 기능의 손실을 나타냈지만 결실과 삽입이 함께 일어나면 기능이 복구된다. 이 경우 삽입과 결실 사이에 있는 부분만이 변하게 된다. 만약 기능에 핵심적이지 않은 단백질의 한 부분을 암호화하는 유전자의 영역을 선택하면 이 작은 변화는 표현형에서 변화를 초래하지 않는다.

한 염기의 결실 또는 연결된 두 염기의 결실을 조합하게 되면, 유전 메시지는 바뀌게 되고 결실된 부분 이후의 아미노산 모두가 변이되지만, 3개의 염기를 삭제하면 삭제 부위 이후의 부분부터는 정상으로 나타난다. 뉴클레오타이드를 1개, 2개, 3개를 첨가했을 때도 같은 결과를 얻었다.

이와 같은 결과를 통해 크릭과 브레너는 유전자 암호는 3개의 뉴클레오타이드 단위인 3자암호(triplet code)로 읽히며, 이 읽힘은 여백이 없이 계속된다고 결론지었다(**그림 14.4**).

이 실험은 유전 메시지에 대한 **번역틀**(reading frame)의 중요성을 보여주는데, 암호들 사이에 틈이 없기 때문에 염기서열에서 첫 번째 코돈에 의한 번역의 시작이 나머지 코돈이 어떻게 읽힐지를 결정한다. 크릭과 브레너에 의해 밝혀진 돌연변이의 종류를 **틀이동돌연변이**(frameshift mutation)라고 하는데, 그 이유는 그 돌연변이들이 유전 메세지 번역틀의 변이를 유도하였기 때문이다.

과학적 사고

가설: 유전암호는 3개의 염기가 한 그룹으로 읽힌다.
예측: 유전암호 3개가 한 그룹으로 읽히면, 1개 또는 2개 염기의 결실은 결실 다음 자리에서부터 번역틀을 이동시킨다. 그러나 3염기의 결실은 그 다음 염기서열의 변화 없이 한 아미노산의 결실을 가진 단백질을 만들 것이다.
실험: 1개의 염기결실을 갖는 돌연변이형들을 모았는데, 각각은 표현형을 갖는다. 한 영역에서의 이런 결실들은 3개의 염기결실의 영향을 평가하기 위해 조합되었다.

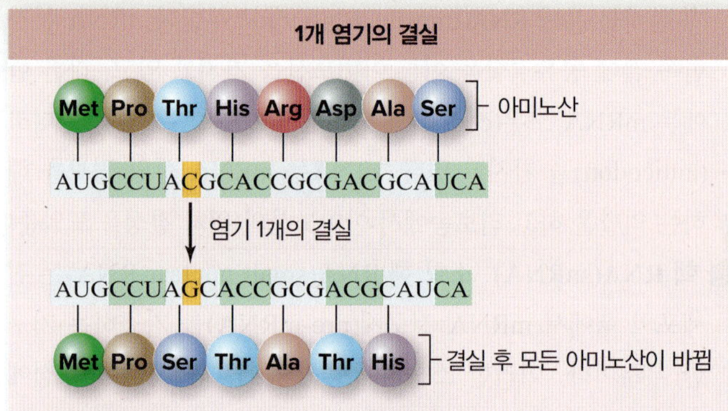

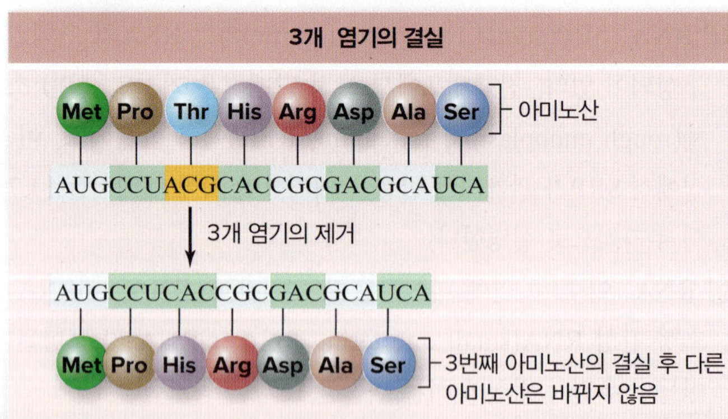

결과: 3개 염기 결실의 조합은 1개 또는 2개 염기의 소실과 같은 극단적인 결과를 보이지 않는다.
결론: 유전암호는 3개 염기가 한 그룹으로 읽힌다.
추가 실험: 1개 염기의 추가가 있는 돌연변이형이 있다면, 결실과 삽입을 조합한 돌연변이의 결과는 어떻게 나타날까?

그림 14.4 유전자 암호는 3개의 염기로 구성됨.

니렌버그와 동료들은 코드를 해독하였다

각각 특정한 아미노산을 암호화하는 64개 코돈의 결정은 20세기 생화학의 위대한 업적 중 하나이다. 이 해독의 성취는 다음과 같은 2가지 기술의 성공때문인데, (1) 하나의 정해진 RNA에서 단백질 합성을 할 수 있는 무세포 생합성 시스템 개발과 (2) 무세포 시스템에서 사용될 수 있는 합성 RNA를 만드는 능력이다.

1961년에서 1966년까지 5년 동안 미국의 생화학자 니렌버그(Marshall Nirenberg) 실험실에서 수행된 주요 업적은 유전암호의 해석이다. 처음에 니렌버그 그룹은 무세포 시스템에서 합성 RNA 분자인 polyU(유라실만으로 이루어진 RNA 분자)를 사용하여 페닐알라닌 아미노산으로만 이루어진 폴리펩타이드인 다중 페닐알라닌(polyphenylalanine)을 만들었다. 그래서 UUU가 페닐알라닌을 만든다는 것을 알아냈다.

다음에는 효소를 이용하여 하나 이상의 뉴클레오타이드로 이루어진 RNA 폴리머(polymer)를 만들었는데, 이 폴리머는 각 코돈의 염기서열은 아니지만, 가능한 많은 조합의 코돈을 추론할 수 있게 해주었다. 그 이후에, 그들은 3개의 염기서열을 합성할 수 있는 효소를 이용할 수 있었고, 이렇게 만들어진 3개 염기서열이 단백질 합성기구에 결합할 수 있는지를 검사하였다.

삼중 결합 분석(triple-binding assay)이라고 부르는 방법을 이용하여 64개의 가능한 조합에서 54개가 밝혀졌다. 유기화학자인 코라나(H. Gobind Khorana)는 정해진 염기서열의 인공적 RNA 분자를 만든 다음 무세포 시스템에서 그들이 만든 폴리펩타이드가 무엇인지 검사함으로써 퍼즐의 마지막 조각을 완성하였는데, 이런 실험 방법들의 조합에 의해 모든 64개의 가능한 3-뉴클레오타이드 서열을 밝혔고, 유전암호는 모두 해독되었다(**표 14.1**)

유전암호는 중첩성이 있지만 특이적이다

표 14.1은 암호의 분명한 특성들을 보여준다. 첫째로 64개의 가능한 코돈 중에서 61개가 아미노산을 지정하는 데 사용된다는 것이다. 3개의 코돈 UAA, UGA, UAG는 다른 기능인 "정지(stop)"를 신호하는 **종결코돈**(또는 정지코돈, stop codon)이며, 또 다른 형태인 AUG는 "시작(start)"을 신호하는 **개시코돈**(start codon)이라고 부른다. 개시코돈의 경우에는 메싸이오닌(methionine, Met)을 암호화하기 때문에 2가지 기능을 지니게 된다.

61개의 코돈은 20개의 아미노산을 암호화하기에 충분하다는 것을

표 14.1 유전코드(암호)

첫 번째 염기	두 번째 염기: U		C		A		G		세 번째 염기
U	UUU	Phe 페닐알라닌	UCU	Ser 세린	UAU	Tyr 타이로신	UGU	Cys 시스테인	U
	UUC		UCC		UAC		UGC		C
	UUA	Leu 류신	UCA		UAA	"종결"	UGA	"종결"	A
	UUG		UCG		UAG	"종결"	UGG	Trp 트립토판	G
C	CUU	Leu 류신	CCU	Pro 프롤린	CAU	His 히스티딘	CGU	Arg 아르지닌	U
	CUC		CCC		CAC		CGC		C
	CUA		CCA		CAA	Gln 글루타민	CGA		A
	CUG		CCG		CAG		CGG		G
A	AUU	Ile 아이소류신	ACU	Thr 트레오닌	AAU	Asn 아스파라진산	AGU	Ser 세린	U
	AUC		ACC		AAC		AGC		C
	AUA		ACA		AAA	Lys 라이신	AGA	Arg 아르지닌	A
	AUG	Met 메싸이오닌; "개시"	ACG		AAG		AGG		G
G	GUU	Val 발린	GCU	Ala 알라닌	GAU	Asp 아스파트산	GGU	Gly 글리신	U
	GUC		GCC		GAC		GGC		C
	GUA		GCA		GAA	Glu 글루탐산	GGA		A
	GUG		GCG		GAG		GGG		G

한 코돈은 위에 보이는 서열로 읽히는 3개의 뉴클레오타이드로 구성된다. 예를 들어, ACU는 트레오닌을 암호화한다. A는 첫 번째 염기열이고, C는 두 번째, U는 세 번째 염기열이다. 각각의 mRNA 코돈은 이에 상응하는 tRNA 안티코돈 서열에 의해 인식된다. 많은 아미노산들이 1가지 이상의 코돈으로 지정된다. 예를 들어, 트레오닌은 3가지 코돈에 의해 지정되는데, 이 코돈의 뉴클레오타이드의 세 번째 염기만 다르다.

알 수 있다. 생각해 보면 아미노산의 개수에 비해 많은 여유분의 코돈이 있게 되는데, 이런 풍족함을 조절하는 한 가지 방법은 61개의 코돈 중 오직 20개만을 이용하는 것이지만, 이것은 세포가 선택하여 할 수 있는 것은 아니다. 실제로 세포에서는 61개의 코돈이 모두 이용되고 있는데, 이는 암호가 **중첩**(degenerate)된 것으로 보이게 해준다. 다시 말하면, 어떤 아미노산은 한 개 이상의 코돈에 의해 지정되지만, 반대로 하나의 코돈이 하나 이상의 아미노산을 암호화하는 경우는 없다. 이런 중첩성은 균일하지 않게 나타나는데, 어떤 아미노산은 하나의 코돈을 가지고 있지만, 어떤 것은 6개의 코돈을 가지고 있는 경우도 있다. 더불어, 중첩된 염기는 일반적으로 세 번째에 위치하고 있어, 3개의 코돈 중에 앞선 2개의 염기가 같으면 같은 아미노산을 암호화한다. (리보솜에서의 단백질 합성에 이 코돈이 어떻게 작용하는지에 대해서는 14.7절에서 다룬다.)

보편적이기는 하지만 완전히 보편적이지 않은 암호도 존재한다

유전암호(genetic code)는 거의 모든 생물이 동일하다. 유전암호의 보편성은 모든 생명체가 공통의 진화적 유산을 공유한다는 것에 대한 가장 강력한 증거 중 하나이다. 암호는 보편적이기 때문에 유전자는 한 생명체에서 또 다른 생명체로 전달될 수 있고, 그들의 새로운 숙주에서 성공적으로 발현될 수 있다(**그림 14.5**). 유전자 발현의 보편성은 16장에서 다룰 유전공학 발전의 핵심 요소이다.

1979년에 연구자들은 사람, 소 그리고 생쥐의 미토콘드리아 유전체의 전체 염기서열을 밝혔다. 이러한 포유동물들의 미토콘드리아에서 유전암호의 유사성이 높지 않다는 사실은 "보편적 코드(universal code)"에 익숙한 생물학자들에게 충격적으로 다가왔다.

미토콘드리아 유전체에서 종결코돈이어야 할 UGA는 아미노산 트립토판(trytophan)으로 읽혀지고, AUA는 아이소류신(isoleucine) 대신에 메싸이오닌으로 읽혀졌다. 그리고 AGA와 AGG는 아르지닌(arginine) 대신 종결코돈으로 읽혀졌다. 이러한 보편적 암호에서의 일부 차이는 엽록체와 원핵세포의 한 유형인 섬모충류(ciliates)에서도 발견되었다.

이처럼 유전암호가 어떠한 경우에서는 보편적이 아닌 것으로 나타났는데, 이는 세포내공생(endosymbiosis)으로 존재하던 시절 이후 미토콘드리아와 엽록체에서 암호가 다르게 읽히기 시작했으며, 특히 정지신호와 연관된 부분이 다르게 읽혀지기 시작했던 것으로 생각되고 있다.

? **탐구문제** 유전암호는 거의 보편적이다. 왜 거의 보편적이라 표현하는지 생각해 보자.

핵심 요약 14.2

유전암호는 3개의 뉴클레오타이드 단위인 3자암호로 읽히며, 이 읽힘은 여백 없이 계속된다. 이 3개 염기는 아미노산을 암호화(코돈)한다. 총 64개의 코돈 중 61개는 아미노산을 지정하며 (이 중 1개는 "개시"를 나타냄) 나머지 3개는 "종결"을 나타낸다. 일부 아미노산은 하나 이상의 코돈에 의해 지정되기 때문에 중첩되어 있다고 하지만, 모든 코돈은 하나의 아미노산만을 암호화하는 것을 알 수 있다.

- 하나의 코돈이 하나 이상의 아미노산을 암호화한다면, 결과는 어떻게 될까?

그림 14.5 유전자 도입 돼지.
오른쪽은 일반적인 새끼 돼지이다. 왼쪽 새끼 돼지에는 초록색 형광단백질을 암호화하는 해파리의 유전자를 발현하도록 유전자를 이식하였다. 새끼 돼지의 코 색깔은 이식된 유전자 발현 때문이다. 이런 유전자 도입 동물들은 유전자 암호의 보편성을 보여주고 있다.

그림 14.6 세균의 RNA 중합효소와 전사개시.
a. 2가지 형태의 RNA 중합효소: 핵심효소와 완전효소. ***b.*** 완전효소의 σ 소단위가 프로모터의 –35에서 –10 nt를 인지해 DNA에 결합한다. 나선구조는 –10에서 열리고, 전사는 +1의 전사개시점에서 시작된다.

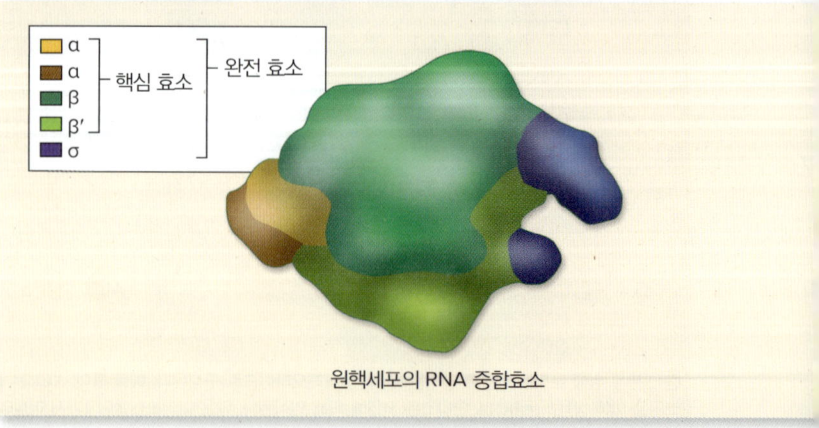

a.

14.3 원핵세포의 전사

학습 목표

1. 세균의 전사과정에 대해 서술할 수 있다.
2. 개시, 신장, 종결의 특징들을 구별하여 설명할 수 있다.
3. 원핵세포 전사의 특징에 대하여 설명할 수 있다.

이 절에서는 원핵세포 전사과정의 이해와 함께 원핵세포의 유전자 발현에 대해 알아본다. 특히 14.4절에 살펴보게 될 진핵세포의 전사과정에서는 원핵세포에서의 전사과정과 어떻게 다른지에 초점을 두고 설명할 것이다.

원핵세포는 하나의 RNA 중합효소를 가진다

원핵세포의 **RNA 중합효소**(RNA polymerase)는 **핵심 중합효소**(core polymerase)와 **완전효소**(holoenzyme)의 2가지 형태로 존재한다. 핵심 중합효소는 DNA 가닥을 주형으로 RNA를 합성할 수 있으나, 정확하게는 합성을 시작하지는 못하며, 완전효소는 합성을 시작할 수 있다.

핵심 중합효소는 2개의 동일한 α 소단위와 1개씩의 β와 β′ 소단위로 구성된 4개의 소단위를 가지고 있다(**그림 14.6***a*). 2개의 α 소단위는 개시 복합체를 하나의 구조로 뭉치도록 하는 역할을 하고, 조절 단백질에 결합할 수 있도록 해준다. 이 효소의 활성화 자리는 β와 β′ 소단위로 형성되어 있으며, 이 부위가 DNA 주형과 RNA 3인산 전구체(ribonucleotide triphosphate precursors)에 결합할 수 있다.

합성을 개시할 수 있는 완전효소는 σ(시그마, sigma) 소단위가 핵심 중합효소에 결합하여 형성된다(**그림 14.6***a*). DNA상의 특정 신호를 인지할 수 있는 σ의 능력이 RNA 중합효소가 유전자의 시작점에 위치할 수 있도록 함으로써, RNA 중합효소의 기능에 핵심적 역할을 하게 된다. mRNA 합성의 개시는 DNA 복제와는 달리 프라이머(primer)를 필요로 하지 않는다는 점에 유의한다.

프로모터는 전사의 개시가 일어나는 자리이다

전사(transcription)의 정확한 개시는 DNA상에 두 자리를 필요로 한다. RNA 중합효소를 인지하고 결합 부위를 제공하는 **프로모터**(promoter)와 실질적인 **전사개시점**(start site)이다. 또한 RNA 중합효소는 전사를 끝내는 신호를 필요로 하는데 이는 **종결자**(terminator)라고 부른다. 프로모터에서 종결자까지의 영역을 **전사 단위**(transcription unit)라고 부른다.

DNA를 따라 움직이는 중합효소의 이동은 물줄기를 따라 흐르는 물과 비슷한 것으로 여겨진다. 그래서 DNA상의 위치를 표시하기 위하여, 전사개시점을 기준으로 "상부(upstream)" 또는 "하부(downstream)"라고 표현한다. 전사 단위에서의 위치를 나타내기 위해, DNA상의 염기에 번호를 부여하는 데에도 이 시스템을 이용한다. 첫 번째 염기는 **+1**이라고 하고, 이 숫자는 마지막 염기가 전사될 때까지 하부 방향으로 계속된다. 전사개시점의 상부 방향의 염기는 **−1**로 시작한다.

프로모터는 전사개시점의 상부에 위치한 짧은 염기서열로 중합효소에 의해 전사되지 않는다. 각각 6개의 염기서열로 구성된 2개의 부위가 세균의 프로모터 자리에 공통적인데, 하나는 전사개시점의 상부 방향으로 35 nt(−35) 떨어진 지역에 위치하고 있고, 다른 하나는 10 nt(−10) 지역에 위치하고 있다(**그림 14.6***b*). 이 두 자리는 개시 부위와 전사의 방향을 나타냄으로써, 프로모터의 비대칭성을 부여한다.

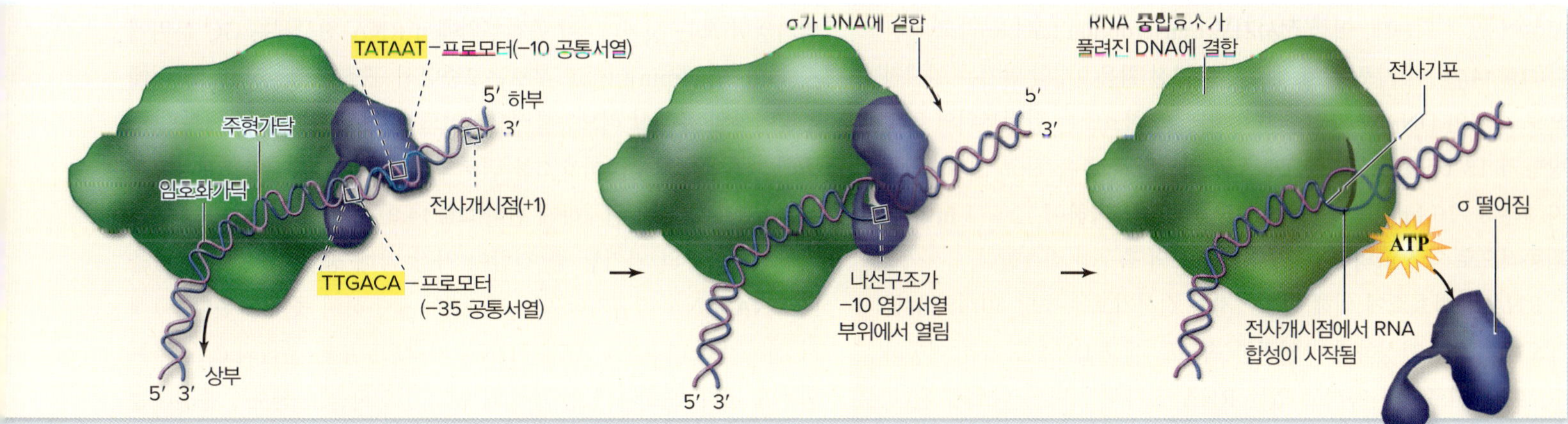

b.

프로모터에 RNA 중합효소가 결합하는 것이 전사의 첫 번째 단계이다. 프로모터 결합은 RNA 중합효소(완전효소)의 σ 소단위에 의해 조절된다. σ는 프로모터상의 –35 공통서열을 인지해서 RNA 중합효소가 올바른 방향으로 전사를 시작할 수 있도록 정확한 전사개시 부위에 위치하도록 해준다.

일단 프로모터에 결합하면 RNA 중합효소는 –10 nt 부위에서 DNA 나선구조를 풀기 시작하는데(**그림 14.6*b***), 중합효소는 약 75 bp를 덮고 있지만 대략 12~14 bp의 나선구조를 풀게 된다.

> **?** **탐구문제** **원핵세포의 프로모터는 동일하지 않은 2개의 공통서열을 가지고 있는데, 전사를 시작할 때 이들이 얼마나 중요하게 작용하는가?**

신장에 의해서 연속적으로 뉴클레오타이드가 첨가된다

원핵세포에서 RNA 전사는 일반적으로 ATP 또는 GTP로 시작되어, 염기서열의 5′에서 3′ 방향으로 신장하게 된다. RNA 중합효소가 프로모터 영역을 떠나게 되면, σ인자는 RNA 중합효소와 결합한 채로 있을 수도 있지만, 더 이상 필요한 것은 아니다.

결과적으로, **클리어런스**(clearance) 또는 **탈출**(escape)이라고 부르는 과정을 통해 RNA 중합효소가 프로모터를 떠나게 된다. 이러한 과정은 단지 전사체의 처음 몇 개의 뉴클레오타이드를 합성하고 움직이는 과정 그 이상을 포함하는데, 이는 효소가 개시 과정에서 DNA와 강하게 결합을 하고 있기 때문이다. 주형의 하부 방향으로 움직이기 위해 프로모터 영역에서의 이런 강한 결합을 끊을 필요가 있는데, 이는 클리어런스 단계 동안 효소가 구조적 변화를 통해 개시 단계에서의 프로모터에 대한 결합력보다 약해지게 됨으로써 탈출이 가능하게 된다.

RNA 중합효소가 결합한 주형 DNA의 부분과 신장하고 있는 RNA 전사체가 있는 부위는, DNA 2중나선이 풀어져 물방울처럼 부풀어 있게 되는데, 이를 **전사기포**(transcroption bubble)라고 부른다(**그림 14.7**). 이 기포 안에 새로 만들어진 처음 9개의 염기는 일시적으로 주형인 DNA와 나선을 형성한다. 중합효소는 활성부위의 하부 방향의 18 bp를 포함하여 DNA와 다양한 접촉을 하고 있다. 기포 자체는 8~10 bp의 RNA-DNA 혼성체를 포함하여 12~14 nt이며, 최종적으로 약 5 nt의 RNA가 중합효소의 출구와 접촉한다.

RNA 중합효소에 의해 만들어지는 전사기포는 초당 50개의 뉴클레오타이드를 합성하면서 일정한 속도로 세균 DNA를 따라 이동하고, 이때 기포에서 자라고 있는 RNA 전사체 가닥이 나오게 된다. 전사기포가 지나가고 나면 전사가 끝난 DNA 가닥은 방울에서 떠나면서 다시 자신의 상보적 가닥과 감기게 된다.

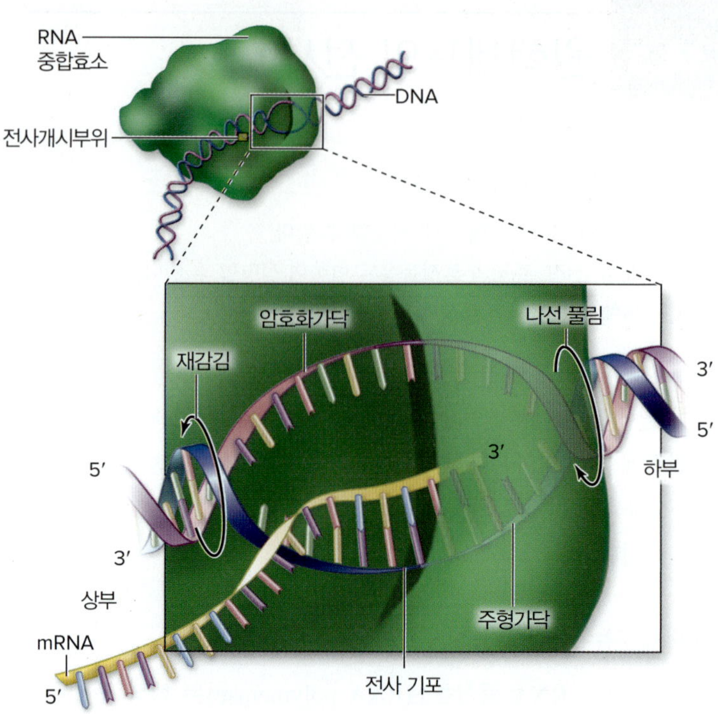

그림 14.7 전사기포의 모델.
DNA 2중나선 구조는 RNA 중합효소 복합체에 의해 풀리고 기포 끝에서 다시 감긴다. DNA 가닥 중 하나가 주형으로 작용하고, 뉴클레오타이드가 RNA의 3′ 말단에 첨가된다. 기포 안에는 짧은 구간의 RNA-DNA 혼성체가 있다.

종결은 특정 부위에서 일어난다

원핵세포의 전사단위의 끝은 중합효소에게 "정지(stop)" 신호인 종결서열에 의해 표지되어 있다. 이런 염기서열에 도달하게 되면 전사를 끝내기 위해 인산디에스터(phosphodiester)결합을 형성함으로써 전사기포 내의 RNA-DNA 혼성체는 풀어지고, RNA 중합효소는 DNA를 놓아주고, 전사기포 내 DNA는 다시 나선구조를 형성한다.

가장 간단한 종결 신호로는 일련의 G-C 염기쌍 뒤에 일련의 A-T 염기쌍이 오는 것이다. 이 종결부위에서 RNA 전사체는 GC 부위에서 **헤어핀**(hairpin)이라고 부르는 2중나선 구조를 형성하고, 그 뒤에 4개 이상의 유라실 리보뉴클레오타이드가 따라오게 된다. 헤어핀 구조의 형성은 RNA 중합효소를 멈추게 하여 RNA 중합효소가 4개의 유라실(UUUU)에 위치하게 한다(**그림 14.8**). DNA의 A와 U와의 염기쌍은 4종류의 염기쌍 중 결합이 가장 약해 중합효소가 멈추었을 때 DNA-RNA 결합가닥을 유지하기에 충분하지 못하게 된다. 그래서 전사기포 내 RNA 가닥은 DNA 가닥으로부터 분리되고, 전사는 멈추게 된다. 또한 다양한 종류의 단백질 인자들이 전사를 종결하는 것을 돕기 위해 종결자로 역할을 한다.

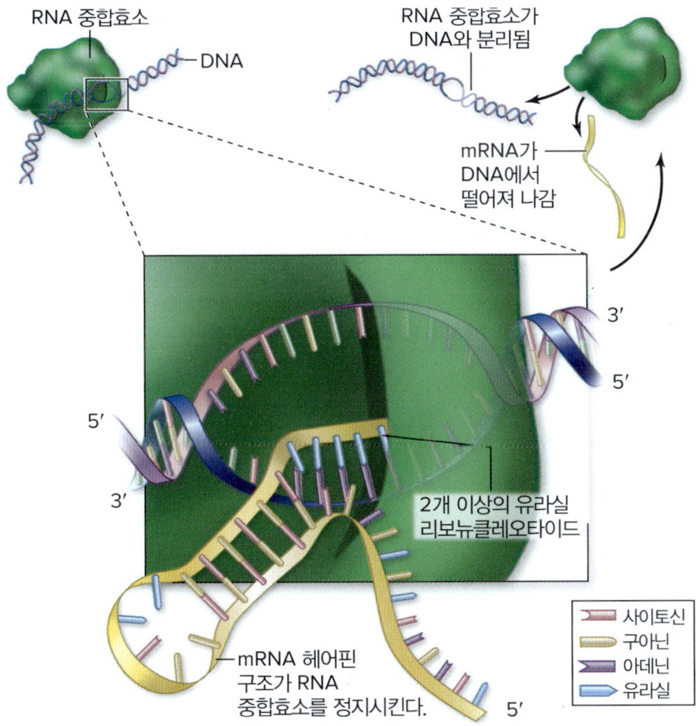

그림 14.8 세균의 전사종결자.
자기상보적인 G-C 영역은 헤어핀이라고 불리는 단일가닥으로 구성된 고리를 만들면서 2중가닥의 줄기를 만든다. 다수의 U는 덜 안정화된 RNA-DNA 혼성체를 만들어 효소들이 떨어져 나가게 된다.

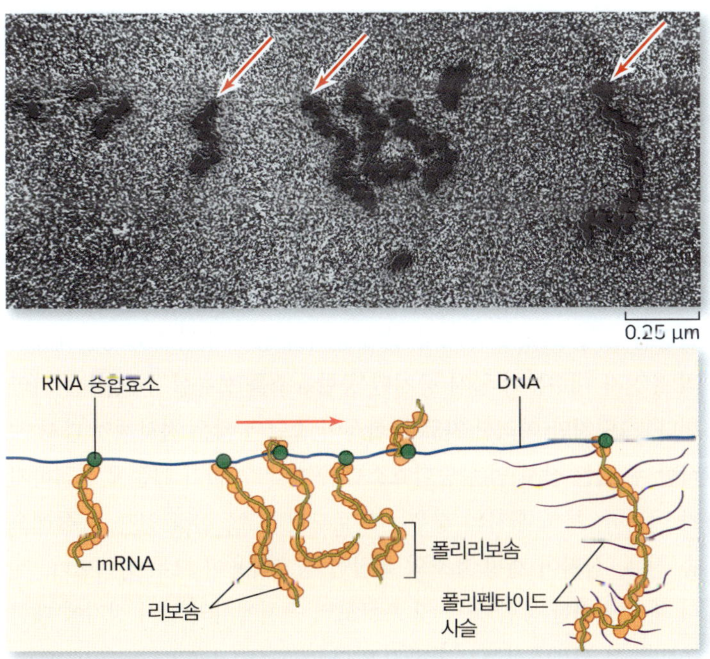

그림 14.9 원핵세포의 전사와 번역과정.
대장균의 유전자 발현 전사 사진에서 번역이 전사과정 동안 일어나고 있음을 알 수 있다. 화살표는 RNA 중합효소의 이동 방향을 가리키고 있고, 리보솜은 중합효소에서 뻗어 나오고 있는 mRNA에 결합되어 있다. 리보솜에 의해 합성되고 있는 폴리펩타이드는 현미경 사진에서는 볼 수가 없고, 그림의 마지막에 있는 mRNA에 그려 넣었다.

원핵세포의 전사는 번역과 함께 일어난다

원핵세포에서 전사과정에 의해 만들어지는 mRNA는 전사가 끝나기 전에 번역되기 시작하며, 전사와 번역은 **연결되어 있다**(**그림 14.9**). mRNA의 5′ 말단이 만들어지면서 번역을 시작하기 위해 리보솜이 mRNA에 붙게 된다. 그에 비해 진핵세포에서는 전사과정이 핵에서 일어나고 번역은 세포질에서 일어나기 때문에 서로 연결되어 있지 않다.

원핵세포와 진핵세포 유전자 발현에서의 또 다른 차이는 원핵세포에서 만들어진 mRNA는 다양한 유전자들을 가지고 있다는 것이다. 원핵세포의 유전자는 종종 서로 연관되어 있는 기능을 암호화하는 유전자들이 함께 무리를 이루어 조직화되어 있다. 기능적으로 연관된 집단을 **오페론**(operon)이라고 부르며, 오페론은 생합성 경로에 필요한 다양한 효소를 암호화하는 하나의 전사단위를 의미한다. 기능에 따른 유전자집단은 함께 조절되는데, 이 조절 기작은 15장에서 다룬다.

핵심 요약 14.3

세균에서 전사는 RNA 중합효소에 의해 이루어지며, 핵심 중합효소와 완전효소의 2가지 형태로 존재한다. 전사는 완전효소가 프로모터 서열을 인식하여 시작되며, 신장은 핵심 중합효소에 의해 RNA의 합성이 이루어지며, 합성이 중단되는 종결자에 도달할 때까지 RNA 뉴클레오타이드를 순서대로 첨가하고, 이후에 전사체가 분리된다. 원핵세포에서는 전사가 완료되기 이전에 RNA 전사체의 번역이 시작되어 전사와 번역이 연결되어 있다.

- 효모는 박테리아와 같은 단세포 생물이다. 이들은 박테리아처럼 전사와 번역이 연결되어 있을까?

14.4 진핵세포의 전사

학습 목표

1. 진핵세포의 3종류의 중합효소에 대한 프로모터의 차이점을 설명할 수 있다.
2. 진핵세포 전사체의 가공과정을 서술할 수 있다.
3. 원핵세포와 진핵세포의 전사에서 신장과정의 차이점을 설명할 수 있다.

RNA 중합효소에 의한 전사의 기본 기작은 원핵세포와 진핵세포에서 동일하다. 실제로 박테리아, 고세균 및 진핵생물의 RNA 중합효소는 모두 동일한 조상으로부터 유래된 것으로 보인다. 그러나 이 절에서 설명하는 진핵생물에서 RNA 합성과 관련된 세부 내용은 기본 기작과는 많이 다름을 알 수 있다.

진핵세포는 3종류의 RNA 중합효소를 가진다

한 종류의 RNA 중합효소를 가지고 있는 원핵세포와 달리 진핵세포는 3종류의 RNA 중합효소를 가지고 있고, 이 중합효소는 서로 다른 구조와 기능을 가지고 있다. RNA 중합효소 I은 rRNA를 전사하고, RNA 중합효소 II는 mRNA와 몇몇 소형 핵 RNA를 전사하며, RNA 중합효소 III는 tRNA와 다른 몇 종류의 소형 RNA들을 전사한다. 이 3종류의 중합효소가 함께 진핵세포 내의 핵에서 전사과정을 수행한다. 3종류의 RNA 중합효소는 각각이 전사를 시작하는 곳을 인지할 수 있도록 DNA상의 각기 다른 신호를 필요로 하기 때문에 각 중합효소는 서로 다른 프로모터 구조를 갖는다.

RNA 중합효소 I의 프로모터

생물들 간에 유사성이 보이지 않는 rRNA 유전자들 때문에 RNA 중합효소 I 프로모터는 생물학자들을 혼란스럽게 했다. 오늘날 이런 프로모터들은 종마다 다르게 존재하며, 이런 이유로 종들 간의 비교에서 유사성을 보이지 않았던 것으로 보고 있다.

RNA 중합효소 II의 프로모터

RNA 중합효소 II의 프로모터는 3가지 유형 중 가장 복잡한데, 이는 이 중합효소에 의해 전사되는 유전자들이 다양하기 때문인 것으로 여겨진다. 진핵세포의 유전자가 처음 분리되었을 때, 많은 것들이 전사개시점의 상부에 **TATA 박스**(TATA box)라고 부르는 염기서열을 가지고 있었다. 이 염기서열은 원핵세포에서의 –10서열과 유사해 TATA 박스는 프로모터 요소인 것으로 추정되었는데, 전체 게놈의 서열과 더 많은 유전자들이 분석됨에 따라 이 추정은 간단하게 증명되었다. RNA 중합효소 II의 프로모터는 TATA 박스를 포함한 많은 다른 요소로 구성되며, 핵심 프로모터(core promoter)의 개념으로 대치되었다.

RNA 중합효소 III의 프로모터

RNA 중합효소 III에 대한 프로모터는 진핵생물의 유전자 발현을 연구하는 초기의 분자생물학자들을 놀라게 한 바 있다. 조절 부위를 조사하는데 흔히 사용된 기술은 5′ 말단에서부터 순차적으로 뉴클레오타이드를 제거하면서 언제 이 결실이 특정 전사를 멈추게 하는지 알아보는 것이었다. 이 논리는 원핵세포에서 유전자의 5′ 말단에서 조절 부위를 발견한 경험에 근거한 것이었다. 그러나 tRNA 유전자의 경우 5′ 말단의 결실은 유전자 발현에 아무런 영향도 주지 않았다. RNA 중합효소 III의 프로모터는 실제로 유전자 그 자체 안에 있는 것으로 밝혀졌는데, 이는 모든 RNA 중합효소 III에 해당되지는 않지만, 대부분의 것에 해당되는 것으로 여겨지고 있다.

핵심 프로모터와 결합한 인자는 RNA 중합효소 II를 불러들인다

RNA 중합효소 II의 프로모터에서의 전사 개시는 원핵세포에서의 개시와 유사하지만, 그 과정은 더 복잡하다. 원핵세포에서는 한 가지 인자가 프로모터를 인지하는 데 비해, 진핵세포는 다수의 전사인자(transcription factor)들을 이용한다. 이런 단백질들은 RNA 중합효소 II가 프로모터에 결합하고 유전자 발현을 개시할 수 있게 하는 데 필요하다. 많은 전사인자들이 RNA 중합효소 II와 상호작용하여 개시복합체(initiation complex)를 형성하는데(**그림 14.10**), 이에 대해서는 유전자 발현 조절을 설명하는 15장에서 더 자세하게 다룬다.

전사체가 약 20 뉴클레오타이드 정도가 되면, 여기에 GTP가 5′ 인산기(PO_4^-)에 결합되어 변형이 일어나서 **5′ 캡**(5′ cap)이라고 알려진 구조를 형성하게 된다(**그림 14.11**). 캡에서의 G 뉴클레오타이드가 전사체 5′ 말단에 결합하여, 핵산에서만 발견되는 5′–5′ 결합을 만들게 된다. 또한 GTP에서의 G는 메틸기(methyl group)의 결합에 의해 변형되어 **메틸 G 캡**(methyl-G cap)이라고 부른다. 이 캡 구조는 번역, RNA 안정화, 그리고 RNA 가공과정에 있어 매우 중요하다.

초기 신장 중에 발생할 수 있는 또 다른 문제점은 중합효소가 일시 중지될 수 있다는 것이다. 이것은 일반적으로 전사개시 후 50 bp 내에서 발생하며 이제는 일반적인 현상인 것으로 보인다. 열충격 시 전사의 신속한 유도를 가능하게 하는 열충격 유전자에 대해 초기에 설명된 바와 같이, 프로모터 전체 분석을 통하여 다세포 생물체에서의 유전자 대부분이 일시 중지된 중합효소를 보유할 수 있음을 나타낸다. 그렇지만 이러한 자료는 합성이 중단된 짧은 전사체와 다시 시작할 수 있는 잠시 멈춘 중합효소를 구별할 수 없기 때문에 해석하기가 어렵다. 특히 후자의 경우는 프로모터 요소, 신장 인자, 뉴클레오솜 점유, 심지어 캡핑 효소의 복잡한 상호작용이 모두 참여한다. 전사 개시에 대한 통합 조절 및 프로모터 근처에서의 일시 정지에 대한 부분은 현 시점에서는 명확하지 않다.

전사 신장복합체는 다른 인자들을 필요로 한다

RNA 중합효소 II의 가장 큰 소단위체의 카복시 말단영역

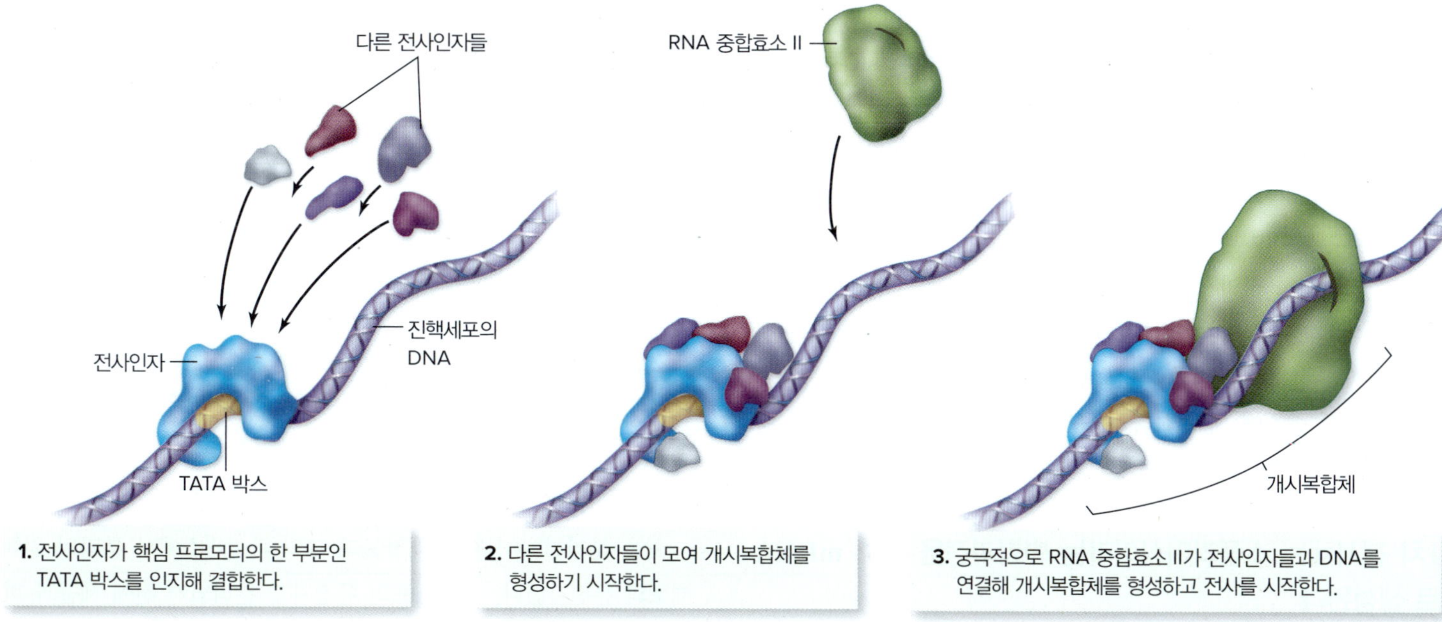

그림 14.10 진핵세포의 개시 복합체.
RNA 중합효소가 프로모터를 인지하고 결합하는 원핵세포에서의 전사와 달리, 진핵세포에서의 전사는 RNA 중합효소 II가 DNA에 결합하기 전에 전사인자들이 프로모터에 결합한다. 프로모터에서의 전사인자들과 RNA 중합효소 II가 결합한 것을 개시복합체라고 한다.

(carboxy terminal domain, CTD)은 중합효소와 함께 전사 신장복합체를 구성하는 다른 인자들을 유도하는 데 매우 중요하다. 이러한 CTD는 여러 번 반복된 7개의 아미노산으로 구성되는데(인간에서 52회 반복), CTD에는 인산화될 수 있는 세린이 들어 있으며, 이 세린은 신장 및 RNA 변형 효소에 관련된 인자와 상호작용한다. 예를 들면, 캡핑 효소는 개시 후 바로 CTD와 상호작용한다.

CTD와 결합하는 신장인자는 일시 중지를 해제하고 뉴클레오솜을 통과해서 신장이 일어나도록 하는데, 초기 시험관내 연구에서는 RNA 중합효소가 염색질과 결합된 DNA를 전사할 수 없었다. 이는 명백하게 생체 내에서 일어나는 경우는 아니었다. 즉 이것은 신장인자가 중합효소 및 뉴클레오솜과의 결합을 통하여 뉴클레오솜의 제거 및 재배열과 연관이 있기 때문이다. 이러한 인자에는 염색질 전사촉진(facilitates chromatin transcription, FACT) 인자와 히스톤 변형 인자 및 염색질 재구성 복합체가 포함된다(15장 참조).

폴리아데닐화는 mRNA 전사체의 종결에 관여한다

원핵세포와 진핵세포의 전사에서의 주요한 차이는 진핵세포에서 생성되는 전사체의 3′ 말단이 mRNA의 말단이 아니라는 것이다. 진핵세포의 전사체는 전사의 종결 부위 앞쪽에 있는 특수 부위(AAUAAA)의 아래쪽이 절단된 후, **3′ 폴리-A 꼬리**(3′ poly-A tail)

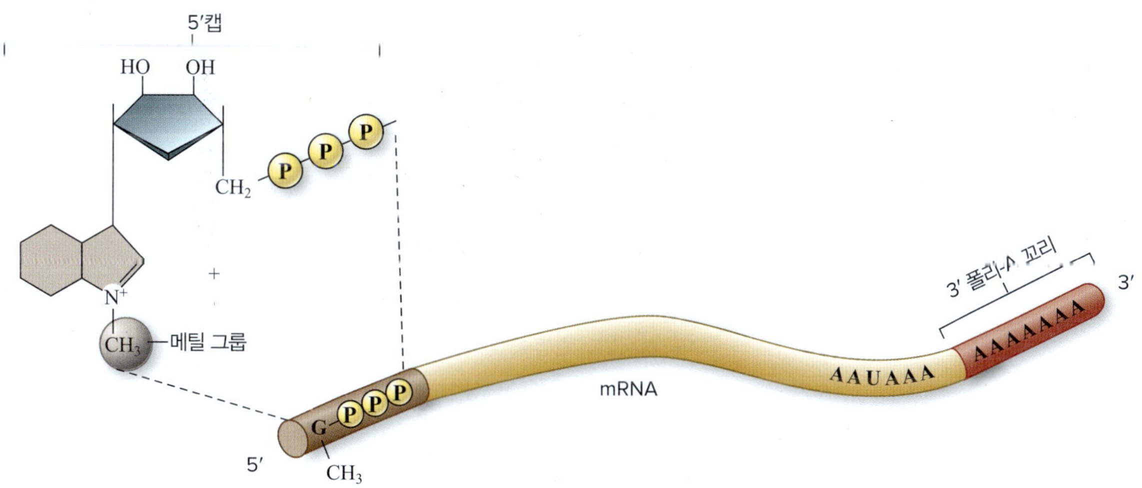

그림 14.11 5′와 3′ 말단에서의 전사 후 변형.
진핵세포의 mRNA는 5′ 말단에 캡이라고 부르는 메틸화된 GTP의 첨가와 3′ 말단에 폴리-A 꼬리라고 부르는 긴 사슬의 아데닌이 첨가되는데, 이러한 변형은 핵 안에서 일어난다.

라고 부르는 일련의 100~200아데닌(A)의 잔기가 이 폴리-A 중합효소(poly-A polymerase)에 의해 첨가된다(**그림 14.11**). 폴리-A 중합효소를 포함하는 인자들의 복합체는 인산화된 CTD를 통해 신장하고 있는 중합효소와 연결된다. 전사 종결의 실제 기작은 명확하지는 않지만, 폴리아데닐화가 일어나는 주위에 중합효소가 머물러 있고, 절단 후 떨어져 나간 mRNA가 폴리아데닐화되는 동안, 아직 중합효소와 결합한 나머지 전사체는 엑소뉴클레이스에 의해 점진적으로 제거되고 신장복합체는 해리된다. 폴리아데닐화가 되지 않은 전사체의 종결은 다른 인자들을 필요로 하기도 한다. 그러나 모든 시스템에서 전사 종결에 대한 하나의 공통적인 특징은 신장복합체가 분해될 수 있도록 RNA 중합효소를 정지시키는 것이다.

1차 전사체는 스플라이싱이라는 변형과정을 통해 mRNA로 생성된다

이전의 논의에서 진핵생물의 mRNA는 유전자의 1차 전사체와 동일하지 않다는 것이 명백하다. 변형된 5′ 말단과 다른 효소에 의해 생성된 3′ 말단 및 인트론의 제거 등과 같은 광범위하게 적용된 변형을 통해 1차 전사체로부터 mRNA가 생성되는 것을 알 수 있었다. 1차 전사체에 대한 가장 큰 변화는 비암호화(noncoding) 서열의 제거이며, 이러한 과정은 진핵생물의 유전자 발현에 대한 가장 큰 유연성을 제공한다. mRNA 전구체 스플라이싱(pre-mRNA splicing)이라고 부르는 이 과정은 **스플라이시오솜**(spliceosome)이라고 부르는 세포소기관에서 일어나는데, 이 주제는 다음 절에서 다룬다.

핵심 요약 14.4

진핵생물은 중합효소 I, II, III라고 불리는 3개의 RNA 중합효소를 갖는다. 이러한 중합효소는 각각 서로 다른 RNA를 합성하고 자체 프로모터를 인식하고 있다. RNA 중합효소 I의 프로모터는 종 특이적으로 존재하고, 중합효소 II의 핵심 프로모터는 다수의 요소를 가지고 있다. 중합효소 III의 프로모터는 유전자 내부에 존재한다. 특히 중합효소 II는 mRNA의 합성을 담당하고 있으며, 중합효소 II에 의한 신장은 여러 가지 다른 인자를 필요로 한다. 전사가 일어나는 동안 변형 효소는 전사체의 캡핑, 폴리아데닐화 및 스플라이싱에 작용한다.

■ 진핵 생물은 게놈의 복잡성 때문에 3개의 중합효소를 필요로 하는 것일까?

14.5 진핵세포에서 mRNA 전구체의 스플라이싱

학습 목표

1. 원핵세포와 진핵세포에서 유전자와 단백질의 관계를 설명할 수 있다.
2. mRNA 전구체의 스플라이싱에 대해 서술할 수 있다.
3. 스플라이싱 과정이 유전자의 특성을 어떻게 변화시키는지 설명할 수 있다.

처음 분리된 유전자는 대장균과 그의 바이러스에서 분리된 원핵세포의 유전자였다. 진핵세포의 유전자가 분리되기 전에 세균과 바이러스에서 유전자 발현의 특성과 조절에 대한 밑그림이 그려졌다. 세부 내용이 다르기는 하지만 진핵세포 유전자 발현의 개요는 원핵세포와 유사할 것으로 추정되었다. 그러나 앞에서 보았듯이 이러한 의견은 잘못된 것으로 판명되었다.

진핵세포 유전자는 중단 부위를 가지고 있다

많은 진핵세포 유전자들은 mRNA에 없는 염기서열을 가지고 있는 것으로 밝혀져 충격을 주었다. 대장균에 기초를 둔 분자생물학의 기본 원리는 유전자는 단백질 산물과 **동일선상**(colinear)에 있다는 것으로, 유전자상의 염기서열은 mRNA상의 염기서열과 부합하고, 이것은 다시 단백질의 아미노산의 서열과 상응한다는 것이다.

진핵세포의 경우 유전자는 mRNA와 단백질에 나타나지 않는 서열에 의해 끊겨지게 되는데, 이에 대해 "분할 유전자(split gene)"라는 용어가 사용되었고, 이러한 명명은 염기서열의 이런 예상치 못한 특성을 설명해 준다. 유전자의 서열을 끊는 이 비암호화 DNA는 현재 **인트론**(intron, 또는 중재서열, intervening sequences)으로, 그리고 발현되는 암호화 서열(coding sequences)은 **엑손**(exon)이라고 부르고 있다(**그림 14.12**).

스플라이시오솜은 스플라이싱 소기관이다

진핵세포의 성숙한 mRNA는 생산물인 단백질과 1:1의 동일선상에 있지만, 인트론을 가진 유전자는 그렇지 않다. 위성을 통해 고속도로를 보고 있다고 상상해 보자. 실 같은 콘크리트 도로를 따라 무작위적으로 흩어져 있는 자동차들은 뭉쳐서 같이 이동하는 것도 있고, 하나씩 개별로 움직이는 것도 있지만 도로의 대부분은 텅 비어

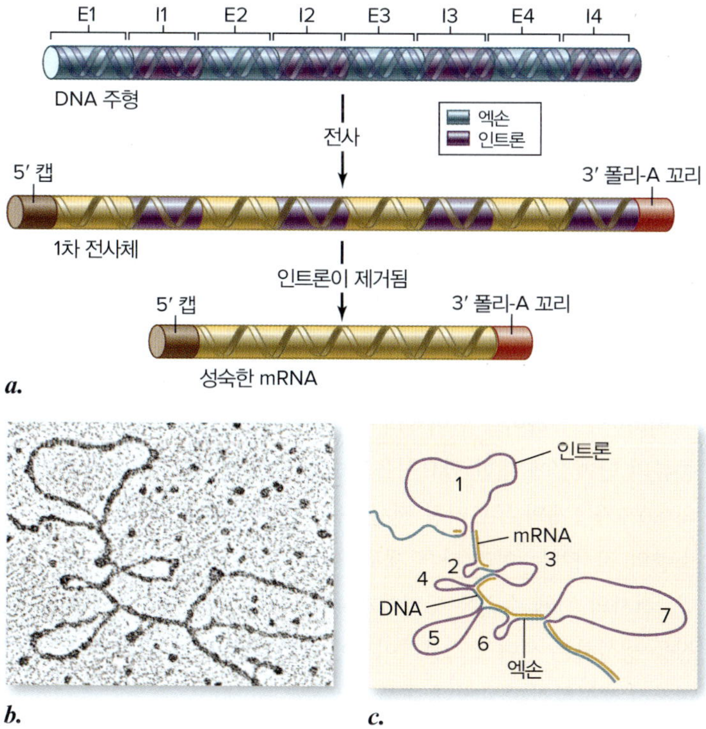

그림 14.12 인트론과 엑손을 가진 진핵세포 유전자.
a. 진핵세포의 유전자는 엑손이라고 부르는 암호서열과 인트론이라고 부르는 엑손 사이의 서열을 가지고 있다. *b.* 전자현미경 사진은 7개의 인트론을 가진 오브알부민(ovalbumin)의 DNA와 mRNA의 혼성체를 보여준다. DNA 서열 내 인트론은 mRNA에 상보적인 서열이 없어 7개의 고리처럼 보인다. *c.* 현미경 사진을 도식화한 그림.

자료 분석 **그림 14.12의 유전자가 어떻게 여러 개의 전사체를 암호화할 수 있는지 설명하시오.**

있다. 이와 유사하게 진핵세포에서 유전자는 여기저기 흩어져 있는 엑손이 훨씬 긴 인트론에 박혀 있는 양상이다.

인간의 게놈의 1~1.5%만이 단백질을 만드는 엑손으로 사용되며, 24%는 엑손이 놓여 있는 번역되지 않는 인트론으로 되어 있다.

스플라이싱 반응

분명한 질문은 진핵세포가 번역되지 않는 인트론을 어떻게 다루느냐 하는 것이다. 그에 대한 답은 1차 전사체는 성숙한 mRNA를 만들기 위해 인트론이 잘려 엑손끼리 다시 연결된다는 것이다. 이 후반의 과정을 **mRNA 전구체 스플라이싱**(pre-mRNA splicing)이라고 하며, 이 반응은 mRNA가 세포질 내로 수송되기 전에 핵 안에서 일어난다.

인트론-엑손의 연결 부위는 **snRNPs**라고 부르는 소형 핵 리보핵산단백질입자**(small nuclear ribonucleoprotein particles)**에 의해 인지되는데, snRNPs(스너프, "snurps"로 발음)는 snRNA와 단백질로 이루어진 복합체이다. snRNPs는 다른 연관된 단백질과 결합하여 스플라이시오솜(spliceosome)이라고 부르는 커다란 복합체를 형성하고, 이 스플라이시오솜은 인트론을 잘라버리고 엑손을 서로 연결하는 작용을 한다.

스플라이싱이 정확하게 일어나기 위해서는 스플라이싱 복합체가 인트론과 엑손의 연결 부위를 인지할 수 있어야 한다. 모든 인트론은 동일한 2개의 염기로 시작하고, 다른 2개의 염기서열로 끝난다. 또한 스플라이싱 반응에 중요한 역할을 하는 **분지점**(branch point)이라고 부르는 아데닌(A)이 인트론 내에 잘 보존되어 있다(**그림 14.13**).

스플라이싱 과정은 인트론의 5′ 말단이 잘리면서 시작되는데, 5′ 말단은 분지점 A의 2′ OH에 부착되면서, **올가미**(lariat, 카우보이들의 올가미 밧줄과 그 구조가 유사하여 붙여진 이름)라 불리는 분지구조를 형성한다(**그림 14.13**). 첫 번째 엑손의 3′ 말단은 인트론의 3′ 말단을 대체하면서 두 엑손이 연결되고, 인트론은 떨어져 나가게 된다.

스플라이싱 과정은 전사가 일어나는 동안 일어난다. 전사체는 CTD 근처의 효소로부터 나와 스플라이싱 인자와 스플라이시오솜 RNP를 불러 모은다. 일정하지 않은 전사율은 스플라이싱 부위를 선택하는 데 영향을 미칠 수 있다는 증거가 있다. 특히 효소의 일시 정지와 전사체의 2차구조 형성은 스플라이싱이 일어나는 부위에 접근하지 못하게 하여 결국 스플라이싱이 일어나지 않게 한다.

인트론의 분포

유전자당 존재하는 인트론의 수와 크기 및 엑손의 크기를 정하는 어떤 규칙도 없다. 어떤 유전자는 인트론이 없고, 어떤 유전자는 50개 정도의 인트론을 가지고 있다. 엑손의 크기 또한 몇 개의 뉴클레오타이드에서 7500 뉴클레오타이드에 이르기까지 다양하고, 인트론의 크기도 다양하다. 인트론의 존재로 인해 진핵세포의 게놈에서 왜 암호화 서열이 매우 적은 부분인지 설명이 된다(WEB2장의 인간게놈프로젝트 결과 참조).

인트론의 존재에 대한 한 설명은 엑손이 단백질의 기능적 도메인이라는 것을 암시해 주는데, 유전자에서 인트론과 엑손의 배열은 오랜 시간에 걸쳐 일어난 진화에서 기능적 단위의 혼합 결과이다. "**엑손 섞임**(exon shuffling)"이라고 부르는 이 가설은 인트론의 발견 후 바로 제안되었으며, 오랜 시간에 걸쳐 논쟁의 대상이 되어 왔다.

최근 빠르게 늘고 있는 게놈 자료는 인트론의 배치 및 인트론과 엑손의 구조에 대한 통계학적 분석에 의해 이 논쟁의 쟁점에 대해 해결점을 제시하고 있다. 이 분석은 많은 유전자들에 대한 엑손 섞임 가설을 지지하고 있지만, 모든 단백질들이 같은 양식을 보이지는 않기 때문에, 이 가설이 명백하게 보편적이라고 할 수 없다. 이는 인트론이 하나의 기원을 갖지 않기 때문에 한 가지 가설로 설명할 수 없는 것일 수도 있다.

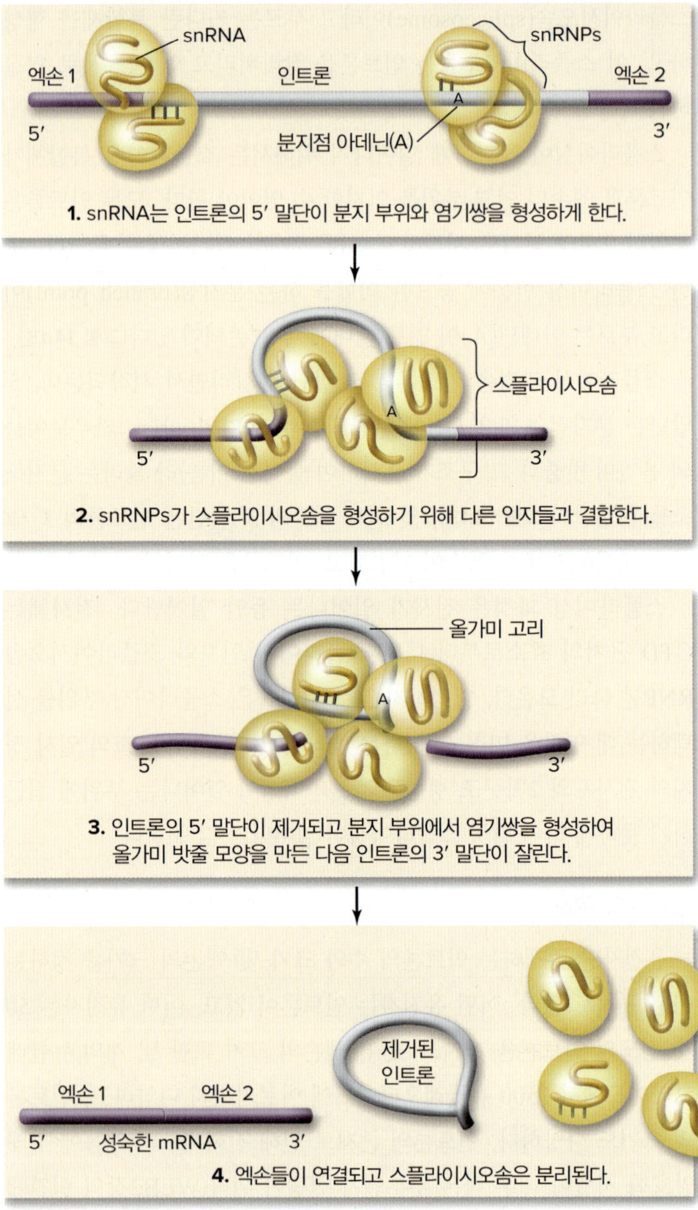

그림 14.13 스플라이시오솜(이어맞추기복합체)에 의한 mRNA 전구체 스플라이싱. snRNP라고 부르는 입자들은 인트론의 5′ 말단과 인트론 내부의 분지 부위와 상호작용하는 snRNA를 가지고 있다. 여러 개의 snRNP는 다른 단백질과 함께 스플라이시오솜을 형성한다. 인트론이 고리를 형성함에 따라 5′ 말단이 잘리고 인트론의 3′ 말단 근처 부위로 연결된다. 인트론은 올가미 밧줄 형태로 잘려 나가고 엑손은 서로 연결된다. 그 후 스플라이시오솜은 분해되고 이어 맞추어진 mRNA는 방출된다.

스플라이싱은 같은 유전자에서 다양한 전사체를 만들 수 있다

스플라이싱의 결과는 진핵세포의 유전자 발현에서 복잡하게 나타나는데, 단일 1차 전사체는 다른 종류의 엑손들을 연결하는 대체 가능한 **선택적 스플라이싱**(alternative splicing) 과정을 통해 다른 종류의 mRNA로 스플라이싱될 수 있다. 우리는 게놈에서 생성된 모든 RNA를 **전사체**(transcriptome), 게놈에서 생성된 모든 단백질을 **단백질체**(proteome)라고 부른다.

세포 내 RNA의 염기서열 분석을 위한 높은 처리량 시스템은 전사의 패턴에 대한 많은 데이터를 생성하였다. 그 결과 세포 내에 매우 높은 수준의 선택적 스플라이싱 결과가 있음을 확인해 주고 있는데, 포유류 유전자의 95%는 둘 이상의 스플라이스 변형을 가지고 있으며, 하나의 유전자는 25개의 서로 다른 mRNA를 생산할 수 있었다. 유전자 1개당 평균 전사체 개수의 추정치는 많게는 10개에서 적게는 1.5개까지 매우 다양하다. 게놈의 주석 정보(WEB2장 참조)에 따르면 9만 3000개의 단백질-암호화 전사체를 확인해 주고 있다.

이러한 스플라이스 변이체의 풍부함이 일부 세포에서 약 100,000 종류의 단백질에 대한 필요성을 시사하지만, 단백질-암호화 유전자의 80%가 1개의 두드러진 전사체를 가질 수 있다. 주요 전사체 및 소량의 전사체는 여러 다른 세포 및 조직 유형으로 전환될 수 있지만, 전사의 전체 수준은 동일하게 유지된다. 여러 다른 기능성 단백질을 생성하는 선택적 스플라이싱에 대한 부분이 잘 알려져 있지만, 여전히 생물학적 중요성에 대해서는 불분명하다.

정상적인 스플라이싱 양상이 중요하다는 것은 많은 인간 유전질환이 비정상적인 스플라이싱으로 인한 것으로 보인다는 여러 결과 때문이다. 그러나 선택적 스플라이싱은 하나의 전사체를 생성하는 하나의 유전자보다 훨씬 더 다양한 전사체를 생성한다는 것 또한 명백하다. 분명하지 않은 것은 선택적 스플라이싱이 단백질체의 다양성에 기여하는 정도이다. 수년 동안 선택적인 스플라이싱은 유전자의 수보다 훨씬 더 많은 전사체를 생성할 것이고, 이는 또한 더 많은 단백질체를 생성할 것이라고 추정하였다. 이 모델에 대한 가정이 틀렸다라고 생각하지는 않지만 게놈, 전사체 및 단백질체의 연구 결과를 확인해 보면 이와 상충하는 결과도 함께 존재하는 것을 알 수 있다.

핵심 요약 14.5

원핵세포의 유전자는 단백질의 생성과 동일선상에 있지만, 진핵생물의 유전자는 엑손이라고 하는 발현 영역과 인트론이라고 하는 엑손 사이의 서열을 함께 가지고 있다. 이러한 인트론은 스플라이시오솜에 의해서 제거되고 남은 엑손이 함께 결합된다. 선택적 스플라이싱은 여러 종류의 엑손을 통합하여 동일한 유전자라도 상이한 mRNA 및 단백질을 생성하게 만든다. 이러한 현상은 다세포 생물체에서 흔히 일어나는 현상이다.

- 선택적 스플라이싱이 생물체에 가져오는 이점은 무엇일까?

14.6 tRNA와 리보솜의 구조

학습 목표

1. tRNA 충전이 번역 과정에 중요한 이유에 대해 설명할 수 있다.
2. 리보솜에서의 tRNA 결합 부위에 대해 설명할 수 있다.

리보솜(ribosome)은 번역에서 중요한 세포소기관이지만, mRNA와 tRNA 그리고 다른 인자들의 참여를 필요로 한다. 이 과정에서의 가장 중요한 핵심은 리보솜과 tRNA 및 mRNA와의 상호작용이다. 이에 대한 이해를 위해 tRNA 분자와 리보솜의 구조에 대해 알아보자.

아미노아실-tRNA 합성효소는 아미노산을 tRNA에 결합시킨다.

단백질 합성을 위해 각 아미노산은 자신에게 맞는 안티코돈의 tRNA에 붙어야 한다. 이 공유결합은 **아미노아실-tRNA 합성효소**(aminoacyl-tRNA synthetase)라고 부르는 활성효소의 작용에 의해 이루어지는데, 이 효소는 20개 아미노산 각각에 대해 존재하고 있다.

tRNA의 구조

운반 RNA(tRNA)는 mRNA 및 아미노산과 상호작용할 수 있는 2가지 기능을 가지고 있다. tRNA의 구조는 모든 살아 있는 시스템에 잘 보존되어 있고, 분자 내 염기쌍의 형성으로 2중가닥을 형성하게 되면서, 클로버잎 모양의 구조를 이루게 된다. 이 초기 구조는 다시 접혀 **아미노산수용고리**(acceptor stem)와 **안티코돈고리**(anticodon loop)의 두 기능 말단을 갖는 L자 모양의 분자를 형성한다(**그림 14.14**).

아미노산수용고리는 3′ 말단에 있고, 이는 5′ CCA 3′으로 끝나며, 아미노산이 여기에 붙게 된다. 안티코돈고리는 클로버잎 아래 고리에 위치하고, 이것이 mRNA의 코돈과 염기쌍을 이룬다.

tRNA에 아미노산을 연결하는 충전 반응

아미노아실-tRNA 합성효소는 특이적 tRNA와 이에 해당하는 아미노산을 모두 인지해야 하는데, 61개의 코돈이 아미노산을 암호화한다. 종마다 tRNA의 수가 다르기는 하지만 세포에는 실제로 61개의 tRNA가 존재하지 않는다. 따라서 어떤 아미노아실-tRNA 합성효소는 하나 이상의 tRNA를 인식해야 하지만 아미노산은 단 1개만 인식한다.

아미노아실-tRNA 합성효소에 의한 반응을 tRNA **충전 반응**(charging reaction)이라고 하며, 이 효소에 의한 생산물은 아미노산이 tRNA에 연결된 것으로 **충전된** tRNA라고 부른다. ATP가 자유에너지 증가반응(endergonic reaction)에 대한 에너지를 제공해주며, 이 반응에 의해 만들어진 충전된 tRNA는 에너지의 추가적 투입 없이 펩타이드 결합 형성 반응을 진행할 수 있는 활성화된 중간물질이 된다.

충전 반응은 아미노산수용고리에 아미노산의 카복실기 말단을 연결해 주며(**그림 14.15**), 각 펩타이드 결합은 한 아미노산의 아미노기와 다른 아미노산의 카복실기 사이에서 형성되기 때문에 이 방향을 기억하는 것은 리보솜의 기능을 이해하는 데 중요하다.

리보솜이 tRNA와 아미노산의 결합을 확인하지 않기 때문에, tRNA와 아미노산의 정확한 결합은 중요하다. 리보솜은 코돈과 안티코돈의 결합 여부만 확인한다. 정교한 실험에서 아미노산이 이미 tRNA에 결합한 충전 반응 후에 시스테인을 알라닌으로 화학적으로

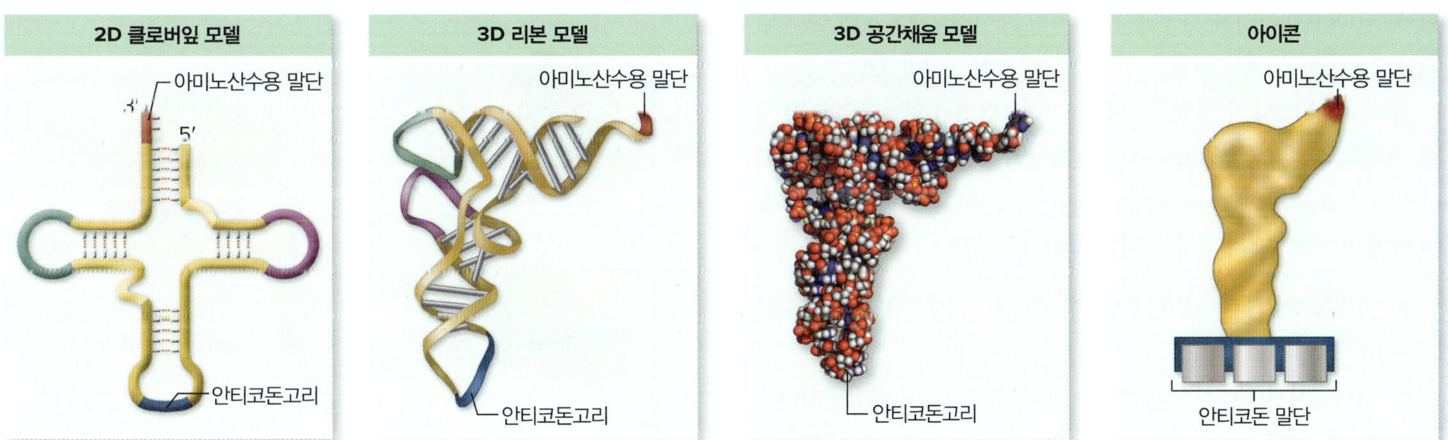

그림 14.14 tRNA의 구조.
RNA 단일가닥에서의 염기쌍의 형성은 특징적인 클로버잎 모양의 3개의 줄기와 고리를 만든다. 클로버잎 바닥의 고리는 안티코돈 염기서열을 가지고 있어 mRNA의 코돈과 염기쌍을 형성할 수 있다. 아미노산은 tRNA의 아미노산수용고리의 자유로운 단일 가닥의 —OH에 연결된다. 마지막 3차원 구조에서 tRNA의 고리는 L자 모양으로 접힌다.

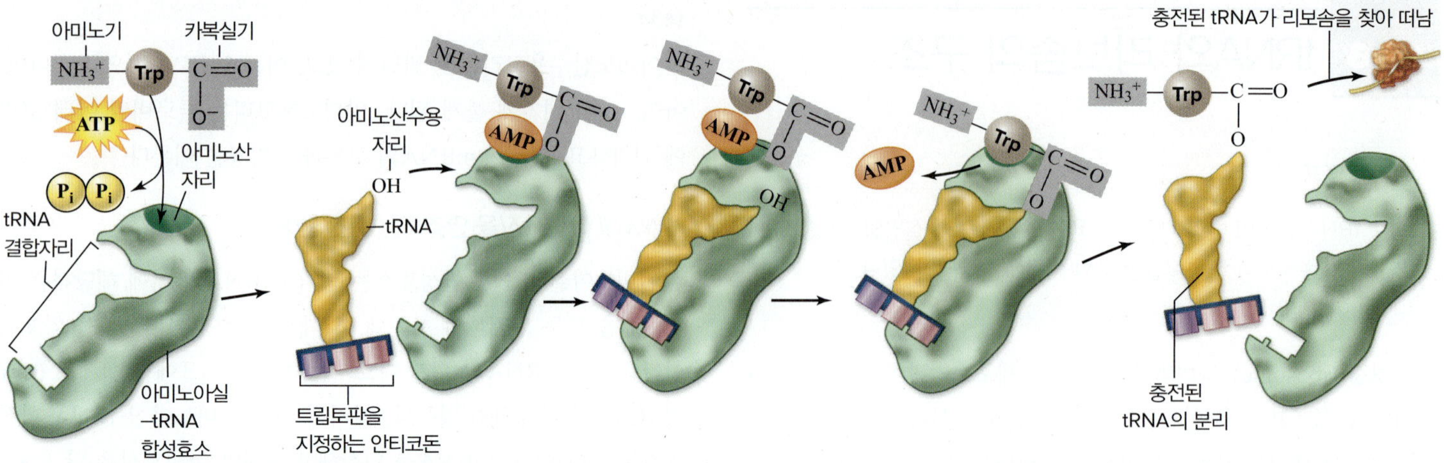

1. 반응의 첫 번째 단계에서 아미노산이 활성화된다. 아미노산이 ATP와 반응하여 아미노산의 카복실기 말단이 AMP에 연결된 중간물질을 만든다. 이 반응에서 ATP로부터 2개의 인산 말단이 잘려진다.

2. 아미노산–AMP 복합체가 효소에 결합한 채로 남아 있으며, tRNA가 효소에 결합한다.

3. 반응의 두 번째 단계는 AMP에서 아미노산을 tRNA로 전달하여 충전된 tRNA와 단일 개체의 AMP를 만들게 된다. 충전된 tRNA는 RNA의 3′ 아미노산수용고리 말단에 부착된 특이적 아미노산을 가지고 있다

그림 14.15 tRNA의 충전 반응.
각 아미노산에 특이적인 20종류의 아미노아실–tRNA 합성효소가 존재한다. 예를 들어, 트립토판(Trp)을 지정하는 안티코돈 ACC를 가진 tRNA를 효소가 인지해 결합해야 한다. 이 반응은 ATP를 사용하고, 펩타이드 결합 형성을 위한 에너지를 더 이상 필요로 하지 않는 활성화된 중간물질을 만든다.

전환시켰다. 시험관의 단백질 합성시스템에서 충전된 tRNA는 시스테인 자리에 알라닌을 위치시켰는데, 이는 리보솜이 tRNA에 결합하는 아미노산에 대한 교정을 할 수 없음을 보여주는 것이다.

그래서 충전 반응은 아미노산이 tRNA와 mRNA와의 상호작용에 의존하여 펩타이드 결합되는 실질적인 번역 단계인 것으로 여겨진다.

리보솜은 다양한 tRNA 결합 부위를 가진다

생물 고분자의 합성 단계는 개시, 신장, 종결로 구분되는데, 앞서 DNA 복제와 전사에서 확인한 바 있다. 번역 과정이나 단백질 합성의 경우, 이 3단계는 rRNA와 단백질의 커다란 거대분자 덩어리인 리보솜(ribosome)에서 일어난다. 번역의 개시에 2개의 리보솜 소단위체가 조립되는 세부 과정은 여기서는 간단히 언급만 한다.

리보솜은 역할을 수행하기 위해서는 14.1절에서 언급한대로 한 번에 적어도 2개의 충전된 tRNA와 결합하여 아미노산들 사이에서 펩타이드 결합을 형성할 수 있도록 해야 한다. 박테리아 리보솜은 **그림 14.16**에 요약된 3개의 결합 부위를 포함하고 있다.

- **아미노아실자리**(A): 다음에 첨가될 아미노산을 운반하고 있는 tRNA와 결합한다.
- **펩티딜자리**(P): 신장하고 있는 펩타이드 사슬에 결합된 tRNA와 결합한다.
- **출구자리**(E): 이미 펩타이드 사슬에 첨가된 아미노산을 가졌던 tRNA와 결합한다.

tRNA는 신장 과정 동안 이 부위들을 따라 연이어 움직인다. mRNA에 연관하여 이 부위들은 5′에서 3′ 순서로 E, P, A 순서로 배열되어 있다. 충전된 tRNA는 리보솜의 아미노아실자리(A)로 이동하여 아미노산을 전달하고, 펩티딜자리(P)로 이동하여 아미노산 간의 펩타이드 결합을 유도한 후 마지막으로 출구자리(E)를 통해 빠져나간다.

리보솜은 암호해독과 효소 기능을 함께 가진다

리보솜의 두 기능은 전사된 메시지를 해독하고, 펩타이드 결합을 형성하는 것이다. 암호해독 기능은 리보솜의 작은 소단위체(small

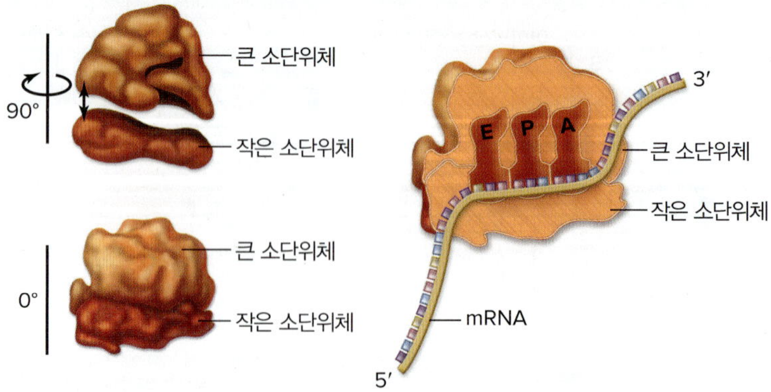

그림 14.16 두 소단위체로 구성된 리보솜.
리보솜 소단위체들은 조립되어 있다가 분리된다. 작은 소단위체는 큰 소단위체 표면의 오목한 곳에 꼭 들어맞는다. 리보솜은 아미노아실자리(A), 펩티딜자리(P), 그리고 출구자리(E)의 3개 tRNA 결합 부위를 지니고 있다.

그림 14.17 진핵세포 리보솜의 3차구조.
효모의 리보솜 큰 소단위체의 완전한 원자 구조를 보여준다. 리보솜 RNA는 베이지색, 파란색, 연녹색이며, 다른 모든 색깔은 리보솜 단백질로 구성되어 있다. 리보솜 소단위체의 면에는 tRNA, 아미노산 및 mRNA와의 상호작용이 모두 rRNA와 가능하도록 rRNA가 줄지어져 있다. 단백질은 활성부위에서는 떨어져 있지만, 표면적에서는 풍부하며, 인접한 RNA와의 상호작용을 통해 구조를 안정시키는 역할을 담당한다.

subunit)의 주기능이며, 펩타이드 결합의 형성은 큰 소단위체에 있는 **펩타이드기전달효소**(peptidyl transferase)에 의해 이루어진다.

리보솜에 대한 견해는 드라마틱하게 변해왔는데, 초기에 분자생물학자들은 리보솜의 단백질이 기능을 수행하고, rRNA는 단백질을 정확한 위치에 유지시키는 데 필요한 구조적 토대(scaffold)라고 추정했다. 그러나 지금은 리보솜에서 rRNA가 단백질에 의해 위치해 있는 것으로 바뀌었다. 서로 상호작용을 하는 2개의 소단위체의 면은 rRNA에 의해 연결되며, mRNA, tRNA 및 아미노산과 상호작용하는 부분 또한 rRNA가 주된 역할을 담당한다. 현재 펩타이드기 전달효소의 활성부위는 큰 소단위체에 있는 rRNA에 위치하고 있는 것으로 여겨지고 있다.

핵심 요약 14.6

운반 RNA는 2개의 기능성 영역을 가지는데, 하나는 아미노산과 결합하고, 다른 하나는 mRNA와 염기쌍을 이룰 수 있다. tRNA 충전 반응은 아미노산의 카복실기 말단을 tRNA의 3′ 수용고리에 결합시킨다. 충전된 tRNA가 없으면 번역이 이루어질 수 없다. 이 반응은 각 아미노산마다 하나씩 20종류의 아미노아실-tRNA 합성효소에 의해 촉매된다. 리보솜은 tRNA에 대한 3가지 상이한 결합 부위를 갖는데, 하나는 tRNA가 신장하는 펩타이드 사슬에 첨가하는 부위(펩티딜자리, P), 다음은 충전된 tRNA가 존재하는 부위(아미노아실자리, A), 하나는 아미노산이 없는 이전의 tRNA를 위한 부위(출구자리, E)이다. 리보솜은 해독 기능 및 효소 기능 둘 다를 갖는 것으로 생각한다.

- 종결코돈에 상보적인 안티코돈을 갖는 돌연변이체 tRNA가 번역에 미치는 영향은 무엇일까?

14.7 번역의 과정

학습 목표

1. 번역의 개시 과정에 대하여 서술할 수 있다.
2. 신장 주기에 대해 설명할 수 있다.
3. 거친면 소포체와 세포질에서의 번역을 비교할 수 있다.

번역은 세포가 수행하는 가장 복잡하고 에너지 소모적인 과정 중 하나이다. 앞에서 살펴본 것처럼 유전자 발현 과정의 전반적 개요는 매우 간단해 보인다. mRNA는 리보솜을 통과하고 있는 실과 같은 구조이며, 아미노산을 운반하는 tRNA는 mRNA의 코돈과 염기쌍을 형성함으로써 리보솜에서 mRNA와 상호작용을 한다. 리보솜과 tRNA는 아미노산을 위치시켜 각각의 새로운 아미노산에서 펩타이드 결합들이 형성되어 폴리펩타이드가 신장되게 해준다.

개시과정은 보조인자들을 필요로 한다

14.2절에서 언급한 것처럼 개시코돈(start codon)은 AUG로 메싸이오닌(methionine)을 암호화한다. 리보솜은 대개 mRNA 가닥에서 만나는 첫 AUG를 번역 개시의 신호로 사용한다.

원핵세포에서의 개시

원핵세포에서 **개시복합체**(initiation complex)는 화학적으로 변형된 메싸이오닌인 **N-포밀메싸이오닌**(N-formylmethionine)을 가진 특이한 **개시 tRNA**(initiator tRNA)를 가지고 있다. 개시 tRNA는 $tRNA^{fMet}$로 나타낸다. 또한 개시복합체는 작은 리보솜 소단위체와 mRNA 가닥을 함께 포함하고 있다(**그림 14.18**). mRNA 5′ 말단의 보존된 염기서열인 **리보솜 결합서열**(ribosome-binding sequence, RBS)은 상보적인 서열을 가진 작은 소단위체에 있는 rRNA의 3′ 말단에 결합함으로써 리보솜의 작은 소단위체는 mRNA에 정확하게 위치할 수 있다.

개시복합체를 만들기 위해 많은 개시인자들이 리보솜, mRNA 그리고 $tRNA^{fMet}$의 상호작용을 매개한다. 이런 인자들은 개시과정에만 관련되어 있을 뿐 리보솜의 부분은 아니다.

mRNA, 개시 tRNA 그리고 작은 리보솜 소단위체의 복합체가 형성되면, 큰 리보솜 소단체위가 첨가되면서 번역이 시작된다. 완전한 리보솜의 형성과 함께 개시 tRNA는 P 자리에 결합하는데, 이때 A 자리는 비어 있다.

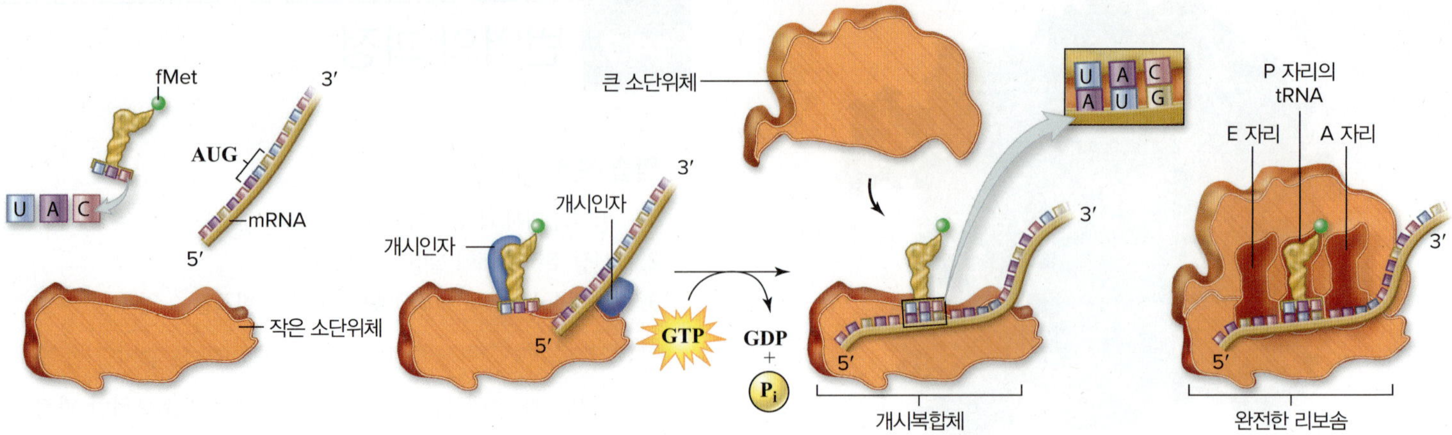

그림 14.18 번역 개시.
원핵세포에서의 개시인자들은 작은 리보솜 소단위체, 개시 $tRNA^{fMet}$, 그리고 mRNA의 위치를 정하는 중요한 역할을 담당한다. $tRNA^{fMet}$가 mRNA의 첫 번째 코돈인 AUG에 위치하면 큰 리보솜 소단위체가 결합하여 연속적으로 tRNA 분자가 리보솜에 결합하는 부위인 E, P, A 자리를 형성하고, 폴리펩타이드 합성을 시작한다. 그림은 횡단면으로 잘린 리보솜 소단위체이다.

진핵세포에서의 번역 개시

진핵세포에서의 번역 개시는 원핵세포와 유사하지만, 크게 2가지 면에서 다른 것을 알 수 있다. 첫 번째, 개시 아미노산이 N-포밀메싸이오닌이 아닌 메싸이오닌이며, 두 번째로 개시복합체가 9개 이상의 단백질 인자들과 여러 개의 소단위로 구성된 훨씬 더 복잡한 복합체라는 것이다. 또한 진핵세포의 mRNA에는 RBS가 없으며, 작은 소단위체는 mRNA의 5′ 캡에 결합한다.

신장과정은 연속적인 아미노산 첨가 과정이다

개시 tRNA와 mRNA 주변에서 전체 리보솜이 조립되면 두 번째 충전된 tRNA가 리보솜에 와서 비어 있는 A 자리에 결합한다. 이때 충전된 tRNA와 GTP를 결합시키는 **EF-Tu**라고 부르는 **신장인자**(elongation factor)가 필요하다.

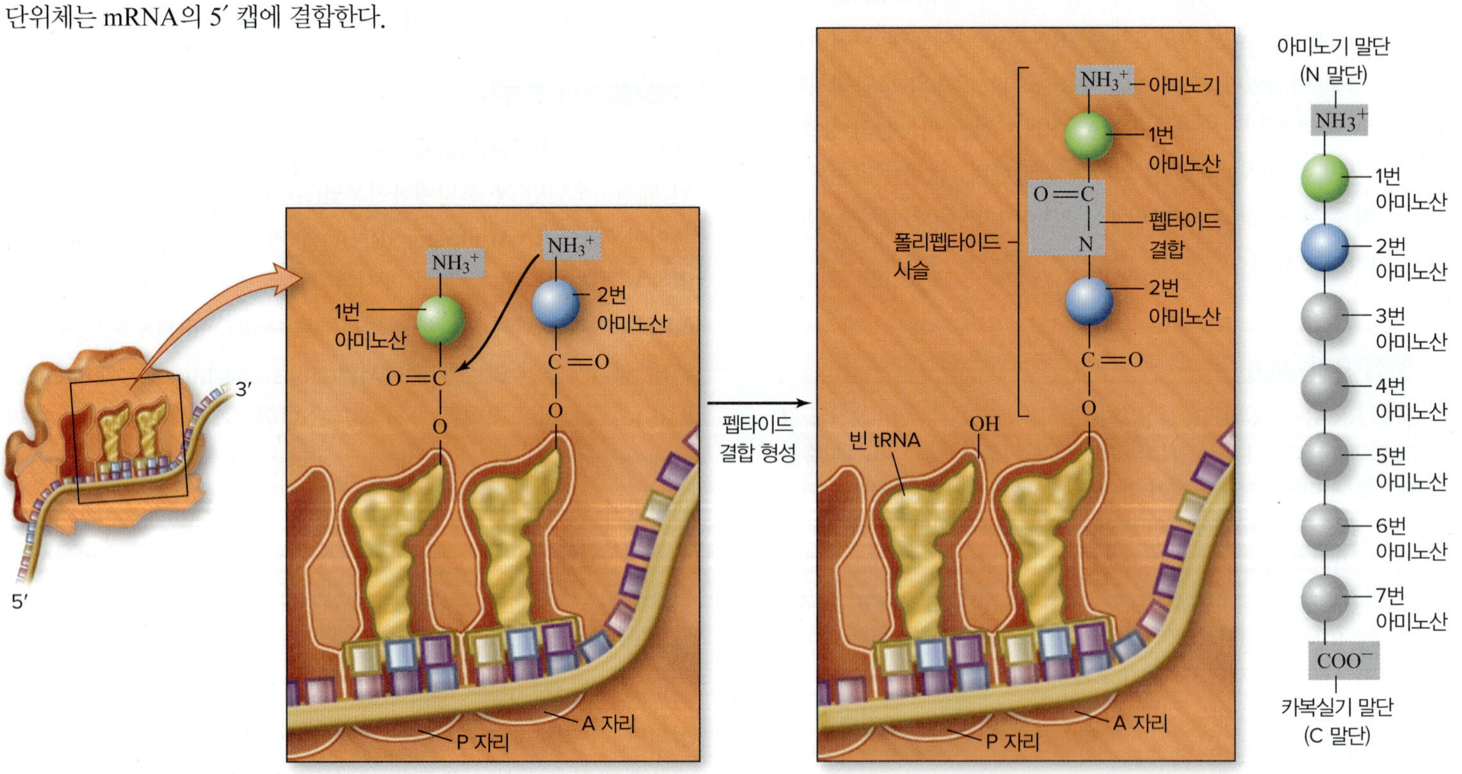

그림 14.19 펩타이드 결합의 형성.
A 자리에 새롭게 충전된 tRNA와 P 자리에 신장하고 있는 사슬이 부착된 tRNA 사이에서 펩타이드 결합이 형성된다. 새로운 아미노산의 아미노기와 신장하고 있는 사슬의 카복실기 사이에 결합이 생긴다. 이 펩타이드 결합은 신장하고 있는 사슬과 연결된 tRNA 사이의 결합을 깨고, 펩타이드 사슬을 A 자리로 옮김으로써, 새로운 아미노산은 자신의 tRNA에 부착된 채 남아 있게 된다.

개시 tRNA의 아미노산과 A 자리에 새로 도착한 충전된 tRNA의 아미노산에서 펩타이드 결합이 형성된다. 두 충전된 tRNA의 결합과 관련한 기하학적 구조는 이 과정을 이해하는 데 핵심이 되는데, 아미노산은 tRNA에 카복실기 말단을 통해 연결되어 있다는 점을 기억해 두자. A 자리에서 들어오는 아미노산의 아미노기 말단은 P 자리에서 신장하고 있는 사슬의 카복실기 말단과 펩타이드 결합을 형성한다(**그림 14.19**).

연속적인 아미노산의 추가는 순환 방식으로 일어나는 일련의 과정들로, **그림 14.20**에서는 신장 과정 주기의 세부 내역을 보여준다.

1. **mRNA 코돈과 일치하는 tRNA 안티코돈**: 새로 충전된 개별의 tRNA가 EF-Tu와 GTP에 결합한 채 리보솜으로 들어온다. 안티코돈이 A 자리의 mRNA 코돈에 상보적이면 충전된 tRNA는 A 자리와 결합한다.

   결합 후 GTP는 가수분해되고, EF-Tu-GDP가 리보솜에서 분리되어 다른 인자에 의해 재활용된다. 두 단계로 구성된 결합과 GTP 가수분해는 번역의 정확성을 증가시키는 것으로 여겨진다.
2. **펩타이드 결합 형성**: 큰 소단위체에 있는 펩타이드기 전달효소는 A 자리에 있는 아미노산의 아미노기와 신장하고 있는 사슬의 카복실기 사이에 펩타이드 결합 형성을 촉매한다. 이 효소는 또한 성장하는 사슬과 P 자리 tRNA 사이의 결합을 깨서 tRNA를 비게 만든다(P 자리에 있는 tRNA는 아미노산을 가지고 있지 않다). 이의 전반적 결과는 신장하고 있는 사슬을 A 자리의 tRNA로 전달하는 것이다.
3. **리보솜의 자리 이동**: 펩타이드 결합이 형성된 후 리보솜은 mRNA와 tRNA에 대해 이동한다. mRNA의 다음 코돈이 A 자리가 되고, 신장하고 있는 사슬을 가진 tRNA는 P 자리에 위치하고, 다음 단계에서 방출된다. 자리 이동 단계는 보조인자인 EF-G와 또 다른 GTP의 가수분해를 필요로 한다.

이러한 신장주기는 새로운 아미노산의 첨가와 함께 계속된다. 리

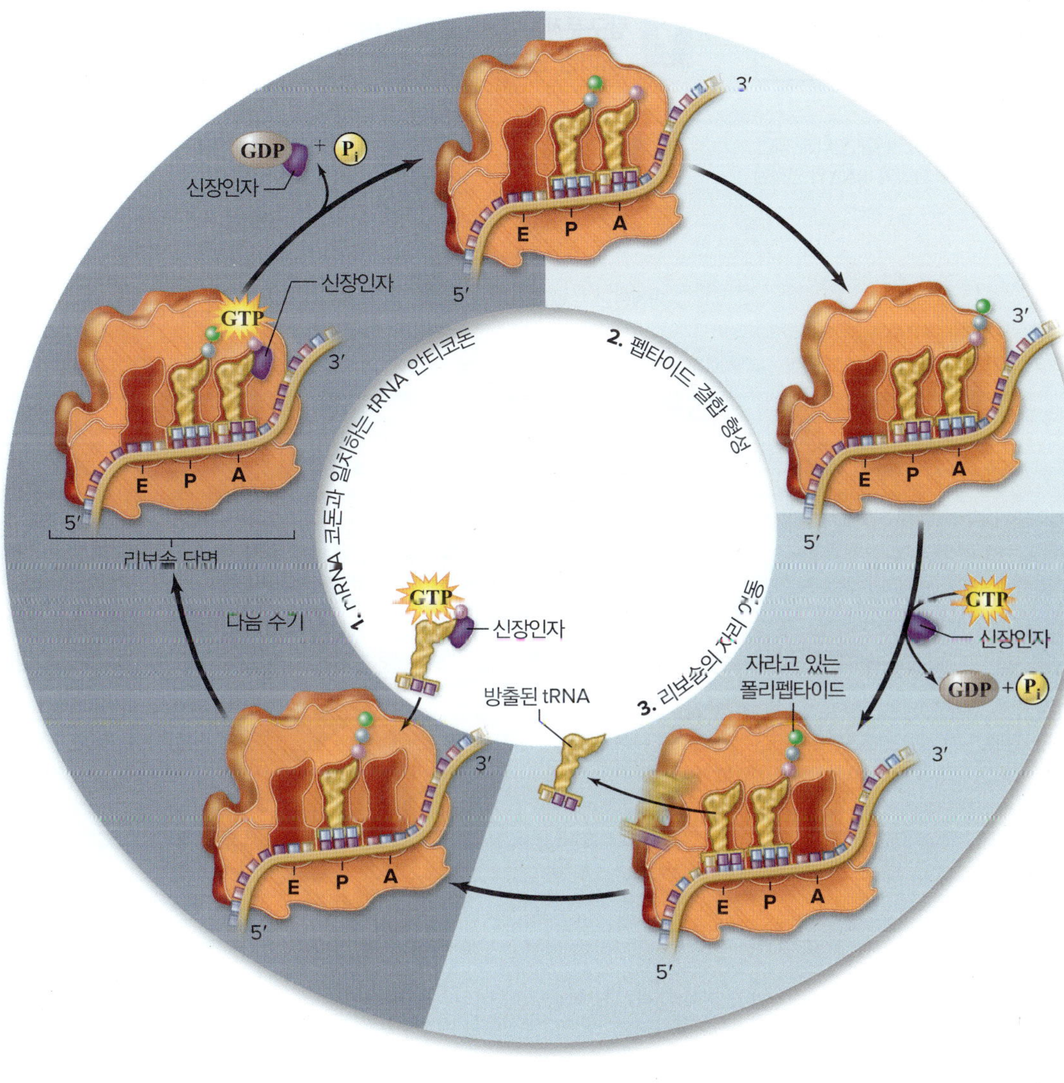

그림 14.20 신장주기. 신장주기의 번호는 본문의 번호와 일치한다. 회로는 mRNA의 A 자리 코돈에 맞는 안티코돈을 가진 새로 충전된 tRNA가 EF-Tu와 mRNA에 도달하면서 시작된다. EF-Tu는 GTP를 가수분해하고, 리보솜에서 떨어져 나간다. A 자리의 아미노산과 P 자리에서 신장하고 있는 사슬 사이에서 펩타이드 결합이 형성되고, 신장하고 있던 사슬을 A 자리로 옮기고, 빈 tRNA를 P 자리로 남겨 놓는다. 리보솜의 자리 이동은 또 다른 신장인자와 GTP 가수분해를 필요로 한다. 이것은 A 자리의 tRNA를 P 자리로 옮기고, mRNA상의 다음 코돈이 A 자리로 오고, 빈 tRNA는 E 자리로 가게 한다.

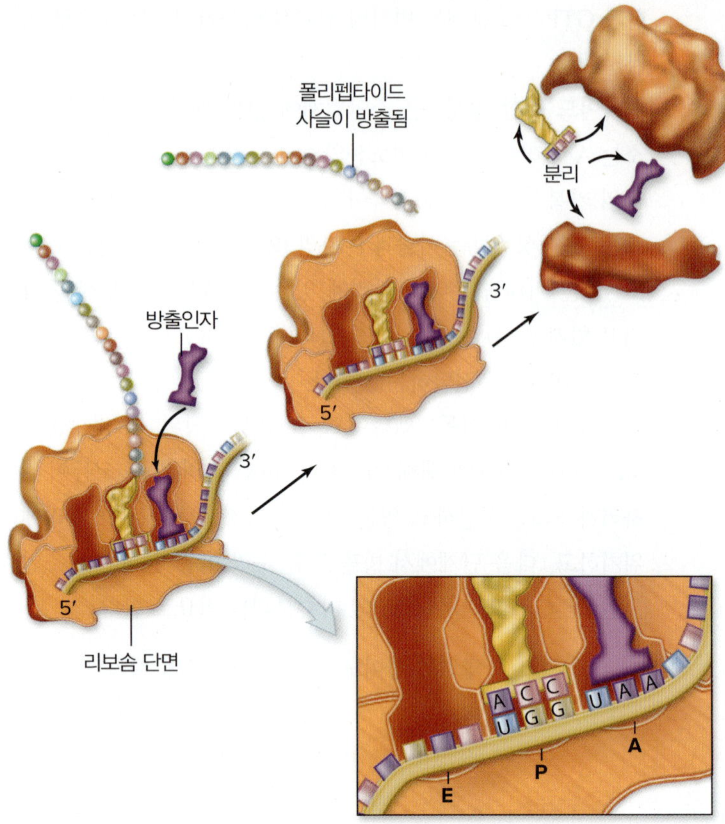

그림 14.21 단백질 합성의 종결.
3개의 종결코돈에 대해 상보적인 어떤 tRNA도 없다. 리보솜이 종결코돈을 만나게 되면, 리보솜은 자리를 옮기는 것을 멈춘다. 특별한 단백질 방출인자가 P 자리의 tRNA와 연결된 폴리펩타이드의 공유결합을 끊어 폴리펩타이드를 방출한다.

보솜은 mRNA의 5′에서 3′ 방향으로 이어진 코돈을 읽으면서 움직인다. tRNA는 리보솜을 통과해 반대 방향으로 움직이는데, A 자리에서 P 자리 그리고 빈 tRNA는 방출되기 전에 마지막 E 자리로 옮겨간다. 방출된 빈 tRNA는 또 다른 아미노산으로 충전되어 재사용된다.

와블 염기쌍

앞에서 살펴본 것처럼 tRNA는 코돈의 수보다 적게 존재하는데, 코돈의 3′ 염기와 안티코돈의 5′ 염기 사이의 결합은 다른 위치의 염기들 사이의 결합보다 덜 엄격하기 때문에 이러한 현상이 나타난다. 결과적으로, 어떤 tRNA에서는 안티코돈의 5′ 위치에서 변형된 염기가 존재하더라도, 정확하지 않은 염기쌍을 형성하는 결합의 융통성이 증가되는 것으로 생각할 수 있다. tRNA가 mRNA에 대한 결합에 있어 "와블"이 있고, 이 효과를 **와블 염기쌍**(wobble pairing)이라고 하며, 이 효과는 tRNA가 mRNA 상의 1개 이상의 코돈을 "읽을 수" 있게 한다.

? **탐구문제** 와블 현상은 tRNA의 수 및 유전암호의 중첩성과 어떠한 연관성을 가지는가?

그림 14.22 거친면 소포체에서의 단백질의 합성.
거친면소포체에서 합성되는 단백질은 펩타이드 자체의 신호에 의해 소포체로 오게 된다. 폴리펩타이드의 아미노기 말단에 있는 이 신호는 신호인식입자(SRP)에 의해 인식된다. 이 복합체는 소포체 막의 채널과 연계되어 있는 수용체에 도킹한다. 펩타이드가 합성되면, 이 채널을 통해 소포체 내강으로 들어간다.

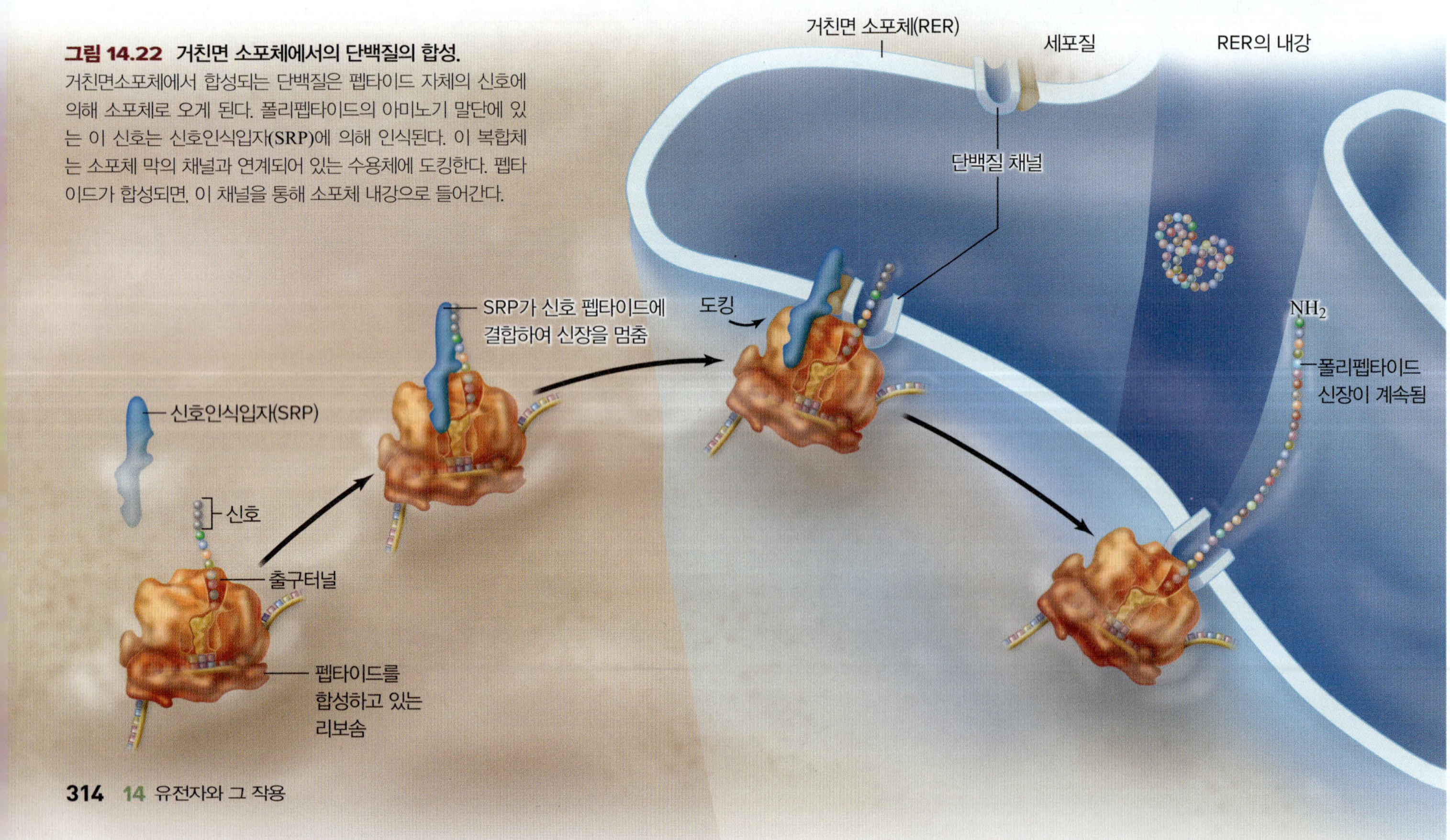

종결과정은 보조인자들을 필요로 한다

신장은 사슬이 종결코돈에 도착할 때까지 계속된다(예, **그림 14.21**에서 보여지는 UAA). 이런 종결코돈들은 tRNA에 결합하지 않고, 리보솜에서 새로 만들어진 폴리펩타이드를 내보내는 단백질인 방출인자(releasing factor)에 의해 인지된다.

번역 이후 단백질은 소포체로 이동한다

진핵세포에서 번역은 세포질 또는 거친면 소포체(RER)에서 일어난다. RER에서 번역될 단백질은 단백질 자체의 초기 아미노산 서열에 의해 RER로 가도록 정해진다. RER에서 발견되는 리보솜은 활발하게 번역을 하고 있지만, 소포체(ER)에 영원히 결합된 채로 남아 있을 수 없다.

신호서열(signal sequence)이라고 부르는 짧은 아미노산으로 시작되는 폴리펩타이드는 세포질에 존재하는 **신호인식입자**(signal recognition particle, SRP)라고 부르는 단백질 복합체에 의해 인지되어 결합된 다음, 신호서열과 SRP 복합체는 ER 막의 수용체 단백질(receptor protein)에 의해 인지된다. ER 수용체와 신호서열/SRP 복합체(signal sequence/SRP)와의 결합은 리보솜을 ER 막에서 단백질 번역을 하도록 고정시켜 주는데, 이런 과정을 **도킹**(docking)이라고 한다(**그림 14.22**).

단백질이 합성되면 도킹 복합체에 의해 형성된 채널을 통해 ER의 시스터나 내부(cisternal space)으로 들어가게 된다. 이때 리보솜은 실제로 ER 자체에 결합된 것이 아니라, 새로 합성되어 ER 내로 들어가는 단백질로 인해 ER에 결합한 것처럼 보이는데, 리보솜은 밧줄로 항구에 묶인 배와 같은 모습을 보인다.

SRP와 수용체 그리고 채널 복합체를 통해 막을 가로지는 단백질 전위의 기본 기작은 모든 3가지 유형의 생물(진핵생물, 원핵생물, 고세균)에서 보존되어 있다. 진핵세포만 세포내막계를 가지고 있다고 한다면 이 보편성은 매우 신기한 것처럼 보일 수 있으나, 세균과 고세균도 원형질막을 통해 단백질을 배출하고, 이들이 이용하는 기삭도 진핵세포에서 단백질이 ER의 내강으로 움직이는 것과 유사한 방식이다.

ER의 시스터나 및 **내강**(lumen) 내로 새로 만들어진 단백질이 들어간 후 당의 첨가(glycosylation)에 의해 변형되고, 소낭(vesicle)에 의해 골지체로 수송된다(3장 참조). 이는 원형질막의 결합 또는 세포 밖으로의 방출과 같은 단백질-운송(protein-trafficking) 경로의 시작이 된다.

> **핵심 요약 14.7**
>
> 번역의 시작은 작은 리보솜 단위체와 mRNA 그리고 충전된 개시 tRNA가 주요하게 작용한다. 신장주기는 새롭게 충전된 tRNA를 리보솜의 A 자리로 가져오고, 아미노산 사이에 펩타이드 결합을 형성하며, mRNA 사슬을 따라 리보솜을 이동하는 일련의 과정을 말한다. tRNA는 번역의 과정 동안 A 자리에서 P 자리와 E 자리로 리보솜을 통해 이동한다. 진핵세포에서는 새로 형성되는 폴리펩타이드의 신호서열이 리보솜을 표적화하여 거친면 소포체로 이동시킨다. RER에 존재하는 폴리펩타이드는 세포질로 방출되지 않고, 내강으로 이동한다.
>
> ■ 번역의 어떠한 단계에서 에너지를 필요로 할까?

14.8 유전자 발현의 요약

유전자 발현 과정의 복잡성 때문에 다음과 같이 몇 가지 주요 내용을 요약해 볼 필요가 있다.

- 유전자 발현 과정은 유전자형에 있는 정보를 표현형으로 전환하는 것이다.
- mRNA 형태로의 유전자 복사는 전사과정에 의해 이루어지며, mRNA는 번역과정에 의해 단백질 합성을 지시하는 데 사용된다.
- 전사와 번역의 과정은 개시, 신장, 종결의 단계로 구분되며, 중합체를 만드는 과정이다(DNA 복제 과정도 마찬가지이다).
- 진핵세포에서의 유전자 발현은 원핵세포에서보다 훨씬 더 복잡하다.

진핵생물의 유전자는 유전자 발현 과정과 유전정보의 전달 모두를 복잡하게 만든다. 이는 전사와 번역 사이에 RNA 가공과정이 꼭 필요하고, 또한 하나의 유전자로부터 여러 종류의 mRNA를 생산할 수 있다는 것을 의미한다. 진핵생물에서의 번역은 세포질에서 일어나는 반면, 전사는 핵 내에서 일어난다. 이것은 번역하기 전에 mRNA를 핵공을 통해 세포질까지 운반할 필요가 있다는 것을 보여준다. 진핵생물에서 일어나는 전체 과정을 **그림 14.23**에 요약하였고, 원핵생물들과 진핵생물들 사이의 유전자 발현의 차이를 **표 14.2**에 요약하였다.

> **핵심 요약 14.8**
>
> 진핵세포의 유전자 발현이 더 복잡한 이유는 세포의 기능적 조직과 관련이 있는데, DNA는 핵에 존재하고, 리보솜은 세포질에 있기 때문이다. 원핵생물과 진핵생물의 유전자 발현 차이는 주로 세부적인 부분에서 나타나지만, 몇몇의 차이점은 기능적으로 의미를 가지고 있다.

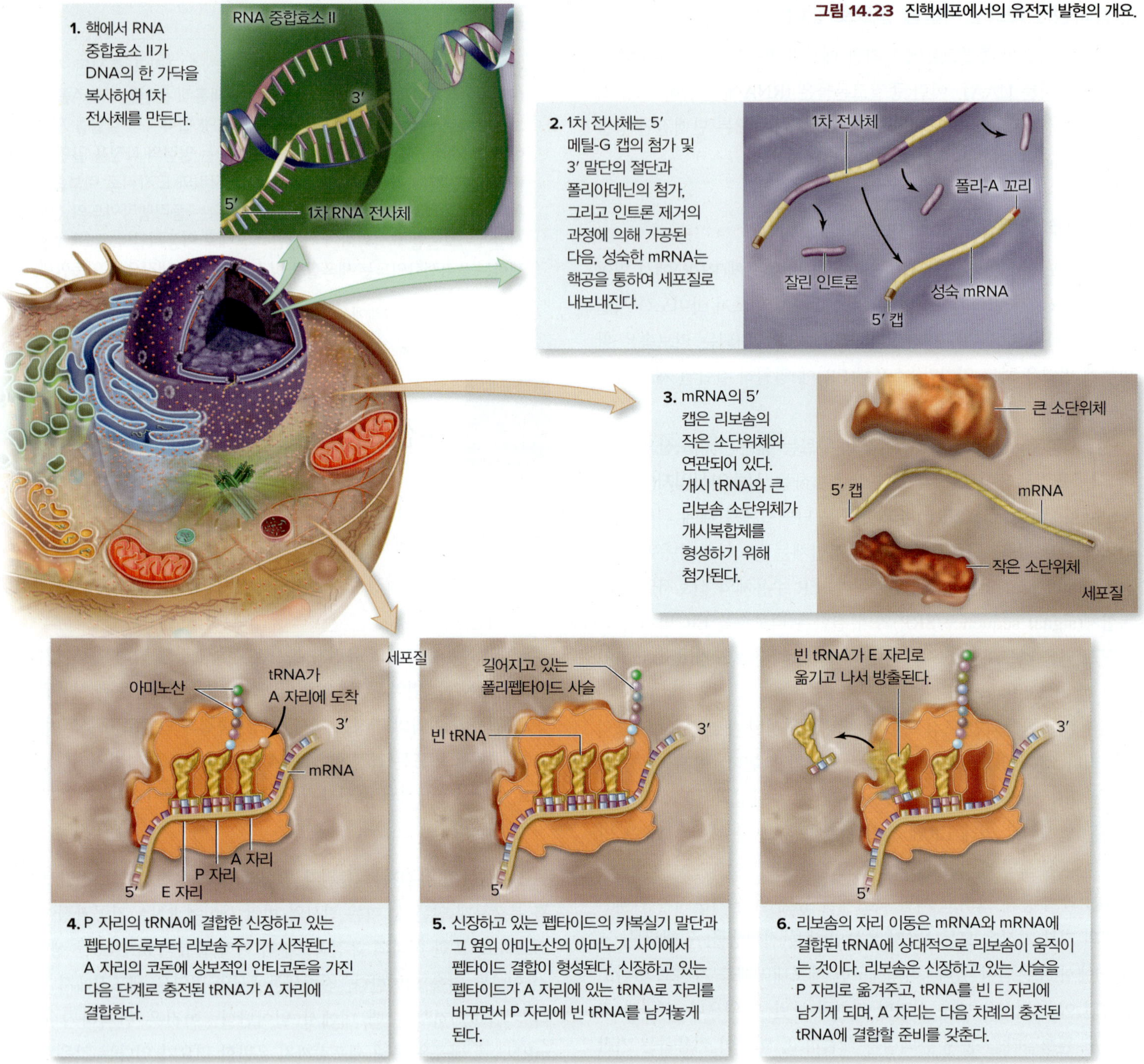

그림 14.23 진핵세포에서의 유전자 발현의 개요.

표 14.2 원핵세포와 진핵세포에서의 유전자 발현의 차이들

특징	원핵세포	진핵세포
인트론	같은 구조 유전자이지만 인트론이 없음	대부분의 유전자들이 인트론을 지님
mRNA에 포함된 유전자 수	몇 개의 유전자들이 단일 mRNA 분자로 전사될 수 있음. 이들은 생화학적 경로의 조절에 관여하는 오페론의 기능과 형태에 관련되어 있음	mRNA 분자당 하나의 유전자만이 있으며, 경로 조절은 다른 방법으로 인해 수행됨
전사와 번역 부위	막을 지닌 핵이 없어 전사와 번역이 연계되어 있음	전사가 핵 내에서 일어나며, mRNA가 번역을 위해 세포질로 이동함
번역 개시	리보솜과 결합한 특수 염기서열 다음의 AUG 코돈으로 시작됨	리보솜과 결합한 5′ 캡(메틸화된 GTP) 다음의 AUG 코돈에서 시작됨
전사 후 mRNA의 변환	없음. 전사가 끝나기 전에 번역이 시작되며, 전사와 번역이 연계되어 있음	mRNA는 핵에서 많은 변형이 일어남. 인트론이 제거되고 엑손끼리 결합하면서 5′ 캡과 폴리-A 꼬리가 첨가됨

14.9 돌연변이: 변형된 유전자

학습 목표

1. 다양한 점돌연변이의 영향에 대해 서술할 수 있다.
2. 3자암호 반복 확장에 대해 설명할 수 있다.
3. 염색체 돌연변이와 그들의 영향에 대해 설명할 수 있다.

돌연변이는 변형된 유전물질이 유전되면서 나타난다. 단일 염기가 치환되면 아미노산의 변화가 일어나고, 이는 결국 임상 표현형에 영향을 끼치게 된다. 우리는 12장에서 유전질환(예를 들어, 낫모양적혈구빈혈증)이 β-글로빈 유전자의 변화로 인해 생겨나는 것을 확인하였고, 이러한 낫모양적혈구빈혈증은 낫모양적혈구의 대립유전자에서 하나의 염기 A가 T로 바뀌어 글루탐산(glutamic acid)이 발린(valine)으로 바뀌어 나타나는 질환이다. 비극성 발린으로의 치환은 베타 사슬을 중합체로 뭉치게 하고, 이것이 세포의 모양을 바꾸어 질환이 발생하게 된다(**그림 14.24**).

여기에서는 DNA 염기서열 사체에서 발생하는 변화의 과정과 그 결과에 대하여 고찰하고자 한다. 또한 이러한 여러 변화에 대한 최근 자료를 이용하여 인간에게 미치는 여러 가지 문제점에 대해서도 논의하고자 한다.

점돌연변이는 DNA의 한 지점에 영향을 준다

하나의 염기가 바뀌어 나타나는 돌연변이를 **점돌연변이**(point mutation) 또는 **단일염기변이**(single nucleotide variation, SNV)라고 한다. 이 돌연변이는 한 염기를 다른 염기로 대체하거나 단일염기(또는 소수의 염기)를 삭제 또는 추가하는 것일 수 있다(**그림 14.25**). DNA에서 한 염기가 다른 염기로 바뀌는 것을 염기치환(base substitution)이라고 한다. 이러한 돌연변이 유형들은 유사형 염기치환과 교차형 염기치환으로 구분된다. 만약 그 변화가 퓨린을 다른 퓨린(예, A에서 G로)으로 대체하거나 피리미딘을 다른 피리미딘(예, C에서 T로)으로 대체한다면, 우리는 이것을 **유사형 염기치환**(transition)이라고 부른다. 그러나 만약 그 변화가 퓨린을 피리미딘 또는 그 반대로 대체한다면, 우리는 이것을 **교차형 염기치환**(transversion)(예, G에서 C)이라고 부른다.

과오돌연변이

유전암호의 중첩에 의해 염기치환은 암호화되는 아미노산을 변이시킬 수도 있고, 그렇지 않을 수도 있다. 염기치환으로 새로운 코돈이 동일한 아미노산을 암호화할 때, 이 돌연변이를 침묵(silent, **그림 14.25***b*)이라고 한다. 염기치환에 의해 단백질에서 아미노산이 바뀌는 경우를 비동의(nonsynonymous)라고 하며, 이를 **과오돌연변이**(missense mutation)라고 부른다. 이는 돌연변이 유전자가 전사 후 만들어진 코돈의 "센스(sense)"가 변하였기 때문에 붙여진 이름이다(**그림 14.25***c*). 다음과 같이 치환된 아미노산이 화학적으로 유사한 경우(예, 비극성에서 비극성으로) 또는 치환된 아미노산이 화학적으로

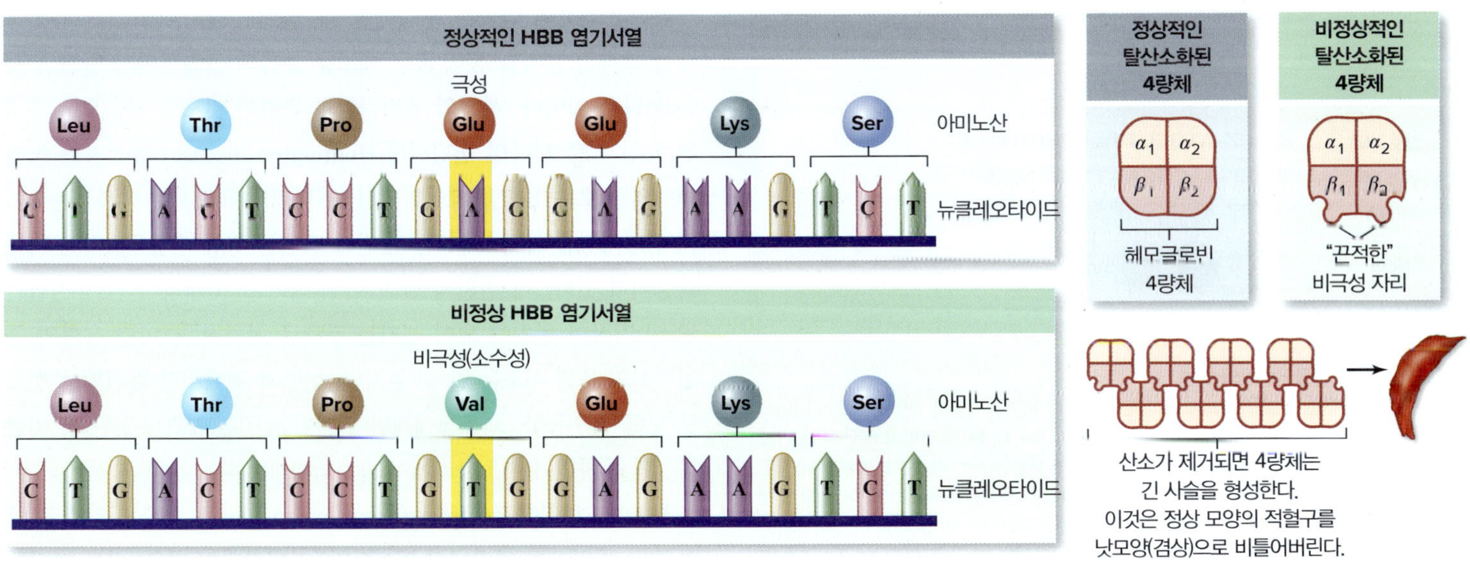

그림 14.24 변이가 일어난 단백질에 의해 발생하는 낫모양적혈구빈혈증.
헤모글로빈은 2개의 α-글로빈과 2개의 β-글로빈 사슬의 4량체로 구성되어 있다. β-글로빈의 겸상적혈구 대립형유전자에서 1개의 염기치환이 있고, 이것이 아미노산 하나를 글루탐산 대신 발린으로 바꾸어준다. 이것은 단백질 표면을 "끈적끈적한(sticky)" 소수성 영역으로 만들어 긴 사슬모양의 단백질을 형성함으로써 적혈구 모양을 일그러뜨린다.

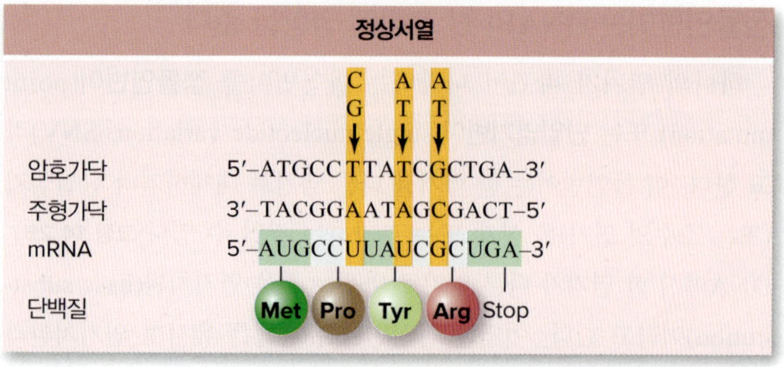

a.

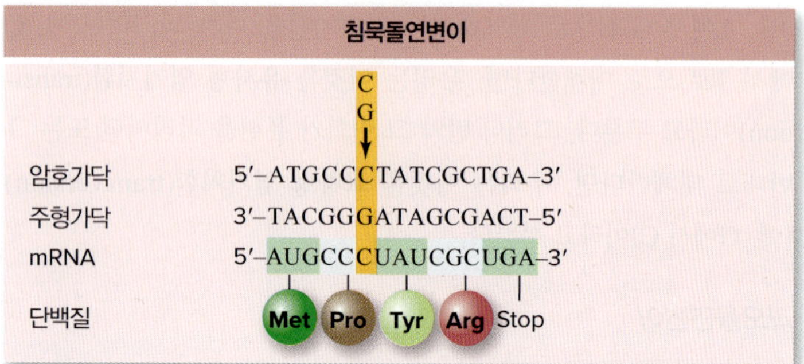

b.

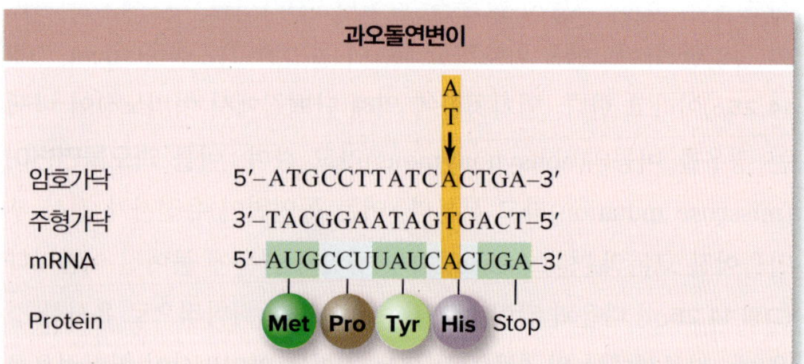

c.

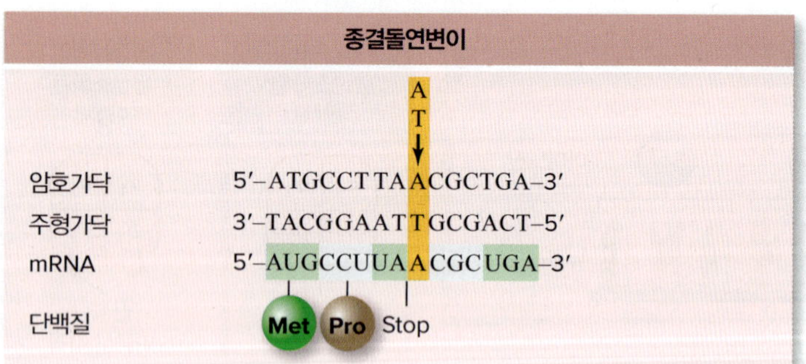

d.

그림 14.25 점돌연변이의 유형.
a. 가상의 유전자는 암호화된 mRNA와 단백질을 보여준다. 유전자 위의 화살표는 나머지 그림에서 설명되는 돌연변이가 일어난 자리를 나타낸다. ***b.*** 침묵돌연변이. 코돈의 세 번째 위치에서의 변화는 종종 유전암호의 중첩성에 의해 표현형으로 나타나지 않는다. 이 경우 T/A에서 C/G로의 돌연변이는 암호화된 아미노산인 프롤린(proline)을 바꾸어 놓지 않았다. ***c.*** 과오돌연변이. G/C에서 A/T로의 돌연변이는 암호화되는 아미노산을 아르지닌(arginine)에서 히스티딘(histidine)으로 바꾸어 준다. ***d.*** 종결돌연변이. T/A에서 A/T로의 돌연변이는 mRNA상에 UAA 종결코돈을 만든다.

다른 경우(예, 전하가 없는 경우에서 전하를 띤 경우로)일 때, 좀 더 세부적으로 비동의의 변화들을 구별할 수 있다.

종결돌연변이

한 염기가 바뀌어 전사된 코돈이 종결코돈으로 전환됐을 때, 염기 치환의 특이한 현상이 발생한다(**그림 14.25***d*). 돌연변이가 전사체로의 "센스"를 만들지 못해 이를 **종결돌연변이**(nonsence mutations)라고 부른다. 종결코돈은 번역에서 너무 이른 종결을 초래해 정상보다 짧은 단백질을 만들게 하는데, 단백질이 얼마나 짧은지는 유전자의 종결코돈이 만들어진 위치에 달려 있다.

틀이동돌연변이

한 염기의 첨가 또는 결실은 하나의 염기가 다른 염기로 치환되는 것보다 좀 더 심각한 결과를 가져온다. 이런 종류의 돌연변이는 돌연변이가 생긴 mRNA의 하부에서부터 번역틀(reading frame)을 변화시키기 때문에 **틀이동돌연변이**(frameshift mutation)라고 한다. 14.2절에 나왔던 크릭과 브레너가 유전암호의 본질을 알기 위해 이용한 돌연변이가 이에 속한다.

유전자 초기의 번역틀의 변화는 mRNA에서의 변화를 가져오고, 이것은 다수의 단백질에서 변이를 유발한다. 64개의 코돈 중 3개가 종결코돈인데, 틀이동은 번역의 조기 종결을 유발할 수 있고, 이것은 무작위로 추출되는 염기서열 중에서 틀이동에 의해 종결코돈이 많음을 나타낸다.

3자암호 반복확장 돌연변이

분자유전학의 연구를 고려해볼 때, 짧은 기간 동안 인간 유전에 대한 분자적 분석을 통해 많은 새로운 종류의 돌연변이가 발견된 것은 놀라운 일이다. 사람의 유전질환과 관련된 것으로 처음으로 분리된 유전자 중 하나인 **헌팅턴병**(Huntington disease) 유전자는 돌연변이의 새로운 유형을 제공하였다. 헌팅턴병 유전자는 반복되는 3개의 염기서열을 가지고 있고, 이 반복 단위는 정상 대립유전자에 비해 확장되어 있다. 이 질환의 발견 이후 적어도 20개의 인간 유전질환도 이 기작이 원인이 되어 생기는 것으로 여겨졌다. 이런 유형의 돌연변이의 유행 정도는 알 수 없지만, 인간과 쥐에서만 발견되는 것으로 보아 척추동물, 포유류에게만 일어나는 질환으로 추정된다. 이런 종류의 돌연변이는 초파리에서 발견되지 않는다.

3자암호 반복확장(triplet repeat expansion)은 전사될 암호화 영역 또는 비암호화 영역에서 일어난다. 헌팅턴병의 경우, 반복 단위는 글루타민(glutamine) 코돈이 있는 유전자의 암호화 영역에 있으며, 이 코돈의 확장은 단백질에서의 폴리글루타민을 만들게 된다. 많은

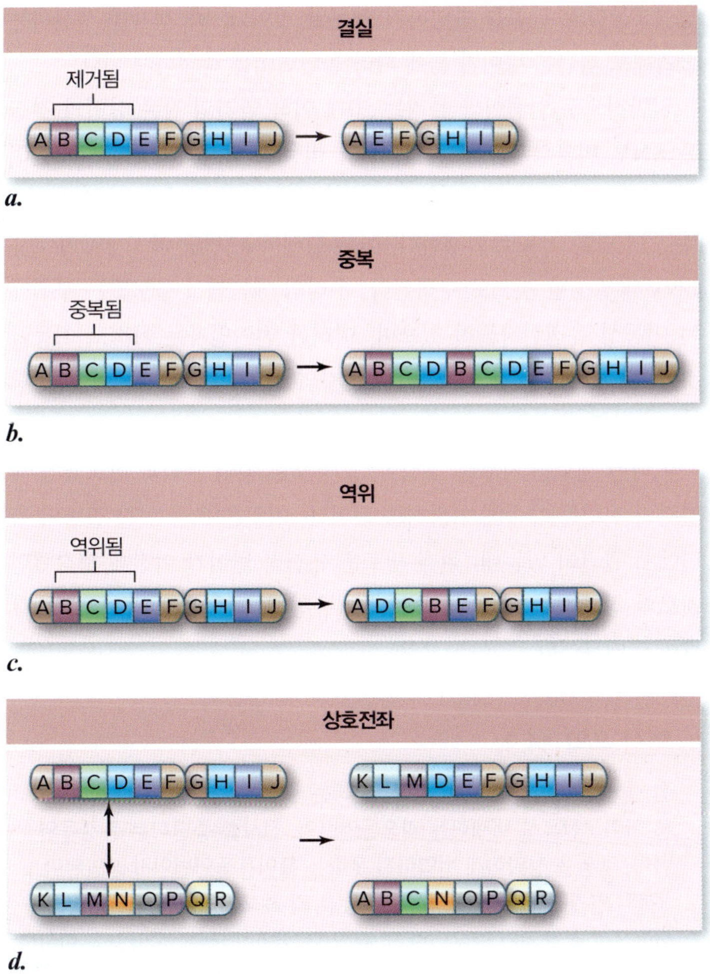

그림 14.26 염색체 돌연변이.
염색체에서 큰 단위의 변화도 가능하다. 염색체상의 한 부분이 결실(***a***), 중복(***b***), 역위(***c***)가 일어날 수 있다. 한 염색체가 끊어져 다른 염색체의 부분으로 옮겨질 때 전좌가 일어난다. 전좌는 두 염색체가 잘려 유전물질을 교환하는 곳에서 종종 일어나며, 이런 현상은 상호전좌(***d***)라 부른다.

여러 종류의 신경퇴행성 장애들도 이런 종류의 돌연변이를 가지고 있는데, 정신지체가 나타나는 취약 X 증후군(fragile-X syndrome)의 경우 DNA의 비암호화 영역에서 반복이 일어난다.

염색체 돌연변이는 염색체의 구조를 변화시킨다

점돌연변이는 염색체의 한 지점에 영향을 주지만, 보다 많은 변화는 염색체 자체의 구조를 변이시킴으로써 **염색체 돌연변이**(chromosomal mutation)를 만들게 된다. 인간의 많은 암(cancer)들이 염색체 기형과 관련되어 임상적 의미가 있다. 염색체의 구조 변이 유형은 **그림 14.26**에 요약되어 있다.

결실

결실(deletion)은 염색체 한 부분의 소실을 의미한다. **인델**(indel, insertion/deletion)이라 불리는 1~50 bp를 얻기도 하고 잃기도 하지만, 결과적으로 염색체에서 커다란 영역이 소실될 수도 있다. 그러나 결실에 의해 너무 많은 정보가 소실된다면, 생물체에 치명적이다.

결실에 의해 생긴 인간의 증후군 중 묘성(*cri-du-chat*)증후군은 이 증후군을 가진 아이들이 내는 소리에 의해 붙여진 이름으로, 불어로 "고양이 울음"이라는 뜻이다. 묘성증후군은 5번 염색체의 짧은 팔의 결실에 의해 생긴다. 이 증후군의 많은 사람들이 정상적 수명을 살기는 하지만, 일반적으로 어렸을 때 죽게 된다. 이 증후군은 호흡기 장애를 포함한 다양한 문제점을 유발한다.

중복

염색체 일부분의 중복은 표현형 변화를 유도할 수도 안 할 수도 있는데, 이런 결과물은 **중복**(duplication)이 일어난 부위인 "절단(breakpoint)" 위치에 따라 다르게 나타난다. 중복된 영역이 유전자 내에 있지 않으면, 어떤 영향도 나타나지 않을 수 있다. 원래의 부위 옆에서 중복이 일어나는 것을 **연속중복**(tandem duplication)이라고 부르며, 연속중복은 헤모글로빈을 암호화하는 글로빈 집단 같은 유전자 집단의 진화에 중요하다.

역위

역위(inversion)는 한 염색체의 부분이 2개의 지점에서 잘린 후, 거꾸로 다시 조립되는 경우에 생긴다. 역위가 일어난 자리가 한 유전자 내에서 절단을 만들지 않으면 표현형에 영향을 미치지 않을 수도 있다. 모든 인간은 동일한 게놈을 가지고 있지만, 다른 혈통에서 일어난 역위로 인해 개인에서의 유전자의 순서는 정확하게 같지 않게 된다.

전좌

염색체 한 조각이 절단되어 다른 염색체에 연결되는 현상을 **전좌**(translocation)라고 한다. 전좌는 2개의 상동염색체가 감수1분열에서 서로 짝을 형성할 때 문제를 일으키기 때문에 복잡하다.

전좌에서는 한 염색체의 절편에 있는 유전자가 다른 부분으로 이동하기 때문에 유전자 발현이 이동한 부분을 따라 변한다. 두 종류의 백혈병이 전좌와 연관되어 있는데, 이는 종양유전자(oncogene)가 혈액세포에서 부적절하게 발현되도록 하는 염색체의 부분으로 이동했기 때문이다.

돌연변이는 진화의 시작점이다

새로운 변화의 연속적인 원천이 없었다면, 생물의 진화는 일어나지 않았을 것이다. 그러나 이러한 새로운 변화가 언제나 좋은 것만은 아니고, 개개인에게 잠재적으로 해로움을 가져올 수도 있다. 그렇기 때문에, 한 종에서 일어난 새로운 변이와 그 종의 개체에서 나타나는 건강 사이에는 균형이 존재해야 한다. 이 주제에 대해서는 18장에서 자세히 알아본다.

염색체의 대규모의 변이는 진화에 중요하지만, 그 역할은 잘 이해하지 못하고 있다. 생물이 지니고 있는 유전자 집단(gene family)은 조상 유전자의 중복에 의해 생겨났고, 중복된 유전자 복사본들을 통해 기능적 차이가 생겨난 것이다. 가까이 연관된 종들에서조차 염색체상의 유전자들의 수와 배열은 분명히 다르게 나타나는데, 이는 큰 단위의 재배열이 일어났었다는 것을 보여준다.

인간 돌연변이율이 직접 측정되었다

인간의 돌연변이를 측정하기 위한 첫 번째 시도는 홀데인(J. B. S. Haldane)의 선구적인 연구에 의해서 이루어졌는데, 이 연구는 인간 집단에서 혈우병의 유행을 이용한 것이었다. DNA 염기서열 분석 기술이 발전함에 따라 많은 수의 가족(엄마, 아빠, 자식)을 대상으로 시퀀싱하고 이 결과를 토대로 돌연변이율을 측정하였다. 이 접근법은 세대당 $1.0 \sim 1.8 \times 10^{-8}$의 돌연변이율을 보여줬는데, 이것을 간단히 말하면 평균 게놈에서 44~82개의 새로운 SNV 변형을 나타내며, 그 중 1개에서 2개의 변형이 암호화 염기서열에 영향을 미친다는 의미이다. 이러한 자료는 또한 강한 부계 편향성을 보여주었다. 생식세포에서 새로운 점돌연변이의 약 80%가 부계의 게놈에서 발생한다. 이 비율은 또한 아버지의 나이가 증가함에 따라 증가한다. 모계의 생식세포에서 나타나는 이수성 비율도 이와 매우 유사한데, 이는 아마도 생식생물학의 관점을 반영하기 때문일 것이다. 즉 정자를 생산하는 줄기세포 집단은 나이가 듦에 따라 돌연변이를 축적하게 된다.

일반적으로 인델이라 불리는 50개 이하 염기의 작은 삽입과 결실은 SNV 비율의 약 1/5~ 1/10의 비율로 발생하고, **복제수 변이**(copy number variation, CNV)라고 불리는 훨씬 더 큰 결실이나 중복은 더 낮은 비율로 발생한다. 이는 출생아 42명당 약 1개의 새로운 CNV가 발생할 것으로 추정된다. 우리의 게놈에서 쓸모없는 부위에는 이동성 유전인자들이 있으며, 이러한 전이인자는 아직도 이동할 수 있다(WEB2장 참조). 이러한 인자의 삽입 속도는 출생아 20명당 약 1명꼴로 나타난다.

이러한 새로운 자료는 특히 다른 영장류 종의 분석과 비교했을 때 인간의 진화를 계속해서 밝혀줄 것이다. 이것은 또한 인간 질병의 측면에서 관련이 있는데, 현재 새로운 유전적 변이가 이전에 생각했던 것보다 잠재적으로 더 크게 인간의 유전적 질병에 기여하는 것으로 보이기 때문이다.

핵심 요약 14.9

점 돌연변이(단일염기 변화, 삽입 또는 결실)에는 한 아미노산을 다른 아미노산으로 대체하는 과오돌연변이, 전사를 중단하는 종결돌연변이, 코돈을 정확하게 번역하지 못하는 틀이동돌연변이가 포함된다. 3개의 염기가 반복해서 생성되는 것은 각 세포분열마다 코돈이 비정상적으로 복제되기 때문이라 할 수 있다. 특히 염색체에 영향을 미치는 돌연변이는 결실, 중복, 역위, 전좌를 포함한다.

■ 역위나 중복의 돌연변이가 가지는 표현형을 예측할 수 있을까?

핵심 개념 요약

14.1 유전자의 특성

■ **가로드는 특정 효소에 의해 유전적 질환이 발생한다고 결론내렸다**

가로드는 알캅톤뇨증은 변형된 효소에 의해 생겨나는 것을 밝혀냈다.

■ **비들과 타툼은 유전자가 효소를 지정한다는 것을 증명하였다**

아르지닌을 합성할 수 없는 붉은빵곰팡이의 돌연변이들은 특정한 효소가 결실되었다. 비들과 타툼은 이를 통해 "1-유전자/1-폴리펩타이드" 가설을 발전시켰다(**그림 14.1**).

■ **중심원리는 세포에서의 정보가 DNA에서 RNA로, 그리고 단백질로 흐른다고 제안한다**

DNA 가닥에서 mRNA로 복사되는 가닥을 주형(안티센스)가닥이라 부르고 다른 가닥을 암호(센스)가닥이라고 부른다.

■ **DNA에서 RNA가 복사되는 과정을 전사라 한다**

■ **단백질 합성을 위해 번역과정은 RNA 정보를 이용한다**

운반 RNA인 tRNA는 mRNA의 정보를 아미노산의 순서대로 연결하기 위해서 필요하다.

■ **RNA는 유전자 발현에서 다양한 역할을 수행한다**

14.2 유전암호

■ **유전암호는 3개의 그룹 단위로 해석되는 코드이다**

크릭과 브레너는 암호가 겹치지 않고 3자암호로 이루어짐을 보여주었고, 번역틀의 개념을 확립하였다.

■ **니렌버그와 동료들은 코드를 해독하였다**

하나의 코돈은 3개의 뉴클레오타이드로 구성되며, 총 64개의 가능한 코돈이 있다. 3개의 코돈은 "종결" 신호를 나타내고, 1개의 코돈은 "개시" 신호를 나타내면서 메싸이오닌으로 번역될 수 있다. 따라서 61개의 코돈은 20개의 아미노산을 암호화한다.

■ **유전암호는 중첩성이 있지만 특이적이다**

많은 아미노산은 둘 이상의 코돈을 가지고 있지만, 각각의 코돈은 하나의 아미노산만을 지정한다.

■ **보편적이기는 하지만 완전히 보편적이지 않은 암호도 존재한다**

일부 미토콘드리아와 원생동물에서는 종결코돈을 아미노산으로 읽기도 한다. 이러한 경우를 제외하고는 유전암호는 보편적으로 사용된다.

14.3 원핵세포의 전사

■ **원핵세포는 하나의 RNA 중합효소를 가진다**

원핵 RNA 중합효소는 mRNA를 합성할 수 있는 핵심 중합효소와 정확하게 합성을 시작할 수 있는 완전효소(핵심 중합효소에 σ 인자가 결합)의 2가지 형태로 존재한다(**그림 14.6**).

■ **프로모터는 전사의 개시가 일어나는 자리이다**

전사의 개시에는 전사개시점과 프로모터를 필요로 한다. 프로모터는 전사개시점의 상부에 있으며, −35 부분에 완전효소가 결합하면 중합효소가 올바르게 자리잡게 된다.

■ **신장에 의해서 연속적으로 뉴클레오타이드가 첨가된다**

전사는 5′에서 3′ 방향으로 진행된다. 전사기포는 RNA 중합효소와 부분적으로 풀어져 있는 주형 DNA 및 신장하고 있는 mRNA 전사체가 포함되어 있다(**그림 14.7**).

■ **종결은 특정 부위에서 일어난다**

종결자는 2중나선으로 이루어진 헤어핀 고리를 생성하는 상보적 서열로 구성되며, 이것은 중합효소를 멈추게 만든다(**그림 14.8**).

■ **원핵세포의 전사는 번역과 함께 일어난다**

mRNA가 전사되는 동안에 단백질로의 번역이 일어난다.

14.4 진핵세포의 전사

RNA 중합효소 I은 rRNA를 전사한다. 중합효소 II는 mRNA와 여러 snRNAs를 전사한다. 중합효소 III는 tRNA를 전사한다.

■ **진핵세포는 3종류의 RNA 중합효소를 가진다**

■ **핵심 프로모터와 결합한 인자는 RNA 중합효소 II를 불러들인다**

일반전사인자는 프로모터에 중합효소를 유도하여 개시복합체를 형성하도록 한다. 전사체가 약 20개의 뉴클레오타이드에 도달하면 5′ 캡이 형성되고 중합효소가 중지된다. 만약 이렇게 중지된 중합효소가 다시 작동하기 위해서는 신장인자가 필요하다.

■ **전사 신장복합체는 다른 인자들을 필요로 한다**

개시복합체에 존재하는 몇몇 일반전사인자들은 신장인자로 대체된다. 카복시 말단영역(CTD)은 신장인자 및 전사체를 변형하는 효소들과 결합한다.

■ **폴리아데닐화는 mRNA 전사체의 종결에 관여한다**

폴리-A 중합효소(poly-A polymerase)는 전사체를 절단하고, 3′ 말단에 일련의 100~200개의 아데닌 잔기를 붙인다.

■ **1차 전사체는 스플라이싱이라는 변형과정을 통해 mRNA로 생성된다**

mRNA는 5′ 캡과 3′ 폴리-A 꼬리를 가지며, 인트론이 제거되어야 한다.

14.5 진핵세포에서 mRNA 전구체의 스플라이싱

■ **진핵세포 유전자는 중단 부위를 가지고 있다**

암호화 DNA(엑손)는 비암호화 부분인 인트론에 의해 중단되어 있는데, 이 인트론은 스플라이싱에 의해 제거된다(**그림 14.13**).

■ **스플라이시오솜은 스플라이싱 소기관이다**

snRNPs는 인트론-엑손의 연결지점을 인지하고 스플라이시오솜을 유도한다. 스플라이시오솜은 결국 첫 번째 엑손의 3′ 말단과 다음 엑손의 5′ 말단을 결합한다.

■ **스플라이싱은 같은 유전자에서 다양한 전사체를 만들 수 있다**

14.6 tRNA와 리보솜의 구조

■ **아미노아실-tRNA 합성효소는 아미노산을 tRNA에 결합시킨다.**

tRNA의 충전반응은 tRNA의 3′ 말단에 아미노산의 카복실기를 붙여준다(**그림 14.15**).

■ **리보솜은 다양한 tRNA 결합 부위를 가진다**

충전된 tRNA는 먼저 A 자리에 결합한 후, 그 아미노산이 펩타이드 사슬과 결합된 P 자리로 이동하며, 마지막으로 아미노산이 없는 상태에서 방출되는 E 자리로 이동한다.

■ **리보솜은 암호해독과 효소 기능을 함께 가진다**

리보솜은 효소가 펩타이드 결합을 형성하기 위하여 tRNA와 mRNA를 붙잡고 있다.

14.7 번역의 과정

■ **개시과정은 보조인자들을 필요로 한다**

원핵생물에서 개시복합체는 리보솜의 작은 소단위체에 있는 rRNA와 상보적인 염기서열을 가지고 있는 mRNA의 리보솜 결합서열(RBS)의 도움을 받아 형성된다. 반면, 진핵생물은 같은 기능에 5′ 캡을 사용한다.

■ **신장과정은 연속적인 아미노산 첨가 과정이다**

리보솜이 mRNA를 따라 이동함에 따라, 충전된 tRNA의 새로운 아미노산이 신장되는 펩타이드에 결합된다.

■ **종결과정은 보조인자들을 필요로 한다**

종결코돈은 종결인자에 의해 인지된다.

■ **번역 이후 단백질은 소포체로 이동한다**

진핵생물에서 아미노산 말단에 신호서열을 가진 단백질은 SRP에 결합되고,

이 복합체는 결국 ER에 결합한다.

14.9 돌연변이: 변형된 유전자

■ 점돌연변이는 DNA의 한 지점에 영향을 준다

염기치환은 하나의 염기를 다른 염기로 교체하고, 틀이동돌연변이는 염기의 첨가 또는 결실에 의해 생긴다. 3자암호 반복확장 돌연변이는 유전 질환을 유발할 수 있다.

■ 염색체 돌연변이는 염색체의 구조를 변화시킨다

염색체 돌연변이는 삽입, 결실, 역위 및 전좌를 포함한다.

■ 돌연변이는 진화의 시작점이다

■ 인간 돌연변이율이 직접 측정되었다

세대당 약 70개의 새로운 돌연변이가 존재한다.

연습문제

■1단계: 이해력 확인하기

1. 비들과 타툼에 의한 붉은빵곰팡이에서의 영양요구성돌연변이 실험이 제시한 증거는 무엇인가?
   a. 붉은빵곰팡이는 최소배지에서 배양될 수 있다.
   b. X선은 DNA에 손상을 줄 수 있다.
   c. 세포는 효소를 필요로 한다.
   d. 유전자가 효소를 지정한다.
2. 분자생물학에서 말하는 중심원리는 무엇인가?
   a. DNA가 유전물질이다.
   b. 유전정보는 DNA에서 단백질로 직접 전달된다.
   c. 유전정보는 DNA에서 RNA로 그리고 단백질로 전달된다.
   d. 한 유전자는 오직 1가지 단백질을 암호화한다.
3. 유전암호에서 하나의 코돈은 어떤 특징을 가지는가?
   a. 3개의 염기로 구성된다.
   b. 하나의 아미노산만 암호화한다.
   c. 1가지 이상의 아미노산을 암호화한다.
   d. a와 b 모두 맞다.
4. 진핵세포의 전사와 원핵세포의 전사는 어떤 점이 다른가?
   a. 진핵세포는 오직 1가지의 RNA 중합효소를 가지고 있다.
   b. 진핵세포는 3개의 RNA 중합효소를 가지고 있다.
   c. 원핵세포는 3개의 RNA 중합효소를 가지고 있다.
   d. a와 c 모두 맞다.
5. 안티코돈은 어느 RNA 유형에서 발견되는가?
   a. snRNA(소형 핵 RNA)
   b. mRNA(전령 RNA)
   c. tRNA(운반 RNA)
   d. rRNA(리보솜 RNA)
6. RNA 중합효소는 ____________와 결합하여 ____________을 개시한다.
   a. mRNA; 번역　　b. 프로모터; 전사
   c. 프라이머; 전사　　d. 전사인자; 번역
7. 번역 과정 동안 mRNA상의 코돈은 실제로 무엇에 의해 읽히는가?
   a. 리보솜의 A 자리　　b. 리보솜의 P 자리
   c. tRNA의 안티코돈　　d. 아미노산의 안티코돈

■2단계: 적용력 평가하기

1. 동일한 생화학적인 경로에 영향을 끼치는 돌연변이를 가지고 있다. 만약 이러한 생화학적인 경로에서 성장할 수 있도록 중간 물질을 넣어 준다면, 돌연변이 유전자에 의해 생성된 효소는 어떻게 작용하는가?
   a. 사용된 중간 물질 이후에 작동한다.
   b. 사용된 중간 물질 이전에 작동한다.
   c. 반드시 중간 물질을 생산하도록 행동한다.
   d. 반드시 중간 물질을 생산하지 않도록 행동한다.
2. 스플라이싱 과정은 무엇인가?
   a. 원핵세포에서 일어난다.
   b. 인트론을 서로 연결시킨다.
   c. 동일한 전사체에서 다양한 mRNA를 만들 수 있다.
   d. 한 가지 방식으로, 각각의 유전자에 대한 엑손만을 연결한다.
3. 펩타이드 결합을 형성하는 효소는 펩타이드기 전달효소라고 불린다. 무엇을 전달하기 때문인가?
   a. tRNA의 새로운 아미노산을 신장하고 있는 펩타이드로 전달
   b. tRNA의 신장하는 펩타이드를 다음 아미노산으로 전달
   c. 하나의 아미노산에서 다른 아미노산으로 펩타이드 전달
   d. 리보솜에서 충전된 tRNA로 펩타이드 전달

4. 원핵세포와 진핵세포에서의 유전자 발현을 비교하면, 다음 중 옳은 설명은 무엇인가?

   a. 진핵세포의 유전자는 1개 이상의 단백질을 생성할 수 있다.
   b. 원핵세포의 유전자는 1개 이상의 단백질을 생성할 수 있다.
   c. 둘 다 그들의 유전자들과 1:1의 동일선상(colinear)이라는 점에서 유사하다.
   d. a와 c 모두 맞다.

5. 코돈 CCA에 돌연변이가 일어났을 때 나타날 수 있는 것은 다음 중 무엇인가?

   a. 침묵돌연변이화된다.
   b. Lys으로 번역된다.
   c. 번역의 이른 종결을 유도한다.
   d. a와 b 모두 맞다.

6. 돌연변이 중 역위는 무엇인가?

   a. 반드시 돌연변이체 표현형을 유발한다.
   b. 역위의 절단이 한 유전자 내에 있는 경우에만 돌연변이체 표현형을 유발한다.
   c. 염색체가 역위로 인해 방향이 거꾸로 되었기 때문에, 역위된 부분에서 전사가 멈춘다.
   d. 역위된 부분은 유전자 번역을 방해한다.

7. 돌연변이와 진화 사이는 어떠한 연관성을 가지는가?

   a. 돌연변이에 의해 더 나은 유선자를 만든다.
   b. 돌연변이는 새로운 내립유전자를 만든다.
   c. 돌연변이는 진화의 초기에 일어났고, 지금은 일어나지 않는다.
   d. 진화와 유전자 돌연변이 사이에서는 어떠한 연관관계도 존재하지 않는다.

■ 3단계: 사고력 함양하기

1. 제시된 DNA의 주형가닥의 염기서열은 다음과 같다.

   3′ − CGTTACCCGAGCCGTACGATTAGG − 5′

   위의 염기서열 정보를 이용하여 다음 질문에 답하시오.

   a. 예측되는 유전자의 mRNA 염기서열을 결정하시오.
   b. 예측되는 단백질의 아미노산 서열을 결정하시오.

2. 틀이동돌연변이는 종종 끝이 잘린 단백질을 만드는데, 그 이유를 유전암호에 기초하여 설명하시오.

3. 맨 위에 제시된 주형가닥으로부터 다음의 각 돌연변이가 마지막 산물인 단백질에 어떻게 영향을 주는지를 설명하시오. (단백질은 개시코돈으로부터 시작한다.) 어떤 돌연변이의 유형이 나타났는가?

   3′ − CGTTACCCGAGCCGTACGATTAGG − 5′

   a. 3′ − CGTTACCCGAGCCGTAACGATTAGG − 5′
   b. 3′ − CGTTACCCGATCCGTACGATTAGG − 5′
   c. 3′ − CGTTACCCGAGCCGTTCGATTAGG − 5′

4. 원핵세포에서만 나타나는 특징들이 있고, 진핵세포에만 특별하게 나타나는 특징들이 있다. 이러한 특징 중 어떠한 것들이 진핵세포 또는 원핵세포만의 독특한 방식으로 유전자 발현을 조절할 수 있는가?

15

유전자 발현의 조절

15.1 유전자 발현의 조절
15.2 조절 단백질
15.3 원핵세포에서의 조절
15.4 진핵세포에서의 조절
15.5 유전자 발현에 영향을 주는 염색질의 구조
15.6 진핵세포에서의 전사 후 조절
15.7 단백질 분해

도입

교향곡을 들어보면 여러 악기가 동시에 또는 단독으로 연주하는데, 이는 악보에서 각 악기가 연주할 구간이 서로 다르기 때문이다. 마찬가지로 생물체에도 DNA의 조절에 이용되는 "유전 악보(genetic score)"가 존재하여 서로 다른 유전자가 서로 다른 시간에 발현되도록 관여한다. 사진은 초파리 염색체에서 불룩하게 확장된 "퍼프(puff)"를 보여주고 있는데, 이 부분에서 유전자가 활발히 발현되고 있음을 나타낸다. 이번 장에서는 유전자 발현과 그 조절 기작에 대해 알아본다.

15.1 유전자 발현의 조절

학습 목표

1. 유전자 발현이 조절되는 시기를 확인할 수 있다.
2. 조절 단백질의 작용에 대하여 설명할 수 있다.
3. 원핵생물과 진핵생물의 유전자 발현 조절의 차이를 설명할 수 있다.

유전자 발현의 조절은 모든 생물체에 있어 매우 중요하다. 유전자 발현의 조절은 원핵생물에서 세포가 변하는 환경조건에서 살 수 있도록 해주며, 다세포 진핵생물에서는 발생의 방향과 항상성 유지에 절대적으로 필요하다. 사실, 다세포 생물체의 서로 다른 세포의 형태는 그들이 가진 다양한 기능의 단백질에 근거한다. 다세포 생물체의 세포는 항상 발현이 같은 "항존유전자(housekeeping genes)"를 공유하고 있지만 각 세포 유형을 구별하는 특정 단백질을 가지고 있기도 한다.

단세포 진핵생물은 막으로 구성된 핵이 존재하고 DNA를 염색체로 응축하는 등의 방법을 사용하여 원핵생물과는 다른 조절 기작을 가진다.

유전자 발현의 조절은 모든 단계에서 일어난다

앞 장에서 유전자 발현(gene expression)은 유전자형이 표현형으로 전환되는 것이라고 배웠는데 이는 DNA 정보 흐름이 기능적인 단백질을 생산해 세포의 활성을 조절하는 것이기 때문이다. 유전자 발현에 대한 전통적인 관점은 유전자의 전사 단계에서 유전자의 발현이나 단백질을 제어한다고 본다. 이러한 관점은 여전히 유효하지만 실제 다세포 생물체 내의 유전자 범위와 전사 조절 모두는 예상한 것보다 훨씬 복잡하다.

이 장에서는 유전자 발현 조절을 위해 현재에도 중요하게 연구되고 있는 전사의 시작에 관해 세부적으로 접근한다. 또한 틀이동(frameshift)으로 인한 염색질 구조의 변화가 어떻게 유전자 발현에 영향을 미치는지와 전사 후 조절과정에 대하여 상세하게 다룬다. 이 이후에는 조절 RNA 분자에 대해 살펴보고자 한다.

RNA 중합효소(RNA polymerase)는 전사과정의 핵심으로, 전사를 시작하기 위해 DNA 나선에 접근해 유전자의 프로모터(promotor)와 결합해야 한다. 더불어 **조절 단백질**(regulatory protein)은 RNA 중합효소가 프로모터에 붙을 수 있도록 조절해 주는 역할을 한다. RNA 중합효소가 프로모터로 접근하는 것을 조절한다는 것은 진핵생물과 원핵생물에 공통적이지만 실제 세부적인 내용은 상당히 다르다.

이러한 조절 단백질들은 일반적으로 10~15 nt 길이(커다란 조절 단백질이라도 20 nt 정도에 결합)의 특정 뉴클레오타이드 서열에 결합한다. 수백 개에 달하는 조절 단백질들의 특성은 밝혀졌으며, 각 단백질들은 특정 서열을 인식하여 결합하게 된다. 조절 단백질의 결합은 RNA 중합효소의 진행 경로를 차단하여 전사를 막기도 하지만, 프로모터와 RNA 중합효소의 결합을 용이하게 하여 전사과정을 활성화하기도 한다.

원핵생물은 환경 변화에 적응하는 것이 주요 조절 전략이다

원핵생물에서의 유전자 발현 조절은 진핵생물에 비해 매우 다르게 이루어진다. 원핵세포들은 가능한 빨리 자라고 분열하도록 진화하였기 때문에, 일시적 자원을 최대한 잘 활용할 수 있다. 이는 원핵세포의 단백질들이 재빠르게 전환되어 유전자 발현을 변화시킴으로써 생물체가 외부환경 변화에 빨리 반응할 수 있도록 해준다.

원핵생물에서 유전자 조절의 첫 번째 기능은 세포가 환경에 대해 즉각적으로 반응하는 것이다. 유전자 발현의 조절은 이용 가능한 영양분의 양과 종류, 산소의 양에 대한 변화를 인지하고 이를 통해 효소들을 변화시킨다. 이러한 변화의 대부분은 가역적이어서 세포는 환경 변화에 따라 효소의 수준을 증가 또는 감소하도록 조절할 수 있다.

진핵생물은 항상성 유지와 성장이 주요한 조절 전략이다

원핵생물과는 달리 대부분의 다세포 진핵생물들은 즉각적인 환경에 대한 일시적인 변화에 대해 보호되는 형태로 진화되어 대부분이 일정한 내부 환경을 유지한다. 이러한 환경으로부터 내부의 상태를 유지하려는 **항상성**(homeostasis)은 다세포 진핵생물의 주요한 특징이다. 진핵생물의 세포들은 유전자 발현 변화를 통해 생장인자 또는 호르몬 같은 직접적인 환경신호에 반응함으로써 신체 조절에 관여하게 된다.

아마도 유전자 발현이 조절되는 큰 이유는 생물체의 발생으로 볼 수 있는데, 실제 발생과정 동안 특정 유전자들은 적기에 해당하는 조직에서 발현된다. 이러한 복잡한 과정을 이해하는 것이 발생유전학의 주요 목표이며, 이 연구를 통해 오랜 진화의 기간을 걸쳐 형성된 유전자 발현 회로를 밝혀냈다(17장 참조). 또한 한 생물체에서는 동일한 유전자 조절 경로를 이용하여 서로 다른 발생 시기에 다른 장소에서 다른 구조를 형성할 수 있다. 예를 들면, 유전자 소닉 헷지호그(*sonic hedgehog*) 신호전달은 배아 초기에 신경관의 형성에 작용하지만, 그 이후에는 손가락과 사지의 발달에 관여한다.

핵심 요약 15.1

유전자 발현은 일반적으로 전사 개시 부분에서 조절된다. 조절 단백질은 특이적인 DNA 염기서열에 결합하고 RNA 중합효소가 프로모터에 결합할 수 있도록 도와준다. 원핵세포의 경우 세포의 환경변화에 적합하도록 유전자 조절이 일어나고 있지만, 다세포 진핵생물의 경우 내부 항상성 유지에 그 초점을 맞추어 유전자 조절이 일어난다. 이러한 현상은 단세포 진핵생물의 경우에도 동일하다. 이러한 조절은 핵 내에서 다수의 염색체가 관여한다.

- 원핵생물의 진화 과정은 다세포 진핵생물의 진화 과정과 어떻게 다를까?

15.2 조절 단백질

학습 목표

1. 단백질들이 어떻게 나선의 풀림이 없이 염기쌍과 상호작용을 할 수 있는지 설명할 수 있다.
2. DNA에 결합하는 모티프의 특징에 대해 설명할 수 있다.

특정 DNA 염기서열에 결합하는 조절 단백질은 유전자 발현 조절의 기본 도구로 전사 억제 및 RNA 중합효소와 결합하여 전사를 촉진하는 등의 역할을 하는 분자이다. 세포가 유전자 발현을 어떻게 조절하는지를 이해하기 위해서는 먼저 단백질의 분자 인식 과정에 대한 명확한 밑그림을 얻을 필요가 있다.

단백질은 주홈을 통해 결합한다

조절 단백질이 특정 염기에 결합하기 위해서는 DNA 나선이 꼭 풀어지지 않아도 된다. 이는 염기쌍의 가장자리를 따라 두 홈의 분자들이 염기를 노출하여, 단백질이 DNA에 결합할 수 있도록 하기 때문이다. DNA 분자를 주의 깊게 살펴보면, 나선의 원통형 구조에 2개의 홈인 **주홈**(major groove)과 부홈(minor groove)이 있다(**그림 13.8** 참조). 주홈이라고 부르는 깊은 홈에서 단백질은 뉴클레오타이드의 수소결합 제공자와 수용자에 접근할 수 있다. 이러한 화학기(chemical groups)에 의해 만들어진 양상은 4개의 가능한 염기쌍 배열에 특이적이기 때문에, 단백질이 염기서열을 읽기 위해 홈에 자리를 잡을 수 있도록 해준다(**그림 15.1**).

DNA-결합 도메인은 특정 DNA 서열과 결합한다

단백질-DNA 인식은 DNA의 기능과 복제, 유전자 발현 그리고 이러한 활동을 조절하는 것에 있어 매우 중요하다. 유전자 발현에 영향을 주기 위해 DNA와 상호작용할 수 있는 단백질의 수는 상당히 많지만, 이들 중 실제 구조를 결정하고 DNA와 결합하는 단백질 모티프는 매우 소수임을 알게 되었다. 이러한 모티프들은 진화 초기에 비교적 일찍 만들어졌을 것으로 생각되며, 다양한 단백질에서 변형되어 사용되었을 것이다(모티프와 도메인에 대해서는 2장 참조). 이러한 DNA 결합 모티프는 일반적으로 DNA 나선의 주홈을 통해 염기의 특정 서열과 상호작용을 하는 속성을 가지고 있다.

DNA-결합 모티프들은 조절 단백질들의 DNA-결합 도메인 내의 주요 구조이다. 도메인은 서열 특이적 방식으로 DNA에 결합하는데 요구되는 특정 단백질의 부분을 일컫는다. 조절 단백질은 전사인자들과 상호작용하는데 이는 조절 단백질의 다른 도메인에 의해 이루어진다.

같은 DNA-결합 도메인을 공유하는 두 단백질이 반드시 같은 DNA 서열에 결합할 필요는 없다. DNA-결합 모티프들의 유사성은 DNA와 결합하는 부분이 아니라, 그들의 3차원적 구조에서 나타난다.

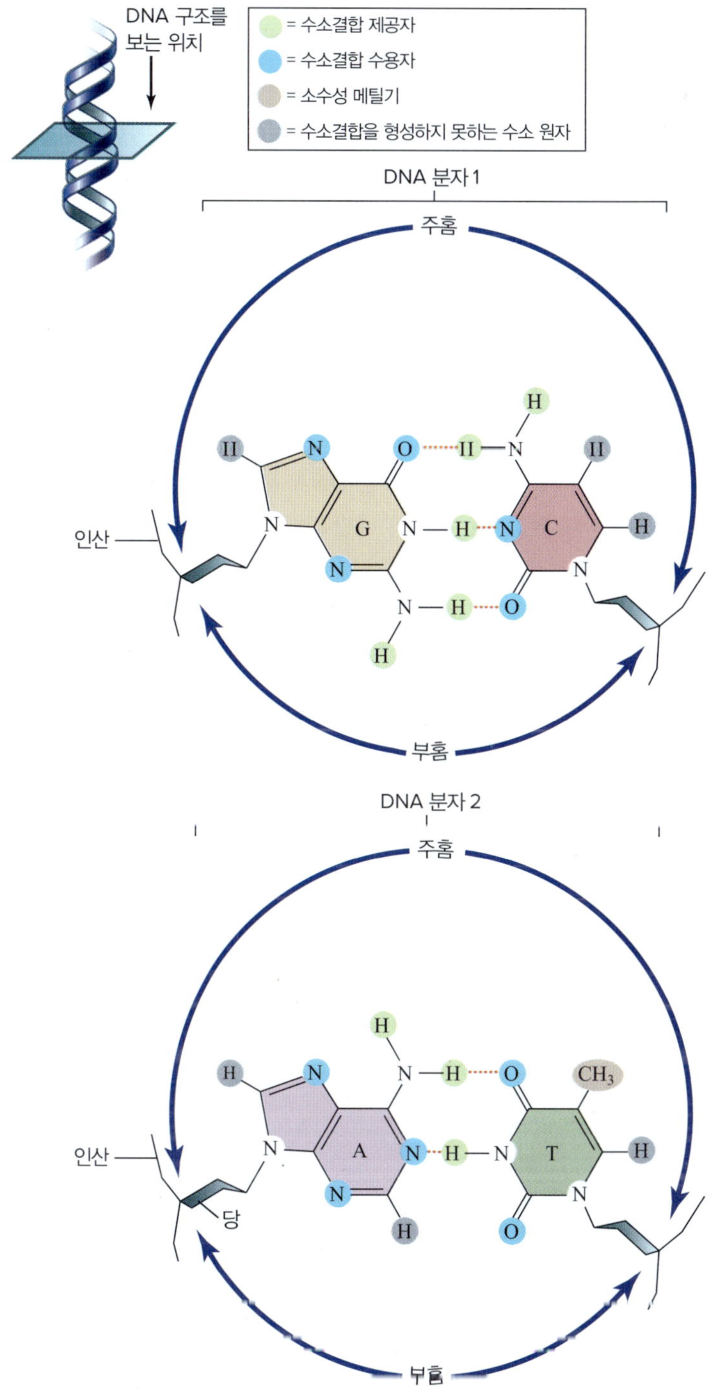

그림 15.1 DNA의 주홈 읽기.
DNA 나선의 주홈을 보면, 홈 안으로 돌출된 염기의 주변부를 볼 수 있다. 4개의 가능한 염기쌍 배열은 각각(여기서는 2개의 염기쌍을 보여주고 있음) 특이 화학기 세트를 홈으로 확장하고 있는데, 모식도에서 다른 색깔로 나타내고 있다. 조절 단백질은 이 화학기의 특징으로 인해 염기쌍 배열을 알아볼 수 있다.

여러 개의 공통 DNA 결합 모티프는 많은 단백질에서 공유하고 있다

DNA에 결합을 하는 다양한 종류의 단백질에서 공통적으로 존재하는 DNA-결합 모티프를 찾아볼 수 있다. 여기에서는 가장 잘 알려진 4개의 모티프가 어떻게 DNA와 상호작용하는지에 대하여 알아본다.

나선-꺾임-나선 모티프

가장 흔한 DNA 결합 모티프의 형태는 **나선-꺾임-나선**(helix-turn-helix) 구조로, α-나선구조 사이를 꼬이지 않은 짧은 부분이 연결하는데 이를 '꺾임(turn)'이라고 부른다(**그림 15.2***a*). 나선-꺾임-나선 모티프(helix-turn-helix motif)는 DNA 결합 단백질에서 많이 발견되었다.

나선-꺾임-나선 모티프의 구조를 자세히 살펴보면 단백질이 어떻게 DNA 주홈과 상호작용하는지 밝혀낼 수 있다. 모티프의 나선 분절들이 서로 상호작용하는데, 그들은 대략 90° 각도로 유지된다. 이런 모티프가 DNA에 의해 눌려지면 하나의 나선 절편이 **인식나선**(recognition helix)이라고 부르는 DNA 분자의 주홈에 꼭 들어맞게 되고, 다른 쪽은 DNA 분자의 바깥쪽에 결합하여 인식나선이 적절히 자리를 잡도록 도와준다.

나선-꺾임-나선 모티프에 의해 인지되는 대부분의 DNA 조절 서열은 대칭적 쌍으로 발견된다. 이런 서열들은 2개의 3.4 nm(DNA 나선의 1회전에 필요한 거리) 간격으로 분리된 2개의 나선-꺾임-나선 모티프를 가진 단백질에 의해 결합된다(**그림 15.2***a*). 2개의 단백질-DNA-결합 자리를 갖는 것은 단백질과 DNA 사이의 접촉 영역을 2배로 하고, 그들 사이의 결합을 크게 강화시킬 수 있다.

호미오도메인 모티프

나선-꺾임-나선 모티프 중 하나인 **호미오도메인**(homeodomain)은 사람을 포함한 다양한 진핵생물의 발생에 중요한 역할을 한다. 이 모티프는 초파리 연구에서 호미오돌연변이(homeotic mutation; 몸의 한 부분을 다른 부분으로 변화시키는 돌연변이)가 발견됨으로써 알려졌다. 여러 돌연변이 유전자를 분석하였을 때 대부분의 단백질에서 호미오도메인을 구성하는 60개의 아미노산 서열이 있음을 확인하였다. 호미오도메인에서 진화적으로 가장 잘 보존된 부분은 나선-꺾임-나선의 인식나선을 포함하고 있다. 발생 기작이 여러 계통에 걸쳐 공유될 만큼 오래되었다는 첫 번째 증거이다. 이를 통하여 우리의 유전자는 생각한 것보다 유전자 수준에서 초파리와 비슷하다는 것을 알 수 있다.

아연집게 모티프

DNA 결합 모티프의 또 다른 종류는 DNA에 대한 결합을 조성하는 데 하나 이상의 아연 이온을 이용한다. **아연집게 모티프**(zinc finger motif)라 불리는 이 모티프에는 여러 가지 유형이 있는데 이 중에 한

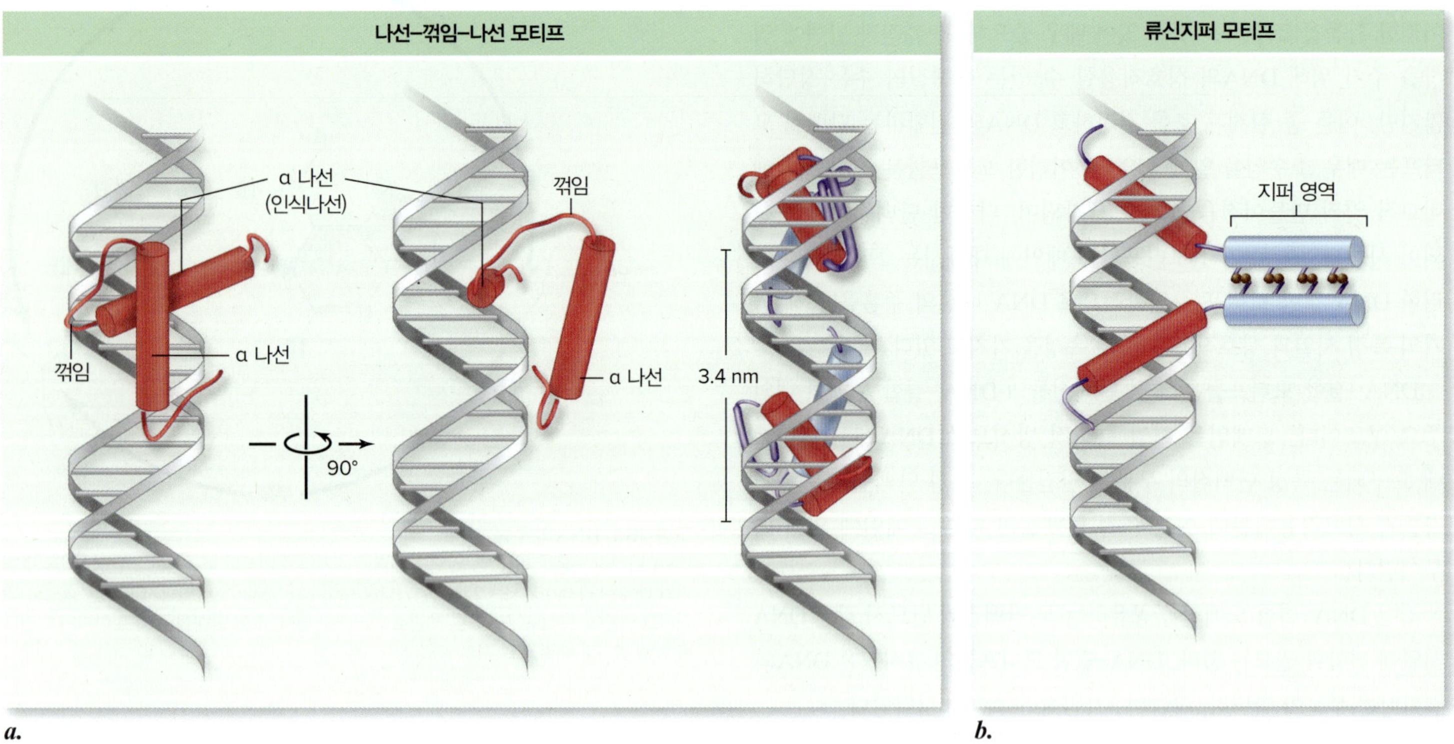

그림 15.2 주요 DNA-결합 모티프.
DNA와 상호작용을 하고 있는 2개의 다른 DNA-결합 모티프를 보여주고 있다. ***a.*** 나선-꺾임-나선 모티프는 주홈과 상호작용을 하기 위해 인식나선인 한쪽의 α 나선을 이용하여 DNA에 결합한다. 다른 쪽 나선은 인식나선의 자리를 잡아준다. 이 모티프를 가진 단백질은 일반적으로 2개의 동일한 소단위를 가진 2량체로 각각의 소단위는 DNA-결합 모티프를 가지고 있다. 2개의 모티프(빨간색)는 DNA 나선이 완전히 한 바퀴 돌 때의 길이인 3.4 nm의 간격으로 떨어져 있다. ***b.*** 류신지퍼는 다수의 소단위로 구성된 단백질에서의 두 소단위를 묶어 α 나선 부위가 DNA와 상호작용을 할 수 있게 해준다.

유형은 아연 원자가 α-나선(α-helix)구조와 β-병풍(β-sheet)구조를 연결하여 나선 조각이 DNA의 주홈에 들어맞도록 해준다.

이런 종류의 모티프는 종종 집단으로 발견되며, β-병풍구조는 나선구조들과 일정한 간격을 두어 각각의 나선이 주홈과 접촉할 수 있게 해준다. 이는 마치 이 모티프를 가진 단백질이 DNA의 주홈을 손가락으로 찌른 모습과 같다. 많은 아연집게가 존재하는 집단일수록 단백질은 DNA와 더 강하게 결합된다.

류신지퍼 모티프

또 다른 DNA-결합 모티프는 단백질의 2개 소단위가 DNA 결합 자리를 만들기 위해 서로 상호작용을 한다. 이 모티프는 여러 개의 소수성 아미노산(일반적으로 류신)을 가진 한 소단위의 영역이 다른 소단위의 유사 영역과 상호작용을 하는 곳에서 만들어진다. 이 상호작용은 소단위를 함께 묶어 Y자형을 만드는데, Y자형의 팔에 해당하는 두 나선 부위는 각각 DNA의 주홈에 맞지만 반대쪽에서는 2량체를 형성하여(**그림 15.2***b*), DNA를 1쌍의 집게처럼 붙들고 있다.

핵심 요약 15.2

DNA 나선은 주홈과 부홈을 가지고 있다. 조절 단백질은 주홈을 따라 염기에 접근함으로써 DNA와 상호작용한다. 이러한 조절 단백질들은 모두 DNA와 결합하는 모티프를 가지고 있는데, 종종 하나 또는 2개의 α 나선 분절을 포함하고 있다. 이러한 모티브는 DNA-결합 도메인의 활성화 부위를 형성하며, 다른 도메인은 전사 기구들과의 상호작용을 유도한다.

■ 나선-꺾임-나선 단백질에서 2개의 나선 사이에 간격이 변한 돌연변이가 생겼을 때 나타나는 영향은 무엇일까?

15.3 원핵세포에서의 조절

학습 목표

1. 유도에 의한 조절과 억제에 의한 조절의 차이점을 비교할 수 있다.
2. *lac* 오페론에서 유전자 발현의 조절에 대해 설명할 수 있다.
3. *trp* 오페론에서 유전자 발현의 조절에 대해 설명할 수 있다.

유전자 발현의 조절에 대한 세부 사항은 원핵생물이 전사 개시를 조절하는 기작을 연구함으로써 밝혀졌다. 원핵생물과 진핵생물은 일부 공통 주제들을 공유하지만, 크게 다른 점들도 지니고 있다. 15.4절과 15.5절에서는 진핵생물의 체계가 단순한 원핵생물에서의 체계와 어떻게 다른지에 대해서 논의한다.

전사 조절은 양성 또는 음성일 수 있다

전사 개시 단계에서의 조절은 양성적일 수도 음성적일 수도 있다. **양성조절**(positive control)은 개시의 빈도를 높여 주고, **음성조절**(negative control)은 개시의 빈도를 낮추어 준다. 각각의 조절 형태는 조절 단백질에 의해 중재되지만 그 단백질은 상반적인 효과를 지니고 있다.

억제인자에 의한 음성조절

음성조절은 **억제인자**(repressor)라고 부르는 단백질에 의해 조절되는데, 억제인자는 **작동유전자**(operator)라고 부르는 DNA 조절 부위에 결합해 전사의 개시를 막거나 줄여주는 단백질이다. 억제인자들은 중합효소가 효과적으로 전사를 개시하는 것을 막는 방어벽처럼 작용한다.

억제인자들은 혼자 작용하지 않고 각각 특이적인 효과인자(effector)에 반응한다. 효과인자의 결합은 억제인자의 입체구조를 바꾸어 DNA에 결합하는 것을 더 잘하거나 못하도록 한다. 이 억제 단백질들은 DNA에 결합하는 활성 부위와 효과인자에 결합하는 조절 부위를 가지고 있는 다른자리입체성 단백질(allosteric protein)이다. 효과인자의 조절 부위 결합은 DNA에 결합하는 억제인자의 능력을 바꿀 수 있다(다른자리입체성 단백질에 대해서는 5장 참조).

활성인자에 의한 양성조절

양성조절은 또 다른 조절 단위에 의해 중재되는데, **활성인자**(activator)라고 부르는 다른자리입체성 단백질은 DNA에 결합하고, 전사의 개시를 활성화시킨다. 이런 활성인자들은 프로모터에 대한 RNA 중합효소의 결합을 증가시켜 전사 개시 수준을 증가시켜 준다.

활성인자는 물리적으로 억제인자와 반대이며, 효과인자는 활성인자의 결합을 높이거나 낮출 수 있다.

원핵생물은 환경 조건에 따라 유전자 발현을 조절한다

세균과 고세균이 접하는 환경 변화는 유전자 발현에서의 변화를 초래한다. 일반적으로 분자를 잘게 부수는 경로인 이화작용 경로(catabolic pathways)에 관여하는 단백질을 암호화하는 유전자들은 분자를 중합하는 경로인 동화작용 경로(anabolic pathways)에 관여하는 단백질을 암호화하는 유전자들과 반대로 작용한다. 여기서는 젖당을 전달하고 이용하는 이화작용 경로에서의 효소에 대해 살펴본

다음, 아미노산인 트립토판(tryptophan)을 합성하는 동화작용 경로에 대해 알아보고자 한다.

14장에서 언급했던 것처럼 원핵생물의 유전자들은 오페론으로 조직화되어 있으며, 다수의 유전자들은 단일 프로모터를 가진 하나의 전사단위의 부분이다. 동일 대사경로에 관여하는 유전자들은 흔히 이런 방식으로 조직되어 있다. 젖당 이용에 필요한 단백질은 ***lac* 오페론**(*lac* operon)에 의해 암호화되고, 트립토판 합성에 필요한 단백질들은 ***trp* 오페론**(*trp* operon)에 의해 암호화된다.

> **?** **탐구문제** 만약 모든 유전자 생산물이 하나의 생화학적인 신호전달에 참여한다면, 하나의 오페론에서 여러 가지 연계된 유전자가 생성되는 것은 세균에서 어떠한 이점을 가져오는가?

유도와 억제

세균들이 젖당을 만나면 젖당 이용에 필요한 효소들을 만들기 시작하지만, 젖당이 없으면 이런 단백질들을 만들 필요가 없다. 따라서 단백질들의 합성은 젖당의 존재 유무에 의해 유도된다고 할 수 있는데, **유도**(induction)는 어떤 경로를 위한 효소들이 기질에 반응하여 만들어졌을 때 일어난다.

환경에 트립토판이 있을 때, 박테리아는 트립토판을 만드는 데 필요한 효소들을 합성하지 않게 된다. 트립토판 공급이 중단된다면 박테리아는 이런 효소들을 만들어 내기 시작한다. **억제**(repression)는 생합성 효소를 만들 수 있는 세균이 효소들을 만들지 않을 때 일어난다. 유도와 억제 두 경우에서 세균은 인근 환경에 적합한 효소의 생산을 조절한다.

음성조절

유전자 발현이 전사 개시 단계에서 조절된다는 것을 알아도, 그것이 양성적 조절인지 음성적 조절인지를 알 수 없다. 외견상으로 억제는 음성적이고 유도는 양성적인 것처럼 보이지만, *lac*과 *trp* 오페론 모두의 경우에서 조절은 억제 단백질에 의한 음성조절로 나타난다. 핵심은 2개의 조절 단백질이 DNA와 각각 결합하여 정반대의 방식으로 상호작용을 하기 때문에, 보이는 효과와는 상반된 결과를 가져온다.

억제성과 유도성 메커니즘이 작동하기 위해 젖산이나 트립토판 같은 환경의 분자는 조절되는 유전자에 대해 적절한 영향을 주어야만 한다. *lac* 유도성의 경우 젖당의 존재는 억제 단백질이 조절 염기서열에 결합하는 것을 막아야만 한다. 반대로 *trp* 억제성의 경우 트립토판의 존재는 억제 단백질이 조절 염기서열에 결합하도록 해야 한다.

이는 반대적인 현상인데 그 이유는 이화작용 경로와 동화작용 경로에서 세포가 요구하는 것이 반대이기 때문이다. 단백질-DNA 상호작용이 어떻게 세포로 하여금 환경 조건에 반응하도록 하는지를 보여주기 위해 다음에 각각의 경로를 자세히 살펴보기로 하자.

lac 오페론은 *lac* 억제인자에 의해 음성적으로 조절된다

lac 오페론에서 유전자 발현의 조절은 모노(Jacques Monod)와 자코브(François Jacob)의 선구적인 연구로 설명되었다.

lac 오페론은 젖당을 이용하기 위해 필요한 β-갈락토스 분해효소(β-galactosidase, *lacZ*), 젖당 투과효소(lactose permease, *lacY*), 젖당 아세틸전달효소(lactose transacetylase, *lacA*) 유전자들과 이 유전자들의 발현을 조절하기 위해 필요한 조절 영역으로 구성된다(**그림 15.3**). 이에 더하여, *lac* 억제인자의 유전자(*lacI*)는 *lac* 오페론의 나머지 영역에 연결되어 있어서, 자신의 프로모터를 가지고 있음에도 불구하고 *lac* 오페론의 부분으로 간주된다. 오페론과 직접 연결된 억제인자는 없지만, 암호화 영역 상부에 있는 조절 부위의 배열은 대부분의 원핵생물 오페론의 전형적인 모습이다.

억제인자의 작용

lac 오페론의 전사 개시는 *lac* 억제인자에 의해 통제된다. 억제인자는 프로모터에 인접한 작동유전자에 결합한다(**그림 15.4***a*). 이 결합은 RNA 중합효소가 프로모터에 결합하는 것을 막아준다. 이 DNA

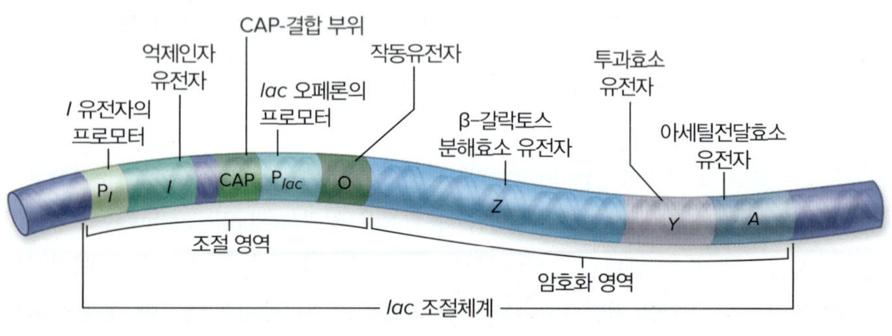

그림 15.3 대장균 염색체의 *lac* 오페론 부위. *lac* 오페론은 프로모터, 작동유전자, 그리고 젖당대사에 필요한 단백질을 암호화하는 3개의 유전자(*lac Z, Y, A*)로 구성되어 있다. 더불어, 이화물질활성화단백질(CAP)에 대한 결합 부위도 있는데, CAP는 RNA 중합효소가 프로모터에 결합하는 데 영향을 준다. *I* 유전자는 억제인자를 암호화하는데, 이 억제인자는 작동유전자에 결합하여, *lac* 오페론의 전사를 막아준다.

와의 결합은 젖당의 존재에 민감하여 억제인자는 젖당이 없을 때 DNA에 결합하지만, 젖당이 있을 때에는 결합하지 않는다.

억제인자와 유도자의 상호작용

젖당이 없을 때 *lac* 억제인자는 작동유전자에 결합하고, 오페론은 억제된다(**그림 15.4***a*). 억제인자의 DNA 결합을 조절하는 효과인자인 유사젖당(allolactose)은 젖당의 대사산물로, 젖당이 있을 때 생성된다. 유사젖당은 억제인자에 결합해 억제인자의 입체 구조를 바꾸어 더 이상 작동유전자에 결합을 할 수 없도록 한다(**그림 15.4***b*). 유사젖당이 오페론을 유도했기 때문에 유사젖당을 유도자(inducer)라고 부른다.

젖당의 양이 감소함에 따라 억제인자에 결합할 수 있는 유사젖당이 더 이상 존재하지 않게 됨으로써 억제인자는 다시 DNA에 결합을 할 수 있게 된다. 이와 같이 *lac* 억제인자와 그의 유도자, 유사젖당에 의한 음성조절 시스템은 세포가 환경에서의 젖당 변화에 반응하도록 한다.

젖당이 전혀 없는 상황에서도 *lac* 오페론은 아주 낮은 단계로 발현되는데, 젖당이 이용 가능해지기 시작할 때 젖당이 세포 내로 전달

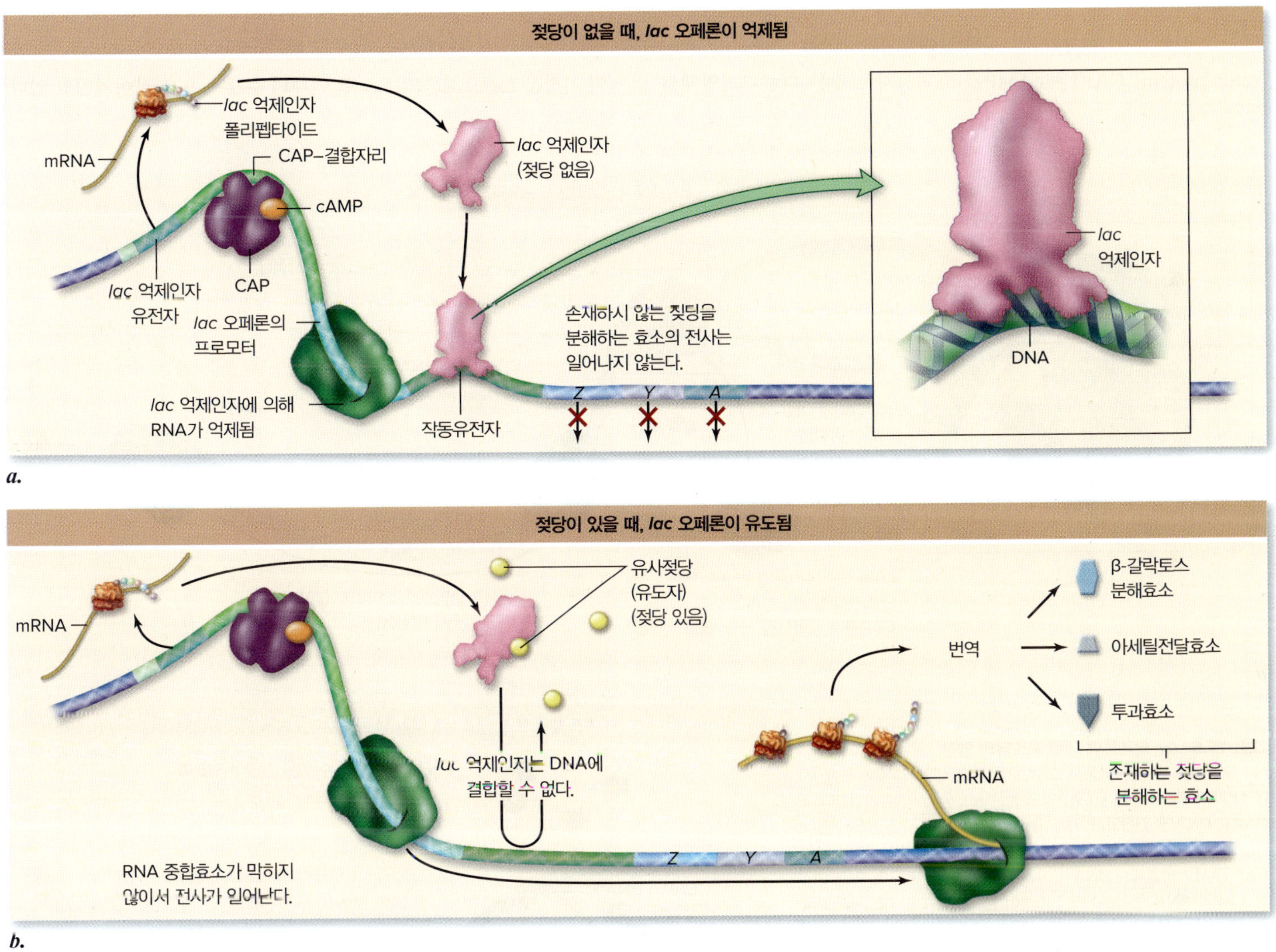

그림 15.4 *lac* 오페론 유도.
a. 젖당 부재 시에 *lac* 억제인자는 DNA의 작동유전자에 결합해 오페론의 전사를 막는다. 억제인자가 작동유전자에 결합하면 *lac* 오페론은 억제된다. ***b.*** CAP이 결합하고, 억제인자가 결합하지 않을 때 *lac* 오페론이 유도된다. 억제인자에 결합한 유사젖당은 억제인자의 구조를 바꾸어 억제인자가 작동유전자에 결합할 수 없게 하여 RNA 중합효소가 작용하도록 한다.

자료 분석 DNA 결합을 막는 억제인자의 돌연변이로 인한 표현형은 무엇인가? 유도자가 결합하는 부위의 돌연변이는 어떠한가? 이들은 억제인자와 결합하는 작동유전자의 돌연변이와 어떻게 비교되는가?

되고, 오페론의 유도가 일어날 수 있도록 충분한 유사젖당이 만들어진다.

포도당의 존재는 *lac* 오페론의 유도를 억제한다

포도당 억제(glucose repression)는 젖당 같은 다른 종류의 당이 존재할 때 포도당을 우선적으로 이용하게 하는 것이다. 세균을 포도당과 젖당이 있는 배지에서 배양하면 *lac* 오페론은 유도되지 않지만, 포도당을 다 쓰고 없을 때 *lac* 오페론이 유도됨으로써, 젖당을 에너지 자원으로 쓰도록 해준다.

포도당 억제라는 이름에도 불구하고 이 기작은 *lac* 오페론을 포함한 다양한 이화작용 오페론으로부터 전사를 자극할 수 있는 활성 단백질을 이용한다. 활성인자인 **이화물질활성화단백질**(catabolite activator protein, CAP)은 cAMP를 효과인자로 갖는 다른자리입체성 단백질이다. 이 단백질은 cAMP에 결합하기 때문에 **cAMP 반응 단백질**(cAMP response protein, CRP)이라고도 부르지만, 여기에서는 양성적 조절자로서의 역할을 강조하기 위해 CAP라는 이름을 사용할 것이다. CAP는 스스로 DNA에 결합할 수 없지만, 효과인자인 cAMP가 CAP에 결합하면 CAP의 입체 구조를 바꾸어 DNA에 결합할 수 있다(**그림 15.5**). 세포내 cAMP의 양은 포도당의 존재 시 감소되어 CAP-반응 오페론에서의 전사 자극이 일어나지 않는다.

CAP-cAMP 시스템은 포도당 억제의 유일한 메커니즘으로 오랫동안 연구되어 왔다. 최근 연구 결과들은 포도당의 존재가 세포 내로의 젖당의 수송을 억제한다는 것을 보여주고 있다. 이것은 세포 내에서 *lac* 오페론의 유도자인 유사젖당을 없애 억제인자가 작동유전자와 결합할 수 있도록 해준다. **유도자 배제**(inducer exclusion)라 부르는 이 기작은 *lac* 오페론의 포도당 억제의 주요 작용으로 여겨지고 있다.

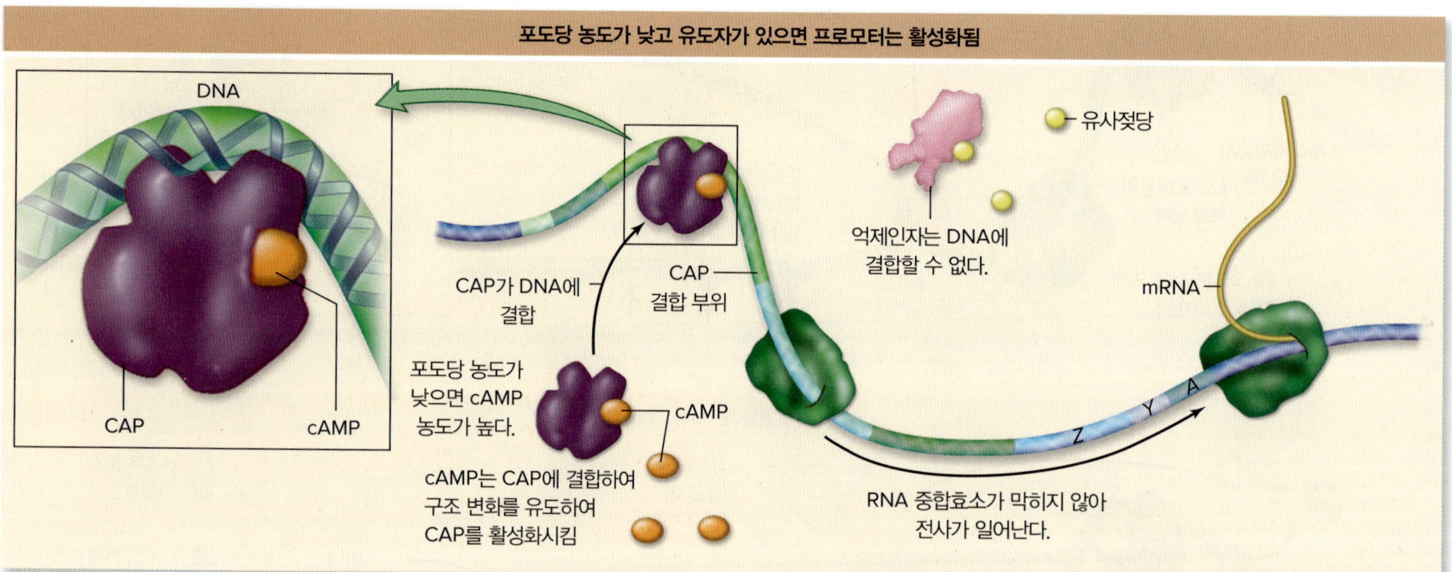

a.

그림 15.5 ***lac*** **오페론에 대한 포도당의 영향.**
lac 오페론의 발현은 음성적 조절인자(억제인자)와 양성적 조절인자(CAP)에 의해 조절된다. CAP의 작용은 포도당의 양에 민감하다. ***a.*** CAP가 DNA에 결합하기 위해서는 cAMP에 반드시 결합해야 한다. 포도당의 양이 적을 경우 cAMP는 풍부하여 CAP에 결합하기 쉬우며, CAP-cAMP 복합체는 DNA가 그 주변으로 구부러지도록 한다. 이것은 CAP가 RNA 중합효소와 접촉하여 중합효소가 좀 더 효율적으로 프로모터에 결합하도록 해준다(이 그림에서는 나타내지 않음). ***b.*** 많은 양의 포도당은 2가지 효과를 나타내는데, cAMP가 부족해서 CAP가 프로모터를 활성화하는 것이 불가능해지고, 젖당의 이동이 막히게 된다(유도자 배제).

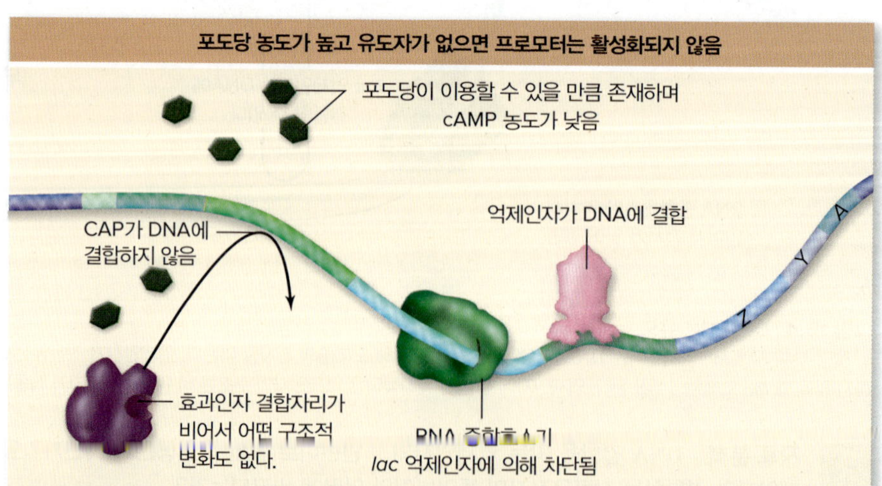

b.

유도자 배제가 일어나면 포도당 부재시 CAP의 역할은 불필요한 것으로 보이지만, 실제로 CAP-cAMP의 작용은 포도당이 없을 때 오페론의 발현을 극대화한다. *lac* 오페론의 프로모터 단독으로는 RNA 중합효소 결합에 효율적이지 못하기 때문에 이 비효율성은 CAP-cAMP 활성인자의 양성적 조절 활동으로 극복된다(**그림 15.5**).

trp 오페론은 *trp* 억제인자에 의해 조절된다

lac 오페론처럼 *trp* 오페론도 동일한 생화학 경로에 관여하는 효소를 암호화하는 일련의 유전자들로 구성되어 있다. *trp* 오페론의 경우 이런 효소들은 트립토판을 합성하는 데 필요하다. 이러한 유전자의 전사를 통제하는 조절 영역은 유전자의 상부에 위치하고 있다. *trp* 오페론은 *trp* 오페론의 외부에 위치한 유전자에 의해 암호화되는 억제인자에 의해 조절된다. *trp* 오페론은 트립토판이 없을 때 계속 발현되고, 트립토판이 있을 때에는 발현되지 않는다.

trp 억제인자(trp repressor)는 트립토판 프로모터에 이웃한 작동유전자에 결합하는 나선-꺾임-나선 단백질이다(**그림 15.6**). 이 억제

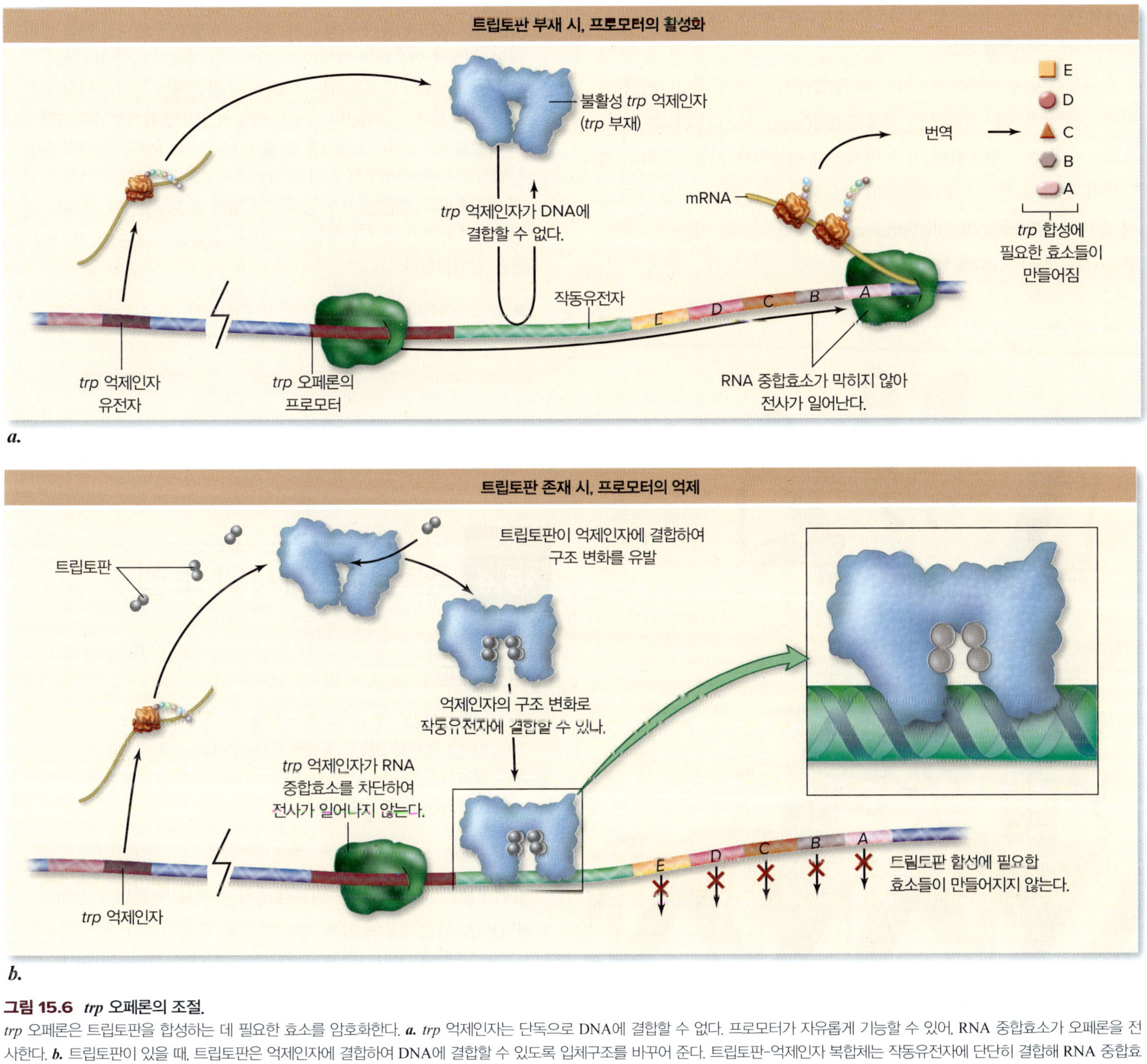

그림 15.6 ***trp* 오페론의 조절.**
trp 오페론은 트립토판을 합성하는 데 필요한 효소를 암호화한다. ***a.*** *trp* 억제인자는 단독으로 DNA에 결합할 수 없다. 프로모터가 자유롭게 기능할 수 있어, RNA 중합효소가 오페론을 전사한다. ***b.*** 트립토판이 있을 때, 트립토판은 억제인자에 결합하여 DNA에 결합할 수 있도록 입체구조를 바꾸어 준다. 트립토판-억제인자 복합체는 작동유전자에 단단히 결합해 RNA 중합효소가 전사를 시작하는 것을 막아준다.

인자는 *lac* 억제인자와 반대 방식으로 행동한다. 트립토판이 없을 때 *trp* 억제인자는 작동유전자에 결합하지 않아 오페론의 발현을 가능하게 하며, 트립토판을 만드는 데 필요한 효소들을 생산한다.

트립토판의 양이 많아지면서 **보조억제인자**(corepressor)인 트립토판은 억제인자에 결합하여 억제인자의 입체 구조를 바꾸어 작동유전자에 결합하도록 한다. 작동유전자에 대한 억제인자-보조억제인자 복합체의 결합은 RNA 중합효소가 프로모터에 결합하는 것을 막아준다. 트립토판 결합에 의한 억제인자의 실제적 구조 변화는 인식나선(recognition helices)이 DNA의 인접한 주홈에 딱 들어맞게 하는 1쌍의 나선-꺾임-나선 모티프(helix-turn-helix motif)의 방향성을 바꾸어 준다(**그림 15.7**).

트립토판이 존재하여 억제인자와 결합해서 이 복합체가 작동유전자에 결합했을 때, 오페론은 **억제되었다**(repressed)고 할 수 있다. 트립토판의 양이 감소함에 따라 억제인자 단독으로 작동유전자와 결합하지 못하게 됨으로써 오페론이 발현된다. 이 상태에서는 오페론의 발현이 **탈억제되었다**(derepressed)고 표현하는데, 이는 유도와는 구분되는 개념이다(**그림 15.6** 참조).

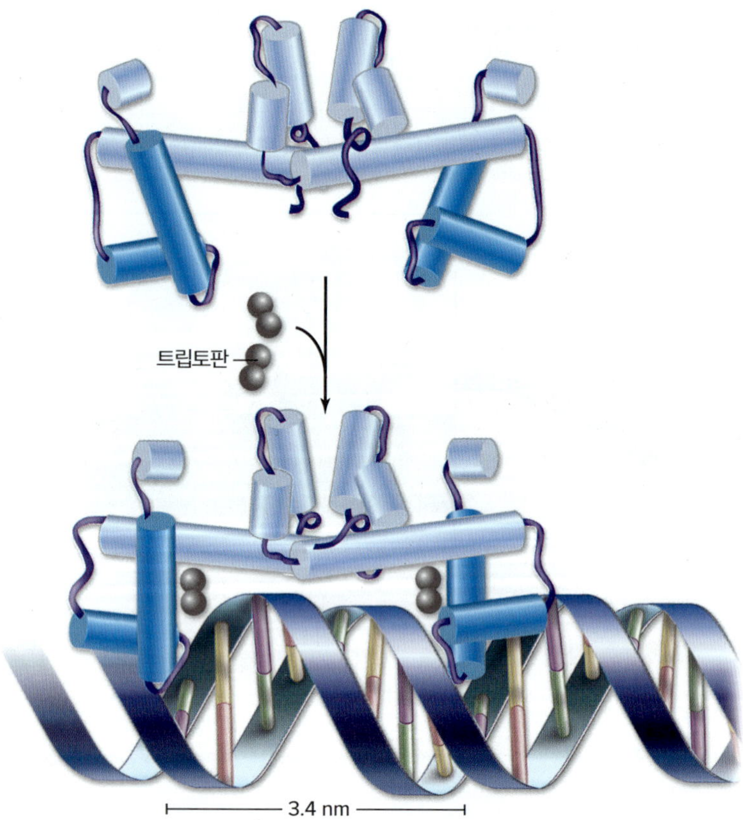

그림 15.7 ***trp*** **억제인자의 작용.**
억제인자에 결합한 트립토판은 억제인자의 인식나선들 사이의 거리를 증가시켜 억제인자가 DNA에서 2개의 인접한 주홈에 잘 맞도록 유도한다.

유도와 억제 두 단계가 어떻게 음성조절에 기인하는지를 이해하기 위한 핵심은 억제 단백질과 작동유전자들의 행동에 대해 이해하는 것이다. 유도에서 억제인자는 스스로 DNA에 결합하고, 유도자는 DNA 결합을 막는다. 억제의 경우에는 억제인자가 보조억제인자와 결합한 상태에서만 DNA에 결합할 수 있다. 유도와 억제는 분자의 상호작용이 어떻게 그들의 구조에 영향을 미치는지, 그리고 분자구조가 어떻게 기능에 중요한지를 보여주는 아주 좋은 예들이다.

핵심 요약 15.3

유도는 기질에 반응하여 경로 내 유전자의 발현이 일어날 때를 의미하며, 기질에 반응하여 발현하지 않게 되면 억제가 일어난다. *lac* 오페론은 음성적으로 조절되는데, DNA에 결합하는 억제 단백질이 존재할 경우 전사가 억제된다. 그러나 젖당이 있으면 유사젖당과 억제인자가 결합하여 DNA에 결합할 수 없게 된다. *lac* 오페론은 또한 활성 단백질로 인해 양성조절을 한다. *trp* 오페론은 DNA에 결합하기 위해 트립토판과 결합한 억제 단백질에 의해 음성조절된다. 그러나 트립토판이 없으면 억제 단백질은 DNA와 결합할 수 없으며, *trp* 오페론은 탈억제된다.

- *trp*에 여전히 결합할 수 있지만 더 이상 DNA에 결합하지 않는 *trp* 억제인자 돌연변이는 *trp* 오페론을 어떻게 조절할까?

15.4 진핵세포에서의 조절

학습 목표

1. 일반전사인자와 특수전사인자를 구별할 수 있다.
2. pol II 개시복합체의 형성에 대하여 서술할 수 있다.
3. 전사인자들이 멀리 위치하는 DNA에서 어떻게 영향을 미칠 수 있는가에 대해 설명할 수 있다.

진핵세포의 전사 조절은 원핵세포의 조절보다 훨씬 복잡하다. 단백질-DNA 상호작용의 기본 개념은 서로 유효하지만, 상호작용하는 단백질의 유형과 수는 둘 사이의 분명한 차이 때문에 진핵세포에서 훨씬 많다. 첫째, 진핵생물은 염색질로 구조화된 DNA를 가지고 있고, 이것이 단백질-DNA 상호작용을 상당히 복잡하게 한다. 둘째, 진핵세포의 전사는 핵에서 일어나고 번역은 세포질에서 일어나는데,

원핵생물에서는 이 과정이 공간적, 시간적으로 연결되어 있다. 이것은 원핵세포보다 진핵세포에게 더 많은 조절 기회를 제공해 준다.

전사인자는 일반적이거나 특수할 수 있다

14장에서 전사인자의 개념들을 살펴보았다. 진핵세포의 전사는 다양한 전사인자를 요구하는데, 그들은 크게 **일반전사인자**(general transcription factors)와 **특수전사인자**(specific transcription factors)의 두 부류로 구분된다. 일반전사인자는 전사 장치의 조립 및 프로모터로 RNA 중합효소 II를 불러들이는 데 필요하다. 특수전사인자는 특정 세포 유형 또는 신호에 대한 반응에서 전사 수준을 증가시킨다.

일반전사인자

RNA 중합효소 II 주형(단백질을 암호화하는 대다수의 유전자들)의 전사는 전사를 개시하기 위해 RNA 중합효소 II 외에 요구되는 것들이 많다. **일반전사인자**는 RNA 중합효소 II를 프로모터로 불러들이고, 생산적인 시작을 하기 위하여 개시복합체를 만드는데 요구된다. 이러한 인자들은 전사를 일으키기 위해 요구되지만, 기본 속도 이상으로 전사를 증가시키지는 않는다.

일반전사인자들은 "전사인자 RNA 중합효소 II(transcription factor RNA polymerase II)"의 축약형인 TFII로 명명되었다(RNA 중합효소 I과 III는 각각을 TFI, TFIII로 명명). 이러한 일반전사인자는 프로모터를 인지하는 다른 인자들과 결합하여, 결과적으로 RNA 중합효소 II가 초기 전사를 시작할 수 있는 복합체를 구성하도록 한다.

특수전사인자

특수전사인자(specific transcription factor)는 기본 수준보다 높은 전사를 촉진하기 위해 조직 혹은 시간 의존 방식으로 작용한다. 특수전사인자들의 수는 많으며, 다양성이 높다. 어떠한 가닥은 특이 인지에 반해 DNA-결합 모티프에 집중하여 전사인자들의 확산을 야기한다.

활성인자라고 불리는 특수전사인자를 분석한 결과 2가지 단백질 영역을 가지고 있는 것을 확인하였는데, 각 인자는 DNA-결합 도메인과 전사 기구와 상호작용하는 분리된 활성 도메인으로 구성되어 있고, 이러한 도메인들은 단백질 내에서 기본적으로 독립성을 지닌다. 이러한 영역의 독립성은 재조합 DNA를 사용하여 2개의 서로 다른 인자 사이에서 DNA 결합 도메인의 "교환(swap)" 실험을 통해 밝혀졌다. 이 실험을 통하여 DNA 결합 도메인이 인자들 사이에서 바뀌면 전사를 활성화하는 능력에 영향을 주지 않고, DNA 결합 특이성만 바꾸는 것을 알 수 있었다.

프로모터와 인핸서는 전사인자에 대한 결합부위를 형성한다

프로모터는 일반전사인자들을 위한 결합 장소를 형성한다. 이런 프로모터에는 여러 인자가 발견되지만, 모든 프로모터에 같은 부분이 발견되는 것은 아니다. "핵심 프로모터(core promoter)"라고 불리는 부위에는 다수의 보존된 요소를 갖고 있지만, 앞서 이야기한 것처럼 모든 프로모터가 이 부위를 가지고 있지는 않다. 가장 많이 보존된 요소는 TATA 박스로, TFIID는 많은 진핵세포의 프로모터에서 발견되는 TATA 박스 서열을 인지하는 TATA-결합 단백질을 가지고 있다. 다른 인자인 TFIIB는 TFIIB 인식부위(BRE)와 결합하고, 핵심 프로모터의 TATA 박스에 인접하며, RNA 중합효소와 상호 작용한다.

TFIID 결합에 뒤이어 TFIIE, TFIIF, TFIIA, TFIIB, TFIIH 결합 그리고 전사연관인자(transcription-associated factors, TAFs)라고 부르는 많은 부속 인자들의 결합이 이어진다. 그 결과 개시복합체(**그림 15.8**)는 프로모터에 결합하는 세균의 RNA 중합효소의 완전효소보다 훨씬 더 복잡하다. 그리고 또 다른 수준의 복잡성이 있는데, 특수전사인자의 참여 없이는 높은 수준의 전사를 달성할 수 없다는 것이다.

인핸서(enhancer)는 위치 또는 방향에 독립적으로 작용하는 높은 수준의 전사에 필요한 DNA 염기서열로 원래 정의되었다. 처음에 분자생물학자들은 조절 영역이 암호영역의 바로 옆 상부에 있을 거라 기대하게 만든 원핵생물 시스템에 익숙해 있었기 때문에, 이러한 개념은 반직관적으로 보였다. 인핸서는 특수전사인자들의 결합 부위

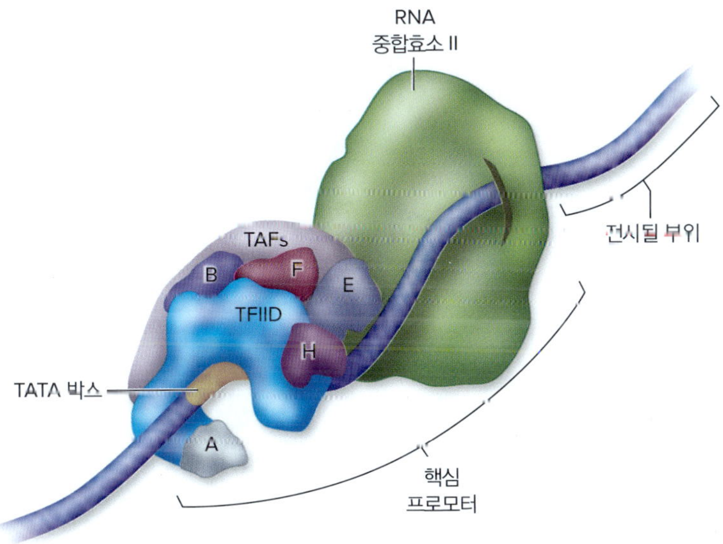

그림 15.8 진핵세포의 개시복합체 형성.
일반전사인자인 TFIID는 TATA 박스에 결합하고, 다른 일반전사인자인 TFIIE, TFIIF, TFIIA, TFIIB, TFIIH가 합류한다. RNA 중합효소 II를 핵심 프로모터로 불러오는 전사연관인자들(TAFs)은 이 복합체에 추가된다.

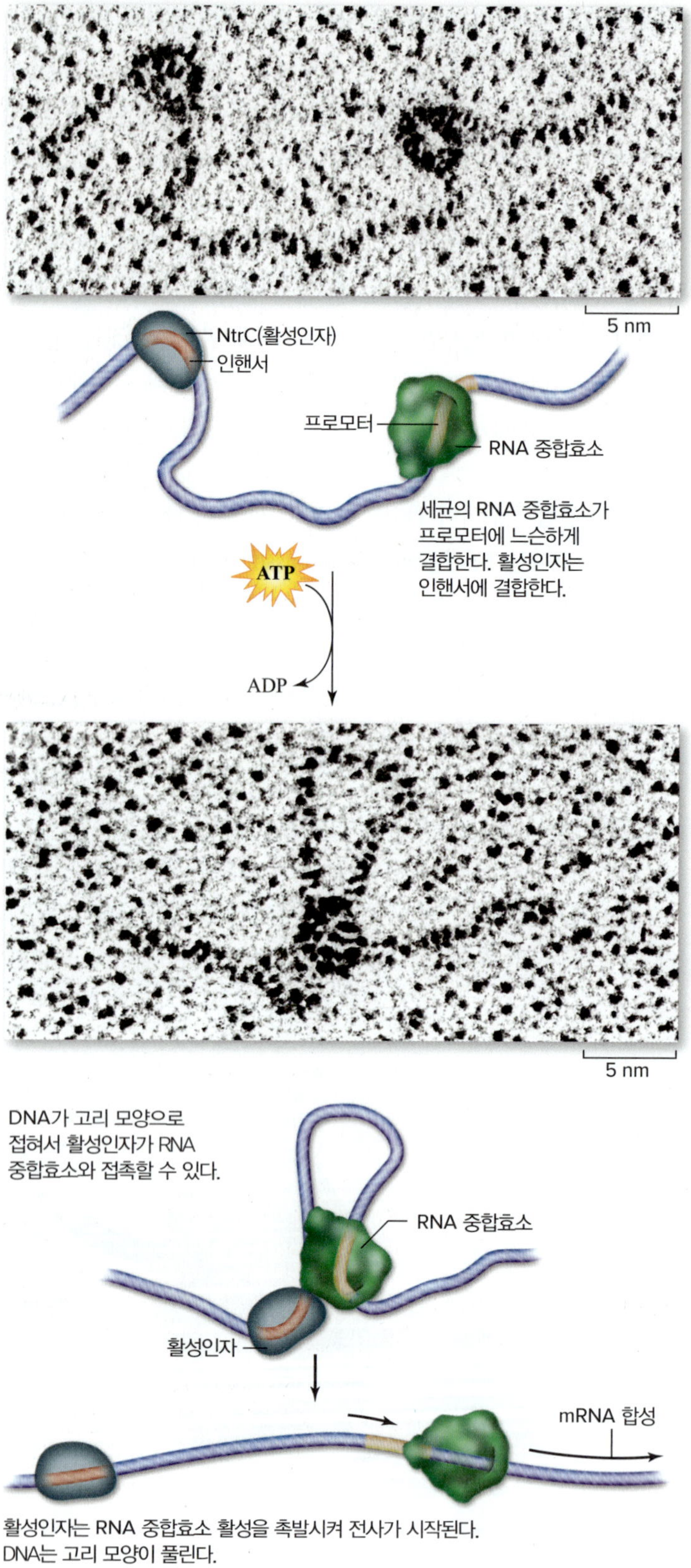

그림 15.9 단백질에 의한 DNA 고리 형성.
세균의 활성인자인 NtrC가 인핸서에 붙으면, RNA 중합효소가 붙어 있는 멀리 떨어진 곳으로 DNA를 구부린다. 이러한 역할을 담당하는 인핸서들은 원핵세포에서는 드물지만, 진핵세포에서는 일반적이다.

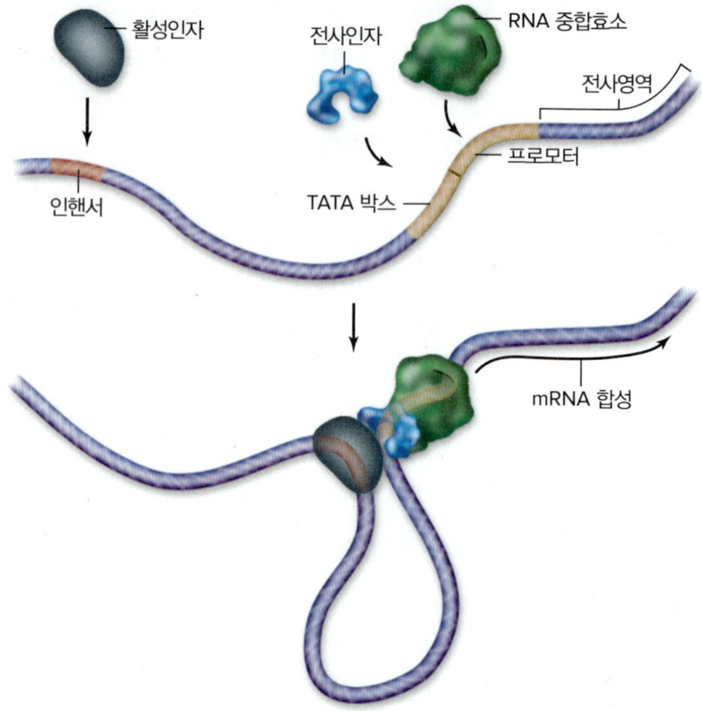

그림 15.10 인핸서의 역할.
인핸서는 부위는 유전자가 조절되는 부위에서 멀리 떨어진 곳에 있다. 인핸서에 활성인자(회색)가 결합하면 RNA 중합효소와 연계된 전사인자(파란색)와 활성인자가 상호작용하여 전사를 촉진한다.

라고 밝혀졌는데, 먼 거리에 걸쳐 작동하는 인핸서의 능력은 처음에는 수수께끼였지만, 지금 연구자들은 DNA가 굽어져 고리를 형성해 인핸서를 프로모터 가까이 위치시킬 수 있다고 생각하고 있다.

진핵세포 체계에서 이 고리 형성이 더 중요하지만, 이 고리 형성은 원핵세포의 DNA-결합 단백질에서 먼저 증명되었다(**그림 15.9**). 가장 중요한 점은 염색체상의 두 자리를 분리하는 직선의 거리가 먼 물리적 거리로 해석되지 않아야 한다는 것이다. 왜냐하면 DNA는 유연성으로 인해 휘고 고리 모양으로 구부러질 수 있기 때문이다. 따라서 인핸서와 결합한 활성인자는 먼 거리의 프로모터에 결합한 전사인자들과 접촉할 수 있게 프로모터 쪽으로 운반된다(**그림 15.10**).

보조활성인자와 매개자는 전사인자를 RNA 중합효소 II에 연결시켜 준다

특히 전사인자들의 활성을 조절해 주는 다른 인자들이 있는데, 이런 **보조활성인자**(coactivator)와 **매개자**(mediator)들은 전사인자에 의한 전사 활성에도 필요하다. 이들은 전사인자들에 결합하고 다른 전사 장치들의 부분에 결합함으로써 작용한다. 매개자는 일부 전사인자들한테는 필수 조건이지만, 모든 전사인자들이 요구하는 것은 아니다. 많은 보조활성인자는 전사인자들보다 적은데, 그 이유는 동

그림 15.11 **전사복합체의 다양한 인자들의 상호작용.** 모든 특수전사인자들은 프로모터에서 멀리 떨어진 인핸서 서열에 결합한다. 전사인자 단백질들은 DNA 고리 형성에 의해 개시복합체와의 상호작용을 할 수 있다. 본문에 자세하게 설명되어 있는 것처럼, 활성인자라고 부르는 어떤 전사인자들은 RNA 중합효소 또는 개시복합체에 직접 상호작용을 하는 반면, 다른 전사인자들은 추가적으로 보조활성인자들을 필요로 한다.

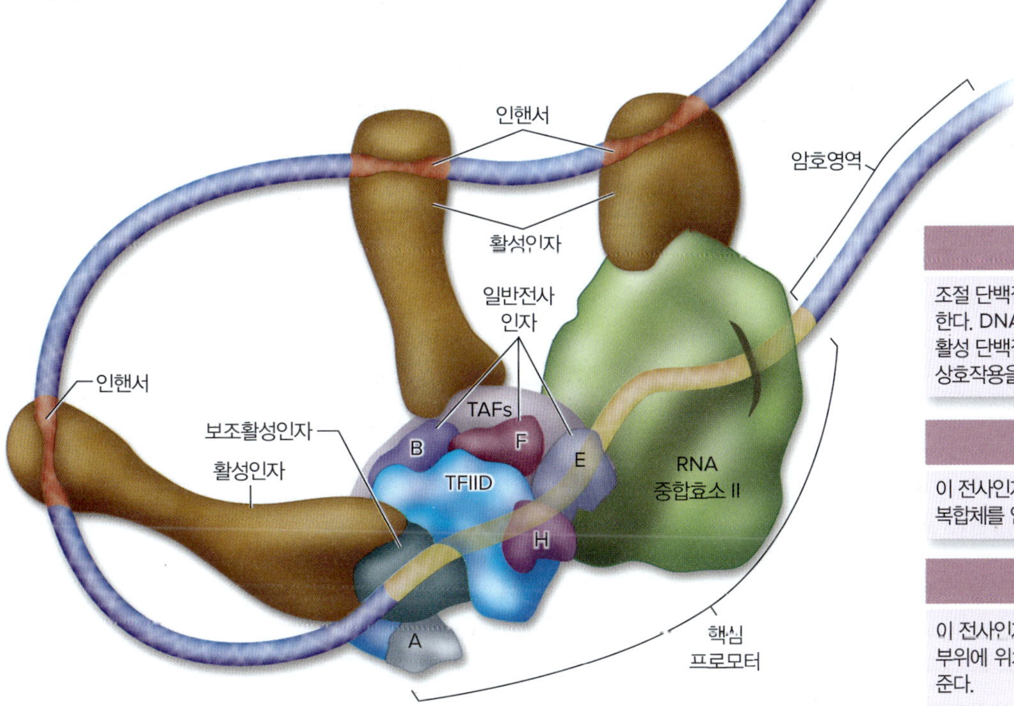

활성인자

조절 단백질은 인핸서라고 알려진 먼 거리에 있는 DNA에 결합한다. DNA가 접혀 인핸서를 개시복합체 가까이 가져오게 되면, 활성 단백질들은 전사 속도를 증가시키기 위해 개시복합체와 상호작용을 한다.

보조활성인자

이 전사인자들은 활성인자 단백질을 전사복합체에 연결함으로써 복합체를 안정화시킨다.

일반전사인자

이 전사인자들은 RNA 중합효소를 단백질 암호화 서열의 시작 부위에 위치시킨 다음 전사를 개시하기 위해 중합효소를 놓아 준다.

일한 보조활성인자가 다수의 전사인자들에 의해 이용될 수 있기 때문이다.

전사복합체는 전사 관련 기구들을 연계시켜 준다

몇 가지 일반적인 원칙이 다양한 범위의 상황에 적용될 수 있지만, 거의 모든 진핵생물의 유전자(또는 공동으로 조절되는 유전자 그룹)들에서 한 가지 특이한 현상이 나타난다. 실제로 RNA 중합효소 II에 의해 전사되는 모든 유전자들은 개시복합체를 조립하기 위해 동일한 일반전사인자의 그룹이 필요하지만, 이 복합체의 조립과 전사의 궁극적 수준은 **전사복합체**(transcription complex)를 구성하는 특수전사인자들에 의존한다(**그림 15.11**).

그래서 진핵세포 프로모터의 구성은 개시복합체에만 요구된다는 것을 고려해 보면 매우 간단하고, 복합체에 결합하고 전사에 영향을 미치는 요소들을 고려한다면 매우 복잡할 수 있다. 이런 종류의 조합 유전자(combinatorial gene)의 조절은 큰 유연성을 이끌어낼 수 있는데, 이것은 세포가 받는 많은 신호에 반응하여 전사에 영향을 끼쳐 이런 신호들의 통합을 허용하기 때문에 가능하다.

? **탐구문제** 진핵생물에서는 어떻게 많은 유전자가 동시에 전사되도록 조화롭게 조절할 수 있는가?

핵심 요약 15.4

진핵생물의 개시에서는 프로모터와 결합하고 RNA 중합효소 II를 불러들여 개시복합체를 형성하는 일반전사인자를 필요로 한다. 일반전사인자들은 기본적인 수준에서의 전사를 유도한다. 특수전사인자는 인핸서 서열에 결합하여 전사를 촉진한다. 인핸서는 DNA의 고리 형성으로 프로모터와 가까워질 수 있기 때문에 멀리서 작용한다. 게다가 추가적으로 보조 활성인자 및 매개자들이 특수전사인자와 RNA 중합효소 II의 결합을 촉진한다.

- 일반전사인자 또는 특수전사인자의 결실을 초래한 돌연변이가 전사에 미치는 영향은 무엇일까?

15.5 유전자 발현에 영향을 주는 염색질의 구조

학습 목표

1. 최소 2종류의 후성유전학적 표지자에 대해 기술할 수 있다.
2. 염색질재구성복합체의 기능에 대해 설명할 수 있다.

2배체의 인간세포에는 3×10^7개의 뉴클레오솜(nucleosome) 안에 6×10^9 bp의 DNA가 포장되어 있다. 또한 염색질의 경우에는 5~10 μm 크기의 핵에 약 2 m의 DNA를 보다 치밀하게 포장하여 존재한다. 이러한 구조는 분명히 전사의 과정을 더 복잡하게 만들게 된다. 세포는 이 난제를 해결하기 위하여 DNA와 히스톤을 변형하여 선택적으로 염색질의 구조를 조절함으로써 생명활동에 필요한 DNA를 이용한다. 염색질에 대한 이러한 변화는 DNA 염기서열은 그대로 둔 채 표현형이 유전되는 후성유전학의 기초가 되는 것으로 생각된다.

DNA의 메틸화, 히스톤의 변형 및 비암호화 RNA는 모두 염색질 구조에 영향을 끼친다

후성유전학적 변화의 정의는 개시의 자극이 없어도 지속성을 가져야 하고, 세포분열을 통해 유전되어야 한다는 것이다. 염색질의 구조에 대한 변형은 이러한 정의를 충족시킬 수 있지만, 세포분열을 통해 유전되는 기작에 대해서는 아직 명확하게 밝혀지지 않았다. 염색질의 구조는 DNA 메틸화뿐만 아니라 히스톤 단백질의 변형 그리고 비암호화 RNA에 의해 광범위하게 영향을 받는다.

DNA 메틸화

DNA의 **메틸화**(methylation)는 후성유전학적으로 작용하는 것으로 보이는 염색질 구조의 첫 번째 변형이었다. 메틸화 효소에 의해 사이토신에 메틸기의 첨가가 이루어지면 5-메틸사이토신을 만들지만, 이 변화는 구아닌과의 염기쌍 형성에 어떤 영향도 주지 않는다(**그림 15.12**). 그러나 DNA 메틸화가 높은 수준으로 일어나면, 유전자의 비활성화와 상관관계가 있고, 유전체 각인(12장 참조)에서 보이는 대립유전자의 발현에도 DNA 메틸화가 부분적으로라도 관련되어 있다.

메틸화는 잘 알려진 기작을 통해 후성유전학적 효과를 일으키는데, 두 가닥이 메틸화된 DNA의 반보전적 복제는 반메틸화된

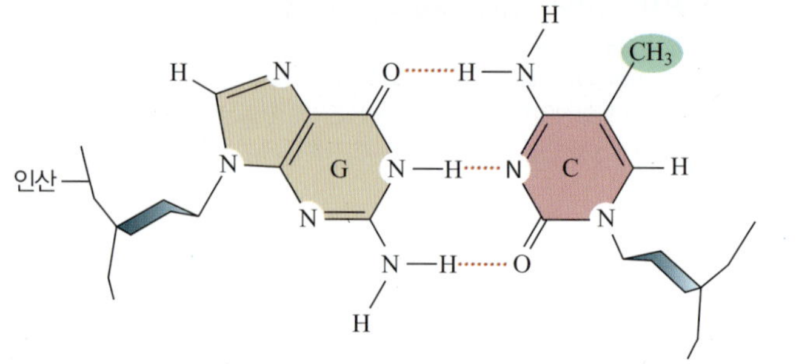

그림 15.12 DNA 메틸화.
사이토신이 메틸화되어 5-메틸사이토신이 된다. 메틸기(초록색)는 주변에 위치하기 때문에 G-C 염기쌍의 수소결합을 방해하지는 않지만, 단백질에 의해 인지될 수 있다.

DNA(hemimethylated DNA)를 생성하며, 이 DNA는 메틸효소의 작용에 의해 완전히 메틸화된다. 사람에게서 발견되는 DNMT1(DNA methyltransferase 1)은 메틸화를 유지시켜 주며, 다른 메틸효소 또한 이러한 역할을 하지만, 지속적으로 활성 상태를 유지할 필요는 없다.

X 염색체의 불활성화

포유류 암컷은 양 성별에서 X 염색체 발현을 균등하게 하기 위한 양적보상의 한 형태로 하나의 X 염색체를 불활성화한다. 이 분야는 1961년 라이온(Mary Lyon)에 의해 처음 제안된 이후 오늘날에도 활발한 연구의 영역이 되고 있다. 이것은 또한 유전자 발현을 조절하는 긴 비암호화 RNA의 첫 번째 예로 알려지고 있다. 불활성화 과정을 시작하는 염색체의 부분에는 단백질로 번역되지 않는 *Xist*(*X-inactivation-specific transcript*)라는 유전자가 들어 있다. 불활성화 과정은 꽤 복잡하지만, 결국 *Xist* 유전자는 전체 불활성 X 염색체를 "코팅"하고, 염색질 조절인자인 폴리콤 억제 복합체 2(polycomb repressive complex 2, PRC2)를 유도하는 역할을 한다. 이러한 과정은 결국 불활성화된 염색질과 관련된 히스톤의 변형으로 이어진다.

히스톤 단백질의 변형

히스톤 단백질의 변형은 복잡한 주제인데, 왜냐하면 변형이 가능한 경우가 많은 히스톤 단백질 4개로 구성되어 있기 때문이다. 더불어 변형 과정에는 라이신의 아세틸화 및 메틸화, 세린, 트레오닌, 타이로신의 인산화 등이 포함된다. 일반적으로, 특히 H3의 아세틸화는 조절 영역과 유전자 자체의 전사 영역에서 모두 전사 활성화와 상관관계가 있다. 그러나 같은 히스톤(H3)의 메틸화는 라이신 메틸화에 따라 정반대의 효과를 낼 수 있다.

일부 전사 활성인자는 염색질 구조를 변경한다

진핵세포의 전사 조절은 전사를 활성화하기 위해 많은 다른 인자

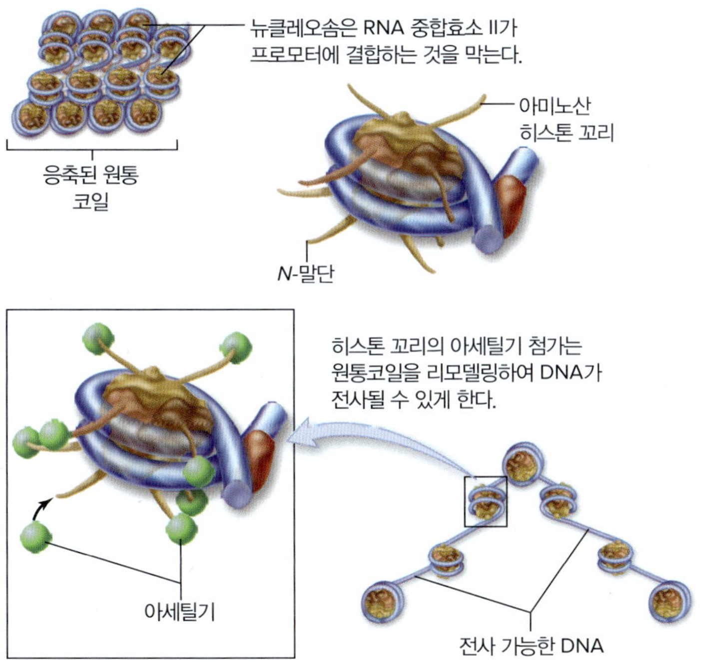

그림 15.13 염색질 구조에 영향을 미치는 히스톤 변경.
진핵세포 DNA는 최초 뉴클레오솜으로 구조화된 다음 더 높은 단계의 염색질 구조로 조직화된다. 뉴클레오솜의 핵심을 구성하는 히스톤은 튀어나온 아미노산 꼬리를 가지고 있다. 이 아미노산 꼬리들은 아세틸 그룹의 첨가로 변형될 수 있으며, 아세틸화는 염색질의 구조를 변형시켜 전사기구가 접근하게 만든다.

들이 필요하다. 일부 활성인자는 개시복합체 또는 보조활성인자와 직접 상호작용을 한다(15.4절 참조). 또 다른 경우는 일부 보조활성인자가 **히스톤 아세틸기 전달효소**(histone acetylases, HATs)의 역할을 한다는 것이다. 이 경우 전사를 막는 고차원의 염색질 구조를 제거함으로써 전사가 증가된 것으로 보인다(**그림 15.13**). 몇몇 보조억제인자들도 **히스톤 아세틸 제거효소**(histone deacetylases, HDACs)의 역할을 하는 것으로 보고되고 있다.

이런 관찰들은 유전암호와 유사한 "히스톤 암호(histone code)"가 존재할지도 모른다는 제안을 이끌어냈다. 히스톤 암호는 염색질 구조 소설의 기서를 이루어 전사기구들의 DNA 접근을 조절하는 기본 조절 기작으로 제안되고 있다.

염색질재구성복합체는 염색질의 구조를 변화시켜 준다

고차원의 염색질의 구조 변경에 대한 세부적인 것은 잘 알려져 있지 않지만, 이 구조가 유전자 발현에 영향을 끼치는 것은 분명했다. 이러한 의문을 해결할 수 있는 중요한 발견이 **염색질재구성복합체**(chromatin-remodeling complex)의 존재이다. 단백질로 이루어진 이 복합체는 히스톤과 DNA를 변형시키고, 염색질 구조 그 자체도 변형시키는 효소들을 포함하고 있다. 이런 재구성 인자들의 한 부류는 ATP 의존성 염색질 재구성 인자로, 이 ATP 의존성 재구성 인자들은 히스톤과 DNA의 관계를 바꾸기 위해 ATP 가수분해 에너지를 사용하며, 히스톤/DNA 결합에서 다음과 같은 4가지 다른 변화를 촉매한다(**그림 15.14**). (1) 뉴클레오솜이 DNA 가닥을 따라 미끄러져 움직여서, DNA상의 뉴클레오솜 위치를 변화시키고, (2) DNA가 더 접근 가능한 재구성 상태를 만들고, (3) DNA에서 뉴클레오솜을 제거하고, (4) 변형된 히스톤으로 히스톤을 대체한다. 이런 모든 기능은 조절 단백질이 DNA에 더 접근 가능하게 만들어 유전자 발현에 영향을 줄 수 있게 한다.

염색질 또한 전사가 시작되는 동안 지속적으로 변형된다. RNA 중합효소 II의 CTD 영역은 중합효소 앞쪽의 뉴클레오솜을 제거하고 중합효소 뒤에 재배치하는 데 도움을 주는 FACT(facilitates chromatin transcription) 라고 불리는 히스톤 샤페론 복합체를 유도한다.

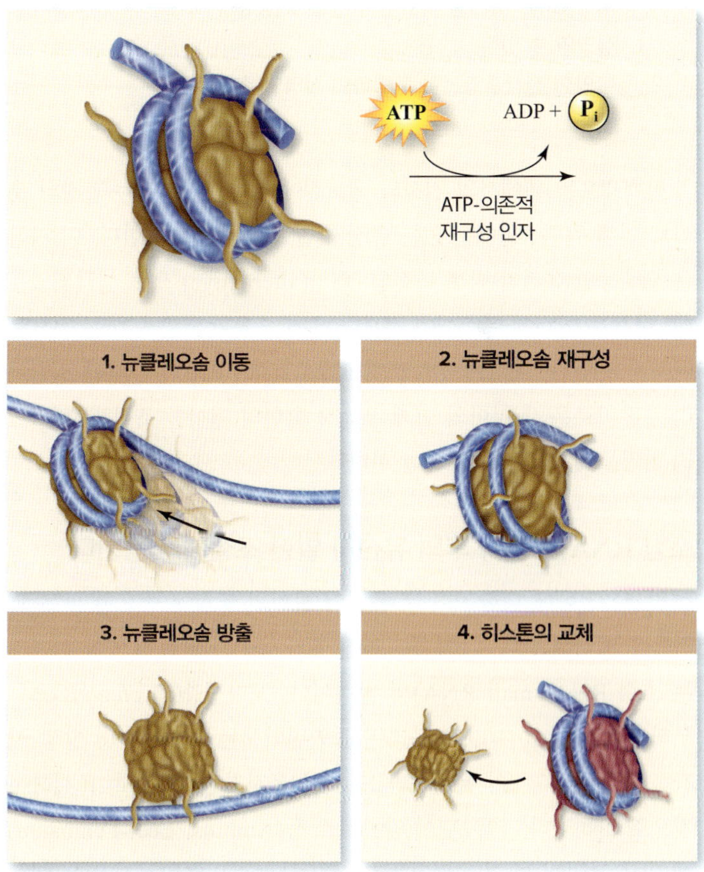

그림 15.14 ATP 의존적 재구성 인자들의 기능.
ATP 의존적 재구성 인자들은 염색질 구조를 바꾸기 위해 ATP로부터 에너지를 사용한다. 그들은 (1) 단백질에 대한 결합 부위를 드러나게 하기 위해 DNA를 따라 뉴클레오솜을 이동시킨다. (2) 접근 가능한 DNA 부분에 재구성된 상태의 염색질을 만든다. (3) DNA에서 뉴클레오솜을 완전히 제거한다. (4) 뉴클레오솜의 히스톤을 변형된 히스톤으로 대체한다.

핵심 요약 15.5

진핵생물 DNA는 염색질로 포장되어 전사에 구조적 어려움을 더한다. 염색질 구조의 변화는 DNA와 히스톤의 변형과 관련이 있으며, 후성유전학의 기초가 되는 것으로 생각된다. 일부 전사 활성인자들은 아세틸화에 의해 히스톤을 변형한다. 거대한 염색질재구성복합체에는 염색질의 구조를 바꾸는 효소가 포함되어 있어 조절 단백질이 DNA에 더 쉽게 접근하게 할 수 있다.

- 왜 어떤 유전자들은 항상 발현되어야 할까?

15.6 진핵세포에서의 전사후조절

학습 목표

1. 소형 RNA가 어떻게 유전자 발현에 영향을 미치는가에 대하여 설명할 수 있다.
2. 다양한 전사후조절을 구별하여 설명할 수 있다.

진핵세포는 핵에서의 전사와 세포질에서의 번역이라는 과정의 분리로 인해 원핵생물에는 없는 유전자 발현 기작을 진행한다. 이 기작은 오랫동안 유전자 발현 조절의 "대안(alternative)"으로 생각되었는데, 현재는 이전에 예측했던 것보다 훨씬 중요한 역할을 하는 것으로 여겨지고 있다. 여기에서는 소형 RNA(small RNA)에 의한 조절이라는 흥미로운 새 분야와 함께 유전자 발현의 개시를 조절해 주는 여러 기작들에 대해 알아보도록 한다.

소형 RNA는 전사 후의 유전자 발현 조절에 작용한다

발생유전학에 대한 연구는 유전자 발현의 조절에 중요한 많은 관점들을 제시해 왔다. 그의 두드러진 예가 유전자 발현에 영향을 미치는 소형 RNA(small RNA)의 발견이다. 꼬마선충(*C. elegans*)으로부터 분리해낸 *lin-4*라고 불리는 돌연변이체는 꼬마선충의 발생 시간을 변경시키고, 이 유전자가 또 다른 유전자인 *lin-14*를 조절하는 것으로 밝혀졌다. 1992년에 암브로스 등(Ambros, Lee, Feinbaum)에 의해 분리된 *lin-4* 유전자는 단백질 산물을 암호화하지 않는 대신에 22 nt와 61 nt의 2개의 소형 RNA 분자를 암호화한다는 것이 밝혀졌다. 더욱이 22 nt RNA는 61 nt보다 긴 RNA로부터 유도되었으며, 더 나아가 이 소형 RNA가 *lin-14*의 한부분에 상보적이라는 것이 밝혀졌다. 이런 사실들로부터 *lin-4* RNA가 *lin-14* mRNA의 전사 억제인자의 역할을 한다는 모델을 만들었는데(**그림 15.15**), 당시에 이 모델이 관심 있게 받아들여지지 않았지만, 이를 통해 **마이크로 RNA**(micro RNA, miRNA)가 처음으로 확인된 것이다.

완전히 다른 연구 분야로 유전자 발현을 중단시키기 위해 2중가닥

과학적 사고

가설: *lin-14* 유전자에 상보적인 부위를 가지는 *lin-4* miRNA에 의해 *lin-14* 유전자의 발현이 조절된다.

예측: *lin-4* miRNA에 상보적인 부위를 가지고 있는 *lin-14*의 유전자 부위가 리포터 유전자에 삽입이 되면, 리포터 유전자는 *lin-14*와 같은 발현 양상을 나타낼 것이다.

실험: 2가지 종류의 리포터 유전자(β-갈락토스 분해효소)를 만들기 위해 재조합 DNA를 이용하였다. 형질전환된 꼬마선충(*C. elegans*)에서 리포터 유전자는 푸른색을 발현하도록 하였다.

1. *lin-14*의 3′ 비번역 부분에 *lin-4*에 상보적 영역이 있는 β-갈락토스 분해효소(그림에서 구조 확인)
2. 대조군으로 *lin-4*에 상보적 영역이 없는 3′ 비번역 영역을 가진 β-갈락토스 분해효소(그림에는 나타내지 않음)

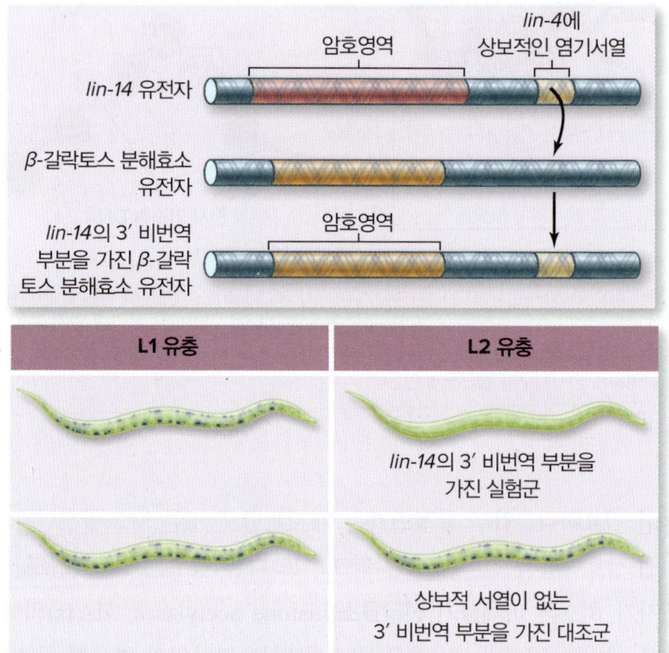

결과:

1. *lin-14*의 3′ 비번역 부분을 가진 리포터 유전자로 형질전환된 꼬마선충은 L1에서는 발현을 보였지만, L2 유충 단계에서는 발현을 보이지 않았다.
2. 3′ 비번역 부분에 *lin-4* 상보적 영역이 없는 리포터 유전자로 형질전환된 꼬마선충은 L1과 L2에서 발현이 나타났다.

결론: *lin-14*로부터의 3′ 비번역 부분은 L2 유충에서의 유전자 발현을 억제할 수 있다.

추가 실험: *lin-4*의 기능이 결실된 돌연변이에서 이 재조합 DNA의 어떠한 발현 양상을 예측할 수 있는가?

그림 15.15 ***lin-14* 유전자 발현의 조절.**
lin-14 유전자는 *lin-4* 유전자에 의해 조절된다. *lin-14* mRNA의 3′ 비번역 부분에 *lin-4* miRNA의 상보적인 부분이 결합하게 되면서 이러한 조절이 일어나게 된다.

의 RNA를 사용하는 것인데, 이것은 **소형간섭 RNA**(small inrerfering RNA, siRNA)라고 부르는 다른 부류의 작은 RNA를 통해 일어난다. 이것은 실험적으로 도입되거나 침입한 바이러스에서 유도되거나, 또는 게놈에서 암호화될 수 있다. siRNA는 소형 RNA를 통한 유전자 발현 조절에 대한 세포 수준에서의 메커니즘이 존재함을 보여준다.

이러한 발견 이후 소형 RNA에 의한 유전자 침묵(gene silencing)은 이들의 실험적 사용과 유전자 발현의 번역후조절에 대한 설명 둘 다에서의 커다란 흥미를 유발하였다. 소형 RNA가 다양한 시스템에서 연구됨에 따라 그들에 대해 설명하는 단어가 크게 증가하고 있다. 최근 연구는 많은 새로운 유형의 소형 RNA들이 밝혀지고 있지만, miRNA와 siRNA가 RNA 침묵기구로 잘 확립되어 실증되고 있기 때문에, 여기에서는 miRNA와 siRNA 2가지 종류에 대해서만 다룬다.

miRNA 유전자

선충(nematodes)에서 발견된 *lin-4* 유전자가 다른 시스템에서 전혀 상동성을 보이지 않았기 때문에 처음에는 유전자 발현에 대한 miRNA의 역할이 선충에 한정된 것으로 여겨졌었다. 7년 후 두 번째 *let-7*이 꼬마선충의 동일 경로에서 발견되었다. *let-7* 유전자는 번역에 영향을 주는 22 nt RNA를 암호화하는데, 이 경우 *let-7*의 동종 유전자가 초파리와 인간에서 곧바로 발견되었다.

다른 생물체에서 발견되는 miRNA의 수가 증가함에 따라 miRNA 유전자 발견은 **마이크로어레이**(microarray)나 차세대 염기서열 결정법과 같은 대용량 처리방법과 컴퓨터 검색을 통해 분석되고 있다. miRNA 전용 데이터베이스에는 현재까지 알려진 1881개의 인간 miRNA 서열이 저장되어 있다.

miRNA 유전자는 발현되는 유전자의 인트론을 포함해 다양한 위치에서 발견되고, 이들은 단일 전사단위 내에서 다수의 miRNA와 종종 클러스터를 이룬다. miRNA 유전자들은 이전에 전사되지 않는 부분이라고 간주된 부분에서도 발견되기도 하는데, 동물 유전체 전반에 걸친 전사를 조사한 다른 연구들에서 전사적으로 불활성화한 것으로 여겨졌던 것들이 실제로는 그렇지 않게 나타났기 때문에 이런 발견은 특히 흥미로운 결과로 받아들여지고 있다.

miRNA의 생성과 기능

기능성 miRNA 생성은 핵에서 시작되어 세포질에서 끝나는데, 약 22 nt RNA는 유전자 발현 억제의 기능을 한다(**그림 15.16**). RNA 중합효소 II에 의해 만들어진 miRNA 유전자의 초기 전사체는 pri-miRNA라고 부르는 전사체이다. 이 전사체는 miRNA를 포함한 부분이 스스로 접히고 염기쌍을 형성하여 줄기와 고리 구조가 만들어진 다음, 핵에서 드로샤(Drosha)라고 부르는 핵산분해효소(nuclease)에 의해 miRNA를 줄기와 고리 구조로만 손질하여 pre-miRNA를 만들게 된다. 이 pre-miRNA는 엑스포틴 5(exportin 5)라고 부르는 단백질에 결합한 상태로 핵공을 통해 세포질로 나가게 된다. 세포질에서 pre-miRNA는 또 다른 핵산분해효소인 **다이서**(Dicer)라는 효소에 의해 더 잘리게 되어, miRNA를 포함한 짧은 길이의 2중가닥의

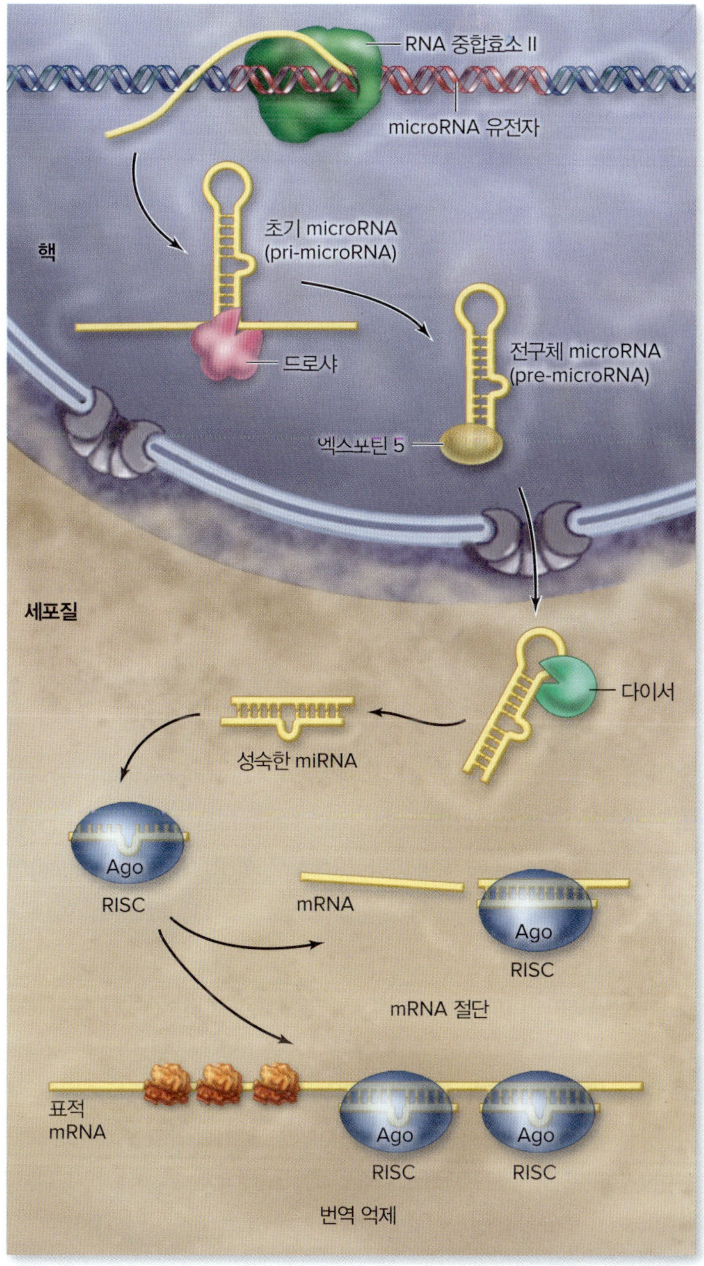

그림 15.16 miRNA의 생성 및 기능.
miRNA 유전자는 RNA 중합효소 II에 의해 전사되어 pri-miRNA로 생겨나게 된다. 이것은 Drosha 핵산분해효소에 의해 잘려져 pre-miRNA로 만들어지고, 핵 밖으로 내보내는 엑스포틴 5와 결합하여 핵으로부터 세포질로 이동한다. 세포질에 도달한 pre-miRNA는 성숙한 miRNA를 만들기 위해 다이서 핵산분해효소에 의해 잘려진다. miRNA는 RISC에 실려지고 이것은 표적 mRNA를 자르거나 번역을 막아준다.

RNA를 만들게 된다. miRNA는 **RNA-유도침묵복합체**(RNA-induced silencing complex, RISC)라고 불리는 단백질 복합체에 실려지는데, RISC는 miRNA와 상호작용하는 RNA 결합 단백질인 아고노트(Argonaute, Ago)를 지니고 있다. 상보적 가닥은 핵산분해효소에 의해 분해되거나 실어지는 과정 중에 제거된다.

이 시점에서 RISC는 miRNA의 상보적 가닥의 유전자 발현을 억제해 주는데, 상보적 영역은 일반적으로 유전자의 3′ 비번역 부분에 존재하며, 결과적으로 mRNA가 잘리거나 번역이 억제될 수 있다. 아직 번역 억제에 대한 자세한 기작은 불분명하지만, 동물세포에서는 miRNA에 의한 번역의 억제가 mRNA의 절단보다 더 일반적인 것으로 여겨진다. 식물에서는 RISC에 의한 mRNA의 절단이 더 일반적이고, 이는 동물 시스템에 비해 식물 miRNA와 이의 표적 사이에서 발견되는 더 세밀한 상보성을 가지기 때문인 듯하다.

RNA 간섭

수년에 걸쳐 유전자침묵을 매개하는 소형 RNA에 대해 알려져 왔으나, 다른 종들에서 관찰된 비슷한 현상에 대한 이름으로 몇 가지 혼란이 발생하였다. RNA 간섭, 공동 억제(cosuppression), 번역후 유전자침묵(posttranscriptional gene silencing) 등은 모두 비슷한 생화학적 과정을 통해 작용한다. **RNA 간섭**(RNA interference)이라는 용어가 최근에는 가장 일반적으로 쓰이고 있으며, 이에는 siRNA의 생성이 포함된다.

siRNA(small interfering RNA)의 생성은 miRNA가 긴 두 가닥의 RNA로부터 발생하는 것을 제외하고는 miRNA와 비슷하다(**그림 15.17**). siRNA는 자기 상보성을 갖는 아주 긴 RNA 또는 2개의 서로 상보적인 RNA에서 온 것이다. 이 긴 두 가닥의 RNA는 다양한 siRNA를 만들기 위해 다이서라는 핵산분해효소에 의해 가공되고, 이렇게 가공된 siRNA는 Ago와 결합하여 RISC를 형성한다. 이 siRNA는 보통 자신의 표적인 mRNA와 거의 완벽한 상보성을 가지고 있으며, 그 결과 RISC를 포함하는 siRNA에 의해서 mRNA가 잘리게 된다.

siRNA를 생산하는 2중가닥 RNA는 세포로부터 또는 세포 바깥으로부터 기원한다. 세포 자체에서 오는 경우 자기 상보성의 긴 영역을 가진 RNA를 만드는 유전자들이 있고, 이 상보성 영역은 접히게 되어 세포질에 있는 다이서에 대한 기질이 된다. 또한 **전이인자**(transposable element)를 가진 게놈의 반복된 부분에서 만들어지기도 한다. 세포 외부의 2중가닥 RNA는 실험적으로 또는 바이러스에 의한 감염으로 도입될 수도 있다.

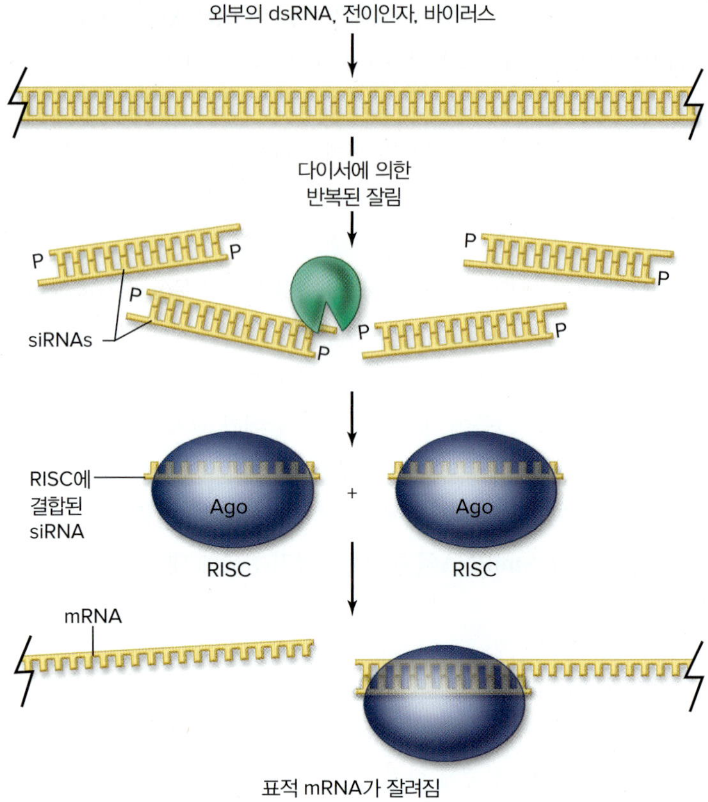

그림 15.17 **siRNA의 생성 및 기능.**
siRNA는 다양한 기원을 가지는데, 이들은 일반적으로 긴 2중가닥의 RNA에서부터 생성이 된다. 이 2중가닥의 RNA는 많은 siRNA를 만들기 위해 다이서라는 핵산분해효소에 의해 처리되고, siRNA들은 각각 자신의 RISC에 실린 다음, 표적 mRNA를 자른다.

소형 RNA는 유전체를 보호하기 위해 진화하였다

바이러스 RNA가 RNA 침묵 경로를 통해 분해될 수 있다는 관찰은 소형 RNA의 진화적 기원을 알려줄 수 있다. 여러 관찰을 통해 RNA 침묵은 전이인자의 작용 또한 조절이 가능하다는 것이 보고되었다. 특히 생쥐와 초파리에서 특정 유형의 소형 RNA가 정자와 난자 형성 동안 전이인자를 억제시키는 데 관여한다. 따라서 이러한 전이인자를 억제하는 RNA 침묵 신호는 결과적으로 유전체를 내, 외부의 공격으로부터 보호하기 위한 고대의 경로임을 알 수 있다. 또한 침묵에 관여하는 주요 단백질의 보존은 모든 진핵생물의 조상이 어떤 형태로든 RNA 침묵 경로를 가지고 있었다는 것을 암시한다.

miRNA와 siRNA의 구별

miRNA와 siRNA의 생성은 다이서에 의해 잘리는 것과 RISC 복합체와 결합하는 것을 포함한다. 두 유형의 분자를 구별하는 주요점은 그들의 표적인데, miRNA는 그들의 근원과 다른 유전자를 억제하는 경향이 있는 반면, 내생의 siRNA는 자신들을 만든 유전자를 억제하는 경향이 있다. 이에 더하여 siRNA는 유전자의 발현을 억제하는 데 실험적으로 사용된다. 이 기법은 관심 있는 유전자에 상보적인 2중가닥 RNA를 도입하여 유전자침묵을 유도하는 세포 기구를 이용하는 것이다.

소형 RNA의 두 유형은 서로 다른 차이점들도 지니고 있다. 다양한 종에서 miRNA는 진화적으로 보존되는 경향이 있지만 siRNA는 그렇지 않은 것으로 나타났다. 이들의 생성은 핵산분해효소를 이용한다는 점에서 유사하나, 2중가닥 RNA의 구조는 실제로는 같지 않다. miRNA 유전자의 전사는 miRNA를 포함하는 줄기-고리(stem-loop) 구조를 형성하지만, siRNA를 만드는 2중가닥 RNA는 아마도 두 분자이거나 매우 긴 줄기-고리일 것이다. 이렇게 더 긴 2중가닥의 부분이 다양한 siRNA를 유도하는 반면에, pre-miRNA는 오직 1개의 miRNA를 만든다.

소형 RNA는 이질염색질의 형성을 매개한다

RNA 침묵 경로는 분열 효모(fission yeast) 및 식물과 초파리에서 이질염색질(heterochromatin)의 형성과 관련이 있는 것으로 시사되어 왔다. 분열 효모에서 이질염색질 동원체의 형성은 다이서 핵산분해효소 활동에 의해 만들어진 siRNA에 의해 추진된다. 이 이질염색질 형성은 히스톤 단백질의 변형을 포함해 이 체계 내에서의 RNA 간섭을 염색질 재구성과 관련지어 준다. 이것이 얼마나 널리 퍼져 있는지는 아직 명확하게 밝혀내지 못하고 있다.

식물은 다양한 소형 RNA 종류를 가진 흥미로운 경우이다. RNA 간섭 경로는 다이서 핵산분해효소 단백질과 아고노트 RNA 결합 단백질의 다양한 형태를 가진 동물에서보다 더 복잡하다. 내생적인 siRNA의 한 부류는 DNA 메틸화와 히스톤 변형을 통해 이질염색질의 형성을 유도할 수 있다.

선택적 스플라이싱은 하나의 유전자로부터 다양한 단백질을 형성한다

14장에서 논의된 것처럼 빈도가 높은 대체 스플라이싱으로 인해 인간 유전체에서 100,000개 이상의 전사체를 만들어 낼 수 있다. 이러한 많은 수의 전사체의 기능을 알아보려면 특정 유전자를 대상으로 하는 분석이 필요하다. 이러한 스플라이싱 양상은 발생의 여러 단계에서나 여러 조직마다 다를 수 있다. 여기서는 2가지 예를 들어 확인해 보자.

먼저는 초파리에서 발생학상의 차이를 볼 수 있는데, 초파리에서의 성 결정은 수컷과 암컷에서 서로 다른 선택적 스플라이싱 사건의 복잡한 일련의 과정에 의해 나타난다.

다른 조직 특이적 선택적 스플라이싱 작용의 좋은 예는 사람의 갑상선과 시상하부에서 발견된다. 이 두 기관은 하나의 유전자로부터 칼시토닌(calcitonin)과 CGRP(calcitonin-gene-related peptide)라는 2개의 독특한 호르몬을 만든다. 칼시토닌은 칼슘 섭취 및 뼈와 치아 같은 조직에서의 칼슘의 균형을 조절해 주며, CGRP는 신경 및 내분비계의 많은 기능과 관련이 있다. 이 두 호르몬은 매우 다른 생리학적 특징을 지니고 있지만, 이들은 같은 전사체에서 만들어진다(**그림 15.18**). 이러한 칼시토닌과 CGRP의 경우 갑상선과 시상하부에서 존재하는 다른 스플라이싱 인자에 의해 조절된다.

사람의 유전체를 대상으로 한 모든 유전자에 대한 기능적 분석은 현재까지는 비현실적이다. 그렇기 때문에 많은 단백질을 한꺼번에 분석할 수 있는 대용량 질량 분석을 통해 이러한 해법들을 제시하고

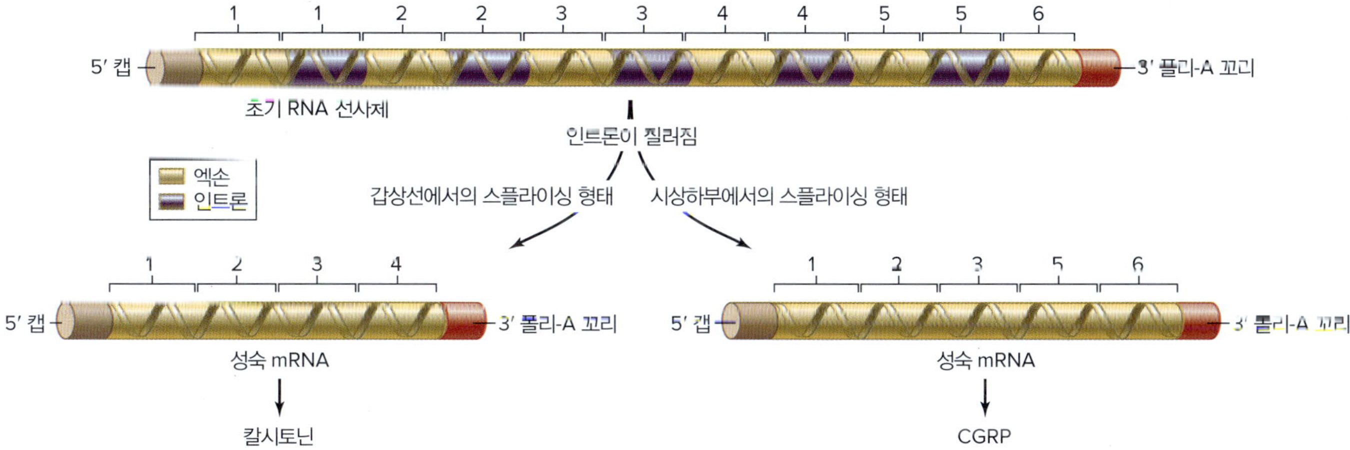

그림 15.18 선택적 스플라이싱.
많은 초기 전사체는 여러 mRNA로 만들어지기 위해, 다양한 방법으로 스플라이싱이 된다. 이 예에서는 갑상선에서의 초기 전사체는 칼시토닌 단백질을 암호화하는 4개의 엑손을 가지도록 스플라이싱된다. 시상하부에서는 갑상선에서 폴리-A 자리를 가졌던 네 번째 엑손은 생략되고, 2개의 추가적인 엑손이 결합하여 칼시토닌 유전자 관련 펩타이드(CGRP)를 암호화한다.

있다. 초기의 연구들은 얼마나 많은 전사체가 번역되는지에 대하여 잘 알지 못했지만, 이러한 단백질체 분석방법은 빠르게 발전하고 있고, 향후 많은 유전자의 기능을 분석할 수 있을 것이다.

RNA 편집으로 인해 전사후 mRNA가 변화될 수 있다

성숙한 mRNA 전사체의 편집은 게놈에서 암호화되지 않는 변형된 mRNA를 만들 수도 있다. RNA 편집은 원생동물의 몇몇 RNA 전사체에서 유라실 잔기의 삽입으로 처음 발견되었고, 이것은 비정상적인 것으로 여겨졌다.

다른 종류의 RNA 편집은 사람을 포함한 포유류에서 발견되고 있다. 이 경우 염기의 화학적 변형으로 염기쌍 형성의 성격을 바꾸게 되는 탈아미노화(deamination)에 의한 것을 포함한다. 예를 들어, 사이토신의 탈아미노화는 유라실을, 아데닌의 탈아미노화는 이노신(inosine)으로의 염기쌍 형성을 바꾼다(번역 동안 이노신은 구아닌과 염기쌍을 이룬다).

5-HT 세로토닌 수용체

RNA 편집은 인간에서 아편(opiates)에 대한 뇌의 수용체에서 관찰되고 있다. 이 수용체들 중 하나인 세로토닌(5-HT) 수용체는 전체 12개의 동형 단백질(isoforms)을 만들기 위해 다양한 위치에서 편집된다.

RNA 편집의 유형이 얼마나 널리 퍼져 있는지는 불분명하지만, 이런 RNA 편집은 유전자에 암호화된 정보가 단백질 생산을 위한 이야기의 끝이 아니라는 것을 보여주는 증거이다.

번역을 위해 mRNA는 핵 밖으로 이동한다

가공된 mRNA 전사체는 핵공을 통해 핵 밖으로 나간다(3장 참조). 핵막을 가로지르는 이 전사체의 통과는 핵공 내부에 늘어서 있는 수용체에 의해 전사체가 인지되어야 하는 능동적인 과정이다. 폴리-A 꼬리 같은 전사체의 특별한 부분은 인식에 중요한 역할을 하는 것으로 보인다.

그럼에도 불구하고 유전자 발현이 이 부분에서 조절된다고 보기는 어렵다. 평균적으로 1차 전사체의 대략 10%가 mRNA 서열을 구성할 엑손(exon)으로 구성되어 있고, 1차 전사체가 만든 전체 mRNA의 대략 5%만 세포질에 도착한다. 이러한 관찰은 1차 전사체 상의 엑손 중 대략 절반은 핵을 떠날 수 없음을 나타내 주지만, 이 mRNA의 사라짐이 선택적인지는 불분명하다.

번역의 개시가 조절된다

세포질의 리보솜에서 가공된 mRNA 번역에는 **번역인자**(translation factor)라고 부르는 단백질 복합체가 참여한다. 적어도 몇몇 경우에서 유전자 발현이 1개 이상의 번역인자들의 변형에 의해 조절된다. 다른 예로 **번역억제단백질**(translation repressor protein)은 전사체 앞부분에 결합하여 번역을 중지시켜 리보솜에 붙지 못하게 한다.

사람의 경우 페리틴(ferritin, 철분 저장 단백질)의 생산은 아코니테이스(aconitase)라고 부르는 번역 억제 단백질에 의해 차단된다. 아코니테이스는 페리틴 mRNA 앞부분의 30 nt 염기서열에 붙어 안정한 고리를 형성하여 리보솜에 결합하지 못하게 한다. 철 이온이 세포 안으로 들어올 때, 철이 아코니테이스와 결합하여 페리틴 mRNA에서 아코니테이스를 분리시킨다. 이때 페리틴 mRNA가 번역되고 페리틴 생성은 100배 증가한다.

mRNA 분해가 조절된다

유전자 발현에 영향을 주는 또 다른 측면은 세포질에서 mRNA의 전사체의 안정성이다. 3분 정도의 반감기(half-life)를 갖는 원핵세포의 mRNA 전사체와는 달리, 진핵세포의 mRNA 전사체는 매우 안정적이다. 예를 들어, β-글로빈 유전자 전사체는 10시간 이상의 반감기를 가짐으로써 빠르게 움직이는 세포의 대사주기에서 지속성을 갖게 된다.

그러나 조절 단백질과 성장 인자들을 암호화하는 전사체들은 일반적으로 1시간 미만의 반감기를 갖는 훨씬 불안정한 전사체들이다. 무엇이 이런 특정 전사체를 불안정하게 하는 것일까? 많은 경우 이 전사체들은 3′ 말단에 RNA 분해효소의 결합이 가능한 특이 서열을 가지고 있거나, 3′ 폴리-A 꼬리 근처의 A와 U 뉴클레오타이드 염기서열이 꼬리 제거를 촉진시켜 주고 이것은 mRNA를 불안정하게 만든다. 폴리-A 꼬리의 소실은 3′에서 5′ 방향의 RNA 핵산말단가수분해효소(exonuclease)를 통해 mRNA의 급격한 분해를 일으킨다. 이 소실의 또 다른 결과는 5′ 캡을 제거하는 캡 제거효소(decapping enzyme)를 자극하여, 5′ 캡을 제거해서 5′에서 3′으로 RNA 핵산말단가수분해효소에 의한 분해를 유도한다.

다른 mRNA 전사체는 3′ 말단 근처에 핵산내부가수분해효소(endonuclease)가 인지하는 염기서열이 있어 전사체를 빨리 분해시키게 된다. 이는 세포에서 조절 유전자들의 양을 급격히 변화할 수 있기에, 많은 조절 유전자의 mRNA 전사체의 짧은 반감기는 유전자의 기능에 결정적이다.

mRNA 수준에서 또 다른 조절 방법은 종결돌연변이 매개 분해(nonsense-mediated decay, NMD) 방법인데, 이 방법은 조기 종결신호(nonsense codon)로 mRNA를 제거하는 기작으로서 조기 종결로 인해 생긴 쓸모없는 단백질의 생성을 억제한다. 많은 대체 스플라이싱 전사체는 일반적으로 조기 종결코돈을 생성하는 경우가 많고, 따라서 세포질에서 제거된다.

핵심 요약 15.6

소형 RNA는 mRNA의 선택적 분해, 번역 억제 또는 염색질 구조의 변경에 의해 유전자 발현을 조절한다. 선택적 스플라이싱을 통해 단일 유전자는 다중 mRNA를 형성할 수 있으며, 조직 및 성장에 이용된다. mRNA 전사체의 서열은 RNA 편집에 의해 변경될 수도 있다.

■ 어떻게 RNA 간섭 현상이 약물 설계에 사용될 수 있었을까?

15.7 단백질 분해

학습 목표

1. 단백질 분해에 대한 유비퀴틴의 역할에 대해 서술할 수 있다.
2. 단백질분해효소복합체의 기능에 대해 설명할 수 있다.

세포의 생애 동안 만들어진 단백질이 모두 세포에 남아 있게 된다면 심각한 문제가 일어난다. 1970년대에 밝혀진 단백질 표지 연구에서 진핵세포는 단백질을 순환시키는 것이 밝혀졌다. 즉, 단백질은 계속적으로 합성되고 분해된다는 것이다. 이러한 단백질의 합성과 분해가 되는 회전율이 원핵세포에서 만큼 빠르지는 않지만, 단백질 회전율을 조절하는 시스템은 진핵생물에서도 중요하다.

단백질이 화학적으로 변화되어 제 기능을 하지 못하거나, 특정 단백질이 일시적으로 필요할 때도 있다. 단백질은 항상 정확하게 접히는 것이 아니고, 시간이 흐르면서 부정확하게 접힐 수도 있다. 이런 변화는 기능의 상실 또는 물에 녹지 않는 응집체로 되는 것 같은 다른 화학적 행동을 초래한다. 사실 알츠하이머 치매, 파킨슨병 그리고 광우병 같은 많은 신경퇴행성 질환이 뇌세포에서 특유의 플라크를 형성하는 응집된 단백질과 관련되어 있다. 따라서 단백질의 정상적 회전 외에, 세포는 오래되고 사용되지 않으며 부적절하게 접힌 단백질을 제거하기 위한 기작이 필요하다.

단백질분해효소(protease)는 단백질의 펩타이드 결합을 끊어 단백질의 구성물인 아미노산으로 바꾼다. 세포는 이런 효소들이 필요하지만, 이 효소들이 세포질 안에서 항상 활성을 가지는 상태로 존재하는 것은 아니다.

진핵세포가 이런 문제를 해결하는 한 가지 방법은 분해력을 지닌 효소를 특정 세포 구역에 가두고 있는 것이다. 라이소솜(lysosomes)이 단백질분해효소를 포함한 소화 효소를 가진 소낭이라는 것을 3장에서 살펴보았다. 라이소솜은 단백질과 오래되고 기능을 하지 못하는 세포소기관을 제거하는 데 사용되지만, 이 시스템이 특정 단백질에 특성화되어 있는 것은 아니다. 따라서 세포는 오래되거나 사용하지 않는 단백질을 제거하는 또 다른 조절 경로를 필요로 하지만, 나머지 세포질 단백질은 온전히 남겨 놓아야 한다.

분해될 단백질은 유비퀴틴에 의해 표지된다

진핵세포는 분해될 단백질을 표지하여 선택적으로 단백질을 분해함으로써 이 문제를 해결한다. 세포가 사용하는 표지는 **유비퀴틴**(ubiquitin) 분자를 붙이는 것으로, 기본적으로 모든 진핵세포에서 발견되기 때문에 붙여진 이름인 유비퀴틴[모든 곳에서 존재한다는 의미의 유비쿼터스(ubiquitous)로부터 유래]은 76개의 아미노산으로 이루어진 단백질로, 다른 단백질에 결합된 긴 사슬이나 따로 떨어진 분자 상태로 존재한다.

긴 사슬은 **유비퀴틴 연결효소**(ubiquitin ligase)에 의해 순차적으로 단백질에 첨가되는데(**그림 15.19**), 이 반응은 ATP와 다른 단백질을 필요로 하고, 다단계의 조절과정으로 일어난다. 유비퀴틴 사슬이 붙은 단백질을 **폴리유비퀴틴화**(polyubiquitinated)되었다고 하며, 이 상태는 세포에게 이 단백질을 분해하라는 신호가 된다.

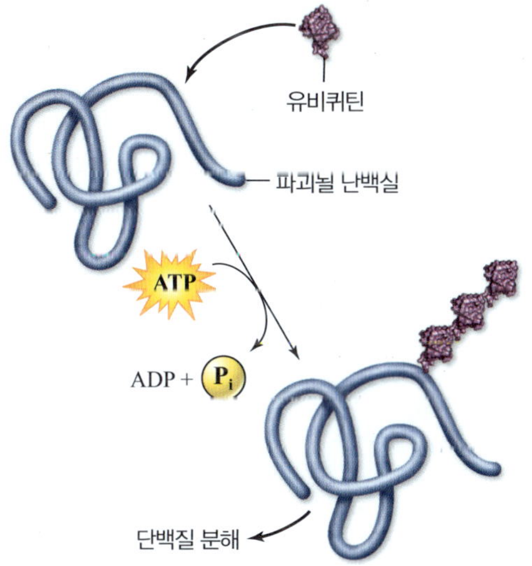

그림 15.19 단백질의 유비퀴틴화.
분해될 단백질은 유비퀴틴으로 표지된다. 유비퀴틴 연결효소는 ATP를 사용하여 유비퀴틴을 단백질에 붙인다. 여러 개의 유비퀴틴이 붙어서 생성되는 폴리유비퀴틴화된 단백질은 파괴된다.

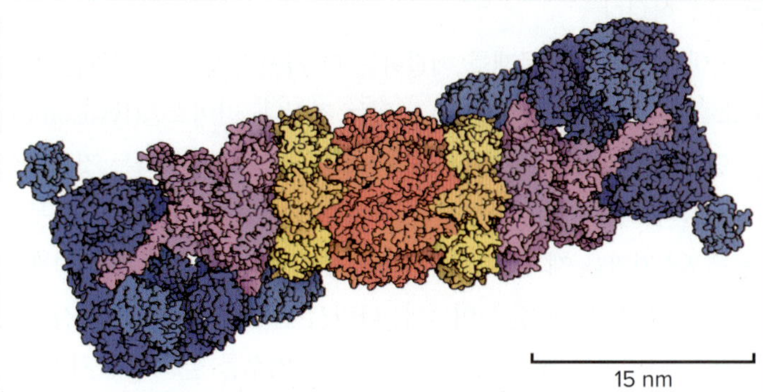

그림 15.20 **초파리의 단백질분해효소복합체.** 중앙의 복합체는 단백질 가수분해 활성 부분을 포함하고 있고, 측면지역은 조절자로 작용한다. 단백질은 원통의 한쪽 끝으로 들어가 펩타이드 조각으로 쪼개져서 다른 끝으로 나온다.

2가지의 기본 단백질 그룹이 유비퀴틴화되는데, 그들은 부적절하게 접혔거나 기능을 할 수 없기 때문에 제거되어야 할 것들과 세포에 의해 조절된 방식으로 만들어지고 분해되는 것의 두 부류이다. 후자의 예는 세포주기가 돌아가는 것을 돕는 사이클린 단백질(cyclin protein)이다(9장 참조). 이런 단백질들은 세포분열에서 자신들의 역할을 수행하고, 폴리유비퀴틴화되어 제거된다. 이런 방법으로 세포는 분열을 시작하거나, 분열하지 않는 상태를 유지하는 것을 조절할 수 있다.

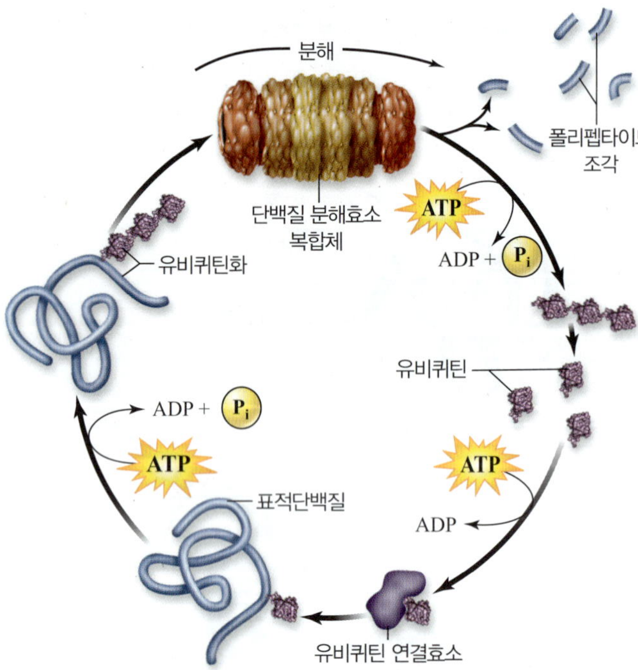

그림 15.21 **유비퀴틴-단백질분해효소복합체 경로에 의한 분해.** 단백질은 먼저 유비퀴틴화되고, 단백질분해효소복합체로 들어가 분해된다. 단백질분해효소복합체 내에서 폴리유비퀴틴은 제거되고, "탈유비퀴틴화"에 의해 단일 유비퀴틴 분자를 만들어 재사용한다.

단백질분해효소복합체는 다중 유비퀴틴화 단백질을 분해한다

유비퀴틴으로 표지된 단백질을 분해하는 세포내 소기관은 **단백질분해효소복합체**(proteasome)로, 단백질이 한쪽 끝에서 들어가고 다른 끝으로 아미노산이나 펩타이드 절편이 나오는 커다란 원통형의 복합체이다(**그림 15.20**).

단백질분해효소복합체는 중앙에 단백질 분해효소(protease) 활성 부분을 가지고 있고, 조절요소는 양쪽 끝에 붙어 있다. 이들은 막으로 경계가 지어져 있지는 않지만, 이 세포기관은 매우 작은 크기의 구획화된 형태로 되어 있다고 여겨진다. 이는 두 단계의 과정에 의해 일어나는데, 첫 번째 단계는 분해될 단백질을 표지한 다음 큰 복합체 속으로 표지된 단백질을 집어넣어, 분해될 단백질을 세포질 부분과 분리시켜 주는 것이다.

유비퀴틴화가 일어난 다음에 **유비퀴틴-단백질분해효소복합체 경로**(ubiquitin-proteasome pathway)라 부르는 단백질 분해효소에 의해 분해가 일어난다. 단백질에 첨가된 유비퀴틴은 단백질분해효소복합체에 의해 스스로 분해되지 않는다는 점에서 이것은 하나의 사이클로 생각된다. 단백질이 분해됨에 따라 유비퀴틴 사슬 자체는 단순히 유비퀴틴 단위체로 쪼개진 다음 다시 사용될 수 있다(**그림 15.21**).

그림 15.22에는 진핵세포의 유전자 발현을 조절하는 다양한 방법을 요약하여 나타냈다.

핵심 요약 15.7

진핵세포에서의 단백질 분해 조절에는 단백질을 파괴하기 위해 표시되는 유비퀴틴의 첨가가 중요하다. 또한 단백질 분해효소 활성을 가진 원통형 복합체인 단백질분해효소복합체(proteasome)는 유비퀴틴화된 단백질을 인식하고 문서를 파쇄하는 파쇄기처럼 단백질을 파괴한다. 더불어 유비퀴틴은 변화 없이 재활용된다.

- 만약 유비퀴틴 과정이 엄격하게 조절되지 않는다면, 이것은 세포에 어떠한 영향을 끼칠까?

? **탐구문제** 세포가 폴리펩타이드를 폴리유비퀴틴화하는 2가지 이유는 무엇인가?

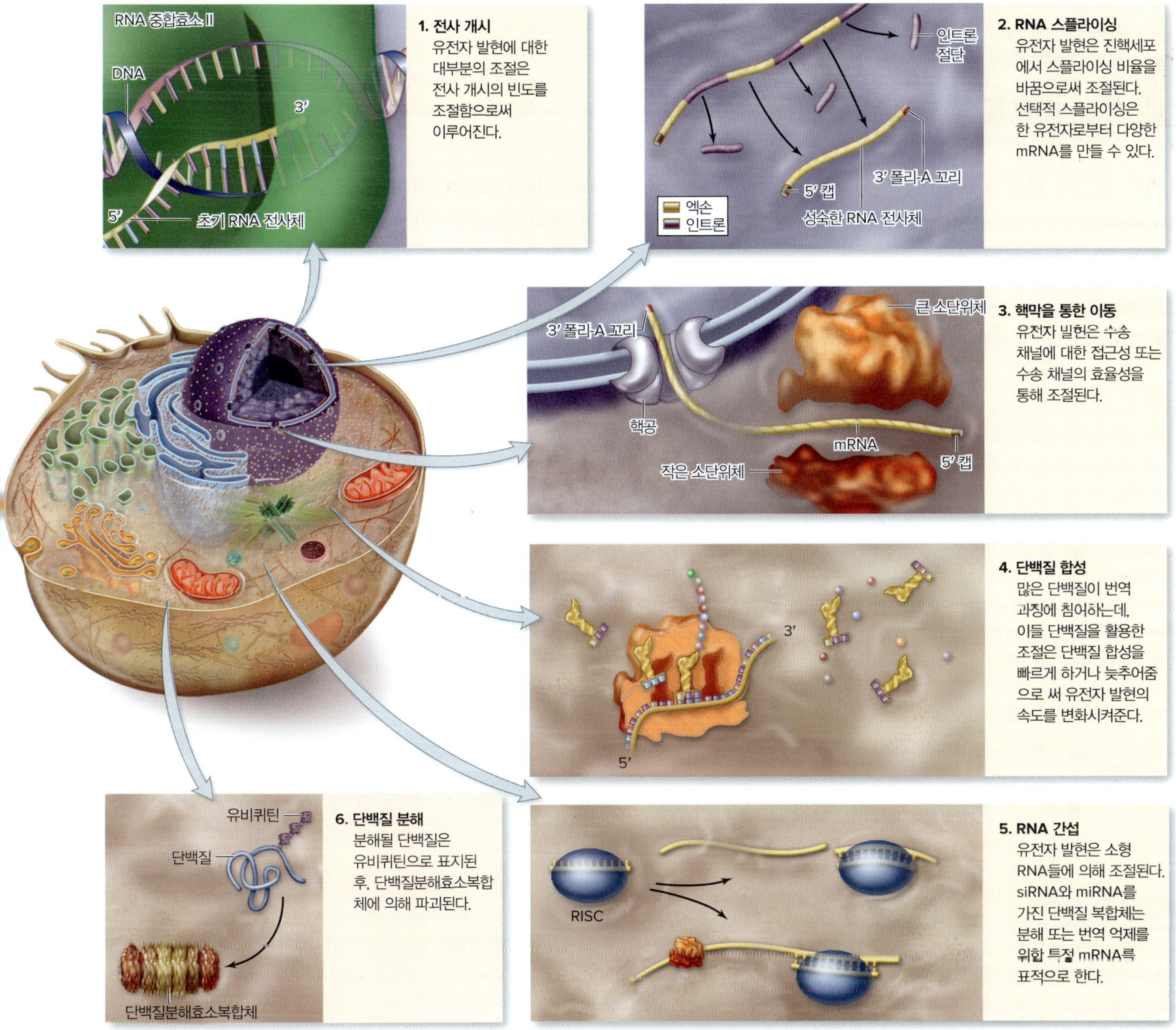

그림 15.22 진핵세포의 유전자 발현 조절 기작.

핵심 개념 요약

15.1 유전자 발현의 조절

■ 유전자 발현의 조절은 모든 단계에서 일어난다

전사는 RNA 중합효소가 프로모터에 결합하도록 조율하는 조절 단백질에 의해 조절된다. 특히 조절 단백질은 전사를 억제하거나 촉진시킬 수 있다.

■ 원핵생물은 환경 변화에 적응하는 것이 주요 조절 전략이다

■ 진핵생물은 항상성 유지와 성장이 주요한 조절 전략이다

15.2 조절 단백질

■ 단백질은 주홈을 통해 결합한다

DNA 2중나선은 주홈과 부홈을 가진다. 주홈의 염기는 조절 단백질과 결합할 수 있다.

■ DNA 결합 도메인은 특정 DNA 서열과 결합한다

DNA에 결합할 수 있는 조절 단백질의 영역을 DNA-결합 모티프라고 한다(**그림 15.2**).

■ 여러 개의 공통 DNA 결합 모티프는 많은 단백질에서 공유하고 있다

일반적인 모티프에는 나선-꺾임-나선 모티프, 호미오도메인 모티프, 아연집게 모티프, 류신지퍼 모티프가 있다.

15.3 원핵세포에서의 조절

■ 전사 조절은 양성 또는 음성일 수 있다

음성조절은 전사를 방해하는 억제인자라 불리는 단백질에 의해 매개된다.
양성조절은 전사를 자극하는 활성인자라 불리는 일종의 조절 단백질에 의해 매개된다.

■ 원핵생물은 환경 조건에 따라 유전자 발현을 조절한다

lac 오페론은 젖당의 존재 여부에 따라 유도된다. 즉, 젖당을 이용하는 효소는 젖당이 존재하는 경우에만 생산된다. 반면에 *trp* 오페론은 억제된다. 즉, 트립토판이 존재하면 트립토판을 생성하는 데 필요한 효소가 발현되지 않는다.

■ *lac* 오페론은 *lac* 억제인자에 의해 음성적으로 조절된다

lac 오페론은 효과인자(유사젖당)가 억제인자에 결합하여 구조 변형을 일으켜 더 이상 DNA에 결합하지 않을 때 유도된다(**그림 15.4**).

■ 포도당의 존재는 *lac* 오페론의 유도를 억제한다

lac 오페론이 작동하기 위해서는 이화물질활성화단백질(CAP)이 cAMP와 결합하여야 한다. 포도당이 없을 때 cAMP는 많아진다. 포도당 억제에는 유도자 배제 또한 포함되는데 유도자 배제는 젖당이 세포에 들어가지 못하게 하고 포도당 수준에서 CAP의 기능을 조절한다.

■ *trp* 오페론은 *trp* 억제인자에 의해 조절된다

trp 오페론은 트립토판이 있을 때 억제가 되는데, 트립토판은 보조억제인자 역할을 한다. 트립토판은 억제인자와 결합하여 억제인자를 변형하고 이는 DNA와 결합하여 결국은 오페론을 멈추게 만든다. 이러한 현상은 *trp*가 과도하게 있을 때 나타난다.

15.4 진핵세포에서의 조절

■ 전사인자는 일반적이거나 특수할 수 있다

일반전사인자들은 전사를 시작하기 위하여 RNA 중합효소 II가 프로모터에 결합하여 개시하는 복합체를 만드는 데 요구되며, 특수전사인자들은 기본 수준보다 높은 전사를 촉진하기 위해 조직 혹은 시간 의존적 방식으로 작용한다.

■ 프로모터와 인핸서는 전사인자에 대한 결합부위를 형성한다

일반전사인자들은 RNA 중합효소를 유도하기 위하여 프로모터에 결합한다. 특수전사인자는 먼 거리에 있는 인핸서와 결합하지만, DNA의 고리화를 유도하여 프로모터에 결합할 수 있다.

■ 보조활성인자와 매개자는 전사인자를 RNA 중합효소 II에 연결시켜 준다

전부는 아니지만 일부 전사인자는 중재자를 필요로 한다. 보조활성인자의 경우 그 수가 많지 않은데, 그 이유는 보조활성인자가 다수의 전사인자를 조절할 수 있기 때문이다.

■ 전사복합체는 전사 관련 기구들을 연계시켜 준다

15.5 유전자 발현에 영향을 주는 염색질의 구조

DNA가 뉴클레오솜에 포장되면 전사가 일어나는 것이 복잡해진다. 세포는 DNA나 히스톤을 변형함으로써 염색질의 구조의 변화를 가져올 수 있는데, 이것이 후성유전학의 기초이다.

■ DNA의 메틸화, 히스톤의 변형 및 비암호화 RNA는 모두 염색질 구조에 영향을 끼친다

DNA 염기의 메틸화는 일반적으로 사이토신(C)에 일어나며, 이러한 현상은 유전자의 억제와 연계되어 있다. X 염색체는 비암호화 RNA와 폴리콤 억제복합체에 의해 불활성화된다.

■ 일부 전사 활성인자는 염색질 구조를 변경한다

히스톤의 아세틸화는 염색질을 활성화시킨다.

■ 염색질재구성복합체는 염색질의 구조를 변화시켜 준다

염색질재구성복합체는 뉴클레오솜을 움직이게 하고, 위치를 변화시키며, 전달하는 효소를 포함하고 있다.

15.6 진핵세포에서의 전사후조절

■ 소형 RNA는 전사후의 유전자 발현 조절에 작용한다

RNA 간섭현상을 일으키는 siRNA는 두 가닥의 RNA에서 다이서라는 핵산분해효소에 의해 잘리면서 가공되고, 이렇게 가공된 siRNA는 Ago와 결합하여 RISC를 형성한다. RISC는 mRNA 절단 또는 번역 억제를 한다. miRNA는 드로샤와 다이서라는 2개의 핵산분해효소에 의해 형성되며, RISC와 결합하여 mRNA 분해 또는 번역을 억제한다.

■ 소형 RNA는 유전체를 보호하기 위해 진화하였다

생식세포에서 바이러스 RNA의 분해와 전이인자의 침묵은 RNA 간섭을 통해 일어날 수 있고, 이러한 일들은 소형 RNA의 진화적 기원을 알려줄 수 있다.

■ **소형 RNA는 이질염색질의 형성을 매개한다**

RNA 침묵 경로는 분열 효모 및 식물과 초파리에서 이질염색질의 형성에 관여한다.

■ **선택적 스플라이싱은 하나의 유전자로부터 다양한 단백질을 형성한다**

조직 특이적인 인자에 의해서 일어나는 mRNA 전구체의 선택적 스플라이싱은 다양한 단백질을 생성하게 해준다.

■ **RNA 편집으로 인해 전사후 mRNA가 변화될 수 있다**

■ **번역을 위해 mRNA는 핵 밖으로 이동한다**

■ **번역의 개시가 조절된다**

번역인자는 개시를 조절하기 위해 변형될 수 있다. 번역억제단백질은 전사체 시작부분에 결합되어 리보솜이 결합되지 못하게 한다.

■ **mRNA 분해가 조절된다**

mRNA 전사체는 비교적 안정적이지만, 세포의 필요에 따라 효소에 의해 보다 빠르게 분해될 수 있다.

15.7 단백질 분해

■ **분해될 단백질은 유비퀴틴에 의해 표지된다**

진핵생물에서 분해되는 단백질은 유비퀴틴을 표지자로 첨가한다.

■ **단백질분해효소복합체는 폴리유비퀴틴화된 단백질을 분해한다**

세포소기관(원통형 단백질분해효소복합체)은 이곳을 통과하는 유비퀴틴화된 단백질을 분해한다.

연습문제

■ 1단계: 이해력 확인하기

1. 원핵세포에서 유전자 발현조절은 어떻게 일어나는가?
   a. mRNA 전구체에서 성숙한 mRNA로 스플라이싱이 일어남
   b. 번역개시
   c. 전사개시
   d. a, b, c 모두 맞다.
2. DNA와 결합하는 단백질들은 어떻게 상호작용을 하는가?
   a. 나선구조를 풀고 염기쌍의 양상을 바꿔서
   b. 2중나선의 당-인산 틀에 결합해서
   c. 나선을 풀고 염기쌍을 파괴해서
   d. 2중나선의 주홈에 결합하여 염기쌍과 상호작용을 해서
3. 대장균에서 *lac* 오페론 유도와 *trp* 오페론 억제는 어떤 예인가?
   a. 억제인자에 의한 음성조절
   b. 억제인자에 의한 양성조절
   c. 활성인자에 의한 음성조절
   d. 활성인자에 의한 양성조절
4. *lac* 오페론은 2개의 주요 단백질에 의해 조절된다. 이 단백질들은 어떻게 작용하는가?
   a. 둘 다 음성적 방식으로 작용한다.
   b. 둘 다 양성적 방식으로 작용한다.
   c. 하나는 음성, 다른 하나는 양성조절자로 상반된 방식으로 작용한다.
   d. 번역 단계에 작용한다.
5. 진핵세포에서 프로모터에 대한 RNA 중합효소의 결합에 필요한 것은 무엇인가?
   a. 특수전사인자
   b. 일반전사인자
   c. 억제인자 단백질
   d. 유도 단백질
6. 진핵세포에서 유전자 발현조절은 어느 단계에서 일어나는가?
   a. 전사단계에서만
   b. 번역단계에서만
   c. 전사개시 및 전사후 번역단계
   d. 전사후 번역단계에서만
7. *trp* 오페론에서 억제인자는 언제 DNA에 결합하는가?
   a. *trp*가 없을 때
   b. *trp*가 있을 때
   c. *trp*가 존재하거나 없을 때
   d. *trp*가 세포에서 필요할 때만

■ 2단계: 적용력 평가하기

1. *lac* 억제인자, *trp* 억제인자, CAP는 모두 무슨 역할을 하는가?
   a. 전사의 음성조절자이다.
   b. 전사의 양성조절자이다.
   c. DNA와 효과인자에 결합하는 다른자리입체성 단백질이다.
   d. DNA와 다른 단백질에 결합하는 단백질이다.

2. 진핵세포에서의 특수전사인자들은 프로모터와 멀리 떨어져 있는 인핸서와 상호작용을 한다. 그 후 이런 전사인자들은 어떠한 역할을 하는가?
   a. 인핸서와 프로모터 사이의 DNA 구조를 바꾼다.
   b. 전사 기구와 상호작용을 하지 않는다.
   c. DNA 고리형성을 통해 전사 기구와 상호작용을 한다.
   d. 인핸서와 프로모터 사이에 존재하는 DNA를 제거하여 전사 기구와 상호작용을 한다.
3. *trp* 오페론에서 억제와 *lac* 오페론에서의 유도는 모두 어떤 기작인가?
   a. 양성조절일 때만 작동하는 기작
   b. 세포가 환경 조건에 맞는 효소의 양을 조절하도록 하는 기작
   c. 음성조절일 때만 작동하는 기작
   d. 세포가 항상 이 두 오페론으로부터 효소를 만들도록 하는 기작
4. 소형 RNA에 의한 조절과 선택적 스플라이싱은 어떤 점에서 유사한가?
   a. 전사후 작용
   b. RNA/단백질 복합체를 통한 작용
   c. 전사 기구 조절
   d. a와 b 모두 맞다.
5. 진핵세포의 mRNA는 어떤 점에서 원핵세포의 mRNA와 다른가?
   a. 일반적으로 1개 이상의 유전자를 가지고 있다.
   b. mRNA를 암호화하는 유전자와 1:1로 대응한다.
   c. mRNA를 암호화하는 유전자와 1:1로 대응하지 않는다.
   d. a와 c 모두 맞다.
6. 세포주기에서 사이클린 단백질들은 세포주기에 맞추어 만들어진다. 이것은 어떤 과정에 의해 가능한가?
   a. 사이클린 유전자의 전사개시 조절과 사이클린 단백질의 유비퀴틴화
   b. 다른 종류의 사이클린 단백질을 만들기 위한 사이클린 유전자의 선택적 스플라이싱
   c. 다른 종류의 사이클린 단백질을 만들기 위한 RNA 편집
   d. 짝 지어진 전사와 번역
7. 이 장에서 논의되지 않은 대장균의 조절 기작은 리보솜을 멈추게 하여 mRNA 상에 전사 종결자를 형성하는 것이다. 진핵세포인 분열 효모에서 이 기작은 어떠한가?
   a. 둘 다 단일세포이기 때문에 이 기작은 공통적이다.
   b. 둘 다 단일세포이기 때문에 이 기작은 공통적이지 않다.
   c. 전사는 핵에서 일어나고 번역은 세포질에서 일어나기 때문에 이 기작은 일어나지 않는다.
   d. 선택적 스플라이싱의 가능성으로 인해 이 기작은 일어나지 않는다.

■3단계: 사고력 함양하기

1. *lac* 오페론 조절에 영향을 주는 일련의 돌연변이를 분리하였다. 이들 모두가 항상 *lac* 오페론을 발현한다. 또한 모든 조합에서 각각 돌연변이체에 대한 돌연변이와 야생형을 가지고 있고, 연관된 유전자들의 2배체 세포를 만들기 위해 세포로 도입된 F′ 플라스미드를 가지고 있다. 어떤 돌연변이체가 DNA 결합 부위에 영향을 주는지, 그리고 DNA에 결합하는 단백질에 영향을 주는지 결정하기 위해 위의 도구를 어떻게 사용할 것인가?
2. 전사의 양성조절과 음성조절의 예는 세균 오페론 *lac*와 *trp*의 발현 조절에서 찾아볼 수 있다. 이 두 오페론 시스템을 이용하여 음성조절과 양성조절 사이의 차이점을 설명하시오.
3. 진핵세포의 유전자 발현 조절의 어떤 형태가 진핵세포에 특이적인가? 원핵세포는 진핵세포가 가지는 특이적 기작을 이용할 수 있는가? 진핵세포에서의 유전자 발현의 특이적 형태들은 이들 진핵세포와 원핵세포에서의 차이점들 때문에 존재하는가?
4. 한 세포에서 발견되는 단백질의 수와 유형은 유전자 돌연변이 및 유전자 발현의 조절에 의해 영향을 받는다. 이 두 과정이 어떻게 다른지 설명하시오.

16

생명공학

16.1 재조합 DNA
16.2 PCR을 활용한 DNA 증폭
16.3 유전적 변이의 생성, 교정, 분석
16.4 형질전환 생물체의 설계와 활용
16.5 환경적 적용
16.6 의학적 적용
16.7 농업적 적용

도입

생명공학이 미래지향적인 것처럼 보일 수도 있지만 사실은 오랜 역사를 지니고 있다. 발효시킨 빵(leavened bread)을 만들기 위해 효모는 고대 이집트 때부터 사용되어 왔으며, 와인을 만들기 위한 발효기법은 수천 년 전에도 존재했던 것으로 보인다. 현대 생명공학은 선택적 육종과 잡종형성과 같은 전통적인 생명공학과 더불어 분자생물과 유전학에서의 최신의 발견들을 융합하고 있다. 현대 생명공학은 다양한 분야에서의 진보된 장점들을 더하고 있다. 컴퓨터공학에서의 발전은 DNA 염기서열분석 분야를 성장시켰고, 화학공학적 발견들은 나노 생명공학을 공상과학소설 밖으로 이끌어냈다.

이번 장에서는 플라스미드와 기타 재조합 DNA 기술의 활용과 같은 분자생물학과 유전학에서의 발전적 관점에서 현대 생명공학을 살펴본다. 또한 환경과학, 의료, 농업에서 발생하는 문제를 풀기 위해 어떻게 생명공학기술이 활용되는지에 대해 알아볼 것이다.

16.1 재조합 DNA

학습 목표

1. 제한효소와 연결효소가 재조합 DNA를 만드는 데 어떻게 사용되는지 서술할 수 있다.
2. 어떻게 DNA 조각이 전기영동 젤에서 나뉘고 왜 이것이 유용한지를 설명할 수 있다.
3. 재조합 DNA 라이브러리의 구축과 활용을 서술할 수 있다.

생명공학은 21세기를 대표하는 분야는 아닐 것이다. 예를 들어, 15,000년 전 사냥을 하던 우리 조상들은 늑대를 개로 가축화한 후에 선별적인 육종으로 180종 가량의 개 품종을 형성하였다. 이후에 농업을 하던 우리 조상들은 작물을 경작하기 시작했고, 20세기 초에는 잡종 옥수수를 개발하여 점진적으로 수확량을 증가시켰다. 유전학과 분자생물학에서의 최근 발견들은 생명공학적 혁신과 발견의 현 시대로 인도하고 있다. DNA를 추출하고 변형하는 능력은 혁명을 일으켰으며, 발견의 속도를 촉진하고, 기존에 존재하지 않았던 생명공학의 적용을 가능하게 하였다. 2개의 다른 원천(source)으로부터 만들어진 단일 DNA인 **재조합 DNA**(recombinant DNA)의 구축은

1970년대에 시작되었다.

1972년, 버그(Paul Berg)는 바이러스 DNA를 박테리아 DNA에 삽입하여 최초의 재조합 DNA를 만들어내었다. 1973년 버그의 연구를 기반으로 보이어(Herbert Boyer)와 코헨(Stanley Cohen)이 아프리카 발톱개구리(*Xenopus laevis*)의 유전자를 박테리아로 도입하였고, 이는 개구리의 유전자가 박테리아에서 발현되고 다음 세대로 전달된다는 것을 보여주었다. 이것은 결과적으로 느리게 번식하는 동물의 유전자가 보다 빨리 자라는 박테리아에서 복제되고 발현될 수 있다는 것을 보여주는 것이다. 지난 30년 동안 버그, 보이어, 그리고 코헨의 발견들은 전체 유전체 서열분석부터 박테리아를 활용한 인슐린의 생산까지 생명공학의 기초가 되었다.

제한효소는 정확한 위치에서 DNA를 자른다

초기 클로닝(cloning) 실험은 **제한효소**(restriction enzymes)라는 새로운 도구를 활용함으로써 시작되었다. 박테리아를 숙주로 하는 바이러스의 숙주범위가 어떻게 제한될 수 있는지에 대한 기초연구가 떠오르면서 그러한 효소들이 DNA의 특정 서열을 인지하고 잘라내는 핵산분해효소(nuclease)로서 작용한다는 것이 알려졌다. 원래 숙주제한현상(host restriction phenomenon)을 연구하던 아버(Werner Arbor)에 의해 발견된 것으로, 특정 인지 부위에서 DNA를 잘라내는 첫 효소는 박테리아인 *Haemophilus influenza*에서 스미스(Hamilton Smith)는 의해 동정되었고, 이를 HindIII라고 명명하였다. 아버, 스미스, 네이선스(Daniel Nathans)는 그 공로를 인정받아 1978년 노벨생리의학상을 공동 수상하였다. 제한효소의 발견은 2가지 이유로 중요하다. 첫 번째, 특정 조각으로 DNA를 잘라내는 제한효소의 능력과 두 번째, 유전자 지도에 활용 가능성이다(WEB2장 참조).

어떻게 제한효소가 작용할까

3가지 유형의 제한효소가 있는데, 재조합 분자의 형성을 가능하게 하는 유형 2 제한효소만이 정확한 위치에서 DNA를 잘라낼 수 있다. 이러한 효소는 4~12개의 염기를 정확하게 인지하고 그 안의 특정 염기를 자른다(**그림 16.1**). 대부분의 유형 2 효소에 대한 인지부분은 회문구조(palindromes)이다. 언어학에서의 회문구조는 '기러기'라는 이름처럼 앞에서 읽으나 뒤로 읽으나 동일하게 읽히는 단어나 문장

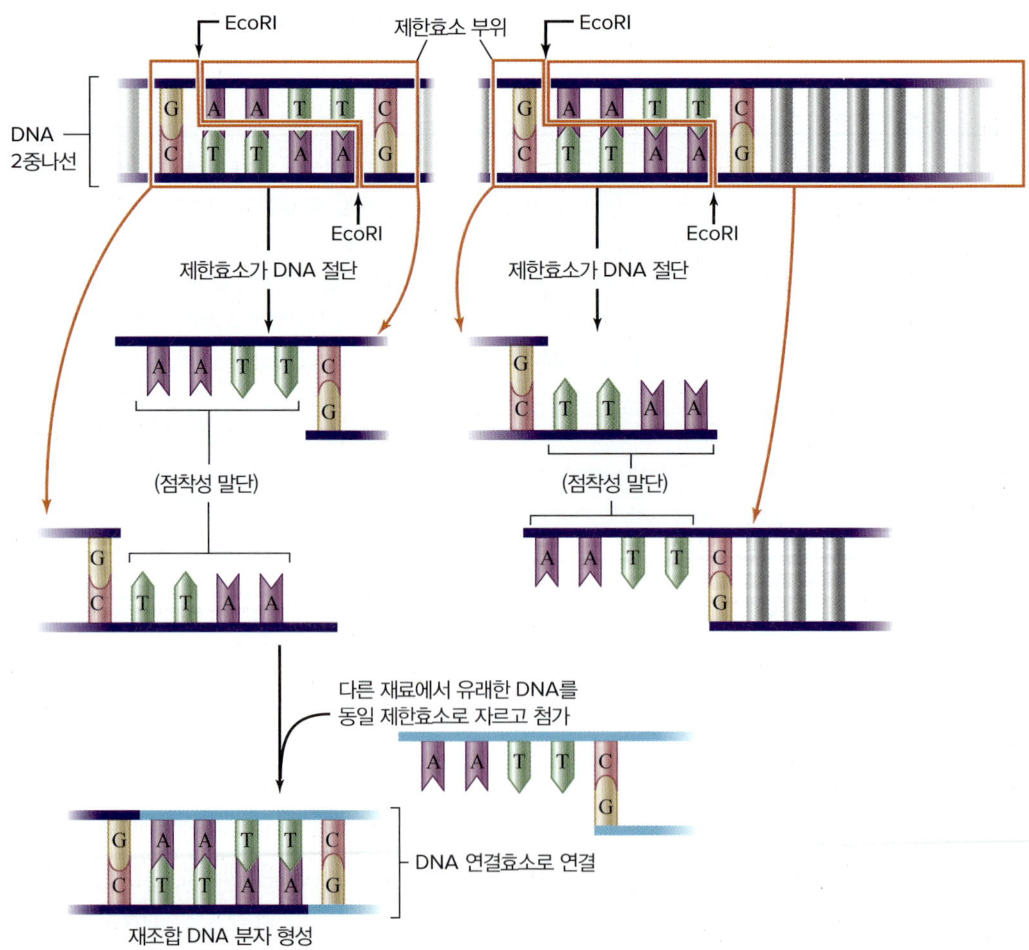

그림 16.1 많은 제한효소들은 점착성 말단 DNA 조각을 생성한다. 제한효소 EcoRI은 항상 5′-GAATTC-3′ 서열에서 G와 A 사이를 절단한다. 동일한 서열이 두 가닥 모두에 있기 때문에 둘 다 절단된다. 그러나 두 서열은 두 가닥에서 서로 반대 방향으로 있기에 결과적으로 점착성 말단이라고 불리는 단일 가닥이 서로 상보적이게 된다. 이러한 상보적인 말단은 동일한 효소로 절단된 다른 DNA의 단편에 연결될 수 있다. 이 두 분자는 DNA 연결효소(ligase)에 의해 결합되어 재조합 분자를 생성한다.

을 말한다. 회문구조 DNA 서열은 상보적 DNA와 마찬가지로 한 DNA의 5′에서 3′으로 동일하게 읽힌다.

주어진 서열에서 동일한 2가닥 DNA상에 엇갈린 DNA 조각을 만드는 것을 점착성 말단(sticky end, 잘린 DNA 가닥 말단에 염기가 튀어나온 형태) 또는 돌출부(overhangs)라고 하는데, 염기가 쌍을 이루지 않고 튀어나온 형태로 존재한다. 이 효소에 의해 잘린 다른 DNA상의 돌출부에도 상보적인 짧은 영역이 존재하기 때문에 2개의 DNA 분자가 쉽게 결합하도록 해준다(**그림 16.1**). 흔하지는 않지만, 몇몇 유형 2 제한효소들은 동일한 위치에서 비점착성 말단(blunt end, DNA 말단에 염기쌍이 반듯하게 잘린 형태)으로 두 DNA 가닥을 끊어줄 수 있다. 비점착성 말단은 다른 비점착성 말단으로 잘린 DNA 사이에서 연결될 수 있다.

젤 전기영동은 DNA 조각을 분리할 수 있다

재조합 DNA 조각을 형성하기 위해서 2개 또는 더 많은 DNA 조각들을 함께 결합해야 한다. 이를 위해 DNA 조각은 반드시 정제되거나 추출이 되어야 한다. 젤 전기영동은 잘린 DNA의 다양한 절편을 분리하기 위한 일반적인 기술이다. 이 실험기법은 음전하를 띠는 DNA의 특성을 활용한 것으로, DNA 분자를 크기별로 분리하기 위해 전기장을 이용한다.

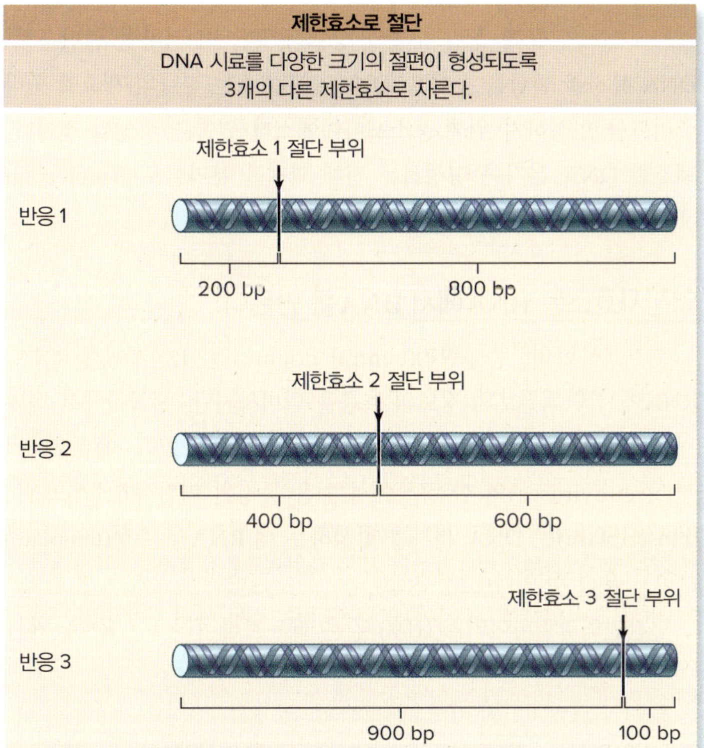

a.

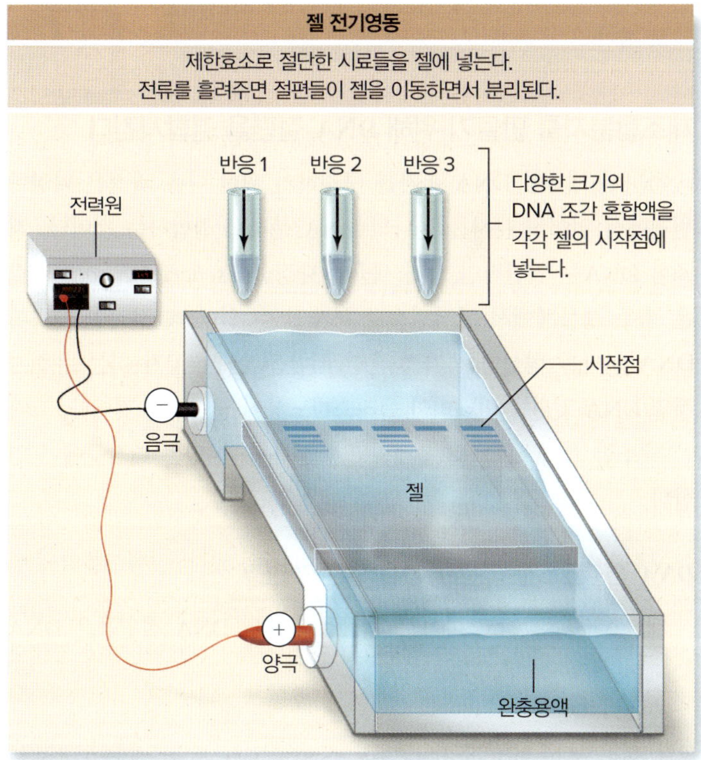

b.

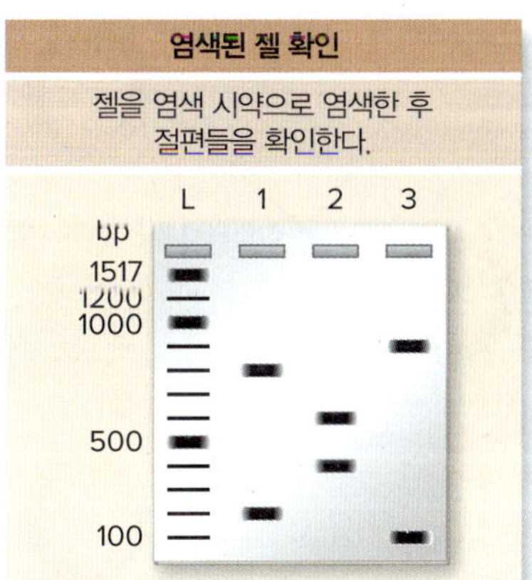

c.

그림 16.2 **젤 전기영동은 크기에 따라 DNA 조각을 분리한다.**
a. 3개의 제한효소가 각 효소의 인식 서열에 따라 DNA를 특정 조각으로 절단하는 데 사용된다. ***b.*** DNA 절편을 젤(아가로스 또는 폴리아크릴아미드)에 로딩하고 전류를 흘려보낸다. DNA 조각은 젤을 통해 크기에 따라 이동한다. ***c.*** 그 결과 작은 조각이 큰 조각보다 더 멀리 이동하면서 크기에 따라 분리된다. 알려진 크기의 일련의 절편(L)은 사다리 모양으로 나타나므로 각 절편의 크기를 예측할 수 있다(bp=염기쌍; (L)=분자량 표지 마커; 1, 2, 3=제한효소 1, 2, 3으로 절단한 DNA 조각의 절편).

아가로스(agarose)나 폴리아크릴아마이드(polyacrylamide)로 만들어져 지지대에 얇게 펴진 젤은 크기에 따라 분자를 분리하는 3차원적 매트릭스를 제공한다(**그림 16.2**). 젤은 전류가 전달될 수 있고 전기장을 받을 수 있는 이온들이 포함된 완충용액에 담긴다. DNA 골격의 인산기(phosphate group)에 존재하는 강력한 음전하는 DNA가 양극을 향해 이동하게 한다. 젤은 DNA 분자를 크기에 따라 분류하는 체(sieve)와 같은 역할을 하는 것이다. 커다란 분자는 젤 메트릭스를 통해 좀 더 느리게 이동할 것이다. 주어진 시간 동안 작은 DNA 분자는 큰 DNA 분자보다 더 빨리 이동할 것이다. 젤상의 DNA는 DNA에 결합하는 형광염료(fluorescent dye)를 사용해서 볼 수 있다. 젤은 DNA 절편의 크기를 확인하는 용도로 사용되거나 각각의 DNA 조각을 젤에서 잘라내고 정제하여 다음 과정에 활용하기도 한다.

재조합분자를 만들기 위해 DNA 절편을 결합시킨다

하나의 재조합 DNA 분자를 구축하기 위한 다음 과정은 다양한 원천에서 얻어진 분자를 하나의 DNA 분자로 결합하는 것이다. 재조합 DNA는 일반적인 장내 세균인 대장균(*Escherichia coli*)과 같은 숙주 생물체에서 안정적으로 복제될 수 있다. 안정적인 재조합 DNA 분자를 형성하는 가장 흔한 전략은 연구하고자 하는 유전자 서열 DNA 절편을 박테리아 플라스미드상에 넣어주는 것이다. 그다음 재조합 플라스미드는 복제되고 안정화될 수 있는 대장균에 도입한다.

DNA 연결효소를 이용한 DNA 절편의 연결

제한효소로 잘리고 아가로스 젤로 정제된 DNA 절편들은 DNA 연결효소(DNA ligase)로 연결될 수 있다. DNA 연결효소는 DNA 한 가닥에 있는 5′ 인산기와 다른 DNA 가닥에 존재하는 3′ 하이드록실기 상에서 포스포다이에스터 결합(phosphodiester bond)을 촉매한다. 이것은 DNA 복제 시에 오카자키 절편(Okazaki fragments)이 연결효소에 의해 연결되는 것과 같은 반응이다(13장 참조).

만약에 잘린 DNA의 두 조각이 점착성 말단이면, 짧게 튀어나온 상보적인 돌출부(**그림 16.1** 참조)는 DNA가 함께 두 가닥으로 붙잡고 있을 것이고 이 동안에 DNA 연결효소는 포스포다이에스터 결합을 형성할 것이다. 특정 DNA 연결효소는 역시 비점착성 말단을 지닌 두 DNA 조각을 연결할 수 있다.

그림 16.3에서 외부 DNA 조각이 정확한 제한효소로 잘려서 플라스미드에 도입되어 있다. 외부 DNA는 동일한 제한효소로 잘렸고 플라스미드의 끝에 잘린 서열과 상보적이다. 이 점착성 말단은 두 DNA 분자를 붙잡을 것이고, DNA 연결효소는 하나의 재조합 플라스미드를 형성하기 위해 포스포다이에스터 결합을 형성할 것이다. 재조합 DNA 분자를 형성하는 전체 과정을 **분자클로닝**(molecular cloning)이라고 부른다.

역전사효소는 RNA에서 DNA를 만든다

분자생물학의 "중심원리(central dogma)"는 DNA에서 RNA, RNA에서 단백질로의 정보의 흐름을 의미하지만, 생물학에서 몇몇 경우에는 RNA 정보를 이용하여 DNA를 만들 수 있다. 레트로바이러스(retroviruses)의 한 종류에서 처음 동정된 역전사효소(reverse transcriptase)는 DNA 분자를 합성하는 데 RNA를 주형(template)으로 사용할 수 있다(22장 참조).

인간면역결핍바이러스(HIV) 같은 레트로바이러스는 RNA 게놈

그림 16.3 벡터를 이용한 분자클로닝.
제한효소를 사용하여 특정 부위의 플라스미드를 절단하고 외부 DNA 및 DNA 연결효소를 첨가한다. 외부 DNA가 플라스미드에 성공적으로 도입되면, 재조합 플라스미드가 생성된다. 형질전환 과정에서, 플라스미드는 박테리아에 도입될 수 있다. 플라스미드가 포함된 형질전환 박테리아 세포를 선별하기 위해서 앰피실린 항생제가 든 배지에서 배양한다.

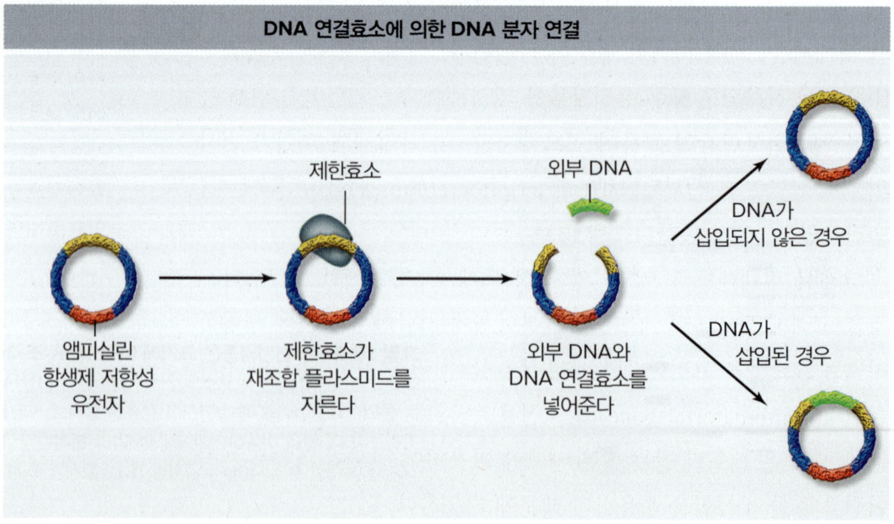

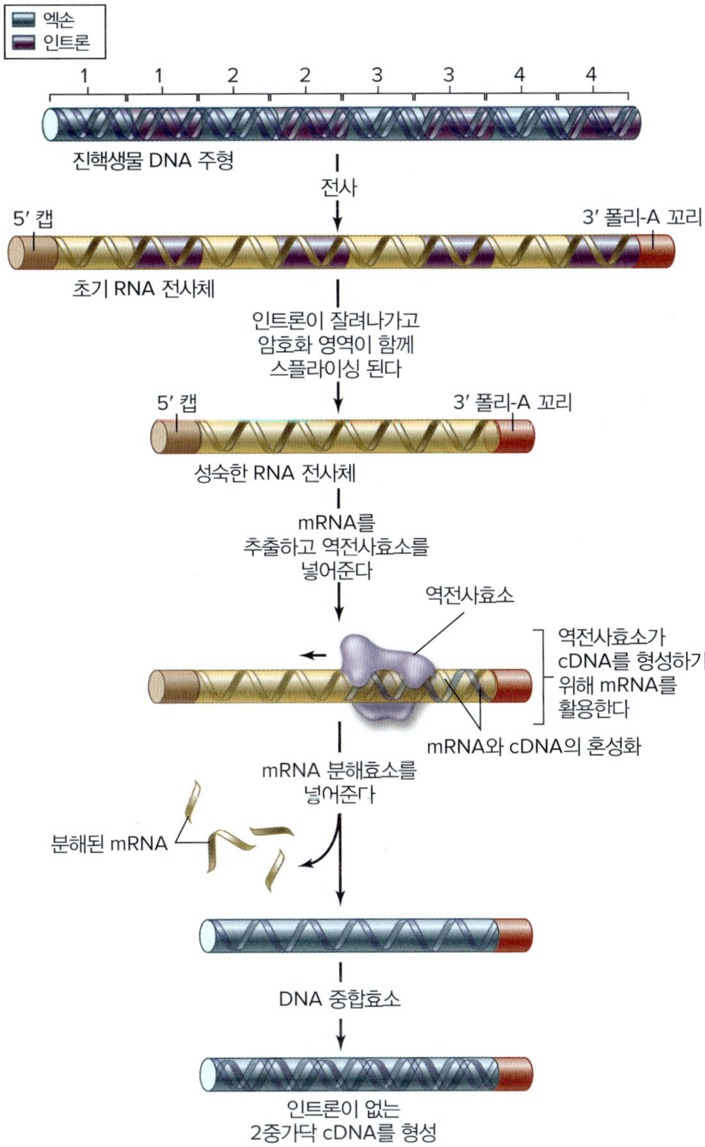

그림 16.4 역전사를 사용하여 mRNA에서 cDNA 만들기.
성숙한 mRNA 전사체는 일반적으로 인트론의 제거로 인해 이를 생성하는 유전자보다 훨씬 짧다. mRNA를 세포질로부터 추출한 후, 역전사효소로 mRNA에 상보적인 DNA 가닥을 만든다. 새로 만들어진 DNA 가닥은 DNA 중합효소의 주형으로 사용되어 cDNA(성숙한 mRNA의 2중가닥 DNA 버전)를 생성한다.

(genome)을 갖고 있지만, 바이러스가 숙주세포를 감염하면 RNA를 DNA로 변환하게 된다. 역전사효소는 주형으로 RNA를 사용하지만 DNA를 합성한다는 의미의 RNA-의존성 DNA 중합효소(RNA-dependent DNA polymerase)이지만, 또한 DNA를 주형으로도 사용하여 DNA를 합성하기도 한다. mRNA로부터 만들어진 DNA를 **상보적 DNA**(complementary DNA, cDNA)라고 한다. 역전사효소는 진핵세포에서 추출한 mRNA를 주형으로 cDNA를 형성할 수 있다(**그림 16.4**). 이것은 단백질 합성에 직접 이용되는 실질적인 DNA 서열분석에 활용된다.

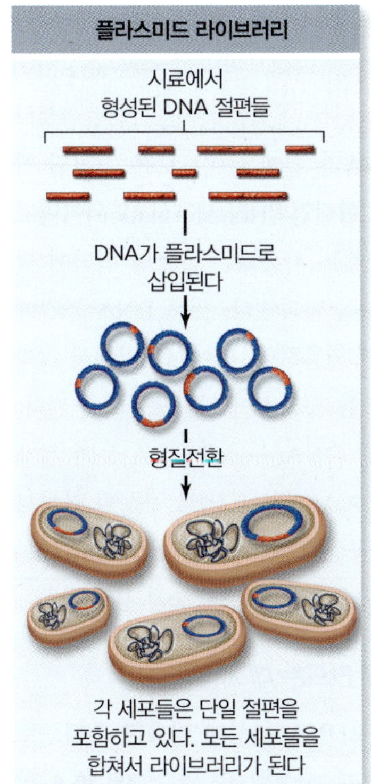

그림 16.5 플라스미드 라이브러리 생성.
정확한 점착성 말단을 갖는 DNA 절편들은 절단된 플라스미드 벡터와 연결되어 각 플라스미드가 상이한 DNA 조각을 갖게 된다. 재조합 플라스미드를 박테리아 세포로 형질전환하면, 각각의 박테리아에는 고유한 DNA 절편을 갖는 플라스미드가 있는데, 이를 총칭하여 박테리아 라이브러리라고 한다.

DNA 라이브러리는 재조합 DNA 분자의 집합이다

라이브러리(library)란 한 가지 원천에서 유래한 다양한 종류의 재조합 DNA 분자들의 집합으로, 적절한 숙주 생물체에서 안정적으로 유지되고 복제되는 것을 말한다. 원천은 전체 게놈이 될 수도 있고, 특정 세포 유형에서 만들어진 전체 cDNA가 될 수도 있으며, 또는 분석하기 원하는 DNA 분자의 어떤 집단이 될 수도 있다. 라이브러리는 스플라이싱(splicing)을 통해 가공 및 발현되는 유전자 정보를 갖고 있는 다양한 DNA 절편을 구축하는 것이다(**그림 16.5**). 이러한 DNA 절편을 증폭시키기 위해 특화된 DNA 분자를 사용하는데, 이를 클로닝 벡터(cloning vector)라고 하며, 플라스미드(plasmid)와 인공염색체(artificial chromosomes)가 포함된다. 라이브러리를 위해 사용되는 벡터는 그 용도와 DNA 조각의 크기에 따라 달라진다. 클로닝 벡터는 몇 가지 중요한 특징을 가지고 있다.

1. 숙주 생물체(대장균 또는 효모)에서 복제가 가능한 서열
2. 항생제 저항성과 같은 선별 표지자(selectable marker)
3. DNA 조각을 첨가할 수 있는 서열(제한효소 또는 재조합 부위)

한 번 라이브러리가 만들어지면, 관심 있는 특정 재조합 분자의 동정과 추출에 다양한 실험기법을 사용한다. 라이브러리는 연구하려는 단백질을 만들어낼 수 있고 DNA 서열 분석과 구조를 결정하거나 특정 유전자들을 추출할 수 있다.

DNA 라이브러리는 적절한 숙주 생물체에 도입된 상태로 보관할 수 있다(**그림 16.5**). 숙주세포의 성장은 라이브러리의 증폭(amplify)을 의미하며, 추출하거나 분석할 수 있는 재조합 분자를 많이 형성하게 된다. 라이브러리는 외부의 DNA가 쉽게 들어오도록 처리된 박테리아나 효모로 도입되는데, 이를 **형질전환**(transformation)이라고 한다. 라이브러리를 위한 숙주생물체는 사용되는 클로닝 벡터에 달려 있으며, 라이브러리의 목적에 따라 달라진다. 짧은 DNA 조각에 대해서는 박테리아 플라스미드가 잘 작동하며, 라이브러리에서 각각의 박테리아 세포는 각기 다른 재조합 플라스미드를 포함하게 된다. 배양을 통해 세포가 자라면, 동일한 DNA(cloned DNA)들이 복제를 통해 자연스럽게 증폭된다. 긴 DNA(게놈 조각)로 구성된 라이브러리에서는 박테리아 또는 효모 인공염색체(artificial chromosome)가 사용되고, DNA 라이브러리는 박테리아 또는 효모에 저장된다.

역전사효소는 cDNA 라이브러리를 만드는 데 사용한다

특정 발생시기의 세포나 조직은 cDNA 합성에 필요한 주형으로 사용하기 위한 mRNA를 추출하는 데 사용할 수 있다(**그림 16.4** 참조). 생성된 cDNA는 특정 시점에서 또는 특정 조직에서 발현되는 모든 유전자들을 포함하는 라이브러리를 구축하기 위해 활용된다. 한 생물체의 서로 다른 세포 또는 조직에서 만들어진 게놈 라이브러리는 유사한 서열을 모두 포함하지만, 이것은 cDNA 라이브러리에 대한 것이 아니다. 뇌로부터 만들어진 cDNA 라이브러리는 섬유아세포 cDNA 라이브러리에서는 발현되지 않은 수많은 뇌-특이적 서열을 가지고 있을 것이다. 이와 반대의 경우도 마찬가지다.

하나의 조직에서 만들어진 cDNA 집합은 그 조직에만 존재하는 mRNA를 반영하기 때문에, 다른 조직들에서 만들어진 cDNA들의 집합과의 비교는 상당히 유용할 수 있다. 다른 형태의 세포에서 유래한 cDNA 라이브러리들의 비교연구는 발현되고 있는 유전자들, 단백질체(proteome), 세포 구조와 기능 사이의 관계에 대한 정보를 제공할 것이다.

핵심 요약 16.1

유형 2 제한효소는 특정 위치에서 DNA를 자른다. 젤 전기영동은 크기에 따라 DNA 절편을 분리하기 위해 전기장을 이용한다. DNA 연결효소는 재조합 DNA를 형성하기 위해 서로 다른 원천으로부터 얻은 DNA 절편을 연결한다. 역전사효소는 mRNA를 cDNA로 변환한다. DNA 라이브러리는 다양한 종류의 유전분석에 활용하기 위한 재조합 DNA 분자의 안정적인 집합이다.

- mRNA를 DNA로 변환할 수 있는 것이 왜 중요할까?

자료 분석 **인간 게놈은 30억 개의 염기쌍을 포함하고 있다. 만약 여러분이 500 bp 조각의 DNA로 인간 게놈의 게놈 라이브러리를 구축한다면, 라이브러리에서 최소의 클론 수는 얼마나 되는가?**

16.2 PCR을 활용한 DNA 증폭

학습 목표

1. DNA 복제과정을 PCR과 연관시킬 수 있다.
2. PCR, RT-PCR, qRT-PCR를 비교하고 대조할 수 있다.

1993년 PCR(polymerase chain reaction, 중합효소연쇄반응)의 개발은 재조합 DNA 분자의 구축을 촉진하였고 유전공학의 새로운 지평을 열었다. PCR은 클로닝 벡터로 DNA 조각을 넣거나 숙주세포에 도입할 필요 없이, 하나의 DNA 서열을 백만 개가량 만들기 위해 증폭(amplification)이라는 DNA 복제과정을 따라 한 것이다.

PCR의 중요한 이점은 증폭하고자 하는 DNA 서열을 정확히 선택할 수 있다는 것이다. 제한효소 절단으로 생성된 DNA 조각을 벡터에 클로닝하는 것은 제한효소 부위의 위치에 의해 이용 가능한 DNA 조각이 제한된다는 단점이 있다.

PCR로 DNA 서열을 증폭하기 위해서는 **프라이머**(primer)라고 불리는 2개의 20~25 염기 길이의 DNA 서열들을 화학적으로 합성해야 한다. 한 프라이머는 선택된 서열의 끝부분에 있는 DNA 가닥에 상보적이고, 다른 프라이머는 반대쪽 끝 DNA 가닥에 상보적이다. 만약에 프리이머들이 상보적인 선택된 DNA 서열에 붙게 되면, DNA 중합효소(polymerase)는 세포에서 일어나는 DNA 복제와 유사한 과정으로 두 프라이머를 연장하고, 새로운 두 가닥의 DNA를 형성하게 된다. 이렇게 형성된 두 가닥의 DNA는 상보적이고 원래 프라이머가 결합하는 부위까지 포함되어 있다. 이러한 과정이 반복되면 DNA 분자는 지수적으로 증가한다. 거의 10,000 염기쌍 길이까지 이러한 방식으로 DNA 서열을 증폭할 수 있다.

PCR은 DNA 복제를 따라 한다

PCR은 DNA 복제 과정을 따라 한 것이며, 각 반응은 DNA 복제의 일련의 단계와 유사한 형태로 순환하게 된다.

1. **변성**(denaturation): 열을 가하여 2중가닥 DNA를 단일가닥으로 분리한다.
2. **프라이머 결합**(annealing of primers): 프라이머들이 DNA 중합효소에 의한 DNA 연장에 요구되는 3′ OH를 제공한다.
3. **합성**(synthesis): DNA 중합효소가 새로운 DNA를 만든다.

각 단계가 반복될 때마다 새로 형성된 DNA 분자들은 지수방식(exponential manner)으로 합성된다. PCR 25회 사이클은 1개의 DNA 분자를 2^{25}개의 분자로 증폭시킨다. PCR 개발 초기에 각 단계는 증폭하고자 하는 DNA 분자(주형 DNA)와 프라이머를 혼합하여 수동식으로 이루어졌다. 혼합액은 DNA 변성을 위해 95°C로 열을 가하고 이후에 주형 DNA에 프라이머가 붙게 하기 위해 온도를 낮추어야 했다. 그리고 DNA 중합효소가 합성단계에 추가되었다. 안타깝게도 이러한 혼합액은 DNA 변성을 위해 다음 단계에서 열이 가해지면, 그 중합효소도 역시 변성되기 때문에 새로운 중합효소를 넣어주어야만 했다. 전형적인 PCR은 25~30 사이클이기 때문에 이러한 과정은 PCR을 지루하면서 노동집약적으로 만들었다.

PCR은 2가지 혁신을 통해 실용화되었다. 첫 번째는, 열에 안정한 DNA 중합효소인 **Taq 중합효소**(Taq polymerase)로서, 고온에서 사는 박테리아(*Thermus aquaticus*)에서 분리된 것이다. 변성단계에서 사용되는 온도에서 Taq 중합효소는 변성되지 않기 때문에 각 사이클마다 새로운 DNA 중합효소를 넣어줄 필요가 없어졌다. 두 번째 혁신은 히팅블럭(heating block)을 포함한 기기의 개발로 넓은 온도 범위를 정확하게 순환할 수 있게 된 것이다.

전형적인 PCR은 이제 주형 DNA, 2개의 프라이머, 뉴클레오타이드, 그리고 열에 안정한 DNA 중합효소를 포함한 1개의 튜브에서 할 수 있다. Taq 중합효소가 아직 일반적으로 사용되지만, 좀 더 열에 안정적인 다른 중합효소들 또한 활용되고 있다. 튜브는 변성온도, 프라이머 부착온도, 그리고 DNA 합성온도 사이를 빠르게 순환할 수 있는 PCR 기기에 놓게 된다(**그림 16.6**). PCR 25회 사이클은 1시간이면 가능하다. 이것은 다양한 용도를 위해 특정 DNA 분자를 생산하는 PCR을 가장 일반적인 기술로 만들어내었다. 기본적인 PCR 수행절차의 변화로 인해 질병 진단, DNA 서열분석, 그리고 유전자 발현 분석이 가능하게 되었다

역전사 PCR은 mRNA로부터 DNA를 증폭한다

주형으로써 다양한 용도의 DNA(플라스미드, 게놈 DNA)를 사용하는 것 외에도, PCR은 mRNA에서 cDNA를 만드는 것 역시 가능하다. 추출된 mRNA는 역전사효소와 반응시키고, 그 결과 생성된 cDNA는 PCR 주형으로 사용된다. 이러한 두 실험 기법의 조합을 **역전사 PCR**(reverse transcription PCR, RT-PCR)이라고 한다. RT-PCR은 3가지 이유에서 유용하다. 첫째, 유전자의 엑손(exon, 유전정보가 포함된 유전자 영역)만이 포함된 DNA를 가진 재조합 DNA 분자를 만들 수 있다. 둘째, 유전자 산물의 구조와 기능을 연구할 수 있다. 셋째, 세포와 조직에서 유전자 발현의 상대적인 양을 확인하는 데 이용할 수 있다.

RT-qPCR은 mRNA의 발현량을 결정한다

세포들은 종종 내부 또는 외부 환경의 변화에 반응하여 유전자 발현을 변화시킨다. 유전자 발현의 분석에는 세포내 mRNA 수준의 정확한 정량도 포함된다. 유전자 발현의 상대적인 변화를 측정하는 가장 빠르고 손쉬운 것은 **RT-qPCR**(reverse transcription quantitative PCR)이다. 이것은 추출한 mRNA를 역전사효소를 사용해서 cDNA로 변환시키고, PCR로 유전자 특이적 프라이머를 활용해 특정 cDNA를 증폭시키는 것을 포함한다. 생성된 DNA의 양은 PCR 기기에 의해 실시간으로 측정할 수 있다. 이러한 이유로 qPCR은 실시간 PCR(real-time PCR)로 알려져 있다. 두 일반적인 기법에서는 형광염료를 사용한다.

DNA에 결합하는 형광 염료를 사용한 DNA 정량

RT-qPCR에서 PCR 동안에 만들어진 DNA의 양을 정량하는 가장 손쉬운 방법은 DNA에 비특이적으로 결합하는 염료를 사용하는 것이다. 만약 DNA가 존재하면, 그 염료는 DNA에 붙을 것이고, 레이저를 쏘아줄 때 형광을 낼 것이다. PCR의 각 사이클 후에 PCR 기기에 있는 레이저는 반응물에 레이저를 쏘고 그 형광의 양을 감지기가 측정한다. 각 PCR 사이클마다 증가한 DNA의 양만큼 더 많은 염료가 DNA에 붙게 되고, 형광은 증가한다. 이 데이터로부터 PCR 사이클 수에 대한 형광 그래프를 컴퓨터로 출력할 수 있다.

2개의 다른 세포 유형에서 추출한 동량의 mRNA로 만든 cDNA를 사용하여 두 qPCR 반응을 생각해 보자. qPCR 반응 동안 형광은 한 시료에서는 다른 샘플보다 더 빠르게 증가될 수 있을 것이다. 형광이 빠르게 증가하는 qPCR은 특정 유전자에 대한 mRNA가 초기에 더 많았다는 것으로, 이는 더 많은 DNA 분자들이 PCR이 진행됨에 따라 형성되었기 때문이다. 서로 다른 조건에서의 유전자 발현 차이를 조사하기 위해 샘플 간의 상대적 차이를 정량하는데 컴퓨터를 사용할 수 있다.

DNA에 결합하는 형광 부착 탐침을 사용한 DNA 정량

PCR 반응을 통해 형성된 DNA 양을 정량하는 보다 정확한 방법은 qPCR 반응 안에 형광으로 표지된 탐침(probe)을 포함시키는 것

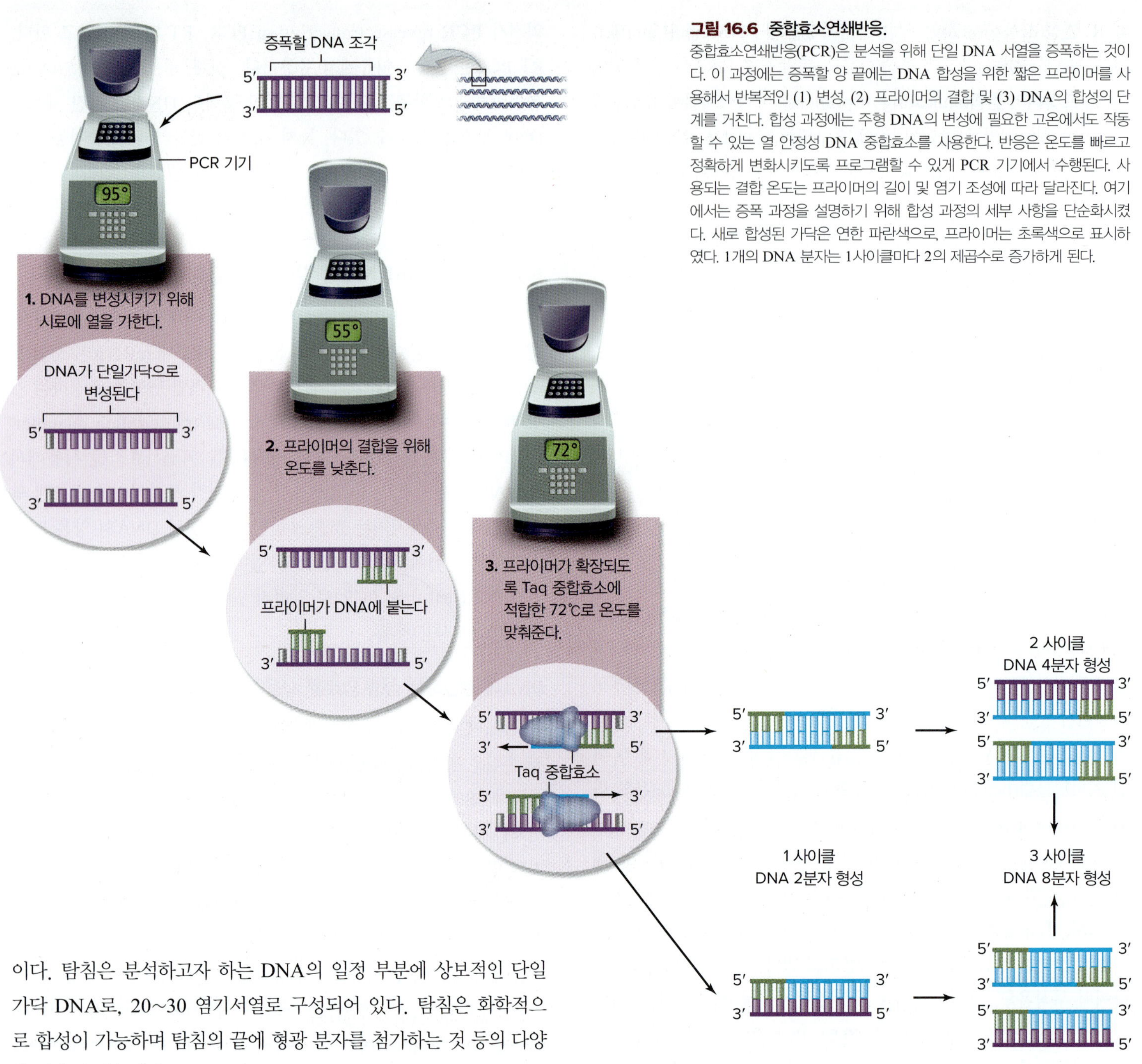

그림 16.6 중합효소연쇄반응.
중합효소연쇄반응(PCR)은 분석을 위해 단일 DNA 서열을 증폭하는 것이다. 이 과정에는 증폭할 양 끝에는 DNA 합성을 위한 짧은 프라이머를 사용해서 반복적인 (1) 변성, (2) 프라이머의 결합 및 (3) DNA의 합성의 단계를 거친다. 합성 과정에는 주형 DNA의 변성에 필요한 고온에서도 작동할 수 있는 열 안정성 DNA 중합효소를 사용한다. 반응은 온도를 빠르고 정확하게 변화시키도록 프로그램할 수 있게 PCR 기기에서 수행된다. 사용되는 결합 온도는 프라이머의 길이 및 염기 조성에 따라 달라진다. 여기에서는 증폭 과정을 설명하기 위해 합성 과정의 세부 사항을 단순화시켰다. 새로 합성된 가닥은 연한 파란색으로, 프라이머는 초록색으로 표시하였다. 1개의 DNA 분자는 1사이클마다 2의 제곱수로 증가하게 된다.

이다. 탐침은 분석하고자 하는 DNA의 일정 부분에 상보적인 단일가닥 DNA로, 20~30 염기서열로 구성되어 있다. 탐침은 화학적으로 합성이 가능하며 탐침의 끝에 형광 분자를 첨가하는 것 등의 다양한 적용이 가능하다.

주형이 되는 cDNA의 짧은 영역에 상보적인 탐침은 말단에 형광물질(fluorophore)을 포함하고 있다. 한 가지 파장을 주게 되면 형광물질은 PCR 기기에서 측정할 수 있는 다른 파장의 빛을 방출하게 된다. 소광물질(quencher)은 탐침의 반대쪽 끝에 첨가되는 물질이다. 이는 형광물질에 의해 방출되는 빛 파장을 흡수하는 역할을 하고 이로 인해 감지기가 방출된 파장을 측정할 수 없게 한다. 형광물질과 소광물질이 서로 같은 탐침에 부착되어 있는 한, 형광물질은 소광물질에 의해 형광 발산이 억제된다. 만약에 형광물질이 소광물질과 떨어지게 되면, 형광물질은 형광을 발산하고 PCR 기기에 있는 감지기에서 탐지가 된다.

탐침이 PCR 반응에 포함되어 있으면, 생성된 DNA의 양을 탐지하는 데 활용 가능하다. 변성과정 후에 프라이머를 주형 DNA에 붙이기 위해 온도를 낮출 때, qPCR 형광탐침 역시 두 PCR 프라이머와 함께 DNA에 결합하게 된다. 중합효소가 PCR 프라이머를 연장하면서 한 가닥의 DNA와 결합한 탐침과 만나게 된다. Taq 중합효소는 핵산말단가수분해효소 활성(exonuclease activity)을 갖고 있어서, 탐침을 분해시키고 주형을 완전하게 복제하게 된다. 탐침을 분해시킴으로써 형광물질은 소광물질로부터 분리되고, PCR 기기의

그림 16.7 **RT-qPCR에 의한 mRNA 수준의 정량.**
a. 증폭이 일어날 때 형광 탐침의 분해는 형광의 증가를 초래한다. ***b.*** DNA가 증폭됨에 따라, 존재하는 DNA 분자의 수에 비례하여 형광의 양이 증가한다. 반응이 시작될 때 존재하는 DNA가 많을수록 PCR 동안 형광이 더 빨리 나타난다(pg, picograms; ng, nanograms; RFU, relative fluorescence unit).

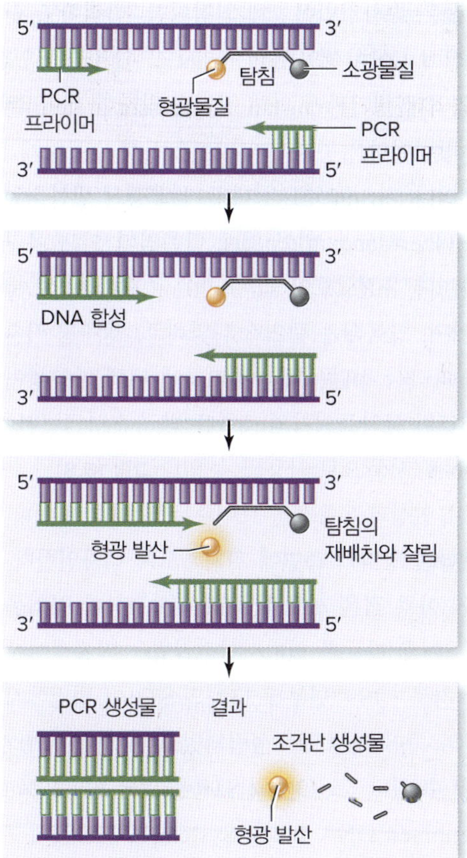

a.

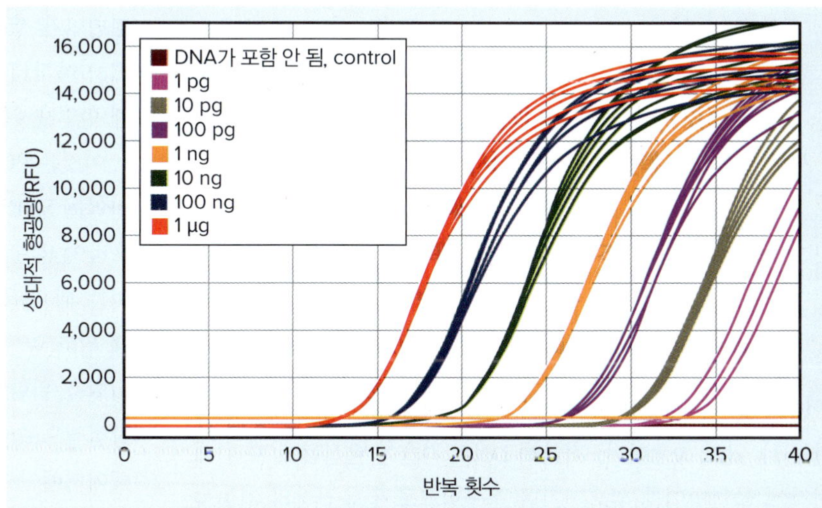

b.

감지기에서 형광이 탐지된다(**그림 16.7***a*). PCR 사이클이 계속 반복되고, 새로 형성된 DNA의 양에 비례하여 형광이 증가하게 된다. 시작할 때 더 많은 주형(mRNA로 만들어진 cDNA)이 있으면, 형광신호는 더욱 빠르게 증가할 것이다(**그림 16.7***b*).

PCR은 다양한 염기서열결정법의 기초이다

인간게놈서열을 완성하기까지 약 27억 달러의 비용이 들었고 1990년부터 2003년까지 13년의 시간이 걸렸다. 오늘날에는 약 1000 달러면 3일 안에 인간게놈서열을 얻을 수 있다. DNA 염기서열 분석은 게놈에서 형성된 DNA 조각에 대한 많은 복사체(copy)를 필요로 한다. 초기 인간게놈프로젝트에서는 DNA의 염기서열을 분석하기에 용이한 방법(WEB2장 참고)으로 게놈 DNA의 작은 절편들을 클로닝 벡터들에 넣는 것을 활용하였다. 이러한 클론들은 지질한 숙주에서 키워야 했고, 이후 염기서열 분석을 위해서 DNA를 추출했다. 이러한 과정은 노동집약적이며 시간 소모적이다.

PCR은 염기서열 분석에 필요한 충분한 DNA를 얻기 위해 클로닝 벡터를 사용하는 번거로움을 극복하였다. 차세대 염기서열분석(next-generation sequencing, NGS)과 같은 다양한 새로운 기술들은 염기서열 분석을 하기 위한 DNA를 만들어내기 위해 PCR의 변화를 활용하였다. PCR 없이, 빠르고 저렴한 게놈 염기서열 결정은 불가능하다. 빠르고 저렴하게 게놈 염기서열을 비교 확인하는 방법은 유전자형(genotype) 사이의 비교를 가능하게 하고 질병, 특정 약물에 대한 영향, 일반 보건에 연관된 유전적 변이를 동정할 수 있다는 이점이 있다.

핵심 요약 16.2

PCR은 소량의 DNA 문사에서 특정 DNA 염기서열을 빠르게 증폭하는 데 사용된다. RT-PCR은 발현된 mRNA로부터 DNA 복사본을 증폭하는 데 사용하고, 특정 mRNA의 상대적인 정량화를 가능하게 한다. NGS에서 PCR을 활용함으로써 한 게놈의 염기서열을 결정하는 데 걸리는 시간과 비용을 절감할 수 있었다.

- PCR과 DNA 복제는 어떻게 유사할까? 둘은 어떻게 다를까?

탐구문제 인트론와 엑손이 포함된 진핵생물 게놈의 한 부분에 대한 복사본을 확보하고 싶다고 가정해 보자. cDNA를 사용하는 것은 좋은 방법인가? 설명하시오.

16.3 유전적 변이의 생성, 교정, 분석

학습 목표

1. 개체를 식별하는 데 어떻게 유전정보를 이용할 수 있는지 설명할 수 있다.
2. 어떻게 체외(*in vitro*)에서 유전자 돌연변이를 형성할 수 있는지 설명할 수 있다.
3. RNA 간섭과 직접적인 유전체 편집의 장단점을 설명할 수 있다.

유성생식 집단의 각 개체들은 표현형(phenotype)적으로는 다양하지만, 종의 모든 구성원들은 동일한 유전자 세트를 가지고 있다. 집단에서 나타나는 대부분의 다양성(diversity)은 유전적 변이(genetic variation), 후성유전학적(epigenetic) 차이, 그리고 환경적 변동성들 사이에서의 복잡한 상호작용에 의해 형성된다. DNA 조작과 분석의 발달은 표현형 차이를 만드는 유전적 변이를 연구하는 새로운 방식을 열어주었다. 유전적 변이 분석은 한 종간에 각 개체사이의 차이를 이해하는 데 있어 중요하다. 최근에 DNA 기술이 발전함에 따라 대립유전자에 돌연변이를 일으키거나 복구함으로써 유전자의 기능을 연구하는 것이 가능하게 되었다.

법의학에서는 개인을 식별하기 위해서 DNA 지문을 이용한다

소량의 조직이나 체액을 기반으로 개체를 식별해야 할 때가 있다. 이는 범죄를 조사하거나 재난사건 후에 희생자를 식별할 때 필요하다. 더 민감도가 높은 수사기법이 개발되었지만, 법의학(forensics)에서는 주요 기법으로 DNA 지문(fingerprint)을 활용하고 있다. 이것은 부분적으로는 법집행기관에 의해 정리된 막대한 데이터베이스가 있기에 가능한 방법이다.

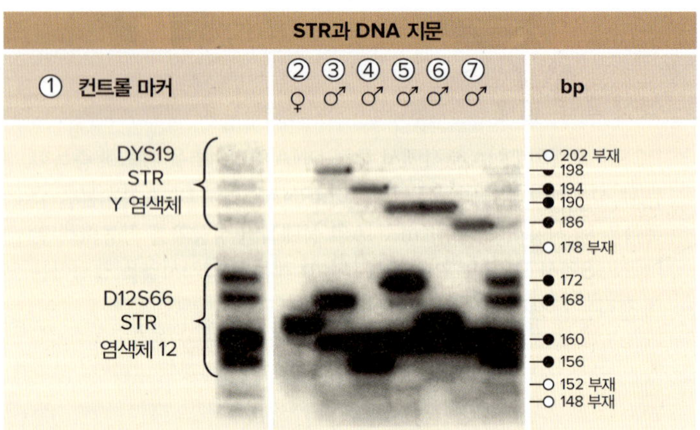

그림 16.8 STR 및 DNA 지문을 사용하여 개인 식별.
Y 염색체 STR은 여성에게는 없기 때문에 남성과 여성을 구분한다(위). STR은 반복 횟수(3~7열)에 따라 남성에서 다른 길이로 형성된다. 염색체 12에서 발견된 두 번째 STR은 남성과 여성 모두에서 나타난다(아래).

DNA 지문은 개인들 사이에서 다양하고, 짧으면서 반복적인 서열을 이용한다. STR(short tandem repeats, 짧은염기서열반복구간)은 유전자 조절 영역이나 유전암호가 없는 곳에 존재하는 전형적으로 2~4개의 염기쌍이며, 반복되는 길이가 다양하고, 세대를 거치며 돌연변이가 생긴다. 따라서 집단은 분자표지자에 대해 다양성이 있다고 이야기한다. 이러한 분자표지자의 조합은 범죄 수사 및 다양한 신원 확인을 위한 DNA '지문'으로 사용될 수 있다(**그림 16.8**).

이것은 PCR의 유연성과 유용성을 보여주는 또 다른 예이다. 프라이머는 STR이 포함된 영역의 측면에 위치하도록 디자인한다. 이들 프라이머는 초기의 아주 적은 시료에서 STR을 포함한 영역을 증폭하는 데 활용된다. 이후 자동화 염기서열결정법을 활용하여 분석하게 된다(WEB2장 참조). 1997년부터 13개의 STR이 법정에서 개인 식별을 위한 하나의 증거 기준으로 성립되었고, 승인된 식별키트는 상업적으로 이용할 수 있다. 그 13개의 STR은 미국 연방프로파일링 데이터베이스(Combined DNA Index System, CODIS)의 기초를 형성한다. 새로운 DNA 지문은 CODIS에 등록된 개인의 것들과 비교할 수 있다.

DNA 지문은 DNA 분석이 널리 이용되기 전에 유죄로 수년간 수감된 사람들의 무죄를 입증하고, 재난 발생 후에 희생자의 신원을 파악하는 데 활용되었다. 2001년 9월 11일 뉴욕에서 발생한 911테러 이후, DNA 지문은 일부 희생자들의 신원을 파악하는 유일한 수단이 되었다. 2010년 아이티 공화국에서 발생한 엄청난 지진 후에도 DNA 지문으로 혼란 속에서 가족과 떨어진 아이들이 가족과 재회할 수 있었다.

PCR은 특정 유전자에 점돌연변이를 형성할 수 있다

게놈에서의 위치에 따라 1개 또는 몇 개 염기의 변화는 표현형에 영향을 주기도 하고 안 주기도 한다. 표현형에 변화를 초래하는 게놈상의 어떤 변화를 우리는 돌연변이라고 인지한다. 오랫동안 유전학자들은 화학물질(mutagens, 돌연변이유발원)을 사용해서 무작위로 돌연변이들을 만들어냈으나, 현재는 실험관내(*in vitro*)에서 돌연변이들을 형성할 수 있다. 돌연변이 연구는 변화된 DNA의 기본적인 기능을 좀 더 이해하는 계기가 되었다. 이 방식의 궁극적인 활용은 야생형 유전자를 돌연변이 유전자로 대체하여 돌연변이 유전자의 기능을 테스트하는 것이다.

PCR 기반 위치 특이적 돌연변이 유발

PCR에 의해 DNA의 한 부분을 증폭시킬 때에는 주형으로 사용하는 cDNA나 유전자가 필요하고, DNA 합성 개시에 사용되는 한 쌍의 프라이머가 필요하다. 만약 프라이머의 염기서열을 살짝 바꾼다면 PCR로 증폭된 대부분의 DNA 단편은 특정 부위에 돌연변이 염기를 갖게 될 것이다. 이런 방법으로 유전자나 cDNA에 다양한 돌연변이를 도입할 수 있다. 이러한 돌연변이의 효과는 이 절에서 언급한 다양한 방법에 의해 분석할 수 있다.

PCR 기반 무작위 돌연변이 유발

이전에 논의한 것처럼 PCR에 사용되는 중합효소 중에는 Taq 중합효소라는 것이 있었다. 세포 안에서 DNA를 복제하는 중합효소와는 다르게 Taq 중합효소는 DNA 합성 동안에 잘못 복제된 것을 교정하는 기능이 없다. Taq 중합효소는 합성되는 거의 매 45,000개의 염기당 하나의 돌연변이를 임의적으로 도입한다. PCR의 화학적 조건 변화는 PCR의 반복적인 사이클이 수행될수록 더욱 더 돌연변이 비율을 증가시킬 수 있어 임의로 돌연변이를 가진 유전자나 cDNA를 얻을 수 있다. 유전자 생성물의 기능상에 그러한 돌연변이의 영향은 다양한 방식을 통해 분석할 수 있다.

RNA 간섭은 유전자 생성물을 감소시킨다

세포 내에서 돌연변이를 만들고 분석하는 능력이 강력하더라도, 모든 실험시스템에서 표현형에 미치는 영향을 평가하기 위해 살아 있는 세포에 다시 조작된 DNA 플라스미드를 도입하는 것이 모두 가능한 것은 아니다. RNA 간섭(RNA interference, RNAi) 실험방법은 실험자가 살아 있는 세포나 생물체에서 유전자의 양을 감소시키는 것이 가능하다. 이것은 유전자의 기능을 제거한 돌연변이와 동일한 효과를 나타낸다. RNA 간섭은 암호화된 단백질의 수준을 감소시키는 것으로, 세포 내의 특정 mRNA의 분해 또는 번역(translation)을 방해한다. 이 기법은 전사후(post-transcription)의 유전자 발현 수준을 조절하기 위해 세포가 진화적으로 소형 RNA를 사용하는 시스템을 활용한 것이다(15장 참고).

특정 단백질의 생성을 감소시키거나 제거하기 위해 RNAi를 사용하려면, 단백질을 암호화하고 있는 mRNA에 상보적인 짧은 dsRNA (double-stranded RNA)가 필요하다. dsRNA를 생성하고 세포나 생물체에 도입하는 다양한 방법들이 존재한다. RNAi는 15장에서 설명한 것처럼 세포기작에 의존적이다. 완전한 게놈 서열을 가지는 모든 생물체에서 짧은 형태의 dsRNA 분자의 라이브러리가 게놈상에 있는 모든 유전자를 타겟하도록 만들 수 있다. 이러한 라이브러리는 개개의 단백질 또는 단백질의 조합을 시스템적으로 감소시킬 수 있고, 따라서 세포와 생물체에서 특정 유전자의 기능을 연구할 수 있다.

새로운 기술은 게놈의 직접적인 편집을 가능하게 한다

PCR 기반 돌연변이 유발은 세포 내에서 유전자 서열의 변화를 가능하게 하고, RNAi는 유전자 산물의 감소를 가능하게 한다. 이러한 방법들은 둘 다 살아 있는 세포 내에서 유전자의 기능을 탐색하기 위한 간접적인 방법을 제공한다. 유전자의 서열을 빠르고 쉽게 변화시키거나, 유전자를 불활성화시키거나, 또는 세포 내에서 직접적으로 유전자의 발현을 방해하는 것이 지금은 가능하게 되었다. 이러한 방식으로 전체적으로 유전자를 변형함으로써, 우리는 생체내(*in vivo*)에서보다 더 유전자의 기능을 이해할 수 있을 것이다. 생체내(*in vivo*)에서 유전자를 편집하기 위한 2가지 주요 방법으로 **TALE**(transcription activator-like effector) 단백질과 **크리스퍼**(clustered regularly interspaced short palindromic repeats, CRISPR) **Cas9** 시스템이 있다.

TALE 단백질

TALE 단백질은 DNA에 결합하는 기능과 식물병원균인 *Xanthomonas*의 질병 유발 역할 때문에 동정되었다. 이 단백질은 TALE 반복 도메인이라고 불리는 34개 아미노산이 반복되는 형태를 가지고 있다. 도메인 사이에 있는 아미노산의 쌍은 매우 다양한 반면, 주변의 아미노산은 거의 동일하다. 중간 위치에 존재하는 두 아미노산이 어떤 뉴클레오타이드가 반복 도메인에 의해 결합될지를 결정한다.

다양한 TALE 반복 도메인을 조합함으로써, DNA의 다른 서열이 TALE 단백질에 의해 결합 될 수 있다. 만약 재조합 DNA 분자가 핵산분해효소(nuclease)를 암호화하고 있는 DNA와 TALE 단백질을 암호화하는 DNA의 융합으로 구성이 되면, 이것은 이제 새로운 서열에 특이적인 핵산분해효소를 암호화하게 된다. 이 재조합 DNA에서 생성된 단백질을 TALE-핵산분해효소 융합(TALE-nuclease fusion) 또는 탈렌(TALEN)이라고 한다. 탈렌을 암호화하고 있는 재조합 DNA는 세포 내에 도입이 가능하고 탈렌은 게놈상의 특정 유전자로 향하게 되고, 핵산분해효소는 그 부위에서 DNA를 절단할 수 있다. 세포가 잘린 DNA를 복구하려고 할 때, 때때로 오류가 생기거나 서열을 잃어버리게 된다. 만약 이러한 일이 발생하면, 유전자는 불활성화될 것이다. 이 전략의 다양성은 TALEN에 의해 인식되는 서열을 가진 유전자를 완벽하게 교체하기 위해 개발되었다.

CRISPR/Cas9 시스템

박테리아에서 숙주제한(host restriction)에 대한 연구가 제한효소의 발견으로 이어진 것처럼, 바이러스 감염에 대한 박테리아의 면역

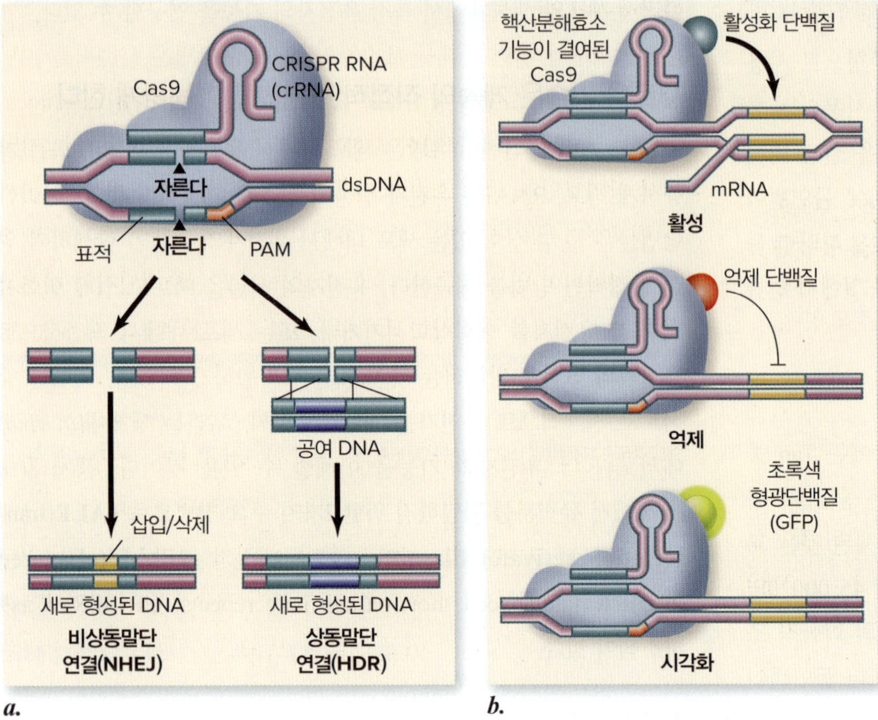

그림 16.9 CRISPR/Cas9 게놈 편집 시스템. ***a.*** 서열 특이적 가이드 RNA는 Cas9을 표적 서열로 이끌어서 절단하게 한다. 복구가 부정확하면 유전자 불활성화를 초래하거나, 공여자 DNA 서열이 존재하면 정확하게 DNA 표적 서열을 공여자 서열로 대체할 수 있다. ***b.*** 재조합 DNA 기술을 사용하여 Cas9을 표적 유전자로 유도하여 유전자를 켜거나(활성화), 끄거나(비활성화), 게놈에서 그 위치를 밝힐 수 있다. (NHEJ, nonhomologous end joining; HDR, homology-directed repair; GFP, green fluorescent protein)

연구에서 CRISPR/Cas9(크리스퍼/카스나인) 시스템이 발견되었다. 일부 박테리아는 자신의 게놈에 바이러스 게놈의 일부분이 포함되도록 진화한 일종의 적응면역(adaptive immunity)을 가지고 있는 듯하다. 이 바이러스성 DNA는 동일한 DNA 서열을 가지는 바이러스를 표적으로 삼아, 재침입시에 대응한다. 박테리아는 이 바이러스성 DNA를 RNA로 전사시켜 가이드 RNA(guide RNA, gRNA)를 만드는데, gRNA는 핵산분해효소(Cas9)를 동일한 서열을 가진 DNA로 '안내'하는 역할을 한다. 탈렌(TALEN)을 만드는 것보다 가이드 RNA를 디자인하고 합성하는 것이 훨씬 간단하므로 CRISPR/Cas9 시스템이 보다 간단하고 유용해 보인다.

가이드 RNA와 Cas9 단백질이 결합하여 세포 내로 들어가게 되면, 가이드 RNA 서열과 일치하는 서열을 갖는 유전자에 붙게 된다(**그림 16.9***a*). Cas9 핵산분해효소는 가이드 RNA가 결합한 곳에서 DNA를 절단하게 된다. 절단된 DNA는 부정확한 복구(repair)로 인해 게놈 서열상에 조그만 결실 또는 삽입돌연변이를 초래하고, 이로 인해 유전자의 기능을 잃게 될 수 있다. 또는 선형의 dsDNA를 사용할 수 있는 경우에는 HDR(homology-directed repair, 상동재조합 수선체계)에 의해 잘린 부위가 복구된다. 이것은 돌연변이 대립유전자(allele)를 야생형으로 복원하거나, 흥미 있는 유전자에 돌연변이를 형성하게도 한다. CRISPR/Cas9은 더 작고 쉽게 전달이 가능한, 다양한 박테리아에서 추출된 Cas9 단백질로 계속 개선되고 있다. Cas9 단백질은 더 유용하고 효과적인 시스템을 만들기 위해 개발되고 있다. 이 기술은 시험관내(*in vitro*)에서 키운 T세포에 통합된 HIV 게놈을 비활성화시키는 데 활용되었는데, 이는 유전질병 치료제로서 가능성을 나타낸다.

CRISPR/Cas9은 또한 유전자 발현 조절에도 사용될 수 있다. 핵산분해효소 활성이 없는 Cas9과 전사조절 활성자(activator) 또는 억제자(repressor)를 융합한 DNA를 구성함으로써 유전자의 발현을 선택적으로 활성화 또는 비활성화시킬 수 있다. 또한 형광단백질과 핵산분해효소가 없는 Cas9 단백질 사이의 융합형태를 만드는 것이 가능해서, 이것으로 간단하게 특정 암(cancer)에서 증폭되는 종양유전자(oncogene)의 검출과 분석을 할 수 있다.

핵심 요약 16.3

DNA 지문을 이용하여 각 개체를 식별할 수 있다. STR 좌위의 특정 세트는 CODIS 데이터베이스를 구성한다. PCR은 DNA 상에 위치 특이적 또는 임의적 돌연변이를 만드는 데 사용할 수 있다. RNA 간섭은 유전자 산물의 발현 수준을 감소시키기 위해 이용될 수 있다. 게놈 편집 기술은 유전자 기능을 제거하거나 염색체에 새로운 대립유전자를 도입하는 데 사용될 수 있다.

- 게놈 편집은 시험관내(*in vitro*)에서 특정 돌연변이를 만드는 것과 어떤 점에게 다를까?
- 게놈 편집의 TALE와 CRISPR/Cas9 시스템을 비교하고 대조해 보자.

16.4 형질전환 생물체의 설계와 활용

학습 목표

1. 유전암호의 보편적 특성이 어떻게 형질전환을 가능하게 하는지 설명할 수 있다.
2. 유전자 제거, 유전자 삽입, 그리고 조건부 유전자 제거 생쥐를 비교하고 대조할 수 있다.
3. 형질전환 식물을 어떻게 만드는지 설명할 수 있다.

이번 절에서는 이미 확인해 본 일부 기술들이 어떻게 형질전환 생물체를 구축하는 데 활용되는지에 대해 알아보고자 한다. 이것들은 다른 종으로부터 한 개 또는 여러 개의 유전자를 삽입함으로써 변형된 생물체이다. 전통적인 육종방법 이외의 기술을 통한 게놈의 어떤 변경은 때때로 유전자 변형 생물체(genetically modified organism, GMO)를 만들어낸다. 첫 번째, 우리는 어떻게 형질전환체가 개별 유전자의 기능분석에 사용되는지 살펴볼 것이다. 그 다음에는 의약, 환경생물학, 농업에서의 응용을 실펴볼 것이다.

유전암호의 보편성은 형질전환을 가능하게 한다

인간 유전자를 생쥐의 게놈에 삽입하면 생쥐의 세포에서 인간 유전자는 발현할 것이다. 이와 유사하게, 인간 유전자는 *E. coli* 박테리아의 게놈으로 들어갈 수 있고 박테리아는 암호화된 단백질을 만들 수 있다. 이것은 다른 종의 생물체 세포에서도 동일하게 유전적 정보가 해석되기 때문이다. 유전자의 정보를 해독하는 데 사용되는 유전암호는 박테리아, 고세균, 그리고 진핵생물에서 사용되는 것과 동일하다. 예를 들어, 아미노산 페닐알라닌은 코돈 UUU로 암호화되어 있다. 이것은 인간에서 유전암호를 보든 *E. coli*에서 유전암호를 조사하든 같다. 하지만 거기에는 약간의 유전암호의 변형이 있다. 미토콘드리아의 유전암호는 핵 유전자를 해석하는 데 사용하는 유전암호와는 약간 다르다.

유전자의 제거나 추가를 통해 기능을 연구할 수 있다

재조합 DNA를 만들기 위한 기술은 유전자를 제거하거나 추가한 생물체를 형성하기 위해 다른 실험기법과 혼합할 수 있다. 몇 가지 경우, 하나의 유전자가 제거되고 유전적으로 변형된 버전의 유전자로 대체된다. 이러한 동물과 식물의 연구에서 과학자들은 유전자형(genotype)과 표현형(phenotype) 사이의 연관성을 더 잘 이해할 수 있다. 생물체에 돌연변이 대립유전자를 도입함으로써, 질병 유발 과정에서 특정 돌연변이의 효과를 전체 생물체에서 연구할 수 있다.

유전자 제거 생쥐

유전자 제거(knockout) 동물은 유전자의 기능이 상실되도록 유전자가 불활성화되어 있다. 이런 방법으로 다양한 실험 생물체에서 유전자를 불활성화시키는 것이 가능하다. 인간의 유전과 가장 연관 있는 것은 풍부한 유전학적 역사를 가진 생쥐이다. 유전자 제거 효과는 다 성장한 생쥐에서 평가할 수 있다. 또는 만약 어떤 유전자가 생존에 필수적인 것이라면, 그 유전자의 기능이 필요한 발생 단계에서 확인할 수 있다. 유전자 제거 생쥐를 만들어내는 간략한 과정은 **그림 16.10**에 설명하였다.

1. 클로닝된 유전자는 재조합 DNA 기술을 사용해서 표적이 되는 유전자의 일부분을 표지 유전자로 대체한다. 표지 유전자는 박테리아에서 항생제 네오마이신(neomycin)에 저항성을 갖는 유전자를 암호화하고 있고, 이는 네오마이신과 관련된 G418 약물이 포함된 배양액에서 생쥐 세포가 자랄 수 있게 한다. 재조합 DNA는 염색체상에 표적이 되는 유전자 DNA 부위를 양쪽에 포함하게 된다.
2. 표적 유전자 내에 항생제 표지자가 끼어들어 간 유전자는 **배아줄기세포**(embryonic stem cell, ES cell)로 도입된다. 초기 배아에서 유래한 이러한 세포는 다른 성체 조직으로 발달할 수 있다. 이 세포에서 클로닝된 유전자는 양측면의 DNA를 기반으로 유전자가 있는 염색체로 재조합이 된다. 이 재조합은 유전자 지도를 작성하는데 사용하는 것과 동일한 것이다(12장 참조). 약물 저항성 유전자를 지닌 클로닝된 유전자는 DNA 복제 기능이 없어서 유전자재조합이 되지 않으면 사라지게 된다. 유전자재조합이 완료된 세포를 구별하기 위해서 세포는 G418 약물이 포함된 배지에서 배양한다(오직 표지 유전자를 포함한 세포만이 G418 약물에 있는 배지에서 성장한다).
3. 제거된 유전자를 포함한 ES세포는 생쥐의 초기 배아세포에 주입하고 가상 임신 중인 암컷 생쥐(정관 수술한 수컷과 교배한 암컷 생쥐로, 자궁을 제공하게 된다)에 이식한다. 이 암컷 생쥐에서 태어난 새끼 중의 일부 세포에서는 표적 유전자가 제거된 하나 또는 2개의 대립유전자를 갖게 되며, 이러한 동물을 키메라(chimera)라고 한다. 키메라 생쥐는 정상 생쥐와 교배를 하고 이들 자손의 일부는 이형접합(heterozygous)이 될 것이다. 이 경우, 이형접합체(heterozygosity)가 생물학적 기능에 영향을 미치면 표현형이 있을 수 있기에 이를 확인하고 분석할 수 있다. 만약 돌연변이가 열성(recessive)이고 치명적이지 않으면

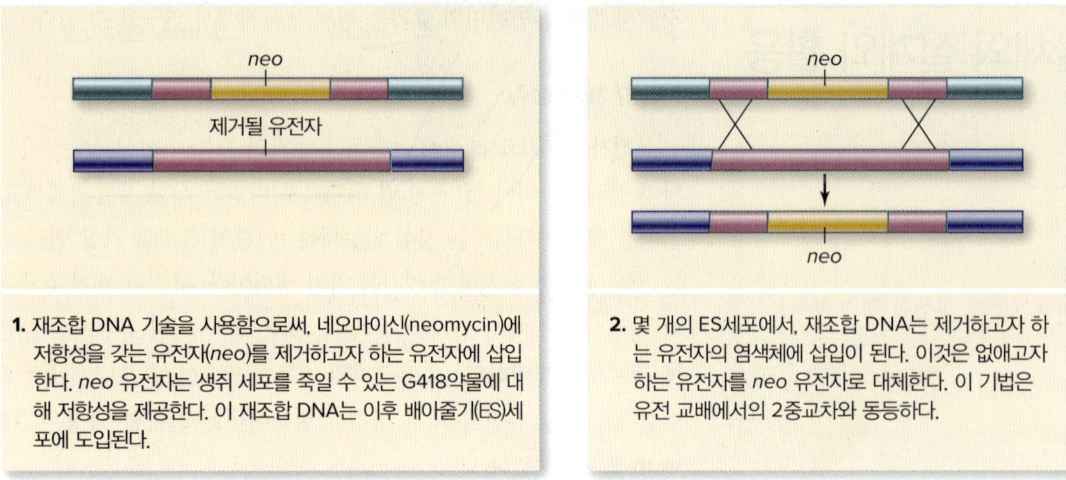

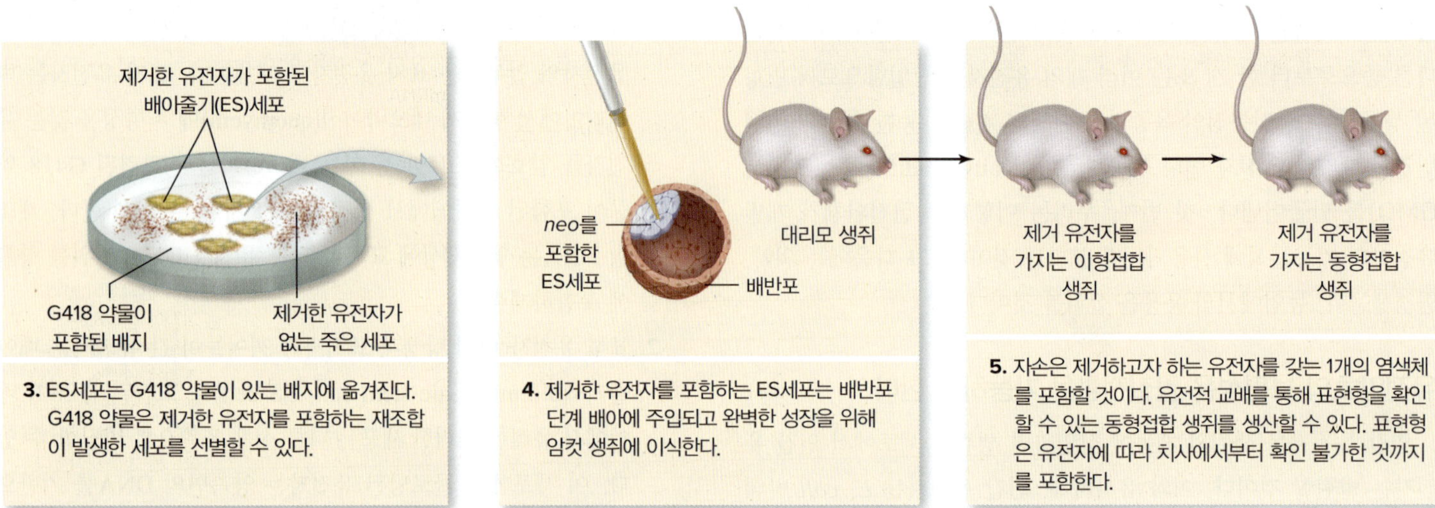

그림 16.10 유전자 제거 생쥐 구성. 유전자 제거 생쥐 구성 단계. 일부 기술적 세부 사항을 생략하고, 기본 개념을 나타냈다.

이형접합체로부터 동형접합(homozygous) 생쥐를 만들기 위해서 교배를 할 수 있다. 동형접합 생쥐는 표현형에 대해 분석할 수 있다.

유전자 삽입 생쥐

유전자 삽입(knockin) 생쥐는 정상 대립유전자를 특정한 유전적 변이가 있는 대립유전자로 대체한 것이다. 대립유전자를 제거함으로써 기능이 완전히 상실된 대립유전자(null allele)에 대한 연구를 할 수 있지만, 유전자 기능이 완전히 제거되지 않으면 분석할 수 없다. 특정 돌연변이는 체외(*in vitro*)에서 제작이 가능하고 이후 변화에 대한 효과를 증명하기 위해서 생쥐에 도입할 수 있다. 이를 통해 연구자는 자연발생적 대립유전자, 어떤 정보에 기반을 둔 목적된 돌연변이, 또는 문자 그대로 어떠한 돌연변이라도 사용할 수 있다. 도입된 돌연변이는 완전한 기능상실, 부분적인 기능상실, 또는 유전자 산물에 대한 새로운 기능획득 등을 초래할 수 있다.

조건부 불활성화는 필수 유전자 연구를 가능하게 한다

생쥐에서 유전자 제거 기법에는 2가지 주요한 결점이 있다. 첫 번째, 한 유전자의 제거는 이것의 불활성화로 영향받는 모든 조직의 모든 세포에 효과를 미친다. 이것은 한 조직 이상에 영향을 주는 생산물을 갖는 유전자에 대해서는 문제가 있다. 여러 조직에 영향을 주는 유전자 제거의 표현형 분석은 복잡해질 수밖에 없고 가능하지 않을 수도 있다. 두 번째 문제점은 발생에 있어 중요한 유전자들이다. 초기 발달에 필수적인 유전자는 배아에서 죽음을 초래할 수 있고 분석 자체가 불가능할 수 있다. 이러한 제한적 특성으로, 특정 조직이나 발생 과정상 특정 시기에 게놈으로부터 유전자를 제거하는 방법들이 개발되었다. 조건부 불활성화(conditional inactivation)는 특정 조직이나 발생 과정상의 특정 시점의 세포에서 유전자 제거가 가능하다.

조건적으로 유전자 제거에 흔히 P1이라고 알려진 박테리아 바이러스에서 유래한 Cre-Lox 재조합(recombination) 시스템을 사용한다. Cre는 Lox라고 알려진 짧은 DNA 서열 사이에서 재조합을 촉진하는 효소이다. 연구하고자 하는 유전자가 Lox site를 양옆에 끼고 있으면, Cre 효소처리 시 Lox site 사이에서 유전자재조합이 일어나 원형(circular) DNA인 중간 서열(연구하고자 하는 유전자 DNA)은 제거된 후 분해된다(**그림 16.11**).

조직 특이적 유전자 제거

Cre-Lox 시스템을 활용한 조건부 불활성화를 수행하기 위해서, 두 종류의 형질전환 생쥐가 필요하다. 첫 번째 종류는 원하는 조직에서만 활성화시킬 수 있는 프로모터(promoter)로 Cre 효소를 발현하게 하는 형질전환 생쥐이다. 이 생쥐에서, Cre는 오직 원하는 조직에서만 형성된다. 두 번째 생쥐는 Lox 서열을 양옆에 끼고 있는 표적 유전자를 포함한 형질전환 생쥐이다. Lox 서열을 양쪽에 가지고 있는 DNA 서열을 플록스('floxed', Lox flanked의 약자)라고 한다.

일단 두 종류의 생쥐가 준비되면, 생쥐의 모든 세포에 Cre 재조합효소와 제거하고자 하는 대립유전자가 포함된 자손을 만들어낸다. 하지만 Cre 효소를 발현하는 조직에서만 플록스 DNA를 제거하기 위한 재조합이 일어난다. 생쥐의 다른 조직에서는 정상적인 대립유전자가 유지되고 유전자의 결손에 따른 표현형에는 관여하지 않게 된다(**그림 16.11**)

발생 특이적 유전자 제거

발생과정의 특정 단계에서 유전자를 제거하기 위해 조직 특이적 유전자 제거 방법과 유사한 전략을 사용한다. Cre 발현 형질전환 생쥐의 유일한 차이는 특정 조직에서 발현되는 것이 아니라 특정 발생과정상에서만 Cre가 발현되도록 변형한 것이다. 이 전략에서 추가적인 기발한 아이디어는 생쥐가 특정한 물질을 음식이나 물을 통해 섭취하였을 때 작동하는 프로모터를 Cre 유전자에 달아준 것이다. 이것은 생쥐가 출생 후 발생과정 분석을 가능하게 한다.

식물은 유전적 변형에 다양한 기술을 요구한다

유전적으로 변형된 식물은 동물에 사용된 기술과는 상당히 다른 기법으로 탄생했다. 형질전환 식물은 전기 천공 이용(electroporation), 물리적인 DNA 삽입(bombardment), 화학처리, 그리고 박테리아를 통한 전달(bacterial transfer) 등으로 DNA를 식물세포로 도입함으로써 형성된다. 어떤 기술이 사용되든, 일반적으로는 특정한 유전자 서열을 특이적으로 표적화하는 것이 불가능하고 식물 게놈상에 형질전환 유전자의 삽입이 무작위로 일어난다. 비록 이러한 방법이 식물체 내에 발현시키고자 하는 형질전환 유전자를 도입할 수 있게 하여도, 특정한 유전자의 제거에서는 문제가 된다. 작물에 병, 서

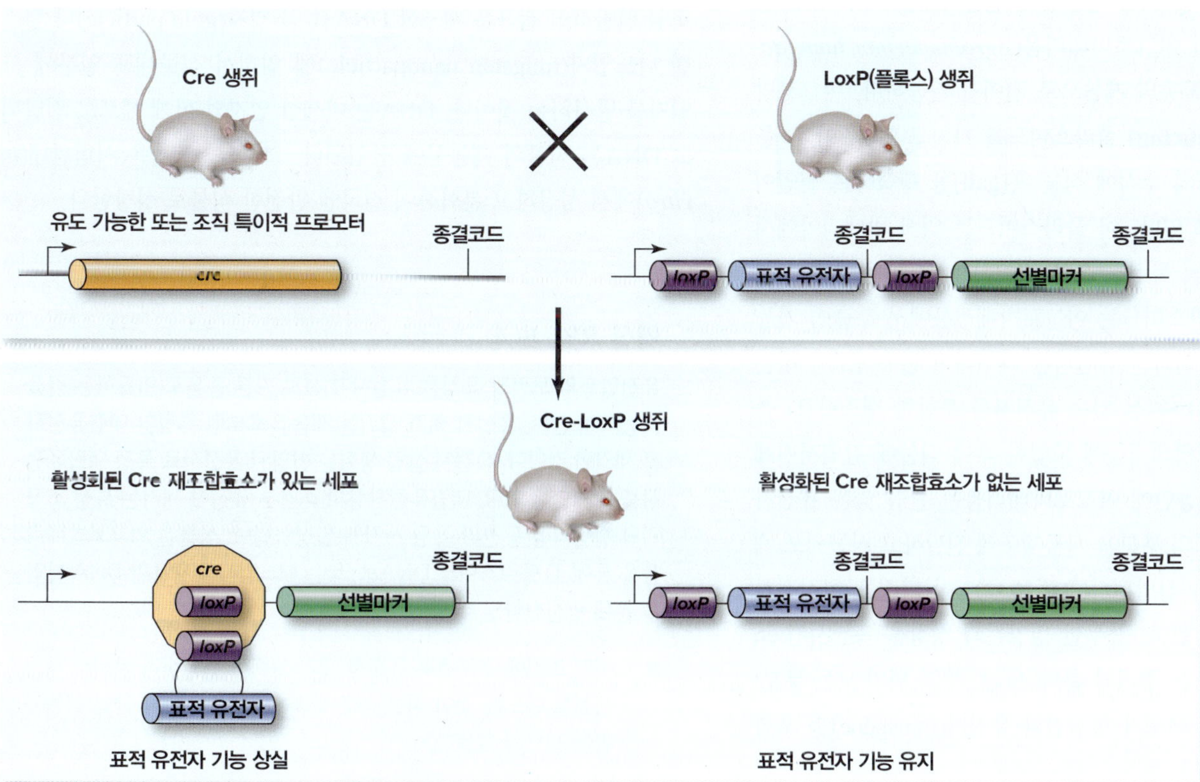

그림 16.11 **조건부 및 조직 특이적 유전자 제거 생쥐 만들기.** 유도성 또는 조직 특이적 프로모터로부터 Cre 재조합효소를 발현하는 Cre 생쥐를 "플록스(floxed)" 표적 유전자를 함유하는 생쥐와 교배한다. "플록스" 생쥐는 유전자 제거 생쥐를 만드는 동일한 기술을 사용하여 만들어진다. 자손은 Cre 발현 유전자 및 "플록스" 표적 유전자 둘 다를 함유하게 된다. Cre를 발현하는 프로모터는 유도 분자의 존재하에 또는 특정 조직에서 발현된다.

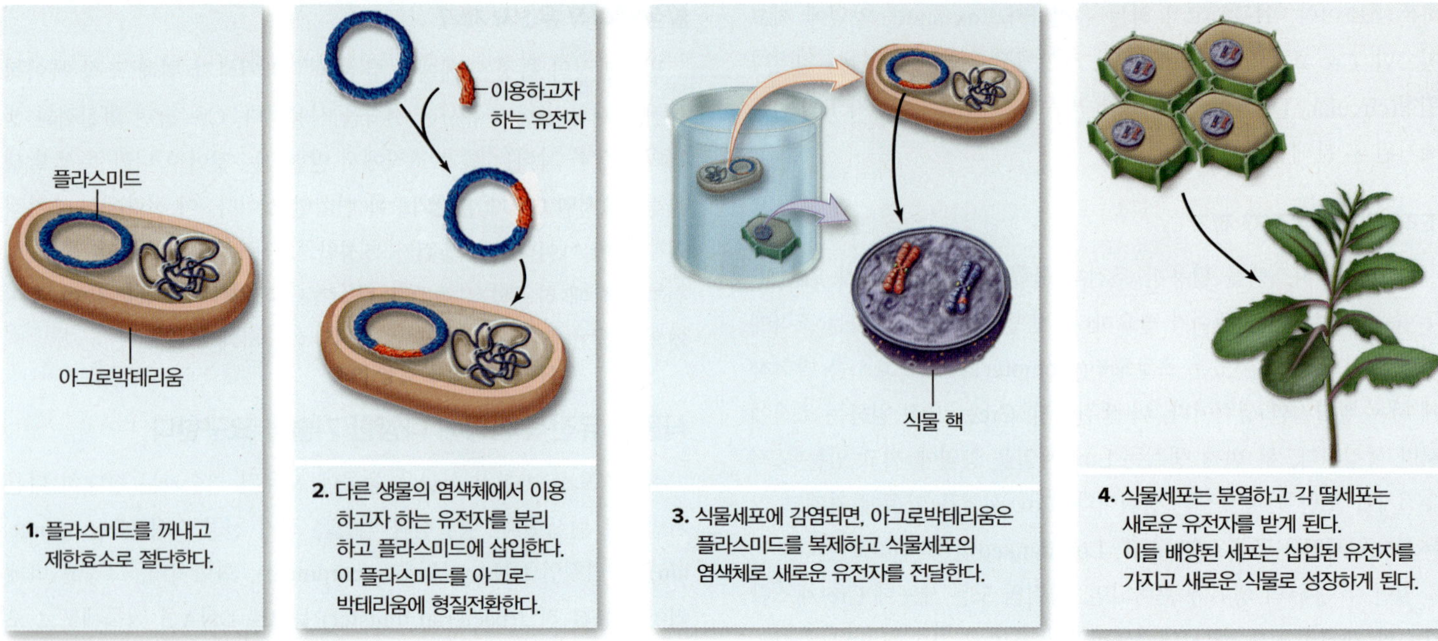

그림 16.12 아그로박테리움을 이용한 형질전환 식물 생성.
Agrobacterium tumefaciens 이용한 형질전환 식물의 생성 단계

리, 제초제, 그리고 가뭄에 대해 저항성을 증가시킬 수 있는 형질전환 유전자가 도입된다면 좋을 것이다. 또한 영양물질 구성을 변화시킨 작물 개발은 영양결핍으로 힘든 집단에게는 도움이 될 것이다.

세균성 병원균을 통한 식물의 형질전환

형질전환 유전자(transgenes, 생물체에 전달하려는 외부 유전자)는 식물병원균의 하나인 아그로박테리움(*Agrobacterium tumefaciens*)을 통해서 특정 식물종의 게놈으로 전이가 가능하다. 아그로박테리움은 **Ti(tumor-inducing) 플라스미드**를 가지고 있다. 이 Ti 플라스미드는 감염된 식물의 조직에 식물 혹(gall)을 형성하는 원인이 되는 유전자를 포함하고 있다. 이 플라스미드는 역시 박테리아에서 식물세포로 플라스미드의 특정 부분을 전이시킬 수 있는 유전 서열을 가지고 있다. Ti 플라스미드는 아그로박테리움에서 추출이 가능하고 식물 암 형성에 관여하는 유전자는 제거하고 활용하고자 하는 유전자로 대체할 수 있다. 관심 있는 유전자를 포함한 재조합 Ti 플라스미드는 다시 아그로박테리움에 도입한 후에 식물에 감염시키게 된다. 감염이 진행되는 동안에 아그로박테리움은 관심 있는 유전자를 포함한 Ti 플라스미드의 부분을 식물세포에 전달하고 식물세포 게놈상에 이 DNA 조각이 삽입된다(**그림 16.12**). 이 과정을 형질전환(transformation)이라고 한다. 풍부한 영양분과 성장을 촉진시킨 조건에서, 감염된 식물세포는 뿌리와 슈트(shoot, 뿌리 위의 모든 부분)를 유도한다. 결국 모든 세포가 형질전환 유전자(transgene)를 포함한 식물체로 자라난다.

DNA 전달 방법으로 입자를 통한 형질전환

아그로박테리움은 모든 식물종을 감염할 수 없으므로 앞서 설명한 형질전환 방법이 통하지 않는다. 아그로박테리움을 통한 식물세포의 형질전환이 불가하면, DNA를 물리적인 방법을 통해서 직접 식물세포 내로 도입할 수 있다. 식물세포로 재조합 DNA를 도입하는 물리적인 일반적인 접근은 재조합 DNA를 금 입자(gold particle)나 텅스텐 나노입자(tungsten nanoparticle)에 입혀서 식물세포 일부에 그 입자를 발사하는 것이다. DNA는 미세한 입자와 함께 세포로 전달되고 DNA는 식물의 게놈상에 삽입된다. 그 식물 조직은 시험관내(*in vitro*)에서 성장하고 분화하여 결국엔 완전한 식물로 성장한다.

핵심 요약 16.4

유전암호의 보편적 특성은 유전자가 서로 다른 종으로 이동하는 것을 가능하게 한다. 유전자 제거 생쥐는 게놈으로부터 특정한 대립유전자를 제거한 것이다. 유전자 삽입 생쥐는 변형된 유전자로 특정 대립유전자를 대체한 것이다. 대립유전자상의 조건부 유전자 제거는 특정 조직이나 발생과정 동안의 특정 시기에 활성화된다. 식물은 아그로박테리움을 통해 Ti 플라스미드 DNA로, 또는 나노입자를 활용한 DNA 삽입을 통해 형질전환될 수 있다.

- 어떤 조건에서 조건부 유전자 제거 생쥐나 일반적인 유전자 제거 생쥐를 만드는 것이 적절할까? 그리고 언제 유전자 삽입 생쥐를 만들 필요가 있을까?

16.5 환경적 적용

학습 목표

1. 조류를 통한 바이오 연료 생산의 이점을 설명할 수 있다.
2. 자연환경에서 탄화수소의 미생물성 분해를 제한하는 요인을 설명할 수 있다.
3. 폐수 처리 시 미생물의 중요성을 설명할 수 있다.

환경생명공학은 인간이 환경에 미치는 영향을 방어, 복구, 그리고 감소시키거나, 또는 존재하는 자원의 지속가능성을 증가시키기 위해 생물학적 과정을 활용하는 것이다. 환경과학에서 생명공학의 다양한 적용은 버려진 재료의 재활용에 중점을 두고 있다. 또한 현재는 재생 가능한 연료 자원을 생산하는 생물학적 공정에 많은 이목이 쏠려 있다. 환경생명공학은 19세기 중반부터 폐수를 관리하기 위해 생물학적 공정으로 사용되었으므로 새로운 분야는 아니다. 화학, 유전체학, 유전학, 그리고 물리학의 기술적인 진보는 글로벌 에너지 위기와 물 부족 문제와 같은 인간이 만들어낸 환경적 재앙을 해결하기 위한 기술개발의 잠재력을 가속했다.

조류는 바이오연료 제조에 사용될 수 있다

바이오연료(biofuels)는 화석연료와 같은 오래된 바이오매스(biomass)에서 유래한 것이 아닌, 최근에 고정된 탄소원으로부터 만들어진 바이오매스에서 추출한 연료이다. 바이오연료를 만들기 위한 바이오매스의 흔한 원료로는 작물과 조류가 사용된다. 두 가지 형태의 액체 바이오연료가 있는데, 에탄올은 식물성 탄수화물의 발효를 통해서 얻어지고, 바이오디젤은 식물이나 조류에 있는 지질의 화학적인 변형으로 생산된다. 바이오디젤을 만들어 낼 수 있는 다양한 종의 조류가 있지만 대부분이 3~30 μm가량의 미세조류들로 구성된다.

미세조류에서 생산된 바이오연료는 석유 같은 화석연료와 비교하면 몇 가지 장점이 있다. 이산화탄소가 광합성에 의해 바이오매스에 고정될 수 있는 한 재생이 가능하다. 연료의 탄소가 기후 변화에 주범인 대기 중의 이산화탄소에서 유래한다는 점을 고려하면 화석연료보다 환경친화적이다. 미세조류로부터 바이오디젤 생산은 폐수 처리와 같은 공정과 결합하거나 화석연료 연소 공장의 이산화탄소 포집 시스템과 결합될 수 있다.

미세조류는 다양한 방식으로 배양된다. 가장 간단한 시스템은 큰 야외 연못을 만드는 것이다. 이 연못은 건설 및 유지 보수 비용이 비교적 저렴하지만, 환경 미생물 또는 조류 포식자에 의한 오염으로 어려움을 겪을 수 있다. 또한 조밀한 조류 배양을 유지할 수 없기 때문에 넓은 면적의 토지가 필요하다. 더 비싸지만 더 쉽게 제어할 수 있는 것은 자급식 배양시스템으로, 물 공급원에 용해된 영양분을 공급하고 조류 배양이 순환배양을 통해 광수확 시스템과 결합하는 것이다(**그림 16.13**). 이 광생물 반응기(photobioreactors)는 더 쉽게 제어되는 조건이며 폐수를 공급받을 수 있다. 이산화탄소는 광합성에 의해 고정된 탄소의 일정한 원료를 제공하기 위한 시스템을 통해 섞이게 된다. 광합성은 지방산의 빌딩블록인 아세틸CoA(acetyl-CoA)로 대사적으로 전환될 수 있는 환원된 탄소를 생성한다.

일부 미세조류종은 또한 종속영양전략(heterotrophic nutritional strategies)을 사용할 수 있다. 이 종들은 배양액에서 당을 흡수하고 그 당을 성장을 위한 바이오매스의 형성 또는 지질의 생성에 활용한다. 그러나 다른 종은 종속영양과 광독립영양전략(photoautotrophic

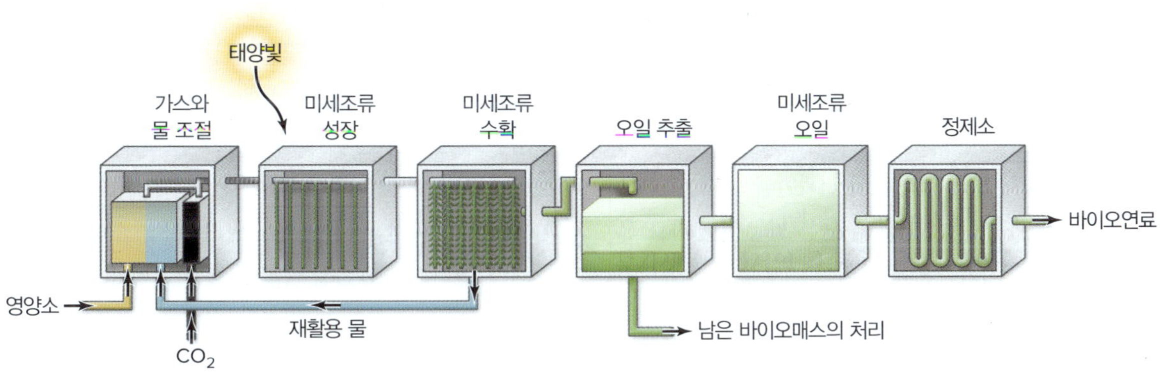

그림 16.13 미세조류를 이용한 바이오연료 생산.
특수 조건에서 자란 미세조류는 바이오매스의 최대 50%를 지질로 축적한다. 성장은 연못에서 또는 여기에 표시된 바와 같이 광생물 반응기에서 일어난다. 때에 따라, 이산화탄소는 산업 공장에서 광생물 반응기로 공급될 수 있다. 조류로부터 수확된 지질은 가공되어 바이오연료 정제과정을 거친다.

nutritional strategies)을 동시에 사용할 수 있으며 이 종은 세포에서 가장 높은 농도의 지질을 생성할 수 있다. 스트레스 조건에서 조류 세포는 40~50%의 트라이아실글리세라이드(triacylglycerides)를 형성할 수 있다.

조류로부터 지질을 수확하기 위해 다양한 기술이 사용될 수 있으며, 이는 조류 바이오디젤 생산에서 가장 중요한 부분의 하나이다. 일단 지질을 조류로부터 분리하고 화학적 처리를 통해 글리세롤을 트라이글리세라이드의 지방산 사슬로부터 분리한다. 더 정제하면 바이오디젤이 얻어진다.

> **?** **탐구문제** 바이오연료를 만드는 데 사용되는 지질을 보다 효율적으로 만들기 위해 미세조류를 어떻게 유전자 변형할 수 있을까?

미생물은 환경에서 탄화수소를 분해할 수 있다

우리가 석유 또는 바이오연료 기반의 탄화수소 유래 연료에 대해 의존하는 것은 불가피하지만, 이는 심각한 결과를 초래할 수 있다. 이러한 연료는 생태계에 유입되어 환경파괴를 일으킬 수 있다. 특정 탄화수소는 수십 년 동안 육상, 수생 및 해양 생태계에서 지속해서 생물체에 축적되어 죽음에 이를 수 있다.

환경에 잔류하는 탄화수소는 휘발성 화합물의 증발, 수분이 많은 환경에서의 용해 및 분산, 빛이 있는 곳에서의 산화에 의해 차츰 분해될 수 있다. 중요한 점은 특정 미생물은 탄화수소 오염 물질을 대사할 수 있다는 것이다. 미생물에 의한 탄화수소 오염 물질의 분해 또는 대사를 **생물정화**(bioremediation)라고 한다. 이들 미생물의 탄화수소 대사 속도는 오염 물질의 온도, 물리적 및 화학적 특성, 산소 이용도, pH, 염도, 다른 미생물의 존재 여부, 그리고 아마도 가장 중요한 영양소 이용 가능성을 포함한 여러 변수의 영향을 받는다.

실험실 연구에 의하면 특정 미생물에 영양물질을 보충함으로써 탄화수소 오염 물질의 대사 속도가 크게 증가하는 것으로 나타났다. 오염된 환경에 특정 영양소 및 기타 화학 첨가제를 추가하면 탄화수소 오염 물질의 생물학적 정화 속도가 크게 향상될 수 있다. 불행히도 환경에서 보이는 오염 제거 효율은 실험실 결과만큼 크지는 않다. 미생물에 의한 오염 제거 속도를 증가시킬 수 있는 가능성은 바로 유전공학으로 탄화수소 흡수와 이화작용에 관련된 경로를 최적화시키는 것이다.

탄화수소의 생물정화는 탄화수소 오염 정화 계획의 중요한 부분이다. 중요한 것은 미생물에 의해 대사될 때 탄화수소가 바이오매스로 대사되거나 이산화탄소로 대사되어 환경에 추가 독성 화합물이 방출되지 않도록 하는 것이다.

폐수 처리는 미생물의 활성에 의존한다

천연자원의 오염을 제거하기 위해 미생물을 사용하는 또 다른 예는 산업과 상업 폐수 처리이다. 폐수는 인간 및 기타 동물 배설물을 포함하는 하수도와 산업 오염물로 구성된다. 이 폐수가 처리되지 않고 방출되면 생태계를 혼란에 빠뜨리고 질병을 퍼뜨릴 것이다.

폐수는 1차, 2차 및 고급 처리라고 하는 2단계 또는 3단계로 처리된다. 미생물은 2차 및 때로는 고급 처리 단계에서 중요한 역할을 한다. 1차 처리에는 크고 작은 미립자 물질을 제거하기 위한 물리 화학적 기술이 이용된다. 2차 처리는 혐기성 박테리아, 호기성 박테리아 또는 둘을 활용한 처리가 포함될 수 있다(**그림 16.14**).

폐수의 호기성 처리

1차 처리 시설의 재료는 남아 있는 유기 재료의 산화 파괴가 발생하면서 지속적으로 돌고 있는 대형 공기주입 탱크에 공급된다. 호기성 탱크의 박테리아와 다른 생물체는 플록(floc)이라고 불리는 응집체를 형성한다. 폐수에 남아 있는 탄소 함유 화합물의 분해는 이 플록에서 발생하며, 나중에 침전 탱크에서 제거된다. 폐수는 또한 바이오필름(biofilms)이라고 하는 박테리아 공동체를 포함하는 쇄석 암층에서 처리된다. 이들은 교반 탱크의 플록과 동일한 기능을 수행한다.

호기성 분해 수조에서 처리된 물은 환경으로 방출되거나 추가 처리되어 식수로 이용된다. 인과 같은 무기 오염 물질을 제거하기 위해 고급 처리 공정이 활용된다. 이는 화학적 첨가제 또는 용해된 인을 대사할 수 있는 박테리아 종을 사용하여 수행할 수 있다. 대사된 인은 박테리아에서 세포질 과립에 축적되어 처리된다.

폐수 배출의 혐기성 처리

폐수의 혐기성 분해는 슬러지 반응조라는 밀봉된 반응기에서 일어난다. 슬러지 반응조에서 혐기성 박테리아는 1차 처리 후 남아 있는 다당류, 지질 및 단백질을 구성 단량체로 이화시킨다. 생성된 지방산, 아미노산 및 당은 아세테이트, 수소가스 및 이산화탄소와 같은 생성물로 대사된다. 슬러지 반응조의 고세균은 분자들을 메테인, 이산화탄소 및 물로 전환할 수 있다. 메테인은 연소하여 폐수 처리장을 가열하거나 전력을 공급할 수 있다. 반응조에서 생성된 슬러지 일부는 시스템으로 순환되어 반응에 필요한 박테리아 개체군을 유지하는 데 쓰인다.

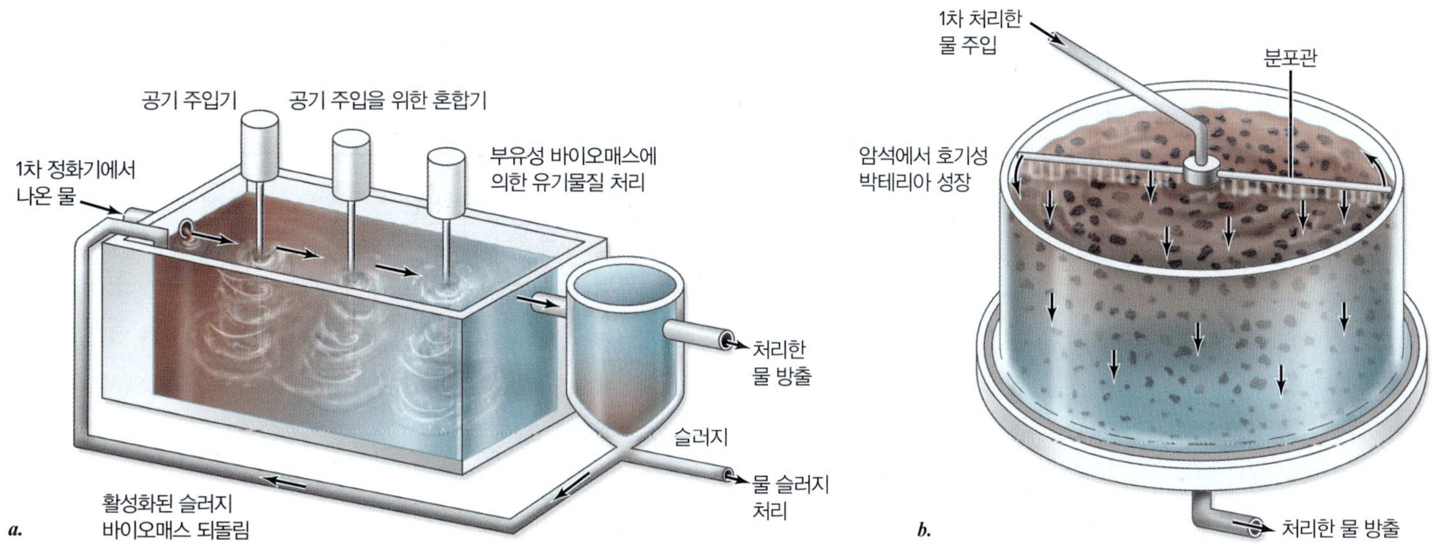

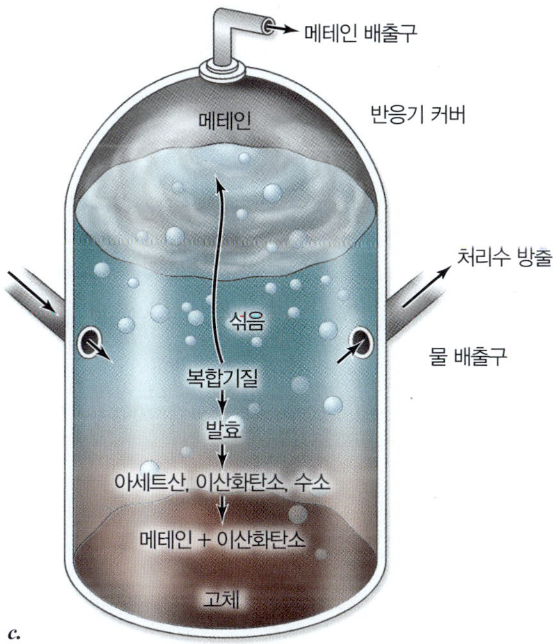

그림 16.14 미생물을 사용한 폐수 처리.
a. 폐수의 유기물은 혼합기의 호기성 박테리아에 의해 분해될 수 있다. *b.* 또 다른 방식은 폐수를 분쇄된 암석 위로 흘리면 암석 표면의 박테리아가 폐수의 유기 물질을 호기적으로 분해하는 것이다. *c.* 혐기성 미생물의 작용을 통해 폐수에서 유기물을 제거할 수도 있다. 이 과정에서 메테인이 생성된다.

핵심 요약 16.5

환경생명공학은 생물학적 과정을 활용하여 환경을 보호하거나 복원한다. 미세조류는 바이오연료 생산에 사용될 수 있다. 이 방법은 지속가능성이 크며 폐수 처리와 연료 생산이 결합된다는 이점이 있다. 오염된 환경에서 영양물질을 보충함으로써 탄화수소 분해를 자극할 수 있다. 미생물을 이용한 폐수 처리 공정은 여러 단계로 이루어지며, 이 중 호기성 및 혐기성 분해에는 미생물이 사용된다.

■ 유전공학이 폐수 처리를 개선할 수 있을까?

16.6 의학적 적용

학습 목표

1. 치료 및 진단에 재조합 DNA가 어떻게 사용되었는지 설명할 수 있다.
2. 질병 진단을 위한 FISH 및 유전자 칩 기술을 비교하고 대조할 수 있다.
3. 면역 분석법을 사용하여 바이러스 감염을 진단하는 방법을 설명할 수 있다.

생물학적 시스템의 조작으로 의료 분야는 큰 도약을 이루었다. 구체적으로 말하자면 생명공학은 새로운 진단 도구를 제공하여 이전에는 고칠 수 없는 유전자 상태와 전염병을 치료할 수 있게 되었으며, 새로운 약을 만드는 길을 제시하였다. 생명공학을 의학에 적용하는 것은 새로운 시도가 아니다. 그러나 유전학, 유전체학 및 재조합 DNA 기술의 발전으로 인해 지난 20년 동안 발전 속도가 빨라졌다.

재조합 DNA를 사용하여 중요한 단백질을 생산할 수 있다

일부 질병은 몸에서 특정 단백질을 생산할 수 없어서 발생한다. 우리는 부족한 단백질을 공급해줌으로써 이러한 질병을 치료할 수 있다. 과거에는 이러한 단백질들을 동물 조직에서 분리하였지만, 이제는 재조합 DNA를 사용하여 박테리아 및 기타 시스템에서 단백질을 발현시킬수 있다. 인슐린이 바로 이러한 방식으로 생산된 최초의 의료제품이다. 인슐린은 췌장에서 생산된 다음 혈류를 통해 운반된다. 표적조직에서 인슐린은 수용체에 결합하여 포도당의 흡수로 이어진다. 제1형 당뇨병은 췌장이 충분한 인슐린을 생산할 수 없을 때 발생하며, 궁극적으로 혈당 상승의 원인이 된다. 고혈당의 증상으로는 갈증, 잦은 배뇨 및 배고픔이다. 장기 합병증에는 실명, 신경 손상, 혼수상태 등이 있고 사망에 이를 수 있다. 제1형 당뇨병은 매일 인슐린 주사를 맞음으로써 관리할 수 있다.

오랫동안 돼지에서 인슐린을 채취 및 정제하여 제1형 당뇨병 치료에 사용하였다. 1980년대에 대장균과 효모에서 인간 유래 인슐린을 발현하는 것이 가능해졌다. 이 인슐린은 제1형 당뇨병을 치료하기 위해 돼지 유래 단백질 대신 정제되고 사용될 수 있다. 인슐린은 인간 세포에서 단일 폴리펩타이드로 번역되는 단일 mRNA로 발현된다. 폴리펩타이드는 세포질에서 절단되어 2황화결합에 의해 연결된 2개의 짧은 사슬을 생성한다(**그림 16.15***a*).

인슐린 유전자의 암호화 영역에 해당하는 cDNA가 대장균에서 발현되는 경우, 대장균은 인간 세포와 같은 방식으로 번역 후 단백질을 처리할 수 없어서 하나의 긴 폴리펩타이드가 생성된다(**그림 16.15***a*). 이 문제를 해결하기 위해 하나의 긴 cDNA 대신 2개의 짧은 cDNA가 사용된다. 이 짧은 cDNA는 기능성 인슐린 분자를 구성하는 2개의 개별 폴리펩타이드에 대한 유전자 서열로 구성된다. 이들 cDNA는 대장균에서 발현될 수 있는 개별 발현 플라스미드에서 발현되고 통합된다.

각각의 인슐린 폴리펩타이드를 발현하는 2종의 대장균 단백질을 정제하고 함께 혼합하여 기능성 인슐린 분자를 만들 수 있다(**그림 16.15***b*). 다른 박테리아 단백질이 인슐린을 오염시키지 않도록 정제하면 인슐린은 매우 높은 농도에 도달한다. 그러나 불행히도 이러한 고순도 조건에서 인슐린 분자는 서로 달라붙고, 세포 표면에서 포도

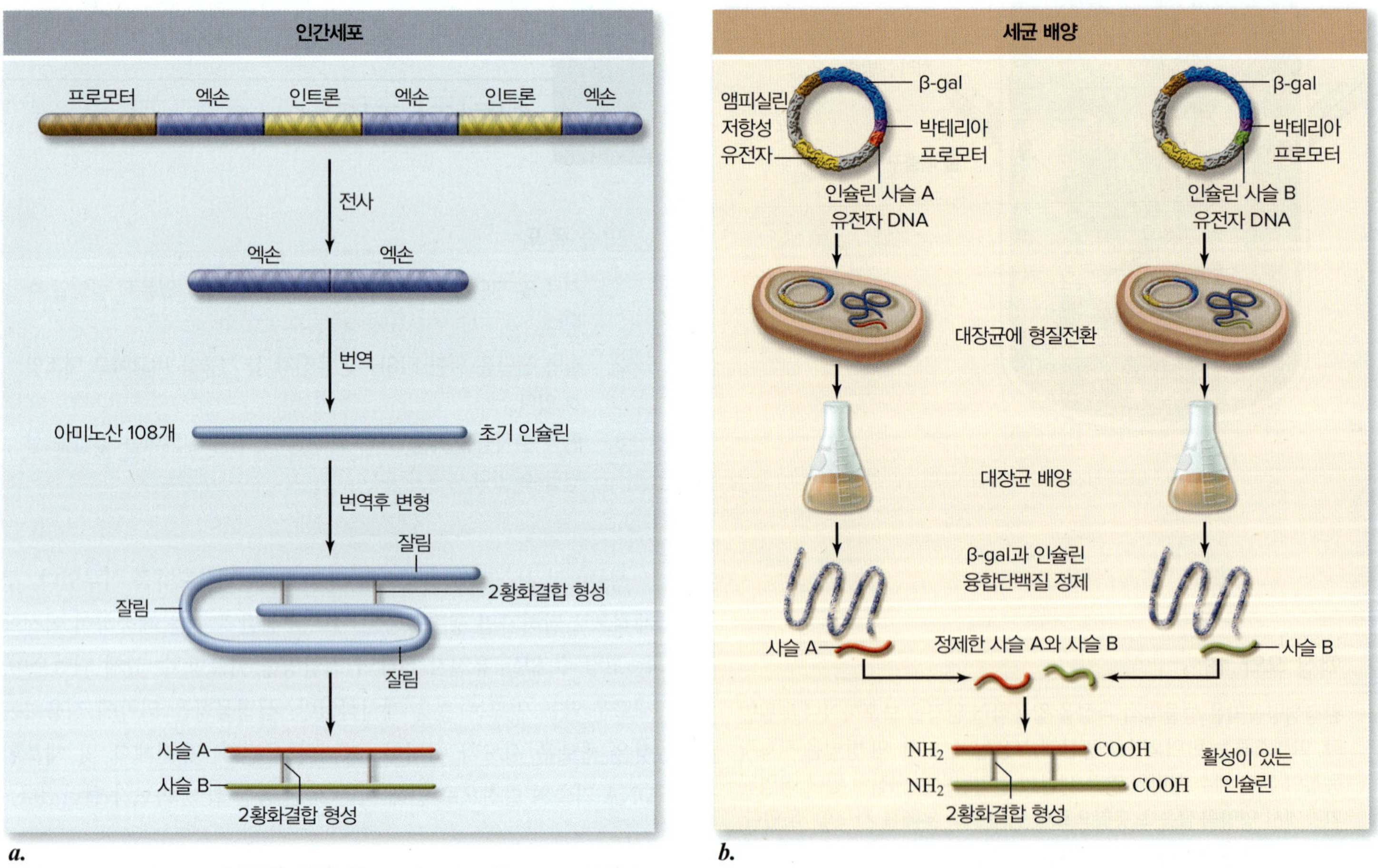

그림 16.15 유전자 변형 대장균에서 인슐린 생성.
a. 인간 세포에서, 하나의 초기 인슐린 폴리펩타이드는 성숙한 인슐린을 형성하기 위해 번역후 변형 과정을 통해 사슬 A 및 사슬 B로 잘린 뒤 완전한 인슐린을 형성하게 된다. ***b.*** 인슐린 사슬 A 및 사슬 B에 대한 유전자 서열에 상응하는 2개의 cDNA가 플라스미드에 클로닝되고 2개의 다른 대장균에 도입된다. 두 종류의 대장균은 배양을 거쳐 사슬 A 또는 사슬 B를 발현한다. 사슬 A 및 사슬 B는 서로 다른 대장균으로부터 정제되고, 혼합되면 완전한 활성을 지닌 인슐린으로 결합한다.

당 수송체를 활성화하는 능력이 심각하게 감소한다. 이전에 설명한 것과 같은 유전공학 기술은 만들어진 단백질이 서로 달라붙지 않도록 인슐린 cDNA 서열에서 특정 코돈을 돌연변이시키는 데 사용된다. 이를 통해 고농도, 고효율 인슐린을 얻을 수 있다.

제자리형광혼성화는 전체 염색체의 재배열을 탐지할 수 있다

제자리형광혼성화(fluorescent in situ hybridization, FISH)는 DNA가 가역적으로 변성되고 재생되는 능력을 이용한다. 분자 생물학의 많은 기술은 복잡한 혼합물에서 특정 DNA를 탐지하기 위해 혼성화(hybridization)를 사용한다. 혼성화는 관심 서열에 상보적인 탐침 및 형광 또는 방사성 표지를 활용한다. 탐침과 표적 DNA는 변성되고 함께 혼합된다. 조건이 바뀌어 복원(renaturation)이 일어나면, 탐침은 혼합물에서 임의의 상보적 서열을 찾아 하이브리드를 형성하는 것이다. FISH의 경우, 표적 DNA는 실제 중기에 있는 염색체 또는 세포의 온전한 염색체 자체이다. 이를 통해 큰 결실, 역위, 중복 및 전좌와 같은 전체 염색체 이상을 탐지할 수 있다(14장 참조).

이수성(aneuploidy) 및 염색체 이상은 많은 형태의 암과 관련이 있다. 침습성(invasive) 유방암의 약 25%에서 *HER2*라는 유전자가 중복되어 있다. 2배체 세포에서 예상되는 일반적인 2개의 사본 대신 수백 개의 사본이 있을 수 있다. *HER2*는 세포 증식을 유도하는 신호전달경로를 활성화하는 수용체 단백질이다. 따라서 *HER2*의 더 많은 복제본은 제어되지 않은 세포 성장 및 종양 형성을 초래할 수 있다. 일부 약물은 *HER2* 단백질을 통한 세포 신호전달을 차단하여 이러한 종류의 종양이 자라는 것을 막거나 막을 수 있다. 그러나 이러한 약물은 *HER2* 유전자가 중복된 유방 종양 치료에만 유용하다. 따라서 *HER2*의 중복 여부에 대한 지식은 약물을 처방하는 임상의에게 매우 중요하다. 이러한 방식으로, 환자의 특유의 유전적 프로파일에 기초해 치료를 개인맞춤형으로 할 수 있다.

FISH는 종양 표본에서 채취한 세포에서 *HER2*를 검출하는 데 사용할 수 있다. 종양세포에 염색체를 노출시키기 위한 처리과정을 거친다. 형광 표지된 *HER2* 탐침이 첨가되고, 탐침 DNA 가닥은 염색체에서 상보적인 DNA 서열과 혼성화된다(**그림 16.16***a*). 그런 다음 슬라이드의 세포에 UV 빛을 비추면 탐침이 형광을 방출하는데, 현미경을 통해 볼 수 있다.

정상 세포 또는 *HER2* 유전자의 다중 사본을 갖지 않는 유방암 세포에서는 현미경상에 단지 2개의 작은 형광 점이 표시된다(**그림 16.16***b*). 유방암 세포에 유전자의 사본이 2개 이상 포함된 경우 훨씬 더 큰 형광 점이 나타난다(**그림 16.16***c*). 이러한 종류의 정보는 다른 검사와 함께 의약품을 개인맞춤화하여 필요시에만 약물을 이용할 수 있도록 했다.

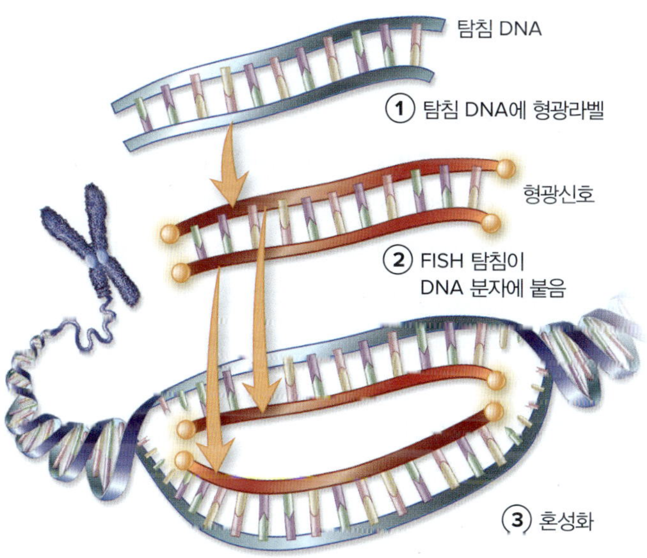

a.

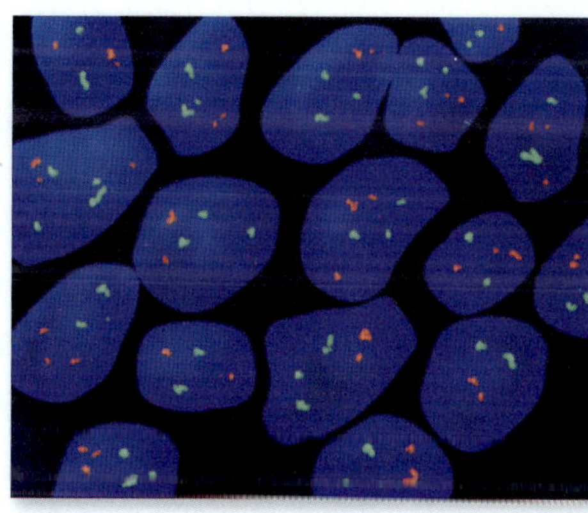

b.

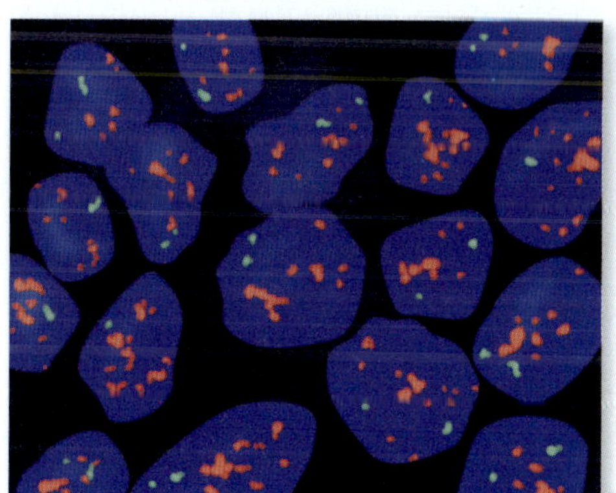

c.

그림 16.16 제자리형광혼성화.
a. 형광 탐침은 염색체의 특정 DNA 서열에 결합한다. *b.* 종양 세포의 핵에서는 2개의 형광 점(붉은색)만 보이고, 이는 *HER2*가 증폭되지 않았음을 나타낸다. *c.* 종양 세포에서 다수의 큰 형광 점은 *HER2*의 증폭을 의미한다.

> **자료 분석** 텔로미어 DNA(염색체 끝의 DNA)를 인식하는 탐침을 사용하여 세포주기의 G_2에서 인간 세포에 대해 FISH 분석을 수행한 경우 현미경으로 볼 수 있는 지점은 몇 개인가?

유전자 칩은 질병에 대한 유전적 표지자를 동정할 수 있다

DNA 마이크로어레이(microarray)라고도 알려진 유전자 칩은 현미경 슬라이드와 같은 고체 표면에 수백에서 수천 종류의 서로 다른 DNA 서열을 묶어서 배치한 것이다. DNA 서열은 일반적으로 화학적으로 합성된 짧은 DNA 조각으로, PCR 또는 RT-PCR에 의해 증폭된 짧은 DNA 서열이다. 여러 유전자 칩과 실험조건을 활용함으로써 다양한 종류의 문제를 확인해 볼 수 있다.

질병 표지자 또는 바이오 표지자는 특정 조건에서는 발견되지만 다른 조건에서는 발견되지 않는 생물학적 분자이다. 예를 들어, 일부 분자는 질병 상태에서만 생성되는 반면 다른 분자는 건강한 상태에서만 발현된다. 따라서 바이오 표지자는 질병 상태를 진단하거나, 질병의 진행에 대해 정보를 제공하거나, 치료에 대한 반응을 확인하는 데 도움이 된다. 유전자 칩의 경우, 바이오 표지자는 특정 유전자로부터 합성된 mRNA가 된다. 예를 들어, 특이 자가면역질환 또는 만성염증을 갖는 개체는 면역세포에서 건강한 개체와는 다른 유전자 세트를 발현할 것이다. 유전자 칩은 어떤 유전자가 발현되고 있는지 그리고 다른 유전자에 대한 상대적인 발현 수준을 밝히는 데 사용될 수 있다.

유전자 칩은 또한 유전장애를 진단하는 데 사용될 수 있다. 일부 유전질환은 단일 유전자 문제로 인해 발생하는 반면 다른 유전자 질환은 다양한 유전자의 변이에서 일어난다. 단일 유전자에서 돌연변이를 확인하거나 개별 유전자와 함께 특정 유전장애를 더욱 취약하게 만드는 많은 유전자 변화를 탐지할 수 있는 유전자 칩을 만들 수 있다. 특정 전염병의 원인이 되는 특정 박테리아 종을 식별할 수 있는 유전자 칩을 만들 수도 있다. 어떤 경우에는 병원균이 가지고 있는 항생제 내성을 알아낼 수 있다. 특정 병원균 및 항생제 내성 상태를 알면 병원균을 제거하고 질병을 치료할 가능성이 큰 항생제를 투여할 수 있다.

종합하면, FISH 및 유전자 칩과 같은 기술은 의약품 관리 방식에 혁명을 일으켰다. 개별적으로 질병의 특정 근본 원인에 대해 알 수 있는 만큼, 더 구체적이고 개인화된 건강관리 방법이 제공될 수 있다. 그러나 이러한 기술에는 몇 가지 문제가 있다. 첫째, 이것이 성공적으로 활용되려면 훌륭한 기술이 필요하다. 둘째, 이 기술은 비교적 비싸다. 셋째, 모든 질병이 개인의 특정한 요인에 의해 유발되거나 영향을 받는 것은 아니다. 예를 들어, 일부 면역 및 염증 질환은 우리 몸과 몸에 사는 박테리아와의 관계가 중단되어 발생한다. 이 경우 유전학이나 생리학에 대해서만 배우면 질병에 대한 완전한 답을 얻을 수 없다.

면역 분석은 바이러스 감염을 신속하게 진단할 수 있다

면역 분석(immunoassays)은 항체(antibody)의 사용을 통해 분자를 검출하는 기술이다. 유전자 칩 또는 FISH와 달리 면역 분석은 비교적 저렴하고 사용하기 쉽다. 항체는 병원균에 의한 감염에 반응하여 동물 대부분에서 생성되는 단백질 분자이다. 항체는 병원균을 매우 구체적으로 인식하고 면역계(immune system)를 활용하여 제거하는 것을 목표로 한다.

생명공학회사는 다양한 바이러스와 박테리아에 대한 항체를 만들 수 있다. 이들 항체는 환자로부터 수집한 시료에 바이러스가 있는지를 확인하기 위한 면역 분석에 사용된다. 특정 바이러스에 대한 항체를 마이크로타이터 플레이트(microtiter plate)의 플라스틱 벽면에 코팅할 수 있다(**그림 16.17**a). 환자의 시료가 주입되고 여기에 바이러스가 존재하면 항체에 의해 결합한다. 결합된 바이러스는 형광 분자가 붙어 있거나 특정 **기질**(substrate)에 색이 변하는 효소가 붙은 2차 항체(second antibody)를 사용하여 확인할 수 있다. 효소에 의해 생성된 형광 또는 색깔 변화는 존재하는 바이러스의 양에 비례한다.

이 기술은 응용되어 인간면역결핍바이러스(HIV) 감염의 진단에도 사용된다(**그림 16.17**b). HIV 면역 분석에서 HIV를 인식하는 항체 및 HIV가 생성하는 특정 단백질은 마이크로타이터 플레이트의 벽면에 코팅된다. 환자의 시료가 첨가되면 바이러스는 HIV 항체에 결합하거나, 감염에 반응하여 만들어진 혈액에 존재하는 항체가 HIV 단백질을 인식하고 이에 결합한다. 세척 후, HIV 단백질을 인식하는 효소와 결합된 항체 또는 효소가 부착된 특정 HIV 단백질을 혼합하여 첨가한다. 추가적인 세척 후, 효소와 결합된 항체 또는 HIV 단백질은 색깔 변화로 쉽게 감지할 수 있다.

유전자와 줄기세포 치료 및 유전자 편집이 모두 임상으로 이동하고 있다

1970년대 초 "유전공학"의 초기부터 생물학자들은 이 기술을 사용하여 인간의 결함 유전자를 복구하거나 교체하는 것을 상상했다. 유전자 치료에서 미국 최초의 임상시험은 1990년에 심각한 면역결핍 유전에 대한 것이었다. 이 시험은 결함 유전자의 정상적인 사본이 추가된 자가(환자로부터) T세포를 사용하였다. 이 시험은 부분적으로 성공했으며, 첫 번째 시험 이후 전 세계적으로 2200건이 넘는 임상시험이 진행되었고 미국에서는 다수(63%)가 승인되었지만 유전

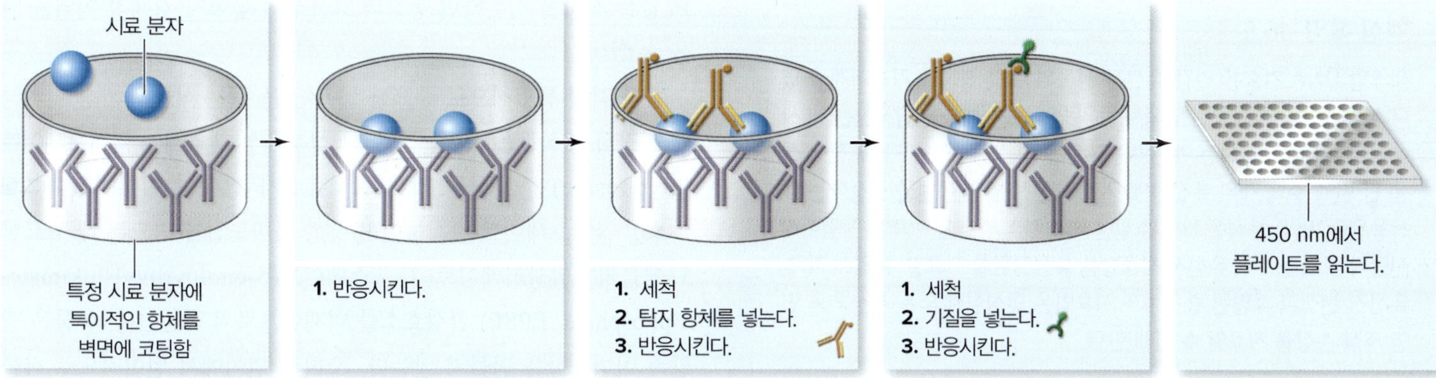

a.

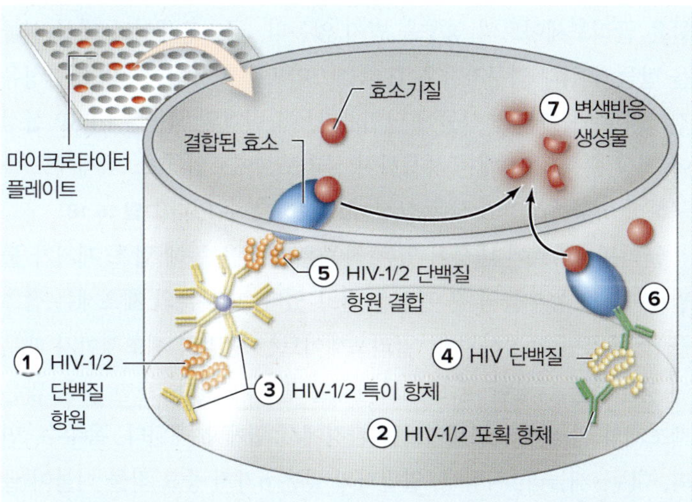

b. 4세대 HIV 항체와 p24 ELISA 테스트. (1) HIV 단백질과 (2) HIV 포획 항체들을 벽면에 부착한다. (3) 첨가된 환자 시료는 HIV 단백질과 결합할 수 있는 항체를 포함하고 있거나 (4) HIV 포획 항체에 의해 결합될 HIV 단백질을 포함하고 있다. (5) 효소가 부착된 HIV 단백질을 첨가하거나 (6) HIV 단백질의 항체에 대한, 효소가 부착된 2차 항체를 넣는다. 마지막으로 (7) 효소에 의해 작용하는 기질을 첨가하게 되면 이것이 색깔이 있는 생성물로 변환된다.

그림 16.17 면역 분석을 이용한 바이러스 탐지.
a. 시료에서 바이러스를 탐지하기 위한 면역 분석 단계. ***b.*** 현대의 HIV 면역 분석법은 바이러스 단백질 및 플레이트의 벽면에 결합된 바이러스에 대한 항체를 모두 갖는다. 시료에서 바이러스 및 바이러스에 대한 항체는 플레이트에 결합하고 색을 갖는 기질을 생성하는 2차 항체를 사용하여 검출할 수 있다.

자 치료 제품은 현재까지 몇 개만 승인되었다.

유전자 치료는 유전질환을 목표로 하지만, 줄기세포 치료법은 손상된 조직을 대체함으로써 퇴행성 질환 또는 상해로 인한 조직 손상을 치료를 목표로 한다. 줄기세포의 가장 일반적인 용도는 1960년대에 시작된 골수이식으로 2016년 미국에서 약 20,000명의 환자에게 적용되었다. 골수에는 다양한 종류의 혈액 세포를 생산하는 줄기세포가 포함되어 있으며 이식할 수 있다. 다양한 종류의 백혈병 및 빈혈을 포함한 여러 가지 혈액 장애를 치료한다. 또한 이 기술을 통해 일부 환자에서 다발성 경화증(multiple sclerosis)의 진행을 억제하는 데 성공하였는데, 이는 면역계의 완전한 재프로그래밍(reprogramming)이 가능했기 때문이다.

승인된 줄기세포 치료법의 대부분은 **간충직 줄기세포**(mesenchymal stem cells)를 사용한다. 이들 줄기세포는 뼈 및 연골과 같은 결합조직을 형성하는 세포 유형으로 분화될 수 있다. 이 치료법은 결합조직의 형성 및 복구를 촉진하고 염증을 줄일 수 있다. 심장 마비로 인한 조직 손상 치료를 위한 줄기세포 치료법도 임상시험을 통해 진행되고 있다. 일부 성공에도 불구하고, 줄기세포 치료법은 연구자들이 잠재력을 알기도 전에 상당한 장애물에 직면했다.

이 두 종류의 치료법은 새로운 유전체 편집(genome editing) 기술(16.4절)에 의해 확장될 수 있다. 이 치료법의 가장 광범위한 형태인 환자로부터 유래한 유도만능줄기세포(induced pluripotent stem cell, 17장 참조)는 환자에게 재도입되기 전에 결함 유전자를 회복시킬 수 있다. 이는 이미 실명을 초래하는 수많은 유전적 질병에 적용할 것을 고려하고 있다. 특정 조직에 영향을 미치는 유전질환은 이 방법론의 모든 잠재적 목표이다. 당뇨병 및 낫모양적혈구 빈혈증(sickle-cell anemia)과 같은 혈액 질환 치료를 위한 연구가 진행 중이다.

이러한 종류의 치료법은 감염원이 이용하는 세포내 수용체를 표적화하여 감염성 질환을 치료하는 데 사용될 수 있다. 2014년 임상시험에서 연구원들은 환자에서 얻은 $CD4^{+}$ T세포에서 *CCR5* 유전자를 파괴하기 위해 TALEN 기법을 사용하였다. 이 세포들을 주입하면 HIV 감염의 영향을 줄이는 데 도움이 될 것으로 보인다(22장 참조). T세포에서 *CCR5* 유전자를 변형하기 위한 유전자 편집이 다수의 임상시험으로 진행 중이다.

높은 치료 비용을 포함한 윤리적 문제 때문에 이 기술은 연구를 위해서만 많이 활용되고 있다. 특정 질병을 앓고 있는 환자로부터 채취한 세포를 사용하여 일종의 "배양되는 질병"을 나타내는 줄기세포를 만들 수 있다. 이 세포는 질병 메커니즘 및 잠재적 약물 치료법에 관한 연구에 사용될 수 있다.

핵심 요약 16.6

재조합 DNA 기술은 인간 유전자 산물의 대량 생산을 가능하게 하였다. FISH는 암과 관련된 염색체 등의 염색체 재배열을 탐지하는 데 사용된다. 이 진단 정보는 개인맞춤형 치료를 가능하게 한다. 유전자 칩은 한 번에 수백 개의 유전자에 대한 유전자 발현 패턴을 결정하는 데 사용된다. 면역 분석은 HIV와 같은 바이러스 감염을 빠르고 저렴하게 진단하는 기술이다. 유전자 치료법은 유전질환을 치료할 수 있게 하고, 유전자 편집과 조합된 줄기세포 치료법은 만성질환 또는 부상으로 인한 조직 손상을 치료할 수 있게 한다.

■ 유전공학을 활용하여 특정 단백질 제품을 어떻게 생산할 수 있을까?

16.7 농업적 적용

학습 목표

1. 유전자 변형 작물 제작의 이점을 설명할 수 있다.
2. 유전자 변형 식물의 가장 일반적인 형태를 확인할 수 있다.
3. 유전자 변형 작물 논쟁에서 양쪽 주장에 대해 평가할 수 있다.

아마도 생명공학의 가장 큰 영향은 농업에 적용된 것일 것이다. 질병저항성, 그리고 제초제와 가뭄에 내성이 있으며 영양 품질이 개선된 유전자 변형 작물(transgenic crops)이 만들어지고 있다. 식물은 또한 의약품을 생산하는 데 사용되고 있으며, 가축은 생물학적으로 활성을 지닌 화합물을 생산하기 위해 유전자가 변형되고 있다.

제초제 내성 작물은 토양을 갈지 않고 파종하여 작물을 재배하게 하였다

경작은 토양 재배를 위해 토양을 뒤집는 과정이다. 이것은 잡초와 경쟁하는 작물에 영양분을 주고 관개 수로를 개선해 잡초를 제거하는 역할을 한다. 경작되지 않은 토양은 더 많은 양의 유기영양소와 무기영양소를 가지고 있어 성장을 촉진하고 종종 더 많은 물을 보유하며 토양 침식이 덜 발생한다. 경작은 고가의 장비가 필요하고 수행하는 데 시간이 걸리기 때문에 경제적인 비용이 든다. 잡초는 제초제를 사용하여 밭에서 제거할 수도 있지만, 대부분의 일반적인 제초제는 특별한 구분 없이 다양한 식물종을 죽이게 된다. 만약 경작이 필요 없는 작물을 심는다면 농장의 효율성이 높아져 경제적 이익을 얻을 수 있다.

콩과 같이 농업적으로 중요한 넓은 잎을 갖는 식물은 가장 활발하게 성장하는 식물을 죽이는 강력한 생분해성 제초제인 **글리포세이트**(glyphosate)에 내성을 지니도록 유전자 변형이 이루어졌다(**그림 16.18**). 글리포세이트는 식물이 방향족 아미노산을 만드는 데 필요한 5-에놀피루빌시키메이트-3-포스페이트(5-enolpyruvylshikimate-3-phosphate, EPSP) 합성효소를 억제함으로써 작동한다. 동물은 방향족 아미노산을 만들지 않는다. 오히려 먹이에서 얻어지므로 작물 주변에서 사는 동물이나 작물에서 나오는 물을 받는 수로에 있는 동물은 글리포세이트의 영향을 받지 않는다. 글리포세이트 내성 식물을 만들기 위해 연구자들은 Ti 플라스미드를 사용하여 EPSP 합성유전자의 추가 사본을 식물에 삽입했다. 이 변형된 식물은 EPSP 합성이 정상 수준의 20배를 생성하여 글리포세이트의 효소 억제에도 불구하고 방향족 아미노산을 합성하고 성장할 수 있다(**그림 16.18**).

글리포세이트에 내성이 있는 작물은 경작을 통해 잡초 제거가 불필요하므로 농부들의 큰 관심을 끌고 있다. 대부분의 제초제는 잡초를 몇 종류만 제거하지만, 글리포세이트는 광범위 제초제이기 때문에 농부들은 다양한 제초제를 사용할 필요가 없다. 또한 다른 많은 제초제와 달리 글리포세이트는 환경에서 쉽게 분해된다. 옥수수, 면화, 대두, 캐놀라, 사탕무, 알팔파와 같은 6가지 중요 작물 식물이 글리포세이트 내성을 갖도록 변형되었다. 글리포세이트 내성 콩의 사용은 전 세계적으로 재배된 형질전환 작물의 60%를 차지하며 특히 인기가 있다. 미국에서는 현재 재배되는 콩의 90%가 유전자 변형작물이다. 보리, 쌀 및 밀과 같은 상업적으로 중요한 다른 작물은 다양한 제초제에 내성이 있다.

Bt 작물은 일부 해충에 저항성이 있다

많은 상업적으로 중요한 식물들은 해충에 민감하고 이에 대해 방어하기 위해 일반적으로 살충제(insecticides)를 사용한다. 오늘날 사용되는 화학 살충제 중 40% 이상이 바구미류, 솜벌레유충 등 면화 식물을 먹는 여러 곤충을 대상으로 한다. 연구자들은 많은 살충제를 사용할 필요가 없는 해충에 강한 식물을 만들고 있다.

이 접근법은 해충에는 해로운 단백질을 암호화하지만 다른 생물체에는 해를 끼치지 않는 유전자를 작물에 삽입하는 것이다. 가장 일반적으로 사용되는 단백질은 토양 박테리아 *Bacillus thuringiensis*(Bt 독소)에 의해 생성된 독소이다. 곤충이 Bt 독소를 섭취할 때, 곤충 내부에 존재하는 효소는 곤충 특이적 독소로 변환하게 하여 마비와 죽음을 일으킨다. 이러한 효소는 다른 동물에서는 발견되지 않기 때문에 문제가 없다.

과학적 사고

가설: 페추니아는 EPSP 합성효소를 과발현함으로써 제초제 글리포세이트에 대해 후천성 내성을 갖게 된다.

예측: 강한 프로모터에 키메라 EPSP 합성 유전자를 형질전환시킨 식물은 글리포세이트에 내성을 가질 것이다.

실험:

1. 제한효소와 연결효소를 사용해서 꽃양배추 모자이크 바이러스 프로모터(35S)를 EPSP 합성 유전자와 Ti 플라스미드에 넣는다.
2. 재조합된 플라스미드를 아그로박테리움에 형질전환시킨다.
3. 페추니아 세포를 감염시키고 식물로 키운다. 대조군으로 감염되지 않은 식물도 키운다.
4. 글리포세이트를 식물에 처리한다.

결과: 글리포세이트가 대조군 식물을 죽이지만 형질전환체는 살아남는다.

결론: 추가된 EPSP 합성 유전자가 글리포세이트 내성을 제공하였다.

추가 실험: 형질전환 식물은 내성이 있지만 완전한 저항성을 보이지는 않았다(싹 끝이 탈색됨). 추가적인 유전자 삽입이 내성을 더욱 증가시킬 것인지 어떻게 알 수 있을까? 페추니아에 과량의 EPSP 합성효소가 축적되면 어떤 문제점이 생길까?

그림 16.18 유전자 변형 제초제 저항성.

제초제 저항성을 지닌 다수의 작물이 Bt 독소로 곤충 저항성을 지니게 변형되었다. Bt 옥수수는 두 번째로 가장 일반적인 유전자 변형(genetically modified, GM) 작물로, 전 세계적으로 9개국에서 재배면적의 14%를 차지하고 있다. 이러한 작물의 전 세계 분포는 제초제 저항성 작물과 유사하다.

이 2가지 방법의 작물 변형이 일반화되면서, 옥수수와 면화에서 소위 스택형(stacked, 여러 유전자를 넣어서 1개의 작물을 만드는 것) GM 작물로 발전된 것은 놀라운 일이 아니다. 스택형 작물은 이제 전 세계 GM 작물의 9%를 차지한다.

황금쌀은 유전자 변형 작물의 잠재력을 보여준다

황금쌀(Golden Rice)은 쌀의 유전자 변형 품종으로 바이타민 A의 전구체인 베타카로틴(β-carotene)을 발현하도록 유전자가 변형된 것이다. 섭취한 베타카로틴은 체내에서 바이타민 A로 전환되어 바이타민 A 결핍 증상을 완화한다. 세계보건기구(WHO)는 바이타민 A 결핍이 전 세계 1억 4천만~2억 5천만 명의 미취학 아동들에게 영향을 미치며, 그중 250,000~500,000명은 실명 가능성이 있는 것으로 추정한다. 주요 식품이 쌀인 개발 도상국에서는 특히 더 심각하다.

황금쌀은 배젖(endosperm, 쌀의 외층)에 베타카로틴이 존재하는 독특한 색상으로 알려졌다. 쌀은 일반적으로 배젖 조직에서 베타카로틴을 만들지 않지만, 베타카로틴을 생성하기 위해 3가지 효소(phytoene synthease, phytoene desaturase, lycopene β-cyclease)에 의해 변형될 수 있는 GGPP(geranyl-geranyl diphosphate)를 생성한다. 이 세 유전자는 배젖에서 발현되도록 재조합 DNA 기술을 사용하여 변형되었고 배젖에서 베타카로틴을 생산하는 생합성 경로를 완성하기 위해 쌀에 도입되었다(**그림 16.19**).

이 유전공학 사례는 2가지 이유로 흥미롭다. 먼저, 형질전환 식물에 새로운 생화학적 경로를 도입했다는 것이다. 둘째, 알려진 쌀 품종이 배젖에서 이러한 효소를 생산하지 않기 때문에 배젖에서 베타카로틴의 발현은 종래의 육종으로는 달성할 수 없었다. 원래의 수선화 유전자 대신 옥수수에서 파이토엔(phytoene) 합성유전자를 사용함으로써 훨씬 더 높은 수준의 베타카로틴을 만드는 2세대 벼 품종이 생산되었다.

황금쌀은 원래 스위스의 공공시설에서 만들어졌으며 상업적 수수료 없이 무료로 제공되었다. 황금쌀을 만든 후 공공단체와 업계 과학자들에 의해 개선되었으며, 이러한 개선된 버전은 추가 비용 없이 제

그림 16.19 황금쌀의 구성.
3개의 수선화 유전자를 쌀 게놈에 첨가하여 배젖에서 베타 카로틴의 합성이 가능하게 하였다. 유전자 원천과 합성 경로를 보여주고 있다. 결과적으로 배젖에 풍부한 수준의 베타카로틴을 함유한 황금쌀을 만들었다.

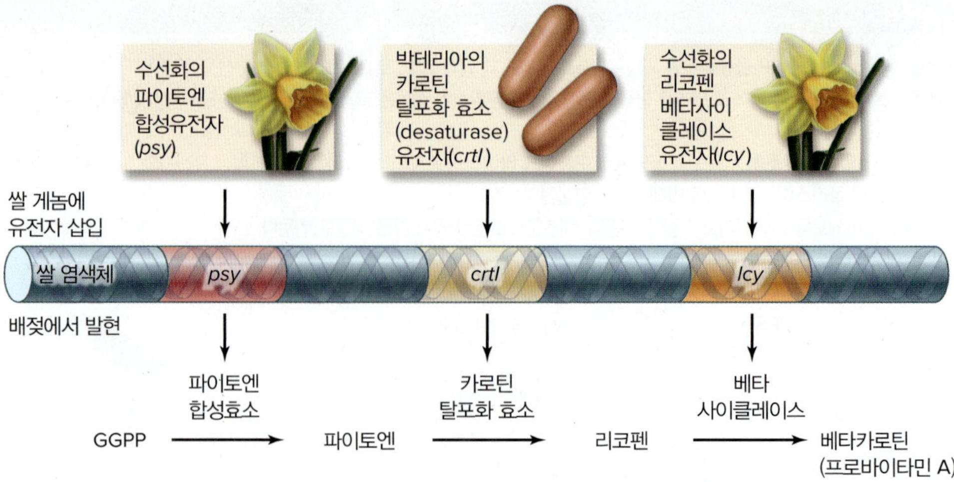

공되고 있다.

유전자 변형작물은 많은 사회적 문제를 일으킨다

유전자 변형작물의 채택은 여러 가지 이유로 다양한 곳에서 거부되고 있다. 일부 사람들은 이러한 작물을 소비하는 인간에 대한 안전성, 변형 유전자의 야생으로의 이동 가능성, 이러한 작물과 관련된 생물 다양성의 상실 가능성에 대해 걱정하고 있다.

유전자 변형작물을 장려하는 측면에서 다국적 기업은 이러한 기술을 사용하여 다양한 유전자 변형작물의 종자를 만들어낸다. 또한 이러한 측면에는 개발 도상국의 굶주림을 해결하고 영양 결핍을 예방하는 데 있어 황금쌀과 같은 유전자 변형작물의 이점을 언급하는 단체들이 있다. 반대편에는 유전자 변형 식품의 생태 및 건강 영향에 대한 우려를 제기하는 다양한 정치단체 및 사회단체가 있다. 논쟁의 양쪽에는 과학자들이 존재한다.

논란은 원래 도입된 유전자를 함유한 음식을 섭취하는 사람의 안전성에 초점을 두었다. 미국에서는 이미 언급된 농작물에 대해 이 문제가 "정착"되었으며 대량의 형질전환 콩과 옥수수가 소비되었다. 인체 건강의 부작용에 대한 명확한 증거는 없지만, 앨러지 반응 및 장기간 영향의 위험이 여전히 남아 있다. 기존 형질전환 작물은 부작용에 대해 추적조사가 이루어질 것이고 각각의 새로운 변형에 대해서는 소비 규제 승인이 필요하다.

또한 형질전환 작물에서 비형질전환 작물로 형질전환 유전자(transgene)가 퍼질 가능성이 있다. 같은 식물종 사이의 교차수분(cross-pollination)은 다양하다. 콩은 제한된 교차를 통해 자기수분(self-pollination)을 하는 경향이 있다. 그러나 옥수수는 자유롭게 유전자 변형 식물의 유전자가 비변형 옥수수 식물로 더 자주 이동한다. 현재 유기농 인증에 관한 규정에는 유전자 변형 작물이 제외되기 때문에 유전자 변형 옥수수밭에 가까운 논을 가진 유기농 농부에게는 우려가 될 수 있다. 교차수분이 일어나는 양은 작물의 근접성, 풍속 및 방향, 온도 및 습도에 따라 다를 수 있다. 번식을 위해 꽃가루 매개자에 의존하는 식물의 경우, 매개자가 방문하는 종의 범위와 그것이 이동하는 거리 또한 요인이 될 수 있다.

유전자흐름은 혼성화를 통해 관련 종사이에 발생할 수 있다. 미국에서는 최소 15개의 잡초가 작물과 교잡했다. 미국의 2대 주요 농작물인 옥수수와 콩의 경우, 밀접하게 관련된 잡초종이 그들과 함께 번식하지 않기 때문에 잡초가 제초제 저항성을 얻을 수 있는 기작은 없다. 그러나 해바라기는 미국에서 처음 키우면서, 전이 유전자가 잡초 개체로 이동하는 위험을 우려하고 있다. 한 연구에 따르면 야생 해바라기의 10~33%가 작물품종과 섞였다는 사실이 다시 입증되었다.

제초제 저항성 형질전환 작물의 경우, 수년에 걸쳐 단일 제초제를 반복적으로 적용하면 잡초종에 대한 선택적 압력이 발생한다. 시간이 지남에 따라 제초제에 대한 내성이 있는 잡초의 빈도가 증가하고 제초제는 효과가 없어지게 된다. 전 세계 약 200종의 잡초가 하나 이상의 제초제에 대한 내성을 획득했다. 제초제 사용을 줄이고 사용된 제초제를 다양하게 하는 관리가 있어야 제초제 내성을 낮출 수 있다.

핵심 요약 16.7

현재까지 제초제 저항성, 병원균으로부터의 보호, 영양분 향상 및 약물 생산은 농업 유전공학의 목표였다. 형질전환 식물의 활용에 관한 논쟁은 인간의 건강과 환경에 대한 예측할 수 없는 영향의 가능성에 중점을 두고 있다.

- 글리포세이트에 내성이 있는 잔디가 만들어졌지만 제품으로 출시되지 않았다. 잔디 종자 회사가 이것을 출시하지 못하는 이유는 무엇일까?

핵심 개념 요약

16.1 재조합 DNA

■ **제한효소는 정확한 위치에서 DNA를 자른다**

동일한 종류의 유형 2 제한효소를 사용한 절단으로 인해 생성된 서로 다른 DNA 단편은 재조합될 수 있다(**그림 16.1**).

■ **젤 전기영동은 DNA 조각을 분리할 수 있다**

DNA 단편은 전기장에 의해 구동되는 젤 매트릭스를 통해 크기에 따라 분리될 수 있다(**그림 16.2**).

■ **재조합분자를 만들기 위해 DNA 절편을 결합시킨다**

재조합 DNA 분자는 서로 다른 DNA로 구성된다. 재조합 DNA 분자는 DNA 연결효소(ligase)를 사용하여 DNA 단편을 결합하여 만들어진다(**그림 16.3**).

■ **역전사효소는 RNA에서 DNA를 만든다**

역전사 효소는 RNA를 주형으로 사용하여 DNA 분자를 만든다. 이 DNA를 cDNA라고 한다(**그림 16.4**).

■ **DNA 라이브러리는 재조합 DNA 분자의 집합이다**

DNA 라이브러리는 DNA 조각을 보유하며 숙주 생물체에 저장 및 복제될 수 있다(**그림 16.5**).

16.2 PCR을 활용한 DNA 증폭

■ **PCR은 DNA 복제를 따라 한다**

PCR은 증폭될 영역에 인접한 짧은 프라이머를 사용하여 작은 DNA 단편을 증폭시킨다. PCR은 열 안정성 중합효소(thermostable polymerase)와 함께 가열, 냉각 및 합성 주기를 반복한다(**그림 16.6**).

■ **역전사 PCR은 mRNA로부터 DNA를 증폭한다**

역전사 효소를 사용하여 cDNA를 만들 수 있다. PCR과 결합하여 단백질을 암호화하는 서열을 증폭시킬 수 있다.

■ **RT-qPCR은 mRNA의 발현량을 결정한다**

형광 DNA 결합 염료 또는 표지된 프라이머를 사용하는 RT-PCR은 특정 mRNA의 정량을 가능하게 한다(**그림 16.7**).

■ **PCR은 다양한 염기서열결정법의 기초이다**

많은 DNA 염기서열 분석기술은 출발 물질을 생성하기 위해 PCR의 변형에 의존한다. 이로 인해 비용이 크게 절감되었다.

16.3 유전적 변이의 생성, 교정, 분석

■ **법의학에서는 개인을 식별하기 위해서 DNA 지문을 이용한다**

DNA 지문은 개인마다 숫자가 다른 짧은 염기서열반복구간(STR)을 가지고 있다. CODIS 데이터베이스는 13개의 다른 STR 좌위에 대한 데이터를 저장한다(**그림 16.8**).

■ **PCR은 특정 유전자에 점돌연변이를 형성할 수 있다**

PCR 프라이머에서 뉴클레오타이드를 변경하는 것은 부위 특이적 돌연변이를 생성하는 데 사용될 수 있다. PCR에 사용된 일부 DNA 중합효소의 더 높은 오류 발생률은 무작위 돌연변이를 생성하는 데 사용될 수 있다.

■ **RNA 간섭은 유전자 생성물을 감소시킨다**

세포 내로 도입된 짧은 2중가닥 RNA는 특정 유전자의 발현을 감소시킨다. 이 간섭 RNA의 라이브러리는 생물학적 과정에 관여하는 특정 단백질을 동정하기 위해 분석될 수 있다.

■ **새로운 기술은 게놈의 직접적인 편집을 가능하게 한다**

유전자는 TALEN 효소 또는 CRISPR/Cas9 시스템을 사용하여 생체 내에서 편집될 수 있다. 이 시스템은 DNA의 특정 부위를 절단하여 새로운 결실을 일으키기 위한 오류유발수선 또는 대립유전자를 변경하기 위한 DNA 직접 수선을 가능하게 한다(**그림 16.9**).

16.4 형질전환 생물체의 설계와 활용

■ **유전암호의 보편성은 형질전환을 가능하게 한다**

유전자 암호의 보편성은 한 생물체의 유전자가 다른 생물체에서 발현될 수 있음을 의미한다.

■ **유전자의 제거나 추가를 통해 기능을 연구할 수 있다**

유전자 제거 생쥐에서, 유전자 기능을 연구하기 위해 유전자는 비활성화된다(**그림 16.10**).

유전자 삽입 생쥐에서, 유전자는 특정 유전자의 변화 효과를 평가하기 위해 변이체로 대체된다.

■ **조건부 불활성화는 필수 유전자 연구를 가능하게 한다**

특정 조직 또는 특정 발생 시점에서 유전자 기능을 제거하면 필수 유전자를 연구할 수 있다. 사용된 기술 중 하나는 Cre-Lox 시스템이다(**그림 16.11**).

■ **식물은 유전적 변형에 다양한 기술을 요구한다**

형질전환 식물은 아그로박테리움 및 재조합 Ti 플라스미드 또는 입자 충격 기법에 의해 형질전환함으로써 생성될 수 있다(**그림 16.12**).

16.5 환경적 적용

■ **조류는 바이오연료 제조에 사용될 수 있다**

미세조류에서 수확한 지질은 바이오디젤로 전환될 수 있다. 일부 미세조류는 지질에서 바이오매스의 최대 50%를 생산한다(**그림 16.13**).

■ **미생물은 환경에서 탄화수소를 분해할 수 있다**

다양한 환경에서의 영양물질 보충은 일부 박테리아를 자극하여 탄화수소를 분해함으로써 독성 기름 성분을 제거할 수 있다.

■ **폐수 처리는 미생물의 활성에 의존한다**

폐수의 유기물 대부분은 혐기성 또는 호기성 박테리아에 의해 제거된다. 추가 처리는 일부 무기 오염 물질을 제거할 수 있다(**그림 16.14**).

16.6 의학적 적용

■ **재조합 DNA를 사용하여 중요한 단백질을 생산할 수 있다**

재조합 DNA는 박테리아나 효모에서 인간 단백질을 발현시키기 위해 사용될 수 있다. 당뇨병을 치료하는 인슐린이 이러한 기술로 만들어진 최초의 제품이다(**그림 16.15**).

■ **제자리형광혼성화는 전체 염색체의 재배열을 탐지할 수 있다**

FISH는 염색체에서 상보적 서열에 혼성화되는 형광 표지된 DNA 탐침을 사용한다. 이것은 개인맞춤 치료를 설계하는 데 도움을 줄 수 있는데, *HER2* 유전자의 증폭처럼 질병과 관련된 염색체 변경을 식별할 수 있다(**그림 16.16**).

■ **유전자 칩은 질병에 대한 유전적 표지자를 동정할 수 있다**

유전자 칩은 질병에 걸린 조직과 건강한 조직에서 유전자 발현 패턴을 분석하는 데 사용된다. 이것은 임상적 개입에 도움이 될 수 있다.

■ **면역 분석은 바이러스 감염을 신속하게 진단할 수 있다**

임상 또는 실험 시료에서 특정 분자를 검출하기 위해 항체를 사용할 수 있다. 고체 표면에 부착한 항체는 특정 분자와 결합하는데, 이는 효소에 연결된 두 번째 항체에 의해 검출된다(**그림 16.17**).

■ **유전자와 줄기세포 치료 및 유전자 편집이 모두 임상으로 이동하고 있다**

유전자 치료법은 유전질환을 치료할 수 있게 하고, 유전자 편집과 결합한 줄기세포 치료법은 만성질환 또는 부상으로 인한 조직 손상을 치료할 수 있게 한다.

16.7 농업적 적용

■ **제초제 내성 작물은 토양을 갈지 않고 파종하여 작물을 재배하게 하였다**

제초제 내성 작물은 경작지의 흙을 뒤집는 수고와 화석 연료 소비를 모두 줄여 준다(**그림 16.18**).

■ **Bt 작물은 일부 해충에 저항성이 있다**

곤충 저항성 Bt 식물의 개발은 살충제의 사용을 줄여 준다.

■ **황금쌀은 유전자 변형 작물의 잠재력을 보여준다**

황금쌀은 바이타민 A의 전구체인 베타카로틴을 생산한다(**그림 16.19**). 이를 통해 영양실조로 인한 실명을 줄일 수 있다.

■ **유전자 변형작물은 많은 사회적 문제를 일으킨다**

형질전환 식물로 인한 앨러지 반응에 대해 우려가 있지만, 공인된 것은 없다. 비형질전환 식물로의 전이유전자의 확산이 계속되고 있다. 제초제의 과다 사용으로 인한 내성이 문제가 되고 있다.

연습문제

■1단계: 이해력 확인하기

1. 여러분이 심장 발달의 초기 단계에서 중요한 것으로 알려진 하나의 유전자를 연구하고자 한다. 그 유전자의 상실은 또한 폐암을 유발하는 역할을 하는 것으로 의심된다. 생체 내에서 그 유전자를 연구하기 위해 어떤 종류의 형질전환 생쥐를 사용하겠는가?

   a. 유전자 제거 생쥐
   b. 유전자 삽입 생쥐
   c. 조건부 유전자 제거 생쥐
   d. a, b, c 모두 맞다.

2. 젤 전기영동에 의해 서로 다른 DNA 단편을 분리하는 원리는 무엇인가?

   a. DNA에 대한 양전하
   b. DNA 조각의 크기
   c. 조각의 순서
   d. 염료의 존재

3. 10개의 주형 DNA를 사용하여 PCR을 시작하면 10회 주기 후에 몇 개의 DNA가 존재하는가?

   a. 약 100개
   b. 약 1000개
   c. 약 10,000개
   d. 약 10^{10}개

4. *HER2* 유전자에 대한 유방 종양 조직검사의 FISH 분석에서 세포는 2개의 형광 점을 나타낸다. 이 자료는 종양에 대해 어떤 결론을 지지하는가?

   a. 높은 수준의 *HER2* mRNA를 포함할 가능성이 있다.
   b. 높은 수준의 *HER2* 단백질을 함유할 가능성이 있다.
   c. *HER2* 유전자는 증폭되고, *HER2* 단백질을 표적으로 하는 치료는 적합하지 않을 수 있다.
   d. *HER2* 유전자는 증폭되지 않으므로, HER2 단백질을 표적으로 하는 특정 처리는 적합하지 않을 수 있다.

5. 유전자 기능 연구 측면에서 RNAi에 비해 게놈 편집의 주요 이점은 무엇인가?

   a. 게놈 편집은 유전자 기능을 제거할 수 있다. RNAi는 단순히 유전자 산물의 수준을 감소시킨다.
   b. 게놈 편집은 재조합 DNA의 생성을 요구하지 않지만 RNAi는 항상 생성된다.
   c. 게놈 편집은 항상 작동하지만 RNAi는 거의 작동하지 않는다.
   d. 게놈 편집은 RNAi가 수행되는 진핵세포보다 변형하기 쉬운 박테리아에서 수행된다.

6. 아그로박테리움(*Agrobacterium*)의 Ti 플라스미드는 일반적으로 감염된 식물에서 혹(gall)을 유도한다. 아그로박테리움이 유전자 변형 식물을 만드는 데 사용될 때 종양이 형성되지 않는 이유는 무엇인가?

a. 도입된 전이유전자는 종양 유도 유전자의 작용을 차단한다.

b. 종양 유도 유전자는 제거되고 전이유전자로 대체된다.

c. 형질전환 식물을 제조하는 데 사용되는 아그로박테리움으로부터 Ti 플라스미드를 제거한다.

d. Ti 플라스미드는 감염된 식물에서 복제될 수 없도록 PCR에 의해 돌연변이된다.

■2단계: 적용력 평가하기

1. 전체 RNA의 양이 동일한 4개의 RT-qPCR 반응을 설정하였다. 반응이 완료된 후, 시료 A의 20사이클, 시료 B의 25사이클, 시료 C의 18사이클 및 시료 D의 22사이클이 끝난 후 10,000 단위의 형광이 있음을 알 수 있다. RT-qPCR의 시작에서 표적 mRNA가 가장 많았던 시료는 어떤 것인가?

   a. 시료 A

   b. 시료 B

   c. 시료 C

   d. 시료 D

2. 다음 중 PCR에서는 아니지만, 세포에서의 DNA 복제에 대해 정확한 설명은 무엇인가?

   a. DNA 프라이머가 필요하다.

   b. DNA 중합효소(polymerase)는 고온에서 안정적이다.

   c. 연결효소(ligase)는 필수적이다.

   d. dNTP가 필요하다.

3. 게놈 DNA에서 분리된 인간 인슐린 유전자로 인슐린을 생산하기 위해 유전자 변형 박테리아를 만들 때 어떤 잠재적인 문제를 고려해야 하는가?

   a. 박테리아의 유전암호는 인간의 유전암호와 크게 다르다.

   b. 박테리아 세포는 번역 후 인슐린 펩타이드 서열을 처리할 수 없다.

   c. 박테리아가 높은 수준의 인간 유전자를 전사할 수 있는 방법은 없다.

   d. a와 b 모두 문제가 있다.

■3단계: 사고력 함양하기

1. 헤모글로빈과 같은 많은 인간 단백질은 다수의 소단위로 구성된 조립체로서만 기능한다. 이들 기능 단위의 조립은 진핵세포의 소포체 및 골지 장치 내에서 형성된다. 유전자 변형 헤모글로빈을 대규모로 생산하는 데 어떤 제한이 있는지 토론하시오.

2. 아밀로이드 베타는 뇌에서 아밀로이드 전구체 단백질(APP)이라고 하는 단백질의 분해 산물이다. 고농도에서는 아밀로이드 베타가 서로 응집되어 알츠하이머병의 원인이 될 수 있다. 생쥐 모델에서 APP의 정상적인 기능을 유지하면서 APP에서 파생된 아밀로이드 베타의 덩어리를 막는 특정 돌연변이를 연구하는 방법은 무엇인가?

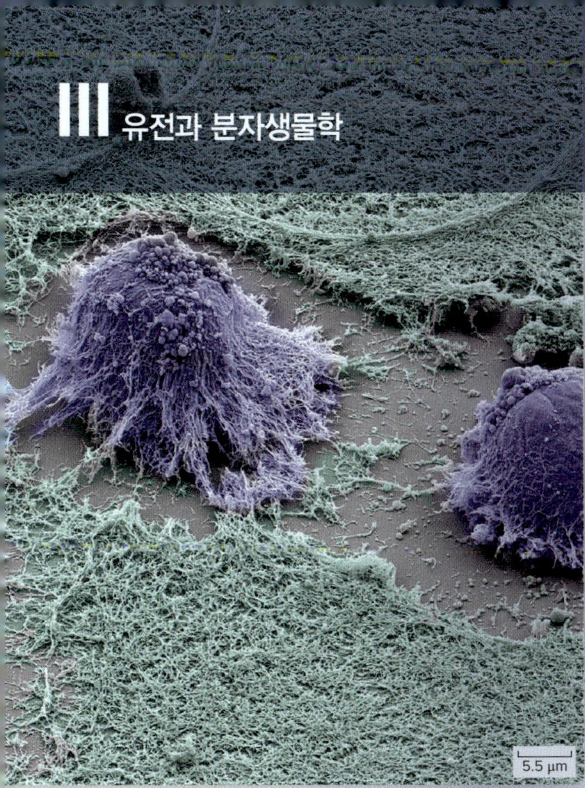

17

발생의 세포학적 기작

17.1 발생의 과정
17.2 세포분열
17.3 세포 분화
17.4 핵의 재프로그래밍
17.5 패턴형성
17.6 패턴형성의 진화
17.7 형태형성

도입

다양한 종류의 줄기세포를 이용한 최근 연구가 대중들의 희망과 상상력을 사로잡고 있다. 수천 년 동안 인간은 생명체들이 어떻게 발생하여 자라고 변하고 성숙해 가는가에 관심을 가져왔으며, 현재는 오랫동안 궁금하게 여기던 질문들에 대한 해답이 얻어지고 재생의학에 대한 새로운 가능성이 열리고 있다.

지금까지는 각각의 세포에 중점을 두고 특정 유전자의 전사를 조절하는 다양한 기작을 탐구해 왔으나, 여기에서는 수정란이라는 단일 세포가 다세포의 생명체로 발생하는 과정을 중심으로 알아본다. 발생 과정 동안 특정 세포에서 유전자의 발현을 결정하는 패턴은 원인과 결과의 복잡한 사슬을 순환하는 다양한 경로를 따라 일어난다. 이러한 발생 프로그램은 복잡함에도 불구하고 놀랍도록 정확하게 일어난다. 이 장에서는 세포와 분자 수준에서 발생 기작을 알아본다.

17.1 발생의 과정

학습 목표

1. 발생과 관련된 다양한 과정을 서술할 수 있다.

발생(development)은 생명체가 일생 동안 연속적인 단계를 거치면서 변화하는 과정으로 정의할 수 있는데, 이 과정은 체계적이며, 유전자로 인해 일어난다. 발생에 대한 탐구는 이러한 연속성을 따라 어느 시점에도 초점을 맞출 수 있다. 발생의 연구를 통해 지구상에 있는 생명체의 다양성과 유사성을 함께 이해할 수 있다.

이 장에서는 전체적인 발생 과정을 다음과 같이 4개의 하위 과정으로 구분하여 다룬다.

- **세포분열(cell division)**: 식물과 동물의 발생은 새로운 개체를 생성하기 위해서 세포분열을 거쳐야 하는 수정란 혹은 접합자(zygote)에서 시작한다. 모든 경우 발생 초기에는 광범위한 세

포분열이 진행되지만, 대부분의 경우에는 알세포 자체가 매우 크기 때문에 성장이 많이 일어나지 않는다.

- **분화(differentiation)**: 세포가 분열함에 따라 유전자의 발현이 조율되고 변하여 세포 간의 차이를 유발하는데, 궁극적으로 특수화(specialization)된 세포를 만들어 낸다. 분화된 세포에서 특정 유전자는 특정 시기에 발현되지만, 어떤 유전자들은 전혀 발현되지 않을 수도 있다.
- **패턴형성(pattern formation)**: 발생 중인 배아(embryo)의 세포는 배아가 만들어 낼 생물체의 체제(body plan)를 지향하여야 한다. 패턴형성이 제대로 되려면 세포를 최종 운명으로 안내하는 위치 정보(positional information)를 감지하는 세포의 능력이 필요하다.
- **형태형성(morphogenesis)**: 발생이 진행됨에 따라 기관(organ)과 해부학적 특징을 갖는 몸의 형태가 만들어진다. 형태형성에는 세포 사멸, 세포분열, 세포 이동, 세포 형태의 변화 및 분화가 포함된다.

식물과 동물 그룹 간의 명백한 차이에도 불구하고 대부분의 다세포 생명체들은 근본적으로 매우 유사한 분자적 기작으로 인해 발생한다. 이러한 관찰은 이들 기작이 다세포 생명의 역사에서 매우 초기에 진화된 것임을 보여주는 것이다.

17.2 세포분열

학습 목표

1. 초기 발생에서 세포분열의 중요성을 설명할 수 있다.
2. 꼬마선충을 이용한 세포 계통의 추적에 대해 설명할 수 있다.
3. 동물과 식물의 세포분열 차이를 비교하여 설명할 수 있다.

올챙이가 보호막을 뚫고 알에서 부화할 때의 전체 크기는 수정란의 크기와 비슷하다. 그러나 올챙이는 수정란과 달리 하나의 세포로 이루어져 있는 것이 아니라 서로 다른 기능을 하는 조직과 기관으로 구성된 수억 개의 세포로 구성되어 있다. 따라서 배아 발생 동안 반드시 일어나는 가장 최초의 과정은 세포분열이다.

2배체 접합자(diploid zygote)는 수정 후 바로 신속한 세포분열을 진행하여 수천 개의 2배체 세포들로 구성되는 초기 배아를 형성한다. 동물의 배아에서 이러한 세포분열의 횟수와 시기는 종 특이적(species-specific)이며, 9장에서 살펴본 **사이클린**(cyclin) 및 **사이클린-의존적 카이네이스**(cyclin-dependent kinase, Cdk)와 같은 일련의 분자들로 인해 조절되는데, 이들은 체세포분열 주기의 확인점(check point)을 조절한다.

발생은 세포분열로부터 시작된다

동물의 배아에서 수정 후 바로 시작되는 수정란의 세포분열을 **난할**(cleavage)이라고 부른다. 난할 동안에 커다란 접합자는 **할구**(blastomere)라고 부르는 수많은 작은 세포로 나누어진다(**그림 17.1**). 따라서 난할 과정에서 배아 전체의 크기는 증가하지 않으며, 난할 동안에는 세포의 무게와 크기가 증가하는 세포주기의 G_1기와 G_2기는 극히 짧아지거나 일어나지 않는다(**그림 17.2**).

난할 기간에는 2개의 성장기가 없기 때문에 빠른 세포분열 속도는 어떤 동물에서도 일생 동안 다시 일어나지 않는다. 예를 들어, 제브라피시의 할구는 난할 과정에서 수 분마다 한 번씩 분열하여 3시간 이내에 1000개의 세포를 가진 배아를 만들어 낸다. 이와 대조적으로 성인 인간의 장 상피세포는 평균 19시간마다 한 번씩 분열한다. 서로 다른 난할 패턴의 비교는 47장을 참조한다.

유충의 먹이 단계 시기나 포유동물의 배아 착상 이후 시기와 같이 외부로부터 영양물질이 공급되면 딸세포는 세포질분열(cytokinesis)을 통해 크기가 증가하며, 더 많은 세포가 생성됨으로써 전체적인 몸 크기가 증가한다.

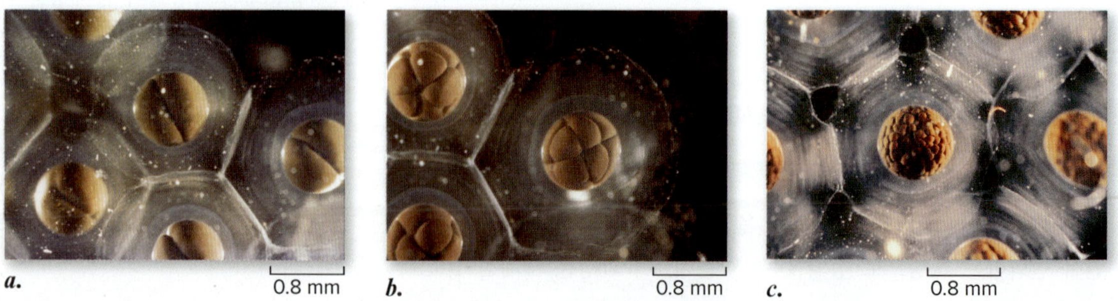

그림 17.1 개구리 배아의 난할. *a.* 첫 번째 난할은 수정란을 2개의 큰 할구로 나눈다. *b.* 두 번의 추가 분열 후에 4개의 작은 할구가 4개의 큰 할구 위에 위치하며, 각 할구는 계속 분열하여 치밀한 세포 덩어리(*c*)를 만든다.

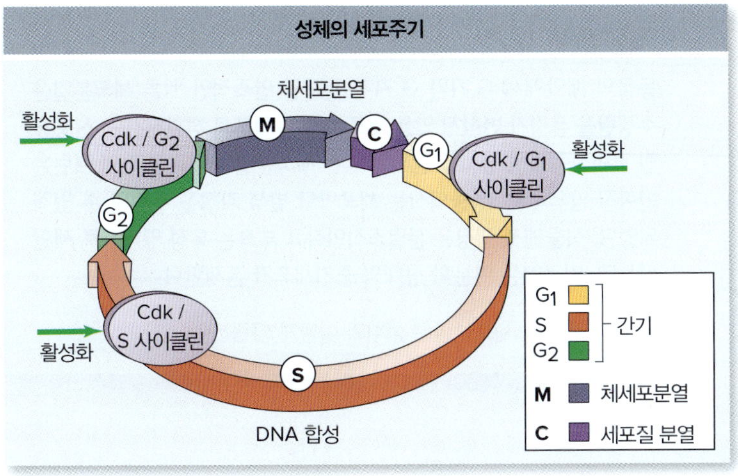

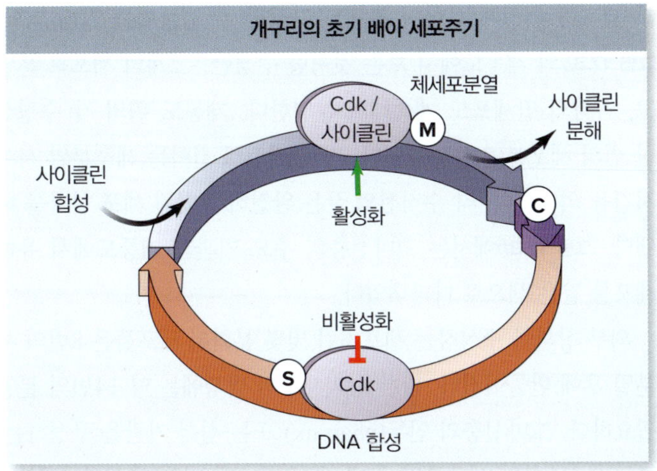

a. *b.*

그림 17.2 **성체 세포와 배아 세포의 세포주기.**
성체 체세포의 세포주기(***a***)와는 대조적으로 초기 개구리 배아의 세포분열은 G_1과 G_2 단계가 없기 때문에(***b***), 난할 단계의 핵은 DNA 합성과 체세포분열을 빠르게 반복한다. 수정되지 않은 난자에는 수많은 사이클린 mRNA가 저장되어 있다. 사이클린 단백질의 주기적 분해는 체세포분열에서 벗어나는 것과 연관되어 있다. 사이클린의 분해와 Cdk의 불활성화로 인해 세포는 체세포분열을 끝내고, 다음 단계의 DNA 합성을 시작한다.

꼬마선충의 발생에서 모든 세포분열은 알려져 있다

원생동물인 꼬마선충(*Caenorhabditis elegans*)은 가장 완벽히 알려진 발생 모델 중 하나이다. 길이가 약 1 mm 정도 되는 꼬마선충의 다 자란 성체는 959개의 체세포로 이루어져 있다.

꼬마선충의 몸체는 투명하기에 세포분열 후 각각의 세포를 추적할 수 있다. 이들 세포를 관찰함으로써 연구자들은 수정란으로부터

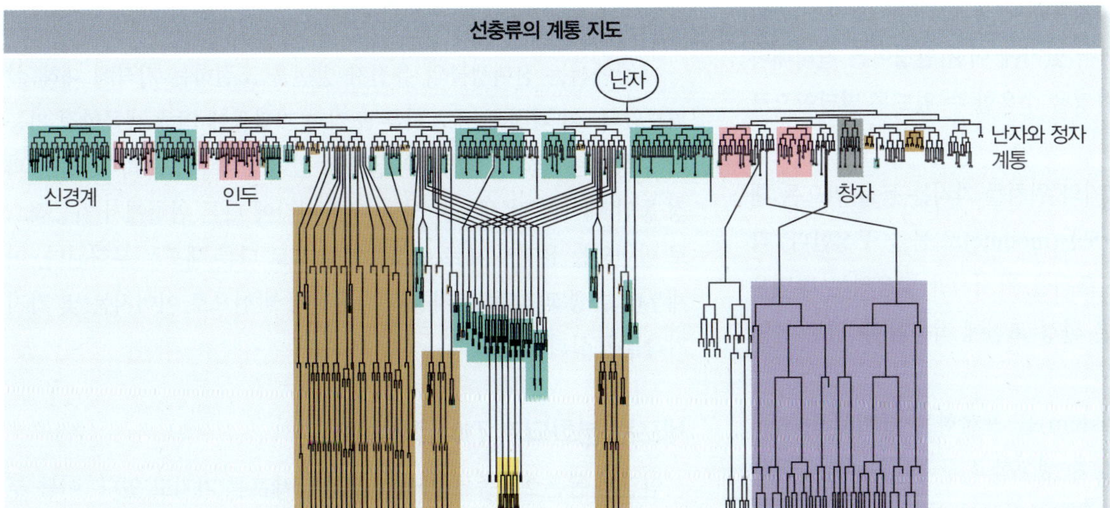

a.

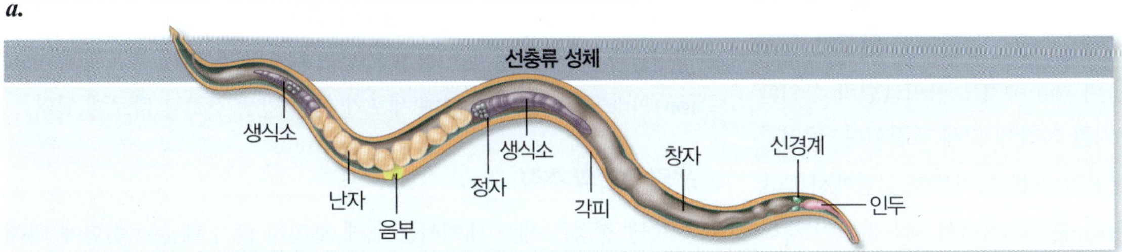

b.

그림 17.3
선충류에서 배아 세포분열과 발생 연구.
꼬마선충의 발생에서 수정란으로부터 생긴 각 세포의 운명이 확인되어서 지도로 작성되었다. ***a.*** 계통 지도는 수정란으로부터 세포분열의 횟수와 함께 성체(***b***)에서의 세포 위치를 색으로 나타낸다.

각 세포가 어떻게 하나의 성체를 구성할 수 있는지를 알게 되었다. **그림 17.3**a의 계통도에서 보는 것처럼 수정란은 2개의 세포로 분열하고, 각각의 딸세포도 계속해서 분열한다. 계통도 위의 각 수평선은 한 번의 세포분열을 나타낸다. 각 수직선의 길이는 세포분열 사이의 시간을 의미하며, 각 수직선의 끝은 완전히 분화된 세포 하나를 나타낸다. **그림 17.3**b에서는 꼬마선충의 주요 기관과 계통도에서 유래한 세포를 같은 색으로 나타내었다.

외부 상피를 구성하는 세포처럼 몇몇 분화된 세포들은 8번의 세포분열 후에 만들어진다. 다른 상피세포의 발생에는 약 14번의 분열이 필요하다. 꼬마선충의 인두(pharynx) 또는 섭식 기관을 구성하는 세포는 9~11회의 세포분열 후에 생성되는 데 비해 생식선에 있는 세포들은 17번 이상의 분열이 필요하다.

정확히 302개의 신경세포가 꼬마선충의 신경계를 구성하고 있다. 또한 정확히 131개의 세포가 생성된 후 수 분 내에 사멸된다. 난자와 정자가 될 세포를 제외한 각 세포의 운명은 모든 꼬마선충에서 동일하다.

식물의 생장은 분열조직이라는 특정 부위에서 일어난다

식물과 동물 사이의 가장 큰 차이는 대부분 동물은 평생에 적어도 일부 단계에는 운동성이 있어서 불리한 환경으로부터 멀리 이동할 수 있는데, 식물은 위치가 고정되어 있기에 어떤 환경이든 견뎌내야만 한다는 것이다. 식물은 주변 환경을 수용할 수 있도록 발달함으로써 이러한 제약을 견뎌내고 있다.

식물은 모든 부분이 정해진 크기와 위치를 가지는 몸을 만드는 대신 잎, 뿌리, 가지 마디, 꽃 등의 모듈(module)로 몸을 구성한다. 각 기관은 엄격하게 통제된 구조와 조직을 가지지만 활용하는 방법은 매우 유연하다. 즉, 식물의 기관은 환경 조건에 적응할 수 있는 유연성을 가지고 있다.

식물의 발달은 **분열조직**(meristem)을 포함하는 줄기세포(stem cell)의 그룹으로부터 새로운 부분을 생성하고 구축함으로써 일어난다. 분열조직의 줄기세포는 계속해서 분열하여 식물 조직으로 분화할 수 있는 세포들을 만들어 낸다.

이러한 단순성은 세포분열 과정을 조절할 필요가 있음을 의미한다. 세포주기 조절 유전자들은 효모(yeast), 곰팡이의 일종과 동물세포 모두에 존재하고 있다. 식물의 세포주기도 사이클린과 사이클린-의존적 카이네이스에 의한 동일한 기작에 의해 조절된다. 애기장대(*Arabidopsis thaliana*)의 형질전환 식물을 이용한 실험에서 Cdk 저해제를 과다 발현시킬 경우, 잎의 분열조직에서 세포분열이 강하게 억제됨으로써 잎의 크기와 형태에 현저한 변화가 나타났다.

핵심 요약 17.2

동물의 배아에서 G_1기와 G_2기가 생략된 연속적인 빠른 세포분열은 수정란을 크기가 변하지 않은 채로 수많은 세포로 전환시킨다. 선충류인 꼬마선충에서 성체를 만드는 모든 세포분열이 알려졌고 이 패턴은 변하지 않으므로, 생물학자는 세포마다 발생 과정을 추적할 수 있게 되었다. 식물에서 생장은 분열조직이라고 부르는 특정 영역으로 제한되는데, 이곳에는 미분화 상태의 줄기세포가 존재한다.

■ 배아의 초기 세포분열은 성체와 어떻게 다를까?

17.3 세포 분화

학습 목표

1. 세포 운명 결정의 점진적인 특징에 대해 설명할 수 있다.
2. 세포에서 일어나는 분자 수준의 발생 경로에 대해 설명할 수 있다.
3. 다양한 줄기세포의 유형을 구별하여 설명할 수 있다.

15장에서는 진핵생물의 유전자 발현을 조절하는 기작에 대해 살펴보았다. 이 과정은 서로 다른 조직과 기관들에 의해 생물학적 기능이 수행되는 다세포 생명체의 발생에 있어서 매우 중요하다. 발생 과정 동안 배아의 각 세포는 서로 다른 시간에 다른 위치에서 차등적으로 발현되는 유전자 세트(set)로 인해 서로 다른 세포로 분화된다. 이제부터 발생 과정 동안 차등적인 유전자 발현으로 이어지는 몇 가지 기작들을 살펴본다.

세포는 분화되기 전에 결정된다

인간의 몸은 210종류 이상의 분화된 세포를 가지고 있다. 이들 분화된 세포는 그들이 합성하는 특정한 단백질과 세포 형태 그리고 특수한 기능으로 인해 서로 구별된다. 특정 유형으로 분화된 세포를 생성하기 위한 분자적 결정은 세포의 변화가 명확하게 나타나기 전에 일어난다. 이러한 분자적 결정 과정을 **세포운명결정**(cell determination)이라고 하며, 이로 인해 세포가 특정 발생 경로를 따르게 된다.

운명 결정의 추적

운명 결정은 세포 내에서는 쉽게 보이지 않기 때문에 실험에 의해서만 알아낼 수 있다. 하나의 세포 또는 세포 집단의 운명이 이미 결정된 것인지는 공여(donor) 세포를 숙주(host) 또는 수여자(recipient) 배아의 다른 위치로 이식하는 기본적인 실험을 통해 알아볼 수 있다. 만약 이식된 세포가 원래 배아에서 발생할 세포 유형으로 발생한다면, 그들의 운명은 이미 결정된 것으로 판단한다(**그림 17.4**).

운명 결정이 되는 것은 세포에서는 보이지 않기 때문에 이식실험에 의해서만 확인할 수 있다. 예를 들어, 양서류 배아의 초기 낭배(gastrula, 47장 참조)에서는 앞으로 뇌가 될 부분의 세포가 아직 결정되지 않았는데, 이 시기에 배아의 다른 부위에 이 세포를 이식한다면 이들 세포는 이식된 부위에 맞는 세포로 발달할 것이다. 그러나 후기 낭배 단계에서는 추가적인 세포 상호작용으로 인해 세포의 운명이 이미 결정되어 있기 때문에 이 세포는 어떤 위치에 이식해도 신경계 조직으로 발생한다.

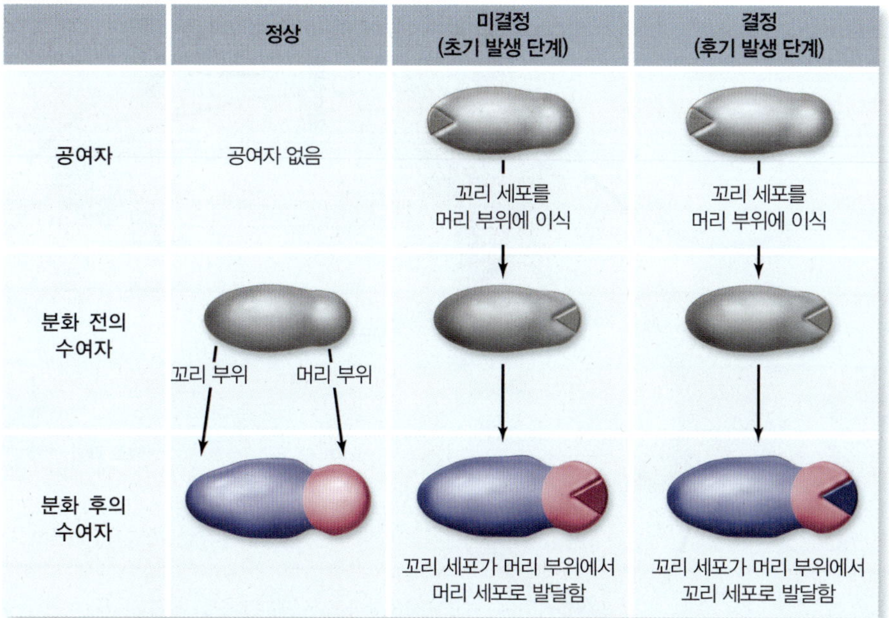

그림 17.4 세포의 운명 결정을 알아보는 일반적인 실험.
회색의 타원형은 발생의 초기 단계에 있는 배아를 나타내는데, 세포의 오른쪽은 정상적으로는 머리 구조로 발달하고, 세포의 왼쪽은 보통 꼬리 구조를 형성한다. 초기 배아에서 꼬리가 될 세포를 떼어내 수여자 배아의 머리가 될 부분 위에 이식하면, 이식된 세포는 새로운 위치에 따라 머리 구조로 발달한다. 이 경우 이들 세포의 운명은 결정되지 않은 것이다. 후기 발생 단계에서 꼬리 세포를 수여자 배아의 머리가 될 부위에 이식하면 꼬리 구조로 발달하는데, 이 경우에 꼬리 세포의 운명은 이미 결정되어 있는 것이다.

운명 결정은 처음에는 세포가 부분적으로 **약속된**(committed) 상태였다가 배아에서 위치를 반영한 위치 표지를 획득하는 순서로 종종 단계적으로 일어나게 된다. 이들 표지는 몸의 발생 패턴이 순차적으로 생성되는 것에 큰 영향을 미칠 수 있다. 닭의 배아에서 다리싹(leg bud) 기저부의 조직은 정상적으로 넓적다리를 발생시키지만, 이 조직을 원래 날개 끝으로 발달할 날개싹(wing bud)의 끝에 이식하면, 이식된 조직은 넓적다리가 아니라 발가락을 만들게 된다. 즉, 이 조직은 이미 다리를 만들 것으로 결정되었으나, 아직 다리의 어떤 부위를 만들 것인지는 정해지지 않았다. 따라서 이 조직은 날개싹에서 말단 부위를 형성하기 위한 신호전달의 영향을 받게 된다.

운명 결정의 분자적 근거

세포는 유전자의 발현 패턴을 변화시키는 전사인자(transcription factor)를 이용하여 발생을 시작한다. 이들 전사인자를 암호화하는 유전자들이 활성화될 때, 그것이 미치는 영향 중 하나는 자기 자신의 활성을 강화하는 것이다. 이러한 강화는 발생 스위치(switch)를 돌이킬 수 없는 상태로 결정함으로써 특정한 발생 경로로 향하는 일련의 과정을 시작하도록 한다.

조절 유전자가 활성화된 세포는 다른 인자들이 조절 단백질과 상호작용하여 또 다른 유전자들을 활성화시킬 때까지는 실제로는 분화하지 않을 수 있다. 그럼에도 불구하고 일단 처음 "스위치"가 켜지면 세포는 예정된 발생 경로를 진행하게 된다.

세포들은 다음 중 한 방법으로 특정 발생 과정을 진행하도록 **약속**(commitment)된다.

1. 모계에서 생성되어 **난자 형성 과정**(oogenesis) 동안 난자로 공급되는 세포질 **결정인자**(determinant)를 차등적으로 물려받는 방법
2. 세포 간의 상호작용을 통한 방법

1번의 경우는 부모로부터 물려받음으로써 결정되는 사회적 지위에 비유할 수 있다. 2번의 경우는 사람의 사회적 지위가 주변 사람들과의 상호작용으로 인해 결정된다는 것에 비유할 수 있다. 두 경우 모두 개체의 발생과 성장에 있어서 강력한 요소가 될 수 있다는 점은 분명하다.

세포 운명의 결정은 세포질 결정인자 때문이다

수많은 무척추동물의 배아는 세포질 결정인자의 차등적인 유전을 통한 세포 운명 결정의 좋은 예를 보여준다. 멍게(tunicate)는 해양 무척추동물(29장 참조)로, 대부분 성체는 매우 단순한 주머니 모양의 몸을 가지고 바닥에 붙어 있다. 하지만 멍게는 등쪽 신경삭(nerve cord)과 척삭(notochord)을 가지는 유생 단계(larval stage)의 특징 때문에 척삭동물문(Chordata)에 속한다(**그림 17.5*a***). 꼬리를 움직이는 근육은 척삭의 양쪽으로 발달한다.

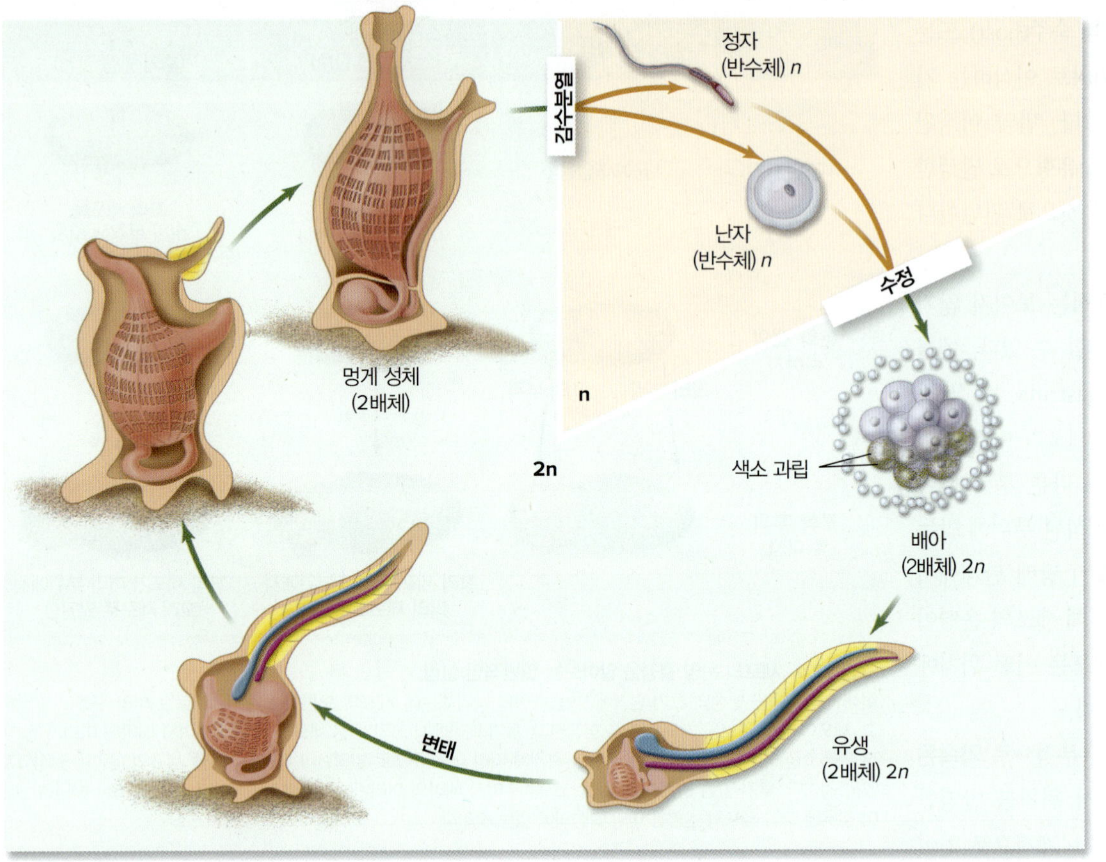

a.

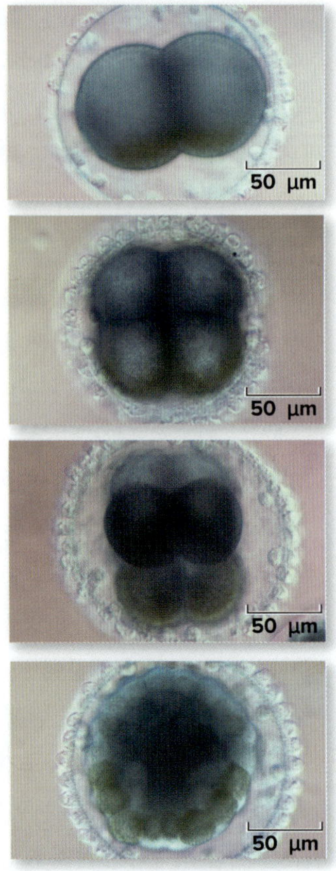

b.

그림 17.5 멍게류(tunicates)에서 근육 결정인자.
a. 고착형 멍게의 생활사. 헤엄치는 유생의 꼬리를 움직이는 근육 세포는 척삭과 신경삭의 양쪽에 배열되어 있다. 정착형 성체로 변태하는 동안 꼬리는 사라진다. ***b.*** 미더덕류인 *Styela*의 수정란은 밝은 황색 색소를 지닌 입자를 가지고 있다. 이들 입자는 수정 후에 수정란에서 비대칭적으로 분포하고, 난할 동안 황색 입자를 가지는 세포는 유생의 근육 세포가 된다. 사진은 2-세포기, 4-세포기, 8-세포기, 그리고 64-세포기의 배아를 보여주며, 유생의 꼬리는 맨 아래 사진의 배아에서 아래쪽 부위로부터 자란다.

많은 피낭류 종에서 수정 후 황색 과립이 수정란에서 비대칭적으로 위치하게 되며, 이어서 난할 동안 꼬리근육 전구세포로 분리된다(**그림 17.5***b*). 실험적으로 이들 색소 과립의 위치를 근육으로 발달하지 않는 다른 세포 쪽으로 바꾸면 이들 세포의 운명이 바뀌어 근육세포가 된다. 따라서 근육 발달의 스위치를 켜는 분자들은 색소 입자와 관련이 있는 것으로 보인다.

다음 단계는 세포의 운명을 결정하는 데 관련된 분자들의 정체를 밝히는 것이다. 난자는 모계로부터 *macho-1* 유전자의 mRNA를 받는다는 것이 실험으로 밝혀졌다. *macho-1* 유전자의 기능이 제거되면 올챙이는 꼬리근육을 잃게 되고, 다른 장소에서 *macho-1* mRNA를 발현시키면 비근육 계통의 세포로부터 근육 세포가 형성된다. *macho-1* 유전자 산물은 근육 특이적 유전자들의 발현을 활성화하는 전사인자인 것으로 밝혀졌다.

유도는 세포 분화를 유발한다

8장에서 세포들이 서로 소통하는 다양한 방법에 대해 살펴보았다. 세포 간의 상호작용이 중요함은 초기 개구리 배아 세포를 분리하여 서로 독립적으로 발생하게 함으로써 보여주었다.

이런 조건에서는 동물극(animal pole)이라고 부르는 배아의 한쪽 극의 할구가 외배엽(ectoderm)으로 발달하고, 반대쪽 극인 식물극(vegetal pole)의 할구는 내배엽(endoderm)으로 발달한다. 이들 분리된 세포의 어느 쪽도 세 번째로 중요한 세포 유형인 중배엽(mesoderm)으로 발달하지 않는다. 그러나 동물극의 세포와 식물극의 세포가 서로 인접해 있다면 일부 동물극의 세포들은 중배엽 세포로 발달한다. 두 세포 사이의 상호작용이 중배엽 세포의 발생 경로를 활성화시킨 것이다. 세포 운명에서 이러한 변화는 **유도**(induction)라고 부르는 인접한 세포와의 상호작용 때문에 일어난다. 신호전달 물질이 표적 세포(이 경우 동물극에 있는 일부 세포들)의 유전자 발현을 바꾸는 역할을 한다.

세포 상호작용에 의한 유도의 또 다른 예는 멍게 배아에서 척삭(notochord)과 간충직(mesenchyme)의 형성에서 볼 수 있다. 근육 세포, 척삭 세포 그리고 간충직 세포는 32-세포기 배아의 식물극 가

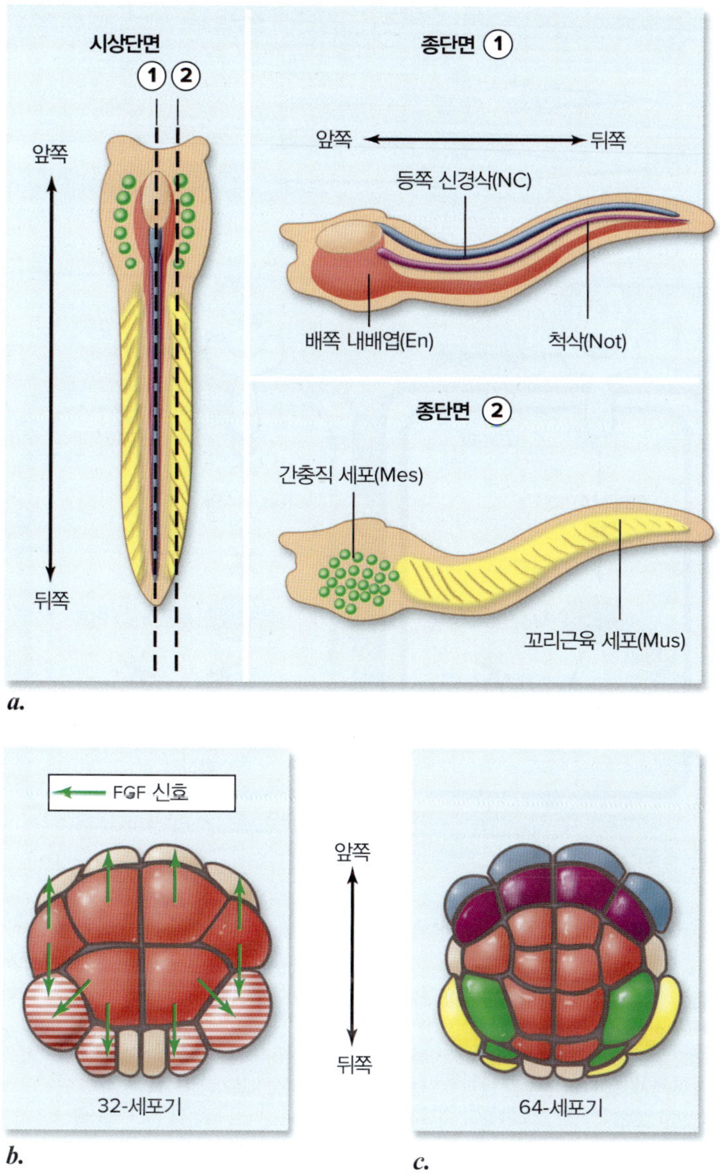

그림 17.6 멍게 배아에서 세포 운명 결정에 관여하는 유도적 상호작용.
a. 멍게 유생의 내부 구조. 왼쪽은 유생의 시상단면으로, 2개의 점선을 따른 종단 절단을 보여준다. 종단면 ①은 유생의 가운데 단면이며, 등쪽 신경삭(nerve cord, NC), 그 아래의 척삭(notochord, Not) 그리고 배쪽 내배엽 세포(endoderm cells, En)를 보여준다. 종단면 ②는 보다 측면 부위로, 간충직 세포(mesenchymal cells, Mes)와 꼬리근육 세포(muscle cells, Mus)를 보여준다. ***b.*** 내배엽 전구세포(붉은색)를 보여주는 32-세포기. 이들 세포에 의해 분비되는 FGF는 초록색 화살표로 나타냈다. 내배엽 전구세포를 경계 짓는 가장자리 세포의 표면만이 FGF 신호분자에 결합한다. 뒤쪽 식물극 할구(붉은색과 흰색 빗금으로 표시) 또한 *macho-1* 결정인자를 포함하고 있음을 볼 수 있다. ***c.*** 세포 운명은 64-세포기에 고정된다. 색깔은 (***a***)에서와 같다. 내배엽 전구세포의 앞쪽 가장자리에 있는 세포는 각각 척삭과 신경삭이 된다. 반면에 내배엽 세포의 뒤쪽 가장자리를 경계 짓는 세포는 각각 간충직 세포와 근육 세포가 된다.

장자리에서 형성되는 중배엽 세포로부터 유래한다. 이들 미래의 중배엽 세포들은 척삭과 간충직이 되는 내배엽 전구세포들로부터 신호를 받는다(**그림 17.6**).

화학 신호인 **섬유아세포생장인자**(fibroblast growth factor, FGF)는 주변 영역의 세포를 척삭(앞쪽)이나 간충직(뒤쪽)으로 분화되도록 유도한다. 주변 영역 세포에 있는 FGF 수용체는 MAP 카이네이스 연쇄(MAP kinase cascade)반응을 통해 신호를 전달하는 타이로신 카이네이스(tyrosine kinase)이다. 이 반응은 전사인자를 활성화시켜 분화를 유도하는 유전자의 발현을 일으킨다(**그림 17.7**).

이 사례는 또한 같은 신호에 다르게 반응하는 두 세포의 경우에도 해당한다. *macho-1* 근육 결정인자의 존재 여부가 세포 운명의 이러한 차이를 조절한다. *macho-1*이 있는 경우 세포는 간충직 세포로 분화하고, 없는 경우에는 척삭으로 분화한다. 따라서 *macho-1*과 FGF 신호의 조합은 4가지 유형의 세포를 유도할 수 있다(**그림 17.7**).

줄기세포는 분열하여 분화하는 세포를 생성할 수 있다

발생 도중에, 심지어는 성체가 된 후에도 오직 한 가지 운명으로 결정되지 않으면서 계속해서 분열할 수 있는 세포를 가지고 있는 것은 중요하다. 지속적으로 분열할 수 있으며 분화된 세포를 생성할 수 있는 세포를 **줄기세포**(stem cell)라고 부른다. 이 세포들의 특성은 그들의 운명 결정이 어느 정도로 제한되었는가에 따라 나누어진다. 생명체의 어떤 조직으로도 될 수 있는 세포를 **전능성**(totipotency)을 지녔다고 한다. 포유동물에서 접합자 및 몇 번의 세포분열로 생긴 초기 할구가 배아와 배외막(extraembryonic membrane)을 만들 수 있는 유일한 세포들이다. 생명체의 몸에 있는 모든 종류의 세포로 될 수 있는 세포는 **전분화능**(pluripotent) 세포라 한다. 그에 비해 일부 제한된 종류의 세포, 예를 들어 여러 종류의 혈구 세포로 분화할 수 있는 능력을 가진 줄기세포는 **다분화능**(multipotent) 세포라 하며, 수컷의 정자를 만드는 세포처럼 한 가지 유형의 세포만을 생성하는 세포는 **단분화능**(unipotent) 줄기세포라고 부른다.

배아줄기세포는 배아에서 유래한 전분화능 세포이다

포유류에서 전분화능을 지닌 줄기세포를 배아줄기세포(embryonic stem cell, ES 세포)라 하는데, 발생 중 배반포(blastocyst)가 생성된 배아로부터 만들어진다. 배반포는 바깥쪽에 위치하는 태반(placenta)이 될 영양외배엽(trophectoderm)과 배아가 될 내세포덩어리(inner cell mass)로 이루어져 있다(47장 참조). 배아줄기세포는 배반포의 내세포덩어리로부터 분리되어 배양할 수 있다(**그림 17.8**). 생쥐에서 이들 세포는 성체에 있는 어떤 형태의 세포로도 분화될 수 있다는 것이 밝혀졌으나, 발생 과정 중에 생기는 배아 밖의 조직은 만들 수 없다. 그래서 이들 세포는 전능성 세포가 아닌 전분화능 세포이다.

생쥐를 이용한 연구에서 이들 세포가 발견되자 인간의 ES 세포에

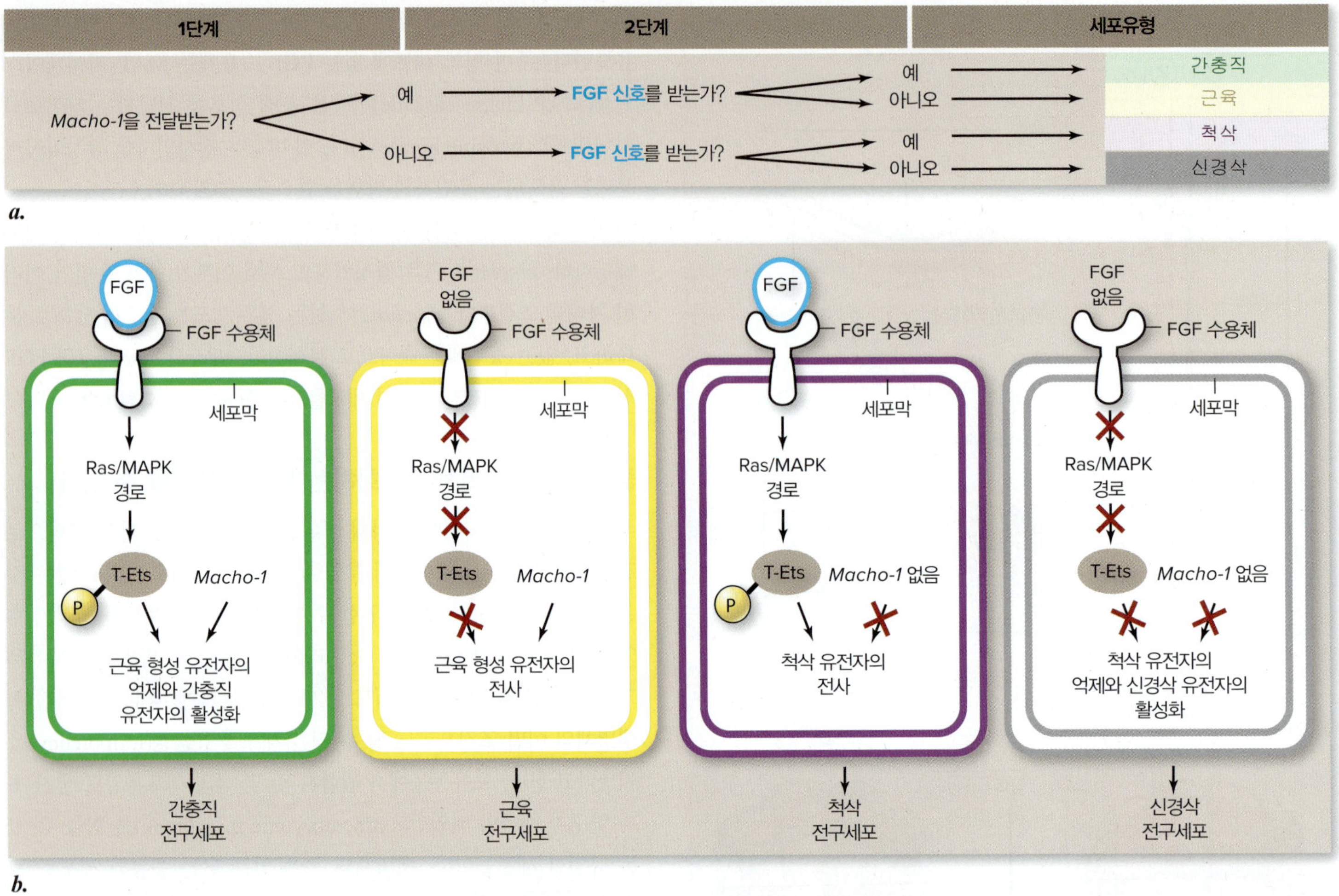

그림 17.7 ***Macho-1* 근육 결정인자와 FGF 신호전달에 의한 세포 운명 예정화에 대한 모델.**
a. 멍게 배아의 식물극 가장자리 세포에서 세포 운명 예정화의 두 단계 모델. 1단계는 근육 *macho-1* mRNA를 물려받았는지 여부이다. 2단계는 그 기저에 있는 내배엽 전구세포로부터의 FGF 신호전달이다. ***b.*** 뒤쪽 식물극 가장자리 세포는 *macho-1* mRNA를 받는다. FGF에 의한 신호전달은 전사인자인 T-Ets를 생산하는 Ras/MAP 카이네이스 경로를 활성화시킨다. *Macho-1* 단백질과 T-Ets는 근육 특이적 유전자를 억제하고 간충직 특이적 유전자를 활성화시킨다(초록색 세포). FGF 신호를 받지 못하는 *Macho-1*을 가진 세포에서는 *Macho-1*이 단독으로 근육 특이적 세포를 활성화시킨다(노란색 세포). 앞쪽 식물극 가장자리 세포는 *macho-1* mRNA를 받지 않는다. 이들 세포가 FGF 신호를 받으면, T-Ets는 척삭 특이적 유전자를 활성화시킨다(보라색 세포). *Macho-1*과 FGF가 없는 세포에서는 척삭 특이적 유전자가 억제되고 신경삭 특이적 유전자가 활성화된다(회색 세포).

자료 분석 **FGF 수용체를 차단하는 약물을 배아로 주입하여 신호전달을 막으면 어떤 유형의 세포가 발생하는가? 또한 FGF 수용체의 활성을 촉진하는 약물을 주입하여 항상 활성을 갖게 하면 어떻게 되는가?**

관한 연구도 빠르게 진행되었다. 1998년에 인간의 첫 배아줄기세포가 분리되어 배양되었다. 인간과 쥐의 ES 세포는 서로 차이가 있으나, 공통점도 많다. 이들 배아줄기세포는 다음에 서술하는 바와 같이 어떠한 세포로도 분화할 수 있는 잠재력을 바탕으로 재활의학(regenerative medicine)에서 크게 기대되고 있지만, 이들 세포는 기원이 배아이므로 원천에 따른 논란과 윤리 문제가 제기되고 있다.

세포배양과 분화

ES 세포는 치료 목적의 이용 가능성과 함께 세포배양을 통한 분화과정 연구에도 길을 열어주고 있다. 배양액에 물질을 첨가해서 이들 세포를 조작함으로써 실제 세포 분화 과정에 관여한 인자들에 대한 정보를 얻을 수 있다. 배양 상태에서 분화를 분석하는 초기 시도는 배양 조건의 문제로 인해 많은 어려움을 겪어왔는데, 초기 실험의 배양액에는 조성이 불분명한 송아지 태아 혈청(fetal calf serum)이 사용되었기 때문이다. 그러나 최근에는 더 명확한 배양 조건을 확립함으로써, 배양 과정에서 분화를 조절하는 실험은 훨씬 더 많은 재현성을 얻게 되었다.

성분이 명확한 배지를 사용하여 생쥐의 발생 초기에 일어나는 현

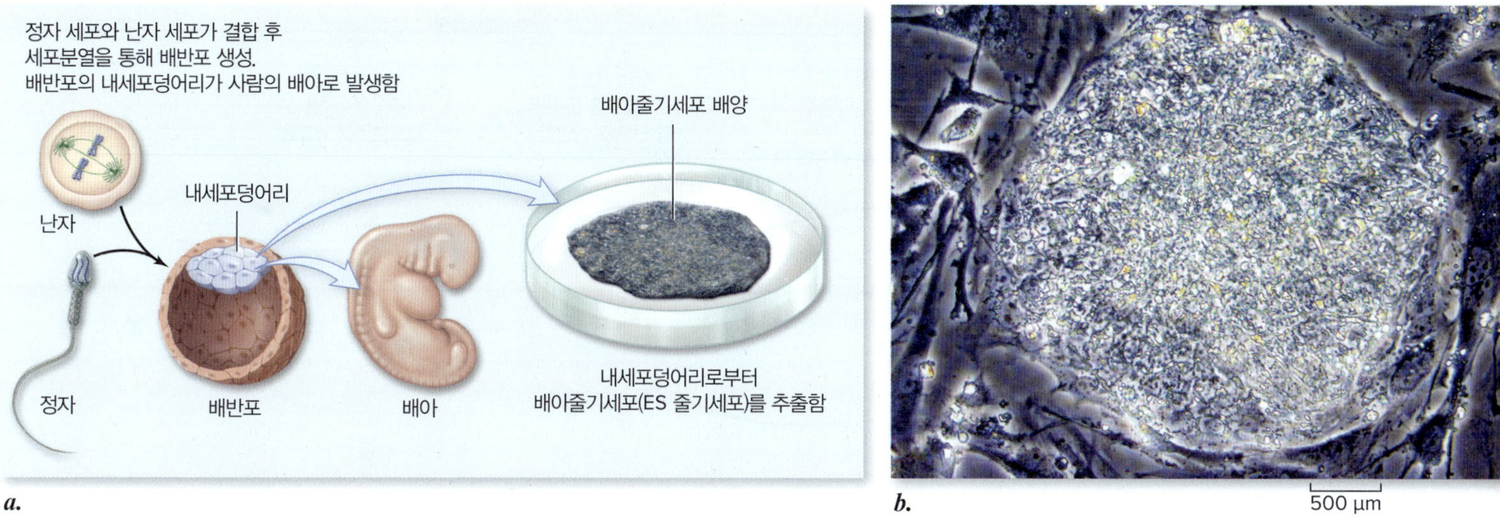

그림 17.8 배아줄기세포의 분리.
a. 초기 세포분열로 인해 바깥층 및 배아가 될 내세포덩어리로 이루어진 배반포가 생긴다. 이 단계에서 배아를 파괴하여 배양함으로써 배아줄기세포(ES 세포)를 분리할 수 있다. 6일째 배반포로부터 분리된 줄기세포는 미분화된 상태로 무한정 유지할 수 있다. ***b.*** 인간의 배아줄기세포. 사진에 있는 세포 덩어리는 위스콘신대학교(University of Wisconsin-Madison)의 발생생물학자 톰슨(James Thomson)의 실험실에서 연구 중인 미분화된 인간의 배아줄기세포 군체이다.

상을 배양 상태에서 재현하는 데 ES 세포가 사용되었다. ES 세포는 먼저 외배엽, 내배엽, 중배엽을 만들고, 이후에 각 배엽이 분화될 세포를 만드는 데 사용될 수 있다. 이는 아직 초기 단계이지만 서로 다른 세포 유형으로 운명을 결정짓는 각 단계에 관련된 분자적 실마리를 얻을 수 있다는 점에서 매우 흥미로운 일이다.

인간에서 ES 세포는 배양 과정에서 다양한 형태의 세포를 만드는 데 사용되었다. 예를 들어, 인간 ES 세포가 배양 중에 다양한 종류의 혈구로 분화되는 것이 확인되었다. 혈액 세포가 손상된 환자들의 세포를 대체하기 위해 조혈모세포를 배양하여 생산하는 작업이 진행 중이다. 인간 ES 세포는 또한 심장 발작으로 손상된 심장 조직을 대체할 수 있는 심근세포(cardiomyocyte)의 생산에도 이용될 수 있다.

핵심 요약 17.3

세포 분화는 운명 결정이 일어난 후에 진행된다. 운명 결정은 세포가 어떤 발생 경로를 택할 것인지 약속되었지만, 아직 분화하지는 않은 상태를 말한다. 세포질 인자가 선별적으로 전해짐에 따라 세포는 결정과 분화를 일으키는데, 이때 세포 간의 상호작용(유도)이 일어날 수 있다. 유도작용에 의한 변화는 신호전달경로를 유발하는 신호분자에 의해 매개된다. 줄기세포는 무한정 분열할 수 있고, 분화된 세포를 만들 수 있다. 배아줄기세포는 성체를 구성하는 모든 세포를 만들 수 있는 전분화능 세포이다.

- 세포의 운명이 유도에 의해 결정되는지 또는 세포질 인자에 의해 결정되는지 어떻게 구별할 수 있을까?

17.4 핵의 재프로그래밍

학습 목표

1. 핵 재프로그래밍 방법들의 차이점을 대조할 수 있다.
2. 생식 복제와 치료 복제를 구별하여 설명할 수 있다.

단세포 접합체에서 복잡한 다세포 동물로 가는 과정은 DNA에 돌이킬 수 없는 변화를 수반하지는 않는다. 이것은 결정과 분화의 기초가 되는 변화가 **후성유전학적**(epigenetic) 과정이라는 것을 의미한다. 후성유전학적 변화는 DNA를 변화시키지 않지만, 세포분열을 거치더라도 안정적이다. 이러한 유형의 변화에는 DNA 메틸화 및 염색질 구조와 유전자 발현에 영향을 미칠 수 있는 히스톤 단백질의 변형이 있다(15장 참조). 정상적인 발생 과정에서 이 후성유전 프로그램은 분화된 성체 세포뿐만 아니라 생식 세포, 접합자 자체에서도 변한다.

운명 결정을 되돌리는 것은 복제를 가능하게 한다

핵의 실험적인 재프로그래밍은 길고 흥미로운 역사이다. 재프로그래밍의 기본적인 과정을 이해하는 것은 관심사일 뿐만 아니라, 질병이나 외상으로 인해 상실된 세포를 대체하려는 특정 환자들에게 희망을 준다. 이는 수많은 우여곡절에도 매혹적인 여정을 오늘날까

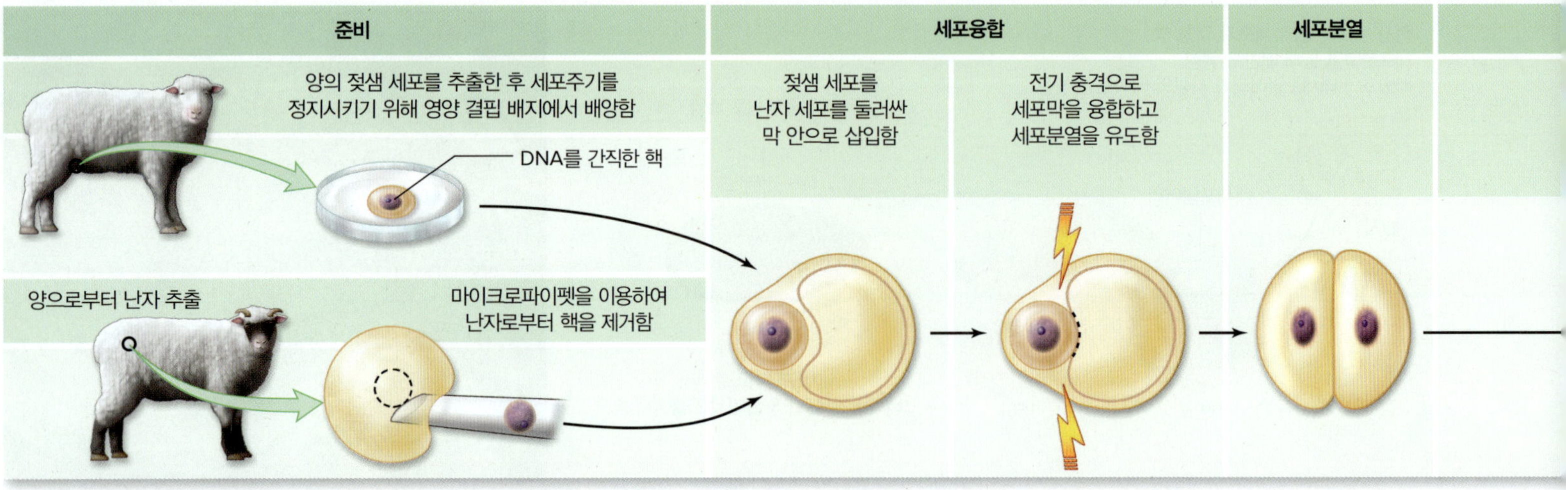

지 계속하게 했다.

1950년대에 수행한 실험들은 성숙한 식물의 분화된 조직으로부터 분리된 단일 세포가 다시 완전히 성숙한 개체로 발달하는 것을 보여줬다. 포유동물 배아의 초기 난할 단계의 세포들 역시 전능성(totipotency)을 지닌 세포이다. 포유동물의 세포는 자연적으로 둘로 나뉘면서 1란성 쌍둥이를 만들 수 있다. 개개의 할구(blastomeres)가 서로 분리되면 각 할구는 완전히 정상적인 개체로 성장할 수 있으며, 실제로 이러한 과정은 특히 유용한 혈통의 소로부터 4~8마리의 동일한 자손을 생산하는 상업적 번식에 사용되어 왔다.

양서류에서의 초기 연구

발생생물학의 초기 질문은 발생 동안 분화된 세포들의 생성이 세포의 비가역적 변화를 포함하는가 하는 것이었다. 1950년대에 브릭스(Robert Briggs)와 킹(Thomas King)에 의해, 그리고 1960년대와 1970년대에 거든(John Gurdon)에 의해 수행된 실험에서 세포 간에 핵을 치환(transplantation)할 수 있음이 밝혀졌다. 이들은 매우 가느다란 유리관을 사용하여 개구리나 두꺼비의 난자로부터 핵을 제거한 후 다른 개체의 체세포에서 꺼낸 핵으로 교체하였다.

이들이 실험으로부터 얻은 결론은 다소 모순적이었다. 한편으로는 세포들이 유전자 손실과 같은 돌이킬 수 없는 변화를 보이지 않는데 비해, 다른 한편으로는 분화가 많이 진행된 세포일수록 이들 세포의 핵이 이식되었을 때 나타나는 발생의 유도율이 낮았다. 이는 **핵 재프로그래밍**(nuclear reprogramming)이라는 개념을 이끌어냈다. 즉, 분화된 세포의 핵은 후성유전학적 변화를 거치는데, 발생을 지시하기 위해서는 핵에 일어난 후성 변화를 되돌려야 한다. 양서류를 이용한 초기의 연구는 올챙이의 장 상피세포 핵이 재프로그래밍되어 살아 있는 성체 개구리를 만들 수 있음을 보여주었다. 이 실험은 복제 개구리를 만들 수 있다는 것뿐만 아니라, 올챙이의 핵이 완전히 재프로그램될 수 있음을 보여주었다. 그러나 성체의 분화된 세포로부터 분리된 핵의 경우에는 단지 올챙이만을 생산하도록 재프로그램되었고, 생존이 가능하고 생식력을 갖는 성체는 생산할 수 없다. 따라서 이 연구는 성체의 핵이 전능성 세포로 재프로그램될 수는 없지만, 놀라운 발생 잠재력을 가지고 있다는 것을 보여주었다.

포유류에서의 초기 연구

양서류를 이용한 연구 결과를 고려하여 먼저 생쥐와 소를 이용한 핵이식에 수많은 노력을 기울였다. 복제동물의 생산이 재현성 있게 이루어지지는 않았지만, 이 연구를 통해 모계나 부계 하나만으로 생산된 배아를 통해 각인현상이 발견되었다(12장 참조). 이들 배아는 전혀 발생하지 않았지만, 유일한 공헌자가 모계의 게놈인지 혹은 부계의 게놈인지에 따라 서로 다른 결함을 보여주었다.

포유동물에서의 성공적인 핵이식

1984년에 초기 배아세포로부터 분리한 핵을 사용하여 양을 복제할 때까지 이런 실험은 더 이상의 진전 없이 정체되어 있었다. 양의 복제에서 성공의 열쇠는 발생 과정에서 아주 초기의 공여 세포(donor cell)를 선택했다는 것이다. 이어서 돼지와 원숭이를 비롯한 다른 동물에서 복제가 이루어지기 시작했지만, 이 과정은 오직 초기 배아세포에서만 작동하는 것처럼 보였다.

스코틀랜드의 로슬린 연구소(Roslin Institute)에 있는 유전학자들은 성공적인 발생을 위해 난자와 공여된 핵이 같은 세포주기에 있어야 한다는 판단을 내렸다. 그들은 이러한 생각을 증명하기 위해 다음과 같은 실험 과정을 수행하였다(**그림 17.9**).

1. 6년생 양의 유선으로부터 분화된 젖샘 세포를 분리하였다. 이

그림 17.9 동물에서 세포 운명 결정이 가역적일 수 있다는 증거.

과학자들은 성체의 젖샘 세포로부터 분리된 핵과 핵이 제거된 난자를 결합시켜 복제 양인 돌리를 성공적으로 탄생시켰다. 돌리는 정상적으로 자라 건강한 자손을 생산하였다. 성체 동물 복제의 첫 번째 성공인 이 실험은 분화된 성체 세포가 모든 발생을 위해 사용될 수 있다는 것을 보여준다.

자료 분석 핵을 제공한 양은 난자를 제공한 양과는 털색 패턴이 다르다. 왜 이것이 중요하며, 돌리는 어느 양과 닮았을까?

들 세포를 조직 배양한 다음, 5일 동안 혈청 영양분의 농도를 충분히 감소시켜 세포가 세포주기의 초기에 멈추도록 하였다.

2. 동시에 암컷 양에서 분리된 난자로부터 핵을 제거했다.
3. 1996년 1월에 **체세포 핵치환**(somatic cell nuclear transfer, SCNT) 기술로 젖샘 세포와 난자 세포를 융합시켜 젖샘 세포의 핵을 난자 세포로 도입하였다.
4. 277개의 융합 세포 중 29개의 세포가 배아로 발달하였고, 이 배아들을 대리모의 생식관에 착상시켰다.
5. 약 5개월 후인 1996년 7월 5일 최초의 복제 양인 돌리(Dolly)가 탄생하였고, 돌리는 완전히 분화된 동물 세포로부터 만들어진 첫 번째 클론(clone)이 되었다.

돌리는 성숙한 암컷 양으로 자랐고, 6마리의 새끼 양을 출산하였다. 돌리는 동물에서 세포 운명 결정은 가역적이라는 논쟁을 넘어 완전히 분화된 세포의 핵이 전능하게 재프로그램될 수 있다는 것을 보여주었다.

생식 복제에는 고유한(내재된) 문제가 있다

생식 복제(reproductive cloning)는 앞에서 설명한 유전적으로 동일한 동물을 생산하기 위해 과학자들이 SCNT를 사용한 과정을 말한다. 1997년 돌리의 탄생 이후 과학자들은 고양이, 개, 토끼, 쥐, 생쥐, 소, 염소, 말, 사슴, 황소, 돼지, 노새 등의 동물을 성공적으로 복제하였다. 이러한 과정에는 모두 성체 세포가 사용되었다.

낮은 성공률과 노화 관련 질병

모든 생식 복제의 효율은 매우 낮아서, 난자에 이식된 성체 핵의 약 3~5% 정도만이 살아서 태어날 정도이다. 게다가 복제동물이 많이 태어나더라도 간 기능 부전과 감염으로 인해 곧 사망하는 경우가 많다. 또 많은 경우에서 몸의 크기가 커지는 **대형 자손 증후군**(large offspring syndrome, LOS)이 나타나는 문제점이 있다. 2003년 복제된 4마리 새끼 돼지 중 3마리가 성체로 자랐으나, 모두 6개월을 넘기지 못하고 심장질환으로 갑작스럽게 죽었다.

돌리도 6살이라는 비교적 어린 나이에 안락사했다. 바이러스에 의한 폐암 때문이기도 했지만, 그보다 1년 전부터 매우 심한 관절염을 앓고 있었다. 따라서 유전공학과 복제 기술을 이용하여 가축을 복제하는 데 극복해야 할 한 가지 난관은 충분히 건강한 동물을 생산하는 것이다.

각인의 결여

이와 같은 문제들의 원인은 12장에서 논의한 **유전체 각인**(genomic imprinting) 현상 때문이다. 각인된 유전자는 부모의 출처에 따라 차등적으로 발현하는데, 이들 유전자는 정자 혹은 난자에서 발현이 되지 않으며, 이러한 "설정(setting)"은 성체로 발생하는 동안 계속된다. 정상적인 포유동물의 발생은 정확한 유전체 각인에 달려 있다.

정상 발생 과정에서 다양한 후성유전학 프로그래밍과 재프로그래밍 현상이 나타난다. 복제 방식에서는 이 현상을 회피하려고 하고, 분화된 세포의 핵을 바로 접합자의 상태로 되돌려 놓으려고 시도한다. 이것은 염색질 상태의 변화뿐만 아니라 구조의 변화도 포함한다. 이 과정에 관련된 모든 것을 이해할 때까지 복제의 저효율에 대한 이유를 정확히 찾아내는 것은 어렵다.

핵의 재프로그래밍은 정제된 전사인자를 사용하여 성공했다

ES 세포의 발견과 포유동물에서의 생식 복제 성공에 자극을 받아, 배아를 사용하지 않고 성숙한 세포를 재프로그래밍하여 전분화능(pluripotent) 세포를 만드는 방법을 개발하기 위한 연구가 많이

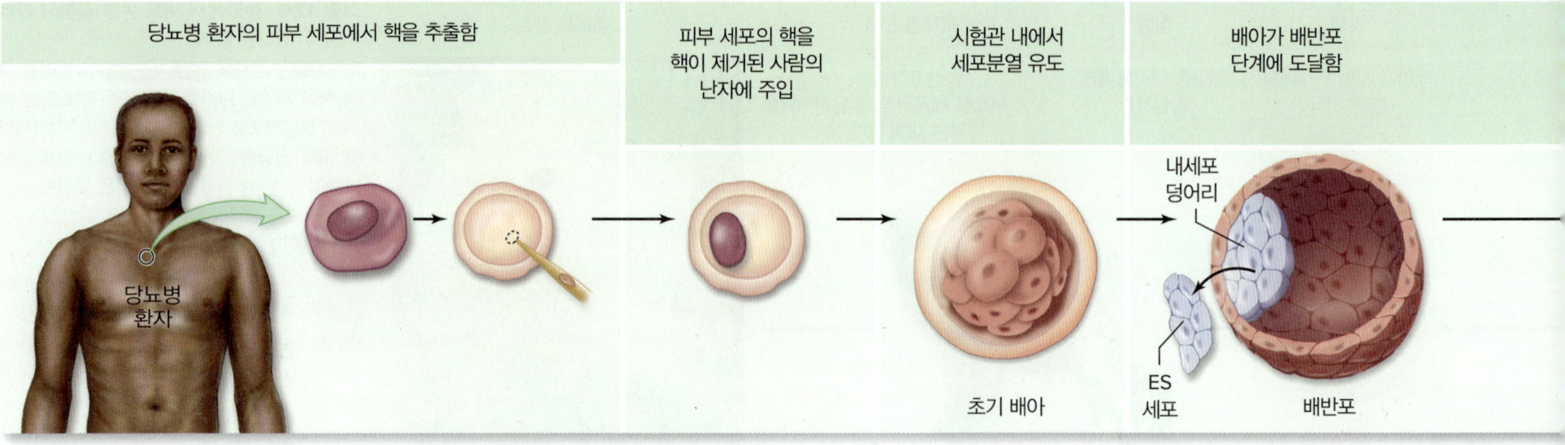

진행되었다(**그림 17.10**). 한 가지 접근 방법은 ES 세포를 분화된 세포와 융합시키는 것으로, 이들 융합 실험은 분화된 세포의 핵이 ES 세포의 세포질에 노출되어 재프로그램될 수 있음을 보여주었다. 이를 통해 생성된 세포는 4배체(tetraploid)였으며, 이들 세포는 실험적 또는 실제적인 이용에 한계가 있었다. 또 다른 연구는 원시생식세포(primordial germ cell)를 오랫동안 배양하면 ES 세포와 유사한 세포로 만들어질 수 있음을 보여주었다.

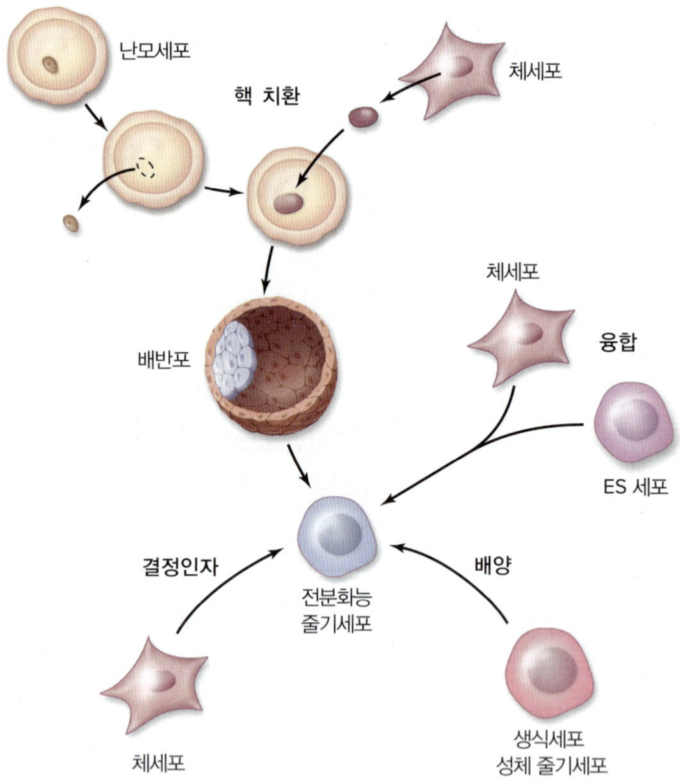

그림 17.10 성체 세포핵을 재프로그래밍하는 방법.
성체로부터 얻어진 세포는 다양한 방법으로 전분화능 세포로 재프로그래밍될 수 있다. 복제 과정에서 체세포의 핵은 난모세포로 이식될 수 있다. 몇몇 방법으로 체세포는 ES 세포와 융합될 수 있다. 생식세포와 성체 줄기세포는 배양 과정을 거쳐 재프로그래밍이 되는 것으로 보인다. 최근의 연구는 특정 전사인자의 첨가를 통해 배양 중인 체세포가 재프로그래밍될 수 있음을 보여준다.

이러한 다양한 연구는 체세포 핵의 재프로그래밍이 가능하다는 것을 보여준다. 전분화능의 특성을 연구함으로써 ES 세포에서 활발한 전사인자 세트를 동정하였다. 그리고 2006년에 와서야 야마나카(Shinya Yamanaka)와 그의 동료들은 Oct4, Sox2, c-Myc, Klf4라는 4종류의 전사인자를 암호화하는 유전자를 섬유아세포(fibroblast)에 도입하여 재프로그램이 되는 것을 보여주었다. 이들 전사인자가 도입된 세포를 대상으로 Oct4와 Sox2의 표적 유전자가 발현되는 세포들을 선별하였고, 선별된 세포들은 전분화능 세포의 특징을 보였다. 이렇게 만들어진 세포를 유도만능줄기세포(induced pluripotent stem cell), 또는 iPS 세포라고 한다.

이 방식은 또 다른 표적 유전자인 *Nanog*를 선별함으로써 개선되었다. *Nanog*를 발현하는 iPS 세포는 유전자 발현 양상뿐만 아니라 발생학적 잠재력의 관점에서 ES 세포와 매우 유사하다. 그러나 그들의 염색질 구조와 그에 따른 후성유전 상태가 ES 세포의 것과 동일하지 않을 수도 있다는 징후가 있다.

이 연구가 전분화능 상태와 분화된 상태에 관해 우리에게 무엇을 가르쳐 주었는지 물을 만한 가치가 있다. 재프로그래밍이 다단계 과정이라는 것이 점점 명확해지고 있다. 배양 실험에서 단지 일부분의 세포만이 각 단계를 통과하기 때문에, 이는 전체 과정이 비효율적인 이유를 설명한다. 섬유아세포에서 출발하여 세포는 먼저 모양을 바꾸고, 더 동그란 모양이 된 다음 빠르게 분열한다. 그 다음 세포는 발생 프로그램을 역행해 상피세포와 유사해지는데, 이 과정을 소위 **간충직-상피**(mesenchyme-to-epithelial) **전환**이라고 부른다.

마지막으로 핵심 전분화능 조절인자인 Oct4, Sox2 및 Nanog의 발현이 안정적으로 확립된다. 전분화능 상태는 전사인자와 염색질 구조의 조합으로 인해 유지된다(후성유전학적 변화). 후성 표지자의 전체 게놈 분석은 히스톤의 메틸화 및 아세틸화의 변화를 나타내지

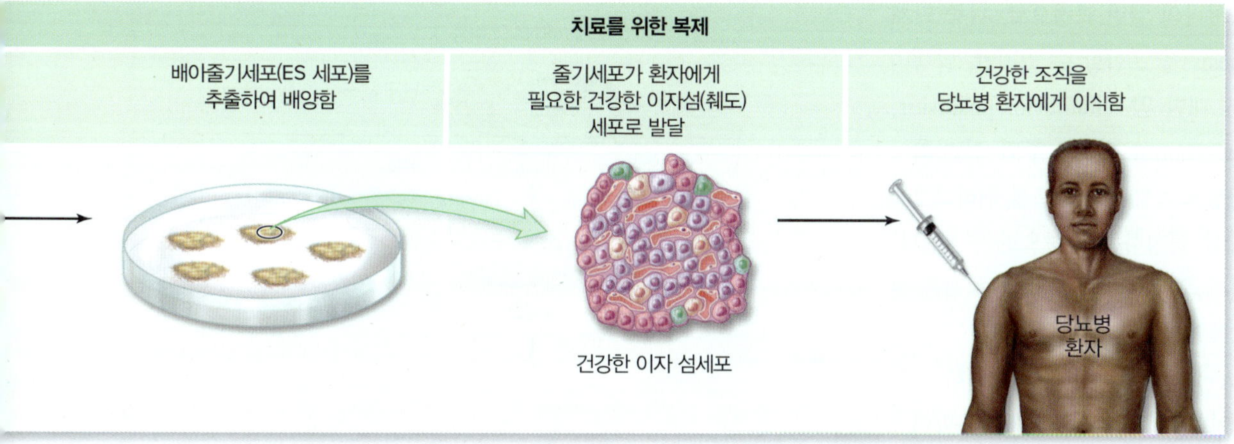

그림 17.11 **치료 목적의 복제에 사용할 수 있는 인간의 배아.** 치료 목적 복제에서는 생식 복제의 초기 단계 후에 배아로부터 배아줄기세포를 추출한다. 배아줄기세포를 배양하여, DNA를 제공했던 사람의 질병에 걸린 조직을 대체하기 위해 사용한다. 줄기세포는 유전적으로 환자와 동일하기 때문에 이 방법은 해당 질병이 유전병이 아닌 경우에만 유용하다.

만, 특정한 형태의 변형에 대한 의미는 분명하지 않다. 또한 iPS 세포는 ES 세포와 동일한 후성유전학적 특징을 가진 것으로 보이지는 않는다. 이것의 의미 또한 명확하지 않다.

이 기법은 신경장애 척추근위축증 환자의 ES 세포를 만드는 데 사용되었다. 이 ES 세포는 배양 중 이 질병의 표현형을 나타내는 운동 뉴런으로 분화된다. 질병 특이적 줄기세포를 추출하는 능력은 이러한 질병 연구에 있어 놀라운 발전이다. 이것은 유전질환으로 인해 영향을 받는 세포를 연구하고 잠재적 치료법을 개발할 수 있도록 해준다.

전분화능 세포는 조직을 대체할 수 있다

전분화능 세포는 그 자체로 치료용으로 응용할 수 있다. 심한 화상의 경우, 피부 이식에서 이식 거부 반응의 문제를 해결하는 한 가지 방법은 환자의 특정 ES 세포주를 생산하는 것이다. 이를 수행하는 첫 번째 방법은 **치료용 복제**(therapeutic cloning)였고, 돌리를 만드는 것과 동일한 SCNT 절차를 사용한다. 피부 세포로부터 핵을 빼낸 뒤 핵이 이미 제거된 난자에 삽입한다. 피부 세포의 핵을 받은 난자는 배반포 배아를 형성할 수 있다. 이 인공 배아는 손상된 조직을 대체하기 위해 ES 세포를 유도하는 데 사용한다(**그림 17.11**).

치료용 복제는 줄기세포가 심장마비, 신경 손상, 당뇨병 또는 파킨슨병으로 인해 손상된 인간 조직을 복구하기 전에 해결해야 하는 핵심 문제, 즉 면역 수용성 문제를 성공적으로 해결한다. 줄기세포는 자기의 조직에서 복제되기 때문에 면역계의 "자기" 신원 확인을 통과하고 신체는 쉽게 이를 받아들인다. iPS 세포를 사용한 첫 번째 임상 시험은 일본에서 있었고, 2명의 환자가 노년 황반변성을 1년 넘게 치료받았다. iPS 세포를 이용하여 만든 망막 색소 상피세포를 환자에게 이식했다. 빛의 민감도가 약간 증가하기는 했지만, 더 중요한 것은 25개월 동안 심각한 이상 반응이 나타나지 않았다는 것이다. 조직공학 분야에서 갈 길은 멀지만, 이제 그 방향으로 첫걸음을 뗀 상태이다.

핵심 요약 17.4

복제는 오랫동안 식물에서 수행되어 왔다. 동물에서 초기 단계의 배아 세포도 전능성이지만, 복제를 위해 성체의 핵을 사용하는 시도는 혼합된 결과를 나타냈다. 분화된 세포의 핵은 전능성이 되도록 재프로그래밍되어야 한다. 이것은 유전체 각인 때문에 적어도 부분적으로는 필요해 보인다. 핵은 배아줄기세포와의 융합에 의한 4배체 세포 생성 또는 4가지 중요한 전사인자의 도입을 통해 재프로그래밍될 수 있다. 재프로그래밍이 가능하다는 것은 체세포 핵치환(SCNT)을 통한 생식 복제로 보여줬다. 치료용 복제에서 목표는 환자 자신의 세포를 이용하여 대체 조직을 만드는 것이다.

■ 분화된 핵으로부터 전능성 세포를 생산하기 위해 어떤 변화가 일어나야 할까?

17.5 패턴형성

학습 목표

1. 초파리에서 앞-뒤(A/P) 축의 형성에 대해 설명할 수 있다.
2. 초파리에서 등-배(D/V) 축의 형성에 대해 설명할 수 있다.

다세포 생명체에서 세포가 적절한 세포 형태로 분화하기 위해 세포는 신체에서 상대적 위치에 관한 정보를 얻어야만 한다. 모든 다세포 생명체는 신체 부위의 기본 패턴과 성체의 전체적인 골격을 결정하기 위해 위치 정보를 사용하는 것으로 보인다. 이러한 위치 정보로 인해 유전자 활성의 본질적 변화가 일어나며, 세포는 결국 그들의 위치에 적절한 운명을 받아들이게 된다.

패턴형성(pattern formation)은 하나의 열린 과정으로, 나중 단계에서 기관의 **형태형성**(morphogenesis)을 포함할 수 있지만, 발생의 가장 초기 단계에서는 기본체제에 대한 **앞-뒤**(anterior-posterior, A/P; 머리-꼬리)**축**과 **등-배**(dorsal-ventral, D/V; 후면-전면)**축**이 확립된다. 따라서 패턴형성은 방사상으로 대칭인 세포를 취하고 2개의 수직축을 정함으로써 기본체제를 형성하는 과정으로 여겨진다. 발생생물학자는 발생 중인 구조에서 축의 차이를 획득하는 것을 설명하기 위해 **극성**(polarity)이라는 용어를 사용한다.

초파리(*Drosophila melanogaster*)는 초기 패턴화에 관여하는 유전적 조절이 가장 잘 알려진 동물이다. 이 장과 47장에서 초파리를 중심으로 전체 발생의 관점에서 척추동물의 축 형성을 알아본다.

초파리의 발생은 모계 유전자의 발현으로 시작되는 유전자의 발현 체계로 인해 조절되는데, 이러한 유전자 상호작용의 상세한 부분을 이해하기 위해서는 초파리 발생의 단계를 알아볼 필요가 있다.

초파리 배아 발생으로부터 체절화된 유충이 생성된다

초파리와 수많은 다른 곤충은 발생 과정에서 두 종류의 다른 몸체를 형성하는데, 첫째는 관 모양의 먹는 기계인 **유충**(larva)이고, 둘째는 다리와 날개를 가진 날아다니는 섹스 기계인 성체이다. 한 몸체에서 다른 몸체로의 변환을 **변태**(metamorphosis)라고 하는데, 급진적인 발생의 변화를 포함한다(**그림 17.12**). 이 장에서는 **배아 발생**(embryogenesis)이라고 부르는 수정란에서 유충으로 진행되는 과정을 집중적으로 살펴본다.

수정 전 모계의 기여

초파리와 같은 곤충의 발생은 난자의 구성과 함께 수정 전에 시작된다. 난자의 성장을 도와주는 **영양 세포**(nurse cell)에 의해 모계의 mRNA 일부가 성숙 중인 난모세포로 이동한다(**그림 17.12***a*).

수정 후에 모계 mRNA는 단백질로 번역되어 일련의 유전자 활성을 개시한다. 대략 10회의 핵분열이 일어나기 전까지 배아의 핵은 작동(유전자의 새로운 전사)하지 않는다. 따라서 접합자 유전자보다는 오히려 모계 유전자의 활성이 초파리의 초기 발생을 결정한다.

수정 후의 과정

수정 후에 세포질 분열 없이 12번의 핵분열이 일어나 하나의 세포질에 약 4000개의 핵이 존재하게 된다. **다핵성(합포체) 배반엽**(syncytial blastoderm) 내의 모든 핵은 서로 간에 자유롭게 정보를 주고받을 수 있지만, 난자의 서로 다른 부위에 있는 핵은 서로 다른 모계 산물에 접하게 된다(**그림 17.12***b*).

핵이 배반엽의 표면을 따라 균일하게 분포하면 막이 핵들 사이에

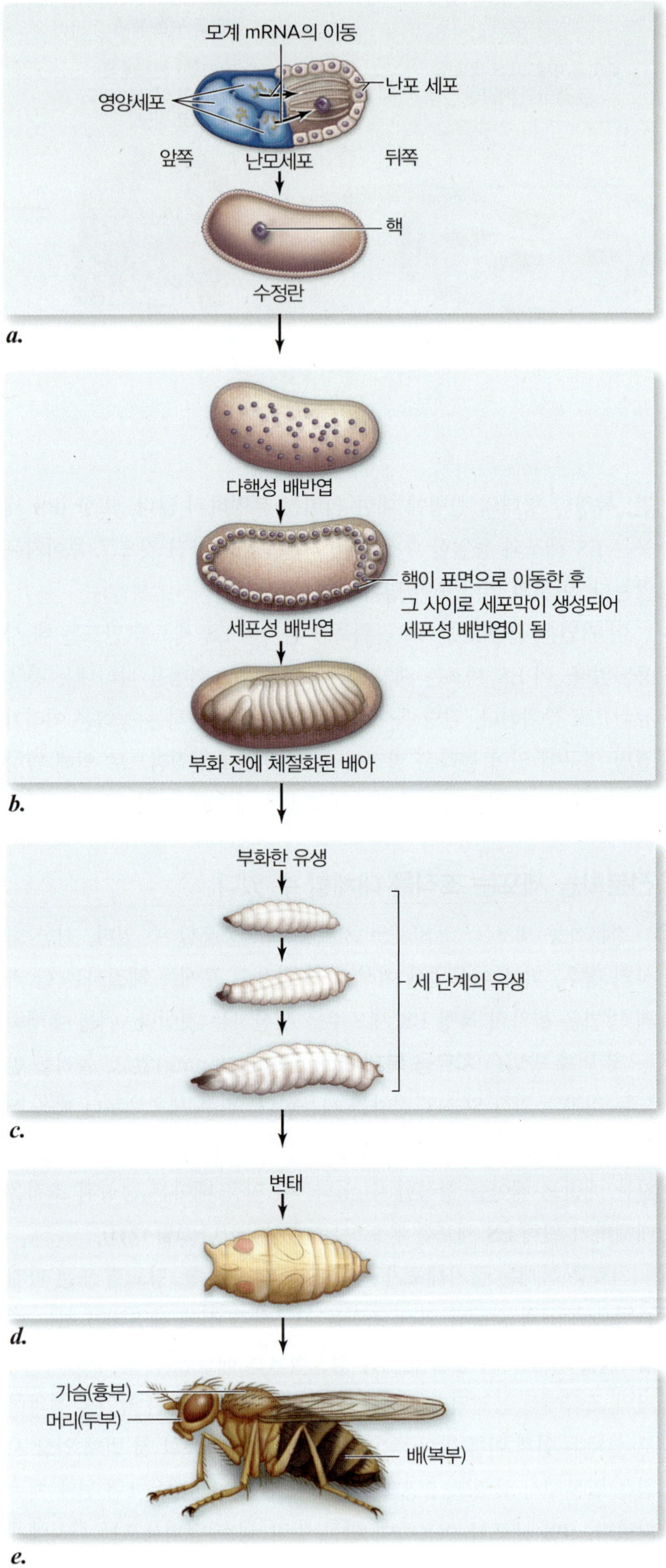

그림 17.12 초파리 발생 경로.
초파리 발생의 주요 단계에는 ***(a)*** 수정란, ***(b)*** 다핵성 배반엽과 세포성 배반엽, ***(c)*** 유충, ***(d)*** 번데기와 변태, 그리고 ***(e)*** 성적으로 성숙한 성체 형성이 있다.

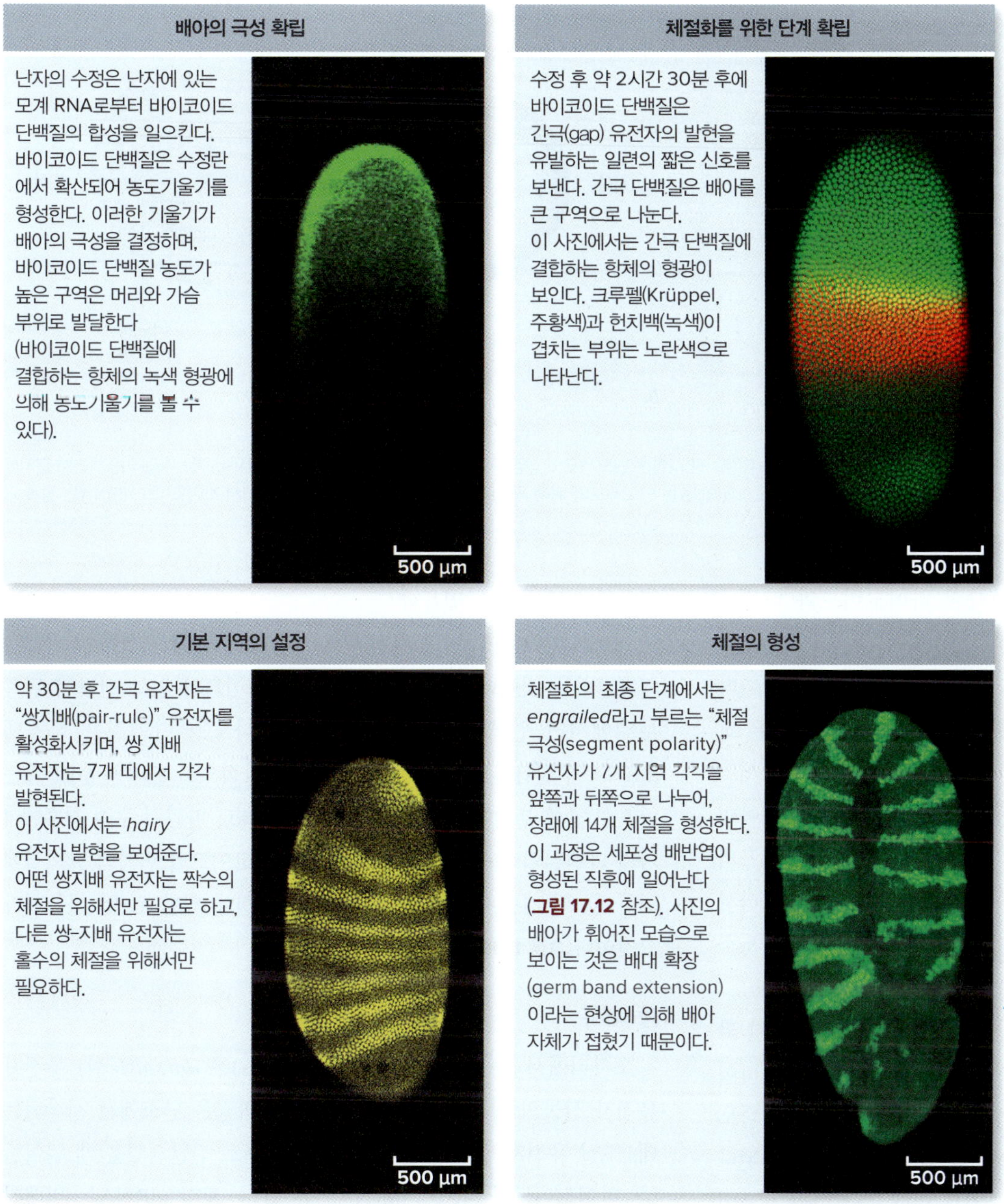

그림 17.13 초파리의 초기 배아에서 체제의 조직화.
이 형광현미경 사진들은 1995년에 노벨상을 받은 뉘슬라인-폴하르트와 캐롤(Sean Carroll)에 의한 것이다. 초파리의 수정란은 배아의 기본 체절 패턴이 확립되는 발생의 초기 단계를 거친다. 사진에서의 단백질들은 각각에 대한 형광 항체가 결합하여 보인다.

서 성장하여 **세포성 배반엽**(cellular blastoderm)을 형성한다. 바로 이어서 배의 접힘과 1차 조직의 발달이 척추동물에서 관찰되는 것과 유사한 과정으로 일어난다. 수정된 지 하루가 지나지 않아서 배아발생에 의해 체절화된 관 모양의 몸체가 만들어지며, 알의 보호막으로부터 유충으로 부화된다.

형태형성 물질의 기울기로 인해 초파리의 기본 몸 축이 형성된다

초파리의 초기 배아에서 패턴형성은 세포가 쉽게 읽을 수 있는 표지를 암호화한 위치 정보를 필요로 하는데, **뉘슬라인-폴하르트**(Christiane Nüsslein-Volhard)와 **비샤우스**(Eric Wieschaus)는 이러한 과정을 밝힌 공로로 1995년에 노벨상을 받았으며, 이 과정은 **그림 17.13**에 요약되어 있다. 현재는 2개의 다른 유전 경로로 인해 초파리의 A/P와 D/V 극성이 정해진다는 것이 잘 알려졌다.

앞-뒤축

A/P축의 형성은 난모세포의 성숙 과정 동안 시작되며 **바이코이드**(Bicoid)와 **나노스**(Nanos)라는 2개 단백질의 상반되는 농도기울기에 의존하는데, 이러한 단백질 기울기는 흥미로운 기작에 의해 만들어진다.

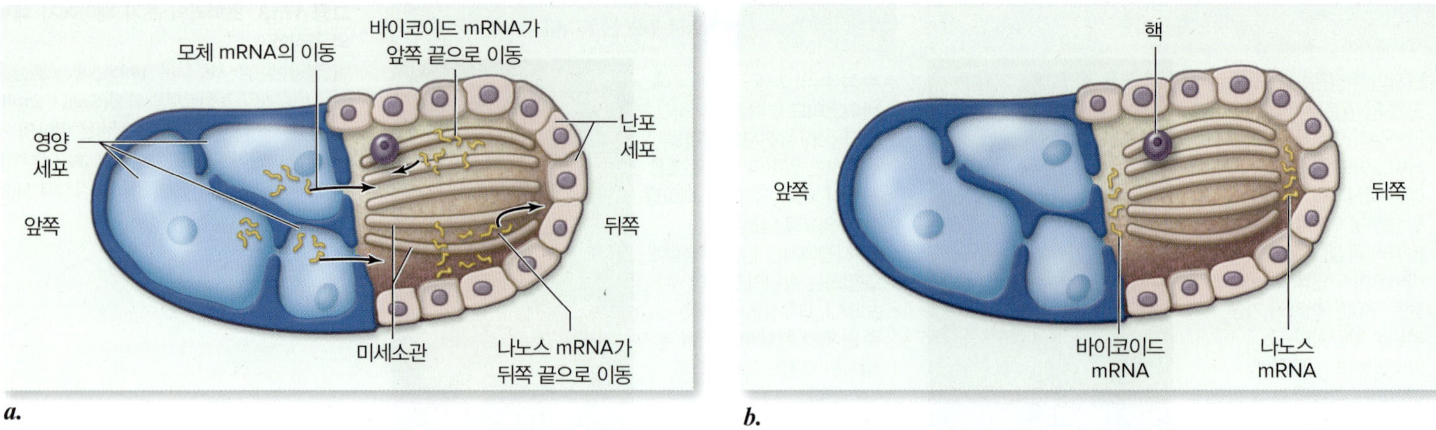

그림 17.14 **초파리 배아에서 A/P 축의 결정 I.**
a. 난소에서 영양세포(nurse cells)는 모계 mRNA를 난모세포의 세포질로 분비한다. 미세소관 다발은 난모세포의 성장과 성숙을 이끈다. 모터 단백질이 미세소관을 따라 이동하면서 분자를 두 방향으로 수송한다. 바이코이드 mRNA는 난모세포의 앞쪽 극으로 수송되고, 나노스 mRNA는 난모세포의 뒤쪽 극으로 수송된다. ***b.*** 성숙한 난모세포에서 바이코이드 mRNA는 앞쪽 극에, 나노스 mRNA는 뒤쪽 극에 위치한다.

난소에서 영양세포는 모계에서 생산된 바이코이드와 나노스 mRNA를 성숙 중인 **난모세포**(oocyte)로 분비하며, 두 mRNA는 미세소관을 따라 난모세포의 반대쪽 극으로 서로 상반되게 이동된다(**그림 17.14***a*). 이런 차등적 수송은 두 mRNA를 이동시키는 다른 모터 단백질에 의해 일어나게 되는데, 바이코이드 mRNA는 난모세포에서 영양세포 가까운 말단의 세포질에 고정되고, 이 부위는 배아의 앞 말단으로 발생하게 된다. 그에 비해 나노스 mRNA는 난모세포의 반대쪽 끝에 고정되고, 이 부위는 배아의 뒤쪽 말단이 된다. 따라서 난자 형성 과정(oogenesis)의 마지막 단계에서 바이코이드와 나노스 mRNA는 수정란에서 세포질 결정자로 작용하게 된다(**그림 17.14***b*).

수정 후 고정된 mRNA의 번역 및 합성 장소로부터의 단백질 확산으로 각 단백질의 상반된 농도기울기가 만들어지게 되는데, 바이코이드 단백질은 배아(embryo)의 앞쪽 극(anterior pole)에서, 나노스 단백질은 뒤쪽 극(posterior pole)에서 가장 많이 분포하게 된다(**그림 17.15***a*). 수용성 단백질의 농도기울기로 인해 축을 따라 세포의 운명이 다르게 결정될 수 있는데, 바이코이드 및 나노스와 같은 식으로 작용하는 단백질을 **형태형성물질**(morphogen)이라고 부른다. 형태형성 물질의 중요성은 기능 상실 돌연변이의 효과에 의해 볼 수 있다. 바이코이드의 상실은 오직 뒤쪽 부분만을 갖는 배아를 생산하고, 나노스 단백질의 상실은 앞쪽 부분만을 가진 배아를 생산한다.

바이코이드와 나노스 단백질은 2개의 모계 RNA인 헌치백과 코달의 번역을 조절하는데, 이 두 유전자는 전사인자를 암호화한다. **헌치백**(Hunchback)은 앞쪽 구조물 형성에 필요한 유전자를 활성화하고, **코달**(Caudal)은 뒤쪽 구조물(복부 부분) 형성에 필요한 유전자를 활성화한다. 헌치백과 코달 mRNA는 난자 전체에 균등하게 분포하는데(**그림 17.15***b*), 어떻게 이런 mRNA로부터 번역되는 단백질이 불균등하게 존재할 수 있을까?

그 해답은 바이코이드 단백질이 코달 mRNA에 결합하여 번역을 억제한다는 것이다. 따라서 코달은 바이코이드가 없는 난자의 뒤쪽 부위에서만 번역된다. 그와 유사하게 나노스 단백질은 헌치백 mRNA에 결합하여 번역을 억제하며, 결과적으로 헌치백 mRNA는 난자의 앞쪽 부위에서만 번역된다(**그림 17.15***c*). 따라서 수정 직후에 4가지 단백질의 기울기가 형성되는데, 바이코이드와 헌치백 단백질에 의한 앞-뒤 기울기와 나노스와 코달 단백질에 의한 뒤-앞 기울기가 그것이다(**그림 17.15***c*).

등-배축

초파리에서 등-배축(dorsal-ventral axis)은 *dorsal*(도살) 유전자 유전자 산물의 작용으로 만들어진다. 이 과정은 난소에서 시작되는데, 도살 유전자의 모계 전사물이 난모세포로 전달되었을 때 일어난다. 바이코이드와 나노스 mRNA와는 달리, 도살 mRNA는 비대칭적으로 분포하지 않는다. 대신 도살 단백질이 기능을 가지기 위해서는 일련의 단계가 필요하다.

먼저 난모세포의 한쪽에 있는 난핵은 *gurken*(걸킨) mRNA를 합성하며, 걸킨 mRNA는 핵과 난모세포 쪽에 있는 막 사이에 초승달 모양으로 축적된다(**그림 17.16***a*). 이쪽이 장래에 배아의 등쪽(dorsal side)이 된다.

걸킨 단백질은 수용성의 **세포-신호전달**(cell-signaling) 분자로 번역되어 난모세포로부터 방출될 때 **난포 세포**(follicle cells)의 막에 있는 수용체에 결합한다(**그림 17.16***b*). 이들 세포는 등쪽 형태로 분화하게 되는 것이다. 그에 비해 난모세포의 다른 쪽에서는 걸킨 신호가 방출되지 않으며, 그쪽에 있는 난포 세포들은 배쪽으로 발생하는 운

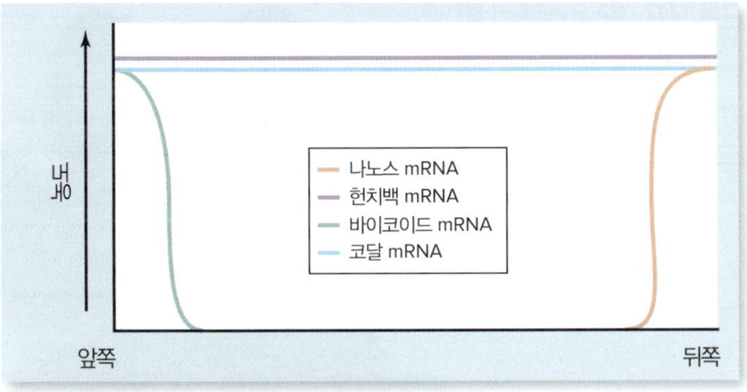

a. 난모세포 mRNA

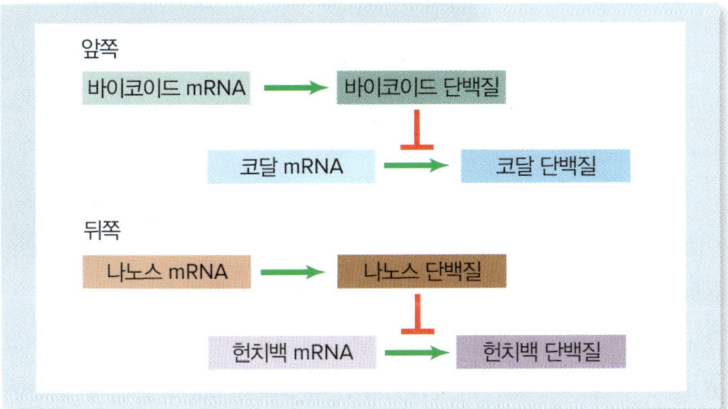

b. 수정 후

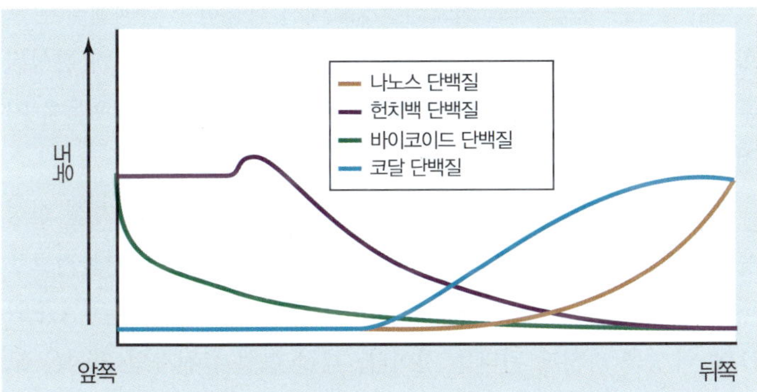

c. 초기 난할 배아의 단백질

그림 17.15 초파리 배아에서 앞-뒤(A/P) 축의 결정 II.
a. 바이코이드 및 나노스 mRNA와는 달리, 헌치백과 코달 mRNA는 난모세포의 세포질에 걸쳐 균등하게 분포한다. *b.* 수정 후 바이코이드와 나노스 mRNA는 번역되며, 두 단백질은 난모세포에서 서로 반대의 농도기울기를 보인다. 바이코이드 단백질은 수정란의 앞쪽 부위에 있는 코달 mRNA에 결합하여 코달의 번역을 억제한다. 나노스 단백질은 수정란의 뒤쪽 부위에 있는 헌치백 mRNA에 결합하여 헌치백의 번역을 억제한다. *c.* 수정란의 앞쪽 부위에서 헌치백 mRNA의 번역으로 인해 헌치백 단백질의 농도기울기가 바이코이드 단백질의 농도기울기와 유사하게 만들어진다. 배아의 뒤쪽 부위에서 코달 mRNA의 번역은 나노스 단백질의 기울기와 유사하게 코달 단백질의 농도기울기를 형성한다.

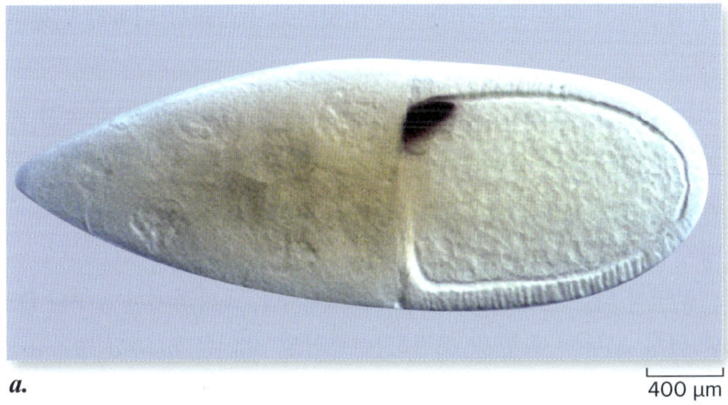

a.

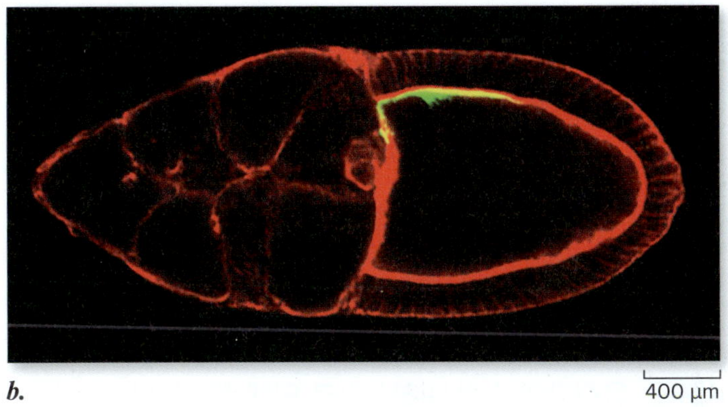

b.

c.

그림 17.16 초파리 배아에서 D/V 축의 결정.
a. 걸킨 mRNA(어둡게 염색된 부위)는 난모세포의 핵(보이지 않음)과 등쪽의 앞 표면 사이에 농축되어 있다. *b.* 더 성숙한 난모세포에서 걸킨 단백질(노란색)은 난모세포의 등쪽 앞 표면에서 분비되어 수정란의 등쪽 표면을 따라 농도기울기를 형성한다. 이후 걸킨 단백질은 위에 놓인 난포 세포의 막 수용체에 결합한다. 액틴(붉은색)의 염색으로 난모세포, 영양세포, 그리고 난포 세포의 경계가 보인다. *c.* 배아 표면의 세포핵을 보기 위해 세포성 배반엽 단계의 배아를 횡단면으로 절단한 사진이다. 야생형 배아(왼쪽)에서 배반엽의 배쪽 표면의 핵에 도살 단백질(어둡게 염색된 부위)이 위치한다. 오른쪽의 도살 돌연변이체는 배쪽 구조물을 형성하지 않으며, 배쪽 핵에서는 도살 단백질이 존재하지 않는다.

명을 가지게 된다.

수정 후 신호전달 분자가 복잡한 일련의 단계를 거쳐 배아의 배쪽 표면에서 차등적으로 활성화된 다음, 이 신호전달 분자는 배쪽 세포에 있는 막 수용체에 결합하여 그 세포에서 신호전달경로를 활성화시킨다. 이 경로의 활성화로 인해 배아 전체에 퍼져 있던 도살 단백질은 배쪽 핵으로 수송되어 등-배(D/V)축을 따라 기울기를 형성한다. 도살 단백질은 배쪽 세포의 핵에서 가장 높다(**그림 17.16***c*).

(초파리의 많은 유전자가 각 유전자의 기능 상실 돌연변이체의 표현형에 근거하여 이름이 지어졌음에 주목하자. 도살 유전자의 기능

이 결핍되면 배쪽 구조가 형성되지 못하고 등쪽화된 배아가 만들어진다.[1])

도살 단백질은 전사인자로 일단 핵으로 수송되면 배쪽 구조의 적절한 발생을 위해 필요한 유전자를 활성화시키고, 동시에 등쪽 구조를 위한 유전자를 억제한다. 따라서 도살 유전자 산물은 궁극적으로 배쪽 구조를 발생시킨다.

분명히 다른 기작들이 관여하기는 하지만, 초파리에서 A/P와 D/V 극성 모두의 확립을 조절하는 통합된 요인은 *bicoid*, *nanos*, *gurken* 그리고 *dorsal* 유전자가 모두 모계에서 발현된다는 것이다. 양쪽의 사례에서 배아의 극성은 모계 유전체로부터 유래하는 정보를 이용하여 난모세포에서 만들어진다는 것을 알 수 있다.

앞의 논의에서 일련의 과정들을 단순화시킨 개요는 분명하다. 극성은 난자에서 모계 정보에 근거한 배아에서의 형태형성 물질의 기울기로 인해 성립하며, 이러한 기울기는 접합자의 유전자 발현을 유도하여, 실제로 배아의 패턴을 결정한다. 이러한 조절 유전자의 체계는 모든 발생 과정에서 관찰된다.

체제는 유전자의 순차적 활성화로 인해 생성된다

이제 초파리에서 A/P 축에 따른 패턴형성 과정에 대해 알아보자. 구조의 결정은 3종류 **체절형성유전자**(segmentation gene)의 연속적인 활성화로 인해 이루어진다. 이러한 유전자들은 3개의 융합된 머리 체절, 3개의 가슴 체절, 그리고 8개의 복부 체절로 이루어진 초파리의 전형적인 체제를 만든다(**그림 17.12***e* 참조).

바이코이드 단백질은 수정 후 첫 번째로 전사되는 헌치백 mRNA의 번역과 전사를 활성화함으로써 배아의 조직화에 큰 영향을 미친다. 헌치백 유전자는 **간극유전자**(gap gene)라고 부르는 그룹의 일원으로, 간극유전자들은 배아를 A/P 축을 따라 세분화하는 데 관여한다(**그림 17.13** 참조).

모든 간극유전자는 전사인자를 암호화하며, 이들은 8개 이상의 **쌍지배유전자**(pair-rule gene)를 발현시킨다. *hairy*와 같은 쌍지배유전자들은 7개 부위에서 띠 모양으로 단백질을 생성한다(**그림 17.13** 참조). 따라서 이 유전자는 넓은 간극유전자 발현 부위를 세분하며, 배아를 7개 구역으로 나누는 경계를 만든다. 각각의 쌍지배유전자에 돌연변이가 일어나면, 초파리 체절은 하나씩 건너뛰면서 변하게 된다.

모든 쌍지배유전자는 전사인자를 암호화하며, 서로의 발현 및 9개 이상의 **체절극성유전자**(segment polarity gene)의 발현을 조절한다. 체절극성유전자는 쌍지배유전자에 의해 형성된 7개 구역을 세분화한 14개 부위에서 발현된다(**그림 17.13** 참조). 예를 들어, *engrailed* 유전자는 *hairy* 유전자에 의해 만들어진 7개의 각 구역을 앞쪽과 뒤쪽 구획으로 나누어 준다. 체절극성유전자는 세포-세포 신호전달경로에서 작용하는 단백질을 암호화한다. 따라서 체절극성유전자는 다핵성 배반엽에서 세포가 형성된 후에 작용하여 각 체절 내에서 앞쪽과 뒤쪽 운명을 가진 세포들을 지정해 준다.

그림 17.17 호미오유전자의 돌연변이. 3개의 다른 호미오유전자의 돌연변이 조합으로 세 번째 흉부 체절이 두 번째 체절로 전환된다. 날개는 두 번째 흉부 체절에만 있기 때문에, 이 결과로 4개의 날개를 가진 초파리가 생성된다.

이를 요약하면 수정 후 3시간 안에 매우 조화된 일련의 체절 형성 유전자의 활성으로 인해 초기 배아에서 폭넓게 나타나는 기울기로부터 일정 간격으로 반복된 체절 구조로 전환되며, 이 구조물은 A/P와 D/V 극성을 가지게 된다는 것이다. 체절 형성 유전자의 활성은 모계로부터 전달된 형태형성 물질의 자유로운 확산에 의존하는데, 이는 오직 초기 초파리 배아의 다핵성 배반엽 내에서만 가능하다.[2]

체절의 정체성은 호미오유전자의 작용으로 만들어진다

방금 설명했듯이 유전자 발현의 연쇄작용으로 체절화된 유충이 생성된다. 유충의 체절은 비슷해 보이지만, 각 체절은 두부, 흉부, 복부 체절로 구분할 수 있으며, 성체의 체절에서 명확해진다. 이 체절의 정체성은 **호미오유전자**(homeotic gene)들의 작용으로 결정된다.

역자 주 1: dorsal은 '등쪽의'란 뜻을 가진 단어이다. 이 유전자가 작동하지 않으면 '등쪽 구조'만을 가진 배아가 형성되기 때문에 돌연변이 표현형을 보고 유전자의 이름을 정한 것이다. 또한 bicoid는 '2개의 꼬리'란 의미로, 이 유전자에 돌연변이가 생기면 머리쪽이 꼬리로 발생하는 표현형을 나타내기 때문에 명명된 것이다.

역자 주 2: 다핵성 배반엽은 핵분열만 일어난 다핵체로, 아직 세포질 분열이 일어나지 않은 상태이다. 따라서 모계에서 전달받은 형태형성 물질들은 배아 전체로 퍼지면서 농도기울기를 형성하고, 각각의 핵은 배아 내에서의 위치에 따라서 형태형성 물질에 노출되는 농도가 서로 다르기 때문에 다른 운명을 갖게 된다.

이런 이름은 이 유전자의 돌연변이로 인한 표현형과 관련이 있는데, **상동이질형성**(homeosis)이란 몸의 한 부분이 다른 부분으로 전환되는 것을 말한다. 아마도 가장 두드러진 사례는 ***Antennapedia***(안테나페디아) 돌연변이인데, 안테나가 다리로 전환되었기 때문에 머리에 다리가 달린 초파리가 생성된다.

첫 번째로 동정한 호미오유전자는 ***Ultrabithorax***(울트라바이쏘랙스)로, 이 유전자는 세 번째 흉부 체절(T3)의 일부가 두 번째 흉부 체절(T2)로 전환되는 것을 유발한다. 실제로 이 유전자는 흉부와 복부 체절에 영향을 주는 호미오유전자 집단의 일부이다. 이들 3개의 유전자에 돌연변이가 생긴 초파리는 실제 T3가 T2로 완전히 전환된다. T2는 날개를 가지고 있지만 T3에는 날개가 없기 때문에 이 돌연변이의 결과로 4개의 날개를 가진 초파리가 생성된다(**그림 17.17**). 모든 곤충의 조상은 4개의 날개를 가졌으므로 이 호미오유전자는 두 번째 날개 쌍의 형성을 억제하는 것으로 보인다.

이들 호미오유전자의 발현은 체절화된 유충을 생성하는 유전자의 연쇄적인 발현에 의해 조절된다. 그 다음, 호미오유전자는 체절의 정체성을 만드는 데 필요한 유전자의 발현을 조절한다. 다음 절에서는 이들 유전자가 패턴형성의 진화에 매우 중요함을 비롯하여 관련 내용을 좀 더 자세히 알아본다.

핵심 요약 17.5

동물에서의 패턴형성은 단계적으로 조화롭게 통합된 유전자들의 발현을 수반한다. 초파리에서 형태형성 물질의 농도기울기는 A/P와 D/V 축을 지정하고, 체절 형성 유전자의 순차적인 활성화를 유도한다. 바이코이드 및 나노스 단백질의 기울기는 A/P 축을 결정한다. 도살 단백질은 D/V 축을 결정하지만, 이 단백질의 활성화에는 난자의 Gurken 단백질로 시작하는 일련의 단계가 필요하다. 호미오유전자의 작용은 체절의 정체성을 제공한다.

■ 모계영향 돌연변이를 가진 개체는 어떤 표현형을 나타낼까?

17.6 패턴형성의 진화

학습 목표

1. 형태에 영향을 줄 가능성이 있는 유전자를 동정할 수 있다.
2. 진화에서 *Hox*(혹스) 유전자의 중요성을 설명할 수 있다.
3. 발생을 변화시킬 수 있는 기작에 대해 설명할 수 있다.

대부분의 종은 표현형에서 다양성을 나타낸다. 이 다양성은 수많은 유전자의 단백질 암호화 영역에서 일어난 변화 때문에 발생할 수 있다. DNA 서열 중에서 유전자의 발현을 조절하는 부분은 매우 작지만, 이 서열에 대한 돌연변이 및 이 서열과 상호작용하는 단백질은 표현형에 큰 영향을 줄 수 있다. 이는 유전자 발현의 변화가 발생에 영향을 줄 때 특히 중요하다. 왜냐하면, 유연종 간의 차이는 종종 종의 발생 방식에 차이를 만드는 유전적 변화에 기인하기 때문이다.

유전자 발현의 변화는 표현형 변화를 유발한다

이것은 성게류(*Echinoidea*, 29장 참조)라 부르는 극피동물의 다양한 그룹 중 하나인 성게와 같이 단순한 생물체에서도 볼 수 있다. 성게류의 종은 2가지 형태의 발생 양상을 나타낸다. 하나는 중간의 유생 단계를 포함한 간접 발생이고, 다른 하나는 이 유생의 단계를 생략한 직접 발생이다(**그림 17.18**). 간접 발생 종은 **플루테우스**(pluteus) 유생 시기를 거친 후, 변태 과정을 통해 성체로 된다. 반면에 직접 발생 종은 플루테우스 시기를 생략한 채로 배아로부터 작은 성체를 만든다. 계통 발생 분석(21장 참조)은 간접적인 발생이 원시 상태임을 나타낸다.

이러한 상이한 발생 양상에 대한 한 가지 가능한 설명은 직접 발생자는 유생을 만드는 데 필요한 유전자가 없다는 것이다. 직접 발생자와 간접 발생자의 게놈을 비교하면 본질적으로 동일한 유전자 세트를 가지고 있기 때문에, 이것은 사실이 아닌 것으로 밝혀졌다. 따라서 발생 과정에서 나타나는 차이점은 유전자 조절 네트워크의 패턴 차이 때문이다.

패턴형성은 적은 수의 조상 유전자에 의해 조절된다

앞 절에서 살펴본 초파리의 기본적인 몸 체제는 A/P 및 D/V 축을 지정하는 유전자의 연쇄적인 발현으로 결정된다. 성체의 형태는 서로 다른 체절을 만드는 유전자에 의해 영향을 받는다. 이 호미오유전자의 작용은 부적절한 장소에서 정상적인 신체 부위를 생산하는 돌연변이로 인해 나타난다. 이것은 본질적으로 흥미로운 사실이지만, 정말로 놀라운 점은 관련 유전자가 모든 동물에서 발견된다는 것이다.

호미오유전자 복합체

1950년대 초에 유전학자인 노벨상 수상자 루이스(Edward Lewis)는 *Ultrabithorax* 유전자를 포함한 여러 개의 호미오유전자가 초파리의 3번 염색체에 매우 가까이 모여 있는 것을 발견했으며, 이를 **2중흉부복합체**(bithorax complex)라고 불렀다. 이들 유전자의 돌연변이는 모두 가슴 체절과 복부 체절의 신체 부위에 영향을 미치며, 루이스는

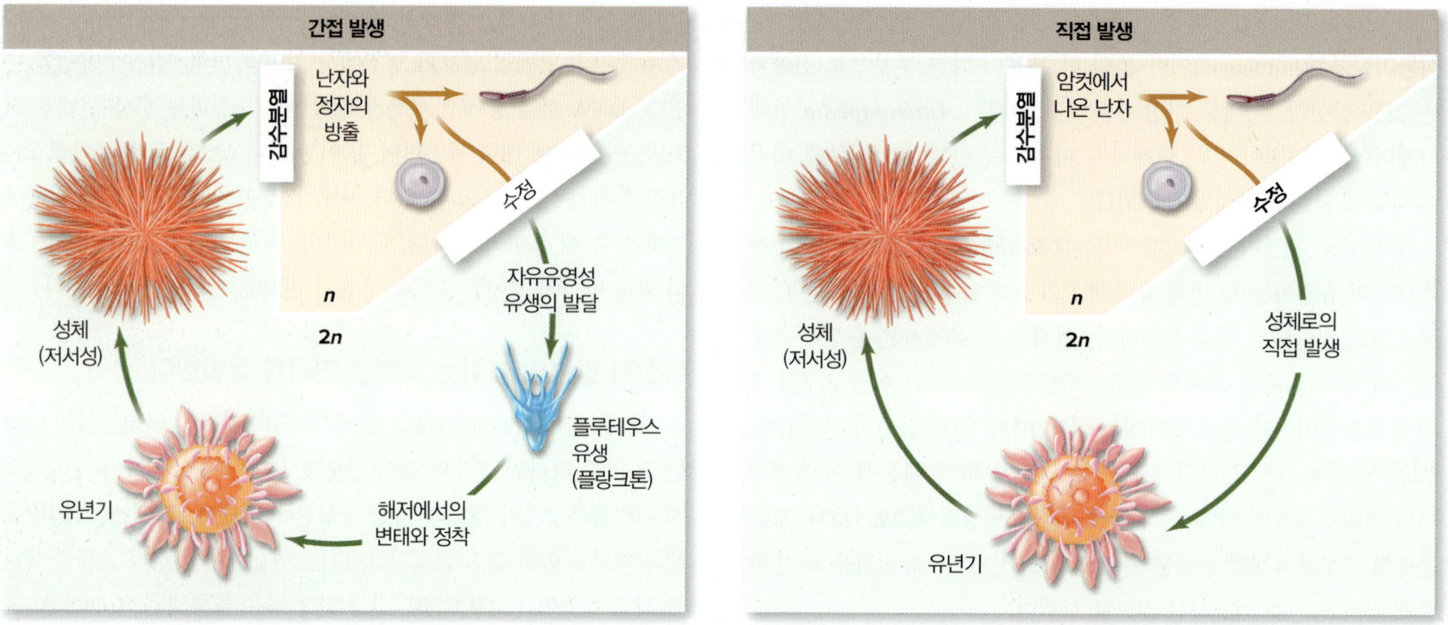

그림 17.18 성게의 직접 및 간접 발생.
간접 발생은 유생 단계를 거치는 반면, 직접 발생에서는 생략된다.

2중흉부복합체의 유전자들이 가슴의 뒤쪽 반과 복부에 있는 모든 신체 부위의 발생을 조절하는 것으로 결론지었다.

흥미롭게도 2중흉부복합체에서 유전자의 순서는 그들 유전자가 조절하는 신체 부위의 순서와 같다. 그 복합체의 시작점에 있는 유전자들은 흉부의 발생을 유발하고, 중간에 있는 유전자들은 복부의 앞쪽 부위를, 그리고 끝에 있는 유전자들은 복부 말단 부위를 발생시킨다.

호미오유전자의 두 번째 집단인 **안테나페디아복합체**(Antennapedia complex)는 1980년에 카우프만(Thomas Kaufman)에 의해 발견되었다. 안테나페디아복합체는 초파리의 앞쪽 끝의 발생에 관여하며, 이 복합체에서 유전자 순서 또한 그들이 조절하는 체절의 순서와 같다(**그림 17.19***a*).

호미오박스

2중흉부 및 안테나페디아복합체의 유전자들의 염기서열이 결정된 후에 흥미로운 관계가 발견되었다. 이 유전자들은 모두 잘 보존된 180개 염기서열을 가진다는 것인데, 이 서열은 60개 아미노산의 DNA 결합 도메인을 암호화한다. 이 도메인은 모든 호미오유전자에서 발견되었기 때문에 **호미오도메인**(homeodomain)이라 명명되었고, 이를 암호화하는 DNA는 **호미오박스**(homeobox)라 부른다. **혹스**(*Hox*) 유전자라는 용어는 이제 신체 부위의 정체성을 결정하는 호미오박스를 가진 유전자를 일컫는다. 이러한 유전자는 호미오박스에 암호화된 DNA 결합 도메인을 가진 전사인자로 작용한다.

호미오박스는 유전체에서 패턴형성에 관여하는 부분을 명확하게 구별시켜 준다. 혹스 유전자가 어떻게 이러한 기능을 수행하는지에 대한 많은 연구가 진행 중이며, 과학자들은 혹스 유전자 기능의 궁극적 표적은 기관 형성에 관여하는 세포의 행동을 조절하는 유전자일 것이라고 믿고 있다.

호미오박스를 가진 유전자의 진화

여러 생물체에서 혹스 유전자의 복합체를 분석하기 위해 많은 연구가 수행되었다. 이러한 연구를 통해 호미오유전자의 진화에 대해 상당히 일관된 관점이 만들어졌다.

이제 분명한 사실은 초파리에서 2중흉부복합체 및 안테나페디아복합체는 유전자 집단이 두 부류로 구성되어 있다는 것이다. 척추동물에는 혹스 복합체 유전자 집단이 4개의 복사본으로 존재한다. 초파리처럼 혹스 유전자가 발현되는 공간은 염색체상의 유전자 순서와 관련이 있다(**그림 17.19***b*). 척추동물에서 4개의 혹스 집단이 존재한다는 것은 척추동물의 진화 과정에서 전체 게놈의 복제가 두 번 일어났다는 증거로 받아들여지고 있다.

이러한 생각은 원래의 유전자 집단이 언제 생겼는가 하는 의문을 제기한다. 이 질문에 답하기 위해 연구자들은 척삭동물에 속하는 창고기(*Amphioxus*, 지금은 *Branchiostoma*로 불림)와 같은 원시 생물에 관심을 가져왔다(29장 참조). 창고기에서 하나의 혹스 유전자 집단만 발견된 것은 척추동물의 진화에서 최소한 혹스 집단에 두 번 복제가 있었다는 것을 의미하며, 절지동물에서 단일 집단의 존재는 좌우 대칭인 모든 동물의 공통 조상이 단일 혹스 집단을 가졌다는 것을

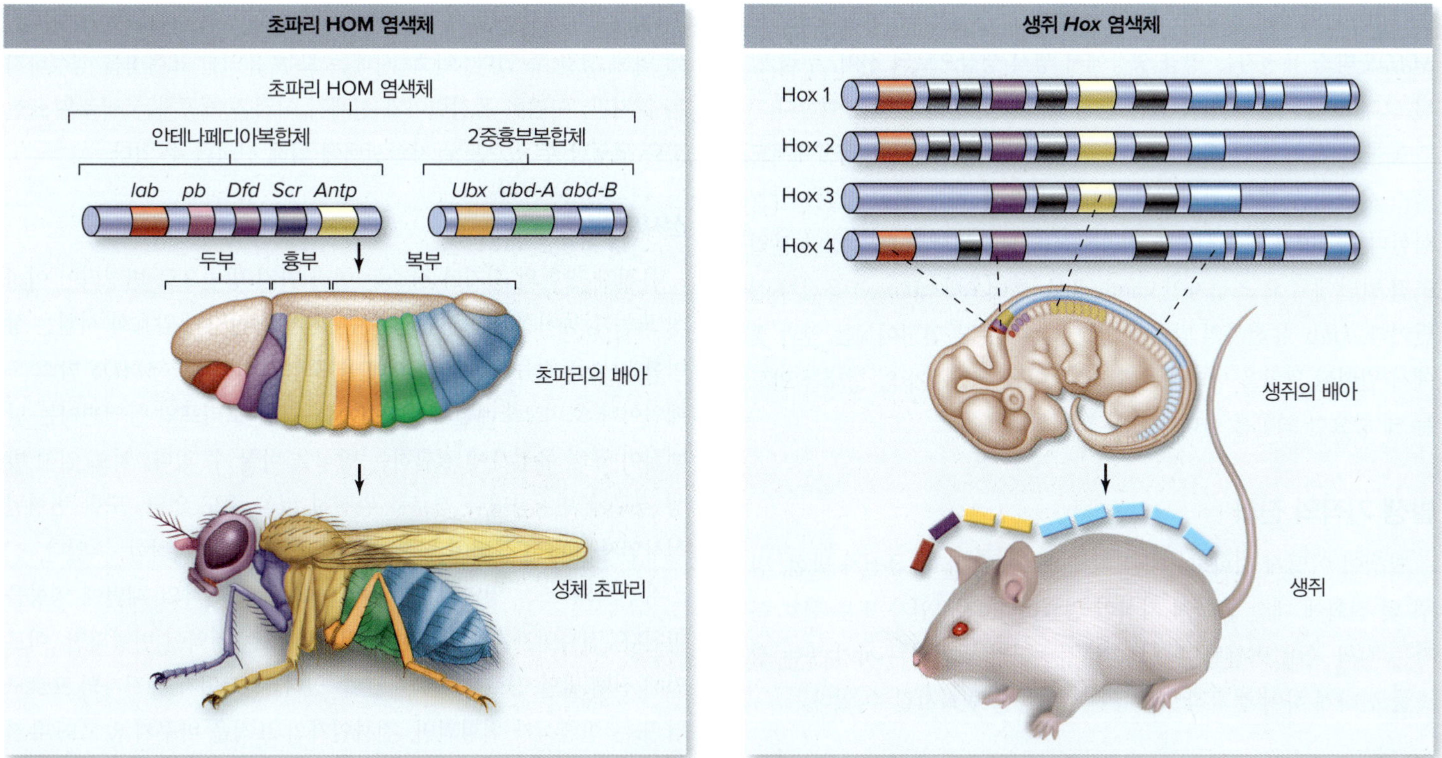

a. ***b.***

그림 17.19 초파리와 생쥐에서 호미오유전자 집단의 비교.
a. 초파리의 호미오유전자들은 호미오유전자 복합체(HOM complex)라고 부르는 그룹으로 나누어지는데, 안테나페디아복합체(앞쪽)와 2중흉부복합체(뒤쪽)로 구성되어 있다. ***b.*** 초파리의 HOM 유전자들과 쥐의 *Hox*(혹스) 유전자들은 서로 관련되어 있는데, 이들 유전자는 두 동물에서 신체 각 부위의 지역적 분화를 조절한다. 초파리에서 이들 유전자는 단일 염색체에 위치하고, 포유동물에서는 4개의 염색체에 존재한다. 이 그림에서는 유전자들의 색깔과 A/P축을 따라 각 유전자가 발현되는 신체 부위의 색깔을 일치시켰다. 염색체에서 유전자의 순서는 초파리의 배아에서 발현 패턴 및 성체 구조의 순서와 같다는 것을 주목하자.

알려준다.

다음 단계는 더 원시적인 동물인 히드라(*Hydra*)와 같은 방사 대칭 자포동물을 대상으로 조사하는 것이다(28장 참조). 지금까지 혹스 유전자는 많은 자포동물 종에서 발견되었고, 최근 염기서열 분석을 통해 자포동물의 혹스 유전자도 집단으로 존재한다는 것이 밝혀졌다. 따라서 동물의 진화에서 조상형 혹스 유전자 집단의 출현은 좌우 대칭 분기를 앞서는 것으로 여겨지고 있다.

식물의 패턴형성 또한 유전적 조절하에 있다

식물 세포와 동물 세포가 나누어진 진화적 분기는 몸의 체제를 가진 다세포 생명체가 나타나기 전인 약 16억 년 전에 일어났다. 이것은 다세포성(multicellularity)이 식물과 동물에서 독립적으로 진화했다는 것을 의미한다. 일생 동안 분열조직이 활성을 갖기 때문에 추가적인 유전자 모듈이 식물의 체제에 더해질 수 있으며, 더욱이 식물의 꽃과 뿌리는 대부분 동물의 좌우대칭과는 대조적으로 방사 조직을 가진다. 따라서 식물에서 패턴형성의 유전적 조절은 근본적으로 동물의 그것과 다른 것으로 예측할 수 있다.

식물에도 호미오박스를 가진 유전자가 있지만, 동물과 같이 발생 중인 구조의 정체성을 결정하는 혹스 유전자의 복합체로 조직되어 있지 않다. 대신에 식물에서 주된 호미오유전자는 ***MADS* 박스**(*MADS*-box) 유전자로 보인다.

MADS 박스 유전자는 식물, 동물, 그리고 곰팡이를 포함하는 대부분 진핵생물에서 발견되는 전사 조절자 집단에 속한다. *MADS* 박스는 잘 보존된 DNA 결합 도메인과 2량체 형성(dimerization) 도메인을 포함하며, 최초로 발견된 이 도메인을 가진 다섯 유전자를 따라 이름이 명명된 것이다. 동물에서는 오직 몇 개의 *MADS* 박스 유전자만이 발견되는데, 세포 증식의 조절과 체세포분열 후 근육 세포에서 조직 특이적 유전자 발현 조절 등의 기능을 가진다. *MADS* 박스 유전자는 동물 배아의 패턴화에서 중요한 역할을 하는 것으로 보이지는 않는다.

이와 대조적으로 육상식물의 진화에서 *MADS* 박스 유전자의 수와 기능의 다양성은 상당히 증가하였다. 애기장대(*Arabidopsis*) 게놈에는 100개 이상의 *MADS* 박스 유전자가 존재하며, 현화식물에서 *MADS* 박스 유전자는 영양 생장에서 생식 생장으로의 전이, 뿌리 발달 그리고 꽃 기관 결정과 같은 발생 과정을 조절하는 데 관여한다.

동물의 혹스 집단 유전자들과 구별이 되기는 하지만, 식물에서도 혹스 유전자는 발생 과정에서 중요한 기능을 하는 전사인자를 암호화한다. 한 예가 종자식물과 비종자식물 모두에서 슈트의 정단 분열조직 발달에 주요 조절자인 knottedlike 호미오박스(*knox*) 유전자 집단이다. *knox* 유전자의 발현에 영향을 미치는 돌연변이체는 잎과 꽃에서 변형된 모양을 나타내는데, 이는 이들 유전자가 잎 형태를 만드는 데 중요한 역할을 한다는 것을 의미한다.

발생 기작의 진화

발생이 어떻게 진화하는지를 이해하려면 유전자, 유전자 발현, 발생 및 진화에 대한 통합적 지식이 필요하다. 전사인자 또는 신호 분자는 진화 중에 변형될 수 있으며, 유전자가 발현되는 시기 또는 장소를 변하게 하여 결과적으로 유전자 기능을 변화시킬 수 있다.

이시성

유전적 변화로 인해 발생의 시기를 바꾸는 것을 **이시성**(heterochrony)이라고 한다. 이시성 돌연변이는 식물이 어린 시기에서 생식기관을 만드는 성체 단계로 전환할 때를 조절하는 유전자에 영향을 줄 수 있다. 식물의 개화 시기를 조절하는 유전자의 돌연변이는 꽃이 피기 전 수개월 또는 수년간의 성장을 필요로 하지 않고 빠르게 꽃을 피우는 작은 식물을 초래할 수 있다.

발생 조절 유전자에 영향을 미치는 대부분의 돌연변이는 치명적이지만, 때로는 적합도가 증가하여 새로운 표현형이 출현하기도 한다. 조기 개화를 이끄는 돌연변이가 식물의 적합도를 증가시키는 것으로 판명되면, 새로운 표현형이 지속될 것이다. 예를 들어, 일찍 꽃이 피는 툰드라 식물은 빨리 수분이 되어서 씨앗을 만들기 때문에, 짧은 여름이 끝날 무렵인 나중에 꽃이 피는 같은 종의 개체보다 적합도를 높일 수 있다.

상동이질형성

앞서 논의한 것처럼 유전자 발현의 공간적 패턴의 변화는 상동이질형성을 유발하는데, 이는 한 신체 부위가 다른 부위로 정체성이 바뀌는 것이다. **그림 17.17**의 4개의 날개가 달린 초파리는 형태에 극적인 영향을 주는 유전자 발현 패턴 변화의 한 예이다. 이 표현형은 2개의 날개 대신 4개의 날개를 가진 조상 곤충과 비슷하다.

안테나가 있어야 할 머리 부위에 다리가 있는 안테나페디아 돌연변이는 우성으로 나타나며, 생존이 가능하다. 이러한 종류의 돌연변이는 자연계에서 자발적으로 생기거나 실험실에서 돌연변이 유발원에 의해 생길 수 있다. 이 두 사례는 모두 유익한 표현형을 생성하지는 않지만, 이러한 돌연변이가 신체적 이점을 제공하는 새로운 표현형을 생성할 수 있으므로 자연선택에 의해 진화할 수 있다.

전사의 변화

유전자 발현의 시기나 장소는 여러 가지 방법으로 변형되어 이시성 또는 상동이질형성을 일으킬 수 있다. 유전자의 암호화 서열은 상이한 기능을 갖는 다수의 도메인을 포함할 수 있다. *MADS* 박스 도메인이나 호미오도메인과 같은 DNA 결합 모티프의 돌연변이는 단백질이 표적 유전자에 결합하는 방식을 바꿀 수 있다. 이로 인해 발생 경로를 변경하거나 경로를 완전히 잃을 수도 있다. 또한 변형된 전사인자는 다른 표적에 결합하여 새로운 발생을 시작할 수 있다.

유전자의 조절 영역에서의 돌연변이 또한 전사의 패턴에 영향을 미친다. 전사인자를 암호화한 유전자의 조절 영역이 변형되면, 이로 인해 전체 발달 경로를 변화시킬 수 있다. 전사인자 유전자의 프로모터 또는 인핸서가 변형되면, 전사인자의 표적을 바꾸지 않고도 유전자의 발현을 막을 수 있고, 발현 시기나 조직이 달라질 수 있다.

신호 경로의 변화

신호 경로는 성공적인 발생에 필수적인 인접한 세포와 외부 환경에 대한 정보를 통합하는 데 도움이 된다. 만약 리간드의 구조가 변하면, 다른 수용체에 결합하거나 아예 결합하는 수용체가 없는 등, 더 이상 표적 수용체에 결합하지 않는다. 유전적 변화의 결과로 다른 유형의 세포에서 수용체가 생성되면, 호미오 표현형이 나타날 수 있다. 결론적으로 신호 분자의 작은 변화는 표적을 바꿀 수 있다.

핵심 요약 17.6

직접 발생은 유전자 발현의 변화로 일어난다. 혹스 유전자는 호미오도메인을 암호화한 DNA 결합 영역을 가진다. 이 유전자들은 필연적으로 모든 동물의 발생에 영향을 미친다. 혹스 유전자는 조상형의 단일 집단에서 복제되어 척추동물에는 4개의 집단이 있다. 식물은 혹스 유전자를 가지고 있지만, 패턴형성에 *MADS* 박스 유전자를 사용한다. 유전자 발현의 양, 장소, 시기의 변화는 형태에 영향을 줄 수 있다.

- 식물에 동물과 유사한 혹스 집단이 있는 경우 패턴형성의 진화에 대해 무엇을 말할 수 있을까?

17.7 형태형성

학습 목표

1. 발생에서 세포의 형태 변화와 세포 이동의 중요성을 설명할 수 있다.
2. 세포사멸이 형태형성에 어떻게 영향을 주는지 설명할 수 있다.
3. 세포 이동에서 세포외기질의 역할을 설명할 수 있다.

난할의 마지막 단계에 있는 초파리의 배아는 여전히 상대적으로 단순한 구조를 가지는데, 초파리의 배아는 중앙 난황 부위를 둘러싸는 단일 막에 존재하는 수천 개의 동일해 보이는 세포를 포함하고 있다. 배아 발생의 다음 단계는 정렬된 형태와 구조를 이루는 **형태형성**(morphogenesis)이다.

형태형성은 세포의 구조와 세포 행동에서의 변화 산물이다. 동물은 형태형성을 하기 위해 다음과 같은 과정을 따른다.

- 세포분열의 횟수, 시기 및 방향
- 세포의 성장과 확장
- 세포 모양의 변화
- 세포의 이동
- 세포의 사멸

동물 세포는 세포 표면이 유연하고 움직일 수 있으나, 식물 세포는 단단한 셀룰로스 벽에 싸여 움직일 수 없다는 점에서 두 세포는 근본적으로 다르다. 식물의 각 세포는 생성될 때 고정되어 있다. 따라서 동물 세포는 발생 동안 광범위하게 세포 이동을 하지만, 식물은 세포 이동을 제외한 다른 4가지 기작만 사용한다. 여기서는 동물의 형태형성 변화를 설명하고, 식물의 형태형성은 35장에서 자세히 설명한다.

발생 중 세포분열은 불균일한 세포질 분열을 초래할 수 있다

진핵생물에서 세포분열 면은 세포질 방추사의 방향에 의해 결정되는데, 이때 방추사의 방향성은 미세소관과 모터 단백질의 조화로운 기능으로 인해 결정된다(9장 참조). 방추사가 분열하는 세포의 중앙에 위치할 경우 정확히 같은 크기의 딸세포 2개가 만들어지고, 방추사가 한쪽으로 치우쳐 있다면 서로 다른 크기의 딸세포가 만들어지게 된다.

동물 배아에서 난할 패턴의 다양성은 방추사 위치의 차이로 인해 결정되는데, 많은 경우 세포의 운명은 난할 동안 배아에서의 세포의 위치로 인해 결정된다. 예를 들어, 착상 전의 포유동물 배아에서 바깥쪽에 있는 세포는 나중에 배아 밖의 구조(예를 들어, 태반의 일부)들을 형성하는 영양외배엽으로 분화된다. 그에 비해 배아는 배아의 내부에 있는 세포인 내세포덩어리(inner cell mass)로부터 생겨난다.

형태형성이 진행됨에 따라 세포의 모양과 크기가 바뀐다

동물에서의 세포 분화는 종종 세포의 크기와 모양의 큰 변화와 함께 발생하는데, 그 실례로 척수(spinal cord)를 발가락에 있는 근육으로 연결하는 신경세포는 **축삭**(axon)이라고 부르는 긴 돌기로 발달한다. 축삭의 세포질에는 모터 단백질에 의해 물질 수송에 이용되는 미세소관이 축삭을 따라 분포해 있다.

또 다른 예로 근육세포는 미분화된 근육 전구세포인 **근육모세포**(myoblast)에서 시작된다. 근육모세포는 최종적으로 포유동물의 골격근을 구성하는데, 여러 개의 큰 핵을 가지는 **근육섬유**(muscle fiber)로 전환된다. 이러한 변화는 *MyoD1* 유전자의 발현으로 시작되는데, 이 유전자는 근육결정(muscle-determining) 유전자들의 프로모터에 결합하여 이러한 변화를 개시하는 전사인자이다.

세포예정사는 발생의 필수 부분이다

발생 중 생성된 모든 세포가 생존하는 것은 아니다. 예를 들어, 인간의 배아는 발생 초기에는 물갈퀴 모양의 손가락과 발가락을 가지지만, 정상적인 형태형성 과정 중에 물갈퀴를 구성하는 세포들은 사멸된다. 다른 예로 척추동물 배아는 필요한 시냅스 연결을 위해 매우 많은 뉴런을 생성하지만, 절반 이상의 뉴런은 시냅스 연결을 만들지 못하고 신경계가 발달함에 따라 차례대로 죽는다.

손상에 의한 세포의 갑작스러운 죽음과 달리 이들 세포의 죽음은 계획되어 있으며, 적합한 발생과 형태형성을 위해 실제로 필요한 죽음이다. 손상으로 인해 죽는 세포는 일반적으로 부풀어 오르고 터져 시 세포외액(extracellular fluid)으로 세포의 내용물이 방출되어 죽는다. 이러한 형태의 세포사멸을 **괴사**(necrosis)라고 한다. 그에 비해 죽을 것으로 예정된 세포는 **세포예정사**(apoptosis)라 불리는 과정에 의해 오그라들고 줄어들면서 죽으며, 남은 물질은 주변 세포에 의해 흡수된다.

세포예정사의 유전적 조절

세포예정사는 "사멸 프로그램(death program)"이 활성화될 때 일어난다. 모든 동물 세포는 이러한 프로그램을 가진 것으로 여겨지고 있는데, 꼬마선충(*C. elegans*)의 경우 발생 중에 예측 가능한, 그리고 재현성 있는 방식으로 131개의 세포가 죽는다.

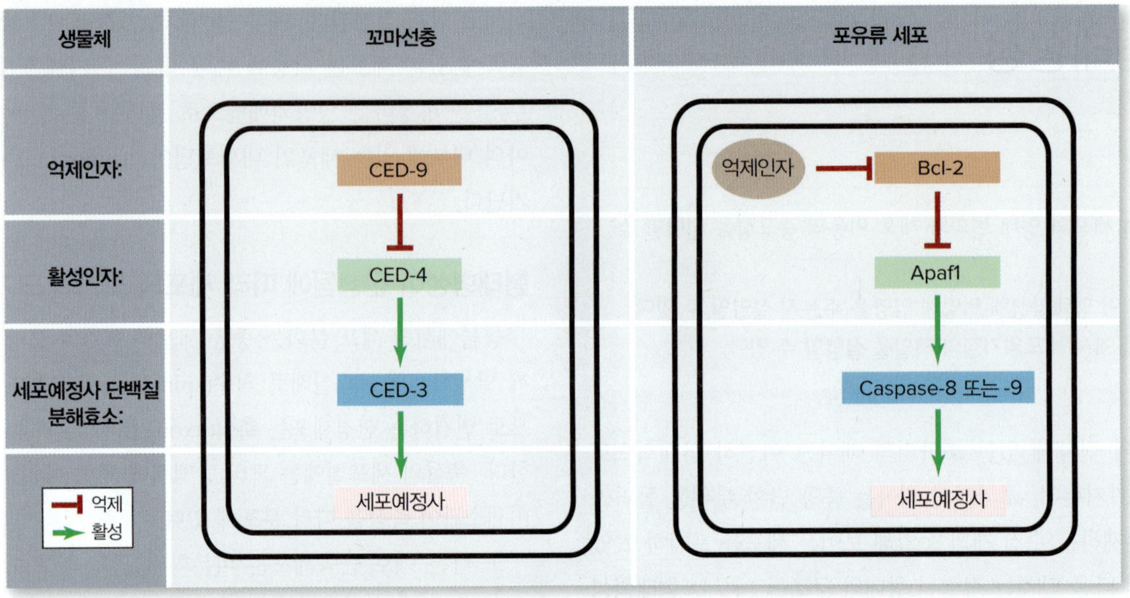

a. *b.*

그림 17.20 세포예정사(programmed cell death) 경로.
세포예정사(또는 세포자살)는 모든 동물의 정상적인 발생을 위해 필요하다. ***a.*** 예를 들어, 발생 중인 꼬마선충에서 두 유전자 *ced-3*과 *ced-4*는 131개 특정 세포에서 예정사를 일으키는 단백질을 암호화한다. 발생 중인 꼬마선충의 생존 세포에서는 세 번째 유전자인 *ced-9*의 산물이 *ced-3*과 *ced-4*에 의한 세포예정사를 억제한다. ***b.*** 포유동물에서 꼬마선충의 세포예정사 유전자의 상동체는 *bcl-2*(*ced-9* 상동체), *Apaf1*(*ced-4* 상동체), 그리고 *caspase-8* 또는 *caspase-9*(*ced-3* 상동체)이다. 세포에 생존 인자가 없는 경우 *Bcl-2*는 억제되고 세포예정사가 일어난다. 신경성장인자(NGF)와 NGF 수용체 결합이 있는 경우 *Bcl-2*는 활성화되며, 세포예정사가 억제된다.

꼬마선충을 대상으로 수행된 연구에서 3개의 유전자가 이 과정에 중심 역할을 하는 것으로 밝혀졌다. *ced-3*와 *ced-4* 유전자는 사멸 프로그램을 활성화해주는데, 두 유전자 중 하나에 돌연변이가 일어나면 이들 131개 세포는 죽는 대신에 신경 조직 및 다른 조직을 형성한다. 세 번째 유전자인 *ced-9*는 다른 두 유전자에 의한 사멸 프로그램을 억제해주는데, *ced-9* 돌연변이체에서 꼬마선충 배아의 1090개 세포 모두가 사멸된다. *ced-9*/*ced-3* 유전자의 2중 돌연변이체에서는 1090개 세포 모두가 생존하는데, 이는 *ced-9*가 세포예정사 경로에서 *ced-3*에 앞서 작용하여 세포사멸을 억제한다는 것을 보여주는 것이다(**그림 17.20***a*).

세포예정사의 기작은 동물이 진화하는 동안 잘 보존되어온 것으로 보인다. 인간의 신경세포에서 *Apaf1* 유전자는 꼬마선충의 *ced-4* 유전자와 유사하며, 세포사멸 프로그램을 활성화한다. 또한 인간의 *bcl-2* 유전자는 세포예정사를 억제하는 *ced-9* 유전자와 유사한데, 인간의 *bcl-2* 유전자를 *ced-9* 유전자가 손상된 꼬마선충에 도입할 경우 *bcl-2*가 *ced-3*와 *ced-4* 유전자의 세포사멸 프로그램을 억제시킨다.

세포예정사의 기작

꼬마선충의 *ced-4* 유전자의 산물은 *ced-3* 유전자의 산물을 활성화하는 단백질 분해효소이다. 인간의 *Apaf1*(Apoptotic protease activating factor)은 꼬마선충의 Ced-3 단백질 분해효소와 유사한 기능을 하는 **카스페이스**(caspase)라고 부르는 두 단백질 분해효소를 활성화한다(**그림 17.20***b*). 최종 단백질 분해효소가 활성화될 때, 이들 단백질 분해효소는 세포골격과 핵 라미나(lamina)와 같은 중요한 세포질 구조물의 단백질을 분해하여 세포를 절편화(fragmentation)한다.

Ced-9/Bcl-2의 역할은 이러한 프로그램을 억제해주는데, 특히 파괴적인 단백질 분해효소의 활성을 저해해주기 때문에 전체 과정은 사멸 프로그램의 억제인자(inhibitor)로 인해 조절된다.

Ced-9/Bcl-2 억제인자는 내부와 외부의 신호에 의해 조절된다. 그 실례로 인간의 신경계에서 뉴런은 Bcl-2에 대한 세포질 억제인자를 가지고 있어서 사멸 프로그램을 진행할 수 있다(**그림 17.20***b* 참조). 신경 생장인자가 있는 경우 신호전달경로는 세포질에 있는 억제인자를 불활성화시켜, Bcl-2가 세포예정사를 억제해 주고 신경세포가 생존하는 것을 돕는다.

세포 이동을 통해 올바른 세포가 적절한 장소에 위치한다

세포 이동(migration)은 동물 발생의 여러 단계에서 매우 중요하다. 세포의 이동은 부착(adhesion)과 부착의 소실 모두를 포함한다. 부착은 세포의 "견인력(traction)"을 위해 필요하지만, 처음에 다른 곳에 부착된 세포가 장소를 옮기려면 이러한 부착성을 잃어버려야 한다.

세포 이동은 세포-기질(cell-to-substrate)의 상호작용을 포함하며, 세포외기질(extracellular matrix, ECM)은 세포 이동의 경로와 정도를 조절한다. 동물에서 형태형성적 세포 이동의 중심 내용은 세포 부착성의 변화이며, 이는 세포의 원형질막과 세포외기질에 있는 거대 분자들의 조성 변화로 인해 매개된다. 세포 간 상호작용은 흔히 캐드헤린(cadherin)에 의해 매개되지만, 세포-기질의 상호작용은 인테그린-세포외기질(integrin-to-extracellular-matrix)의 상호작용이 연계되어 있다.

캐드헤린

캐드헤린은 인간에서 80개 이상이 동정된 커다란 유전자 집단이다. 초파리, 꼬마선충, 그리고 인간의 게놈 모두에서 여러 개의 하위 그룹으로 구분될 수 있다.

캐드헤린은 모두 **캐드헤린 도메인**(cadherin domain)을 가지는 막관통(transmembrane) 단백질이다. 캐드헤린 도메인은 세포외 부분에 존재하는 110개의 아미노산으로 이루어져 있으며, 같은 캐드헤린끼리 **친동종결합**(homophilic binding)을 하는데, 이는 칼슘 의존적 결합(Ca^{2+}-dependent binding)이다.

체외에서 세포들이 서로 응집하는 실험은 캐드헤린의 기능을 잘 나타내고 있다. 같은 캐드헤린을 가지는 세포는 특이적으로 서로 잘 부착하는 반면, 다른 캐드헤린을 가진 세포에는 부착하지 않는다. 만약 서로 다른 캐드헤린을 가지는 세포 집단을 섞어 놓은 후 재응집하도록 한다면, 세포 표면에 존재하는 캐드헤린의 특성에 따라 두 집단의 세포들로 나누어질 것이다.

캐드헤린 작용의 한 예는 척추동물의 신경계 발생에서 볼 수 있다. 배아 외배엽 세포의 모든 표면에서는 E-캐드헤린이 발현되는데, 신경계의 형성은 배아의 등쪽 표면 중앙선에 있는 세포가 E-캐드헤린의 발현을 중지하고, N-캐드헤린을 발현하면서 시작된다. **신경관 형성**(neurulation) 과정에서 N-캐드헤린을 발현하는 중앙 지역의 세포는 접혀서 신경관을 형성한다(47장 참조). 그 다음 신경관은 지속적으로 E-캐드헤린을 발현하는 위의 세포층으로부터 떨어져 나온다. 신경관의 바깥쪽 표면 세포는 피부의 표피로 분화하는 반면, 신경관은 배아의 뇌와 척수로 발달한다.

인테그린

결합조직과 같은 몇몇 조직에서는 세포 **사이**의 공간이 조직 부피의 대부분을 차지한다. 이 공간은 주변 세포로부터 분비된 물질로 채워져 있으며, 이를 **기질**(matrix)이라고 한다. 연골 같은 결합조직은 긴 다당류 사슬이 프로테오글리칸(proteoglycans)이라고 부르는 단백질에 공유결합으로 연결되어 있는데, 그 안에는 콜라겐(collagen), 엘라스틴(elastin), 파이브로넥틴(fibronectin) 같은 섬유성 단백질이 묻혀 있다. 이동하는 세포는 인테그린(integrin)이라고 부르는 세포 표면 단백질이 기질에 결합함으로써 기질을 가로지를 수 있게 된다.

인테그린은 세포골격의 액틴 필라멘트(actin filament)에 부착하여 마치 두 손과 같이 쌍으로 세포 표면에서 돌출된다. 그 "손(hand)"은 콜라겐 또는 파이브로넥틴과 같은 기질의 특정 구성 성분을 붙잡아 세포골격을 기질의 섬유에 연결한다. 이런 결합은 세포 안에서의 변화를 개시하고, 세포골격의 성장을 변하게 하며, 유전자 발현과 새로운 단백질의 생산을 촉진한다.

47장에 자세히 설명되어 있듯이, 동물 발생 중 가운데가 비어 있는 공 모양의 배아에서 세포가 스스로 다층 구조를 형성하기 위해 안으로 이동하여 형성된 **낭배**(gastrulation)는 파이브로넥틴과 인테그린 간의 상호작용에 의존한다. 예를 들어, 파이브로넥틴이나 인테그린 항체를 도롱뇽의 배아에 주입하면 ECM에 있는 파이브로넥틴에 세포의 부착이 차단되고 낭배 형성이 저해된다. 이러한 결과는 마치 고속도로 위에서 큰 사고 후 뒤따르는 교통체증과 같은 것이다. 즉, 세포(차량)가 계속 오지만 저해된 지역(사고 지점)을 넘어갈 수 없기

과학적 사고

가설: 파이브로넥틴이 낭배 형성과정에서 세포의 이동을 위해 필요하다.
예측: 낭배기 이전에 파이브로넥틴 항체를 처리하여 파이브로넥틴을 억제하면 세포 이동을 멈출 수 있다.
실험: 낭배기 이전의 도룡뇽 배아에 파이브로넥틴 항체를 처리하고, 대조구로 면역전 혈청을 주입한 후, 세포 이동을 사진을 찍어 조사하였다.

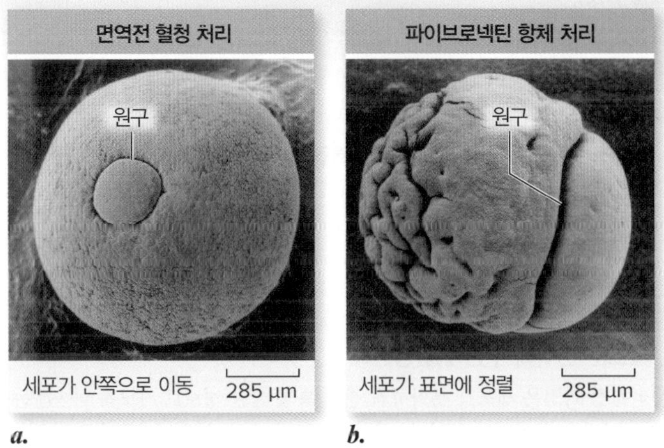

결과: 파이브로넥틴 항체를 주입한 배아는 세포가 배아의 내부로 들어가지 못하고 쌓이는 비정상적인 낭배 형성을 보였다. 반면, 대조구 배아는 정상적으로 낭배를 형성하였다.
결론: 파이브로넥틴은 낭배 형성과정에서 세포가 배아의 내부로 이동하는 데 필요하다.
추가 실험: 초기 형태형성 과정에서 파이브로넥틴의 또 다른 역할을 분석하는 데 있어서 어떻게 동일한 시스템을 이용할 수 있을까?

그림 17.21 낭배 형성과정에서 세포의 이동에 필요한 파이브로넥틴.

때문에 뒤로 밀린다(**그림 17.21**). 이와 유사하게 파이브로넥틴 유전자의 발현을 제거한 쥐는 배아 중배엽 세포의 이동, 증식 그리고 분화에서 총체적인 결함을 보인다.

따라서 세포의 이동은 대체로 세포 부착의 패턴 변화의 문제이다. 세포는 이동하면서 환경의 특성을 탐지하기 위해 돌출부를 계속 확장시키는데, 이런 방법 및 또 다른 잠정적인 부착에 의해 세포는 말 그대로 최종 목표 지점을 향한 자기의 길을 가게 된다.

핵심 요약 17.7

형태형성은 정돈된 형태와 구조의 생성이다. 이 과정은 세포 분화와 함께 진행된다. 형태형성의 주요 기작은 세포의 형태 변화와 이동이다. 세포예정사는 형태형성의 필수 부분으로 프로그램된 세포의 죽음이다. 동물에서의 세포 이동은 캐드헤린과 인테그린으로 인해 부착과 탈착이 교대로 일어나는 과정이다.

- 세포사멸이 형태형성에 중요한 이유는 무엇일까?

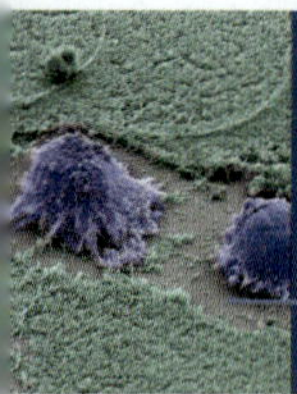

핵심 개념 요약

17.1 발생의 과정

발생은 일생 동안 체계적으로 일어나며 유전자에 의해 유도되는 결과이다. 발생의 4가지 하위 과정은 세포분열, 세포 분화, 패턴형성 및 형태형성이다.

17.2 세포분열

■ 발생은 세포분열로부터 시작된다

동물에서는 난할 단계의 분열로 인해 수정란을 할구라고 불리는 수많은 작은 세포들로 나눈다. 난할 동안 세포주기의 G_1기 및 G_2기가 단축되거나 생략된다(**그림 17.2**).

■ 꼬마선충의 발생에서 모든 세포분열은 알려져 있다

꼬마선충 성체의 959개 세포는 변하지 않는다. 분화의 단계와 결과에 대한 지식은 발생 기작의 연구를 가능하게 한다.

■ 식물의 생장은 분열조직이라는 특정 부위에서 일어난다

식물은 어떤 조직으로도 분화할 수 있는 분열조직의 줄기세포를 통해 일생 동안 성장한다.

17.3 세포 분화

■ 세포는 분화되기 전에 결정된다

운명 결정 과정은 세포가 분화하기 전에 특정 발달 경로로 가도록 약속하는 것이다. 이것은 보이지는 않지만, 실험적으로 추적할 수 있다. 운명 결정은 세포질 인자를 차등적으로 물려받거나 세포 간의 상호작용으로 인해 일어난다.

■ 세포 운명의 결정은 세포질 결정인자 때문이다

피낭류에서 꼬리근육 세포의 결정은 배우자 형성과정에서 난자 세포질에 축적된 Macho-1 전사인자의 mRNA에 의존한다.

■ 유도는 세포 분화를 유발한다

유도는 한 종류의 세포가 이웃한 표적 세포에서 유전자 발현을 일으키는 신호분자를 생성할 때 일어난다. 개구리에서 동물극과 식물극 세포는 각각 분리되었을 때 중배엽으로 발생하지 않는다. 피낭류에서 FGF 생장인자의 신호는 중배엽 발생을 유도한다.

■ 줄기세포는 분열하여 분화하는 세포를 생성할 수 있다

줄기세포는 세포분열에 의해 자기 자신을 대체하고, 분화하는 세포를 생성한다. 전능성 줄기세포는 배외 조직을 포함하여 모든 유형의 세포로 될 수 있다. 전분화능 세포는 생물체의 모든 세포로 될 수 있으며, 다분화능 줄기세포는 많은 종류의 세포를 만들 수 있다.

■ 배아줄기세포는 배아에서 유래한 전분화능 세포이다

배아줄기세포는 배반포의 내세포덩어리에서 유래하며(**그림 17.8**), 생쥐에서 모든 성체 조직으로 분화할 수 있다.

17.4 핵의 재프로그래밍

■ 운명 결정을 되돌리는 것은 복제를 가능하게 한다

세포는 발생 중에 비가역적인 변화를 겪지 않는다. 그러나 나이가 많은 기증자의 이식된 핵은 완전한 발생을 유도할 수 있는 능력이 떨어진다. 복제양 돌리는 성체 세포의 핵이 전능성 핵으로 재프로그래밍될 수 있음을 보여주었다(**그림 17.9**).

■ 생식 복제에는 고유한(내재된) 문제가 있다

생식 복제는 성공률이 낮고 복제된 동물은 나이와 관련된 질병을 일으키는 경우가 많다. 복제는 후성유전학적 변형으로 인해 재프로그래밍하기가 어렵기에 비효율적이다.

■ 핵의 재프로그래밍은 정제된 전사인자를 사용하여 성공했다

성체 세포는 4개의 전사인자 유전자를 도입함으로써 전분화능 세포로 전환될 수 있다. 유도된 전분화능 세포들은 ES 세포와 유사하다.

■ 전분화능 세포는 조직을 대체할 수 있다

손상된 조직을 대체하기 위해 환자로부터 복제한 세포를 사용하면 이식 거부 문제를 피할 수 있다. 실명 상태를 치료하기 위해 iPS 세포를 사용한 임상 시험이 진행 중이다.

17.5 패턴형성

■ **초파리 배아 발생으로부터 체절화된 유충이 생성된다**

모체로부터 받은 mRNA의 공헌으로부터 수정 후 세포성 배반엽이 만들어지는 과정에서 배아의 체절이 형성된다.

■ **형태형성물질의 기울기로 인해 초파리의 기본 몸 축이 형성된다**

패턴형성은 좌우대칭 생명체에서 2개의 수직축을 생성한다. 위치 정보는 세포의 유전자 활성을 변하게 하여, 세포가 자신의 위치에 적합한 운명을 취하게 된다.

앞-뒤(A/P)축은 모체 mRNA로부터 합성된 바이코이드와 나노스라는 형태형성물질의 서로 반대 방향의 기울기에 근거하여 형성된다(**그림 17.14**와 **17.15**).

등-배(D/V)축은 도살 전사인자의 기울기로 인해 확립된다. 전사인자의 연속적인 작용은 배아를 체절로 나눈다.

■ **체제는 유전자의 순차적 활성화로 인해 생성된다**

■ **체절의 정체성은 호미오유전자의 작용으로 만들어진다**

호미오유전자의 돌연변이는 몸의 한 부분을 다른 부분으로 전환한다. 이 유전자는 체절의 정체성을 조절한다.

17.6 패턴형성의 진화

■ **유전자 발현의 변화는 표현형 변화를 유발한다**

성게류의 직접 발생과 간접 발생은 유전자 발현의 변화에 기인하며, 성게 종간의 서로 다른 유전자 집단과는 관련이 없다.

■ **패턴형성은 적은 수의 조상 유전자에 의해 조절된다**

초파리의 혹스 유전자들은 안테나페디아복합체와 2중흉부복합체라는 2개의 집단으로 존재한다. 이 유전자들은 DNA 결합 도메인을 암호화하는 호미오박스를 가지고 있다. 척추동물에서는 관련 유전자가 혹스 유전자 집단이라는 단일 복합체에서 발견되는데, 이 집단은 4개가 있다.

■ **식물의 패턴형성 또한 유전적 조절하에 있다**

식물에는 혹스 유전자와 *MADS* 박스 유전자가 있다. 혹스 유전자는 발생 기능을 가지지만, *MADS* 박스 유전자는 동물의 혹스 유전자와 비슷하게 패턴형성에 작용한다.

■ **발생 기작의 진화**

이시성은 발생 시기의 변화이다. 상동이질형성은 발생운명을 바꾸기 위해 유전자의 발현 양상을 변화시킨다. 전사 또는 신호전달경로의 변화는 발생을 바꿀 수 있다.

17.7 형태형성

■ **발생 중 세포분열은 불균일한 세포질 분열을 초래할 수 있다**

■ **형태형성이 진행됨에 따라 세포의 모양과 크기가 바뀐다**

세포분열 시 방추사의 방향에 따라서 크기가 같거나 다른 세포가 나타날 수 있다. 형태형성은 세포의 모양과 크기 및 세포 이동의 변화를 포함한다.

■ **세포예정사는 발생의 필수 부분이다**

세포의 프로그래밍된 죽음인 세포예정사는 더 이상 필요하지 않게 된 구조물을 제거한다(**그림 17.20**).

■ **세포 이동을 통해 올바른 세포가 적절한 장소에 위치한다**

세포의 이동에는 세포와 기질 사이의 부착과 탈착이 필요하다.

세포 간 상호작용은 종종 캐드헤린 단백질로 인해 매개되는 반면 세포-기질 간 상호작용은 인테그린과 세포외기질 간의 상호작용을 포함할 수 있다.

인테그린은 세포외기질에 있는 섬유에 결합한다. 이 작용은 세포 골격을 변형시키고 유전자 발현을 활성화시킬 수 있다.

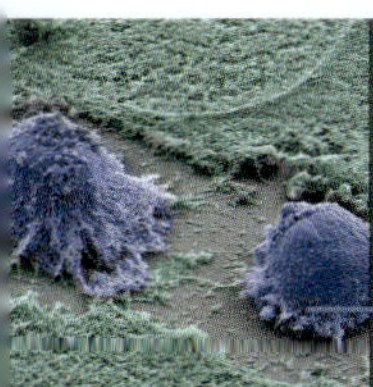

연습문제

■ 1단계. 이해력 확인하기

1. 발생 동안 세포는 어떻게 되는가?

   a. 운명이 결정되기 전에 분화된다.
   b. 분화되기 전에 운명이 결정된다.
   c. 유전물질을 잃어버림으로써 운명이 결정된다.
   d. 유전물질을 잃어버림으로써 분화된다.

2. 세포 운명 결정은 무엇으로 인해 일어날 수 있는가?

   a. 세포질에 있는 운명 결정인자들의 작용
   b. 다른 세포에 의한 유도
   c. 세포분열 시 염색체의 손실
   d. a와 b 모두

3. 발생 초기 단계에서 빠른 세포분열이 가능한 것은 무엇이 짧아졌기 때문인가?

   a. M기
   b. S기
   c. G_1기와 G_2기
   d. a, b, c 모두

4. 전분화능(pluripotent) 세포는 무엇을 할 수 있는 세포인가?

   a. 생물체 내의 모든 유형을 만들 수 있다.
   b. 한 가지 세포 종류를 무제한 생산한다.
   c. 특별한 종류의 세포를 한정적으로 생산할 수 있다.
   d. 여러 가지 세포 종류를 생산할 수 있다.

5. 다음 중 식물의 분열조직의 특징은 무엇인가?
   a. 발생 기간에만 존재한다.
   b. 줄기세포를 가지고 있다.
   c. 감수분열을 한다.
   d. a, b, c 모두 맞다.
6. 패턴형성은 세포가 배아 내에서 자신의 위치를 결정하게 한다. 이것이 가능할 수 있는 기작은 무엇인가?
   a. 유전물질의 상실
   b. 염색체 구조의 변화
   c. 형태형성 물질의 기울기
   d. 세포 주기의 변화
7. 핵의 재프로그래밍 과정은 무엇인가?
   a. 패턴형성의 정상적인 부분이다.
   b. 세포의 분화 시기 동안 일어나는 변화의 순서에 역행한다.
   c. 새로운 DNA의 도입이 요구된다.
   d. 포유동물에서는 가능하지 않다.

▪2단계: 적용력 평가하기

1. 유도 혹은 세포질 결정인자에 의한 세포 운명 결정의 공통적인 주제는 무엇인가?
   a. 전사인자들의 활성
   b. 세포분열의 활성
   c. 유전자 발현의 변화
   d. a와 c 모두
2. 생식 복제에 대해 맞는 진술은 무엇인가?
   a. 핵의 재프로그래밍이 가능하다는 것을 보여준다.
   b. 포유동물에서 효율이 매우 높다.
   c. 공여자와 동일한 성숙한 동물을 항상 생산할 수 있다.
   d. a와 b 모두
3. 초파리에서 앞-뒤와 등-배축 형성에 대해 옳은 설명은 무엇인가?
   a. 둘 다 mRNA의 기울기를 사용한다.
   b. 개념적으로는 비슷하나 기작이 다르다.
   c. 정확히 같은 기작을 사용한다.
   d. 둘 다 단백질의 기울기를 사용한다.
4. 패턴형성이 일어나기 위해서 발생 중인 배아에서 세포는 어떠해야만 하는가?
   a. 배아에 있는 자신의 위치를 '알아야' 한다.
   b. 가장 초기의 세포분열 동안 결정된다.
   c. '태어난' 대로 분화된다.
   d. 각 세포분열 후 모두 재프로그래밍되어야 한다.
5. 초파리에서 형태형성 물질의 기울기를 만드는 유전자들의 돌연변이가 모두 동정되었다. 앞-뒤 형태형성 물질 기울기를 없애는 돌연변이는 어떠할 것으로 생각되는가?
   a. 성체가 아니라 유충이 영향을 받는다.
   b. 유충이 아니라 성체가 영향을 받는다.
   c. 치명적이고 비정상적인 배아를 만든다.
   d. 성체의 한 구조를 다른 것으로 대체하여 생산한다.
6. 세포예정사의 수준에서 *bcl*-2 유전자의 돌연변이 결과는 어떻게 나타날까?
   a. 변화가 없다.
   b. 세포예정사는 감소한다.
   c. 세포예정사는 증가한다.
   d. 세포예정사는 처음에는 감소하다가 후에 증가한다.
7. 다음 중 *MADS* 박스와 혹스 유전자의 특성은 무엇인가?
   a. 각각 식물과 동물에서만 발견된다.
   b. 각각 동물과 식물에서만 발견된다.
   c. 각각 식물과 동물의 발생에서 유사한 역할을 가지고 있다.
   d. 각각 동물과 식물의 발생에서 유사한 역할을 가지고 있다.

▪3단계: 사고력 함양하기

1. 꼬마선충의 운명지도(**그림 17.3** 참조)는 하나의 단일 세포로부터 다세포의 생명체로의 발생을 도표로 나타낸 것이다. 운명지도를 사용하여 (a) 신경계와 (b) 생식선이 될 세포 집단을 확립하려면 몇 번의 세포분열이 필요한지 설명하시오.
2. **그림 17.3**의 꼬마선충의 운명지도를 주의 깊게 살펴보면 몇몇 분기점(딸세포)에서는 더 이상의 세포를 생산하지 않음을 알 수 있다. 이러한 양상에는 어떤 세포 기작이 관여하고 있는가?
3. 다음과 같은 생쥐의 돌연변이 배아세포를 생산했을 때, 각각에 대한 발생 결과를 예측하시오.
   a. N-캐드헤린 유전자의 제거
   b. 인테그린 유전자의 제거
   c. 인테그린의 세포질 도메인의 제거
4. 성체 세포를 재프로그램하기 위해 필요한 인자와 어떤 종류의 세포로든 분화를 유도하는 데 필요한 인자들을 가지고 있다고 할 때, 환자의 손상된 특정 조직을 대체하기 위해 이들 인자를 어떻게 사용할 수 있는가?

18

집단 내의 유전자

18.1 유전적 변이와 진화
18.2 대립유전자 빈도의 변화
18.3 진화적 변화의 5가지 요인
18.4 자연선택의 정량화
18.5 생식 전략
18.6 변이 유지에서 자연선택의 역할
18.7 다중유전자에 의해 영향받는 형질에 작용하는 선택
18.8 자연선택의 실험적 연구
18.9 진화력의 상호작용
18.10 자연선택의 한계

도입

대부분 집단의 개체는 표현형과 유전자형이 매우 다양하다. 종종 개체의 특정 형질이 생존, 생식 기회 및 자손의 번성에 중요한 영향을 미친다. 진화는 이러한 요인들에 의해 집단 내에서 서로 다른 대립유전자 빈도가 증가하거나 감소함으로써 일어난다. 언뜻 보기엔 간단한 이 문제는 진화 생물학의 핵심이 되는데, 이것이 18~21장의 주제이다.

18.1 유전적 변이와 진화

학습 목표

1. 진화와 집단유전학을 정의할 수있다.
2. 집단 내 변이의 중요성과 규모를 설명할 수 있다.

유전자 변이(genetic variation)라는 용어는 집단의 개체에서 발견되는 유전자의 서로 다른 대립유전자를 의미한다. 자연 집단 내에는 이러한 변이를 보이는 유전자가 많이 존재한다. 이번 장에서는 자연 집단에서의 유전적인 변이 및 집단 내 대립유전자의 빈도를 변화시키는 진화의 힘에 대해 알아본다.

진화(evolution)라는 용어는 현재 자연과학과 사회과학에서 널리 사용되고 있다. 진화는 각 집단이 시간이 지남에 따라 어떻게 변화되는지를 나타낸다. 생물학에서 현대적 진화의 개념은 다윈의 대표 저서인 〈종의 기원(On the Origin of Species)〉에 언급되었지만, 다윈은 5판까지 진화라는 용어를 사용하지 않았고, 오히려 "변이의 유전(descent with modification)"이라는 표현을 사용했다.

더 많은 복잡한 정의들이 제안되었지만, 다윈의 표현이 생물학적 진화의 본질을 가장 잘 나타낸다. 시간이 지나면서 종이 변이를 축적하고, 그 결과 자손은 조상과는 달라지며, 이러한 방식으로 현존하는 종으로부터 새로운 종이 탄생하게 된다.

많은 과정이 진화적 변화로 이어진다

다윈의 생각이 어떻게 발전되었는지에 대해서는 WEB1장에서 살펴보았다. 다윈이 진화론을 처음 제안한 것은 아니었다. 오히려 그는 우리 주변의 많은 종류의 생물체가 진화의 과정에 의해 생성된다고 추론한 선대 철학자들과 자연주의자들의 맥을 따른 것이다.

그러나 다윈은 이전 학자들과 달리 자연선택을 진화의 메커니즘으로 제시했다. 자연선택은 집단 내에서 몇몇 개체가 조상으로부터 물려받은 특정 형질을 소유하고 이러한 특성이 없는 개체보다 생존한 자손이 더 많을 때, 즉 더 살아남기 쉬운 많은 생존 자손을 낳을 때 진화적 변화를 만든다. 그 결과 집단에는 점진적으로 유리한 형질을 가진 개체가 더 많이 분포하게 된다. 이런 방식으로 집단은 진화하고 주어진 환경에 더 잘 적응하게 된다.

한 집단이 시간이 지남에 따라 어떻게 변하는지 모니터링하는 한 가지 방법은 한 세대에서 다음 세대로 유전자의 대립유전자 빈도의 변화를 보는 것이다. 자연선택은 특정한 대립형질을 가진 개체를 선호함으로써 **대립유전자 빈도**(allele frequencies) 변화를 유도하지만, 이런 변화는 다른 요인에 의해 일어날 수도 있다. 돌연변이가 반복적으로 일어나거나, 이주 집단에 의해 새로운 대립유전자가 도입되는 경우에도 변화가 일어날 수 있다. 또한 집단이 아주 작을 때 우연적인 효과에 의해 무작위로 변화할 수도 있다. 자연선택이 이런 다른 요인들을 압도하는 경우가 많기는 하지만, 그렇지 않은 경우도 흔하게 나타난다.

진화는 한 집단의 유전적 구성에 변화를 일으키는 어떤 과정으로부터도 발생할 수 있다. 그러므로 우리는 **집단유전학**(population genetics)을 고려하지 않고 진화에 대해 말할 수 없으며, 집단 내 유전적 변이에 대한 연구를 할 수 없다.

집단에는 풍부한 유전적 변이가 존재한다

진화가 일어나려면 유전적 변이가 필요하다. 결과적으로, 생물학자들은 항상 자연 집단 내에 얼마나 많은 유전적 변이가 존재하는지 알고 싶어했다. 이제는 단백질, 유전자, 게놈 등 다른 수준에서 변화를 분석할 수 있는 좀 더 정교한 도구들을 이용하여 집단 내의 유전적 변이에 대해 알아낼 수 있게 되었다.

초기 접근법은 가장 명백한 차이점인 형태적 변이를 조사했다. 많은 경우에, 이러한 표현형 변이는 근본적인 유전적 차이의 결과물이

그림 18.1 다형적 변이.
루핀(*Lupinus*) 자연집단의 꽃 색깔은 상당한 변이를 보인다. 개체의 차이는 유전되고 자손에게 전달된다.

그림 18.2 인간 집단 내의 변이.

다. 이 경우 자연 집단은 **그림 18.1**처럼, 일반적으로 상당한 유전적 변이를 보인다.

인간의 모든 변이를 고려해 보자. 피부색, 눈색, 머리색, 키, 눈과 코 모양, 혈액형, 배꼽 모양, 그리고 이 외에도 더 많은 변이들이 있다. 대부분의 인간의 변이는 근본적인 유전적 차이의 결과물이다(**그림 18.2**).

집단 내 유전적 변이를 직접 분석하기 위해 첫 번째로 접근한 방법은 효소 인코딩 유전자의 대체 대립유전자에 의해 생성된 단백질을 분리하기 위해 전기영동을 사용한 것이다(16장 참조). 각 실험실에서 개발한 DNA 분석 도구를 이용하여 자연 집단에서 수집된 시료들을 모아 분석하였다. 이를 통해 세부적으로 **제한효소단편길이다형성**(restriction fragment length polymorphism, RFLP; 16장 참조) 및 특정유전자의 염기서열과 최근에는 전체 게놈의 염기서열까지 검토하게 되었다.

유전자 지도와 집단 수준 변이의 분석을 위한 가장 유용한 도구 중 하나는 단일염기다형성(single-nucleotide polymorphism, SNP)이다. 이는 집단에 1% 이상 존재하는 개인들 사이의 단일 염기 차이로 정의된다(WEB3장 참조). 초기 대규모의 국제적 노력으로 인간 게놈에서 수백만개의 SNP가 발견되었으며, 이는 현재 우리가 알고 있는 바로는 매우 적게 추정된 수치이다.

이러한 변이는 다른 많은 관심 종에서도 분석되고 있다. 대부분의 종에 대한 결과는 인간의 결과와 비슷하며, 보다 면밀히 볼수록 더 많은 변화가 나타난다. SNP가 흥미를 불러일으키는 한 가지 이유는 여러 표본의 분석을 자동화할 수 있기 때문이다. SNP 데이터는 현재 300종 이상에 대해 이용 가능하며, 대부분의 유전적 변이의 보편성을 나타내고 인간 및 자연 집단의 패턴을 평가하기 위한 도구를 제공한다.

게놈의 염기서열을 보다 명확히 분석함에 따라 점점 더 많은 변이가 발견되고 있다. 개인의 완전한 게놈을 염기서열화 하는 것이 더 쉽고 저렴해졌다. 결과적으로, 연구자들은 이제 전체 게놈 분석을 통해서 집단 내에서의 유전자 변이 정도를 비교하고 있다.

당연히 이러한 노력은 인류에게 가장 진보된 것이다. 1000 게놈 프로젝트는 초기에는 1000명의 게놈 염기서열을, 궁극적으로는 세계의 5개 주요지역의 2500명의 염기서열을 분석하는 목표를 세웠다. 2015년에 완료된 이 프로젝트는 집단 내와 집단 간의 광범위한 변이를 기록하였다. 전체적으로 이 프로젝트를 통해, 개인 사이에서 8500만 개의 SNP, DNA가 삽입 또는 결실된 360만 개의 짧은 부분, 생산하는 단백질이 달라 개인 간의 대립유전자의 차이를 나타내는 6만 개의 유전자 등을 알게 되었다. 또한 각각의 개체는 평균적으로 유전자를 작동하지 못하도록 하는 250~300개의 대립유전자 및 희귀 유전 장애와 연관된 것으로 알려진 24~30개의 대립유전자를 갖는 것으로 밝혀졌다. 게다가, 게놈의 어떤 부분은 다른 부분보다 훨씬 더 많은 변이를 가지고 있다. 조사된 집단에서 유전적 변이는 비교적 차이가 없었지만, 몇 가지 유전자에서 약간의 차이가 발생했으며 그중 일부는 다른 환경에 대한 적응과 관련이 있는 것으로 보인다. 수만, 심지어 수십만 명의 게놈 염기서열 분석을 위해 보다 야심찬 노력이 진행되고 있다.

자연 집단의 유전적 변이에 대한 연구도 진행 중이다. 실험용 초파리(*Drosophila melanogaster*)에서 1000개가 넘는 게놈이 완성되었다. 이들 게놈은 광범위한 변이를 보였다. 하지만 흥미롭게도 게놈의 일부 영역은 인간과 마찬가지로 다른 영역보다 더 변화가 많았으며 변이의 양상은 집단 간에 차이가 있었다. 또 다른 연구에서는 133마리의 붉은털원숭이(*Macaca mulatta*) 게놈의 서열을 분석하여 이들 원숭이들 사이에 상당한 변이가 있음을 밝혀냈다. 의심할 여지없이, 앞으로 몇 년 안에 많은 종의 생물들의 염기서열 분석이 진행될 것이며, 이를 통해 집단 변이에 대한 이해를 크게 향상시킬 것이다.

핵심 요약 18.1

진화는 변이의 유전으로 설명될 수 있다. 진화가 일어나기 위해서는 변이가 필요하며, 대부분의 집단은 광범위한 표현형 및 유전적 변이를 포함한다. 집단유전학은 이러한 변이성을 연구한다.

- 진화가 일어나기 위해 집단의 유전적 변이가 필요한 이유는 무엇일까?

18.2 대립유전자 빈도의 변화

학습 목표

1. 하디-바인베르크 원리를 설명할 수 있다.
2. 하디-바인베르크 평형 상태에 있는 집단의 특징을 설명할 수 있다.
3. 진화 과정이 어떻게 작동되는지에 대해 설명할 수 있다.

1800년대 중반 다윈(Charles Darwin)과 그 시대 사람들에게 자연 집단 내의 유전적 변이는 수수께끼였다. 멘델(Gregor Mendel)이 같은 기간 동안 실험을 수행했지만, 그의 작업은 거의 알려지지 않았다. 그 후 과학자들은 선택은 항상 최적의 형태를 선호해야 하며, 따라서 변이는 제거되는 경향이 있다고 생각했다. 더욱이, 자손은 양쪽 부모의 표현형의 중간에 있을 것으로 예상되는 **혼합유전**(blending inheritance) 이론이 널리 받아 들여졌다. 만약 혼합유전이 맞다면, 새로운 유전적 변이의 효과는 세대를 거듭할수록 빠르게 사라지게 될 것이다. 예를 들어, 돌연변이로 인해 개인의 키가 평균치보다 10 cm 더 크다면 그 돌연변이가 없는 개인과 교배한 결과인 그 자손은 5 cm만 더 클 것이고, 다음 세대의 자손은 그 효과가 완전히 사라질 때까지 2.5 cm만 더 클 것이다.

하디-바인베르크 원리는 유전자형의 빈도를 예측할 수 있게 한다

멘델의 유전법칙의 재발견에 이어 집단 내에 유전적 변이가 어떻게 유지되는지는 1908년 영국 수학자인 하디(Godfrey H. Hardy)와 독일 물리학자인 바인베르크(Wilhelm Weinberg)의 연구에 의해 밝혀졌다. 이들은 처음에는 왜 많은 세대를 거듭한 후에도 집단이 지배적인 표현형을 가진 개체들만으로 구성되지 않는지에 대해 의문을 가졌다. 이들이 내린 결론은 한 집단에서 다음과 같은 전제 조건이 충족된다면 원래의 유전자형 비율은 세대가 거듭되어도 일정하게 유지된다는 것이다.

1. 돌연변이가 발생하지 않는다.
2. 다른 곳으로 유전자가 전이되지 않는다(유전적 교류가 일어나지 않는다).
3. 교배가 무작위로 이루어진다(개체는 표현형 또는 유전자형에 따라 짝을 선택하지 않는다).
4. 집단의 규모가 매우 크다.
5. 선택이 일어나지 않는다.

유전자형의 비율이 변하지 않기 때문에 **하디-바인베르크 평형**(Hardy-Weinberg equilibrium)이라고 한다.

두 개의 대립유전자가 있는 하디-바인베르크 식: 이항 정리

하디-바인베르크 원리는 하나의 수학적인 식으로 나타낼 수 있다. 예를 들어 검은 고양이 84마리와 흰 고양이 16마리로 이루어진 100마리의 고양이 집단에서 2가지 색의 고양이 비율은 0.84(84%)대 0.16(16%)이 된다. 이 표현형의 빈도로부터 집단 내 유전자의 대립유전자 빈도(allele frequency)를 계산해 낼 수 있을까?

흰 고양이는 열성인 동형접합자(homozygote)를 가진다고 가정하여 대립형질을 b로 표시하고, 검은 고양이는 우성으로 동형접합자를 가진 것을 BB로, 이형접합자(heterozygote)를 가지는 것을 Bb로 나타낸다. 집단이 하디-바인베르크 평형 상태에 있다는 가정하에 두 대립유전자의 빈도는 검은 고양이와 흰 고양이의 비율로부터 계산해 낼 수 있다.

p가 B 대립유전자의 빈도를 지정하고 q가 다른 대립유전자의 빈도를 지정한다고 하자. 이를 대립유전자 빈도라 부른다. 대립유전자는 2개뿐이므로 $p+q$는 항상 1(즉, 전체 모집단)이어야 한다. 또한, 3가지 유전자형 빈도의 합도 1이 되어야 한다. 어떤 개체가 2개의 B 대립유전자를 가질 확률은 단순히 각각의 대립유전자가 모두 B일 경우이다. 두 사건이 독립적으로 일어날 확률은 각 사건의 확률의 곱과 같다. 이 경우 개체가 아버지로부터 B 대립유전자를 받을 확률은 모집단 p의 대립유전자 빈도 p와 동일하며, 개체가 어머니로부터 B 대립유전자를 받을 확률도 p이므로 확률은 2가지 모두 $p \times p = p^2$이다(**그림 18.3**). 같은 추론으로 한 개체가 2개의 b 대립유전자를 가질 확률은 q^2이다.

한 개체가 이형접합자일 확률은 얼마일까? 이형접합이 되는 방식은 2가지가 있다. 한 개체가 아버지로부터 B를 물려받고 어머니로부터 b를 물려받는 경우와 그 반대인 경우가 있다. 첫 번째 경우일 가능성은 $p \times q$이고, 두 번째 경우일 가능성은 $q \times p$이다. 두 경우 모두 이형접합이 되므로 결과는 그 합인 $2pq$가 된다.

이를 요약하면 한 집단이 p와 q의 빈도로 하디-바인베르크 평형을 따른다면,각 개체가 3가지의 가능한 표현형을 따를 확률의 합은 $p^2+2pq+q^2$가 되는데, 이는 다음과 같은 이항식으로 나타낼 수 있다.

$$(p+q)^2 = p^2 + 2pq + q^2$$

마지막으로,이 확률을 사용하여 집단이 하디-바인베르크 평형에 있다는 가정하에 집단 내의 유전자형 분포를 예측할 수 있다. 어떤 개체가 이형접합체일 확률이 $2pq$라면, 집단 내에서 이형접합 개체의 비율은 $2pq$가 될 것이고, 유사하게 BB 및 bb 동형접합체의 빈도는 p^2 및 q^2으로 예상할 수 있다.

위의 예로 돌아가면, 고양이의 16%는 흰색이다. 흰색이 열성 형질이라면, 이는 그러한 개체가 유전자형 bb를 가져야 함을 의미한다. 이 유전자형의 빈도가 $q^2=0.16$(흰 고양이의 빈도)이면 q(B 대립유전자의 빈도)$=0.4$(0.4는 0.16의 제곱근)이다. 따라서 $p+q=1$이므로 대립유전자 B의 빈도 p는 $1.0-0.4=0.6$이 된다(빈도는 모두 더해 1이 되어야 함을 기억하자). 이제 예상되는 **유전자형 빈도**(genotype frequencies)를 쉽게 계산할 수 있다. 우성 동형접합체인 BB 고양이는 p^2 그룹을 구성할 것이며, 100마리의 고양이 집단에서

$p^2=(0.6)^2=0.36$, 또는 36개의 우성인 동형접합체 *BB* 개체가 될 것이다. 이형접합성 고양이는 *Bb* 유전자형을 가지며, $2pq$, 또는 $(2\times0.6\times0.4)=0.48$, 또는 48개의 이형접합성 *Bb* 개체에 상응하는 빈도를 가질 것이다.

하디-바인베르크 식을 이용한 다음 세대의 빈도 예측

하디-바인베르크 식은 11장에서 설명한 퍼네트 사각형(Punnett square)을 표현하는 방법으로 빈도수 p와 q로 정의된 2개의 대립유전자를 사용한다. **그림 18.3**에서처럼 유성생식 동안에 발생한 유전적 재배열을 추적할 수 있고, 다음 세대에서 *B*와 *b* 대립유전자의 빈도에 어떤 영향을 미치는지 알 수 있다.

이 그림에서 고양이의 정자와 난자 간 결합은 무작위라고 가정했다. 따라서 대립유전자는 원래 발생 비율대로 다음 세대에 나타난다. 각 세대의 개별 난자 또는 정자는 *B* 대립유전자를 받을 확률이 0.6($p=0.6$)이고, *b* 대립유전자를 받을 확률이 0.4이다($q=0.4$).

따라서, 다음 세대에서 *B* 대립유전자끼리 조합할 가능성은 p^2, 0.36(즉, 0.6×0.6)이며, 집단 내 개체의 대략 36%가 계속해서 *BB* 유전자형이 된다. 반면 *bb* 개체의 빈도는 $q^2(0.4\times0.4)$이므로 계속 약 16%이며, *Bb* 개체의 빈도는 $2pq(2\times0.6\times0.4)$, 평균 48%가 된다.

표현형으로 집단의 규모가 100마리의 고양이 집단에서 대략 84마리의 검은 고양이(*BB* 또는 *Bb* 유전자형이 있는)와 16마리의 흰 고양이(*bb* 유전자형이 있는)를 볼 수 있다. 감수분열과 유성생식 동안 발생하는 유전자의 섞임에도 불구하고 대립유전자, 유전자형 및 표현형 빈도는 한 세대에서 다음 세대로 변하지 않고 남아 있다.

기억해야 할 중요한 점은 "우성" 및 "열성"이라는 용어는 이형접합체의 표현형만을 지칭하며, 어떤 대립유전자가 다른 대립유전자보다 선택적으로 우월하다는 것을 의미하지는 않는다. 이러한 이유로 하디-바인베르크 평형에서는 선택이 작동하지 않을 때 한 형질이 다른 형질보다 우세한지 여부에 관계없이 대립유전자 빈도가 변화되지 않을 것으로 예상된다.

하디-바인베르크 원리는 진화 과정의 입증에 적용된다

검은 고양이와 흰 고양이의 예에서 알 수 있는 것은 앞부분에서 제시한 5가지 가정이 모두 충족되면 대립유전자와 유전자형 빈도가 한 세대에서 다음 세대로 바뀌지 않는다는 것이다. 그러나 실제로 자연 집단에서는 5가지 가정이 모두 충족되는 경우가 거의 없다. 대신 하디-바인베르크 식은 어떤 진화 과정이 한 집단 내에서 일어나고 있는지의 여부를 알아보고, 또한 그것이 어떤 것일지에 대한 가설을 설정하는 데 이용될 수 있다.

예를 들어 *BB*, *bb*, *Bb* 유전자형의 빈도가 각각 0.6, 0.2, 0.2인 고양이 집단을 가정해 보자. 이 집단에서 B에 대한 대립유전자 빈도는 다음과 같다. *B* 인자 2개를 가진 고양이가 60%(0.6), *B* 하나를 가진 고양이가 20%(0.2), 하나도 없는 고양이가 20%(0.2)이다. 즉,고양이 한 마리는 평균적으로 $1.4[(0.6\times2)+(0.2\times1)+(0.2\times0)]$개의 *B* 대립유전자를 가진다. 각 고양이는 *B* 유전자에 대해 2개의 대립유전자를 가지므로 빈도는 $1.4/2.0=0.7$이 된다. 이에 따라 *b* 대립유

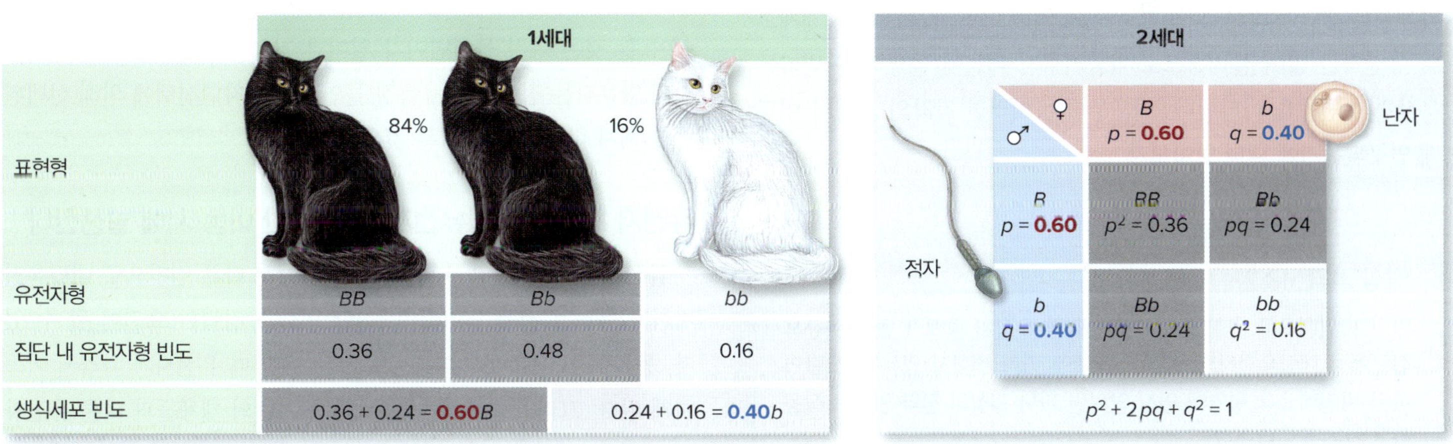

그림 18.3 하디-바인베르크 평형.
변화의 요인이 없다면 세대가 지나도 생식세포, 유전자형 및 표현형의 빈도는 일정하게 유지된다.

자료 분석 만약 흰 고양이가 모두 죽었다면, 다음 세대의 새끼 고양이 중 흰 고양이의 비율은 얼마나 되겠는가?

전자의 빈도는 0.3이 된다.

하디-바인베르크 식에 따르면 *BB* 유전자형의 빈도는 $0.7^2=0.49$로 나타나야 하지만, 실제로는 이보다 높게 나타나기에 예상보다 적은 이형접합체와 더 많은 *bb* 동형접합체가 있다고 계산할 수 있다. 그렇다면 분명히 그 집단은 하디-바인베르크 평형 상태에 있지 않으므로 하디-바인베르크 식을 따르지 않고 있는 것을 알 수 있다.

그렇다면 왜 동형접합체가 많고 이형접합체는 적게 나타나는 것일까? 그 이유를 설명하기 위해 다음과 같은 여러 가능성이 제시될 수 있다. (1) 이형접합체보다 동형접합체를 선호하는 자연선택, (2) 유전적으로 유사한 개체와의 교배 선호($BB\times BB$와 $bb\times bb$는 언제나 동형접합 자손을 낳으며, $Bb\times Bb$의 경우 절반만 이형접합 자손을 낳으므로, 이 경우 동협접합 자손이 훨씬 많아지게 된다), (3) 외부집단으로부터 동형접합체의 유입(또는 반대로 이형접합체의 유출)이다. 이와 같이 하디-바인베르크 식이 적용되지 않는 집단이라는 것을 알게 되면 가능한 잠정적 가설을 세운 후 직접적으로 조사하게 된다.

진화 과정의 작동은 다른 방법으로 측정할 수도 있다. 앞에 제시된 하디-바인베르크 가정이 모두 만족된다면 대립유전자의 빈도가 세대를 거쳐도 동일할 것이기 때문에 세대 간 대립유전자 빈도의 변화는 가정 중 하나가 맞지 않는다는 것을 보여준다.

예를 들어 *b*의 빈도가 한 세대에서는 0.53이고 다른 세대에서는 0.61이라면, 이에 대해 다음과 같은 여러 가지 설명이 가능할 것이다. (1) *B*보다 *b*를 가진 개체를 선호하는 자연선택, (2) 집단 내로 *b*가 유입 또는 집단 밖으로 *B*가 유출되는 경우, (3) *b*가 *B*로 바뀌는 돌연변이보다 *B*가 *b*로 바뀌는 돌연변이가 많은 경우이다. 또 다른 가능성은 집단이 작고, 단순히 우연에 의해 어떤 개체가 다른 개체보다 유전자를 많이 물려줌으로써(물려주기 때문에 발생하는) 변화는 무작위적 변동을 나타낸다. 이제부터는 이러한 각각의 과정이 어떻게 연구되는지에 대해 알아보자.

핵심 요약 18.2

하디-바인베르크 원리에 따르면 선택과 무작위 교배가 없는 대규모 집단에서 대립유전자의 비율은 세대에 따라 변하지 않는다. 집단이 하디-바인베르크 평형에 있지 않다면 하나 이상의 진화 인자가 작동하고 있음을 나타낸다.

- 집단의 유전자형 빈도를 알고 있다면, 그 집단이 하디-바인베르크 평형 상태에 있는지 여부를 어떻게 결정할 수 있을까?
- 하디-바인베르크 평형에서 벗어난 집단을 발견하면 어떻게 결론을 내릴 수 있을까? 그 다음 단계는 무엇일까?

18.3 진화적 변화의 5가지 요인

학습 목표

1. 진화적 변화를 일으키는 5가지 과정을 정의할 수 있다.
2. 5가지 과정들에 의해 집단이 하디-바인베르크 평형으로부터 벗어나게 하는 방식에 대하여 설명할 수 있다.

하디-바인베르크 원리의 5가지 가정은 집단의 진화적 변화를 초래할 수 있는 5가지 요인을 나타낸다. 5가지 요인은 돌연변이, 유전자 흐름, 비무작위적 교배, 유전적 부동, 자연선택 압력이다. 이들 중 어느 하나가 대립유전자 또는 유전자형 비율의 변화를 가져올 수 있고, 이들에 의해 집단이 하디-바인베르크 평형을 이루지 못하게 될 수 있다.

돌연변이는 대립유전자를 변화시킨다

대립유전자에 변화를 주는 돌연변이(mutation)는 집단의 특정 대립유전자의 비율을 변화시킬 수 있다. 일반적으로 돌연변이 비율은 매우 낮아서 대립유전자의 하디-바인베르크 비율에 큰 영향을 주지는 않으며, 평균적으로 전형적인 유전자에는 10만 번의 세포분열당 1번의 빈도로 돌연변이가 일어난다. 이 비율이 너무 낮기 때문에 대립유전자 빈도가 어떻게 변하는지를 결정하는데 다른 진화 과정이 더 중요하다.

그럼에도 불구하고 돌연변이는 유전적 변이의 궁극적 원천으로서 진화가 일어날 수 있게 하는 요인이다(**그림 18.4***a*). 한 가지 염두에 두어야 할 것은 특정 돌연변이가 일어날 가능성은 자연선택의 영향을 받지 않는다는 점이다. 즉, 특정 돌연변이가 자연선택에 의해 선택된다고 해서 더 자주 일어나는 것은 아니다.

유전자 흐름은 대립유전자의 집단 간 이동 시에 발생한다

유전자 흐름(gene flow)이란 한 집단에서 다른 집단으로 대립유전자가 이동하는 것을 의미하며, 집단 변화의 강력한 요인이 될 수 있다. 동물이 한 장소에서 다른 장소로 이동할 때 유전자가 따라서 이동하게 된다. 그리고 새로 들어온 개체가 기존의 개체들과 다른 유전자를 가지며, 전입한 개체들이 새로운 곳에 적응하여 살아남고 교배까지 성공적으로 한다면 원래 집단의 유전적 구성이 변화될 수 있다.

유전자 이동이 명확하지 않은 경우도 있다. 이런 감지하기 힘든 움직임에는 생식세포나 미성숙 단계 식물의 이동, 해양생물 등이 한 장소에서 다른 장소로 이동할 경우 등이다(**그림 18.4***b*). 식물의 수컷

a. 변이의 궁극적 원인. 일반적으로 돌연변이율은 매우 낮아서 대립유전자의 빈도에 영향을 주는 일은 별로 없다.

b. 변화의 중요한 잠재적 요인. 집단 간에 개체나 생식세포가 이동한다.

c. 근친교배가 가장 일반적 형태. 대립유전자의 빈도를 변경하지 않지만 이형접합체의 비율을 감소시킨다.

d. 통계적 사고, 집단의 크기가 작아질수록 대립유전자 빈도의 무작위적 변동이 증가한다.

e. 적응을 위한 진화적 변화를 유발하는 유일한 요인.

그림 18.4 진화적 변화의 5가지 요인.
a. 돌연변이, ***b.*** 유전자 흐름, ***c.*** 비무작위적 교배, ***d.*** 유전적 부동, ***e.*** 선택.

생식세포에 해당하는 꽃가루는 곤충 등 꽃을 찾아다니는 동물에 의해 먼 장소를 이동하기도 한다. 종자는 바람에 날리거나 동물에 의하여 멀리 떨어진 새로운 집단으로 이동할 수 있다.

대립유전자 빈도가 초기에 다른 두 집단을 고려해 보자. 집단 1은 $p=0.2$, $q=0.8$, 집단 2는 $p=0.8$, $q=0.2$라 하자. 유전자 흐름은 공급집단의 유전자 빈도에 비례하여 수용집단으로 이동한다. 각 집단의 유전자 빈도가 서로 다르기 때문에 수용집단에는 대립유전자가 불균형적으로 도입되는 셈이다. 따라서, 대립유전자 빈도는 세대가 변하면서 변화할 수 있고 집단은 하디-바인베르크 평형을 만족시키지 못하게 된다. 두 집단에서 두 대립유전자에 대해 각각의 빈도가 0.5에 도달할 때만 평형을 이룰 것이다(유전자 흐름의 속도가 양방향으로 동일하다고 가정). 또한 이 예는 유전자 흐름이 집단 사이에서 대립유전자 빈도를 균일하게 하는 경향이 있음을 나타낸다.

비무작위적 교배는 유전자형의 빈도를 변화시킨다

어떤 유전자형을 가진 개체는 때때로 무작위로 예상할 수 있는 것보다 더 일반적으로 서로 짝을 이루는데, 이것은 비무작위적 교배라 알려진 현상이다(**그림 10.4***c*). **동류교배**(assortative mating)는 표현형적으로 유사한 개체가 짝을 이루는 것으로, 비무작위적 교배의 한 유형이며 특정 유전자형의 빈도가 하디-바인베르크 원리에 따른 예측과는 상당히 다른 결과를 보일 수 있다.

동류교배는 개체의 생식적 성공보다는 교배 대상을 변화시키기 때문에 개별 대립유전자의 빈도를 변화시키지는 않는다. 이는 표현형이 유사한 개체가 유전적으로 유사할 가능성이 높고, 따라서 동일한 대립유전자 2개를 가진 자손을 생산하기 쉽기 때문에 동류 교배는 다음 세대에서 동형접합체들의 빈도를 증가시킬 것이다.

근친교배는 서로 밀접한 관계가 있는 개체가 서로 교배를 할 때 발생한다. 친척은 유전적으로 유사하기 때문에 근친교배는 동류교배와 동일한 결과를 가지며 동형접합체의 비율을 증가시킨다. 사실, 친척이 표현적으로 유사한 경향이 있기 때문에 동류교배는 근친교배로 이어질 수 있다.

이와는 대조적으로 표현형적으로 다른 개체가 교배를 하는 **이류교배**(disassortative mating)는 이형접합체를 다량 생산한다.

유전적 부동은 소규모 집단에서 대립유전자의 변화를 일으킨다

소규모 집단에서 대립유전자의 빈도는 우연에 의해 크게 변할 수 있다. 이와 같은 무작위적인 대립유전자 빈도의 변화는 마치 빈도가 표류하는 것과 같이 보이기 때문에 **유전적 부동**(genetic drift)이라고 한다(**그림 18.4***d*). 이러한 이유로 하디-바인베르크 평형에 이르려면 집단이 커야 한다. 집단이 작을수록 유전적 부동으로 인한 세대 간 대립유전자의 빈도 변화가 커진다.

소수의 개체로부터 나온 생식세포가 다음 세대를 형성하게 된다면 그들이 운반하는 대립유전자는 **그림 18.5**에서 보는 것처럼 집단의 빈도를 대표하지 않을 수도 있다. 그림의 예에서처럼 많은 개체 중 소수 개체만 병에서 나오는데 우연히 밖으로 나온 대부분의 개체가 녹색이며 따라서 새로운 집단은 모집단보다 녹색 개체의 비율이 훨씬 더 높게 된다.

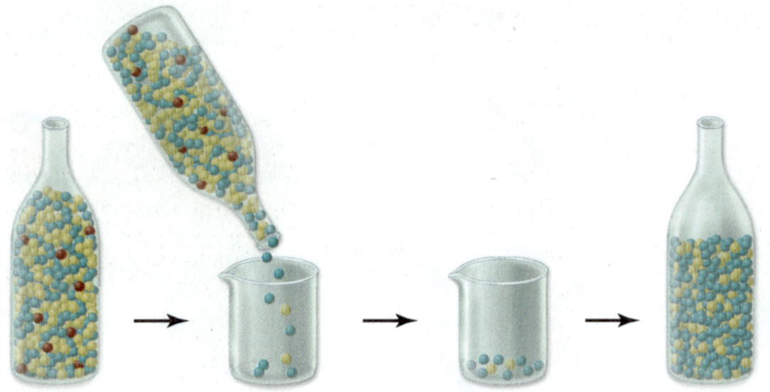

그림 18.5 유전적 부동: 병목 효과.
모집단은 대략 같은 수의 녹색과 노란색 개체와 소수의 적색 개체를 가지고 있다. 우연한 사건으로 소수의 개체만이 남아 다음 세대를 이루는 것은 대부분 녹색이다. 병목 효과는 전염병이나 재앙적인 폭풍 후에 일어날 수 있는 것처럼 다음 세대를 형성하는 개체들이 거의 없기 때문에 발생한다.

? **탐구문제** 희귀 대립유전자가 특히 집단 병목 효과로 인해 손실될 가능성이 있는 이유는 무엇인가?

이 결과는 다음과 같은 중요한 결론으로 이어진다. 유전적 부동은 고립된 개체군에서 대립유전자의 상실을 초래할 수 있다. 초기에 흔하지 않은 대립유전자는 특히 취약하다(**그림 18.5**).

원래 집단에서 떨어져 나와 고립된 소규모 집단은 두 집단에서 똑같이 자연선택이 일어나더라도 유전적 부동의 결과 완전히 다른 모습이 될 수 있다. 소집단에서 유전적 부동 때문에 때로는 유해한 대립유전자의 빈도가 증가할 수 있으며, 유리한 대립유전자는 선택적으로 유리함에도 불구하고 소실될 수 있다.

유전적 부동은 모든 집단에서 발생하지만 그 영향은 집단 규모와 반비례한다. 따라서 특히 작은 개체로 이루어진 집단이나 과거의 어느 시점에 그 수가 크게 감소된 집단에서 관찰되기 쉽다. 창시자 효과와 병목 효과는 특히 유전적 부동의 명확한 예이다.

창시자 효과

하나 또는 소수의 개체들이 모집단으로부터 공간적으로 떨어진 곳으로 이주하여 고립된 새로운 집단을 시작할 수 있다. 창시자(founder)는 모집단에서 나타나는 모든 대립유전자를 갖지 않을 수도 있는데, 어떤 대립유전자는 새로운 집단에서 소실될 수도 있고 다른 인자는 빈도가 극적으로 변화할 수도 있다. 어떤 경우에는, 이전에는 집단의 희귀 대립유전자였던 것이 새로운 집단의 유전적 자질의 상당한 부분을 차지할 수도 있는데, 이런 현상을 **창시자 효과**(founder effect)라고 한다.

창시자 효과는 자연계에서 드물지 않게 나타난다. 많은 자가수분(self-pollinating) 식물은 한 종자로부터 새로운 집단을 창출한다. 창시자 효과는 하와이나 갈라파고스 군도와 같이 격리된 지역에서 생물의 진화에 특히 중요한 역할을 해왔다. 그런 지역의 대다수의 생물들은 소수의 창시자로부터 생겨났을 것이다. 드물기는 하지만 그런 일들이 종종 관찰되기도 하는데, 1996년 카리브해의 앙귈라(Anguilla) 섬 해안에 소수의 이구아나(iguana)가 운반되어 새 집단을 형성, 정착하여 오늘에 이르고 있다.

비슷한 방식으로, 소수로부터 시작된 고립된 인간 집단은 창시자들의 유전적 특징을 잘 나타나는 경우가 있다. 미국의 아미쉬(Amish) 집단에서는 다지증(여섯번째 손가락의 존재) 등의 특정 현상이 매우 높은 빈도로 나타나고 있는 것이 그 실례이다.

병목 효과

생물이 한 장소에서 다른 장소로 이주하지 않더라도 홍수, 가뭄, 전염병 및 기타 자연적인 힘이나 환경 변화로 인해 집단의 크기가 갑자기 감소될 수 있다. 창시자 효과에서 보았듯이, 생존하는 소수의 개체는 우연히 전체 집단의 대립유전자 빈도와 다른 대립유전자 빈도를 가질 수 있으며 일부 대립유전자는 완전히 상실될 수 있다(자연선택은 대립유전자 빈도의 변화를 담당할 수도 있지만 여기서는 작은 집단 규모로 인한 임의의 변화를 말한다). 이와 같은 개체수 감소로 인해 나타나는 유전적 다양성의 감소를 **병목 효과**(bottleneck effect)라고 한다.

일부 생물 종의 유전적 변이는 과거 병목 효과의 결과로 심하게 고갈되어 있는 상태이다. 예를 들어, 북아메리카의 서쪽 해안과 인근 섬에서 거주하는 코끼리바다물범(elephant seal)은 19세기에 사냥으로 인해 거의 멸종되다시피 했고, 캘리포니아 바자(Baja) 앞바다의 과달루페(Guadalupe) 섬에 20마리 가량만 살아남았다. 지금은 코끼리바다물범 집단이 다시 커져 수만 마리가 되었고 샌프란시스코 근처에서까지 번식하고 있지만, 병목 효과의 결과 코끼리바다물범 집단 내에서의 유전적인 변이는 대부분 상실되었다(**그림 18.6**).

멸종위기종의 경우처럼 언제나 한 집단의 수가 극적으로 감소하는 일이 일어날 수 있고, 이 경우 병목 효과는 잠재적인 문제가 된다. 집단의 크기가 다시 커지더라도 변이성이 결여되어있다는 것은 이 종이 소멸되기 쉽다는 것을 의미한다. 이에 대해서는 WEB7장에서 살펴본다.

자연선택은 특정 유전자형을 선호한다

다윈이 지적한 바와 같이 어떤 개체들은 다른 개체들보다 더 많은 자손을 남기는데, 자손을 남기는 정도는 표현형에 의해 영향을 받는다. 하나의 표현형을 가진 개체가 다른 표현형을 가진 개체보다 평균적으로 다음 세대에 더 많은 생존 자손을 남길 때, 이러한 과정의 결과를 **선택**(selection)이라고 한다(**그림 18.4***e*). **인위선택**(artificial selection)에서는 양육자가 원하는 특징이 선택되지만, **자연선택**(natural selection)에서는 환경적인 조건에 의해 어느 개체가 선택되어 더 많은 자손을 낳을 수 있을지가 결정된다.

자연선택에 의한 진화가 발생하기 위해서는 다음과 같은 조건이 부합되어야 한다.

1. **집단 내 개체 사이에는 표현형 변이가 존재해야 한다.** 자연선택은 어떤 특정한 형질을 가지는 개체들을 다른 형질을 가지는 개체들보다 더 선호함으로써 작용한다. 만약 변이가 존재하지 않는다면 자연선택은 작동하지 않는다.
2. **개체 사이의 변이의 결과로 다음 세대의 자손의 수에 차이가 나타나야 한다.** 이는 자연선택의 본질이다. 표현형과 행동 때문에 일부 개체는 다른 개체들보다 더 성공적으로 자손을 생산한다. 한편 여러 형질에서 변이를 보인다고 해서 개체 간에 생존이나 성공적인 생식에서 반드시 차이를 보이는 것은 아니다
3. **표현형 변이에는 유전적 근거가 있어야 한다.** 자연선택(항목 2 참조)이 진화적 변화를 일으키기 위해서는 선택된 차이가 유전적 근거를 지녀야 하지만, 모든 변이가 유전적 근거를 가지는 것은 아니다. 유전적으로 동일한 개체들도 환경이 다를 경우 표현형적으로 차이를 보이기도 한다. 이와 같은 환경적 영향은 자연계에서 흔하게 일어나는 일이다. 그 예로 습기가 많은 토양에서 부화한 새끼 거북은 건조한 곳에서 부화한 것들보다 무거우며, 길고 넓은 껍질을 가지고 있다.

표현형적으로 차이를 보이는 개체들이 유전적으로는 다르지 않다면 자손의 수적 차이는 다음 세대 집단의 유전적 조성을 변화시키지 못할 것이며, 진화적 변화도 일어나지 않을 것이다.

자연선택과 진화의 두 개념은 종종 같은 것으로 오인되지만, 자연선택과 진화는 같지 않다는 것을 기억해야 한다. 자연선택은 과정(process)이며, 진화는 시간에 따른 변화의 역사적 산물(historical record)이다. 자연선택(과정)은 진화(결과)를 이끌 수 있지만, 이는 진화적 변화를 초래할 수 있는 여러 과정 중 하나에 불과하다. 게다가, 자연선택은 진화적인 변화를 일으키지 않고도 일어날 수 있다. 변이가 유전적 변이에 기초한 경우에만 자연선택은 진화를 이끌어 낼 수 있기 때문이다.

포식자의 회피를 위한 선택

자연선택에 의한 진화의 결과는 집단이 자신의 환경에 더 잘 적응하게 된다는 것이다. 포식자에 의해 먹힐 가능성이 줄어들도록 적응한다는 것이 그 좋은 예의 하나이다. 일반적인 유황나비(*Colias eurytheme*)의 애벌레 유충은 보통 연한 녹색을 띠며, 그들의 먹이인 알팔파 식물과 색이 비슷해서 눈에 띠지 않는다. 그에 비해 연노란색 유충은 식물과 훨씬 잘 구별되어 포식자인 새의 눈에 띠기 쉬우므로 그 수가 줄어들게 된다(**그림 18.4***e* 참조).

미국 남서부의 사막에서 고대 용암이 흐른 흔적은 배경 일치의 가

그림 18.6 병목 효과: 사례 연구.
코끼리바다물범은 매우 찬 물에서 살기 때문에 두꺼운 지방층이 있어서 좋은 사냥 대상이었으며, 19세기 말에는 거의 멸종 위기에 이르렀다. 한때 20개체 정도로 구성된 한 집단만이 과달루페 섬에 남아 있었는데, 임의적 유전적 부동에 의해 유전적 변이가 소실되었다. 이후 보호를 받기 시작하여 현재는 그 지역 대부분의 서식지에서 집단이 회복되었고, 개체 수도 수만 마리로 늘어났지만, 유전적 변이는 오랜 기간 동안 돌연변이가 축적되어야 서서히 회복될 것이다.

그림 18.7 **미국 뉴멕시코 툴라로사(Tularosa) 분지에 사는 주머니쥐의 2가지 체색형.** 용암이 굳은 검은색 암석이 사막에 둘러싸여 있고, 이런 환경에서는 주위 환경과 일치하는 털색을 가진 주머니쥐들이 선택을 받게 된다. 체색의 차이는 단일 유전자의 대립유전자 간 DNA의 작은 차이로 인해 생긴다.

장 극적인 예들 중 하나이다. 이 지역에서 용암이 식으면서 생성되는 검은 암석은 주변의 밝은 모래 빛과 극명하게 대비된다. 이 화산암에 서식하는 도마뱀, 설치류와 여러 가지 곤충 집단은 검은색을 띠지만 주변의 모래에 사는 집단은 훨씬 밝은색을 띤다(**그림 18.7**).

이와 같은 색깔의 차이는 포식이 만들어낸 결과로 보인다. 독수리 같은 포식자들은 배경색과 일치하지 않는 개체들을 능숙하게 골라낸다는 사실을 알아낸 실험적 연구가 이를 뒷받침해 준다.

기후 조건에 적응하기 위한 선택

효소는 대립유전자 빈도 변화가 생물에 주게 될 영향을 직접 평가할 수 있다는 점 때문에 선택에 대한 많은 연구는 효소를 암호화하는 유전자에 집중되어 왔다.

효소 대립유전자 빈도는 위도에 따라 변하기 때문에 한 대립유전자가 북쪽 집단에서 더 흔하지만 남쪽에서는 덜 흔하다는 내용의 연구 결과가 나타난다. 어류의 일종인 은연어(*Fundulus heteroclitus*)는 북아메리카 동쪽 연안을 따라 분포하는데, 이 어류에서 피루브산을 젖산으로 전환시키는 효소인 젖산탈수소효소를 만드는 유전자의 대립유전자 빈도는 지리적으로 큰 차이를 보인다(6.8절 참조).

생화학적 연구 결과 이 대립유전자에 의해 만들어지는 효소들은 온도에 따라 기능적 차이를 보이는 것으로 밝혀졌다. 북쪽에서 더 흔한 효소는 남쪽에서 더 흔한 효소보다 저온에서 촉매작용이 더 활발하며, 저온에서 북방형 대립유전자를 갖고 있는 개체들은 다른 대립유전자를 가지는 개체들보다 유영 속도가 빠르고 생존율이 더 높은 것으로 보고되고 있다.

살충제와 미생물 내성의 선택

곤충의 살충제에 대한 내성은 자연 개체군에서 선택의 확실한 예이다. 살충제의 광범위한 사용은 500종 이상의 해충에서 살충제 내성의 신속한 진화를 야기하였다. 이러한 진화에 의한 농작물 손실과 살충제 사용량 증가에 따른 비용의 증가는 연간 30~80억 달러로 추정된다.

집파리에서 *pen* 유전자에 있는 내성 대립유전자는 살충제 흡수를 감소시키고, 반면 *kdr* 및 *dld-r* 유전자에 있는 대립유전자는 표적 부위의 수를 감소시켜서 살충제의 결합 능력을 감소시킨다(**그림 18.8**). 또 다른 대립유전자는 살충제 분자를 식별하고 해독하는 효소의 능력을 증진시킨다.

단일 유전자가 내성을 유발하는 경우도 있는데, 그 예로 노르웨이쥐는 혈액응고를 막아 치명적 출혈을 일으키는 살충제 와파린에 대해 일반적으로 민감하다. 그러나 단일 유전자에 존재하는 내성 대립유전자가 와파린이 표적 효소와 결합하는 능력을 감소시켜 와파린의 효과가 없게 만든다.

인간에 의한 선택은 또한 많은 질병 유발 병원체에서 항생제에 대한 내성의 진화로 이어졌다. 그 예로, 화농성 감염을 일으키는 포도상구균(*Staphylococcus aureus*)은 처음에 페니실린으로 치료하였으며, 페니실린은 *S. aureus*에 달라붙어 세포벽을 분해하고 박테리아를 죽게 했다. 그러나 약물의 대량 생산 후 4년도 지나기 전에 *S. aureus*

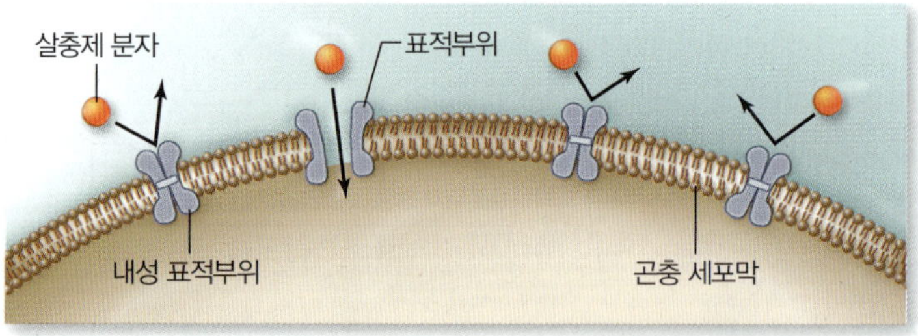

a. *pen* 유전자의 내성 대립유전자가 있는 곤충 세포: 살충제의 흡수를 감소시킨다.

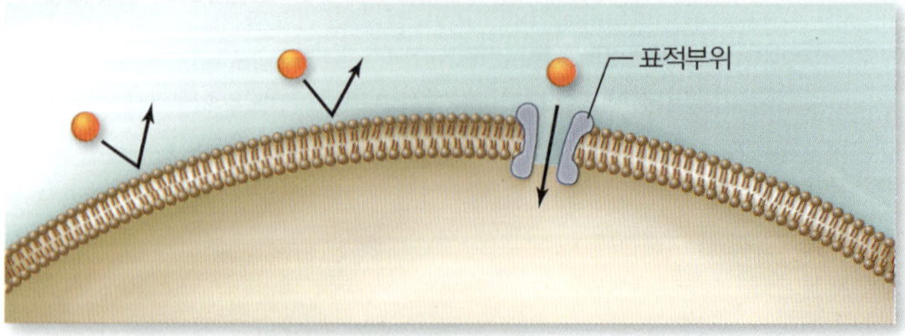

b. *kdr* 유전자의 내성 대립유전자가 있는 곤충 세포: 살충제 표적 부위의 수를 감소시킨다.

그림 18.8 **살충제 내성에 대한 선택.**
*pen*과 *kdr* 같은 유전자에 있는 내성 대립유전자는 곤충의 살충제에 대한 내성을 증진시킨다. 이들 내성 대립유전자를 가지고 있는 곤충들은 선택을 통해 더 많아진다.

는 페니실린분해효소라는 효소를 변형시켜 페니실린을 공격하게 했다. 그래서 페니실린이 *S. aureus*에 부착할 수 없게 하여 항생제 효과가 없게 만들었다. 그 이후로, 미생물을 공격하기 위해 여러 가지 다른 약물이 개발되었으며, 그때마다 그에 대한 내성 역시 생겨났다. 그 결과 포도상구균의 감염은 건강을 위협하는 주요인으로 재조명되었다. 적응이 일어나는 속도는 놀랍지만, 미생물들은 엄청난 수의 개체수를 가지고 있다는 것을 기억하자. 돌연변이 비율이 낮더라도 이러한 개체군의 방대한 크기는 자연선택이 활용할 수 있는 새로운 돌연변이의 꾸준한 공급을 보장한다. 그러한 진화가 인간의 건강에 미치는 영향은 엄청나다. 미국에서만 매년 200만 명이 항생제 내성균으로 병에 걸리고, 23,000명이 이런 감염으로 사망한다.

핵심 요약 18.3

5가지 요인은 예측된 하디-바인베르크 유전자형 빈도에서 차이를 가져올 수 있다. 이 중 선택만이 규칙적으로 적응적 진화 변화를 일으키지만, 집단의 유전적 구성과 진화 과정은 돌연변이, 유전자 흐름, 비무작위적 교배 및 유전적 부동의 영향을 받을 수도 있다.

- 이러한 각 과정은 어떻게 집단을 하디-바인베르크 평형으로부터 달라지게 만들까?

18.4 자연선택의 정량화

학습 목표

1. 진화적 적응도를 정의할 수 있다.
2. 적응도의 여러 요소들을 설명할 수 있다.
3. 표현형들의 진화적 성공 여부를 상대적 적응도를 이용하여 비교할 수 있는 방법을 제시할 수 있다.

어떤 표현형을 가진 개체들이 다른 표현형을 가진 개체보다 다음 세대에서 더 많은 자손을 남길 때 선택이 일어난다. 진화생물학자들은 생식적 성공을 통해 **적응도**(fitness)를 측정하는데, 이는 다음 세대에 살아남은 자손의 수를 의미한다.

적응도는 상대적인 개념으로 가장 적응도가 높은 표현형은 평균적으로 가장 많은 자손을 남기는 표현형이 된다.

적응도가 높은 표현형은 대개 빈도가 증가한다

녹색과 갈색의 두 표현형이 있는 두꺼비 집단에서 녹색 개체가 다음 세대에 평균 4마리의 자손을 남기고 갈색 개체는 2.5마리의 자손을 남긴다고 가정해 보자. 통상적으로 가장 적응을 잘하는 표현형의 적응도는 1이고, 다른 표현형은 상대적인 비율로 표현된다. 이 경우, 녹색 표현형의 적응도는 4.0/4.0=1.000이고 갈색 표현형의 적응도는 2.5/4.0=0.625이다. 적응도의 차이는 1−0.625=0.375가 되는데, 이 차이는 매우 큰 것이므로 자연선택에 의하여 녹색이 강하게 선호된다.

만약 색의 차이가 유전적 근거를 가지고 있다면, 녹색 두꺼비가 세대를 거듭하면서 크게 증가하는 진화적 변화를 예상할 수 있다. 게다가 두 표현형의 적응도가 변하지 않고 유지된다면, 결국 갈색 표현형의 대립유전자가 개체군에서 사라지게 될 것이다.

탐구문제 색 차이에 유전적 근거가 있어도 녹색 두꺼비의 빈도가 다음 세대에 증가하지 않는 이유는 무엇인가?

적응도는 많은 요소로 구성된다

선택을 흔히 "적자생존(survival of the fittest)"이라고 규정하지만, 생존의 차이는 적응도의 한 요소일 뿐이다.

생존율의 차이가 없을 경우에도 일부 개체들이 다른 개체들보다 이성을 더 잘 유혹한다면 선택이 작용할 수 있게 된다. 여러 육상동물에서는 몸이 큰 수컷이 작은 수컷보다 더 많은 암컷과 교배한다. 교배의 성공과 관련된 선택은 **성적 선택**(sexual selection)이라고 부르며, 이 주제에 대해 다음 부분에서 더 자세히 설명한다.

또한 교배 시 생산되는 자손의 수도 중요하다. 큰 암컷 개구리와 물고기는 작은 암컷보다 더 많은 알을 낳기 때문에 다음 세대에 더 많은 자손을 남길 수 있다.

적응도는 생존율, 교배의 성공률 그리고 자손 수의 조합이다. 가장 큰 적응도를 가지는 표현형이 선택될 가능성이 높지만 적응도를 한 가지 요인만으로 측정하는 것은 맞지 않을 수도 있는데, 그 이유는 적응도의 한 요인으로 유리할 수 있는 형질이 다른 요인에 대해서는 오히려 불리한 경우도 있기 때문이다. 그 실례로 소금쟁이는 몸이 큰 암컷일수록 매일 더 많은 알을 낳는다(**그림 18.9**). 따라서 이 단계에서의 자연선택은 몸이 큰 암컷을 선호하지만, 몸이 큰 암컷은 일찍 죽기 때문에 생식 기회가 줄어든다. 결과적으로 2가지 상반되는 선택 방향이 함께 작용하여 중간 크기의 암컷이 가장 많은 자손을 남기게 된다.

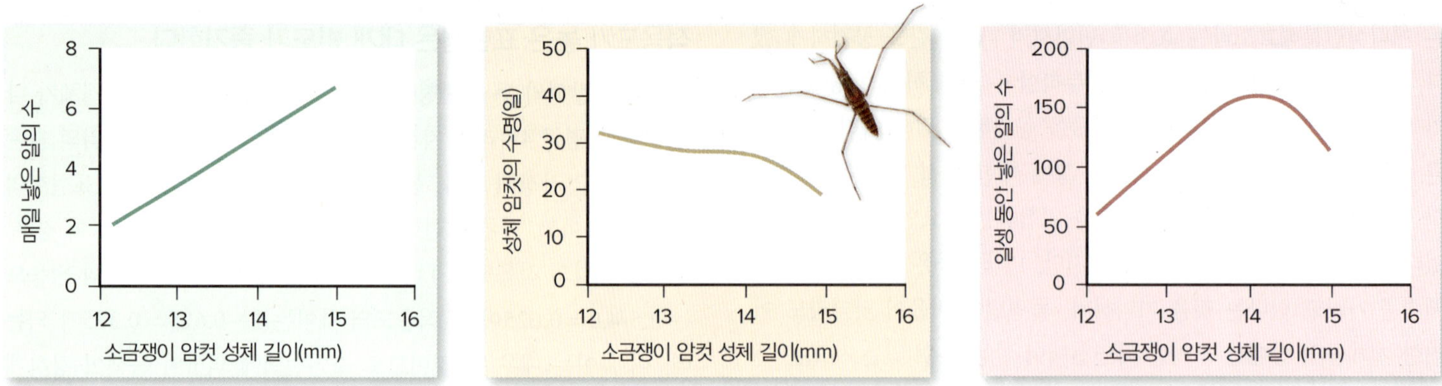

그림 18.9 소금쟁이 몸의 크기와 산란.
몸이 큰 소금쟁이 암컷은 매일 더 많은 수의 알을 낳지만 생존기간이 짧다. 결과적으로 중간 크기의 암컷이 일생 동안 가장 많은 자손을 생산하여 적응도가 가장 높게 된다.

탐구문제 몸의 크기에 있어서 어떤 진화적 변화를 기대할 수 있는가? 만약 하루에 낳는 알의 숫자가 몸의 크기에 영향을 받지 않는다면, 예측은 바뀔 것인가?

자료 분석 x축의 값이 최종 몸 크기를 나타내고 y축이 생존하는 동안 낳는 전체 알의 수를 나타낸다고 가정할 때 12 mm인 소금쟁이가 얼마나 많은 알을 낳을 것으로 예상할 수 있는가? 15 mm인 소금쟁이는 어떤가?

핵심 요약 18.4

적응도는 집단 내 다른 개체에 대한 한 개체의 번식 성공으로 정의된다. 이 성공은 수명, 교배 빈도, 교배횟수당 자손의 수에 따라 결정된다. 상대적인 적응도는 최고의 적응도를 가진 표현형에 대해 상대적 수치로 표현된다.

- 위의 요인 중 생식 성공 여부를 결정하는 데 가장 중요한 요인이 있을까? 이에 대해 설명해 보자.

18.5 생식 전략

학습 목표

1. 양육투자가 짝 선택에 미치는 영향에 대해 설명할 수 있다.
2. 성내 선택과 성간 선택의 차이점을 설명할 수 있다.
3. 성적 선택이 어떻게 2차 성징의 진화와 관련이 있는지 서술할 수 있다.

수컷과 암컷은 자신이 생산하는 자손의 양과 질을 향상시킨다는 공통의 목표를 가지고 있지만, 대개 적응도를 최대화하려는 방법에는 차이가 있다. 이러한 생식 행동의 차이는 짝짓기에서 분명히 나타난다. 다윈은 암컷이 처음 만나는 수컷과 교미하지 않고 오히려 수컷의 질을 평가한 다음 교미 여부를 결정하는 것처럼 보인다는 것을 처음으로 관찰했다. 암컷 공작(peahen)은 정교한 꼬리 깃털에 눈구멍이 더 많은 공작새와 짝짓기를 선호한다(**그림 18.10**b, c). 비슷하게, 암컷 개구리들은 노래 소리가 더 복잡하고, 따라서 매력적인 수컷들과 짝짓기를 선호한다. 짝 선택이라고 불리는 이 행동은 많은 무척추동물과 척추동물 종에서 잘 알려져 있다.

암컷과 수컷은 서로 다른 생식 전략을 갖는다

수컷에 의한 짝 선택은 암컷에 비해 흔하지 않다. 그 이유는 무엇일까? 두 성 간의 생식 전략 차이는 암컷과 수컷 간 양육투자를 비교하면 쉽게 이해할 수 있다. **양육투자**(parental investment)는 자손을 낳고 기르는 데 "투자"하는 에너지와 시간을 말한다. 이는 사실상 각 생식에서 암컷과 수컷이 소비하는 에너지를 의미한다.

일반적으로 양육투자는 수컷보다는 암컷에서 훨씬 크게 나타난다. 그 한 가지 이유는 난자가 정자보다 크기 때문인데, 사람의 경우 195,000배에 이른다! 난자에는 난황에 있는 단백질과 지질 등 많은 영양소가 들어있으나, 정자는 아주 작은 움직이는 DNA 운반자 정도라고 말할 수 있다. 일부 동물군(예, 포유동물)에서는 암컷만이 임신과 수유라는 많은 에너지를 소비하는 생식 기능을 담당한다.

이와 같이 암컷의 생식적 투자가 매우 크기 때문에 성에 따른 선택압(selection pressures)이 생겨날 수밖에 없다. 수컷은 생식에 한 번 참여하는데 에너지 손실이 많지 않기 때문에 적응도를 높이는 방법은 가능한 한 많은 암컷과 교미하는 일이며, 수컷의 적응도는 생산하는 정자의 양에 의해 제한을 받는 일이 거의 없다. 이와는 달리 암

a.

b.

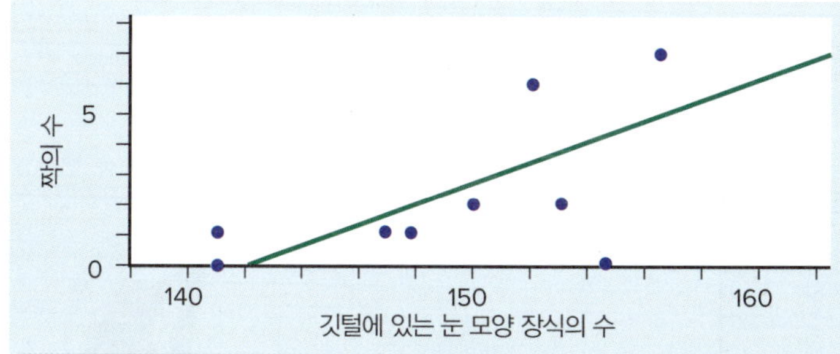

c.

그림 18.10 성적 선택의 산물.
새 종류인 ***(a)*** 극락조(*Paradisaea raggiana*)와 ***(b)*** 공작새(*Pavo cristatus*) 수컷은 아주 긴 꼬리 깃털을 구애에 사용한다. ***c.*** 암컷 공작은 깃털에 있는 눈 모양의 반점이 많은 수컷을 짝으로 선호하는 경향이 있다.

탐구문제 암컷이 반점이 더 많은 수컷을 선호하는 이유는 무엇인가?

자료 분석 수컷이 155개의 반점(eyespot)을 가졌다고 가정해 보자. 얼마나 많은 암컷과 짝짓기를 할 수 있겠는가? 만약 155개의 반점을 가진 수컷이 여러 마리라면, 그들이 모두 같은 수의 암컷과 짝짓기를 할 것이라고 생각하는가?

컷은 한 번 생식하는데 많은 에너지 손실이 생기며, 생산할 수 있는 난자의 수가 번식 성공을 제한하게 된다. 이 때문에 암컷이 선택은 까다로워야 하며, 암컷은 자손에게 가장 많은 이익을 줄 수 있는 수컷을 선택하여 적응도를 높이기 위해 무척 신중해져야 한다.

이러한 결론은 암컷의 생식적 투자가 수컷의 것보다 훨씬 클 경우에만 성립된다. 암컷과 수컷이 모두 자손을 양육하는 종에서 수컷은 새끼를 키우는 노력에 동등하게 기여한다. 이 경우에 수컷과 암컷의 짝 선택의 정도가 비슷할 수 있다.

어떤 경우에는 수컷의 투자가 암컷의 투자보다 큰 경우도 있다. 예를 들어, 수컷 모르몬귀뚜라미는 짝짓기 동안 단백질이 들어 있는 **정포**(spermatophore)를 암컷에게 전달한다. 정포의 무게는 수컷 체중의 30% 정도나 되며, 암컷에게 영양원이 되어 알을 발생시키는 데 도움을 준다. 수컷을 차지하기 위해 암컷들은 서로 경쟁하며, 수컷은 암컷을 선택할 때 주로 몸집이 큰 암컷을 선택한다. 이러한 전략은 몸집이 큰 암컷이 더 많은 난자를 소유하고 있기 때문에 수컷은 더 많은 자손을 남길 수 있기 때문이다(**그림 18.11**).

해마, 수많은 조류(새)와 곤충 등 많은 종에서 수컷이 알을 돌보고 새끼를 기른다. 모르몬귀뚜라미와 마찬가지로 이 수컷들은 종종 암컷을 선택한다. 그래서 암컷은 수컷을 차지하기 위해 경쟁한다.

성적 선택은 경쟁과 짝 선택을 통해 나타난다

개체의 생식 성공 여부는 개체 수명, 교배의 빈도, 교배 횟수당 자손의 수에 따라 결정된다. 이러한 요인 중 두 번째 요인인 짝에 대한 경쟁을 **성적 선택**(sexual selection)이라고 한다. 일부 학자들은 성적 선택이 자연선택과 구별되는 것으로 생각하지만, 다른 학자들은 자연선택의 한 부류로 보며 생명체의 적응도에 영향을 미치는 여러 요인 중 하나라고 생각한다.

성적 선택은 **성내 선택**(intrasexual selection), 즉 한 성별의 구성원끼리의 경쟁(다윈이 말한 것처럼 "전투에서 다른 남성을 정복할 수 있는 힘") 및 **성간 선택**(intersexual selection), 즉 짝 선택(mate choice)의 또 다른 이름("매력의 힘")으로 다른 성별 간의 경쟁적 상호작용을 포함한다. 성적 선택은 다른 수컷들과 겨루는 데 이용하는 사슴의 뿔이나 산양뿔 등의 구조물, 또는 상대방 성을 교미에 응하도록 유인하는 데 이용되는 장식, 예를 들면 긴 꼬리나 화려한 깃털 등을 진화시켰다(**그림 18.10***a*, *b* 참조). 이러한 형질들을 **2차 성징**(secondary sexual characteristics)이라고 한다.

선택 과정은 짝을 얻기 위한 경쟁을 유리하게 만드는 형질의 진화를 유도한다. 큰 덩치가 영역 싸움에서 짝을 얻는데 중요하다면 큰 이득이 될 수 있다. 이러한 종들에서 수컷은 암컷보다 훨씬 크다. 이러한 암수 차이를 **성적 이형성**(sexual dimorphism)이라고 한다. 어떤 종들에서는 뾰족한 뿔이나, 갈라진 뿔, 강한 이빨 등이 특히 수컷에 발달된 경우가 있는데, 이러한 구조물이 동성끼리의 경쟁에서 이점이 되기 때문이다.

암컷이 여러 수컷과 교배를 하는 경우 다른 수컷의 정자들 간에 **정자 경쟁**(sperm competition)이 발생하기도 한다. 짝짓기 후에 일

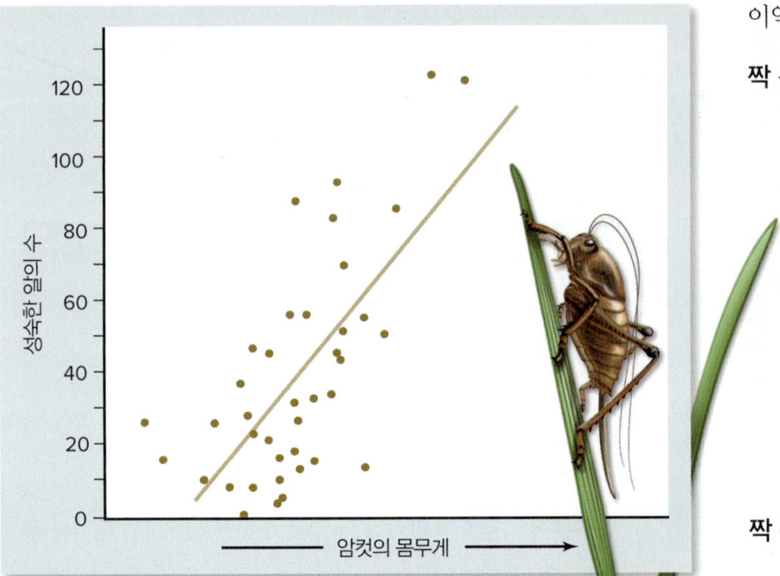

그림 18.11 **수컷의 짝 선택에서의 이득.**
수컷 모르몬귀뚜라미(*Anabrus simplex*)는 덩치 큰 암컷을 짝으로 선호하는데, 이는 큰 암컷이 더 많은 알을 가지고 있기 때문이다. 짝 선택으로 수컷은 적응적 이득을 높일 수 있다.

? **탐구문제** **암컷이 큰 수컷과 짝짓기를 하면 어떤 이득이 있는가?**

어나는 이러한 유형의 경쟁은 수컷의 정자가 난자에 수정될 확률을 높이는 기능을 선택했다. 이러한 특징에는 이전 교배의 정자를 제거하도록 설계된 정자 전달 기관, 교배시 더 많은 정자를 생산하는 큰 정소 및 더 빠른 속도로 난자를 향해 돌진할 수 있도록 서로 연결되는 정자 등이 포함된다.

성내 선택

많은 종에서 한쪽 성(보통 수컷)의 개체들은 상대 성의 개체들과의 교배 기회를 얻기 위하여 서로 경쟁한다. 수컷 사이의 경쟁은 암컷이 서식하는 영역의 소유권을 얻기 위하여 또는 암컷들을 직접 차지하기 위하여 일어난다. 성공한 수컷 몇 마리는 짝짓기 횟수가 많지만 대부분의 수컷은 짝짓기를 전혀 하지 못한다. 예를 들어, 코끼리바다물범 수컷은 번식 해변 지역에서 영역을 구축한 소수의 우세 수컷이 대부분의 암컷과 교미한다(**그림 18.12**). 한 해안에서 8마리의 수컷이 348마리의 암컷을 수태시킨 반면, 나머지 수컷은 생식에서 완전히 배제된 예도 있다.

성간 선택

성간 선택은 짝을 고르는 행동과 관련이 있다. 짝 선택으로 직접 이익이나 간접 이익을 얻게 된다.

짝 선택의 직접적인 이익. 어떤 경우에는, 암컷이 짝을 선택함으로써 직접적으로 이익을 얻기도 한다. 만약 수컷이 자손을 기르는 데 도움을 준다면, 암컷은 최상의 보살핌을 제공할 수 있는 수컷을 선택함으로써 이익을 얻는다. 즉, 부모가 더 잘 돌볼수록, 더 많은 새끼가 태어날 가능성이 있다. 어떤 종에서는 수컷이 자손을 돌보지 않지만, 먹이, 보금자리, 그리고 포식자 피난처를 제공하는 영역을 유지한다. 붉은 사슴에서는 가장 질 좋은 풀과 영역을 가진 수컷이 가장 많은 암컷과 교미를 한다. 이 경우 암컷이 양질의 먹이를 별 문제 없이 먹을 수 있는 직접적 이득의 기회가 되기 때문이다.

짝 선택의 간접적인 이익. 그러나 많은 종에서 수컷은 암컷에게 어떤 종류의 직접적인 혜택도 제공하지 않는다. 그러한 경우, "선택"함으로써 암컷이 무엇을 얻게 되는지 직관적으로 알 수 없다. 다시 말해, 꼬리가 매우 길거나 복잡한 노래를 부르는 수컷을 선택하면 어떤 이점이 있을까? 짝 선택의 간접적인 이점 중 하나는 더 좋은 자손을 낳을 수 있다는 것이다.

이것이 어떻게 작동하는지에 대한 많은 이론이 제안되었다. 한 가지 아이디어는 암컷이 가장 건강하거나 나이가 많은 수컷을 선택한다는 것이다. 예를 들어, 큰 수컷은 아마도 오래 살면서 많은 먹이를 얻고 기생충과 질병에 저항하는 데 성공했을 것이다. 다른 종에서는 크기 이외의 특징이 수컷의 상태를 나타낼 수 있다. 거피와 일부 조류의 경우 수컷 색상의 밝기는 식단의 질과 전반적인 건강상태를 반영한다. 암컷은 가장 건강한 수컷

그림 18.12 수컷 북부 코끼리바다물범은 영역을 차지하기 위해 서로 싸운다. 가장 큰 수컷만이 많은 암컷을 포함하고 있는 영역을 가질 수 있다.

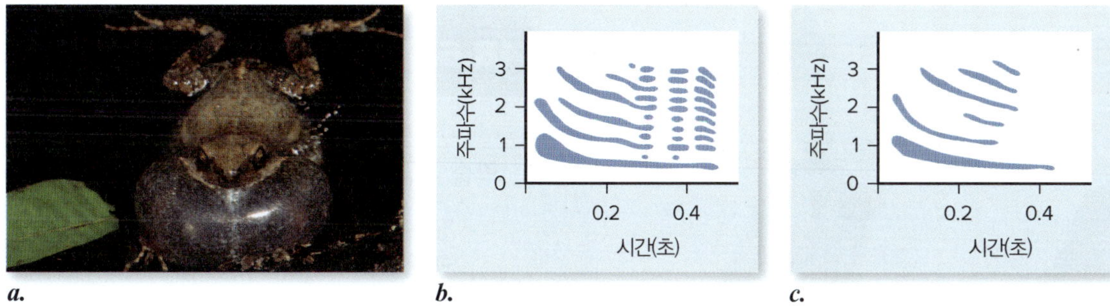

그림 18.13 퉁가라개구리(***Physalaemus pustulosus***) 수컷의 구애 소리.
같은 속 내 몇몇 근연종들의 암컷들 역시 이 종의 수컷이 내는 잡음(chuck)을 좋아한다. 하지만 이런 소리는 퉁가라개구리(***a***)만 낼 수 있으며(***b***), 다른 종의 수컷(***c***)은 낼 수 없다.

과 짝을 이루어 2가지 이점을 얻을 수 있다. 첫째, 건강한 수컷은 병을 가지고 있을 획률이 낮기 때문에 교배 중 암컷에게 병을 옮길 가능성이 적다는 것이다. 이것은 짝 선택의 직접적인 이익이다. 둘째, 수컷이 장수하고 번성할 수 있는 이러한 우수성은 유전적 바탕에 의한 것일 가능성이 크기 때문에 수컷의 우수한 유전자를 자손이 물려받게 하는 간접적인 이익을 확신하게 될 것이다.

물고기와 나방에 대한 여러 실험 연구에서 암컷이 짝을 선택하는 것이 더 큰 생식 성공으로 이어지는지 여부를 조사했다. 이 실험에서 한 그룹의 암컷은 짝짓기를 할 수 있는 수컷을 선택할 수 있도록 허용되었고, 반면에 수컷은 다른 그룹의 암컷과 무작위로 짝짓기를 하게 되었다. 짝을 선택한 암컷의 자손은 선택의 여지가 없는 암컷의 자손보다 더 활기차고 잘 살아 남았는데, 이는 암컷이 더 좋은 유전적 조성을 가진 수컷을 선호한다는 것을 보여준다.

이로부터 변형된 이론은 한 단계 더 나아간다. 몇몇 동물들의 경우 암컷이 생존에 불리한 형질을 가진 수컷을 선택한다(**그림 18.10***c* 참조). 공작새 수컷의 긴 꼬리는 비행에 불리하고 포식자들에게 쉽게 노출되게 만드는 형질이다. 왜 암컷은 이러한 형질을 가진 수컷을 선택하는 것일까? **장애 가설**(handicap hypothesis)에 의하면 유전적으로 우수한 개체들만이 이런 장애가 있어도 이를 극복하고 성상적으로 생존할 수 있다. 그리고 암컷이 커다란 장애를 가진 수컷을 선택하면 암컷의 자손이 훌륭한 유전자들을 받을 수 있게 되기 때문이다. 이런 이유로 진화 생물학자들은 여전히 이 가설의 장점을 논하고 있다.

짝 선택의 진화에 대한 대체 이론. 일부 구애 표현(display)은 암컷이 특정 자극에 반응하는 감각체계의 경향성으로부터 진화한 것으로 보인다. 예를 들어, 암컷은 특정 주파수에서 특정 색상이나 소리를 더 잘 감지할 수 있으므로 그러한 신호에 끌릴 수 있다. **감각 이용**(sensory exploitation)은 이러한 기존의 편향을 "이용"하는 신호를 가진 수컷의 진화를 포함한다. 예를 들어, 암컷이 특히 붉은 물체를 감지하는 데 능숙하다면, 수컷에게서 붉은 색상은 구애 표현의 일부분으로 구애 과정에 이용되도록 진화할 수 있다.

구애 요청의 진화를 이해하기 위해서 퉁가라개구리(Túngara frog)의 울음을 살펴보자(**그림 18.13**). 근연종(related species)과 달리 수컷은 울음이 끝날 때 "척(chuck)"하는 짧은 소리를 낸다. 최근 연구에 따르면 이 종의 암컷만 이런 잡음이 섞인 수컷의 울음소리를 좋아하는 것이 아니라 이런 잡음을 내지 않는 다른 근연종의 암컷의 경우에도 마찬가지였다. 이 패턴은 모든 종의 조상에서 어떤 이유로 선호도가 진화한 다음 퉁가라 개구리의 수컷에서만 "척"의 진화로 이어졌다는 것을 암시한다. 왜 다른 종의 수컷이 "척"을 생산하도록 진화하지 않았는가 하는 것은 아직 답을 알지 못하고 의문으로 남아 있다.

널리 퍼져 있는 감각 이용의 기회. 예를 들어, 연구자들은 애완 조류 중 하나인 금화조를 사용하여 조류가 특정 자극에 대해 잠재적 선호를 가지고 있는지 확인하기 위해 실험을 수행했다. 실험을 수행하기 위해 연구자들은 긴 깃털을 수컷 새의 머리 꼭대기에 수직으로 붙였다(**그림 18.14**). 그 결과 수컷은 자연에서 볼 수 있는 것과 완전히 다른 높은 볏을 가졌다. 그리고 나서 그들은 암컷이 다른 색보다 한 색을 선호하는지를 보기 위해 다른 색의 볏을 가진 수컷을 암컷에게 제시했다. 놀랍게도 암컷은 흰색 볏이 있는 수컷에게 강하게 끌렸지만 녹색이나 붉은색 볏에는 끌리지 않았다. 이런 일이 왜 가능한지는 명확하지 않다. 그것은 금화조의 신경계에 어떤 이유로 흰색이 녹색이나 빨간색보다 훨씬 더 매력적이라고 생각하는 무언가가 있음을 암시한다. 선호도의 원인은 명확하지 않지만, 이런 발견은 수컷이 머리에 흰색 볏을 갖도록 하는 돌연변이가 일어났을 때, 돌연변이는 큰 이점을 부여하고 집단을 통해 빠르게 퍼질 것이라는 것을 시사한다. 아마노 종에는 그러한 잠재적 선호가 많이 있을 것이다. 그러나 우리가

그림 18.14 인공볏이 있는 수컷 금화조(zebra finches).
연구자들은 암컷이 어떤 한 가지 색을 선호하는지 확인하기 위해 수컷 금화조 머리에 다른 색의 깃털을 붙였다.

이것을 예측하거나 설명하기는 어려울 것이다. 집단에서 적절한 변이가 발생하면 암컷이 이것을 선호할 수 있다. 이런 연구는 아주 초기 단계지만 흥미로운 연구 분야이며, 이러한 짝 선택 선호가 어떻게 그리고 왜 진화하는지 이해하기 위해서는 신경생리학과 행동에 대한 통합 연구가 필요하다.

짝짓기 선호도의 진화를 설명하기 위해 다양한 다른 가설이 제안되었다. 이러한 가설 중 많은 부분이 어떤 상황에서는 정확할 수 있지만, 동물 세계에서 짝짓기 과정의 모든 변이를 설명할 수 있는 것은 없는 듯하다. 그래서 이 분야는 계속해서 새로운 발견이 나타나는 활발한 연구 영역이다.

핵심 요약 18.5

생식에 더 많이 투자(양육투자)하는 성이 짝을 선택하는 경향이 있다. 자손을 돌보는 자손돌봄(parental care)에 바치는 에너지와 시간에 의해 암컷 또는 수컷이 선택할 수 있다. 성적 선택은 짝짓기 성공에서 동성 개체 간의 차이를 나타낸다. 성내 선택은 같은 성별의 개체가 짝짓기를 위해 경쟁할 때 발생하는 반면, 성간 선택은 한 성별의 구성원이 짝을 맞출 다른 성별의 개체를 선택할 때 발생한다. 성적 선택은 표현형과 경쟁적 성공을 바탕으로 짝을 선택한다는 점에서 2차 성징의 진화를 좌우한다.

- 실고기 수컷은 새끼들을 새끼 주머니에서 양육한다. 어떤 성별이 짝 선택을 보여줄까? 그 이유는 무엇일까?

18.6 변이 유지에서 자연선택의 역할

학습 목표

1. 빈도의존적 선택, 진동 선택 및 이형접합 우위에 대해 설명할 수 있다.
2. 이 과정들이 집단에서의 유전적 변이에 어떻게 영향을 미치는지 설명할 수 있다.

자연선택은 유전자 좌위에서 하나의 대립유전자를 다른 대립유전자보다 선호함으로써 집단의 변이를 제거하는 과정으로 논의되어왔다. 그러나 어떤 환경에서는 선택이 상반된 결과를 초래하고, 실제로 집단 내 변이가 유지될 수도 있다.

빈도의존적 선택은 희귀 표현형이나 일반적인 표현형을 모두 선호한다

한 표현형의 적응도는 집단 내에서 그 표현형의 빈도에 따라 달라지는 경우가 있는데, 이런 현상을 **빈도의존적 선택**(frequency-dependent selection)이라 한다. 이 유형의 선택은 얼마나 자주 또는 드물게 발생하는지에 따라 특정 표현형을 선호한다.

음성 빈도의존적 선택

음성 빈도의존적 선택에서는 희귀 표현형이 선호되어 선택된다. 적응도는 표현형 빈도와 음의 관계를 가지고 있어서 **음성 빈도의존**(negative frequency-dependent)이라는 용어가 사용된다. 표현형 변이의 유전적 기반을 가진 경우 이러한 선택으로 희귀 대립유전자가 더 흔해지므로 변이가 유지될 수 있다.

음성 빈도의존적 선택은 여러 가지 이유로 나타날 수 있다. 동물이나 사람은 어떤 형태를 찾을 때 "수색 이미지(searching image)"를 형성하여, 특정 물체를 더 쉽게 골라낸다. 그 결과 포식자는 흔한 피식자 표현형에 대하여 수색 이미지를 만들기 때문에 희귀 표현형이 덜 포식된다.

그 예로 어류에 의한 물벌레(water boatman)의 포식이다. 이들은 3가지 체색형을 가지고 있는데, 실험에서 각 체색형 중 가장 흔한 형이 주로 포식되는 것이 관찰되었다(**그림 18.15**).

음성 빈도의존적 선택의 다른 예는 먹이 경쟁이다. 많은 식물에서 볼 수 있듯이, 유전자형마다 다른 양분을 필요로 한다면 희귀 유전자형일수록 경쟁자가 적을 것이다. 따라서 여러 가지의 양분이 동일하게 풍부하게 존재한다면 희귀 유전자형은 흔한 유전자형보다 상대적

과학적 사고

질문: 음성 빈도의존적 선택이 집단 내의 변이를 유지시켜 줄까?

가설: 물고기가 일반적인 체색을 띠는 물벌레(수서곤충)를 포식한다.

실험: 체색형의 빈도가 다른 물벌레가 있는 각각의 수족관에 포식자인 물고기를 넣어 준다.

결과: 각 수족관에서 일반 색깔을 지닌 물벌레들이 불균형적으로 포식된다. 드문 색깔을 지닌 물벌레가 가장 잘 생존한다.

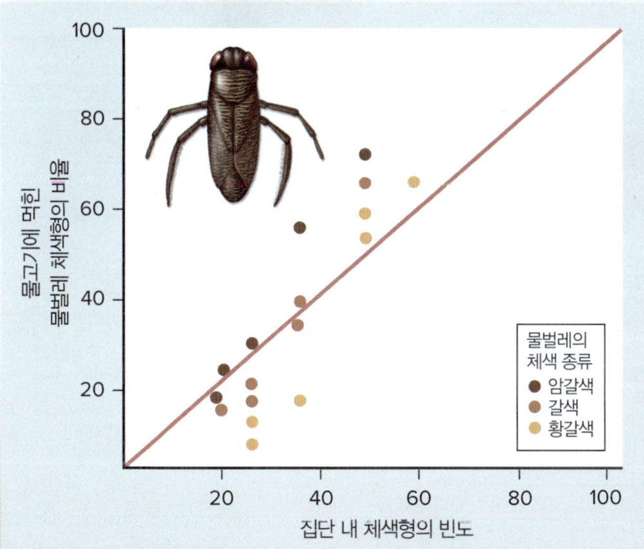

그림 18.15 빈도의존적 선택.

자료 분석 이 실험은 빈도의존적 선택과 방향 선택을 어떻게 구별할 수 있는가?

으로 유리하게 된다.

양성 빈도의존적 선택

양성 빈도의존적 선택에서는 앞의 경우와 반대의 효과가 나타난다. 예를 들어, 포식자가 항상 흔한 유전형을 선택하는 것은 아니다. 어떤 경우에는 "괴짜(oddballs)"가 전체에서 두드러져서 주의를 끌게 된다(**그림 18.16**).

선택의 강도는 빈도의존적 선택의 결과로 시간이 지남에 따라 변화된다. 음성 빈도의존적 선택에서는 희귀 유전자형이 점점 증가하게 되면서 포식자에 대한 선택적인 장점이 오히려 감소하게 될 것이다. 반면 양성 빈도의존적 선택에서는 희귀해질수록 선택적인 약점이 더 커지게 될 것이다.

진동 선택에서 선호 표현형은 환경에 따라 달라진다

경우에 따라, 한 시기에는 한 가지 표현형이 선택적으로 선호되고 다른 시기에는 다른 표현형이 선호되는 현상을 **진동 선택**(oscillating selection)이라고 한다. 선택이 반복적으로 일어나면 집단에서 유전적 변이가 유지되는 효과를 나타낼 수 있다.

19장에서 다루는 예는 갈라파고스 군도의 중간 크기의 땅핀치새(medium ground finch)에 관한 것이다. 기후가 가물 때는 작고 부드러운 씨의 공급이 고갈되지만 큰 씨는 남아 있다. 그 결과 큰 부리를 가진 새가 선호된다. 그러나 우기가 되면 작은 씨가 많아져서 작은 부리를 가진 새가 선호된다.

진동 선택과 빈도의존적 선택은 두 경우 모두 선택의 형태가 시간에 따라 변한다는 공통점이 있지만 두 경우가 같은 것은 아니다. 진동 선택에서 표현형의 적합성은 빈도가 아닌 환경의 변화에 따라 달라진다. 그에 비해 빈도의존적 선택에서는 빈도의 변화가 여러 표현형의 적합성을 결정한다.

그림 18.16 양성 빈도의존적 선택.
어떤 경우 소수의 개체가 두드러져서 포식자의 관심을 끌기 때문에, 이런 경우 일반적인 표현형이 유리하다(양성 빈도의존적 선택).

어떤 경우에는 이형접합자가 동형접합자보다 더 큰 적응도를 보인다

이형접합자가 동형접합자보다 더 선호되면 자연 선택은 집단 내에 변이가 유지되도록 한다. **이형접합자 우세**(hyterozygote advantage)는 2가지 대립유전자를 가지는 개체가 선택되는 경우를 일컫는다. 이형접합자 우세는 자연계에 만연하며 자연 집단에서 발견되는 높은 수준의 다형성을 설명할 수 있다고 하는 진화생물학자들도 있다. 하지만 이형접합자 우세는 상대적으로 드물다고 믿고 있는 학자들도 많다.

이형접합자가 우세한 예로서 가장 잘 알려진 것은 낫모양적혈구

빈혈증(sickle cell anemia)이다. 이 질환은 사람의 헤모글로빈에 영향을 준다. 낫모양적혈구 빈혈증을 가진 사람은 심한 빈혈 증세를 보이며, **그림 18.17**에서 보는 것처럼 비정상적인 낫 모양(sickle-shaped)의 적혈구를 가진다. 낫모양적혈구 변이(*S*)가 낫모양적혈구를 만드는 이유는 12장에서 소개했다.

중앙아프리카에서 낫모양적혈구 인자의 평균적 빈도는 약 0.12로 나타난다. 하디-바인베르크 법칙으로 계산하면 중앙아프리카 사람 5명 중 1명이 *S* 대립유전자에서 이형접합이고, 100명 중 1명은 이 인자가 동형접합이며 치명적인 형태의 장애로 진행된다. 동형접합인 낫모양적혈구 빈혈증 환자는 대부분 생식 연령에 도달하기 전에 사망하므로 자손을 만들지 못한다.

그럼에도 불구하고 왜 *S* 인자는 중앙아프리카 인구 집단에서 소멸되지 않고 남아 있는 것일까? 중앙아프리카에서 특히 어린이에게 있어 말라리아는 주요한 사망 원인 중 하나이다. 낫모양적혈구 대립유전자를 이형접합으로 보유하는(따라서 낫모양적혈구 빈혈로 고통받지 않는) 사람은 낫모양적혈구 증세를 보이지도 않고, 또한 말라리아에 잘 걸리지 않는다. 그 이유는 말라리아를 일으키는 병원충(*Plasmodium falciparum*)이 적혈구에 침입하면 적혈구 내의 산소 농도를 낮추고, 그 결과 동형접합이나 이형접합인 사람의 적혈구는 낫모양으로 변하기 때문이다. 이런 세포는 비장(spleen)에서 신속히 제거되는데, 이때 그 속에 들어 있는 병원충도 함께 제거된다. (비장의 여과작용으로 많은 낫모양의 적혈구가 제거되기 때문에 낫모양적혈구 대립유전자에 동형접합인 사람은 빈혈이 유발된다. 이형접합인 경우, 나머지 세포는 영향을 받지 않고 말라리아 병원충을 함유하는 세포만 영향을 받아, 빈혈이 발생하지 않는다.) 따라서 낫모양적혈구 대립유전자를 갖는 동형접합자는 모두 빈혈로 사망하고, 이형접합자의 경우 병원충이 있는 적혈구만 제거되므로 빈혈증이 일어나지 않는다. 그러므로 동형접합자는 말라리아에 취약하고, 이형접합자는 가장 높은 적응도를 갖는다.

그래서 많은 동형접합자가 생식 연령에 도달하기 전에 사망하지만, 이형접합자의 경우 말라리아에 대한 저항성으로 인해 여성의 가임능력이 증가하므로 낫모양적혈구 대립유전자는 해당 인구 집단 내에서 높은 비율로 유지되고 있다. **그림 18.17**은 낫모양적혈구 빈혈증 발병지역과 말라리아 빈발지역 사이의 중첩된 부분을 보여준다.

말라리아가 빈발하는 지역에 사는 사람들에게는 이형접합으로 낫모양적혈구 세포를 보유하는 것이 적응에 도움이 된다(**그림 18.17**). 그러나 많은 조상들이 중앙 아프리카 출신인 아프리카계 미국인들 사이에서, 환경은 말라리아에 대한 저항력을 강화하지 않는다. 왜냐하면 말라리아는 현재 미국에서 근본적으로 존재하지 않기 때문이다.

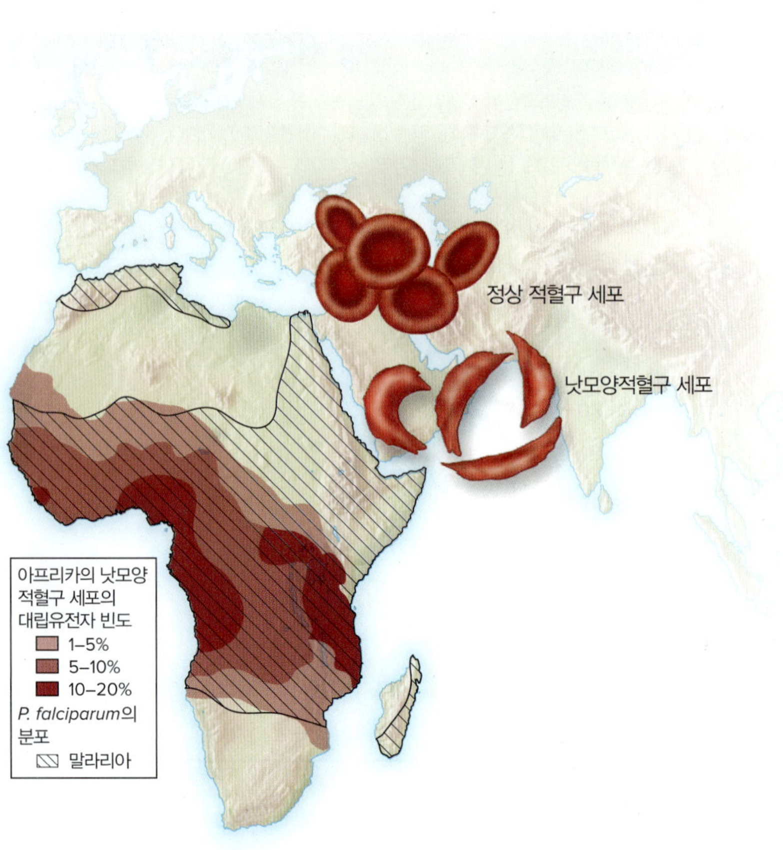

그림 18.17 **낫모양적혈구 대립유전자의 빈도와 말라리아 병원충(*Plasmodium falciparum*)의 분포.**
낫모양적혈구 대립유전자를 동형접합으로 가지는 사람의 적혈구는 혈액 내 산소 농도가 떨어지면 낫모양으로 변해 손상된다. 아프리카에서 낫모양적혈구 대립유전자의 분포는 *P. falciparum*의 분포와 거의 일치한다.

결론적으로, 어떤 적응적 가치도 질병의 부작용을 상쇄시키지 않는다. 이 말라리아가 없는 환경에서, 선택은 *S* 대립유전자를 제거하기 위해 작용하고 있다. 375명의 아프리카계 미국인 중 1명만이 낫모양적혈구 빈혈증 환자로 나타나고 있는데, 이는 중앙 아프리카에 비해 훨씬 적은 것이다.

핵심 요약 18.6

선택은 다양한 방법으로 집단 내에서 변이를 유지할 수 있다. 음성 빈도의존적 선택은 희귀한 표현형을 선호하는 경향이 있다. 진동 선택은 다른 시간에 다른 표현형을 선호한다. 일부 경우에, 이형접합체들은 동형접합체 상태일 때 해롭게 작용하는 대립유전자를 유지하는 선택적 이점을 가지고 있다.

- 이형접합체의 적응도가 가장 낮다면 집단의 유전적 변이가 어떻게 변할까?
- 음성 빈도의존적 선택과 진동 선택의 차이를 설명해 보자. 오랜 기간에 걸쳐 집단의 변이를 유지할 가능성이 더 높은 것은 어느 것일까?

18.7 다중유전자에 의해 영향받는 형질에 작용하는 선택

학습 목표

1. 분단성, 방향성, 안정화 선택을 비교하여 설명할 수 있다.
2. 각 선택 유형의 진화적 결과를 설명할 수 있다.

본질적으로 많은(이미도 대부분) 형질이 하나 이상의 유전자에 영향을 받는다. 11장에서 보듯이 유전자의 상호작용은 전형적으로 복잡하다. 예를 들어, 사람의 키를 결정하는 데에는 다양한 유전자의 대립유전자가 중요한 역할을 한다(**그림 11.11** 참조). 그러한 경우, 선택은 모든 유전자에 작용하는데, 표현형에 가장 크게 기여하는 유전자에 가장 큰 영향을 미친다. 이러한 특성은 여러 다른 별개의 표현형(예, "빨간색" 및 "검은색")보다는 "종" 모양의 정규분포곡선에 부합하는 표현형의 연속적 분포를 나타낸다.

분단성 선택은 중간형을 제거한다

분단성 선택(disruptive selection)은 자연선택이 중간적 형질을 제거하는 방향으로 작용하는 경우를 일컫는 말이다(**그림 18.18***a*). 그 명확한 예 중 하나는 아프리카의 씨깨기핀치새(seedcracker finch)이다(**그림 18.19**). 이 새의 집단 중에는 부리가 큰 것과 작은 것은 흔

과학적 사고

질문: 분단성 선택이 아프리카 씨깨기핀치새(*Pyrenestes ostrinus*)의 부리 크기의 차이를 촉진시킬까?

현장연구: 한 집단에서 새들을 포획하고 부리를 측정한 후 놓아준다. 그리고 새들의 수명을 관찰한다.
결과: 큰 부리와 작은 부리를 가진 새가 중간 부리를 가진 새보다 생존율이 훨씬 높다.
해석: 씨의 크기와 단단한 정도의 분포가 변하면 어떤 일이 일어날까?

그림 18.19 큰 부리와 작은 부리를 만드는 분단성 선택.
서아프리카 씨깨기핀치새의 부리 크기의 차이는 분단성 선택의 결과이다.

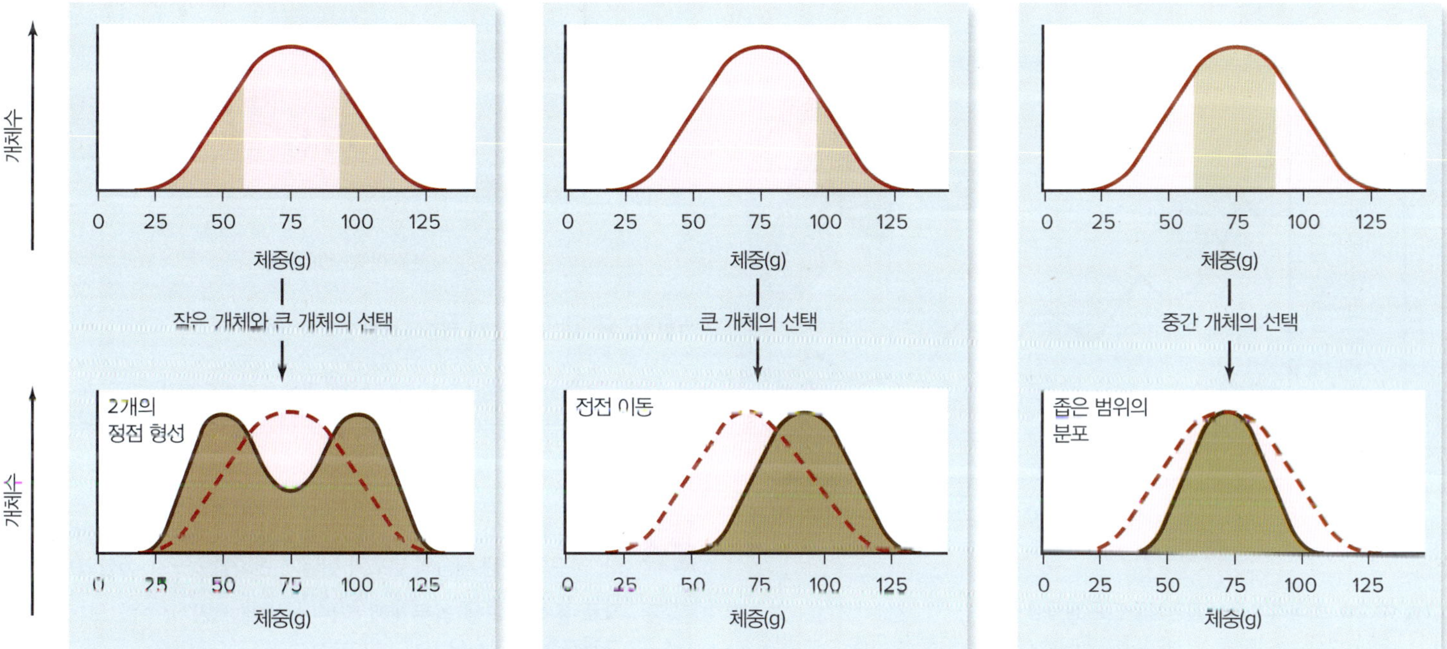

a. 분단성 선택 *b.* 방향성 선택 *c.* 안정화 선택

그림 18.18 자연선택의 3가지 유형.
윗부분의 그래프는 선택이 이루어지기 전의 집단을 보여준다(빨간색 실선). 집단 내에서 선택에 의해 선호되는 개체는 옅은 갈색으로 표시된다. 아래 그래프는 다음 세대에서 집단이 어떻게 생겼는지 나타낸다. 빨간색 점선은 원래 집단의 분포이고 진한 갈색의 실선은 다음 세대 집단의 실제 분포이다. *a.* 분단성 선택에서는 표현형 범위 중간에 있는 형질을 가진 개체가 불리하며, 극단의 형질이 선호된다. *b.* 방향성 선택에서는 표현형이 한 극단쪽으로 집중된 개체가 선호된다. *c.* 안정화 선택에서는 중간 범위 표현형을 가진 개체가 선호되며, 양쪽 끝의 표현형은 불리하다.

하지만, 중간 크기의 개체는 매우 드물다.

씨깨기핀치새는 종자를 먹고 사는데, 이들이 먹는 씨앗은 큰 것과 작은 것 2가지여서 부리가 큰 새는 큰 씨앗을 먹고 부리가 작은 새는 작은 씨앗을 먹고 산다. 부리가 중간 크기인 새는 큰 씨앗을 깨지 못하고 작은 씨앗을 다루는데도 서툴다. 그 결과 자연선택은 중간 크기의 표현형을 제거하고 집단에서 두 표현형을 양분화(disrupting)하는 방향으로 작용하게 된다.

방향성 선택은 한쪽 끝의 표현형을 제거한다

자연선택이 여러 표현형 중에서 한쪽의 극단적인 표현형을 제거하는 방향으로 작용하면, 이 극단적 형질을 만드는 유전자는 점점 줄어들게 된다. 이러한 유형의 자연선택을 **방향성 선택**(directional selection)이라고 한다(**그림 18.18***b*). **그림 18.20**에 예시된 초파리 집단에서 빛을 향하여 날아가는 초파리를 제거하면, 시간이 지남에 따라 그러한 행동을 촉진하는 대립유전자를 가진 소수의 개체만 남게 된다. 이후 후대의 초파리를 무작위로 선택하면, 원래 집단에서보다는 빛을 향하는 초파리를 잡을 가능성이 훨씬 줄어든다. 인위선택의 결과 빛을 향해 날아가는 개체가 드물게 된 경우이다. 방향성 선택은 종종 자연에서 환경이 변화할 때 일어난다. 살충제 내성의 광범위한 진화도 한 예가 될 수 있다.

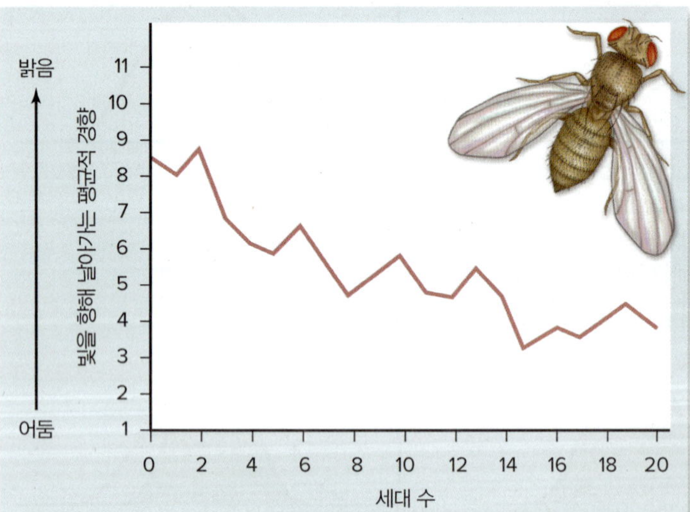

그림 18.20 초파리의 음성 굴광성을 만든 방향성 선택.
빛을 향해 날아가는 초파리를 제거하고, 빛을 피하는 개체만을 선택하여 다음 세대를 생산한 결과, 20세대가 반복된 후 커다란 진화적 변화가 이루어졌다.

탐구문제 실험자들이 빛을 향해 움직이는 초파리를 선택하고 다른 초파리를 제거하면 20세대가 지난 후 어떻게 되겠는가?

안정화 선택은 중간 표현형을 선호한다

자연선택이 양쪽 극단적인 형질을 도태시키는 방향으로 작용하면 결과적으로 중간적 형질의 빈도가 높아지는데, 이러한 선택의 유형을 **안정화 선택**(stabilizing selection)이라고 한다(**그림 18.18***c* 참조). 자연선택은 중간 영역으로부터 벗어난 변화를 막는 작용을 한다. 이 경우 자연선택은 집단에서 가장 흔한 표현형을 변화시키는 것이 아니라 극단을 감소시킴으로써 훨씬 비슷하게 만든다. 그 실례로 사람의 신생아에서 체중이 평균인 경우 출생 시 사망률이 낮은 반면 체중이 너무 작거나 너무 큰 아이는 사망률이 높다(**그림 18.21**). 오리나 닭에서도 알의 크기가 중간인 경우에 부화율이 가장 높게 나타난다.

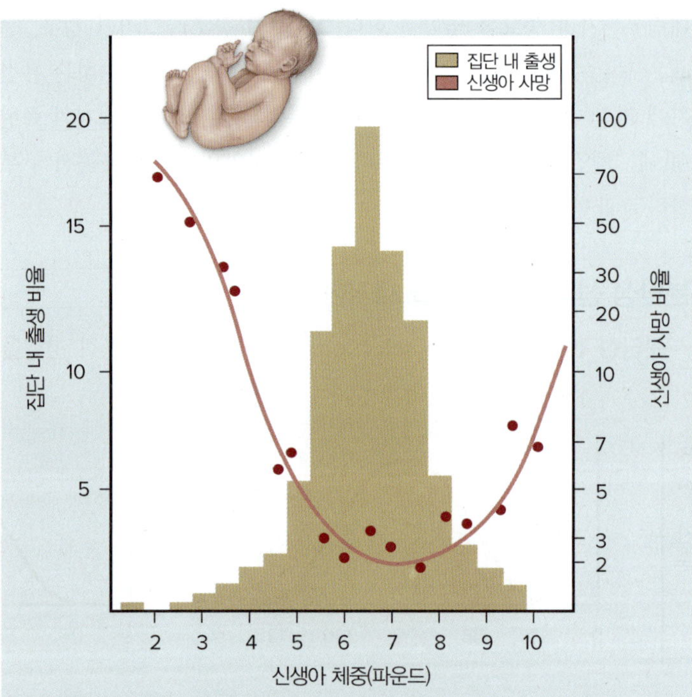

그림 18.21 사람의 신생아 체중에 대한 안정화 선택.
태어날 때 중간 체중을 가진 신생아의 사망률이 가장 낮다(빨간색 곡선, 오른쪽 y축). 더 크거나 작은 신생아는 7~8파운드(3.2~3.6 kg)의 가장 흔한 체중(황갈색 영역, 왼쪽 y축)을 가진 신생아보다 사망률이 더 높다. 최근 의학적 진보로 작거나 큰 신생아의 사망률은 줄어들었다.

탐구문제 의료 기술이 개선되어 신생아 사망률이 감소함에 따라, 인구의 출생 체중의 분포가 어떻게 변화할 것으로 예상되는가?

자료 분석 출생 몸무게에 따른 신생아 사망자 수를 보여주는 그래프를 그리시오.

핵심 요약 18.7

분단성 선택에서 중간 형태의 형질은 감소한다. 안정화 선택에서 중간 형태는 증가하지만 분단성 선택에서는 감소한다. 방향성 선택은 빈도를 한쪽 끝 또는 다른 쪽 끝으로 이동시켜서 결국 대립유전자를 완전히 제거할 수 있다.

■ 방향성 선택은 빈도의존적 선택과 어떻게 다를까?

18.8 자연선택의 실험적 연구

학습 목표

1. 진화적 가설을 검증하기 위한 실험을 설명할 수 있다.

진화 연구를 위해 학자들은 수백만 년 전에 일어난 사건 등 과거에 일어난 일들을 조사해 왔다. 공룡에 대해 알기 위해 고생물학자들은 공룡 화석을 본다. 인간 진화를 연구하기 위해 인류학자들은 인간 화석을 보고, 수백만 년 동안 인간 DNA에 축적된 돌연변이의 가계도(family tree)를 조사한다. 진화생물학자들은 천문학이나 역사학과 유사하게 과거 사건에 대한 조사를 위해 실험보다는 관찰에 의존하는 전통적 접근을 택해 왔다.

그럼에도 불구하고, 진화생물학은 완전한 관찰과학은 아니다. 다윈은 많은 사실에 대해 옳았지만 진화가 일어나는 속도에 대해서는 잘못 이해하고 있었다. 다윈은 진화가 감지할 수 없는 매우 느린 속도로 일어난다고 생각했지만, 일부 환경에서는 변화가 빠르게 일어날 수 있다는 사실을 입증하는 최근 연구들이 많이 있다. 그 결과 지금은 진화적 가설을 검증하는 실험 연구가 고안되어 실행되고 있다.

초파리 등의 생물에 대한 실험 연구가 거의 한 세기 동안 이루어졌지만 과학자들은 최근에 들어와서야 진화에 대한 실험 연구를 하기 시작했다. 자연계의 관찰이 어떻게 실험실에서의 철저한 실험 및 현장 연구와 결합될 수 있는지를 보여주는 좋은 예는 거피이다.

다른 환경에 사는 거피의 체색 변이는 자연선택이 진행 중임을 알려준다

거피(guppy)는 밝은색과 다산성 때문에 인기 있는 관상어이다. 자연계에서 거피는 남아메리카 북동쪽의 작은 개울과 근처 트리니다드(Trinidad) 섬의 많은 산간의 작은 하천에서 발견된다. 이 하천들의 특징 중 하나로 폭포들이 있다는 점이 흥미로우며, 신기하게도 거피와 다른 어류들이 폭포 위의 하천에서 대량 서식하고 있다.

킬리피쉬(killifish)는 새로운 서식지를 잘 찾는데, 비오는 밤에는 개울 밖으로 빠져나가서 축축한 나뭇잎 더미를 타고 이동하는 것으로 보인다. 거피는 그런 재주를 가지고 있진 않지만, 상류로 거슬러 오르는 데 능하다. 홍수가 날 때 강은 때때로 둑을 넘쳐흐르고, 이때 숲을 통해 이동하는 다른 경로가 생겨난다. 거피는 이런 경로를 통해 위로 거슬러 헤엄쳐서 폭포 위의 수역으로 들어갈 수 있다.

대조적으로, 어떤 종들은 그런 확산이 불가능하여 처음 나타나는 폭포 아래에 있는 개울에서만 발견된다. 확산이 폭포에 의해 엄격히 제한되어 있는 종의 하나로 거피를 포함한 다른 어류를 게걸스럽게 먹는 포식자인 파이크 시클리드(pike cichlid)가 있다.

거피는 분산에 대한 장벽 때문에 형성된, 2가지의 매우 다른 환경에서 서식하게 된다. 즉, 폭포 아래쪽 웅덩이에는 파이크 시클리드의 포식 때문에 거피의 생존율이 낮다. 반면 폭포 위쪽의 웅덩이에서는

그림 18.22 거피가 지닌 보호색의 진화. 포식자인 파이크 시클리드가 있는 폭포 아래 웅덩이에 사는 수컷 거피는 체색이 단조로우나, 포식자가 없는 위쪽 웅덩이의 수컷 거피는 체색이 더 화려하고 암컷의 눈을 끈다. 킬리피쉬도 포식자이지만 거피를 거의 먹지 않는다. 이 차이는 실험으로 검증될 수 있다.

포식자가 킬리피쉬뿐인데, 이 종은 거의 거피를 포식하지 않는다.

이에 따라 폭포 위쪽과 아래쪽의 거피 집단은 여러 가지 차이를 나타낸다. **그림 18.22**에서 보는 것처럼 포식률이 높은 아래쪽에서 거피의 체색은 단조롭고, 보다 빠른 시기에 성체가 되어 생식을 하며, 성체의 크기도 작다. 반면 폭포 위쪽 웅덩이에 사는 집단은 수컷의 체색이 매우 화려하고, 성체는 완전히 성숙한 다음 생식하며, 몸의 크기도 크다.

이러한 차이는 자연선택이 작용하고 있음을 알려준다. 포식률이 낮은 환경에서는 수컷이 화려한 체색으로 암컷을 유혹한다. 더욱이 큰 수컷은 암컷과 교배하는데 가장 성공적이며, 몸집이 큰 암컷은 더 많은 알을 생산한다. 따라서 포식자가 없는 곳에서는 크고 화려한 수컷이 선택된다.

폭포 아래쪽에서는 다른 형질이 자연선택된다. 화려한 수컷은 포식자인 파이크 시클리드에게 발각되기 쉽고 포식률이 높다는 것은 대부분의 물고기가 수명이 짧다는 것을 의미한다. 따라서 개체들의 체색은 단조롭고 보다 이른 나이에 생식하도록 선택된다.

실험으로 자연선택의 요인들을 알 수 있다

위쪽과 아래쪽에 사는 거피 집단의 차이는 포식률의 차이에 따른 진화적 반응을 나타내는 것이라고 볼 수 있지만, 이와 다른 설명도 가능하다. 가령 몸이 큰 거피만 폭포 위쪽으로 기어 올라갈 수 있다고 볼 수도 있다. 그래서 새로운 집단이 창시자 효과로 폭포 아래쪽 집단과는 다르게 빨리 진화했다고 할 수도 있다. 이런 가능성은 통제된 실험을 통해서만 배제할 수 있다.

연구실 실험

첫 번째 실험은 실험실 온실에 큰 웅덩이를 만들어 실행되었다. 실험 초기에 2000마리의 거피를 10개의 웅덩이에 똑같이 나누어 넣었다. 4주 후 이 웅덩이 중 4개에 파이크 시클리드를 추가로 넣고, 다른 4개에는 킬리피쉬를, 그리고 나머지 2개의 웅덩이에는 "포식자를 넣지 않고" 거피만 살게 하였다.

거피의 10세대에 해당하는 14개월 후 각 집단을 비교하였다. 킬리피쉬를 넣은 웅덩이와 포식자가 없는 웅덩이에서는 거피가 크고 화려하였으며, 뚜렷한 차이가 관찰되지 않았다. 그에 비해 파이크 시클리드를 넣은 웅덩이에서는 거피가 작고 색깔이 단조로웠다(**그림 18.23**).

이러한 결과는 포식이 급속한 진화적 변화로 이어질 수 있다는 것을 입증했지만, 이 실험실 실험은 자연에서 일어나는 일을 반영하고 있을까?

현장 실험

실험실 결과가 자연에서도 일치하는지 알아보기 위해서 폭포 아래에는 거피가 살고 폭포 위쪽에는 거피가 없는 하천 두 곳을 찾아냈다. 다른 트리니다드의 하천에서처럼 폭포 아래에는 파이크 시클리드가 있었고, 위쪽은 킬리피쉬만 있었다.

연구자들은 거피를 폭포 위쪽으로 이주시킨 다음 수년마다 한 번씩 집단을 확인하였다. 포식률이 높은 곳에서 서식하는 거피를 이주시켰음에도 불구하고, 폭포 위쪽으로 이주된 집단은 원래의 집단과는 다르게 몸이 크고 화려한 색깔을 가지도록 변화하였다. 대조적으로 폭포 아래쪽의 대조군 집단은 단조로운 색이 유지되고 더 작은 크기에서 성숙하였다. 실험실 분석을 통해서 두 집단 간 변이는 유전적 차이 때문임이 드러났다.

과학적 사고

질문: 포식자의 존재가 거피 체색의 진화에 영향을 줄까?
가설: 화려한 체색의 개체가 포식되므로 체색이 단조로운 쪽으로 진화한다. 반대로 포식자가 없으면 화려한 체색과 반점을 가진 개체가 증가한다.
실험: 큰 웅덩이에 포식자가 있는 경우와 없는 경우의 거피의 실험 집단을 만든다.
결과: 포식자가 있는 집단은 반점이 거의 없고, 포식자가 없는 집단은 반대로 반점이 더 많은 쪽으로 진화했다.

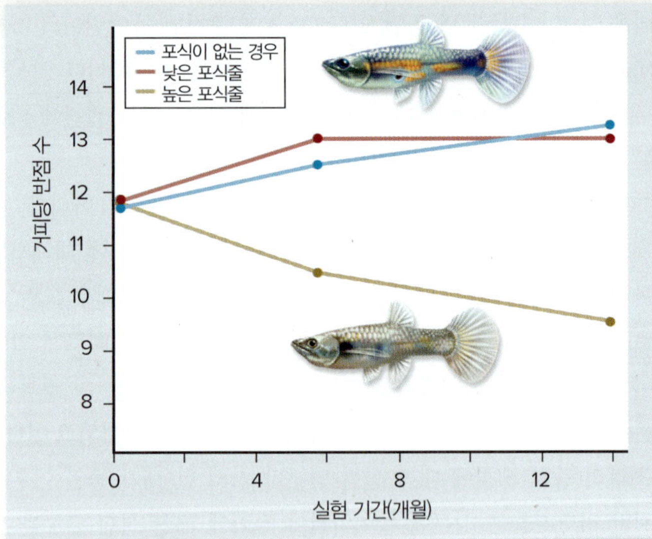

해석: 왜 포식자가 없는 경우 화려한 체색과 반점이 증가할까? 이 가설을 어떻게 검증할 수 있을까?

그림 18.23 반점 수의 진화적 변화.
포식이 없거나 포식률이 낮은 환경에서 10세대를 기른 거피는 반점의 수가 많았고, 포식성이 큰 파이크 시클리드가 있는 더 위험한 환경에서 기른 거피는 반점의 수가 적었다. 폭포 위와 아래의 웅덩이에서 수행된 야외 실험에서도 이와 동일한 현상을 보인다.

? 탐구문제 이러한 결과는 거피 포식자들이 먹이를 찾는 방식에 따라 어떻게 달라지는가?

이 결과는 상당한 진화적 변화가 불과 몇 년 이내에 일어날 수도 있음을 보여준다. 이러한 연구는 과학자들이 진화가 어떻게 발생하는지에 대한 가설을 공식화한 후 자연 조건에서 이러한 가설을 시험할 수 있는 방법을 나타낸다. 결과는 자연선택에 의한 진화설을 강력하게 뒷받침해 준다.

핵심 요약 18.8

진화론의 많은 부분이 관찰로부터 얻어지지만, 때때로 자연 환경에서도 실험이 가능하다. 연구에 따르면 비교적 짧은 시간 내에 집단의 형질이 바뀔 수 있다. 진화 실험에서 얻은 데이터는 이론적 가정을 구체화하고 다듬는 데 사용될 수 있다.

- 살충제 내성의 진화나 배경색 일치와 같은 자연선택의 다른 예를 검증하기 위해 어떤 실험을 설계할 수 있을까?

18.9 진화력의 상호작용

학습 목표

1. 진화 과정이 어떻게 동시에 다른 방식으로 일어날 수 있는지를 설명할 수 있다.
2. 진화에서 여러 과정이 동시에 일어날 때 무엇이 진화적 결과를 결정하는지를 평가할 수 있다.

한 집단에서 유전적 변이의 정도는 여러 진화 요인들의 상대적 강도에 의해 결정되는데, 이 요인들은 함께 작용하기도 하지만, 서로 반대로 작용하기도 한다.

돌연변이와 유전적 부동은 선택과 반대로 작용하기도 한다

이론적으로 자연선택에 의해 대립유전자 B가 선호되더라도 B에서 b로 돌연변이가 일어나는 속도가 충분히 높을 경우 대립유전자 b는 집단에서 유지될 수 있다. 그러나 자연계에서는 돌연변이가 자연선택의 효과를 상쇄할 만큼 높은 속도로 일어나는 일이 거의 없다.

자연선택의 효과는 유전적 부동에 의해서 상쇄될 수 있으며, 이 두 과정이 함께 집단 내의 변화를 제거하도록 작용할 수도 있다. 그러나 선택은 생존과 생식의 성공을 향상시키는 대립유전자가 많이 나타나도록 작용하는 무작위적인 과정이 아닌데 비해, 유전적 부동은 어떤 대립유전자를 증가시키는 무작위 과정이다. 따라서 어떤 경우는 부동이 선택에 의해 선호되는 대립유전자의 빈도를 감소시킬 수 있다. 극단적인 경우 유전적 부동이 집단으로부터 선호되는 대립유전자를 사라지게 할 수도 있다.

그러나 부동의 크기는 집단의 크기에 반비례하기 때문에 집단이 아주 작을 때를 제외하고는 자연선택이 부동을 압도할 것으로 예상된다.

유전자 흐름은 진화적 변화를 촉진하거나 제약한다

유전자 흐름은 자연선택을 강화하거나 제약하는 힘으로 작용할 수 있다. 유전자 흐름에 의해 한 집단이 다른 집단으로 이로운 돌연변이를 퍼뜨릴 수도 있지만, 반대로 열성 대립유전자를 지속적으로 퍼뜨려서 적응을 지연시킬 수도 있다.

그 실례로 서로 다른 환경에 사는 같은 종의 두 집단이 있을 때, 어떤 집단은 대립유전자 B를, 다른 집단은 대립유전자 b를 선호하는 경우를 들 수 있다. 유전자 흐름과 같은 다른 진화요인이 없다면 B의 빈도가 한 집단에서는 100%가 될 것이고, 다른 집단에서는 0%가 될 것이다. 그러나 두 집단 간에 유전자 흐름이 이루어지면, 덜 선호되는 대립유전자가 각 집단으로 지속적으로 들어오게 된다. 그 결과 집단에 있는 대립유전자의 빈도는 유전자 흐름에 의해 한 집단으로 유입되는 열성인자의 비율과 자연선택에 의해 제거되는 열성인자의 비율 사이에 균형을 이루게 된다.

자연선택에 반하는 유전적 흐름의 고전적인 예는 영국의 폐광에서 볼 수 있다. 몇 백 년 동안 광산 활동이 중지된 후에도 토양의 금속 이온 농도는 주위보다 훨씬 높다. 중금속의 높은 농도는 식물에게 독이 되지만 어떤 대립유전자를 가진 개체는 중금속이 많은 땅에서 자랄 수 있는 능력이 생긴다. 중금속을 견딜 수 있는 능력은 대가를 치르게 된다. 즉, 내성 대립유전자를 가진 개체는 오염되지 않은 땅에서 잘 자랄 수 없다. 결과적으로 내성 대립유전자는 광산에서는 100% 빈도를, 다른 곳에서는 0% 빈도를 보이게 된다.

중금속에 대한 내성은 가늘고 살 휘는 초본류를 집중 내상으로 많이 연구되었는데, 이 풀의 내성 대립유전자는 많은 지역에서 중간 정도의 수준으로 발견된다(**그림 18.24**). 이 풀의 번식은 꽃가루가 바람에 의해 퍼지는 방식에 의해 이루어진다. 따라서 꽃가루에 의해 운반되는 대립유전자는 멀리 이동할 수 있고, 광산과 다른 지역 사이의 유전자 흐름이 자연선택의 효과를 충분히 상쇄시킬 수 있게 된다.

일반적으로 유전자 흐름이 자연선택의 효과를 저해하는 정도는 두 과정의 상대적인 강도에 따라 다르다. 새나 바람에 의해 수분이 되는 식물 같이 유전자 흐름이 강한 종에서는 자연선택에 의해 덜 선호되는 대립유전자의 빈도는 상대적으로 높고, 그에 비해 달팽이처

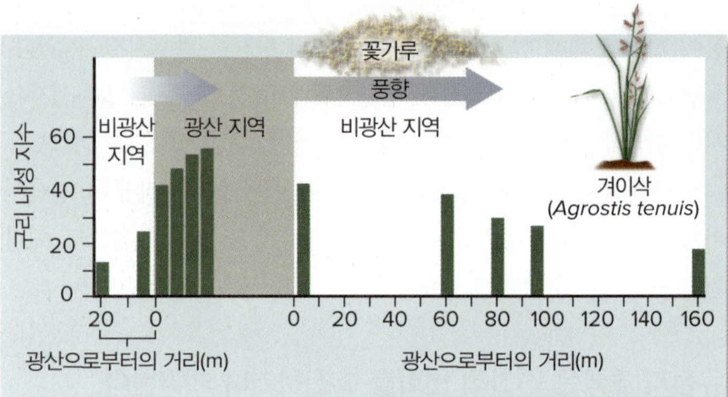

그림 18.24 광산 지역 부근에 서식하는 초본의 구리 내성 정도.
내성 인자를 가진 개체는 비오염 토양에서 성장비율이 낮으므로, 구리 내성은 광산 지역에서 100%, 비광산 지역에서는 0%일 것으로 예상된다. 그러나 바람은 비내성 대립유전자를 광산지역으로, 내성 대립유전자를 인근 지역으로 운반한다. 거리에 따라 옮겨지는 꽃가루의 양이 감소하므로 내성의 정도가 변화한다. 구리 내성 지수는 구리 농도가 낮은 토양에서의 성장률에 대한 구리 농도가 높은 토양에서의 성장률로 계산한다. 지수가 높을수록 중금속에 대한 내성이 높은 식물이다.

자료 분석 비광산 지역의 구리 내성 지수를 조사하시오. 원인이 되는 요인에 대해 무엇을 시사하는가? 특히, 내성 지수는 오른쪽 광산과의 거리의 함수로서 어떻게 변화하는가? 그리고 광산의 양쪽에서 거리와 내성 지수 값의 관계는 어떻게 다른가? 어떤 과정 때문에 이러한 양상이 보여지는 것인가?

럼 잘 이동하지 않아서 유전자 흐름이 낮은 종은 선호하는 대립유전자가 거의 100%의 빈도로 나타난다.

핵심 요약 18.9

대립유전자 빈도는 때때로 상반되는 과정 사이의 균형을 반영한다. 예를 들어, 유전자 흐름은 일부 대립유전자를 증가시키는 반면 자연선택은 그것들을 감소시킬 수 있다. 여러 요인이 관련된 경우, 관찰되는 대립유전자 빈도는 각 요인의 상대적 강도에 따라 달라진다.

- 진화 과정은 어떤 상황에서 같은 방향으로 작동할 수 있으며, 그 결과는 어떻게 될까?

18.10 자연선택의 한계

학습 목표

1. 다면발현과 상위에 대해 정의할 수 있다.
2. 다면발현과 상위가 선택압에 대한 진화적 반응에 어떻게 영향을 주는지 설명할 수 있다.

자연선택이 유전자 변화의 가장 강력한 주요인이지만 이에는 한계가 있다. 이러한 한계는 대립유전자에 의한 여러 표현형의 발현, 자연선택이 일어날 수 있는 유전적 변이의 부족, 그리고 유전자 간 상호작용 때문에 나타난다.

유전자는 다면효과를 나타낸다

대립유전자는 표현형의 여러 면에 영향을 준다(11장의 다면발현 참조). 이러한 효과는 표현형이 얼마나 변할 수 있는가에 대한 한계를 말해 준다.

예를 들어, 닭의 경우 동일한 유전자가 암탉의 닭볏 크기와 알을 낳는 속도 모두에 영향을 미치고, 그 대립유전자는 큰 닭볏을 만들고 알 낳는 속도를 높인다고 하자. 그러면 이러한 연관성 때문에 알은 많이 낳고 볏이 작은 암탉이 선택되는 것은 매우 어려울 것이다.

진화는 유전적 변이가 필요하다

유전적 변이는 진화적 변화의 전제 조건이다. 그것이 없다면, 자연선택은 진화를 일으킬 수 없다.

서러브레드(thoroughbred) 품종 경주마의 유전자풀 중 80% 이상은 18세기 후반에 31마리의 조상에서 나왔다. 경주마에 대한 철저한 교배를 통한 강력한 직접적인 선택에도 불구하고, 그들의 능력은 지난 60년 이상의 기간 동안 향상되지 않았다(**그림 18.25**). 수십 년의 강한 선택은 돌연변이가 보충해줄 수 있는 것보다 더 빠른 속도로 집단으로부터 변이를 제거하기 때문에 유전적 변이가 거의 남아 있지 않고, 진화적 변화가 불가능할 것으로 추정된다.

한 형질에 대한 표현형의 변이가 유전자에 전혀 기초하지 않는 경우도 있다. 곤충의 겹눈(compound eye)은 낱눈(ommatidia)이라는 수백 개의 시각 단위로 이루어져 있다(28장 참조). 왼쪽 눈이 오른쪽 눈보다 더 많은 낱눈으로 되어 있는 개체도 있고, 오른쪽 눈이 왼쪽 눈보다 더 많은 낱눈을 지닌 개체도 있다(**그림 18.26**). 그러나 실험실에서 강한 선택 실험에도 불구하고 과학자들은 지속적으로 일관되게 오른쪽 눈보다 왼쪽 눈에 더 많은 낱눈을 가진 초파리들을 생산해 낼 수 없었다.

그 이유는 왼쪽 눈과 오른쪽 눈에 대한 독립된 유전자가 존재하지 않기 때문이다. 오히려 같은 유전자가 두 눈 모두에 영향을 주며, 발생 단계에서 눈이 생길 때 나타나는 차이가 낱눈 수의 차이를 만든다. 이와 같이 표현형의 변이가 존재하더라도, 선호하는 선택을 위한 근본적인 유전적 변이는 없는 경우가 있다.

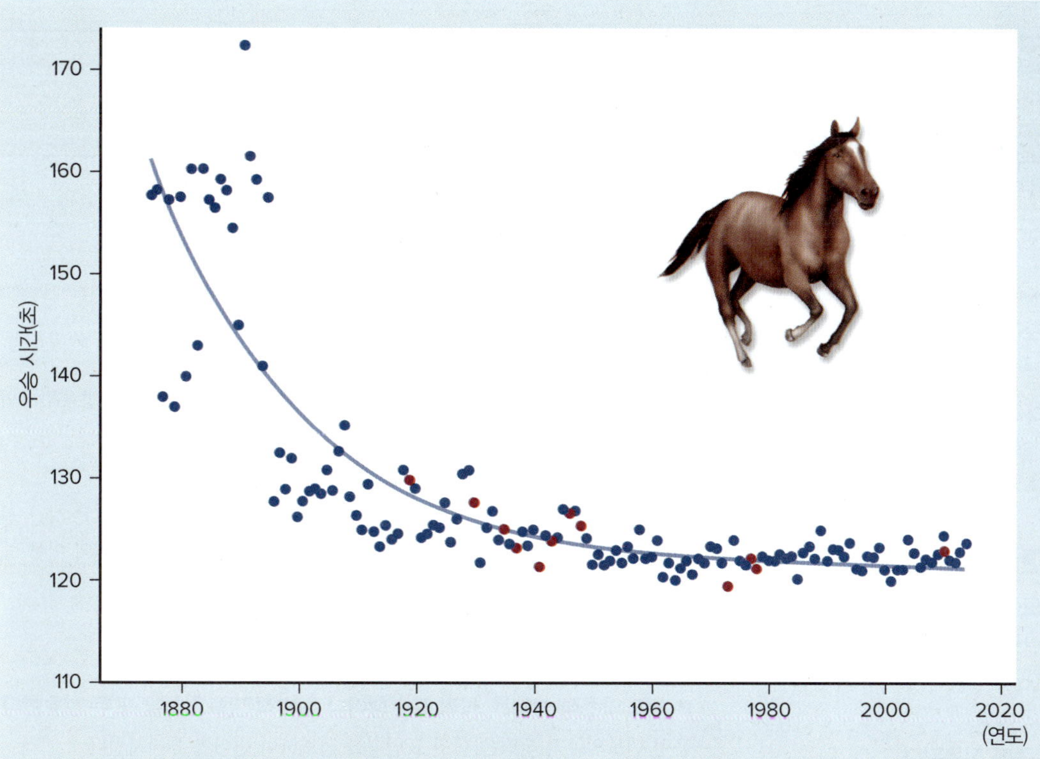

그림 18.25 경주마의 속도 증가를 위한 선택 효과성 검증.

켄터키 더비(Kenturcky Derby)에서 경주마의 우승 속도는 1950년 이후에 크게 향상되지 않았다.

? 탐구문제 경주마 우승 속도에 변화가 없는 이유는 무엇인가?

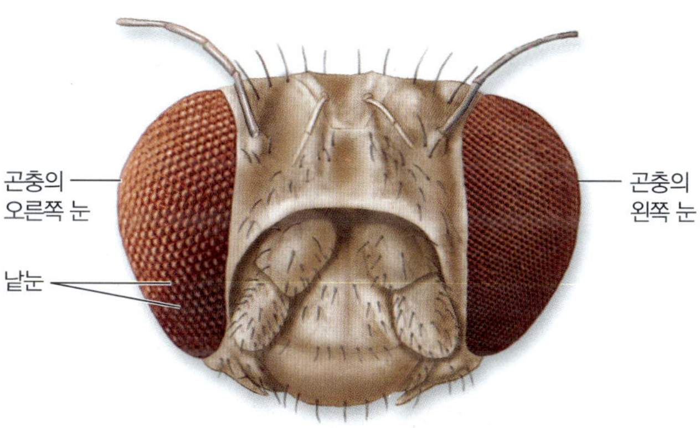

그림 18.26 곤충 낱눈의 표현형 변이.

어떤 개체들은 왼쪽 눈의 낱눈의 수가 오른쪽 눈의 낱눈 수보다 많다.

유전자 상호작용은 대립유전자의 적응도에 영향을 준다

12장에서 살펴본 것처럼 **상위**(epistasis)는 한 유전자의 대립유전자가 다른 유전자에 존재하는 대립유전자의 영향을 받아 다른 효과가 나타날 수 있는 현상이다. 상위로 인해 특정 유전자의 대립유전자에 대한 선택적 이점은 유전자형마다 다를 수 있다. 어느 집단이 두 번째 유전자에 대해 다형성을 가지고 있다면, 한 집단 내에서는 이 유전자에 대해 개체마다 다른 대립유전자가 선호될 수 있기 때문에 첫째 유전자에 대한 선택에 제약이 가해진다.

박테리아에 대한 연구는 한 유전자에 대한 대립유전자의 선택이 다른 유전자에 어떤 대립유전자가 존재하느냐에 따라 어떻게 달라질 수 있는지를 보여준다. 대장균(*E. coli*)에서는 글루콘산(gluconate)을 분해하는 2가지 생화학적 경로가 존재하는데, 각각 다른 유전자에 의해 생성된 효소를 이용한다. 한 유전자는 6-PGD 효소를 생성하는데, 그 효소에는 여러 개의 대립유전자가 있다. 다른 생화학적 경로를 암호화하는 두 번째 유전자에 대한 일반적인 대립유전자가 존재할 때, 선택은 6-PGD 유전자에서 특정한 대립유전자를 선호하지 않는다. 그러나 일부 대장균에서는 두 번째 유전자에 있는 대립유전자가 작동하지 않는 경우가 있다. 이런 대립유전자가 있는 박테리아는 6-PGD 경로에만 의존할 수밖에 없으며, 이 경우, 선택은 6-PGD의 특정 대립유전자를 다른 것보다 선호하게 된다. 그래서 두 유전자 사이에는 상위의 상호작용이 존재하고, 6-PGD에 대한 자연선택의 결과는 두 번째 유전자의 대립유전자에 따라 달라진다.

핵심 요약 18.10

다면발현에서 단일 유전자는 여러 가지 형질에 영향을 미친다. 상위에서, 다른 유전자의 대립유전자 간의 상호작용은 단일 형질에 영향을 미친다. 이 두 조건 모두 자연선택의 영향을 제약할 수 있다.

- 다면발현과 상위가 자연선택에 대한 진화적 반응을 어떻게 제한할 수 있을까?

핵심 개념 요약

18.1 유전적 변이와 진화

■ **많은 과정이 진화적 변화로 이어진다**

다윈은 종의 진화는 자연선택 과정에 의해 일어난다고 제안했다. 다른 과정 역시 진화적 변화를 이끈다.

■ **집단에는 풍부한 유전적 변이가 존재한다**

집단에서 진화가 가능해지려면 반드시 유전적 변이가 있어야 한다. DNA 테스트는 자연 집단에 일반적으로 상당한 변이가 존재함을 보여준다.

18.2 대립유전자 빈도의 변화(그림 18.3)

■ **하디-바인베르크 원리는 유전자형의 빈도를 예측할 수 있게 한다**

관찰된 유전자형의 빈도가 계산하여 예측한 빈도와 일치할 때 하디-바인베르크 평형이 이루어진다. 이는 진화적 과정이 집단의 유전자형이나 대립유전자의 분포를 변화시키지 않을 때만 발생한다.

■ **하디-바인베르크 원리는 진화 과정의 입증에 적용된다**

유전자형의 빈도가 하디-바인베르크 평형에 이르지 못할 때 진화가 일어난다.

18.3 진화적 변화의 5가지 요인(그림 18.4)

■ **돌연변이는 대립유전자를 변화시킨다**

돌연변이는 유전적 변이의 궁극적 원천이다. 돌연변이율은 매우 낮기 때문에 돌연변이가 하디-바인베르크 평형에서 벗어나게 하는 주된 요인은 아니다.

■ **유전자 흐름은 대립유전자의 집단 간 이동 시에 발생한다**

유전자 흐름은 집단으로 새로운 대립유전자를 이동시켜 유전적 변이가 도입되며, 집단 간의 대립유전자의 빈도가 균일해지도록 한다.

■ **비무작위적 교배는 유전자형의 빈도를 변화시킨다**

표현형적으로 비슷한 개체들이 짝을 이루는 동류교배는 동형접합자를 증가시키고 이류교배는 이형접합자의 빈도를 증가시킨다.

■ **유전적 부동은 소규모 집단에서 대립유전자의 변화를 일으킨다**

유전적 부동은 무작위적으로 대립유전자의 빈도가 변하는 것을 말한다. 소규모 집단에서 큰 효과를 나타낸다.

■ **자연선택은 특정 유전자형을 선호한다**

자연선택에 의한 진화가 일어나려면 유전적 변이가 존재하고, 생식 성공에 있어서 차이가 있으며, 이 변이가 반드시 유전되어야 한다.

18.4 자연선택의 정량화

■ **적응도가 높은 표현형은 대개 빈도가 증가한다**

적응도는 개체의 생식 성공으로 정의된다. 상대적 적응도는 한 유전자형의 성공적 적응에 대한 다른 유전자형의 상대적 값을 의미한다. 높은 상대적 적응도를 가진 유전자형은 다음 세대에 빈도가 증가한다.

■ **적응도는 많은 요소로 구성된다**

생식적인 성공은 한 개체의 생존 기간, 교배 횟수, 생식 횟수 당 자손의 수에 의해 결정된다.

18.5 생식 전략

■ **암컷과 수컷은 서로 다른 생식 전략을 갖는다**

한쪽 성은 다른쪽 성을 가진 개체를 선택할 수 있는데, 이는 대개 양육투자의 정도에 따라 달라진다.

■ **성적 선택은 경쟁과 짝 선택을 통해 나타난다**

성내 선택은 동성 내에서 교배의 기회를 얻기 위한 경쟁을 의미한다. 성간 선택은 한쪽 성이 짝을 선택하는 것이다. 짝 선택은 직접적 이익(자원의 이용 증가, 자손돌봄)과 간접적 이익(양질의 유전자)을 제공한다.

18.6 변이 유지에서 자연선택의 역할

■ **빈도의존적 선택은 희귀 표현형이나 일반적인 표현형을 모두 선호한다**

음성 빈도의존적 선택은 희귀 표현형을 선호하며 변이를 유지시킨다.
양성 빈도의존적 선택은 일반적인 표현형을 선호하며 변이를 감소시킨다.

■ **진동 선택에서 선호 표현형은 환경에 따라 달라진다**

만약 환경 변화가 주기적이면, 주기에 따라 선호되는 표현형이 달라지면서 변이가 유지된다.

■ **어떤 경우에는 이형접합자가 동형접합자보다 더 큰 적응도를 보인다**

이형접합자 우세는 2가지 대립유전자를 모두 가진 개체를 선호한다.

18.7 다중유전자에 의해 영향받는 형질에 작용하는 선택

■ **분단성 선택은 중간형을 제거한다**

중간형의 표현형 개체가 불리하면 집단은 양극단의 특성을 가진 표현형 분포를 보인다.

■ **방향성 선택은 한쪽 끝의 표현형을 제거한다**

방향성 선택은 선호되는 표현형의 방향으로 집단의 평균치를 이동시킨다.

■ **안정화 선택은 중간 표현형을 선호한다**

안정화 선택은 양극단의 표현형을 제거하여 중간 표현형의 빈도를 증가시킨다. 집단의 평균치는 변하지 않으나 변이는 감소한다.

18.8 자연선택의 실험적 연구

자연선택이 진화적 변화를 이끈다는 가설은 실험적으로 검증될 수 있다.

■ **다른 환경에 사는 거피의 체색 변이는 자연선택이 진행 중임을 알려준다**

■ **실험으로 자연선택의 요인들을 알 수 있다**

다른 종류의 포식자와 함께 사는 각 집단의 거피는 세대를 거쳐 채색의 변화를 보인다.

18.9 진화력의 상호작용

■ **돌연변이와 유전적 부동은 선택과 반대로 작용하기도 한다**

이론적으로 높은 돌연변이율은 자연선택과는 반대로 작용할 수 있지만, 이는 거의 일어나지 않는다. 유전적 부동 역시 자연선택과 반대로 작용할 수 있다.

■ **유전자 흐름은 진화적 변화를 촉진하거나 제약한다**

유전자 흐름이 다른 집단에 이로운 돌연변이를 퍼뜨릴 수 있지만, 반대로 환경에 적응도가 낮은 대립유전자를 유입시켜 적응을 지연시킬 수도 있다.

18.10 자연선택의 한계

■ **유전자는 다면효과를 나타낸다**

다면발현 유전자는 표현형이 얼마나 변할 수 있는가에 대한 한계를 나타낸다. 하나의 특성이 선호될지라도 다른 특성은 그렇지 않을 수 있다.

■ **진화는 유전적 변이가 필요하다**

강한 선택압은 유전적 변이를 제거할 수 있다.

■ **유전자 상호작용은 대립유전자의 적응도에 영향을 준다**

상위에서, 한 대립유전자의 적응도는 두 번째 유전자의 유전자형에 따라 변화된다.

연습문제

■ 1단계: 이해력 확인하기

1. 동류교배에 대한 설명으로 옳은 것은?
   a. 하디-바인베르크 평형하에서 예상되는 유전자형 빈도에 영향을 미친다.
   b. 하디-바인베르크 평형하에서 예상되는 대립유전자 빈도에 영향을 미친다.
   c. 개체군에서 대립유전자의 상대적 비율에 영향을 미치지 않기 때문에 하디-바인베르크 평형하에서 예상되는 유전자형 빈도에 영향을 미치지 않는다.
   d. 이형접합체의 빈도를 하디-바인베르크 기댓값보다 크게 증가시킨다.
2. 매년 환경이 변하고, 다른 표현형이 다른 환경에서 다른 적응도를 가질 때, 자연선택은 어떻게 일어날까?
   a. 자연선택은 빈도의존적 방식으로 작용할 것이다.
   b. 자연선택의 효과는 다른 해에 다른 표현형을 선호하면서 매년 진동할 수 있다.
   c. 자연선택에 의해 진화적 변화를 얻기 위해서 유전적 변이를 필요로 하지 않는다.
   d. a, b, c 모두 옳지 않다.
3. 많은 요인이 진화적 변화를 일으키는 자연선택의 능력을 제한한다. 그런 요인에 해당하는 것은?
   a. 트리니다드 거피에서 보듯이 생식과 생존 사이의 충돌
   b. 유전적 변이의 부족
   c. 다면성
   d. a, b, c 모두 맞다.
4. 안정화 선택은 방향성 선택과 다르다. 그 이유는 무엇인가?
   a. 안정 선택에 있어서, 표현형 변이는 감소되지만 평균 표현형은 같이 유지된다. 반면에 방향 선택에 있어서 변이와 평균 표현형은 변한다.
   b. 안정 선택은 유전적 변이를 필요로 하지만, 방향 선택은 아니다.
   c. 중간 표현형은 방향 선택에서 선호된다.
   d. a, b, c 모두 옳지 않다.
5. 창시자 효과와 병목현상에 대한 설명으로 옳은 것은?
   a. 큰 집단에서만 예상된다.
   b. 어떤 집단에서 유전적 변이를 증가시키는 기작이다.
   c. 자연선택의 2가지 다른 방식이다.
   d. 유전적 부동의 형태이다.
6. 상대 적응도에 대한 설명으로 옳은 것은?
   a. 한 표현형의 생존율과 다른 표현형의 생존율을 비교하는 것을 말한다.
   b. 한 개체의 형제와 자손의 물리적 조건이다
   c. 한 표현형의 생식 성공을 말한다.
   d. a, b, c 모두 옳지 않다.
7. 자연선택이 진화적 변화를 가져오기 위해서 요구되는 것으로 옳은 것은?
   a. 집단 내에 변이가 있어야 한다.
   b. 서로 다른 표현형의 생식 성공은 달라야 한다.
   c. 변이는 한 세대에서 다음 세대로 물려져야 한다.
   d. a, b, c 모두 맞다.
8. 수컷 공작의 정교한 꼬리 깃털이 나타내는 진화적 의미는?
   a. 수컷과 암컷의 생식 성공을 높인다.
   b. 수컷의 생존율을 향상시킨다.
   c. 생존율을 감소시킨다.
   d. a, b, c 모두 옳지 않다.

■ 2단계: 적용력 평가하기

1. 하디-바인베르크 평형에 있는 빨간색 꽃(우성 대립유전) 또는 흰색 꽃의 개체군에서, 빨간색 꽃의 빈도는 91%이다. 빨간색 대립유전자의 빈도는 얼마인가?

   a. 9%
   b. 30%
   c. 91%
   d. 70%

2. 유전적 부동과 자연선택은 모두 빠른 속도의 진화를 이끌 수 있다. 위의 두 과정에 대한 설명으로 옳은 것은?

   a. 유전적 부동은 큰 집단에서 가장 빠르게 작용한다.
   b. 오직 부동만이 적응을 이끈다.
   c. 자연선택은 집단에서 새로운 변이를 만들기 위해서 유전적 부동을 필요로 한다.
   d. 진화의 양쪽 과정은 유전자 흐름에 의해 느려질 수 있다.

3. **그림 18.21**을 참고하여 출생 체중과 신생아 사망률 사이의 관계에 대해 다음과 같이 가정해 보시오. 중간 체중의 신생아 사망률이 최소가 아니라 5파운드(2.3 kg) 또는 10파운드(4.5 kg)로 태어난 아기의 생존율이 가장 높고, 그 사이의 7.5파운드(3.4 kg)로 체중인 아기의 생존율이 낮도록 변화되었다고 할 때, 시간이 지남에 따라 출생 체중 분포가 어떻게 변할 것으로 예상되는가?

   a. 변화가 없을 것이다.
   b. 분포는 오른쪽으로 이동할 것이다.
   c. 2개의 정점을 가진 분포를 보이고, 평균값이 변하지 않는다.
   d. 2개의 정점을 가진 분포를 보이고, 평균값이 오른쪽으로 이동한다.

4. 암컷 공작은 눈 모양 장식이 더 많이 있는 꼬리 깃털(즉, 더 긴 꼬리 깃털)을 갖는 공작새와 짝짓기를 선호한다. 꼬리 깃털이 길수록 수컷이 날아오르는데 지장이 있다. 암컷이 왜 이런 수컷을 선호하는지에 대한 하나의 가설은 가장 긴 꼬리 깃털을 가진 수컷이 가장 심한 장애를 경험하고, 그럼에도 불구하고 그들이 생존할 수 있다는 것은 그들의 "활력"을 반영한다는 것이다. 이런 발상을 시험할 수 있는 몇 가지 연구를 제안하시오. 설명에는 측정할 형질의 종류와 그 이유가 포함되어야 한다(**그림 18.10** 참조).

■ 3단계: 사고력 함양하기

1. 트리니다디안 거피의 실험실과 현장실험을 통해 체색과 생활사 형질에 있어 포식자-유도 진화적 변화에 대한 설득력 있는 사례가 확인되었다. 포식자의 존재 여부와 상관없이 폭포의 위와 아래 지역에 다른 차이가 있을 수 있다. 위의 해석을 강력하게 지지하는 추가적 연구는 무엇인가?

2. 미국 남서부 사막의 크고 검은 화산암 지역에 있는 여러 동물 집단은 주로 검은 개체로 구성되어 있다. 대조적으로, 작은 화산암 지역의 집단은 밝은 색깔을 띠는 개체가 비교적 높은 비율로 존재한다. 이러한 차이를 어떻게 설명할 수 있는가?

3. 인위적인 선택이 경주마의 속도에 대한 유전적 변이를 얼마나 강하게 제거하는 데 도움을 주었는지를 고려하면, 왜 속도(연속적 형질)와 같은 많은 특성들에 대해 풍부한 유전적 변이가 있는지에 대한 의문이 남는다. 이것은 강한 선택하에 있는 형질에 대해서도 적용된다. 유전적 변이는 궁극적으로 어디에서 오는가? 그리고 변이가 만들어지는 비율은 자연선택의 강도와 비교해서 어떠한가? 자연 집단의 유전적 변이를 유지하고 증가시킬 수 있는 다른 메커니즘은 무엇인가?

19

진화의 증거

19.1 다윈의 핀치새 부리: 자연선택의 증거
19.2 회색가지나방과 공업암화: 선택의 또 다른 증거
19.3 인위선택: 인간이 시작한 변화
19.4 진화의 화석 증거
19.5 진화의 해부학적 증거
19.6 수렴진화와 생물지리학적 기록
19.7 다윈의 비평가들

도입

WEB1장에서 본 것처럼, 다윈(Darwin)이 자연선택에 의한 진화라는 자신의 혁명적인 이론을 제안했을 때 그 주장을 뒷받침할 수 있는 실제 증거는 거의 없었다. 대신에 자연계에 대한 관찰, 논리 그리고 가축을 키우는 사육자들에게서 얻은 결과에 의존했다. 그러나 그 이후로 다윈의 이론을 뒷받침하는 증거들이 압도적으로 증가했다.

이는 두 가지 핵심 증거를 기반으로 한다. 첫 번째는 자연선택이 진화적 변화를 일으킬 수 있다는 증거와 두 번째는 진화가 일어났음을 보여주는 화석 기록에서 얻어진 증거이다. 사진의 고래 골격은 북아메리카에서 발견된 가장 오래된(4천만 년 전) 조지아케투스(*Georgiacetus vogtlensis*)의 화석이다. 골반 뼈와 뒷다리는 육지 포유류와 고래의 연결 고리를 보여준다. 자연선택과 화석 연구에서 얻어진 증거와 함께 해부학, 분자생물학, 그리고 생물지리학처럼 서로 다른 많은 생물학의 분야에서 얻어진 정보는 진화의 결과라는 과학적인 해석만이 가능할 뿐이다.

19.1 다윈의 핀치새 부리: 자연선택의 증거

학습 목표

1. 다윈의 핀치새 종이 어떻게 서로 다른 먹이에 적응할 수 있었는지를 설명할 수 있다.
2. 다양한 기후가 어떻게 중간 크기 핀치새의 진화적 변화를 유도하였는지 설명할 수 있다.

18장에서 배웠던 것처럼 다양한 과정이 진화적 변화를 일으킬 수 있다. 그러나 대부분의 진화생물학자들은 진화에서 자연선택이 가장 중요한 과정이라는 다윈의 생각에 동의한다. 비록 시간을 거슬러 올라갈 수는 없지만, 오늘날의 증거를 이용해 진화과정에 대한 가설을 검증할 수 있으며, 진화적 변화의 한 요인으로서 자연선택의 영향력을 증명할 수 있다. 이 증거는 현장과 실험실 그리고 자연과 인간이 변화시킨 상황 모두로부터 얻어진다.

다윈의 핀치새(Darwin's finches)는 자연선택에 의한 진화의 대표적인 예이다. 다윈이 1835년 에콰도르 해안의 갈라파고스 제도에 방문했을 때, 3개의 섬에서 31종의 핀치새를 채집했다. 새 전문가가 아

딱따구리 핀치새(*Cactospiza pallida*) 큰 땅 핀치새(*Geospiza magnirostris*) 선인장 핀치새(*Geospiza scandens*)

휘파람 핀치새(*Certhidea olivacea*) 채식하는 나무 핀치새(*Platyspiza crassirostris*)

그림 19.1 **다윈의 핀치새.**
다윈의 핀치새들 사이에서 이들 종은 부리와 먹이를 먹는 습관에서 차이를 보인다. 이러한 다양성은 핀치새의 조상이 섬에 살기 시작하고 다른 작은 새가 없는 서식지에 맞게 분화했을 때부터 나타났다. 몇몇 종의 부리는 본토의 서로 다른 새 무리와 비슷하다. 예를 들어, 휘파람 핀치새는 관련성이 많지 않은 휘파람새와 부리가 매우 비슷하다.

닌 다윈은 종을 동정하는 데 어려움을 겪었다. 새의 부리를 보고 자신이 채집한 새들이 굴뚝새, "큰부리참새" 그리고 찌르레기라고 믿었는데, 이들은 모두 자신의 고향인 영국에서 친숙한 종들이었다.

다윈이 고향으로 돌아온 후 조류학자인 굴드(John Gould)는 다윈이 채집한 새들이 사실은 서로 다른 종들이 가까운 관련성을 가지는 집단으로, 부리를 제외하면 거의 유사하다고 알려주었다. 지금은 14종 모두가 확인이 되었다.

갈라파고스 핀치새는 먹이 수집과 관련이 있는 변이를 보여준다

다윈의 핀치새의 다양성을 **그림 19.1**에 나타내었다. 땅 핀치새는 강력한 부리를 이용해 씨앗을 부수어 먹는다. 휘파람 핀치새와 같이 작고 좁은 부리를 가진 종은 곤충을 먹는다. 다른 종들은 과일이나 싹을 먹거나 선인장 열매와 열매 주변의 곤충을 먹는다. 뾰족한 부리를 가지는 땅 핀치새의 일부 집단에는 종종 바닷새의 몸 위로 기어 올라가 날카로운 부리로 바닷새의 피부를 찔러서 피를 마시는 "흡혈종"도 있다. 가장 독특한 종은 아마도 도구를 사용하는 종일 것이다. 딱따구리 핀치새는 잔가지, 선인장 가시 또는 나뭇잎의 줄기를 집어서 부리를 이용해 모양을 만들고 죽은 가지 속으로 찔러 넣어 유충을 잡는다.

핀치새 종들의 부리 모양과 그들의 먹이가 일치하는 것을 관찰한 다윈은 자연선택이 이러한 모양을 만들었다는 것을 알게 되었다. 〈**비글호의 항해**(The voyage of the Beagle)〉에서 다윈은 다음과 같이 기술하였다. "하나의 작고 직접 관련 있는 새 집단 내에서의 이 단계적인 변화와 다양한 구조를 보면, 갈라파고스 제도의 원래 많지 않았던 새들 중에 선택된 한 종이 다른 종들로 변화하였다는 것에 매우 놀라게 될 것이다."

현대의 연구가 다윈의 자연선택 가설을 증명하였다

다윈이 관찰한 것에 따르면 종들이 서로 다른 크기와 모양의 부리를 가지는 이유는 그 종들이 서로 다른 종류의 먹이에 적응하여 진화해왔기 때문이다. 그러나 이 가설을 증명할 수 있을까? 18장에서 본 것과 같이 자연선택에 의한 진화설은 다음의 3가지 조건을 만족해야 한다.

1. 집단 내에 표현형적 변이가 존재하여야 한다.
2. 이 변이는 개체들 간에 일생 동안의 생식 능력 차이로 이어져야 한다.

3. 개체들 사이의 표현형적 변이는 반드시 다음 세대로 전달되어야 한다.

다윈이 제안한 것을 성공적으로 증명하기 위해서 가장 필요한 것은 인내심이었다. 프린스턴 대학교(Princeton University)의 그랜트 부부(Peter and Rosemary Grant)와 학생들은 1973년부터 40년이 넘도록 갈라파고스 제도의 중심부에 위치하는 다프네(Daphne Major)라는 작은 섬에서 중간 크기 땅 핀치새를 연구했다. 이들 핀치새는 비가 많이 오는 해에는 식물에서 풍부하게 생산되는 작고 부드러운 씨앗을 즐겨 먹었다. 그리고 식물이 씨앗을 적게 생산하는 건조한 날씨가 이어져서 작은 씨앗을 먹을 수 없을 때에만 부수기 어려운 크고 마른 씨앗을 먹었다.

그랜트 부부는 조심스럽게 각 개체의 부리 깊이(부리의 기저부에서 제일 높은 곳부터 가장 낮은 곳까지의 길이)를 측정하여 다프네 섬에 사는 중간 크기 땅 핀치새의 부리 모양을 정량화했다. 매년 많은 새를 측정하여 처음으로 실제 이루어지고 있는 진화에 대한 자세한 모습을 구성할 수 있었다. 그랜트 부부는 집단 내 구성원들 사이에서 부리 깊이에 큰 변이가 존재할 뿐만 아니라, 해마다 평균 부리 깊이가 변화하는 방식을 예측할 수 있다는 것을 발견했다.

가뭄이 들면 식물들은 씨앗을 적게 생산한다. 그리고 먹을 수 있는 작은 씨앗은 모두 빠르게 없어지고, 주요한 먹이원으로 커다란 씨앗이 남는다. 결과적으로 짧고 깊으며 더 강한 부리를 가진 새가 큰 씨앗을 잘 부수어 열 수 있기 때문에 더 많이 살아남을 수 있다(**그림 19.2*a***). 반대로, 비가 특히 많이 와서 식물들이 잘 자라고 많은 양의 작은 씨앗을 생산하는 해에는 길고 얕은 부리를 가진 새들이 늘어났으며, 부리가 점점 더 뾰족하게 변화하였다.

이처럼 부리의 크기 변화가 자연선택에 의한 진화의 증거가 될 수 있을까? 그렇다면 각 개체들의 부리 크기 변이에 대한 유전학적 기초가 필요하다. 또 다른 가능성은 부리 깊이의 변화가 유전자 빈도의 변화에 의한 것이 아니고 단순히 식습관을 반영한다는 것이다. 예를 들어, 커다란 씨앗을 부수는 행동이 자라나는 새의 부리를 더욱 크게 만들 수 있다는 것이다.

이러한 가능성을 없애기 위해서 그랜트 부부는 여러 해 동안 많은 계통을 조사하여 새끼의 부리 크기에 대한 어미 부리 크기의 관련성을 측정하고, 부리 크기 변이에 대한 유전적 기초를 분석하였다. 환경적인 조건과 상관없이 부모 새와 새끼 새의 부리 깊이는 거의 같았다는 것은 개체 간 부리의 크기 차이가 유전적 차이 때문이라는 것을 말한다(**그림 19.2*b***). 이 결과는 앞에서 제시한 3가지 조건을 만족하

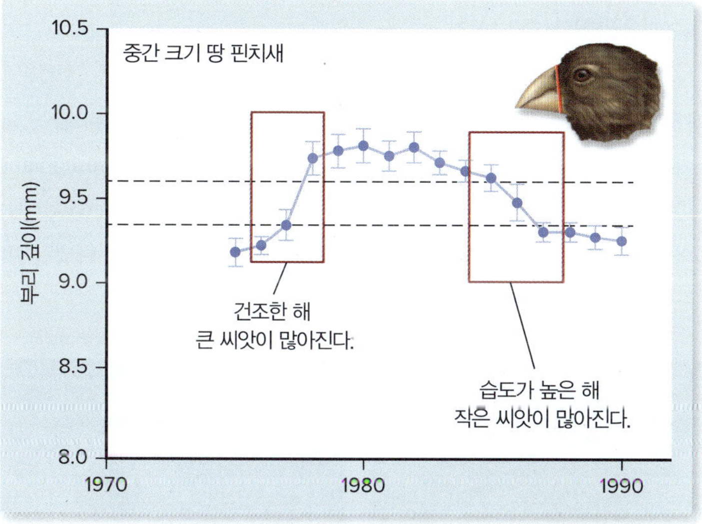

a.

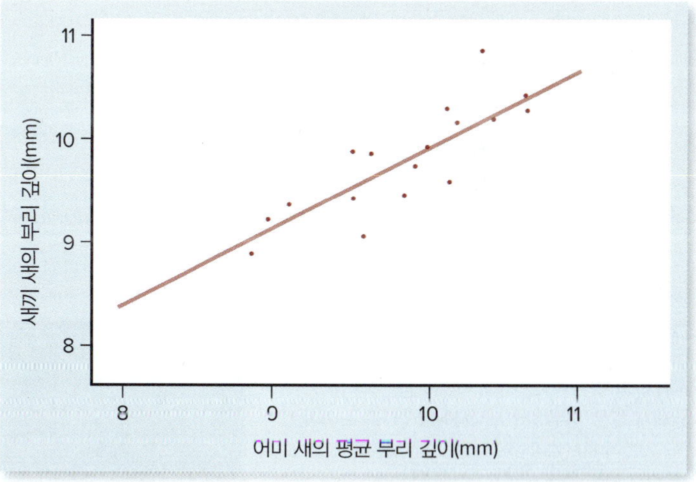

b.

그림 19.2 자연선택이 중간 크기 땅 핀치새(*Geospiza fortis*)의 부리 모양을 변화시켰다는 증거.
a. 크고 거친 씨앗만을 먹을 수 있는 건조한 해에는 부리의 평균 깊이가 증가한다. (y축은 전체 연도에 걸친 평균 부리 모양에 대해 상대적인 부리 모양을 측정) 작은 씨앗을 많이 먹을 수 있는 습도가 높은 해에는 평균 부리 깊이가 줄어든다. ***b.*** 부리의 깊이는 어미로부터 자손에게 유전된다.

탐구문제 만약 부리 모양이 다른 것이 유전적 차이에 의한 것이 아니고 성장기 어린 새의 먹이와 같이 환경적인 요소 때문이라면 **그림 19.2*b*** 의 유연관계를 어떻게 볼 수 있는가?

자료 분석 부리의 깊이가 10 mm인 수컷이 부리의 깊이가 8 mm인 암컷과 짝짓기를 했다고 가정하면 예상할 수 있는 자손의 부리 깊이는 얼마인가? 암컷의 부리가 10 mm이고 수컷의 부리가 8 mm라면 문제가 되는가?

며, 해마다 변화하는 부리의 평균 깊이는 자연선택에 의한 진화적 변화의 결과로 볼 수 있다.

핵심 요약 19.1

다윈의 핀치새 가운데, 자연선택은 이용가능한 먹이에 맞도록 부리 모양을 변화시켰다. 부리 모양이 유전적으로 전달될 수 있는 형질이기 때문에, 이용할 수 있는 씨앗의 분포에 더 잘 맞는 부리가 다음 세대에서 더 많아지게 될 것이다.

- 단단한 씨앗을 먹는 행동이 새의 부리가 커지도록 한다고 가정하면, 이 행동이 가뭄이 지나간 후에 자손의 부리 크기에 진화적 변화를 일으킬까?

19.2 회색가지나방과 공업암화: 선택의 또 다른 증거

학습 목표

1. 회색가지나방의 색깔 진화와 오염의 관계를 설명할 수 있다.
2. 진화가 일어났다는 것을 증명하는 것과 진화를 일으킨 기작을 이해하는 것을 구별할 수 있다.

환경이 변하면 자연선택은 종종 이전에는 좋아하지 않았던 형질을 선택할 것이다. 전형적인 예가 회색가지나방(*Biston betularia*)이다. 성체는 검은 반점을 가진 밝은 회색(따라서 후추나방이라고도 불린다)에서 짙은 검은색(melanic)까지 다양한 몸 색깔을 가진다.

대규모 유전자 분석에서 나방의 몸 색깔은 유전 형질 중 하나이며 한 유전자에 존재하는 서로 다른 대립인자에 의해 달라진다는 것이 밝혀졌다. 최근의 분자유전학 연구는 검은색 개체들이 단일 돌연변이로 인해 나타났다고 밝혔다. 이 우성 대립인자는 1850년 이전에는 매우 드물었다. 그 후로 산업화된 지역의 중심부에 서식하는 나방 집단에서 검은색 나방의 빈도가 거의 100%까지 증가하였다. 생물학자들은 검은색 나방이 많은 산업화 지역에서는 나무 몸통에 붙어 있는 밝은색의 이끼를 죽이는 공해물질의 검댕 때문에 나무의 색이 거의 검은색인 것을 확인하였다.

밝은색 나방은 오염 지역에서 감소하였다

1850년 대에 검은색 나방이 더 잘 살아남을 수 있었던 이유는 무엇일까? 1896년 영국의 아마추어 나방 수집가인 터트(James William Tutt)는 밝은 색깔의 나방이 줄어든 이유를 설명하는 가장 일반적으로 인정받은 가설을 제안하였다. 그는 후추 형태의 나방이 이끼가 사라진 검은 나무표면에서 포식자들에게 더 잘 보일 수 있다고 설명했다. 따라서 새들이 낮 동안 나무 몸통에 앉아 있는 회색가지나방을 잡아먹었다. 이와는 대조적으로 검은 개체들은 몸을 감출 수 있었기 때문에 유리했다(**그림 19.3**).

비록 터트는 처음에 아무런 증거도 가지고 있지 않았지만, 1950년대 영국의 생태학자 케틀웰(Bernard Kettlewell)이 같은 수의 검은 개체들과 밝은 개체들을 한쪽은 매우 공해가 심한 버밍엄(Birmingham) 주변 숲에, 또 다른 하나는 오염되지 않은 도싯의 숲(Dorset woods)에 풀어주어 가설을 검증했다. 만약 터트가 맞다면, 검은색 나방은 버

그림 19.3 공업암화를 설명하는 터트의 가설. 이 사진들은 나무 위에 올려 놓은 후추나방(*Biston betularia*)의 보존표본이다. 터트는 검은색 나방이 오염되지 않은 나무에서 포식자에게 더 잘 보이며(왼쪽), 반면에 밝은색의 후추나방은 산업공해로 인해 검게 변한 나무 껍질 위에서 포식자에게 더 잘 보인다고(오른쪽) 제안하였다.

밍엄의 숲에서 생존해야 하며, 밝은색 나방은 도싯의 숲에서 살아남아야 한다. 다음으로 케틀웰은 어떤 종류의 나방이 얼마나 살아남았는지를 볼 수 있도록 나방을 유인하고 포획하기 위해서 나무에 전구를 설치했다. 케틀웰은 자신이 풀어줬던 나방을 확인하기 위해서 새가 볼 수 없는 나방의 날개 아래쪽에 페인트로 점을 표시했다.

버밍엄 근처의 오염지역에서 케틀웰은 단지 19%의 밝은색 나방을 다시 붙잡았지만, 검은색 나방은 40%를 붙잡았다. 이러한 결과는 검은색 나방이 나무의 몸통이 검게 오염된 숲에서 더 잘 생존할 수 있다는 것을 보여주었다. 케틀웰은 비교적 오염이 덜 된 도싯 숲에서 12.5%의 밝은 나방을 다시 붙잡았지만, 검은색 나방은 6%만을 다시 붙잡을 수 있었다. 이는 나무 몸통의 색이 밝은 곳에서는 밝은색 나방의 생존력이 검은색 나방에 비해 2배 높다는 것을 보여주는 결과이다.

나중에 케틀웰은 나방을 나무에 붙여놓고 먹이를 잡는 새를 촬영하여 자신의 주장을 확고히 했다. 먹이를 찾는 새들은 종종 주변과 같은 색깔을 가지고 있는 나방을 찾지 못하고 지나쳤다.

최근에 5천 마리의 나방을 풀어주는 6년간의 대규모 연구를 통해서 케틀웰이 발견한 것을 증명했다. 오염되지 않은 숲에서 수행된 이 연구에서 검은색 나방이 밝은색 나방보다 10% 더 높은 비율로 사라진다는 것을 발견했다. 또한 250번의 먹이 포획 상황을 직접 관찰하여 새들이 밝은색 나방보다 검은색 나방을 훨씬 더 많이 잡아 먹는다는 것을 밝혔다.

환경 조건이 뒤바뀔 때 선택압도 반대가 된다

유라시아와 북아메리카의 공업지역에서, 서로 다른 12종의 나방이 회색가지나방과 동일한 방법으로 진화했다. **공업암화**(industrial melanism)라는 용어는 검은 개체가 밝은 종보다 압도적으로 많아지는 현상을 말한다.

1956년 영국에서 청정대기법(Clean Air Act)을 제정하면서 공업암화를 일으킨 대기오염이 줄어들기 시작했다. 1959년부터 리버풀 외곽의 칼디공원(Caldy Common)에서 매년 가지나방(*Biston*) 집단의 표본을 수집했는데, 검은색 나방의 빈도가 1959년 최고 93%에서 2002년 5% 이하로 떨어졌다(**그림 19.4**).

감소폭은 우성인 검은 대립인자를 가진 나방에 대하여 15%의 선택적 불이익(selective disadvantage)이 작용하는 것과 일치했으며, 나무를 검게 만들었던 이산화황과 부유입자들이 현저하게 줄어드는 것과 특히 관련이 있었다.

미국에서도 동일한 현상이 일어났다. 1959~1961년 디트로이트(Detroit) 근처 실험 장소에서 채집된 576개체의 회색가지나방 중에서 89%인 515개체가 검은색이었다. 2001년에 다시 표본을 채집하

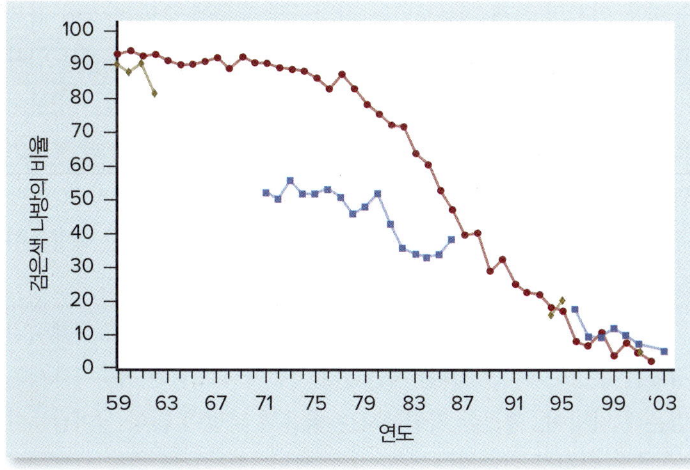

그림 19.4 암화에 대한 선택.
붉은색 원은 영국 칼디 공원의 검은 후추나방의 빈도를 나타낸다. 노란색 다이아몬드모양은 미시간의 검은색 후추나방의 빈도를 나타내며, 파란색 사각형은 펜실베이니아의 검은색 후추나방의 빈도를 보여준다.

탐구문제 두 장소에서 검은색 나방의 빈도가 비슷한 정도로 줄어든 사실에서 얻을 수 있는 결론은 무엇인가?

였을 때, 같은 곳에서 채집된 검은 개체의 빈도는 5% 이하로 떨어졌으며 비슷한 경향을 펜실베이니아(Pennsylvania)에서도 관찰하였다(**그림 19.4**). 리버풀, 디트로이트, 펜실베이니아의 나방집단은 모든 동일한 자연 실험의 일부로서 자연선택의 강력한 증거이다.

선택의 요인을 정확히 확인하기 어려울 수도 있다

비록 회색가지나방의 예를 자연선택의 강력한 증거로 볼 수도 있지만, 색이 두드러지는 나방을 잡아먹은 것이 선택의 근본 기작이라는 터트의 가설이 최근 재평가를 받고 있다. 연구자들은 암화(melanism)에 대한 최근 선택이 밝은색의 나무 이끼가 풍부한 정도와 관련이 없어 보인다는 점에 주목해 왔다.

칼디 공원에서 나무에 이끼가 다시 나타나기 훨씬 전부터 밝은색 회색가지나방의 빈도가 증가하기 시작했다. 디트로이트의 현장 연구소에서, 검은색 나방은 처음에는 우세하다가 이후 30여 년에 걸쳐서 감소하였지만, 이끼는 유의미한 변화를 전혀 보이지 않았다. 실제로 연구자들은 디트로이트의 나무가 이끼로 덮여 있는지 여부에 관계없이 회색가지나방을 한 마리도 발견할 수 없었다. 몇 가지 증거는 나방들이 낮 동안에 나무 꼭대기의 나뭇잎에 매달려 있었다고 말하지만, 아무도 확신할 수 없었다. 새가 잡아먹은 것이 아니고 오염 물질에 의한 중독이 나방에게 작용한 자연선택의 요인이라고 볼 수 있을까? 아직까지는 새들의 포식으로 인한 선택만을 확인할 수 있었다.

새의 포식 가설을 지지하는 연구자들은 나방을 감지하는 새들의

능력은 이끼의 존재 여부보다는 산업공해 때문에 주변 환경이 검게 변한 곳에서 다른 방법에 더 의존할 것이라고 지적했다. 공해는 입자성 먼지로 이루어진 세밀한 층으로 주변의 모든 물체를 덮는 경향이 있으며, 밝은 표면에서 반사되는 빛의 양을 감소시킨다. 또한 공해는 밝은색의 자작나무에 특히 심각한 영향을 미친다. 이 2가지 효과 때문에 주변 환경이 더 검게 변한다. 따라서 검은색을 가진 나방들이 포식자인 새들의 공격에서 보호를 받아 더 많이 살아남는다.

비록 선택을 일으킨 요인을 정확하게 찾을 수 없었지만, 전체적인 경향은 분명하게 나타났다. 케틀웰의 실험에서 오염된 거주지에서는 검은색 나방이, 깨끗한 자연에서는 밝은색 나방이 많이 살아남는다는 것을 확실히 입증했다. 검은색 나방의 빈도가 두 대륙 모두에서 오염 정도에 따라 증가한 후 다시 감소한 것은 이러한 선택이 진화적 변화를 이끌었다는 것을 분명하게 보여준다.

자연선택의 원인을 지금에 와서 다시 검토하는 것은 과학이 어떻게 발전하는지를 잘 보여준다. 즉 터트의 경우처럼 가설을 세우고 이후에 증명한다. 만약 가설이 기각되면 새로운 가설을 제안하고 이 과정을 다시 시작한다.

핵심 요약 19.2

자연선택으로 인해 대기오염이 매우 심각한 지역에서 검은 회색가지나방이 더 많이 생존하였다. 이것은 검게 변한 나무에서 나방을 잡아먹는 새의 눈에 검은색 나방들이 잘 보이지 않았기 때문일 것이다. 공해가 줄어들면서 밝은색 나방들이 더 많이 살아남기 시작했다. 선택은 분명히 일어났지만, 새가 나방을 잡아먹는 것이 선택의 원인이었는지를 이해하려면 추가적인 연구가 필요하다.

■ 새의 포식 활동에서 선택 요인이 나방의 색깔이라는 것을 어떻게 확인할 수 있을까?

19.3 인위선택: 인간이 시작한 변화

학습 목표

1. 인위선택과 자연선택의 과정을 비교할 수 있다.
2. 자연선택의 힘에 대해 인위선택을 통해 무엇을 입증할 수 있는지 설명할 수 있다.

인간은 문명이 시작되었을 때부터 식물과 동물을 선택해왔다. 자연선택과 마찬가지로 이 **인위선택**(artificial selection)은 어떤 특정 표현형을 가진 개체를 선호하며, 이 개체는 자손을 생산하여 자신의 유전자를 다음 세대로 전달할 수 있다. 표현형의 차이를 유전적으로 결정할 수 있다고 가정하면, 이 방향성 선택은 진화적 변화를 일으킬 수 있을 것이며 실제로도 그렇게 이루어져 왔다.

연구실에서 이루어지는 실험, 농업, 가축을 사육하는 과정에 작용하는 인위선택은 이러한 선택과정을 적용할 수 있는 대부분의 경우에서 큰 변화를 가져왔다. 이렇게 성공적인 결과가 선택이 효과적인 진화과정이라는 강력한 증거이다.

실험적 선택은 집단의 변화를 일으킨다

1920년대와 1930년대에 유전학이 과학의 한 분야로 발달하면서 연구자들은 선택이 진화적 변화를 일으킬 수 있다는 가설을 검증하기 위한 실험을 시작했다. 가장 관심을 받은 실험 대상은 실험실의

과학적 사고

질문: 인위선택이 커다란 진화적 변화를 만들 수 있는가?

가설: 강력한 방향성 선택은 집단의 평균값을 빠르게 변화시킬 수 있을 것이다.

실험: 한 집단에서 각 세대마다 가장 많은 강모를 가진 개체들 가운데 20%를 추출해 번식시켜 다음 세대를 구성했다. 또 다른 집단에서는 가장 적은 수의 강모를 가진 20%를 대상으로 동일한 과정을 실시하였다.

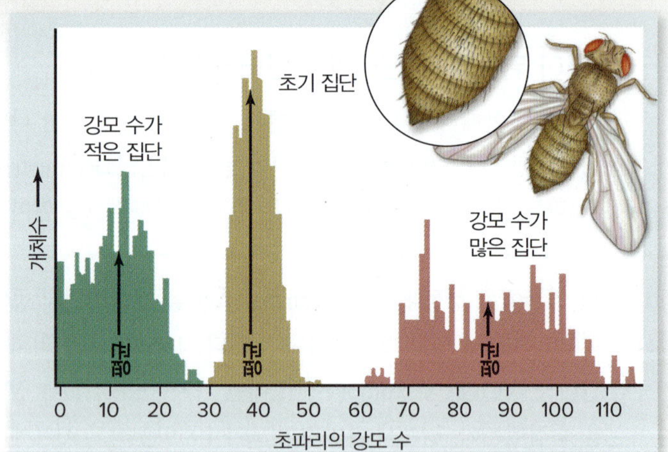

결과: 35세대가 지난 후, 두 집단 모두에서 평균 강모의 숫자가 크게 변화하였다.

해석: 실험이 끝나면 변이의 범위는 처음 집단에서 볼 수 있었던 범위의 바깥쪽에 위치한다. 돌연변이와 재조합을 통해 새로운 변이가 집단 내에 계속 만들어지기 때문에 선택이 한 집단을 원래의 범위 바깥으로 움직이게 한다.

그림 19.5 인위선택은 빠르고 커다란 진화적 변화를 일으킬 수 있다.

탐구문제 집단 내에서 중간 크기를 제외하고 큰 개체들과 작은 개체들을 번식시킨다면 어떤 일이 일어나겠는가?

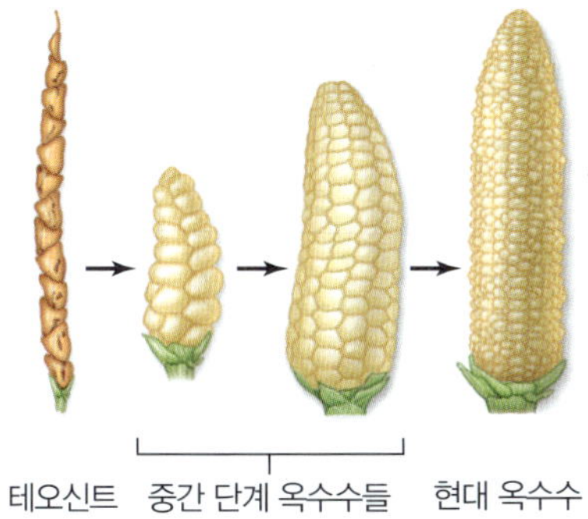

그림 19.6 옥수수는 조상형과 매우 다른 모습을 가진다.
오늘날 멕시코의 외딴 지역에서 발견할 수 있는 테오신트(Teosinte)는 현대 옥수수의 조상형과 많이 닮았다. 인위선택은 이 테오신트를 현재 우리가 알고 있는 옥수수로 변형시켰다.

그림 19.8 길들인 여우들.
인위선택은 가장 길이 잘 든 개체들을 선택적으로 번식시켜 40년이 지난 후에, 애완용 개들처럼 친숙할 뿐만 아니라 여러 개 품종에서 관찰할 수 있는 다양한 물리적 특징을 가지는 은여우를 만들었다.

초파리(*Drosophila melanogaster*)였다. 유전학자들은 몸의 크기, 눈의 색깔, 성장률, 수명, 탐색 행동 등 초파리의 가능한 모든 측면에서 선택에 대한 실험을 실시했으며 비슷한 결과를 얻었다. 형질을 선택하면 예상할 수 있는 강한 진화적 반응이 일어난다.

한 대표적인 실험에서 과학자들은 배에 많은 강모를 가진 초파리를 선택했다. 실험을 시작할 때, 평균 강모의 수는 9.5개였으며, 각 세대에서 가장 많은 강모를 가진 집단의 20%를 선택하여 번식시켰다. 이러한 방향성 선택이 86세대 동안 이루어진 후, 강모의 평균 숫자는 약 40개로 4배가 증가하였다. 또 다른 실험에서, 한 초파리 집단에서는 강모 수가 많은 개체들을 선택하고 다른 사육장에서는 강모 수가 적은 개체를 선택하였다. 35세대가 되기 전에, 이 두 집단은 전혀 다른 범위의 변이를 가지고 있었다(**그림 19.5**).

유사한 실험들이 다양한 종류의 서로 다른 실험 생물을 대상으로 이루어졌다. 한 가지 예로, 충치가 잘 생기지 않는 쥐들을 선택하여 20세대가 되기 전에 100일을 겨우 넘겼던 충치의 평균 발병 시기를

그림 19.7 개의 품종.
개 품종들 간의 차이는 야생의 갯과(canids) 동물들 사이에서 볼 수 있는 차이보다 더 크다.

500일 이상으로 증가시킬 수 있었다.

농업선택은 작물과 가축의 광범위한 변화를 이끌었다

소와 돼지처럼 우리에게 익숙한 가축 그리고 옥수수, 딸기와 같은 작물들은 그들의 야생 조상형과 많이 다르게 생겼다(**그림 19.6**). 이러한 차이는 더 많은 우유와 더 큰 옥수수 낟알을 생성하는 것과 같이 원하는 특성을 만들기 위해 여러 세대에 걸쳐 인간이 선택한 결과이다.

옥수수 실험은 인위선택이 농작물에서 중요한 변화를 얼마나 빠르게 일으킬 수 있는지 보여준다. 1896년에 농업과학자들은 낟알의 초기 기름 함량이 4.5%인 옥수수를 선택하여 초파리 실험과 마찬가지로 상위 20%의 개체를 번식시켰다. 90세대가 지난 뒤인 1986년, 옥수수 알의 평균 기름 함량은 거의 450%까지 증가하였다.

가축 품종들은 인위선택으로 생겨났다

인간은 선택을 이용하여 매우 다양한 품종의 고양이, 개(**그림 19.7**), 비둘기, 그리고 여러 가축들을 만들었다. 몇몇의 경우에 특별한 목적에 맞는 품종들을 개발하였다. 예를 들어서 그레이하운드는 최고의 달리기 능력을 갖도록 선택한 결과로 긴 다리, 균형을 잡기 위한 긴 꼬리, 보폭을 늘릴 수 있도록 구부러진 허리, 그리고 많은 근육량을 가지고 있었다. 이와는 내조적으로 볼품 없는 닥스훈트의 이상한 비율은 좁은 구멍에 들어가 오소리를 쫓을 수 있도록 선택한 결과이다. 다른 예로 화려한 색을 가진 비둘기 또는 고양이 품종의 경우에는 우선적으로 겉모습의 변이들을 선택하였다.

야생동물을 사육하면서 몇몇 형질에 대해 의도하지 않은 선택도 일어났다. 최근 몇 년 동안 러시아의 과학자들은 은여우를 길들이기 위해 각 세대에서 가장 온순한 동물을 골라서 번식시켰다. 40년 안에 대부분의 여우가 유난히 잘 길이 들었는데, 자신을 어루만질 수 있게 할 뿐 아니라 주의를 끌기 위해 낑낑거리며 자신을 돌보는 사람의 냄새를 맡고 핥기도 했다(**그림 19.8**). 많은 측면에서 은여우는 가

정에서 키우는 개들과 비슷했다.

그러나 그들의 습성만 바뀐 것이 아니었다. 이 여우들은 서로 다른 색깔, 축 처진 귀, 구부러진 꼬리, 그리고 짧은 다리와 꼬리처럼 개의 일부 품종에서 볼 수 있는 여러 특징들을 나타내기 시작했다. 아마도 온순한 습성과 관련이 있는 유전자들이 이러한 성질에도 영향을 주었거나 또는 이러한 형질을 나타내는 유전자와 가깝게 연관되어 있을 것이다(다면발현 현상과 연관은 11장과 12장에서 논의하였다).

선택이 주요한 진화적 변화를 만들 수 있는가?

비교적 짧은 시간 동안 작용한 선택의 결과를 관찰할 수 있다는 점에서, 대부분의 과학자들은 화석 기록에 나타난 진화적 변화의 원인이 자연선택이라고 생각한다. 진화의 일부 비평가들은 선택이 종 안에서의 변화를 이끌 수 있지만, 그 변화는 상대적으로 범위가 작으며 화석기록에서 확인할 수 있는 커다란 변화를 이끌 정도는 아니라고 주장했다. 다시 말해서, 초파리의 강모의 숫자나 옥수수 낱알의 크기를 변화시키는 것과 완전히 새로운 종을 만드는 것은 전혀 다른 것이다.

이 주장은 인위선택이 만들 수 있는 변화의 범위를 완전히 인정하지 않고 있다. 예를 들어서, 기존에 있었던 개의 품종들을 보면 이들 대부분이 약 15,000년 전 늑대를 처음 길들인 후 수천 년 동안에 걸쳐 만들어졌을 것이다. 만약 다양한 개 품종들이 모두 사라졌고 고생물학자들이 닥스훈트, 그레이하운드, 마스티프, 치와와 등의 동물 화석을 발견했다면, 그들은 이 동물들을 서로 다른 종으로 생각했을 것이다. 사실, 이들 품종에서 나타난 크기와 모양은 500만 년~1000만 년간 따로따로 진화한 코요테, 자칼, 여우와 늑대처럼 갯과(family Canidae)의 다른 속들 간에 나타나는 것보다 차이가 더 크다. 결과적으로, 인위선택이 작은 변화만을 만들어낼 수 있다는 주장은 분명히 틀린 것이다. 단지 몇 천 년의 기간 동안 선택이 작용해서 이렇게 큰 변화가 만들어졌다면 그 선택은 수백만 년의 시간 동안 오늘날 우리가 주변에서 보는 생명의 다양성을 만들 수 있을 만큼 충분히 강력할 것이다.

핵심 요약 19.3

인위선택에서는 인간은 원하는 형질을 보존하기 위해 어떤 식물이나 동물을 짝짓기할 것인지를 결정한다. 종종 몇 세대의 매우 짧은 시간에 빠르고 많은 결과를 얻을 수 있다. 여기에서 자연선택이 중요한 진화적 변화를 일으킬 수 있다는 것을 알 수 있다.

■ 어떤 환경에서 인위선택이 원하는 변화를 만들지 못할까?

19.4 진화의 화석 증거

학습 목표

1. 화석이 만들어지는 과정을 설명할 수 있다.
2. 과도기 화석(transitional fossil)을 찾는 것이 중요한 이유를 설명할 수 있다.
3. 말의 진화를 연구하여 밝힌 진화적 경향을 명명할 수 있다.

진화의 가장 직접적인 증거는 화석 기록에서 찾을 수 있다. 오늘날에는 다윈의 시대보다 화석 기록에서 더 많은 증거를 찾을 수 있다.

화석은 한때 지구상에 살았던 생물의 일부가 남은 것이다. 암석에 남아 있는 일반적인 화석과 함께 호박, 시베리아의 영구 동토층, 그리고 건조한 동굴 안에서 발견할 수 있는 표본들이 여기에 속한다.

암석 화석은 3가지 사건을 통해서 만들어진다. 첫째, 생물이 죽어서 퇴적층 속에 묻혀야 한다. 다음으로 뼈나 다른 딱딱한 부분에 있는 칼슘이 광물화하여야 한다. 마지막으로 주변의 퇴적층이 단단한 암석으로 변해야 한다.

화석화 과정은 매우 드물게 일어난다. 보통은 동물이나 식물은 화석화 과정을 시작하기 전에 부패하거나 다른 동물이 먹어 버린다. 또한 많은 화석들이 암석 속에 있기 때문에 과학자들이 발견하지 못한다. 화석이 겉으로 드러났을 때에도, 종종 침식이 일어나거나 다른 자연적 과정으로 인해 수집하기 전에 사라져 버린다. 결과적으로, 과거에 살았던 종(최대 5억 종으로 추정하는 사람도 있다)들 중에서 아주 일부만이 화석으로 발견된다. 그럼에도 불구하고 지금까지 발견된 화석은 시간을 통한 진화 과정에 대한 자세한 정보를 제공하기에 충분하다.

화석의 연대를 측정할 수 있다

화석이 발견된 암석의 연대를 추정하여 그 화석이 얼마나 오래되었는지 정확하게 알 수 있다. 다윈 시대에는 서로에 대한 각각의 위치에 따라 **상대적 연대측정**(relative dating)으로 암석의 연대를 측정했다. 일반적으로 최근에 생성된 암석이 오래된 암석의 위쪽에 위치하기 때문에 낮은 지층에 있는 암석이 더 오래된 것이다. 19세기 지리학자들은 퇴적암의 상대적인 위치와 서로 다른 환경에서 여러 종류의 퇴적암의 침전 정도를 연구해서 암석의 상대적 나이를 매우 정확하게 측정하였다.

오늘날의 지리학자들은 동위원소 연대 측정법을 이용해 절대적 연대를 결정할 수 있다. 암석이 형성되는 시점에서 일부 원소들은 서

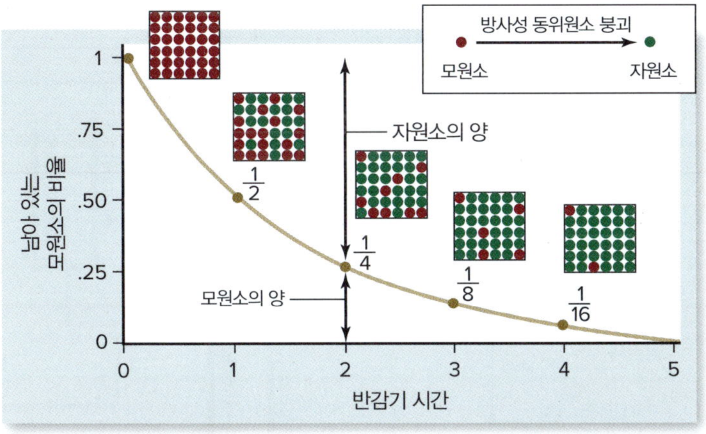

그림 19.9 동위원소 붕괴.
동위원소는 반감기라고 부르는 알려진 속도로 붕괴한다. 한 번의 반감기가 지난 후에, 원래 모원소(parent isotope) 양의 50%가 자원소(daughter isotope)로 변한다. 각각의 반감기마다 원래 원소에 남아 있는 양의 1/2이 변한다.

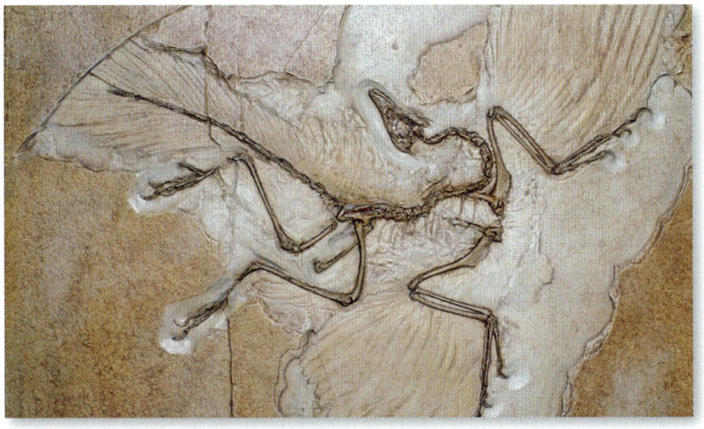

그림 19.10 최초의 새인 시조새의 화석.
이 표본은 화석에서 일반적으로 발견하기 어려운 부드러운 부분들까지 매우 잘 보존하고 있다. 공룡의 특징들을 많이 가졌음에도 불구하고 깃털을 보면 시조새가 분명히 조류였다는 것을 알 수 있다. 이 동물의 상상도는 **그림 29.29**를 참조한다. 공룡에서부터 새의 진화적 자손을 보여주는 화석 증거는 21장에서 자세하게 다루었다(**그림 21.12** 참조).

로 다른 동위원소로 존재한다. 시간이 지남에 따라 불안정한 동위원소가 또 다른 동위원소로 바뀌면서 두 형태의 비율이 달라진다.

예를 들어, 포타슘(K)은 생명체에서 가장 흔한 원자 중 하나이다. 모든 포타슘(K) 원자는 같은 수의 양성자를 가지고 있다. 그러나 포타슘의 동위원소들은 가지고 있는 중성자의 숫자가 다르다. ^{40}K는 19개 양성자와 21개 중성자를 가지고 있으며, ^{39}K나 ^{41}K보다 덜 안정하다. ^{40}K는 시간이 지나면서 붕괴(전환)하여 ^{40}Ar(아르곤)을 형성한다. ^{40}K의 반감기는 12억 5천만 년이다. 즉, ^{40}K가 50%로 감소하는 데 걸리는 시간은 12억 5천만 년이다. 긴 반감기는 ^{40}Ar에 대한 ^{40}K의 비율을 결정해서 원시 화석의 연대를 측정하는 데 매우 유용하다(**그림 19.9**).

좀 더 최근에 일어난 사건의 경우는 방사성 탄소연대 측정법을 이용할 수 있다. 대기 중에서 CO_2의 형태로 존재하는 탄소는 동위원소 ^{14}C와 ^{12}C가 혼합되어 있으며, 광합성을 통해서 식물로 흡수된다. ^{12}C에 대한 ^{14}C의 상대적인 양이 약 5700년의 반감기로 감소한다. 다른 동위원소들을 이용하여 좀 더 중간 단계의 연대를 결정할 수 있다.

화석은 진화적 변화의 역사를 보여준다

화석을 각각의 연대에 따라 가장 오래된 것부터 최근의 것 순으로 배열하면, 연속된 진화적 변화의 증거를 얻을 수 있다. 가장 커다란 범위에서 화석 기록은 원핵생물의 기원으로부터 이후 진핵생물의 탄생, 물고기의 진화, 육지에 서식하는 생명체의 증가, 공룡의 번성, 그리고 인간의 기원에 이르기까지 시간을 통한 생명의 진화과정을 보여준다. 또한 화석 기록은 생존하는 종의 수를 감소시킨 주기적인 대멸종(mass extinction)과 같이 시간에 흐름에 따라 생물학적 다양성이 증가하였거나 감소한 것을 보여준다. 이 주제에 대해서는 WEB4장에서 더 자세히 살펴본다.

화석은 진화적 전이과정을 기록한다

화석이 현재까지 남아 있거나 발견할 가능성이 낮다는 것을 생각하면, 화석기록이 불완전하다는 것이 놀라운 일은 아니다. 그럼에도 불구하고, 과도기 형태들은 종종 생명의 중요한 변화가 일어난 과정을 보여줄 수 있다.

이 중 가장 잘 알려진 것이 1억 6500만 년 전에 살았던 가장 오래된 새인 시조새(*Archaeopteryx*, 원시 깃털을 의미)이다(**그림 19.10**). 이 종은 분명히 새와 공룡의 과도기 형태를 보인다. 시조새의 깃털은 여러 가지 측면에서 현대 조류의 깃털과 유사하며, 이 종이 조류라는 것을 명확하게 보여준다. 그렇지만 다른 많은 측면, 예를 들어 치아를 가지고 있다거나, 뼈를 가진 꼬리, 그리고 다른 해부학적 특징들은 일부 육식 공룡과 매우 비슷하다. 사실 깃털이 남지 않은 일부 표본은 공룡과 상당히 비슷하기 때문에 잘못 분류하여 이 실수가 밝혀지기 전까지 수십 년간 자연사 박물관의 엉뚱한 표본장에 보관한 경우도 있다.

시조새는 과도기 화석에서 쉽게 볼 수 있는 경향을 보인다. 모든 특징이 과도기 형태를 가지는 것은 아니며, 보통 일부는 그 조상형과 같고 다른 것은 그들의 자손과 같다. 다시 말해서, 여러 형질은 서로 다른 비율과 시간으로 진화하기 때문에 과도기적 형태의 모든 형질이 과도기에 있을 거라고 기대하는 것은 옳지 않다.

최초의 시조새 화석은 다윈이 〈**종의 기원**(On the Origin of Species)〉을 출간한 1859년에 발견되었다. 그 이후로 고생물학자들은 지속적으로 화석 기록의 빈틈을 채우려고 했다. 오늘날의 화석 기록, 특히 진핵생물의 화석 기록은 훨씬 더 완전하다. 중요한 군을 연결하는 화석은 모두 발견되었다.

최근 몇 년간 진핵생물의 진화와 관련하여 우리가 아직까지 이해할 수 없었던 틈을 메워주는 극적인 발견들이 이어졌다. 예를 들어, 육상에 거주하는 발굽을 가진 조상에서 기원한 고래와 돌고래의 진화와 관련하여 중요한 사실을 알려준 4개의 다리를 가진 수중 포유동물을 최근에 와서야 겨우 발견할 수 있었다(**그림 19.11**). 이와 마찬가지로 다리를 가진 뱀의 화석은 뱀의 진화에 대한 실마리를 제공하였는데, 뱀은 도마뱀에서 기원하였으며 몸이 점점 더 길어지고 동시에 다리가 줄어들다가 결국 없어졌다. 29장에서는 가장 최근에 발견한 물고기와 최초의 육상 포유류 사이의 틈을 연결해주는 종인 틱타알릭(*Tiktaalik*)에 관하여 알아본다(**그림 29.17** 참조).

그림 19.11 고래의 "잃어버린 고리들".
암불로케투스, 로도케투스 그리고 파키케투스를 발견하면서 고래와 발굽을 가진 고래 조상들 사이의 틈을 메울 수 있었다. 파키케투스의 특징은 중간 형태가 모든 특징에서 중간 단계가 아니며, 오히려 몇몇 특징은 다른 것보다 먼저 진화할 수 있다는 것을 보여주었다. 고래 진화의 경우, 다리의 진화적 변형이 일어나기 전에 두개골이 먼저 변하였다. 이들 3종의 화석들이 모두 4500만 년~5500만 년 전인 시신세에 나타났다.

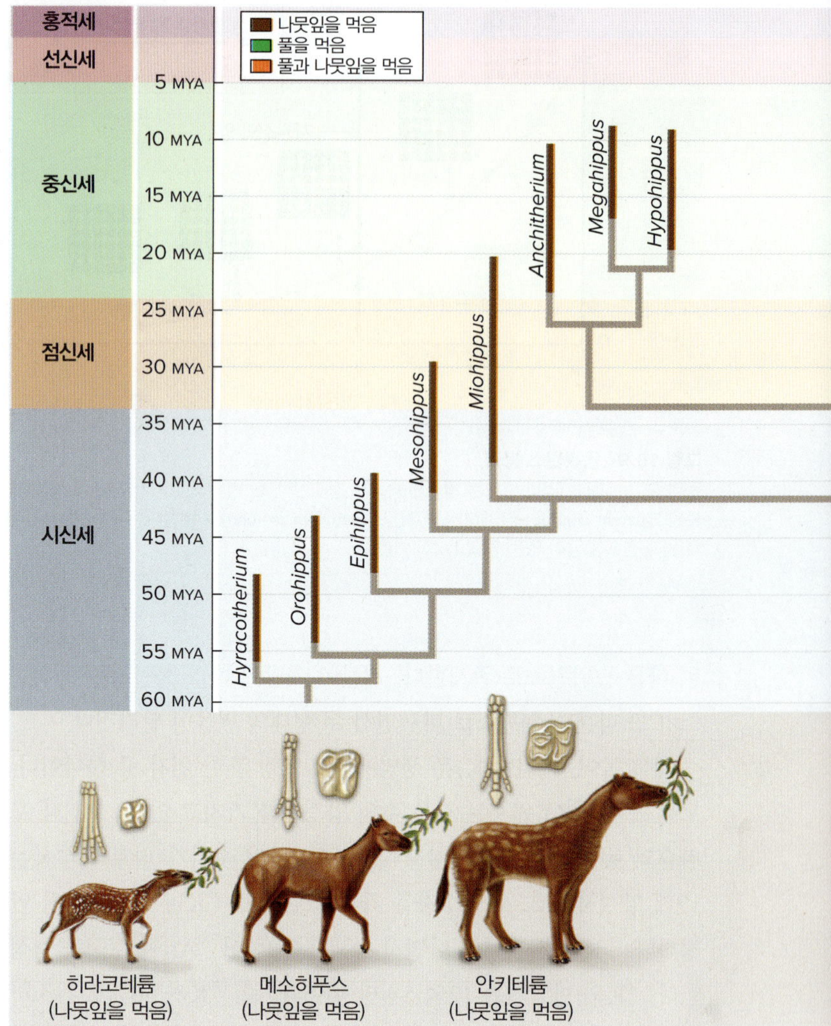

그림 19.12 말 크기의 진화적 변화.
직선은 말과의 진화적 유연관계를 나타낸다. 말의 계통수는 하나의 나무 몸통보다는 덤불과 같다. 현재보다 과거의 다양성이 훨씬 크다. 일반적으로 몸이 더 커지고, 어금니가 더 복잡해지고, 발가락이 줄어드는 방향으로 변화하는 경향이 있었지만 예외적인 것도 있었다. 예를 들어서, 비교적 최근의 형태인 나니푸스(*Nannippus*)는 반대 방향, 즉 몸이 더 작아지는 쪽으로 진화했다.

? **탐구문제** 진화과정에서 나니푸스의 몸 크기가 작아진 이유는 무엇인가?

보다 세밀한 규모에서 몇 종류의 동물들의 진화적 변화가 매우 상세하게 알려져 있다. 예를 들어서, 약 2억 년 전 굴(oyster)은 작고 구부러진 껍질에서 더 크고 좀 더 평평한 껍질로 변화했는데, 1200만 년이 넘는 기간 동안 조금씩 더 평평해지는 화석들을 발견했다. 다른 많은 예에서 연속적 변화에 대한 유사한 기록을 찾을 수 있다. 이처럼 연속적인 변화를 볼 수 있다는 것이 진화가 일어났었다는 가장 강력한 하나의 증거가 될 수 있다.

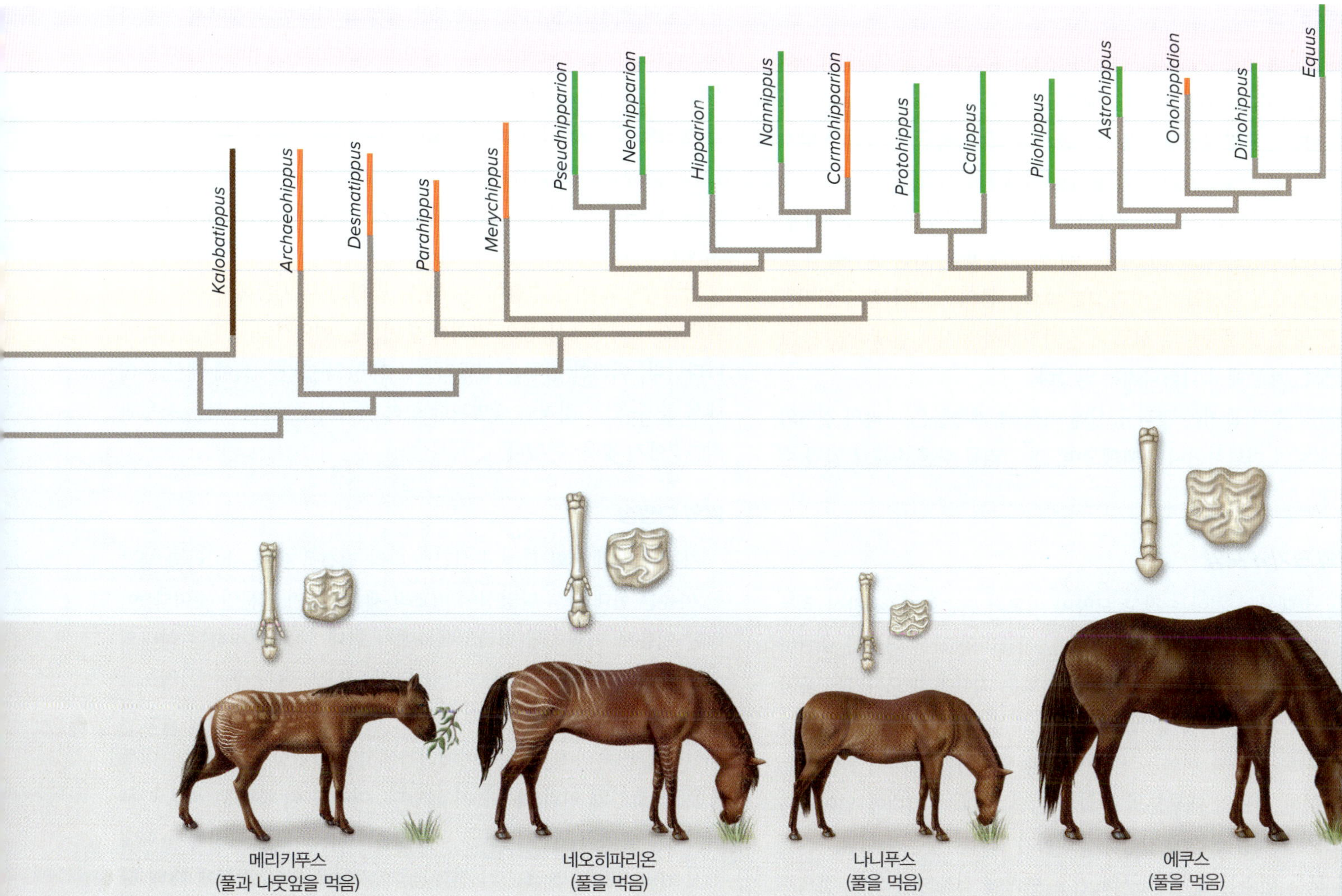

말의 진화는 화석에서 얻어진 증거의 대표적인 예이다

화석 기록을 가장 많이 연구한 예 가운데 하나가 말의 진화에 관한 것이다. 현대 말과(family Equidae)에는 말, 얼룩말, 당나귀가 속하는데, 모두가 몸이 크고 다리가 길며 넓은 초원에 살도록 적응한 매우 빠른 동물이다. 말속(genus *Equus*)에 모두 속하는 이들 종은 5500만 년 전 시신세(Eocene)에서 기원한 이후로 34개 속을 생산한 오랜 계통의 마지막 살아 있는 자손들이다. 말 화석에 대한 연구는 변화하는 환경에 적응하면서 진화가 이루어졌다는 잘 정리된 사례를 보여준다.

최초의 말

말과에서 가장 먼저 알려진 종은 현재의 말의 모습과는 많이 다른 히라코테륨속(genus *Hyracotheirum*)의 한 종이다. 짧은 다리 그리고 넓은 발을 가진 이 작은 종들은 나무가 많은 서식지에서 살았으며, 잎과 풀에 숨어서 주변을 살피며 수풀의 틈을 통해 포식자로부터 몸을 피해 빠르게 달아났다. 아주 작은 이 생물로부터 오늘날의 말까지 진화하는 과정에서 몸의 크기, 발가락 수 감소, 그리고 치아의 크기 및 모양과 같이 다양한 형질들이 변화했다(**그림 19.12**).

크기의 변화

최초의 말종(species)은 집 고양이나 중간 크기 개와 비슷했다. 반대로 현대 말과의 동물들은 몸무게가 500 kg이 넘는다. 화석 기록을 연구하면 초기 3000만 년 동안 몸의 크기가 많이 변하지 않았다는 것을 알 수 있다. 그러나 그 이후로 많은 수의 서로 다른 계통들이 빠르게 커졌다. 그러나 진화는 한쪽 방향으로만 이루어지지 않았으며 나니푸스(*Nannippus*)가 보여준 것과 같이 몸의 크기가 줄어드는 경향이 말과 계통수의 일부 가지에서 나타났다.

발가락 수 감소

현대 말의 발은 거칠고 뼈로 이루어진 발굽으로 둘러싸인 1개의 발가락을 가지고 있다. 이와는 대조적으로 히라코테륨은 앞발에 4개의 발가락과 뒷발에 3개의 발가락을 가졌었다. 발굽이 아니라 발가락이 개나 고양이의 것과 같이 발바닥 살에 파묻혀 있었다.

화석을 연구하면 시간이 지나면서 이루어진 변화들, 즉 가운데 발가락 길이의 일반적인 증가, 뼈로 된 발굽의 발달, 다른 발가락의 소실을 확실하게 확인할 수 있다(**그림 19.12**). 몸의 크기와 함께 이러한 경향은 몇몇 말 계통수의 서로 다른 가지에서 동시에 발생하였다. 그러나 모든 계통에서 나타나지는 않았다.

발가락 수가 줄어든 것과 동시에 이들 말 계통들은 다리의 길이와 뼈의 모양이 변화하면서 진화했으며, 먼 거리를 빠른 속도로 달릴 수 있었다.

치아의 크기와 모양

히라코테륨의 치아는 작고 모양이 비교적 단순했다. 시간이 흐르면서 말의 치아는 길이가 길어졌으며, 어금니와 작은 어금니 표면이 복잡한 모양으로 발달했다. 이러한 변화는 치아를 마모시키는 풀처럼 거칠고 질긴 식물을 잘 씹을 수 있도록 하는 것이다. 몸의 크기와 마찬가지로 진화적 변화는 시간에 따라 일정하게 이루어지지 않는다. 오히려 치아의 대부분의 변화가 지난 2000년 이내에 일어났으며, 모든 말 계통들 간에 일정하게 변화가 일어난 것은 아니다.

이 모든 변화는 모두 지구의 기후 변화에 적응하기 위한 것으로 이해할 수 있다. 특히 후기 중신세(Miocene)과 전기 점신세(Oligocene) 동안(약 2500~2000년 전), 북아메리카에는 대부분의 말들이 진화한 초원이 점점 더 늘어났다. 말들이 숲에서 초원으로 이동하면서 포식자에게 도망치기 위해서 빠른 속도로 이동하는 것이 더 중요해졌다. 이와는 대조적으로 여러 개의 발가락과 짧은 다리로 인한 엄청난 유연성은 복잡한 숲의 나무들 사이로 몸을 구부려 피하는 데 유리했지만 더 이상 도움이 되지 않았다. 동시에 말은 작은 돌과 단단한 물질이 섞여 있는 풀과 다른 식물을 먹었다. 따라서 이러한 물질을 견디기에 적합한 치아를 선호하였다.

진화의 경향

여러 해 동안, 말의 진화를 시간을 통한 지속적인 변화의 한 예로 생각해 왔다. 몇몇 연구자들은 말의 진화 증거에 대한 기록을 통해서 말의 다리가 길어지고, 발가락 수는 줄어들며, 치아는 크고 복잡해지는 것처럼 한쪽 방향으로 일정하게 진화가 이루어진다고 보기도 했다. 지금은 이러한 관점이 틀렸으며, 수백만 년 동안 이루어진 진화적 변화 과정이 그렇게 간단하지 않다는 것을 알고 있다.

오히려 화석들은 비록 전체적인 경향이 다양한 특징에서 뚜렷하게 나타났지만, 진화적 변화는 시간이 흐르면서 일정하거나 단일한 형태로 이루어지는 것과는 거리가 멀었다. 대신에 진화율은 오랜 기간 동안에 변화가 거의 없거나 짧은 기간에 큰 변화가 관찰될 수 있는 것처럼 매우 다양하다. 더욱이, 한번 변화가 발생하면 이 변화가 말의 계통수에 위치하고 있는 서로 다른 계통에서 동시에 일어나기도 한다.

마지막으로 어떤 경향이 존재해도 말의 일부 계통에서 나타난 것처럼 진화 과정에서 몸의 크기가 줄어드는 예외적인 경우가 흔하게 나타난다. 이러한 경향은 일반적으로 29장의 인간 진화에 대한 논의에서 볼 수 있는 것처럼 광범위한 화석 기록이 존재하는 모든 동물과 식물군에서 찾을 수 있다.

말의 다양성

처음에 말의 진화 과정이 시간을 따라 직선을 이룰 것이라고 생각한 이유는 현대 말의 다양성이 비교적 제한적이기 때문일 것이다. 이러한 이유로 머릿속에 히라코테륨에서 현대 말을 연결하는 하나의 선을 그리기 쉽다. 그러나 오늘날 단지 하나의 속이 생존할 정도로 말의 다양성이 낮다는 것이 특이하다. 사실 말 다양성이 가장 높았던 중신세에 13속의 말들은 북아메리카에서만 발견할 수 있었다. 이들 종은 몸 크기와 여러 특징들이 달랐다. 아마도 이 종들은 서로 다른 서식지에 살면서 다른 먹이를 먹었을 것이다. 이러한 다양성이 현대까지 남아 있었다면 초기의 진화생물학자들은 말의 진화에 대해 다른 생각을 가지고 있었을 것이다.

핵심 요약 19.4

화석은 생물이 호박, 영구동토층, 또는 바위와 같은 기질에 남아 있을 때 만들어진다. 화석은 오랜 시간에 걸친 진화적 변화를 연구하는 데 이용할 수 있으며, 진화 과정에서 중요한 변화가 일어난 원인을 이해할 수 있게 해준다. 말의 광범위한 화석 기록은 그 양상이 일정하거나 단일하지 않으며 예외적인 경우가 있을 수 있지만, 이들 집단이 진화적으로 다양하게 변화하는 과정을 잘 알려준다.

■ 진화적 변화의 비율과 방향이 시간에 따라 달라지는 이유는 무엇일까?

19.5 진화의 해부학적 증거

학습 목표

1. 상동기관과 흔적구조의 진화적 중요성을 설명할 수 있다.
2. 초기 발생 과정이 진화의 증거가 되는 이유를 서술할 수 있다.

진화론의 가장 큰 장점은 생명의 다양성을 이해할 수 있도록 합리적인 틀을 제공할 수 있다는 것이다. 생물학 전반에서 얻어진 많은 발견들은 진화 결과의 관점으로 보지 않으면 어떤 의미 있는 방법으로도 쉽게 이해할 수 없다.

상동구조는 같은 기원에서 유래한다

척추동물은 진화하면서 같은 뼈를 종종 다른 용도로 사용한다. 이 뼈들은 과거의 형태를 계속 유지하고 있지만 기능이 다르다. 예를 들어서, 척추동물의 앞다리는 대부분 서로 다른 모양과 기능을 가지지만, 모두 공동조상의 같은 신체 부분에서 분화한 **상동구조**(homologous structures)이다.

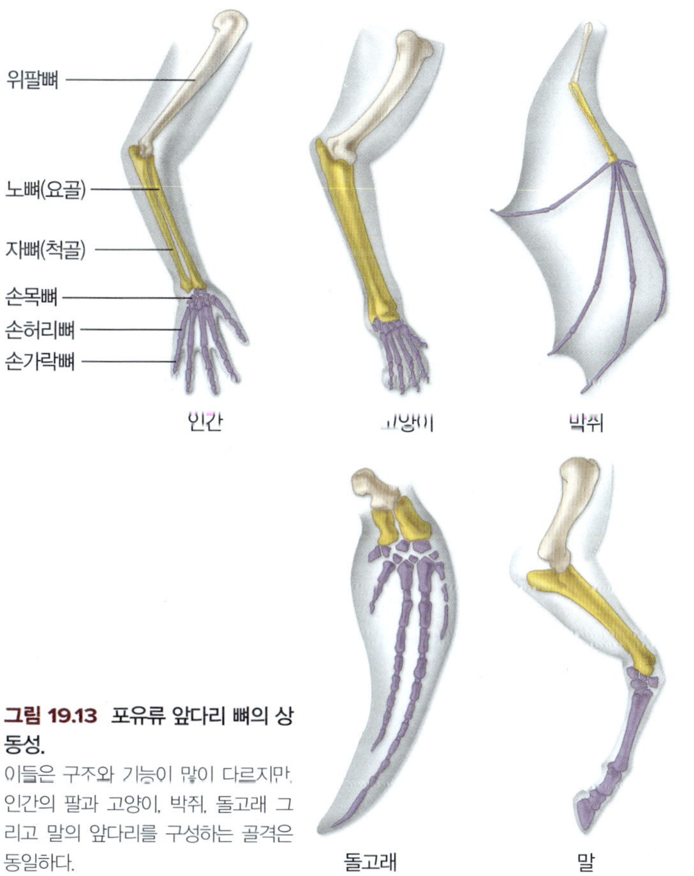

그림 19.13 포유류 앞다리 뼈의 상동성.
이들은 구조와 기능이 많이 다르지만, 인간의 팔과 고양이, 박쥐, 돌고래 그리고 말의 앞다리를 구성하는 골격은 동일하다.

그림 19.13에서 앞다리뼈가 어떻게 여러 포유류에서 서로 다른 방향으로 변화했는지 볼 수 있다. 이와 같이 매우 상이한 구조가 동일하게 1개의 위쪽 팔뼈, 한 쌍의 아래쪽 팔뼈, 여러 개의 작은 손목뼈 그리고 하나 또는 여러 개의 손가락뼈들을 가지는 이유는 무엇일까? 만약 진화가 일어나지 않았다면, 이것은 사실 수수께끼였을 것이다. 그러나 이 동물들이 모두 공동조상에서 기원했다고 생각하면, 자연선택이 처음 시작이 같았던 기관을 전혀 다르게 사용할 목적으로 변형시켰다고 쉽게 이해할 수 있다.

초기 배아발생은 일부 집단에서 유사성을 보여준다

진화를 뒷받침하는 가장 강력한 해부학적 증거 중 일부는 생물의 발생과정을 비교하여 얻을 수 있다. 예를 들어, 서로 다른 척추동물의 배아는 초기에는 대체로 유사하게 시작하지만 발생을 진행하면서 점점 더 달라진다. 발생 초기에 척추동물의 배아는 서로 다른 구조로 발달하는 인두낭(Pharyngeal pouches)을 가진다. 사람의 인두낭은 다양한 분비샘(gland)과 관(duct)으로 바뀌고, 물고기에서는 아가미틈(gill slit)으로 발달한다. 이후 단계에서 영장류 배아는 모두 긴 꼬리를 가진다. 그러나 원숭이와 대부분의 영장류가 꼬리를 계속 유지하는 반면, 사람과 유인원 종은 척추 끝부분에 꼬리뼈를 가진다. 사람의 태아는 발생 후 다섯 번째 달 즈음에 몸에 솜털 [**배냇털**(lanugo)]도 가진다.

마찬가지로 대부분의 개구리가 올챙이 단계를 거치지만, 몇몇 종은 작지만 완전한 형태의 개구리로 직접 발생하여 알에서 깨어난다. 그러나 이들 종의 배아는 여전히 처음 개구리가 되기 전에 사라지는 꼬리를 가지는 것처럼 올챙이의 특징을 보인다(**그림 19.14**).

이처럼 발생적 형태가 남아 있다는 것은 조상의 발생 양식을 변형시키는 새로운 방법으로 생물의 발생과정이 진화했다는 것을 잘 보여준다. 배아 발달과 진화는 17장을 참조한다.

몇몇 구조는 사용하기에 완전히 적합한 것은 아니다

자연선택은 집단 내에 다양성이 존재할 때만 작용하기 때문에 일부 생명체가 주변 환경에 완벽하게 적응하지 못하는 경우도 많이 발생한다. 예를 들어서, 목이 긴 대부분의 동물은 유연성을 증가시키기 위해 많은 수의 목뼈를 가지고 있다. 거위는 최대 25개, 공룡시대에 바다를 돌아다녔던 목이 긴 파충류인 플레시오사우루스(Plesiosaurs)는 무려 76개나 되는 목뼈를 가졌었다. 이와는 대조적으로 기린은 불과 7개의 매우 긴 목뼈를 가진다. 기린이 목뼈가 많은 동물처럼 좀 더 진화하지 않은 이유는 무엇인가? 대부분의 포유류는 7개의 목뼈를 가지는 것으로 밝혀졌다. 포유류는 각 집단의 개체들이 같은

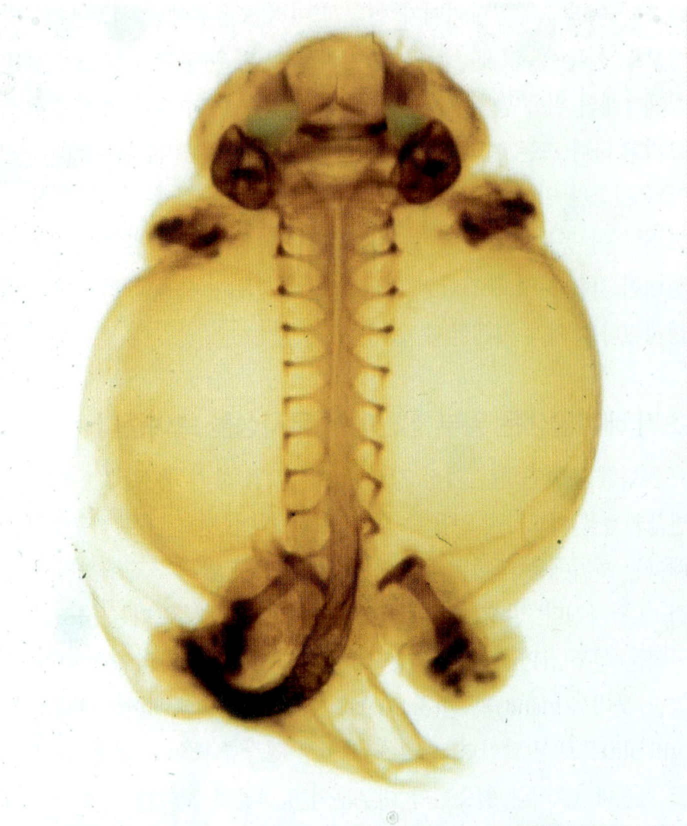

그림 19.14 **발생의 특징에서 진화적 조상을 찾을 수 있다.**
일부 개구리 종은 올챙이 단계가 없다. 그럼에도 불구하고 알에서 발생하는 과정에서 처음에 올챙이의 특징이 나타났다가 나중에 사라진다.

수의 척추뼈를 가지 때문에 자연선택이 작용할 수 없으며, 그렇기 때문에 척추뼈의 수를 증가시킬 수 없다(다른 유형의 동물들이 왜 더 다양한가라는 질문에 대해 아직까지 답을 하지 못하고 있다). 목뼈의 수가 같은 기린은 긴 목을 만들기 위해서 선택을 통해 척추 뼈의 크기를 진화적으로 증가시켰다.

완벽하지 않은 구조의 가장 좋은 예가 척추동물의 눈인데 광수용체가 뒤쪽인 눈의 벽을 마주하고 있다(**그림 19.15***a*). 결과적으로 신경섬유가 뇌를 향한 뒤쪽이 아니라 앞쪽으로 연결되어 약간의 빛을 차단한다. 더욱이 이들 섬유다발이 모여 시신경을 형성하고 눈의 뒤쪽 구멍을 통해 나가면서 맹점(blind spot)이 만들어진다.

반대로 오징어와 문어 같은 연체동물의 눈은 좀 더 적합한 구조를 가진다. 광수용기가 앞쪽에 존재하고 신경 섬유가 뒤쪽으로 빠져나가기 때문에 빛을 가리거나 맹점이 만들어지지 않는다(**그림 19.15***b*)

이러한 예는 자연선택이 주어진 임무에 대해 가장 좋은 제품을 만들기 위해 계획하고 작업을 하는 기술자라기보다는 어떤 재료가 주어지든 간에 적당한 방법을 찾아 일하는 동네 수선공과 같다는 것을 보여준다. 척추동물의 눈처럼 작동은 하지만 불완전한 구조는 자연선택에 의한 진화에서 예측되는 결과물이다.

흔적구조는 과거의 유물로 설명할 수 있다

많은 생물들은 특별한 기능이 없지만 조상들이 가지고 있었던 기관과 비슷한 **흔적구조**(vestigial structures)를 가진다. 예를 들어, 인간은 다른 여러 포유류와 같이 귀를 움직이는 데 필요한 근육을 모두 가지고 있다. 다른 포유류들은 이 근육을 이용해 귀를 움직여 포식자가 이동하거나 으르렁거리는 소리를 정확하게 듣지만, 인간에게는 재미(귀 움직임) 외에 별 의미가 없다.

다른 예로 보아 뱀은 엉덩이뼈와 원시적인 뒷다리를 가지고 있다. 매너티(manatees, 수생 포유류의 한 종류로 종종 바다소라고 불린

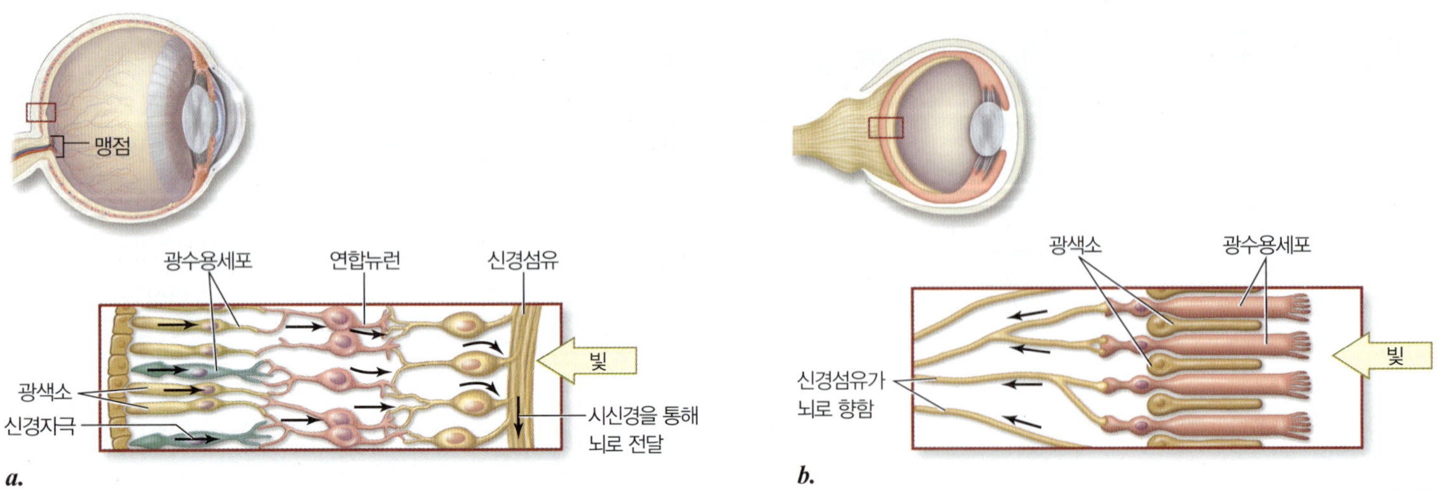

그림 19.15 **척추동물과 연체동물의 눈.**
a. 척추동물의 광수용기는 뒤쪽에 있는 반면에 (***b***) 연체동물의 광수용기는 앞쪽에 존재한다. 그 결과 척추동물의 신경섬유가 광수용기의 앞을 지난다. 그리고 신경섬유가 다발을 이루어 눈에서 빠져나가는 곳에 맹점이 생긴다. 연체동물의 눈은 이 2가지 문제를 모두 가지고 있지 않다.

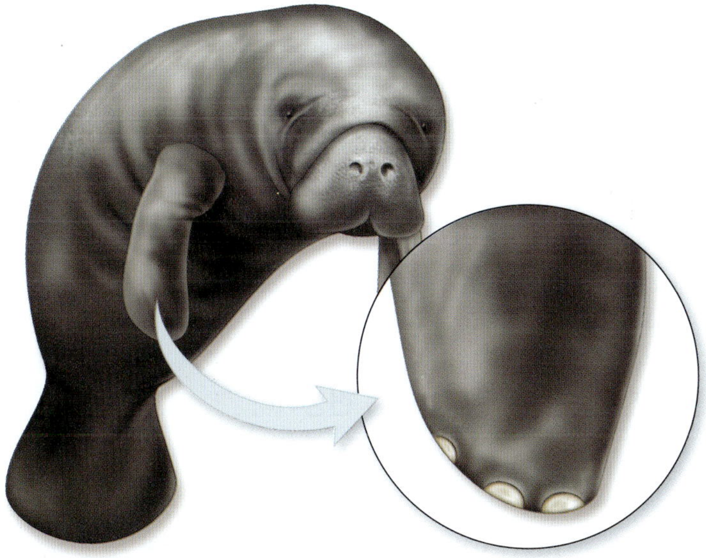

그림 19.16 흔적구조.
코끼리의 친척이고 육지 포유류의 후손인 서인도 매너티(*Trichechus manatus*)는 항상 물속에서 생활하는데도 불구하고 여전히 물갈퀴에 발톱이 남아 있다.

다)는 다리에서 진화한 물갈퀴에 손톱을 가지고 있다(**그림 19.16**). 햇빛을 본 적이 없는 장님동굴물고기 중 일부는 작고 기능이 없는 눈을 가진다(다른 장님동굴물고기는 눈이 완전히 퇴화하였다).

사람의 충수는 분명한 흔적구조이며, 대장이 시작되는 맹장(한쪽 끝이 막힌 장)의 퇴화한 말단 부위에 붙어 있다. 쥐처럼 다른 포유류는 맹장이 대장에서 가장 크고 일반적으로 초식동물에서 많은 양의 섬유소를 저장하는 기능을 한다. 일부 기능이 있는 것으로 알려져 있긴 하지만, 현재까지 인간 충수의 역할은 밝혀지지 않았다. 여러 가지 측면에서 위험한 기관이라 할 수도 있다. 충수가 감염되어 발생하는 충수염은 치명적인 경우도 있다.

그림 19.17 빙어.
거의 투명한 이 물고기는 남극의 차가운 물에서 발견된다.

흔적형질도 많은 생물의 유전체에서 볼 수 있다. 그 예로 빙어(**그림 19.17**)는 남극의 차가운 물속에 사는데 몸이 투명하게 보이는 특이한 모습이다. 빙어의 몸이 투명한 이유는 몸의 구조 안에 색소가 부족할 뿐만 아니라 혈액이 거의 보이지 않기 때문이다. 사람의 혈액은 산소를 조직으로 보내주는 분자인 헤모글로빈을 가진 적혈구로 인해 붉은색이다(42장 참조). 그러나 물속에서 산소 농도는 온도가 내려가면 높아진다. 남극의 물 온도는 거의 0°C에 가까워서 매우 많은 산소를 함유하기 때문에 물고기들은 산소를 운반하기 위해서 특별한 분자가 필요하지 않다. 결과적으로 이 물고기들은 헤모글로빈이 없기 때문에 혈액의 색깔이 투명하다. 그럼에도 불구하고 빙어의 DNA를 분석하면, 다른 척추동물들처럼 헤모글로빈을 생산하는 유전자를 찾을 수 있다. 그러나 빙어의 헤모글로빈 유전자는 다양한 돌연변이로 인해 기능을 하지 않아 헤모글로빈을 만들지 못한다. 빙어에게 지금은 사용하지 않는 헤모글로빈 유전자가 남아 있다는 것은 그 조상들이 헤모글로빈을 가졌었다는 것을 의미한다. 그러나 빙어의 조상이 남극의 차가운 물속에 살기 시작하면서 헤모글로빈이 더 이상 필요하지 않았고, 다른 종에서는 자연선택으로 없어질 이 돌연변이가 집단 내에 남아 있을 수 있었다. 시간이 지나면서 이들 돌연변이의 일부는 우연히 집단 내에서 그 빈도가 증가했으며(18장에서 논의한 유전적 부동의 과정), 결국 모든 개체들이 돌연변이를 가져서 물고기의 헤모글로빈을 생산하는 능력이 사라졌다.

빙어의 헤모글로빈 유전자처럼, 과거에 기능을 하던 유전자의 흔적이기 때문에 **화석 유전자**(fossil gene)라고 불리는 **위유전자**(pseudogene)는 실제 대부분 생물의 유전체에 아주 많다(WEB3장 참조). 형질이 없어져도 유전자는 간단하게 유전체에서 사라지지 않는다. 오히려 일부 돌연변이는 이들 유전자를 불활성 상태로 만들며, 한번 돌연변이가 발생하면 또 다른 돌연변이들이 축적될 수 있다.

이와 같은 흔적구조를 과거로부터의 유물, 진화의 잔존물 외의 다른 것으로 이해하기는 쉽지 않다. 그러나 흔적구조가 존재하는 것은 그 집단이 이후에 얼마나 달라졌는지에 상관없이, 그들이 공유하는 집단 구성원의 공동조상을 확실하게 보여준다.

이들 상동성, 발생과정 및 불완전한 흔적구조와 같은 모든 해부학상의 증거들이 조상으로부터 변화해 내려온, 즉 진화의 결과라고 쉽게 이해할 수 있다.

핵심 요약 19.5

살아 있는 서로 다른 동물들을 해부학적으로 비교하여 종종 공유된 조상에 대한 증거를 얻을 수 있다. 상동기관은 동일한 기관이 서로 다른 기능을 하도록 진화한 것이다. 또 다른 경우는 아직까지 기관이 존재하지만 일반적으로 퇴화한 형태이며, 기능을 모두 잃은 경우도 있다. 이러한 구조를 흔적구조라고 한다.

- 상동기관과 흔적구조가 진화적으로 변형되어 내려온 결과라는 것 이외에 어떻게 설명할 수 있을까?

19.6 수렴진화와 생물지리학적 기록

학습 목표

1. 수렴진화의 원리를 설명할 수 있다.
2. 섬에서 식물과 동물 종의 생물지리학적 분포가 어떻게 진화적 다양화에 대한 증거를 제공하는지를 설명할 수 있다.

종의 지리적 분포를 연구하는 **생물지리학**(biogeography)에 따르면 거의 관련 없는 서로 다른 지역에 살고 있는 식물과 동물군이 종종 매우 비슷한 겉모습을 가진다.

이렇게 많은 유사성을 우연의 결과로 설명하기 어렵다. 대신에 자연선택으로 인해 비슷한 환경에서 진화적으로 동일하게 적응한 것으로 보인다. 이러한 경우에 선택은 두 집단을 좀 더 비슷하게 만들려는 경향이 있기 때문에, 이 생물들의 표현형이 닮아간다. 이런 형태의 진화적 변화를 **수렴진화**(convergent evolution)라고 한다.

유대류와 태반류는 수렴을 보여준다

가장 잘 알려진 수렴진화의 예로서, 포유류의 두 주요한 집단인 유대류(marsupials)와 **태반류**(placentals)는 지구상의 서로 다른 지역에서 매우 비슷하게 진화했다. 유대류는 새끼가 거의 성숙하지 않은 상태로 태어나며, 세상 밖으로 나올 준비가 될 때까지 주머니에서 성장한다. 반대로 태반류의 경우는 새끼가 어미의 많은 보살핌을 받으면서 외부 환경에서 안전하게 생존할 수 있을 때 태어난다.

호주는 7000만 년 전에 다른 대륙에서 떨어져 나왔으며, 그때부터 유대류와 태반류 모두가 서로 다른 지역에서 진화했다. 특히 유대류는 호주에서만 찾을 수 있다. 이렇게 서로 나뉘어서 진화한 결과로 오늘날 호주의 유일한 태반류는 박쥐와 비교적 최근에 서식하기 시작한 설치류뿐이며, 호주에는 유대류가 주류를 이루고 있다.

호주의 유대류는 무엇을 닮았을까? 유대류는 놀라울 정도로 오늘날 다른 대륙에 살고 있는 태반류와 비슷하다(**그림 19.18**). 이 2종류 포유류의 일부 개체들 간의 유사성은 서로 다른 고립지역에서 비슷한 환경으로 인해 동일한 선택적 압력을 받아 비슷하게 진화한 수렴진화의 결과이다.

수렴진화는 흔하게 나타나는 현상이다

어떤 종들이 서로 유사한 환경에서 살아갈 때, 종종 비슷한 선택적 압력을 받는다. 그렇기 때문에 이 종들이 진화적으로 동일하게 적응하는 경우가 많다. 예를 들어, 빠르게 움직이는 해양 포식자를 생각해 보자(**그림 19.19**). 물속에서 이동하는 경우 유체역학적으로 마찰을 최소화하기 위하여 몸의 모양이 유선형이어야 한다. 가장 빠른 해양종 가운데 돌고래, 상어 그리고 참치가 모두 같은 기본 형태를 가지고 진화했다는 것은 우연이 아니다. 또한 공룡시대에 살았던 해양 파충류인 어룡(ichthyosaurs)도 역시 유사한 생활양식을 가졌을 것으로 추측할 수 있다.

섬의 나무들도 비슷한 현상을 보인다. 대부분의 섬은 나무로 덮여 있는데 사람이 거주하기 전까지는 그러했다. 그러나 이 나무들을 조심스럽게 살펴보면 우리가 잘 아는 나무들과는 밀접한 관련이 없다는 것을 알 수 있다. 이 나무들은 키가 크고 거친 표면을 가지는 것처럼 나무의 모든 특징을 가지고 있지만, 대부분의 경우에 다른 지역에서는 꽃, 관목 또는 다른 작은 덤불로 존재하는 식물군에 속한다. 예를 들어, 많은 섬의 자생나무들이 해바라기과에 속한다.

섬에서 이들 식물이 나무로 진화한 이유는 무엇일까? 아마도 나무의 씨앗이 멀리 떨어진 섬에 닿기 어려웠기 때문일 것이다. 결과적으로 멀리 떨어진 섬에 서식할 수 있는 종들은 섬에 도착하자마자 비어 있는 생태계를 맞이하였다. 다른 나무 모양의 식물들이 없으면, 자연선택은 보통 광합성을 하기 위해서 햇빛을 많이 받아들이는 식물들이 잘 자라며, 그 결과로 전 세계 섬에 나무를 닮은 형태들이 진화할 수 있었다.

수렴진화는 인간에게서도 볼 수 있다. 대부분의 사람은 우유를 분해하는 효소인 젖당분해효소를 유년기의 어느 시점이 되면 더 이상 생산하지 않는다. 그러나 소를 키우는 아프리카와 유럽 집단의 사람들은 평생 동안 젖당분해효소를 만든다. DNA 분석을 통해서 성인이 될 때까지 젖당분해효소를 계속 생산하는 것이 아프리카와 유럽의 서로 다른 돌연변이 때문이라는 것이 알려졌으며, 이는 이 두 집단이 독립적으로(수렴하여) 적응하였다는 것을 보여준다.

그림 19.18 수렴진화.
호주에 살고 있는 다양한 종의 유대류들이 나머지 대륙의 어딘가에서 비슷한 생태학적 위치를 차지하고 있는 태반 포유류를 닮았다. 유대류는 호주가 다른 대륙에서 떨어져 나온 후 홀로 진화했다.

생물지리학적 연구는 또 다른 진화의 증거를 제공한다

다윈은 세계를 항해하면서 몇 가지 중요한 것들을 관찰하였는데, 여러 대륙에서 쉽게 볼 수 있는 식물 및 개구리나 육지 포유류와 같은 동물을 섬에서 발견할 수 없었다는 것에 주목했다. 우연히 사람이 들어와서 이들 종을 섬에 풀어주면 살 수 있다는 것을 확인했기 때문에 적당한 서식지가 부족하다는 것은 원인이 아니다. 또한 섬에 살고 있는 종들은 보통 대륙에 살고 있는 그들과 같은 종에서 갈라져 나왔으며, 때로는 다윈의 핀치새와 방금 논의한 섬의 나무들과 마찬가지로 대륙의 다른 종들이 사용하는 생태학적 위치를 차지하고 있다. 마지막으로 섬에 거주하는 종들은 일반적으로 대륙과 가까운 섬의 환경이 많이 다르더라도 가까운 대륙의 종들과 좀 더 밀접한 관련이 있는 경우가 많다.

다윈은 이러한 현상에 대한 설명을 추론했다. 많은 섬들이 대륙 지역들과 연결된 적이 없다. 거기에 서식하는 종들은 물을 건너 퍼지면서 도착했다. 날거나, 물에 뜨고, 헤엄칠 수 있는 일부 종들은 다른 종들보다 섬에 갈 가능성이 더 높다. 개구리처럼 몇몇은 특히 탈수로 인해 소금물에서 헤엄칠 수 없기 때문에 섬에서 번식할 가능성이 거의 없다.

몇몇 형태의 식물과 동물이 없기 때문에 섬에 도착한 종들은 좋은 기회를 가질 수 있다. 그 결과 일반적으로 가까운 지역에서 온 이주

그림 19.19 빠르게 헤엄치는 포식자 사이의 수렴진화.
물속에서 빠르게 움직이기 위해서는 수없이 진화한 유선형의 몸이 필수적이다.

종들은 종종 생태 및 형태적으로 변이를 크게 보이는 많은 종으로 진화한다. 적응방산(adaptive radiation)이라고 불리는 이 현상은 20장에서 논의한다.

핵심 요약 19.6

수렴은 비슷한 선택적 압력에 노출되었을 때 서로 다른 계통이 비슷한 모양으로 진화하는 것이다. 종들의 생물지리학적 분포는 보통 인근 지역의 가까운 관련 종과의 진화적 다양화의 결과를 보여준다.

- 수렴진화가 발생하는 이유는 무엇일까? 그리고 다른 지역에서 비슷한 환경을 가지는 종들이 때때로 수렴진화를 보이지 않은 이유는 무엇일까?

19.7 다윈의 비평가들

학습 목표

1. 진화론에 대한 비판이 무엇인지 알아보고 이에 대한 반론을 나열할 수 있다.
2. 과학적인 목적으로 사용하기 위해서 가설과 이론을 구분할 수 있다.

다윈이 진화론을 발표한 이후 한 세기 반 동안, 생물학자들은 다윈의 자연선택에 의한 진화론을 거의 보편적인 것으로 받아들였지만 일부 일반 대중들 사이에서는 논란의 대상이었다. 여기에 생물학적 사실로서 진화론을 가르치는 것에 대해 비평가들이 이의를 제기한 7가지 주요한 사항과 이에 대하여 과학자들이 제시한 몇 가지 답에 대해 논의한다.

1. **진화가 확실하게 증명되지 않았다.** "진화는 이론일 뿐이다." 다윈의 비평가들은 이론은 지식이 부족하거나 일종의 추측을 의미할 뿐이라고 지적한다.

   그러나 과학자들은 이론이라는 단어를 일반 대중과는 매우 다른 의미로 사용한다. 과학자들은 중력 이론이나 진화론과 같이 다양한 증거를 통해 확실하게 증명할 수 있는 경우에만 이론이라는 단어를 사용한다. 진화와 중력 모두가 "단지 이론"이라는 것을 인식하는 것이 중요하다. 이론이라는 용어는 직감이나 개념, 심지어 초기 가설이라는 말과 같은 의미를 갖지 않는다. 오히려 사용할 수 있는 정보를 합리적으로 만드는 잘 검증된 현상이라고 할 수 있다.

2. **화석 중간체가 존재하지 않는다.** 비평가들은 화석 기록 사이에 빈틈이 많다는 것을 지적하면서 "다리로 변해가는 지느러미를 본 사람이 아무도 없다."라고 주장했다.

   그러나 그 후로 척추동물 진화에서 실제 많은 화석 중간체를 발견하였다. 뚜렷한 화석을 통해 지금은 발굽을 가진 포유류와 고래, 파충류와 포유류, 공룡과 새, 영장류와 사람 사이의 변화를 추적할 수 있다. 하나의 주요한 형태에서 다른 것으로 진화한 화석 증거는 설득력이 있다.

3. **지적설계 논쟁.** "살아 있는 생명체의 기관들은 무작위적인 과정으로 만들어졌다고 보기에는 너무 복잡하다. 시계가 존재하는 것은 시계를 만드는 사람이 존재한다는 증거이다."

   자연선택에 의한 진화는 무작위적인 과정이 아니다. 이와는 정반대로 가장 생식 적합성이 높은 변이들이 다음 세대로 전달되는 방법인 자연선택은 한 세대에서 다음 세대로 조금씩 더 나아지면서 매우 복잡한 기관들을 만드는 비무작위적 과정이다.

   예를 들어서, 포유류 귀 진화의 중간체는 화석에서 찾을 수 있다. 그리고 많은 중간 체 "눈"이 다양한 무척추동물에서 알려졌다. 이러한 중간 형태는 가치가 있기 때문에 생겨났다. 빛을 약간이라도 볼 수 있는 것이 전혀 빛을 보지 못하는 것보다 낫다. 눈과 같이 복잡한 구조는 조금씩이지만 꾸준히 개선되면서 진화하였다. 더욱이 척추동물의 눈과 흔적구조처럼 비효율적인 구조가 존재하는 것은 지적설계라는 생각과 맞지 않는다.

4. **진화가 열역학 제2법칙을 위배한다.** "뒤섞인 탄산음료 캔은 스스로 깔끔하게 정리될 수 없다. 물건들은 더 정리되지 않고 무작위적인 과정을 통해서 점점 더 무질서해진다."

   생물학자들은 이러한 논쟁이 제2법칙이 정말 말하고자 하는 것을 무시한다고 지적했다. 무질서도는 닫혀 있는 계에서 증가하는데 지구는 분명히 닫혀 있는 계가 아니다. 에너지는 지속적으로 태양으로부터 생물권(biosphere)으로 들어와서 생명 및 생명을 구성하는 모든 과정을 일으킨다.

5. **단백질은 개연성이 매우 낮다.** "헤모글로빈은 141개의 아미노산을 가진다. 첫 번째로 류신이 올 확률은 1/20이며 141개 모두가 우연히 자신의 자리에 맞는 아미노산이 올 확률은 $(1/20)^{141}$로 불가능할 정도로 드문 사건이다."

이 논쟁은 확률과 통계를 잘 이해하지 못해서 나타난다. 확률은 거꾸로 논쟁하는 데 사용할 수 없다. 교실에 있는 학생이 특정한 생년월일을 가질 확률은 1/365이다. 이러한 방법으로 논쟁하면, 교실에 있는 50명 모두가 자신의 생년월일을 가질 확률은 $(1/365)^{50}$이지만 교실에는 실제 생년월일을 가진 학생들이 앉아 있다.

6. **자연선택은 진화에서 주요한 변화를 설명할 수 없다.** "물고기가 개구리로 진화하고 포식자로부터 뛰어올라 달아나는 실험을 생각한 과학자는 없다."

자연선택이 종내 집단에서 관찰할 수 있는 비교적 작은 변화들을 만든다는 사실을 근거로 종과 종 사이에서 관찰할 수 있는 주요한 차이를 추론할 수 있는가? 이 문제를 연구한 대부분의 생물학자들은 그렇다고 생각한다. 치와와, 마스티프, 그레이하운드처럼 인위선택으로 만들어진 품종 간의 차이는 야생종 사이의 차이보다 더 뚜렷하다. 그리고 실험실에서 이루어지는 선택 실험은 종종 상호교배가 불가능한 형태를 만들고, 따라서 자연에서 서로 다른 종으로 간주된다. 이처럼 서로 다른 종이 빠르게 만들어지는 것을 실제 반복적으로 관찰하였다. 이러한 변화는 일반적으로 수백만 년이 걸린다. 그리고 화석 기록에 확실하게 나타나 있다.

7. **더 이상 단순하게 만들 수 없는 복잡성 논쟁.** "혈액응고처럼 복잡한 세포기작의 각 부분이 전체 과정에서 중요하기 때문에, 세포의 복잡한 장치는 더 단순한 단계에서 진화한 것이라고 설명할 수 없다. 모든 부품이 기능을 하지 않으면 장치가 작동하지 않는다. 결과적으로, 모든 부품이 자리를 잡지 못해서 기능을 하지 못하는 중간 단계는 자연선택이 선호하지 않기 때문에 진화적 구조를 만들 수 없다."

이 주장에서 잘못된 것은 복잡한 분자 기계의 각각의 부품이 전체 시스템의 한 부분처럼 진화하였다는 것이다. 진화의 모든 단계에서 이 장치가 작동하기 때문에 복잡한 장치에 자연선택이 작용할 수 있으며 기능이 향상된 부품을 추가할 수 있다. 이후에 다른 부품들이 달라지거나 없어지기도 해서 처음에는 중요하지 않았던 부분이 필수적인 것으로 진화한다. 이런 방법으로 "더 이상 단순하게 만들 수 없는 복잡한(irreducibly complex)" 구조는 자연선택에 의해 진화할 수 있다. 같은 과정이 분자 수준에서도 작용한다.

예를 들어서, 뱀독은 처음에는 뱀이 먹이를 치아로 물고 몸으로 감아서 질식시켜 잡은 커다란 먹잇감의 소화를 돕는 효소였다. 이후에 이 소화효소는 점점 더 치명적으로 진화했다. 방울뱀들은 커다란 먹이에 독을 주입한 후 도망가게 한다. 이후에 먹이를 추적하여 죽은 먹이를 잡아먹는다. 이를 위해서 방울뱀은 독성이 극도로 강한 독, 고도로 변형시킨 주사기 형태의 앞 치아 및 많은 다른 특성들을 가지도록 진화하였다. 송곳니 또는 독을 제거하면 방울뱀은 먹이를 먹지 못한다. 처음에는 중요하지 않게 진화하기 시작했던 부분이 현재는 필수적이다. 더 이상 단순하게 만들 수 없는 복잡성은 자연선택으로 진화하였다.

마찬가지로 포유류의 혈액응고 과정도 훨씬 단순한 장치에서부터 진화했다. 핵심 응고 과정은 5억 년보다 더 이전 포유류가 처음 나타났을 때부터 진화하기 시작했으며, 오늘날에는 칠성장어와 같이 원시어류에서도 발견된다. 척추동물이 계속 진화하면서, 1억 년이 지나고 단백질들을 응고과정에 추가하여 손상을 입은 조직에서 분비하는 기질을 잘 감지할 수 있게 했다. 5000만 년이 지난 후에, 세 번째 요소를 추가하여 상처로 생긴 울퉁불퉁한 표면에 닿으면 응고를 시작할 수 있게 하였다. 이 단계에서 응고 과정이 점점 더 복잡하게 진화하면서 전체적인 성능이 새롭게 추가한 요소에 따라 달라졌다. 그러므로 혈액응고가 다윈의 진화를 통해 더 이상 단순화할 수 없을 정도로 복잡해졌다.

다양한 구조들을 자연선택으로 만들 수 없다는 주장이 지난 150여 년 동안 반복적으로 이루어져 왔다. 많은 경우에서, 과학적으로 자세하게 연구가 이루어진 후에 그러한 구조가 진화했을 가능성이 있는 경로를 발견하였다.

핵심 요약 19.7

다윈의 진화론은 일부 일반 대중에게 논쟁거리였다. 반대 주장은 보통 이 이론을 제대로 이해하지 못하기 때문에 나타난다. 과학적 어법에서 가설은 공부한 것을 기초로 한 추측이지만 이론은 적합한 증거를 가지고 엄격한 검증을 거친 설명이다

- 어떤 사람이 인간은 처음 화성에서 왔다고 제안했다고 하면 이 제안을 가설 또는 이론이라고 할 수 있을까? 그리고 어떻게 검증할 수 있을까?

핵심 개념 요약

19.1 다윈의 핀치새 부리: 자연선택의 증거

■ **갈라파고스 핀치새는 먹이 수집과 관련이 있는 변이를 보여준다**

부리 모양과 먹이를 먹을 때 사용하는 방식이 일치하는 것을 보고 다윈은 핀치새 종이 서로 다른 먹이를 먹기 위해 다양하게 적응했다는 것을 깨달았다.

■ **현대의 연구가 다윈의 자연선택 가설을 증명하였다**

자연선택은 부리 모양의 다양성에 영향을 미치는데, 심한 가뭄 동안은 커다란 부리의 새들이, 그리고 오랫동안 많은 비가 오는 기간은 작은 부리를 가진 새들이 많이 번식하도록 한다.
이 변이가 유전적이기 때문에 다음 세대의 부리 크기 빈도에 진화적 변화가 일어난다.

19.2 회색가지나방과 공업암화: 선택의 또 다른 증거

■ **밝은색 나방은 오염 지역에서 감소하였다**

나무의 몸통에 검댕이 붙어 있는 공해지역에서는 검은색 회색가지나방이 더 많아진다. 공해가 적은 지역에서는 밝은색을 가진 형태가 우세하게 살아남는다.
실험을 통해 새가 잡아먹는 것이 원인이었다고 제안하였다. 밝은색의 나방은 검은 몸통의 나무에서 두드러지며, 밝은색 몸통에서는 검은색 나방이 잘 보인다.

■ **환경 조건이 뒤바뀔 때 선택압도 반대가 된다**

지난 50년간 많은 지역에서 공해가 줄어들었으며, 밝은색의 나방 수가 다시 늘어났다.

■ **선택의 요인을 정확히 확인하기 어려울 수도 있다**

일부 연구자들은 새가 잡아먹는 것이 선택의 요인이라는 것에 의구심을 가졌다. 그러나 최근 연구는 이들 가설을 지지한다. 말할 것도 없이, 검은색 나방이 공해가 많았던 기간 동안 증가하였으며 공해가 줄어들면서 감소한 것은 나방의 착색에 자연선택이 역할을 했다는 것을 보여준다.

19.3 인위선택: 인간이 시작한 변화(그림 19.5)

■ **실험적 선택은 집단의 변화를 일으킨다**

방향성 선택에서 실험실 실험은 커다란 진화적 변화가 이들 실험 집단에서 일어날 수 있다는 것을 보여주었다.

■ **농업선택은 작물과 가축의 광범위한 변화를 이끌었다**

■ **가축 품종들은 인위선택으로 생겨났다**

농작물과 사육 동물 품종은 보통 그들의 야생형 조상과 크게 다르다.
만약 인위선택이 짧은 시간 동안 커다란 변화를 빠르게 만들 수 있다면, 자연선택은 수백만 년이 넘는 시간에 걸쳐서 지구 생명체의 다양성을 만들 수 있었다고 가정하는 것이 합리적이다.

19.4 진화의 화석 증거

■ **화석의 연대를 측정할 수 있다**

표본들은 서로 다른 방법으로 화석이 된다. 암석 속의 화석은 알려진 동위원소의 반감기를 기초로 방사성이 감소한 정도를 측정하여 연대를 추정할 수 있다.

■ **화석은 진화적 변화의 역사를 보여준다**

■ **화석은 진화적 전이과정을 기록한다**

지구상 생명의 역사는 화석 기록을 통해서 추적할 수 있다. 최근 몇 년간 새로운 화석을 발견하여 진화적 전이과정에 대해 더욱 자세하게 이해하게 되었다.

■ **말의 진화는 화석에서 얻어진 증거의 대표적인 예이다**

화석 기록은 말이 숲에 살던 작은 동물에서 현재의 평야에 사는 크고 빠른 종으로 진화했다는 것을 보여준다.
5000만 년이 넘는 기간 동안 진화는 일정하거나 한 가지 모습으로 일어나지 않았다. 오히려 가끔은 빠르게 다른 때는 느리게 변화해왔다. 비록 일반적인 경향은 몸의 크기가 커지는 쪽이었던 것이 확실하지만, 몇몇 종들은 크기가 더 작게 진화했다.

19.5 진화의 해부학적 증거

■ **상동구조는 같은 기원에서 유래한다**

상동구조는 동일한 공동조상의 신체 부분에서 기원하였음에도 불구하고 서로 다른 모양과 기능을 가진다.

■ **초기 배아발생은 일부 집단에서 유사성을 보여준다**

배아발생 과정은 성체 표현형이 매우 다른 종들 사이에서도 발생양상이 비슷하다는 것을 보여준다.
조상형에 존재했던 특징이 사라진 종은 보통 배아가 발생하는 동안 그 특징이 나타났다가 다시 사라진다.

■ **몇몇 구조는 사용하기에 완전히 적합한 것은 아니다**

자연선택은 집단 내에 존재하는 변이에만 영향을 줄 수 있다: 그렇기 때문에, 진화는 종종 척추동물의 눈과 같이 사용할 수 있지만 불완전한 구조를 만든다.

■ **흔적구조는 과거의 유물로 설명할 수 있다**

흔적구조는 이 기관을 공유하는 생물 사이의 공동조상 개념을 뒷받침한다.

19.6 수렴진화와 생물지리학적 기록

■ **유대류과 태반류는 수렴을 보여준다**

수렴진화는 유사한 선택적 압력에 노출된 종 또는 집단에서 나타날 수 있다.
호주의 유대류는 다른 지역의 그들의 상대 종인 태반류의 특징과 비슷하게 진화하였다.

■ **수렴진화는 흔하게 나타나는 현상이다**

물속에 사는 종의 유체역학적인 유선형 몸과 나무가 아닌 조상형에서 진화한 섬의 나무 종이 수렴진화의 예이다.

■ **생물지리학적 연구는 또 다른 진화의 증거를 제공한다**

섬에 거주하는 종들은 비록 환경이 다를지라도 일반적으로 주변 대륙의 종과 밀접하게 관련되었다. 초기에 섬에 정착한 종들은 경쟁하는 종이 드물기 때문에 보통 다양한 종으로 진화한다.

19.7 다윈의 비평가들

다윈의 자연선택에 의한 진화론은 생물학자들에게 거의 보편적이라고 인정을 받았다. 역사적으로 그리고 최근에 많은 비판이 있었지만 대부분은 과학적인 원리, 이론의 실제 내용, 또는 진화와 관련한 시간의 범위를 잘 이해하지 못해서 발생한 것이다.

연습문제

■1단계: 이해력 확인하기

1. 인위선택이 자연선택과 다른 이유는 무엇인가?
   a. 인위선택은 커다란 변화를 만들 수 없기 때문이다.
   b. 인위선택은 유전적 변이가 필요하지 않기 때문이다.
   c. 자연선택은 새로운 종을 만들 수 없기 때문이다.
   d. 사육자(인간)가 원하는 특징을 기초로 하여 번식시킬 개체들을 선택할 수 있기 때문이다.
2. 화석 기록의 빈틈은 무엇인가?
   a. 지리적 단층의 연대를 결정하는 능력이 부족하다는 것을 보여준다.
   b. 어떤 생명체가 화석이 되는 과정이 매우 드물기 때문에 예상할 수 있다.
   c. 새로운 화석들이 발견되면서 채워지지 않고 있다.
   d. 진화론을 약하게 만든다.
3. 현대 말(*Equus*)의 진화를 가장 잘 설명하는 것은 무엇인가?
   a. 시간의 흐름에 따른 한 종의 끊임없는 변화와 다른 종으로의 대체
   b. 오랜 시간에 걸쳐 많은 수가 멸종하면서 변화하는 계통들의 복잡한 역사
   c. 항상 현존하는 말들을 닮은 계통들의 단순한 역사
   d. a, b, c 모두 옳지 않다.
4. 상동구조는 무엇인가?
   a. 공동조상의 동일한 구조에서 기원한 둘 이상의 종에 있는 구조들이다.
   b. 서로 다른 종에서 똑같이 보이는 구조들이다.
   c. 서로 다른 종에서 다른 기능을 할 수 없다.
   d. 서로 다른 종에서는 무조건 기능이 달라야 한다.
5. 수렴진화는 무엇인가?
   a. 안정적 선택의 한 예이다.
   b. 서로 다른 종이나 집단에서 비슷한 표현형적 반응을 독립적으로 만들기 위해서 자연선택에 의존하다.
   c. 섬에서만 발생한다.
   d. 서로 다른 계통이 매우 다른 선택 환경을 맞이했을 때 발생할 수 있다.
6. 다윈의 핀치새는 자연선택에 의한 진화의 주목할 만한 사례 연구이다. 다음 중 다윈의 연구가 제공하는 증거에 해당하는 것은 무엇인가?
   a. 그들이 갈라파고스에 서식하고 있는 많은 다른 종들의 자손이다.
   b. 그들이 갈라파고스에 서식하고 있는 한 종에서 퍼져나갔다.
   c. 그들이 서로보다 본토에 거주하는 종과 더 가까운 관련이 있다.
   d. a, b, c 모두 옳지 않다.
7. 5개월 된 사람의 태아가 솜털을 가지는 것이 의미하는 것은 무엇인가?
   a. 임신이 되는 시점의 자궁이 차갑다.
   b. 인간은 털이 많은 조상에서 진화했다.
   c. 털은 포유류를 정의하는 특징이다.
   d. 태아의 일부는 다른 곳보다 빠르게 자란다.

■2단계: 적용력 평가하기

1. 다윈의 핀치새에서 알 수 있는 것은 무엇인가?
   a. 건기와 우기가 발생하여 부리 크기를 변화시키는 유전적 다양성이 유지된다.
   b. 시간이 지나면서 부리가 커지는 것은 부리 크기가 유전한다는 것을 증명한다.
   c. 항상 큰 부리를 선택한다.
   d. a, b, c 모두 맞다.
2. **그림 19.5**에서와 같이 실험실에서의 인위선택 실험은 다음 중 무엇의 예인가?
   a. 안정화 선택
   b. 음성 빈도의존적 선택
   c. 방향성 선택
   d. 분단성 선택
3. 수렴진화는 서로 다른 섬의 종들 사이에서 자주 볼 수 있다. 그 이유는 무엇인가?
   a. 섬 집단이 일반적으로 더 작고 유전적 부동의 영향을 더 많이 받기 때문이다.

b. 섬에서는 분단성 선택이 흔하게 일어나기 때문이다.

c. 섬 종들이 일반적으로 서식지가 비슷한 다른 지역의 종과 가장 가깝게 관련되기 때문이다.

d. 섬에 처음으로 동물들이 살기 시작했을 때 사용하지 않은 생태자원이 많이 남아 있어서 그 자손들이 다양하게 변화하고 환경의 다른 많은 부분에 적응할 수 있었기 때문이다.

■ 3단계: 사고력 함양하기

1. 자연선택에 의한 진화에 필요한 조건은 무엇인가?
2. **그림 19.2***a*와 *b*에 나타난 결과가 1번 질문에서 확인된 조건과 어떠한 관련이 있는지 설명하시오.
3. 중간 크기 땅 핀치새에서 부리 깊이에 대한 유전적 근거가 없다고 할 때, **그림 19.2***b*에서 자손 부리의 깊이와 부모 부리 깊이 사이의 유연관계를 그리시오.
4. **그림 19.5**의 실험에서 초파리의 한 집단은 강모 수가 적은 개체들을 선택하였고 다른 쪽은 강모 수가 많은 개체를 선택했다. 집단의 평균 강모 수가 35세대 동안 급격히 변화했을 뿐 아니라 양쪽의 실험집단 모두가 초기집단의 범위 밖에 위치한다는 것을 주목하자. 선택의 방향이 바뀌어 적은 수의 강모를 가진 집단이 많은 수의 강모를 가진 개체를 선택하거나 그 반대로 선택한다면 어떤 일이 일어날 것인가? 선택이 변하기 전 실험의 초기와 비교할 때 진화의 변화율은 어떻게 되겠는가?
5. 말의 조상은 숲속에 살았던 작고 발가락이 많은 동물이었다. 반면에 오늘날의 말은 광활한 평원에 사는 하나의 발굽을 가진 커다란 동물이다. 일련의 중간 화석들은 이 전이가 어떻게 일어났는지를 보여주며, 이런 이유로 말의 진화에 대한 많은 오래된 논문들은 이 진화를 시간이 지날수록 발가락 수가 꾸준히 줄어들고 몸 크기가 지속적으로 커지는 것으로 묘사하였다. 이 해석이 옳지 않은 이유는 무엇인가?

20

종의 기원

20.1 종의 본질과 생물학적 종의 개념

20.2 자연선택과 생식적 격리

20.3 종분화에서 유전적 부동과 자연선택의 역할

20.4 종분화의 지리학

20.5 적응방산과 생물다양성

20.6 진화의 속도

20.7 시간에 따른 종분화와 멸종

도입

다윈(Darwin)은 자신의 저서에 〈종의 기원(On the Origin of Species)〉이라는 제목을 붙였지만, 실제 자신의 저술에서 "신비들 중의 신비(mystery of mysteries)"라고 언급한 한 종이 다른 종을 생기게 하는 방식에 대해서는 결코 논의하지 않았다. 오히려 그의 주장은 자연선택에 의한 진화, 예컨대 변화하는 환경에 적응하기 위해 한 종이 어떻게 진화하는가를 설명한 것이다. 적응은 진화적 변화의 중요한 요인이지만, 종분화라고 일컫는 과정, 다시 말해 한 종이 어떻게 다른 종이 되는지는 설명하지 못한다. 우리가 이미 알고 있듯 적응은 종분화 과정에 포함되긴 하지만 꼭 그래야만 하는 것은 아니다.

한 종이 다른 종을 어떻게 발생시키는가에 대한 논의를 하기 전에 종이 무엇인지 정확히 이해할 필요가 있다. 종에 대한 정의는 진화생물학에서 근본적으로 중요하지만, 이 정의에 관한 문제는 아직 완전히 해결되지 않았으며 현재에도 상당한 연구와 토론의 대상이다.

20.1 종의 본질과 생물학적 종의 개념

학습 목표

1. 생물학적 종 개념이 왜 모든 관찰에 일치하지 않는지 이해할 수 있다.
2. 생식 격리 기작의 종류를 정의할 수 있다.
3. 생식 격리의 기작과 생물학적 종 개념의 관계를 설명할 수 있다.

한 종의 개념은 단일 지역에서 함께 서식하는 종 사이의 차별적 특성과 서로 다른 지역에 살고 있지만 동일한 종에 속하는 집단 사이에 존재하는 2가지 현상을 연결하여 설명할 수 있어야 한다.

동소성 종은 같은 지역에 서식하지만 구분이 가능하다

발코니나 뒷마당에 여러 종류의 먹이가 든 새 모이통을 내 놓으면 다양한 종류의 새들을 끌어들일 수 있다. 예를 들어 미국 중서부 지역에서는 흔하게 홍관조(cardinals), 큰어치(blue jays), 솜털 딱따구리(downy woodpeckers), 그리고 메시코양지진이(house finchs)를 볼 수가 있으며, 여름철에는 벌새들(hummingbirds)도 발견할 수 있다.

며칠 동안의 주의 깊은 관찰이 필요하지만, 우리는 곧 많은 종의 새들을 쉽게 구별할 수 있게 될 것이다. 그 이유는 한 지역에 여러 종이 함께 서식하는 **동소성**(sympatric)이 나타나지만, 이러한 종은 표현형이 구분되고, 동일한 지역이라도 서로 다른 영역을 이용하며, 종에 따라 행동 양식이 독특한 개체이기 때문이다. 이러한 관찰은 일반적으로 조류뿐만 아니라 대부분의 다른 유형의 생명체에도 적용된다.

때때로 거의 동일한 것으로 보이는 두 종이 한 지역에 함께 서식한다. 그러한 경우에는 시각적 유사성을 넘어서 종을 구분해야 하는데, 예를 들어 짝짓기에 쓰이는 호출이나 각각의 종에 의해 배출되는 화학물질과 같은 표현형의 다른 측면을 조사하였을 때 대체로 큰 차이를 발견할 수 있다. 그러므로 인간이 시각 정보에 의존하여 서로 다른 종을 구별하는 데 어려움을 겪을지라도 생명체 스스로는 서로를 구분할 수 있다.

한 종의 집단은 지리적 변이를 나타낸다

하나의 단일 종 내부에서도 집단 속 개체들은 지리적으로 서식 장소가 다른 경우 개체들 사이에서 차이를 나타낼 수 있다. 이러한 집단이 인접한 지역에서 서로 가까이 서식하게 되면 개체는 종종 두 집단의 특징을 조합한 형태를 보인다(**그림 20.1**). 다시 말해, 지리적으로 멀리 떨어진 개체는 서로 뚜렷하게 달라 보일 수는 있지만 일반적인 특성상 중간 지역의 개체에 의하여 서로 연결된다.

생물학적 종 개념은 유전자 교환 능력에 집중한다

같은 지역에 살면서 서로 큰 차이를 보이는 동소성 종과 지리적으로 격리되었으나 같은 종의 집단이 서로 연결되는 특수성은 무엇일까? 한 가지 분명한 가능성은 각 종이 보유한 유전물질을 오직 같은 종의 다른 구성원과 교환한다는 것이다. 일반적으로 동소성 종 사이에는 유전자 교환을 하지 않지만, 만일 그들 사이에 보편적 유전자 교환이 이뤄진다면 이러한 종은 급속하게 종의 개별적 특성을 잃게 되고 다른 종의 **유전자풀**(gene pool, 즉 종에 따라 존재하는 모든 대립유전자)이 균질화될 것으로 예상할 수 있다. 반대로 유전자 이동 과정을 통하여 유전자를 공유할 수 있는 단일 종의 능력은 지리적으로 격리된 상태일지라도 이들 집단을 동일한 종의 구성원으로 통합할 수 있다.

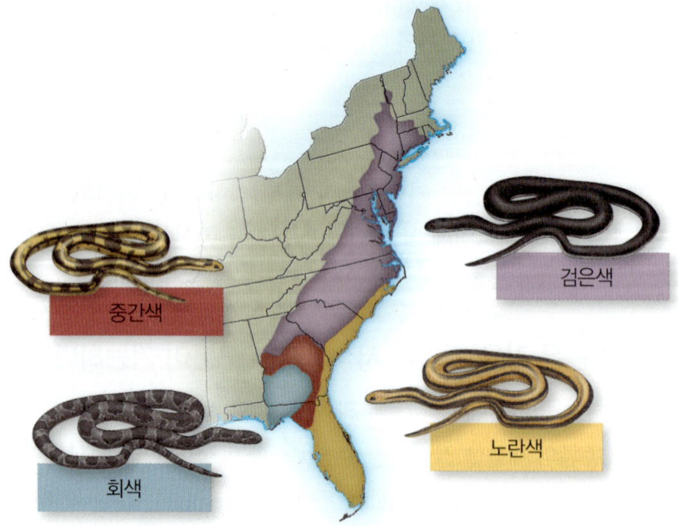

그림 20.1 지리적 변이를 나타내는 동부쥐잡이뱀(*Pantherophis alleghaniensis*). 같은 종의 범위에 있는 동부와 서부, 그리고 북부 끝에 있는 쥐잡이뱀의 개체군은 표현형적으로 매우 다른 모습을 나타내지만 중간형의 집단에 의해 서로 연결이 된다.

이러한 아이디어를 바탕으로 1942년에 진화생물학자인 메이어(Ernst Mayr)는 **생물학적 종 개념**(biological species concept)을 제시하였는데, 그에 따르면 종은 "다른 집단과 생식적으로 격리되어 있으며 실제 또는 잠재적으로 번식을 할 수 있는 자연 집단"으로 정의할 수 있다.

다시 말해 생물학적 종 개념에 따르면 종은 서로 교배 또는 접촉을 통하여 번식 가능한 자손을 생산하는 집단으로 구성되어 있다. 반대로 집단이 교배를 통하여 번식 가능한 자손을 생산할 수 없는 경우에는 **생식적으로 격리**(reproductively isolated)된 상태로 그들은 서로 다른 종이다.

생식적 격리의 원인은 무엇일까? 생물체가 서로 교배할 수 없거나 번식 가능한 자손을 생산할 수 없다면 분명히 다른 종에 속한다. 그러나 어떤 집단은 서로 다른 종이지만 교배를 통하여 번식이 가능한 자손을 생산할 수도 있다. 하지만 자연 조건에서는 일반적으로 일어나지 않는다. 그들 중 한 종의 유전자가 전체의 유전자풀에 유입되지 않기 때문에 여전히 생식적으로 격리된 것으로 간주된다.

표 20.1은 성공적인 생식에 장애가 되는 단계를 요약한 것이다. 이와 같은 장벽은 종 사이에 유전자 교환을 차단시키기 때문에 **생식 격리의 기작**(reproductive isolating mechanisms)이라고 한다. 이어서 **접합전격리기작**(prezygotic isolating mechanisms)이라 불리는 접합체(zygotes) 형성 차단의 예를 시작으로 생식 격리의 기작에 관한 논의에 들어간다. 접합체가 형성된 후 접합체의 기능을 방해하여 번식을 적절하게 차단하는 것은 **접합후격리기작**(postzygotic isolating mechanisms)이라고 한다.

접합전격리기작은 접합체의 형성을 차단한다

접합체의 형성을 방지하는 기작에는 생태적 또는 환경적 격리, 행동적 격리, 시간적 격리, 기계적 격리 및 생식세포의 융합 차단 등이 있다.

표 20.1 생식 격리의 기작

기작		특성
	접합전격리기작	
생태적 격리		종들이 같은 지역에서 나타나지만 서로 서식지가 다르고 매우 드물게 만난다.
행동적 격리		종들의 짝짓기 의식이 서로 다르다.
시간적 격리		종들이 서로 다른 계절 또는 하루 중의 다른 시간에 번식을 한다.
기계적 격리		종들 사이에 구조적인 차이로 인하여 짝짓기가 차단된다.
생식세포 융합의 차단	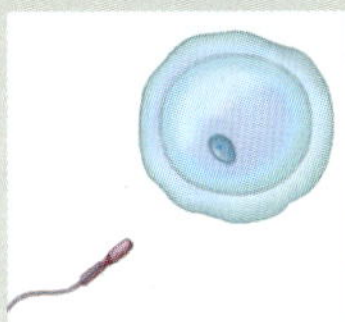	한 종의 생식세포는 다른 종의 생식세포에서 또는 생식관 내에서 기능이 제대로 작동하지 않는다.
	접합후격리기작	
잡종의 생존 불가능 또는 불임		잡종의 배아는 발생하지 않으며, 자연상태에서 잡종 성체는 생존하지 못하거나 불임 또는 감소된 생식 능력을 가진다.

생태적 격리

두 종이 동일 지역에 분포하더라도 서식지의 다른 환경을 활용하게 되면 서로 만날 수 없기 때문에 교배가 일어나지 않는다. 예를 들어, 인도에서는 150년 전까지 사자와 호랑이의 영역이 서로 겹쳤다. 그럼에도 불구하고 사자와 호랑이의 자연적 잡종은 기록된 적이 없다. 사자는 주로 개방된 초원 지역에 서식하며 집단적으로 사냥하지만, 호랑이는 숲속에 혼자 거주하는 경향이 있다(**그림 20.2**). 사자와 호랑이는 그들의 생태학적 및 행동학적 차이로 인하여 수천 km^2 이상의 넓은 서식지 범위가 겹치더라도 서로가 직접 마주칠 일은 거의 없었다.

그림 20.2 생태적으로 격리되어 있는 사자와 호랑이.
인도에서는 사자와 호랑이의 서식 범위가 겹친다. 그러나 사자와 호랑이는 서식하는 곳의 서로 다른 부분을 이용하기 때문에 잡종이 형성되지 않는다. 범사자(tiglon)와 같은 잡종은 포획되어 우리 안에서 잡종을 형성할 수 있지만, 야생에서는 일어나지 않는다.

또 다른 예를 보면 두 종의 두꺼비인 *Bufo woodhousei*와 *B. americanus*는 서식지가 서로 겹친다. 이러한 두 종의 두꺼비는 잡종의 자손을 만들 수도 있지만 번식을 위한 서식지를 서로 달리 이용하기 때문에 일반적으로 상호 교배를 하지 않는다. *B. woodhousei*는 개울에서 번식하는 것을 좋아하고, *B. americanus*는 빗물이 떨어져 만들어진 물웅덩이를 더 선호한다.

식물에서도 유사한 상황이 만들어진다. 캘리포니아에는 두 종류의 참나무인 계곡참나무(*Quercus lobata*)와 졸참나무속 스크럽참나

그림 20.3 구애 행동의 차이로 격리할 수 있는 조류 종.
갈라파고스의 푸른색 발을 가진 부비새(blue-footed boobies)는 정교한 구애 행동을 한 후에 짝을 선택한다. 위의 수컷 부비새는 밝은 푸른 빛의 발을 과시하는 의식으로 다리를 들어 올리고 있다. 갈라파고스에 사는 다른 두 종류의 부비새와는 발의 색깔 및 행동이 매우 다르다.

무(*Q. dumosa*)가 널리 분포하는데 계곡참나무는 낙엽이 우아한 나무로 높이가 35 m에 달할 수 있으며 완만한 경사를 갖는 계곡 지대의 개방된 초지와 비옥한 토양을 통해 발생한다. 반대로 스크럽참나무는 상록관목으로 대개 1~3 m 정도의 높이로 자라며 종종 수풀로 알려진 밀도의 덤불을 형성하며 덜 비옥하고 가파른 지역에서 발견된다. 서로 다른 두 종의 참나무 사이에서 완벽한 잡종이 형성되기도 하지만 매우 드물게 일어난다. 두 종류의 참나무는 어버이의 서식지가 뚜렷하게 구분되어 두 종의 접근이 제한적이며, 잡종이 번성할 수 있는 중간 형태의 서식지가 드물다.

행동적 격리

동물들의 일부 집단에서 일어나는 정교한 구애와 짝짓기에 관한 의식은 48장에서 설명한다. 조류와 같은 생물체는 종종 구애 의식에 차이가 나타나는데, 같은 장소에 서식하더라도 자연적으로 이들 종을 구분하는 경향이 있다(**그림 20.3**). 동소성 종은 다양한 방법으로 다른 종의 구성원과 잘못된 교배를 회피하며, 상상할 수 있는 모든 소통 방식은 일부 종에 의하여 사용되는 것으로 여겨진다. 앞서 본 것처럼 시각적 신호의 차이는 일반적인 것이지만 다른 유형의 동물은 의사소통을 위하여 감각 형태에 더 의존한다. 개구리, 새, 그리고 다양한 곤충과 같은 많은 종은 소리를 사용하여 짝을 끌어들인다. 이들 동물의 동소성 종들은 서로 다른 소리를 만드는 것으로 추측한다. 풀잠자리(lacewings)의 구애를 위한 "노래"는 그들이 앉아 있는 바닥 표면에 복부를 진동시킬 때 생성되고, 동소성 종은 다른 방법으로 다양한 진동을 생산한다(**그림 20.4**).

어떤 종들은 **페로몬**(pheromones)이라고 불리는 화학적 신호를 감지하는 방식에 의존한다. 나방에서의 페로몬 연구는 특히 잘 알려져 있으며, 암컷 나방이 짝짓기 준비를 마치면 페로몬을 방출하게 되는데 수컷은 아주 먼 거리에서도 이를 감지할 수 있다. 동소성 종은 다른 종류의 페로몬을 만들게 되는데, 페로몬은 화학적 조성이 다르거나 같은 종류의 화학물질을 사용하더라도 비율을 달리 쓰게 된다. 실험실 연구에서 수컷 나방은 그들 종의 페로몬을 다른 종의 화학물질과 구분하는 데 능숙하였으며, 심지어 동일하지는 않지만 유사하게 합성된 화합물을 그들 종의 페로몬과 구별하였다.

일부 종은 전기적 신호를 사용한다. 아프리카와 아시아 남부의 전기물고기(electric fish)는 꼬리에 독립적인 특수 기관을 진화시켜 전기적 방전을 일으키며, 피부에 있는 전기자극 수용체가 이러한 방전을 감지한다. 방전은 전기물고기의 사회적 연결에 통신 수단으로 이용되며, 현장에서의 실험은 아마도 수컷이 전기 충격의 시간 차이에 기초하여 동시에 발생하는 다른 종에 의해 생성된 신호를 구분하는 것으로 여겨진다.

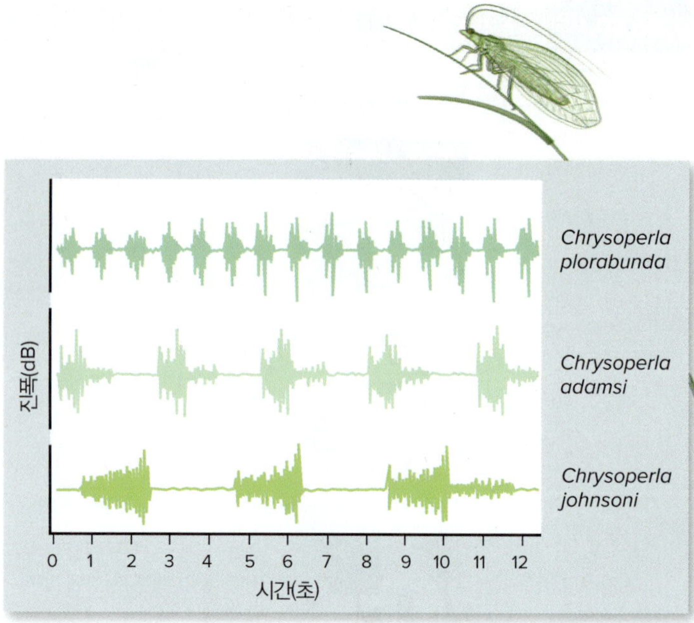

그림 20.4 동소성 종 풀잠자리의 구애를 위한 노래의 차이.
풀잠자리는 작은 곤충으로 짝을 유인하기 위하여 그들의 복부를 움직여 앉아 있는 곳의 표면을 진동시켜 생성된 신호에 의존한다. 기록에서 알 수 있듯이, 동소성 종에 의해 생성되는 진동의 형태는 매우 다르게 나타난다. 암컷은 나뭇잎과 같은 딱딱한 표면을 통한 진동 신호가 전달될 때 같은 종의 부름을 구분하고 오로지 자신과 같은 종의 수컷이 보내는 신호에만 응답할 수 있다.

시간적 격리

두 종류의 야생 상추 *Lactuca graminifolia*와 *L. canadensis*는 미국 남동부 전역의 길가에 함께 자란다. 이 두 종 사이의 잡종은 실험적으로 쉽게 만들어지며, 완벽한 생식력을 갖는다. 하지만 *L. graminifolia*의 꽃은 이른 봄에 피고, *L. canadensis*는 여름에 꽃을 피우기 때문에 잡종의 발생은 자연 상태에서 드물다. 가끔 그들의 개화 시기가 겹쳤을 때에는 두 종은 잡종을 형성할 수가 있으며, 그 지역에서 잡종은 번성할 수 있다.

서로 밀접하게 연관된 양서류의 많은 종은 교배의 계절을 달리하여 잡종의 발생을 차단한다. 예를 들어, 라나(*Rana*)속에 포함되는 5종의 개구리는 거의 대부분 미국 동부에 함께 서식하지만 종에 따라 교배를 위한 계절의 최적 순간이 다르기 때문에 잡종을 거의 형성하지 않는다.

기계적 격리

상호 연관성이 있는 동물 종 사이에 구조적 차이는 짝짓기를 방해한다. 크기와 같은 명백한 차이 외에도 수컷과 암컷의 교미 기관 구조가 일치하지 않을 수 있다. 성기는 많은 곤충과 다른 절지동물의 집단에서 매우 다양하기 때문에 기본적으로 종을 구분하기 위한 수단으로 사용되며, 특히 수컷의 경우에 더욱 뚜렷하다.

식물 역시 관련된 종 사이에 꽃의 비율과 구조가 크게 다르다. 이러한 차이에서 비롯된 일부 종은 한 식물에서 다른 식물 종으로 꽃가루의 이동을 제한한다. 예컨대 꿀벌은 몸체의 특정 부위에 어느 한 종의 꽃가루만 이동시킬 수가 있는데, 만일 벌이 이 지역에서 서식하는 다른 종의 꽃가루 수용 구조와 접촉하지 못한다면 수분은 이루어지지 않는다.

생식세포 융합의 차단

생식세포를 물속에서 직접 방사하는 동물에게 다른 종에서 유래한 난자와 정자는 서로 유인되거나 융합할 수 없다. 체내에서 수정을 시키는 많은 동물들은 한 종의 정자가 다른 종의 생식 기관 내에서 제대로 작동하지 못해 수정이 일어나지 못하므로 성공적인 융합을 못하게 된다. 식물에서 화분관의 성장은 다른 종 사이의 융합을 방해할 수 있다. 식물과 동물 모두에서 이와 같은 생식세포 격리의 기작은 성공적인 짝짓기 이후에라도 생식세포의 융합을 차단하게 된다.

그림 20.5 표범개구리에서 접합후격리.
그림의 개구리는 외부 특성이 매우 유사하다.
실험실 조건에서 쌍을 이룬 이들 종의 일부에서 결함이 있는 잡종이 생겨나는 것을 발견하였을 때 종의 분리 상태에 대한 첫 번째 의심이 생겨났다. 후속 연구에서 실질적으로 이들 4종이 짝을 이루기 위한 호출 신호가 상당히 다르다는 것이 드러났고 이는 접합 전과 접합 후의 격리 기작을 둘 다 가지고 있다는 것을 시사한다.

접합후격리기작은 성체로의 정상적인 발달을 차단한다

지금까지 논의한 모든 생식적 차단 요소는 생식세포의 정상적인 융합을 방해하는 경향이 있다. 하지만 만일 융합 교배가 발생하고 접합자가 생성되는 경우일지라도 여러 가지 요인에 의해 접합자는 정상적인 기능을 발휘하는 개체로의 건강한 발달을 방해 받는다.

17장에서 살펴보았듯 발생(development)은 매우 복잡한 과정이다. 잡종에서 두 종의 유전자 보체는 배아 발달 과정 중 정상적인 기능을 할 수 없을 정도로 서로 상이한 경우가 있다. 예컨대 양과 염소의 혼성화는 일반적으로 배아를 형성하지만 발생의 초기 단계에서 죽게 된다.

미국 동부의 표범개구리(*Rana pipiens* 복합군)는 유사 종이 집단을 이루고 있어 오랫동안 단일 종으로 여겨져 왔다(**그림 20.5**). 그러나 주의 깊게 조사한 결과 표범개구리는 서로 비슷해 보이는 경향이 있으나 수정란이 발달할 때 발생하는 문제로 인하여 다른 종 사이의 성공적인 짝짓기는 거의 드물게 나타난다. 실험실에서조차 많은 수의 잡종 조합을 만들 수 없다. 위와 같은 종류의 예시는 식물에서 일반적으로 오직 잡종교배 실험의 결과로 다양한 종의 존재가 인식된다.

잡종은 배아 단계에서 살아남게 되더라도 여전히 정상적인 발달 과정을 진행할 수 없게 된다. 잡종의 경우에는 어버이보다 생존 능력이 약하면 그들 대부분은 확실하게 자연계에서 제거될 것이다. 암컷 말과 수컷 당나귀 사이에 잡종으로 태어난 노새의 경우와 같이 비록 잡종이 활발하고 강력한 신체적 특성을 갖더라도 여전히 불임일 수 있으며, 따라서 후속 세대를 생산하는 데 기여할 수 없다.

잡종은 생식기의 발달 과정이 비정상적이기 때문에 감수분열 시기에 각각의 어버이로부터 유래된 염색체가 적절한 쌍을 이룰 수 없거나 다른 다양한 원인에 의하여 불임이 된다. 노새의 경우를 예를 들면 어버이 종은 염색체의 수가 다르며, 결과적으로 노새의 염색체들은 감수분열 동안 올바른 정렬을 할 수 없으므로 불임 상태의 동물 종으로 남게 된다.

생물학적 종 개념으로 모든 관찰을 설명할 수 없다

생물학적 종의 개념은 자연계에서 종의 존재를 이해하는 데 효과적인 방법으로 입증되었다. 그럼에도 불구하고 생물학적 종 개념은 모든 관찰을 포함하지 않으므로 일부 생물학자들은 종의 대체 개념에 대한 주장을 제안해 왔다.

생물학적 종 개념에 대한 비판 중 하나는 모든 종이 실제로 생식적 격리를 일으키는 정도에 관한 것이다. 생물학적 종 개념의 정의에 따르면 서로 다른 종은 교배를 통하여 건강한 자손을 생산할 수 없다. 그러나 최근 생물학자들은 이전에 별개의 생물학적 실체로 공존하는 것으로 여겨지던 집단 사이에서 발생하는 것보다 훨씬 더 많은 양의 이종간(interspecies) 혼성화, 즉 서로 다른 종 사이에서 일어나는 잡종을 발견했다.

식물학자들은 식물 종이 종종 상당한 양의 혼성화 현상을 겪는다는 사실을 항상 인지하고 있었다. 예컨대, 어떤 연구에 포함된 캘리포니아 식물 종의 50% 이상은 유전자 격리에 의해 종의 개념이 잘 정의되지 않았다. 유전적 격리가 없는 이러한 공존은 오랫동안 지속될 수 있다. 화석 자료에 따르면 발삼포플러(balsam poplars)와 미루나무는 1200만 년 동안 표현형을 통하여 구별되어 왔지만, 이 기간 동안 정기적으로 잡종을 생산해 왔다. 따라서 많은 식물학들은 생물학적 종 개념이 잘못 명명되었으며 동물에게만 해당되는 것으로 오랫동안 생각해 왔다.

하지만 혼성화 과정이 동물에게서 흔하지 않은 것은 아니라는 새로운 증거가 늘어나고 있다. 최근 동물의 종 사이에서 실질적인 잡종 형성에 대한 많은 사례가 보고되고 있다. 한 조사에 따르면 전 세계적으로 10,000종이 넘은 조류 집단 중 거의 10%는 자연적인 교배를 통하여 혼성화된 것으로 알려져 있다.

갈라파고스 핀치새는 특별히 잘 연구된 사례를 제공한다. 다프네 메이저 섬에 있는 중형 핀치새, 선인장 핀치새 및 소형 핀치새는 형태적으로 뚜렷하게 구분이 되며, 서로 다른 생태학적 지위를 차지하고 있다. 피터 그랜트(Peter Grant)와 로즈마리 그랜트(Rosemary Grant)가 지난 30년 동안 연구한 결과에 따르면 평균적으로 중간 정도 크기의 부리를 갖는 중형 핀치새의 2%와 선인장 핀치새의 부리를 갖는 종의 1%는 매년 다른 종과 짝을 이루는 것으로 나타났다. 더구나 이들 잡종의 자손은 생존 또는 자손을 생산하는 측면에서 불리한 것으로 나타나지 않았다. 이러한 결과는 사소한 양의 유전자 교환으로 볼 수 없으므로 유전적으로 변화가능한 집단의 한 종으로 여겨질 수 있지만, 각 종은 여전히 고유성을 유지하고 있다.

그러나 혼성화를 통한 잡종의 생산이 동물계에 만연한 것은 아니다. 대부분의 조류 종은 혼성화하지 않으며 예상하는 것보다 훨씬 적은 양에서 잡종을 생산한다. 그럼에도 불구하고, 혼성화를 통한 잡종의 생산은 생식 격리가 종의 완전성을 유지하는 유일한 수단인지에 대한 의문을 제시하는 것에는 충분한 상징적 가치가 있다.

자연선택과 종의 상이성 유지

대체 종의 개념인 **생태학적 종 개념**(ecological species concept)은 종 사이의 구별이 자연선택에 의해 유지되는 것으로 제안하고 있다. 이러한 생각은 각기 다른 종이 환경의 특정 부분에 적응했다는 것으로 설명한다. 18장에서 설명한 안정화 선택은 종 사이에서 독특한 적응 방식을 유지시킨다.

유전자의 흐름과 자연선택 사이의 상호작용이 많은 결과를 초래한다는 사실은 18장에서 다루었다. 때로는 강력한 선택 작용이 유전자의 흐름에 대한 영향을 압도할 수 있다. 이것은 자연선택이 유전자의 흐름에 대하여 종의 차이를 유지시키는 방법이다. 하지만 다른 상황에서의 유전자 흐름은 자연선택이 집단으로부터 덜 성공적인 대립유전자를 제거하지 못하게도 할 수가 있다. 이러한 경우 생물학적 종 개념 적용이 가능하다.

생물학적 종 개념의 다른 약점

생물학적 종 개념은 또 다른 이유에서 비판을 받아왔다. 예를 들어, 지리적으로 격리된 집단 속의 개체는 생물학적 종 개념을 적용하기가 어렵다. 이들 집단의 개체들은 서로 만나지 않기 때문에 자연에서 교배되는지 여부를 관찰할 수 없기 때문이다.

실험실 환경에서 생산되는 잡종이 건강한지에 대한 여부는 조사할 수 있지만 뚜렷한 한계가 있다. 자연 상태에서 교배할 수 없는 많은 종은 실험실이나 동물원에서의 인위적 환경에서 쉽게 혼성화될 수 있다. 결과적으로 그러한 잡종 개체군이 또 다른 종을 구성하는지에 대한 여부를 결정하는 것은 궁극적으로 신중한 판단을 요구한다. 또한 이러한 개념은 종이 의미하는 것보다 더욱 제한적이다. 다른 많은 생물체들은 무성생식을 통하여 짝짓기 없이 번식을 한다. 따라서 생식의 격리는 무성생식을 통해 자손을 생산하는 생명체에게 의미가 없다.

위와 같은 여러 가지 이유로 종의 정의에 대한 기준을 설정하기 위한 다양한 노력이 제안되었다. 제안 중 다수의 경우는 특정 형질의 생명체에만 적용되며, 보편적으로 적용 가능한 것은 실제로 없다. 따라서 종의 정체성을 유지하는 것에 대한 단 하나의 설명은 존재하지 않는다. 생물학의 모든 측면에서 식물, 동물 및 미생물에 나타나는 놀라운 변화들을 고려할 때 여러 가지 상이한 과정이 생명체에 작동한다는 사실을 발견하는 것은 더 이상 놀라운 일이 아니다.

일부 과학자들은 종의 차이를 유지하는 과정을 강조하는 것에서 이제는 집단의 진화 이력을 조사하는 방식으로 전환하고 있다. 이러한 계보적 종 개념은 현재 아주 커다란 논쟁거리이며, 21장에서 논의된다.

핵심 요약 20.1

한 종은 다른 공동의 발생 종과 구별이 되고, 지리적으로 상호 연결이 되어 있는 생명체 집단이다. 따라서 생물학적 종의 개념은 상호 교배 능력에 기초한 정의를 내린다. 생식 격리의 기작은 종 사이의 성공적인 교배를 방지한다. 또 다른 접근 방식은 종의 격리를 유지시키는 힘이 적응 및 자연선택의 역할에 있다고 강조한다.

- 한 지역에서 집단으로 서식하는 종이 왜 구분되는지와 지리적으로 분리된 같은 종의 개체군들이 어떤 방식으로 서로 연결되는지를 유전자 교환 능력으로 설명할 수 있을까?
- 자연선택은 이러한 현상을 어떻게 설명할 수 있을까?

20.2 자연선택과 생식적 격리

학습 목표

1. 생식 격리의 개념에서 강화를 정의할 수 있다.
2. 부분적으로 생식적 격리가 된 두 개체 집단이 동소성 환경이 되었을 경우 가능한 결과를 설명할 수 있다.

진화 분야에서 가장 오래된 질문 중 한 가지는 '하나의 조상 종이 어떻게 2개의 자손 종으로 나뉘는 것일까?'이다. 만약 종이 생식 격리의 기작에 의해 정의된다면, 종분화 과정의 특성은 생식 격리 기작의 진화와 동일할 것이다.

선택은 격리 기작을 강화시킬 것이다

종의 형성은 지속적인 과정으로, 두 집단이 다른 종이 되기 위하여 갈라질 수 있으며, 따라서 부분적인 생식 격리가 일어날 수 있다. 예컨대, 행동적 또는 생태적 차이로 인하여 두 집단의 개체는 자신이 속한 집단 구성원과 교배할 가능성이 높지만, 집단 사이의 교배는 여전히 발생할 수 있다. 교배 후 수정으로 인하여 접합체가 생성될 때 경우에 따라 접합 후 장벽이 불완전할 수가 있다. 이러한 발생 문제로 인하여 배아의 생존율이 낮거나 출산율이 감소할 수도 있지만, 일부 개체에서는 생존과 번식이 가능하다.

강화가 종의 분화 과정을 완성시키는 방법

다른 두 집단이 접촉에 의해 일어날 수 있는 현상은 격리 기작이 이미 진화한 정도에 의존하게 된다. 격리 기작이 전혀 진화하지 않았다면 두 집단은 자유롭게 상호 교배를 할 것이며, 유전자 교환이 집단을 균질하시킴에 따라 집단 사이에 진화된 모든 개체의 특성들이 사라지게 될 것이다. 반대로 만일 집단이 완전한 생식적 격리를 통하여 유전자 교환이 일어나지 못하는 경우 두 집단은 다른 종으로 남게 된다.

잡종이 생산되지만 부분적으로 불임이거나 그들의 부모처럼 기존의 서식지에 잘 적응하지 못하는 경우에 발생하는 중간 상태는 너욱 흥미롭다. 잡종화에 관여하지 않은 개체가 더욱 성공적인 자손을 생산하기 때문에 자연선택은 잡종 생산을 막는 어버이 집단의 대립유전자를 선호할 것이다.

결과적으로 두 집단이 생식적으로 완전하게 격리될 때까지 자연선택이 접합 이전의 격리 기작을 증가시킬 것이다. 처음의 불완전한 격리가 완벽하게 효과적으로 나타날 때까지 자연선택에 의하여 기작이 증대되므로 이러한 과정을 **강화**(reinforcement)라고 한다.

강화의 예는 플록스(phlox)라고 불리는 야생화의 경우에서 살펴볼 수 있다(**그림 20.6**). 대부분의 플록스 꽃은 옅은 분홍빛의 푸른색을 띠는데, 고속도로를 따라 풍부하게 자라는 아름다운 드럼몬드 플록스(Drummond's phlox)종도 마찬가지다. 한 가지 예외는 다른 종과 함께 서식하는 동소성의 경우로, 텍사스의 특정 지역에서 발견되는 돌출형의 플록스(pointed phlox)이다. 두 종의 플록스가 함께 서식하는 경우 돌출형 플록스는 옅은 푸른색을 유지하지만, 드럼몬드 종은 빨간색으로 음영이 짙어진다.

이러한 색깔의 차이는 어떻게 진화되었으며, 그 이유는 무엇일까? 이들 꽃의 색은 빨간색과 파란색을 띠는 색소들의 결과로서 서로 다른 유전자들에 의해 연한 파란색과 옅은 분홍색을 생성하고, 또 다른 유전자는 모든 색소의 생성에 있어 색의 강도에 효과적인 영향을 미치게 된다. 드럼몬드 플록스의 동소성 집단에서는 색소의 생성을 증가시킬 대립유전자가 옅은 푸른색이나 연한 빨간색으로 표현하는 정상적인 유전자를 대체하였다. 이러한 자체적 변화는 빨간색 및 파란색 색소의 생산을 증가시켜 동일한 색깔이 훨씬 더 깊은 색조를 나타내도록 할 것이다. 하지만 새로운 두 번째 대립유전자가 파란색 색소의 생산을 중단시키므로 빨간색이 우세한 형질로 남겨졌다. 결과적

그림 20.6 플록스에서 나타나는 강화.
드럼몬드 플록스(*Phlox drummondii*)는 대부분 그들의 영역에서 연한 파란색에 분홍빛을 더한 색조를 나타낸다(왼쪽 아래). 하지만 돌출형 플록스(*D. cuspidata*, 오른쪽 아래)와 동소성일 때는 진한 빨간색(오른쪽 위)을 나타내는데, 나비가 두 종을 쉽게 구분하여 수분시킬 수 있다.

으로 동소성 상태의 드럼몬드 플록스 꽃은 짙은 붉은색으로 표현되는 것이다.

이러한 변화의 원인은 무엇일까? 해답은 두 종의 플록스 사이에서 일어나는 상호작용에 있다. 두 종의 플록스는 서로 수분이 가능하지만 자손을 생산하는 능력이 매우 낮다. 그러므로 두 종 사이에 수분을 감소시키도록 하는 요인들은 자연선택에 의하여 선호될 것으로 예측된다. 그것이 바로 색깔이 수행하는 임무이다. 2가지 종류의 꽃 모두 한 꽃에서 다른 꽃으로 이동하는 나비에 의존하여 수분이 결정되며, 나비는 개별적으로 선호하는 색이 다른 것으로 밝혀졌다. 결과적으로 일부 종류의 나비는 파란색 꽃에만 방문하고, 다른 나비들은 진한 빨간색 꽃에만 머무르므로, 서로 다른 색깔을 가진 플록스 사이에서 수분이 일어날 수 없다. 이러한 예시는 접합 후 불임의 결과로 나타난 생식 격리가 어떻게 접합 전 격리의 진화로 강화될 수 있는지를 보여준다.

유전자 흐름이 종의 분화에 반대로 작용하는 방법

하지만 강화는 필연적으로 일어나는 것이 아니다. 불완전하게 고립되어 있는 집단이 서로 모여 있을 때, 유전자 흐름은 그들 사이에서 즉시 일어난다. 잡종이 열등할 수 있겠지만 완전히 생존할 수 없거나 자손을 남기지 못하는 것은 아니다. 만약 잡종이 죽거나 불임이라면 그들 종은 이미 완벽하게 생식적으로 격리되었을 것이다. 살아남은 잡종이 하나의 집단 속에서 다른 개체들과 번식을 할 때 결국 잡종은 집단 사이에서 유전자 교환의 통로 역할을 할 것이며, 그들이 속한 두 집단은 유전적 특징을 잃게 되는 경향을 보이게 된다. 그런데 유전자 흐름이 두 집단 사이의 차이를 없애기 전에 완전한 생식 격리는 진화될 수 있는 것일까? 해답은 그 종의 초기 조건 및 특징적인 자연 역사에 의존하겠지만, 많은 전문가들은 일반적으로 강화가 더 일어나기 어려운 것으로 해석한다.

핵심 요약 20.2

동소성 집단들 사이에서 접합후격리가 초기에 존재하고 접합 전 격리가 단지 부분적일 때 자연선택은 접합 전 생식 격리를 증가시키는 진화의 방법을 선호할 수 있다. 이러한 현상을 강화라고 하며 집단의 완전한 생식 격리로 이어질 수가 있다. 반대로 집단 사이의 빈번한 유전자 교환은 개체들 간의 유전적 차이를 감소시켜 종의 다양성을 차단하게 된다.

- 동소성에 속하는 두 집단에서 강화가 일어날 확률에 생식 격리의 초기 빈도는 어떤 영향을 주는 것일까?

20.3 종분화에서 유전적 부동과 자연선택의 역할

학습 목표

1. 집단에서 유전적 부동의 영향을 설명할 수 있다.
2. 유전적 부동과 자연선택이 어떻게 종의 분화로 이어질 수 있는지 설명할 수 있다.

종 분화의 과정에서 자연선택의 역할은 무엇일까? 확실한 것은 자연선택이 완전한 생식 격리의 진화에 유리하도록 강화를 주도하는 것이다. 강화 이외의 상황에서 자연선택은 생식 격리 기작의 진화에 어떤 중요한 역할을 수행하는 것일까?

무작위 변화는 생식 격리의 원인이 된다

18장에서 다루었듯 집단은 유전적 부동(genetic drift)의 결과로 격리될 수 있다. 작은 집단에서 창시자효과(founder effects) 및 집단 병목(bottlenecks)과 같은 무작위 변화는 모두 생식적 격리를 유발시키는 특성으로 형질의 변화를 일으킨다.

예를 들어, 하와이의 섬들에서 밀접하게 연관된 초파리(*Drosphila*)의 종은 구애 방식에 큰 차이가 있다. 이러한 초파리가 새로운 섬에 정착되는 것은 창시자 효과와 관련 지을 수 있는데, 한 섬에서 수정된 암컷 초파리 중 몇 개체가 강한 바람에 의하여 새로운 섬으로 날려간 것으로 추정할 수 있다. 따라서 초파리의 조상과 자손 사이에 구애 행동이 다른 것은 창시자효과의 결과일 수가 있다.

충분한 시간이 주어지면 고립된 두 개체군은 유전적 부동으로 인하여 분기가 될 것이다. (대규모 집단도 부동을 경험하지만 소규모 집단보다 낮은 속도로 발생하는 것을 기억하자.) 경우에 따라 이러한 임의적 분기는 생식 격리를 담당하는 특성에 영향을 줄 수 있으며 종 분화가 발생할 수도 있다.

적응은 종분화를 일으킨다

무작위 변화가 때때로 기능을 하더라도 많은 경우 자연선택이 종의 분화 과정에 결정적 역할을 수행한다. 한 종의 집단이 다른 환경적 요인에 적응함에 따라 다양한 차이는 축적이 되어 생식적 격리로 이어질 수 있다. 이와 같이 강화 과정과는 달리 자연선택은 다른 종과의 잡종화를 피하는 경우를 선호하지 않는다. 오히려 생식 격리의 증가는 다른 집단 속에서 상이한 적응의 변화 과정을 통한 우연한 결

그림 20.7 **카리브 지역의 서로 다른 *Anolis* 도마뱀의 턱주머니.**
수컷 도마뱀은 영역의 보존과 구애 행동에 모두 턱주머니를 과시하는 방법을 이용한다. 같은 지역에 공존하는 종은 턱주머니가 거의 매번 다르며, 이는 종을 인식하기 위한 것이다. 왼쪽의 2기지 종처럼 어두운 색깔의 턱주머니를 가진 도마뱀은 개활지에서 보다 쉽게 눈에 띄는 반면 오른쪽의 밝은색을 띠는 턱주머니를 가진 2종의 도마뱀은 어두운 환경에서 더 잘 보인다.

과로 진화된다. 예를 들어, 파리의 한 집단이 습한 서식지에 적응하고 다른 집단은 건조한 지역에 적응한다면, 자연선택은 생리 및 감각적 특성의 다양성에 상응하는 차이를 선호할 것이다. 이러한 차이는 생태적 행동적 고립을 일으킬 수 있으며, 두 집단이 생산하는 모든 잡종은 어느 한 서식지에 적응하지 못할 수 있다.

또한 짝짓기 행동에 대한 선택은 우연하게도 생식 격리의 진화로 이어질 수 있다. 예컨대, 수컷 *Anolis* 도마뱀은 복구병 아래에 위치한 피부의 덮개, 즉 **턱주머니**(dewlap)의 화려한 색상을 이용하여 암컷의 환심을 사려 한다(**그림 20.7**). 한 도마뱀이 다른 도마뱀의 턱주머니를 인식하는 능력은 턱주머니의 색깔뿐만 아니라 도마뱀이 서식하는 환경에 의존한다. 턱주머니의 밝은 색깔은 어두운 숲속에서 빛을 반사하는 데 가장 효과적이며, 반대로 어두운 색깔은 밝은 서식지의 빛 조건에서 더욱 분명하게 자신을 드러낼 수가 있다. 결과적으로 자연선택은 도마뱀들이 새로운 서식지를 점령할 때 턱주머니가 부각되지 않는 수컷들이 암컷 짝을 유혹할 수 없기 때문에 턱살의 진화적 변화를 선호하게 된다. 그렇지만 또한 도마뱀은 자신이 속한 집단의 종 구성원과 다른 종을 턱주머니의 색깔로 구별하기도 한다. 새로운 환경에서 짝짓기 선호의 적응적 변화는 다른 종과 구분할 수 있는 가시성을 향상시켜 조상 환경의 집단으로부터 생식적 격리가 일어날 수 있다. 만일 두 집단의 개체가 서로 접촉을 하게 된다면 다른 색깔의 턱주머니 때문에 같은 종으로 인식하지 못할 수가 있다.

실험실의 과학자들은 초파리 및 사손을 빠르게 재생산할 수 있는 생물체를 대상으로 분산의 격리를 통한 생식 격리가 얼마나 일어나는지에 대한 실험을 수행하였다. 이러한 관찰은 유전적 부동 자체가 어느 정도의 생식적 격리를 유발할 수는 있으나, 일반적으로는 한 집단이 다른 실험실의 환경(예를 들어, 온도 또는 먹이 유형의 차이)에 적응하도록 강제되면 생식 격리가 더욱 빠르게 진화한다는 것을 확인시켜 주었다. 비록 실험에서 자연선택은 생식적 격리로 이어지는 형질을 직접적으로 선호하지 않았으나, 우연히 일어난 적응분기(adaptive divergence)로 인해 다른 환경의 집단과 생식적으로 격리된다는 사실을 보여주었다. 이러한 이유로 일부의 생물학자들은 **격리 기작**(isolating mechanisms)이라는 용어가 잘못 사용되고 있다고 믿고 있는데 그 이유는 유전적으로 종을 분리할 목적으로 형질이 진화했다고 암시하기 때문이다. 그러나 대부분의 경우(강화를 제외한), 이는 틀린 말이다.

핵심 요약 20.3

유전적 부동은 모집단의 유전적 구성에서 무작위로 생성된 변화를 말한다. 격리된 집단은 결국 유전적 부동 때문에 분기가 일어날 것이다. 또한 상이한 환경에서의 적응은 각자 다른 집단으로부터 생식적 격리를 이끌 수 있으며, 일반적으로 적응은 생식 격리를 만드는 강력한 원동력이 된다.

- 다른 환경에 적응한 개체군에서 생식적 격리가 일어나는 진화는 강화 과정과 어떻게 다를까?

20.4 종분화의 지리학

학습 목표

1. 동소성 종분화와 이소성 종분화를 대조 및 비교할 수 있다.
2. 동소성 종분화에 필요한 조건에 대하여 설명할 수 있다.

그림 20.8 여러 가지 이유로 지리적 격리를 나타내는 집단.
a. 하나 또는 소수의 개체에 의해 멀리 떨어진 지역으로 이주한 후 서식화된 경우, *b.* 물리적 장벽에 의해 조상 종의 집단이 2개의 고립된 집단으로 나뉜 경우, *c.* 중간 지역 집단의 멸종으로 인하여 남은 집단 사이가 격리된 경우

종의 분화는 두 부분으로 구성된 과정이다. 첫 번째, 동일한 집단에서 분기가 시작되어야 하고, 두 번째, 차이를 유지하기 위하여 생식적 격리가 진화하여야 한다. 살펴본 바와 같이, 이러한 과정이 유지되기 어려운 이유는 집단들 사이에서 유전자 흐름으로 인한 균질화 효과가 유전적 부동 또는 자연선택에 의하여 발생할 수 있는 모든 차이를 제거하기 위하여 끊임없이 작용하기 때문이다. 유전자 흐름은 서로 다른 집단이 접촉하면서 발생하지만, 다양한 이유 때문에 지리적으로 고립될 수 있다(**그림 20.8**). 결과적으로 진화생물학자들은 지리적인 고립을 겪는 집단에서 종분화의 가능성이 높다는 것을 오래전부터 인식해 왔다.

이소성 분화는 집단이 지리적으로 격리되었을 때 일어난다

메이어(Ernst Mayr)는 지리적으로 격리되어 있거나 **이소성**(allopatric)인 집단들이 상이하게 진화하여 종분화로 이어질 가능성이 매우 높다는 것을 처음으로 언급한 생물학자이다. 그는 다양한 생물체 및 지역들에서 정렬된 기록을 수집하여 종분화의 주요한 수단으로 이소성에 대한 강력한 근거를 제시하였다.

예컨대, 작은낙원물총새(little paradise kingfisher)는 뉴기니 섬의 지형과 다양한 기후에도 불구하고 넓은 지역 범위에서 큰 변화가 없다. 대조적으로 인근 섬에 고립된 집단에서는 뉴기니 본섬의 집단과는 크게 다른 양상을 나타낸다(**그림 20.9**). 그러므로 지리적 격리는 서로 다른 집단의 차이를 나타내는 진화의 중요한 전제 조건으로 여겨진다.

다른 많은 예들에서 종분화는 이소성 조건에서 발생할 수 있다는 것을 나타낸다. 우리는 지리적으로 고립된 집단이 시간이 지남에 따라 유전적 부동 또는 자연선택에 의해 분기될 것으로 예상할 수 있으므로 사실상 놀라운 결과는 아니다. 오히려 더욱 흥미로운 질문은 다음과 같다. 종의 분화를 위하여 지리적 격리는 필요한 것인가?

동소성 종분화는 지리적 격리 없이 일어난다

수십 년 동안 생물학자들은 지리적으로 격리되지 않은 한 지역에서 하나의 종이 두 종으로 분화할 수 있는지에 대하여 논쟁해 왔다. 연구자들은 이러한 동소성 종의 분화가 순간적이거나 여러 세대에 걸쳐 일어날 수 있을 것이라고 제안했다. 지금까지 제시된 가설의 대

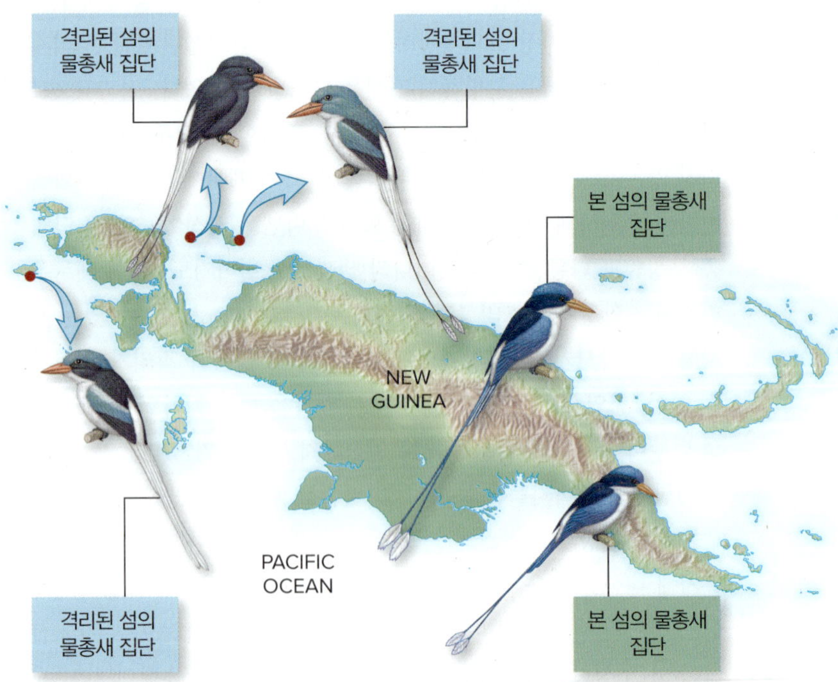

그림 20.9 뉴기니에서 작은낙원물총새(*Tanysiptera hydrocharis*)의 표현형적 분화.
고립된 군도의 집단(왼쪽)들은 꼬리 깃털의 구조 및 길이, 깃털의 채색 형태 및 부리의 크기에 다양성을 나타내는 반면, 본 섬(오른쪽)의 물총새는 변이가 거의 없다.

부분은 논란의 여지가 많지만, 즉각적인 동소성 분화의 한 유형은 일반적으로 배수성의 결과로 일어나는 것으로 알려졌다.

배수성을 통한 즉각적인 종분화

동소성 종의 즉각적인 분화는 집단의 다른 모든 구성원으로부터 생식적으로 격리된 개체가 태어날 때 일어난다. 대부분의 경우 돌연변이는 한 개체가 다른 개체들로부터 큰 차이를 나타내는 원인이 되고, 변이가 발생한 개체는 대부분의 유전자의 다면발현 효과로 인한 부작용(11장 참조)으로 생존할 가능성은 낮다. 그러나 식물에서 흔하게 나타나는 한 예외는 **배수성**(polyploidy)의 경우로 2벌 이상의 염색체를 가진 개체가 생산된다.

배수성 개체는 2가지 방식에 의해 만들어진다. **동질배수성**(autopolyploidy)의 경우 모든 염색체는 한 종으로부터 나온다. 예를 들어, 세포분열 중 염색체의 배가를 일으키는 과정의 오류로 인하여 동질배수성이 발생할 수 있다. 그러한 개체들은 **4벌의 염색체**(tetraploids)를 가지기 때문에 다른 4배체와 자가 수정 또는 짝짓기를 할 수 있으나, 정상적인 2배체(diploid)와는 수정을 하거나 건강한 자손을 생산할 수 없다. 왜냐하면 4배체의 종이 2배체의 반수체와 결합하게 되면 3가지 종류의 염색체를 가진 **3배체**(triploid)의 자손을 생산하기 때문이다. 홀수의 염색체는 감수분열 과정에서 적절한 짝을 이룰 수 없기 때문에 3배체는 생식 능력이 없다.

보다 일반적인 유형의 배수성 종분화는 **이질배수성**(allopolyploidy)이며, 이는 두 종이 잡종화 과정을 일으킬 때 발생하게 된다(**그림 20.10**). 수정의 결과로 감수분열 중에 올바른 짝짓기를 하지 못한 염색체를 갖는 자손은 일반적으로 불임 상태이다. 하지만 그러한 개체일지라도 종종 건강한 상태를 유지하게 된다. 동질배수성에 대해 설명한 바와 같이 위와 같은 개체의 염색체는 가끔 2배가 될 수 있다. 따라서 생성된 4배체의 염색체는 각 벌에 2개씩 사본을 갖게 되며, 감수분열 동안의 염색체 짝짓기는 더 이상 문제가 되지 않는다. 결과적으로 이렇게 생성된 4배체는 유사한 경우의 4배체 종과 교배를 할 수 있고, 따라서 새로운 종이 만들어진다.

빵밀, 면화, 담배, 사탕수수, 바나나 및 감자와 같은 상업적 가치가 중요한 작물을 포함하여 약 26만 종의 식물 중 거의 절반은 그들의 역사에 있어 배수성 과정을 겪는다. 배수성에 의한 종분화는 식물에서보다 훨씬 드물게 나타나지만 곤충, 물고기 및 도롱뇽을 포함한 다양한 동물 종에서도 발생하는 것으로 알려져 있다.

분단성 선택에 의한 동소성 종의 분화

일부의 과학자들은 동소성 종이 분단성 선택(disruptive selection)이라는 과정을 통하여 여러 세대에 걸쳐 종의 분화가 일어나는 것으로 믿고 있다. 18장에서 설명한 바와 같이 분단성 선택은 한 집단에서 2가지의 다른 표현형을 보이는 개체를 포함하게 된다.

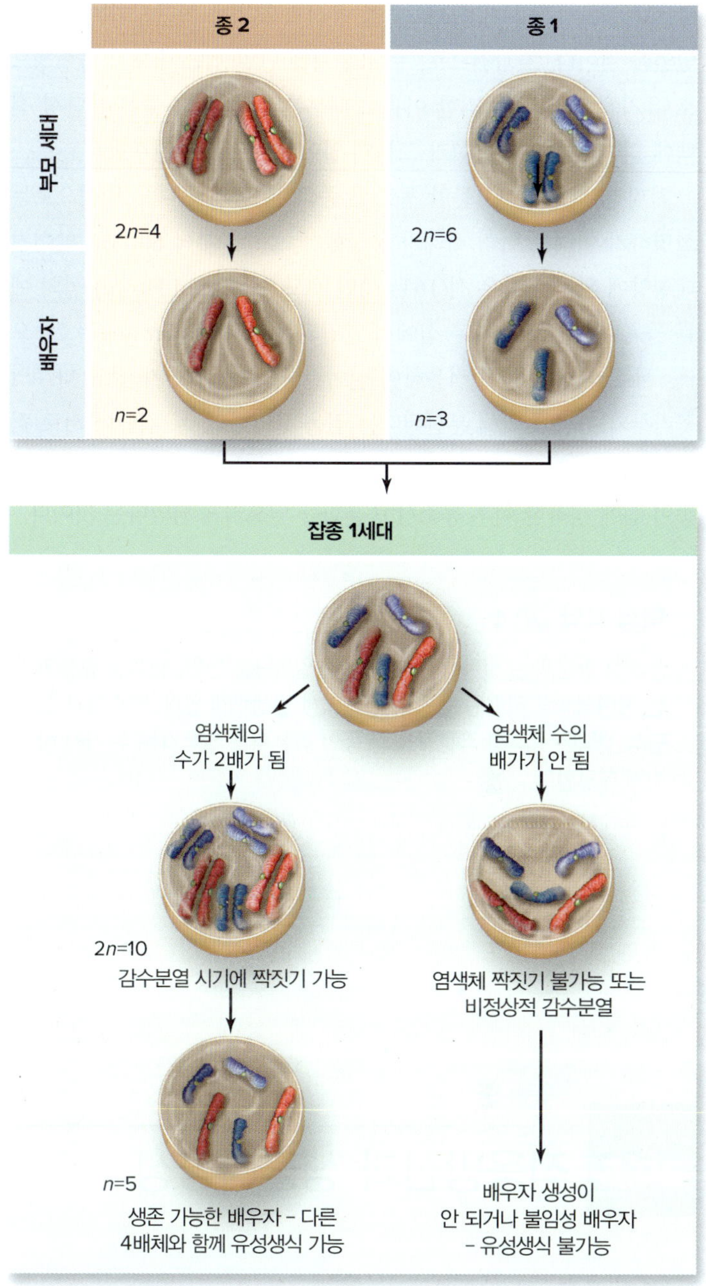

그림 20.10 이질배수성 종분화.
염색체의 수가 다른 부모로부터 생성된 잡종의 자손은 대개 생식 불임을 보인다. 때때로 이러한 잡종 자손의 염색체 수가 2배가 되는 과정을 통하여 4배수성의 개체가 생성되면 감수분열을 진행하고 4배체와 유사한 자손 개체를 만들 수 있다.

선택이 충분하게 강하다면 2가지의 표현형은 여러 세대를 걸쳐 각기 다른 종으로 진화할 것이라고 예측할 수 있다. 하지만 둘의 표현형이 서로 다른 종으로 되기 전에 생식 격리의 기작을 진화시켜야만 한다. 처음에는 2가지 형태의 표현형들은 전혀 생식적인 격리가 없을 것이고, 두 표현형을 가진 개체들 사이의 유전자 교환은 짝짓기 선호도 또는 다른 격리 기작으로 인한 유전적 분기를 차단시키는 경향이 있었을 것이다. 결과적으로, 두 표현형은 단일 집단 내에서 다형성으로 유지될 것이다. 이러한 이유로 대부분의 생물학자들은 분단성 선택에 의한 동소성 종분화가 드물게 일어나는 것으로 간주한다.

하지만 최근 몇 년 동안 동소성 종의 분화 외의 다른 방식으로는 설명하기 어려운 여러 사례가 등장했다. 호주로부터 600 km 떨어진 태평양에 위치한 작은 섬(16 km^2)인 로드 하우(Lord Howe) 섬의 예를 들 수 있다. 로드 하우 섬에서 발견되는 야자속의 *Howea*는 2종으로, 서로 다른 토양에 적응하여 살아간다. 섬의 크기가 작고 나무의 꽃가루가 바람에 의해 분산된다는 점을 고려하면, 두 집단이 서로 격리될 기회는 거의 없었을 것이다. 가장 합리적인 추론은 그들의 조상 종이 섬에 정착한 이후 동소성 종분화를 일으키게 되었다는 것이다.

핵심 요약 20.4

동소성 종분화는 지리적인 격리 없이 일어나는 반면, 이소성 종분화는 지리적으로 고립된 상황의 집단에서 발생하게 된다. 배수성과 분단성 선택은 동소성 조건에서 한 종이 종분화를 일으키는 두 가지 방법에 해당한다.

- 동소성 종분화의 과정에서 배수성과 분단성 선택의 작용은 어떻게 다를까?

20.5 적응방산과 생물다양성

학습 목표

1. 적응방산에 대하여 설명할 수 있다.
2. 적응방산으로 이어지는 조건을 나열할 수 있다.

진화의 가장 가시적인 징후 중 하나는 최근 공통 조상으로부터 진화하여 다양한 환경에 적응한, 서로 밀접하게 연관된 종의 집단이 존재한다는 사실이다. 이러한 **적응방산**(adaptive radiations)은 특히 주변에 다른 종이 없고 활용 가능한 자원이 많은 환경에서 발생하는 것이 일반적이다. 예를 들어, 하와이나 갈라파고스 섬과 같이 화산 활동으로 인하여 새로운 섬이 만들어진 경우나, 대부분의 종이 멸종으로 이어지는 치명적인 사건으로, 20.7절에서 다루는 **대멸종**(mass extinction)이라 불리는 현상이 여기에 해당한다.

또한 적응방산은 **핵심혁신**(key innovation)이라고 일컫는 새로운 형질이 진화한 종 내에서 이전에는 접근할 수 없었던 자원이나 다른 환경의 측면을 사용하게 될 때 발생할 수 있다. 적응방산으로 이끄는 핵심혁신의 고전적인 예로는 조류와 곤충의 날개 및 어류의 폐 진화인데 이 2가지의 경우 모두가 후손이 되는 종의 다양성과 활용 가능

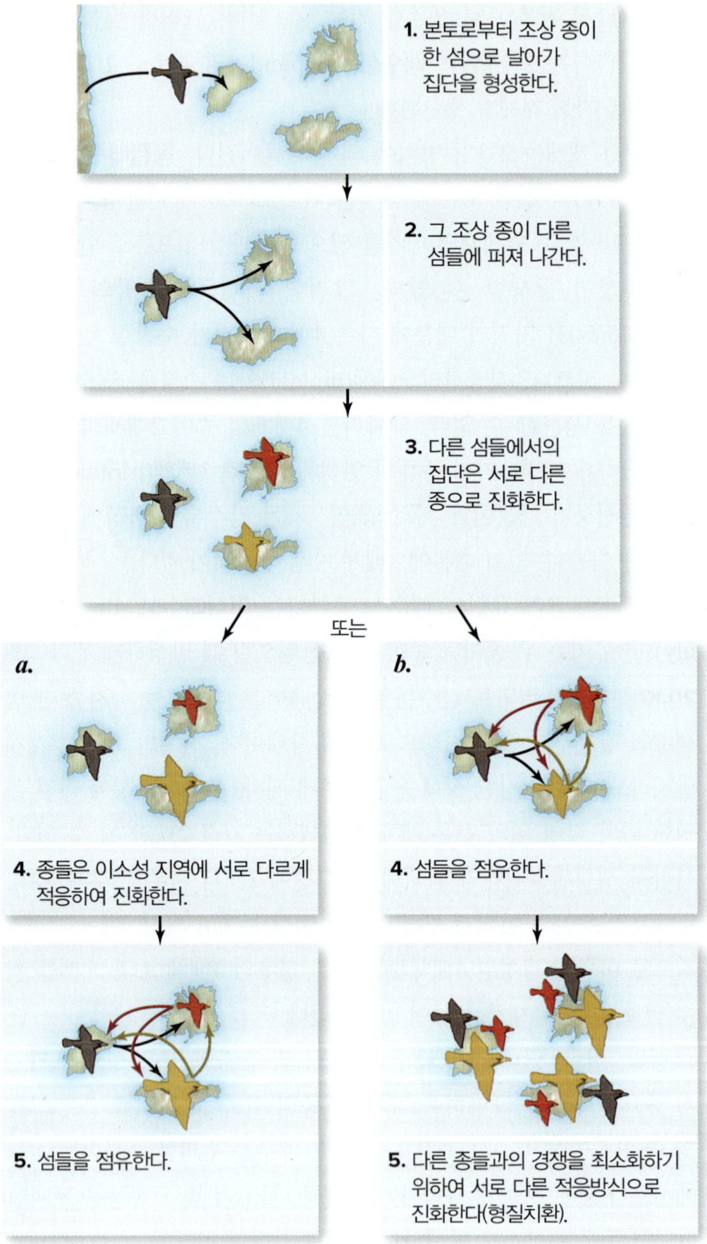

그림 20.11 군도의 각 섬에서 적응방산의 고전적 모델.
(1) 군도의 한 섬에 조상 종이 대량으로 서식하게 된다. **(2)** 나중에 그 집단은 다른 섬을 점령하게 되며, **(3)** 이후 다른 섬의 집단들은 이소성으로 새로운 종을 만들게 된다. 그리고 새로운 종의 일부는 또 다른 섬에 정착하여 둘 이상의 종으로 이루어진 군집 사회를 이룬다. 적응성의 차이는 서로 다른 이소성 환경 조건에 대한 반응(***a***), 또는 형질치환의 과정으로 인하여 종 사이에서 일어나는 생태적 상호 작용의 결과로 진화할 수 있다(***b***).

한 새로운 환경의 많은 부분에 적응할 수 있도록 한다.

적응방산은 종분화와 다른 서식지에 대한 적응을 필요로 한다. 전통적인 모델에서는 한 종이 군도의 여러 섬을 점유한다고 가정하고 있으며, 이후 이소성 종분화가 일어나고 이로 인하여 새롭게 발생한 종은 다른 섬을 점유하여 섬마다 여러 종을 생성하게 된다(**그림 20.11**).

새로운 서식지에 대한 적응은 종이 다른 섬의 이질적 환경에 반응하는 이소성 단계에서, 또는 두 종이 동소성으로 된 후 일어난다. 후자의 경우, 이러한 적응은 다른 종과 가용 자원에 대한 경쟁을 최소화시킬 필요성에 의해 추진될 수 있다. **형질치환**(character displacement)이라고 불리는 이 과정에서 생식적인 격리가 존재하지만 생태학적으로는 유사한 두 종이 접촉하게 된다. 이들 두 종은 동일한 자원을 이용하기 때문에 각 종에서 자연선택은 다른 종이 사용하지 않는 자원을 이용하는 개체를 선호하게 된다. 그러한 개체들은 더 큰 적응도를 가지게 될 것이고, 따라서 가용자원을 이용할 수 있게 하는 어떤 유전적 형질의 빈도가 집단 내에서 증가할 것이기에, 시간이 지남에 따라 종분화가 일어나게 된다(**그림 20.12**).

형질치환의 한 예로는 북반구의 온대 호수에서 발견되는 작은 물고기인 큰가시고기(three-spined sticklebacks)와 연관이 있다. 캐나다 서해안의 브리티시 컬럼비아 주에는 12,000년 전인 빙하기 말에 녹은 빙하로부터 만들어진 많은 호수가 있다. 바다 근처에 있는 이들 호수 중 일부에 해안 지대의 바다 큰가시고기가 침입했다. 바다 큰가시고기는 호수 서식지를 통틀어 발생하는 경향이 있었으며, 바다의 조상과는 다르게 진화해 왔다. 두 번째 점유가 일어난 몇 개의 호수에서 두 집단의 큰가시고기는 매우 높은 수준으로 생식적 격리를 진화시켰다. 결과적으로, 자연선택은 먹이에 대한 경쟁을 최소화하기 위한 두 집단의 차이를 진화시켰다. 큰가시고기의 한 집단은 개빙구역(open water, 빙하가 없이 열려 있는 장소) 장소에서 서식하는 동물성 플랑크톤을 걸러 내는데 유리한 보다 빠르고 효과적인 아가미 구조를 만들기 위해 몸의 구조를 유선형으로 발전시켰으며, 다른 집단은 호수의 가장자리와 바닥 근처에서 커다란 무척추 동물을 더 잘 먹도록 입의 형태를 바꾸는 것으로 진화했다(**그림 20.13**). 7곳의 이중 침입 호수에서 유사한 형태의 형질치환이 발생하였다.

대안적 가능성으로는 반복적인 동소성 종분화를 통해 적응방산이 발생하여 다른 서식지 환경에 적응된 종이 집단을 생성할 수 있다는 것이다. 20.4절에서 논의된 바와 같이 이러한 가설은 뜨거운 논쟁의 대상이다.

여기서는 적응방산의 4가지 사례에 내해 알아본다.

과학적 사고

문제: 형질치환은 자원의 경쟁으로 인하여 일어나는가?

가설: 유사한 종들과의 경쟁으로 인하여 자연선택은 진화적 확산을 촉진한다.

실험: 다른 종의 유사한 어류가 있는 연못에 한 종의 어류를 넣고 선택의 형태를 측정한다. 대조군으로 동일한 종의 집단을 두 번째 종이 없는 연못에 둔다. 이들 어류가 선호하는 먹이의 크기는 물고기의 크기와 관련 있음을 주지할 필요가 있다.

결과: 두 종이 함께 서식하는 연못에서 방향성 선택은 다른 종으로부터 극명하게 상이한 표현형을 가진 개체들을 선호하고, 따라서 이용하는 자원 또한 대부분 다르다. 대조군집단에서는 방향 선택이 일어나지 않았다.

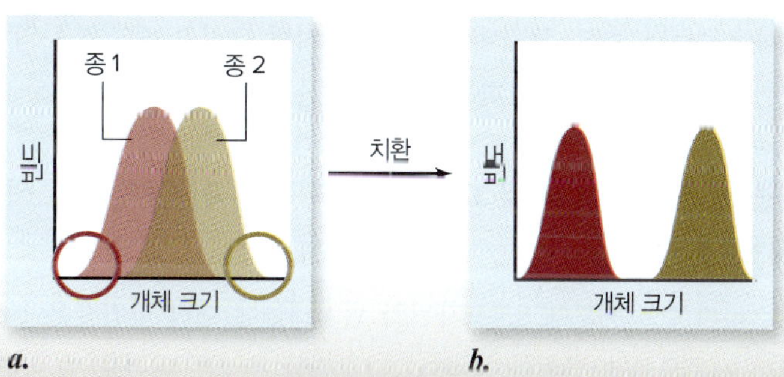

이해: 만약 자원이 무한정이라면 형질치환은 일어날 것으로 예상할 수 있을까?

그림 20.12 형질치환.
a. 초기에는 두 종이 유사하므로 따라서 이용하는 영역이 크게 겹쳐지고, 두 종은 비슷한 크기를 나타낸다(많은 종에서 개체의 크기와 먹이의 크기는 밀접한 관련이 있음). 각 종 안에서 다른 종과 확연하게 구분되는 개체들(원으로 표시)은 그들 안에서 경쟁 구도에 있지 않으므로 자연선택에 의하여 선호될 것이다. 예컨대, 한 종 안에서의 가장 작은 개체와 다른 종의 가장 큰 개체는 먹이를 두고 경쟁하지 않으므로 선호되는 것이다. *b.* 결과적으로, 종은 자원의 사용에 의해 분기될 것이고 종 사이에 경쟁을 최소화시킬 것이다.

? 탐구문제 종분화가 일어나는 경우에 적응방산에 대한 시나리오는 이소성 또는 동소성에 따라 어떻게 다를까? 형질치환과 동소적 종분화의 관계는 무엇일까?

그림 20.13 서로 다른 서식지를 이용하는 데 적응된 기시물고기.
개빙구역에 사는 물고기는 체형이 유선형에 더 가까운 반면 바닥 근처에 서식하는 물고기는 체형이 크며 입의 모양이 호수 바닥에 사는 무척추 동물을 흡입하기에 적합하다.

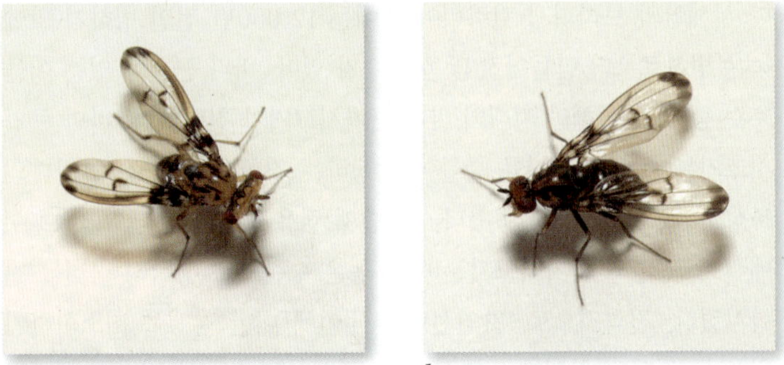

a. b.

그림 20.14 하와이의 초파리.
하와이 제도에서 진화한 수백 종의 초파리는 모양이 매우 다양한데, 특히 사진 속 2종의 머리 모양과 몸체의 색깔에 주목해 보자. ***a.*** *Drosophila heteroneura*, ***b.*** *Drosophila silvestris*

하와이의 식물과 동물은 풍부하고 다양한 서식지 환경을 이용한다

하와이 제도(Hawaiian Islands)에는 초파리(*Drosophila*)속의 파리가 1000종 이상 서식한다. 하와이에서는 새로운 초파리 종이 여전히 발견되고 있지만, 초목의 빠른 파괴로 인하여 이들을 찾아내는 일이 더욱 어려워지고 있다.

하와이의 초파리 종은 엄청난 형태적 다양성과 행동적 형질을 갖고 있다(**그림 20.14**). 초파리의 조상들은 처음으로 하와이에 도착했을 때 다른 종류의 곤충과 동물들이 점령하지 않은 "빈" 서식지를 점유했다. 결과적으로 이 종은 모든 과일파리의 생활사(포식자, 기생충 및 초식동물)에 적응을 했으며, 뿐만 아니라 어떤 초파리 종은 꽃의 즙과 잎의 찌꺼기를 먹는데 특화되었다. 다양한 초파리 종의 유충은 식물의 썩은 줄기, 과일, 나무껍질, 잎 또는 뿌리에 서식하거나 수액을 먹는다. 하와이 초파리 종과 같은 다양성은 세계 어느 곳에서도 볼 수 없다.

하와이에 서식하는 종의 큰 다양성은 군도의 지질학적 역사의 산물이다. 이 지역의 바다에서는 새로운 섬들이 계속해서 생겨났다. 그렇게 해서 오래된 섬에 존재하던 초파리의 집단은 새로운 섬에 성공적으로 이주한 것으로 보인다. 신생의 초파리 종이 새롭게 생겨난 섬에 정착하면서 진화를 거듭했다.

또한 하와이 제도는 세계에서 화산 활동이 가장 활발한 섬들 중 하나이다. 정기적인 용암의 흐름은 때때로 "바다"로 둘러싸인 암석 덩어리인 불모지의 섬 안에 초파리의 서식처를 형성하게 한다. 이러한 섬들은 키푸카(*kipukas*)라고 불린다. 키푸카에 격리된 초파리 집단은 종종 종분화를 겪는다. 생태학적으로 적절한 기회와 함께 무성한 종분화는 곤충의 생활에 전대미문의 다양성을 만들어 왔다.

다른 많은 동물과 식물의 집단에서도 유사한 형태를 관찰할 수 있다. 예컨대 로벨리아드(Hawaiian lobeliads)는 하와이 고유종으로 125종의 집단으로 구성되어 있으며, 키가 작은 덩굴 식물과 키가 큰 관목으로부터 절벽, 고지대, 우림지역, 사막 그리고 해안선 등의 다양한 서식 환경에서 성장하는 형태로 방산을 해왔다(**그림 20.15**).

a. b. c. d.

그림 20.15 하와이의 로벨리아드.
a. 하와이 몰로카이(Molokai) 해안 절벽에 서식하는 *Brighamia rockii*종, ***b.*** 마우이(Maui)에서 발견되는 *Cyanea hamatiflora*의 큰 나무 형태, ***c.*** 오아후(Oahu)의 *Cyanea koolauensis*의 작은 나무, ***d.*** 늪지 서식지인 카우아이(Kauai)의 *Lobelia villosa*종

다윈의 핀치새는 서로 다른 먹이 자원을 이용하는 데 적응해 왔다

갈라파고스 제도에 있는 다윈의 핀치새들에 대한 다양성은 19장에서 처음으로 다루었다. 다윈의 핀치새들 조상은 아마도 육지에서 서식하는 다른 조류보다 일찍 이 섬에 도착했을 것이며, 결과적으로 다른 종류의 새들이 본토에서 이용하는 다양한 형태의 서식지가 비어 있는 상태였다.

새로 도착한 새들이 이렇게 비어 있는 생태계의 틈새로 이동하여 새로운 생활 방식을 채택함에 따라 여러 종류의 선택적 압력이 가해졌다. 이런 상황하에 갈라파고스 군도의 많은 섬들로 인한 지리적 격

그림 20.16 다윈의 핀치새들의 진화 계통수.
다윈의 핀치새들의 완전한 유전체 염기서열을 통한 진화 계통수 분석에서 휘파람핀치새가 초기에 발생한 것으로 나타났다. 이후 땅핀치새와 나무핀치새가 갈라졌고, 각 집단 내의 종은 서로 다른 자원을 사용하도록 특화되어 왔다. 유전체 염기서열 데이터 분석은 *G. difficilis*와 같이 몇몇 종의 경우 여러 섬에 살고 있는 단일종으로 인식되던 것이 서로 밀접한 연관이 없는 여러 종임을 제시하였다. 이런 사실을 증명하기 위해서는 추가적인 연구가 필요하다.

리로 조상 종의 핀치새들은 일련의 다양한 집단으로 급속히 갈라졌고, 일부는 별개의 종으로 진화를 했다. 이 종은 현재 갈라파고스 섬의 여러 서식지를 점령하고 있으며, 본섬에서 나타나는 새들과 비교하여 서식지에 따라 몇 종류의 새들로 구분할 수 있게 되었다. **그림 20.16**은 14종의 핀치새를 4개의 집단으로 나누어 나타낸 것이다.

1. **땅핀치새와 선인장핀치새들**: *Geospiza* 땅핀치새는 모두 6종류가 있다. 땅핀치새들은 대부분 씨앗을 먹는다. 길고 납작한 부리의 크기는 먹이가 되는 씨앗의 크기와 관련이 있다. 땅핀치새 중 일부는 주로 선인장의 꽃과 과일을 먹으므로 다른 종보다 길고 크며 뾰족한 부리를 갖고 있다.
2. **나무핀치새들**: 곤충을 먹이로 하는 나무핀치새는 5종이 있다. 이 중 4종은 곤충을 먹기에 적합한 부리를 가지고 있다. 딱따구리 핀치새는 끌과 같은 부리가 있는데 이 특이한 핀치새는 나뭇가지나 선인장 가시를 물고 나무 틈 속 깊은 곳의 곤충을 찾는 데 이용한다.
3. **초식성 나무핀치새들**: 이 종의 매우 육중한 부리는 나뭇가지에서 새싹을 떼어 먹는 데 사용된다.
4. **휘파람핀치새들**: 이 특이한 새들은 본 섬의 휘파람새들과 동일한 생태학적 역할을 수행하는데 갈라파고스의 숲에 있는 잎과 나뭇가지 위를 지속적으로 날아다니며 곤충을 찾는다. 이들은 가늘고 날렵한 부리를 갖고 있다.

최근 과학자들은 진화론적 역사를 연구하기 위해 다윈의 핀치새들을 대상으로 완전한 유전체 염기서열을 조사하였다. 이러한 연구는 핀치새가 진화 계통의 가장 밑 부분에 있는 휘파람핀치새로부터 이어진다는 것을 발견했으며, 이는 휘파람핀치새가 가장 먼저 섬에 정착하여 진화한 첫 번째 종 중 하나임을 암시한다. 지상에 서식하는 종은 모두 나무핀치새들과 마찬가지로 서로 밀접한 관련을 갖는다. 그럼에도 불구하고, 각 집단 내에서 나무핀치새들은 종마다 부리의 크기와 속성뿐만 아니라 자원을 이용하는 방식이 모두 다르다.

19장에서 논의된 것과 같이 현장에서 수행된 연구는 땅핀치새 종이 자원을 놓고 경쟁한다는 것을 보여 주는데, 이러한 종의 차이는 초기 단계에서 유사한 종 사이에 경쟁 압력을 최소화하기 위해 분기가 일어나는 형질치환(character displacement)에 기인한 것으로 여겨진다.

최근 연구는 다윈 핀치새의 분기화에 대한 근본적인 원인을 유전학 및 발생학을 기초로 밝히기 시작했다. 현재까지의 연구는 땅핀치새들의 부리에 중점을 두고 있다. 종 사이의 변화는 부리의 높이, 너비 및 길이 등이 다른 속도로 성장한 결과이다. 연구자들은 부리의 성장에 영향을 미치는 5가지의 유전자인 *Bmp4*, *CaM*, *TGFβIIr*, *β-catenin* 및 *Dkk3*를 확인하였다. 이들 유전자의 상이한 조합으로 인한 유전적 변화가 성체의 부리와 관련된 이종간의 차이를 나타낸다.

빅토리아 호수의 시클리드 물고기는 매우 빠른 속도로 다양화되었다

빅토리아 호수는 적도 지방의 동아프리카 중심에 있는 스위스 국토 크기의 거대하고 얕은 담수성 바다이다. 최근까지 이 호수에는 450종이 넘는 엄청나게 다양한 시클리드(cichlids) 물고기의 집단이 살고 있었다.

지질학적 요인의 최근 방산

시클리드 종의 무리는 최근 아주 신속하게 진화한 것으로 보인다. 과학자들이 호수에 서식하는 많은 수의 시클리드 물고기에서 사이토크롬 *b* 유전자의 염기서열을 분석한 결과 약 20만 년 전에 빅토리아 호수로 처음 시클리드가 유입된 것으로 추정하였다.

호수의 수위가 급격하게 변하게 됨에 따라 종의 형성이 촉진되었다. 호수의 면적이 커지면서 새로운 지역이 침수되었고 새로운 서식지가 개발되었다. 14,000년 전 호수가 마른 후 다시 수위가 상승될 때까지 격리되었던 작은 호수에서 많은 종이 생겨났다.

시클리드의 다양성

시클리드는 길이가 5~25 cm인 작은 농어 모양의 물고기이며 수

a.

b.

그림 20.17 빅토리아 호수의 시클리드 물고기.
a. 시클리드 물고기들은 다양한 서식지를 이용하도록 진화적으로 적응해 왔다. 이 물고기의 목구멍에 위치한 커다란 두 번째 턱 조합은 진화적 유연성을 제공하여 구강의 턱을 여러 방식으로 수정할 수 있다. ***b.*** *Labeotropheus fuelleborni*의 짧은 주둥이와 *Maylandia zebra* 종의 긴 주둥이는 턱의 모양을 담당하는 두 유전자의 차이로부터 유래한다.

컷의 색깔은 무한할 정도로 다양하다. 시클리드의 생태학적 및 형태학적인 다양성은 특히 짧은 시간 동안 진화한 것을 감안하였을 때 놀랄 만한 현상이다.

시클리드가 어떤 먹이를 먹는지를 살펴봄으로써 광범위한 종류의 유형을 구분할 수 있다. 그들은 진흙을 먹거나, 조류를 걸러 먹는 종류(algae scraper), 잎을 뜯어 먹는 종류(leaf eater), 달팽이를 걸러 먹는 종류(snail eater), 동물성 플랑크톤을 먹는 종류(zooplankton eater), 곤충을 먹는 종류(insect eater), 새우를 먹는 종류(prawn eater), 그리고 물고기를 포식하는 종류(fish eater)가 있다. 달팽이를 포식하는 시클리드는 천천히 기어가는 달팽이를 공격하는데, 달팽이가 단단한 껍질로 숨기 전에 길고 구부러진 이빨을 이용하여 부드러운 부분을 찌른다. 비늘 시클리드(scale scraper)는 다른 어류의 비늘을 긁어 찢는다. 시클리드 중에는 다른 시클리드 종의 치어를 먹는 종도 있다.

시클리드 어류는 진화적 방산에서 중대한 역할을 수행할 수 있는 주목할 만한 혁신적 도구를 갖추고 있는데, 그것은 바로 두 번째의 기능성 턱이다(**그림 20.17***a*). 이러한 형질은 다른 많은 종류의 물고기에서도 발견되지만 시클리드 어류에는 특히 대규모로 확장되었다. 두 번째의 턱의 먹이를 씹고 가공할 수 있는 능력으로 인하여 구상의 턱이 서로 다른 목적으로 진화할 수 있게 되었으며, 그 결과 시클리드가 가득한 호수에서 생태학적 역할의 방대한 다양성을 갖게 되었다.

최근 몇 년 동안 과학자들은 이 물고기들의 형태학적 다양성의 기초가 되는 유전학적 차이를 발견하기 시작했다. 예를 들어, 광범위한 유전자 분석 방법을 이용하여 *β-catenin*, *Bmp4*, *Ptch1* 및 *Lbh* 등 여러 유전자들이 시클리드의 턱 크기와 모양을 결정한다는 것을 확인하였다(**그림 20.17***b*). 조상 종의 시클리드에서 이들 유전자의 돌연변이는 개체들이 서식지 환경의 다른 영역에서 먹이에 접근 가능하도록 진화적 분기 및 적응방산을 진행시켜 왔다.

시난 수십 년 동안의 갑작스러운 멸종

최근 들어 시클리드 다양성이 많이 사라졌다. 1950년대에는 빅토리아 호수에 서식하는 커다란 상업 목적의 식용 어류인 나일 퍼치(Nile perch)가 도입되었다. 그 이후로 인간은 호수에 넓게 퍼져 있던 시클리드를 포식해 왔다.

1990년에는 개빙구역의 시클리드 종뿐만 아니라 수심이 얕은 암석 지역의 시클리드가 멸종되었다. 빅토리아 호수에 서식하는 모든 시클리드 종의 70% 이상이 사라졌으며, 아직 분류되지 않은 종마저도 없어졌다. WEB7장에서 보존생물학(conservation biology)을 논의할 때 빅토리아 호수의 사례를 다시 살펴볼 것이다.

핵심 요약 20.5

적응방산은 종이 다양화될 경우 발생하며, 환경의 많은 다른 부분을 이용하도록 적응된 자손을 생산한다. 적응방산은 되풀이 되는 격리의 조건에서도 발생할 수 있으며, 이로 인하여 종분화의 속도가 증가하고, 화산섬과 같은 경쟁자가 적고 활용 가능한 자원이 많은 지역을 점유할 수 있다. 또한 혁신적인 진화의 주요한 열쇠로 이전에는 이용할 수 없었던 환경의 일부에 적응할 수 있는 능력이 개발되었다.

- 군도의 모델과 대조적으로 분단성 선택에 의한 동소종의 경우 적응방산은 어떻게 진행되는 것일까?

20.6 진화의 속도

학습 목표

1. 정체를 정의하고 점진적인 진화적 변화와 비교할 수 있다.
2. 단속평형 가설의 구성 요소를 설명할 수 있다.

앞서 종분화가 일어나는 방식에 대해 논의하였지만 종의 내부에서 발생하는 종분화와 진화적 변화 사이의 관계는 아직 고려하지 않았다. 이러한 관계를 설명하기 위해 **점진진화**(gradualism)와 **단속평형**(punctuated equilibrium)이라는 2가지 가설이 발전되어 왔다.

점진진화는 작은 변화의 축적이다

〈종의 기원(On the Origin of Species)〉 논문이 출판된 후 1세기 이상 진화에 대한 표준 견해는 진화가 매우 느리게 일어난다는 것이었다. 진화적 변화는 세대마다 거의 인식할 수 없지만 수천, 수백만 년에 걸쳐 중대한 진화가 일어날 수 있도록 변화는 축적될 것이다. 이러한 견해를 **점진진화**(gradualism)라고 한다(**그림 20.18***a*).

단속평형은 오랜 정체 상태 이후의 상대적으로 빠른 변화이다

또 다른 가능성은 종은 거의 진화적으로 변화가 없는 오랜 **정체**(stasis) 기간을 가지다가 지질학적으로 짧은 시간 동안에 수많은 진화적 변화를 겪는 것이다. 이러한 현상을 **단속평형**(punctuated equilibrium)이라고 하며(**그림 20.18***b*), 일부에서는 오직 종분화 과정에서만 이와 같이 급격한 변화 기간이 존재하는 것으로 주장한다.

18장과 19장에서 자연선택이 강력할 때 진화적 변화가 급속하게

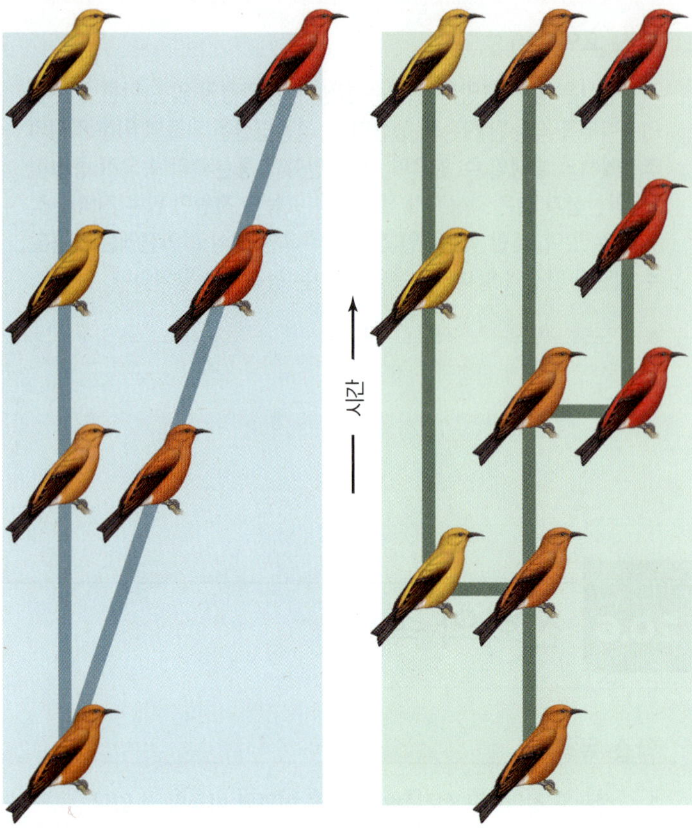

a. 점진주의

b. 단속평형

그림 20.18 대진화 속도에 대한 2가지 견해.
a. 시간이 지남에 따라 천천히 발생하는 진화적 변화이지만 종분화와는 연결되지 않은 것으로 제안되는 점진주의. *b.* 반대로 단속평형은 오랜 기간 동안 표현형의 변화가 거의 또는 전혀 없이 돌발적인 종분화가 요구된다.

일어날 수 있기 때문에 가설의 "단속된(평형이 깨진)" 부분에는 논란의 여지가 없었다. 더 어려운 문제는 오랜 기간 동안의 정체(평형)와 관련이 있는데, 왜 종은 변화가 없이 수천 또는 수백만 년 동안 존재할 수 있었을까?

여러 가지 가능한 이유들이 제시되었으나, 현재 대부분의 연구자들은 안정화(stabilizing)와 진동 선택(oscillating selection)의 조합이 정체를 가져오는 것으로 믿고 있다. 만일 오랜 시간이 경과하는 동안 환경이 변하지 않았거나 환경 변화가 진동하는 경우 긴 기간의 정체가 발생할 수 있다. 이러한 정체를 강화시킬 수 있는 한 가지 요소는 종의 분포 범위를 이동시키는 것이다. 예를 들어, 빙하기 동안 전 세계가 냉각되었을 때 많은 종은 지리적 범위를 남쪽으로 이동하였으며, 따라서 종은 예전의 환경과 비슷한 조건을 경험할 수 있게 되었다.

? **탐구문제** 지리적 범위의 변화가 왜 진화적 정체를 촉진시키는가?

진화는 두 가지 유형의 변화를 모두 포함할 수 있다

아프리카 포유류와 같이 잘 기록되어 있는 일부 집단은 급속한 진화가 아니라 점진적인 진화를 했다. 그에 비하여 해양 이끼벌레류(marine bryozoa)와 같은 다른 집단에서는 단속평형 모델에 의해 예측된 불규칙적인 진화적 변화의 형태를 나타내는 것으로 보인다. 사실 점진진화와 단속평형은 연속선상의 두 끝으로 여겨진다. 일부 집단은 점진적으로만 진화하고 다른 집단은 단속평형 형태로만 진화해 왔으나 어떤 종은 그들 집단의 진화적 역사에서 서로 다른 시기에 점진진화 및 단속평형 모두를 보여주는 증거가 있다.

하지만 종분화가 반드시 표현형의 변화와 관련이 있다는 생각이 우세하지는 않다. 다른 한편으로는 상당한 수준의 표현형의 변화가 없어도 종분화가 일어날 수 있음이 명백하다. 예컨대, 유연관계가 상당히 가까운 많은 도롱뇽의 종은 거의 구분을 할 수가 없다. 반면 종분화가 없이도 표현형의 변화가 일어날 수 있다는 것도 사실이다.

핵심 요약 20.6

점진진화는 거의 눈에 띄지 않는 변화가 축적되어 결국 중요한 차이를 만들게 된다. 단속평형은 장기간의 정체가 급격한 변화의 주기에 의해 중단되거나 단속되는 것을 의미한다. 어떤 집단에서는 점진진화와 단속평형 모두가 발견되기도 한다. 정체는 진화적 변화가 거의 또는 전혀 발견되지 않는 기간을 말한다. 결과적으로 정체는 안정화 또는 진동 선택으로부터 발생할 수 있다.

■ 시간에 따라 신속하고 일시적인 단속성을 나타내지만, 종분화와 연관이 없는 진화적 변화는 가능할까?

20.7 시간에 따른 종분화와 멸종

학습 목표

1. 시간에 따른 종 다양성의 방식을 설명할 수 있다.
2. 대멸종을 정의하고 주요한 대멸종이 발생한 시기를 구분할 수 있다.

생물학적 다양성은 지난 6억 년 동안 크게 상승했으나 증가 경향은 일관적이지 않다. 생물다양성이 급격하게 증가한 이후 약 2억 년 동안 안정기에 도달했지만 그 이후는 느리게 증가하였다. 종의 수적 변화는 기존의 종이 사라지는 비율에 대한 새로운 종의 발생을 반영하기 때문에 이러한 장기적 추세는 일반적으로 종분화가 멸종을 능가하였음을 나타낸다.

그럼에도 불구하고 종의 분화가 항상 멸종을 앞지른 것은 아니다. 특히 종 다양성의 장기적인 증가에 산재해 있는 위협적 요소는 많은 종의 급격한 감소를 일으키는 **대멸종**(mass extinctions)이다.

다섯 번의 대멸종이 먼 과거에 일어났다

현재까지 다섯 차례의 대멸종이 확인되었으며, 약 2억 5천만 년 전인 페름기(Permian period) 말기에는 가장 심각한 멸종이 일어났다(**그림 20.19**). 그 당시에는 지구상의 모든 식물과 동물의 절반 이상과 모든 종의 96%가 멸종했다고 여겨진다.

페름기 말기처럼 급격하지는 않았지만 가장 유명하고 잘 연구된 멸종은 백악기(Cretaceous period, 6500만 년 전) 말에 일어났으며, 당시 공룡을 포함한 많은 생명체들이 멸종을 맞았다. 최근에 밝혀진 사실은 이러한 멸종의 원인으로 커다란 소행성이 지구와 충돌하여 전 지구의 숲에 산불이 발생하였으며, 공기 중에 산란된 연기의 입자가 몇 달 동안 태양을 가렸다는 가설을 지지한다. 다른 대멸종의 사건들은 원인이 확실하지 않다. 일부의 과학자들은 소행성이 몇몇 대멸종의 사건 중 적어도 일부에서 핵심적인 역할을 했다고 제시한다. 다른 가설은 지구의 기후 변화와 몇몇 원인들이 연관되어 있음을 주장한다.

대멸종에서 한 가지 중요한 결과는 멸종이 모든 생명체 집단에 동일한 영향을 준 것이 아니라는 것이다. 예를 들어, 백악기 말기의 멸종에서는 공룡뿐만 아니라 해양 및 하늘을 나는 파충류(어룡과 익룡), 그리고 연체동물의 일종인 암모나이트가 멸종되었다. 주머니를 갖는 유대류(marsupials), 꽃을 피우는 현화식물(flowering plants), 조류(birds)와 일부 형태의 **플랑크톤**(plankton)은 다양성이 크게 감소했다. 반대로 거북류(turtles), 악어류(crocodilians), 양서류(amphibians)는 타격을 입지 않은 것으로 보였다. 일부 집단이 다른 집단들보다 더 강한 충격을 받은 이유가 분명하지는 않지만, 한 가지 가설은 생존한 집단은 지하나 물속으로 피난할 수 있는 동물들이며 햇빛 차단으로 발생된 차가운 기후 환경에서 적은 먹이로 생존 가능하거나 서로를 포식하였다고 제안할 수 있다.

대멸종의 결과는 이전에 지배적인 집단이 멸망하여 진화의 과정을 변화시킬 수 있다는 것이다. 백악기의 멸종 역시 마찬가지이다. 백악기 동안 태반포유류(placental mammals)는 집고양이(house cat) 집단보다 크지 않은 종으로 구성된 작은 집단이었다. 백악기가 끝날 무렵까지 1억 년 이상 지구를 지배해 왔던 공룡이 사라졌을 때 태반포유류는 상당히 큰 적응방산을 겪게 되었다. 겸손하게 생각하자면, 만약 6500만 년 전 소행성이 지구를 강타하지 않았다면 인간은 결코 생겨나지 못했을 것이다.

오늘날 우리를 둘러싼 세계가 보여주듯이 종의 다양성은 대멸종 이후에 반등하고 있지만 회복 추세가 빠른 것은 아니다. 화석 기록을 조사한 결과는 종의 회복 속도가 멸종 후 즉각적으로 증가하지 않고 최댓값에 도달하는 데 약 1000만 년이 걸린다는 것을 보여준다. 이러한 지연의 원인이 명확하게 밝혀지지는 않았지만, 생태계가 복구

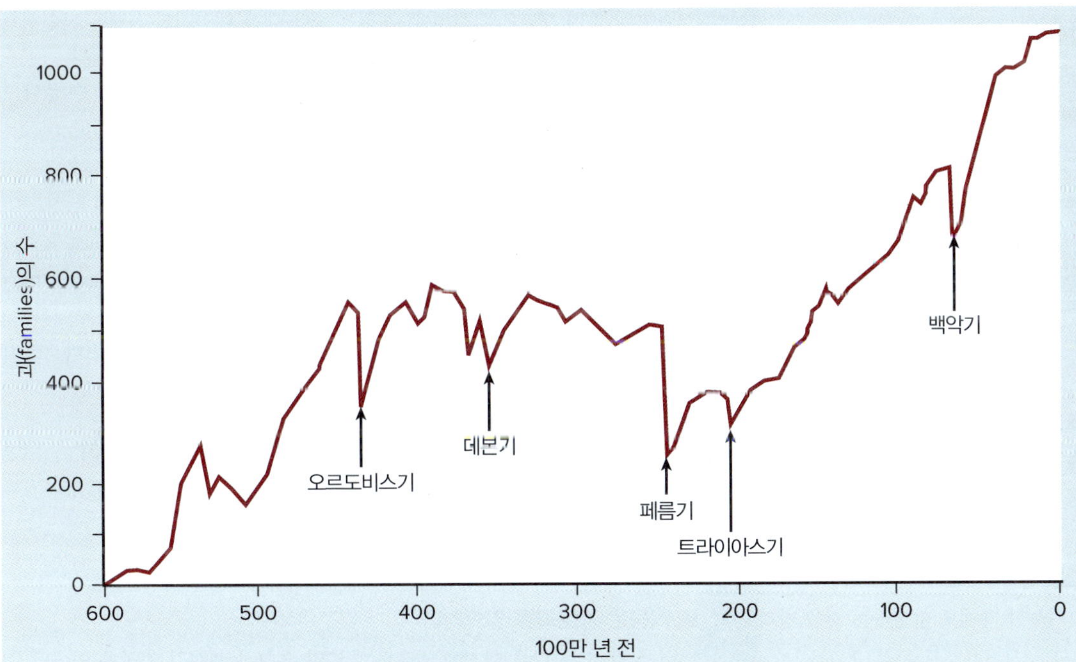

그림 20.19 시간에 따른 생물다양성. 해양 동물군의 분류학적 다양성은 때때로 침체기가 있었으나 시간이 지나면서 증가되었다. 해양 생물이 육상 생물보다 더욱 쉽게 화석화되기 때문에 화석 기록은 거의 완벽하다. 종(species)보다는 과(families)로 표시한 이유는 많은 종이 하나의 표본에서만 알려져 있고 따라서 특정 시점에 존재하는 종의 수에 오류가 발생할 수 있기 때문이다. 화살표는 다섯 번의 주요한 대멸종 사건을 나타내었다.

되고 종분화와 적응의 다각적인 과정이 시작되기까지 얼마 정도의 시간이 걸리는 것으로 추측하고 있다. 결과적으로 종의 다양성을 이전 수준으로 끌어올리기 위해서는 1000만 년 또는 훨씬 더 긴 시간이 필요할 수 있다.

여섯 번째 멸종은 이미 진행 중이다

최근 지구상에서 종의 수는 그 어느 때보다 많다. 하지만 불행하게도 그 숫자는 인간의 활동으로 인하여 급속하게 감소하고 있다(WEB7장 참조).

일부 연구자들은 가까운 미래에 지구상 모든 종의 1/4 정도가 멸종될 것이라고 추측하고 있으며, 이러한 관측은 백악기의 대멸종 이후 지구에서 나타나지 않았던 비율이다. 더군다나 종의 다양성 반등은 이전에 일어났던 대멸종 사건 후보다 느리게 진행될 것이며, 그 이유는 예전에는 생태학적으로 빈곤하지만 에너지가 풍부한 환경을 가졌지만, 지금은 세계 자원의 상당 부분이 이미 인간의 활동에 의해 소모되어 적응방산에 이용될 자원이 고갈될 것이기 때문이다. 최신의 종 멸종의 위기에 관한 내용은 WEB7장에서 더 자세하게 논의할 것이다.

> **핵심 요약 20.7**
>
> 일정한 속도는 아니지만 종의 수는 시간이 경과함에 따라 증가해 왔다. 다섯 번의 주요한 멸종 사건은 잠시 동안이지만 지구에 있는 종의 수를 크게 감소시켰다. 종 다양성은 반등하고 있지만 회복 속도가 빠르지 않으며, 다양성을 구성하고 있는 집단 중 일부는 이전에 존재했던 집단과 동일하지 않다. 불행하게도 인간은 현재 여섯 번째의 대멸종 사건을 일으키고 있다.
>
> ■ 현재의 대멸종 사건은 과거에 발생한 대멸종과 무엇이 다를까?

핵심 개념 요약

20.1 종의 본질과 생물학적 종의 개념

■ 동소성 종은 같은 지역에 서식하지만 구분이 가능하다

대부분의 동소종은 표현형과 생태학적 특성으로 쉽게 구별할 수 있다. 다른 경우에는 보통 신중한 연구를 통해 확인한다.

■ 한 종의 집단은 지리적 변이를 나타낸다

표현형이나 생태학적 특성이 크게 다른 집단의 경우 일반적으로 지역의 중간에 있는 집단에 의해 연결된다.

■ 생물학적 종 개념은 유전자 교환 능력에 집중한다

생물학적 종 개념에서, 종은 서로 짝짓기를 하거나, 할 가능성이 있고 건강한 자손을 생산하는 집단으로 정의된다. 생식 격리의 기작은 종 사이의 유전자 교환을 차단한다.

■ 접합전격리기작은 접합체의 형성을 차단한다

접합전격리기작은 접합체가 형성되는 것을 방지한다. 이러한 기작에는 생태학적, 행동적, 시간적 및 기계적 격리뿐만 아니라 접합체를 형성하기 위한 생식세포의 융합을 차단하는 것을 포함한다.

■ 접합후격리기작은 성체로 정상적인 발달을 차단한다

접합후격리기작은 접합체가 생존 및 수정 가능한 개체로 발생하는 것을 방지한다.

■ 생물학적 종 개념으로 모든 관찰을 설명할 수 없다

생물학적 종의 개념으로 설명할 수 없는 종에 대한 대안적인 설명은 자연선택의 역할과 그들의 생태학적 요구에 의한 종 사이의 차이에 초점을 둔다.
실제로, 어떠한 종의 개념도 생명체의 모든 다양성에 대하여 설명할 수 없다.

20.2 자연선택과 생식적 격리

■ 선택은 격리 기작을 강화시킬 것이다

집단은 이소성 상태에서 완전한 생식적 격리를 진화시킬 수 있다. 만약 부분적으로 생식적인 격리를 진화시킨 집단이 접촉할 경우 자연선택은 "강화"라고 하는 과정을 통하여 생식적 격리를 증가시킬 수 있다.
이와는 다르게 집단 사이에 유전자 교환은 균질화로 이어질 수 있으며, 그 결과 종분화를 차단한다.

20.3 종분화에서 유전적 부동과 자연선택의 역할

■ 무작위 변화는 생식 격리의 원인이 된다

소규모 집단에서 일어나는 유전적 부동으로 인하여 집단이 분화될 수 있는데, 진화의 차이로 인하여 집단은 생식적으로 격리될 수 있다.

■ 적응은 종분화를 일으킨다

낯선 상황 또는 다른 환경에 적응하게 되면 우연히 생식적 격리가 일어날 수 있다. 강화와는 대조적으로, 생식적 격리는 잡종을 방지하기 때문에 자연선택에 의해 직접적으로 선호되지는 않는다.

20.4 종분화의 지리학(그림 20.9)

■ 이소성 분화는 집단이 지리적으로 격리되었을 때 일어난다

이소성 또는 지리적으로 고립된 집단들 사이에서는 유전자의 이동이 발생하지 않기 때문에 집단은 다른 종으로 분리, 진화할 수 있다. 대부분의 종분화는 대개 이소성이다.

■ 동소성 종 분화는 지리적 격리 없이 일어난다

동소성 종은 2가지 방법으로 분화가 일어난다. 하나는 다배체 형성으로 새로운 종을 즉각적으로 생성하는 경우이다. 분단성 선택 또한 하나의 종을 둘로 나눌 수 있지만 과학자들 사이에서 이 경우가 얼마나 일반적인지에 대해 논란의 여지가 있다.

20.5 적응방산과 생물다양성

적응방산은 어떤 종이 풍부한 자원 및 경쟁 종이 거의 없는 새롭거나 갑자기 변화된 환경을 발견할 때 일어난다(**그림 20.11**).

"핵심혁신"이라고 불리는, 이전에 접근할 수 없었던 환경의 부분을 사용할 수 있는 개체들이 새로운 형질의 진화 또는 적응방산을 유발할 수 있다.

■ 하와이의 식물과 동물은 풍부하고 다양한 서식지 환경을 이용한다

적어도 1000종의 하와이 초파리가 확인되었다.

식물들의 여러 집단들도 많은 서식지를 점령하기 위하여 다양해졌다.

■ 다윈의 핀치새는 서로 다른 먹이 자원을 이용하는 데 적응해 왔다

다윈의 핀치새는 먹이의 종류에 따라 4곳의 다른 서식지를 이용하기 위해 4가지 속의 14종으로 진화해 왔다.

■ 빅토리아 호수의 시클리드 물고기는 매우 빠른 속도로 다양화되었다

시클리드는 매우 빠른 방산으로 450종 이상이 진화해 왔지만, 오늘날 적어도 이들 종의 70% 이상이 멸종되었다.

20.6 진화의 속도

■ 점진진화는 작은 변화의 축적이다

역사적으로 볼 때 연구자들은 매우 작은 변화를 누적시키는 과정을 통하여 종분화가 점진적으로 일어난다는 입장을 취해왔다.

■ 단속평형은 오랜 정체 상태 이후의 상대적으로 빠른 변화이다

단속평형 가설은 일시적이고 신속한 변화일 뿐만 아니라 종분화의 과정과도 관련이 있는 것으로 보여진다.

■ 진화는 두 가지 유형의 변화를 모두 포함할 수 있다

과학자들은 양 극단에 있는 점진적 진화와 단속평형이 포함된 연속상태에서 진화적 변화가 일어난다는 데에 일반적으로 동의한다.

20.7 시간에 따른 종분화와 멸종

일반적으로 종의 수는 시간의 흐름에 따라 증가해 왔다(**그림 20.19**).

■ 다섯 번의 대멸종이 먼 과거에 일어났다

대멸종은 생물 종 다양성의 급격한 감소를 가져 왔으며, 이를 회복하기 위해 수백만 년의 시간이 걸렸다. 대멸종 사건들 중에서도 소행성 충돌과 전 지구적인 기후 변화로 인하여 다섯 번의 대멸종이 일어났다.

■ 여섯 번째 멸종은 이미 진행 중이다

인간은 최근 여섯 번째 대멸종의 원인이 되고 있다.

연습문제

■ 1단계: 이해력 확인하기

1. 다음 중 접합전격리의 기작에 포함되지 않는 것은 무엇인가?
   a. 잡종의 불임
   b. 구애 행동
   c. 서식지 분리
   d. 계절에 따른 교미

2. 생식적 격리의 의미를 바르게 설명한 것은 무엇인가?
   a. 서로 짝짓기를 하지 않은 결과이다.
   b. 특정 유형의 접합후격리기작을 말한다.
   c. 생물학적 종 개념에 의한 것이다.
   d. a, b, c 모두 맞지 않다.

3. 생물학적 종의 개념에 대한 문제점으로 옳은 것은 무엇인가?
   a. 많은 종이 무성생식을 한다.
   b. 접합후격리의 기작이 잡종의 생존력을 감소시킨다.
   c. 접합전격리의 기작은 매우 드문 현상이다.
   d. a, b, c 모두 맞다.

4. 이소적 종분화에 관한 설명으로 옳은 것은 무엇인가?
   a. 동소적 종분화보다 덜 일반적이다.
   b. 지리적 격리와 연관되어 있다.
   c. 식물에서 일어나는 유일한 종분화의 형태이다.
   d. 배수성을 필요로 한다.

5. 점진진화와 단속평형에 대한 설명으로 옳은 것은 무엇인가?
   a. 시간에 따른 진화적 변화 속도의 연속체 상의 양 끝을 말한다.
   b. 모든 진화적 변화가 일어나는 방식에 대한 상호 배타적인 견해이다.
   c. 생식 격리의 기작이다.
   d. a, b, c 모두 맞지 않다.
6. 접합전격리에 대한 설명으로 적합한 것은 무엇인가?
   a. 항상 다른 종의 구성원과 교배를 막기 위한 기작을 필요로 한다.
   b. 수정 후 접합체의 빠른 사망을 포함한다.
   c. 식물에서만 발생하는 현상이다.
   d. 강화의 결과로 강해진다.
7. 이질배수성에 의한 종분화의 결과로서 옳은 것은 무엇인가?
   a. 오랜 시간이 소요된다.
   b. 조류(birds)에서 일반적으로 나타난다.
   c. 염색체의 수가 감소한다.
   d. 두 종 사이에 잡종이 만들어진 후 종분화가 일어난다.
8. 적응방산에 대한 의미를 바르게 설명한 것은 무엇인가?
   a. 발전소에서 사용되는 농축 우라늄의 결과이다.
   b. 환경의 다른 부분을 사용하도록 밀접하게 연관된 종의 진화이다.
   c. 유전적 부동의 결과이다.
   d. 적응 형질의 유지에 유리한 안정화 선택의 결과이다.
9. *Rana pipiens* 복합군 중 다른 지역의 개체군으로부터 넘어 온 표범개구리에 대한 설명으로 옳은 것은 무엇인가?
   a. 개구리들은 매우 유사해 보이기 때문에 단일종의 구성원이다.
   b. 접합전 및 접합후격리의 기작을 갖는 다른 종이다.
   c. 생존할 수 있는 잡종을 만들기 위해 상호 교미의 빈도가 높다.
   d. 효율적인 생식 격리 때문에 유전적으로 동일하다.
10. 형질치환에 대한 설명으로 옳은 것은 무엇인가?
   a. 자연선택 및 경쟁을 통하여 발생하며, 자원 사용의 다양성을 선호한다.
   b. 자연선택 및 경쟁을 통하여 발생하며, 자원 사용의 수렴을 선호한다.
   c. 종분화를 촉진하지 않는다.
   d. 갈라파고스 핀치새에서 종분화의 비율을 감소시켰다.
11. 지구의 생물학적 역사에 관한 설명으로 적합한 것은 무엇인가?
   a. 주요한 멸종 사건이 발생하였다.
   b. 생물종의 다양성이 꾸준하게 증가하고 있다.
   c. 생물종의 다양성이 상대적으로 일정하게 유지되었다.
   d. 생물종의 멸종 비율은 종분화의 비율에 의해 완전히 상쇄되었다.

■2단계: 적용력 평가하기

1. 만약 강화가 약하고 잡종이 완전한 불임이 아닐 때 나타날 수 있는 현상은 무엇인가?
   a. 집단 사이에 유전적 다양성은 유전자의 흐름에 의해 나타날 수 있다.
   b. 그 시간에 종분화는 100% 일어날 것이다.
   c. 집단들 사이의 유전자 흐름은 불가능할 것이다.
   d. 잡종이 완전하게 불임인 경우보다 종분화의 가능성이 높다.
2. 자연선택의 역할로 옳은 것은 무엇인가?
   a. 종분화의 확률을 높인다.
   b. 생식적 격리를 강화시킨다.
   c. 잡종의 생식과 생존을 불리하도록 한다.
   d. a, b, c 모두 맞다.
3. 불완전하게 격리된 집단에서 일어날 수 있는 잡종에 대한 설명으로 옳은 것은 무엇인가?
   a. 잡종의 열등성으로 인한 강화가 항상 일어난다.
   b. 집단들 사이에 유전자 흐름을 보존하는 기작으로, 종분화를 막는다.
   c. 오직 식물에서만 발생한다.
   d. 종분화의 비율에는 영향을 미치지 않는다.
4. 자연선택이 종분화로 이어질 수 있는 이유로 적합한 것은 무엇인가?
   a. 작은 집단이 큰 집단보다 더 많이 확산하도록 함으로써
   b. 서로 다른 서식지에 적응하면서 두 집단이 습득하는 진화적 변화가 생식적으로 격리시키는 효과를 가질 수 있기 때문에
   c. 여러 집단에서 동일한 진화적 변화를 선호함으로써
   d. 중간의 표현형을 선호함으로써

■3단계: 사고력 함양하기

1. 자연선택이 접합전격리 기작의 진화를 유도할 수 있지만, 접합후격리 기작을 진화시키지 못하는 이유에 대하여 설명하시오.
2. 종의 기원에서 자연선택은 어떤 역할을 하는가? 종을 정의하는 방법에 따라 정답이 어떻게 달라지는가?
3. **그림 20.6**을 참조하시오. 텍사스 지역에서 드럼몬드 플록스는 옅은 푸른색의 돌출형 플록스와 같이 있을 때 진한 빨간색으로 나타난다. 플록스의 자체 색깔은 옅은 분홍빛이 도는 파란색이다. 이 경우, 다른 형질의 확산에서처럼 생태학적 자원의 경쟁은 없다. 왜 드럼몬드 플록스는 돌출형의 플록스와 같은 지역에 있을 때 색깔을 진화시켰는가?
4. **그림 20.16**을 참조하시오. *Geospiza fuliginosa*와 *Geospiza fortis*는 적어도 갈라파고스의 한 섬에서 동소성으로, 그리고 같은 군도의 여러 섬에서 이소성으로도 발견된다. 먹이에 대한 경쟁이 이 집단의 적응방산에 큰 역할을 한다는 가설을 고려하였을 때, 위 2가지 상황에서 두 종의 형태학적 유사성에 대한 기대 결과를 비교하시오. 밀접한 관련이 없는 두 종의 핀치새에 대해서도 기대치는 동일한지 설명하시오.

21

계통분류학, 계통학 그리고 비교생물학

21.1 계통분류학
21.2 분지론
21.3 계통분류학과 분류
21.4 계통학과 비교생물학
21.5 계통학과 질병의 진화

도입

모든 지구의 생명체들은 많은 생물학적 특성들을 공유한다. 생명체는 하나 또는 다수의 세포들로 구성되어 있고, 대사과정을 수행하며, ATP를 이용하여 에너지를 운반하고, DNA에 새겨진 유전정보를 가진다. 그러나 세균과 아메바처럼 작은 것부터 고래와 세쿼이아(sequoia tree) 같은 거대한 종까지 생명체는 엄청나게 다양하다. 여러 세대에 걸쳐 생명과학자들은 생명체들을 그들이 공통적으로 갖는 특성에 따라 묶으려고 노력하였다. 가장 적절한 묶음 방식은 생물들 간의 진화적 관계에 대한 연구를 기반으로 하는 것이다. 계통수를 작성하는 새로운 방식과 분자 서열 자료의 축적은 생명체의 다양성을 설명하는 진보된 진화적 가설들을 만드는 데 도움을 준다.

21.1 계통분류학

학습 목표

1. 계통수가 나타내는 것이 무엇인지 설명할 수 있다.
2. 표현형이 유사하다고 반드시 가까운 진화 관계에 있다고 말할 수 없는 이유를 설명할 수 있다.

현대 과학의 커다란 도전 중 하나는 초기 단세포 생명체에서 오늘날 우리가 볼 수 있는 복잡한 생명체에 이르기까지 지구상의 모든 생명체들 사이의 조상-후손 관계의 역사 과정을 이해하는 것이다. 화석의 기록이 완전하다면 종의 진화적 역사를 추적하고, 어떻게 종이 생성되고 확신되었는지 알아내기 쉬울 것이다. 그러나 실제로는 19장에서 살펴본 것처럼 화석기록은 완전하지 못한 것이 대부분이다. 따라서 화석만으로 생물의 다양성에 대한 질문에 어느 정도는 답이 가능한 것도 있지만, 사실은 전혀 불가능한 것도 많다.

결과적으로 과학자들이 생물의 진화적 관계에 대한 최선의 가설을 세우기 위해서는 다른 유형의 증거에 의존할 수밖에 없다. 많은 생물의 진화적 관계에 대한 연구 결과들이 아직은 가설의 수준이며 추가 연구를 통한 증명이 필요하다. 새로운 자료들을 통해 이 가설들이 증명될 것이고, 결국 보다 나은 그리고 더 정확한 과학적 사고로 거듭날 것이다.

생물의 진화적 관계를 연구하는 분야가 **계통분류학**(systematics)이다. 종 사이의 유사성과 차이를 바탕으로 과학자들은 진화의 나무를 만드는 **계통학**(phylogeny)적 방법론을 이용하는데, 계통학은 종들의 유연관계 양상에 대한 하나의 가설을 제시하는 방식이다.

진화적 관계를 나타내는 분지도

다윈은 **그림 21.1**처럼 모든 생물 종들은 하나의 공통조상으로부터 생겨났으며 이 생명의 역사는 분지도(계통수)로 묘사할 수 있다고 생각하였다. 다윈의 관점에서 계통수의 잔가지들은 현존하는 종들을 나타낸다. **계통수**(phylogenetic tree)를 따라가면 잔가지나 가지들이 한 부분에 모이게 되는데 이는 역사를 거슬러 가면서 하나의 공통조상을 찾는 과정과 같다. 역으로 공통조상에서 변화가 생겨나고 현재의 모든 종들이 탄생하는 과정은 이 가지들이 단계적으로 나누어지는 양상을 의미하기 때문에 분지도(branching diagram), 과학적 용어로는 계통수를 사용하면 진화적 역사의 과정을 묘사할 수 있다. **그림 21.1*b***는 어떻게 진화적 관계가 분지도에 의해 묘사될 수 있는지를 보여준다. 인간은 침팬지와 가장 진화적으로 가까우며 공통조상을 공유한다(공통조상의 위치는 1번 분지점이다). 그리고 인간과 침팬지와 고릴라는 더 오래 전에 공통조상을 공유하였으며(2번 분지점), 모든 유인원을 고려하면 이들 종들은 훨씬 더 오래 전에 공통조상을 공유하였다(3번 분지점).

계통수를 해석하는 한 가지 중요한 열쇠는 계통수의 윗부분에 종들이 어떻게 배열되었는지를 보기보다 현존하는 종들이 얼마나 최근의 공통조상을 공유하는가를 검사하는 것이다. **그림 21.1*b***에서 보여주는 계통수의 세 유형을 비교해 보면 이들은 모두 똑같은 계통수임을 알 수 있다. 침팬지와 인간은 이 세 유형에서 모두 가장 서로 밀접한 관계를 보여주고 있다.

그림 21.1*b*의 유형 1 그림을 보면 인간이 긴팔원숭이의 옆에 있지만 계통수의 연결에서 긴팔원숭이보다는 고릴라와 오랑우탄과 더 가까운 관계임을 알 수 있다(다시 말하자면 고릴라나 오랑우탄이 긴팔원숭이보다는 더 최근의 공통조상을 공유한다). 계통수는 유형 3에서 보는 것처럼 위로 뻗지 않고 옆으로 뻗도록 작성하기도 하는데, 이러한 형태 차이는 해석에 영향을 주지 않는다.

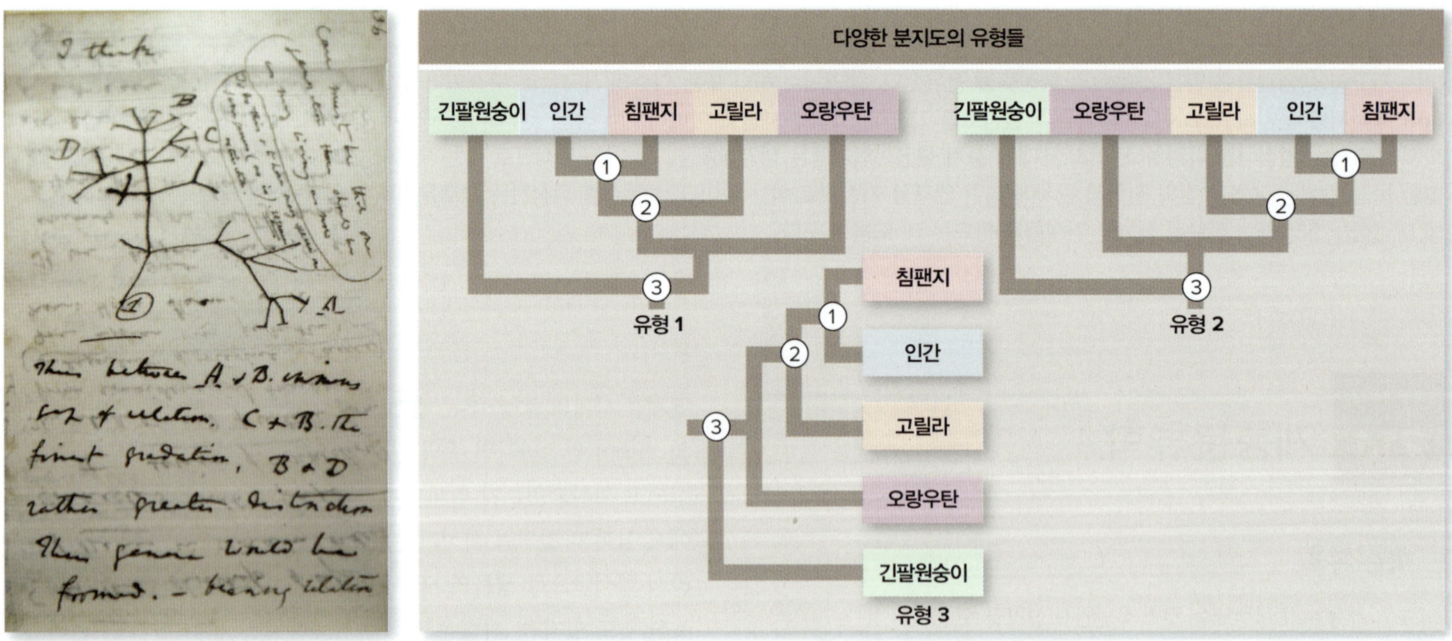

a. *b.*

그림 21.1 계통수는 진화적 유연관계를 나타내는 그림이다.
a. 1837년 쓰여진 다윈의 노트에 수록된 그림으로 그의 저서 <종의 기원>의 바탕이 된 개념. 다윈은 생명계를 나무처럼 가지가 퍼져 나가는 모습으로 보고 종들을 잔가지의 끝에 매달려 있는 것으로 표현하였으며, 진화적 변화를 나무가 자라면서 가지를 만드는 양상으로 표현하였다. ***b.*** 계통수의 예. 인간은 침팬지와 가장 유연관계가 깊은데, 이는 다른 종들보다 서로 가장 가까운 공통조상(1번 분지점)을 가지기 때문이다. 유사하게 인간과 침팬지와 고릴라는 서로 가장 가까운 공통조상(2번 분지점)을 가지며 오랑우탄은 이 공통조상을 공유하지 못한다. 모든 유인원 종들이 공유하는 공통조상은 3번 분지점에 위치한다. 각 분지점에서 두 후손들의 좌우 또는 위아래 위치가 바뀌어도 무방하다. 예를 들면, 유형 1과 유형 2의 차이는 2번 분지점에서 회전이 일어난 것처럼 위치가 바뀌면서 만들어졌는데, 유형 1에서 고릴라는 인간과 침팬지의 오른쪽에 위치하였지만 유형 2에서는 왼쪽으로 이동하였다. 그러나 이러한 위치의 차이가 인간이나 침팬지 중 어느 하나가 고릴라와 진화적으로 더 가깝다는 것을 나타내는 것은 아니라는 점을 유의해야 한다.

유사성만으로는 진화적 관련성을 예측할 수 없다

한 공통조상으로부터 분화한 두 종 간 차이는 분화 이후의 시간이 길면 길수록 더 클 것이라고 예측할 수 있다. 초기 계통분류학자들은 이런 논리에 근거하여 평균 유사성에 기초한 계통수를 만들었다. 만약 종들이 일정한 속도로 진화한다면 두 종 간 다름의 정도는 분화된 이후 얼마나 오랜 시간이 흘렀는지를 의미하며, 따라서 유사성의 정도에 기초한 계통수는 가장 정확한 방식이 될 것이다. 그렇다면 침팬지는 인간보다는 자신과 더 닮은 고릴라와 진화적 유연관계가 더 가깝다고 봐야 한다.

그러나 20장에서 살펴본 바와 같이 진화는 급격히 일어날 수도, 아주 느리게 일어날 수도 있다. 새로운 서식지에 정착하는 종은 새로운 선택압(selective pressures)을 경험하며 큰 변화를 겪을 수도 있지만, 조상 때부터 같은 서식지에 머무는 종은 역사적으로 작은 변화만을 겪을 수도 있다. 이러한 이유들 때문에 변화의 정도는 분류군들마다 차이를 나타내는 것이다. 결과적으로 어떤 분류군들은 다른 분류군들에 비해 분화의 정도가 클 수도 있고, 따라서 유사성 그 자체로는 두 종이 공통조상을 공유했다가 분화된 후 얼마의 시간이 지났는지 추정할 수 없다.

근본적인 문제가 하나 더 있는데, 진화가 항상 분기하는 방식으로만 진행되지는 않는다는 것이다. 19장에서 다루었던 수렴진화에서는 서로 다른 두 종이 독립적인 방법으로 같은 특징을 갖도록 진화한다. 종종 유사한 서식지를 이용하는 종들은 유사한 방식으로 적응하여 수렴진화를 한다. 그 결과 유연관계가 가깝지 않은 두 종이 가까운 친척관계의 종보다 더 높은 유사성을 가질 수도 있다. 또한 종이 조상종의 특성으로 진화하게 되는 역진화(evolutionary reversal)가 있다면 종들 간 유사성으로 진화적 유연관계를 따질 수 없게 된다.

핵심 요약 21.1

계통분류학은 진화적 연관성을 연구하는 학문이다. 계통학(phylogeny)과 계통수(phylogenetic tree)는 종들 간 연관성을 시각적으로 표현하는 방식이다. 종들 간 유사성은 진화적 유연관계와 정확히 일치하지 않는 경우가 많은데, 진화적 변화율과 방향성은 일관적이지 않기 때문이다.

■ 한 종이 어떤 종과 진화적으로 별로 관련이 없지만 유사한 표현형을 공유하는 경우가 있는데, 그 이유는 무엇일까?

21.2 분지론

학습 목표

1. 유사성에 있어서 조상형과 파생형이 가지는 차이를 기술할 수 있다.
2. 공유 파생형질만이 가까운 진화적 관계를 의미하는 이유에 대하여 설명할 수 있다.
3. 분지도를 어떻게 만드는지 설명할 수 있다.

앞에서 언급한 바와 같이 표현형적 유사성만으로는 정확하지 않을 수 있기 때문에 대부분의 계통분류학자들은 표현형에만 의존하는 계통진화적 가설을 세우지 않는다. 대신 이들은 최근의 공통조상으로부터 그대로 물려받은 유사성[**조상형**(ancestral)]을 일부 분류군들만 공유하는 새로 생긴 유사성[**파생형**(derived)]과 구분한다. **분지론**(cladistics)은 **공유파생형질**(shared derived characters)만 진화적 관계의 설정에 필요한 정보를 가지고 있다고 간주한다.

분지론적 방법에서 모든 형질 변이는 조상형인지 파생형인지의 구분 대상이다

분지론적 방법의 적용을 위해 계통분류학자들은 먼저 연구하고자 하는 종들의 수 많은 형질 자료들을 수집한다. 형질 자료에는 형태, 생리, 행동, DNA 등과 관련된 특징들이 포함된다. WEB2장과 WEB3장에서 살펴본 것처럼 유전체학(genomics) 혁명으로 엄청나게 방대한 자료들이 이용 가능하며, 형질 변이를 찾고 구분하는 기술은 획기적으로 발전하였다.

구분이 쉬운 **형질상태**(character states)로 존재하는 형질들이 이 분석에서 이용하기 편리하다. 척추동물의 '꼬리' 형질을 예로 들어보자. 이 형질은 '있다'와 '없다'의 2가지 상태로 존재한다. 인간과 유인원 그리고 개구리 등에서는 없지만 나머지 대부분의 척추동물에는 있다.

분지 분석(cladistic analysis)은 먼저 각 **분류군**(taxon; 종일 수도 있고 속이나 과를 의미하는 것일 수도 있다)에서 수많은 형질들의 상태를 결정하는 것부터 시작한다. **그림 21.2**의 예에서 6개의 형질들이 7개의 분류군에 대해 이용되었다. 첫 형질은 턱(jaw)인데 칠성장어(lamprey)만 이 형질이 없고(0으로 표시) 나머지 종들은 모두 이 형질을 가진다(1로 표시). '털(hair)'의 경우 포유류 3종만 가지며 나머지는 없는 형질이다.

형질: 동물의 종류	턱	폐	양막	털	꼬리 소실	직립 보행
칠성장어	0	0	0	0	0	0
상어	1	0	0	0	0	0
도롱뇽	1	1	0	0	0	0
도마뱀	1	1	1	0	0	0
호랑이	1	1	1	1	0	0
고릴라	1	1	1	1	1	0
인간	1	1	1	1	1	1

a.

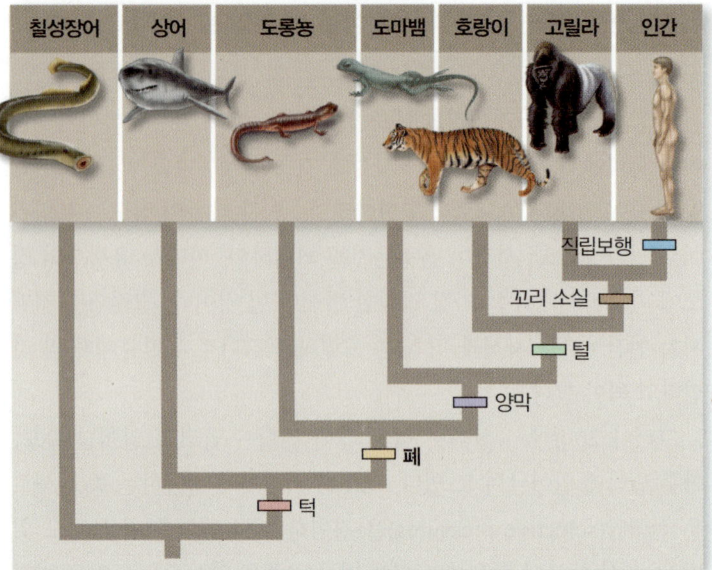

b.

그림 21.2 분지도.

a. 7종의 척추동물의 형태학적 특징 자료를 표로 나타냄. "1"은 파생형질이 존재함을 "0"은 파생형질이 존재하지 않음을 나타낸다(꼬리 소실은 꼬리가 없는 것이 파생형질이라는 뜻이다. 그 외의 다른 형질에서는 그 형질이 존재하지 않는 것이 조상형질이다). *b.* 파생형질의 유무로 생물체 간의 관계를 도식화한 분지도. 가지가 나누어지는 곳에 표시된 파생형질은 분지점 위 모든 종이 공유하지만 분지점 아래의 종에서는 나타나지 않는다. 외군(칠성장어)은 어떤 파생형질도 가지고 있지 않다.

조상형질과 파생형질의 실례

포유류에 있어 털의 존재는 공유 파생형질이다(**그림 21.2**). 그에 비해 폐는 (도롱뇽과 도마뱀으로 대표되는) 양서류와 파충류도 가지고 있기 때문에 포유류의 공통조상에 앞서 진화된 것으로 볼 수 있으므로 조상형질로 간주된다(**그림 21.2**). 따라서 폐를 가지고 있다는 점만으로 포유류 사이의 유연관계가 포유류와 양서류 또는 포유류와 파충류와의 유연관계보다 더 깊다고 할 수는 없다. 반면에 공유 파생형질인 털의 존재는 모든 포유류의 공통조상이 포유류, 양서류, 파충류의 공통조상보다 더 나중에 생겼다는 것을 보여준다.

다시 돌아가서 인간과 침팬지 및 고릴라 사이의 관계를 살펴보면, 인간과 침팬지는 형태와 DNA에서 고릴라나 다른 유인원에서는 볼 수 없는 많은 파생형질을 공유하고 있다. 이는 침팬지와 인간의 공통조상(**그림 21.1***b*, 1번 분기점)이 고릴라, 침팬지와 인간의 공통조상보다 더 나중에 생겼다는 것을 의미한다(2번 분기점).

조상형질과 파생형질의 구분

자료 수집 다음 단계는 형질을 **극성화**(polarization)하는 일인데, 말하자면 형질의 상태가 조상형인지 아니면 파생형인지를 구분하는 과정이다. 꼬리 형질을 극성화하기 위해 계통분류학자들은 가장 최근에 존재했던 공통조상에게 꼬리가 있었는지 없었는지를 판단한다.

일반적으로 화석은 가장 최근의 공통조상을 대표하는 것이 아니기 때문에(화석 정보 그 자체만으로 공통조상인지 여부를 확신하기는 어렵다), 형질의 극성 파악을 위해 **외군 비교법**(outgroup comparison)이 사용된다. 외군(outgroup)으로 이용되는 분류군은 연구 대상 분류군에는 속하지 않으나 유연관계가 깊은 인접 분류군이다.

연구 대상 분류군들에서 여러 가지의 형질상태가 나타날 때 외군이 그중 하나의 형질을 나타낸다면 그 형질은 조상형질이 될 것이고, 다른 형질은 파생형질이 될 수 있다. 그러나 외군에 속하는 종들은 그들의 조상들로부터 진화되었으므로 조상형질상태를 항상 가지지 않는 경우도 있다. 따라서 극성의 판단은 어떤 형질상태가 몇몇의 다른 외군들에서도 나타나는 경우에만 정확할 수 있다. 앞의 예에서 언급한 꼬리는 척추동물의 가장 가까운 외군들에서도 일반적으로 나타난다. 그러므로 척추동물의 꼬리는 조상형질이고 꼬리가 없는 것은 파생형질인 것으로 결론지을 수 있다.

분지도 작성

모든 형질의 극성이 결정되면 이를 이용하여 진화적 관계의 가설을 묘사하는 **분지도**(cladogram)를 작성한다. 파생형질들을 가진 종들은 공통조상을 공유하는 것으로 판단하며 하나의 **분기군**(clade)을 구성한다. 분기군은 하나의 공통조상과 후손 모두를 묶는 진화적 단위이며, 하나의 분기군에 연결된 모든 생물이 공유하는 파생형질을 **공통파생형질**(synapomorphy)이라고 한다. **그림 21.2***b*의 분지도에서 각 분기군은 서로 포함하고 포함되는 관계에 있으며, 각각 특정 공통파생형질을 지닌다. 이 분지도에서 양막류(amniotes)는 양막(amni-

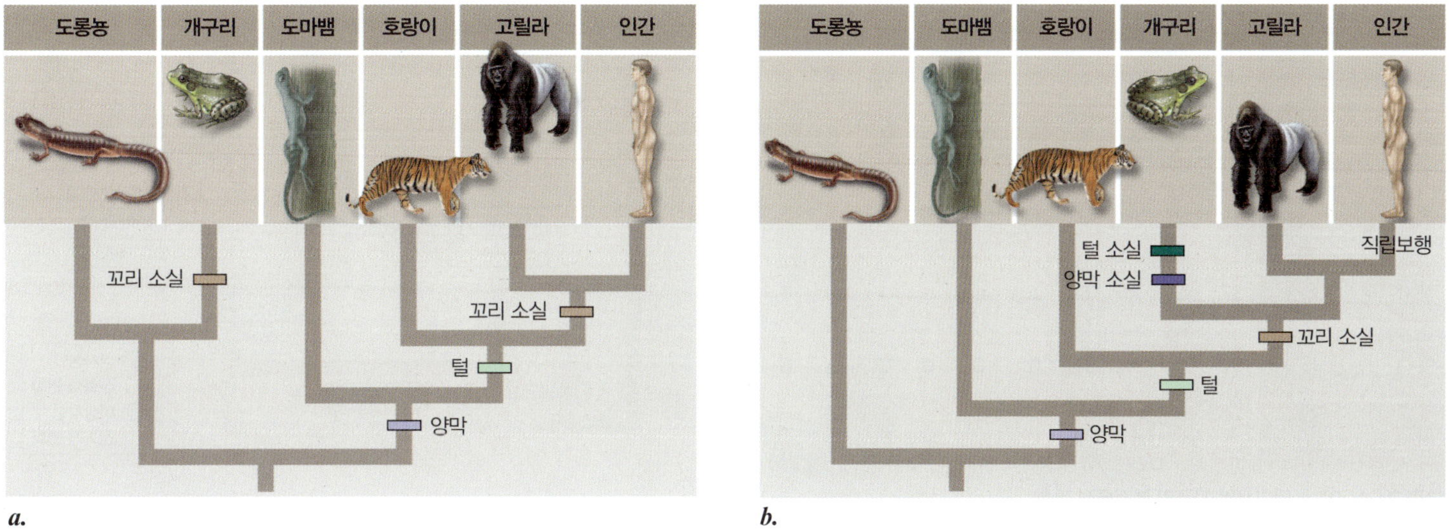

그림 21.3 최소화와 상사성.
a. 개구리와 도롱뇽을 가까운 유연관계에 놓게 되면 그림에서 꼬리 소실이 2번 일어나야 한다(상사성). *b.* 개구리가 고릴라와 인간과 가까운 유연관계에 있으려면, 꼬리 소실만 1번 일어나야 했다. 하지만 이런 방식으로 개구리는 양막과 털의 소실이라는 2가지 변화가 더 필요하다(호랑이와 인간과 고릴라의 분지에서 각각 털이 독립적으로 진화되었다고 해석할 수도 있겠지만 이렇게 간다면 개구리의 털이 생겼다가 사라진다는 2번의 변화를 필요로 한다). 최소화 원칙에서는 더 적은 진화적 변화가 선호된다. 이 경우에 *a*는 4번의 변화가, *b*는 5번의 변화가 각각 필요하다. 따라서 *a*의 진화적 관계 가설이 더 타당해 보인다.

자료 분석 그림 21.2와 같이 털, 양막 그리고 꼬리 형질들을 이용하여 6종의 형질상태를 나타내는 표를 만들어 보시오.

otic membrane)을 공통파생형질로 가지는 분기군이 되고, 그중 포유류 분기군은 털이라는 공통파생형질을 가진다.

조상형질의 상태를 **원시형질**(plesiomorphy)이라고 하고, 공통된 조상형질 상태를 **공통원시형질**(symplesiomorphy)이라고 한다. 공통원시형질은 공통파생형질과 달리 계통진화 관계에 대한 정보를 제공하지 못한다.

칠성장어와 상어, 도롱뇽, 도마뱀, 호랑이가 모두 가지는 꼬리의 존재에 대해 다시 한 번 생각해 보자. 꼬리를 가진 호랑이가 유인원이나 사람 등 다른 포유류보다 도마뱀이나 상어와 더 가까운 유연관계를 가진다는 것일까? 물론 아니다. 공통원시형질은 먼 조상으로부터 물려받은 것이기 때문에 이를 공유한다고 해서 서로 가까운 유연관계를 보여주는 것을 의미하지는 않는다.

상사성은 분지분석을 복잡하게 만든다

계통분류 연구는 실제로 앞에서 본 예들처럼 그리 단순하지 않다. 왜냐하면 어떤 비슷하게 생긴 형질이 여러 조상으로부터 독립적으로 진화할 수도 있기 때문이다. 이런 형질들이 공유파생형질로 분류될 경우 잘못된 해석을 불러일으킬 수 있다. 게다가 동일 분기군내 종들이 조상 상태로 역진화하는 경우 파생형질이 없어지는 경우도 있다.

공통조상으로부터 물려받지 않았지만 동일한 형질상태를 나타내는 현상을 **상사성**(homoplasy)이라고 부르는데, 수렴진화(convergent evolution)나 역진화(evolutionary reversal) 때문에 나타날 수 있다. 예를 들어, 개구리에 꼬리가 없는 것은 사람과 고릴라와 함께 묶일 수 있는 공통파생형질이 될 수 있지만, 개구리는 고릴라와 사람이 속한 분기군의 공통파생형질인 양막과 털이 없다.

이와 같이 형질 사이의 불일치가 생길 경우 계통분류학자는 **최소화 원칙**(principle of parsimony)을 적용한다. 최소화 원칙이란 최소의 진화적 사건이 포함된 가설을 진화적으로 분류군 간 관계를 나타내는 최고의 것으로 선택한다는 뜻이다(**그림 21.3**). 개구리와 도롱뇽을 하나의 분기군으로 묶을 경우 개구리에서 꼬리의 소실이라는 진화가 한 차례 일어났다고 볼 수 있다. 그러나 꼬리가 없다고 해서 개구리를 고릴라와 사람이 속하는 분기군에 함께 묶으면 개구리에서 양막과 털의 소실이라는 두 차례의 진화가 일어났다고 보아야 한다. 따라서 개구리를 도롱뇽과 묶을 때의 진화적 가설이 더 간단하며, 최소화 원칙에 의하면 이 가설이 더 합당해진다.

앞의 예들은 형태학적 형질을 이용한 것이지만, DNA 서열 자료를 이용하면 훨씬 더 많은 특성을 얻을 수 있기 때문에 계통분류학자들은 점차 DNA 서열 자료의 이용을 선호하고 있다. 분지론에서도

	DNA 서열									
염기서열 부위	1	2	3	4	5	6	7	8	9	10
종 A	G	C	A	T	A	G	G	C	G	T
종 B	A	C	A	G	C	C	G	C	A	T
종 C	G	C	A	T	A	G	G	T	G	T
종 D	A	C	A	T	C	G	G	T	G	G
외군	A	T	A	T	C	C	G	T	A	T

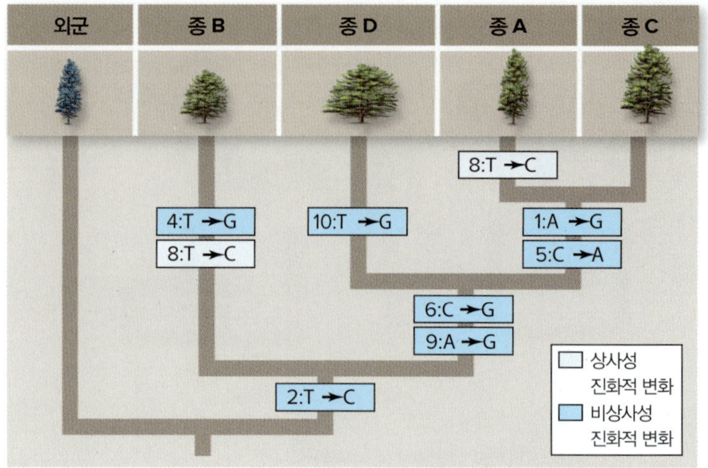

그림 21.4 DNA 염기서열 자료의 분지론적 분석.
염기서열 자료도 다른 형태적 자료처럼 동일하게 분석된다. 가장 최소화한 DNA 서열 자료 해석은 9번의 진화적 변화를 필요로 하며, 각 변화는 계통도에 표시된다. 서열 8번 지점에서의 변화는 상사성의 변화이다. 종 A와 종 B는 각각 그 지점에서 타이민을 사이토신으로 변화시켰다. 모든 대상 종들이 공통조상에서 기원한 파생형질 형태의 형질을 가지고 있는 상황이면 비상사성 형질이라고 간주할 수 있다. 이러한 형질을 상동성(homologus)이라고 표현하기도 한다.

다른 자료와 마찬가지로 DNA 서열 자료가 자주 이용되는데, 형질 상태를 외군의 서열 자료에 의해 극성화하고, 이로부터 형질 진화의 수를 최소화해 주는 분지도를 작성할 수 있다(**그림 21.4**).

어떤 상황에서는 다른 계통학적 방법론이 분지론보다 더 좋을 수 있다

한 상태에서 다른 상태로의 형질 변화가 종 분화에 비해 느리게 일어난다면, 최소화 원칙은 진화적 관계의 재구성에 잘 적용될 수 있다. 이 원칙은 공유파생형질이 유사하다는 것은 가까운 공통조상을 가짐을 의미한다는 가정하에 적용될 수 있다. 그러나 최근 계통분류학자들은 어떤 형질들은 매우 빠르게 진화하여 최소화의 원칙이 잘못된 해석을 줄 수도 있다는 것을 알게 되었다.

빠르게 변하는 진화적 변화와 상사성

유전체에서 진화하는 속도가 빠른 특정 부위가 있다는 점을 주목해야 한다. WEB2장에서와 같이 DNA의 특정 부위는 기능을 나타내지 않기 때문에 이런 부분에 나타난 돌연변이는 자연선택에 의해 제거되지 않고, 유전적 부동에 의해 새로운 형질상태로 진화 속도가 매우 빠르게 나타날 수 있다.

그에 부가하여 4가지 염기(A, C, G, T)에 의해서는 4가지의 파생형질들만 가능하기 때문에 두 종이 어떤 특정한 염기의 위치에서 동일한 파생형질이 독립적으로 진화할 가능성이 높다. 그런 상사성이 형질 자료의 많은 부분을 교란하면 최소화 원칙의 전제가 잘 지켜지지 않게 되고, 그 결과 계통수는 부정확한 것이 될 수도 있다.

> **?** **탐구문제** 진화적 변화율이 크지만 제한된 수의 형질상태 정보만 있으면 최소화 원칙에 의한 분석이 어렵다. 그 이유는 무엇인가?

통계적 접근

진화의 속도가 지나치게 빠른 경우 최소화의 원리를 적용하기 어렵기 때문에, 최근 계통학자들은 계통수 추론에 최대우도법(maximum likelihood) 등의 통계적 접근법을 이용하기 시작했다. 최대우도법은 형질의 진화 속도에 근거한 하나의 가정을 세우고, 자료들을 여러 모델들에 대입하여 만들어진 계통수들 중 가정에 가장 적합한 (maximally likely) 것을 통계적으로 고르는 방법이다.

이 방법은 형질에 따라 진화 속도의 차이가 날 수 있다는 가정이 성립할 경우 적용하는 것이 유리하다. 예를 들어, 어떤 DNA 특성이 자연선택에 의한 제약 때문에 다른 특성보다 훨씬 느리게 진화한다면, 각 형질들에 대해 각각 다른 진화의 모델을 적용하여 분석하는 것이다. 이 접근은 진화적 변화의 속도가 빠를 때 상사적 형질들이 포함된 자료를 다루는 데 있어 최소화의 원칙보다 효과적인 것으로 알려져 있다.

분자시계

일반적으로 분지도를 통해 진화적 분지 사건의 순서는 알 수 있지만, 그 시기는 정확히 알 수 없다. 그러나 화석에 의해 또는 형질 변화의 속도에 대한 가정을 세워서 분지가 일어난 시간을 어느 정도 추정할 수 있다. 현재 널리 사용되고 있지만 아직 약간의 논란이 있는 개념이 **분자시계**(molecular clock)이며, 분자시계는 분자의 진화 속도는 시대가 변하더라도 일정하다는 가정에 기반을 두고 있다. 분지 사건이 일어난 시대를 계산하는 데 DNA의 변화가 이용되는데, 이를 위해서는 최소 하나 이상의 분지 시대(시기)가 정확하게 추정되어야 한다. 예를 들어, 특정 시기에 두 분기군이 공통조상으로부터 갈라졌다는 것을 화석기록으로 알 수 있든지, 두 분기군의 분리 시기가 큰 산맥의 융기처럼 분리를 유도하는 지질학적 사건에 의해 추정될 수 있어야 한다. 이러한 정보를 통해 두 분기군 간의 DNA 서열의 변화 정도를 두 분기군이 갈라졌던 시간으로 나누면 단위시간(대개, 100만 년)당 DNA 변화 속도를 추정할 수 있으며, 분자시계를 기반으로 이 속도는 분지도에서 다른 분리 시기를 결정하는 데 사용할 수 있다.

분자시계가 들어맞는 경우도 있지만, 많은 경우 진화계통수의 모든 가지에서 시대에 관계없이 진화 속도가 동일하지는 않았음이 최근 알려지고 있다. 이런 이유로 분자시계를 이용한 진화적 시간 추정은 주의를 요한다. 최근 진화적 사건의 추정을 위해 분자 진화가 시계처럼 일어나지는 않는다는 가정에 입각한 방법들이 개발되고 있으며, 이러한 이 방법들은 진화 시기를 보다 신뢰성 있게 측정할 수 있게 해 줄 수 있을 것으로 전망되고 있다.

핵심 요약 21.2

분지론에서 파생형질은 조상형질과 구분되며 종들의 무리는 파생형질 상태에 근거하여 만들어진다. 파생형질은 연구 대상군과 가장 진화적으로 가까운 종 무리들, 다시 말해 외군과의 비교에 의해 결정될 수 있다. 하나의 분기군은 하나의 공통조상의 모든 자손들을 포함하는 개념이다. 분지도는 파생형질에 근거한 진화적 관계에 대한 가설적 묘사라고 말할 수 있다. 상사성은 진화적 관계에 대한 잘못된 해석을 줄 수 있다.

- 분지론이 계통적 관계를 추정하는데 다른 방식에 비해 이득이 되는 경우가 있는데 그 이유는 무엇일까?
- 파생형질 중에서도 공유파생형질이 계통수 제작에 더 유용한 이유는 무엇일까?

21.3 계통분류학과 분류

학습 목표

1. 분류 체계를 설명할 수 있다.
2. 단계통군, 측계통군 및 다계통군의 차이를 설명할 수 있다.
3. 계통학적 종개념과 그에 대한 논란에 대해 설명할 수 있다.

계통분류학(systematics)이 진화적 관계를 추정하는 연구라면 **분류**(classification)는 종과 상위 분류단위인 속(genus), 과(family), 강(class) 등을 어떻게 정하는지에 대한 연구 분야이다.

분류 체계는 계층성이 있다

분류학(taxonomy)은 생명체들을 체계적으로 배열하는 과학이다. 분류 체계(classification system)에서는 특정 수준에서 생명체들의 한 무리를 **분류군**(taxon)이라고 한다. 전 세계의 분류학자들은 약속에 따라 두 단어로 종을 표현하는 이명법을 쓰는데, 앞의 단어는 그 생명체가 속하는 속(genus)의 이름이고 항상 대문자로 시작한다. 한 종을 부를 때 앞 그리고 뒤의 단어를 합쳐서 부른다. 이 2개의 단어로 만들어진 이름(**2명법**, binomial name)을 소위 학명(scientific name)이라고 하며 항상 이탤릭체로 써야 한다(예, *Homo sapiens*). 어느 글에서 이미 학명이 한 번 언급이 되었다면 그 다음에는 속명을 줄여서 쓰는 것이 일반적이다. 예를 들면, 한 번 언급된 *Tyrannosaurus rex*를 줄여서 *T. rex*로 쓰는 것이다.

또한 전 세계 분류학자들의 약속에 따라 모든 동물, 식물 그리고 미생물 종들은 같은 학명을 가질 수 없다. 전 세계 어디에서든 하나의 종은 하나의 학명으로 불리기 때문에 지역마다 다르게 부를 수 있는 일반명에서 나오는 혼돈을 피할 수 있는 것이다[다른 계(예를 들어, 식물계와 동물계)에 있는 종들이 같은 학명을 가지는 경우도 있지만 이는 아주 드물게 발견되는 우연(실수)이다].

분류 체계는 계층성이 있어서 낮은 단계의 많은 분류군들을 묶어 가며 더 높은 단계의 소수 분류군이 존재하는 형식으로 되어 있다. 종(species)은 속(genus)에 속하는 단위이고, 비슷한 특성을 가진 속들이 모여 과(family)가 된다. 비슷한 과들이 모여 **목**(order)을 형성하고, 목들이 모여 **강**(class)이 된다. 비슷한 강들이 모여 **문**(phylum)을 형성하고, 또 문들이 모여 마침내 **계**(kingdom)가 된다. 계 위에 **역**(domain)이라는 단위도 있다. **그림 21.5**는 이 분류 체계의 계층구조를 회색청설모(eastern gray squirrel)를 이용하여 표시하였다.

각 계층 단계에서 하나 혹은 서너 개 또는 꽤 많은 종류의 분류군

그림 21.5
생명체를 분류할 때 사용되는 계층적 구조.
이 그림의 예로 사용된 회색청설모는 진핵생물(진핵생물영역)이다. 이 영역 내에서도 동물이며(동물계), 척추동물에 해당한다(척삭동물문, 척추동물아문). 털이 있는 가죽을 가지고 있으므로 포유류이며(포유강), 이 중에서도 갉아먹는 치아를 가지므로 설치류라 할 수 있다(설치목). 4개의 앞발가락과 5개의 뒷발가락은 청설모류의 특징이다(Sciuridae과). 그 중에서도 이 종은 나무청설모류이며(*Sciurus*속), 가죽과 털의 형태로 미루어 *Sciurus carolinensis*이다.

이 포함될 수 있다. 예를 들어, Ornithorhynchidae(오리너구리과)에는 단 하나의 (현생) 속이 있지만 Fagaceae(자작나무과)에는 여러 속이 있다. 분류학에 익숙하거나 적절한 참고자료를 이용할 수 있는 사람들은 한 분류군을 어떤 특성을 가지는지 그리고 어떤 상위 분류군에 속하는지에 대한 2가지 정보로 인지한다.

현재의 분류 체계는 진화적 관계를 정확히 반영하지 못할 수 있다

계통분류학과 전통적 분류는 항상 일치하지는 않는다. 이를 논하기 위해 앞서 언급한 종들을 계통적 관계에 의거하여 묶는 방식을 기억해야 한다. **단계통군**(monophyletic group)은 대상 분류군의 가장 최근 공통조상과 그 후손 모두를 포함한다. 정의에 따르면 하나의 분기군은 하나의 단계통군을 의미한다. **측계통군**(paraphyletic group)은 대상 분류군의 가장 최근 공통조상은 포함하지만 그 후손 모두를 포함하지는 않으며, **다계통군**(polyphyletic group)은 대상 분류군의 가장 최근 공통조상을 포함하지 않는다(**그림 21.6**).

분류 체계는 공통된 형질에 기초하며, 이상적으로는 진화적 관계를 반영해야 한다. 그러나 전통적인 분류군은 계통진화적 관계를 이해하는 데 그리 적합하지 않을 때도 있다. 그 실례로 새는 조류(Aves)로, 공룡은 파충류(Reptilia)로 분류되어 왔다. 하지만 최근의 계통진화적 연구를 통해 새는 공룡에서 진화했으며, 모든 새와 일부 공룡의 조상은 육식 공룡이었다는 것이 확실해지고 있다(**그림 21.6**).

따라서 조류와 파충류(공룡, 악어, 도마뱀, 뱀, 거북)를 서로 다른 두 분류군으로 나누는 것은 계통진화의 관점으로는 맞지 않다. 조류와 파충류라는 용어가 너무 익숙해서 당장 새를 공룡의 한 형태, 즉 파충류의 한 형태라고 하기가 지금은 어려울 수도 있다. 그럼에도 불구하고, 새를 공룡의 무리인 파충류에 속하는 것으로 분류하는 생명과학자들이 최근 들어 급격히 증가하고 있다.

이런 상황은 다른 분류군에서도 나타나는데, 전통적으로 식물은 **그림 21.7**에서 보는 것처럼 조류(algae), 선태류(bryophytes), 관다발

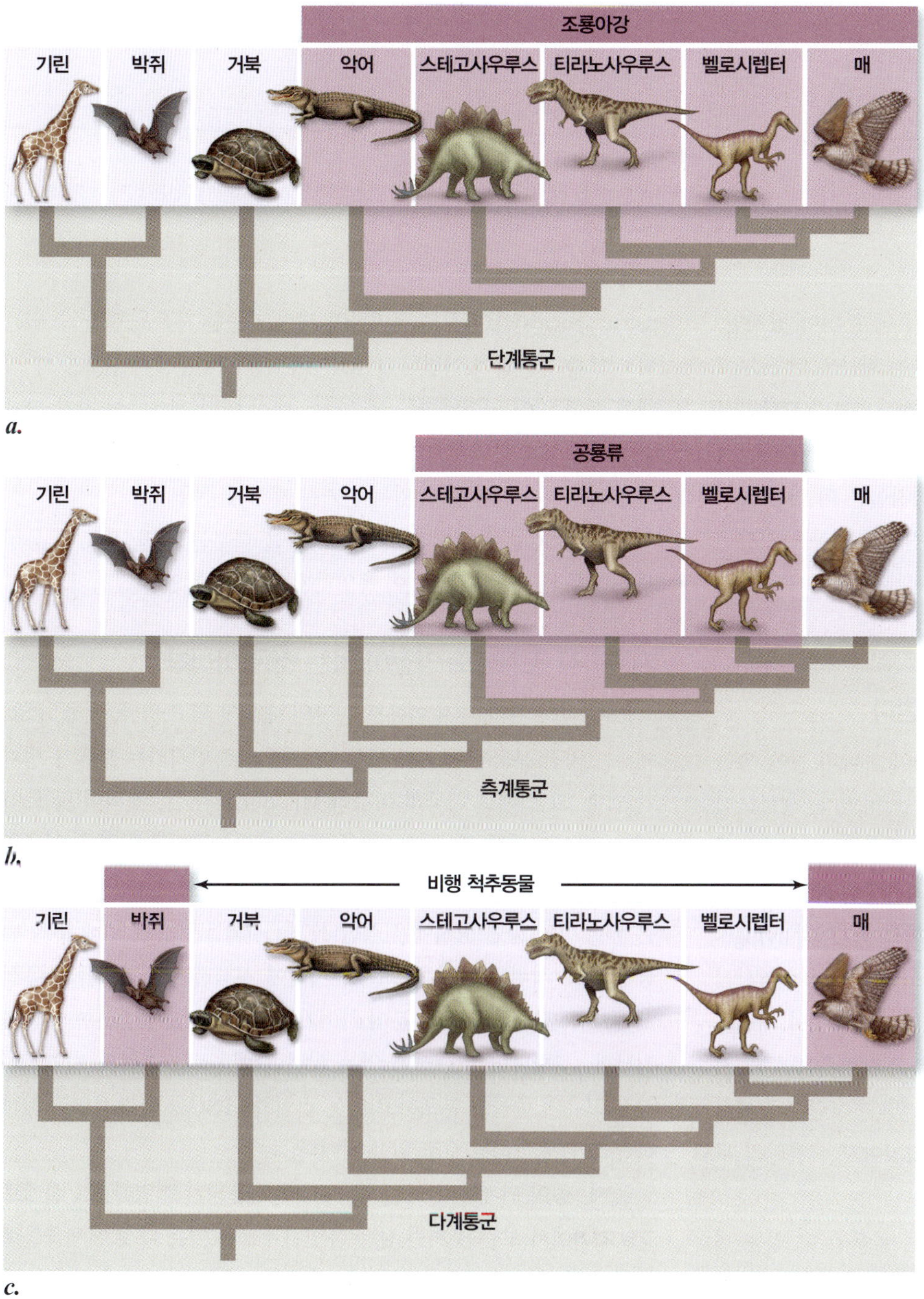

그림 21.6 단계통군, 측계통군, 디계통군. ***a.*** 단계통군은 최근 공통조상과 그 후손 모두를 포함한다. 그 실례로 "조룡류(Archosaurs)"는 악어, 스테고사우루스, 티라노사우루스, 벨로시렙터와 매를 포함하는 단계통군이다. ***b.*** 측계통군은 최근 공통조상과 그 후손 중 일부를 포함한다. 전통적으로 "공룡(dinosaurs)"은 스테고사우루스, 티라노사우루스, 벨로시렙터를 포함하는 측계통군이다. 이 군은 최근 조상의 또 다른 후손인 조류(새)가 무리에 포함되지 않았으므로 측계통군으로 간주해야 하는 것이다. 일부 분류학자들은 공룡 안에 새를 포함시키는데, 그 이유는 사실 티라노사우루스, 벨로시렙터가 다른 공룡보다는 조류와 진화적으로 가깝기 때문이다. ***c.*** 다계통군은 가장 최근 조상을 포함하지 않는다. 겉모습과 해부학적 특성, 서식시가 유사하나는 이유로 "비행 척추동물" 무리에 박쥐와 새를 같은 군으로 넣어 분류하는 사례가 있다. 그러나 새와 박쥐의 유사성은 공통조상으로부터 유래한 것이 아닌 수렴진화의 결과이다.

? **탐구문제** 새와 박쥐가 가지고 있는 날개의 존재를 설명하는데, 수렴진화 말고 다른 계통학적 가설은 없는가? 어떤 종류의 자료를 이용하면 이 가설들을 제대로 검토할 수 있는가?

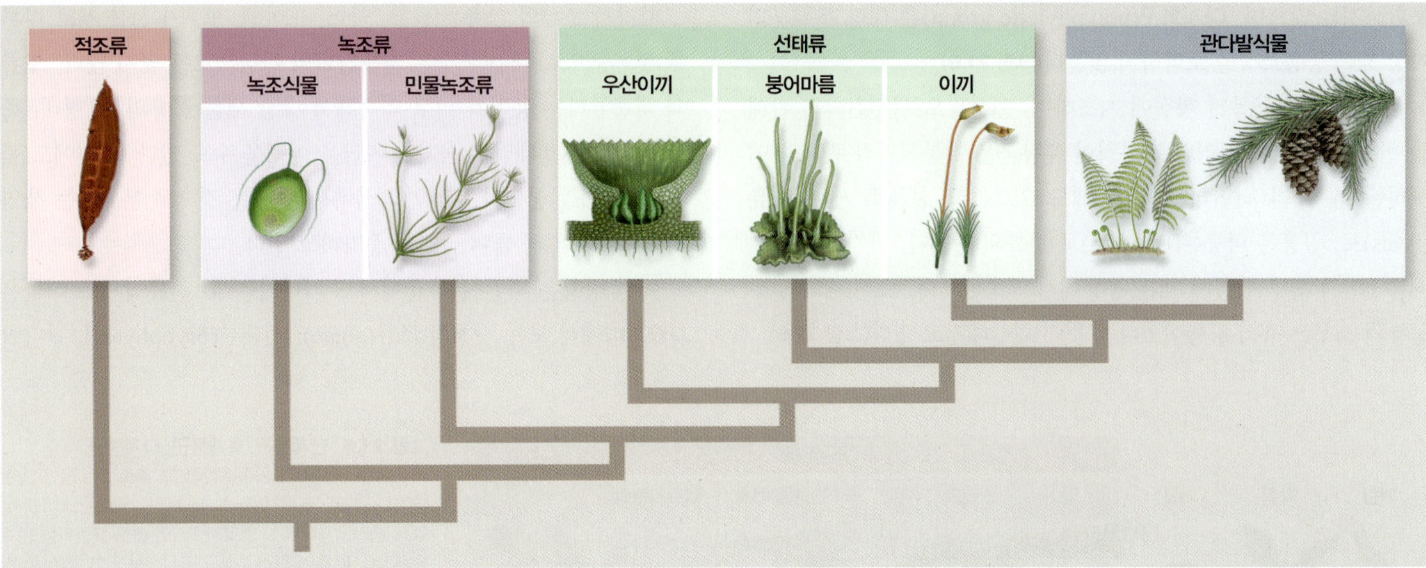

그림 21.7 식물의 분류 체계를 바꿀 수 있는 계통진화 정보.
전통적으로 녹조류와 선태류는 각각 하나의 큰 분류군들로 인식되어 왔지만 최근의 연구 결과 더 이상 단계통군이 아니라는 것이 분명해졌다. 따라서 식물계통학자들은 이제 녹조류와 선태류의 경계를 무시하고 새로운 분류 체계를 발전시켜 나가고 있다.

식물(vascular plants)의 3가지 주요 분류군으로 구분되어 왔지만, 녹조류나 선태류가 단계통으로 구성되지 않는다는 최근의 연구 보고가 있다. 그 보고에 따르면 어떤 선태류는 다른 선태류보다 관다발식물에 가깝고, 어떤 녹조류는 다른 조류보다 선태식물이나 관다발식물과 유연관계가 더 가깝다. 그 결과 계통분류학자들은 더 이상 녹색조류(green algae)나 선태류를 하나의 고유한 진화적 계통으로 간주하지 않으며, 진화적 관계를 반영하는 새로운 분류 체계를 구축하기 위해 노력하고 있다.

계통학적 종개념은 공유파생형질에 주목한다

20장에서 2개의 다른 개체군들(populations)이 하나의 종에 속하는지를 결정하는 여러 가지의 개념에 대해 공부를 하였다. 생물학적 종개념(biological species concept, BSC)이란 다른 무리와는 생식적으로 격리되어 있는 개체군으로 정의된다. 최근에는 계통학적 관점이 종의 개념에 도입되기 시작하였다. **계통학적 종개념**(phylogenetic species concept, PSC)의 주창자들은 종이라는 개념이 역사적으로 독립적인 진화의 과정을 겪은 개체군들의 무리로 종의 개념을 재설정할 것을 주장하기도 한다. 게다가 계통학적 방법론은 종의 경계를 구분할 수 있는 좋은 방법이라고 제안하고 있다. 이런 관점에서 종은 하나 이상의 공통된 파생형질에 의해 특징지어지는 일련의 무리로 정의된다.

이 견해는 BSC가 가질 수 있는 2가지 문제를 극복할 수 있는 해법을 제시해 준다. 첫째, BSC로는 절대 만나지 못하는 이소종(allopatric species)들이 서로 교미하여 생식 가능한 자손을 만들 수 있는지 여부를 판단하기 어렵다. PSC는 이소종 개체군들이 접촉할 때 미래에 어떤 일이 일어날까를 예측하는 대신 어떤 개체군이 각각 고유한 파생형질을 발달시키기 위해 충분히 긴 시간 동안 독립적으로 진화해 왔는지를 판단할 수 있는 근거를 제시해 준다.

둘째, BSC는 유성생식을 하는 종만을 다루는 반면, PSC는 유성생식과 무성생식에 관계없이 동일하게 적용될 수 있는 장점이 있다.

계통학적 종개념도 약점이 없는 것은 아니다

PSC 역시 여러 가지 이유로 논란의 대상이 되고 있다. 첫째, PSC에서는 약간 분화된 무리를 모두 다른 종으로 인식하는 오류가 생기기 쉽다. 그 실례로 미국의 미주리(Missouri) 주에는 전역이 탁 트인 사막 같은 지역(흔히 glade라고 부른다)들이 군데군데 분포하는데, 이 지역들에는 여러 온대성 식물과 동물들이 살고 있다(이 생명체들은 숲이 아닌 뚫린 평지에 서식한다). 이 지역들은 숲에 의해 수천 년 동안 서로 격리되어 왔으므로 각 지역에 서식하는 동식물들의 유전체 중 빠르게 진화하는 부분이 차이가 나타날 수 있는 충분한 시간이 지났다. 그렇다면 미주리에 있는 이런 수백, 또는 수천의 지역들에 각각 고유의 종들이 분포하고 있는 것일까? PSC를 극단적으로 해석하면 그렇게 이해될 수도 있을 것이다.

둘째, 종이 단계통이 아닐 때 PSC가 적용되기 어렵다. 그 실례로 **그림 21.8**에서 보는 것처럼 같은 유연관계를 보이는 다섯 개체군들로 구성된 한 종의 식물을 살펴보자. 개체군 C가 어떤 원인에 의해 독립

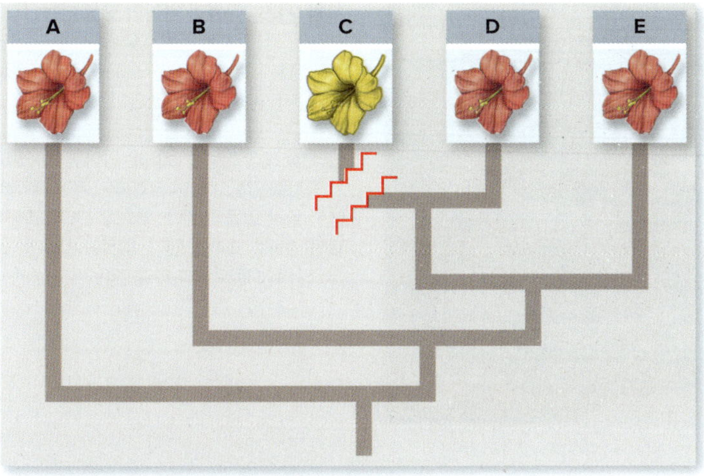

그림 21.8 측계통성과 계통학적 종의 개념.
5 개체군들은 분지도에 의한 역사적 관계로 볼 때, 초기에는 같은 종의 구성원이었다. 그 후 개체군 C가 어떤 경로로 다른 개체군들로부터 생태학적, 생식적으로 크게 분화되었다. 어떤 종 개념을 적용하든 이 개체군은 다른 종으로 구분될 것이다. 그러나 남은 4 개체군은 단일한 분지를 형성하지 않는다. 4 개체군들은 개체군 C가 다른 종이 되자마자 측계통적인 것으로 해석될 수밖에 없다. 이런 상황은 자연계에서 흔히 발생할 수 있고, 계통학적 종개념만을 적용해서는 이런 측계통 문제를 해결할 수 없다.

된 종으로 격리되어 진화되었다고 가정한다면 남은 개체군들은 서로 유전자 교환에 전혀 문제가 없더라도 결과적으로는 측계통군을 형성하게 된다. 이런 상황은 자연세계에서 종종 발생할 수 있다.

계통학적 종개념의 적용 범위가 넓어지고 있지만, 위와 같은 이유로 논쟁의 여지가 있다. 진화생물학자들은 역사를 중시하는 PSC와 과정을 중시하는 BSC의 융합을 위해 노력을 하고 있다.

핵심 요약 21.3

전통적인 분류 방식은 각 종을 계층화된 분류군 내로 집어넣는 방법이라고 규정할 수 있다. 이런 전통 방식은 현대에 이르러 체계화된 종들 간 계통적 관계를 정확히 반영하지 못할 수도 있다. 하나의 분기군은 단계통적이라고 말한다. 측계통군은 가장 최근의 공통조상과 그 후손을 포함하지만 모든 후손을 포함하지 못한다. 다계통군은 가장 최근의 공통조상을 포함하지 않는다. 계통적 종개념에서는 생식적 격리를 강조하는 생물학적 종개념과는 달리 공유 파생형질의 존재에 집중한다. 계통적 종개념의 도입으로 생물학적 종개념에서 나타나는 문제점 일부를 해결할 수 있지만, 이 개념 자체가 가지고 있는 문제도 있다.

■ 생물학적 종개념에서 하나의 종이 다계통일 수도 있을까?

21.4 계통학과 비교생물학

학습 목표

1. 진화적 변화 양상을 파악하는데 상사성의 중요성을 서술할 수 있다.
2. 계통수가 어떻게 상사성의 존재를 밝힐 수 있는지 설명할 수 있다.
3. 계통수에 의해 종 분화의 시기를 알 수 있는 방법을 논의할 수 있다.

계통학은 종들 사이의 진화적 유연관계에 대한 정보를 제공할 뿐 아니라 진화가 어떻게 일어났는지를 이해하는 데 중요한 정보를 제공해 준다. 계통적 유연관계에서 종들 사이의 형질 분포의 조사를 통해 진화가 진행되는 방식과 원인을 알 수 있다. 이런 점에서 계통학은 모든 비교생물학의 기초가 된다.

상동적 특징은 공통조상에서 기원한 것이지만 상사성은 그렇지 않다

19장에서 상동성 구조(homologous structure)는 공통조상의 같은 신체의 일부로부터 분화된 구조임을 알게 되었다. 돌고래의 앞지느러미와 말의 앞다리는 같은 조상 척추동물의 뼈에서 유래되었기 때문에 상동성을 가진다고 볼 수 있다. 그에 비해 새의 날개와 잠자리의 날개는 다른 조상의 다른 구조에서 유래되었기 때문에 상사성 구조(homoplastic structures)라고 할 수 있다. 계통학적 분석은 이들 구조가 상동성인지 또는 상사성인지를 구분할 수 있게 해 준다.

공룡, 악어 그리고 새의 상동적 모성 본능

최근의 화석 연구에서 공룡 중 많은 종류가 자식을 돌보는 특징을 지니고 있었다는 보고가 있다. 이 공룡들은 둥지에 알을 낳아 부화시키고, 아직 스스로를 지킬 능력이 없는 새끼 공룡이 무사히 자랄 수 있도록 보살폈다. 현재 새가 새끼를 보호하는 모습과 똑같은 모습으로 둥지에 앉아 있는 공룡의 화석도 최근에 발견되었다(**그림 21.9***a*). 처음에는 이러한 발견들이 주목받지 못하였고 공룡의 이런 행동적 특징은 독립적으로 진화된 것으로 여겨졌었다. 하지만 공룡의 계통학적 위치(**그림 21.6**)를 보면 공룡이 모성 본능을 가지는 현존 동물인 악어와 새에 가장 가까운 유연관계를 가지는 것을 알 수 있다(**그림 21.9***b*).

따라서 악어, 공룡과 새에서 나타나는 모성 본능은 모성 본능이 없는 각기 다른 조상들로부터 수렴진화한 것이 아니라, 새끼를 돌보

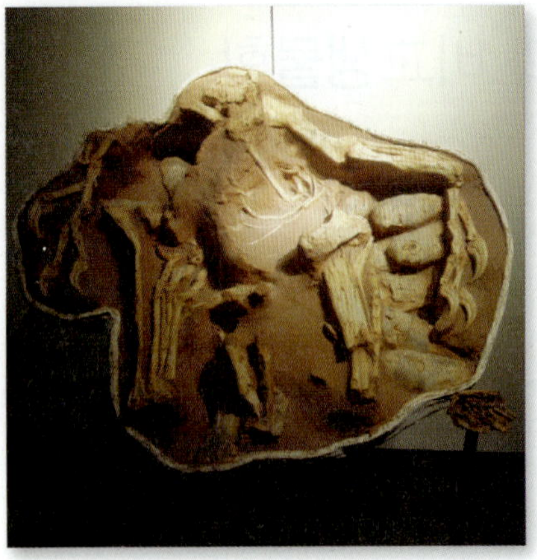

a.

b.

그림 21.9 **공룡과 악어의 모성 본능.** *a.* 알을 품는 화석 공룡. 랩터(Oviraptor) 화석은 공룡이 현재 닭처럼 알을 품는다는 것을 보여준다. 공룡이 둥지에 앉아 있을 뿐 아니라 앞다리를 펴서 알을 가리는 모양을 하고 있다. *b.* 모성 본능을 보이는 악어. 암컷 악어가 둥지를 만들고 알이 부화되는 동안 가까이에 머물며 알을 지킨다. 부화할 준비가 되면 새끼 악어는 소리를 낸다. 암컷이 알을 밖에서 쪼아주고 물로 새끼를 옮긴다.

는 공통조상으로부터 물려받은 상동적 행동으로 볼 수 있다.

상사적 수렴: 검치와 관다발식물

계통학적 분석은 유사한 형질이 다른 분지에서 각각 독립적으로 진화되어 왔다는 것을 보여준다. 다른 조상으로부터 기원한 소위 수렴진화(convergent evolution)된 특징들을 상사성이라고 한다. 그 실례로 지금은 사라진 육식 포유류들 가운데 많은 종류의 화석에서 긴 칼 모양의 치아(검치, saber teeth)가 발견된다. 이 치아가 실제로

과학적 사고

질문: 육식동물에서 검치는 몇 번 진화하였는가?

가설: 검치는 상동성이며, 포유류에서는 단 1번 진화했다(혹은 반대로, 검치는 수렴하였고, 여러 번 진화하였다).

계통분석: 포유류의 계통수에서 검치의 분포를 살펴보고 검치의 진화 역사를 추정하기 위해 최소화 원칙을 사용해 본다(유대류와 태반포유류의 모든 가지가 계통도에 나타난 것은 아니다).

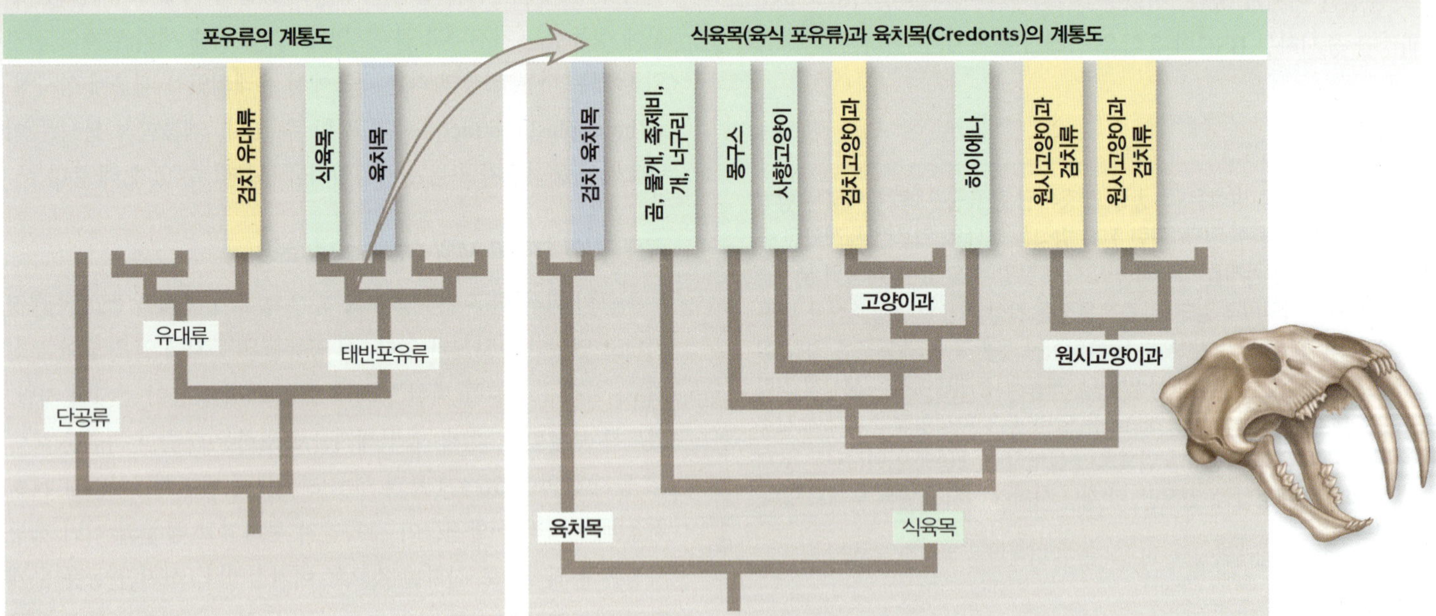

결과: 검치는 포유류에서 적어도 4번 진화하였다. 유대류에서 1번, 고양이과에서 1번, 멸종된 육치목에서 1번 그리고 원시고양이과에서 1번 진화하였다.

해석: 검치가 원시고양이과에서 2번 진화하는 것이 가능하다는 것을 참고하자. (같은 진화 사건 수로 설명할 수 있는, 즉 최소화 원칙에 입각한 또 다른 설명은) 검치가 원시고양이과의 공통조상에서 2번 진화하고, 그 후손 중 한 계통에서는 없어지는 경우이다.

그림 21.10 검치 포유류의 계통학적 분포.

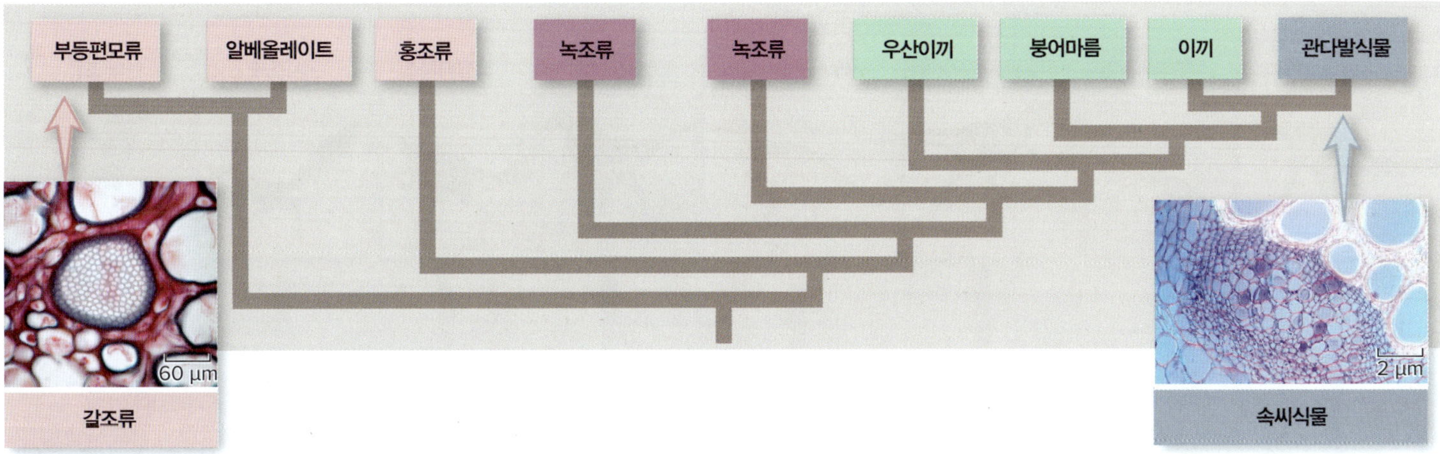

그림 21.11 관다발식물 수송관의 수렴진화.
식물에서 호르몬 및 다른 물질을 전달하는 체관은 유연관계가 상당히 먼 두 식물군에서 진화되었다[갈조류는 부등편모류(stramenopiles)이며, 속씨식물은 관다발식물(tracheophytes)이다].

어떻게 사용되었는가에 대해서는 논란이 있지만 모든 검치류는 고양이과의 동물과 유사한 신체 비율을 가졌기에 육식동물의 특징을 가진 다양한 종류였을 것으로 여겨진다. 계통학적 측면에서 검치라는 형질은 적어도 4번 독립적으로 진화되었다는 추정이 가능하다(**그림 21.10**).

그와 유사한 예로 식물의 관다발을 들 수 있다. 관다발식물(tracheophytes)은 끝이 뚫려 있는 세포벽을 가진 긴 관 모양의 세포를 이용해서 광합성 산물과 호르몬을 수송한다. 이 구조는 중첩되어 체관(sieve tube)이라는 관을 생성한다. 체관은 키가 큰 육상생물의 생존에 필수적인 장거리 물질수송을 용이하게 한다.

켈프(kelp)를 포함한 갈조류(brown algae) 종 대부분도 물질의 신속한 수송을 돕는 체요소(sieve elements)를 지니고 있다(**그림 21.11**). 육상식물과 갈조류는 유연관계가 멀고(**그림 21.11**), 이들의 최후 공통조상은 다세포 수송체계를 지니지 않았던 단세포 생물이다. 이 식물들에서 볼 수 있는 체관의 구조적, 기능적 유사성 역시 수렴진화의 한 예이다.

진화적 변화를 통해 나타나는 복합 형질

대부분의 복잡한 형질은 한 단계의 진화에 의해 완성되지는 않는다. 대신 일련의 진화적 과정을 거쳐 단계적으로 형성되는데, 계통학적 분석은 이런 진화적 과정을 알아낼 수 있게 해준다.

현대의 조류들은 날개, 깃털, 가벼운 뼈와 가슴뼈를 가져 날기 위해 적응한 세련된 비행 기계와 같다. 최근 발견된 화석 증거를 이용하여 이러한 특징의 진화 과정을 재정립할 수 있게 되었다. 화석들을 계통학적으로 정렬해 보면 현대 조류가 지닌 특정 형질들이 동시에 진화된 것이 아니라는 것이 명백하게 나타난다. **그림 21.12**는 비행에 필요한 중요한 특징들이 조상새로부터 순차적으로 긴 시간을 두고 어떻게 진화했는지를 보여준다.

초기 단계에서는 현재와는 다른 어떤 환경에 의한 선택 압력에 대한 적응을 위해 진화되었다는 보고가 있다. **그림 21.12**를 살펴보면 최초의 깃털 구조는 앞다리가 날기 위해 변형된 상태는 아니었던 수각아목(theropod) 공룡 계통에서 진화한 것을 알 수 있다. 초기 깃털 같은 구조는 날기 위한 목적이 아닌 단열이나 장식 등의 목적을 위해 진화되었으며, 시간이 지나면서 이러한 구조가 변화되어 기체역학적인 기능을 하는 현대적 깃털이 되었을 것으로 추정되고 있다.

계통학은 경쟁 가설들 중 가능성이 가장 높은 것을 찾아내는 방식이다

생물이 지니는 다양한 형태들은 여러 다른 과정을 거쳐 생겨나기 때문에, 오늘날 관찰되는 생물학적 다양성의 근원을 밝히는 것은 쉽지 않은 일이다. 많은 경우 계통학적 방법들은 이에 대한 여러 가설들을 검증하고 가능성이 높은 것을 구분하는 데 이용될 수 있다.

해양 달팽이 유생의 분산

앞서 이야기한 계통학적 방법의 좋은 예 중 하나는 해양 달팽이의 유생 형태의 진화에 대한 것이다. 해양 달팽이 대부분의 종들은 현미경으로나 볼 수 있는 작은 크기의 유생을 생산하는데 이 유생들은 성체가 되기 전 조류를 따라 해양을 떠다니며 수백, 수천 km를 표류한다. 그러나 일부 종들은 유생이 되자마자 빠르게 바닥에 붙어 정착하며 태어난 장소에서 그리 멀리 이동하지 않는 유생을 진화시켰다. 화

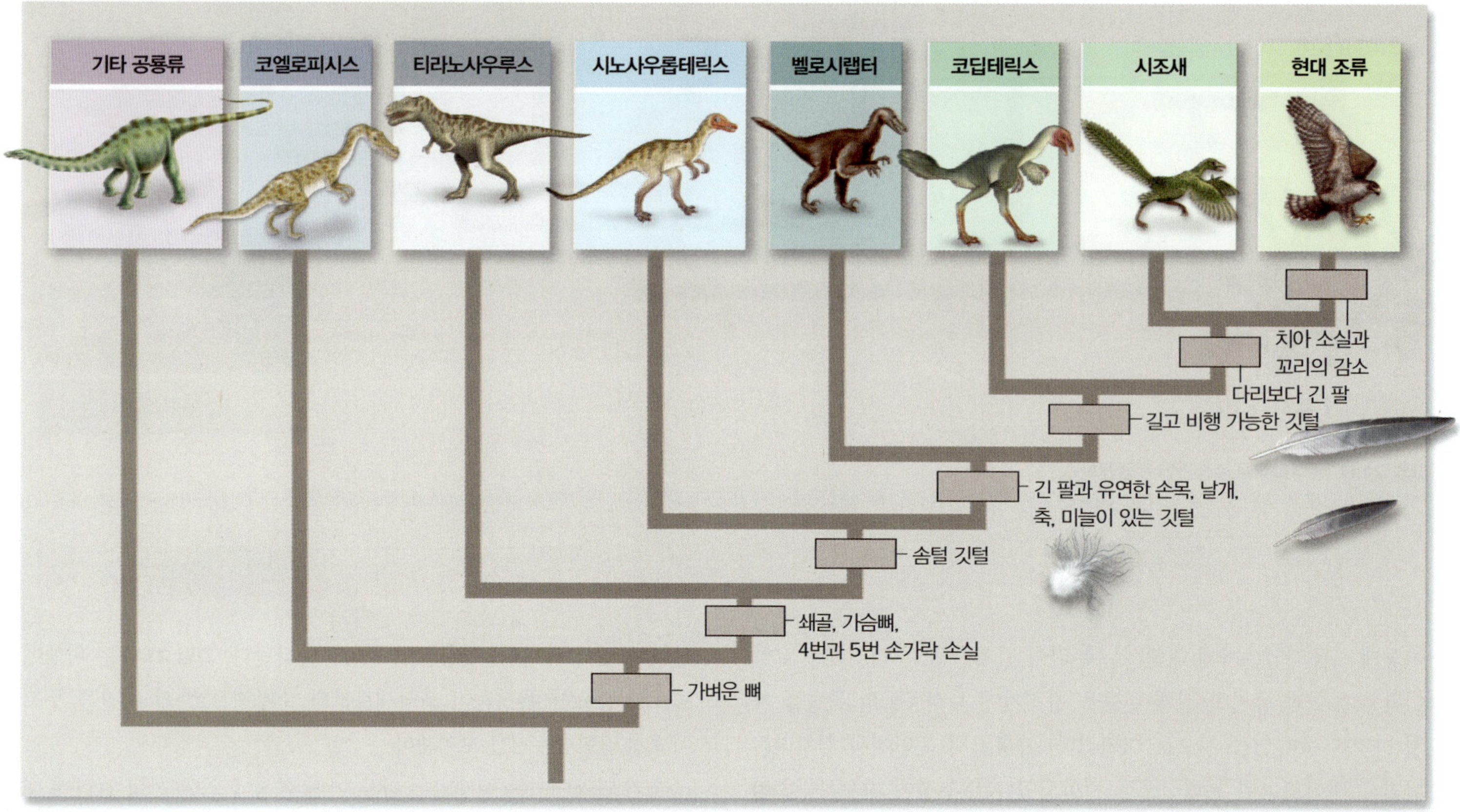

그림 21.12 새의 진화.
현재 조류의 특징이 되는 형질은 수백만 년 동안 여러 단계를 거쳐 진화되었다.

석 연구로부터 유생을 분산시키지 않는 종의 비율이 지질 시대를 거쳐 계속 증가되었음을 알 수 있었다(**그림 21.13**).

분산되지 않는 유생이 증가되는 과정은 2가지가 있다. 첫째, 분산으로부터 비분산으로의 진화적 변화가 자주 일어나 비분산종의 비율이 증가하는 과정이다.

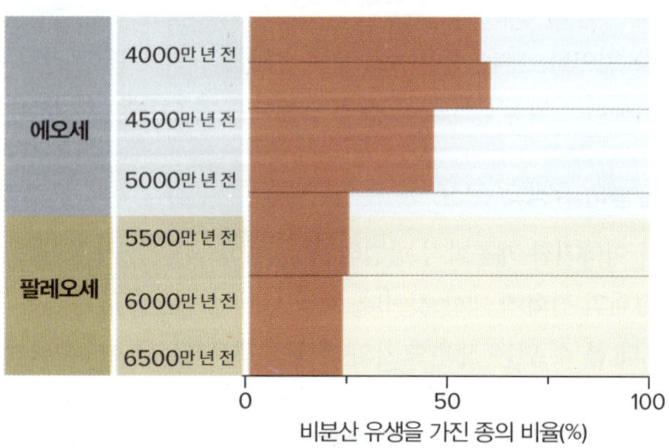

그림 21.13 해양 달팽이 유생의 분산.
유생이 출생지로부터 퍼지지 않는 종의 비율이 시간이 지남에 따라 증가한다.

두 번째 과정은 비분산종이 분산종보다 더 빠른 종분화를 하거나 덜 멸종되면서 비분산종의 비율이 시간이 지남에 따라(비분산종의 자손도 비분산종이라는 가정하에서) 증가하는 것이다. 후자의 경우 비분산종이 분산종보다 유전자 이동의 양이 적어서 지리적으로 격리되기 쉽고 이소적 종분화를 겪을 것이기 때문에 합리적인 가설이 될 수 있다(20장 참조).

이 두 과정은 서로 다른 계통학적 양상을 나타내게 되는데, 분산종 조상으로부터 비분산종의 자손들이 생겨나는 비율이 그 반대의 경우보다 더 많게 된다면 이는 진화적 계통수에 **그림 21.14***a*처럼 반영될 수 있다. 그에 비해 비분산종이 더 많은 종분화를 거치면 비분산종의 분기군은 분산종의 분기군보다 더 많은 종을 포함하게 될 것이다(**그림 21.14***b*).

두 과정에 대한 증거는 종의 30%가 비분산 종인 *Conus*속 해양 달팽이의 계통수 분석 결과에서 찾을 수 있다(**그림 21.14***c*). 계통학적 분석은 비분산종으로부터 분산종으로의 진화에 대한 증거는 없고, 분산되는 유생을 만드는 것이 조상형질 상태이며, 비분산 유생은 8번의 진화를 거쳤다는 것을 보여준다.

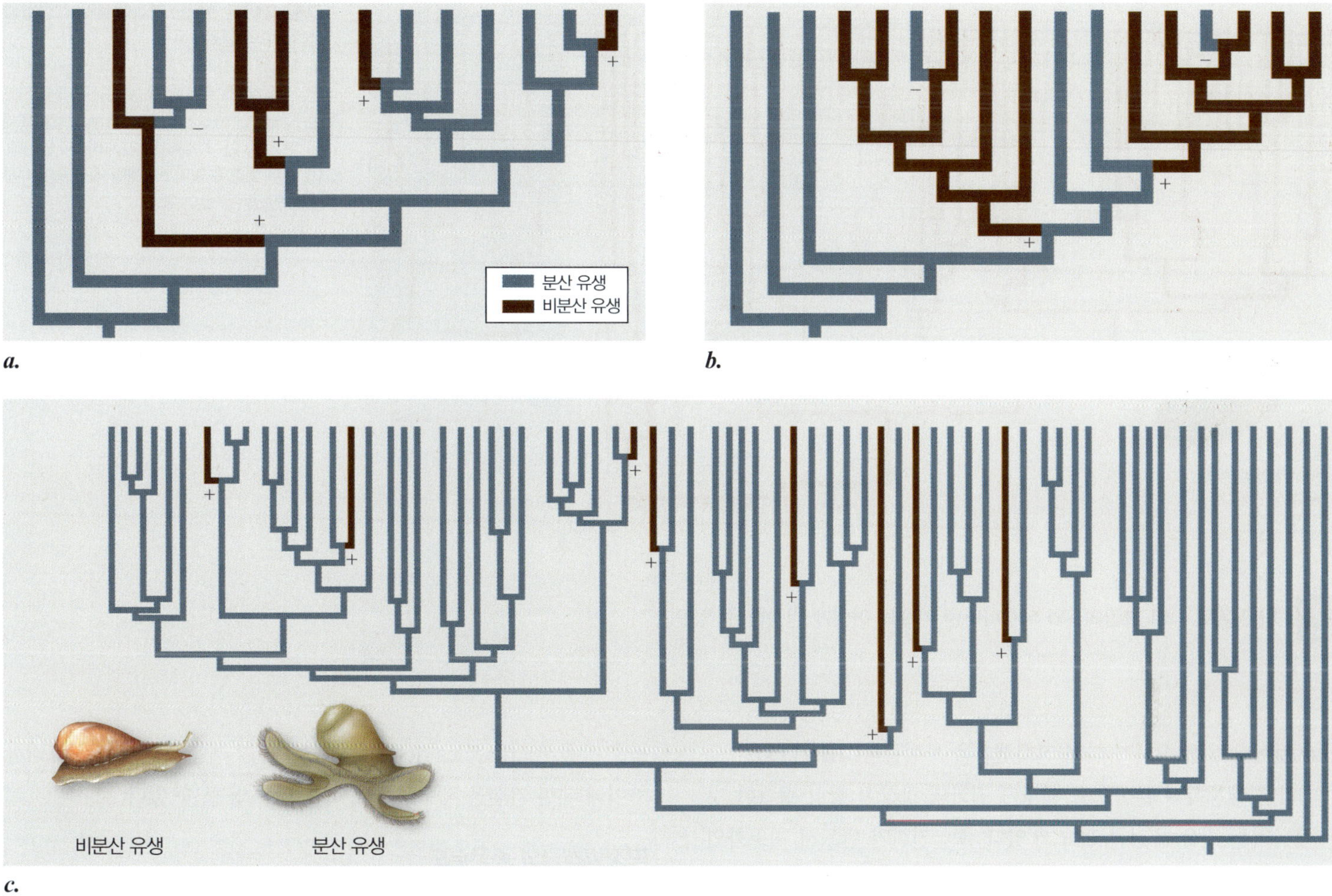

그림 21.14 비분산 유생의 진화에 대한 계통학적 조사.
a. 이 가설적 예에서 분산 유생으로부터 비분산 유생으로(4회, + 표시) 진화적 변화는 역과정(1회, − 표시)보다 더 자주 일어난다. *b.* 반대로, 비분산 유생을 가지는 분기군은 높은 종분화 비율이나 낮은 멸종 비율 때문에 더 많이 분화한다(멸종된 형태는 그림에 나타내지 않는다는 가정하에). *c.* 해양 달팽이인 *Conus*의 계통수. 비분산 종은 분산종으로부터 8번 진화하였으며, 역과정은 일어나지 않았다. 하지만 이 계통수가 모든 종을 나타내는 것은 아니다. 비분산 유생을 만드는 분기군은 분산 유생을 만드는 분기군의 평균 3.5배나 되는 종을 포함하고 있다.

그와 동시에 비분산 유생을 만드는 분기군은 분산 유생을 만드는 분지의 평균 3.5배나 되는 종을 포함하고 있는데, 이는 비분산종에서 종분화의 비율이 더 높거나 멸종의 비율이 낮거나 또는 두 경우 모두에 해당된다는 것을 시사한다.

이러한 분석은 비분산 유생의 시간에 따른 진화적 증가와 비분산 유생 분지의 빠른 다양성 증가 속도 모두 다 가능성 있는 설명임을 증명하고 있다.

비분산 유생이 많아지도록 진화가 진행될 때 해양의 흐름에 따라 표류하면서 섭식을 하는 데 이용되는 다양한 구조를 상실한다는 것을 고려한다면 역방향으로의 진화가 다시 일어나지 않는 것은 그리 놀라운 일이 아니다. 대부분의 경우 한 종에서 특정 구조가 없어지면 다시 생기는 것은 진화적으로 불가능에 가깝다. 따라서 비분산 유생 진화에서 분산 유생으로 역진화가 거의 되지 않는다는 것이 학자들의 일반적인 견해이다.

해양 무척추동물에서 유생 단계의 소실

앞서 제시한 예와 비슷하게 많은 해양 무척추동물에서 유생단계가 완전히 소실되는 현상은 적지 않게 나타난다. 달팽이, 불가사리, 말미잘 같은 다양한 해양 무척추동물은 발생단계에서 유생 상태를 거치지만, 많은 다른 생물군에서는 유생단계 없이 알에서 직접 성체가 된다.

진화에 의한 유생단계의 소실은 비가역적인 진화적 변화의 또 다른 예로 아직 논쟁의 여지가 있기는 하지만, 일단 유생단계가 소실되면 다시 역진화하여 만들어지기가 어렵다. 그러나 달팽이와 연관이 있는 해양생물인 해양 삿갓조개류는 약간 다른 경우이다. 삿갓조개는 여러 번의 진화를 겪었지만, 계통학적 분석에서 그중 3번은 역진

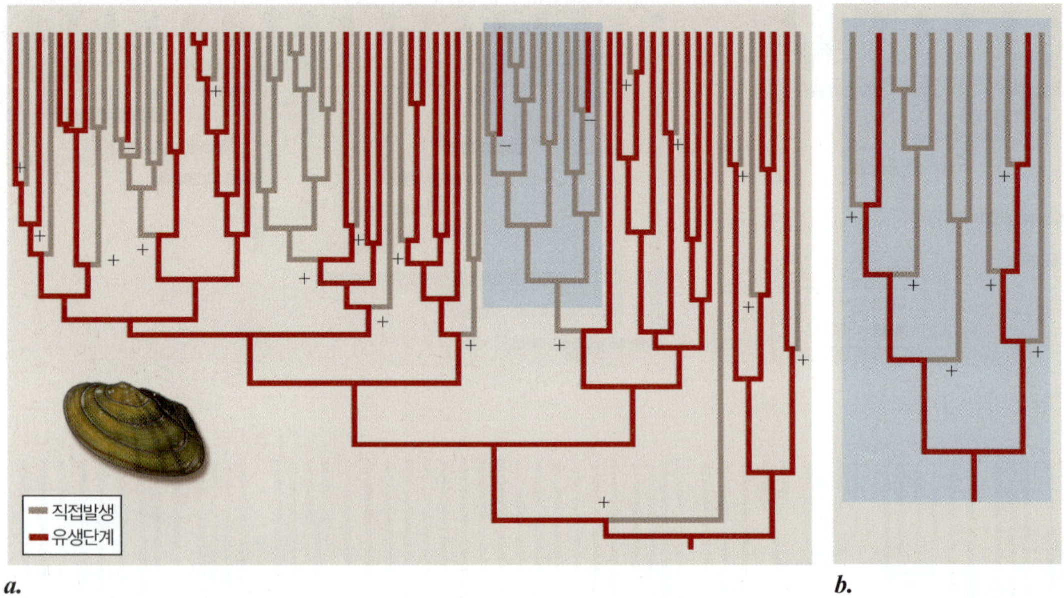

그림 21.15 삿갓조개과에서의 직접발생(성체화)의 진화. ***a.*** 직접발생으로의 진화가 여러 번 일어난 반면, 직접발생으로부터 유생 발달로의 역진화는 3차례 일어났다. ***b.*** 옅은 파란색으로 표시된 분지에서는 최소화 원칙을 따르지 않는데, 이 경우 역진화 없이 6차례의 직접발생의 진화가 있었음을 보여준다.

? 탐구문제 이 그림의 *a*와 *b*에 나타낸 가설을 어떻게 검증할 수 있는가?

화가 일어나 유생 상태가 다시 진화했음을 보여준다(**그림 21.15***a*).

따라서 계통학적 분석으로 제시된 진화의 양상이 항상 정확한 것은 아니라는 것을 유념할 필요가 있다. 즉, 진화가 반드시 최소화의 원칙을 따를 필요는 없다. **그림 21.15***b*의 옅은 파란색 box에서 보듯이 삿갓조개류의 연구에서 유생의 존재가 조상형질로 유지되고, 직접발생(direct development, 알에서 깨어난 유충이 변태를 거치지 않고 성체의 모습을 지니는 것)이 6번에 걸쳐 독립적으로 일어났다고 보는 것도 가능하다. 비록 최소화의 원칙이 덜 적용되었다 해도 계통학적 분석이 이런 가능성을 배제하는 것은 아니다.

소실된 형질의 역진화가 일어나지 않았을 것이라고 가정한다면, 다른 가설로 진화가 계통의 뿌리 근처에서 1번 일어나고 역진화가 2번 일어난 게 아니라 독립적으로 6차례에 걸쳐 직접발생의 진화가 있어났을 가능성도 고려할 수 있다. 직접발생한 종에 대한 형태학 또는 발생학의 연구로 진화적 구조가 상동성인지 수렴진화에 의한 것인지를 밝힐 수 있다. 실험실에서 인위선택이나 유전적 조작에 의해 소실된 구조는 재진화되기 어렵다는 가설을 실험해 볼 수 있는데, 계통학적 분석의 결론은 다른 연구 결과에 의해 지지될 때 더 강력해질 수 있다.

계통학은 종 다양성에 대해 설명할 수 있다

진화생물학이 추구하는 주요 목적 중의 하나는 종 다양성의 양상을 설명하는 것이다. 왜 특정 유형의 식물이나 동물이 다른 유형보다 높은 종풍부도(species richness)를 보일까? 계통학적 분석은 그러한 차이에 대한 가설을 세우고 검증하는 데 이용될 수 있다.

딱정벌레류의 종풍부도

딱정벌레류(Coleoptera목)는 동물 중 가장 다양한 분류군이다. 전체 동물 종의 60% 정도가 곤충이고, 그중 80% 정도가 딱정벌레류이며, 특히 초식성 딱정벌레류의 종풍부도(species richness)가 가장 높다.

계통학적 조사를 통해 딱정벌레가 진화적으로 다양화되는 과정을 알 수 있다(**그림 21.16**). 초식성 딱정벌레 종을 가장 많이 포함하는 Phytophaga 중에서 가장 깊게 갈라지는 분기군은 침엽수에 특화되어 있는 딱정벌레과들이다. 이는 침엽수가 가장 초기에 진화된 종자식물군에 속한다는 화석기록과 일치하고 있다. 그와 대조적으로 현화식물(flowering plants)은 더 최근인 백악기(Cretaceous)에 발달되었으며, 이에 특화된 딱정벌레과 동물들은 더 짧은 진화적 가지를 가져 상대적으로 최근에 진화되었음을 보여준다.

계통학적 위치와 식물이 기원한 시기를 비교해 볼 때, 딱정벌레는 식습관이 매우 보존적이라는 걸 알 수 있다. 예를 들어, 바구미류인 Nemonychidae과는 약 2억 1천만 년 전 쥐라기 초기 이래로 침엽수에만 특화되어 온 것으로 보인다.

딱정벌레 다양성에 대한 계통학적 설명

딱정벌레류의 다양성은 계통학적으로 설명할 수 있다. Phytoph-

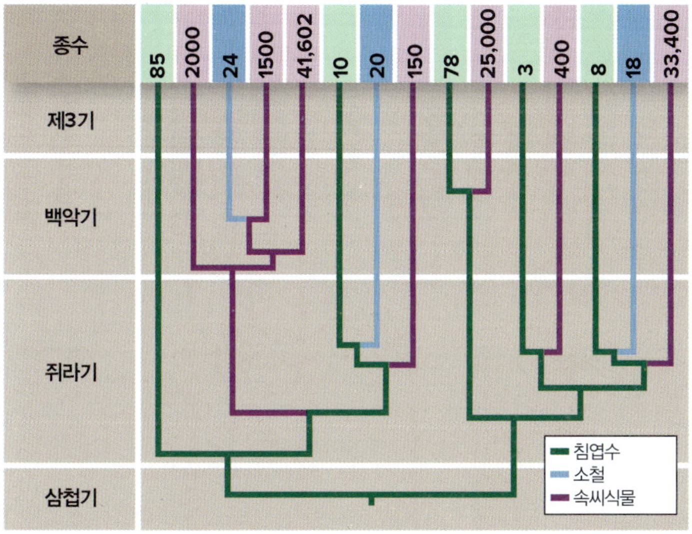

그림 21.16 초식 딱정벌레류 중 가장 거대한 분기군인 Phytophaga의 진화적 다양화. 계통수에서 가장 깊은 분기군의 생물들은 침엽수를 먹는다. 속씨식물을 먹는 분기군의 동물들은 더 최근에 진화했다. 분기군의 나이는 딱정벌레 화석의 조사에 의해 추정되었다.

aga의 계통은 초식성의 진화 자체가 종의 풍부도와는 관련성이 없음을 보여주지만 속씨식물에 대한 특화가 종 다양성을 높일 수 있었던 전제 조건으로 보인다. 속씨식물에 대한 초식 딱정벌레(herbivorous beetles)의 특화는 5차례에 걸쳐 독립적으로 일어난 것으로 보인다. 분지가 일어난 각 경우를 보면 속씨식물에 특화된 분기군은 다른 종류의 식물에 특화된 **자매 분기군**(sister clade)보다 더 높은 종풍부도를 보인다.

속씨식물에 대한 특성화가 다양성을 높이는 이유는 아직 명백하게 밝혀지지 않고 있지만 현재 연구의 초점이 되고 있다. 한 가지 가능성은 다양성이 속씨식물 자체의 종풍부도와 관련이 있다는 것으로 딱정벌레가 30만 종류 이상의 속씨식물에 특화함으로써 보다 다양한 먹이에 적응할 수 있는 기회를 가지게 되고, 이로부터 다양성과 분화가 촉진되어 나왔을 것이라는 것이다.

핵심 요약 21.4

상동 형질은 공통조상이 가진 형질에서 유래된 것이지만, 상사 형질은 아무리 닮았다고 해도 공통조상의 산물이 아니다. 계통학적 분석으로 어떤 형질이 상동성인지 아니면 상사성인지 밝힐 수 있다. 이미 알려진 진화적 현상과 계통수의 가지들을 맞추어 보면 어떤 분류군들이 분화된 원인과 시기를 추정해 볼 수 있다.

- 하나의 분기군 내에 존재하는 분류군들이 비슷한 형질들을 가지고 있다는 것은 그 분기군의 조상이 반드시 그 형질을 가지고 있었다는 것을 뜻할까?

21.5 계통학과 질병의 진화

학습 목표

1. 계통적 분석을 통해 질병 전파의 양상을 파악할 수 있다.

앞에서 계통학적 분석을 이용하여 종 사이의 진화적 유연관계를 조사할 수 있다는 것을 살펴보았다. 이러한 분석은 진화가 유전적 교환이 거의 없는 생물군들 간 진화적 분기(evolutionary divergence)에 의해 일어난다면, 어떤 생물군에 대해서도 다 적용할 수 있다. 그 실례로는 후천성면역결핍증(aquired immunodeficiency syndrome, AIDS)을 일으키는 바이러스의 진화를 들 수 있다.

HIV는 유인원 바이러스로부터 진화했다

AIDS는 1980년대 초에 처음 발견된 후 인간 집단에 급속도로 확산되고 있다. 현재 3600만 명이 인간면역결핍바이러스(human immunodeficiency virus, HIV)에 감염되어 있고, 매년 100만 명 이상이 사망하고 있다.

초기에 과학자들은 HIV가 어디서 기원했고, 어떻게 인간에게 감염되는지 몰라 당혹스러워하다가 1980년대 중반에 실험실 원숭이에서 유사한 바이러스를 발견하였고, 이를 원숭이면역결핍바이러스(simian immunodeficiency virus, SIV)라고 명명했다. 바이러스들은 유전적 차이는 있지만 생화학적으로는 매우 유사하다. SIV는 36종의 영장류에서 발견되었으며, 이들은 모두 아프리카 사하라 이남 지역에서 발견되는 종들이다. 흥미롭게도 성적으로 전달되는 SIV는 영장류들에게 어떤 질병도 일으키지 않는 것으로 보인다.

학자들은 SIV의 균주 간 유전적 분화의 정도에 기초하여 SIV는 영장류에 100만 년 이상 존재해왔기 때문에 영장류가 이 바이러스에 적응할 충분히 많은 시간이 있어서 SIV의 공격을 막을 수 있도록 진화한 것으로 추정하고 있다.

계통학적 분석으로 질병의 전파 경로를 밝히다

HIV와 SIV의 계통학적 분석은 3가지 분명한 사실을 알려준다. 첫째, HIV는 명백하게 SIV의 후손이라는 것이다. HIV의 모든 균주들은 SIV 균주들의 분기군 안에 자리잡고 있는데, 이는 HIV가 SIV로부터 유래되었다는 것을 보여준다(**그림 21.17**).

둘째로, HIV에는 많은 균주들이 존재하고, 그들은 서로 다른 영장류 종들로부터 독립적으로 파생되어 나온 것으로 보인다. 인간에

그림 21.17 **HIV와 SIV의 진화.**
HIV는 여러 영장류(각 종들을 서로 다른 색으로 표시)의 SIV 균주로부터 여러 차례의 진화를 거쳐 생겨났다. 붉은색 박스 표시는 영장류로부터 인간으로의 전이 경로를 표시한다.

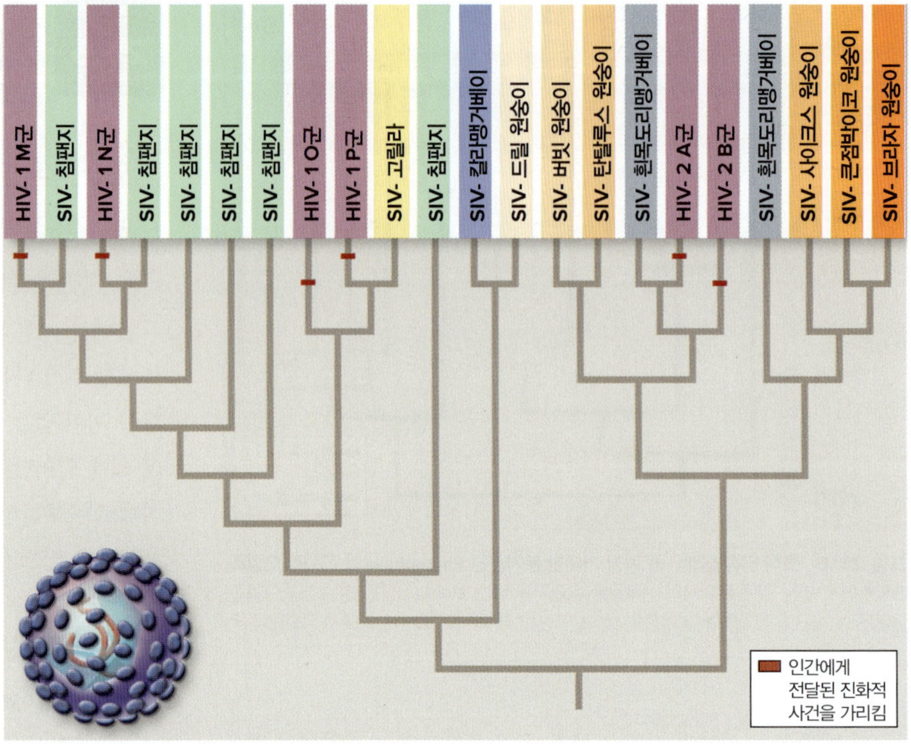

존재하는 균주들은 서로 다른 HIV 균주들보다는 각각의 SIV 균주에 더 가까운 유연관계를 보이는데, 이는 HIV 균주의 기원이 하나가 아니라는 것을 보여준다.

마지막으로, 인간의 HIV는 여러 종의 숙주로부터 유래되어 나왔다. HIV-1은 세계적으로 문제가 되는 바이러스로 4가지 아형(subtype)이 있다. 이들 중 2개의 아형들이 침팬지의 특정 SIV 균주들과 유연관계를 보이는 것으로 미루어 침팬지로부터 인간으로 바이러스가 전달되었음을 의미한다. 그에 비해 제3의 아형은 고릴라에 있는 균주와 유사한 것으로 보이기 때문에 침팬지나 고릴라 모두로부터 HIV가 기원했다고 볼 수 있다. 제4의 아형의 기원은 아직 불분명해서, 침팬지나 고릴라의 균주로부터 기원한 기존의 아형들과 근연 관계인지 보다 면밀히 조사해 볼 필요가 있다.

HIV-2 균주 아형들은 훨씬 덜 퍼져 있는데(어떤 아형은 지금까지 단 1명의 사람에게서만 발견되었다), 서아프리카의 원숭이류, 주로 흰목도리맹거베이 원숭이(*Cercocebus atys*)에서 발견된 SIV와 관련이 있을 것으로 생각된다. 더구나 HIV-2의 아형들은 여러 종 사이의 전파를 거쳐 인간으로 전달된 것으로 보인다.

영장류에서 사람으로의 전달

SIV가 어떻게 침팬지나 원숭이로부터 인간에게 전달되었을지에 대해서는 여러 가설이 있다. 가장 가능성이 높아 보이는 가설은 인간이 원숭이나 유인원을 죽일 때 혈액이 접촉되면서 전달되었다는 것이다. 최근 중부와 서부 아프리카에서 "야생 동물고기(bushmeat)"라고 불리는, 시장에 팔리기 위해 사냥되는 영장류(primates)의 수가 크게 증가했다. 이는 인구의 증가로 더 많은 양의 단백질원이 요구되고 도로 건설과 경제 발달로 인간이 영장류의 서식지에 접근하기가 쉬워졌기 때문이기도 하다. 그 결과 인간과 가장 가까운 종들을 포함하는 많은 영장류의 집단의 크기가 멸종의 위기에 처할 만큼 감소했다. 또한 인간과 이 동물들의 체액이 접촉할 기회가 늘어나게 되었는데, 사냥에서 잡은 동물의 혈액이 사냥할 때 생긴 피부의 상처를 통해 인간의 혈관으로 들어올 가능성이 있다.

교차 시기와 장소의 확인

이와 같은 종 간의 질병 전달이 언제 어디에서 일어난 것일까? HIV 균주들은 대부분 아프리카의 균주들이고, HIV의 발생도 아프리카에서 가장 높다. 아프리카 영장류에서 HIV가 SIV와 연관되어 있다는 증거로 보아 AIDS는 아프리카에서 처음 시작된 것이 확실하다.

다른 영장류에서 인간에게로 이동한 시기에 관해서는, 1980년대까지 AIDS가 인식되지 않은 점으로 보아 HIV는 최근에 발생한 것으로 보인다. 19세기 서아프리카로부터 북아메리카로 건너온 노예의 후손은 이 질병이 없었는데, 이는 이 질병이 노예 시기에는 없었음을 말해 준다.

1980년대에 질병이 인식된 후 과학자들은 혈액의 샘플 저장소를 샅샅이 뒤져서 과거에 혈액 샘플에서 HIV가 존재하는지를 추적하였다. 가장 초기의 HIV 양성반응은 1959년 샘플에서 발견되었는데, 이는 HIV 출현을 20년을 앞당기는 결과이다. 학자들은 분자시계가 작동한다는 가정하에 1959년 샘플의 균주를 포함한 HIV-1 균주 사이의 유전적 차이에 기초하여 AIDS 균주가 1940년 이전에 인간에게 전달된 것으로 추정하고 있다.

계통학적 분석으로 개체 간 AIDS의 진화 과정을 추적할 수 있다

AIDS 바이러스는 매우 빠르게 진화하기 때문에 한 집단 내에도 다양한 균주들이 존재할 수 있다. 그렇기 때문에 계통학적 분석은 매우 유용한 방식이 될 수 있다. 즉, 계통학적 분석이 HIV의 기원을 찾는데 유용했던 것처럼 개인 간의 바이러스 전달 과정에 대해서도 정확한 답을 줄 수 있다.

1998년 루이지애나의 법정에서 한 치과의사의 전 여자친구가 치과의사가 HIV 감염환자의 혈액을 그녀에게 수혈했다고 고소했다. 그 치과의 기록을 살펴보니 의심스러운 방법으로 환자로부터 혈액을 받아 수혈했음을 알 수 있었다. 과학자들은 피해자, 해당 환자 및 그 지역사회의 HIV 감염자들로부터 얻은 바이러스 균주들의 염기서열을 밝혔다. 계통학적 분석에서 피해자의 바이러스 균주는 **그림 21.18**에서 보는 것처럼 환자의 것과 가장 유사한 것으로 밝혀졌다. 이 계통학적 분석은 미국 법정에서 최초로 법적인 증거로 인정받은 경우였으며, 치과의사는 유죄 판결을 받아 현재 살인미수로 50년형을 받고 복역 중이다.

핵심 요약 21.5

현대의 발달된 계통학적 분석법으로 특정 질병의 진화 과정을 밝히고 기원이 어디인지 어떤 경로를 통해 퍼져나갔는지 알아낼 수 있다. HIV는 가장 좋은 예이다. HIV의 염기서열들을 분석해서 영장류의 SIV가 어떻게 여러 차례에 걸쳐 인간으로 오게 되었는지 알 수 있었다. 계통분석은 인간 질병의 전이 과정을 추정하는 데 유용하다.

- HIV가 인간에게 나타나기 시작한 뒤 다시 다른 영장류 종으로 전이되지는 않았을까?

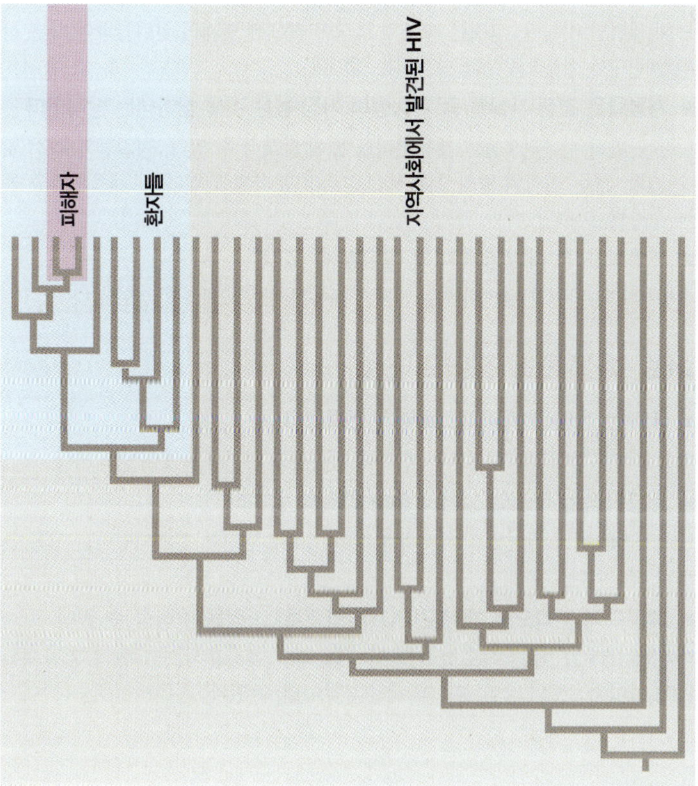

그림 21.18 감염의 경로를 보여주는 HIV 균주의 진화.

HIV는 빠르게 돌연변이를 일으킬 수 있어 단일 HIV에 감염된 사람이라도 몸속에 여러 유전자형이 나타난다. 하지만 일정 지역에 나타나는 HIV 균주의 계통수를 만들어 특정한 개인의 감염경로를 추적하는 것이 가능하다. 이 경우 피해자의 HIV 균주는 환자들에서 발견되는 균주 내에 포함되거나 근처에 위치하게 된다. 다른 HIV 균주는 지역사회 감염자들의 것이다.

탐구문제 만약 피해자가 환자들의 HIV와 접촉한 적이 없었다면 계통수는 어떻게 달라졌겠는가?

핵심 개념 요약

21.1 계통분류학

■ 진화적 관계를 나타내는 분지도

계통분류학은 진화적 관계를 연구하는 분야로 진화적 관계는 소위 계통수라 불리는 진화적 가지 형태로 묘사된다.

■ 유사성만으로는 진화적 관련성을 예측할 수 없다

진화의 속도는 종마다 다르며 심지어는 방향이 달라질 수도 있다. 그렇기 때문에 아주 가까운 근연종들도 매우 다른 표현형을 가질 수 있다.

반대로, 수렴진화의 결과로 조상을 공유하지 않는 진화적으로 매우 먼 종들도 유사한 형태를 나타낼 수 있다.

21.2 분지론

■ 분지론적 방법에서 모든 형질 변이는 조상형인지 파생형인지의 구분 대상이다

파생형질 상태란 현생 분류군이 가지는 형질이 그 조상이 가지고 있는 상태와 다른 경우를 뜻한다. 공유파생형질만 계통수 작성에 유용하다.

형질의 극성은 외군, 다시 말해 연구의 대상이 되는 분류군과 매우 근연관계에 있는 분류군을 사용하여 알아낼 수 있다.

외군이 보여주는 형질의 상태는 원시적(조상이 가지고 있었던) 형질로 추정할 수 있고, 다른 형질 상태들은 파생적인 것으로 간주할 수 있다.

분지도는 진화적 관계의 가설을 도식적으로 나타내는 방식이다.

■ 상사성은 분지분석을 복잡하게 만든다

상사성이란 형질의 상태는 유사하지만 이 유사성이 공통조상에서 기인한 것이 아닐 때를 일컫는 말이다.

분지도는 최소화 원칙에 입각하여 만들어진다. 최소화의 원칙이란 여러 분지의 가설들 중 최소한의 진화적 변화를 요구하는 계통수를 우선적으로 받아들인다는 원칙이다.

■ 어떤 상황에서는 다른 계통학적 방법론이 분지론보다 더 좋을 수 있다

진화적 변화의 속도가 매우 빠른 경우 통계적 접근을 시도하거나 분자시계를 사용하는 등 분지론 이외의 다른 방식을 사용하는 것이 보다 효과적일 수 있다.

21.3 계통분류학과 분류

■ 분류 체계는 계층성이 있다

종들은 속으로 그리고 과로 무리 지어질 수 있으며 이런 식으로 차례로 목, 강, 문, 계, 영역의 점차 포괄적인 무리에 속할 수 있다.

■ 현재의 분류 체계는 진화적 관계를 정확히 반영하지 못할 수 있다

단계통군이란 가장 최근의 공통조상과 그 모든 자손들을 의미한다.

측계통군이란 가장 최근의 공통조상과 그 일부 자손들을 의미한다.

다계통군이란 그 무리에 가장 최근의 공통조상을 포함하지 못하는 경우를 의미한다.

현재 알려진 분류군들은 단계통군이 아니다. 예를 들면, 파충류는 조류에 대한 측계통군이다.

■ 계통학적 종개념은 공유파생형질에 주목한다

생물학적 종개념은 생식적 격리 여부에 집중하지만, 계통학적 종의 개념은 공유 파생형질을 가지는지에 초점을 맞춘 개념이다. 계통학적 종의 개념에서 종이란 단계통군이어야 한다.

■ 계통학적 종개념도 약점이 없는 것은 아니다

계통학적 종의 개념을 이용하면 생명체들의 구분이 비현실적으로 이루어질 수도 있고, 자연선택이 어떻게 작용했는지 볼 수 없다는 단점도 있다.

21.4 계통학과 비교생물학

■ 상동적 특징은 공통조상에서 기원한 것이지만 상사성은 그렇지 않다

계통분석을 통해 같거나 다른 상태의 형질이 같은 조상으로부터 나온 것인지 여부를 판단할 수 있다.

■ 진화적 변화를 통해 나타나는 복합 형질

한 생명체가 가진 복잡한 특징들은 한 단계가 아닌 여러 단계의 변화 과정을 통해 생겨난 것이다. 그것은 하나의 특징이 적응한 현재의 선택압과는 다른 선택압에 대한 적응으로부터 시작되는 것이다.

■ 계통학은 경쟁 가설들 중 가능성이 가장 높은 것을 찾아내는 방식이다

다른 진화적 시나리오들이 계통분석을 통해 밝혀질 수 있다. 형질들의 최소 횟수 진화, 형질 진화의 방향성과 시간 그리고 분화의 원인 등이 계통분석을 통해 추정될 수 있다.

■ 계통학은 종 다양성에 대해 설명할 수 있다

종풍부도의 원인과 관련된 의문점들은 계통분석으로 해소될 수도 있다.

21.5 계통학과 질병의 진화

■ HIV는 유인원 바이러스로부터 진화했다

계통분석을 통해 HIV와 SIV는 진화적 연관성을 가진다는 것이 밝혀졌다.

■ 계통학적 분석으로 질병의 전파 경로를 밝히다

HIV가 SIV에서 기원했고 여러 독립적인 경로로 인간에 전파되었다는 것은 분명한 사실이다.

■ 계통학적 분석으로 개체 간 AIDS의 진화 과정을 추적할 수 있다

아무리 HIV가 빠른 속도로 진화한다고 해도 계통분석으로 현재 관찰되는 HIV 바이러스들의 감염 경로와 기원을 찾아낼 수 있다.

연습문제

■1단계: 이해력 확인하기

1. 표현형의 공통 유사성이 항상 진화적 관계를 반영하지 않을 수도 있는 이유는 무엇인가?
   a. 수렴진화 때문에
   b. 다른 종류의 형질에 대한 진화적 변화율의 다양성 때문에
   c. 상사성 때문에
   d. a, b, c 모두 맞다.
2. 분지론에 대한 설명으로 옳은 것은?
   a. 표현형의 종합적인 유사성에 기반을 둔다.
   b. 유사성이 공통조상으로부터 물려받은 것인지 아니면 다른 이유가 있는 것인지에 대한 구분이 요구된다.
   c. 상사성의 영향을 받지 않는다.
   d. a, b, c 모두 옳지 않다.
3. 최소화의 원칙은 무엇인가?
   a. 진화생물학자들이 경쟁하는 여러 계통학적 가설들을 구분, 평가하는 데 도움을 준다.
   b. 형질의 극성 결정을 필요로 하지 않는다.
   c. 계통발생 분석에서 외군의 이용을 피할 수 있는 좋은 방법이다.
   d. 분자적 특성에는 적용될 수 없다.
4. 새, 악어 및 몇몇 공룡에서 공통적으로 관찰되는 부모의 돌봄 행동에서 최소화 원칙이 제안하는 것은 무엇인가?
   a. 수렴진화에 의해 독립적으로 여러 번 진화되었다.
   b. 하나의 조상으로부터 공통적으로 진화된 형질이다.
   c. 상사형질이다.
   d. 상동형질이 아니다.
5. 새의 앞다리와 코뿔소의 앞다리는 다음 중 무엇인가?
   a. 상동형질이고 공통원시형질이다.
   b. 상동형질이 아니지만 공통원시형질이다.
   c. 상동형질이고 공통파생형질이다.
   d. 상동형질이 아니지만 공통파생형질이다.
6. 여러 상태를 나타내는 한 형질의 극성을 결정하기 위해서 필요한 것은 다음 중 무엇인가?
   a. 관련 분류군들의 화석기록이 꼭 필요하다.
   b. 유전자 서열 자료가 반드시 필요하다.
   c. 해당 분류군들 무리를 부를 수 있는 이름이 필요하다.
   d. 적절한 외군이 반드시 필요하다.
7. 측계통군에서 다음 중 어떤 일이 가능할 것인가?
   a. 무리 내 모든 종들은 무리 밖의 종들보다 서로 매우 가까운 유연관계를 나타낼 것이다.
   b. 역진화(evolutionary reversal)가 자주 나타난다.
   c. 다계통군이 일반적으로 만들어진다.
   d. 몇몇 종들은 무리 내 어떤 종들보다 무리 밖의 종들과 가까운 근연관계를 나타낼 것이다.
8. 측계통군이란 다음 중 어떤 것에 해당하는가?
   a. 하나의 조상과 그의 모든 자손
   b. 하나의 조상과 그 자손의 일부
   c. 하나의 공통 조상보다 많은 자손
   d. a, b, c 모두 맞다.
9. 체관(sieve tube)과 체요소(sieve elements)는 다음 중 무엇인가?
   a. 다른 기능을 갖기 때문에 상사적이다
   b. 유사한 기능을 갖기 때문에 상동적이다.
   c. 그들의 공통조상인 단일 세포로부터 나왔기 때문에 상사기관이다.
   d. 동물에서 수송에 관여하는 구조이다.

■2단계: 적용력 평가하기

1. 수렴진화 때문에 유사한 표현형을 갖는 종을 포함하는 분류군은 다음 중 무엇인가?
   a. 측계통성이다.
   b. 단계통성이다.
   c. 다계통성이다.
   d. 하나의 좋은 분기군(cladistic group)이다.
2. 종 분화 속도에 비해 빠른 형질 변화의 속도가 분지론에 문제를 초래할 수 있는데 그 이유는 무엇인가?
   a. 진화적 유연관계가 먼 종에서 공유파생형질이 진화하는 빈도가 높기 때문이다.
   b. 역진화가 자주 일어날 수 있기 때문이다.
   c. 상사성이 공통이 될 수 있기 때문이다.
   d. a, b, c 모두 맞다.
3. 다음 중 계통학적 종개념으로 인지될 수 있는 종에 대한 설명인 것은 무엇인가?
   a. 때때로 생물학적 종개념으로도 구분될 수 있다.
   b. 때때로 측계통군이다.
   c. 공통원시형질로 특징지어진다.
   d. 동물보다는 식물에서 빈번하게 나타난다.

■3단계: 사고력 함양하기

1. **그림 21.2**에서 공통파생형질과 이에 의해 정의된 분류군을 나열하시오. 어떤 종류의 형질이 그 무리를 정의할 수 있는 정보를 제공해 줄 수 있는가?

2. "외군"을 확인하는 것은 계통분석의 주요 요소이다. 21.2절에 묘사된 것처럼 외군은 현재 관심을 가지는 분류군과 근연관계에 있지만 이에 속하지 않는 분류군을 선택해야 한다. 관심 있는 분류군 구성원들끼리의 관계도 모르면서 어떻게 외군이 적절하게 선택되었는지 알 수 있는가? 잘못된 외군 선택의 영향을 최소화하는 접근법에 대하여 생각해 보자.

3. 분지론은 계통분류학에서 널리 활용되는 방법이며, 현행 분류 체계는 점점 진화적 관계에 대한 정보를 더 많이 반영해 가고 있다. 새를 예로 들어, 새들을 파충류와 동등하게 보거나 다르게 보는 것의 장점과 단점을 논의해 보시오.

4. 삿갓조개류의 많은 종 사이에서 유생기 소실이나 직접발생(성체화)으로부터의 역진화 등이 여러 번에 걸쳐 나타난 것으로 보인다. 최소화 원칙하에 각 방향으로 변화가 가장 단순한 가설을 평가하는 데 동등하게 적용될 수 있겠는가? 만약 직접발생으로부터 역진화하는 것보다 유생 시기를 잃는 것이 더 쉽게 나타난다면 그 사실을 고려 대상으로 해야 하겠는가? 그렇다면 어떻게 해야 하겠는가?

5. 새, 익룡(백악기에 살았던 날아다니는 파충류의 한 종류), 박쥐는 모두 날개의 역할을 하도록 변화된 앞다리를 가졌지만 다른 방법으로 사용되었다. 이 구조는 상동기관인가? 만약 그렇다면 그들은 어떻게 상동성과 수렴성을 모두 가질 수 있었겠는가? 어떤 생물이 수렴적이지만 상동이 아닌 날개를 가지고 있는가?

6. 생물학적 종개념에 중심을 둔 진화 기작과 진화 및 분화 양상에 주안점을 둔 계통학적 종개념이 가지는 의미의 차이는 무엇인가? 어떤 것이 보다 올바른 것인가?

정답

1장

핵심 요약

1.1 양성자의 수가 중성자 수를 초과하면 전하에 영향을 주지 않지만, 양성자의 수가 전자 수를 초과하면 전하는 (+)이다.

1.2 원자는 최외각 전자 껍질이 채워지지 않을 때 반응한다. 비활성 기체는 최외각 전자 껍질을 채웠으므로 반응하지 않는다.

1.3 전자가 이동하면 이온결합이 생겨 양이온과 음이온이 서로 끌어당긴다. 공유결합은 두 원자가전자를 공유한 결과인데, 극성 공유결합은 전자를 불평등하게 공유한다. 이것은 부분적으로 전하를 생성하지만, 이온은 생성하지 않는다.

1.4 C와 H는 전기음성도가 거의 같으므로 비극성 공유결합을 형성한다. 따라서 이것은 응집력과 부착력을 생성하지 않는다.

1.5 얼음이 뜨기 때문에 호수는 위에서부터 아래로 얼어붙는다. 따라서 물이 호수 바닥에 액체 상태로 남아 있어 생물체가 겨울을 보낼 수 있다.

1.6 pH는 로그 척도이므로 $[H^+]$는 100배의 변화가 있다.

탐구문제 및 자료 분석

15쪽 자료 분석: 그래프로부터 pH를 4에서 6으로 변경하기 위해 약 4배의 염기가 추가되어야 한다.

연습문제

■1단계: 이해력 확인하기

1. b 2. d 3. b 4. a 5. c 6. d 7. b

■2단계: 적용력 평가하기

1. c 2. b 3. a 4. c 5. d 6. 화학 반응은 원자의 전자 구성이 변하는 것인데, 방사성 붕괴는 핵 자체의 실제 붕괴를 포함하여 다른 원자를 생성하고 방사선을 방출하는 것이다.

■3단계: 사고력 함양하기

1. Li은 1가이고, Br은 7가이기 때문에, Li은 Li^+를 형성하고 Br은 Br^-를 형성하여 산화/환원 반응을 할 것으로 예상한다. 이러한 이온은 이온결합으로 인해 결정을 형성한다.
2. 실리콘의 원자 번호는 14이다. 이는 (탄소와 비교할 수 있는) 최외각에 짝을 이루지 않은 4개의 전자가 있음을 의미한다. 이 사실을 바탕으로 탄소와 같은 실리콘이 4개의 공유결합을 형성할 수 있다는 결론을 내릴 수 있다. 실리콘은 또한 생물학적으로 중요한 분자의 형성에 참여하는 것으로 알려진 원소의 속성인 원자 질량이 21 미만인 원소 그룹에 속한다. 흥미롭게도 실리콘은 지구상의 탄소보다 훨씬 더 널리 퍼져 있다. 이산화규소는 식물의 세포벽과 규조류라는 단세포 생물체에서 발견되지만, 지구에서는 실리콘 기반의 생명체가 확인되지 않았다. 지구상의 실리콘이 풍부하다는 것을 고려할 때, 이 원자의 다른 화학적 측면이 살아있는 생명체를 구성하는 분자의 형성과 양립할 수 없다는 결론을 내릴 수 있다.
3. 물은 지구 생명체의 진화에 중요한 분자로 간주한다. 다른 행성의 물이 비슷한 역할을 할 수 있다고 가정하는 것이 합리적인데, 생명의 진화에서 그 역할을 뒷받침하는 물의 주요 특성은 다음과 같다.
   - 물의 용매로서의 능력: 살아있는 생명체에서 발견되는 것과 같이 물에 용해된 분자는 더 크고 복잡한 분자를 형성할 수 있는 방식으로 움직이고 상호작용할 수 있다.
   - 물의 높은 비열: 물은 온도를 조절하고 유지할 수 있기에, 다른 행성의 중요한 특징인 극한 온도로부터 그 안에 있는 분자나 생명체를 보호할 수 있다.
   - 얼음과 물의 밀도 차이: 얼음이 떠다니는 것은 살아있는 생물체가 얼음 표면 아래에서 보호되면서 머물 수 있기에, 이는 물 환경의 단순하지만 중요한 특징이다. 목성의 위성인 유로파에서 최근에 얼음으로 덮인 바다가 발견되었다는 점에서 이 가능성은 특히 흥미롭다.

2장

핵심 요약

2.1 가수분해는 탈수반응의 역반응이다. 탈수반응은 물이 손실되면서 2개의 분자를 하나로 합성하는 반응이며, 가수분해는 물의 첨가에 의한 절단반응이다.

2.2 녹말과 글리코젠은 모두 에너지 저장 분자이다. 그들의 고도로 분지된 성질은 방울 입자를 형성하고, 인접한 포도당 분자를 함께 묶는 결합의 유사성은 글리코젠 분해효소가 녹말을 분해할 수 있다는 것을 의미한다. 그러나 같은 효소가 셀룰로스를 분해하지는 못한다. 셀룰로스는 질긴 섬유 구조를 형성한다.

2.3 RNA의 염기서열은 U가 T(A에 상보적) 대신에 있다는 점을 제외하고는 DNA의 한 가닥과 같고 다른 가닥과는 상보적이다.

2.4 밝혀지지 않은 단백질이 밝혀진 단백질과 서열이 유사하면 그 기능도 유사하다고 추론할 수 있다. 밝혀지지 않은 단백질에 이미 알려진 기능을 담당하는 도메인이나 모티프가 있는 경우, 이를 사용하여 기능을 예측할 수도 있다.

2.5 인지질은 중성 지방의 지방산 중 하나를 전하를 띤 그룹으로 대체하여 가지고 있다. 따라서 인지질은 소수성 및 친수성 영역을 모두 가진 양친매성 분자인데, 물에서 자연적으로 2중층의 막을 형성한다.

연습문제

■1단계: 이해력 확인하기

1. b 2. a 3. d 4. c 5. b 6. b 7. c 8. b

■2단계: 적용력 평가하기

1. c 2. d 3. b 4. d 5. b 6. b 7. d

■3단계: 사고력 함양하기

1. 생물체에서 발견되는 4가지 거대분자는 모두 구조와 기능이 다르다. 탄수화물, 핵산, 단백질을 비교할 때 이들은 각각 서로 다른 단량체를 가진 고분자이다. 탄수화물의 경우 고분자는 모두 단순당인 포도당이다. 탄수화물은 에너지 저장 분자(많은 C–H 결합 포함) 및 질긴 섬유를 만드는 셀룰로

스와 같은 구조 분자를 포함하고 있다.

핵산은 뉴클레오타이드 단량체로 구성되며, 각각 리보스, 인산염 및 질소 염기로 구성된다. 이 분자들은 염기서열로 정보를 암호화하는 정보 분자이다. 염기는 특정 방식으로 상호작용하는데, A는 T와 염기쌍을 이루고, G는 C와 염기쌍을 이룬다. 이것이 정보 저장의 기본이다.

단백질은 아미노산 중합체로 형성된다. 아미노산은 20종류가 있어서, 엄청난 수의 다른 단백질을 만들 수 있다. 단백질은 거의 무제한의 기능을 가질 수 있는데, 이러한 기능은 단백질 사슬 구조의 놀라운 유연성에서 비롯된다.

2. 핵산: 2중나선의 가닥 사이에 상보적인 염기쌍은 수소결합으로 인해 생긴다. 상보적 염기쌍은 RNA 분자의 단일 핵산 가닥 내에서도 발생할 수 있다. 이웃한 염기 사이의 소수성 상호작용도 2중나선을 안정화시킨다.

   단백질: 2차 구조의 α 나선 및 β 병풍 구조는 아미노산 골격의 아미노기와 카복실기 사이의 수소결합 형성으로 인해 안정화된다. R 그룹 사이의 수소결합 형성은 3차 구조 수준에서 단백질의 3차원 접힘을 안정화시키는 데 도움이 된다. 소수성 상호작용은 또한 3차 구조를 안정화시킨다.

   탄수화물: 탄수화물에서 수소결합은 덜 중요하다. 그러나 이러한 결합은 식물 세포벽을 구성하는 셀룰로스 섬유의 형성에 관여한다.

   지질: 지질은 수소결합을 형성하지 않지만, 소수성 상호작용이 중요하다. 지방산의 소수성 특성으로 인해 막 구조가 형성된다.

3. 물은 지구 생명체의 진화에 중요한 분자로 간주한다. 다른 행성의 물이 비슷한 역할을 할 수 있다고 가정하는 것이 합리적인데, 생명의 진화에서 그 역할을 뒷받침하는 물의 주요 특성은 다음과 같다.
   - 물의 용매로서의 능력: 살아있는 생명체에서 발견되는 것과 같이 물에 용해된 분자는 더 크고 복잡한 분자를 형성할 수 있는 방식으로 움직이고 상호작용할 수 있다.
   - 물의 높은 비열: 물은 온도를 조절하고 유지할 수 있기에, 다른 행성의 중요한 특징인 극한 온도로부터 그 안에 있는 분자나 생명체를 보호할 수 있다.
   - 녹말에 결합하는 효소의 활성부위는 결합 모양이 달라서 셀룰로스와 결합할 것으로 예상되지 않는다. 따라서 이러한 효소는 셀룰로스 합성에 관여하지 않을 것이다.

3장

핵심 요약

3.1 모든 세포는 기존의 세포로부터 나온다는 설명을 수정해야 할지도 모른다. 이는 화성의 생명체가 지구의 생명체와 유사한 분자/세포 기반을 가지고 있는지 여부에 달려 있다.

3.2 박테리아와 고세균은 둘 다 핵막이 없고 광범위한 내막계가 없는 단일 세포이다. 구성은 다르지만 둘 다 세포벽을 가지고 있다. DNA 복제 및 세포분열에 관여하는 단백질은 다르지만, 둘 다 세포분열에 방추사가 관여하지 않는다.

3.3 각각의 기관에서 발견되는 특수한 세포 유형은 각 기관의 고유한 정체성을 나타낸다. 그렇다고 공통적인 세포 유형(예, 표피세포)이 없는 것은 아니지만, 각 기관은 특수한 세포 유형을 갖는 경향이 있다.

3.4 다르지 않고 동일하다!

3.5 세포소기관 단백질을 암호화하는 핵의 유전자는 세포소기관에서 핵으로 이동했을 것이다. 생물 역(domain) 간에 "수평적 유전자전달"이 많이 일어났다는 증거가 존재한다.

3.6 특히 세포벽이 없는 동물세포에서 큰 세포에 대해 구조적으로 지지하고 지원한다.

3.7 미세소관과 미세섬유는 모두 세포의 운동과 세포 주변의 물질 이동에 관여한다. 반면에 중간섬유는 이러한 동적인 역할 대신에, 더 구조적인 역할을 한다.

3.8 세포연접은 세포를 서로 다른 방식으로 조직하고 결합하여 더 높은 수준의 구조를 만드는 데 도움이 된다. 기능적으로 다양한 목적을 위해 다양한 종류의 연접을 사용할 수 있다.

탐구문제 및 자료 분석

52쪽 탐구문제: 세포에 대해 늘이기, 움푹 파이게 하기, 둘둘 말기, 접기, 하나 이상의 핵 추가 등을 포함하여 세포질과 외부 환경 사이의 확산(표면적)을 증가시키는 모든 것을 변형할 수 있다.

64쪽 탐구문제: 미토콘드리아와 엽록체는 모두 고도로 접힌 내막을 가지고 있으며, 여기서 많은 반응이 일어나 ATP가 생성된다. 이들은 또한 효소를 포함한 내부 방(기질)을 가지고 있다.

71쪽 탐구문제: 폐(기관)의 섬모 세포는 호흡기에서 미립자 물질을 제거한 후, 소화관에서 배출하거나 삼켜지도록 도와준다.

연습문제

▪1단계: 이해력 확인하기

1. d 2. d 3. c 4. a 5. c 6. d 7. b

▪2단계: 적용력 평가하기

1. c 2. b 3. c 4. b 5. c 6. b 7. a

▪3단계: 사고력 함양하기

1. 순서는 SER에서 시작하여 RER, 골지체, 마지막으로 원형질막으로 이동해야 한다. 2개의 막 구획 사이에서 인지질 분자는 수송소포를 통해 운반된다. 수송소포는 인지질 2중층으로 구성된 작은 "막의 기포"이다.
2. 이 세포소기관이 독립적으로 생존하는 박테리아라면, 박테리아에서 발견되는 특징을 가질 것이다. 미토콘드리아와 엽록체는 모두 DNA가 있지만, 핵은 없으며 진핵생물에서 발견되는 복잡한 세포소기관이 없다. 언뜻 보기에 크리스타는 내막계처럼 보일 수 있지만, 실제로는 안쪽 막이 접혀진 구조이다. 세포내공생이 생기면 이것(내막)은 공생체의 원형질막이 되고, 외막은 삼키는 세포의 원형질막에서 유래할 것이다. 또 다른 검증 방법은 이 세포소기관의 DNA를 현재 박테리아와 비교하는 것이다. 이는 실제로 공생체의 정체성을 확신할 수 있게 하였다.
3. 원핵생물과 진핵생물 편모는 상사 형질의 예이다. 두 편모는 화학에너지를 기계적 힘으로 전환하여 주변 환경에서 세포의 추진력을 제공한다. 주요 차이점은 편모의 구조에 있다. 박테리아 편모는 세포의 원형질막 내에 고정된 기저체에서 나오는 단일 단백질로 구성되며 양성자 기울기 에너지를 사용하여 회전(프로펠러) 운동을 일으킨다. 대조적으로, 진핵생물의 편모는 다양한 단백질이 복잡한 축 미세소관으로 조립된 구조인데, ATP 에너지를 사용하여 물결치는 운동을 일으킨다.
4. 미토콘드리아와 엽록체의 기원은 산소호흡 원핵생물 또는 광합성 원핵생물이 진핵생물에 의해 삼켜졌지만, 일부만 소화된 결과라고 가정한다. 이 정보에 근거하여 지알디아(Giardia)의 기원에 대해 2가지 시나리오가 가능하다. 첫 번째 시나리오는 지알디아의 조상이 핵이 진화한 후 미토콘드리아를 획득하기 전에 진핵생물 계통에서 분리되었다는 것이다. 두 번째 시나리오는 지알디아의 조상은 미토콘드리아를 획득한 후 분리된 다음 미토콘드리아를 잃었다는 것이다. 현재는 이 두 가지 시나리오 중 어느 것도 제외할 수 없는 상황이다. 첫 번째 사례가 가장 좋은 설명이라고 오랫동안 생각

되었지만, 최근에는 두 번째 시나리오를 지지하는 증거가 발견되었다.

3. 지질은 한 층에서 삽입되어 비대칭을 생성할 수 있다. 지질이 SER(매끈면 소포체)에서 합성되면 비대칭 막으로 조립될 수 있다. 그러나 소포체에는 한 층에서 다른 층으로 지질을 옮길 수 있는 효소가 존재하기에 대칭적으로 분포할 수 있다.

4장

핵심 요약

4.1 세포는 세포의 내용물을 조절할 수 없을 것이다. 비극성 분자는 작은 극성 분자처럼 확산으로 인해 막을 통과할 수 있지만, 특정 분자의 통과를 조절하는 단백질이 없으면 반투과성 막으로 작용하지 않을 것이다.

4.2 아니다. 2중층의 비극성 내부는 비극성 용매에 용해될 것이고, 인산염의 음전하끼리는 서로 밀어낼 것이기에 인지질 2중층은 형성되지 않을 것이다.

4.3 막관통영역은 단백질을 막에 고정시킨다. 즉 이 영역은 막의 소수성 내부와 결합하므로 소수성이어야 한다. 만약 막의 내부로부터 빠져나온다면 물에 의해 튕겨 나갈 것이다.

4.4 정맥 주사액의 농도는 혈액 세포와 등장이어야 한다. 만약 저장성이라면 혈액 세포는 물의 유입으로 터질 것이고, 고장성이면 혈액 세포가 수분을 잃고 수축할 것이다.

4.5 통로단백질은 촉진확산을 하는 수용성 통로이기 때문에, 이온을 능동적으로 수송할 수 없다. 운반단백질은 기질에 결합한 후, 어떤 형태의 에너지와 연결하여 이온을 능동수송할 수 있다.

4.6 모든 경우에 단백질에 의한 분자(기질)의 인식 및 특이적 결합이 일어난다. 각각의 경우 이 결합은 생물학적 기능에 필수적이다.

탐구문제 및 자료 분석

86쪽 탐구문제: 유동모자이크모델의 이름에서 알 수 있듯이 세포막에는 어느 정도의 유동성을 가지고 있다. 유동성의 정도는 막의 구성성분에 따라 다르지만, 모든 막에서 인지질은 막 내에서 움직일 수 있다. 또한 인지질 분자의 양 말단 쪽에 있는 소수성 및 친수성으로 인해 인지질 2중층이 활발하게 형성된다. 따라서 막이 손상되면 인접한 인지질이 자동으로 이동하여 개구부를 채운다.

87쪽 탐구문제: 막관통단백질은 막 구조 내에 내재되어 막을 가로지르는 통로를 제공한다. 막관통단백질은 인지질 2중층의 극성 및 비극성 영역을 모두 통과해야 하기에, 비극성 지방산으로 된 막의 내부에 있는 단백질 부분도 비극성이어야 한다. 막관통단백질의 아미노산 서열은 양쪽 끝에 극성 아미노산이 있고, 단백질의 중간 부분에 비극성 아미노산이 존재한다.

연습문제

1단계: 이해력 확인하기

1. d 2. a 3. d 4. d 5. b 6. b 7. a

2단계: 적용력 평가하기

1. c 2. b 3. d 4. c 5. d

3단계: 사고력 함양하기

1. 막단백질은 에너지 분자인 ATP가 없는 상태에서도 혼합되기 때문에 운동에 화학에너지가 필요하지 않다는 결론을 내릴 수 있다. 단백질은 온도가 낮을 때 움직이지 않고 섞이지 않기에 움직임이 온도에 민감하다는 결론을 내릴 수 있다. 즉 분자의 수동 확산은 온도에 따라 달라지며 화학에너지가 필요하지 않다. 따라서 막 유동성이 수동 확산의 결과로 발생한다고 결론을 내릴 수 있다.
2. 다양한 세포내막계를 구성하는 2중층의 안쪽 층은 원형질막 2중층의 바깥쪽 층이 된다.

5장

핵심 요약

5.1 빛은 바다 밑바닥까지는 들어오질 않아서 에너지원으로 사용되지 않는다. 그러나 황화합물과 같이 산화될 수 있는 환원된 미네랄 형태의 많은 에너지원이 존재한다. 환원된 미네랄은 지각판의 접합부에서 발견되는 열수구에 풍부한데, 바다 밑의 생태계는 이들을 산화시키는 박테리아에 의존한다.

5.2 한마디로, 아니다. 효소는 반응속도만 변경한다. 효소의 작용은 반응에 대한 ΔG를 변화하지 않는다.

5.3 본문에서는 평균적인 사람이 하루에 대략 자기 체중에 해당하는 ATP를 사용한다고 명시했다. 이로부터 대략적으로 방출되는 에너지의 양을 결정하면,

$100\ \text{kg} = 1.0 \times 10^5\ \text{g}$

$(1.0 \times 10^5\ \text{g})/(507.18\ \text{g/mol}) = 197.2\ \text{mol}$

$(197.2\ \text{mol})(7.3\ \text{kcal/mol}) = 1439\ \text{kcal}$

5.4 이 질문에 대해 확실히 대답하기는 어렵지만, 몇 가지 합리적인 추측을 할 수 있다. 첫째, DNA는 대부분 효소가 발견되는 세포질이 아니라 핵에 있다. 둘째, DNA의 2중가닥 구조는 정보 저장에 적합하지만, 반드시 효소로 작용하는 것은 아니다. 각 염기는 반대쪽 가닥의 염기와 상호작용하여 매우 안정적인 선형 분자를 만들지만, 효소에서 발견되는 복잡한 3차원 형태로 접히지 않는다.

5.5 피드백억제는 대사산물을 합성하는 경로에서 일반적이다. 이러한 동화경로에서 최종 산물이 축적되면 피드백을 통해 자체 생산을 억제한다. 이화경로는 화합물의 분해에 관여한다. 따라서 최종 산물이 파괴되거나 제거되어 피드백을 받을 수 없기에 피드백억제는 화합물을 분해하는 이화경로에서 생화학적 의미가 크지 않다.

탐구문제 및 자료 분석

107쪽 자료 분석: 전체 ΔG는 개별 ΔG의 합 또는 -3.9 kcal/mol이다. 이것은 전체 과정을 자유에너지 감소성 반응으로 만든다.

연습문제

1단계: 이해력 확인하기

1. b 2. a 3. b 4. a 5. d 6. b 7. d

2단계: 적용력 평가하기

1. b 2. c 3. a 4. c 5. c 6. c

3단계: 사고력 함양하기

1. a. 40°C에서 효소는 최적 상태이다. 이때 반응속도는 최고 수준이다.
   b. 온도는 효소 기능에 영향을 미치는 요소이다. 이 효소는 매우 춥거나 더운 온도에서 작용하지 않는다. 효소의 형태는 온도에 의해 영향을 받으며, 극한 온도에서 효소의 구조는 더이상 기질에 결합하지 않을 정도로 변경된다. 또는 극한 온도에서 효소의 정상적인 3차원 형태가 완전히 손실되는 변성이 일어날 수 있다. 계란프라이에서 계란의 단백질이 어떻게 되었는지 생각해 보자.
   c. 모든 사람의 몸은 조금씩 다른데, 최적 온도가 매우 좁은 범위에 있으면

신체를 구성하는 세포가 제대로 작용하지 못할 것이다. 그러나 보다 넓은 온도 최적값을 가지면 효소 기능이 유지되기 쉽다.

2. a. 기질 ATP의 농도가 낮기에 반응속도가 느려질 것이다. 반응속도는 기질 농도에 따라 다르다.
   b. ATP는 농도가 매우 높을 때 비경쟁적인 억제제 역할을 한다. ATP가 다른자리입체성 부위에 결합하면 반응이 느려진다.
   c. ATP 수준이 높으면 과잉 ATP 분자가 다른자리입체성 부위에 결합하여 효소를 억제한다. 다른자리입체성 억제제는 효소 활성부위의 모양을 변화시킴으로써 작용한다. 이 반응은 ATP가 해당과정과 관련된 일련의 전체 반응의 최종 생성물이기 때문에, 피드백 조절의 한 예이다. 세포는 인산과당인산화효소에 의해 촉매되는 이 초기 단계를 조절하여 해당과정을 조절한다. 다른자리입체성 억제제는 해당과정(및 이후 단계)의 "생성물"인데, 즉 ATP이다.

6장

핵심 요약

6.1 세포는 다양한 기능을 위해 에너지가 필요하다. 포도당의 산화와 관련된 반응은 복잡하며, 이를 에너지가 필요한 다른 대사 기능과 연결하는 것은 비효율적이다. 따라서 세포는 ATP를 재사용 가능한 에너지원으로 만들고 이용한다.

6.2 해당과정의 장소는 미토콘드리아의 공생적 기원을 지지하거나 반대하는 것과 상관없다. 해당과정은 이전에 미토콘드리아에 있다가 세포질로 옮겨졌거나, 이전부터 진핵생물의 세포질에 항상 있었을 수 있다.

6.3 피루브산탈카복실효소 같은 경우, 복합체는 반응의 여러 단계에서 기질의 확산 거리를 줄여주기에, 원치 않는 부작용을 최대한 방지한다. 또한 반응은 하나의 단위체 내에서 발생하므로 조율된 방식으로 통제할 수 있다. 가장 큰 단점은 효소 모두가 복합체 일부이기 때문에, 각각 독립적으로 존재하는 경우보다 진화가 더 제한적이라는 것이다.

6.4 시트르산 회로가 끝나면 포도당에서 제거된 전자는 모두 전자운반체에 의해 운반된다. 이들 중 대부분은 NADH에 있고 일부는 $FADH_2$에 있다. 이들 모두는 유산소 조건에서 전자전달연쇄로 공급되어 양성자 기울기를 생성하는 데 사용된다.

6.5 외막에 구멍이 있으면 막간 공간의 양성자가 누출될 수 있다. 이것은 내부 막을 가로지르는 양성자 기울기를 파괴할 수 있어 ATP 합성효소에 의한 ADP의 인산화를 중단시킬 수 있다.

6.6 화학삼투는 ATP/NADH 비율이 "펌프"의 수에 의존하지 않는다. 대신, 효소의 회전에 필요한 양성자의 수와 ADP/ATP에 대한 효소의 결합 부위 수에 따라 달라진다.

6.7 당에서 호흡의 시작점인 해당과정은 인산과당인산화효소에서 조절된다. 이 효소는 6-C 골격이 2개의 3-C 분자로 분리되기 직전에 작용한다. 이 효소의 다른자리입체성 효과에는 ATP와 시트르산이 관여한다. 따라서 "최종 산물"인 ATP와 크렙스 회로의 중간체는 모두 이 과정의 첫 번째 부분을 억제하기 위해 피드백되기에 ATP의 효율적인 생산을 보장한다.

6.8 첫 번째로 가장 가능성이 큰 유형의 생태계는 산소가 제한적이거나 존재하지 않는 생태계일 것이다. 여기에는 해양, 수생 및 토양 환경이 포함된다. 산소가 부족한 곳은 무산소성(혐기성) 생물체가 우점할 것으로 예상되며, 호흡은 발효보다 더 많은 에너지를 생성한다.

6.9 아니다. 그 이유는 두 가지인데, 먼저 지방산의 산화로 인해 아세틸 단위체가 크렙스 회로에 공급된다. 크랩스 회로에서 나온 전자는 화학삼투에 의한 ATP를 생성하기 위해 전자전달연쇄로 공급된다. 두 번째 이유는 아세틸 단위체를 생성하는 β 산화 과정도 산소 의존적이라는 것이다. β 산화는 FAD를 보조인자로 사용하여 $FADH_2$를 생성하고, $FADH_2$는 전자전달연쇄에 의해 산화되기 때문이다.

6.10 물질대사의 기원에 대한 증거는 간접적이다. 대기 중 O_2의 존재는 광합성의 결과이므로, 환원 대기에서 산화 대기로 갔을 때의 연대기는 산소 광합성의 증가를 나타낸다. 당분해는 거의 모든 유형의 세포에서 발견되는 보편적인 경로이다. 이는 다른 유형의 에너지 대사 이전에 진화했을 가능성이 큰 고대의 경로임을 나타낸다. 질소고정은 산소의 독성에 의해 방해받고 환원 대기의 도움을 받기 때문에 산소 광합성에 앞서 환원 대기에서 진화했을 것이다.

탐구문제 및 자료 분석

139쪽 자료 분석: 지방의 이화작용 동안 β 산화의 각 주기는 ATP 한 분자를 사용하고 $FADH_2$ 및 NADH를 각각 한 분자씩 생성한다. 탄소가 16개인 지방산의 경우, 7번의 β 산화로 인해 8개의 아세틸-CoA 분자를 생성한다. 크렙스 회로에서 각 아세틸-CoA의 산화는 10개의 ATP 분자를 생성한다. 따라서 16-탄소 지방산의 전체 ATP 수율은 7회의 β 산화로부터 21개 ATP(주기당 4 ATP-초기 반응에서 1회당 1개의 ATP)+8개의 아세틸-CoA 산화로부터 80 ATP=101개 ATP 분자를 획득하게 된다.

연습문제

▪1단계: 이해력 확인하기

1. d 2. d 3. c 4. c 5. a 6. d 7. c

▪2단계: 적용력 평가하기

1. b 2. b 3. c 4. c 5. c 6. b 7. b

▪3단계: 사고력 함양하기

1.

분자	당분해	세포호흡
포도당	반응의 시작 물질	포도당을 직접 사용하지 않는다. 그러나 포도당에서 추출한 피루브산을 사용한다.
피루브산	해당과정의 최종 생성물	세포호흡을 위한 출발 물질
산소	필요하지 않음	산소호흡에는 필요하지만 무산소호흡에는 필요하지 않다.
ATP	기질 수준의 인산화를 통해 생성됨	산화적 인산화를 통해 생성된다. 해당과정보다 더 많이 생산된다.
CO_2	생산되지 않음	피루브산의 산화 및 크렙스 회로 동안 생성된다.

2. 미토콘드리아 내막의 전자전달연쇄는 양성자를 막간공간으로 내보내 수소이온 농도기울기를 생성하는 기능을 한다. 전형적인 미토콘드리아에서 양성자는 오직 ATP 합성효소를 통해 이동하면서 ATP를 생성함으로써 농도기울기를 감소하는 방향으로만 확산할 수 있다. 양성자가 다른 수송 단백질을 통해 이동할 수 있다면 수소이온 농도기울기의 위치에너지가 열로 "손실"된다.
3. 갈색 지방이 성인에게 지속되면 위에서 설명한 열을 생성하는 짝풀림(uncoupling) 기작으로 인해 추운 환경에서 체중이 감소할 수 있다. 현재는 몇몇 증거로 인해 이것이 사실로 나타나고 있다.

7장

핵심 요약

7.1 엽록체와 미토콘드리아는 모두 외막과 정교한 내막을 가지고 있다. 이러한 내막계에는 화학삼투에 의한 ATP 합성을 위해 막을 가로질러 양성자를 이동시키는 전자전달연쇄가 있다. 또한 둘 다 다양한 효소가 반응을 수행하는 구획된 공간을 가지고 있다.

7.2 신체의 모든 탄소는 독립영양생물에 의한 탄소고정에서 비롯된다. 따라서 신체의 모든 탄소는 식물에 의해 고정되기 전의 대기 중 CO_2였다.

7.3 광합성을 위한 작용 스펙트럼은 가장 효과적인 파장을 나타낸다. 개별 색소의 흡수 스펙트럼은 서로 다른 파장에서 흡수되는 빛의 양을 보여준다.

7.4 광계가 발견되기 전에는 각 엽록소 분자가 광자를 흡수하여 여기된 전자를 생성한다고 가정했기 때문이다.

7.5 양성자 기울기가 없으면 화학삼투에 의한 ATP 합성이 불가능할 것이다. 그러나 NADPH는 여전히 합성될 수 있는데, 그 이유는 광자가 흡수되는 한 전자전달이 여전히 발생하기 때문이다.

7.6 캘빈 회로의 일부는 해당과정의 역순이다(3-포스포글리세르산에서 글리세르알데하이드 3-인산으로의 환원).

7.7 C_4 식물과 CAM 식물 모두 CO_2를 4-탄소 말산에 통합하여 탄소를 고정한 다음, 이를 사용하여 캘빈 회로 동안 높은 농도의 CO_2를 생성한다. 주요 차이점은 CO_2 생성이 C_4에서는 다른 세포에서 발생하고 CAM에서는 다른 시간에 발생한다는 것이다.

탐구문제 및 자료 분석

148쪽 자료 분석: 빛에너지는 NADPH와 ATP를 생산하는 데 사용되며, 이들은 CO_2를 줄이는 데 사용할 수 있다. 엽록소 분자는 빛에너지의 광자를 흡수하므로 빛의 강도를 높이면 광합성이 증가하지만 모든 엽록소 분자가 사용 중이면 포화된다.

153쪽 자료 분석: 그래프에 나타낸 관찰치 곡선과 유사하지만, 각각 더 높은 수준과 더 낮은 수준에서 포화될 것이다. 더 높은 수준조차도 모든 엽록소 분자가 사용되는 예측 포화곡선보다 낮을 것이다.

156쪽 자료 분석: 두 광계가 순차적으로 작동하지 않고 함께 작동한다는 결론을 내릴 수 있다.

연습문제

■ 1단계: 이해력 확인하기

1. c 2. a 3. a 4. b 5. c 6. c 7. a 8. b

■ 2단계: 적용력 평가하기

1. d 2. b 3. d 4. c 5. d 6. d 7. a 8. a

■ 3단계: 사고력 함양하기

1. C_3 식물에서 CO_2는 리불로스 1,5-2인산(RuBP)과 반응하여 2분자의 PGA를 생성한다. 이 반응은 루비스코(rubisco)에 의해 촉매되는데, 이 효소는 또한 RuBP의 산화를 촉매하기도 한다. 어떤 반응이 우세한지는 반응물의 상대 농도에 따라 다르다. 캘빈 회로의 반응은 PGA를 G3P로 생성하여 RuBP를 포함한 다양한 당을 만드는 데 사용할 수 있다. C_4 및 CAM 식물에서 초기 고정 반응은 CO_2를 말산에 통합한다. 그런 다음 말산은 탈카복실화되어 피루브산을 만드는데, 국부적으로 높은 수준의 CO_2를 생성할 수 있다. 높은 수준의 CO_2는 루비스코에 의한 RuBP의 산화를 억제한다. C_4 식물에서 말산은 한 세포에서 생산된 다음 기공이 없는 인접한 세포로 이동하여 높은 수준의 CO_2를 생산한다. CAM 식물은 기공이 열려있는 밤에 탄소를 말산으로 고정한 다음 낮에 이것을 사용하여 캘빈 회로에 연료를 공급한다. 둘 다 탄소를 보다 효율적으로 고정하고 건조를 방지하기 위해 덥고 건조한 기후에서 발생한 진화적 혁신이다.
2. 이 관계는 그림 7.19에서 볼 수 있다. 광합성에 의해 생성된 산소는 호흡에서 전자전달을 위한 최종 전자 수용체로 사용된다. 포도당(또는 지방산)의 산화로 인해 발생하는 CO_2는 캘빈 회로를 통해 유기화합물에 통합된다. 호흡은 또한 물을 생산하고 광합성은 물을 소비한다.
3. 필요하다. 식물은 엽록체를 사용하여 빛에너지를 화학에너지로 전환한다. 명반응 동안 ATP와 NADPH가 생성되지만, 이 분자는 캘빈 회로에 의해 소비된다. 캘빈 회로에 의해 생성된 G3P는 명반응의 화학에너지를 저장한다. 궁극적으로 이 에너지는 포도당에 저장되고 해당과정과 세포호흡을 통해 세포에서 사용되기에 미토콘드리아가 필요하다.

8장

핵심 요약

8.1 리간드는 수용체에 상보적인 구조를 가지고 있기에 수용체와 결합한다. 분자 인식에 기반한 이 상호작용은 효소가 리간드와 상호작용하는 방식과 유사하다.

8.2 소수성 분자는 막을 통과 할 수 있으므로 내부 수용체를 가질 가능성이 더 크다.

8.3 세포내 수용체는 유전자 발현에 직접적인 영향을 미치는데, 일반적으로 더 긴 시간의 효과로 이어진다.

8.4 Ras 단백질은 생장인자와 관련된 신호전달경로에서 중심적인 역할을 한다. 다양한 종류의 생장인자가 Ras를 통해 작용한다. 따라서 돌연변이된 Ras 단백질이 여러 암의 요인이라는 것은 놀라운 일이 아니다.

8.5 GPCR은 매우 오래되고 유연한 수용체/신호경로이다. 이 수용체를 암호화하는 유전자는 중복된 후 진화를 통해 다양해졌으므로, 이제는 이 유전자 집단의 구성원이 많이 존재한다.

연습문제

■ 1단계: 이해력 확인하기

1. b 2. b 3. c 4. d 5. b 6. d 7. c 8. a

■ 2단계: 적용력 평가하기

1. b 2. c 3. c 4. d 5. d 6. c

■ 3단계: 사고력 함양하기

1. 모든 신호전달은 수용체에 결합하는 리간드로 시작된다. 수용체는 궁극적으로 세포 행동의 변화로 이어지는 일련의 사건을 개시한다. 몇몇 경우에는 변화가 즉시 일어난다(예, 이온통로 개방). 다른 경우에는 변화가 생기기 전에 더 많은 시간이 필요한데, 예로 MAP 카이네이스 경로가 활성화될 때 여러 카이네이스가 활성화 및 비활성화되는 것을 들 수 있다. 일부 신호는 짧은 시간 동안만 세포에 영향을 주지만(예, 통로 단백질), 다른 신호는 유전자 발현을 변화함으로써 세포를 영구적으로 변경할 수 있으므로 세포에서 발견되는 단백질의 수와 종류가 달라진다.
2. a. 이 시스템은 Netrin-1이 그 생산을 담당하는 소낭샘 내의 세포와 인접 세포에 영향을 미칠 수 있기 때문에 자가분비 및 국소분비 신호를 모두 포함한다.

   b. Netrin-1이 수용체에 결합하면 세포 생장 신호가 생성된다. 이 신호는 가장 많은 양의 Netrin-1이 있는 조직 영역, 즉 소낭샘에서 가장 강할 것

이고, Netrin-1의 농도기울기가 존재하여 융모 끝에서 가장 낮을 것이다. 결과적으로 융모 끝에서 가장 많은 양의 세포사멸이 발생한다.

c. 종양은 세포 생장이 조절되지 않을 때 발생한다. Netrin-1이 없으면 Netrin-1 수용체가 세포사멸을 촉발하여 상피조직을 구성하는 세포 수를 조절할 수 있다. 세포 수를 조절하는 이 기작이 없다면 종양을 형성할 가능성이 더 크게 나타날 것이다.

9장

핵심 요약

9.1 동시에 일어나는 염색체의 복제 및 분리는 하나의 작은 염색체에서는 잘 작동하지만, 많은 염색체가 있는 경우에서는 잘 작동하지 않을 가능성이 크다.

9.2 관련이 없다.

9.3 유사분열을 완료한 세포는 DNA를 복제하고 염색체를 분리했을 것이다. 이 세포가 세포질분열을 거치지 않으면 염색체 수가 2배인 4배체가 된다.

9.4 코헤신의 소실은 DNA 복제 산물이 함께 결합되지 않음을 의미한다. 이는 정상적인 유사분열을 불가능하게 하여 이수성 세포를 만들고, 아마도 치명적일 것이다.

9.5 코헤신을 잃은 염색체는 중기에서 더이상 서로 부착된 상태를 유지할 수 없기에 무작위로 분리될 것이다. 이로 인해 딸세포에서 이 염색체가 있거나 손실되는 결과를 초래할 것이다.

9.6 MPF는 세포를 G2기에서 유사분열로 유도하는 촉진인자이다.

9.7 종양억제유전자는 유전적으로 열성이지만, 원종양유전자는 우성이다. 종양억제유전자의 기능상실돌연변이는 암을 유발하는 반면, 원종양유전자의 부적절한 발현 또는 기능획득돌연변이는 암으로 이어진다.

연습문제

▪1단계: 이해력 확인하기

1. d 2. b 3. b 4. b 5. a 6. c 7. b 8. d

▪2단계: 적용력 평가하기

1. a 2. c 3. b 4. d 5. c 6. d

▪3단계: 사고력 함양하기

1. Wee-1이 없으면 세포는 인산화에 의해 Cdk를 억제하지 않는다. Cdk가 활성 상태로 유지되면 G2/M 확인점을 통과하도록 세포에 계속 신호를 보내서, 이제는 통제되지 않은 방식으로 세포분열이 진행된다. 세포는 G2기에 일어나는 성장 과정 없이 여러 차례의 세포분열을 겪기에 딸세포는 분열할 때마다 점점 더 작아질 것이다. 따라서 단백질의 이름이 이렇게 명명되었다. (wee는 '아주 작은'이란 뜻이다.)
2. 생장인자 = 리간드
   1. 리간드는 수용체에 결합한다(생장인자는 생장인자수용체에 결합함).
   2. 신호가 세포질로 전달된다.
   3. 신호전달 연쇄반응이 촉발된다. 여러 개의 중간 단백질 또는 2차전달자가 영향을 받는다.
   4. 전사인자가 활성화되어 DNA의 특정 부위에 결합한다.
   5. 전사가 일어난 후, mRNA가 세포질로 들어간다.
   6. mRNA가 번역되고 단백질이 형성된다.
   7. 단백질은 세포질 내에서 작용하여 S기를 유발한다.

   그림 9.21을 살펴보면 생장인자에 의해 수용체-리간드 결합이 일어난 후 S기 단백질을 형성하는 유사한 경로를 볼 수 있다. 궁극적으로 전사인자 E2F를 조절하는 Rb 단백질은 인산화되어, E2F가 S기 단백질 유전자와 사이클린 유전자에 결합할 수 있게 한다.
3. 원종양유전자는 세포분열을 조절하는 신호전달경로에서 작용하는 단백질을 암호화한다. 이러한 단백질의 조절이 비정상적이거나, 돌연변이에 의해 "작동(on)" 상태로 되면 암으로 이어질 수 있다. 반면에 종양억제유전자는 세포분열을 활성화하는 대신 억제하는 단백질을 암호화하는 경향이 있다. 따라서 종양억제유전자의 기능상실은 암으로 이어진다.

10장

핵심 요약

10.1 줄기세포는 체세포분열을 하여 또 다른 줄기세포와 감수분열을 하는 세포를 생성한다.

10.2 아니다. 첫 번째 분열에서 자매염색분체를 함께 유지하는 것이 감수분열의 핵심이다. 상동염색체는 첫 번째 분열에서 분리되어 염색체 수를 절반으로 줄인다.

10.3 후기 I에서 부적절하게 분리하면 4개의 이수성 배우자(2개는 여분의 염색체가 있고 2개는 염색체가 결실됨)가 된다. 후기 II에서 비분리는 2개의 정상적인 배우자 및 2개의 이수성 배우자(1개는 여분의 염색체가 있고 1개는 염색체가 결실됨)를 만들 것이다.

10.4 중기 I에서 상동염색체 쌍의 독립적인 배열 및 교차 과정. 첫 번째는 전체 염색체 수준에서 유전체를 섞고 두 번째는 개별 염색체 수준에서 유전체를 섞는다.

탐구문제 및 자료 분석

223쪽 탐구문제: 아니다. 감수1분열이 끝나면 각 세포에는 각 상동염색체 쌍의 한쪽만 있다. 따라서 감수1분열 후에 자매염색분체가 서로 부착되어 있지 않더라도 결과는 체세포분열과 같지 않을 것이다.

연습문제

▪1단계: 이해력 확인하기

1. c 2. d 3. a 4. b 5. b 6. a 7. b

▪2단계: 적용력 평가하기

1. c 2. b 3. b 4. d 5. b 6. a

▪3단계: 사고력 함양하기

1. 각자 그린 그림과 그림 10.6을 비교해보자.
   a. 이배체가 6인 생물체에는 3개의 상동염색체 쌍이 있다.
   b. 각 상동염색체 쌍에 대해 모계 및 부계 염색체가 각각 있어야 한다.
   c. 다양한 배열이 가능하다. 핵심은 중기 적도판를 따라 단일 염색체가 아닌 쌍으로 정렬된 상동염색체를 표시해야 한다는 것이다. 모계 및 부계 염색체는 세포의 같은 쪽에 정렬될 필요가 없다. 독립적 분리는 상동염색체 쌍에서 모계 및 부계 염색체가 혼합될 수 있음을 의미한다.
   d. 상동염색체 쌍은 감수1분열 후기 동안 분리되었기에 중기 II에는 포함되지 않는다. 따라서 중기 I에는 반수체인 염색체 수(이 경우 3개)가 중기 적도판을 따라 정렬된 그림으로 표시해야 한다. 감수2분열은 체세포분열과 유사하다는 것을 기억하자.
2. 노새의 2배체 염색체 수는 63개이다. 노새는 말의 부모($2n=64$, $n=32$)로부터 32개의 염색체를 받고 당나귀 부모($2n=62$, $n=31$)로부터 다른 31개의 염색체를 받는다. 즉 $32+31=63$. 따라서 노새의 반수체 수는 이배체

수의 절반(63÷2=31.5)이 된다. 0.5개의 염색체가 존재할 수 있을까? 보장할 수는 없지만, 말과 당나귀 염색체가 쌍을 이룬다고 해도 파트너 없는 염색체 하나가 있을 것이다. 이것은 생존할 수 없는 이수성 배우자로 이어질 것이다.

3. 독립적 분리는 감수1분열 동안 생성된 딸세포로 모계 대 부계 상동염색체의 무작위 분포가 일어나는 것을 포함한다. 가능한 배우자 수는 $2n$이며, 여기서 n은 염색체의 반수체 수이다. 교차점은 상동염색체 간에 유전 물질을 물리적으로 교환하여 단일 염색체에 새로운 유전자 조합을 생성하는 것이다. 교차는 커다란 영역의 유전 물질에 영향을 미치는 비교적 드문 사건이므로, 독립적 분리가 유전적 다양성에 가장 큰 영향을 미칠 가능성이 있다.
4. a. 비분리는 염색체가 반대쪽 극으로 당겨지는 지점에서 발생하기에, 후기 동안에 생긴다.
   b. 그림 10.6과 같은 이미지를 사용하여 후기 I 대 후기 II의 비분리 결과를 그려라.

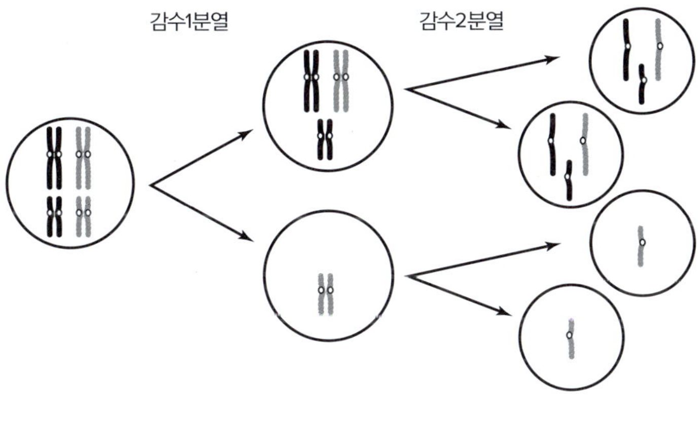

11장

핵심 요약

11.1 둘 다 중요했지만, 아마도 접근 방식이 가장 중요했을 것이다. 이론적으로 그의 접근 방식은 모든 식물 또는 동물에 적용될 수 있다. 완두콩의 교배와 자가수분의 용이성은 실제로 도움이 되었다.

11.2 키가 큰 F_2 식물의 1/3이 순종이다.

11.3 멘델의 법칙을 설명하는 데 감수1분열의 사건이 훨씬 더 중요하다. 중기 I에서 서로 다른 상동염색체 쌍 사이의 정렬은 독립적이며, 후기 I에서 상동염색체는 분리되어 딸세포로 들어간다.

11.4 교배는 $Aa\ Bb \times aa\ Bb$이고, $(A_B_) = (1/2) \times (3/4) = 3/8$의 확률이다.

11.5 $Aa\ Bb \times aa\ bb$ 교배에서, 우성-우성 : 우성-열성 : 열성-우성 : 열성-열성=1 : 1 : 1 : 1

11.6 7/16

탐구문제 및 자료 분석

231쪽 탐구문제: 멘델의 연구에서는 식물이 자가수분 또는 타가수분되는지를 통제하는 능력이 가장 중요했다. 통제되지 않은 타가수분으로 인한 결과는 특정 표현형을 가진 자손 수를 예측하는 데 혼란을 주었을 것이다.

233쪽 자료 분석: 자주색 F_1을 흰색 부모와 역교배를 한 경우, 표현형 비율은 자주색 1 : 흰색 1이고, 유전자형 비율은 잡종 우성(이형접합) 1 : 순종 열성(동형접합) 1일 것이다.

236쪽 자료 분석: 그렇다. 여성 질환자의 부모 중 한쪽은 정상이므로, 이 여성은 이형접합자이다. 따라서 이 여성의 자손 중 정상은 50%라는 것을 의미한다.

236쪽 탐구문제: 열성 상태로 감추어져 잠복한 이형접합체의 유전적 결함은 친족 사이의 결합으로 인한 동형접합 상태에서 드러날 가능성이 더 크다.

239쪽 자료 분석: 보라색 꽃 및 둥글고 노란 콩이 될 확률은 3가지 형질 모두에 대해 우성일 확률과 같다. 두 이형접합체의 교배에서 각 우성 표현형에 대한 확률은 3/4이므로, 이 교배에서 얻은 F_2 중 3가지 형질 모두에 대해 우성일 가능성은 $(3/4) \times (3/4) \times (3/4) = 27/64$이다.

240쪽 자료 분석:

	양성잡종 검정교배	
실제 유전자형	검정교배 결과	
	형질 A	형질 B
AABB	모두 발현하면 A는 순종	모두 발현하면 B는 순종
AaBB	절반만 발현하면 A는 잡종	모두 발현하면 B는 순종
AABb	모두 발현하면 A는 순종	절반만 발현하면 B는 잡종
AaBb	절반만 발현하면 A는 잡종	절반만 발현하면 B는 잡종

242쪽 자료 분석: 퀴에노는 노란 생쥐 2마리: 야생형 1마리를 관찰했을 것이다. 이는 동형접합의 노란 생쥐가 죽고 2마리의 이형접합체와 1마리의 동형접합 열성이 생존했기 때문이다.

245쪽 탐구문제: 쌍둥이의 주요 표현형 형질의 차이는 식단과 같은 환경 요인 때문임이 거의 확실하다.

245쪽 자료 분석: 이것은 상위(epistasis)의 경우인데, 백색증 유전자가 검은색 또는 갈색 유전자의 효과를 가려주기 때문이다. *aaB_*(백색증을 a로 지정)인 자손은 aabb 자손과 동일하게 나타난다. 따라서 전체 비율은 검은색 9 : 갈색 3 : 백색 4(3+1)이다.

연습문제

1단계: 이해력 확인하기

1. b 2. c 3. c 4. c 5. b 6. d

2단계: 적용력 평가하기

1. d 2. d 3. b 4. a 5. c 6. d

3단계: 사고력 함양하기

1. 이러한 유형의 문제를 풀기 위한 접근 방법은 가능한 모든 배우자를 식별하는 것이다. 가능한 배우자 조합을 표의 상단과 측면에 기입한 후, 각 부모의 대립유전자를 결합하여 퍼넷 사각형을 채우면 된다.
   a. 유전자형 *Aa*와 *Aa*를 가진 개체 간의 단성잡종 교배

	A	*a*
A	*AA*	*Aa*
a	*aA*	*aa*

표현형 비율: 우성 3 대 열성 1

   b. 유전자형 *AaBb*를 가진 두 개체 간의 양성잡종 교배

	AB	*Ab*	*aB*	*ab*
AB	*AABB*	*AABb*	*AaBB*	*AaBb*
Ab	*AAbB*	*AAbb*	*AabB*	*Aabb*
aB	*aABB*	*aABb*	*aaBB*	*aaBb*
ab	*aAbB*	*aAbb*	*aabB*	*aabb*

표현형 비율: 우성-우성 9 대 우성-열성 3 대 열성-우성 3 대 열성-열성

1곱의 법칙을 사용: 확률($A\_B\_$)=(3/4)×(3/4)=9/16

확률(A_bb)=(3/4)×(1/4)=3/16

확률($aa\ B\_$)=(1/4)×(3/4)=3/16

확률($aa\ bb$)=(1/4)×(1/4)=1/16

c. 유전자형 *AaBb* 및 *aabb*를 가진 개체 간의 양성잡종 교배

	AB	*Ab*	*aB*	*ab*
ab	*aAbB*	*aAbb*	*aabB*	*aabb*

곱의 법칙을 사용: 확률($A\_\ B\_$)=(1/4)×(1)=1/4

확률($A\_\ bb$)=(1/4)×(1)=1/4

확률($aa\ B\_$) =(1/4)×(1)=1/4

확률($aa\ bb$)=(1/4)×(1)=1/4

2. 모든 유전자에 대해 서로 다른 대립유전자의 분리는 상동염색체 쌍의 결합 및 후속 과정으로 후기 I 동안 상동염색체의 분리로 인해 생긴다. 형질의 독립적 분리, 보다 정확하게는 서로 다른 대립유전자 쌍의 독립적 분리는 감수분열의 중기 I 동안 염색체의 독립적인 정렬 때문이다.
3. 교배 결과는 노란색 2 : 검은색 1 밖에 없기에, 유전자형의 손실이 있을 것으로 보인다. 노란색 유전자는 털 색깔에 있어서는 우성이지만 동형접합일 때 치사작용을 하기에 이런 결과를 설명할 수 있다. 따라서 노란색 생쥐는 이형접합이며, 이들끼리 교배하면 동형접합 노란 생쥐(죽음) 1 : 이형접합 생쥐 (노란색) 2 : 검은색 생쥐 1의 비율이 나타난다. 노란색 생쥐를 동형접합 검은색 생쥐와 교배하여 이를 검증할 수 있다. 이 결과는 노란색 1 : 검은색 1의 비율로 나타나며, 이때 검은색 자손은 모두 순종이고, 노란색 자손은 모두 이형접합으로 나타나게 된다.
4. 2개의 유전자가 관련되어 있으며, 그중 하나는 다른 하나에 상위성을 나타낸다. 하나의 유전자에는 검은색과 갈색의 2개 대립유전자가 있고, 다른 유전자에는 흰색과 유색의 두 대립유전자가 있다. 백색증인 알비노 유전자는 갈색 유전자에 대해 상위에 있기에, 알비노에 대해 열성 동형접합자인 동물은 다른 유전자에서 검은색이든 갈색이든 상관없이 알비노로 나타난다. 따라서 멘델의 교배에서 알비노 4의 비율로 나타난다.

12장

핵심 요약

12.1 암컷은 모두 야생형(붉은색 눈)이고, 수컷은 모두 흰색 눈을 가질 것이다.

12.2 생존이 가능한 여성이다.

12.3 mt^- DNA는 박테리아가 침입하는 바이러스를 처리하는 방식과 유사한 핵산분해효소에 의해 분해될 수 있다. 또는 mt^-를 포함하는 미토콘드리아는 접합자에서 제외될 수 있다.

12.4 유전자 교배에 의해 알 수 없다.

12.5 감수1분열에서의 비분리는 4개의 이수성 배우자를 생성하지만, 감수2분열에서는 2개의 이수성 배우자만 생성한다.

탐구문제 및 자료 분석

255쪽 탐구문제: 재조합이 거의 없을 것이므로 예상되는 비율은 9 : 3 : 3 : 1에서 많이 벗어났을 것이다.

258쪽 자료 분석: 4가지 유형의 배우자가 동일한 비율로 나타나는 대신, 2종류의 부모 유형이 각각 45%로 나타나고, 2종류의 재조합 유형이 각각 5%로 나타날 것이다. 이것이 양성잡종 교배에 미치는 영향(상인 또는 상반)은 원래의 부모에 따라 다르지만, 9 : 3 : 3 : 1 표현형 비율이 완전히 모호해지는 결과를 나타냈을 것이다. 실제로 두 유전좌위가 독립적으로 행동한다고 결론을 내리는 것은 불가능했을 것이다.

262쪽 자료 분석: 바뀐 것은 산모의 연령이다. 여성이 나이가 많을수록 감수분열 동안 비분리의 위험이 커진다. 따라서 그녀는 다운증후군을 가진 아이를 낳을 위험이 훨씬 더 크다.

262쪽 탐구문제: 비분리된 XX 난자가 정상 Y 정자에 의해 수정되었거나 비분리에 의해 생성된 XY 정자가 정상 X 난자에 의해 수정되었을 때 XXY가 생성된다. XX 난자를 생성하는 비분리는 감수1분열 또는 감수2분열일 수 있지만, XY 정자를 생성하는 비분리는 감수1분열이어야 한다.

연습문제

▪1단계: 이해력 확인하기

1. c 2. d 3. d 4. a 5. c 6. c 7. c

▪2단계: 적용력 평가하기

1. c 2. b 3. c 4. b 5. d 6. b

▪3단계: 사고력 함양하기

1. 이론적으로 이 교배의 자손 중 25%가 색맹이다. 모든 색맹은 남자에게 나타나는데, 남성의 50%가 색맹이다.
2. 이형접합 식물의 부모는 주름지고 녹색×둥글고 노란색이다. 재조합빈도는 36+29/1300=0.05 지도 거리=5 cM이다.
3. 캘리코 고양이의 색은 X 염색체 불활성화의 결과이다. X 염색체 불활성화는 X-연관 유전자의 양적 보상에 대한 반응으로 암컷에서만 생긴다. 수컷 캘리코를 얻을 수 있는 유일한 방법은 색 유전자에 대해 이형접합이고 클라인펠터 수컷(XXY)일 때이다.

13장

핵심 요약

13.1 20종류 아미노산의 구성 요소는 화학적 복잡성을 제공하기에, 정보의 복잡성도 제공하는 것으로 보였기 때문이다.

13.2 제대로 된 호변이성질체(토토머) 형태는 DNA 구조에 중요한 제대로 된 염기쌍을 이루는 데 필요하기 때문이다.

13.3 가벼운 N(즉, ^{14}N)에서 복제하기 전에는 띠가 하나만 있을 것이다. 한 번의 복제 후 변성된 DNA에서 2개의 띠(하나는 무겁고 하나는 가벼운)가 나타날 것이다.

13.4 5′에서 3′으로의 활성은 RNA 프라이머를 제거하는 데 사용되고, 3′에서 5′으로의 활성은 잘못된 염기를 제거(교정)하는 데 사용된다.

13.5 염색체 말단이 짧아지는 것은 궁극적으로 중요한 기능을 암호화하는 DNA를 제거하게 되기에 치명적일 것이다.

13.6 생존할 수 없다. 복제 오류 외에도 수많은 DNA 손상 물질은 치명적인 손상을 일으킬 수 있다(효모에서 검증됨).

탐구문제 및 자료 분석

276쪽 자료 분석: 왓슨-크릭의 나선형 구조는 프랭클린의 X선 회절 사진에서 측정한 결과에 적합하다. 염기쌍은 샤가프의 G=C 및 A=T의 규칙성을 설명하고, 염기쌍은 염기의 제대로 된 호변이성질체 형태에 의존적이다. 종합하면 이 모델은 이러한 모든 자료를 수용한다.

278쪽 자료 분석: 메셀슨–스탈의 실험이 3번 복제한 후에 진행되면, 띠의 양상은 두 번째 복제(가벼운 분자 및 혼성 분자의 띠)와 같지만 가벼운 ^{14}N 띠는 더 두꺼워진다. 이는 가벼운 분자($^{14}N/^{14}N$)는 모두 ^{14}N으로만 구성된 생성물을 만드는 데다가, 혼성 분자($^{15}N/^{14}N$)의 생성물은 혼성 분자($^{15}N/^{14}N$) 및 모두 ^{14}N으로 이루어진 분자($^{14}N/^{14}N$)를 생성하기 때문이다.

279쪽 탐구문제: 공유결합은 DNA 분자의 강력한 골격을 생성하여 파괴하기 어렵게 만든다. 하지만 개별 수소결합은 더 쉽게 끊어지기에 효소는 DNA 분자의 고유한 구조를 파괴하지 않고 두 가닥을 분리할 수 있도록 한다.

283쪽 탐구문제: DNA 연결효소는 DNA 복제 중에 오카자키 단편을 연결하는 데 중요하다. 그것 없이는 지연가닥을 완전하게 만들 수 없을 것이다.

287쪽 탐구문제: 진핵생물 염색체의 선형 구조는 본문에서 논의된 말단의 문제를 만든다. 중합효소는 RNA 프라이머가 필요하고 한 방향으로만 진행하기에 선형 염색체의 끝을 완성하는 것은 불가능하다. 또한 진핵생물 유전체의 크기는 복제하는 데 필요한 시간이 유전체가 작은 원핵생물보다 훨씬 길다는 것을 의미한다. 따라서 여러 개의 복제원점를 사용한다.

290쪽 탐구문제: 세포에는 손상된 DNA를 정상적인 구성으로 복원할 수 있는 다양한 DNA 수선경로(특히 부정합수선 기작 참조)가 있다. DNA 수선경로가 손상되면 세포는 더 높은 돌연변이율을 갖게 된다. 이것은 인간과 같은 다세포 생물체에서 더 높은 암 발병률로 이어질 수 있다.

연습문제

■1단계: 이해력 확인하기

1. d 2. a 3. c 4. a 5. c 6. b 7. b

■2단계: 적용력 평가하기

1. c 2. b 3. c 4. c 5. a 6. b 7. d 8. c

■3단계: 사고력 함양하기

1. a. 두 세균이 모두 열처리로 사멸되면 DNA의 전달은 효과가 없다. 왜냐하면 병원성은 DNA에 의해 암호화된 단백질의 생산이 필요하기 때문이다. 단백질 합성은 죽은 세포에서 일어나지 않는다.
   b. 비병원성 세포는 병원성 세포로 형질전환된다. 단백질의 손실은 DNA를 변형시키지 않는다.
   c. 비병원성 세포는 비병원성 상태로 남아 있다. DNA가 분해되면 전달되지 않고 형질전환이 발생하지 않는다.
2. DNA 분자의 두 가닥에 대해 알아보려면 두 가닥을 분리해야 한다. 초원심분리에 의해 분리하기 전에 DNA를 변성시키면 단일 가닥의 밀도를 평가할 수 있다. 첫 번째 복제 후에 DNA가 변성되면 2개의 띠를 생성해야 한다. 밀도기울기 방법을 사용하면 DNA의 단일 가닥은 무거운 띠와 가벼운 띠의 위치에서 나타날 것이다.
3. a. DNA 자이레이스는 DNA의 비틀림 변형을 완화하는 기능을 한다. DNA 자이레이스가 작동하지 않으면 DNA 분자는 초나선을 형성하기에, DNA가 스스로 감겨 복제에 필요한 중합효소의 지속적인 결합을 방해할 것이다.
   b. DNA 중합효소 Ⅲ은 신장하는 중합체에 새로운 뉴클레오타이드를 추가하여 당-인산 골격을 구성하는 인산디에스터 결합의 형성에 관여하는 중요한 효소이다. 이 효소가 작용하지 않으면 새로운 DNA 가닥이 합성되지 않고 복제도 없을 것이다.
   c. DNA 연결효소는 오카자키 단편 사이의 인산디에스터 결합 형성에 관여한다. 이 효소가 작용하지 않으면 단편은 분리된 상태로 유지되고 핵산분해효소에 더 취약할 것이다.
   d. DNA 중합효소 I은 DNA 중합효소 Ⅲ 기능에 필요한 RNA 프라이머를 제거하고 대체하는 역할을 한다. DNA 중합효소 I을 사용할 수 없는 경우 RNA 프라이머는 남게 되고, 복제된 DNA는 RNA와 혼합물이 된다.

14장

핵심 요약

14.1 아미노산이 뉴클레오타이드를 직접 인식할 수 있는 분자적 근거는 없다. 따라서 tRNA를 활용하는데, tRNA는 염기쌍을 통해 핵산과 상호작용할 수 있으며 효소에 의해 아미노산과 공유결합할 수 있다.

14.2 유전암호에 특이성이 없을 것이다. 비록 아미노산은 하나 이상의 코돈을 가질 수 있지만 각 코돈은 단일 아미노산만을 지정해야 한다.

14.3 아니다. 두 과정이 시공간적으로 분리된 진핵생물에서는 전사/번역이 동시에 일어날 수 없다.

14.4 아니다. 이것은 진핵생물의 진화 역사의 결과이지만, 게놈 복잡성에 의해 필요하게 된 것은 아니다.

14.5 선택적 스플라이싱은 정보의 암호화에 유연성을 제공하기에, 하나의 유전자가 여러 단백질을 암호화할 수 있다.

14.6 이 tRNA는 종결코돈을 "읽을" 수 있다. 이것은 종결돌연변이를 생존할 수 있게 하지만, 정상 단백질보다 긴 단백질을 만드는 문제를 유발할 수 있다. 대부분의 박테리아 유전자는 실제로 유전자 끝에 하나 이상의 종결코돈이 있다.

14.7 아미노산을 tRNA에 부착하고, 충전된 tRNA를 리보솜으로 가져오고, 리보솜의 자리 이동에는 모두 에너지가 필요하다.

14.9 예측할 수 없다. 역위 또는 중복에서 표현형은 절단 부위가 어디냐에 따라 다르다. 또한 중복의 경우 중복되는 유전자에 따라 표현형이 다르다.

탐구문제 및 자료 분석

295쪽 자료 분석: 이 2중 돌연변이 균주는 아르지노숙신산을 제외하고 어느 한 중간물질만 보충된 배지에서는 성장하기가 어려울 것이다. 왜냐하면 ArgE 돌연변이로 인해 첫 번째 단계에서 차단되기 때문이다. 일반적으로 이러한 종류의 2중 돌연변이를 사용하면 경로의 초기에 어떤 유전자가 작용하는지 확인할 수 있다. 2중 돌연변이는 경로의 가장 초기 지점에 돌연변이가 있는 생물체처럼 보인다.

296쪽 탐구문제: DNA 복제에 비해 전사는 오류가 더 많이 발생할 것으로 예상된다. DNA 복제의 오류는 돌연변이로 자손에게 전달되기 때문에 교정은 DNA 복제에서 중요하다. 그러나 RNA는 세포질에서 수명이 매우 짧으므로 실수가 영구적이지 않다.

300쪽 탐구문제: 유전암호의 보편성은 지구상의 모든 생명체가 동일한 기원을 가진 후손이라는 것을 의미한다.

302쪽 탐구문제: 프로모터는 RNA 중합효소가 결합하는 부위이다. 프로모터의 구조는 결합 위치와 전사 방향에 대한 정보를 제공한다. 두 부위가 동일하다면 중합효소는 전사 방향에 대해 다른 단서가 필요할 것이다.

307쪽 자료 분석: 스플라이싱은 동일한 유전자에서 여러 전사체를 생성할 수 있다. 아래 그림은 스플라이싱에 의해 서로 다른 색상의 엑손이 결합하는 것을 나타냈다.

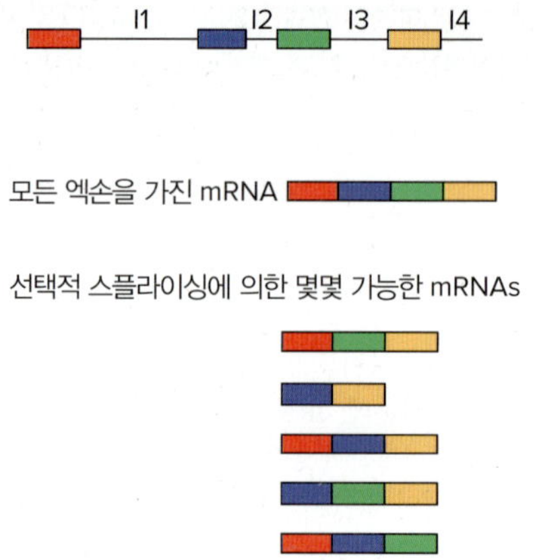

314쪽 탐구문제: 와블은 안티코돈의 5′ 위치에서 유연성의 증가로 인해 관찰되는 tRNA의 수를 설명할 뿐만 아니라 유전암호에서 관찰되는 중첩성도 설명한다. 중첩 염기는 와블 위치에 있는 염기이다.

연습문제

■1단계: 이해력 확인하기

1. d 2. c 3. d 4. b 5. c 6. b 7. c

■2단계: 적용력 평가하기

1. b 2. c 3. b 4. d 5. a 6. b 7. b

■3단계: 사고력 함양하기

1. a. 이 유전자에 대한 mRNA의 예측된 서열은 다음과 같다.
   5′-GCAAUGGGCUCGGCAUGCUAAUCC-3′
   b. 단백질의 예상 아미노산 서열은 Met-Gly-Ser-Ala-Cys-STOP이다.
2. 틀이동돌연변이는 기본적으로 염기서열을 "무작위" 서열로 바꾼다. 유전암호를 고려하면 64개의 코돈 중 3개가 종결코돈이므로 임의의 서열에서 종결코돈을 만들 확률은 3/64 또는 20개 코돈당 약 1개이다.
3. a. mRNA = 5′-GCA AUG GGC UCG GCA UUG CUA AUC C-3′
   아미노산 서열은 Met-Gly-Ser-Ala-Leu-Leu-Iso-이다.
   종결코돈이 없는데, 이는 틀이동돌연변이의 예이다. 뉴클레오타이드의 추가로 인해 "번역틀"이 바뀌어 이 단백질의 아미노산 종류와 수를 변경한다.
   b. mRNA = 5′-GCA AUG GGC UAG GCA UGC UAA UCC-3′
   아미노산 서열은 Met-Gly-STOP이 될 것이다. 이는 종결돌연변이의 예이다. 단일 뉴클레오타이드 변화는 Ser에 대한 코돈을 종결코돈으로 변경하여 단백질 합성이 조기에 종료되도록 한다.
   c. mRNA = 5′-GCA AUG GGC UCG GCA AGC UAA UCC-3′
   아미노산 서열은 Met-Gly-Ser-Ala-Ser-STOP이 될 것이다. 이 염기치환은 정상적으로 Cys(UGC)를 암호화하는 코돈에 영향을 미쳐서 Ser(AGC)으로 변경했다.
4. 진핵생물의 유전자는 원핵생물에는 존재하지 않는 스플라이싱 과정에 의해 조절되며, 또한 폴리아데닐화가 일어나서 유전자 발현을 조절할 수 있다. 원핵생물은 전사/번역이 연결되어 있어서 번역과정이 전사에 영향을 미칠 수 있다.

15장

핵심 요약

15.1 일반적으로 원핵생물은 단일 세포의 생장 속도를 높이라는 선택적 압력을 받고 있으며, 이는 간결한 게놈, 단백질의 빠른 회전율 및 빠른 생장을 위한 기타 적응을 생성한다. 다세포 진핵생물에서는 빠른 분열에 대한 압력은 없지만, 세포의 신호전달을 위한 복잡한 시스템이 진화했다.

15.2 2개의 나선은 모두 DNA와 상호작용하므로 나선 사이의 간격은 둘 다 DNA에 결합할 수 있는 데 중요하다.

15.3 오페론은 항상 켜져 있을 것이다(항시 발현).

15.4 일반전사인자의 손실은 모든 전사에 영향을 미치므로 치명적일 수 있다. 특수 전사인자의 손실은 인자에 의해 조절되는 유전자에만 영향을 미친다.

15.5 이런 유전자는 세포의 일반적인 기능에 필요한데, 여기에는 세포 대사에 관여하는 단백질을 암호화한 유전자가 포함된다.

15.6 RNA 간섭 현상을 이용하여 siRNA로 만든 약물은 유전자 발현에 특이적으로 영향을 미치기 때문에 약물 설계에 사용할 수 있다.

15.7 세포에는 다양한 기능을 수행하는 단백질이 많은데, 단백질 분해가 조절되지 않는다면 세포에 치명적일 수 있다.

탐구문제 및 자료 분석

330쪽 탐구문제: 오페론에 하나 이상의 유전자가 존재하면, 오페론 작용 경로의 인자와 그에 따른 생성물에 대한 조절이 증가한다. 원핵생물의 단일 조절 시스템은 여러 인접 유전자를 조절할 수 있다.

331쪽 자료 분석: DNA에 결합하는 것을 방지하는 억제인자의 돌연변이는 항상 젖당 대사를 위한 유전자를 발현할 것이다(억제인자와 결합하지 않는 작동유전자 돌연변이와 동일한 표현형). 유도자가 억제인자에 결합하는 것을 방지하는 돌연변이는 항상 억제인자가 DNA에 결합하여 젖당 대사를 위한 유전자를 발현하지 않는다(유도 불가능).

337쪽 탐구문제: 다양한 유전자가 동일한 단백질에 결합하는 동일한 조절 서열을 가지기 때문이다.

346쪽 탐구문제: 기능이 없기에 제거해야 하는 단백질이나 정상적인 세포주기 과정에서 분해되는 단백질에 유비퀴틴이 추가된다.

연습문제

■1단계: 이해력 확인하기

1. c 2. d 3. a 4. c 5. b 6. c 7. b

■2단계: 적용력 평가하기

1. c 2. c 3. b 4. d 5. c 6. a 7. c

■3단계: 사고력 함양하기

1. 단백질과 결합하는 DNA 부위의 돌연변이는 결합 부위와 연결된 유전자의 발현을 조절한다. 플라스미드에 야생형 결합 부위를 도입해도 이에 영향을 미치지 않는데, 이것을 시스-우성(cis-dominant)이라고 한다. DNA에 결합하는 단백질의 돌연변이는 플라스미드에 도입된 야생형 유전자에 대해 열성일 것이다. [역자 주: 작동유전자의 돌연변이로 인해 억제인자가 결합하지 못할 때 오페론이 발현되는데, 이때의 돌연변이 효과는 같은 가닥의 구조유전자에 대해서만 작용하며(시스 효과), 2배체 유전자 중 한쪽에서만 돌연변이가 일어나도 오페론은 작동한다(우성). 억제인자의 경우는 염색체에 있는 유전자에 돌연변이가 일어나도 플라스미드의 유전자가 정상이라면 오페론을 억제할 수 있는데(돌연변이가 열성으로 작용), 그 이유는 정상 억제인자가 플라스미드뿐만 아니라 염색체의 작동유전자에 결합할 수 있기 때문이다(트랜스 효과).]
2. 전사의 음성조절은 전사를 시작하는 능력이 감소할 때 발생하고, 양성조절은 전사를 시작하는 능력이 증가할 때 발생한다. *lac* 오페론은 락토스의 유무에 따라 조절된다. 오페론 내에서 암호화된 단백질은 락토스의 이화작용

(분해)에 특이적이다. 이러한 이유로 오페론 발현은 환경에 젖당이 있을 때만 작동한다. 알로락토스는 젖당이 세포에 존재할 때 형성된다. 알로락토스는 억제인자에 결합하여, 억제인자의 구조를 변형하고 RNA 중합효소가 DNA에 결합할 수 있게 한다. 락토스 외에도 *lac* 오페론의 조절에 있어 활성인자인 CAP의 역할도 있다. cAMP 수준이 높으면 CAP가 DNA에 결합하여 RNA 중합효소가 프로모터에 더 쉽게 결합할 수 있게 한다. *lac* 오페론은 양성 및 음성조절의 예이다.

trp 오페론은 세포에서 트립토판을 생성하는 단백질을 암호화한다. 이 오페론은 세포의 트립토판 수치가 낮을 때 발현되어야 한다. 반대로 세포에서 트립토판을 사용할 수 있는 경우, 즉 트립토판이 많이 축적된 경우는 오페론을 전사할 필요가 없다. 트립토판 억제인자는 반드시 트립토판과 결합해서 구조가 변형되어야만 작동유전자와 결합할 수 있다. 이것은 음성조절의 예이다.

3. 진핵생물에 고유한 유전자 발현을 조절하는 형태는 선택적 스플라이싱, 염색질 구조 조절, 핵에서 세포질로의 mRNA 수송 조절, 소형 RNA에 의한 번역 조절, 유비퀴틴의 유도 파괴에 의한 단백질 양의 조절이 포함된다. 이들 중 대부분은 분명히 진핵세포의 독특한 특징이다. 원핵생물에서 작용하는 유일한 메커니즘은 소형 RNA에 의한 번역 조절과 단백질의 파괴로 인한 조절이다.
4. 돌연변이는 DNA의 영구적인 변화이다. 조절은 세포에 의해 통제되는 단기 변화이다. 돌연변이와 마찬가지로 조절은 세포의 단백질 수를 변경하거나 단백질의 크기를 변경하거나 단백질을 완전히 제거함으로써 일어난다. 주요 차이점은 유전자 조절이 세포 환경의 변화에 반응하여 빠르게 증가/감소할 수 있는데 반해 돌연변이는 이런 종류의 빠른 반응이 일어나지 않는다.

16장

핵심 요약

16.1 mRNA는 클로닝하거나 쉽게 조작할 수 없기에 cDNA로 변환되어야 한다. mRNA를 출발점으로 하여 어떤 조직 또는 발생 시기에 발현되는 유전자를 분석할 수 있다.

16.2 PCR과 DNA 복제는 모두 DNA 복사본을 생성한다. 이를 위해서 DNA의 두 가닥을 분리해야 하는데, DNA 복제에서는 효소가 사용되고 PCR에서는 DNA에 열을 가하여 수소결합을 끊는다. 둘 다 주형가닥이 필요한 DNA 중합효소를 사용하고, 상보적 가닥을 만들기 위해 뉴클레오타이드를 결합한다. 모든 DNA 중합효소는 DNA 합성을 시작하기 위한 프라이머가 필요한데, 세포에서는 효소에 의해 RNA로 만들어지는 반면, PCR에서는 인공적으로 합성된 DNA 조각이다. PCR은 열에 안정한 중합효소를 사용하는 반면, DNA 복제에 사용되는 대부분 효소는 열에 민감하다. PCR은 수십억 개의 DNA 복사본을 만들 수 있지만, DNA 복제에서는 세포분열당 각 DNA 분자의 사본 하나만 만들어진다.

16.3 **#1** 게놈 편집은 TALEN 또는 CRISPR/Cas9 시스템을 사용하여 세포 내부의 게놈 DNA 서열에 직접 작용한다. 시험관내 돌연변이 유발은 종종 cDNA 서열에서 시험관에서 이루어지며, 그다음 세포로 다시 도입된다. 체외에서 돌연변이된 유전자 또는 cDNA는 염색체 DNA에 통합될 수 있지만, 쉬운 것은 아니며 항상 정상 대립유전자를 대체할 수 있지 않다.
#2 두 시스템은 관심 유전자가 표적화되는 방식이 다르다. TALE 시스템에서 TALE 단백질의 반복 도메인에 있는 특정 아미노산은 특정 뉴클레오타이드를 표적으로 하기 위해 변형된다. 또 다른 TALE-반복 도메인을 연결하면 특정 DNA 서열을 표적으로 삼을 수 있다. CRISPR/Cas9 시스템에서 표적화는 관심 있는 유전자의 짧은 영역과 일치하는 가이드 RNA를 사용하여 수행되기에 실험자가 더 쉽게 조작할 수 있다.

16.4 조건부 유전자 제거(knockout) 생쥐는 초기 발달 과정에서 필수적인 유전자가 후기 발달 과정에서 어떤 역할을 하는지 연구하는 데 유용하다. 조건부 유전자 제거 생쥐는 특정 조직에서의 효과를 분석함으로써 많은 조직에 영향을 미치는 유전자를 연구하는 데 사용할 수 있다. 유전자 삽입(knockin) 생쥐는 생체 내에서 특정 유전적 변화를 분석할 수 있다. [역자 주: 만약 표적 유전자가 생존에 필수적이라면 일반적인 knockout 방법으론 생쥐가 죽기 때문에 연구를 진행할 수가 없다. 따라서 특정 시기, 특정 조직에서 유전자를 제거할 수 있는 조건부 방법을 사용한다. 또한 표적 유전자의 발현 조직이나 시기나 확인하기 위해서 표적 유전자 자리에 형광단백질 등의 리포터 유전자를 삽입하여 사용한다.]

16.5 박테리아는 유전자 조작이 쉽기에, 대사 경로를 변화시킴으로써 유기 폐기물을 호기성 또는 혐기성 조건에서 어떻게 분해를 증가시킬 수 있는지 구상할 수 있다. 우려스러운 점은 그러한 변형 유기체가 우연히 자연환경으로 방출되어 생태계 교란을 일으킬 수 있다는 것이다.

16.6 관심 있는 유전자 또는 cDNA는 PCR에 의해 증폭되고, 적절한 벡터에 클로닝한 후, 적절한 숙주 생물체에 도입할 수 있다. 클로닝된 DNA의 발현은 클로닝 벡터의 프로모터, 또는 전체 유전자 서열을 사용한 경우, 자체 프로모터에서 유도할 수 있다.

16.7 대부분 풀은 바람을 사용하여 식물 간에 꽃가루를 운반한다. 바람에 의해 산포되는 꽃가루를 생산하는 유전자 변형식물은 글리포세이트 내성 유전자를 다른 풀 개체군에 빠르게 전파할 수 있기에 출시에 제한적이다.

탐구문제 및 자료 분석

356쪽 자료 분석: 클론 단편당 500 bp로 나누면 3×10^9 염기쌍은 600,000개의 서로 다른 단편을 얻을 수 있고, 이는 전체 유전체의 크기에 해당한다.

359쪽 탐구문제: 좋은 방법이 아니다. cDNA는 mRNA로부터 만들 수 있는데, 사용된 mRNA는 스플라이싱을 통해 인트론 서열을 제거했기 때문에, 결과적으로 게놈 서열을 확보할 수 없다.

368쪽 탐구문제: 조류는 식물과 유사한 도구를 사용하여 유전적으로 변형할 수 있다. 지방산 합성을 증가시키기 위해 아세틸 CoA 합성 및 지방산 생합성에 관련된 유전자의 사본을 추가할 수 있다. 유전자 제거 기술을 사용하여 지방산 생합성의 음성 조절자를 제거하는 것이 가능하다. 광수확 또는 이산화탄소 고정의 효율성을 높이는 유전자를 추가하거나 발현을 증가시킬 수도 있다.

372쪽 자료 분석: 184개이다. 2배체 인간세포에는 23쌍의 염색체가 있다. 각 염색체의 말단은 2개가 있으므로 2개의 점을 생성한다. 즉 23쌍은 46개의 염색체와 92개의 점을 의미한다. 세포가 G2에 있기에 DNA 복제 후이므로, 이 숫자는 2배로 증가할 것이다.

연습문제

■1단계: 이해력 확인하기

1. c 2. b 3. c 4. d 5. a 6. b

■2단계: 적용력 평가하기

1. c 2. c 3. b

■3단계: 사고력 함양하기

1. 내막계가 없는 대장균과 같은 박테리아는 번역 후에 소단위체가 결합하여 기능적 헤모글로빈을 만드는 과정이 제대로 작동하지 않아서, 성숙한 헤모글로빈 분자는 형성되지 않을 수 있다. 또한 헤모글로빈의 작용에는 4개의

철 원자가 필요한데, 과다발현된 단백질에 사용할 철이 충분하지 않을 수 있고, 단백질의 올바른 접힘에 필요한 2황화결합이 형성되지 않을 수도 있다. 효모와 같은 비동물성 진핵세포조차도 올바른 접힘을 보장할 수 없다.

2. APP 유전자에 돌연변이를 만들고, 이 유전자를 다른 돌연변이를 가진 생쥐에 삽입할 수 있다. 이 생쥐를 활용하여 특정 돌연변이로 인한 표현형의 변화에 대해 분석할 수 있다. 또한 정상 및 돌연변이 APP를 대장균, 효모 또는 배양된 인간 세포에서 발현시켜 비정상적인 구조(덩어리)가 생기는 수준을 평가할 수 있다.

17장

핵심 요약

17.2 배아의 초기 세포분열은 매우 빠르며, 간기가 크게 줄어들어 분열 사이에 세포의 크기가 증가하지 않는다. 따라서 매우 빠른 세포분열이 가능하다.
17.3 이것을 구별하기 위해서는 세포를 접촉하지 못하게 분리하거나, 이식실험 또는 특정 세포의 계통을 확인하는 실험이 필요하다.
17.4 핵은 재프로그래밍되어야 한다. 이것이 분자 수준에서 의미하는 바는 명확하지 않지만, 아마도 염색질 구조 및 메틸화 양상의 변화와 관련이 있다.
17.5 표현형이 나타나지 않는다. 모계영향 돌연변이는 모계의 생식계열을 통해 작용하여 다음 세대에 영향을 미친다. 이것은 결함이 있는 난자 세포를 생산하는 모체 때문이며, 따라서 대부분 경우에 발생이 진행되지 않는다.
17.6 그것은 *Hox* 유전자 기능의 다양화 및 원래 *Hox* 집단의 기원이 식물/동물이 분기되기 이전에 발생했음을 의미한다. 따라서 발생에서 그들의 역할은 훨씬 더 오래전에 생겼음을 의미할 것이다.
17.7 세포사멸은 형태를 만드는 기작이 될 수 있다. 손의 형태는 세포사멸로 인해 주걱과 같은 구조로부터 손가락이 조각되었다. [역자 주: 4지의 발달에서 한 덩어리의 세포 집단이 밖으로 확장되어 나오면서 팔다리가 형성된 후 나중에 손가락뼈가 생기는데, 손가락 사이의 세포들이 죽어서 사라지면서 손의 모양이 나타나게 된다.]

탐구문제 및 자료 분석

388쪽 자료 분석: 시약을 사용하여 FGF 신호를 차단하면 근육 전구세포와 신경삭 전구세포만 얻을 수 있을 것이다. 만약 FGF 신호를 항상 유발하는 시약이 있다면 간충직 전구세포와 척삭 전구세포만 얻을 수 있을 것이다.
391쪽 자료 분석: 털색 패턴의 차이는 핵 및 세포질 공여자의 표지 역할을 한다. 그 차이가 유전적이기 때문에 양의 표현형은 어떤 핵이 이 개체를 형성하였는지 알려준다. 따라서 돌리는 세포질 기증자나 대리모가 아닌 핵 기증자와 닮았다.

연습문제

■1단계: 이해력 확인하기

1. b 2. d 3. c 4. a 5. b 6. c 7. b

■2단계: 적용력 평가하기

1. d 2. a 3. b 4. a 5. c 6. c 7. c

■3단계: 사고력 함양하기

1. 운명지도의 수평선은 세포분열을 나타낸다. 난자를 시작으로 신경조직이 될 세포 집단을 확립하려면 4번의 세포분열이 필요하다. 꼬마선충의 신경계를 구성할 최종 세포 수를 생성하려면 8~9번의 분열이 추가로 필요하다. 생식계열이 될 세포 집단을 생성하는 데는 7~8번의 세포분열이 필요한데, 일단 확립되면 실제 생식계열 세포를 생산하기 위해 추가로 7~8번의 세포분열을 더해야 한다.
2. 발달 중인 배아의 모든 세포가 생존하는 것은 아니다. 세포사멸 과정은 배아에서 불필요한 세포를 제거하는 역할을 한다. *C. elegans*에서 세포사멸 과정은 *ced-3*, *ced-4*, *ced-9*의 3가지 유전자에 의해 조절된다. *ced-3*과 *ced-4*는 모두 단백질분해효소를 암호화하며, 이들은 세포를 파괴할 수 있다. *ced-9* 유전자는 단백질분해효소를 암호화한 유전자의 활성을 억제하여 세포사멸을 방지하는 기능을 한다.
3. a. N-캐드헤린(cadherin)은 신경계 세포를 외배엽 세포로부터 분화시키는 데 특별한 역할을 한다. 외배엽 세포는 E-캐드헤린을 발현하지만, 신경세포는 N-캐드헤린을 발현한다. 세포 표면의 캐드헤린 차이는 신경세포가 주변 외배엽 세포와의 접촉을 잃고 다른 신경세포와 새로운 접촉을 형성한다는 것을 의미한다. N-캐드헤린이 없으면 신경계가 형성되지 않는다. E-캐드헤린 발현도 소실된다고 가정하면(일반적으로 발생과정에서 일어나는 것처럼), 이 세포는 모든 세포-세포 접촉을 잃고 아마도 세포사멸을 겪을 것이다.
   b. 인테그린은 세포와 주변 환경인 세포외기질(ECM) 간의 연결을 매개한다. 인테그린의 결실은 ECM에 대한 세포 접착력의 손실을 초래하게 된다. 이런 세포는 움직일 수 없을 것이므로, 낭배형성 및 기타 발생과정이 중단된다.
   c. 인테그린은 세포골격을 ECM에 연결함으로써 작용하는데, 이 연결은 세포 이동에 중요하다. 인테그린의 세포질 도메인의 제거는 인테그린이 ECM에 부착하는 능력에 영향을 미치지는 않지만, 세포골격이 "손잡이(꽉 붙잡는 것)"를 얻는 것을 방지한다. 이러한 제거는 인테그린의 완전한 결실과 유사한 발생 중단을 초래할 수 있다.
4. 환자의 성체 세포는 핵을 전분화능(pluripotent) 세포로 재프로그래밍하는 인자와 함께 배양한다. 그다음 이러한 세포는 특정 세포 유형으로 분화를 유도하는 데 필요한 인자와 함께 배양하여 환자에게 이식될 수 있다. 이 방법은 간과 같이 재생하는 조직에 가장 쉽지만, 이론적으로 다양한 세포 유형에 사용될 수 있다.

18장

핵심 요약

18.1 자연선택은 어떤 개체가 다른 개체보다 자신이 처한 환경에 더 적합할 때 발생한다. 이 개체들은 더 오래 살고 더 많이 번식하여 더 많은 자손에게 번성할 수 있는 형질을 남긴다. 본질적으로, 집단 내의 유전적 변이는 자연선택이 작용하여 진화로 이어지는 원자재를 제공한다.
18.2 **#1** 집단이 하디-바인베르크 평형에 있는지 확인하려면 먼저 실제 대립유전자 빈도를 결정해야 하며, 이는 유전자형 빈도를 기반으로 계산할 수 있다. 변수 p와 q를 대립유전자 빈도에 대입한 후, 하디-바인베르크 식 $p^2+2pq+q^2=1$을 사용하여 예상 유전자형 빈도를 결정한다. 실제 및 예상 유전자형 빈도가 같거나 적어도 크게 다르지 않은 경우, 집단은 하디-바인베르크 평형에 있다고 말할 수 있다.
#2 평형 상태를 유지하는 5가지의 전제 조건 중 하나 이상이 비평형 상태를 유발하는 작용을 한다고 결론을 내릴 것이다. 그다음 단계는 어떤 전제 조건이 충족되지 않았는지 검증하는 연구를 고안하는 것이다.
18.3 진화 유발 요인에는 자연선택, 돌연변이, 유전자 흐름(이동), 유전적 부동, 비무작위적 교배의 5가지 메커니즘이 있다. 일반적으로 대립유전자 빈도의 변화는 하나 이상의 요인이 공동으로 작용해서 발생하지만(예, 유익한 새로

운 대립유전자를 집단에 도입하는 돌연변이 및 해당 대립유전자를 선택해서 그 빈도가 여러 세대에 걸쳐 증가하는 자연선택), 각각의 요인은 단독으로도 집단 내에서 대립유전자 빈도를 변경할 수 있다. 첫 번째 메커니즘이자 아마도 진화적 변화를 가져오는 데 가장 영향력 있는 자연선택은 또한 적응적 변화, 즉 집단이 환경에 더 잘 적응하도록 하는 변화를 생성하는 유일한 방법이다. 돌연변이는 새로운 대립유전자가 도입될 수 있는 유일한 방법이며, 모든 변이의 궁극적인 원천이다. 돌연변이는 상대적으로 드문 사건이기 때문에 그 자체로는 대립유전자 빈도를 변화시키는 강력한 요인은 아닐지라도, 다른 요인, 특히 자연선택과 함께 작용하면 집단에서 대립유전자 빈도를 크게 변경할 수 있다. 유전자 흐름은 같은 종의 여러 집단 간에 새로운 대립유전자를 도입할 수 있으므로 수용자와 공여자 집단 모두에서 대립유전자 빈도를 변경할 수 있다. 유전적 부동은 무작위적인 진화의 기회 요인이다. 유전적 부동의 결과는 대규모 집단에서는 무시할 수 있을 정도로 크지 않지만, 소수 집단은 이 요인으로 인해 대립유전자 빈도에서 급격한 변화를 겪을 수 있다. 마지막으로, 비무작위적 교배는 대립유전자 빈도를 변경하는 것이 아니라 유전자형 빈도를 변경함으로써 하디−바인베르크 평형과는 다른 집단을 만든다. 비무작위적 교배는 집단에서 이형접합자의 비율을 감소시킨다.

18.4 개체군 내에서 다른 개체와 비교한 상대적 번식 성공도를 그 개체의 적응도라고 한다. 개체의 적응도는 수명, 교배 빈도 및 각 교배를 통해 생산하는 자손의 수에 의해 결정된다. 이러한 요인 중 어느 것도 번식 성공을 결정하는 데 항상 가장 중요하게 작용하지는 않으며, 대신 개체의 번식 성공은 세 요인 모두의 누적 효과로 인해 결정된다. 예를 들어, 수명이 매우 길지만 교배 빈도가 드문 개체는 수명이 절반에 불과하지만 더 자주 짝을 이루고 더 큰 성공을 거두는 동종의 개체보다 적응도가 낮을 수 있다. 이 절의 소금쟁이 예에서 볼 수 있듯이, 적응도의 한 요소로서 선호하는 형질(예, 장수하는 것)은 적응도의 다른 요소(예, 평생 번식하는 것)에 불리할 수 있다.

18.5 수컷은 양육투자 및 에너지 소비가 더 많은 성이기 때문에 수컷이 짝을 선택해야 한다. 따라서 대부분 생물 종의 암컷처럼 그들은 "선택하는" 성이어야 한다.

18.6 **#1** 이형접합체의 적응도가 가장 낮은 집단에서 자연선택은 두 동형접합 형태를 모두 선호해야 한다. 이것은 집단 내에서 형질의 분단성 선택 및 이원화된 분포(양쪽으로 치우친)를 초래할 것이다. 따라서 충분한 시간이 지나면 종분화가 발생할 수 있다.

#2 음성 빈도의존적 선택은 희귀 대립유전자가 일반 대립유전자보다 적응도에 이점이 있을 때 발생한다. 결과적으로 변이는 유지되는데, 왜냐하면 대립유전자가 희귀해지면 선택이 작용하여 빈도를 높이기 때문이다. 진동 선택은 환경이 변하는 상황을 의미하며, 환경에 따라 먼저 하나의 대립유전자를 선호한 다음, 환경이 바뀌면 다른 대립유전자를 선호하게 된다. 장기적으로 음성 빈도의존적 선택이 희귀한 대립유전자를 항상 선호하기 때문에 변이를 보존할 가능성이 더 크다. 이와 대조적으로 진동 선택에서는 환경이 비정상적으로 오랫동안 변하지 않으면(진동하지 않으면), 불리한 대립유전자가 개체군에서 사라질 수 있다.

18.7 방향성 선택은 모집단 내에서 한 표현형이 상대적인 빈도에 상관없이 모집단의 다른 표현형보다 적응적 이점을 가질 때 발생한다. 반면에 빈도의존적 선택은 흔한(양성 빈도의존적 선택) 또는 드문(음성 빈도의존적 선택) 형질이 단순히 공통성 또는 희소성으로 인해 선택적인 이점을 가질 때 생긴다. 즉, 돌연변이가 새로운 대립유전자를 집단에 도입하는 경우, 방향성 선택은 대립유전자가 드물기 때문이 아니라 유리하기 때문에 진화를 유발할 수 있다.

18.8 배경색 일치는 포식을 피하기 위해 많은 종이 사용하는 위장 전략의 한 형태이다. 그러나 이 자연선택의 예는 성적 선택에 반하는 것인데, 즉 수컷은 포식자에게는 눈에 띄지 않지만, 잠재적인 짝에게는 매력적이기를 원하는 것과 같다. 예를 들어, 나비 종의 배경색 일치에 대한 포식의 영향을 검증하기 위해 정상적인 체색 변이를 가진 나비를 포획하여 사육장에 넣을 수 있다. 몇 세대 후에 사육장의 절반에 자연 포식자를 추가한 후 여러 세대가 지나면, 포식 환경의 나비는 포식을 피하려고 높은 수준의 배경색 일치를 가질 것으로 예상하는 반면, 비포식 환경에서는 짝짓기 성공과 상관관계가 있는 밝은색의 개체가 많아질 것이다.

18.9 서로 다른 진화 메커니즘 간의 역학은 매우 복잡하기에, 각 과정이 집단 내에서 어떤 방향으로 작동하는지 식별하기가 불가능하지는 않더라도 어렵다. 따라서 다양한 요인의 최종 누적 효과를 보는 것이 훨씬 쉽다. 그러나 어떤 경우에는 진화론적 변화를 유발하는 하나 이상의 진화과정이 동일한 방향으로 작동할 수 있으며, 그 결과 집단은 단 하나의 진화 메커니즘을 가졌을 때보다 더 빠르게 변화하거나 진화할 것이다. 예를 들어, 돌연변이(한 과정)는 유익한 대립유전자를 집단 내에 도입할 수 있고, 유전자 흐름(다른 과정)은 새로운 대립유전자를 다른 집단으로 퍼뜨릴 수 있다. 이 경우 자연선택이 각 집단 내에서 이 대립유전자를 선호한다면, 그 결과 새로운 표현형은 (하나의 과정이 작용했을 때보다) 상대적으로 빠른 진화적 적응을 초래할 수 있다.

18.10 대부분 유전자는 다면발현 효과를 나타낸다. 다른 말로 하나의 유전자는 개체의 표현형에 여러 가지 영향을 미친다. 다면발현 유전자에 대해서 자연선택은 특정 측면을 선호한다면 같은 유전자의 다른 측면에 대해 반대되는 선택을 할 수 있기에, 다면발현은 종종 자연선택에 의해 표현형이 변경될 수 있는 정도를 제한한다. [역자 주: 어떤 다면발현 유전자가 A와 B 형질에 영향을 준다고 할 때, 자연선택이 A 형질을 선호하면 B 형질은 비록 생존에 불리하더라도 따라갈 수밖에 없어서 표현형이 나타나는 범위가 제한된다는 의미이다.] 상위는 한 유전자의 발현이 다른 유전자의 존재 또는 발현에 의해 조절되거나 변경될 때 생긴다. 따라서 자연선택의 결과는 한 유전자의 유전자형뿐만 아니라 다른 유전자형에도 달려 있다.

탐구문제 및 자료 분석

413쪽 자료 분석: 그림 18.3의 예에서 열성 백색 유전자형의 빈도는 0.16이다. 집단의 나머지 84마리 고양이(100마리 중)는 동형접합 또는 이형접합의 검은색이다. 16마리의 흰 고양이가 죽으면 열성 흰 고양이 유전자를 다음 세대에 기여하지 않는다. 이형접합 검은 고양이만이 검은색과 흰색의 3:1 비율로 흰 고양이를 생산할 수 있다. 검은색 대립유전자의 동형접합×동형접합 및 동형접합 × 이형접합 고양이는 모두 검은 고양이를 생산할 것이다. 현재 동형접합 검은 고양이 36마리와 이형접합 검은 고양이 48마리, 총 84마리의 고양이가 있기 때문에 동형접합 검은 고양이의 새로운 빈도는 36/84(43%)이며, 이형접합 검은 고양이는 전체 집단의 57%를 차지한다. 따라서 $p^2=0.43$이면, 대략 $p=0.65$이고, $1=p-q$에서 $q=0.35$이다. 다음 세대 흰 고양이의 빈도인 q^2는 0.12 또는 12%이다.

416쪽 탐구문제: 희귀 대립유전자는 특히 드물기 때문에 집단의 병목 현상에서 소실될 가능성이 더 크다. 즉 작은 집단에서 이 대립유전자를 가진 개체가 존재할 가능성은 상대적으로 낮기에, 이러한 이유로 희귀 대립유전자가 소실될 위험이 있다. 그러나 우연히 희귀한 대립유전자를 가진 개체가 작은 집단에 있다면, 집단의 개체 수가 적기 때문에 이 대립유전자의 빈도는 훨씬 더 커질 것이다.

419쪽 탐구문제: 차별적 포식은 녹색 두꺼비보다 갈색 두꺼비를 선호할 수 있는데, 녹색 두꺼비는 여러 가능성 중에서 질병에 더 취약하거나, 기후 변화에 더 민감할 수 있어서 빈도가 증가하지 않을 수 있다.

420쪽 탐구문제: 중간 크기의 소금쟁이가 가장 높은 수준의 적응도(평생 낳는 알의 수)를 가지고 있기에, 중간 크기가 집단에서 더 널리 퍼질 것으로 예상한다. 하루에 낳는 알의 수가 몸의 크기에 영향을 받지 않는다면, 작은 소금쟁이가는 큰 소금쟁이보다 더 오래 사는 경향이 있기에 선호될 것이다.

420쪽 자료 분석: 12 mm 소금쟁이는 하루에 약 2개의 알을 낳고 약 32일을 산다. 따라서 예상되는 전체 알의 수는 64개이다. 15 mm 소금쟁이에 해당하는 숫자는 각각 6개와 18일이므로 총 108개의 알을 생산할 것이다.

421쪽 탐구문제: 이 질문은 현재 많은 연구의 주제인데, 꼬리가 더 긴 수컷(따라서 더 많은 반점이 있음)이 더 좋은 상태에 있을 가능성이 있다(열악한 상태의 수컷은 꼬리로 인한 불이익에서 살아남을 수 없기 때문). 암컷이 더 나은 상태의 수컷과 짝짓기할 때의 이점은 수컷에 기생충이 없어서 암컷에게 기생충을 전달할 가능성이 작거나, 수컷이 더 나은 유전자를 가질 수 있어서 자손에게 전달할 수 있다는 점이다. 또 다른 가능성은 시각 시스템이 어떤 이유로 긴 꼬리를 가진 수컷을 더 잘 감지할 수 있다는 것이다. 따라서 긴 꼬리가 더 쉽게 감지되고 반응하기 때문에 암컷이 긴 꼬리 수컷을 선호할 수 있다.

421쪽 자료 분석: 짝의 수를 얻으려면 x축에서 155를 찾은 다음 이에 해당하는 y축 값을 확인하면 된다. x축의 155에서 수직선을 그린 다음 회귀선(기울기선)과 교차점에서 수평선을 그려 구할 수 있다. 수평선이 y축을 가로지르는 곳은 예측된 값으로, 대략 4이다. 회귀선은 자료들로부터 가장 적합한 값을 결정하여 계산되는데, "최적선"은 선에서 각 점의 수직 거리의 제곱을 최소화하는 선이다(최소자승법).

그러나 대부분 점은 선에 일치하지 않는다는 것을 유의하자. 즉, 집단에 변이가 있고 모든 변이가 회귀선에 의해 설명되지 않는다. 결과적으로 회귀선은 특정한 수의 반점을 가진 수컷에 대해서 예측치를 제공할 수 있지만, 실제로 대부분 수컷은 그 선에서 예측하기 어려운 정도로 벗어나 있을 것이다. 결과적으로 동일한 수의 반점을 가진 여러 수컷이 같은 수의 짝을 가질 것이라고 기대하기 어렵다.

422쪽 탐구문제: 이익이 있다. 수컷이 클수록 교미 전의 혼인 선물인 정포를 크게 만들 수 있기에 암컷이 알 생산에 이용하는 에너지를 더 많이 제공하게 된다.

425쪽 자료 분석: 빈도의존적 선택에서 표현형의 적응도는 빈도와 관련이 있다. 따라서 각 체색의 유형에 대해 적응도는 빈도와 관련이 있어야 하며, 체색 유형은 적응도에서 일관된 차이를 나타내지 않아야 한다[역자 주: 빈도가 바뀌면 적응도가 달라진다는 의미이며, 따라서 포식자가 특정 색상을 선호해서 그 빈도가 줄어들어 적응도가 감소하면, 포식자는 다른 색상을 선호하게 되기에 빈도가 늘어나서 적응도가 올라가는 현상을 말함]. 반대로 방향성 선택은 빈도에 의존하지 않는다. 따라서 각각의 체색 유형은 서로 다른 적응도를 가져야 하며, 이러한 차이는 빈도의 영향을 받지 않아야 한다.

428쪽 (그림 18.20) 탐구문제: 빛을 향해 이동하는 파리의 비율(양성 주광성)은 후속 세대에서 다시 증가하기 시작할 것이다.

428쪽 (그림 18.21) 탐구문제: 인간의 집단에서 출생체중 분포는 체중이 높은 쪽과 낮은 쪽 신생아가 더 많이 포함되도록 다소 확장될 것이다.

428쪽 자료 분석: 영아 사망률은 출생체중이 매우 낮거나 매우 높을 때 가장 높으며, 중간 체중에서 가장 낮다. 따라서 양극단 쪽의 출생보다 중간 체중으로 태어나는 신생아가 훨씬 더 많을 것이다. 예를 들어, 6.5파운드(2.95 kg)로 태어난 아기는 2파운드(0.9 kg) 아기보다 40배 더 많다. 결과적으로 2파운드 아기의 사망률은 6.5파운드 아기보다 8배 높지만, 중간 체중에서 절대 사망자 수는 더 높을 것이다(단순히 태어나는 아기 수가 많으므로). 전반적으로 사망자 수와 출생체중 사이의 관계는 중간 출생체중에서 최고치를 보일 것이다.

430쪽 탐구문제: 거피 포식자는 시각적 신호를 사용하여 먹이를 찾는다. 거피가 더 화려할수록 눈에 띌 가능성이 커져서 먹이가 될 확률이 높아진다.

432쪽 자료 분석: 오른쪽에서 내성 지수는 광산과의 거리가 멀수록 감소하는데, 이는 어떤 과정이 작용하든지 그 효과가 광산으로부터의 거리에 대해 음성적인 관련이 있음을 시사한다. 내성 지수 값은 광산으로부터 양방향으로 주어진 거리에 대해 오른쪽에서 더 높기에, 그쪽에서 작용 기작이 더 강하다는 것을 나타낸다. 바람 방향에 의해 유도된 내성 대립유전자의 산포는 왜 내성 대립유전자의 빈도가 광산에서 멀어짐에 따라 감소하는지, 그리고 왜 광산에서 바람을 타는 오른쪽에서 내성 지수가 더 높은지를 설명할 수 있다.

433쪽 탐구문제: 순종 말 사육자들은 수십 년 동안 특정 형질에 대해 선택적 육종을 해 왔으며, 순종 말 개체군에서 변이를 효과적으로 제거해 왔다. 돌연변이가 더 빠른 말을 생산하지 않는 한, 우승 속도가 향상될 것 같지 않다.

연습문제

▪1단계: 이해력 확인하기

1. a 2. b 3. d 4. a 5. d 6. a 7. d 8. d

▪2단계: 적용력 평가하기

1. d 2. d 3. d 4. 여기서 핵심은 꼬리깃이 장애라면, 이 수컷은 장애를 극복함으로써 자연스럽게 꼬리깃이 짧은 수컷에 비해 생존율을 높여야 한다는 것이다. 실험 설계의 논리는 간단하다. 긴꼬리 깃털을 가진 수컷이 우월하여 긴꼬리 깃털의 부정적 효과를 이겨낼 수 있다면, 그 우수한 표현형은 꼬리깃을 제거하거나 축소했을 때 "나타날" 것이다. 꼬리깃은 비행을 방해한다고 생각했기 때문에 꼬리깃 제거 시 우수한 성능의 다양한 측면을 측정할 수 있다. 즉 꼬리깃이 제거된 수컷과 자연적으로 짧은 꼬리를 가진 수컷 중에서 누가 더 빨리 나는지, 또는 방향 전환을 더 빨리할 수 있는지를 측정할 수 있다. 궁극적으로 꼬리가 짧은 수컷이 조작되지 않은 긴꼬리 수컷보다 더 잘 생존하는지 여부를 측정할 수 있다.

▪3단계: 사고력 함양하기

1. 결과는 거피의 색상에 따라 달라지며, 포식자의 눈에 잘 띄는 개체의 생존 가능성은 칙칙한 색상의 개체보다 낮게 나타난다. 실험실에서는 시뮬레이션(모사) 환경을 만들어서 시험할 수 있다. 포식 가설에 근거하여 포식자가 둘 다에 접근할 때 단조로운 형태보다 화려한 형태를 더 많이 잡을 것이다. 시뮬레이션 환경의 설계는 분명히 중요하지만, 이러한 실험의 결과가 성공하면 기존의 이론에 새로운 사실을 추가하게 될 것이다.
2. 배경이 거의 완전히 검은색인 큰 용암류에서 서식하는 개체군은 검은색을 띠는 개체가 포식자에게 더 은폐되어 있기에 선택적인 이점이 있다. 반면에 작은 용암류는 밝은 모래와 녹색 식물 사이로 흘러내렸기 때문에, 어두운 개체는 같은 이유로 적응에 불리하게 작용한다. 19장을 참조해 보면, 검은후추나방은 이끼가 없는 나무에 유리하지만, 이끼로 덮인 나무에서는 불리한 것을 볼 수 있다.
3. 궁극적으로 유전적 변이는 돌연변이 과정에 의해 생성된다. 그러나 자연선택이 적응도와 밀접하게 관련된 형질의 변이를 빠르게 줄일 수 있는 속도와 비교할 때, 돌연변이만으로는 강한 선택에 있는 형질의 유전적 변이의 지속성을 설명할 수 없다. 강력한 선택하에서 유전적 변이가 지속될 수 있다는 것을 설명하는 과정에는 유전자 흐름이 포함된다. 집단은 종종 특정 유형의 환경 기울기를 따라 분포된다. 약간씩 다른 환경에서는 약간 다른 변이를 가진 표현형이 선호되는데, 서식지 기울기가 있는 이들 영역 간의 유전자 흐름은 새로운 유전적 변이를 도입하거나 기존 변이를 유지하는 데 도움이 될 수 있다. 마찬가지로, 서식하는 범위에 걸쳐 다른 선택적 환경을 자주 접하는 집단처럼(트리니다드의 폭포 위와 아래에 사는 거피를 생각해 보자), 단일 집단도 시간에 따른 선택적 환경의 변화(진동 선택)에 직면한다. 올해 선호되는 형질은 내년에 선호되는 형질과 같지 않아 자연선택의 전환과 유전적 변이 유지로 이어질 수 있다.

19장

핵심 요약

19.1 아니다. 딱딱한 씨앗을 먹어서 부리가 더 커진다면 이 표현형은 유전자형의 변화가 아니라 환경의 결과이다. 자연선택은 유전적 요소가 있는 특성에만 작용할 수 있다. 보디빌더가 일생 동안 근육을 발달시키지만, 그의 자손은 잘 발달된 근육이 없는 것처럼, 일생 동안 큰 부리를 발달시킨 새가 반드시 큰 부리를 가진 자손을 가지지는 않는다.

19.2 이 가설을 검증하기 위한 실험 설계는 아주 간단한데, 배경색이 다른 나방 사육장을 만들어서 같은 수의 나방과 포식 조류를 넣어보면 된다. 하나의 사육장은 대조군으로 사용할 수 있는데, 한 사육장은 배경을 어둡게 하고 다른 하나는 밝게 한다. 몇 세대 후에 나방의 표현형 빈도를 측정하면 매우 분명한 경향성을 보일 것이다. 어두운 배경의 사육장은 대부분 어두운 나방으로 구성될 것이고, 밝은 배경의 사육장은 대부분 밝은 나방으로 구성될 것이다. 중간색의 사육장은 밝은색과 어두운색의 나방이 거의 같은 비율을 가질 것이다.

19.3 인위적으로 선택되는 형질이 유전자형에 기반을 둔 것이 아니라 환경 때문이라면, 선택된 개체가 그 특성을 반드시 자손에게 물려 주지는 않을 것이다.

19.4 대부분의 경우, 자연선택의 주요 선택 요인은 환경이다. 따라서 기후 변화, 주요 대륙 이동 및 기타 주요 지질학적 변화는 선택압의 극적인 변화를 초래할 것이다. 이 시기에 진화적 변화의 속도와 방향은 대부분은 아니더라도 많은 종에 영향을 줄 것이다. 반면에 상대적인 환경 안정 기간에 선택압은 변하지 않으며, 따라서 많은 주요 진화 사건이 일어날 것으로 기대하지 않는다.

19.5 상동형질과 흔적구조를 설명하는 데 사용할 수 있는 다른 유일한 설명은 돌연변이일 것이다. 특히 흔적구조가 다면발현 효과를 나타내는 돌연변이에서 비롯되었고, 그 유전자 돌연변이의 다른 효과가 선택되었다면, 흔적구조는 국회 법안의 부칙처럼 선택될 것이다. [역자 주: 어떤 유전자의 돌연변이로 인해 나타난 여러 효과 중에서 한 가지가 자연선택된다면 다른 효과, 즉 흔적기관의 생성과 같은 효과는 부수적으로 따라간다는 의미이다.]

19.6 수렴진화는 멀리 떨어져 있는 종들이 유사한 환경 압력을 경험하고 자연선택을 통해 유사한 방식으로 반응할 때 발생한다. 예를 들어, 펭귄(새), 상어(물고기), 바다사자(포유류), 심지어 멸종된 어룡(파충류)도 모두 유선형 몸체를 가지고 있다. 이 동물들 각각은 모두 수생 포식자이며 물속을 빠르고 민첩하게 움직일 수 있어야 한다는 점에서 유사한 환경 압력을 가지고 있다. 분명히 그들의 가장 최근의 공통조상은 방추형 체형을 가지고 있지 않을 것이다. 따라서 유사성은 상동성(조상)보다는 수렴(환경) 때문이다. 그러나 유사한 환경 압력이 항상 수렴진화를 초래하는 것은 아니다. 가장 중요한 것은 그 계통에서 처음으로 형질이 나타나기 위해서는 돌연변이가 있어야 한다는 것이다. 그러나 돌연변이는 드물고, 유익한 돌연변이는 더 드물게 일어난다. 이미 특정 생태적 지위를 차지하고 있는 다른 종들도 있을 수 있다. 이 경우 자연선택이 두 종 간의 경쟁을 증가시키는 형질을 선호할 가능성은 작다. [역자 주: 이미 특정 서식지를 차지하고 있는 종은 먹이 경쟁을 통해 유선형 몸을 가져야 할 이유가 없기에 수렴진화를 하지 않을 수 있다.]

19.7 그것은 실제로 사실도 이론도 아니다. 이론은 과학 지식의 구성 요소이고, 가장 엄격한 검증과 검토를 거쳐 나온 것이다. 반면에 가설은 질문에 대한 임시 답변인데, 좋은 가설은 검증할 수 있고 반증할 수 있어야 한다. 불행히도 인간이 화성에서 왔다는 것은 현실적으로 검증하거나 반증할 수 없기에, 그것은 생물학의 영역에서 의미 없는 진술이다.

탐구문제 및 자료 분석

439쪽 탐구문제: 부모가 자손에게 먹인 씨앗의 크기가 부모의 부리 크기와 관련이 없다고 가정하면, 부모와 새끼의 부리 깊이 사이에는 아무런 관련이 없을 것이다. 그러나 우연히 더 작은 씨앗을 먹은 새끼가 더 얕은 부리 깊이를 가질 수 있는 반면, 더 큰 씨앗을 먹은 새끼가 더 깊은 부리가 나타날 수 있다. 이 결과는 부리 깊이가 유전적으로 결정된 특성이 아님을 시사한다. 다른 한편으로 만약에 더 깊은 부리를 가진 부모가 자손에게 더 큰 씨앗을 먹이고, 만약에 씨앗 크기가 부리 깊이를 결정했다면, 그림 19.2*b*에 표시된 것과 같은 관계가 생긴다. 이 경우 유전자와 환경은 상관관계가 있다고 나타나는데, 연구자들은 부리 깊이에 영향을 미치는 요인이 유전자인지 혹은 환경인지 알지 못할 것이다. 이 둘을 구별하기 위해 연구자들은 새끼를 실험실로 가져와서 다른 크기의 씨앗을 먹여서 먹이가 부리 깊이를 결정하는지 확인할 수 있다(다윈의 핀치새가 엄격하게 보호되는 갈라파고스에서는 어려울 것이다).

439쪽 자료 분석: 부모의 평균 부리 깊이는 9 mm이므로 자손의 부리 깊이는 약 9 mm가 될 것으로 예상되지만, 이 수치로부터 부모 중 어느 쪽이 중요하게 작용했는지는 판단할 수 없다. 그러나 선 주위에 분산이 상대적으로 적다는 사실(즉, 대부분 점이 회귀선에 가깝게 있음)은 부모의 성별(즉, 어느 부모가 더 큰지)이 실질적인 영향을 미치지 않음을 나타낸다.

441쪽 탐구문제: 이러한 동일한 추세는 유사한 과정이 두 지역 모두에서 작동하고 있음을 시사한다. 따라서 유사점이 무엇인지 식별하기 위해 연구가 필요할 것이다. 이 경우 두 지역 모두 대기 오염이 우연히 감소했는데, 이것이 진화의 경향이 유사한 원인일 수 있다.

442쪽 탐구문제: 큰 개체와 작은 개체가 서로 번식한다고 가정하면 중간 크기의 자손이 여전히 태어날 것이다(작은 초파리와 큰 초파리 사이의 교미 결과). 그럼에도 불구하고, 큰 개체와 작은 개체도 많이 있을 것이다(작은 초파리끼리 또는 큰 초파리끼리의 교배 결과). 따라서 몸 크기의 빈도 분포는 그림의 분포보다 훨씬 더 넓을 것이다.

446쪽 탐구문제: 진화 과정에서 이렇게 크기가 감소한 것은 여러 가지 이유로 발생할 수 있다. 예를 들어, 나니푸스(*Nannippus*)는 숲이 우거진 서식지에 적응했기 때문에, 열린 초원 서식지로 이동하기 전의 조상 말처럼 더 작은 크기를 선호했을 것이다. 또 다른 가능성은 그 당시 많은 종의 말이 있었고 다른 크기의 말이 다른 유형의 음식을 먹었기 때문일 수 있다. 즉 작은 크기로 진화함으로써 나니푸스는 다른 말들이 먹지 않는 종류의 음식을 먹을 수 있었을 것이다.

연습문제

1단계: 이해력 확인하기

1. d 2. b 3. b 4. a 5. b 6. b 7. b

2단계: 적용력 평가하기

1. a 2. d 3. d

3단계: 사고력 함양하기

1. 간단히 말하면 다음과 같다.
   a. 집단 내에서 개체 간의 변이가 있어야 한다.
   b. 개체 간의 변이로 인해 자손을 생산하는 번식 성공도는 차이를 나타내야 한다.
   c. 평생 번식 성공과 관련된 변이는 유전적 근거(유전 가능함)를 가져야 한다.
2. 그림 19.2*a*는 부리 깊이가 해마다 달라지는 것을 간접적으로 보여준다. 아마도 이것은 부리 크기에 있어 개체 간의 변이 때문일 것이다. 그러나 그림 19.2*a*에서 가장 중요한 점은 선택 결과를 보여준다는 것이다. 즉, 1번에서 언급한 3가지 조건이 유지되면 강수량이 해마다 다르기 때문에 평균 부리 깊이가 그에 따라 변할 것으로 예상할 수 있다. 그림 19.2*b*는 자연선택이 일어나기 위해 언급된 조건과 직접적으로 더 관련이 있다. 그림은 부리 크기가 개체에 따라 다르며 유전되는 경향이 있음을 보여준다.
3. 관계는 어느 방향으로도 뚜렷한 경향성이 없는 점들로 나타날 것이다. 즉,

추세선은 대략 둥그런 형태로 모인 점들을 통과하는 수평선이 될 것이다. 이러한 자료는 부모(들)의 부리 크기와 새끼의 부리 크기가 관련이 없음을 시사한다.

4. 진화의 방향은 역전될 것이고 두 개체군은 차이가 완전히 사라질 때까지 강모 수가 비슷하게 진화할 것이다. 그러나 진화의 속도는 첫 번째 실험보다 느릴 것이다. 선택은 처음에 두 개체군에서 낮은 강모 수와 높은 강모 수를 선호했기 때문에, 중간 강모 수를 제거하면서 진행되어서 중간 수에 대한 일부 유전적 변이는 아마도 개체군에서 소실되었을 것이다. 결과적으로 중간 숫자가 재진화되는 속도는 사용 가능한 적절한 유전적 변이가 적기 때문에 더 느릴 것이다.
5. 말의 진화는 일직선으로만 일어난 사건이 아니었다. 대신 그것은 34속의 후손들을 포함한 5천 5백만 년 이상에 걸쳐 일어난 일이다. 화석 기록을 살펴보면 말의 진화가 점진적이고 꾸준히 일어나지 않았음을 알 수 있다. 대신 환경 압력의 급격한 변화에 대응하여 몇 가지 중요한 진화 사건이 발생했다. 말 진화에 대한 화석 기록은 매우 상세하며 특정 형질에 대한 경향이 있기는 했지만, 변화가 시간이 지남에 따라 유동적이고 일정하지 않았으며, 모든 말 계통에서 완전히 일관되지 않았음을 보여준다. 예를 들어, 일부 계통은 지질학적으로 비교적 짧은 기간 동안 몸 크기가 급격히 증가했지만, 다른 계통에서는 실제로 몸 크기가 감소했다.

20장

핵심 요약

20.1 **#1** 생물학적 종개념은 서로 다른 종들이 짝짓기하여 생존 가능하고 생식력 있는 자손을 생산할 수 없다고 정의한다. 만약 동소성 종이 그렇게 할 수 없다면, 그들은 생식적으로 격리되어서 별개의 종으로 남을 것이다. 같은 계통을 따라 같은 종에서 개체군 사이의 유전자 흐름은 두 개체군의 동질화를 통해 같은 종을 유지하게 한다.

#2 생태학적 종개념은 동소성 종들이 환경의 서로 다른 부분을 사용하도록 적응되어 있으므로 그들 사이의 잡종은 양쪽의 어느 서식지에도 잘 적응하지 못하여 생존하지 못할 것이라고 말한다. 그들이 살아남아 번식을 하더라도 다른 종의 유전자풀에 들어간 유전자는 자연선택에 의해 제거될 가능성이 크다. 이 개념은 어떤 종의 지리적 집단들의 연결 고리를 설명한다. 결과적으로 이러한 집단은 유사한 환경을 차지하므로 유사한 선택적 압력을 경험한다.

20.2 강화가 일어나고 종 분화 과정을 완료하기 위해서는 두 개체군이 동소성에 앞서 일부 생식 장벽이 있어야 한다. 이 초기 생식 격리가 없으면 유전자의 신속한 교환과 유전자 흐름으로 인한 균질화가 나타날 것이다. 반면에 두 개체군이 이미 다소 생식적으로 격리된 경우(혼성 불임 또는 행동 격리와 같은 접합 전 장벽으로 인해) 자연선택이 비잡종 자손의 적합성을 지속적으로 개선하여 결국 종 분화를 초래할 것으로 예상한다.

20.3 다른 환경으로 인해 발생하는 생식적 격리는 자연선택의 요인이다. 즉 환경압으로 인해 자연선택은 그 환경에 가장 적합한 개체를 선호한다. 고립된 개체군이 계속 발전함에 따라 자연선택으로 인한 차이가 축적되어 결국 두 개체군이 매우 다르게 되기에 생식적으로 격리된다. 반면 강화는 특히 생식 격리와 관련된 과정으로, 자연선택이 잡종 불임 때문에 비잡종을 선호하거나 단순히 자손이 부모보다 덜 적합할 때 발생한다. 이러한 방식으로 일부만 생식적으로 격리되었을 수 있는 개체군은 완전히 생식적으로 격리된다.

20.4 배수성의 결과는 즉시 발생하므로, 한 세대에서 두 종의 자손은 생식적으로 분리될 수 있다. 그러나 배수체가 자가수정이 가능하다면 생물학적 종개념에 따라 새로운 종이 될 것이다. 반면에 분단성 선택은 두 개체군 사이의 생식 장벽이 진화하고 강화되어야 두 개체가 별개의 종으로 간주되기 때문에 많은 세대가 필요하다.

20.5 군도 모델에서 적응방산은 각 섬의 집단이 서로 다른 환경 압력에 적응할 때 발생한다. 다른 한편으로, 분단성 선택으로 인한 동소적 종분화에서 선택된 형질은 반드시 새로운 환경에 가장 적합하지는 않지만, 다른 개체와의 경쟁을 줄이는 데 가장 적합하다. 핵심혁신(새로운 형질)으로 인한 적응방산이 가장 많이 발생하는 것은 후자의 시나리오이다.

20.6 주어진 종을 정의하는 데 사용하는 개념에 따라 다르다. 확실히 진화적 변화는 단속적일 수 있지만, 환경 압력이 변화하는 시기에 적응이 일어날 것으로 예상한다. 그러나 적응이 반드시 종의 분화로 이어질 필요는 없는 대신, 종은 단순히 주어진 환경 변화에 따라 적응할 수 있다. 이것은 분기되는 것과 반대인 비분기 진화의 예이다. 그러나 다시 말하지만, 최종적으로 생긴 생물체가 단속 사건 이전의 조상 생물체와 다른 종인지 여부는 해석의 대상이 된다.

20.7 가장 큰 차이점은 과거의 대멸종은 소행성 충돌과 같은 자연현상으로 인해 발생하였지만, 현재는 인간의 인위적인 활동으로 인해 생태계가 급격히 파괴되고 있다는 것이다.

탐구문제 및 자료 분석

471쪽 탐구문제: 격리된 집단이 유전적 부동 또는 선택으로 인해 시간이 지남에 따라 분기될 가능성이 더 크기 때문에 종분화는 이소적 조건에서 발생할 수 있다. 적응방산은 소수의 다른 종만이 거주하거나 서식지의 많은 자원이 사용되지 않는 곳에서 발생하는 경향이 있다. 적응 방산의 전형적인 다양한 환경 조건은 집단 내에서 특정 형질을 선호하는 경향이 있기에 이소적 조건은 일반적으로 적응방산을 선호한다.

형질치환에서 각 종의 자연선택은 다른 종이 사용하지 않는 자원을 사용할 수 있는 개체를 선호한다. 두 종은 같은 환경에 위치한 같은 종(동소종)의 두 집단에서 진화했을 수 있다. 각 집단의 극단에 있는 개체는 다른 그룹이 사용하지 않는 자원을 사용할 수 있다. 따라서 이들 개체는 자원에 대한 경쟁이 줄어들어서 생존에 유리하고, 새로운 자원을 사용하는 경향이 선택될 것이다. 따라서 형질치환은 동소적 종분화를 보완하는 경향이 있다.

476쪽 탐구문제: 한 지역에서 불리한 기후 변화가 나타나면 이동성 종은 변화 전의 기후와 같은 다른 지역으로 움직일 것이다. 이곳에서 자연선택을 유도하는 환경 변화가 거의 없다면, 그 종 내에서 정체가 선호될 것이다.

연습문제

▪1단계: 이해력 확인하기

1. a 2. c 3. a 4. b 5. a 6. d 7. d 8. b 9. b 10. a 11. a

▪2단계: 적용력 평가하기

1. a 2. d 3. b 4. b

▪3단계: 사고력 함양하기

1. 두 종 사이의 잡종에게서 생존력이나 번식력이 감소하면, 자연선택은 잡종 교배를 막는 모든 형질을 선호할 것이다. 이렇게 하면 개체는 그러한 짝짓기에 시간, 에너지 또는 자원을 낭비하지 않고 자신의 종족과 짝짓기하는 데 시간, 에너지 및 자원을 소비할 경우 적응도가 더 높아질 것이다. 이러한 이유로 자연선택은 교잡 가능성을 감소시키는 모든 형질을 선호한다(접합전격리 기작 유도). 대조적으로, 일단 잡종화가 발생하면 시간, 에너지 및 자원이 이미 소비되었기에, 덜 적합한 잡종이 더 적합한 잡종보다 선호될 이유가 없다. 유일한 예외는 알을 품고 새끼를 키우는 데 상당한 시간과 에너지를 투자하는 종의 경우이다. 그러한 종의 경우, 부모가 자손에게 더 이상 시간과 에너지를 낭비하지 않을 것이기 때문에 자연선택은 잡종의 생

존력을 감소시키는 것을 선호할 것이다.

2. 생물학적 종개념에서 종은 집단 내 개체끼리 서로 교배할 수 있지만, 다른 집단과는 생식 적으로 격리된 집단이다. 이 관점에서 자연선택이 생식 격리 메커니즘의 진화에 관여할 수 있는 여러 가지 방법이 있지만, 그러한 진화는 자연선택이 관여하지 않고도 발생할 수 있다. 생태학적 종개념에서 자연선택은 서로 다른 종에 다르게 작용하기 때문에 이들은 구별될 수 있다. 이 견해는 또한 새로운 종이 거의 항상 개체군마다 서로 다른 적응을 촉진하는 자연선택의 영향으로 발생한다는 것을 암시한다.
3. 원리는 형질치환과 동일하다. 같은 지역에 있는 닮은 두 종의 개체는 서로 교배할 수 있다. 종간에 생식 능력이 불완전한 경우, 잡종 개체는 선택적으로 불리할 것이다. 한 종에서 자신과 같은 종의 구성원을 더 쉽게 인식하여 잡종화를 피할 수 있도록 하는 형질이 나타나면, 해당 형질을 가진 개체는 더 높은 적합성을 갖게 되고, 그 형질은 집단 전체에 퍼질 것이다.
4. 이들 섬의 먹이 자원이 동일하다고 가정하면, 두 종은 함께 있을 때(동소성)보다 따로 있을 때(이소성) 더 유사한 형태를 가질 것으로 예상된다. 이것은 두 종이 동소적일 때 먹이 경쟁 가설하에서 예상되는 형질치환의 결과일 것이다. 유연관계가 먼 두 종은 형태적으로 (그리고 아마도 생태 및 행동에서도) 큰 차이를 보여주기 때문에 형질치환 양상이 나타나지 않을 것으로 예상할 수 있는데, 이는 형질분기를 유도하기 위한 경쟁 가능성이 줄어들었기 때문이다. [역자 주: 두 종이 이소성일 경우 같은 먹이를 먹기에 형태적 유사성이 나타나는 반면, 동소성일 때는 먹이 경쟁이 심해지므로 서로 다른 먹이를 먹는 쪽으로 선택압이 작용하여 다른 형태가 나타날 가능성이 크다. 반면 유연관계가 먼 두 종은 서로 다른 생태적 지위를 차지하기에 먹이 경쟁이 심하지 않을 것이다.]

21장

핵심 요약

21.1 수렴진화 때문인데, 동일한 환경 압력을 받는 유연관계가 먼 두 종은 서로 다른 환경 압력을 받지만 더 최근의 공통 조상을 가진 두 종보다 표현형적으로 더 유사할 수 있다. 유연관계가 밀접한 종들이 비슷하지 않은 또 다른 이유는 종들이 새로운 생태적 지위에 빠르게 적응하는 진동 선택과 빠른 적응방산 때문일 것이다.

21.2 **#1** 종분화 빈도에 비해 형질이 빠르게 분지하는 경우에는 가장 간결한 계통 발생이 가장 정확하지 않을 수 있기 때문에 분지론을 사용하여 계통발생을 구성하는 것이 어려울 수 있다. 그러나 대부분 경우에 분지론은 생물체 집단 간의 계통발생 관계를 추론하는 데 매우 유용한 도구이다.

#2 공유파생형질만이 2개 이상의 분류군이 한 조상(해당 형질을 소유하지 않은 분류군의 조상이 아님)으로부터 유래한 자손임을 나타낸다. 따라서 형질을 소유한 분류군은 형질이 없는 분류군보다 서로 더 밀접하게 관련되어 있다. 본문에서 설명하듯이 이 가정은 일반적으로 옳지만, 상사성의 비율이 높을 때는 그렇지 않다.

21.3 일부 경우에는 가능하다. 예를 들어, 한 종의 두 집단이 유사한 환경에서 지리적으로 고립되고, 각 집단이 분지하여 종분화가 일어난 후, 한 집단은 조상의 형질을 유지하고 다른 집단은 새로운 형질을 파생했다고 가정해보자. 각 집단의 조상 그룹은 동일한 생물학적 종일 수 있지만 다계통으로 간주된다. 그 이유는 이들 집단의 공통조상으로부터 파생된 (생식적으로 격리될 수 있을 만큼 충분히 분지된) 다른 종들도 있기 때문이다.

21.4 반드시 그런 것은 아니다. 공통조상 이후로 그 형질이 변하고 수렴진화로 인해 각 그룹에 존재할 수 있다. 가장 최근의 공통조상이 그 형질을 가진 것이 가장 간결하고 따라서 가장 가능성이 큰 설명이지만(최소화의 원리), 특히 작은 분기군의 경우 진화 과정 중에 유사한 환경 압력으로 인해 동일한 형질상태가 반복적으로 출현했을 가능성이 있다.

21.5 가설로서 가능하지만, 바이러스 분석과 계통발생 분석 결과는 HIV 출현이 그 반대라는 강력한 증거를 보여준다. HIV는 유인원 질병으로 시작되어 인간 형태로 변이되었고, 여러 번 발생했다.

탐구문제 및 자료 분석

485쪽 자료 분석: 표는 다음과 같을 것이다.

	형질		
생물체	**털**	**양막**	**꼬리**
도롱뇽	0	0	1
개구리	0	0	0
도마뱀	0	1	1
호랑이	1	1	1
고릴라	1	1	0
사람	1	1	0

486쪽 탐구문제: 계통발생에 대한 최소화 분석에서는 가장 단순한 설명을 선호한다. 진화적 변화율이 높고 형질상태가 거의 없으면 문제가 복잡해진다. 높은 비율의 진화적 변화(가령 DNA의 비암호화 부분에서 돌연변이가 발생하는 것처럼)는 계통발생을 구성할 때 잘못된 결론을 이끌 가능성이 있다. 비암호화 DNA에서 발생하는 돌연변이는 기능적 DNA를 암호화하는 돌연변이와 같은 방식으로 자연선택에 의해 제거되지 않는다. 또한 새로운 형질상태의 진화는 비기능적 DNA에서 매우 높을 수 있으며, 이는 유전적 부동으로 이어질 수 있다. DNA에는 4종류의 뉴클레오타이드(4개의 형질상태)만 있기 때문에, 두 종이 특정 염기 위치에서 동일한 파생 형질을 진화시킬 가능성이 크다. 이것은 계통발생 관계에 있어 가장 적은 진화적 사건이 최상의 가설이라는 최소화의 가정을 위반하고 결과적으로 계통발생은 부정확하게 된다. [역자 주: DNA상의 변화는 결국 뉴클레오타이드의 변화를 말하며, 4종류밖에 없기에 우연히 같은 형질로 치환된 경우, 진화적 변화가 일어났음에도 겉으로는 드러나지 않게 되기에 최소화 원칙에 의한 계통발생에 어려움이 생기게 된다.]

489쪽 탐구문제: 유일한 다른 가설은 새와 박쥐의 가장 최근의 공통 조상도 날개를 가졌다는 것이다. 물론 이 시나리오는 수렴 가설보다 훨씬 덜 간결하며 (따라서 가능성이 훨씬 작다), 특히 날개가 없는 수많은 파충류와 포유류를 고려할 때 더욱 그렇다. 대부분의 계통발생은 최소화 원칙에 따라 구성된다. 다른 날개 달린 동물의 화석 증거 및 전에 생각했던 것보다 새와 박쥐 사이가 더 가까운 관계임을 뒷받침하는 분자 자료가 없는 경우 새와 박쥐의 날개가 상사적이지 않고 상동적이라는 가설을 검증할 방법이 없다.

496쪽 탐구문제: 한 가지 가능성은 다른 종의 발생 양상을 면밀히 조사하는 것이다. *a*에서 직접발생한 파란색 상자의 모든 종은 공통조상으로부터 그 형질상태를 물려받았을 것이기에, 결과적으로 발생 양상이 비슷할 것이라고 기대할 수 있다. 대조적으로, *b*에서 직접발생은 이들 종에서 여러 번 진화했는데, 직접발생이 다양한 방식으로 진화했을 가능성이 있다. 따라서 이러한 종에서 발생하는 방식을 비교하고 다른 종에서 다양한 발생 양상이 있음을 발견하면 *b* 부분의 가설이 더 가능성이 있을 수 있다. 그러나 모든 종이 공통조상으로부터 직접발생 형질을 물려받았다고 하더라도(*a*), 종은 진화적으로 분화할 수 있으므로 공통조상에서 분화한 후에 차이가 발생했을 가능성이 항상 있다. 따라서 이와 같은 상황에서는 확실한 결론을 내리기가 항상 어렵다.

499쪽 탐구문제: 피해자가 환자가 아닌 다른 출처로부터 HIV에 감염된 경우

두 균주의 가장 최근 공통조상이 훨씬 더 떨어져 있을 것이다. 그림에서 보는 바대로 이 계통수는 피해자와 환자의 균주가 비교적 최근의 조상을 공유하며 피해자의 균주가 환자의 균주에서 파생되었음을 보여준다.

연습문제

■1단계: 이해력 확인하기

1. d 2. b 3. a 4. b 5. a 6. d 7. d 8. b 9. c

■2단계: 적용력 평가하기

1. c 2. d 3. a

■3단계: 사고력 함양하기

1. 각 집단 이름은 다를 수 있는데, 여기에 제시된 이름은 단지 예이다. 턱-상어, 도롱뇽, 도마뱀, 호랑이, 고릴라, 인간 (턱이 있는 척추동물); 폐-도롱뇽, 도마뱀, 호랑이, 고릴라, 인간 (육상 4지동물); 양막-도마뱀, 호랑이, 고릴라, 인간 (양막 4지동물); 털-호랑이, 고릴라, 인간 (포유류); 꼬리 소실-고릴라, 인간 (인원류); 2족보행-인간 (인간).
2. 이는 다소 어려운 문제처럼 보인다. 관심 있는 종의 관계조차 알지 못하는 경우, 밀접하게 관련된 종을 외군으로 선택한다. 외군에 대한 잘못된 선택을 막는 한 가지 방법은 여러 종을 외군으로 선택한 후, 각각의 외군에 따라 관심 그룹에 대한 계통발생 가설이 어떻게 변하는지 조사하는 것이다. 어떤 외군을 선택하든지 별 차이가 없다면 관심 종에 대한 계통발생 가설에 대한 확신을 높일 수 있다. 반면에, 외군 선택이 큰 차이를 만든다면(다른 외군을 선택할 때 다른 계통발생 가설이 생김) 적어도 더 많은 정보를 수집하지 않고는 관심 종에 대한 강력한 계통발생 가설을 추론할 수 없다는 결론으로 이어질 수 있다.
3. 새가 파충류라는 것을 인식하면 새와 파충류의 생물학에 대한 통찰력을 얻을 수 있다. 예를 들어, 조류의 일부 특성은 깃털(변형된 비늘), 부리의 염류샘, 삼투조절 및 배설 전략(질소 노폐물로 요산 배출)과 같은 파충류 기원으로, 조류에서 지속적으로 유지되는 조상형질이다. 다른 한편으로, 다른 파충류와의 일부 차이점(예, 깃털)은 생물학적으로 매우 중요한 의미를 가지고 있어 공통조상형질에서 볼 수 있는 유사성을 압도한다(차이점이 더 크다는 의미). 예를 들어, 현존하는 비조류 파충류는 날 수 없고 내온성이 없는데, 이 두 가지 형질은 많은 생물학자의 마음에 파충류와 조류는 근본적으로 다르다는 인식을 만들어 냈다. 실제로, 많은 척추동물학자는 분류에 도움이 되는 분지 분석의 힘을 인식하고 있음에도 불구하고, 조류와 파충류의 유사성을 강조하기보다는 이들을 계속 구별하는 것을 선호한다. 결국, 일부 생물학자들이 전통적인 분류 체계에 대한 선호도를 갖는 것은 습관에 불과하다.
4. 사실, 그러한 진화적 전환(유생 시기의 소실 및 직접발생에서 유생발생으로의 역진화)은 최소화 원칙에서는 동일한 비중으로 처리된다. 그러나 발생생물학 등의 방법으로 한 종류의 변화가 다른 종류(소실 대 역진화)보다 일어날 가능성이 작다고 밝혀지면, 이러한 변화는 다양한 방식으로 고려되어야 한다. 가장 간단한 방법은 가능성에 따라 가중치를 할당하는 것이다. 즉 2번의 유생발생에서 직접발생으로의 전환은 1번의 직접발생에서 유생발생으로 전환하는 것에 해당하는 식이다. 실제로 이러한 방법은 존재하며, 이는 단순한 최소화 원칙에 의존하기보다는 진화적 변화의 특정 모델을 구축하기 위해 사용되는 통계적 접근 방식과 유사하다.
5. 앞다리의 구조는 상동성이고 날개의 기능은 수렴성을 가진다. 즉, 새, 익룡, 박쥐의 가장 최근의 공통조상은 이들 생물체가 소유한 것과 비슷한 형태의 앞다리를 가지고 있었으며 뼈와 관절이 비슷했다. 따라서 이러한 생물체의 앞다리 자체는 상동적이다. 그러나 날개는 분명히 수렴진화한 것이기에, 가장 최근의 공통조상은 분명히 날개가 없었다(또는 최소화 원칙을 위반하기는 하지만 다른 모든 포유류와 파충류는 날개를 잃었을 것이다). 또 다른 예로, 곤충의 앞다리는 척추동물 앞다리와 상동성을 갖지는 않지만, 날아다니는 곤충의 날개는 척추동물 날개와 온전히 수렴하는 것을 들 수 있다.
6. 생물학적 종개념은 과정, 특히 조상 집단에서 생식적으로 격리될 정도로 집단의 진화를 초래하는 과정에 초점을 맞춘다. 생물학적 종개념에 의해 활용되는 종분화 과정은 자연선택, 돌연변이 및 유전적 부동과 같은 진화 메커니즘의 상호 연관성을 통해 발생한다. 다른 한편으로, 계통학적 종개념은 과정이 아니라 역사, 집단 간의 차이를 초래한 진화 패턴에 초점을 맞추고 있다. 어느 종의 개념도 더 옳거나 더 틀린 것은 아니다. 종의 개념은 본질적으로 주관적이기에 잠재적으로 논란의 여지가 있다.

찾아보기(한글)

ㄱ

가계도(pedigree) 235
가로무늬근(횡문근, striated muscle) 870
가로세관(transverse tubules, T tubules) 985
가변부위(variable region) 1091
가수분해반응(hydrolysis reaction) 21
가스트린(gastrin) 1006
가중(summation) 893
각막(cornea) 934
각수(pedipalps) 660
각인(imprinting) 1169
각피(cuticle) 720
각피질(cutin) 720
간극연접(gap junction) 74, 864
간극유전자(gap gene) 398
간기(interphase) 195
간뇌(diencephalon) 904
간상세포(rods) 935
간섭 경쟁(interference competition) 1221
간접적인 효과(indirect effects) 961
간충조직(mesenchyme) 977
간충직 줄기세포(mesenchymal stem cells) 373
간충직-상피(mesenchyme-to-epithelial) 전환 392
감각 강모(sensory setae) 665
감각 이용(sensory exploitation) 423
감각계(sensory system) 872
감각뉴런[sensory neuron 또는 afferent neuron(구심성 뉴런)] 887
감각수용기(sensory receptors) 887
감수1분열(meiosis I) 215
감수2분열(meiosis II) 215
감수분열(meiosis) 214
갑상샘(thyroid gland) 963
갑상샘자극호르몬(thyroidstimulating hormone, TSH 또는 thyrotropin) 959
갑상샘자극호르몬 방출호르몬(thyrotropinreleasing hormone, TRH) 959
갑상샘호르몬(thyroid hormones) 949
강(class) 487
강축(tetanus) 986
강화(reinforcement) 465
개방순환계(open circulatory system) 615
개시(initiation) 278
개시 tRNA(initiator tRNA) 311
개시복합체(initiation complex) 311
개시코돈(start codon) 299
개재판(intercalated disk) 871
개체군(population) 1198
개체군통계학(인구통계학, demography) 1202
개폐형 통로(gated channels) 88
거머리류(leeches) 651
거울상이성질체(enantiomer) 21
거인증(gigantism) 961
거친면 소포체(조면소포체, rough ER, RER) 58
거핵세포(megakaryocyte) 1040
검정교배(testcross) 240
겉씨식물(나자식물, gymnosperm) 570, 571
격리 기작(isolating mechanisms) 467
격벽(septum) 191
격벽연접(seperate junctions) 73
격벽형성(septation) 191
결실(deletion) 319
결정론적 발생(determinate development) 617
결정인자(determinant) 385
결합(connective) 862
겹눈(compound eye) 658
경동맥소체(carotid body) 1028
경성하감(chancre) 548
경쇄(light chain) 1091
경쟁 배타(competitive exclusion) 1223
경쟁적 억제자(competitive inhibitors) 111
경첩(hinge) 980
경첩관절(hinge joints) 980
경침(thorns) 738
곁눈(측아, axillary bud) 732
계(kingdom) 487
계층(caste) 1189
계통분류학(systematics) 482
계통수(phylogenetic tree) 482
계통학(phylogeny) 482
계통학적 종개념(phylogenetic species concept, PSC) 490
고막(tympanum) 666
고삼투성(hyperosmotic) 89
고열(fever) 883
고유감각(proprioception) 924
고장성(hypertonic) 89
고장액(hypertonic solution) 1058
고전적 조건형성(classical conditioning) 1167
고정된 행동유형(fixed action pattern) 1163
고혈압(hypertension) 1049
골간(diaphysis) 976
골격구조 단백질(scaffold protein) 179
골격근(skeletal muscle) 870
골단(epiphysis) 976
골단판(epiphyseal plates) 977
골막(periosteum) 976
골세포(osteocytes) 869, 977
골소강(lacunae) 869, 977
골소관(canaliculi) 869, 977
골수(bone marrow) 1086
골지체(Golgi body 또는 Golgi apparatus) 59
골지힘줄기관(Golgi tendon organ) 924
골편(ossicles) 672
골편(spicules) 624
곱의 법칙(rule of multiplication 또는 product rule) 239
공간적 가중(spatial summation) 901
공급원-수용처 다개체군(source-sink metapopulations) 1201
공동수송체(symporters) 91
공동우성(codominance) 243
공동현상(cavitation) 751
공막(sclera) 934
공변세포(guard cell) 720
공생(symbiosis) 64
공업암화(industrial melanism) 441
공역수송(coupled transport) 93
공유결합(covalent bonds) 8
공유파생형질(shared derived characters) 483

공장(jejunum) 1001
공진화(coevolution) 1227
공통원시형질(symplesiomorphy) 485
공통파생형질(synapomorphy) 484
과도하강기(undershoot phase) 893
과립세포(granulosa cell) 1118
과립형 백혈구(granular leukocyte) 1038
과민반응(hypersensitive response, HR) 790
과분극(hyperpolarization) 893
과오돌연변이(missense mutation) 317
과피(pericarp) 582
과호흡(hyperventilating) 1026
관다발조직(vascular tissue) 559, 716, 846
관다발형성층(vascular cambium) 718
관족(tube feet) 673
괄약근(조임근, sphincter) 1000
광계(photosystem) 146
광계 I(photosystem I) 156
광계 II(photosystem II) 156
광독립영양생물(photoautotrophs) 1251
광분해효소(photolyase) 288
광비의존성 반응(lightindependent reactions) 146
광수선(photorepair) 288
광수용기(photoreceptor) 934
광의존성 반응(lightdependent reactions) 146
광자(photon) 150
광전효과(photoelectric effect) 150
광주기(photoperiod) 828
광학현미경(light microscope) 49
광형태형성(photomorphogenesis) 795
광호흡(photorespiration) 163
광효율(photoefficiency) 151
괴사(necrosis) 403
교감신경(sympathetic nerve) 912
교감신경계(sympathetic) 888
교감신경절연쇄(sympathetic chain of ganglia) 913
교차형 염기치환(transversion) 317
구부리기(flexion) 981
구심성 세동맥(afferent arteriole) 1065
구아노(guano) 1059
구와(ballandocket) 980
구와관절(ballandsocket joints) 980
구조식(structural formula) 8
구조이성질체(structural isomer) 20
구형낭(saccule) 930
국소분비(paracrine) 171
국소분비 조절자(paracrine regulator) 948
국소적 아나필락시스(local anaphylaxis) 1099
군집(community) 1219
굴광성(phototropism) 798
굴촉성(thigmotropism) 802
궤도(orbital) 2
규칙적 조밀결합조직(dense regular connective tissue) 867
균근(mycorrhizae) 595
균근연합(mycorrhizal association) 556
균독소(mycotoxin) 597
균사(hyphae) 589
균사체(mycelium) 590
그라나(grana) 63, 146
그라프 난포(Graafian follicle) 1120
그람양성균(grampositive) 532
그람염색(gram stain) 532
그람음성균(gramnegative) 532
그렐린(ghrelin) 962
극성(polarity) 394
극성 공유결합(polar covalent bond) 9
극성화(polarization) 484
극성활성부위(zone of polarizing activity, ZPA) 1150
극체(polar body) 1120
극피동물(echinoderm) 671
극한생물(extremophile) 526
극핵(polar nuclei) 836
근경(rhizomes) 853
근계(root system) 716
근골격계(musculoskeletal system) 872
근방추(muscle spindle) 924
근섬유(muscle fiber) 871
근소포체(sarcoplasmic reticulum, SR) 985
근원섬유(myofibrils) 982
근위세뇨관(proximal convoluted tubule) 1066
근육(muscle) 862
근육 피로(muscle fatigue) 987
근육모세포(myoblast) 403
근육섬유(muscle fiber) 403
근절(sarcomere) 982
근필라멘트(myofilaments) 982
글로불린(globulins) 1038
글루카곤(glucagon) 967
글리세르알데하이드 3-인산(glyceraldehyde 3-phosphate, G3P) 122, 161
글리코젠(glycogen) 26
글리코젠 분해(glycogenolysis) 1005
글리포세이트(glyphosate) 374
기공(stomata) 163, 554
기는줄기(stolon) 853
기관(organ) 862
기관(trachea) 659, 1021, 1024
기관계(organ system) 862
기관세지(tracheole) 659
기관형성(organogenesis) 1141
기문(spiracle) 660, 1021
기본 생태적 지위(fundamental niche) 1222
기본물질(ground substance) 867
기본분열조직(ground meristem) 718
기본조직(ground tissue) 716, 846
기생(parasitism) 1231
기생균(parasite) 593
기생생물(parasites) 1234
기저체(basal body) 69
기저핵(basal nuclei) 906
기질(matrix) 63, 405, 867
기질(substrate) 108, 373
기질수준의 인산화(substratelevel phosphorylation) 121
기초대사율(basal metabolic rate, BMR) 1007
기화열(heat of vaporization) 13
기회감염(opportunistic infection) 515
긴장성(tonicity) 1058
깁스 자유에너지(Gibbs free energy) 104
꽃받침(sepal) 578
꽃밥(anther) 578, 834
꽃잎(petal) 578

ㄴ

나노스(Nanos) 395
나선-꺾임-나선(helix-turn-helix) 328
나선형(helical) 505
나선형 난할(spiral cleavage) 616
나프탈렌 아세트산(naphthalene acetic acid, NAA) 813
낙엽성(deciduous) 855
난모세포(oocyte) 396
난생(oviparity) 1111
난자 형성 과정(oogenesis) 385
난자 활성(egg activation) 1130
난태생(ovoviviparity) 1111
난포 세포(follicle cells) 396

난포기(follicular phase) 1120
난포자극호르몬(follicle-stimulating hormone, FSH) 959
난할(cleavage) 382, 1134
난형낭(utricle) 930
난황낭(yolk sac) 690, 1113, 1140
난황마개(yolk plug) 1139
난황막(vitelline envelope) 1130
낭배(gastrulation) 405
낭배형성(gastrulation) 1137
낱눈(ommatidia) 659
내강(lumen) 315
내골격(endoskeleton) 973, 974
내배엽(endoderm) 614, 862, 1137
내부 기생생물(endoparasite) 1232
내부 외투강(mantle cavity) 1020
내부수용기(interceptor) 919
내분비 신호전달(endocrine signaling) 171
내분비계(endocrine system) 872, 948
내분비샘(endocrine glands) 948
내생균(endophyte) 594
내생포자(endospores) 533
내세포덩어리(inner cell mass, ICM) 1136
내온동물(endotherms) 879
내온성(endothermic) 691, 876
내이(inner ear) 927
내인인자(intrinsic factor) 1001
내장 덩어리(visceral mass) 643
내장근(visceral muscle) 870
내재 막단백질(integral membrane proteins) 80
내재적 아편(endogenous opiates) 901
내주(endostyle) 676
내초(pericycle) 729
내피(endodermis) 729
내피(endothelium) 1051
내호흡(internal respiration) 1018
네오칼리마스티고균류(Neocallimastigomycetes) 606
네프론(nephrons) 1062, 1065
노르에피네프린(norepinephrine) 899
노플리우스(nauplius) 662
노화(senescence 또는 aging) 287, 855
녹말(starch) 25, 26
농도기울기(concentration gradient) 87
뇌간(brain stem) 907
뇌교(pons) 904
뇌량(corpus callosum) 905
뇌실막세포(ependymal cell) 889
뇌졸중(stroke) 1054
뇌척수막(meninges) 909
뇌하수체(pituitary gland 또는 hypophysis) 957
뇌하수체 왜소증(pituitary dwarfism) 961
뇌하수체 적출술(hypophysectomy) 961
뇌하수체 전엽(anterior pituitary 또는 adenohypophysis) 957
뇌하수체 후엽(posterior pituitary 또는 neurohypophysis) 957
뇌회(gyrus 또는 convolution) 906
뉘슬라인-폴하르트(Christiane Nüsslein-Volhard) 395
뉴런(neuron) 871
뉴로트로핀(neurotropin) 952
뉴클레오솜(nucleosome) 193
뉴클레오타이드(nucleotide) 28
느린-연축섬유(slow-twitch fibers, 지근섬유, 느린 산화) 986
능동면역(active immunity) 1086
능동수송(active transport) 91
니코틴아미드 아데닌 디뉴클레오티이드(nicotinamide adenine dinucleotide, NAD^+) 31, 118

ㄷ

다개체군(metapopulation) 1201
다계통군(polyphyletic group) 489
다년생 식물(perennial plants) 854
다당류(polysaccharide) 25
다량영양소(macronutrient) 768
다른자리입체성 부위(allosteric site) 111
다른자리입체성 억제자(allosteric inhibitor) 111
다른자리입체성 활성자(allosteric activator) 111
다른자리입체성 효소(allosteric enzyme) 111
다면발현성(pleiotropic) 242
다분화능(multipotent) 387
다불포화(polyunsaturated) 41
다수정(polyspermy) 1132
다운증후군(Down syndrome) 261
다이서(dicer) 341
다인자 유전(polygenic inheritance) 241
다제내성(multidrug-resistant, MDR) 결핵 547
다층상피(stratified epithelium) 866
다클론(polyclonal) 1100
다핵성 배반엽(syncytial blastoderm) 394, 1134
다효소복합체(multienzyme complex) 109, 126
단계통군(monophyletic group) 488
단공류(monotremes) 704, 1113
단궁류(synapsids) 690
단당류(monosaccharides) 24
단량체(monomer) 21
단백질(protein) 33
단백질 카이네이스(protein kinase) 172, 174
단백질 호르몬(protein hormone) 959
단백질분해효소(protease) 345
단백질분해효소복합체(proteasome) 346
단백질체(proteome) 308
단복상(haplodiploidy) 1188
단복상의(haplodiplontic) 555
단분화능(unipotent) 387
단성생식(parthenogenesis) 1108
단성잡종 교배(monohybrid cross) 232
단속평형(punctuated equilibrium) 475
단엽(simple leaf) 736
단일결합(single bond) 8
단일수송체(uniporter) 91
단일식물(short-day plants) 828
단일염기다형성(single nucleotide polymorphism, SNP) 259
단일염기변이(single nucleotide variation, SNV) 317
단일클론항체(monoclonal antibody) 1101
단층상피(simple epithelium) 866
단층원주상피(simple columnar epithelium) 866
단층편평상피(simple squamous epithelium) 866
단핵구(monocyte) 977, 1085
단핵성(monokaryotic) 590
담륜자(trochophore) 635, 644
담즙(bile) 997
담즙 색소(bile pigments) 1005
담즙염(bile salts) 1005
당단백질(glycoproteins) 81
당지질(glycolipids) 81
닿는곳(insertion) 981
대공(osculum) 624
대뇌(cerebrum) 905
대뇌 반구(cerebral hemispheres) 905
대뇌변연계(limbic system) 907
대뇌피질(cerebral cortex) 905
대동맥(aorta) 1042
대동맥 판막(반월판, aortic valve) 1042
대동맥소체(aortic body) 1028
대량 수송(bulk transport) 94

대류(convection) 879
대립유전자(allele) 234
대립유전자 배제(allelic exclusion) 1096
대립유전자 빈도(allele frequencies) 410
대멸종(mass extinction) 470, 477
대사(metabolism) 112
대수층(aquifers) 1246
대식세포(대식가, macrophage) 1080
대엽(megaphyll) 736
대장(large intestine 또는 colon) 1003
대장균(E. coli) 510
대형 자손 증후군(large offspring syndrome, LOS) 391
덩어리(bolus) 999
덮개방(opercular cavity) 1020
데스모좀(부착연접, desmosome) 864
델타파(delta waves) 907
도메인(domain) 37
도약전도(saltatory conduction) 896
도킹(docking) 315
도파민(dopamine) 899
독립분리(independent assortment) 218, 237
독립영양생물(autotrophs) 117, 1251
독립의 법칙(Principle of Independent Assortment) 237
독립적인 사건(independent event) 239
돌연변이원(mutagen) 288
돌턴(daltons) 2
동계교배(inbreeding) 837
동류(concurrent) 1021
동류교배(assortative mating) 415
동맥(arteries) 1047
동맥경화증(arteriosclerosis) 1053
동맥원추(conus arteriosus) 1040
동면(hibernation) 883
동물극(animal pole) 1134
동반세포(companion cell) 725
동방결절(sinoatrial node, SA node) 1041
동소성(sympatric) 460
동시형질도입 빈도(cotransduction frequency) 536
동원(recruitment) 986
동원체(centromere) 196
동위원소(isomer) 20
동위원소(isotope) 3
동일선상(colinear) 306
동적(dynamic) 875
동정세포[choanocytes, 깃세포(collar cells)] 624
동질배수성(autopolyploidy) 469
동핵성(homokaryotic) 590
동형접합성(homozygous) 234
동형포자(homosporous) 559
동화작용(anabolism) 112
두꺼비(toad) 688
두절(scolex) 640
두정엽(parietal lobes) 905
두화(cephalization) 614
두흉부(prosoma) 658
뒤틀림(torsion) 645
등골[stapes, 등자뼈(stirrup)] 927
등-배(dorsal-ventral, D/V; 후면-전면)축 394
등삼투성(isosmotic) 89
등장성(isotonic) 89
등장성 수축(isotonic contraction) 981
등척성 수축(isometric contraction) 982
디네인(dynein) 68
디옥시리보핵산(deoxyribonucleic acid, DNA) 28
디옥시헤모글로빈(deoxyhemoglobin) 1029
디펜신(defensin) 784
땅속줄기(rhizome) 853
떡잎(첫 번째 잎, cotyledons) 847

ㄹ

라민(lamins) 57
라이보자임(ribozyme) 110
라이소솜(lysosomes) 59
라이페이스(지질가수분해효소, lipase) 1004
랑게르한스섬(islets of Langerhans) 966, 1004
랑비에결절(nodes of Ranvier) 889
레닌(renin) 1071
레디아(redia) 639
레트로바이러스(retrovirus) 295, 506
로그(logarithmic) 14
로돕신(rhodopsin) 936
로렌치니 기관(ampullae of Lorenzini) 923
로진(rosin) 572
리간드(ligand) 169
리간드개폐성 이온통로(ligand-gated channel) 892
리그닌(lignin) 723
리보솜(ribosome) 50, 52
리보솜 RNA(ribosomal RNA, rRNA) 30, 57
리보솜 결합서열(ribosome-binding sequence, RBS) 311
리보핵산(ribonucleic acid, RNA) 28
리불로스 1,5-2인산(ribulose 1,5-biphosphate, RuBP) 160
리불로스 2인산 카복실화효소/산소화효소[ribulose bisphosphate carboxylase/oxygenase, 루비스코(rubisco)] 160
리플리솜(replisome) 283
림프(lymph) 1052
림프계(lymphatic system) 1052
림프구(lymphocyte) 1038, 1085
림프구분열중심(germinal center) 1053
림프심장(lymph heart) 1053

ㅁ

마디(node) 732
마디사이(internode) 732
마이오글로빈(myoglobin) 986
마이크로 RNA(micro RNA, miRNA) 340
마이크로어레이(microarray) 341
마황(Ephedra) 849
막간 공간(intermembrane space) 63
막공격복합체(membrane attack complex, MAC) 1082
막관통영역(transmembrane domain) 86
막전위(membrane potential) 88
막횡단 경로(transmembrane route) 749
만성폐쇄성 폐질환(chronic obstructive pulmonary disease, COPD) 1029
만숙성(altricial) 1183
말단 화학수용기(peripheral chemoreceptor) 933
말단비대증(acromegaly) 962
말단소체(telomere) 286
말산(malate) 128
말초신경계(peripheral nervous system, PNS) 888
말피기관(Malpighian tubules) 660
망막(retina) 937
망막아종 감수성 유전자(retinoblastoma susceptibility gene, Rb) 208
망상체(reticular formation) 907
망상활성화계(reticular-activating system) 907
매개자(mediator) 336
매끈면 소포체(활면소포체, smooth ER, SER) 58
매독(syphilis) 548
맹장(cecum) 1003
먹이찾기(foraging) 1181
메가파스칼(megapascal, MPa) 744

메두사형(medusa) 626
메신저 RNA(messenger RNA, mRNA) 57
메테인생성균(methanogens) 1245
메틸 G 캡(methyl-G cap) 304
메틸화(methylation) 338
멘델 비율(Mendelian ratio) 234
멜라닌(melanin) 962
멜라닌세포자극호르몬(melanocyte-stimulating hormone, MSH) 959
멜라토닌(melatonin) 949
면역계(immune system) 872
면역글로불린(immunoglobulin, Ig) 1086
면역내성(immunological tolerance) 1097
면역조직화학염색(immunohistochemistry) 50
모계유전(maternal inheritance) 254
모래주머니(gizzard) 998
모세혈관(capillaries) 1047
모터 단백질(motor protein) 983
모티프(motif) 37
목(order) 487
목질화되었다(lignified) 723
몰(mole) 14
몰농도(molar concentration) 14
무게(weight) 2
무과립형 백혈구(nongranular leukocyte) 1038
무교차 염색체분리(achiasmate segregation) 218
무기물(minerals) 763
무기인산(inorganic phosphate, P_i) 107
무기적(inorganic) 540
무산소조건하 135
무산소호흡(무기호흡, anaerobic respiration) 119
무스카린성 수용체(muscarinic receptor) 913
문침(stylets) 655
물결친다(undulates) 69
물관(도관, vessel) 574, 723
물관(xylem) 559
물관부(xylem) 723
물관요소(vessel element) 559
물질(matter) 1
물질 P(substance P) 900
뮐러 의태(Müllerian mimicry) 230
뮤씨겔(mucigel) 726
미각(꼬리다리, uropods) 662
미량영양소(micronutrient) 768
미량원소(trace elements) 1011
미로(labyrinth) 927
미생물막(biofilm) 527
미세소관(microtubules) 65
미세소관형성중심(microtubule-organizing centers) 66
미세아교세포(소교세포, microglia) 889
미세융모(microvilli) 1002
미셀(micelle) 44
미소체(microbodies) 61
미엘린초(수초, myelin sheath) 889
미절(꼬리마디, telson) 662
미토콘드리아(mitochondria) 63
밀도 비의존적 효과(density-independent effects) 1210
밀도 의존적 효과(density-dependent effect) 1209
밀착연접(tight junction) 73, 864
밀착화(compaction) 1136
밑씨(배주, ovule) 834

ㅂ

바소체(Barr body) 253
바소프레신(vasopressin) 1050
바이로이드(viroid) 521
바이오연료(biofuels) 367
바이코이드(Bicoid) 395
바이타민(vitamins) 1010
박출량(stroke volume, SV) 1047
박테리오파지(bacteriophage) 271
반감기(half-life) 3
반고리관(semicircular canal) 930
반데스모솜(hemidesmosomes) 72
반보존적 모델(semiconservative model) 277
반복번식(iteroparity) 1206
반수체(haploid) 214
반응규격(norm of reaction) 1197
반응물(reactant) 9
반응중심(reaction center) 154
반추(rumination) 1012
반코마이신 내성 황색포도상구균(vancomycin-resistant Staphylococcus aureus, VRSA) 539
반향정위(echolocation) 929
발아(germination) 849
발아구(aperture) 580
발열인자(pyrogens) 883
발정기(estrus) 1113
발효(fermentation) 119, 136
방광(urinary bladder) 1065
방사대칭(radial symmetry) 613
방사상 난할(radial cleavage) 617
방사성 동위원소(radioactive isotope) 3
방사성 붕괴(radioactive decay) 3
방사수관(radial canals) 672
방사시원(ray initial) 724
방사조직(ray) 724
방적돌기(spinnerets) 660
방추 플라크(spindle plaque) 591
방추사 확인점(spindle checkpoint) 204
방추사부착점(kinetochore) 196
방추체(spindle apparatus) 198
방출(release) 511
방출호르몬(releasing hormone) 959
방향성 선택(directional selection) 428
배낭(embryo sac) 835
배냇털(lanugo) 449
배란(ovulation) 961
배반(blastodisc) 1136
배반(scutellum) 850
배반엽(blastoderm) 1139
배반포(blastocyst) 1136
배병(suspensor) 843
배설물(feces) 1003
배수성(polyploidy) 469
배아(embryo) 843
배아 발생(embryogenesis) 394
배아 이식(embryo transfer, ET) 1126
배아줄기세포(embryonic stem cell, ES cell) 363
배엽층(germ layers) 1137
배외강(extraembryonic coelom) 1140
배외막(extraembryonic membrane) 1139
배우자(난자와 정자, gamete) 213
배우자 접합(syngamy) 214
배우자낭(gametangia) 604
배우체(gametophyte) 555
배우체 자가불화합성(gametophytic self-incompatibility) 842
배젖(endosperm) 843
배주(ovule) 570, 578
배축(hypocotyl) 817
백색섬유(white fibers) 987
백색체(leucoplasts) 64
백신 접종(vaccination) 1084
백질(white matter) 889
백혈구(leukocyte, white blood cell) 869, 1038

번데기(pupa 또는 chrysalis) 666
번역(translation) 295
번역억제단백질(translation repressor protein) 344
번역인자(translation factor) 344
번역틀(reading frame) 298
베이츠 의태(Batesian mimicry) 1229
베타 산화(β oxidation) 138
베타 튜불린(β-tubulin) 65
베타시아닌(betacyanin) 805
벨리저(veliger) 644
벽공(pit) 724
벽세포(parietal cell) 1000
변성(denaturation) 39, 357
변연계(limbic system) 902
변온동물(poikilotherms) 879
변태(metamorphosis) 394
변환(transduction) 920
병꼴균류(chytridomyetes 또는 chytrids) 605
병목 효과(bottleneck effect) 416
병원균(pathogen) 593
보먼주머니(Bowman's capsule) 1066
보어효과(Bohr effect 또는 Bohr shift) 1030
보조 T 세포(helper T cell, T_H) 1088
보조색소(accessory pigment) 150
보조생식기술(assisted reproductive technology, ART) 1126
보조억제인자(corepressor) 334
보조인자(cofactors) 111
보조활성인자(coactivator) 336
보조활성자(coactivators) 176
보존적 모델(conservative model) 277
보체계(complement system) 1082
보호층(protective layer) 805
복사(radiation) 879
복엽(compound leaf) 736
복제단위(replicon) 280, 285
복제분기점(replication fork) 282
복제수 변이(copy number variation, CNV) 320
복합현미경(compound microscope) 49
부갑상샘(parathyroid gland) 963
부갑상샘호르몬(parathyroid hormone, PTH) 964
부교감신경(parasympathetic nerve) 912
부교감신경계(parasympathetic) 888
부레(swim bladder) 684
부분할(meroblastic cleavage) 1136
부속지 운동(appendicular locomotion) 988
부식토(humus) 763
부신 수질(adrenal medulla) 965
부신 피질(adrenal cortex) 965
부신피질자극호르몬(adrenocorticotropic hormone, ACTH 또는 corticotropin) 959
부신피질자극호르몬 방출호르몬(corticotrophin-releasing hormone, CRH) 959
부영양호(eutrophic lake) 1236
부유성(pelagic) 625
부정 소식물체(adventitious plantlets) 853
부정근(adventitious root) 730
부정소(epididymis) 1116
부정합수선(mismatch repair, MMR) 288
부종(edema) 1005, 1052
부착(attachment) 511
부착력(adhesive force) 11
부착연접(adhesive junctions) 72
분기(trimesters) 1153
분기군(clade) 484
분단성 선택(disruptive selection) 427
분류(classification) 487
분류군(taxon) 483, 487
분리(segregating) 230
분리의 법칙(the Principle of Segregation) 234
분리층(separation layer) 805
분비(secretion) 1062
분비기(secretory phase) 1121
분산 모델(dispersive model) 277
분생포자(conidia) 601
분압(partial pressure) 1022
분열구(cleavage furrow) 201
분열조직(meristem) 384, 717
분열지연중심부(quiescent center) 727
분자(molecule) 7
분자간(intermolecular) 110
분자내(intramolecular) 110
분자생물학의 중심원리(central dogma of molecular biology) 295
분자식(molecular formula) 8
분자클로닝(molecular cloning) 354
분지 형태형성(branching morphogenesis) 1142
분지도(cladogram) 484
분지론(cladistics) 483
분지점(branch point) 307
분층(delamination) 1137
분해자(decomposer) 542, 1252
분화(differentiation) 382
불규칙적 조밀결합조직(dense irregular connective tissue) 867
불꽃세포(flame cells) 638
불변부위(constant region) 1091
불완전우성(incomplete dominance) 243
불포화(unsaturated) 41
브라시노스테로이드(brassinosteriods) 816
브래디키닌(bradykinin) 953
브러시 보더(brush border) 1002
비결정론적 발생(indeterminate development) 617
비경쟁적 억제자(noncompetitive inhibitors) 111
비극성(nonpolar) 9
비글호의 항해(The voyage of the Beagle) 438
비뇨계(urinary system) 872
비독성(avirulent) 790
비만세포(mast cell) 1085
비멘틴(vimentin) 66
비분리(nondisjunction) 219, 260
비샤우스(Eric Wieschaus) 395
비순환적 광인산화(noncyclic photophosphorylation) 156
비스테로이드성 항염증약(nonsteroidal anti-inflammatory drugs, NSAIDs) 953
비열(specific heat) 12
비자기(nonself) 1089
빈도의존적 선택(frequency-dependent selection) 424
빈모류(oligochaeta) 651
빈영양호(oligotrophic lake) 1236
빌리루빈(bilirubin) 1100
빠른-연축섬유(fast-twitch fibers, 속근섬유, 빠른 당분해) 987
뼈단위[osteon, 하버스계(Haversian system)] 977
뼈잔기둥(trabeculae) 977
뼈형성단백질 4(bone morphogenic protein 4, BMP4) 1148
뿌리골무(root cap) 726
뿌리박테리아(rhizobacteria) 783
뿌리털(root hair) 721
뿌리혹(nodule) 769
뿌리혹병(crown gall) 814

ㅅ

사구체(glomerulus) 1065

사구체 여과액(glomerular filtrate) 1063
사람족(인류, hominins) 706
사망률(mortality rate) 1203
사상위족(filopodia) 1137, 1138
사이클로솜(cyclosome, C) 205
사이클린(cyclin) 203, 382
사이클린 의존성 카이네이스(cyclin-dependent kinase, Cdk) 204, 382
사이토졸(cytosol) 50
사이토카인(cytokine) 952, 1089
사이토크롬 b_6-f 복합체(cytochrome b_6-f complex) 156, 157
사이토크롬 c(cytochrome c) 131
사이토키닌(cytokinin) 814
사후강직(rigor mortis) 984
산(acid) 14
산성(acidity) 14
산성생장설(acid growth hypothesis) 812
산소대사(aerobic metabolism) 125
산소호흡(유기호흡, aerobic respiration) 119
산호충강(Anthozoa) 627
산화(oxidation) 5, 102, 118
산화적 인산화(oxidative phosphorylation) 121, 122
산화-환원 반응(oxidation-reduction reaction) 102
산화-환원 반응(redox reaction) 5, 118
살리실산(salicylic acid) 789
삼투(osmosis) 89, 744
삼투농도(osmolarity) 1058
삼투순응자(osmoconformers) 1058
삼투압(osmotic pressure) 90
삼투조절자(osmoregulator) 1059
삽입(insert) 80
상대성장(allometric growth) 1157
상대적 연대측정(relative dating) 444
상대정맥(superior vena cavae) 1042
상동구조(homologous structures) 449, 1150
상동성(homologous) 192
상동염색체(homologue) 192
상동이질형성(homeosis) 399
상록성(evergreen) 855
상리(mutualistic) 594
상리공생(mutualism) 1231
상보적(complementary) 30, 275
상보적 DNA(complementary DNA, cDNA) 355
상사성(homoplasy) 485
상승기(rising phase) 893
상승작용(synergistically) 963
상염색체(autosome) 251
상위(epistasis) 433
상처반응(wound response) 789
상피(epithelial) 862
상향효과(bottom-up effect) 1256
상호 배타적(mutually exclusive) 238
상호 이타주의(reciprocal altruism) 1186
상호교배(reciprocal crosses) 231
색맹(color blindness) 939
색소(pigment) 149
색소체(plastids) 64
색소포(chromophore) 796
샘꽈리(acini) 1004
생명표(life table) 1203
생물군계(biomes) 1254
생물적 잠재능(biotic potential) 1207
생물정화(bioremediation) 368
생물지구화학적 순환(biogeochemical cycles) 1244
생물지리학(biogeography) 452
생물학적 종 개념(biological species concept) 460
생물환경정화(bioremediation) 544
생산량(productivity) 1252
생성물(product) 9
생식 격리의 기작(reproductive isolating mechanisms) 460
생식 복제(reproductive cloning) 391
생식 전략(reproductive strategy) 1183
생식계(reproductive system) 873
생식계열 세포(생식주 세포, germ-line cells) 214
생식률(fecundity rate) 1203
생식비용(cost of reproduction) 1205
생식샘자극호르몬 방출호르몬(gonadotropin-releasing hormone, GnRH) 959
생식세포(generative cell) 573, 580
생식세포(germ cell) 1115
생식세포자궁관내이식(gamete intrafallopian transfer, GIFT) 1126
생식적으로 격리(reproductively isolated) 460
생장상 변화(phase change) 826
생장인자(growth factors) 952
생장호르몬(growth hormone, GH) 959
생장호르몬 방출호르몬(groth hormone-relasing hormone, GHRH) 959
생장호르몬 억제호르몬(growth hormone-inhibiting hormone, GHIH) 960
생존곡선(survivorship curve) 1204
생존율(survivorship) 1204
생체 아민류(biogenic amines) 899
생체량 피라미드(pyramid of biomass) 1255
생태 발자국(ecological footprint) 1215
생태적 지위(niche) 1221
생태학적 종 개념(ecological species concept) 464
생화학적 경로(biochemical pathway) 112
샤가프의 규칙(Chargaff's rule) 273
샤페론 단백질(chaperone proteins) 38
서양고추나물(Hypericum perforatum) 1222
선구동물(protostome) 616
선도가닥(leading strand) 282
선모(pili) 533
선천적(innate) 1162
선천적 방출기작(innate releasing mechanism) 1163
선택(selection) 417
선택적 세로토닌 재흡수 억제제(selective serotonin reuptake inhibitors, SSRIs) 900
선택적 스플라이싱(alternative splicing) 308
선택적 투과성(selectively permeable) 88
선형동물문(phylum Nematoda) 655
설탕(sucrose) 24
섬모(cilia) 69
섬유아세포생장인자(fibroblast growth factor, FGF) 387, 1142
성간 선택(intersexual selection) 421
성긴결합조직(loose connective tissue) 867
성내 선택(intrasexual selection) 421
성문(glottis) 1024
성상세포(별 모양 세포, astrocyte) 889
성상체(aster) 198
성선자극호르몬(gonadotropin) 959
성숙대(zone of maturation) 729
성수촉진인자(maturation-promoting factor, MPF) 202
성-연관(sex-linked) 251
성염색체(sex chromosome) 250
성적 선택(sexual selection) 419, 421
성적이형성(sexual dimorphism) 421, 655
세뇨관주위 모세혈관(peritubular capillaries) 1066
세대교번(alternation of generations) 835
세대기간(generation time) 1203
세동맥(arterioles) 1047
세력권(territoriality) 1182
세로토닌(serotonin) 900
세정맥(venules) 1047

세큐린(securin) 205
세크레틴(secretin) 1006
세타파(theta waves) 907
세퍼레이스(separase) 205
세포(cell) 47
세포골격(cytoskeleton) 56
세포내공생(endosymbiosis) 64
세포내막계(endomembrane system) 53
세포내섭취(endocytosis) 94
세포독성 T 세포(cytotoxic T cell, T_C) 1088
세포매개면역(cell-mediated immunity) 1086
세포모(trichome) 721
세포벽(cell wall) 51, 52
세포분열(cell division) 381
세포분열대(zone of cell division) 727
세포성 배반엽(cellular blastoderm) 395, 1134
세포-신호전달(cell-signaling) 396
세포예정사(apoptosis) 403
세포외기질(extracellular matrix, ECM) 70
세포외배출(exocytosis) 9495
세포운명결정(cell determination) 384
세포질(cytoplasm) 50
세포질내 정자주입(intracytoplasmic sperm injection, ICSI) 1126
세포질분열(cytokinesis) 196, 201
세포체(cell body) 871, 888
세포판(cell plate) 201
세포호흡(cellular respiration) 118, 1018
셀룰로스(cellulose) 25, 26
소기관(organelle) 50
소뇌(cerebellum) 904
소듐-포타슘 펌프(sodium-potassium pump) 92, 891
소마토스타틴(somatostatin) 960
소비 경쟁(exploitative competition) 1221
소비자(consumers) 1252
소수성(hydrophobic) 13
소수성배제(hydrophobic exclusion) 13
소엽(microphyll) 735
소철류(cycads; 소철문, phylum Cycadophyta) 573
소통연접(communicating junctions) 74
소포(vesicles) 56
소포체(endoplasmic reticulum, ER) 56, 58
소형 간섭 RNA(small inrerfering RNA, siRNA) 297, 341
소화계(digestive system) 872
속씨식물(피자식물, angiosperm) 574
수(pith) 729
수관계(water-vascular system) 672
수동면역(passive immunity) 1086
수동수송(passive transport) 87
수렴진화(convergent evolution) 452, 991
수베린(suberin) 729, 782
수분(pollination) 580
수분매개자(pollinator) 837
수분퍼텐셜(water potential) 744
수산화인회석(hydroxyapatite) 977
수상돌기(가지돌기, dendrite) 871, 888
수상돌기 가시(dendritic spine) 888
수생 생태계(aquatic ecosystem) 1244
수소결합(hydrogen bond) 11
수술(stamen) 578, 834
수술대(filament) 578
수아강(subclass Theria) 703
수액(sap) 757
수용기 전위(receptor potential) 920
수용액(aqueous solution) 89
수용체 단백질(receptor protein) 169
수용체-매개 세포내섭취(receptor-mediated endocytosis) 95
수용체타이로신카이네이스(receptor tyrosine kinase, RTK) 177
수정(fertilization) 214, 1129
수정막(fertilization envelope) 1132
수지상균근(arbuscular mycorrhizae) 595
수지상세포(dendritic cell) 1085
수질모세혈관(vasa recta capillaries) 1066
수질인접 네프론(juxtamedullary nephron) 1065
수축기(systole) 1044
수축기 혈압(systolic pressure) 1049
수평적 유전자전달(horizontal gene transfer, HGT) 577
수화껍질(hydration shell) 13
숙시닐 CoA(succinyl-CoA) 128
숙신산(succinate) 128
숙주범위(host range) 504
순전하(net charge) 8
순종(true-breeding) 230
순차적 자웅동체(sequential hemaphroditism) 1109
순환계(circulatory system) 615, 872
순환적 광인산화(cyclic photophosphorylation) 159
슈도뮤레인(pseudomurein) 528
슈반세포(Schwann cell) 889
슈트계(shoot system) 716
스테로이드(steroid) 42
스트로마(stroma) 64, 146
스펙트린(spectrin) 81
스플라이시오솜(spliceosome) 306
스핑고지질(sphingolipid) 79
습관성(habituation) 901
승모판(mitral valve) 1042
시각개(optic tectum) 904
시간적 가중(temporal summation) 901
시교차상핵(suprachiasmatic nucleus, SCN) 968
시냅스(synapse) 896
시냅스 소포(synaptic vesicle) 897
시냅스 신호(synaptic signaling) 171
시냅스 통합(synaptic integration) 901
시냅스전 세포(presynaptic cell) 896
시냅스틈(synaptic cleft) 897
시냅스후 세포(postsynaptic cell) 896
시냅시스(접합, synapsis) 215
시냅시스복합체(synaptonemal complex) 215
시상(thalamus) 904
시상하부(hypothalamus) 876
시상하부-뇌하수체 문맥계(hypothalamohypophyseal portal system) 959
시스터네(cisternae) 59
시스테민(systemin) 789
시아노글리코시드(cyanogenic glycoside) 784
시험관 수정(in vitro fertilization, IVF) 1126
식량안보(food security) 769
식물극(vegetal pole) 1134
식물수용체카이네이스(plant receptor kinase) 177
식물에스트로젠(phytoestrogen) 787
식물판(vegetal plate) 1138
식물환경정화(phytoremediation) 776
식세포작용(phagocytosis) 94
신경(nervous) 862
신경계(nervous system) 872
신경고랑(neural groove) 1143
신경관(neural tube) 1143
신경관형성(neurulation) 405, 1143
신경근접합부(neuromuscular junction) 899, 985
신경내분비 반사(neuroendocrine reflex) 958
신경능선(neural crest) 679, 1144
신경망(nerve net) 903
신경삭(nerve cord) 675, 1142
신경생장인자(nerve growth factor) 952
신경섬유(neurofilaments) 66
신경전달물질(neurotransmitter) 171, 897

신경절(ganglia) 911
신경절세포(ganglion cells) 937
신경절이전 뉴런(preganglionic neuron) 912
신경절이후 뉴런(postganglionic neuron) 912
신경조절물질(neuromodulator) 900
신경총(plexuses) 997
신경판(neural plate) 1143
신경펩타이드(neuropeptide) 900
신경호르몬(neurohormones) 948
신관(nephridium) 644
신구(nephrostome) 644, 1061
신근(extensors) 981
신생아(neonate) 1156
신수질(콩팥속질, renal medullar) 1065
신우(콩팥깔대기, renal pelvis) 1065
신장(elongation) 278
신장(콩팥, kidney) 1062
신장대(zone of elongation) 728
신장인자(elongation factor) 312
신피질(콩팥겉질, renal cortex) 1065
신호서열(signal sequence) 315
신호인식입자(signal recognition particle, SRP) 315
신호전달(signal transduction) 169, 171
실어증(aphasias) 907
실제 생태적 지위(reali-zed niche) 1222
심근(cardiac muscle) 871
심박출량(cardiac output, CO) 1047
심방(atrium) 1040
심방나트륨이뇨호르몬(atrial natriuretic hormone, ANH) 969, 1051, 1073
심실(ventricle) 1040
심장(heart) 1036
심장마비(heart attack 또는 myocardial infarction, 심근경색증) 1054
심플라스트 경로(symplast route) 749
심피(carpel) 574, 578
십이지장(duodenum) 1001
쌍궁류(diapsids) 691
쌍지배유전자(pair-rule gene) 398
씨방(사방, ovary) 834

ㅇ

아가미(gills) 1019
아가미덮개(operculum) 685
아가미방(branchial chamber) 1020
아가미사(gill filament) 1020
아나필락시스 쇼크(anaphylactic shock) 1099
아데노신 1인산(AMP) 107
아데노신 2인산(ADP) 107
아데노신 3인산(adenosine triphosphate, ATP) 30, 106
아데닐산 사이클레이스(adenylyl cyclase) 182
아라키돈산(arachidonic acid) 953
아르지닌 바소토신(arginine vasotocin) 958
아미노산(amino acid) 31
아미노산수용고리(acceptor stem) 309
아미노아실-tRNA 합성효소(aminoacyl-tRNA synthetase) 309
아밀로스(amylose) 26
아밀로펙틴(amylopectin) 26
아세틸콜린 가수분해효소(acetylcholinesterase, AChE) 899
아연집게 모티프(zinc finger motif) 328
아이소시트르산(isocitrate) 128
아종(subspecies) 712
아쿠아포린(aquaporin) 90
아포단백질(apoprotein) 796
아포믹시스(무수정생식, apomixis) 852
아포플라스트 경로(apoplast route) 749
악(모든 꽃받침, calyx) 834
악성 빈혈(pernicious anemia) 1001
안정화 선택(stabilizing selection) 428
안테나 복합체(antenna complex) 153
안테나페디아복합체(Antennapedia complex) 400
안토시아닌(anthocyanin) 805
안티코돈고리(anticodon loop) 309
알도스테론(aldosterone) 966, 1050, 1069, 1071
알라타체(corpora allata) 969
알란토인(allantoin) 1060
알부민(albumin) 1038
알츠하이머병(alzheimer disease) 909
알파 튜불린(α-tubulin) 65
알파파(alpha waves) 907
암(cancer) 208
암모니아(ammonia, NH_3) 1059
암술(pistil) 834
암술군(gynoecium) 578
암술대(style) 579
암술머리(stigma) 578
압력수용기(baroreceptor) 925, 1050
압력퍼텐셜(pressure potential, Ψ_p) 746
압류설(pressure-flow hypothesis) 758
앞-뒤(anterior-posterior, A/P; 머리-꼬리)축 394
액틴 필라멘트(actin filaments) 65
액포(vacuoles) 62
액포막(tonoplast) 62
앨런의 법칙(Allen's rule) 1197
앨리 효과(Allee effect) 1210
앱시스산(abscisic acid, ABA) 753
약속(commitment) 385
약속된(committed) 385
양극세포(bipolar cells) 937
양막(amniotic membrane, amnion) 690, 1113, 1139
양막란(amniotic eggs) 1113
양막류(amniotes) 689
양서류(amphibia) 686
양성 굴중성 반응(positive gravitropic response) 801
양성자(proton) 2
양성자 기울기(proton gradient) 127
양성잡종 교배(dihybrid cross) 237
양성조절(positive control) 329
양성피드백(positive feedback) 876, 1210
양수(amniotic fluid) 1140
양수검사(amniocentesis) 264
양안시각(binocular vision) 940
양압식 호흡(positive pressure breathing) 1023
양육투자(parental investment) 420
양이온(cation) 3, 88
양자(quantum) 5
양적 형질(quantitative traits) 241
어댑터 단백질(adapter proteins) 178
어린뿌리(첫 번째 뿌리, radicle) 849
억제(inhibition) 1236
억제(repression) 330
억제되었다(repressed) 334
억제성 시냅스후 전위(inhibitory postsynaptic potential, IPSP) 899
억제인자(repressor) 329
억제자(inhibitor) 111, 1148
억제호르몬(inhibiting hormone) 959
에너지(energy) 101
에너지준위(energy levels) 5
에틸렌(ethylene, $H_2C\text{-}CH_2$) 817
에피네프린(epinephrine) 899
엑손(exon) 38, 306
엑손 섞임(exon shuffling) 307
엔도셀린(endothelin) 953

엔돌핀(endorphin) 901
엔케팔린(enkephalin) 901
엔탈피(enthalpy) 104
엔테로가스트론(enterogastrones) 1006
엔트로피(entropy) 103
여과(filtration) 1061
역(domain) 487
역류(countercurrent flow) 1021
역류 열 교환(countercurrent heat exchange) 880
역수송(countertransport) 93
역수송체(antiporters) 91
역위(inversion) 319
역전사 PCR(reverse transcription PCR, RT-PCR) 357
역전사효소(reverse transcriptase) 295, 506
역치 자극(threshold stimulus) 893
역치 전위(threshold potential) 893
연골(cartilage) 869
연골세포(chondrocytes) 869
연동운동(peristalsis) 1000
연령구조(age structure) 1203
연속변이(continuous variation) 241
연속중복(tandem duplication) 319
연수(medulla oblongata) 904
연합뉴런(interneuron 또는 association neuron) 888
연합피질(association cortex) 906
연합학습(associative learning) 1167
열(heat) 103
열매(fruit) 578
열발생(thermogenesis) 882
열생성 센터(heat-promoting center) 883
열성(recessive) 233
열손실 센터(heat-losing center) 883
열역학(thermodynamics) 101, 102, 103
열역학 제1법칙(First law of thermodynamics) 103
열역학 제2법칙(Second law of thermodynamics) 103
염기(base) 15
염기성(basicity) 14
염기쌍(base-pairs) 275
염색질(chromatin) 57, 193
염색질재구성복합체(chromatin-remodeling complex) 339
염색체(chromosomes) 56
염색체 돌연변이(chromosomal mutation) 319
염색체설(chromosomal theory of inheritance) 249
염생식물(halophyte) 756
엽록소(chlorophyll) 146
엽록소 *a*(chlorophyll *a*) 150
엽록소 *b*(chlorophyll *b*) 150
엽록조직(chlorenchyma) 722
엽록체(chloroplasts) 63
엽상체(frond) 564
엽육조직(mesophyll) 737
엽침(spines) 738
엿당(maltose) 26
영양 세포(nurse cell) 394
영양단계(trophic levels) 1251
영양막(trophoblast) 1136
영양생식(vegetative reproduction) 852
영양연쇄반응(trophic cascade) 1256
영양요구성돌연변이(nutritional mutants) 294
영양요구주(auxotroph) 539
영장류(primates) 704
오카자키 절편(Okazaki fragment) 282
오페론(operon) 303
옥살로아세트산(oxaloacetate) 128
옥시토신(oxytocin) 958
옥신(auxin) 799, 810
올가미(lariat) 307
올리고당(oligosaccharides) 817
올리고사카린(oligosaccharins) 817
옵신(opsin) 934
와블 염기쌍(wobble pairing) 314
와우각(달팽이기관, cochlea) 927
완전효소(holoenzyme) 301
완충액(buffer) 15
외골격(exoskeleton) 658, 973, 974
외군 비교법(outgroup comparison) 484
외늑간근(external intercostal muscle) 1025
외떡잎식물(monocot) 718
외배엽(ectoderm) 614, 862, 1137
외부수용기(exteroceptor) 919
외분비샘(exocrine gland) 866
외생균근(ectomycorrhizae) 595
외수피(outer bark) 734
외온동물(ectotherms) 880
외온성(ectothermic) 691
외이(outer ear) 927
외측슬상핵(lateral geniculate nuclei) 939
외투막(mantle) 643
외호흡(external respiration) 1018
요관(ureter) 1065
요도(urethra) 1065
요막(allantois) 690, 1113, 1140
요붕증(diabetes insipidus) 1071
요산(uric acid) 1059
요산분해효소(uricase) 1060
요소(urea) 1059
용매(solvent) 13, 89
용원(lysogen) 512
용원성 바이러스(temperate virus) 510
용질(solute) 13, 89
용질퍼텐셜(solute potential, Ψ_s) 746
용해(soluble) 13
우성(dominant) 232
우세(dominant) 907
우심실(right ventricle) 1042
운동 단위(motor unit) 986
운동뉴런[motor neuron 또는 efferent neuron(원심성 뉴런)] 887
운동섬모(kinocilium) 925
운동실행기(motor effectors) 887
운동에너지(kinetic energy) 101
운반 RNA(transfer RNA, tRNA) 30, 57, 296
운반단백질(carrier protein) 88
웅성 구조(male structures) 834
웅얼거리는(murmur) 1044
원구(blastopore) 616, 1138
원기(primordium) 577
원시유전체학(paleogenomics) 710
원시형질(plesiomorphy) 485
원신관(protonephridia) 1061
원심성 세동맥(efferent arteriole) 1066
원영양주(prototroph) 539
원위세뇨관(distal convoluted tubule) 1067
원자(atom) 1
원자가전자(valence electron) 6
원자질량(atomic mass) 2
원장(원시적 소화관, archenteron) 616, 1138
원조(primitive streak) 1139
원종양유전자(proto-oncogenes) 208
원추세포(cones) 935
원핵생물(prokaryote) 50
원형질막(plasma membrane) 50
원형질분리(plasmolysis) 744
원형질연락사(plasmodesmata) 74
원형질체(protoplast) 854
월경(menstruation) 1113
월경기(menstrual phase) 1121

위(stomach) 1000
위다층상피(pseudostratified epithelium) 866
위상 상태(topological state) 281
위상기하학(topology) 281
위상이성질체효소(topoisomerases) 281
위수강(gastrovascular cavity) 996, 1035
위액(gastric juice) 1000
위억제펩타이드(gastric inhibitory peptide, GIP) 1006
위유전자(pseudogene) 451
위층(gastrodermis) 624
위치(loation) 5
위치에너지(퍼텐셜에너지, potential energy) 5, 101
유근초(coleorhiza) 850
유대류(marsupials) 704, 1113
유도(induction) 330, 386
유도자 배제(inducer exclusion) 332
유도작용(induction) 512
유도적합(induced fit) 109
유동모자이크모델 80
유문 괄약근(pyloric sphincter) 1001
유미유충(cercaria) 639
유미즙(chyme) 1001
유비퀴논(ubiquinone) 131
유비퀴틴(ubiquitin) 206, 345
유비퀴틴 연결효소(ubiquitin ligase) 345
유비퀴틴-단백질분해효소복합체 경로(ubiquitin-proteasome pathway) 346
유사분열(mitosis) 192, 195
유사분열물질(mitogen) 178
유사분열촉진인자(mitosis-promoting factor) 204
유사형 염기치환(transition) 317
유성생식(sexual reproduction) 214
유영각(헤엄다리, swimmerets) 662
유전상담(genetic counseling) 263
유전율(heritability) 259
유전자 교차(genetic crossing over) 216
유전자 대 유전자 반응(gene for gene response) 790
유전자 변이(genetic variation) 409
유전자 재조합(genetic recombination) 216
유전자 제거(knockout) 363
유전자 흐름(gene flow) 414
유전자량 보정(dosage compensation) 253
유전자풀(gene pool) 460
유전자형(genotype) 234
유전자형 빈도(genotype frequencies) 412
유전적 견본(genetic template) 1170
유전적 모자이크(genetic mosaic) 253
유전적 부동(genetic drift) 415
유전체 각인(genomic imprinting) 263, 391
유조직세포(parenchyma cell) 722
유주포자(zoospores) 605
유즐동물문(Ctenophora) 625
유체골격(hydrostatic skeleton) 973
유충(larva) 394
유충호르몬(juvenile hormone) 969
육식동물(carnivores) 995
윤생(whorls) 578
윤형동물문(phylum Rotifera) 640
융모(villi) 1002
융모막시료채취(chorionic villi sampling, CVS) 264
음경(penis) 1114
음낭(scrotum) 1114
음성 굴중성 반응(negative gravitropic response) 801
음성 빈도의존(negative frequency-dependent) 424
음성조절(negative control) 329
음성피드백(negative feedback) 875, 1209
음세포작용(pinocytosis) 94
음압식 호흡(negative pressure breathing) 1023
음이온(anion) 3, 88
음핵(clitoris) 1118
응집력(cohesive force) 11
의체강(pseudocoelom) 615
이계교배(outcrossing) 837
이노시톨 인산(inositol phosphate) 183
이노시톨 3인산(inositol triphosphate, IP3) 956
이는곳(origin) 981
이류교배(disassortative mating) 415
이석(otoliths 또는 ear rocks) 927
이소성(allopatric) 468
이수성(aneuploidy) 261
이수성 배우자(이수성 생식세포, aneuploid gamete) 219
이시성(heterochrony) 402
이온(ion) 2
이온 화합물(ionic compound) 8
이온동물(heterotherms) 880
이온통로(ion channel) 88, 173, 891
이온화(ionization) 14
이입(ingression) 1137
이종3량체 G 단백질(heterotrimeric G protein) 182
이질배수성(allopolyploidy) 469
이질세포(heterocyst) 542
이질염색질(heterochromatin) 193
이타주의(altruism) 1185
이핵성(heterokaryotic) 590
이형접합성(heterozygous) 234
이형접합자 우세(hyterozygote advantage) 425
이화물질활성화단백질(catabolite activator protein, CAP) 332
이화작용(catabolism) 112
인(nucleolus) 56, 57
인간면역결핍바이러스(human immunodeficiency virus, HIV) 1102
인간융모성생식샘자극호르몬(human chorionic gonadotropin, hCG) 1121
인경(비늘줄기) 734
인구 피라미드(population pyramid) 1214
인델(indel, insertion/deletion) 319
인돌 부틸산(indolebutyric acid, IBA) 813
인돌아세트산(indoleacetic acid, IAA) 811
인두(pharynx) 675
인두낭(pharyngeal pouches) 675
인두열(pharyngeal slit) 675
인룡류(Lepidosauria) 692
인산가수분해효소(phosphatase) 172
인산디에스터 결합(phosphodiester bond) 273
인산디에스터 골격(phosphodiester backbone) 275
인산화(phosphorylation) 172
인산화 연쇄반응(phosphorylation cascade) 178
인슐린(insulin) 966
인슐린 반응 단백질(insulin response protein) 178
인슐린 유사 생장인자(insulin-like growth factor) 952
인슐린 유사 생장호르몬(insulin-like growth hormone) 962
인식나선(recognition helix) 328
인원류(hominids) 706
인위선택(artificial selection) 417, 442
인장 강도(tensile strength) 751
인지 행동(cognitive behavior) 1171
인지질(phospholipid) 43, 79
인체 백혈구 항원(human leukocyte antigen, HLA) 1089
인터루킨-1(interleukin-1, IL-1) 1082
인터페론(interferon) 1080
인테그린(integrins) 71
인트론(intron, 또는 중재서열, intervening sequences) 306
인핸서(enhancer) 335
일반결합조직(connective tissue proper) 867
일반전사인자(general transcription factors) 335

일반형질도입(generalized transduction) 535
일산화질소(NO) 1051
일액현상(guttation) 751
임질(gonorrhea) 548
입방(cuboidal) 866
입방해파리강(Cubozoa) 628
입수관(inhalant siphon) 646
입체이성질체(stereoisomer) 21
잎(leaf) 735
잎겨드랑이(엽액, axil) 732
잎맥(엽맥, veins) 736
잎새(엽신, blade) 736
잎원기(leaf primordia) 718
잎자루(엽병, petiole) 736
잎차례(엽서, phyllotaxy) 732

ㅈ

자가분비(autocrine signaling) 948
자가불화합성(self-incompatibility) 842
자가수분(self-pollination) 837
자가수정(self-fertilization) 231
자가신호(autocrine signaling) 170
자가인산화(autophosphorylation) 177
자가헌혈(autologous blood donation) 1100
자궁(uterus) 1122
자극(stimulation) 920
자극개폐성 이온통로(stimulus-gated ion channel) 920
자극호르몬(tropic hormone) 958
자기(self) 1089
자매 분기군(sister clade) 497
자매염색분체(sister chromatid) 195
자매염색분체 결합(sister chromatid cohesion) 217
자방(ovary) 578
자성 구조(female structure) 834
자식의 각인(filial imprinting) 1169
자연살해세포(natural killer cell, NK cell) 1081
자연선택(natural selection) 417
자엽초(coleoptile) 850
자웅동주(monoecious) 841
자웅동체(hermaphroditism) 638, 1109
자웅이숙(dichogamous) 841
자웅이주(dioecious) 574, 841
자유(free) 89
자유라디칼(free radical) 1080
자유에너지(free energy) 104
자유에너지감소성(exergonic) 104
자유에너지증가성(endergonic) 104
자율신경계(autonomic nervous system) 888
자포(nematocysts) 627
작동기(effector) 876
작동유전자(operator) 329
작동적 조건형성(operant conditioning) 1168
작용 스펙트럼(action spectrum) 151
작용기(functional groups) 20
작은 잎(leaflet) 736
잔류량(residual volume) 1026
잔사식생물(detritivores) 1252
잡식동물(omnivores) 995, 1252
잡종화(hybridizations) 230
장(gut) 996
장란기(암배우자낭, archegonia) 557
장막(chorion) 690, 1113, 1130
장막(serosa) 997
장애 가설(handicap hypothesis) 423
장일식물(long-day plants) 829
장정기(수배우자낭, antheridia) 557
장측 흉막(visceral pleural membrane) 1025
재분극(repolarizing) 893
재생(renaturation) 40
재스몬산(jasmonic acid) 789
재조합(recombinant) 255
재조합 DNA(recombinant DNA) 351
재조합소결절(recombination nodule) 217
재흡수(reabsorption) 1061
저삼투성(hypoosmotic) 89
저작(mastication 또는 chewing) 998
저장성(hypotonic) 89
저장액(hypotonic solution) 1058
적색섬유(red fiber) 987
적응도(fitness) 419
적응방산(adaptive radiations) 470
적혈구(erythrocyte, red blood cell) 869, 1038
적혈구생성(erythropoiesis) 1040
적혈구생성소(erythropoietin) 1040
적혈구생성촉진인자(erythropoietin) 969
전근(ventral root) 911
전기(prophase) 198
전기음성도(electronegativity) 9
전기적 시냅스(electrical synapses) 897
전뇌(forebrain 또는 prosencephalon) 904
전능성(totipotency) 387, 614
전도(conduction) 879
전두엽(frontal lobes) 905
전령 RNA(messenger RNA, mRNA) 28, 30, 296
전류(translocation) 756
전립샘(prostate gland) 1116
전분체(amyloplast) 64, 726
전분화능(pluripotent) 387
전분화능 줄기세포(pluripotent stem cell) 1040
전사(transcription) 295
전사개시점(start site) 301
전사기포(transcroption bubble) 302
전사단위(transcription unit) 301
전사복합체(transcription complex) 337
전사체(transcriptome) 308
전송(transmission) 920
전신적 아나필락시스(systemic anaphylaxis) 1099
전신획득저항성(systemic acquired resistance, SAR) 791
전압개폐성 이온통로(voltage-gated channel) 892
전이(metastasis) 208
전이인자(transposable elements) 342
전자(electron) 2
전자에너지(electron's energy) 5
전자의 흐름을 추적 128
전자전달연쇄(electron transport chain) 120
전자현미경(electron microscope) 49
전정기관(vestibular apparatus) 930
전좌(translocation) 319
전좌다운증후군(translocation Down syndrome) 261
전중기(prometaphase) 199
전표피(protoderm) 718, 846
전할(holoblastic cleavage) 1134
전형성층(procambium) 718
전흉선자극호르몬(prothoracicotropic hormone, PTTH) 969
절간분열조직(intercalary meristem) 718
점돌연변이(point mutation) 317
점막(mucosa) 997
점막연관림프조직(mucosa-associated lymphoid tissue, MALT) 1088
점막하층(submucosa) 997
점액분비세포(mucus-secreting cell) 1000
점진진화(gradualism) 475
점착세포(colloblasts) 625
접착연접(adherens junctions) 72
접착용 세포족(lamellipodium) 1137

접촉형태형성(thigmomorphogenesis) 802
접합(conjugation) 535
접합 다리(conjugation bridge) 537
접합균류(zygomycetes) 604
접합균문(zygomycota) 603
접합자(zygote) 213
접합전격리기작(prezygotic isolating mechanisms) 460
접합체(zygote) 874
접합후격리기작(postzygotic isolating mechanisms) 460
정20면체(icosahedron) 505
정20면체형(icosahedral) 505
정관(vas deferens) 1116
정규 분포(normal distribution) 241
정단부(apex) 716
정단분열조직(apical meristem) 717
정단외배엽융기(apical ectodermal ridge, AER) 1149
정맥(veins) 1048
정맥 판막(venous valves) 1052
정맥 펌프(venous pump) 1052
정맥동(sinus venosus) 1040
정사면체(tetrahedron) 11
정세포(spermatids) 1115
정자(spermatozoa, sperm) 1115
정자 경쟁(sperm competition) 421
정착(establishment) 1236
정체(stasis) 475
정포(spermatophore) 421
젖 분비(lactation) 1156
젖당(lactose) 25
젖당불내성(lactose intolerance) 1002
젖분출반사(milk let-down reflex) 1156
제1난모세포(primary oocyte) 1119
제1형 당뇨병(type I diabetes) 967
제2형 당뇨병(type II diabetes) 967
제이콥증후군(Jacob syndrome) 262
제자리형광혼성화(fluorescent in situ hybridization, FISH) 371
제한효소(restriction enzyme) 352
제한효소단편길이다형성(restriction fragment length polymorphism, RFLP) 411
젤리층(jelly layer) 130
조건적(facultative) 829
조골세포(osteoblast) 977
조류(class Aves) 695
조립(assembly) 511
조밀결합조직(dense connective tissue) 867
조상형(ancestral) 483
조숙성(precocial) 1183
조절 단백질(regulatory protein) 326
조절발생(regulative development) 1136
조직(tissue) 71
조직계(tissue system) 716
조직친화성(tissue tropism) 504
조합(combination) 980
조합관절(combination joints) 980
조혈작용(hematopoiesis) 1085
조효소(coenzyme) 111
종간 경쟁(interspecific competition) 1221
종결(termination) 278
종결돌연변이(nonsense mutations) 318
종결자(terminator) 301
종결코돈(정지코돈, stop codon) 299
종뇌(telencephalon 또는 end brain) 904
종속영양생물(heterotrophs) 117, 1251
종양억제유전자(tumor-suppressor genes) 208
종양유전자(oncogenes) 208
종의 기원(On the Origin of Species) 445
종자은행(seed bank) 849
종풍부도(species richness) 1219, 1260
종피(seed coat) 579, 581
좌심실(left ventricle) 1042
좌우대칭(bilateral symmetry) 613
주공(micropyle) 573
주변부 막단백질(peripheral membrane proteins) 80
주사전자현미경(scanning electron microscope) 49
주세포(chief cell) 1001
주심(nucellus) 573
주조직적합성복합체(major histocompatibility complex, MHC) 1087
주축세포(collumella cell) 726
주피(integument) 570
주피(periderm) 734
주행성(diurnal) 705
주혈흡충병(schistosomiasis) 639
주형가닥(template strand) 296
주홈(major groove) 327
죽상경화증(atherosclerosis) 1053
줄(joule, J) 102
줄기세포(stem cell) 387
중간교란 가설(intermediate disturbance hypothesis) 1238
중간섬유(intermediate filaments) 65
중교(mesoglea) 626, 867
중교(mesohyl) 624
중금속(heavy metals) 777
중기(metaphase) 200
중기유전자(middle gene) 504
중기판(metaphase plate) 200
중뇌(midbrain 또는 mesencephalon) 904
중배엽(mesoderm) 614, 862, 1137
중복(duplication) 319
중복수정(double fertilization) 580
중성원자(neutral atom) 2
중성자(neutron) 2
중쇄(heavy chain) 1091
중심 액포(central vacuole) 56
중심립(centrioles) 197
중심립주변물질(pericentriolar material) 66
중심와(fovea) 935
중심주(stele) 729
중심체(centrosomes) 66
중엽층(middle lamella) 69, 201
중이(middle ear) 927
중일식물(day-neutral plants) 829
중첩(degenerate) 300
중추 화학수용기(central chemoreceptor) 933
중추신경계(central nervous system, CNS) 887
중합체(polymer) 21
증발(evaporation) 879
증산(transpiration) 723
증산작용(transpiration) 744
증식기(proliferative phase) 1120
증진효과(enhancement effect) 156
지렁이류(earthworms) 651
지방산 불포화효소(fatty acid desaturase) 84
지방세포(adipose cells) 867
지방조직(adipose tissue) 867
지연기닥(lagging strand) 282
지의류(lichens) 594
지질(lipid) 41
지질 뗏목(lipid rafts) 82
지질 방울(lipid droplet) 61
지질다당류(lipopolysaccharide) 532
지하경(rhizome) 563
직접적인 효과(direct effects) 961
진균증(mycoses) 597
진동 선택(oscillating selection) 425
진정염색질(euchromatin) 193

진체강(coelom) 615
진행성(processivity) 282
질량(mass) 2
질소고정(nitrogen fixation) 140, 1247
질화작용(nitrification) 1247
집단유전학(population genetics) 410
집합관(collecting duct) 1067
짝외교미(extra-pair copulation, EPC) 1184
짧은염기서열반복구간(short tendom repeat, STR) 258

ㅊ

차등전위(graded potential) 892
착상(implantation) 1153
창시자 효과(founder effect) 416
책허파(서폐, book lung) 660
처녀막(hymen) 1122
척도(pH scale) 14
척삭(notochord) 675, 1142
척추동물(vertebrate) 678
천공판(madreporite) 673
천식(asthma) 1029
천이(succession) 1236
첨체(acrosome) 1130
첨체돌기(acrosomal process) 1130
청진법(auscultation) 1044
체강(coelom) 1144
체관(phloem) 559
체관부(phloem) 725
체관부 적재(phloem loading) 758
체성신경계(somatic nervous system) 888
체성운동뉴런(somatic motor neurons) 985
체세포(sieve cell) 725
체세포(somatic cells) 213
체세포 핵치환(somatic cell nuclear transfer, SCNT) 391
체순환(systemic circulation) 1041
체액성 면역(humoral immunity) 1086
체절(somites) 1143
체절구(somitomeres) 1143
체절극성유전자(segment polarity gene) 398
체절형성유전자(segmentation gene) 398
체절화(segmentation) 617
체측 흉막(parietal pleural membrane) 1025
초경(menarche) 1118
초기유전자(early gene) 504
초나선꼬임(supercoiling) 281
초식동물(herbivore) 995, 1252
초점부착(focal adhesions) 72
촉각선(antennal gland) 1061
촉매(catalyst) 105
촉매작용(catalysis) 23, 105
촉수관(lophophore) 636
촉진(facilitation) 1236
촉진확산(facilitated diffusion) 88
최소화 원칙(principle of parsimony) 485
최적 온도(optimum temperature) 110
최적섭식이론(optimal foraging theory) 1181
추골[malleus, 망치뼈(hammer)] 927
추이대(ecotone) 1220
추형동물(phoronids) 654
축 운동(axial locomotion) 988
축삭(axon) 403, 871, 888
춘화처리(vernalization) 828
출수관(exhalant siphon) 646
충수돌기(appendix) 1003
충전 반응(charging reaction) 309
췌장 아밀레이스(pancreatic amylase) 1004
췌장관(pancreatic duct) 1004
췌장액(pancreatic juice) 997
측각(parapodia) 650
측계통군(paraphyletic group) 488
측두엽(temporal lobes) 905
측생분열조직(lateral meristem) 717
측선계(lateral line system) 683
치료용 복제(therapeutic cloning) 393
치밀뼈(compact bone) 977
치설(radula) 644
친동종결합(homophilic binding) 405
친수성(hydrophilic) 13
침골[incus, 모루뼈(anvil)] 927
침엽수(conifer; 구과식물문, phylum Coniferophyta) 571
침투(penetration) 511

ㅋ

카로티노이드(carotenoids) 152
카복실화효소(carboxylase) 163
카스파리띠(Casparian strips) 729
카스페이스(caspase) 404
카이네이스(mitogenactivated protein kinases) 178
카이네이스 연쇄반응(kinase cascade) 178
카테콜아민(catecholamine) 899, 949
칼로리(Calorie) 102
칼모듈린(calmodulin) 184
칼시토닌(calcitonin) 964
캐드헤린(cadherin) 72
캐드헤린 도메인(cadherin domain) 405
캘러스(callus) 854
캘빈회로(Calvin cycle) 160
케라틴(keratin) 66
코달(Caudal) 396
코돈(codon) 297
코르크형성층(cork cambium) 718
코르티솔[cortisol 또는 하이드로코르티손(hydrocortisone)] 965
코르티코스테로이드(corticosteroid) 965
코헤신(cohesin) 195
콘덴신(condensin) 194
콘드로이틴(chondroitin) 869
콜레시스토키닌(cholecystokinin, CCK) 1006
퀴닌(키니네, quinine) 787
크랩스 회로(Krebs cycle) 127
크레틴병(cretinism) 963
크리스타(crista) 63
크리스퍼(clustered regularly interspaced short palindromic repeats, CRISPR) 361
클라미디아(chlamydia) 548
클라인펠터증후군(Klinefelter syndrome) 262
클라트린(clathrin) 95
클론선택(clonal selection) 1085
클리어런스(clearance) 302
키네신(kinesin) 68
키랄(chiral) 21
키모트립신(chymotrypsin) 1004
키아즈마(교차점, chiasma) 216
키틴(chitin) 27, 974
킬로마이크론(chylomicron) 1002
킬로칼로리(kilocalories) 1008

ㅌ

타가수분(cross-pollination) 837
타감작용(allelopathy) 784
타이민 2량체(thymine dimer) 288

탁란(brood parasites) 1171
탄산무수화효소(carbonic anhydrase) 108
탄소고정(carbon fixation) 146, 149
탄수화물(carbohydrate) 24
탄화수소(hydrocarbon) 19
탈리(abscission) 805
탈리대(abscission zone) 805
탈분극(depolarization) 893
탈수반응(dehydration reaction) 21, 23
탈수소반응(dehydrogenation) 118
탈수소효소(NADH dehydrogenase) 130
탈아미노반응(deamination) 137
탈억제되었다(derepressed) 334
탈인산화(dephosphorylation) 172
탈질소세균(denitrifiers) 542
탈질화작용(denitrification) 1247
탈출(escape) 302
탈피(ecdysis) 658
탈피호르몬[molting hormone 또는 엑디손(ecdysone)] 969
태반(placenta) 700, 1136
태반류(placentals) 452
태생(viviparity) 1111
택솔(Taxol) 787
터너증후군(Turner syndrome) 262
터널링 현미경(tunneling microscopy) 1
턱(mandibles) 658
턱잎(탁엽, stipule) 732, 736
턱주머니(dewlap) 467
테레빈유(turpentine) 572
테르펜(terpenes) 42
텔로머레이스(telomerase) 287
토양(soil) 763
통기조직(aerenchyma) 756
통로단백질(channel protein) 88
통증수용기(nociceptor) 922
통풍(gout) 1060
투과전자현미경(transmission electron microscope) 49
투명대(zona pellucida) 1130
튜불린(tubulin) 197
트라이글리세라이드(triglyceride) 41
트라이아실글리세롤(triacylglycerol) 41
트로포닌(troponin) 984
트로포마이오신(tropomyosin) 984
트로핀(tropin) 958
트립신(trypsin) 1004
특수결합조직(special connective tissue) 867
특수전사인자(specific transcription factor) 335
특수형질도입(specialized transduction) 535
틀이동돌연변이(frameshift mutation) 298, 318
티록신(thyroxine) 960
틸라코이드(thylakoids) 63
틸라코이드막(thylakoid membranes) 146

ㅍ

파리지옥풀(Dionaea muscipula) 772
파블로프의 조건반사(Pavlovian conditioning) 1167
파상환기(ram ventilation) 1020
파생형(derived) 483
파워스트로크(power stroke) 984
파이코빌리 단백질(phycobiliproteins) 152
파이토알렉신(phytoalexin) 791
파지(phage) 271, 510
파지전환(phage conversion) 512
판(새엽, lamellae) 1020
패턴형성(pattern formation) 382, 394, 1149
팽압(turgor pressure) 91
퍼넷 사각형(Punnett square) 234
퍼텐셜(potential) 744
페레독신(ferredoxin) 158
페로몬(pheromone) 462, 948
페록시좀(peroxisomes) 61
펩시노겐(pepsinogen) 1000
펩신(pepsin) 1001
펩타이도글리칸(peptidoglycan) 52
펩타이드 호르몬(peptide hormones) 959
펩타이드결합(peptide bond) 33
펩타이드기전달효소(peptidyl transferase) 311
펴기(extension) 981
편도체(amygdala) 907
편리(commensal) 593
편리공생(commensalism) 1231, 1232
편모(flagellum) 624
편절(proglottids) 640
평형낭(statocyst) 929
평형전위(equilibrium potential) 891
평활근(smooth muscle) 870
평활근층(muscularis) 997
폐기종(emphysema) 1029
폐동맥(pulmonary arteries) 1041
폐동맥(pulmonary trunk) 1042
폐쇄순환계(closed circulatory system) 615
폐순환(pulmonary circulation) 1041
폐암(lung cancer) 1029
폐정맥(pulmonary veins) 1041
폐포(alveoli) 1024
폐피부 회로(pulmocutaneous circuit) 1042
폐활량(vital capacity) 1026
포괄적응도(inclusive fitness) 1187
포도당 억제(glucose repression) 332
포도당신생과정(gluconeogenesis) 1005
포르피린 고리(porphyrin ring) 151
포만인자(satiety factor) 1008
포배(blastula, 포유류에서는 배반포, blastocyst) 1134
포배강(blastocoel) 1134
포복경(runner) 853
포스포리페이스 C(phospholipase C) 182
포식(predation) 1226
포식 기생충(parasitoid) 1232
포엽(floral leaf, bract) 738
포자(spore) 555
포자낭(sporangia) 555
포자낭(sporangium) 558
포자낭경(sporangiophore) 603
포자모세포(spore mother cell 또는 sporocyte) 555
포자체(sporophyte) 555
포자체 자가불화합성(sporophytic self-incompatibility) 842
포자포낭(sporocyst) 639
포토트로핀 I(phototropin 1; PHOT1) 799
포톱신(photopsin) 936
포화(saturation) 88
폴리뉴클레오타이드(polynucleotides) 28
폴리유비퀴틴화(polyubiquitinated) 345
폴리펩타이드(polypeptide) 33
표면장력(surface tension) 11
표면적-대-부피 비율(surface area-to-volume ratio) 48
표토(topsoil) 764
표피(epidermis) 720
표피생장인자(epidermal growth factor) 952
표피세포(epidermal cell) 720, 729
표피조직(dermal tissue) 716, 846
표현형(phenotype) 234
푸마르산(fumarate) 128
퓨린(purine) 29
프라이머(primer) 279, 356

프라이머 결합(annealing of primers) 357
프로락틴(prolactin, PRL) 959
프로락틴 억제인자(prolactin-inhibiting factor, PIF) 960
프로모터(promoter) 301
프로스타글란딘(prostaglandins) 42, 953
프로테아좀(단백질분해효소복합체, proteasome) 796
프로트롬빈(prothrombin) 1038
프로파지(prophage) 512
프리모솜(primosome) 283
플라눌라(planula) 627
플라빈 아데닌 디뉴클레오타이드(flavin adenine dinucleotide, FAD) 31
플라스토시아닌(plastocyanin) 157
플라스토퀴논(plastoquinone) 157
플라젤린(flagellin) 527
플랑크톤(plankton) 477
플루테우스(pluteus) 399
피낭유충(metacercaria) 639
피드백억제(feedback inhibition) 111, 113
피루브산 탈수소효소(pyruvate dehydrogenase) 126
피리미딘(pyrimidine) 29
피막(capsule) 533
피목(lenticel) 734
피부계(integumentary system) 872
피부호흡(cutaneous respiration) 1021
피브리노젠(fibrinogen) 1038
피브린(fibrin) 1039
피질 네프론(cortical nephron) 1065
피질과립(피층과립, cortical granule) 1132
피층(cortex) 729
피크의 확산법칙(Fick's Low of Diffusion) 1018
피토크롬(phytochrome, P) 796
필수 아미노산(essential amino acids) 1010

ㅎ

하강기(falling phase) 893
하대정맥(inferior vena cavae) 1042
하디-바인베르크 평형(Hardy-Weinberg equilibrium) 412
하이드록실기(hydroxyl group) 20
하이알린(hyalin) 1132
하향효과(top-down effect) 1256
학습(learning) 1167
할구(blastomere) 382, 1134
할로겐호흡(halorespiration) 544
합성(synthesis) 357, 511
합성효소(ATP synthase) 121
합의 법칙(rule of addition) 239
함입(invagination) 1137
합체절(tagmata) 658
항상성(homeostasis) 326, 875, 1196
항아리곰팡이병(chytridiomycosis) 598
항온동물(homeotherms) 879
항원(antigen) 1084
항원 결정부위(antigenic determinant) 1085
항원 경험이 없는 림프구(naive lymphocyte) 1085
항원결정기(epitope) 1085
항원결합부위(antigen-binding site) 1092
항원불연속변이(antigenic shift) 514, 1102
항원연속변이(antigenic drift) 514, 1102
항이뇨호르몬(antidiuretic hormone, ADH) 958, 1050
항체(antibody) 1086
해당과정(glycolysis) 121
해리(dissociation) 40
해마(hippocampus) 907
해면동물문(Porifera) 622
해면뼈(spongy bone) 977
해면질(spongin) 624
해부학적 사강(anatomical dead space) 1026
해석(interpretation) 920
핵(nucleus) 56
핵 수용체(nuclear receptor) 176
핵 수용체 집단(nuclear receptor superfamily) 176
핵 재프로그래밍(nuclear reprogramming) 390
핵공(nuclear pores) 56
핵막(nuclear envelope) 50, 56
핵산(nucleic acid) 28, 272
핵산내부가수분해효소(endonucleases) 280
핵산말단가수분해효소(exonucleases) 280
핵심 중합효소(core polymerase) 301
핵심자극(key stimulus) 1163
핵심종(keystone species) 1235
핵심혁신(key innovation) 470
핵양체(nucleoid) 50, 190, 534
핵형(karyotype) 192
행동생태학(behavioral ecology) 1180
행동유전학(behavioral genetics) 1164
행동학(ethology) 1162
헌치백(Hunchback) 396
헌팅턴병(Huntington disease) 318
헛물관(가도관, tracheid) 556, 723
헤마토크리트(hematocrit) 1038
헤메리트린(hemerythrin) 1030
헤모글로빈(hemoglobin) 1029
헤모사이아닌(hemocyanin) 1030
헤어핀(hairpin) 302
헨레고리(loop of Henle) 1064, 1066
헴 그룹(heme group) 1029
혈관수축(vasoconstiriction) 1051
혈관이완(vasodilation) 1051
혈구생성(hematopoiesis) 1040
혈뇌 장벽(blood-brain barrier) 889
혈림프(hemolymph) 1036
혈소판(platelet, thrombocyte) 869, 1037
혈소판유래생장인자(platelet-derived growth factor, PDGF) 207
혈압(blood pressure) 1048
혈액(blood) 869
혈우병(hemophilia) 252
혈장(plasma) 1037
혈청(serum) 1038
협각(chelicerae) 660
협심증(angina pectoris) 1054
형성체(organizer) 1147
형질도입(transduction) 535
형질상태(character states) 483
형질세포(plasma cell) 1086
형질전환(transformation) 270, 356, 535
형질치환(character displacement) 471, 1224
형태형성(morphogenesis) 382, 394, 403
형태형성물질(morphogen) 396
형태형성인자(morphogen) 1134
호기예비량(expiratory reserve volume, ERV) 1026
호르몬(hormones) 171, 948
호르몬 반응요소(hormone response element, HRE) 954
호미오도메인(homeodomain) 328, 400
호미오박스(homeobox) 400
호미오유전자(homeotic gene) 398
호변체(tautomers) 274
호분(aleurone) 850
호산구(eosinophil) 1038, 1085
호염구(basophil) 1038, 1085
호중구(neutrophil) 1038, 1080, 1085
호흡(respiration) 1252
호흡 조절중추(respiratory control center) 1026
호흡계(respiratory system) 872

호흡근(pneumatophores) 756
혹(gall) 543
혹스(Hox) 400
혼성세포(hybridoma cell) 1101
혼합유전(blending inheritance) 412
홍채(iris) 934
홑눈(ocelli) 659
화관(corolla) 834
화밀샘(nectaries) 579
화분관(pollen tube) 570
화분립(pollen grain) 835
화석 유전자(fossil gene) 451
화학개폐성 이온통로(chemically gated channel) 892
화학결합(chemical bond) 7
화학독립영양생물(chemoautotrophs) 1251
화학반응(chemical reaction) 9
화학삼투(chemiosmosis) 132
화학적 시냅스(chemical synapse) 171, 897
화합물(compound) 7
확산(diffusion) 87
확장기(diastole) 1044
확장기 혈압(diastolic pressure) 1049
환경수용력(carrying capacity) 1208
환기(ventilation) 1018
환상박피(girdle) 725
환원(reduction) 5, 102, 118
활동일주기(circadian rhythm) 799
활동전위(action potential) 892, 893
활성부위(active site) 108
활성부위 진행대(progress zone) 1149
활성인자(activator) 329
활성화 에너지(activation energy) 105
활주(gliding) 980
활주관절(gliding joints) 980
황달(jaundice) 1005
황록공생조류(zooxanthellae) 628
황체(corpus luteum) 1121
황체기(luteal phase) 1121
황체형성호르몬(luteinizing hormone, LH) 959
회백질(gray matter) 889
회장(ileum) 1001
회전환복제(rolling-circle replication) 537
회절(involution) 1137
횡격막(diaphragm) 700, 1025
효소-기질 복합체(enzyme-substrate complex) 108
후각조직세포(collenchyma cell) 722
후구동물(deuterostomes) 616, 1138
후근(dorsal root) 911
후근신경절(dorsal root ganglia) 911
후기(anaphase) 200
후기 3차 난포(late tertiary) 1120
후기유전자(late gene) 504
후기촉진복합체(anaphase-promoting complex; APC) 205
후뇌(hindbrain 또는 rhombencephalon) 904
후두(larynx) 999
후두개(epiglottis) 999
후두엽(occipital lobes) 905
후벽조직세포(sclerenchyma cell) 723
후산(afterbirth) 1156
후성유전(epigenetic inheritance) 263
후성유전학적(epigenetic) 389
후천성면역결핍증(acquired immunodeficiency syndrome, AIDS) 1101
후체구(opisthosoma) 660
후항문 꼬리(postanal tail) 675
휴면(torpor) 883
흉막강(pleural cavity) 1025
흉선(가슴샘, thymus) 1087
흔적구조(vestigial structures) 450
흡기(haustoria) 730
흡기예비량(inspiratory reserve volume, IRV) 1026
흡반(suckers) 853
흡수(absorption) 996
흡수 스펙트럼(absorption spectrum) 150
흥분성 시냅스후 전위(excitatory postsynaptic potential, EPSP) 899
흥분-수축 연결(excitation-contraction coupling) 985
희돌기교세포(oligodendrocyte) 889
히드라충강(Hydrozoa) 628
히스토그램(노수 분포도, histogram) 241
히스톤 단백질(histone proteins) 193
히스톤 아세틸 제거효소(histone deacetylases, HDACs) 339
히스톤 아세틸기 전달효소(histone acetylases, HATs) 339

기타

α 나선구조(α helix) 35
α-케토글루타르산(α-ketoglutarate) 128
β 병풍구조(β sheet) 35
β 소단위(β subunit) 282
β 원통(β barrel) 87
1기 분열조직(primary meristem) 718
1기 식물체(primary plant body) 718
1기 조직(primary tissues) 718
1염색체성(monosomic) 261
1-유전자/1-효소 설(one-gene/one-enzyme hypothesis) 294
1차(primary) 33
1차 간충직세포(primary mesenchyme cell, PMC) 1138
1차 림프기관(primary lymphoid organ) 1086
1차 분열조직(primary meristem) 846
1차 생산량(primary productivity) 1252
1차 생산력(primary productivity) 1219
1차 생산자(primary producers) 1252
1차 순생산량(net primary productivity, NPP) 1252
1차 운동피질(primary motor cortex) 906
1차 육식동물(primary carnivores) 252
1차 천이(primary succession) 1236
1차 체성감각피질(primary somatosensory cortex) 906
1차 총생산량(gross primary productivity, GPP) 1252
1차구조(primary structure) 33
1차벽(primary walls) 69
1차유도(primary induction) 1152
1형 MHC 단백질(MHC class I protein) 1089
1회 호흡량(tidal volume) 1026
1회번식(semelparity) 1206
2,4-디클로로페녹시아세트산(2,4-dichlorophenoxy acetic acid) 813
2가염색체(bivalent) 216
2기 생장(secondary growth) 718
2기 식물체(secondary plant body) 719
2기 조직(secondary tissue) 719
2년생 식물(biennial plants) 855
2당류(diaccharides) 24
2명법(binomial name) 487
2배엽성(diploblastic) 862
2배체(diploid, $2n$) 192, 214
2배체(diplontic) 555
2분법(binary fission) 190
2중 결합(double bond) 8
2중나선(double helix) 30
2중대칭형(binal, twofold) 505
2중순환(double circulation) 1041
2중흉부복합체(bithorax complex) 399
2차(secondary) 33

2차 림프기관(secondary lymphoid organ) 1086
2차 생산량(secondary productivity) 1252
2차 성징(secondary sexual characteristics) 421
2차 육식동물(second carnivores) 1252
2차 천이(secondary succession) 1236
2차 화합물(secondary chemical compound) 1227
2차구조(secondary structure) 35
2차대사물질(secondary metabolites) 784
2차벽(secondary walls) 69
2차유도(secondary induction) 1152
2차전달자(second messenger) 174
2첨판(좌측 방실판, bicuspid) 1042
2핵성(dikaryotic) 590
2형 MHC 단백질(MHC class II protein) 1089
3′ 폴리-A 꼬리(3′ poly-A tail) 305
3배엽성(triploblastic) 862
3배체(triploid) 469
3염색체성(trisomic) 261
3중결합(triple bond) 8
3차(tertiary) 33
3차구조(tertiary structure) 35
3첨판[tricuspid valve 또는 right atrioventricular(AV), 우측 방실판] 1042
3-포스포글리세르산(3-phosphoglycerate, PGA) 160
4벌의 염색체(tetraploids) 469
4분염색체(tetrad) 216
4차(quaternary) 33
4차구조(quaternary structure) 37
5′ 캡(5′ cap) 304
5방사대칭(pentaradially symmetrical) 671
8전자 규칙(octet rule) 6
ABO 혈액형(ABO blood groups) 244
A대(A band) 982
B 림프구(B lymphocyte) 1086
B 세포(B cell) 1086
bc_1 복합체(bc_1 complex) 131
C_3 광합성(C_3 photosynthesis) 160
C_3 식물(C_3 plant) 163
C_4 광합성(C_4 photosynthesis) 737
C_4 식물(C_4 plant) 164
CAM 식물(CAM plant) 165
cAMP 반응 단백질(cAMP response protein, CRP) 332
COX-2 저해제(COX-2 inhibitors) 953
D(dextrorotatory; 우회전성) 21
DNA 자이레이스(DNA gyrase) 281
DNA 중합효소(DNA polymerase) 278
DNA 중합효소 I(DNA polymerase I, Pol I) 280
DNA 중합효소 II(Pol II) 280
DNA 중합효소 III(Pol III) 280
DNA 중합효소 α(DNA polymerase α) 285
DNA 중합효소 델타(DNA polymerase delta, Pol δ) 286
DNA 중합효소 입실론(DNA polymerase epsilon, Pol ε) 285
DNA 풀기효소(DNA helicase) 280
DNA 프라이메이스(DNA primase) 282
emf(embryonic flower) 827
F 플라스미드(F plasmid) 537
F_1 세대(F_1, first filial generation) 232
F_2 세대(F_2, second filial generation) 1063
G 단백질(G protein) 174, 913
G 단백질연결수용체(GPCR, G protein-coupled receptor) 181
G_0기(G_0 phase) 196
G_1/S 확인점(G_1/S checkpoint) 204
G_2/M 확인점(G_2/M checkpoint) 204
Hfr 세포(high frequency of recombination cell) 537
I대(I band) 982
K-선택(K-selected) 1212
L(levorotatory; 좌회전성) 21
lac 오페론(lac operon) 330
MADS 박스(MADS-box) 401
mRNA 전구체 스플라이싱(pre-mRNA splicing) 307
MSH 억제호르몬(MSH-inhibiting hormone, MIH) 960
M기촉진인자(M phase-promoting factor, MPF) 204
NADP 환원효소(NADP reductase) 158
N-포밀메싸이오닌(N-formylmethionine) 311
P파(P wave) 1046
QRS 복합체(QRS complex) 1046
R 플라스미드(R plasmid) 538
r-선택(*r*-selected) 1212
RNA 간섭(RNA interference) 342
RNA 중합효소(RNA polymerase) 301
RNA-유도침묵복합체(RNA-induced silencing complex, RISC) 342
RT-qPCR(reverse transcription quantitative PCR) 357
S자형 생장곡선(sigmoidal growth curve) 1208
S층(S-layers) 532
T 림프구(T lymphocyte) 1086
T 세포(T cell) 1086
T 세포 수용체(T-cell receptor) 1087
Taq 중합효소(Taq polymerase) 357
TATA 박스(TATA box) 304
Ti(tumor-inducing) 플라스미드 366
trp 오페론(trp operon) 330
T파(T wave) 1047
X 염색체(X chromosome) 250
X-연관(X-linked) 251
Y 염색체(Y chromosome) 250
Z 모식도(Z diagram) 156
Z선(Z line) 982

찾아보기(영문)

A

A band(A대) 982
ABO blood groups(ABO 혈액형) 244
abscisic acid, ABA(앱시스산) 753
abscission(탈리) 805
abscission zone(탈리대) 805
absorption(흡수) 996
absorption spectrum(흡수 스펙트럼) 150
acceptor stem(아미노산수용고리) 309
accessory pigment(보조색소) 150
acetylcholinesterase, AChE(아세틸콜린 가수분해효소) 899
achiasmate segregation(무교차 염색체분리) 218
acid(산) 14
acid growth hypothesis(산성생장설) 812
acidity(산성) 14
acini(샘꽈리) 1004
acquiredimmunodeficiency syndrome, AIDS(후천성면역결핍증) 1101
acromegaly(말단비대증) 962
acrosomal process(첨체돌기) 1130
acrosome(첨체) 1130
actin filaments(액틴 필라멘트) 65
action potential(활동전위) 892, 893
action spectrum(작용 스펙트럼) 151
activation energy(활성화 에너지) 105
activator(활성인자) 329
active immunity(능동면역) 1086
active site(활성부위) 100
active transport(능동수송) 91
adapter proteins(어댑터 단백질) 178
adaptive radiations(적응방산) 470
adenosine triphosphate, ATP(아데노신 3인산) 30, 106
adenylyl cyclase(아데닐산 사이클레이스) 182
adherens junctions(접착연접) 72
adhesive force(부착력) 11
adhesive junctions(부착연접) 72
adipose cells(지방세포) 867
adipose tissue(지방조직) 867
ADP(아데노신 2인산) 107
adrenal cortex(부신 피질) 965
adrenal medulla(부신 수질) 965
adrenocorticotropic hormone, ACTH(부신피질자극호르몬) 959
adventitious plantlets(부정 소식물체) 853
adventitious root(부정근) 730
aerenchyma(통기조직) 756
aerobic metabolism(산소대사) 125
aerobic respiration(산소호흡, 유기호흡) 119
afferent arteriole(구심성 세동맥) 1065
afterbirth(후산) 1156
age structure(연령구조) 1203
albumin(알부민) 1038
aldosterone(알도스테론) 966, 1050, 1069, 1071
aleurone(호분) 850
allantoin(알란토인) 1060
allantois(요막) 690, 1113, 1140
Allee effect(앨리 효과) 1210
allele(대립유전자) 234
allele frequencies(대립유전자 빈도) 410
allelic exclusion(대립유전자 배제) 1096
allelopathy(타감작용) 784
Allen's rule(앨런의 법칙) 1197
allometric growth(상대성장) 1157
allopatric(이소성) 468
allopolyploidy(이질배수성) 469
allosteric activator(다른자리입체성 활성자) 111
allosteric enzyme(다른자리입체성 효소) 111
allosteric inhibitor(다른자리입체성 억제자) 111
allosteric site(다른자리입체성 부위) 111
alpha waves(알파파) 907
alteration of generations(세대교번) 835
alternative splicing(선택적 스플라이싱) 308
altricial(만숙성) 1183
altruism(이타주의) 1185
alveoli(폐포) 1024
alzheimer disease(알츠하이머병) 909
amino acid(아미노산) 31
aminoacyl-tRNA synthetase(아미노아실-tRNA 합성효소) 309
ammonia, NH_3(암모니아) 1059
amniocentesis(양수검사) 264
amniotes(양막류) 689
amniotic eggs(양막란) 1113
amniotic fluid(양수) 1140
amniotic membrane, amnion(양막) 690, 1113, 1139
AMP(아데노신 1인산) 107
amphibia(양서류) 686
ampullae of Lorenzini(로렌치니 기관) 923
amygdala(편도체) 907
amylopectin(아밀로펙틴) 26
amyloplast(전분체) 64, 726
amylose(아밀로스) 26
anabolism(동화작용) 112
anaerobic respiration(무산소호흡, 무기호흡) 119
anaphase(후기) 200
anaphasepromoting complex, APC(후기촉진복합체) 205
anaphylactic shock(아나필락시스 쇼크) 1099
anatomical dead space(해부학적 사강) 1026
ancestral(소상형) 483
aneuploid gamete(이수성 배우자, 이수성 생식세포) 219
aneuploidy(이수성) 261
angina pectoris(협심증) 1054
angiosperm(속씨식물, 피자식물) 574
animal pole(동물극) 1134
anion(음이온) 3, 88
annealing of primers(프라이머 결합) 357
antenna complex(안테나 복합체) 153
antennal gland(촉각선) 1061
Antennapedia complex(안테나페디아복합체) 400
anterior pituitary(뇌하수체 전엽) 957
anterior-posterior, A/P(앞-뒤, 머리-꼬리) 394
anther(꽃밥) 578, 834
antheridia(장정기, 수배우자낭) 557
anthocyanin(안토시아닌) 805
Anthozoa(산호충강) 627
antibody(항체) 1086
anticodon loop(안티코돈고리) 309
antidiuretic hormone, ADH(항이뇨호르몬) 958, 1050
antigen(항원) 1084
antigenbinding site(항원결합부위) 1092
antigenic determinant(항원 결정부위) 1085
antigenic drift(항원연속변이) 514, 1102
antigenic shift(항원불연속변이) 514, 1102
antiporters(역수송체) 91

aorta(대동맥) 1042
aortic body(대동맥소체) 1028
aortic valve(대동맥 판막, 반월판) 1042
aperture(발아구) 580
apex(정단부) 716
aphasias(실어증) 907
apical ectodermal ridge, AER(정단외배엽융기) 1149
apical meristem(정단분열조직) 717
apomixis(아포믹시스, 무수정생식) 852
apoplast route(아포플라스트 경로) 749
apoprotein(아포단백질) 796
apoptosis(세포예정사) 403
appendicular locomotion(부속지 운동) 988
appendix(충수돌기) 1003
aquaporin(아쿠아포린) 90
aquatic ecosystem(수생 생태계) 1244
aqueous solution(수용액) 89
aquifers(대수층) 1246
arachidonic acid(아라키돈산) 953
arbuscular mycorrhizae(수지상균근) 595
archegonia(장란기, 암배우자낭) 557
archenteron(원장, 원시적 소화관) 616, 1138
arginine vasotocin(아르지닌 바소토신) 958
arteries(동맥) 1047
arterioles(세동맥) 1047
arteriosclerosis(동맥경화증) 1053
artificial selection(인위선택) 417, 442
assembly(조립) 511
assisted reproductive technology, ART(보조생식기술) 1126
association cortex(연합피질) 906
associative learning(연합학습) 1167
assortative mating(동류교배) 415
aster(성상체) 198
asthma(천식) 1029
astrocyte(성상세포, 별 모양 세포) 889
atherosclerosis(죽상경화증) 1053
atom(원자) 1
atomic mass(원자질량) 2
ATP synthase(합성효소) 121
atrial natriuretic hormone, ANH(심방나트륨이뇨호르몬) 969, 1051, 1073
atrium(심방) 1040
attachment(부착) 511
auscultation(청진법) 1044
autocrine signaling(자가분비) 948
autocrine signaling(자가신호) 170
autologous blood donation(자가헌혈) 1100
autonomic nervous system(자율신경계) 888
autophosphorylation(자가인산화) 177
autopolyploidy(동질배수성) 469
autosome(상염색체) 251
autotrophs(독립영양생물) 117, 1251
auxin(옥신) 799, 810
auxotroph(영양요구주) 539
avirulent(비독성) 790
axial locomotion(축 운동) 988
axil(잎겨드랑이, 엽액) 732
axillary bud(곁눈, 측아) 732
axon(축삭) 403, 871, 888

B

B cell(B 세포) 1086
B lymphocyte(B 림프구) 1086
bacteriophage(박테리오파지) 271
ballandocket(구와) 980
ballandsocket joints(구와관절) 980
baroreceptor(압력수용기) 925, 1050
Barr body(바소체) 253
basal body(기저체) 69
basal metabolic rate, BMR(기초대사율) 1007
basal nuclei(기저핵) 906
base(염기) 15
basepairs(염기쌍) 275
basicity(염기성) 14
basophil(호염구) 1038, 1085
Batesian mimicry(베이츠 의태) 1229
bc_1 complex(bc_1 복합체) 131
behavioral ecology(행동생태학) 1180
behavioral genetics(행동유전학) 1164
betacyanin(베타시아닌) 805
Bicoid(바이코이드) 395
bicuspid(2첨판, 좌측 방실판) 1042
biennial plants(2년생 식물) 855
bilateral symmetry(좌우대칭) 613
bile(담즙) 997
bile pigments(담즙 색소) 1005
bile salts(담즙염) 1005
bilirubin(빌리루빈) 1100
binal, twofold(2중대칭형) 505
binary fission(2분법) 190
binocular vision(양안시각) 940
binomial name(2명법) 487
biochemical pathway(생화학적 경로) 112
biofilm(미생물막) 527
biofuels(바이오연료) 367
biogenic amines(생체 아민류) 899
biogeochemical cycles(생물지구화학적 순환) 1244
biogeography(생물지리학) 452
biological species concept(생물학적 종 개념) 460
biomes(생물군계) 1254
bioremediation(생물정화) 368
bioremediation(생물환경정화) 544
biotic potential(생물적 잠재능) 1207
bipolar cells(양극세포) 937
bithorax complex(2중흉부복합체) 399
bivalent(2가염색체) 216
blade(잎새, 엽신) 736
blastocoel(포배강) 1134
blastocyst(배반포) 1136
blastoderm(배반엽) 1139
blastodisc(배반) 1136
blastomere(할구) 382, 1134
blastopore(원구) 616, 1138
blastula(포배) 1134
blending inheritance(혼합유전) 412
blood(혈액) 869
blood pressure(혈압) 1048
bloodbrain barrier(혈뇌 장벽) 889
Bohr effect(보어효과) 1030
bolus(덩어리) 999
bone marrow(골수) 1086
bone morphogenic protein 4, BMP4(뼈형성단백질 4) 1148
book lung(책허파, 서폐) 660
bottleneck effect(병목 효과) 416
bottom-up effect(상향효과) 1256
Bowman's capsule(보먼주머니) 1066
bradykinin(브래디키닌) 953
brain stem(뇌간) 907
branch point(분지점) 307
branchial chamber(아가미방) 1020
branching morphogenesis(분지 형태형성) 1142
brassinosteriods(브라시노스테로이드) 816
brood parasites(탁란) 1171
brush border(브러시 보더) 1002
buffer(완충액) 15
bulk transport(대량 수송) 94

C

c1osed circulatory system(폐쇄순환계) 615
C_3 photosynthesis(C_3 광합성) 160
C_3 plant(C_3 식물) 163

C_4 photosynthesis(C_4 광합성) 737
C_4 plant(C_4 식물) 164
cadherin(캐드헤린) 72
cadherin domain(캐드헤린 도메인) 405
calcitonin(칼시토닌) 964
callus(캘러스) 854
calmodulin(칼모듈린) 184
Calorie(칼로리) 102
Calvin cycle(캘빈회로) 160
calyx(악, 모든 꽃받침) 834
CAM plant(CAM 식물) 165
cAMP response protein, CRP(cAMP 반응 단백질) 332
canaliculi(골소관) 869, 977
cancer(암) 208
capillaries(모세혈관) 1047
capsule(피막) 533
carbohydrate(탄수화물) 24
carbon fixation(탄소고정) 146, 149
carbonic anhydrase(탄산무수화효소) 108
carboxylase(카복실화효소) 163
cardiac muscle(심근) 871
cardiac output, CO(심박출량) 1047
carnivores(육식동물) 995
carotenoids(카로티노이드) 152
carotid body(경동맥소체) 1028
carpel(심피) 574, 578
carrier protein(운반단백질) 88
carrying capacity(환경수용력) 1208
cartilage(연골) 869
Casparian strips(카스파리띠) 729
caspase(카스페이스) 404
caste(계층) 1189
catabolism(이화작용) 112
catabolite activator protein, CAP(이화물질활성화단백질) 332
catalysis(촉매작용) 23, 105
catalyst(촉매) 105
catecholamine(카테콜아민) 899, 949
cation(양이온) 3, 88
Caudal(코달) 396
cavitation(공동현상) 751
cecum(맹장) 1003
cell(세포) 47
cell body(세포체) 871, 888
cell determination(세포운명결정) 384
cell division(세포분열) 381
cell plate(세포판) 201
cell wall(세포벽) 51, 52
cellmediated immunity(세포매개면역) 1086
cellsignaling(세포신호전달) 396
cellular blastoderm(세포성 배반엽) 395, 1134
cellular respiration(세포호흡) 118, 1018
cellulose(셀룰로스) 25, 26
central chemoreceptor(중추 화학수용기) 933
central dogma of molecular biology(분자생물학의 중심 원리) 295
central nervous system, CNS(중추신경계) 887
central vacuole(중심 액포) 56
centrioles(중심립) 197
centromere(동원체) 196
centrosomes(중심체) 66
cephalization(두화) 614
cercaria(유미유충) 639
cerebellum(소뇌) 904
cerebral cortex(대뇌피질) 905
cerebral hemispheres(대뇌 반구) 905
cerebrum(대뇌) 905
chancre(경성하감) 548
channel protein(통로단백질) 88
chaperone proteins(샤페론 단백질) 38
character displacement(형질치환) 471, 1224
character states(형질상태) 483
Chargaff's rule(샤가프의 규칙) 273
charging reaction(충전 반응) 309
chelicerae(협각) 660
chemical bond(화학결합) 7
chemical reaction(화학반응) 9
chemical synapse(화학적 시냅스) 171, 897
chemically gated channel(화학개폐성 이온통로) 892
chemiosmosis(화학삼투) 132
chemoautotrophs(화학독립영양생물) 1251
chiasma(교차점, 키아즈마) 216
chief cell(주세포) 1001
chiral(키랄) 21
chitin(키틴) 27, 974
chlamydia(클라미디아) 548
chlorenchyma(엽록소식) 722
chlorophyll(엽록소) 146
chlorophyll *a*(엽록소 *a*) 150
chlorophyll *b*(엽록소 *b*) 150
chloroplasts(엽록체) 63
choanocytes(동정세포) 624
cholecystokinin, CCK(콜레시스토키닌) 1006
chondrocytes(연골세포) 869
chondroitin(콘드로이틴) 869
chorion(장막) 690, 1113, 1130
chorionic villi sampling, CVS(융모막시료채취) 264
Christiane NüVolhard(뉘슬라인폴하르트) 395
chromatin(염색질) 57, 193
chromatinremodeling complex(염색질재구성복합체) 339
chromophore(색소포) 796
chromosomal mutation(염색체 돌연변이) 319
chromosomal theory of inheritance(염색체설) 249
chromosomes(염색체) 56
chronic obstructive pulmonary disease, COPD(만성폐쇄성 폐질환) 1029
chylomicron(킬로마이크론) 1002
chyme(유미즙) 1001
chymotrypsin(키모트립신) 1004
chytridiomycosis(항아리곰팡이병) 598
chytridomyetes 또는 chytrids(병꼴균류) 605
cilia(섬모) 69
circadian rhythm(활동일주기) 799
circulatory system(순환계) 615, 872
cisternae(시스터네) 59
clade(분기군) 484
cladistics(분지론) 483
cladogram(분지도) 484
class(강) 487
class Aves(조류) 695
classical conditioning(고전적 조건형성) 1167
classification(분류) 487
clathrin(클라트린) 95
clearance(클리어런스) 302
cleavage furrow(분열구) 201
cleavage(난할) 382, 1134
clitoris(음핵) 1118
clonal selection(클론선택) 1085
clustered regularly interspaced short palindromic repeats, CRISPR(크리스퍼) 361
coactivator(보조활성인자) 336
coactivators(보조활성자) 176
cochlea(와우각, 달팽이기관) 927
codominance(공동우성) 243
codon(코돈) 297
coelom(진체강) 615
coelom(체강) 1144
coenzyme(조효소) 111
coevolution(공진화) 1227
cofactors(보조인자) 111
cognitive behavior(인지 행동) 1171
cohesin(코헤신) 195
cohesive force(응집력) 11
coleoptile(자엽초) 850
coleorhiza(유근초) 850
colinear(동일선상) 306

collecting duct(집합관) 1067
collenchyma cell(후각조직세포) 722
colloblasts(점착세포) 625
collumella cell(주축세포) 726
color blindness(색맹) 939
combination joints(조합관절) 980
combination(조합) 980
commensal(편리) 593
commensalism(편리공생) 1231, 1232
commitment(약속) 385
committed(약속된) 385
communicating junctions(소통연접) 74
community(군집) 1219
compact bone(치밀뼈) 977
compaction(밀착화) 1136
companion cell(동반세포) 725
competitive exclusion(경쟁 배타) 1223
competitive inhibitors(경쟁적 억제자) 111
complement system(보체계) 1082
complementary(상보적) 30, 275
complementary DNA, cDNA(상보적 DNA) 355
compound eye(겹눈) 658
compound leaf(복엽) 736
compound microscope(복합현미경) 49
compound(화합물) 7
concentration gradient(농도기울기) 87
concurrent(동류) 1021
condensin(콘덴신) 194
conduction(전도) 879
cones(원추세포) 935
conidia(분생포자) 601
conifer(침엽수 구과식물문) 571
conjugation(접합) 535
conjugation bridge(접합 다리) 537
connective(결합) 862
connective tissue proper(일반결합조직) 867
conservative model(보존적 모델) 277
constant region(불변부위) 1091
consumers(소비자) 1252
continuous variation(연속변이) 241
conus arteriosus(동맥원추) 1040
convection(대류) 879
convergent evolution(수렴진화) 452, 991
copy number variation, CNV(복제수 변이) 320
core polymerase(핵심 중합효소) 301
corepressor(보조억제인자) 334
cork cambium(코르크형성층) 718
cornea(각막) 934
corolla(화관) 834
corpora allata(알라타체) 969
corpus callosum(뇌량) 905
corpus luteum(황체) 1121
cortex(피층) 729
cortical granule(피질과립, 피층과립) 1132
cortical nephron(피질 네프론) 1065
corticosteroid(코르티코스테로이드) 965
corticotrophinreleasing hormone, CRH(부신피질자극호르몬 방출호르몬) 959
cortisol(코르티솔) 965
cost of reproduction(생식비용) 1205
cotransduction frequency(동시형질도입 빈도) 536
cotyledons(떡잎, 첫 번째 잎) 847
countercurrent flow(역류) 1021
countercurrent heat exchange(역류 열 교환) 880
countertransport(역수송) 93
coupled transport(공역수송) 93
covalent bonds(공유결합) 8
COX-2 inhibitors(COX-2 저해제) 953
cretinism(크레틴병) 963
crista(크리스타) 63
crosspollination(타가수분) 837
crown gall(뿌리혹병) 814
Ctenophora(유즐동물문) 625
cuboidal(입방) 866
Cubozoa(입방해파리강) 628
cutaneous respiration(피부호흡) 1021
cuticle(각피) 720
cutin(각피질) 720
cyanogenic glycoside(시아노글리코시드) 784
cycads(소철류) 573
cyclic photophosphorylation(순환적 광인산화) 159
cyclin(사이클린) 203, 382
cyclindependent kinase, Cdk(사이클린 의존성 카이네이스) 204, 382
cyclosome, C(사이클로솜) 205
cytochrome b_6-f complex(사이토크롬 b_6-f 복합체) 156, 157
cytochrome c(사이토크롬 c) 131
cytokine(사이토카인) 952, 1089
cytokinesis(세포질분열) 196, 201
cytokinin(사이토키닌) 814
cytoplasm(세포질) 50
cytoskeleton(세포골격) 56
cytosol(사이토졸) 50
cytotoxic T cell, T_C(세포독성 T 세포) 1088

D

daltons(돌턴) 2
dayneutral plants(중일식물) 829
deamination(탈아미노반응) 137
deciduous(낙엽성) 855
decomposer(분해자) 542, 1252
defensin(디펜신) 784
degenerate(중첩) 300
dehydration reaction(탈수반응) 21, 23
dehydrogenase(탈수소효소) 130
dehydrogenation(탈수소반응) 118
delamination(분층) 1137
deletion(결실) 319
delta waves(델타파) 907
demography(개체군통계학, 인구통계학) 1202
denaturation(변성) 39, 357
dendrite(수상돌기, 가지돌기) 871, 888
dendritic cell(수지상세포) 1085
dendritic spine(수상돌기 가시) 888
denitrification(탈질화작용) 1247
denitrifiers(탈질소세균) 542
dense connective tissue(조밀결합조직) 867
dense irregular connective tissue(불규칙적 조밀결합조직) 867
dense regular connective tissue(규칙적 조밀결합조직) 867
densitydependent effect(밀도 의존적 효과) 1209
densityindependent effects(밀도 비의존적 효과) 1210
deoxyhemoglobin(디옥시헤모글로빈) 1029
deoxyribonucleic acid, DNA(디옥시리보핵산) 28
dephosphorylation(탈인산화) 172
depolarization(탈분극) 893
derepressed(탈억제되었다) 334
derived(파생형) 483
dermal tissue(표피조직) 716, 846
desmosome(데스모좀, 부착연접) 864
determinant(결정인자) 385
determinate development(결정론적 발생) 617
detritivores(잔사식생물) 1252
deuterostomes(후구동물) 616, 1138
dewlap(턱주머니) 467
dextrorotatory(D; 우회전성) 21
diabetes insipidus(요붕증) 1071
diaccharides(2당류) 24
diaphragm(횡격막) 700, 1025
diaphysis(골간) 976
diapsids(쌍궁류) 691
diastole(확장기) 1044

diastolic pressure(확장기 혈압) 1049
dicer(다이서) 341
dichogamous(자웅이숙) 841
diencephalon(간뇌) 904
differentiation(분화) 382
diffusion(확산) 87
digestive system(소화계) 872
dihybrid cross(양성잡종 교배) 237
dikaryotic(2핵성) 590
dioecious(자웅이주) 574, 841
Dionaea muscipula(파리지옥풀) 772
diploblastic(2배엽성) 862
diploid, $2n$(2배체) 192, 214
diplontic(2배체) 555
direct effects(직접적인 효과) 961
directional selection(방향성 선택) 428
disassortative mating(이류교배) 415
dispersive model(분산 모델) 277
disruptive selection(분단성 선택) 427
dissociation(해리) 40
distal convoluted tubule(원위세뇨관) 1067
diurnal(주행성) 705
DNA gyrase(DNA 자이레이스) 281
DNA helicase(DNA 풀기효소) 280
DNA polymerase(DNA 중합효소) 278
DNA polymerase delta, Pol δ(DNA 중합효소 델타) 286
DNA polymerase epsilon, Pol ε(DNA 중합효소 입실론) 285
DNA polymerase I, Pol I(DNA 중합효소 I) 280
DNA polymerase α(DNA 중합효소 α) 285
DNA primase(DNA 프라이메이스) 282
docking(도킹) 315
domain(도메인) 37
domain(역) 487
dominant(우성) 232
dominant(우세) 907
dopamine(도파민) 899
dorsal root ganglia(후근신경절) 911
dorsal root(후근) 911
dorsal-ventral, D/V(등-배, 후면-전면) 394
dosage compensation(유전자량 보정) 253
double bond(2중결합) 8
double circulation(2중순환) 1041
double fertilization(중복수정) 580
double helix(2중나선) 30
Down syndrome(다운증후군) 261
duodenum(십이지장) 1001
duplication(중복) 319
dynamic(동적) 875
dynein(디네인) 68

E

E. coli(대장균) 510
early gene(초기유전자) 504
earthworms(지렁이류) 651
ecdysis(탈피) 658
echinoderm(극피동물) 671
echolocation(반향정위) 929
ecological footprint(생태 발자국) 1215
ecological species concept(생태학적 종 개념) 464
ecotone(추이대) 1220
ectoderm(외배엽) 614, 862, 1137
ectomycorrhizae(외생균근) 595
ectothermic(외온성) 691
ectotherms(외온동물) 880
edema(부종) 1005, 1052
effector(작동기) 876
efferent arteriole(원심성 세동맥) 1066
egg activation(난자 활성) 1130
electrical synapses(전기적 시냅스) 897
electron microscope(전자현미경) 49
electron transport chain(전자전달연쇄) 120
electron(전자) 2
electron's energy(전자에너지) 5
electronegativity(전기음성도) 9
elongation factor(신장인자) 312
elongation(신장) 278
embryo sac(배낭) 835
embryo transfer, ET(배아 이식) 1126
embryo(배아) 843
embryogenesis(배아 발생) 394
embryonic flower(emf) 827
embryonic stem cell, ES cell(배아줄기세포) 363
emphysema(폐기종) 1029
enantiomer(거울상이성질체) 21
endergonic(자유에너지증가성) 104
endocrine glands(내분비샘) 948
endocrine signaling(내분비 신호전달) 171
endocrine system(내분비계) 872, 948
endocytosis(세포내섭취) 94
endoderm(내배엽) 614, 862, 1137
endodermis(내피) 729
endogenous opiates(내재적 아편) 901
endomembrane system(세포내막계) 53
endonucleases(핵산내부가수분해효소) 280
endoparasite(내부 기생생물) 1232
endophyte(내생균) 594
endoplasmic reticulum, ER(소포체) 56, 58
endorphin(엔돌핀) 901
endoskeleton(내골격) 973, 974
endosperm(배젖) 843
endospores(내생포자) 533
endostyle(내주) 676
endosymbiosis(세포내공생) 64
endothelin(엔도셀린) 953
endothelium(내피) 1051
endothermic(내온성) 691, 876
endotherms(내온동물) 879
energy(에너지) 101
energy levels(에너지준위) 5
enhancement effect(증진효과) 156
enhancer(인핸서) 335
enkephalin(엔케팔린) 901
enterogastrones(엔테로가스트론) 1006
enthalpy(엔탈피) 104
entropy(엔트로피) 103
enzymesubstrate complex(효소기질 복합체) 108
eosinophil(호산구) 1038, 1085
ependymal cell(뇌실막세포) 889
Ephedra(마황) 849
epidermal cell(표피세포) 720, 729
epidermal growth factor(표피생장인자) 952
epidermis(표피) 720
epididymis(부정소) 1116
epigenetic(후성유전학적) 389
epigenetic inheritance(후성유전) 263
epiglottis(후두개) 999
epinephrine(에피네프린) 899
epiphyseal plates(골단판) 977
epiphysis(골단) 976
epistasis(상위) 433
epithelial(상피) 862
epitope(항원결정기) 1085
equilibrium potential(평형전위) 891
Eric Wieschaus(비샤우스) 395
erythrocyte, red blood cell(적혈구) 869, 1038
erythropoiesis(적혈구생성) 1040
erythropoietin(적혈구생성소) 1040
erythropoietin(적혈구생성촉진인자) 969
escape(탈출) 302
essential amino acids(필수 아미노산) 1010
establishment(정착) 1236
estrus(발정기) 1113
ethology(행동학) 1162
ethylene(에틸렌, H_2C-CH_2) 817

euchromatin(진정염색질) 193
eutrophic lake(부영양호) 1236
evaporation(증발) 879
evergreen(상록성) 855
excitationcontraction coupling(흥분수축 연결) 985
excitatory postsynaptic potential, EPSP(흥분성 시냅스후 전위) 899
exergonic(자유에너지감소성) 104
exhalant siphon(출수관) 646
exocrine gland(외분비샘) 866
exocytosis(세포외배출) 9495
exon(엑손) 38, 306
exon shuffling(엑손 섞임) 307
exonucleases(핵산말단가수분해효소) 280
exoskeleton(외골격) 658, 973, 974
expiratory reserve volume, ERV(호기예비량) 1026
exploitative competition(소비 경쟁) 1221
extension(펴기) 981
extensors(신근) 981
external intercostal muscle(외늑간근) 1025
external respiration(외호흡) 1018
exteroceptor(외부수용기) 919
extracellular matrix, ECM(세포외기질) 70
extraembryonic coelom(배외강) 1140
extraembryonic membrane(배외막) 1139
extrapair copulation, EPC(짝외교미) 1184
extremophile(극한생물) 526

F

F plasmid(F 플라스미드) 537
F_1, first filial generation(F_1 세대) 232
F_2, second filial generation(F_2 세대) 233
facilitated diffusion(촉진확산) 88
facilitation(촉진) 1236
facultative(조건적) 829
falling phase(하강기) 893
fasttwitch fibers(빠른연축섬유, 속근섬유, 빠른 당분해) 987
fatty acid desaturase(지방산 불포화효소) 84
feces(배설물) 1003
fecundity rate(생식률) 1203
feedback inhibition(피드백억제) 111, 113
female structure(자성 구조) 834
fermentation(발효) 119, 136
ferredoxin(페레독신) 158
fertilization envelope(수정막) 1132
fertilization(수정) 214, 1129
fever(고열) 883
fibrin(피브린) 1039
fibrinogen(피브리노겐) 1038
fibroblast growth factor, FGF(섬유아세포생장인자) 387, 1142
Fick's Low of Diffusion(피크의 확산법칙) 1018
filament(수술대) 578
filial imprinting(자식의 각인) 1169
filopodia(사상위족) 1137, 1138
filtration(여과) 1061
First law of thermodynamics(열역학 제1법칙) 103
fitness(적응도) 419
fixed action pattern(고정된 행동유형) 1163
flagellin(플라젤린) 527
flagellum(편모) 624
flame cells(불꽃세포) 638
flavin adenine dinucleotide, FAD(플라빈 아데닌 디뉴클레오타이드) 31
flexion(구부리기) 981
floral leaf(포엽) 738
fluorescent in situ hybridization, FISH(제자리형광혼성화) 371
focal adhesions(초점부착) 72
follicle cells(난포 세포) 396
folliclestimulating hormone, FSH(난포자극호르몬) 959
follicular phase(난포기) 1120
food security(식량안보) 769
foraging(먹이찾기) 1181
forebrain(전뇌) 904
fossil gene(화석 유전자) 451
founder effect(창시자 효과) 416
fovea(중심와) 935
frameshift mutation(틀이동돌연변이) 298, 318
free(자유) 89
free energy(자유에너지) 104
free radical(자유라디칼) 1080
frequencydependent selection(빈도의존적 선택) 424
frond(엽상체) 564
frontal lobes(전두엽) 905
fruit(열매) 578
fumarate(푸마르산) 128
functional groups(작용기) 20
fundamental niche(기본 생태적 지위) 1222

G

G protein(G 단백질) 174, 913
G_0 phase(G_0기) 196
G_1/S checkpoint(G_1/S 확인점) 204
G_2/M checkpoint(G_2/M 확인점) 204
gall(혹) 543
gametangia(배우자낭) 604
gamete(배우자, 난자와 정자) 213
gametic intrafallopian transfer, GIFT(생식세포자궁관내 이식) 1126
gametophyte(배우체) 555
gametophytic selfincompatibility(배우체 자가불화합성) 842
ganglia(신경절) 911
ganglion cells(신경절세포) 937
gap gene(간극유전자) 398
gap junction(간극연접) 74, 864
gastric inhibitory peptide, GIP(위억제펩타이드) 1006
gastric juice(위액) 1000
gastrin(가스트린) 1006
gastrodermis(위층) 624
gastrovascular cavity(위수강) 996, 1035
gastrulation(낭배) 405
gastrulation(낭배형성) 1137
gated channels(개폐형 통로) 88
gene flow(유전자 흐름) 414
gene pool(유전자풀) 460
geneforgene response(유전자 대 유전자 반응) 790
general transcription factors(일반전사인자) 335
generalized transduction(일반형질도입) 535
generation time(세대기간) 1203
generative cell(생식세포) 573, 580
genetic counseling(유전상담) 263
genetic crossing over(유전자 교차) 216
genetic drift(유전적 부동) 415
genetic mosaic(유전적 모자이크) 253
genetic recombination(유전자 재조합) 216
genetic template(유전적 견본) 1170
genetic variation(유전자 변이) 409
genomic imprinting(유전체 각인) 263, 391
genotype(유전자형) 234
genotype frequencies(유전자형 빈도) 412
germ cell(생식세포) 1115
germ layers(배엽층) 1137
germinal center(림프구분열중심) 1053
germination(발아) 849
germline cells(생식계열 세포, 생식주 세포) 214
ghrelin(그렐린) 962
Gibbs free energy(깁스 자유에너지) 104
gigantism(거인증) 961
gill filament(아가미사) 1020
gills(아가미) 1019

girdle(환상박피) 725
gizzard(모래주머니) 998
gliding(활주) 980
gliding joints(활주관절) 980
globulins(글로불린) 1038
glomerular filtrate(사구체 여과액) 1063
glomerulus(사구체) 1065
glottis(성문) 1024
glucagon(글루카곤) 967
gluconeogenesis(포도당신생과정) 1005
glucose repression(포도당 억제) 332
glyceraldehyde 3-phosphate, G3P(글리세르알데하이드 3-인산) 122, 161
glycogen(글리코젠) 26
glycogenolysis(글리코젠 분해) 1005
glycolipids(당지질) 81
glycolysis(해당과정) 121
glycoproteins(당단백질) 81
glyphosate(글리포세이트) 374
Golgi body(골지체) 59
Golgi tendon organ(골지힘줄기관) 924
gonadotropin(성선자극호르몬) 959
gonadotropinreleasing hormone, GnRH(생식샘자극호르몬 방출호르몬) 959
gonorrhea(임질) 548
gout(통풍) 1060
GPCR, G protein-coupled receptor(G 단백질연결수용체) 181
Graafian follicle(그라프 난포) 1120
graded potential(차등전위) 892
gradualism(점진진화) 475
gram stain(그람염색) 532
gramnegative(그람음성균) 532
grampositive(그람양성균) 532
grana(그라나) 63, 146
granular leukocyte(과립형 백혈구) 1038
granulosa cell(과립세포) 1118
gray matter(회백질) 889
gross primary productivity, GPP(1차 총생산량) 1252
groth hormonerelasing hormone, GHRH(생장호르몬 방출호르몬)959
ground meristem(기본분열조직) 718
ground substance(기본물질) 867
ground tissue(기본조직) 716, 846
growth factors(생장인자) 952
growth hormone, GH(생장호르몬) 959
growth hormoneinhibiting hormone, GHIH(생장호르몬 억제호르몬) 960
guano(구아노) 1059
guard cell(공변세포) 720
gut(장) 996
guttation(일액현상) 751
gymnosperm(겉씨식물, 나자식물) 570, 571
gynoecium(암술군) 578
gyrus(뇌회) 906

H

habituation(습관성) 901
hairpin(헤어핀) 302
halflife(반감기) 3
halophyte(염생식물) 756
halorespiration(할로겐호흡) 544
handicap hypothesis(장애 가설) 423
haplodiploidy(단복상) 1188
haplodiplontic(단복상의) 555
haploid(반수체) 214
HardyWeinberg equilibrium(하디바인베르크 평형) 412
haustoria(흡기) 730
heart attack(심장마비, 심근경색증) 1054
heart(심장) 1036
heat of vaporization(기화열) 13
heat(열) 103
heatlosing center(열손실 센터) 883
heatpromoting center(열생성 센터) 883
heavy chain(중쇄) 1091
heavy metals(중금속) 777
helical(나선형) 505
helixturnhelix(나선꺾임나선) 328
helper T cell, T_H(보조 T 세포) 1088
hematocrit(헤마토크리트) 1038
hematopoiesis(조혈작용) 1085
hematopoiesis(혈구생성) 1040
heme group(헴 그룹) 1029
hemerythrin(헤메리트린) 1030
hemidesmosomes(반데스모솜) 72
hemocyanin(헤모사이아닌) 1030
hemoglobin(헤모글로빈) 1029
hemolymph(혈림프) 1036
hemophilia(혈우병) 252
herbivore(초식동물) 995, 1252
heritability(유전율) 259
hermaphroditism(자웅동체) 638, 1109
heterochromatin(이질염색질) 193
heterochrony(이시성) 402
heterocyst(이질세포) 542
heterokaryotic(이핵성) 590
heterotherms(이온동물) 880
heterotrimeric G protein(이종3량체 G 단백질) 182
heterotrophs(종속영양생물) 117, 1251
heterozygous(이형접합성) 234
hibernation(동면) 883
high frequency of recombination cell(Hfr 세포) 537
hindbrain(후뇌) 904
hinge(경첩) 980
hinge joints(경첩관절) 980
hippocampus(해마) 907
histogram(히스토그램, 도수 분포도) 241
histone acetylases, HATs(히스톤 아세틸기 전달효소) 339
histone deacetylases, HDACs(히스톤 아세틸 제거효소) 339
histone proteins(히스톤 단백질) 193
holoblastic cleavage(전할) 1134
holoenzyme(완전효소) 301
homeobox(호미오박스) 400
homeodomain(호미오도메인) 328, 400
homeosis(상동이질형성) 399
homeostasis(항상성) 326, 875, 1196
homeotherms(항온동물) 879
homeotic gene(호미오유전자) 398
hominids(인원류) 706
hominins(사람족, 인류) 706
homokaryotic(동핵성) 590
homologous structures(상동구조) 449, 1150
homologous(상동성) 192
homologue(상동염색체) 192
homophilic binding(친동종결합) 405
homoplasy(상사성) 485
homosporous(동형포자) 559
homozygous(동형접합성) 234
horizontal gene transfer, HGT(수평적 유전자전달) 577
hormone response element, HRE(호르몬 반응요소) 954
hormones(호르몬) 171, 948
host range(숙주범위) 504
Hox(혹스) 400
human chorionic gonadotropin, hCG(인간융모성생식샘자극호르몬) 1121
human immunodeficiency virus, HIV(인간면역결핍바이러스) 1102
human leukocyte antigen, HLA(인체 백혈구 항원) 1089
humoral immunity(체액성 면역) 1086
humus(부식토) 763
Hunchback(헌치백) 396
Huntington disease(헌팅턴병) 318
hyalin(하이알린) 1132
hybridizations(잡종화) 230

hybridoma cell(혼성세포) 1101
hydration shell(수화껍질) 13
hydrocarbon(탄화수소) 19
hydrogen bond(수소결합) 11
hydrolysis reaction(가수분해반응) 21
hydrophilic(친수성) 13
hydrophobic(소수성) 13
hydrophobic exclusion(소수성배제) 13
hydrostatic skeleton(유체골격) 973
hydroxyapatite(수산화인회석) 977
hydroxyl group(하이드록실기) 20
Hydrozoa(히드라충강) 628
hymen(처녀막) 1122
Hypericum perforatum(서양고추나물) 1222
hyperosmotic(고삼투성) 89
hyperpolarization(과분극) 893
hypersensitive response, HR(과민반응) 790
hypertension(고혈압) 1049
hypertonic solution(고장액) 1058
hypertonic(고장성) 89
hyperventilating(과호흡) 1026
hyphae(균사) 589
hypocotyl(배축) 817
hypoosmotic(저삼투성) 89
hypophysectomy(뇌하수체 적출술) 961
hypothalamohypophyseal portal system(시상하부뇌하수체 문맥계) 959
hypothalamus(시상하부) 876
hypotonic solution(저장액) 1058
hypotonic(저장성) 89
hyterozygote advantage(이형접합자 우세) 425

I

I band(I대) 982
icosahedral(정20면체형) 505
icosahedron(정20면체) 505
ileum(회장) 1001
immune system(면역계) 872
immunoglobulin, Ig(면역글로불린) 1086
immunohistochemistry(면역조직화학염색) 50
immunological tolerance(면역내성) 1097
implantation(착상) 1153
imprinting(각인) 1169
in vitro fertilization, IVF(시험관 수정) 1126
inbreeding(동계교배) 837
inclusive fitness(포괄적응도) 1187
incomplete dominance(불완전우성) 243
incus(침골) 927
indel(인델) 319
independent assortment(독립분리) 218, 237
independent event(독립적인 사건) 239
indeterminate development(비결정론적 발생) 617
indirect effects(간접적인 효과) 961
indoleacetic acid, IAA(인돌아세트산) 811
indolebutyric acid, IBA(인돌 부틸산) 813
induced fit(유도적합) 109
inducer exclusion(유도자 배제) 332
induction(유도) 330, 386
induction(유도작용) 512
industrial melanism(공업암화) 441
inferior vena cavae(하대정맥) 1042
ingression(이입) 1137
inhalant siphon(입수관) 646
inhibiting hormone(억제호르몬) 959
inhibition(억제) 1236
inhibitor(억제자) 111, 1148
inhibitory postsynaptic potential, IPSP(억제성 시냅스후 전위) 899
initiation(개시) 278
initiation complex(개시복합체) 311
initiator tRNA(개시 tRNA) 311
innate(선천적) 1162
innate releasing mechanism(선천적 방출기작) 1163
inner cell mass, ICM(내세포덩어리) 1136
inner ear(내이) 927
inorganic phosphate, P_i(무기인산) 107
inorganic(무기적) 540
inositol phosphate(이노시톨 인산) 183
inositol triphosphate, IP3(이노시톨 3인산) 956
insert(삽입) 80
insertion(닿는곳) 981
inspiratory reserve volume, IRV(흡기예비량) 1026
insulin(인슐린) 966
insulin response protein(인슐린 반응 단백질) 178
insulinlike growth factor(인슐린 유사 생장인자) 952
insulinlike growth hormone(인슐린 유사 생장호르몬) 962
integral membrane proteins(내재 막단백질) 80
integrins(인테그린) 71
integument(주피) 570
integumentary system(피부계) 872
intercalary meristem(절간분열조직) 718
intercalated disk(개재판) 871
interceptor(내부수용기) 919
interference competition(간섭 경쟁) 1221
interferon(인터페론) 1080
interleukin-1, IL-1(인터루킨-1) 1082
intermediate disturbance hypothesis(중간교란 가설) 1238
intermediate filaments(중간섬유) 65
intermembrane space(막간 공간) 63
intermolecular(분자간) 110
internal respiration(내호흡) 1018
interneuron(연합뉴런) 888
internode(마디사이) 732
interphase(간기) 195
interpretation(해석) 920
intersexual selection(성간 선택) 421
interspecific competition(종간 경쟁) 1221
intracytoplasmic sperm injection, ICSI(세포질내 정자주입) 1126
intramolecular(분자내) 110
intrasexual selection(성내 선택) 421
intrinsic factor(내인인자) 1001
intron(인트론, 중재서열) 306
invagination(함입) 1137
inversion(역위) 319
involution(회절) 1137
ion(이온) 2
ion channel(이온통로) 88, 173, 891
ionic compound(이온 화합물) 8
ionization(이온화) 14
iris(홍채) 934
islets of Langerhans(랑게르한스섬) 966, 1004
isocitrate(아이소시트르산) 128
isolating mechanisms(격리 기작) 467
isomer(동위원소) 20
isometric contraction(등척성 수축) 982
isosmotic(등삼투성) 89
isotonic(등장성) 89
isotonic contraction(등장성 수축) 981
isotope(동위원소) 3
iteroparity(반복번식) 1206

J

Jacob syndrome(제이콥증후군) 262
jasmonic acid(재스몬산) 789
jaundice(황달) 1005
jejunum(공장) 1001
jelly layer(젤리층) 130
joule, J(줄) 102
juvenile hormone(유충호르몬) 969
juxtamedullary nephron(수질인접 네프론) 1065

K

karyotype(핵형) 192
keratin(케라틴) 66
key innovation(핵심혁신) 470
key stimulus(핵심자극) 1163
keystone species(핵심종) 1235
kidney(신장, 콩팥) 1062
kilocalories(킬로칼로리) 1008
kinase cascade(카이네이스 연쇄반응) 178
kinesin(키네신) 68
kinetic energy(운동에너지) 101
kinetochore(방추사부착점) 196
kingdom(계) 487
kinocilium(운동섬모) 925
Klinefelter syndrome(클라인펠터증후군) 262
knockout(유전자 제거) 363
Krebs cycle(크랩스 회로) 127
K-selected(*K*-선택) 1212

L

labyrinth(미로) 927
lac operon(lac 오페론) 330
lactation(젖 분비) 1156
lactose intolerance(젖당불내성) 1002
lactose(젖당) 25
lacunae(골소강) 869, 977
lagging strand(지연가닥) 282
lamellae(판, 새엽) 1020
lamellipodium(접착용 세포족) 1137
lamins(라민) 57
lanugo(배냇털) 449
large intestine(대장) 1003
large offspring syndrome, LOS(대형 자손 증후군) 391
lariat(올가미) 307
larva(유충) 394
larynx(후두) 999
late gene(후기유전자) 504
late tertiary(후기 3차 난포) 1120
lateral geniculate nuclei(외측슬상핵) 939
lateral line system(측선계) 683
lateral meristem(측생분열조직) 717
leading strand(선도가닥) 282
leaf(잎) 735
leaf primordia(잎원기) 718
leaflet(작은 잎) 736
learning(학습) 1167
leeches(거머리류) 651
left ventricle(좌심실) 1042
lenticel(피목) 734
Lepidosauria(인룡류) 692
leucoplasts(백색체) 64
leukocyte(백혈구) 869, 1038
levorotatory(L; 좌회전성) 21
lichens(지의류) 594
life table(생명표) 1203
ligand(리간드) 169
ligandgated channel(리간드개폐성 이온통로) 892
light chain(경쇄) 1091
light microscope(광학현미경) 49
lightdependent reactions(광의존성 반응) 146
lightindependent reactions(광비의존성 반응) 146
lignified(목질화되었다) 723
lignin(리그닌) 723
limbic system(대뇌변연계) 907
limbic system(변연계) 902
lipase(라이페이스, 지질가수분해효소) 1004
lipid(지질) 41
lipid droplet(지질 방울) 61
lipid rafts(지질 뗏목) 82
lipopolysaccharide(지질다당류) 532
loation(위치) 5
local anaphylaxis(국소적 아나필락시스) 1099
logarithmic(로그) 14
longday plants(장일식물) 829
loop of Henle(헨레고리) 1064, 1066
loose connective tissue(성긴결합조직) 867
lophophore(촉수관) 636
lumen(내강) 315
lung cancer(폐암) 1029
luteal phase(황체기) 1121
luteinizing hormone, LH(황체형성호르몬) 959
lymph(림프) 1052
lymph heart(림프심장) 1053
lymphatic system(림프계) 1052
lymphocyte(림프구) 1038, 1085
lysogen(용원) 512
lysosomes(라이소솜) 59

M

M phase-promoting factor, MPF(M기촉진인자) 204
macronutrient(다량영양소) 768
macrophage(대식세포, 대식가) 1080
madreporite(천공판) 673
MADS-box(MADS 박스) 401
major groove(주홈) 327
major histocompatibility complex, MHC(주조직적합성 복합체) 1087
malate(말산) 128
male structures(웅성 구조) 834
malleus(추골) 927
Malpighian tubules(말피기관) 660
maltose(엿당) 26
mandibles(턱) 658
mantle(외투막) 643
mantle cavity(내부 외투강) 1020
marsupials(유대류) 704, 1113
mass(질량) 2
mass extinction(대멸종) 470, 477
mast cell(비만세포) 1085
mastication(저작) 998
maternal inheritance(모계유전) 254
matrix(기질) 63, 405, 867
matter(물질) 1
maturationpromoting factor, MPF(성숙촉진인자) 202
mediator(매개자) 336
medulla oblongata(연수) 904
medusa(메두사형) 626
megakaryocyte(거핵세포) 1040
megapascal, MPa(메가파스칼) 744
megaphyll(대엽) 736
meiosis(감수분열) 214
meiosis I(감수1분열) 215
meiosis II(감수2분열) 215
melanin(멜라닌) 962
melanocytestimulating hormone, MSH(멜라닌세포자극 호르몬) 959
melatonin(멜라토닌) 949
membrane attack complex, MAC(막공격복합체) 1082
membrane potential(막전위) 88
menarche(초경) 1118
Mendelian ratio(멘델 비율) 234
meninges(뇌척수막) 909
menstrual phase(월경기) 1121
menstruation(월경) 1113
meristem(분열조직) 384, 717
meroblastic cleavage(부분할) 1136
mesenchymal stem cells(산충식 줄기세포) 373
mesenchyme(간충조직) 977
mesenchyme-to-epithelial(간충직-상피) 392
mesoderm(중배엽) 614, 862, 1137
mesoglea(중교) 626, 867
mesohyl(중교) 624

mesophyll(엽육조직) 737
messenger RNA, mRNA(메신저 RNA) 57
messenger RNA, mRNA(전령 RNA) 28, 30, 296
metabolism(대사) 112
metacercaria(피낭유충) 639
metamorphosis(변태) 394
metaphase plate(중기판) 200
metaphase(중기) 200
metapopulation(다개체군) 1201
metastasis(전이) 208
methanogens(메테인생성균) 1245
methylation(메틸화) 338
methyl-G cap(메틸 G 캡) 304
MHC class I protein(1형 MHC 단백질) 1089
MHC class II protein(2형 MHC 단백질) 1089
micelle(미셀) 44
micro RNA, miRNA(마이크로 RNA) 340
microarray(마이크로어레이) 341
microbodies(미소체) 61
microglia(미세아교세포, 소교세포) 889
micronutrient(미량영양소) 768
microphyll(소엽) 735
micropyle(주공) 573
microtubuleorganizing centers(미세소관형성중심) 66
microtubules(미세소관) 65
microvilli(미세융모) 1002
midbrain(중뇌) 904
middle ear(중이) 927
middle gene(중기유전자) 504
middle lamella(중엽층) 69, 201
milk letdown reflex(젖분출반사) 1156
minerals(무기물) 763
mismatch repair, MMR(부정합수선) 288
missense mutation(과오돌연변이) 317
mitochondria(미토콘드리아) 63
mitogen(유사분열물질) 178
mitogenactivated protein kinases(카이네이스) 178
mitosis(유사분열) 192, 195
mitosispromoting factor(유사분열촉진인자) 204
mitral valve(승모판) 1042
molar concentration(몰농도) 14
mole(몰) 14
molecular cloning(분자클로닝) 354
molecular formula(분자식) 8
molecule(분자) 7
molting hormone(탈피호르몬) 969
monoclonal antibody(단일클론항체) 1101
monocot(외떡잎식물) 718
monocyte(단핵구) 977, 1085
monoecious(자웅동주) 841
monohybrid cross(단성잡종 교배) 232
monokaryotic(단핵성) 590
monomer(단량체) 21
monophyletic group(단계통군) 488
monosaccharides(단당류) 24
monosomic(1염색체성) 261
monotremes(단공류) 704, 1113
morphogen(형태형성물질) 396
morphogen(형태형성인자) 1134
morphogenesis(형태형성) 382, 394, 403
mortality rate(사망률) 1203
motif(모티프) 37
motor effectors(운동실행기) 887
motor neuron(운동뉴런) 887
motor protein(모터 단백질) 983
motor unit(운동 단위) 986
MSH-inhibiting hormone, MIH(MSH 억제호르몬) 960
mucigel(뮤씨겔) 726
mucosa(점막) 997
mucosaassociated lymphoid tissue, MALT(점막연관림프 조직) 1088
mucussecreting cell(점액분비세포) 1000
Müllerian mimicry(뮐러 의태)
multidrug-resistant, MDR(다제내성) 547
multienzyme complex(다효소복합체) 109, 126
multipotent(다분화능) 387
murmur(웅얼거리는) 1044
muscarinic receptor(무스카린성 수용체) 913
muscle(근육) 862
muscle fatigue(근육 피로) 987
muscle fiber(근섬유) 871
muscle fiber(근육섬유) 403
muscle spindle(근방추) 924
muscularis(평활근층) 997
musculoskeletal system(근골격계) 872
mutagen(돌연변이원) 288
mutualism(상리공생) 1231
mutualistic(상리) 594
mutually exclusive(상호 배타적) 238
mycelium(균사체) 590
mycorrhizae(균근) 595
mycorrhizal association(균근연합) 556
mycoses(진균증) 597
mycotoxin(균독소) 597
myelin sheath(미엘린초, 수초) 889
myoblast(근육모세포) 403
myofibrils(근원섬유) 982
myofilaments(근필라멘트) 982
myoglobin(마이오글로빈) 986

N

NADP reductase(NADP 환원효소) 158
naive lymphocyte(항원 경험이 없는 림프구) 1085
Nanos(나노스) 395
naphthalene acetic acid, NAA(나프탈렌 아세트산) 813
natural killer cell, NK cell(자연살해세포) 1081
natural selection(자연선택) 417
nauplius(노플리우스) 662
necrosis(괴사) 403
nectaries(화밀샘) 579
negative control(음성조절) 329
negative feedback(음성피드백) 875, 1209
negative frequencydependent(음성 빈도의존) 424
negative gravitropic response(음성 굴중성 반응) 801
negative pressure breathing(음압식 호흡) 1023
nematocysts(자포) 627
Neocallimastigomycetes(네오칼리마스티고균류) 606
neonate(신생아) 1156
nephridium(신관) 644
nephrons(네프론) 1062, 1065
nephrostome(신구) 644, 1061
nerve cord(신경삭) 675, 1142
nerve growth factor(신경생장인자) 952
nerve net(신경망) 903
nervous(신경) 862
nervous system(신경계) 872
net charge(순전하) 8
net primary productivity, NPP(1차 순생산량) 1252
neural crest(신경능선) 679, 1144
neural groove(신경고랑) 1143
neural plate(신경판) 1143
neural tube(신경관) 1143
neuroendocrine reflex(신경내분비 반사) 958
neurofilaments(신경섬유) 66
neurohormones(신경호르몬) 948
neuromodulator(신경조절물질) 900
neuromuscular junction(신경근접합부) 899, 985
neuron(뉴런) 871
neuropeptide(신경펩타이드) 900
neurotransmitter(신경전달물질) 171, 897
neurotropin(뉴로트로핀) 952
neurulation(신경관형성) 405, 1143
neutral atom(중성원자) 2
neutron(중성자) 2
neutrophil(호중구) 1038, 1080, 1085

N-formylmethionine(N-포밀메싸이오닌) 311
niche(생태적 지위) 1221
nicotinamide adenine dinucleotide, NAD+(니코틴아미드 아데닌 디뉴클레오타이드) 31, 118
nitrification(질화작용) 1247
nitrogen fixation(질소고정) 140, 1247
NO(일산화질소) 1051
nociceptor(통증수용기) 922
node(마디) 732
nodes of Ranvier(랑비에결절) 889
nodule(뿌리혹) 769
noncompetitive inhibitors(비경쟁적 억제자) 111
noncyclic photophosphorylation(비순환적 광인산화) 156
nondisjunction(비분리) 219, 260
nongranular leukocyte(무과립형 백혈구) 1038
nonpolar(비극성) 9
nonself(비자기) 1089
nonsence mutations(종결돌연변이) 318
nonsteroidal antiinflammatory drugs, NSAIDs(비스테로이드성 항염증약) 953
norepinephrine(노르에피네프린) 899
norm of reaction(반응규격) 1197
normal distribution(정규 분포) 241
notochord(척삭) 675, 1142
nucellus(주심) 573
nuclear envelope(핵막) 50, 56
nuclear pores(핵공) 56
nuclear receptor(핵 수용체) 176
nuclear receptor superfamily(핵 수용체 집단) 176
nuclear reprogramming(핵 재프로그래밍) 390
nucleic acid(핵산) 28, 272
nucleoid(핵양체) 50, 190, 534
nucleolus(인) 56, 57
nucleosome(뉴클레오솜) 193
nucleotide(뉴클레오타이드) 28
nucleus(핵) 56
nurse cell(영양 세포) 394
nutritional mutants(영양요구성돌연변이) 294

O

occipital lobes(후두엽) 905
ocelli(홑눈) 659
octet rule(8전자 규칙) 6
Okazaki fragment(오카자키 절편) 282
oligochaeta(빈모류) 651
oligodendrocyte(희돌기교세포) 889
oligosaccharides(올리고당) 817
oligosaccharins(올리고사카린) 817
oligotrophic lake(빈영양호) 1236
ommatidia(낱눈) 659
omnivores(잡식농물) 995, 1252
On the Origin of Species(종의 기원) 445
oncogenes(종양유전자) 208
one-gene/one-enzyme hypothesis(1-유전자/1-효소 설) 294
oocyte(난모세포) 396
oogenesis(난자 형성 과정) 385
open circulatory system(개방순환계) 615
operant conditioning(작동적 조건형성) 1168
operator(작동유전자) 329
opercular cavity(덮개방) 1020
operculum(아가미덮개) 685
operon(오페론) 303
opisthosoma(후체구) 660
opportunistic infection(기회감염) 515
opsin(옵신) 934
optic tectum(시각개) 904
optimal foraging theory(최적섭식이론) 1181
optimum temperature(최적 온도) 110
orbital(궤도) 2
order(목) 487
organ(기관) 862
organ system(기관계) 862
organelle(소기관) 50
organizer(형성체) 1147
organogenesis(기관형성) 1141
origin(이는곳) 981
oscillating selection(진동 선택) 425
osculum(대공) 624
osmoconformers(삼투순응자) 1058
osmolarity(삼투농도) 1058
osmoregulator(삼투조절자) 1059
osmosis(삼투) 89, 744
osmotic pressure(삼투압) 90
ossicles(골편) 672
osteoblast(조골세포) 977
osteocytes(골세포) 869, 977
osteon(뼈단위) 977
otoliths(이석) 927
outcrossing(이계교배) 837
outer bark(외수피) 734
outer ear(외이) 927
outgroup comparison(외군 비교법) 484
ovary(자방) 578
ovary(씨방, 자방) 834
oviparity(난생) 1111
ovoviviparity(난태생) 1111
ovulation(배란) 961
ovule(배주) 570, 578
ovule(밑씨, 배주) 834
oxaloacetate(옥살로아세트산) 128
oxidation(산화) 5, 102, 118
oxidationreduction reaction(산화환원 반응) 102
oxidative phosphorylation(산화적 인산화) 121, 122
oxytocin(옥시토신) 958

P

P wave(P파) 1046
pairrule gene(쌍지배유전자) 398
paleogenomics(원시유전체학) 710
pancreatic amylase(췌장 아밀레이스) 1004
pancreatic duct(췌장관) 1004
pancreatic juice(췌장액) 997
paracrine(국소분비) 171
paracrine regulator(국소분비 조절자) 948
paraphyletic group(측계통군) 488
parapodia(측각) 650
parasite(기생균) 593
parasites(기생생물) 1234
parasitism(기생) 1231
parasitoid(포식 기생충) 1232
parasympathetic(부교감신경계) 888
parasympathetic nerve(부교감신경) 912
parathyroid gland(부갑상샘) 963
parathyroid hormone, PTH(부갑상샘호르몬) 964
parenchyma cell(유조직세포) 722
parental investment(양육투자) 420
parietal cell(벽세포) 1000
parietal lobes(두정엽) 905
parietal pleural membrane(체측 흉막) 1025
parthenogenesis(단성생식) 1108
partial pressure(분압) 1022
passive immunity(수동면역) 1086
passive transport(수동수송) 87
pathogen(병원균) 593
pattern formation(패턴형성) 382, 394, 1149
Pavlovian conditioning(파블로프의 조건반사) 1167
pedigree(가계도) 235
pedipalps(각수) 660
pelagic(부유성) 625
penetration(침투) 511
penis(음경) 1114

pentaradially symmetrical(5방사대칭) 671
pepsin(펩신) 1001
pepsinogen(펩시노겐) 1000
peptide bond(펩타이드결합) 33
peptide hormones(펩타이드 호르몬) 959
peptidoglycan(펩타이도글리칸) 52
peptidyl transferase(펩타이드기전달효소) 311
perennial plants(다년생 식물) 854
pericarp(과피) 582
pericentriolar material(중심립주변물질) 66
pericycle(내초) 729
periderm(주피) 734
periosteum(골막) 976
peripheral chemoreceptor(말단 화학수용기) 933
peripheral membrane proteins(주변부 막단백질) 80
peripheral nervous system, PNS(말초신경계) 888
peristalsis(연동운동) 1000
peritubular capillaries(세뇨관주위 모세혈관) 1066
pernicious anemia(악성 빈혈) 1001
peroxisomes(페록시좀) 61
petal(꽃잎) 578
petiole(잎자루, 엽병) 736
pH scale(척도) 14
phage conversion(파지전환) 512
phage(파지) 271, 510
phagocytosis(식세포작용) 94
pharyngeal pouches(인두낭) 675
pharyngeal slit(인두열) 675
pharynx(인두) 675
phase change(생장상 변화) 826
phenotype(표현형) 234
pheromone(페로몬) 462, 948
phloem(체관) 559
phloem(체관부) 725
phloem loading(체관부 적재) 758
phoronids(추형동물) 654
phosphatase(인산가수분해효소) 172
phosphodiester backbone(인산디에스터 골격) 275
phosphodiester bond(인산디에스터 결합) 273
phospholipase C(포스포리페이스 C) 182
phospholipid(인지질) 43, 79
phosphorylation(인산화) 172
phosphorylation cascade(인산화 연쇄반응) 178
photoautotrophs(광독립영양생물) 1251
photoefficiency(광효율) 151
photoelectric effect(광전효과) 150
photolyase(광분해효소) 288
photomorphogenesis(광형태형성) 795
photon(광자) 150
photoperiod(광주기) 828
photopsin(포톱신) 936
photoreceptor(광수용기) 934
photorepair(광수선) 288
photorespiration(광호흡) 163
photosystem(광계) 146
photosystem I(광계 I) 156
photosystem II(광계 II) 156
phototropin 1, PHOT1(포토트로핀 I) 799
phototropism(굴광성) 798
phycobiliproteins(파이코빌리 단백질) 152
phyllotaxy(잎차례, 엽서) 732
phylogenetic species concept, PSC(계통학적 종개념) 490
phylogenetic tree(계통수) 482
phylogeny(계통학) 482
phylum Nematoda(선형동물문) 655
phylum Rotifera(윤형동물문) 640
phytoalexin(파이토알렉신) 791
phytochrome, P(피토크롬) 796
phytoestrogen(식물에스트로젠) 787
phytoremediation(식물환경정화) 776
pigment(색소) 149
pili(선모) 533
pinocytosis(음세포작용) 94
pistil(암술) 834
pit(벽공) 724
pith(수) 729
pituitary dwarfism(뇌하수체 왜소증) 961
pituitary gland(뇌하수체) 957
placenta(태반) 700, 1136
placentals(태반류) 452
plankton(플랑크톤) 477
plant receptor kinase(식물수용체카이네이스) 177
planula(플라눌라) 627
plasma cell(형질세포) 1086
plasma membrane(원형질막) 50
plasma(혈장) 1037
plasmodesmata(원형질연락사) 74
plasmolysis(원형질분리) 744
plastids(색소체) 64
plastocyanin(플라스토시아닌) 157
plastoquinone(플라스토퀴논) 157
platelet(혈소판) 869, 1037
plateletderived growth factor, PDGF(혈소판유래생장인자) 207
pleiotropic(다면발현성) 242
plesiomorphy(원시형질) 485
pleural cavity(흉막강) 1025
plexuses(신경총) 997
pluripotent stem cell(전분화능 줄기세포) 1040
pluripotent(전분화능) 387
pluteus(플루테우스) 399
pneumatophores(호흡근) 756
poikilotherms(변온동물) 879
point mutation(점돌연변이) 317
Pol II(DNA 중합효소 II) 280
Pol III(DNA 중합효소 III) 280
polar body(극체) 1120
polar covalent bond(극성 공유결합) 9
polar nuclei(극핵) 836
polarity(극성) 394
polarization(극성화) 484
pollen grain(화분립) 835
pollen tube(화분관) 570
pollination(수분) 580
pollinator(수분매개자) 837
polyclonal(다클론) 1100
polygenic inheritance(다인자유전) 241
polymer(중합체) 21
polynucleotides(폴리뉴클레오타이드) 28
polypeptide(폴리펩타이드) 33
polyphyletic group(다계통군) 489
polyploidy(배수성) 469
polysaccharide(다당류) 25
polyspermy(다수정) 1132
polyubiquitinated(폴리유비퀴틴화) 345
polyunsaturated(다불포화) 41
pons(뇌교) 904
population genetics(집단유전학) 410
population pyramid(인구 피라미드) 1214
population(개체군) 1198
Porifera(해면동물문) 622
porphyrin ring(포르피린 고리) 151
positive control(양성조절) 329
positive feedback(양성피드백) 876, 1210
positive gravitropic response(양성 굴중성 반응) 801
positive pressure breathing(양압식 호흡) 1023
postanal tail(후항문 꼬리) 675
posterior pituitary(뇌하수체 후엽) 957
postganglionic neuron(신경절이후 뉴런) 912
postsynaptic cell(시냅스후 세포) 896
postzygotic isolating mechanisms(접합후격리기작) 460
potential(퍼텐셜) 744
potential energy(위치에너지, 퍼텐셜에너지) 5, 101
power stroke(파워스트로크) 984
precocial(조숙성) 1183
predation(포식) 1226
preganglionic neuron(신경절이전 뉴런) 912

pre-mRNA splicing(mRNA 전구체 스플라이싱) 307
pressure potential, Ψ_p(압력퍼텐셜) 746
pressureflow hypothesis(압류설) 758
presynaptic cell(시냅스전 세포) 896
prezygotic isolating mechanisms(접합선격리기삭) 460
primary(1차) 33
primary carnivores(1차 육식동물) 1252
primary induction(1차유도) 1152
primary lymphoid organ(1차 림프기관) 1086
primary meristem(1기 분열조직) 718
primary meristem(1차 분열조직) 846
primary mesenchyme cell, PMC(1차 간충직세포) 1138
primary motor cortex(1차 운동피질) 906
primary oocyte(제1난모세포) 1119
primary plant body(1기 식물체) 718
primary producers(1차 생산자) 1252
primary productivity(1차 생산량) 1252
primary productivity(1차 생산력) 1219
primary somatosensory cortex(1차 체성감각피질) 906
primary structure(1차구조) 33
primary succession(1차 천이) 1236
primary tissues(1기 조직) 718
primary walls(1차벽) 69
primates(영장류) 704
primer(프라이머) 279, 356
primitive streak(원조) 1139
primordium(원기) 577
primosome(프리모솜) 283
Principle of Independent Assortment(독립의 법칙) 237
principle of parsimony(최소화 원칙) 485
procambium(전형성층) 718
processivity(진행성) 282
product(생성물) 9
productivity(생산량) 252
proglottids(편절) 640
progress zone(활성부위 진행대) 1149
prokaryote(원핵생물) 30
prolactin, PRL(프로락틴) 959
prolactininhibiting factor, PIF(프로락틴 억제인자) 960
proliferative phase(증식기) 1120
prometaphase(전중기) 199
promoter(프로모터) 301
prophage(프로파지) 512
prophase(전기) 198
proprioception(고유감각) 924
prosoma(두흉부) 658
prostaglandins(프로스타글란딘) 42, 953
prostate gland(전립샘) 1116
protease(단백질분해효소) 345
proteasome(단백질분해효소복합체) 346
proteasome(프로테아좀, 단백질분해효소복합체) 796
protective layer(보호층) 805
protein(단백질) 33
protein hormone(단백질 호르몬) 959
protein kinase(단백질 카이네이스) 172, 174
proteome(단백질체) 308
prothoracicotropic hormone, PTTH(전흉선자극호르몬) 969
prothrombin(프로트롬빈) 1038
protoderm(전표피) 718, 846
proton gradient(양성자 기울기) 127
proton(양성자) 2
protonephridia(원신관) 1061
protooncogenes(원종양유전자) 208
protoplast(원형질체) 854
protostome(선구동물) 616
prototroph(원영양주) 539
proximal convoluted tubule(근위세뇨관) 1066
pseudocoelom(의체강) 615
pseudogene(위유전자) 451
pseudomurein(슈도뮤레인) 528
pseudostratified epithelium(위다층상피) 866
pulmocutaneous circuit(폐피부 회로) 1042
pulmonary arteries(폐동맥) 1041
pulmonary circulation(폐순환) 1041
pulmonary trunk(폐동맥) 1042
pulmonary veins(폐정맥) 1041
punctuated equilibrium(단속평형) 475
Punnett square(퍼넷 사각형) 234
pupa(번데기) 666
purine(퓨린) 29
pyloric sphincter(유문 괄약근) 1001
pyramid of biomass(생체량 피라미드) 1255
pyrimidine(피리미딘) 29
pyrogens(발열인자) 883
pyruvate dehydrogenase(피루브산 탈수소효소) 126

Q

QRS complex(QRS 복합체) 1046
quantitative traits(양적 형질) 241
quantum(양자) 5
quaternary(4차) 33
quaternary structure(4차구조) 37
quiescent center(분열지연중심부) 727
quinine(퀴닌, 키니네) 787

R

R plasmid(R 플라스미드) 538
radial canals(방사수관) 672
radial cleavage(방사상 난할) 617
radial symmetry(방사대칭) 613
radiation(복사) 879
radicle(어린뿌리, 첫 번째 뿌리) 849
radioactive decay(방사성 붕괴) 3
radioactive isotope(방사성 동위원소) 3
radula(치설) 644
ram ventilation(파상환기) 1020
ray(방사조직) 724
ray initial(방사시원) 724
reabsorption(재흡수) 1061
reactant(반응물) 9
reaction center(반응중심) 154
reading frame(번역틀) 298
realized niche(실제 생태적 지위) 1222
receptor potential(수용기 전위) 920
receptor protein(수용체 단백질) 169
receptor tyrosine kinase, RTK(수용체타이로신카이네이스) 177
receptor-mediated endocytosis(수용체-매개 세포내섭취) 95
recessive(열성) 233
reciprocal altruism(상호 이타주의) 1186
reciprocal crosses(상호교배) 231
recognition helix(인식나선) 328
recombinant(재조합) 255
recombinant DNA(재조합 DNA) 351
recombination nodule(재조합소결절) 217
recruitment(동원) 986
red fiber(적색섬유) 987
redia(레디아) 639
redox reaction(산화환원 반응) 5, 118
reduction(환원) 5, 102, 118
regulative development(조절발생) 1136
regulatory protein(조절 단백질) 326
reinforcement(강화) 465
relative dating(상대적 연대측정) 444
release(방출) 511
releasing hormone(방출호르몬) 959
renal cortex(신피질, 콩팥겉질) 1065
renal medullar(신수질, 콩팥속질) 1065
renal pelvis(신우, 콩팥깔대기) 1065
renaturation(재생) 40
renin(레닌) 1071
replication fork(복제분기점) 282

replicon(복제단위) 280, 285
replisome(리플리솜) 283
repolarizing(재분극) 893
repressed(억제되었다) 334
repression(억제) 330
repressor(억제인자) 329
reproductive cloning(생식 복제) 391
reproductive isolating mechanisms(생식 격리의 기작) 460
reproductive strategy(생식 전략) 1183
reproductive system(생식계) 873
reproductively isolated(생식적으로 격리) 460
residual volume(잔류량) 1026
respiration(호흡) 1252
respiratory control center(호흡 조절중추) 1026
respiratory system(호흡계) 872
restriction enzyme(제한효소) 352
restriction fragment length polymorphism, RFLP(제한효소단편길이다형성) 411
reticular formation(망상체) 907
reticularactivating system(망상활성화계) 907
retina(망막) 937
retinoblastoma susceptibility gene, Rb(망막아종 감수성 유전자) 208
retrovirus(레트로바이러스) 295, 506
reverse transcriptase(역전사효소) 295, 506
reverse transcription PCR, RTPCR(역전사 PCR) 357
reverse transcription quantitative PCR(RT-qPCR) 357
rhizobacteria(뿌리박테리아) 783
rhizome(땅속줄기) 853
rhizome(지하경) 563
rhizomes(근경) 853
rhodopsin(로돕신) 936
ribonucleic acid, RNA(리보핵산) 28
ribosomal RNA, rRNA(리보솜 RNA) 30, 57
ribosome(리보솜) 50, 52
ribosomebinding sequence, RBS(리보솜 결합서열) 311
ribozyme(라이보자임) 110
ribulose 1,5-biphosphate, RuBP(리불로스 1,5-2인산) 160
ribulose bisphosphate carboxylase/oxygenase(리불로스 2인산 카복실화효소/산소화효소) 160
right ventricle(우심실) 1042
rigor mortis(사후강직) 984
rising phase(상승기) 893
RNA interference(RNA 간섭) 342
RNA polymerase(RNA 중합효소) 301
RNA-induced silencing complex, RISC(RNA-유도침묵 복합체) 342
rods(간상세포) 935
rollingcircle replication(회전환복제) 537
root cap(뿌리골무) 726
root hair(뿌리털) 721
root system(근계) 716
rosin(로진) 572
rough ER, RER(거친면 소포체, 조면소포체) 58
r-selected(*r*-선택) 1212
rule of addition(합의 법칙) 239
rule of multiplication(곱의 법칙) 239
rumination(반추) 1012
runner(포복경) 853

S

saccule(구형낭) 930
salicylic acid(살리실산) 789
saltatory conduction(도약전도) 896
sap(수액) 757
sarcomere(근절) 982
sarcoplasmic reticulum, SR(근소포체) 985
satiety factor(포만인자) 1008
saturation(포화) 88
scaffold protein(골격구조 단백질) 179
scanning electron microscope(주사전자현미경) 49
schistosomiasis(주혈흡충병) 639
Schwann cell(슈반세포) 889
sclera(공막) 934
sclerenchyma cell(후벽조직세포) 723
scolex(두절) 640
scrotum(음낭) 1114
scutellum(배반) 850
second carnivores(2차 육식동물) 1252
Second law of thermodynamics(열역학 제2법칙) 103
second messenger(2차전달자) 174
secondary(2차) 33
secondary chemical compound(2차 화합물) 1227
secondary growth(2기 생장) 718
secondary induction(2차유도) 1152
secondary lymphoid organ(2차 림프기관) 1086
secondary metabolites(2차대사물질) 784
secondary plant body(2기 식물체) 719
secondary productivity(2차 생산량) 1252
secondary sexual characteristics(2차 성징) 421
secondary structure(2차구조) 35
secondary succession(2차 천이) 1236
secondary tissue(2기 조직) 719
secondary walls(2차벽) 69
secretin(세크레틴) 1006
secretion(분비) 1062
secretory phase(분비기) 1121
securin(세큐린) 205
seed bank(종자은행) 849
seed coat(종피) 579, 581
segment polarity gene(체절극성유전자) 398
segmentation gene(체절형성유전자) 398
segmentation(체절화) 617
segregating(분리) 230
selection(선택) 417
selective serotonin reuptake inhibitors, SSRIs(선택적 세로토닌 재흡수 억제제) 900
selectively permeable(선택적 투과성) 88
self(자기) 1089
self-fertilization(자가수정) 231
selfincompatibility(자가불화합성) 842
selfpol1ination(자가수분) 837
semelparity(1회번식) 1206
semicircular canal(반고리관) 930
semiconservative model(반보존적 모델) 277
senescence(노화) 287, 855
sensory exploitation(감각 이용) 423
sensory neuron(감각뉴런) 887
sensory receptors(감각수용기) 887
sensory setae(감각 강모) 665
sensory system(감각계) 872
sepal(꽃받침) 578
separase(세퍼레이스) 205
separation layer(분리층) 805
seperate junctions(격벽연접) 73
septation(격벽형성) 191
septum(격벽) 191
sequential hemaphroditism(순차적 자웅동체) 1109
serosa(장막) 997
serotonin(세로토닌) 900
serum(혈청) 1038
sex chromosome(성염색체) 250
sexlinked(성연관) 251
sexual dimorphism(성적이형성) 421, 655
sexual reproduction(유성생식) 214
sexual selection(성적 선택) 419, 421
shared derived characters(공유파생형질) 483
shoot system(슈트계) 716
short tendom repeat, STR(짧은염기서열반복구간) 258
shortday plants(단일식물) 828
sieve cell(체세포) 725
sigmoidal growth curve(S자형 생장곡선) 1208
signal recognition particle, SRP(신호인식입자) 315

signal sequence(신호서열) 315
signal transduction(신호전달) 169, 171
simple columnar epithelium(단층원주상피) 866
simple epithelium(단층상피) 866
simple leaf(단엽) 736
simple squamous epithelium(단층편평상피) 866
single bond(단일결합) 8
single nucleotide polymorphism, SNP(단일염기다형성) 259
single nucleotide variation, SNV(단일염기변이) 317
sinoatrial node, SA node(동방결절) 1041
sinus venosus(정맥동) 1040
sister chromatid(자매염색분체) 195
sister chromatid cohesion(자매염색분체 결합) 217
sister clade(자매 분기군) 497
skeletal muscle(골격근) 870
S-layers(S층) 532
slowtwitch fibers(느린연축섬유, 지근섬유, 느린 산화) 986
small inrerfering RNA, siRNA(소형 간섭 RNA) 297, 341
smooth ER, SER(매끈면 소포체, 활면소포체) 58
smooth muscle(평활근) 870
sodium-potassium pump(소듐-포타슘 펌프) 92, 891
soil(토양) 763
soluble(용해) 13
solute potential, Ψ_s(용질퍼텐셜) 746
solute(용질) 13, 89
solvent(용매) 13, 89
somatic cell nuclear transfer, SCNT(체세포 핵치환) 391
somatic cells(체세포) 213
somatic motor neurons(체성운동뉴런) 985
somatic nervous system(체성신경계) 888
somatostatin(소마토스타틴) 960
somites(체절) 1143
somitomeres(체절구) 1143
sourcesink metapopulations(공급원수용처 다개체군) 1201
spatial summation(공간적 가중) 901
special connective tissue(특수결합조식) 867
specialized transduction(특수형질도입) 535
species richness(종풍부도) 1219, 1260
specific heat(비열) 12
specific transcription factor(특수전사인자) 335
spectrin(스펙트린) 81
sperm competition(정자 경쟁) 421
spermatids(정세포) 1115
spermatophore(정포) 421
spermatozoa(정자) 1115
sphincter(괄약근, 조임근) 1000
sphingolipid(스핑고지질) 79
spicules(골편) 624
spindle apparatus(방추체) 198
spindle checkpoint(방추사 확인점) 204
spindle plaque(방추 플라크) 591
spines(엽침) 738
spinnerets(방적돌기) 660
spiracle(기문) 660, 1021
spiral cleavage(나선형 난할) 616
spliceosome(스플라이시오솜) 306
spongin(해면질) 624
spongy bone(해면뼈) 977
sporangia(포자낭) 555
sporangiophore(포자낭경) 603
sporangium(포자낭) 558
spore mother cell(포자모세포) 555
spore(포자) 555
sporocyst(포자포낭) 639
sporophyte(포자체) 555
sporophytic selfincompatibility(포자체 자가불화합성) 842
stabilizing selection(안정화 선택) 428
stamen(수술) 578, 834
stapes(등골) 927
starch(녹말) 25, 26
start codon(개시코돈) 299
start site(전사개시점) 301
stasis(정체) 475
statocyst(평형낭) 929
stele(중심주) 729
stem cell(줄기세포) 387
stereoisomer(입체이성질체) 21
steroid(스테로이드) 42
stigma(암술머리) 578
stimulation(자극) 920
stimulusgated ion channel(자극개폐성 이온통로) 920
stipule(턱잎, 탁엽) 732, 736
stolon(기는줄기) 853
stomach(위) 1000
stomata(기공) 163, 554
stop codon(종결코돈, 정지코돈) 299
stratified epithelium(다층상피) 866
striated muscle(가로무늬근, 횡문근) 870
stroke volume, SV(박출량) 1047
stroke(뇌졸중) 1054
stroma(스트로마) 64, 146
structural formula(구조식) 8
structural isomer(구조이성질체) 20
style(암술대) 579
stylets(문침) 655
subclass Theria(수아강) 703
suberin(수베린) 729, 782
submucosa(점막하층) 997
subspecies(아종) 712
substance P(물질 P) 900
substrate(기질) 108, 373
substratelevel phosphorylation(기질수준의 인산화) 121
succession(천이) 1236
succinate(숙신산) 128
succinyl-CoA(숙시닐 CoA) 128
suckers(흡반) 853
sucrose(설탕) 24
summation(가중) 893
supercoiling(초나선꼬임) 281
superior vena cavae(상대정맥) 1042
suprachiasmatic nucleus, SCN(시교차상핵) 968
surface areatovolume ratio(표면적대부피 비율) 48
surface tension(표면장력) 11
survivorship curve(생존곡선) 1204
survivorship(생존율) 1204
suspensor(배병) 843
swim bladder(부레) 684
swimmerets(유영각, 헤엄다리) 662
symbiosis(공생) 64
sympathetic chain of ganglia(교감신경절연쇄) 913
sympathetic nerve(교감신경) 912
sympathetic(교감신경계) 888
sympatric(동소성) 460
symplast route(심플라스트 경로) 749
symplesiomorphy(공통원시형질) 485
symporters(공동수송체) 91
synapomorphy(공통파생형질) 484
synapse(시냅스) 896
synapsids(단궁류) 690
synapsis(시냅시스, 접합) 215
synaptic cleft(시냅스틈) 897
synaptic integration(시냅스 통합) 901
synaptic signaling(시냅스 신호) 171
synaptic vesicle(시냅스 소포) 897
synaptonemal complex(시냅시스복합체) 215
syncytial blastoderm(다핵성 배반엽) 394, 1134
synergistically(상승작용) 963
syngamy(배우자 접합) 214
synthesis(합성) 357, 511
syphilis(매독) 548
systematics(계통분류학) 482
systemic anaphylaxis(전신적 아나필락시스) 1099
systemic circulation(체순환) 1041

systemicacquired resistance, SAR(전신획득저항성) 791
systemin(시스테민) 789
systole(수축기) 1044
systolic pressure(수축기 혈압) 1049

T

T cell(T 세포) 1086
T lymphocyte(T 림프구) 1086
T wave(T파) 1047
tagmata(합체절) 658
tandem duplication(연속중복) 319
Taq polymerase(Taq 중합효소) 357
TATA box(TATA 박스) 304
tautomers(호변체) 274
Taxol(택솔) 787
taxon(분류군) 483, 487
T-cell receptor(T 세포 수용체) 1087
telencephalon(종뇌) 904
telomerase(텔로머레이스) 287
telomere(말단소체) 286
telson(미절, 꼬리마디) 662
temperate virus(용원성 바이러스) 510
template strand(주형가닥) 296
temporal lobes(측두엽) 905
temporal summation(시간적 가중) 901
tensile strength(인장 강도) 751
termination(종결) 278
terminator(종결자) 301
terpenes(테르펜) 42
territoriality(세력권) 1182
tertiary(3차) 33
tertiary structure(3차구조) 35
testcross(검정교배) 240
tetanus(강축) 986
tetrad(4분염색체) 216
tetrahedron(정사면체) 11
tetraploids(4벌의 염색체) 469
thalamus(시상) 904
the Principle of Segregation(분리의 법칙) 234
The voyage of the Beagle(비글호의 항해) 438
therapeutic cloning(치료용 복제) 393
thermodynamics(열역학) 101, 102, 103
thermogenesis(열발생) 882
theta waves(세타파) 907
thigmomorphogenesis(접촉형태형성) 802
thigmotropism(굴촉성) 802
thorns(경침) 738
threshold potential(역치 전위) 893
threshold stimulus(역치 자극) 893
thylakoid membranes(틸라코이드막) 146
thylakoids(틸라코이드) 63
thymine dimer(타이민 2량체) 288
thymus(흉선, 가슴샘) 1087
thyroid gland(갑상샘) 963
thyroid hormones(갑상샘호르몬) 949
thyroidstimulating hormone, TSH(갑상샘자극호르몬) 959
thyrotropinreleasing hormone, TRH(갑상샘자극호르몬 방출호르몬) 959
thyroxine(티록신) 960
tidal volume(1회 호흡량) 1026
tight junction(밀착연접) 73, 864
tissue(조직) 71
tissue system(조직계) 716
tissue tropism(조직친화성) 504
toad(두꺼비) 688
tonicity(긴장성) 1058
tonoplast(액포막) 62
top-down effect(하향효과) 1256
topoisomerases(위상이성질체효소) 281
topological state(위상 상태) 281
topology(위상기하학) 281
topsoil(표토) 764
torpor(휴면) 883
torsion(뒤틀림) 645
totipotency(전능성) 387, 614
trabeculae(뼈잔기둥) 977
trace elements(미량원소) 1011
trachea(기관) 659, 1021, 1024
tracheid(헛물관, 가도관) 556, 723
tracheole(기관세지) 659
transcription complex(전사복합체) 337
transcription unit(전사단위) 301
transcription(전사) 295
transcriptome(전사체) 308
transcroption bubble(전사기포) 302
transduction(변환) 920
transduction(형질도입) 535
transfer RNA, tRNA(운반 RNA) 30, 57, 296
transformation(형질전환) 270, 356, 535
transition(유사형 염기치환) 317
translation(번역) 295
translation factor(번역인자) 344
translation repressor protein(번역억제단백질) 344
translocation Down syndrome(전좌다운증후군) 261
translocation(전류) 756
translocation(전좌) 319
transmembrane domain(막관통영역) 86
transmembrane route(막횡단 경로) 749
transmission(전송) 920
transmission electron microscope(투과전자현미경) 49
transpiration(증산) 723
transpiration(증산작용) 744
transposable elements(전이인자) 342
transverse tubules, T tubules(가로세관) 985
transversion(교차형 염기치환) 317
triacylglycerol(트라이아실글리세롤) 41
trichome(세포모) 721
tricuspid valve(3첨판) 1042
triglyceride(트라이글리세라이드) 41
trimesters(분기) 1153
triple bond(3중결합) 8
triploblastic(3배엽성) 862
triploid(3배체) 469
trisomic(3염색체성) 261
trochophore(담륜자) 635, 644
trophic cascade(영양연쇄반응) 1256
trophic levels(영양단계) 1251
trophoblast(영양막) 1136
tropic hormone(자극호르몬) 958
tropin(트로핀) 958
tropomyosin(트로포마이오신) 984
troponin(트로포닌) 984
trp operon(trp 오페론) 330
true-breeding(순종) 230
trypsin(트립신) 1004
tube feet(관족) 673
tubulin(튜불린) 197
tumorsuppressor genes(종양억제유전자) 208
tunneling microscopy(터널링 현미경) 1
turgor pressure(팽압) 91
Turner syndrome(터너증후군) 262
turpentine(테레빈유) 572
tympanum(고막) 666
type I diabetes(제1형 당뇨병) 967
type II diabetes(제2형 당뇨병) 967

U

ubiquinone(유비퀴논) 131
ubiquitin(유비퀴틴) 206, 345
ubiquitin ligase(유비퀴틴 연결효소) 345
ubiquitinproteasome pathway(유비퀴틴단백질분해효소복합체 경로) 346

undershoot phase(과도하강기) 893
undulates(물결친다) 69
uniporter(단일수송체) 91
unipotent(단분화능) 387
unsaturated(불포화) 41
urea(요소) 1059
ureter(요관) 1065
urethra(요도) 1065
uric acid(요산) 1059
uricase(요산분해효소) 1060
urinary bladder(방광) 1065
urinary system(비뇨계) 872
uropods(미각, 꼬리다리) 662
uterus(자궁) 1122
utricle(난형낭) 930

V

vaccination(백신 접종) 1084
vacuoles(액포) 62
valence electron(원자가전자) 6
vancomycinresistant Staphylococcus aureus, VRSA(반코마이신 내성 황색포도상구균) 539
variable region(가변부위) 1091
vas deferens(정관) 1116
vasa recta capillaries(수질모세혈관) 1066
vascular cambium(관다발형성층) 718
vascular tissue(관다발조직) 559, 716, 846
vasoconstiriction(혈관수축) 1051
vasodilation(혈관이완) 1051
vasopressin(바소프레신) 1050
vegetal plate(식물판) 1138
vegetal pole(식물극) 1134
vegetative reproduction(영양생식) 852
veins(잎맥, 엽맥) 736
veins(정맥) 1048
veliger(벨리지) 644
venous pump(정맥 펌프) 1052
venous valves(정맥 판막) 1052
ventilation(환기) 1018
ventral root(전근) 911
ventricle(심실) 1040
venules(세정맥) 1047
vernalization(춘화처리) 828
vertebrate(척추동물) 678
vesicles(소포) 56
vessel element(물관요소) 559
vessel(물관, 도관) 574, 723
vestibular apparatus(전정기관) 930
vestigial structures(흔적구조) 450
villi(융모) 1002
vimentin(비멘틴) 66
viroid(바이로이드) 521
visceral mass(내장 덩어리) 643
visceral muscle(내장근) 870
visceral pleural membrane(장측 흉막) 1025
vital capacity(폐활량) 1026
vitamins(바이타민) 1010
vitelline envelope(난황막) 1130
viviparity(태생) 1111
voltagegated channel(전압개폐성 이온통로) 892

W

water potential(수분퍼텐셜) 744
watervascular system(수관계) 672
weight(무게) 2
white fibers(백색섬유) 987
white matter(백질) 889
whorls(윤생) 578
wobble pairing(와블 염기쌍) 314
wound response(상처반응) 789

X

X chromosome(X 염색체) 250
X-linked(X-연관) 251
xylem(물관) 559
xylem(물관부) 723

Y

Y chromosome(Y 염색체) 250
yolk plug(난황마개) 1139
yolk sac(난황낭) 690, 1113, 1140

Z

Z diagram(Z 모식도) 156
Z line(Z선) 982
zinc finger motif(아연집게 모티프) 328
zona pellucida(투명대) 1130
zone of cell division(세포분열대) 727
zone of elongation(신장대) 728
zone of maturation(성숙대) 729
zone of polarizing activity, ZPA(극성활성부위) 1150
zoospores(유주포자) 605
zooxanthellae(황록공생조류) 628
zygomycetes(접합균류) 604
zygomycota(접합균문) 603
zygote(접합자) 213
zygote(접합체) 874

기타

α helix(α 나선구조) 35
α-ketoglutarate(α-케토글루타르산) 128
α-tubulin(알파 튜불린) 65
β barrel(β 원통) 87
β oxidation(베타 산화) 138
β sheet(β 병풍구조) 35
β subunit(β 소단위) 282
β-tubulin(베타 튜불린) 65
2,4-dichlorophenoxy acetic acid(2,4-디클로로페녹시아세트산) 813
3′ poly-A tail(3′ 폴리-A 꼬리) 305
3-phosphoglycerate, PGA(3-포스포글리세르산) 160
5′ cap(5′ 캡) 304

감수
유시욱

번역
강규호 · 고관수 · 김명옥 · 김석준 · 김영숙 · 김영효 · 김정수 · 김창섭 · 김 혁
김홍자 · 문용환 · 박동선 · 박선주 · 박준호 · 석호영 · 송민석 · 엄안흠 · 유시욱
이경열 · 이종구 · 이진성 · 이철상 · 이혜령 · 이효정 · 장갑수 · 전용필 · 전정선
전택중 · 정효원 · 진한준 · 차현철 · 최연자 · 태건식 · 피재호 · 허성운 · 홍철암
(가나다 순)

12판

RAVEN 생명과학(상)

BIOLOGY

2020년 12월 31일 12판 1쇄 펴냄
지은이 Peter H. Raven 외 | **대표역자** 유시욱
펴낸이 류원식 | **펴낸곳 교문사**

편집팀장 모은영 | **책임편집** 김경수 · 김보마 | **표지디자인** 신나리 | **본문편집** 다함

주소 (10881) 경기도 파주시 문발로 116(문발동 536-2)
전화 031-955-6111~4 | **팩스** 031-955-0955
등록 1968. 10. 28. 제406-2006-000035호
홈페이지 www.gyomoon.com | E-mail genie@gyomoon.com
ISBN 978-89-363-2120-8 (93470)
값 55,000원